Die Binnengewässer

Einzeldarstellungen aus der Limnologie und ihren Nachbargebieten

Unter Mitwirkung von Fachgenossen herausgegeben von

Dr. August Thienemann

Direktor der Hydrobiologischen Anstalt der Max-Planck-Gesellschaft zu Plön
Professor emeritus der Hydrobiologie an der Universität Kiel

Band XX
Zweite unveränderte Auflage

Stuttgart 1974
E. Schweizerbart'sche Verlagsbuchhandlung
(Nägele u. Obermiller)

Ich widme dieses Buch,
das einen großen Teil meiner Lebensarbeit zusammenfaßt, der

KAISER-WILHELM-GESELLSCHAFT
ZUR FÖRDERUNG DER WISSENSCHAFTEN

und ihrer Nachfolgerin, der

MAX-PLANCK-GESELLSCHAFT
ZUR FÖRDERUNG DER WISSENSCHAFTEN

als Zeichen des Dankes dafür,
daß sie mir mehr als ein Menschenalter hindurch, in einer für unser Vaterland schwersten Zeit, wissenschaftliche Forschung ermöglicht hat.

Plön, im Dezember 1953

August Thienemann

1. Auflage 1974

Printed in Germany. ISBN 3 510 40029 1

Satz und Druck: Druckerei E. Schwend KG, Schwäbisch Hall
Offsetnachdruck: Strauss & Cramer GmbH., Leutershausen

Chironomus

Leben, Verbreitung und wirtschaftliche Bedeutung der Chironomiden

Von

Dr. August Thienemann

Direktor der Hydrobiologischen Anstalt der Max-Planck-Gesellschaft zu Plön
Professor emeritus der Hydrobiologie an der Universität Kiel

Mit 300 Abbildungen im Text und auf 31 Tafeln
sowie zahlreichen Tabellen im Text

Zweite unveränderte Auflage

Stuttgart 1974
E. Schweizerbart'sche Verlagsbuchhandlung
(Nägele u. Obermiller)

Vorwort

Wenn ein junger Zoologe das erstemal auf eine neue, der Wissenschaft bisher unbekannte Tierart stößt, und wenn der erfahrene Spezialist, dem er seinen Fund vorlegt, die nova species sogar nach dem Entdecker benennt, so ist die Freude, die der angehende Jünger der Wissenschaft darüber empfindet, menschlich wohl verständlich.

So ging es mir im Frühjahr 1905, als ich bei Gelegenheit einer Untersuchung der Verbreitung von *Planaria alpina* auf Rügen (THIENEMANN 1906 a, b) auf den Steinen der kleinen Bäche im Kreideufer der Halbinsel Jasmund die grünen Larven und die in Gallertgehäusen liegenden Puppen einer Chironomide in großen Mengen fand. Ich traf sie kurz darauf auch im Thüringer Wald an und konnte von beiden Stellen die geflügelten Mücken, die Imagines, züchten. Professor Dr. J. J. KIEFFER erkannte sie als eine neue Art und nannte sie *Orthocladius thienemanni.* In unserer ersten gemeinsamen Arbeit (1906 c) gab ich die Beschreibung der Metamorphose dieser und der einer anderen, ebenfalls von mir gezüchteten Orthocladiine (*Psectrocladius psilopterus* K.).

Befaßt man sich aber dann sein Leben lang, wenn auch nicht dauernd, so doch immer wieder mit der gleichen Tiergruppe und regt auch seine Schüler zu ähnlichen Arbeiten an, so ist wohl die Frage berechtigt, ja sie drängt sich auf, ob hier nicht etwa nur krasses Spezialistentum vorliegt, oder ob diese Gruppe wirklich von solch allgemeiner Bedeutung ist, daß es sich lohnt, auf ihre Erforschung so viel Zeit und Kraft zu verwenden.

Seit jenen schönen Rügentagen, also mehr als ein Menschenalter lang, bin ich immer von neuem zur Untersuchung der Chironomiden, insbesondere des Baues, Lebens und der Verbreitung ihrer Larven und Puppen, zurückgekehrt und habe ihr gerade in den letzten zwei Jahrzehnten all meine nicht von anderen wissenschaftlichen und wissenschaftsorganisatorischen Arbeiten besetzte Zeit gewidmet. Da ist es verständlich, daß man sich selbst fragt, und gute Freunde und Verwandte tun es, meist mit ironischem Lächeln, wohl auch: „Sind denn die Chironomidenmücken eine so ganz besondere Gesellschaft, ist ihre allgemein-naturwissenschaftliche Bedeutung wirklich so groß, daß ein ernster Forscher in ihrem Studium einen guten Teil seiner Lebensaufgabe sehen kann?"

Mit etwa diesen Worten begann ich eine Gastvorlesung über „Die Chironomidenforschung in ihrer Bedeutung für Limnologie und Biologie", die ich am 26. Januar 1939 an der Universität Gent hielt (THIENEMANN

1939 d). Natürlich konnten die Tatsachen und die Folgerungen aus ihnen damals nur in aller Kürze und in Auswahl behandelt werden. Es war mir aber im Laufe der Jahre immer klarer geworden, daß man einen großen Teil der Probleme der Limnologie und der allgemeinen Ökologie von den Chironomiden ausgehend entwickeln kann.[1] Eine solche Darstellung würde zugleich unser heutiges Wissen um die Ökologie dieser Tiergruppe übersichtlich zusammenfassen. In dem ganz gewaltig angeschwollenen Schrifttum über die Chironomiden ist ein großes Material niedergelegt, ebenso wie in vielen allgemein limnologischen Veröffentlichungen. Manche noch unverarbeitete Notiz findet sich in meinen Zettelkatalogen. Und noch sind mir die Erfahrungen, die ich über das Leben und die Verbreitung der Chironomiden auf zahlreichen Exkursionen an die Quellen und Bäche, an die Kleingewässer und auf die Seen der Ebene, des Mittelgebirges und des Hochgebirges, nicht nur in Europa von Lappland bis in die Alpen, sondern auch während unserer limnologischen Tropenreise (1928 bis 1929) auf Java, Sumatra und Bali sammeln konnte, in frischer Erinnerung, und die Landschaft und die einzelnen Lebensstätten, an die mich, oft in Begleitung gleichstrebender Kameraden, diese Untersuchungen geführt haben, stehen mir klar und unvergeßlich vor Augen. Und wo die Erinnerung zu verblassen droht, wird sie aufgefrischt durch eine große Sammlung von Leicaaufnahmen meiner Beobachtungsstellen. So habe ich es gewagt, dieses Buch zu schreiben.

Es soll unter allgemeinen Gesichtspunkten das Wesentliche zusammenfassen, was wir über die Lebensverhältnisse und die Verbreitung der Chironomiden wissen, und die Bedeutung dieser Gruppe nicht nur für die theoretische Wissenschaft darstellen, sondern auch zeigen, inwieweit die Chironomiden für den Menschen wirtschaftlich von positiver Bedeutung sind oder als Schädlinge wirken.

Das Hauptgewicht lege ich auf die Behandlung der Ökologie. Nicht sollen die rein tiergeographischenVerhältnisse ausführlich dargestellt werden, da die Verbreitungsgeschichte der Chironomiden in meiner „Limnischen Tiergeographie" (THIENEMANN 1950 b) gründlich berücksichtigt worden ist. Doch wird die „Geschichte der Chironomidenbesiedelung der europäischen Seen seit der Eiszeit" auf Seite 480 bis 490 kurz geschildert. Nur gestreift werden die rein physiologischen, an Chironomidenlarven angestellten Untersuchungen, sowie das Studium der Chromosomen der Chironomidenlarven, das heute ja eine so große Rolle spielt.

Die Morphologie der Larven, Puppen und Imagines und die Embryologie der Chironomiden zu schildern, ist nicht meine Absicht; nur in Kapitel IV

[1] LENZ schreibt (1951 b, S. 230): „Da bei dem Artenreichtum dieser Familie auch eine entsprechende Differenzierung der ökologischen Valenz zu erwarten ist, werden die Chironomiden zum Paradigma sowohl autökologischer wie auch synökologischer Probleme überhaupt."

wird auf einige Formmerkmale der Larven und Puppen eingegangen, die Anpassungen an bestimmte Eigentümlichkeiten der Lebensstätten dieser Larven und Puppen sind. Ebensowenig wird hier die Systematik behandelt. In dieser Beziehung sei auf die Bearbeitung der Chironomiden durch M. GOETGHEBUER und FR. LENZ in E. LINDNERS „Fliegen der palaearktischen Region" verwiesen. (Dringend muß ich aber vor dem Versuch warnen, mit KARNYS Tabellen eine Chironomidenlarve bestimmen zu wollen! KARNYS Buch [1934] wimmelt von ungenauen und falschen Angaben und ist ganz unvollständig.)

Ich hoffe, daß ich nichts Wesentliches aus der umfangreichen Literatur übersehen habe. Das gilt indessen n i c h t für das russische Schrifttum! Denn dieses ist mir seit 1939 fast ganz unzugänglich gewesen. Die Zitate aus den nicht in deutscher Sprache abgefaßten Arbeiten sind ins Deutsche übersetzt worden, die englischen größtenteils durch Herrn Dr. KARL STRENZKE. Herrn Dr. STRENZKE verdanke ich auch die Zeichnung einiger Abbildungen.

Für die Durchsicht des Manuskriptes und Hilfe bei der Korrektur bin ich Herrn Professor Dr. O. HARNISCH und Herrn Dr. K. STRENZKE zu ganz besonderem Dank verpflichtet. Mein Dank gilt nicht weniger der E. SCHWEIZERBART'schen Verlagsbuchhandlung, die auch dieses Buch in der bei ihr gewohnten vorzüglichen Ausstattung herausgebracht hat.

P l ö n , im Dezember 1953

A u g u s t T h i e n e m a n n

Inhalt

I. Einleitende Bemerkungen

Aus der Geschichte der Chironomidenforschung

Wenn ich im folgenden von Chironomiden spreche, so schließe ich auch die Ceratopogoniden ein. Beide Gruppen der Mücken, der Diptera nematocera, werden heute als besondere Familien unterschieden, aber sie stehen systematisch wie ökologisch einander recht nahe und wurden früher in einer Familie vereint. Sie sind im allgemeinen auch von den gleichen Forschern bearbeitet worden.

Hier muß ich einige Worte über die von mir im folgenden gebrauchte Nomenklatur sagen. 1803 stellte MEIGEN die Gattungen *Chironomus, Tanypus, Ceratopogon* auf. Über 100 Jahre blieben diese Namen im Gebrauch; sie finden sich in Lehrbüchern wie Spezialarbeiten, und wenn man „*Chironomus*", „*Tanypus*" oder „*Ceratopogon*" las, so wußte man, was für Tiere man unter diesen Namen zu verstehen hatte. Aber im Jahre 1908 begann das Chaos! Denn da grub unglücklicherweise FRIEDRICH HENDEL MEIGENs bis dahin verschollenes Jugendwerk von 1800 aus und druckte es, mit einem Kommentar versehen, in den Verhandlungen der Zoologisch-Botanischen Gesellschaft Wien (**58**, 43—69) ab. MEIGEN selbst hat dieses sein Erstlingswerk später nie erwähnt; sogar den Fachentomologen blieb es so gut wie ganz unbekannt, bis HENDEL es aus der Vergangenheit hervorzug. In diesem Werk wird die Gattung *Chironomus Tendipes, Tanypus Pelopia, Ceratopogon Helea* genannt; und bei strenger Anwendung des Prioritätsgesetezes müßten die Namen von 1800 an Stelle der bisher gebräuchlichen — von 1803 — treten. Ich selbst habe in den ersten Arbeiten des Chironomiden-Supplementbandes II des Archives für Hydrobiologie diese Konsequenz gezogen, habe mich aber später (1916 a) scharf gegen solche Änderung ausgesprochen, ein Standpunkt, auf dem ich auch heute stehe. Damals schrieb ich u. a.: „Wie bei der Gruppe der Chironomiden geht es bei vielen anderen Dipteren: 57 Namen der bekanntesten Dipterengattungen müßten geändert werden, wenn MEIGENs Jugendarbeit maßgebend für die Namengebung sein sollte. Die Absicht der Gesetzgeber, die das Prioritätsgesetz aufgestellt haben, nämlich durch strikte Befolgung des Gesetzes den eingebürgerten Tiernamen größtmögliche Konstanz zu gewähren, wird ins Gegenteil verkehrt, wenn solche alten, jahrzehntelang vergessenen Werke ausgegraben werden und nun als Kanon der Nomenklatur dienen sollen." Wenn sich auch der Spezialist wohl in die Namensänderungen — mit Mühe! — hineinfindet: das systematische Arbeiten größeren Stiles, tiergeographische Studien sowie der zoologische Unterricht werden hierdurch ungeheuer erschwert; die historische Kontinuität unserer Wissenschaft kann in vielem gefährdet werden, wenn die Enkel die zoologische Sprache der Vorfahren nicht mehr verstehen können. Und doch ist ja der Name, die Nomenklatur, für uns nur Mittel zum Zweck, wir sind keine Philologen, sondern Biologen; und wenn die wissenschaftliche Verständigung durch das Prioritätsgesetz in manchen Dingen nicht nur nicht gefördert, sondern sogar gefährdet wird, so muß dieses „Gesetz" eben dementsprechend umgestaltet werden! Der Grundsatz

„fiat justitia, pereat mundus" kann von dem tiefer denkenden Forscher auch hier nicht angenommen werden! „Nicht der ist ein kluger Gesetzgeber, der einseitig und dickköpfig auf der Durchführung des Gesetzes besteht, obwohl er bestimmte Härten klar erkennt, sondern der, welcher sie beseitigt, damit die heilsamen Wirkungen voll zur Geltung kommen und das Gesetz als Wohltat empfinden lassen", sagte A. BRAUER in seinem, auf dem 9. Internationalen Zoologenkongreß in Monaco gehaltenen Vortrag über „Die Notwendigkeit der Einschränkung des Prioritätsgesetzes". Und so hat denn dieser Internationale Zoologenkongreß auch einstimmig beschlossen, unter bestimmten Voraussetzungen Ausnahmen vom Prioritätsgesetz zu gestatten. APSTEIN hat dann 1915 unter Mitarbeit von Spezialisten eine Liste der „Nomina conservanda" aufgestellt, eine Liste, „durch deren Annahme eine Konstanz der allbekannten Namen mit einem Schlage gegeben wäre". In dieser Liste finden sich auch *Ceratopogon* MEIGEN 1803, *Chironomus* MEIGEN 1803, *Tanypus* MEIGEN 1803. Aber diese Liste ist nie angenommen worden, und bedauerlicherweise benutzt das große Werk „Die Fliegen der palaearktischen Region" die MEIGENsche Nomenklatur von 1800! (Auf die Schwierigkeiten, die sich aus der Annahme der von APSTEIN für *Ceratopogon* und *Tanypus* genannten „typischen Arten" ergeben würden und auf die überhaupt überaus verwickelte Synonomie von „*Ceratopogon*" und „*Tanypus*" habe ich 1915 [auf S. 559 bis 565] ausführlich hingewiesen.)

Zu welchen Absurditäten die starre Anwendung des Prioritätsgesetzes bei den Chironomiden führt, mag ein Beispiel aus TOWNES' Arbeit von 1945 „The Nearctic Species of Tendipedini" zeigen. TOWNES unterscheidet folgende Subfamilien der Tendipedidae (= Chironomidae): Podonominae, Diamesinae (gehören zu den Orthocladiinae!), Tendipedinae (= Chironominae), Hydrobaeninae (= Orthocladiinae), Campontiinae (= Clunioninae). Und die Subfamilie Tendipedidae teilt er in 2 Tribus ein: Tendipedini und Calopsectrini (= Tanytarsini). Für die bisher als Tanytarsariae (*Tanytarsus*-Gruppe) bezeichneten Formen tritt hier der Name Calopsectrini. Denn: als Genus *Tanytarsus* bezeichnet TOWNES Tendipedini (= Chironomini) in seinem Sinne. Und zwar unterscheidet er (S. 63) folgende nearktische Subgenera von *Tanytarsus: Endochironomus* KIEFF., *Tribelos* TOWNES, *Tanytarsus* WULP. In diesem Subgenus *Tanytarsus* aber vereinigt er: *Tanytarsus* WULP. (Genotype *punctipes* WIED.), *Lauterbornia* KIEFF. *(coracina* ZETT.), *Phaenopsectra* KIEFF. *(flavipes* MG.), *Sergentia* KIEFF. *(profundorum* K.), *Lenzia* KIEFF. *(albiventris* K.). Damit ist die Konfusion nun allerdings so vollkommen, daß sie ärger gar nicht gedacht werden kann. Denn in TOWNES' Genus *Tanytarsus* stecken jetzt (in unserem Sinne) Chironomariae genuinae *(Endochironomus)*, Chironomariae connectentes *(Phaenopsectra, Lenzia, Sergentia)* und Tanytarsariae genuinae *(Lauterbornia)*. Und wie soll der Artenkomplex, den wir bisher als „*Tanytarsus* V. D. W." bezeichnet haben, genannt werden? Man kann wirklich auf eine Monographie der „Calopsectrini" aus der Feder TOWNES' gespannt sein! Wenn man so vorgeht, wie es hier geschehen ist, dann wird nicht nur die ganze Chironomidenliteratur der letzten 50 Jahre unverständlich, das gleiche gilt ebenso für das limnologische, fischereibiologische und abwasserbiologische Schrifttum! Das ist — man verzeihe mir das harte Wort! — grober Unfug, und den mache ich nicht mit.

Hier sei auch noch einmal scharf hervorgehoben, was ich schon oft betont habe: eine einigermaßen natürliche Systematik darf nicht ausschließlich auf den Imagines aufbauen, sondern muß gleichzeitig auch die Larven und Puppen mitberücksichtigen.

Ich gliedere und benenne heute, vor allem auch unter Berücksichtigung der Metamorphosestadien, die Familien der Ceratopogonidae und Chironomidae so:

Fam. Ceratopogonidae
- Subf. Ceratopogonidae genuinae (Forcipomyinae)
- Subf. Ceratopogonidae intermediae (Dasyheleinae)
- Subf. Ceratopogonidae vermiformes (Ceratopogoninae)
- Subf. Ceratopogonidae musciformes (Leptoconopinae)

Fam. Chironomidae
- Subf. Podonominae
- Subf. Tanypodinae
  - Sectio Tanypi
  - Sectio Micropelopiae
- Subf. Orthocladiinae
  - Sectio Orthocladiariae
  - Sectio Corynoneurariae
  - Sectio Clunionariae
- Subf. Chironominae
  - Sectio Chironomariae
    - Subsectio Chironomariae genuinae
    - Subsectio Chironomariae connectentes
  - Sectio Tanytarsariae
    - Subsectio Tanytarsariae connectentes
    - Subsectio Tanytarsariae genuinae
      - Gruppe Eutanytarsus
      - Gruppe Rheotanytarsus
      - Gruppe Paratanytarsus
      - Gruppe Atanytarsus
      - Gruppe Lithotanytarsus
      - Gruppe Halotanytarsus
      - Gruppe Neotanytarsus

Diese Mücken sind zarte, kleine Tiere, die Männchen mit „Federbusch"-Antennen geschmückt. Schwärmen sie in Massen, oft Rauchsäulen vergleichbar, dann fallen sie auch dem Laien auf; oft schon waren sie Veranlassung, daß die Feuerwehr alarmiert wurde, weil ihre gewaltigen Schwärme Rauchentwicklung vortäuschten (Abb. 1, S. 5) (THIENEMANN 1924; R. R. 1927; WASMUND 1928). Bekannt ist auch die mächtige Entwicklung der „Haffmücken" (vor allem von *Chironomus plumosus*) am Kurischen und Frischen Haff; in den Mückenjahren sind in Rossitten die Schwärme zuweilen so dicht, daß man beim Fahren und Reiten kaum die Pferde hindurch bekommt und daß man die Haffmücken körbeweise als Vogelfutter sammeln kann (THIENEMANN 1936 f.). Und an ruhigen schönen Frühlingsabenden ist an den großen holsteinischen Seen oft die ganze Luft von einem summenden Getön erfüllt, es klingt wie das Surren eines Flugzeugpropellers:[2] die Mücken der Tiefe unserer Seen (*Chironomus anthracinus* ZETT. = *bathophilus* K.) sind geschlüpft und schwärmen in dichten Massen, lassen das Weiß der Hauswände unter ihrem gleichmäßigen schwarzen Überzug verschwinden, und alle Spinnennetze sind voll von ihnen (THIENEMANN 1922). Die Larven der meisten Chironomiden leben im Wasser; heute lernt schon der Jungfischer, daß die roten *Chironomus*larven die wichtigste Nahrung für die meisten unserer Süßwasserfische darstellen; der Aquarienliebhaber schätzt die „roten Mückenlarven" als Futter für seine Fische und kauft sie in den Zierfischhandlungen. Und im Baikalgebiet sollen Chironomidenlarven sogar als Dünger verwendet werden (PAX 1938). Die Massenentwicklung mancher Chironomidenform fällt also auch dem Laien auf, ja gewinnt praktische Bedeutung.

Wenn ich oben sagte, man könne viele Probleme der Limnologie und allgemeinen Ökologie an der Hand der Chironomidenverbreitung entwickeln, so mag vielleicht der Einwurf erhoben werden, das gehe doch schließlich auf Grund jeder Organismengruppe mehr oder weniger gut, wofern die betreffende Tier- oder Pflanzengruppe nur eingehend genug erforscht sei. Das ist natürlich richtig, aber doch mit einer starken Einschränkung: es muß sich dabei um eine Gruppe handeln, die in dem zu betrachtenden Lebensgebiet (z. B. in den Binnengewässern) erstens in sehr großer Artenzahl auftritt und zweitens auch die Mehrzahl der einzelnen Lebensstätten dieses Gebietes zahlreich und mit für diese charakteristischen Arten bevölkert. Beides trifft für die Chironomiden in weitaus höherem Maße zu als für andere Familien der Süßwassertiere!

Betrachten wir zuerst die Zahl der Chironomidenarten, die im Imaginalstadium bekannt sind. Es ist interessant, zu sehen, wie unsere Kenntnis in dieser Beziehung sich entwickelt hat. Dabei wollen wir nicht zurückgehen auf die Zeiten von LINNÉ, FABRICIUS oder MEIGEN. Ich will nur die 4 bis 5 Jahrzehnte berücksichtigen, während derer ich mich selbst mit den Chironomiden, insbesondere ihrer Metamorphose, befaßt habe. Als J. J. KIEFFER 1906 seine Bearbeitung der Chironomidae in den „Genera Insectorum" abschloß, waren im ganzen aus allen Teilen der Erde 1135 Chironomidenspecies bekannt. Es gibt leider keine Zusammenstellung der Chironomiden der Welt, die dem h e u t i g e n Stande der Kenntnis entspricht. Wir haben nur Zahlen für einzelne Gebiete. Bei all den im folgenden gebrachten Zahlen handelt es sich sicher um M i n i m a l werte. Denn wenn auch in Zukunft

[2] Zu den Tönen, die beim Schwärmen der Chironomiden entstehen, vgl. BURRILL 1912, Seite 143 bis 145.

Abb. 1. Chironomidenschwärme, Rauchwolken vergleichbar. Nach einem Stich aus dem Jahre 1812. [Aus WASMUND 1928.]

gewiß noch viele Arten als Synonyma zusammengezogen werden: die Durchforschung aller Länder ist noch eine so ungenügende, daß selbst in Europa noch dauernd wirklich neue Arten gefunden werden. So konnte ich bei meinen Arbeiten in Oberbayern (1936b, S. 211) unter 153 Arten 31 novae species feststellen, in Lappland (1941, S. 202) unter 233 Arten (und Varietäten) ebenfalls 31 novae species; im Lunzer Seengebiet in Niederösterreich

(1950) waren von 263 Arten 36 neu. Kürzlich beschrieb L. BRUNDIN (1947) aus Schweden 47 neue Arten; insgesamt 422 Arten (exklusive Ceratopogoniden) sind damit aus Schweden bekannt. Aus BRUNDINS großem Buch (1949, S. 671) geht hervor, daß aus schwedischen Seen 305 Chironomidenarten bekannt sind (47 Tanypodinen, 1 Podonomine, 94 Orthocladiinen, 100 Chironomarien, 63 Tanytarsarien). Weiter sei auf die zahlreichen Neubeschreibungen hingewiesen, die wir der unermüdlichen Arbeit Dr. M. GOETGHEBUERS verdanken.

In der „Faune de France" bearbeiteten von 1925 bis 1932 J. J. KIEFFER (Ceratopogoniden 1925) und M. GOETGHEBUER (Chironomiden 1927, 1928, 1932) diese Gruppe. Es werden zusammengestellt für die

Ceratopogonidae	217 Arten
Tanypodinae	133 Arten
Chironominae	337 Arten
Orthocladiinae	337 Arten.

Also im ganzen 1024 Arten der „Faune de France" 1932, d. h. fast soviel wie 1906 für die ganze Welt bekannt waren!

In E. LINDNERS großem Werk über die Fliegen der palaearktischen Region sind bisher nur die Ceratopogoniden, Tanypodinen, Chironominen und Podonominen abgeschlossen, die Orthocladiinen noch nicht (Imagines von M. GOETGHEBUER, Metamorphose von FR. LENZ).

Artenzahl:	Ceratopogonidae . . .	364
	Tanypodinae	192
	Chironominae	538.

Diese Gruppen umfassen zusammen 1094 Arten gegen 687 Arten der „Faune de France". Bei den von mir zu den Orthocladiinae gerechneten Diamesini und Corynoneurinae, die im LINDNER schon erschienen sind, verhält sich die Artenzahl verglichen mit der der „Faune de France" wie 88 : 53 (Diamesini) bzw. 47 : 18 (Corynoneurinae).

Ich habe (1939, S. 110) die Zahl der Chironomidenarten der Palaearktis auf mehr als 2000, die der ganzen Welt auf ein Mehrfaches dieser Zahl geschätzt und halte auch jetzt diese Schätzung aufrecht. SÉGUY (1950, S. 482) gibt als bekannte Spezies für die Ceratopogoniden 500, für die Chironomiden 3000 an.

Ein paar Einzelzahlen mögen den Artenreichtum der Chironomiden noch beleuchten:

In Westfalen wies ich in den Jahren 1907 bis 1917 305 Arten nach (THIENEMANN 1919); darunter befinden sich allerdings eine Anzahl Formen, die später als synonym zusammengezogen wurden; das gilt auch für die 511 Arten, die O. KRÖBER 1935 für Schleswig-Holstein angibt. Meine oberbayerischen Untersuchungen (1936 b) brachten 153 Arten, meine Lappland-arbeiten (1941) 233 Arten, die Chironomidenstudien im Lunzer Gebiet 263 Arten.

Hat so die Kenntnis der Imaginalarten der Chironomiden in den letzten vier Dezennien gewaltig zugenommen, so gilt das in noch höherem Maße für die der Larven und Puppen. 1908 war nur von 4 bis 5% aller bekannten Chironomidenspezies die Metamorphose mehr oder weniger bekannt (THIENEMANN 1908 a). Bei der Herausgabe der betreffenden Lieferungen des LINDNERschen Dipterenwerkes (1933—1936) war von 364 Ceratopogonidenarten die Metamorphose von 91 Arten — also von 25% — bekannt, von 192 Tanypodinenarten die Metamorphose von 103 Arten — also von 54%. 1944 konnte ich in meine „Bestimmungstabellen für die bis jetzt bekannten Larven und Puppen der Orthocladiinen" etwa 350 Arten aufnehmen. Und aus der 1937 (b) von mir aufgestellten kleinen Unterfamilie Podonominae ist die Metamorphose aller fünf europäischen Arten jetzt bekannt (dazu noch die zweier antarktischer respektive patagonischer Arten).

Hier mag kurz eingeschaltet sein, daß schon ARISTOTELES die rote *Chironomus*-Larve kannte; er beschreibt sie aus den Küchenabwässern von Megara, vermischt sie allerdings mit den in solchen organisch verunreinigten Gewässern ebenfalls häufigen *Tubifex*-Würmern; die ausschlüpfende Mücke nennt er *Empis*, eine Verwechslung mit der Stechmücke *Culex* (THIENEMANN 1912 b). Der Irrtum des ARISTOTELES aber ist entschuldbar, wenn man bedenkt, daß seine Beobachtungen im Freien angestellt sind an Lokalitäten, an denen *Tubifex*-, *Culex*- und *Chironomus*-Larven nebeneinander vorkommen. Wir werden diese Verwechslung wohl noch milder beurteilen, wenn wir erfahren, daß noch im 17. Jahrhundert als Larven der Stechmücken Chironomidenlarven angesehen wurden, und das von einem Autor, dem holländischen Maler und Entomologen JOH. GOEDART (1620—1668), der die Aufzucht der Insektenlarven in der Studierstube vornahm (THIENEMANN 1922 b, 1923; SPÄRCK 1922, S. 33—35).

Der wirklich mächtige Fortschritt in der Kenntnis der Chironomidenmetamorphose steht im Zusammenhang mit dem Aufschwung, den die Süßwasserforschung überhaupt in den letzten Jahrzehnten genommen hat. Dem Limnologen, dem Fischereibiologen, dem Wasserhygieniker treten die Chironomiden als Larven und Puppen entgegen; er hat das größte Interesse daran, diese bestimmen zu können, ohne erst jedesmal die Aufzucht der Larve bis zur Imago vornehmen zu müssen.

Die Arbeit der Metamorphosenforscher aber wäre nicht möglich gewesen, wenn sie von den Imaginalsystematikern nicht weitgehend unterstützt worden wären. Zuerst war es Professor Dr. J. J. KIEFFER (Bitsch) (Abb. 2), der sich der Beschreibung der zahlreichen von mir und anderen gezüchteten Imagines annahm. Hunderte von neuen Chironomidenarten hat er in unermüdlichem Fleiße beschrieben. Eine zusammenfassende Darstellung der Imaginalsystematik war schon weit fortgeschritten: „nulla dies sine linea" schrieb er mir noch im Dezember 1925; da nahm ihm der Tod am vorletzten Tage des Jahres plötzlich die Feder aus der Hand. Was er der allgemeinen Süßwasserbiologie durch seine systematische Arbeit gegeben hat, wird ihm unvergessen bleiben (Thienemann 1926, S. 42). Seine Biographie schrieben E. Fleur und H. Nominé (Nominé 1926; Fleur et

Abb. 2. Professor Dr. J. J. Kieffer, Bitsch (* 7. II. 1857, † 30. XII. 1925)

Abb. 3. Dr. M. Goetghebuer, Gent

Nominé 1929). Nach seinem Tode waren es vor allem Dr. M. Goetghebuer (Gent) (Abb. 3), Dr. F. W. Edwards (London) und Professor Dr. O. A. Johannsen (Ithaka), die Kieffers Erbe in dieser Beziehung übernahmen. Von diesen deckt F. W. Edwards (Abb. 4) jetzt auch schon die Erde (gestorben 15. November 1940; Nachrufe Riley 1940, Hobby 1941, Imms 1941; Bibliographie Smart 1945). Sie vor allem waren es, die durch ihre systematischen Untersuchungen die Arbeit der Metamorphosenforscher erst ermöglicht haben; sie haben dadurch auch der Limnologie und Biologie im allgemeinen unschätzbare Dienste geleistet! Alle auf dem Gebiet der Metamorphosenforschung tätigen oder tätig gewesenen Zoologen aufzuzählen, würde zu weit führen. Ich nenne hier nur Professor Dr. JAN ZAVŘEL (Brünn) (Abb. 5), der uns mit einer Fülle von Studien nicht nur systematischer, sondern auch ökologischer, physiologischer, anatomischer und histologischer Art über die Larven und Puppen der Chironomiden beschenkt hat, bis ihn allzufrüh der Tod am 3. Juni 1946 hinwegriß; ferner Professor Dr. O. A. JOHANNSEN (Ithaka) (Abb. 6), dem wir u. a. eine Menge von Einzelarbeiten sowie zu-

Abb. 4. Dr. F. W. EDWARDS, London
(° 28. XI. 1888, † 15. XI. 1940)

Abb. 5. Professor Dr. J. ZAVŘEL, Brünn
(° 5. V. 1879, † 3. VI. 1946)

sammenfassende Darstellungen über die nordamerikanische Chironomidenfauna verdanken und der auch die Chironomidenimagines der Deutschen Limnologischen Sunda-Expedition (1928—1929) beschrieben hat; schließlich meinen Mitarbeiter Professor Dr. FR. LENZ (Plön), der seine langjährigen Erfahrungen auf dem Gebiete der Chironomidenmetamorphose jetzt in den Larven- und Puppenbearbeitungen in LINDNERS palaearktischen Dipteren zusammenfaßt. Aus der jüngeren Generation hat sich FR. PAGAST mit seiner Monographie der um die Gattung *Diamesa* gruppierten Chironomiden (1947) in die vorderste Reihe der Chironomidenforscher gestellt; sein früher Tod —

er kehrte 1944 von einem Fluge von der Krim, wo er im Dienste der Malariabekämpfung tätig war, an die rumänische Küste des Schwarzen Meeres nicht zurück — bedeutet einen schweren Verlust für unsere Wissenschaft. Die Erforschung der Chironomidenfauna Schwedens hat neuerdings Lars Brundin (Stockholm) mit größtem Eifer und größter Gründlichkeit erfolgreich aufgenommen (Brundin 1942, 1947, 1948, 1949). Die terrestrische

Abb. 6. Professor Dr. O. A. Johannsen, Ithaka, N. Y.

Chironomidenfauna hat in systematischer wie ökologischer Hinsicht in K. Strenzke (Plön) ihren Bearbeiter gefunden (Strenzke 1950). Schließlich sei noch darauf hingewiesen, daß O. Harnisch in seinen an allgemeinen Ergebnissen so reichen atmungsphysiologischen Untersuchungen an Chironomidenlarven (vgl. z. B. Harnischs Zusammenfassung in Thienemann 1939 d, S. 139—142) zahlreiche Nachfolger gefunden hat, und daß das gleiche für Hans Bauers grundlegende Chromosomenstudien an diesen Tieren gilt (Zusammenfassung in Thienemann 1939 d, S. 135—138). Bauers Arbeiten sind auch für die Systematik der Chironomiden von Bedeutung geworden (vgl. Bauer 1945). Daß bei der Gemeinschaftsarbeit der mehr limnologisch und der mehr systematisch-entomologisch gerichteten Forscher immer wieder neue und interessante Ergebnisse schon auf rein systematischem Gebiete erzielt werden, zeigt u. a. die Entdeckung einer ganz neuen Unterfamilie der Chironomiden, der Podonominae (THIENEMANN 1937 b).

Aber die Chironomiden sind — sieht man von der eigentlichen Mikrofauna ab — nicht nur die artenreichste Tierfamilie unserer Binnengewässer überhaupt: auch in den einzelnen limnischen Biotopen übertrifft ihre Artenzahl meist die jeder anderen Familie!

Ich gebe im folgenden zuerst die Zahlen für eine Reihe der von meinen Schülern und mir untersuchten Gewässer (Chironomidae + Ceratoponidae).

	Untersucher und Literaturhinweis	Artenzahl der Chironomiden
Stehende Gewässer:		
Maare der Eifel	THIENEMANN 1915	> 61
Westfälische Talsperren	THIENEMANN 1911	> 42
Großer Plöner See	HUMPHRIES 1938	> 115
Litoraler Bewuchs holsteinischer Seen	MEUCHE 1939	> 70
Holsteinische Kleingewässer	KREUZER 1940	59
Gartenbecken Plön	THIENEMANN 1948	37
Lunzer Untersee	THIENEMANN 1950	87
Lunzer Mittersee	THIENEMANN 1950	40
Lunzer Obersee	THIENEMANN 1950	30—31
Fließende Gewässer:		
Bäche der Mittelgebirge (Sauerland, Schweiz)	THIENEMANN 1912e, 1941	
	GEIJSKES 1935	> 91
Oberbayerische Alpenbäche	THIENEMANN 1936b	> 67
Holsteinische Fließgewässer	NIETZKE 1938	> 79
Lappländische Fließgewässer	THIENEMANN 1941	> 45

Hier noch einige Zahlen aus BRUNDINS (1949) Untersuchungen der südschwedischen oligotrophen Seen. Er stellte in ihnen die folgenden Zahlen für die Chironomidenarten fest:

Innaren (oligohumos)	140
Skärshultsjön (mäßig polyhumos)	89
Grimsgöl (extrem polyhumos)	37
Södra Bergundasjön (kultureutrophiert)	30
Växjösjön (kultureutrophiert)	29
Trummen (kultureutrophiert)	37

Solche Zahlen erscheinen aber erst im rechten Licht, wenn wir sie mit den Artenzahlen der anderen in der gleichen Lebensstätte vorhandenen Tiergruppen vergleichen. Ich greife zu diesem Zwecke fünf Untersuchungen heraus, bei denen wir bemüht waren, alle Tiergruppen möglichst gleichmäßig zu berücksichtigen. Die eigentliche Mikrofauna (vor allem Rotatorien) hat nur MEUCHE auch untersucht; sie ist, da mit den größeren Formen nicht vergleichbar, in die folgende Tabelle nicht mit aufgenommen.

Diese Untersuchungen sind: meine westfälischen Talsperrenstudien 1907 bis 1911 und die Beobachtung der Tierwelt eines kleinen Beckens in unserem Garten in Plön während der Jahre 1944 bis 1947 (THIENEMANN 1948), ferner MEUCHES Bearbeitung der Tierwelt des Algenbewuchses im Litoral ostholsteinischer Seen, KREUZERS limnologisch-ökologische Untersuchungen an holsteinischen Kleingewässern und endlich NIETZKES Feststellungen über die Tierwelt schleswig-holsteinischer Fließgewässer. Bei den Zahlen ist zu beachten, daß sie natürlich Minimalzahlen sind, daß bei den Talsperren das Plankton in diese Zahlen nicht mit aufgenommen wurde, und daß es sich beim Algenbewuchs des Litorals nur um einen verhältnismäßig kleinen Teilbiotop, einen Ausschnitt aus dem Seeganzen, handelt. Tiergruppen, die in der Bevölkerung des betreffenden Biotops nur eine ganz untergeordnete Rolle spielen, sind in der Tabelle zum Teil nicht aufgeführt worden.

Tiergruppe	I Fließgewässer Schleswig-Holsteins (Nietzkc 1938)	II Westfälische Talsperren (Thienemann 1911)	III Algenbewohner holsteinischer Seen (Meuche 1939)	IV Holsteinische Kleingewässer (Kreuzer 1940)	V Gartenbecken Plön, Seestr. 29 (Thienemann 1948)
1. Hydrozoa		2	6		0
2. Turbellaria	4	3	4	4	0
3. Oligochaeta + Hirudinea	15	8	38		2
4. Mollusca	29	5	25	18	0
5. Cladocera	3		27	10	3
6. Copepoda	10		39		1
7. Ostracoda	4		20		2
8. Hydracarina	28	18	39	59	18
9. Rhynchota	12	2	6	22	7
10. Coleoptera (aquatische)	24	7	22	109	22
11. Plecoptera	3	1	1	2	0
12. Ephemeroptera	15	3	10	2	2
13. Trichoptera	39	11	30	22	2
14. Odonata	5		5	18	1
15. Diptera exklusive Chironomidae	11	3	7	46	7
16. Chironomidae + Ceratopogonidae	77	42	70	59	36

Nur in einem Falle, in den holsteinischen Kleingewässern, stehen die Chironomiden an Artenzahl (59) nicht an erster Stelle, sie werden hier bei weitem

(109 Arten) von den Wasserkäfern übertroffen. („So werden die Kleingewässer in ihrer vielgestaltigen Gesamtheit zu Zentralbiotopen für die euryplastische und euryözische Wasserkäferfauna eines Gebietes" [KREUZER 1940, S. 525].) In den anderen 4 Gewässern aber übertrifft die Artenzahl der Chironomiden (+ Ceratopogoniden) die jeder anderen Tiergruppe! Zählt man die Artenzahlen für alle Tiergruppen, die in jeder der fünf Lebensstätten berücksichtigt wurden (also 2, 4, 8—13, 15, 16), zusammen und berechnet, welchen Anteil die Chironomiden an der Gesamtartenzahl besitzen, so ergibt sich:

	I	II	III	IV	V	Durchschnitt I—V
Artenzahl im ganzen	242	95	214	343	94	
Artenzahl der Chironomiden absolut	77	42	70	59	36	
Desgl. in % der gesamten Artenzahl	31%	44%	33%	17%	38%	33%

Bei den hier als Beispiel herangezogenen, doch recht heterogenen limnischen Lebensstätten beträgt also die Artenzahl der Chironomiden rund ein Drittel der Artenzahl der nicht-mikroskopischen gesamten niederen Tierwelt dieser Biotope. Wenn sich dieser Prozentsatz natürlich bei Berücksichtigung aller Tiergruppen (immer exklusiv Mikrofauna) auch etwas erniedrigen wird, so kann man doch mit Sicherheit behaupten, daß in unseren normalen, nicht allzu extrem gestalteten Gewässern die Chironomiden an Arten ein Viertel bis ein Drittel der makroskopischen Fauna stellen! Es war also durchaus berechtigt, wenn ich einmal (1936 b, S. 168) scharf formulierte: „Jede Behandlung der Tierwelt eines limnischen Biotops, die seine Chironomiden nur mit ein paar Worten abtut, vernachlässigt einen besonders wichtigen Teil seiner Fauna und muß so fragmentarisch bleiben."

Dieser Teil der Süßwasserfauna ist aber nicht nur wegen seiner in den meisten Biotopen so hohen Artenzahl „besonders wichtig"; es kommt hinzu, daß, wie wir später sehen werden, einzelne Arten auch quantitativ eine solche Entwicklung erfahren können, daß sie eine bedeutende Rolle im Stoffkreislauf des von ihnen bevölkerten Gewässers gewinnen und so auch wirtschaftlich von größter Bedeutung werden. Und endlich gibt es auf der ganzen Erde nur sehr wenige limnische Biotope, die ganz chironomidenfrei sind.

Die Chironomiden spielen wirklich im Haushalt der Natur eine nicht zu unterschätzende Rolle!

Einige Notizen über fossile Chironomiden

Nur ganz vereinzelte Angaben finden sich über fossile Chironomidenlarven.

BRADLEY (1931, S. 50) meldet aus verschiedenen Horizonten der amerikanischen mitteleozänen „Green River Formation" häufiges Auftreten von

Chironomidenlarven; die von ihm abgebildete Larve k a n n eine Chironomidenlarve sein, aber auf Grund der Larve ist S i c h e r h e i t n i c h t zu gewinnen. SKUDDER beschrieb aus diesen Schichten als Imagines *Chironomus septus, depletus* und *patens.*

Über spätglaziale Chironomidenlarven aus einem kleinen Tümpel (70 × 150 m) bei Naestved (Dänemark) berichtet SÖGAARD-ANDERSEN (1938). Es handelt sich um Ablagerungen aus der älteren Dryaszeit, dem Alleröd und der jüngeren Dryaszeit. Vorhanden waren etwa 30 Arten, die durchweg auch heute lebenden Larvengruppen angehören; nur von einer Art, *Dryadotanytarsus edentulus,* nimmt SÖGAARD-ANDERSEN (1943) an, daß sie in der Gegenwart nicht auftritt. SÖGAARD-ANDERSEN glaubt auf Grund seiner Befunde „der Chironomidenanalyse eine Zukunft neben der Pollenanalyse voraussagen zu können, denn durch sie wird es möglich, die schon bekannte Einteilung des Spätglazials weiter zu gliedern".

Das ist alles, was ich über fossile Chironomiden l a r v e n finden konnte. Über subfossile Tanytarsarienröhren vgl. Seite 351 dieses Buches.

Wesentlich mehr bekannt ist über fossile Chironomiden p u p p e n. Aus dem Oligozän Frankreichs verzeichnet — neben zahlreichen Imagines — THÉOBALD (1937, S. 240) auch Chironomidenpuppen ohne nähere Angaben über ihre systematische Stellung. Aus der oberoligozänen Blätterkohle von Rott im Siebengebirge (Rheinland) waren seit langem Chironomiden, und zwar Imagines, Puppen und Puppenexuvien bekannt. Schon 1859 beschrieb C. VON HEYDEN als *Chironomus antiquus* eine Puppe, die wahrscheinlich eine Tanypodine ist (STATZ 1944, S. 123). Eine heutigen Ansprüchen genügende Beschreibung der Rotter Chironomidenpuppen gab zuerst HARNISCH (1932). Die Hauptform des Materials war eine Tanypodine, die nach Bau des Prothorakalhorns und der Analflosse *Procladius pectinatus* sehr ähnlich ist. STATZ (S. 133) identifiziert mit ihr *Chironomus antiquus* v. HEYD. (1859) und *Chir.* sp. Nr. 6 bis 9 v. HEYD. (1870). Eine weitere Puppe — nur ein Exemplar — stellt HARNISCH in die Verwandtschaft von *Clinotanypus.* (Die Kritik STATZ' [S. 125] an dieser Feststellung scheint mir unberechtigt zu sein.) Ferner bildet HARNISCH eine Puppe ab, die zweifellos eine Orthocladiine ist. (Auch dieser Befund wird von STATZ [S. 125] sicher mit Unrecht angezweifelt.) Eine Anzahl schlecht erhaltener Puppen wird von HARNISCH zu den Chironomarien gestellt; ferner 5 Puppen und 2 Exuvien zu den Ceratopogoniden.

Wesentlich erweitert hat STATZ die Kenntnis der Chironomiden von Rott in seiner schönen Arbeit von 1944; hier auch ausgezeichnete Photographien der Fundstücke. Neues über die Puppen der eigentlichen Chironomiden bringt sie aber nicht; nur bezeichnet er als *„Pelopiina exuvia"* zarte kleine Exuvien, die wohl mit den von HARNISCH zu den Chironomarien gestellten identisch sind. Ich wage es nicht, sie einer Subfamilie zuzuordnen! Bei den

Ceratopogoniden unterscheidet er nicht weniger als 13 Formen als „*Ceretopogon*" *pupa* Nr. 1 bis 13. Eine gehört vielleicht zur Gattung *Dasyhelea*, wie schon HARNISCH vermutet, von den übrigen lassen sich keine Angaben über Gattungszugehörigkeit machen. — Nun zu den fossilen Imagines.

STATZ (l. c. S. 134) schreibt: „Die ältesten Funde, die bisher aus der Familie der Tendipediden bekannt wurden, entstammen dem oberen Jura (Malm) des Vale of Wardour in England. Es liegen daraus drei kleine Tierchen von 3 bis 4 mm Körperlänge vor, die nach HANDLIRSCH (1908, S. 631/632) zu den Zuckmücken gehören dürften. Die Deutung ihrer Gattung ist nicht möglich." Aus der Kreidezeit, und zwar aus Kanadischem Bernstein, beschrieb BOESEL (1937) 6 Ceratopogonidenimagines und 3 Orthocladiinen, und zwar:

Lasiohelea cretea, L. globosa, Atrichopogon canadensis, Dasyhelea tyrrelli, Ceratopogon aquilonius, Protoculicoides (n. g.) *depressus, Metriocnemus cretatus, Spaniotoma conservata, Smittia veta.* Diese Kreidechironomiden lassen sich — mit einer Ausnahme *(Protoculicoides)* — also schon in den rezenten Gattungen unterbringen!

Besser sind wir über die fossilen Chironomidenreste des Tertiärs unterrichtet. Rott und der baltische Bernstein lieferten die größte Ausbeute. Wir besprechen sie zuletzt.

Nach einer Zusammenstellung von STATZ (S. 134) sind von weiteren Fundstellen bekannt:

Oberes	Miozän:	Öhningen, Baden (3 Arten)
Unteres	Miozän:	Radoboj, Kroatien (1)
	Miozän:	Florissant, Colorado (2?)
Oberes	Tertiär:	Emmaville, Neu-England, Australien (1)
Mittleres	Oligozän:	Brunstadt, Elsaß (1)
	Oligozän:	White River, Colorado (5)
		Green River, Wyoming (2)
		Quesnel, Britisch-Kolumbien (2?)

(Vgl. hierzu auch die Zusammenstellung bei MEUNIER [1904, S. 188—190].)

Dazu kommen die von THÉOBALD (1937) aus dem französischen Oligozän beschriebenen Imagines: *Chironomus* sp., *Ch. serresi, Ch. aquisextanus* (und *Ceratopogon* sp.).

Es handelt sich in all diesen Fällen um Chironomidae s. s. (exklusiv Ceratopogonidae), um etwa 20 Arten von 11 Fundstellen. Demgegenüber konnte STATZ aus dem Oberoligozän von Rott 12 Arten nachweisen, und zwar 8 Tanypodinen (*Procladius* 2, *Ablabesmyia* 6) und 4 Orthocladiinen, dazu kommen noch etwa 4 incertae sedis. Noch reicher sind die Ceratopogoniden in Rott vertreten. 20 Arten werden von STATZ benannt (*Atrichopogon* 1, *Culicoides* 12, *Stilobezzia* 2, *Bezzia* 1, *Serromyia* 3); ferner 17 weitere als „*Ceratopogon*" beschrieben, davon 14 Puppenformen, die natürlich eventuell zu den beschriebenen Imagines gehören können. Ein reicher Artenbestand, vor allem, wenn man bedenkt, daß fossile Ceratopogoniden bisher nur aus dem unteren Oligozän der Provence und dem miozänen Bernstein Siziliens bekannt waren.

Der baltische Bernstein (oberes Eozän) hat eine große Anzahl von Chironomidenimagines erhalten. Beschrieben sind sie vor allem in den Monographien von H. LOEW (1864) und F. MEUNIER (1904, Ergänzungen MEUNIER 1916). Das war in einer Zeit, als die Chironomiden-Systematik noch ganz im argen lag. In seiner Monographie von 1904 zählt MEUNIER aus dem baltischen Bernstein auf für *Chironomus* MG. 15 Arten, für *Cricotopus* v. D. W. 21 Arten, für *Tanytarsus* v. D. W. 3 Arten, für *Eurycnemus* v. D. W. 6 Arten, für *Camptocladius* v. D. W. 2 Arten, für *Tanypus* MG. 7 Arten, für *Ceratopogon* v. D. W. 20 Arten. Dazu kommen noch (MEUNIER 1916) 2 *Cricotopus*-Arten und eine *Cricotopiella*-Art. KIEFFER hat (1906 a, S. 1) im Anschluß an MEUNIER 1904 und andere das gesamte bisher aus dem baltischen Bernstein beschriebene Chironomidenmaterial auf die damaligen Chironomiden-Großgattungen verteilt und kommt dabei zu folgenden Artenzahlen (STATZ' Zusammenstellung [S. 135] kommt zum Teil zu wesentlich geringeren Zahlen):

Chironomidae:
- Tanypodinae 15

Chironominae:
- Chironomariae etwa 60
- „*Tanytarsus*" 3

Orthocladiinae:
- „*Cricotopus*" 21
- *Eurycnemus* 6
- *Camptocladius* 2

Im ganzen etwa 107 Arten.

Ceratopogonidae:
- *Culicoides* 2
- *Ceratopogon* 36
- *Palpomyia* 1
- *Ceratolophus* 5
- *Heteromyia* 1
- *Serromyia* 1

Im ganzen also 46 Arten.

Es ist also eine recht stattliche Zahl von Chironomiden und Ceratopogoniden aus dem baltischen Bernstein bekannt.

Und doch kann man der systematischen Eingliederung der einzelnen Arten noch nicht recht trauen. Die Systematik der Chironomiden hat im letzten Halbjahrhundert solche Fortschritte gemacht, daß eine Neubearbeitung der Bernsteinfunde dringend notwendig ist. Hoffen wir, daß uns eine solche, etwa von der Art der Trichopterenmonographie ULMERS, in nicht allzu ferner Zukunft beschert wird!

II. Die ökologische Valenz der Chironomidenarten

Der Typus der Reaktion eines Organismus auf die Einflüsse der Umwelt, an die er gebunden ist, wird als seine ökologische Valenz bezeichnet.

Richard Hesse hat diesen Begriff in seiner klassischen „Tiergeographie auf ökologischer Grundlage" (1924) geprägt. Er schreibt (S. 16, 17): „Die Möglichkeit des Lebens ist nicht starr an unveränderliche Werte der Bedingungsfaktoren gebunden, sondern es besteht für jeden einzelnen Faktor ein gewisser Spielraum, der zwischen einem oberen und einem unteren Grenzwert liegt. Die Weite des Spielraums (Amplitude) der Lebensbedingungen, innerhalb deren eine Tierart zu gedeihen vermag, möge als die ökologische Valenz der Art bezeichnet werden. Wenn bei einer Tierart für möglichst viele Einzelfaktoren die beiden Grenzwerte weit auseinanderliegen, so möge die Art euryök heißen; liegen die Grenzwerte für viele Einzelfaktoren nahe beieinander, so heiße die Art stenök. Jene haben eine große, diese eine geringe ökologische Valenz ... Euryöke Tierarten können naturgemäß weitverbreitet, eurytop, sein, sie werden im extremen Falle als Ubiquisten bezeichnet. Dagegen sind stenöke Arten Spezialisten und kommen nicht an vielen Lebensstätten vor; damit ist durchaus vereinbar, daß sie auf der ganzen Erde überall dort vorkommen, wo die ihnen zusagende Lebensstätte mit allen entsprechenden Bedingungen ausgebildet ist." Wo ein Organismus die Möglichkeit maximaler Entfaltung zeigt, da liegt das Optimum seiner Lebensbedingungen. Abweichung einer Lebensbedingung vom Optimum nach dem Minimum wie (im allgemeinen auch) nach dem Maximum hin bedeutet für den Organismus eine Verschlechterung seines Milieus über ein „Pejus" zum „Pessimum" (Hesse, S. 19). Ein „Zuviel" wie ein „Zuwenig" bei einem Milieufaktor ist im allgemeinen gleichwertig, eine Verschlechterung der Lebenslage (Thienemann 1950 b, S. 20 ff.; hier weitere Ausführungen über die ökologische Valenz).

Die ökologische Valenz eines Organismus wird bestimmt durch den Vergleich der Umweltbedingungen an den verschiedenen Biotopen, an denen er lebt. Eurytopie bzw. Stenotopie sind also die Indikatoren für die Euryoecie bzw. Stenoecie des betreffenden Lebewesens. Das Experiment im Laboratorium hilft nur wenig oder gar nichts, da es nur die Wirkung eines einzelnen, isolierten Faktors prüfen kann. In der Natur aber ist das Vorhandensein eines Tieres oder einer Pflanze stets bedingt durch das Ganze der ineinander verflochtenen notwendigen Lebensbedingungen, ihres Komplexes und Konnexes. Das Fehlen eines Organismus an einer Lebensstätte allerdings kann auf der Ungunst eines einzelnen Faktors beruhen. In bezug auf die verschiedenen Milieufaktoren ist die ökologische Valenz eines Organismus nie die gleiche, er kann dem einen gegenüber stenovalent, dem anderen gegenüber euryvalent sein. Bezeichnet man mit Hesse einen Organismus im ganzen als euryök (= euryvalent [Zimmer]), so müssen die beiden Grenzwerte für „möglichst viele Einzelfaktoren" weit auseinander liegen; dabei sieht man von den Einzelfaktoren ab, bei denen diese Grenzwerte nahe beieinander liegen; in bezug auf diese verhält sich das im allgemeinen euryöke Tier also stenök (= stenovalent). Euryoecie und Stenoecie sind Grenzbegriffe, sowohl bei Anwendung dieser Termini auf einen einzelnen Milieufaktor wie auf die Gesamtheit der Lebensbedingungen eines Organismus.

Absolute Euryoecie oder Euryvalenz und damit auch absolute Eurytopie findet sich selbst innerhalb eines der drei Lebensbezirke (des terrestrischen, limnischen, marinen) bei keinem Organismus. Stets gibt es einige Umweltfaktoren, denen gegenüber sich ein nach HESSES Definition als euryök zu bezeichnender Organismus stenök, stenovalent verhält.

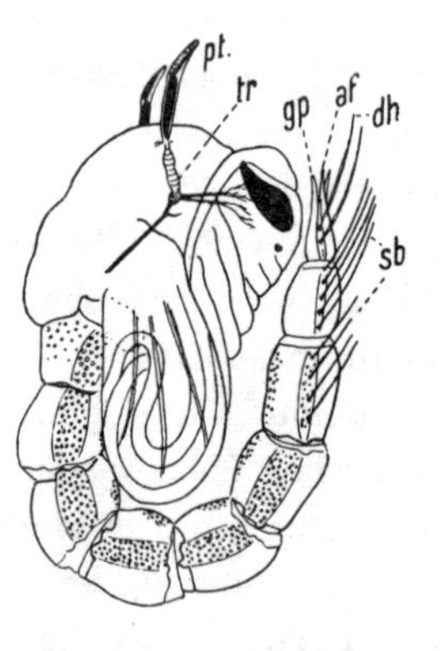

Abb. 7. Habitusbild einer Tanypodinen-Puppe (*Ablabesmyia* sp.). [Aus THIENEMANN-ZAVŘEL 1916.] pt = Prothoracalhörner, tr = Trachee, gp = Gonopodenscheide, af = Analflosse, dh = Drüsenhaare, sb = Schlauchborsten.

Prüfen wir dies unter Beschränkung auf den aquatischen, insbesondere limnischen Lebensbezirk an der Hand der Chironomiden.

Es gibt keine schwebende oder aktiv schwimmende Chironomidenlarve! Im Pelagial unserer Seen lebt keine Chironomidenlarve, alle Chironomidenlarven sind an festes Substrat gebunden. Es gibt unter den anderen Dipterenlarven echt planktische Formen, wie z. B. *Corethra,* oder auch *Mochlonyx;* aquatische Insektenlarven, z. B. Käferlarven, können gute Schwimmer sein, von den Wasserwanzen sind die Anisopinen typische Planktontiere; aber die Chironomidenlarven, die doch sonst Biotope aller Art erobert haben, bleiben vom Leben im freien Wasser ausgeschlossen. Sie sind ausschließlich „Bodentiere". Wohl kommt es vor, daß man einmal mit dem Planktonnetz kleine Chironomidenlarven fängt z. B. aus der Gattung *Corynoneura);* doch handelt es sich dann um Zufallsfunde, um Tiere, die durch stärkere Wasserbewegung aus ihrem eigentlichen Biotop, der Unterwasservegetation, herausgeschwemmt sind.[3]

Anders wird die Sache, wenn man die P u p p e n der Chironomiden betrachtet. All die Puppen der am Boden der Gewässer oder zwischen und in

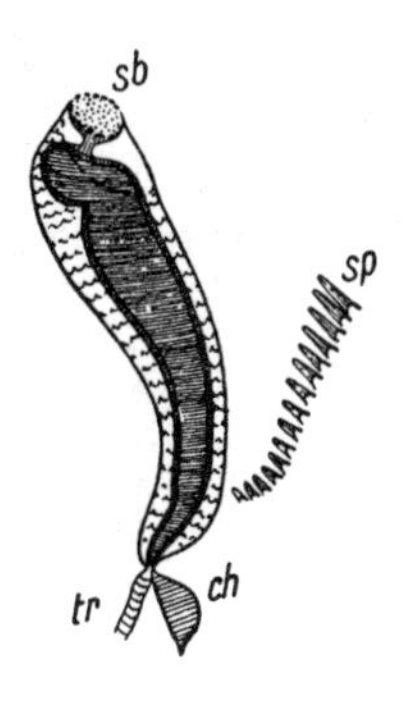

Abb. 8 a

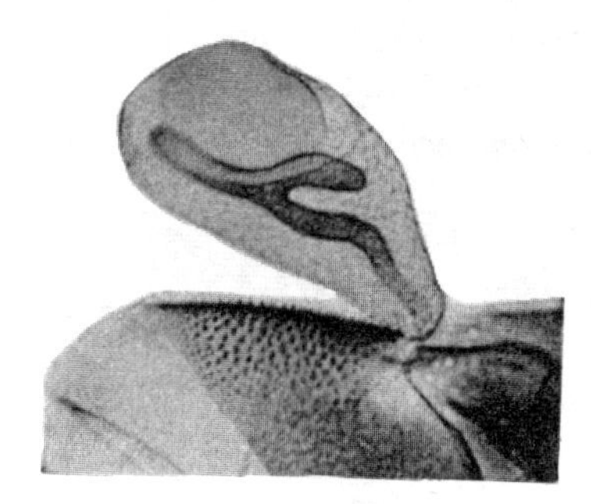

Abb. 8 b

Abb. 8. Prothoracalhörner von Tanypodinenpuppen. [Aus THIENEMANN-ZAVŘEL 1916 und 1921.] a) *Ablabesmyia tetrasticta* K., b) *Ablabesmyia lentiginosa* FRIES *(costalis* K.), c) *Protenthes punctipennis* MG. *(bifurcatus* K.), d) *Macropelopia goetghebueri* K. (*adaucta* K.).

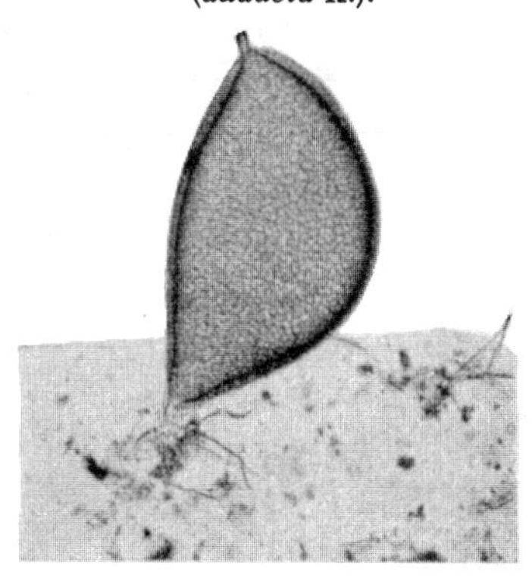

Abb. 8 c

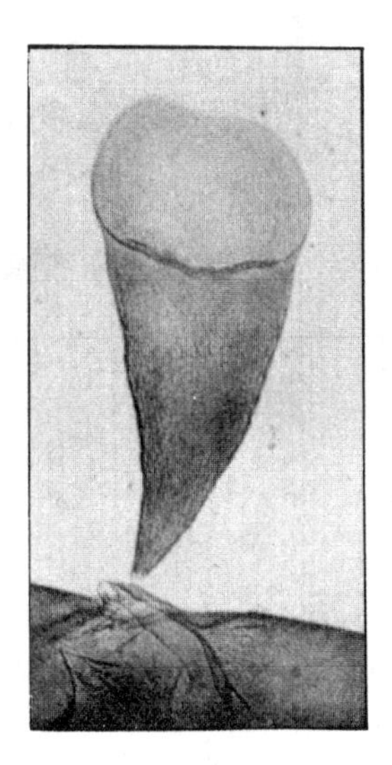

Abb. 8 d

den Wasserpflanzen lebenden Chironomiden schwimmen aktiv oder treiben passiv, wenn sie schlüpfreif geworden sind, zur Wasseroberfläche empor: sie führen also für eine allerdings recht kurze Zeit ein pelagisches Dasein. Aber man kann in diesen Fällen doch nicht recht von einer B e s i e d e l u n g

[3] Das gilt s i c h e r auch für die einzelnen *Parachironomus*-Larven, die BRUNDIN (1949, S. 160, 213) mit seinen Fangtrichtern (vgl. S. 274) in den schwedischen Seen Innaren und Skären fing.

des freien Wassers durch Chironomiden sprechen! Nun gibt es aber eine Chironomidenunterfamilie, bei der alle Angehörigen während der ganzen Dauer des Puppenstadiums wirklich ein Freiwasserleben führen, eine andere Unterfamilie, bei der dies wenigstens für einen Teil der Arten gilt. Ich meine die Tanypodinae und Podonominae. Die Puppen der Tanypodinen gleichen im Habitus, wie Abb. 7 zeigt, ganz den Culicidenpuppen. Wie diese, hängen sie in Ruhelage mit ihren bei den verschiedenen Arten recht verschiedenartig gebauten Prothorakalhörnern (Abb. 8) an dem Oberflächenhäutchen des Gewässers und atmen so atmosphärische Luft.

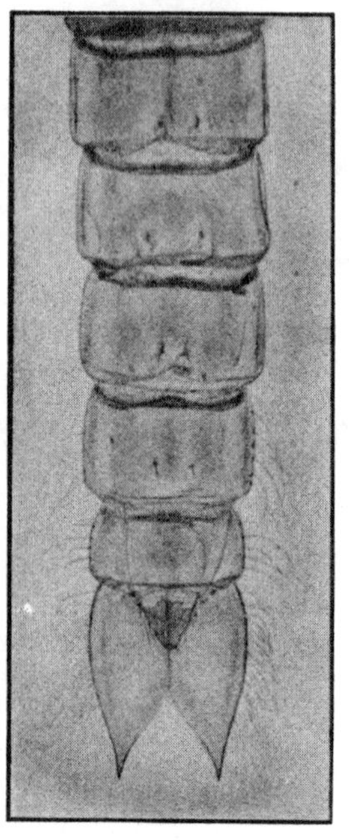

Abb. 9

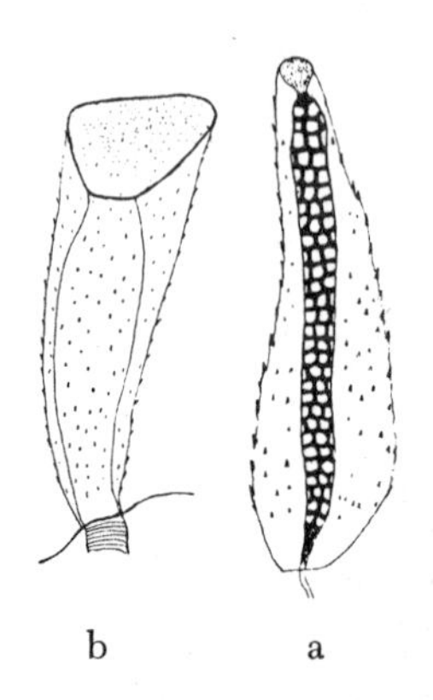

Abb. 10. Podonominen-Prothoracalhörner. a) *Lasiodiamesa gracilis,* b) *Trichotanypus posticalis.* [Aus THIENEMANN 1937 b.]

Abb. 9. Abdominalsegmente von *Macropelopia fehlmanni* K. [Aus THIENEMANN-ZAVŘEL 1916.]

Werden sie gestört, so flüchten sie mit eigenartigen purzelnden Bewegungen in tiefere Wasserschichten. Als Bewegungsorgan dient ihnen dabei die sogenannte Schwimmplatte oder Analflosse des letzten Segmentes (Abb. 9). Mit den beiden langen Schlauchborsten, Drüsenhaaren, die manche Arten an jeder Seite der Analflosse besitzen, können sie sich zeitweise an Pflanzenteilen oder dergleichen festhalten. Aber immer wieder müssen die Puppen zum Luftschöpfen an die Wasseroberfläche kommen. Sie sind echte Bewohner der Freiwasserregion unserer stehenden Gewässer.

Das gilt auch für zwei Angehörige der von mir 1937 (b) auf Grund meiner Lapplanduntersuchungen aufgestellten Unterfamilie Podonominae, *Lasiodiamesa gracilis* K. und *Trichotanypus posticalis* LUNDBECK. Ihre Puppen besitzen den Habitus einer Tanypodine, insbesondere der Gattung

Ablabesmyia; sie hängen mit ihren Prothorakalhörnern (Abb. 10) an der Wasseroberfläche in der von Tanypodinen- und Culicidenpuppen bekannten Haltung und führen bei Störungen die üblichen purzelnden Bewegungen aus. Eine wirkliche anale Schwimmplatte ist nur bei *Trichotanypus* ausgebildet (Abb. 11 a); bei *Lasiodiamesa* kann man kaum von „Analflossen" sprechen (Abb. 11 b).

Während also bei den Chironomiden von keiner Art die Larve im Wasser schwebt oder schwimmt und nur ein kleiner Teil der Puppen sein Leben im freien Wasser führt, sind die geflügelten Mücken, die Imagines, Lufttiere. Und doch gibt es eine Art, bei der die weiblichen Imagines ihr

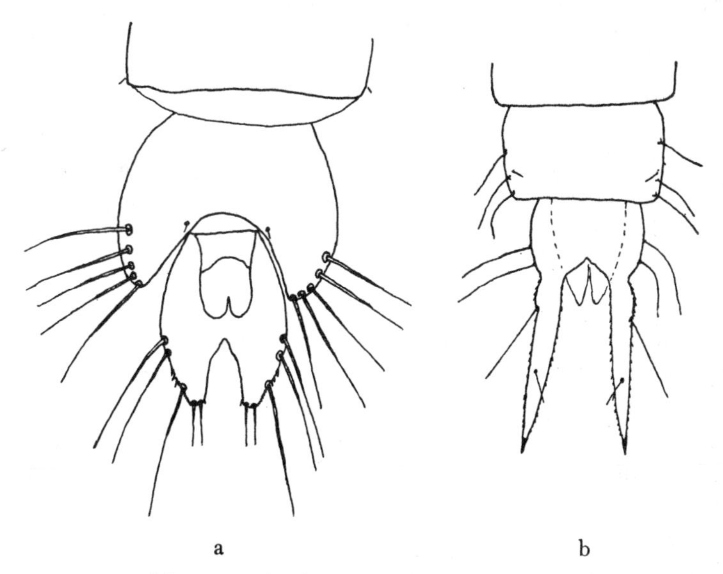

Abb. 11. Analende von Podonominenpuppen.
a) *Trichotanypus posticalis,* b) *Lasiodiamesa gracilis.* [Aus THIENEMANN 1937 b.]

ganzes Leben hindurch im Wasser verbleiben; auch die Männchen sollten nach den ersten Angaben über die Art auch im Wasser leben und dabei aktiv herumschwimmen. „Die merkwürdigste aller Chironomiden" nennt daher WESENBERG-LUND in seiner „Biologie der Süßwasserinsekten" (1943, S. 528) diese *Pontomyia natans* EDW., eine marine Tanytarsarie, die BUXTON (1926) in einer Lagune auf Samoa entdeckt und beobachtet, EDWARDS (1926 b) genauer beschrieben hat. BUXTON beobachtete Männchen im Aquarium (S. 808):

„Das Männchen schwimmt mit seinen langen ersten und dritten Beinpaaren aktiv durch das Wasser. Es ist interessant und bemerkenswert, daß es auch in den starken Gezeitenströmungen leben und schwimmen kann, die über den Grund der Lagune laufen. Ich nehme an, daß Schwimmen die normale Fortbewegungsweise ist, aber ich habe auch Männchen gesehen, die sich — mit Kopf, Körper und Flügeln in der Luft und Beinen unter der Oberfläche — an der Wasseroberfläche hielten und durch das Wasser paddelten, doch bin ich nicht überzeugt, daß dieses Verhalten normal ist. Es ist möglich, daß, wenn der Inhalt des Schleppnetzes in den Becher entleert wird, einige der Insekten an die Oberfläche gelangen und dann nicht fähig sind, wieder unterzutauchen. Nie habe ich gesehen, daß die Flügel zur Fortbewegung benutzt wurden, weder an noch unter der Oberfläche, und nie habe ich gesehen, daß die Insekten mit ihren Beinen auf der Oberfläche entlangglitten."

1932 beschrieb TOKUNAGA eine zweite *Pontomyia*-Art, *P. pacifica,* die in Rockpools an der japanischen Küste bei Seto lebt. Nach Sonnenuntergang schlüpfen die Imagines; die Männchen gleiten im Zickzack auf der Wasseroberfläche, ohne daß der Körper diese berührt. Die Mücke berührt die Wasserhaut nur mit den äußersten Enden der Füße des 2. und 3. Beinpaares und mit den Flügeln; nur durch die Bewegung der Flügel findet das Gleiten auf dem Wasserspiegel statt, ohne daß sich das Insekt dabei eigentlich fliegend in die Luft erhebt (vgl. die Abb. 5 bei TOKUNAGA 1932, S. 35). So schien es nach BUXTONS und TOKUNAGAS Beobachtungen, daß die *Pontomyia*-Männchen zu eigentlichem Flug nicht befähigt, sondern mehr oder weniger vollständig an das Wasser gebunden seien. Aber DOLLFUSS fing am 15. April 1928 am Ufer des Roten Meeres, am Südende der Sinai-Halbinsel, auf einem Baume *(Avicennia officinalis* L.) zahlreiche männliche Imagines, und unzählige Individuen dieser Mücken flogen die Lampen an Bord an. EDWARDS (1938) stellte fest, daß es sich um die gleiche Art wie in Samoa, *Pontomyia natans,* handelte, deren Männchen also doch, wie alle übrigen Chironomiden, normal fliegen können. Aber die Weibchen verlassen tatsächlich das Wasser nie. Sie haben bei beiden *Pontomyia*-Arten einen äußerst verkümmerten Körper: keine Antennen, ganz reduzierte Mundteile, keine Spur von Flügeln, Halteren und Vorderbeinen, nur kleinste Rudimente der Mittel- und Hinterbeine (Textfigur 8, S. 800, bei EDWARDS 1926 b). Sie treiben passiv an der Wasseroberfläche und werden hier auch befruchtet. (*Pontomyia* ist eine echte Tanytarsariae; sie steht den Orthocladiarien in keiner Weise nahe, wie es WESENBERG-LUND vermutet [1943, S. 528]. Ich habe [BRUNDIN-THIENEMANN] für sie und einige verwandte marine „*Tanytarsus*"-Arten — *T. boodleae* TOK., *maritimus* EDW., *halophilae* EDW., *pelagicus* TOK. — die Subsectio *Halotanytarsus* der Sectio Tanytarsariae genuinae errichtet.)

Aus dem Gesagten geht hervor, daß die Chironomiden nur in einzelnen Fällen und in bestimmten Entwicklungsstadien — aber nie als Larven — das freie Wasser erobert haben, normalerweise aber als Larven und Puppen an den Boden der Gewässer gebunden sind. Wir ersehen aus den hier gegebenen Beispielen, daß die ökologische Valenz (die Milieuansprüche) bei den verschiedenen Entwicklungsstufen einer Tierart ganz verschieden sein kann. Sind diese Entwicklungsstadien so verschieden und selbständig, wie es bei solchen holometabolen Insekten der Fall ist, so muß man die ökologische Valenz für jedes einzelne Stadium einer Art gesondert betrachten.

Nun wird die ökologische Valenz weiter eingeengt — so daß es also absolut euryöke und absolut eurytope Chironomidenarten nicht gibt — dadurch, daß keine Art zugleich Biotope stärkster Strömung und des Stillwassers besiedelt.

In den alpinen Gießbächen Oberbayerns leben auf den blanken Steinen in einer Strömung, die 2,4 m/sec erreichen kann, einige Chironomidenarten aus der Unterfamilie der Orthocladiinae oft in sehr großer Zahl (THIENEMANN 1936 b, S. 233), und zwar im allerstärksten Wasserprall, wo sich sonst nur *Liponeura*-Larven halten können, vor allem die Larven von *Diamesa steinboecki* GOETGH. und *Diamesa latitarsis* GOETGH.; da wo die Strömung nicht ganz so stark, aber immer noch sehr kräftig ist, kommen die Larven von *Euorthocladius rivicola* K., *Euorthocladius rivulorum* K. und *Parorthocladius nudipennis* K. hinzu. Ganz ähnlich ist die torrenticole Chironomidenfauna im Lappländischen Hochgebirge (THIENEMANN 1941 a); auch hier finden sich in stärkster Strömung, direkt unterhalb des Gletschertors, *Diamesa steinboecki* und die im Norden *Diamesa latitarsis* vertretende *Diamesa lindrothi* GOETGH., dazu etwas bachabwärts *Euorthocladius rivicola* u. a. Nach den Untersuchungen von DORIER und VAILLANT (1948) vertragen *Cardiocladius*-Larven eine Strömung bis 215 cm/sec, *Diamesa (thienemanni*-Gruppe) bis 110 cm/sec. All diese und viele andere in der Strömung lebenden Chironomidenlarven kommen nie in lenitischen Biotopen, d. h. im Stillwasser, vor.

Das ist nicht ohne weiteres verständlich! Weshalb sollte ein Tier, das sich auf Grund besonderer Anpassungen und Fähigkeiten — bei den genannten torrenticolen Chironomidenlarven zum Teil Nachschieberverlängerung, zum Teil Gehäusebau — in der stärksten Strömung halten kann, nicht auch das Stillwasser besiedeln? Das Fehlen der Strömung kann direkt, d. h. rein mechanisch, nicht der Grund dafür sein. Ernährungs- und Temperaturverhältnisse auch nicht. So mag man an eine Verschiedenheit in den Sauerstoffverhältnissen denken. FEHLMANN hat schon vor Jahren (1917) die Frage erörtert, ob die Rheophilen wirklich primär rheophil oder primär nicht etwa nur „oxyphil", sauerstoffbedürftig, sind; er neigt dazu, sie in erster Linie als Polyoxybionte zu betrachten, d. h. als Tiere, „die an einen ständig hohen, der Sättigung nahen O_2-Gehalt des Wassers gebunden sind". Aber das Wasser unserer Gießbäche hat gerade in den stärkst strömenden Stellen durchaus keinen abnorm hohen Sauerstoffgehalt. RUTTNER schreibt (1926, S. 1238):

„Stellen reißender Strömung zeichnen sich in Gebirgsbächen im Gegensatz zu dem ruhigen Wasser ober- und unterhalb häufig durch ein auffallend üppig entwickeltes Tier- und Pflanzenleben aus, in welchem an niedere Temperaturen angepaßte, äußerst sauerstoffbedürftige Arten vorherrschen. Die Vermutung liegt nahe und ist auch wiederholt geäußert worden, daß diese Biotope des schießenden und strudelnden Wassers einen besonders hohen Sauerstoffgehalt aufweisen und die reiche und eigenartige Organismenwelt auf diesen Umstand zurückzuführen sein dürfte. Analysen zeigen jedoch, daß diese Voraussetzung durchaus nicht zutrifft. Der Sauerstoffgehalt ist dort keineswegs höher, ja man kann vielfach an den untersten Stufen eines Wasserfalls geringere Werte feststellen als oberhalb. Wasserfälle und Schnellen, in denen rasch bewegtes Wasser in innigste Berührung mit der Luft kommt, sind eben Orte des Ausgleichs, wo das irgendwie gestörte Diffusionsgleichgewicht gegen die Atmosphäre wieder hergestellt und die den herrschenden Temperatur- und Druckverhältnissen entsprechende Sättigung erreicht wird, mag nun das Wasser vorher durch Stoffwechselvorgänge des Pflanzen- und Tierlebens über- oder untersättigt gewesen sein. So gelangen in Seen und Teichen mit reichlicher Pflanzenentwicklung vielfach weit höhere Sauerstoffwerte zur Beobachtung als in schnell bewegten Bächen."

Also können Differenzen in der Höhe des O_2-Gehaltes uns bei der Lösung dieses Problems auch nicht helfen. Und doch ist es das besondere Atmungsbedürfnis der Torrenticolfauna, das sie vom Leben im stehenden Wasser ausschließt! Schon 1924 (S. 98) betonte HARNISCH die „Erleichterung der Atmung" durch die Strömung: „Der Wechsel des Mediums erleichtert die Atmung." Und RUTTNER (1926, S. 1239) führt das weiter aus: „Der Sauerstoff wird wie die Nährsalze von den Organismen, die im Wasser leben, osmotisch aus der nächsten Umgebung, zunächst also aus dem an ihrer Oberfläche adhäsiv festgehaltenen Wasser aufgenommen. An ruhigen oder nur schwach bewegten Örtlichkeiten kann der Nachschub aus dem weiteren Umkreise nur auf dem Wege der langsamen Diffusion erfolgen, ein Vorgang, der zur Entstehung von sauerstoff- und nahrungsarmen Höfen um jedes Individuum führen muß. Je rascher jedoch die Strömung ist, um so wirksamer werden diese Höfe abgespült und die unmittelbare Oberfläche des Tieres oder der Pflanze mit noch unverbrauchten Wasserteilchen in Berührung gebracht. Rasch strömendes Wasser ist somit physiologisch an Sauerstoff und an Nährsalzen reicher als ruhiges vom selben Gehalt, und wir dürften nicht fehlgehen, wenn wir die Überfülle des Lebens, das uns an stark bewegten Stellen der sonst nahrungsarmen Gebirgsbäche entgegentritt, auf diesen Umstand zurückzuführen suchen." (Vgl. dazu auch BREHM-RUTTNER 1927, S. 368, und GEITLER 1927.)

Auf Grund der mechanischen Wirkung starker Strömung werden alle Tiere, die nicht durch besondere Formeigentümlichkeiten oder einen besonderen „Bauinstinkt" (WESENBERG-LUND 1943, S. 625) die Strömung überwinden können, von solchen Biotopen ferngehalten, und anderseits können typische Bewohner der Strömung im Stillwasser nicht leben, weil dieses „physiologisch" nicht O_2-reich genug ist. Keine Chironomidenlarve — wie überhaupt kein Tier — besiedelt zugleich extrem lotische (bewegte) und lenitische (ruhige) Lebensstätten. Das bedeutet eine Einengung der ökologischen Valenz; wir können so formulieren: „Nur im Bereich des Stillwassers treffen wir stark euryoecische Arten an."

Wir müssen nun noch eine weitere Einschränkung machen. Mit ORTMANN (1896) können wir als die beiden Hauptlebensbezirke einen erleuchteten und einen nicht erleuchteten Bezirk unterscheiden; zu letzterem gehört der Erdboden, und im limnischen Bereich müssen wir Grundwasser und Höhlengewässer dazu rechnen. Im Grundwasser, dessen Fauna neuerdings vor allem von P. A. CHAPPUIS und anderen recht intensiv erforscht wurde, hat man bisher keine Chironomidenlarven gefunden.[3a] Das mag vor allem an der Schwierigkeit oder Unmöglichkeit liegen, daß die schlüpfende, auf das Luftleben angewiesene Mücke in ihr Lebenselement kommt. Reich dagegen ist, wie ein späteres Kapitel (S. 195) zeigen wird, die terrestrische Chironomidenfauna; aber es ist ja für die meist winzigen Imagines der terrestrischen Chironomiden, deren Verpuppung sicher stets in den obersten Bodenschichten vor sich geht, ein leichtes, in die Atmosphäre zu gelangen. Aus Karsthöhlen sind bisher die Larven von 15 Chironomidenarten bekannt geworden (ZAVŘEL 1943 a); doch handelt es sich dabei größtenteils um Formen, die aus oberirdischen Gewässern in die Höhlenwässer verschlagen sind, zum Teil auch um terrestrische, hygrophile Arten. Es sind also Zufallsfunde; echte Troglobionten finden sich unter den Chironomiden nicht.

Es gibt unter den limnischen Biotopen solche mit hochgradig extremen thermischen und chemischen Verhältnissen. Einige Beispiele:

Auf Gletschern bilden sich oft mitten im Eis kleine Seen. STEINBÖCK (1934) hat solche in den Zentralalpen untersucht und gibt schöne Abbildungen von ihnen (vgl. THIENEMANN 1936 e). Die einzige Chironomide, die in diesen Eisseen lebt, ist *Pseudodiamesa branickii* (Now.). Keine andere Art dringt in dieses extreme Milieu.

Und als Gegenstück die heißen Quellen im westjavanischen Urwald am Wege vom Berggarten von Tjibodas zum Gipfel des Gedeh (Abb. 12): in 2150 m Höhe stürzen da dicht am Wege in breiter Front über algenbewachsene Felswände heiße Quellen hinab; wir messen Temperaturen von 51 bis 52° C. Riesige Wassermengen sind es, die da in drei Kaskaden zu Tal

---

[3a] S. HUSMANN hat neuerdings u. a. im Harz die Grundwasserfauna der Bach- und Flußtäler nach der Methode CHAPPUIS (vgl. CHAPPUIS 1942) untersucht und dabei auch die Chironomidenlarven, die sich in den gegrabenen Löchern einfanden, konserviert. Eine Prüfung des Materials ergab, daß es sich im wesentlichen um Tanypodinenlarven der Gattung *Ablabesmyia,* Orthocladiinenlarven *(Metriocnemus* und andere) und Ceratopogonidenlarven der Sectio *Vermiformes (Bezzia* oder *Palpomyia, Culicoides)* handelt. Und fast all diese Larven sind ganz winzige, jugendliche Tiere, Tiere, die sonst auf den Steinen und zwischen Pflanzen des Bachbodens leben und die, wie man sieht, gelegentlich in das Wasser zwischen den Bachschottern eindringen. Es sind nur zufällige Besiedler des Grundwassers. Das gleiche gilt für die beiden einzigen Arten, die ein größeres tiergeographisches Interesse haben. *Krenosmittia boreoalpina* GOETGH. war bisher nur aus Quellen Lapplands und der Alpen (Niederösterreich, Oberbayern, Haute Savoie) bekannt; die Podonomine *Boreochlus (Paraboreochlus) minutissimus* (STROBL) ebenfalls ein Quelltier, kennen wir aus Korsika und den Alpen (Oberbayern, Steiermark). Die eine, jugendliche Larve aus dem Harz stellt den ersten Fund aus den deutschen Mittelgebirgen dar. Bei solchen Quelltieren ist das gelegentliche Eindringen in das Grundwasser leicht verständlich. Vgl. hierzu auch die während des Druckes erschienene Arbeit von ANGELIER (1953, S. 65).

brausen. Die ganze Umgebung ist in Dampf und Dunst gehüllt. Gleichsam ein großes natürliches Treibhaus ist so entstanden in einer Höhe, in der sonst die Gewässer eine Temperatur von etwa 13° C zeigen. Der Epiphytenbewuchs der Bäume ist unter dem Einfluß der ständigen feuchten Wärme üppig, an den heißen Wänden blühen Begonien, und Moose und Farne wuchern. Rotbraune Algen bedecken die Wände, über die das Wasser tropft, und blaugrüne Algenzotten *(Phormidium laminosum)* hängen herab und

Abb. 12. Die heißen Quellen — Ajer Panas — am Wege von Tjibodas zum Gedeh (Westjava). [Aus Archiv für Hydrobiologie Suppl.-Bd. VIII.]

werden von dem heißen Wasser überrieselt. Auf diesen Zotten, in einem Wasser von 51°, einer Temperatur, bei der normales tierisches Eiweiß sonst schon gerinnt, leben die Larven und Puppen der Ceratopogonide *Dasyhelea tersa* Joh. in großen Mengen (Thienemann 1931, S. 46, 47; Geitler und Ruttner 1936, S. 694, 695; Mayer 1934, S. 180). Keine andere Chironomidenlarve kommt in diesem eigenartigen Biotop vor!

Noch sonderbarer war eine Lebensstätte, diesmal mit einem ganz extremen Chemismus, die wir ebenfalls während der Deutschen Limnologischen Sunda-Expedition kennenlernten; das große Solfatarengebiet von Sigaol an der Südwestküste der Halbinsel Samosir im Tobasee in Nordsumatra. Da entwickelt sich die vulkanische Haupttätigkeit dicht über dem Seeniveau und im See selbst; alles riecht nach Schwefelwasserstoff. Hier wölbt sich zwischen den Blöcken der Boden der flachen Strandterrasse etwas buckelig auf, und zwischen kleinen weißen Gesteinsbrocken zischt überall das Gas heraus; die Stiefel werden heiß! Dünne Wasserschichten fließen über den Boden, mit feinen Algendecken durchzogen. Aus Höhlungen der Böschung kommen heiße, gasbrodelnde Rheokrenen, die in kleinen Bächlein zum See rinnen (Taf. XXIX Abb. 265). Kleine, 2 bis 4 Quadratmeter große Becken, eines mit Steinen künstlich gefaßt, sind mit „kochendem" Wasser erfüllt. Aus einem kleinen Loch unterhalb geschichteter Steinwand oder zwischen den Sinterbrocken schießt das Wasser brodelnd hervor. Im Graben, der die Wässer sammelt, steigen dauernd kleine Gasblasen auf, stehen einen Augenblick still und blinken in der Sonne; dann zerplatzen sie; aber schon sind neue an ihre Stelle getreten. In schlammigem Tümpel dicht am Ufer steigen die Blasen auf und bilden um eine jede Hauptaustrittsstelle auf der Wasseroberfläche Ringe von festen Bläschen, wie Seifenschaum (Taf. XXIX Abb. 264). In einer Sawahecke brodelt es dauernd aus dem schlammigen Wasser; auch in einem Bach, der dort von Sigaol herabkommt, steigen die Blasen ständig auf. Ja, das ganze flache Uferwasser des Sees, in den pflanzenleeren Strecken wie zwischen Gras und dergleichen ist ganz von dauernd steigenden und zerplatzenden Blasen durchsetzt. Auch hier viele teils heiße teils kühlere Quellen, aber alle mit Gasentwicklung. Fast alle diese Solfatarenwässer sind sehr sauer (pH 2,6—2,9); das hohe Alkalibindungsvermögen zeigt einen hohen Gehalt an Mineralsäure (Schwefelsäure) an. Nur einige Quellen sind alkalisch (pH 7,4—9,23) (Ruttner 1931, S. 384—388).

Die eben schon genannte *Dasyhelea tersa* lebte hier in Massen bei einem pH von 2,68 und 2,85 und einer Temperatur von 35,5 und 38° C (Mayer 1934, S. 180); in einem Solfatarentümpel mit pH 2,83 und Tp. 29° C fand sich *Chironomus costatus* var. *apicatus* Joh. (Lenz 1937, S. 4), nicht näher bestimmte *Chironomus*-Larven und -Puppen trafen wir bei pH 2,68 und Tp. 35,5° C an (Lenz 1937, S. 17). (*Pentapedilum convexum* Joh. — das auch in normalen Gewässern in Sumatra nachgewiesen wurde — lebte in einer Solfatarenquelle pH < 4, Tp. 32° [Lenz 1937, S. 14].) Weitere Einzelheiten auf Seite 567 dieses Buches.

Diese drei Beispiele für hochgradig extrem gestaltete Biotope mögen hier genügen; wir behandeln diese Lebensstätten später eingehender (S. 564 ff.). Sie zeigen uns, daß, mit ganz vereinzelten Ausnahmen, Tiere normaler Gewässer in sie nicht eindringen.

Wenn wir oben betont haben, daß man nur im Bereich des Stillwassers stark euryoecische Arten antrifft, so müssen wir jetzt unseren Satz noch weiter einengen: „Starke Euryoecie ist nur bei Tieren harmonischer, ausgeglichener, lenitischer Lebensstätten zu erwarten."

Nun ist aber auch der Begriff der ökologischen Valenz, den HESSE für den Spielraum der Gesamtheit der Lebensbedingungen aufgestellt hatte, noch etwas näher zu betrachten (vgl. THIENEMANN 1950, S. 20 ff.). Schon 1913 (a, S. 65) machte ich darauf aufmerksam, daß man unter Euryvalenz zwei Erscheinungen zusammenfaßt, die man bei scharfer Analyse trennen muß. Die Eigenschaft eines Organismus, unter qualitativ sehr verschiedenen Lebensbedingungen gedeihen zu können, kann man qualitative Anpassungsbreite oder Anpassungsbreite im speziellen nennen und von ihr als quantitative Anpassungsbreite oder Anpassungsstärke die Eigenschaft eines Organismus unterscheiden, bei sehr variabeln Intensitäten oder Quantitäten einer Lebensbedingung sich entwickeln zu können. Große Anpassungsbreite und Anpassungsstärke allen Milieufaktoren gegenüber sind nur in seltenen Fällen miteinander verbunden. Wir nennen also euryoecisch im engeren Sinne solche Arten, die unter qualitativ sehr verschiedenen Lebensbedingungen gedeihen können, also eine große Anpassungsbreite besitzen. Euryplastisch sind dagegen solche Arten, die bei stark wechselnden Intensitäten oder Qualitäten eines Faktors leben können, bei denen der Abstand zwischen dem ertragbaren Minimum und Maximum dieses Faktors sehr groß ist, die also eine große Anpassungsstärke diesem gegenüber besitzen. Entsprechend sind die Unterschiede zwischen Stenoecie im engeren Sinne und Stenoplastie.

Beispiele: Die in Westjava und Nordsumatra nachgewiesene *Dasyhelea tersa* JOH. ist ein stenöker Thermalbewohner, wenn auch die Aufzucht der Larven und Puppen in einem normal temperierten Süßwasser gelang, in der Natur also thermisch stenoplastisch. Aber sie verhält sich chemisch, dem pH gegenüber, euryplastisch; denn bei Tjibodas lebt sie in einem neutralen Wasser (bei bis 51° C), im Solfatarengebiet von Samosir dagegen in einem überaus sauren Wasser (bis pH 2,68 bei 35,5—38° C). Interessant ist die Salzwasserchironomide *Trichocladius vitripennis* MG. (synonym *marinus* ALVERDES, *halophilus* K., *kervillei* K., *variabilis* STAEG, ? *oceanicus* PACKARD). Sie ist (vgl. THIENEMANN 1936 f, S. 174; 1936 g, S. 537, 538) an den Meeresküsten Nord- und Mitteleuropas, wohl auch Nordamerikas, weit verbreitet. Im Nordsee- und Nordmeergebiet nachgewiesen in Frankreich, England, Norwegen, den Färöern, Island, Helgoland, Amrun; ferner im Kattegat und Öresund; im Ostseegebiet in Schleswig-Holstein, Dänemark, Gotland, Dagö; weiter Grönland, Hudsonstraße, Hudsonbai, Schwarzes Meer. Im Binnensalzwasser bei Hamm in Westfalen und bei Staßfurt. An diesen Stellen wurde der höchste Salzgehalt festgestellt, bei dem die Tiere lebten: im

Geithebach bei Hamm bei 5,89% Salzen (davon 5,5% NaCl), bei Staßfurt sogar 7%. In der Kieler Bucht beträgt der Salzgehalt im Durchschnitt 1,5‰, im Sund etwa 2 bis 3%, an den norwegischen Fundstellen etwa 1,7%. Als (vgl. THIENEMANN in POTTHAST S. 308) im Laboratorium Wasser des Geithebachs in 12 Stunden auf 0,1% NaCl verdünnt wurde, schlüpften 2 Imagines. Auch weitere Verdünnung auf die Konzentration reinen Leitungswassers (0,026% NaCl) hemmte die Entwicklung der Puppen nicht. *Trichocladius vitripennis* ist also stenoecisch, da er in der Natur nur an Biotopen mit einem Chloridgehalt vorkommt, der stärker ist als der normalen Süßwassers (Brackwasser, Meereswasser, Binnensalzwasser). Dabei ist er aber, wie die Salzfliege *Ephydra,* dem NaCl-Gehalt gegenüber hochgradig euryplastisch.

Und nun einige Beispiele für Chironomidenarten, die wir als euryök bezeichnen können, wobei wir an die oben gegebene Einschränkung dieses Begriffes denken mögen. Wir bringen aus jeder der systematischen Hauptgruppen ein Beispiel.

Tanypodinae: *Ablabesmyia monilis* L.

Eine kosmopolitische Art.[4] Ganz Europa (im Norden aus Island, Jämtland und Lappland bekannt), Nordamerika, Argentinien, Ägypten, Kanarische Inseln, Kapstadt; Kleinasien, Sibirien (Obgebiet), Japan, Formosa, Sumatra, Java, Australien (Verbreitungskarte THIENEMANN 1941, Abb. 18 zu S. 154). Das Tier lebt (ZAVŘEL-THIENEMANN 1921, S. 701) in Tümpeln, Wiesengräben, in ruhigen Buchten der Bäche zwischen Algenklumpen, Uferpflanzen und im Schlamm; in Bächen aber auch in mäßiger Strömung zwischen Pflanzen und Schlamm; ferner in Teichen, Mooren, Talsperren. In Seen im Litoral im Aufwuchs und zwischen anderen Pflanzen, geht in eutrophen Seen bis ins Sublitoral, in oligotrophen bis ins Profundal. Im Abiskogebiet (Lappland) bei einem pH von 4 bis 9 (THIENEMANN 1941, S. 167). In Sumatra und Java in Teichen (auch Moorteichen), in wassererfüllten Bambus-„Töpfen" im Urwald, in Flüssen, Quelltümpeln (ZAVŘEL 1933, S. 612).

Orthocladiinae: *Eucricotopus silvestris* FABR. (Synonymie THIENEMANN 1936 g, S. 533).

Sicher auch eine kosmopolitische Art, wenn auch in Afrika, Südamerika und Australien noch nicht nachgewiesen. In Europa von Lappland und Island bis Italien, von Rußland bis Frankreich, England und Irland verbreitet. In Asien bekannt aus Ostsibirien, Formosa, Japan, Java; Nordamerika; Kanarische Inseln. Verbreitet in stehendem wie fließendem, reinem, aber auch organisch verunreinigtem Wasser, meist zwischen Pflanzen, seltener auch im Schlamm; auch im Binnensalzwasser (und über der Ostsee fliegend) gefunden, ferner in Mooren. In heißen Quellen auf Island lebt die *forma thermicola* TUXEN bei Temperaturen von 16 bis 41° C (TUXEN 1944, S. 57). In den norddeutschen Seen häufig im Litoral, im Aufwuchs, zwischen anderen Pflanzen, in Kalkkrusten auf Pflanzen, in abgebrochenen Schilfstengeln, unter

[4] Sonderbarerweise erwähnt SÉGUY (1950, S. 248) unter den kosmopolitischen Dipteren keine Chironomide.

Spongilla und in *Plumatella*. Auch in den Blattstielen von *Trapa natans* minierend, ebenso in anderen Wasserpflanzen (GRIPEKOVEN, S. 218—220). (Literatur bei THIENEMANN 1936 g, S. 535.)

Chironominae, Chironomariae: *Chironomus thummi* K.

Synonymie: = *gregarius* K., *pentatomus* K., *rhyparobius* K., *riparius* (MG.) GOETGH. (nach EDWARDS). Dazu die Varietäten (Färbung!) *grisescens* GOETGH. (*riparius* KRUSEMAN nec. MG.), *anomalus* K., *bifilis* K., *curtiforceps* K., *ichthyobrota* K., *subacutus* K., *subproductus* K. Die folgenden von KIEFFER nicht ausreichend beschriebenen „Arten" sind meiner Meinung nach unbedingt zu *thummi* zu stellen: *dichromocerus* K., *distans* K., *indivisus* K., *interruptus* K., *restrictus* K., *saxonicus* K., *stricticornis* K., *subrectus* K.

Eine sicher in ganz Europa, aber wohl mit Ausnahme des hohen Nordens verbreitete Art. Angegeben aus ganz Deutschland, Frankreich, Belgien, Holland, England, Österreich, Italien, Dänemark, Schweden. Schlammbewohner stehenden und langsam fließenden Wassers im Flachland und im Gebirge. Verträgt starke Fäulnis und hochgradigen Sauerstoffschwund, daher Charakterform für stark organisch verunreinigte Gewässer, bis in die α-mesosaprobe, ja polysaprobe Zone vordringend (RHODE, S. 31—36). In den norddeutschen Seen gelegentlich auch im Profundal gefunden (Waterneverstorfer See, Trammer See), sonst im Litoral, aber nirgends häufig. In Forellenteichen, Ziegeleiteichen, in Tümpeln und kleinsten Gewässern, so in verschlammten Brunnentrögen, Gartenbassins (vgl. z. B. THIENEMANN 1948), in Booten, die an Land gezogen sind und in denen Wasser steht, in Tränkbottichen auf Viehweiden; einmal auch in einer wassererfüllten Baumhöhle 3 Larven gefunden (Ukleisee 4. August 1920). Kann in Hallenschwimmbädern von Großstädten zu einer Plage werden (THIENEMANN 1939 d, S. 128). Kommt auch in Limnokrenen, Quelltümpeln und deren Abflüssen vor. In fließendem Wasser an ruhigen Stellen von Bächen und Flüssen, reinen und vor allem organisch verunreinigten, in Kanälen mit städtischen Abwässern usw. Die Art lebte (4. August 1912) auch in Felstümpeln, Rockpools, am Kullen in Südschweden, die normalerweise nur Regenwasser enthalten, in die bei starker Brandung aber auch Seewasser eindringt; hier fand sie sich auch in minimalen Wasseransammlungen in Felsritzen (THIENEMANN-KIEFFER 1916, S. 508). Das Massenvorkommen in abwasserverunreinigten Gewässern wird wirtschaftlich ausgenutzt: die roten Mückenlarven kommen als Futter für Aquarienfische in den Handel (THIENEMANN 1939 d, S. 124).

Chironominae, Tanytarsariae: *Micropsectra praecox* MG.

Synonymie: *brunnipes* ZETT., *appositus* WALK., *intrudens* WALK., *nactus* WALK., *notescens* WALK., *occipiens* WALK., *offectus* WALK., *gmundensis* EGGER, *inermipes* K., *exsectus* K. nebst var. *camptotomus* K., *hemipsilus* K., *insularis* K., *lanceolatus* K., *longimanus* K. nebst var. *scapularis* K., *terminalis* K., *tetratomus* K., *trivialis* K. nebst var. *frontalis* K. und var. *salitus* K.; ? *flavipes* K. nec MG.

In ganz Europa verbreitet, auch aus Rußland, Lappland, Island, Westgrönland, Nordamerika bekannt; in der Ebene wie den Gebirgen und Hochgebirgen. Ist die verbreitetste und häufigste *Micropsectra*-Art. Lebt im Schlamm von Quellen, Bächen, Gräben, Flüssen, Pfützen, Tümpeln, Teichen, Seen; auch in Binnensalzwasser nachgewiesen.

Ceratopogonidae vermiformes: *Bezzia solstitialis* WINN.

Synonymie: *hydrophila K., aquatilis* GTGH., ? *circumdata* STAEG.

Europa, Lappland, England, Belgien, Frankreich, Deutschland (Norddeutschland bis Alpen), Österreich, Ungarn. Lebt in stehenden Gewässern zwischen Pflanzen, mit Vorliebe in Algenwatten, aber auch in hohlen Schilfstengeln, *Cladophora*-bedeckten Steinen des Brandungsufers, in alter Rinde, Moosen usw., im Seenlitoral, in Teichen, Tümpeln, Kanälen; auch in einem Gartenbassin gefunden, ferner in Hochmoorgraben und -tümpel. In fließenden Gewässern (Kossau, NIETZKE 1938) in Schlamm und Sand; das sind aber „Stillwasserbiotope", lenitische Lebensstätten innerhalb des Flusses! Diese Art ist weniger euryök als die vorher genannten.

Diese fünf Beispiele euryöker Chironomiden zeigen, daß ökologisch wenig spezialisierte, also eurytope, ubiquistische Arten größte geographische Verbreitung besitzen. Sie können Kosmopoliten sein, wie *Ablabesmyia monilis* und *Eucricotopus silvestris,* oder doch Bewohner der ganzen Palaearktis, wie *Micropsectra praecox,* zum mindesten aber in ganz Europa von der Arktis bis Südeuropa vorkommen *(Chironomus thummi, Bezzia solstitialis.*

Betrachten wir nun im Gegensatz zu diesen euryoecischen Chironomiden einige stenoecische Vertreter dieser Tiergruppe; wir erinnern uns, daß Stenoecie und Stenotopie verbunden sind; es sind also Charakterformen bestimmter Biotope, „Indikatoren" für besondere Lebensstätten, die typischen Arten für sie. Nur einige Beispiele, da wir bei der Schilderung der Chironomidenfauna der verschiedenen Biotope sie näher behandeln müssen.

In *Dasyhelea tersa* haben wir schon eine echte stenöke tropische Thermalform kennengelernt.

Dasyhelea (Prokempia) diplosis K. *(bistriata* K., *subaequalis* K.) wurde dagegen nur in Binnensalzgewässern gefunden, und zwar (THIENEMANN 1915a, S. 445—446) in Westfalen (Saline Sassendorf, Geithebach bei Hamm) bei einem Salzgehalt von 0,7 bis 7‰ und in dem Abwasser des Kaliwerkes Wintershall in Thüringen (Salzgehalt 2,7%).

Rein marin — und nicht in das Salzwasser des Binnenlandes eindringend — ist der im Gezeitenlitoral der europäischen Küsten verbreitete, durch seine „Lunarperiodizität" interessante *Clunio marinus* HAL., der weiter unten (S. 582ff.) eingehend besprochen werden wird. Wir lernten oben schon (S. 23) die stenoecischen Bewohner der blanken, stärkst überströmten Steine unserer Hochgebirgsbäche kennen, *Diamesa steinboecki, D. lindrothi, Euorthocladius rivicola* u. a.

Als weiteres Beispiel solcher rheobionten Chironomiden sei hier noch *Rheotanytarsus lapidicola* K. genannt, der mit seinen zierlichen Gehäusen auf Steinen in Bächen und Flüssen lebt (Abb. 13). Allerdings geht er im allgemeinen nicht in die Strecken mit allerstärkster Strömung, die von den oben genannten Orthocladiinen bevölkert sind, sondern bevorzugt Stellen mit mittleren Strömungsverhältnissen. Die Art ist bekannt aus den Alpen (Niederösterreich, Oberbayern), dem Mittelgebirge (Thüringer Wald, Mähren) und der Ebene (Schlesien—Oder; Holstein, Kurland) (BRUNDIN-THIENEMANN). Es ist interessant, daß eine andere Art der Gattung, *Rheotanytarsus raptorius* K., nur an Stellen mit g a n z s c h w a c h e r Strömung vorkommt, in stärkerer Strömung wie im völlig ruhigen Wasser aber fehlt. Wir treffen sie daher nur in Flüssen der Ebene an, wo sie ihre Gehäuse (Abb. 14) an Pflanzen baut (BRUNDIN-THIENEMANN).

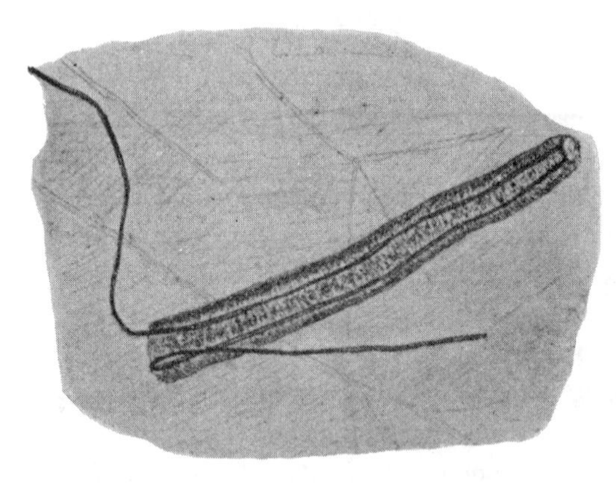

Abb. 14. *Rheotanytarsus raptorius* K. Larvengehäuse auf einem Seerosenblatt. [Nach THIENEMANN 1909 aus BAUSE 1913.]

Abb. 13 (links). *Rheotanytarsus pentapoda* K. Larvengehäuse. [Nach THIENEMANN 1909 aus BAUSE 1913.]

Einen besonderen Biotop innerhalb der rasch strömenden Gebirgsbäche bildet die Spritzzone an den Seiten der von dem strudelnden Wasser umspülten Blöcke des Bachbettes (Taf. I Abb. 15). Hier leben die eigenartigen Larven der Gattung *Heptagyia* (THIENEMANN 1934 c, S. 8—12; hier die weitere Literatur angeführt). Ihre Nachschieber sind zu echten Saugnäpfen umgebildet (vgl. S. 49). Die Larven sitzen hier dicht über dem vorbeirauschenden Wasser, so daß sie vom Wasserstaub ständig benetzt werden. Vergesellschaftet waren in Oberbayern (THIENEMANN 1936 b, S. 192, 208) die Larven von *Heptagyia punctulata* GOETGH. mit den Larven von *Eudactylocladius bipunctellus* ZETT. (= *hygropetricus* K.), einer Art, die sonst von hygropetrischen Stellen (vgl. S. 334) in den Hoch- und Mittelgebirgen sowie aus Gebirgsquellen bekannt ist (THIENEMANN 1936 b, S. 192). *Heptagyia* ist stenök in bezug auf ihr starkes O_2-Bedürfnis, dazu kaltstenotherm. *Eudac-*

tylocladius bipunctellus aber eurytherm, so daß er auch die sich stark erwärmenden hygropetrischen Stellen besiedeln kann, von denen *Heptagyia* durch ihre Kaltstenothermie ausgeschlossen ist.

Im strengsten Sinne stenök sind Arten, die nur in einer einzigen Pflanzenart minieren. Beispiel *Eucricotopus brevipalpis* K., der in den Blättern von *Potamogeton natans* miniert (Taf. I Abb. 16). Die Art ist angegeben aus Belgien, Holland, Deutschland (von Oberbayern bis Schleswig-Holstein, von der Eifel bis in die Neumark), Polen, Tschechoslowakei, Kurland, vielleicht aber so weit verbreitet wie ihre Wirtspflanze (Literatur bei THIENEMANN 1936 g, S. 534).

Einen ganz besonderen, einzigartigen Biotop stellen in den Tropen die *Nepenthes*-Kannen dar (Taf. II Abb. 17). In dem in ihnen enthaltenen wässerigen, sauren „Nahrungsbrei" (pH bis 4) lebten auf Sumatra die Larven von *Dasyhelea confinis* JOH.; andere Chironomiden sind aus *Nepenthes* nicht bekannt (THIENEMANN 1932, S. 21).

Man kann bei den bis jetzt angeführten Beispielen stenoecischer Chironomiden meist einen bestimmten Milieufaktor des Biotops in erster Linie für die Stenoecie und Stenotopie der betreffenden Art verantwortlich machen. So für die Salinen- und Meeresformen den hohen Salzgehalt, für die rheobionten Tiere ihr O_2-Bedürfnis, meist kombiniert mit Kaltstenothermie, für die Pflanzenminierer und die *Nepenthes*-Bewohner bestimmte Ernährungsverhältnisse. Schwieriger ist es zu beurteilen, was für Bedingungen eigentlich z. B. die Bewohner der wassererfüllten Baumhöhlen (Taf. II Abb. 18) an ihren Biotop binden. Neben *Dasyhelea*-Arten sind die schmutzigvioletten Larven von *Metriocnemus martinii* THIEN. (*cavicola* K.) bei uns in diesen „Dendrotelmen" überaus verbreitet und häufig. Wir kennen sie von solchen Stellen von England, Dänemark, Südschweden, Deutschland vom Norden bis zu den Alpen, nach Osten bis Westpreußen und Niederösterreich. Sie leben in fast allen Baumhöhlen, in allen Baumarten, die überhaupt wassererfüllte Höhlen bilden, das ganze Jahr hindurch, auch unter Eis (THIENEMANN 1924 c, S. 63; 1934 b, S. 81; 1937 d, S. 180). Ihre Widerstandsfähigkeit gegen Austrocknen ist sehr groß (ZAVŘEL 1941 b, S. 26). Außerhalb der Baumhöhlen ist *Metriocnemus martinii* nirgends gefunden. Er ist ausschließlich Glied der Biocoenose der „Fauna dendrolimnetica". Aber was bindet ihn so an diesen Biotop und schließt ihn von allen anderen limnischen Lebensstätten aus? Es ist der für uns unentwirrbare Konnex aller Lebensbedingungen der Baumhöhle, der als Ganzes auf die Bewohnerschaft dieser Kleinstgewässer wirkt. So ist es auch bei limnischen Großbiotopen, für die wir oft Charakterformen feststellen, die nur in ihnen vorkommen, ohne daß wir in einem einzelnen Faktor den Grund für diese Beschränkung sehen könnten.

Anhangsweise sei darauf hingewiesen, daß man auch von euryöken und stenöken Gattungen sprechen kann; natürlich muß man dabei Gattungen mit ähnlicher Artenzahl miteinander vergleichen. Als Beispiel einer euryöken Gattung sei hier *Chironomus* (im „LINDNER" 27 Arten), einer stenöken *Eukiefferiella* (im „LINDNER" inklusive *Akiefferiella* 23 Arten) genannt.

Chironomus-Arten kommen in den größten Seen, wie dem Baikalsee, vor, aber auch in Klein- und Kleinstgewässern (Rockpools, Baumhöhlen, Radspuren auf Straßen usw.) (Beispiel *Ch. thummi*), im Süßwasser, wie im Salzwasser (so *salinarius* K., *halophilus* K., *plumosus* L.). Bei hochgradiger Düngung und Tagesschwankungen des Wassers bis 27° C lebt in Almtümpeln *Ch. alpestris*. Bei einem O_2-Schwund, der zeitweise bis Null gehen kann, kommen in der kalten Seentiefe *Ch. anthracinus* ZETT. und *Ch. plumosus* L. vor. Im Hochmoor mit seinem sauren Wasser wurde *Ch. annularius* MG. nachgewiesen, in sumatranischen Solfataren mit 29° C geht *Ch. costatus* var. *apicatus* JOH. noch in ein Wasser mit einem pH von 2,83 (Mineralsäure!).

Die sämtlichen Arten[5] der Gattung *Eukiefferiella* sind dagegen an reines, sauerstoffreiches, raschfließendes Wasser gebunden!

III. Lebensoptimum, Grundgesetze der Biocoenotik und Chironomidenverbreitung

Bevor wir in unserer Betrachtung fortfahren, müssen wir drei Begriffe, die mit der ökologischen Valenz eng zusammenhängen, klären (vgl. dazu z. B. THIENEMANN 1948, S. 41 ff.).

Man kann innerhalb jeder Lebensstätte bzw. Lebensgemeinschaft drei ökologische Gruppen von Organismen unterscheiden.

Einmal gibt es Formen, die für den betreffenden Biotop respektive seine Biocoenose charakteristisch sind, normalerweise nur in ihm vorkommen und höchstens einmal in versprengten Exemplaren an einer anderen Stelle angetroffen werden: die für diese Gemeinschaft typischen, charakteristischen Arten, ihre Leitformen, die innerhalb eines biogeographisch einheitlichen Gebietes stets in dem betreffenden Biotop auftreten, also extrem stenoecische Arten. Wir bezeichnen sie als *Coenobionten*. So ist — vgl. oben — z. B. *Diamesa steinboecki* rheobiont, *Dasyhelea diplosis* halobiont, *Clunio marinus* thalassobiont, *Metriocnemus martinii* dendrotelmatobiont usw.

Ferner gibt es Arten, die zwar regelmäßig auch in anderen Lebensstätten auftreten, aber doch an dem betreffenden Biotop so günstige Bedingungen

[5] BRUNDIN (1949, S. 702) schreibt allerdings unter „*Eukiefferiella hospita* EDW.": „Die wiederholten Imagofunde auf der kleinen Insel Björkholmen mitten im See Innaren, wo keine fließenden Gewässer vorhanden sind, deutet jedoch bestimmt darauf hin, daß die *hospita*-Larven auch im Seenlitoral leben." Ich stehe dem aber skeptisch gegenüber, solange nicht die Larven selbst im Seenlitoral gefunden werden!

finden, daß sie sich auch hier in Massen entwickeln können: „Liebhaber", „Freunde" dieser Lebensstätte, Coenophile. Sie sind stenoecisch höchstens in bezug auf einen bestimmten Faktor der betreffenden Stelle, einen Faktor, der in anderer Kombination auch im Faktorenkomplex eines anderen Biotops auftritt. So ist von den oben genannten Chironomiden *Eudactylocladius bipunctellus* ZETT. (*hygropetricus* K.) zwar überaus O_2-bedürftig, polyoxybiont; er kann sein O_2-Bedürfnis aber sowohl in der Spritzzone und am Rande der stärksten Strömung im Gebirgsbach wie auch auf den hygropetrischen Stellen mit ihrer schwachen Strömung befriedigen und tritt an beiden Stellen in Massenentwicklung auf, ist also nur rheophil; an jenen Plätzen lebt er in gleichmäßig kaltem Wasser, an diesen unter sehr stark schwankenden Temperaturverhältnissen, ist also eurytherm. Im allgemeinen sind solche Coenophilen euryoecisch. Im Gegensatz zu den Coenobionten brauchen innerhalb eines biogeographisch einheitlichen Gebietes nicht in jedem Einzelbiotop des betreffenden Biotoptypus (z. B. Quelle, Salzwasser) die gleichen Arten als coenophil (krenophil, halophil) aufzutreten; denn es ist ja „zufallsbedingt", welche Arten in der Umgebung des Biotops vorkommen und so die Möglichkeit haben, in diesen einzudringen und hier Massenentwicklung zu erlangen.

Hierzu ein Chironomidenbeispiel aus dem Binnensalzwasser. Ich habe während meiner Münsteraner Zeit (1907—1917) das westfälische Salzwasser, später von Plön aus das Salzwasser von Oldesloe in Holstein genauer untersucht und dabei auch natürlich die Chironomiden besonders berücksichtigt (1915 a, 1926 d). Ein Verzeichnis der einzelnen, in Westfalen und Holstein nachgewiesenen halobionten und halophilen Chironomiden- und Ceratopogonidenarten findet sich auf Seite 613 bis 615 dieses Buches.

Gemeinsam sind von den 8 Halobionten beider Stellen 7 Arten, d. h. 88%, von den Halophilen 2 Arten, d. h. 40%.

Zu den Coenobionten und Coenophilen kommen nun in jeder Lebensgemeinschaft gelegentlich versprengte Glieder anderer Lebensgemeinschaften, meist in geringer Individuenzahl: rein zufällige „Gäste", „Fremdlinge" in der betreffenden Gemeinschaft, Coenoxene. Um das Beispiel der Salzwasserchironomiden wieder heranzuziehen: es gibt eine ganze Anzahl normal das Süßwasser bewohnender Chironomiden, die man gelegentlich auch im Salzwasser antrifft (THIENEMANN 1936 f, S. 175), und zwar an der einen Stelle die eine, an anderer die andere Art. Innerhalb eines biogeographisch einheitlichen Gebietes ist also der coenobionte Teil des gleichen Biocoenosentyps sehr einheitlich, der coenophile schon weniger, der coenoxene variiert ganz beträchtlich. Bei einem Vergleich des westfälischen und holsteinischen Salzwassers ergab sich, daß beide Gebiete unter den halobionten Dipteren (nicht nur Chironomiden!) ein Drittel der Arten gemeinsam hatten, unter den halophilen nur ein Viertel, unter den Haloxenen nur ein Achtel (THIENEMANN 1926 d, S. 122). Von den von mir in Westfalen und Oldesloe im Salzwasser gefundenen 10 haloxenen Chironomidenarten war keine Art an beiden Stellen vorhanden.

Wir wenden uns nunmehr den sogenannten Grundprinzipien oder Grundgesetzen der Biocoenotik zu, wie ich sie zuerst 1920 im Anschluß an Ausführungen aus dem Jahre 1913 (a, S. 65, 66) aufgestellt habe, und prüfen die Verteilung der Chironomiden unter diesen Gesichtspunkten (zum Teil nach THIENEMANN 1918 a, S. 9 ff.; 1941, S. 54 ff.). In jedem Lebensbezirk gibt es Stätten, die man als optimale bezeichnen kann, d. h. solche, an denen für die Mehrzahl der Organismen die Lebensverhältnisse günstige

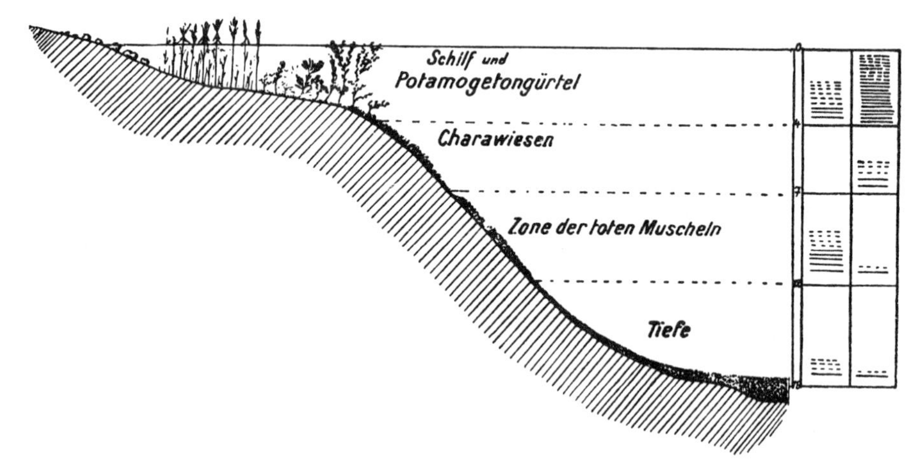

Abb. 19. Schema der Zonen des eutrophen Sees und ihrer Chironomidenbesiedelung. Die Zahl der Striche entspricht der Zahl der in der betreffenden Zone festgestellten Chironomidengattungen. ——— Charakterformen, - - - - Fakultativformen. Linke Spalte rote Larven, rechte Spalte nicht-rote Larven. Zahlen: Tiefe in Metern. [Aus LENZ 1923.]

sind. Im Süßwasser sind das sonnige Teiche oder ruhige Buchten größerer, nährstoffreicherer Seen. Hier ist zwischen der Pflanzenwelt oder auch am Grunde des Gewässers Nahrung in Hülle und Fülle vorhanden, die Sommersonne erwärmt das Wasser in hohem Maße, der O_2-Gehalt des Wassers ist zum Teil dank der Assimilation der Pflanzen ein hoher, die Wasserbewegung ist nicht so stark, daß sie die Existenz sessiler Formen in Frage stellte, mäßige Wassertiefe ermöglicht gleichmäßige Durchlüftung, Durchwärmung und Belichtung bis zum Grunde. Hier entwickelt sich denn auch eine Lebensgemeinschaft von einem Artenreichtum und einer Individuenmenge, wie wir es in keiner anderen Lebensstätte des Süßwassers wiederfinden.

Vergleichen wir nun in einem See die Lebewelt solch warmer, sonniger Bucht oder überhaupt der Litoralregion mit der der großen Tiefen des Sees, so finden wir in den lichtlosen Tiefen, in denen grüne Pflanzen fehlen und deren Boden eine einförmige Schlammschicht bedeckt, nur wenige Tierarten, die Fauna ist um ein Vielfaches artenärmer als in der Uferregion. Wenn z. B. im ganzen Großen Plöner See etwa 100 Chironomidenarten vorkommen, so lebt von diesen kaum ein Zehntel (auch) in der Seetiefe, und nur etwa die Hälfte von diesen bringt es zu einer Massenentwicklung (HUMPHRIES 1938). LENZ hat schon 1923 die Vertikalverteilung der Chironomiden im eutrophen See in einem instruktiven Schema dargestellt, das wir hier wiedergeben (Abb. 19). Im Lunzer Untersee in Niederösterreich wurden im ganzen 88 Chironomidenarten nachgewiesen; nur 11 von diesen leben regelmäßig in seiner Tiefenregion (THIENEMANN 1950, S. 21). Also mannigfaltige Lebensbedingungen (wie im Litoral): viele Arten, einförmige Lebensbedingungen (wie im Profundal): geringe Artenzahl.

Je größer der Ausschnitt aus dem Lebensraum ist, den wir betrachten, um so verschiedenartiger ist das Milieu, je kleiner der Auschnitt, um so einförmiger das Milieu. Wenn seinerzeit in ganz Westfalen von rund 250 Chironomidenarten die Lebensverhältnisse genauer festgestellt wurden, so entfielen von ihnen 122 Arten auf stehendes und langsam fließendes Wasser, nur 12 lebten in Quellen und Rinnsalen, nur 7 auf dünn überrieselten Felsen usw.

„Je variabler die Lebensbedingungen einer Lebensstätte, um so größer die Artenzahl der zugehörigen Lebensgemeinschaft“: das ist das erste Grundprinzip der Biocoenotik. Und das zweite (THIENEMANN 1920, S. 10): „Je mehr sich die Lebensbedingungen eines Biotops vom Normalen und für die meisten Organismen Optimalen entfernen, um so artenärmer wird die Biocoenose, um so charakteristischer wird sie, in um so größerem Individuenreichtum treten die einzelnen Arten auf.“ Die optimale Lebensstätte ist gekennzeichnet durch Artenreichtum, ökologische Vielgestaltigkeit und damit auch morphologische und physiologische Verschiedenartigkeit ihrer Bewohner, relativ geringe Individuenzahlen der einzelnen Arten; dagegen die extreme Lebensstätte, die durch übermäßige Entfaltung oder auch durch Minimalentwicklung eines einzelnen Milieufaktors einseitig geworden ist, durch Artenarmut, ökologische Gleichförmigkeit, Indviduenreichtum der wenigen Arten, aber charakteristische und gleichartige Ausbildung ihrer Bewohner; sie gehören mehr oder weniger der gleichen „Lebensform“ im Sinne WARMINGS an.

In der folgenden Tabelle sind die Artenzahlen für die Chironomiden der Lebensgemeinschaften der von mir untersuchten Gewässer Westfalens gegeben (THIENEMANN 1919; 1941, S. 57—58):

A. Reinwasser			236
I. Freilebende Arten		204	
1. Im stehenden und langsam fließenden Wasser	122		
a) Zwischen Pflanzen	54		
b) Im Schlamm	68		
2. Im schnell fließenden Wasser	82		
a) In Quellen und Rinnsalen	12		
b) Zwischen Bachpflanzen	35		
c) Auf Steinen des Baches	28		
d) Auf dünnberieselten Felsen	7		
II. Minierende Arten		32	
B. Salzwasser			22
C. Abwasser			19

Deuten wir diese Zahlen im Sinne unserer beiden biocoenotischen Grundprinzipien aus:

Wasser mit normaler chemischer Zusammensetzung, also „Reinwasser", hat optimale Lebensverhältnisse gegenüber Salzwasser oder organisch verunreinigtem Wasser. Artenzahl der Chironomiden 236 gegenüber 22 und 19. Das Leben frei, respektive in selbstgebauten Gehäusen, zwischen Pflanzen, im Schlamm oder auf Steinen ist für die Chironomidenlarven das normale; das Minieren in lebenden Pflanzen oder das Graben in Spongillen oder Bryozoenkolonien oder unter Rinde im Wasser liegender Stämme bedeutet einseitige Entwicklung der Lebensbedingungen. Artenzahl der freilebenden zu den minierenden = 204 : 32.

Stehendes, höchstens langsam fließendes Wasser ist im allgemeinen optimal gegenüber starker Strömung: Artenzahl der Chironomiden der Stillwasserfauna Westfalens 122, der Bachfauna 82. Dabei ist zu berücksichtigen, daß ich gerade die Bachfauna Westfalens besonders untersucht habe, so daß bei weiterem Studium der Stillwasserfauna die Differenz zwischen beiden Zahlen noch bedeutend größer werden wird; ferner auch ist zu bedenken, daß die westfälischen Bergbäche ja keineswegs extreme Strömungsbiotope darstellen!

Ein weiteres Beispiel aus der Chironomidenfauna, diesmal des Sunda-Archipels: Im ganzen wiesen wir (THIENEMANN 1941 a, S. 145, 203) dort 156 Arten nach. Auf normale stehende Gewässer kommen davon 72, auf normale Quellen 32, aber auf heiße Quellen und Solfataren nur 13. Und bei einer Wassertemperatur von 51° C wurde nur noch eine Art gefunden — *Dasyhelea tersa* JOH. —, diese aber in großer Individuenzahl.

Wie auf die Abweichung der Temperatur vom Optimum gegen das Wärmeextrem spricht die Chironomidenfauna auch auf die Erhöhung des

Kochsalzgehaltes über die Werte normalen Süßwassers hinaus an. Die Chironomidenfauna des Westfälischen Salzwassers (THIENEMANN 1915 a, S. 453) enthält bis zu einer Salzkonzentration von etwa 1/2 bis 1% 23 Arten. Überschreitet der Salzgehalt aber etwa 1%, so verschwinden von diesen 23 Arten schon 11, also etwa die Hälfte. Bei einem Salzgehalt von 2 bis 3% sind noch 12 Arten vorhanden, bei 6% noch 8 Arten, bei 7% noch 2 Arten. In salzigerem Wasser wurden in Westfalen keine Chironomiden gefunden.

Auch die Erhöhung des Humusgehaltes in einem See spricht sich in einer Erniedrigung der Artenzahl aus. So fand BRUNDIN (vgl. S. 426) im oligohumosen See Innaren 140 Chironomidenarten, im mäßig polyhumosen Skärshultsjön 89, im extrem polyhumosen Grimsgöl 37.

Ein Experiment im Großen: der Aufstau von Bergbächen zu Talsperren, bei denen der durch seine rasche Strömung als extrem gekennzeichnete Lebensraum des Baches verwandelt wird in einen im allgemeinen optimalen Stillwasserbiotop (THIENEMANN 1911, S. 645, 646). Von den damals in den Bächen des Sauerlandes nachgewiesenen etwa 80 Chironomiden finden sich nur 5 auch in den Talsperren. Aber das sind keine typischen Strömungstiere, sie sind vielmehr Bewohner der in ruhigen Bachbuchten sich ablagernden Schlammassen. Echte, typische, stenotherme Strömungstiere, Bachchironomiden, wandern in das stehende Wasser der Talsperre nicht ein. Die Bach und Sperre gemeinsamen Arten sind vielmehr anpassungsfähige Ubiquisten. Hier fand eine Auslese aus dem e x t r e m e r e n Milieu statt.

Es ist von Interesse, die Artenzahl der Chironomidenfauna der einzelnen limnischen Biotope in einem Gebiete mit relativ gleichmäßigen Lebensbedingungen und in einem Gebiet mit im ganzen extremen Verhältnissen miteinander zu vergleichen. Ich wähle dazu Niederländisch-Indien und Lappland (Abiskogebiet) aus. In beiden Gebieten habe ich etwa mit der gleichen Intensität und den gleichen Methoden die Chironomidenfauna untersucht (das Folgende nach THIENEMANN 1941 a, S. 144—146; 202—205). In Abb. 20 und 21 ist die Artenzahl der Chironomiden-Hauptgruppen in % der gesamten Artenzahl jedes der 4 bzw. 5 Gewässertypen graphisch dargestellt, und zwar für das Abiskogebiet in Schwedisch-Lappland (Abb. 20) und Java, Sumatra und Bali (Abb. 21). In Insulinde wurde der feuchte Boden nicht untersucht, im Abiskogebiet gibt es keine Pflanzengewässer (d. h. Wasseransammlungen in Blattachseln, Blütenständen, Bambus, Baumhöhlen usw.) und keine heißen Quellen und Solfataren. Diese Gewässertypen scheiden für den Vergleich also aus. Podonominen sind in Insulinde nicht vorhanden. Sieht man sich in den beiden Abbildungen Quellen, Fließgewässer und stehende Gewässer an, so fällt sofort auf, daß in all diesen Gewässertypen die einzelnen Chironomidenhauptgruppen in den Tropen viel gleichmäßiger verbreitet sind als in der Arktis. Während in der Arktis in einzelnen Gewässertypen einzelne Gruppen fehlen (in Quellen und Fließgewässern die Chironomarien), je eine aber (die Orthocladiinen, schwarze Stäbe) an Artenzahl die anderen ganz gewaltig übertrifft, sind in den Tropen die Chironomiden-Hauptgruppen in allen drei Typen vertreten, und zwar in viel gleichmäßigerer Artenzahl als in der Arktis (Höhe der Stäbe sehr ähn-

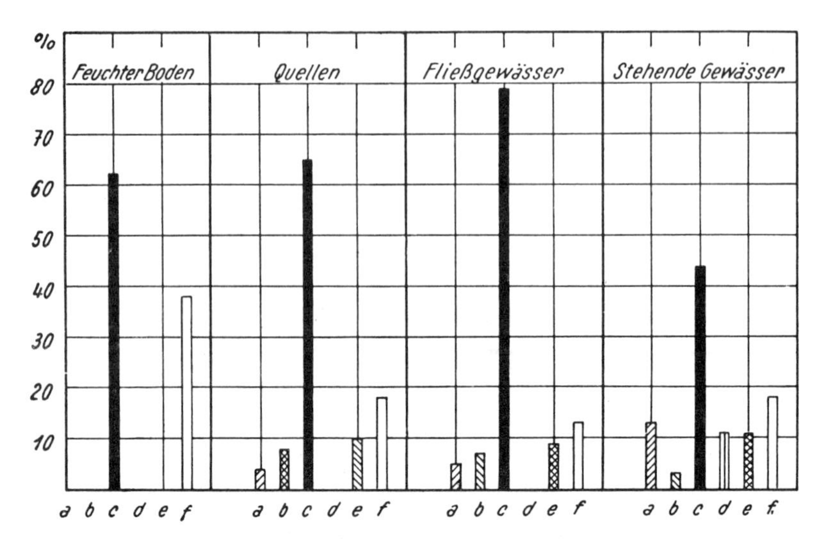

Abb. 20. Artenzahl der Chironomidenhauptgruppen in den Gewässern des Abiskogebietes, in % der gesamten Artenzahl in jedem der vier Gewässertypen. a) *Tanypodinae,* b) *Podonominae,* c) *Orthocladiinae,* d) *Chironomariae,* e) *Tanytarsariae,* f) *Ceratopogonidae.* [Aus THIENEMANN 1941 a.]

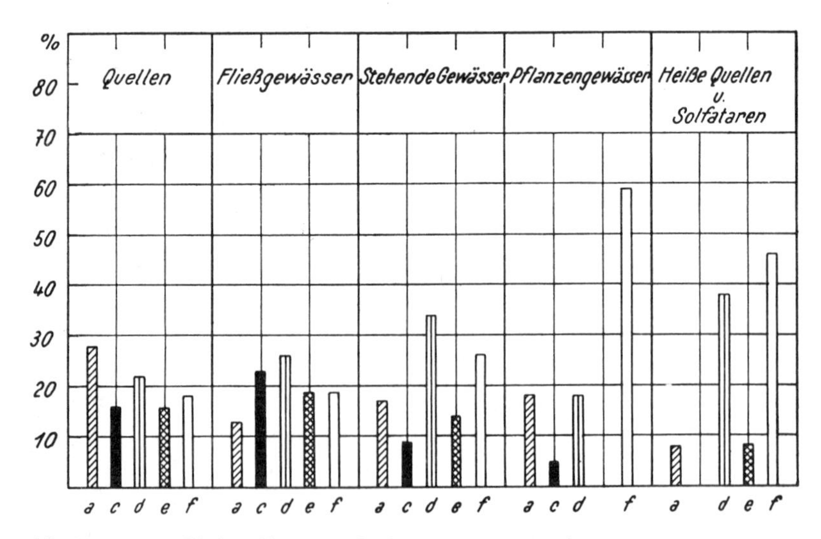

Abb. 21. Artenzahl der Chironomidenhauptgruppen in den Gewässern von Java, Sumatra und Bali, in % der gesamten Artenzahl in jedem der fünf Gewässertypen. (Vgl. die Erklärung zu Abb. 20.) [Aus THIENEMANN 1941 a.]

lich). Ein Blick auf die Abbildungen zeigt unmittelbar, daß das Gleichmaß der Lebensbedingungen in den Tropen sich gegenüber den extremen Verhältnissen der Arktis auch in der Gestaltung der Chironomidenfauna der Quellen, Fließgewässer und stehenden Gewässer ausprägt. Nur in so einseitig gekennzeichneten Gewässern, wie es Pflanzengewässer und heiße Quellen und Solfataren sind, überwiegen an Artenzahl einzelne Gruppen stark (Ceratopogonidae bzw. Chironomariae und Ceratopogonidae) und einzelne (Tanytarsariae bzw. Orthocladiinae) fallen ganz aus. Man erkennt weiterhin, daß die Orthocladiinae, die im Abiskogebiet in allen Gewässern in der bei weitem größten Artenzahl vertreten sind, in Insulinde in keinem

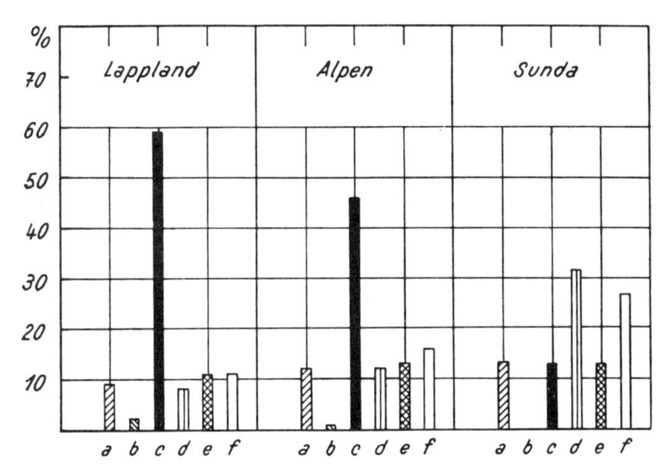

Abb. 22. Artenzahl der Chironomidenhauptgruppen in Lappland (Abiskogebiet), den Alpen (Oberbayern) und dem Sunda-Archipel, in % der Gesamtzahl der in jedem Gebiet nachgewiesenen Chironomiden. (Vgl. die Erklärung zu Abb. 20.)
[Aus THIENEMANN 1941 a.]

Gewässertyp an erster Stelle stehen. Das entspricht durchaus dem zweiten biocoenotischen Grundprinzip, daß im extremen Biotop die Biocoenose ungleichförmiger und charakteristischer ist als im normalen, allgemein optimalen Biotop.

Und vergleicht man nun noch die Gesamtartenzahl der Chironomiden, die in Insulinde nachgewiesen ist, mit der der Arktis (Abiskogebiet) und der der Alpen (nach meinen Untersuchungen in Oberbayern [1936 b]), so zeigt auch die Abb. 22, daß in den relativ ausgeglichenen Verhältnissen der Tropen auch die verschiedenen Chironomiden-Hauptgruppen in viel gleichmäßigerer Artenzahl vorhanden sind (die Höhe der Stäbe wenig verschieden) als in den extremen Verhältnissen der Arktis und des Hochgebirges (ein Stab viel höher als die übrigen).

Erstes Buch

Das Leben der Chironomiden

IV. Autökologie der Chironomidenlarven und -puppen

„Das immer wieder neue Sicheinspielen in ein die Existenzwahrscheinlichkeit verbesserndes Verhältnis zum Lebensraum bezeichnen wir als Anpassung ... Wenn wir eine Beziehung positiver Art zwischen einem Organismus und seinem Lebensraum oder seiner spezifischen Umwelt (als des für ihn wesentlichen, ihn interessierenden und an ihm interessierten Teiles seines Lebensraumes) feststellen, so stellen wir damit ein Verhältnis des Angepaßtseins fest." (KRIEG 1948, S. 34—35.) Wir wollen uns hier in erster Linie mit den Formbesonderheiten der Chironomidenlarven und -puppen beschäftigen, die wir als Anpassungen an Milieubesonderheiten auffassen können. Dabei müssen Larven und Puppen getrennt behandelt werden, da bei jedem der beiden Stadien andere Lebensbedürfnisse und damit Forderungen an die Umwelt auftreten.

A. Die aquatischen Larven

1. Bewegung, Lokalisation

Betrachten wir zuerst die Erscheinungen, die mit der Wasserbewegung und der Lokalisation oder Lokomotion der Tiere im Zusammenhang stehen. Wir kennen ja Chironomiden im stehenden wie im bewegten Wasser und wissen von anderen Tiergruppen, daß Formen stark bewegten Wassers eine besondere Gestalt und besondere Lebensweise besitzen können, durch die ihnen das Leben in der Strömung erst ermöglicht oder doch zum mindesten erleichtert wird. Wie steht es in dieser Beziehung mit den Chironomidenlarven? Haben die für die Torrentikolfauna typischen Arten andere morphologische Merkmale als die des Stillwassers, Merkmale, die Anpassungen an die starke Wasserbewegung sind, so wie etwa die Abplattung gewisser Ephemeridenlarven oder die Saugnapfbildungen bei den Blepharoceridenlarven usw.? In den „Abschließenden Bemerkungen" zu seiner „Biologie der Süßwasserinsekten" hat WESENBERG-LUND (1943, S. 625) einen Gedanken entwickelt, der hier für uns von Bedeutung wird. Der dänische Forscher schreibt: „Je nach der Organisation eines Typus haben die äußeren Bedingungen auf ihn einen sehr verschiedenartigen Einfluß. Bei Torrentikolen und Brandungstieren übt das fließende oder stark bewegte

Wasser auf Typen mit Spinnfähigkeit oder Bauinstinkt (Trichoptera) keinen Einfluß auf ihren Körper aus, der unverändert zylindrisch bleibt, sondern wandelt ihren Bauinstinkt derartig um, daß die Tiere das Baumaterial (mehr oder weniger flache Steine oder feinen Sand) an den Seiten der Röhre einfügen, wodurch das Gehäuse abgeplattet wird und der Strömung möglichst geringen Widerstand bietet. Bei Tieren ohne Bauinstinkt, die aber unmittelbar neben den obengenannten (Goërinae, Molannidae) leben, wird dagegen der Körper selbst abgeflacht (Perlidae, Ephemerida, Gomphinae); ja, das geht so weit, daß wenn unter den Trichopterenlarven eine einzige Gattung *(Rhyacophila)* als umherkriechendes Raubtier keinen Bauinstinkt hat, dann erhält auch sie wie die torrentikolen Ephemeriden usw. einen abgeplatteten Körper."

Nun, die Chironomidenlarven sind im allgemeinen auch solche Tiere mit Spinnfähigkeit und Bauinstinkt. Halten wir uns zunächst an die Chironomidae im engeren Sinne, also exklusiv Ceratopogonidae, so gibt es nur

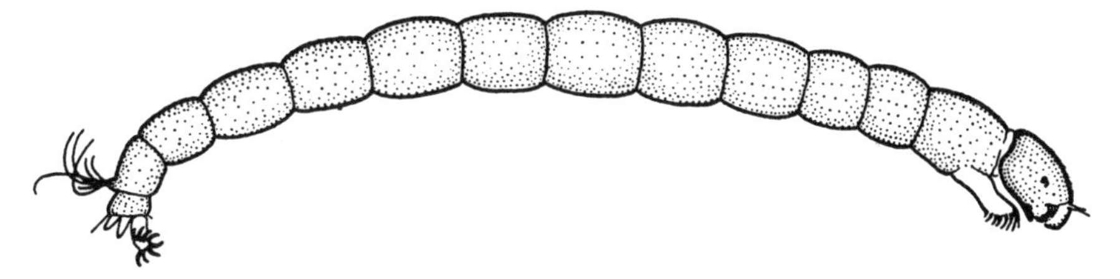

Abb. 23. Schema einer Orthocladiinenlarve. [del. Dr. K. STRENZKE.]

zwei Unterfamilien mit freilebenden Larven ohne Gehäusebau, die Podonominae und die Tanypodinae. Das sind sehr, respektive ziemlich artenarme Gruppen. Die beiden anderen Subfamilien der Chironominae und Orthocladiinae umfassen den größten Teil der Chironomidenarten, alles Formen mit Spinnfähigkeit und Bauinstinkt. Nur vereinzelte Arten der Orthocladiinae und Chironominae leben frei, ohne Gehäuse- oder Röhrenbau. Alle Chironomidenlarven aber (mit Ausnahme g a n z einzelner parasitischer Formen) haben etwa den gleichen Bautypus: Kopf, 12 zylindrische Segmente, am ersten an der Bauchseite ein Paar Fußstummel, am letzten ein Paar Nachschieber (Abb. 23).[6] WESENBERG-LUND (1943, S. 493, 494) beginnt sein Chironomidenkapitel mit den Worten: „Die Larven der einzelnen Arten sind einander ähnlich, so verschieden auch ihre Lebensbedingungen sind. Es scheint, als ob der Larvenkörper sich allen möglichen, noch so verschiedenen Lebensbedingungen ohne besondere Variation anzupassen vermag. Es ist kaum möglich, vom Körperbau der Chironomiden auf ihre

[6] Der Kuriosität halber sei erwähnt, daß WEIJENBERGH (1873) bei der Beschreibung eines „zweiköpfigen Monstrums" einer Chironomidenlarve die Nachschieber als „Respirationsfortsätze" bezeichnet.

Lebensweise zu schließen. Der Bau der Larve gibt nur sehr wenig Aufschluß darüber, ob sie Schlammbewohner, Kalkbohrer oder Minierer ist, ob sie in heißen Quellen oder eisgefüllten Seen lebt, ob sie freilebend oder festsitzend in Sandröhren wohnt, ob sie in austrocknenden Tropengewässern, in kleinsten Pfützen oder in der Tiefe großer Seen heimisch ist, ob sie als Schmarotzer lebt oder sie sich in salzigen Seen, terrestrisch, in Höhlen oder auf dem Mount Everest in einer Höhe von 17 000 Fuß aufhält. Der Typus hat anscheinend ohne größere Variation alle Arten von Gewässern auf der Erde erobert und weicht nicht einmal vor dem Meere und dem festen Land zurück." 1936 b (S. 242) schrieb ich im Anschluß an meine Untersuchungen in Oberbayern: „Am Körper der Bachbewohner unter den Chironomidenlarven sind bisher keinerlei rheotypische Merkmale bekannt; eine Chironomidenlarve des Baches hat im allgemeinen den gleichen Bau wie eine Larve aus dem Stillwasser. Die Bewehrung der vorderen Fußstummel mit oft sägeartig gezähnten feinen Haken und die der Nachschieber mit kräftigen Klauen — im Verein mit den starken Muskeln beider Gebilde — genügt für ein Festklammern an den kleinen Unebenheiten auch anscheinend ganz glatter Bachsteine." Aber ich machte damals doch auf e i n Merkmal bei den extremst rheobionten Chironomidenlarven aufmerksam, das unbedingt als eine „Anpassung" an das Leben im Wasserprall angesehen werden muß.

Wir haben oben (S. 23) als die Arten, die die Stätten allerstärkster Strömung im Hochgebirgsbach besiedeln, drei *Diamesa*-Formen genannt, *Diamesa steinboecki, D. latitarsis* und *D. lindrothi*. Die erste Art geht in den Alpen wie in Lappland bis ins Gletschertor hinein, und oft ist sie von da an über einen Kilometer bachabwärts die „alleinige und unbestrittene Beherrscherin des Baches". STEINBÖCK (1934, S. 267) nennt sie daher die „Gletscherzuckmücke". In den Alpen ist *D. steinboecki* oft vergesellschaftet mit *D. latitarsis* (in meiner Partenkirchen-Arbeit 1936 b als *Brachydiamesa* spec. II bezeichnet); in Lappland wird *D. latitarsis* durch *D. lindrothi* ersetzt (THIENEMANN 1941 a, S. 71). Die Larven aller drei Arten leben auf den Steinen, auch auf der Oberseite, in der stärksten Strömung, und zwar frei, ohne Röhrenbau; erst die reifende Larve spinnt sich zur Verpuppung in ein lockeres, zuweilen mit kleinsten Steinchen durchsetztes Gespinst, mit vielen Lücken zwischen den Fäden, ein. Die Massenentwicklung dieser Art kann eine ganz gewaltige sein: die überbrausten Steine können dicht bedeckt von diesen Larven sein. Schon 1908 hat J. SEFVE im schwedischen Hochgebirge des Sarek die Larven von *D. steinboecki* „an den wildesten Stellen" der Bäche beobachtet; er nannte sie in seinem Tagebuch „die dunkle mit zwei Spitzen am Ende" und spricht „von der für die Art charakteristischen Stellung", mit der die Larven auf den Steinen sitzen (THIENEMANN 1941 a, S. 70). HUBAULT wies 1927 (S. 162) auf die abnorm verlängerten Nachschieber dieser Larven hin (das sind „die zwei Spitzen am Ende", von denen SEFVE schreibt); solche Nachschieberlänge kommt bei keiner anderen Chironomidenlarve vor: „Bemerkenswert durch die Länge der Nachschieber; diese fast viermal so lang als dick, länger als die beiden letzten Segmente zusammen, glatt, bei den konservierten Tieren immer divergierend und dann mit der Körperlängsachse einen Winkel von 45° bildend."

Und Seite 337 faßt HUBAULT diese Verlängerung der Nachschieber, d. h. die Vergrößerung der Fixationsbasis, direkt als Anpassung an das Leben in der starken Strömung auf. Ich habe mich (1936 c, S. 242) dieser Auffassung angeschlossen; greifen die Endhaken der lang ausgestreckten und — auch im Leben — einen Winkel von etwa 45° mit der Körperachse bildenden Nachschieber an den kleinen Rauhigkeiten des Gesteins an, so sichern

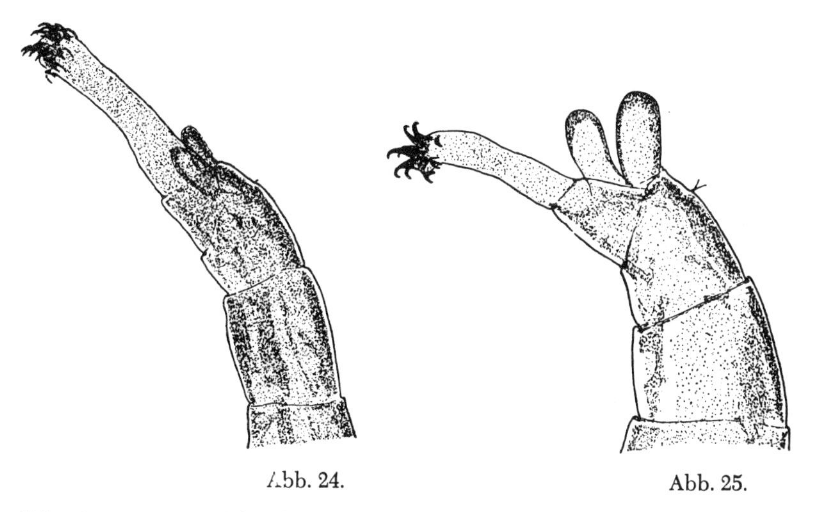

Abb. 24. Abb. 25.

Abb. 24. *Diamesa steinboecki.* Hinterende der Larve mit stark verlängerten Nachschiebern, von der Seite. (Nur die eine Seite gezeichnet.) [Aus THIENEMANN 1936 b.]

Abb. 25. *Diamesa latitarsis.* Hinterende der Larve mit stark verlängerten Nachschiebern, von der Seite. (Nur die eine Seite gezeichnet.) [Aus THIENEMANN 1936 b.]

sie, gleich zwei ausgefahrenen Ankern, die Larve an ihrem Ort; das ist „die für die Art charakteristische Stellung", die schon dem ersten Beobachter, J. SEFVE, auffiel. Abb. 24 zeigt das Larvenhinterende von *D. steinboecki* mit seiner starken Nachschieberverlängerung von der Seite; aus Abb. 25 geht hervor, daß auch *D. latitarsis* solch verlängerte Nachschieber besitzt, allerdings ist die Verlängerung hier, und bei *D. lindrothi,* nicht so ausgeprägt wie bei *D. steinboecki.* Abb. 26 gibt als Gegenbeispiel das Larvenhinterende einer moosbewohnenden *Diamesa*-Art wieder, bei der die Nachschieber die normale Länge besitzen. In der für unsere Gebirgsbäche sehr typischen Gattung *Eukiefferiella* sind fast alle Arten Moosbewohner, leben also in verhältnismäßig geringer Strömung (THIENEMANN 1936 c). Von einer Art aber, *E. cyanea* TH., fand ich in Oberbayern am 17. August 1935 tiefblaue Larven frei auf den blanken, unbewachsenen Steinen eines kleinen Baches (1450 m), der von hochgelegenen Schneefeldern gespeist wird und in Wasserfällen von Süden auf den oberen Raintalanger fällt; Verpuppung in flachen, elliptischen Sandgehäusen auf den Steinen. Später habe ich die Art auch im Abiskogebiet in Schwedisch-Lappland nachgewiesen (1941 a). Und diese echt rheobionte *Cyanea*-Larve hat im Gegensatz zu den moosbewohnenden *Eukiefferiella*-Larven (Abb. 27) stark verlängerte Nachschieber! (Abb. 28.) Es kommt bei diesen „rheotypischen" Larven noch ein Merkmal zu der Verlängerung der Nachschieber hinzu: die Reduktion der auf dem

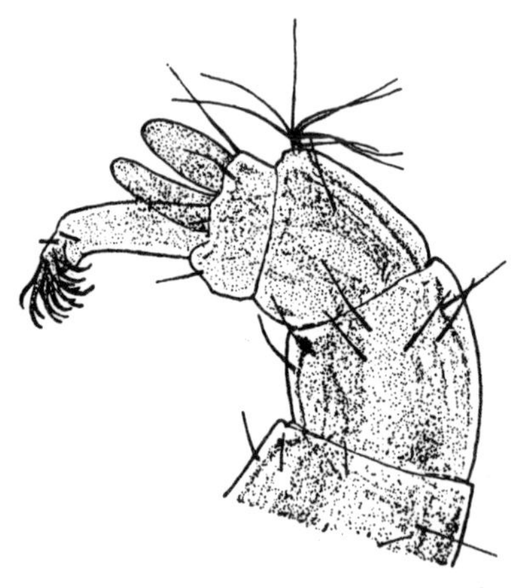

Abb. 26. *Diamesa* sp. aus Bachmoosen. Larvenhinterende mit normalen Nachschiebern. (Nur die eine Seite gezeichnet.) [Aus THIENEMANN 1936 b.]

Rücken am Hinterende des Praeanalsegmentes befindlichen beiden Borstenpinsel. Bei den Larven der Abb. 26 und 27 sind sie normal ausgebildet. Bei *steinboecki* stehen an Stelle der Borstenpinsel jederseits — nur bei stärkeren Vergrößerungen sichtbar! — 3 kleine Börstchen; 2 von ihnen, meist etwas länger und zuweilen wie kleine schwarze Haken aussehend, dicht nebeneinander, das 3. meist kürzer, etwas lateral von ihnen in einem kleinen Abstand. Die längste dieser Borsten ist nur so lang wie ein Viertel der Länge der längsten Nachschieberklauen! Bei der Profilansicht (Abb. 24) sind diese Gebilde kaum zu sehen. Bei *latitarsis* (und *lindrothi)* finden sich statt der praeanalen Borstenpinsel je vier längere Börstchen, die länger als die Hälfte der Länge der längsten Nachschieberklaue sind, etwas oral-lateral von jeder Borstengruppe eine kürzere Borste. Auf Abb. 25 sind diese Börstchen zu erkennen. Aber auch sie sind im Verhältnis zu diesen Gebilden bei den moosbewohnenden Arten (Abb. 26) stark verkümmert. Die gleiche Reduktion zeigt die Larve von *Eukiefferiella cyanea* im Vergleich zu der Larve von

Eukiefferiella lobulifera (Abb. 27 und 28). Es unterliegt keinem Zweifel, daß die Reduktion der praeanalen Borstenpinsel bei diesen extrem rheobionten Larven, die im umgekehrten Verhältnis zur Verlängerung der Nachschieber steht, wie diese in Zusammenhang mit dem Leben in der starken Strömung zu bringen ist. Man kann sich vorstellen, daß die Rückbildung von Körperfortsätzen, an denen die Strömung angreifen könnte, von positiver Bedeutung für das Leben im Gießbach ist. Ob es sich hier um echte „Anpassungen" handelt, mag dahingestellt sein. Ich wiederhole in diesem Zusammenhang, was ich vor längerer Zeit einmal schrieb (1931 a, S. 435 bis 440): „Je stärker die Strömung, um so mehr Formen finden wir, deren Bau besondere Vorteile für das Leben im Strom aufweist. Die Hydrobiologie überläßt die Frage nach den Ursachen dieser biologischen Eigentüm-

Abb. 27. *Eukiefferiella lobulifera* aus Bachmoosen. Larvenhinterende mit normalen Nachschiebern. (Nur die eine Seite gezeichnet.) [Aus THIENEMANN 1936 b.]

Abb. 28. *Eukiefferiella cyanea*. Larvenhinterende mit verlängerten Nachschiebern. (Nur die eine Seite gezeichnet.) [Aus THIENEMANN 1936 b.]

lichkeiten anderen biologischen Disziplinen; es kann sich dabei um echte Anpassungen handeln, d. h. die morphologische Sondergestaltung ist Wirkung der Sonderausprägung des Milieus (z. B. der Bau der Blepharoceridenlarven); es kann aber auch das ‚Ausnutzungsprinzip' (E. BECHER) im Spiele sein; d. h. die Form, die das Leben in der Strömung ermöglicht, ist aus anderen Gründen entstanden; der Organismus nutzt sie aber aus, indem er die Strömung besiedelt (z. B. Bau der Planarien)."[7] Merkwürdig mag es erscheinen, daß an der Nordgrenze ihrer Verbreitung die sonst so extrem

[7] Übrigens ist ERICH BECHERs Ausnutzungsprinzip — „die Lebewesen nutzen ihre Eigenschaften (einerlei, wie diese entstanden sein mögen) so gut es geht aus, wenn sie in irgendeiner Umgebung, zu irgendeinem Zwecke brauchbar sind" — (vgl. THIENEMANN 1919 a, S. 145) nächst verwandt mit CUÉNOTs Praeadaptationstheorie, nach der die Eroberung neuer Räume durch solche Formen erfolgt, „die, noch unter anderen ökologischen Bedingungen lebend, bereits an neuartige Verhältnisse im voraus z u f ä l l i g angepaßt waren" (KOSSWIG 1948, S. 179).

rheobionte *Diamesa lindrothi* auch im s t e h e n d e n Wasser vorkommt! Nach dem Material des Osloer Museums verzeichnete ich (1937 f, S. 2 und 8) für Ostgrönland folgende Funde von *D. lindrothi* (hier *Brachydiamesa* sp. II genannt): „Herschelhus 18. Juli 1920 kleiner Tümpel, etwa 1/2 m Durchmesser, 10 cm tief, stillstehendes Süßwasser, Larven. — Myggbukta 20. Juli, 2. August 1930 an Steinen eines Flusses, der an der Station ins Meer mündet, im starkströmenden Wasser, sowie im Schlamm eines Teiches in der Nähe dieses Flusses, Larven. — Reinbukta im Isfjord 14. August 1937, Süßwassersee, Larven." Wenn man aber bedenkt, daß der „respiratorische Wert" des O_2-Gehalts (Ruttner 1926) bei niedrigen Temperaturen nach der R. G. T.-Regel ein viel größerer ist als der bei höheren Wärmegraden, so wird es verständlich, daß ein im übrigen echt rheobiontes Tier unter hocharktischen Bedingungen auch im Stillwasser sein O_2-Bedürfnis befriedigen kann. Denn die Ausbildung rheotypischer Merkmale bei einer Art, von Merkmalen also, die ein Leben im schnellst bewegten Wasser ermöglichen, bildet kein Hindernis für das Leben im Stillwasser, wofern dieser Biotop dem Tier nur im übrigen die nötigen Lebensbedingungen bietet.

Nur bei e i n e r Chironomidengattung sind echte Saugnäpfe vorhanden, bei dem absonderlichen Orthocladiinengenus *Heptagyia* (Phil.) Edw. Bei den freilebenden *Heptagyia*-Larven stellt das Ende der kurzen, zylindrischen Nachschieber je einen echten Saugnapf dar, der von drei konzentrischen Ringen kurzer Klauen umschlossen wird (Thienemann 1934 c, S. 10) (Abb. 29). Leider gibt es noch keine anatomische Beschreibung dieser Organe, wie sie für die Saugnäpfe anderer torrentikoler Insektenlarven vorliegt. Nun wird für diese Larven im allgemeinen angegeben, daß sie an Blöcken in der Spritzzone von Gebirgsbächen leben (Thienemann 1934 c, S. 10, 11); das würde aber kein Biotop besonders starker Strömung sein. Wenn man aber solche *Heptagyia*-Stellen genauer betrachtet, so sieht man (Beobachtungen aus Oberbayern), daß die Larven an den großen Blöcken mitten im tosenden Gebirgsbach nicht etwa nur oberhalb des Wasserspiegels, wo der Block von dem Wasserstaub benetzt wird, herumkriechen, sondern vor allem dicht an der Grenze des vorbeistürzenden Wassers leben. Und hier, an der Wasseroberfläche, ist die Strömungsgeschwindigkeit natürlich eine ganz besonders große!

Die Larven des mit *Heptagyia* häufig vergesellschafteten *Eudactylocladius bipunctellus* Zett. spinnen lockere, sandinkrustierte Gänge auf dem Gestein und halten sich so in der Strömung. Und das ist überhaupt die Art, die den meisten torrentikolen Larven das Leben auf den Steinen in dem rasch strömenden Wasser ermöglicht. Allerdings kommen manche von ihnen auch frei, und dabei ohne besondere rheotypische Formmerkmale, auf den Steinen herumkriechend vor, so *Euorthocladius rivicola, Parorthocladius nudipennis* und *Diamesa*-Arten. Die Larven von *Parorthocladius atroluteus*

Goetgh. fand ich in lockeren Gallertgängen. Auch *Euorthocladius rivicola* kann solche, die meist mit etwas Sand überzogen sind, spinnen; *Euorthocladius rivicola* lebt auch zuweilen frei in den röhrenförmigen Lagern von *Hydrurus foetidus penicillatus;* auch die Puppen liegen dann frei in den *Hydrurus*-Röhren (Thienemann 1941 a, S. 180). Frei, im stärksten Wasserprall auf Steinen herumkriechend, zusammen mit *E. rivicola* und *Diamesa steinboecki,* fand ich in den Alpen auch einmal *Cardiocladius*-Larven (Thienemann 1941 a, S. 199); im allgemeinen aber leben diese Larven zwischen den Kolonien von *Simulium*-Larven und -Puppen, von denen sie

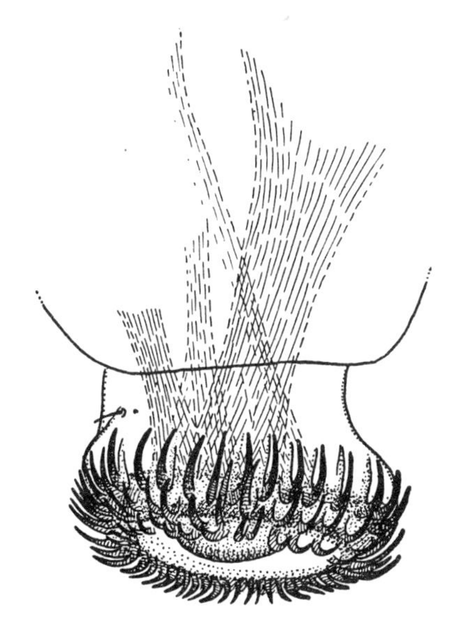

Abb. 29. *Heptagyia punctulata.* Larve. Nachschieber mit Saugnapf. [del. Dr. K. Strenzke.]

sich nähren; und an solchen Stellen, zwischen diesen Tieren, sind sie vor der ärgsten Strömung geschützt (Thienemann 1932 b). Eine besondere Art des Larvengehäuses findet sich bei *Euorthocladius rivulorum* K., der auf den Steinen in der Strömung von Bächen und Flüßchen der Ebene, der Mittelgebirge und der Alpen lebt: an einem Ende auf dem Stein befestigte Gallertröhren, die so frei im Strome flottieren; meist sind sie dicht mit Diatomeen bewachsen (Lauterborn 1905, Thienemann 1909, 1935) (Abb. 30). Besonders charakteristisch für die Strömung (allerdings nicht die extrem starke) sind die Bauten der Tanytarsariengattung *Rheotanytarsus.*

Rheotanytarsus raptorius K. (vgl. S. 32, Abb. 14) ist bekannt aus ganz langsam fließenden Flüßchen in Westfalen, Schleswig-Holstein, Dänemark, Mähren sowie aus der Weichsel (Brundin-Thienemann). Die Larvengehäuse sind auf Wasserpflanzen befestigt (Abb. 14, S. 32). Die etwa 6 bis 7 mm langen, dem Blatte fest aufgesponnenen Röhren sind aus Gespinst mit feinsten Sand- und Schlammpartikelchen gefügt. Das Gehäuse nimmt von hinten nach vorn allmählich an Weite zu. Auf der Röhre finden sich ein oder zwei (nie mehr!) fadenförmige Längskiele, die sich über die Mündung hinaus in lange Fäden fortsetzen. Die Fäden sind meist halb so lang wie das Gehäuse, können aber bis $^3/_4$ der Länge erreichen, ja ab und zu fast gerade so lang wie die

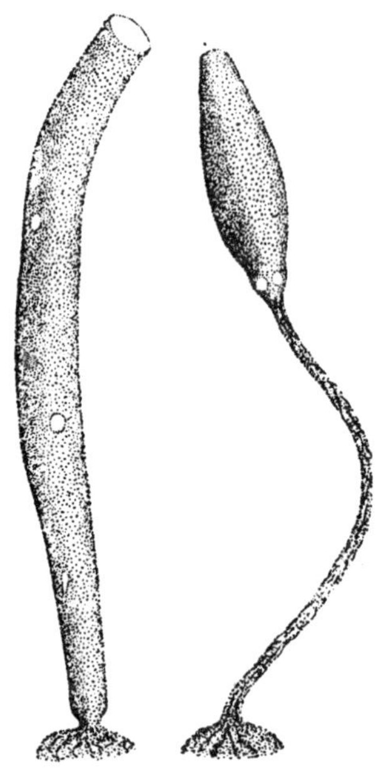

Abb. 30. *Euorthocladius rivulorum.* Larven- und Puppengehäuse. [Aus TAYLOR 1903.]

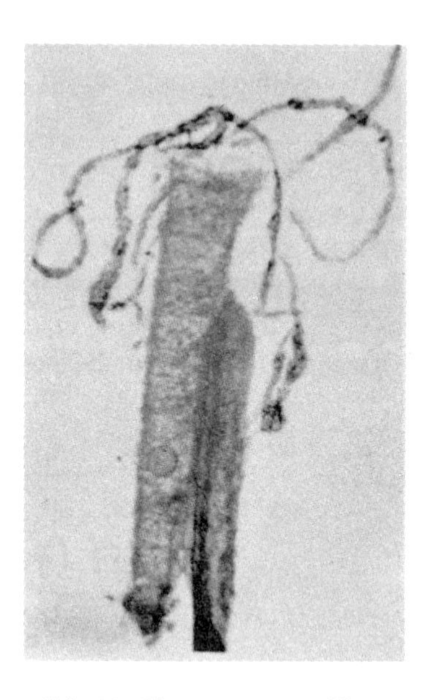

Abb. 31. *Rheotanytarsus additus.* Larvengehäuse mit zwei Endfäden auf einem Pflanzenbruchstück befestigt. Sumatra, Ranausee, auf *Potamogeton.* [Aus ZAVŘEL 1934.]

Röhre werden (THIENEMANN 1909, S. 6). Eine nahestehende Art, *Rheotanytarsus additus* JOH. lebt im Litoral von Seen sowie in Sawahs (Reisteichen) in Java und Sumatra. ZAVŘEL (1934, S. 150) beschreibt die Gehäuse (Abb. 31) so: „Röhrchen walzenförmig, 5 bis 6 mm lang, 0,4 mm dick, am vorderen Ende bis auf 1 mm Dicke verbreitert; unten (Anhaftungsstelle) sind sie schlitzförmig geöffnet, bis auf das vordere, von der Unterlage etwas abgehobene Ende, das ringförmig geschlossen ist; sie sind fast ausschließlich aus Spinndrüsensekret mit dicht angeklebten Diatomeenschalen gebaut; die Sekretfasern mit angeklebten Diatomeen liegen in regelmäßigen Zügen, die in einer dichten, quer zur Hauptachse hinziehenden Schraubenlinie angeordnet sind; 2 Kielfäden liegen nur in der vorderen Hälfte oder fehlen vollständig; dagegen tragen die Röhrchen immer am vorderen Ende 2 lange, leicht abbrechende Endfäden; auch diese bestehen nur aus Sekretfasern mit dicht angeklebten Diatomeen und zeigen der ganzen Länge nach rosenkranzartige Verdickungen." Diese Art gehört zur Gruppe „*Rheotanytarsus anomalus*" (ZAVŘEL, S. 152, 153).

Zur Gruppe „*Rheotanytarsus typicus*" gehört der nun zu beschreibende Gehäusetypus, der auf schneller oder sogar recht schnell strömende Gewässer der Gebirge und Ebene beschränkt ist. Er findet sich bei den folgenden Arten: in Europa *lapidicola* K. (= ? *rivulorum* K.), *muscicola* K., *pentapoda* K. (auch in Japan), *photophilus* GOETGH., *pusio* MUNDY (nec MG.); in Niederländisch-Indien *acerbus* JOH. und *adjectus* JOH. Die Gehäuse sind aus feinen Schlammteilchen gebaut, etwa 1 cm lang, vorn weiter, hinten enger. Oft sind sie dem Substrate in ganzer Länge aufgeheftet, so, daß das Vorderende etwas von der Unterlage aufgebogen ist (MUNDY, Fig. 32, 38). Die Röhren sind meist fünfeckig, auf jeder der in schwacher Spirale die Röhre umziehenden Kanten verläuft ein Fadenkiel, der sich nach vorn über die Mündung hinaus als mehr oder weniger langer fadenförmiger Fortsatz erstreckt; es kommen auch 4 bis 7 Kiele und Fäden vor. Hebt sich das Vorderende der Röhre noch mehr von der Unterlage ab, so entstehen Gehäuse, wie sie Abb. 13 (S. 32) für *Rh. pentapoda* darstellt. Diese Röhren, die eine entfernte Ähnlichkeit mit einer *Hydra* haben, bedecken die Steine unserer Bergbäche oft in unglaublichen Mengen. Stets sind die Röhren so angeheftet, daß auch das Hinterende offen ist und so ein Wasserstrom das Gehäuse ungehindert durchspülen kann (THIENEMANN 1909, S. 6). Besonders interessant war ein Fund von *Rheotanytarsus muscicola* K. an dem Wehr der Pleistermühle bei Münster in Westfalen, wo die Gehäuse zwischen Moos so dicht nebeneinander standen, daß sie mit ihren Endfäden gleichsam eine Bürste bildeten. (In ähnlicher Weise überzogen in einem javanischen Bache die Gehäuse von *Rh. adjectus* bürstenartig Steine und Zweige in stärkster Strömung [0,4 bis 0,8 m/sec] [ZAVŘEL 1934, S. 147]). *Rh. muscicola* oder eine ganz ähnliche Art hat auch WESENBERG-LUND vorgelegen, wenn er (1943, S. 509—510) schreibt: „Vor etwa 30 Jahren fand ich bei einer Wassermühle die Innenseiten des Radkastens und die Schaufeln des Rades mit einer 5 cm dicken Schicht bedeckt, die ich zunächst für Bryozoen hielt. Zu meinem Erstaunen sah ich dann, daß die Masse nur aus feinem Schlamm bestand; ihre Oberfläche war vollkommen eben und von zahlreichen Löchern durchbohrt, aus denen je vier fadenförmige Zipfel hervorragten. Die Röhren standen so dicht zusammen, daß sich die Zipfel gegenseitig überdeckten; in jedem Rohr saß eine Larve der *Tanytarsus*-Gruppe. Wenn man die Masse zerbrach, sah man, daß die Röhren dicht aneinander klebten und daß jede Röhre mit vier Kielen versehen war. Die Fäden bildeten ein Flechtwerk über der Schlammfläche und hatten höchstwahrscheinlich Bedeutung für die Befestigung von

Schlammteilen. Die ganze Masse war von merkwürdig fester Konsistenz, so daß man sie in großen Stücken abschneiden konnte. Ein paar Jahre später fand ich ähnliche Massen in einem 1 dm weiten Drainrohr; hier war die Schicht etwa 2 bis 3 cm dick und ließ sich in großen Platten abnehmen."

Die Formenreihe *raptorius-pentapoda* endet in Gehäusen, wie sie Abb. 32 und 33 zeigen.

Zuerst hat JOHANNSEN (1905, S. 294—295, pl. 26 fig. 9) diese Gehäuse beschrieben, und zwar für den in nordamerikanischen schnell fließenden Bächen lebenden *Rheotanytarsus exiguus* JOH. var. a. (JOHANNSEN 1937 b, S. 12); ferner LAUTERBORN (1905, S. 215) für eine nicht bis zur Art bestimmte

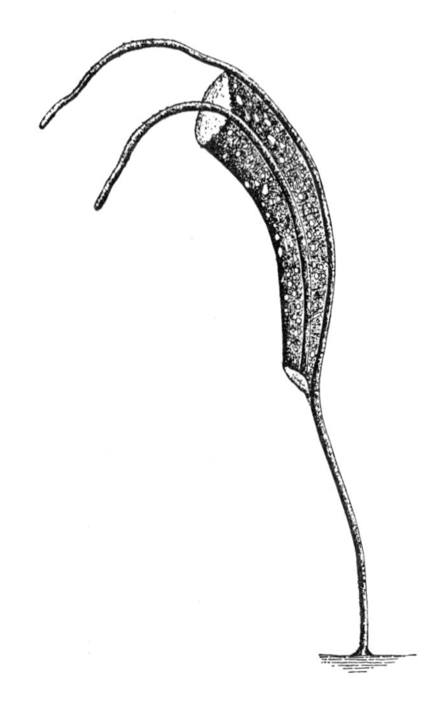

Abb. 33. *Rheotanytarsus* sp. Gestieltes Gehäuse mit 4 Endfäden. [Nach SACK 1910 aus BAUSE 1914.]

Abb. 32 (links). *Rheotanytarsus* sp. Gestieltes Gehäuse mit 3 Endfäden (der dritte Faden ist durch den vorderen verdeckt.) [Nach LAUTERBORN 1905 aus BAUSE 1913.]

Form aus dem Thüringer Wald, SACK (1910) aus dem Vogelsberg und Odenwald. Ich kenne diese Gehäuse aus dem Sauerland (Henne und Lahn); MUNDY wies sie in England (Devon) nach und bildet sie (fig. 35—39) ab; er schildert auch den Gehäusebau eingehend. Solche Gehäuse (mit 3 Kielfäden) fand ich auch in einem mitteljavanischen Gebirgsbach und einem Urwaldbach in Südsumatra (ZAVŘEL 1934, S. 147). WAUTIER (1947 a, b) fand in Lothringen die Gehäuse dieser Art einmal auf den Beinen (dem Femur) der Larve der Libelle *Calopteryx virgo* festgeheftet. Die Erbauer der europäischen und indonesischen Gehäuse sind noch nicht gezüchtet. Doch gehören sie sicher, ebenso wie die nordamerikanische Art, zur Gruppe „*Rheotanytarsus anomalus*". Charakteristisch für all diese Gehäuse ist, daß sie außer 3 oder 4 Kielen, die sich in lange Endfäden fortsetzen, noch einen „Stiel“ besitzen. Der eine Kiel verlängert sich nämlich über das Hinterende hinaus in einen Fortsatz, der gut so lang wie das Gehäuse und mit seinem etwas scheibenförmig verbreiterten Ende an einem Stein des Bachbodens befestigt ist. Dieser Stiel erhält, wie LAUTERBORN sagt, durch seine Elastizität das Gehäuse im fließenden Wasser frei von der Unterlage abstehend (BAUSE, S. 40).

LAUTERBORN (1905, S. 216) hatte die die Vorderöffnung des *Rheotanytarsus*-Gehäuses überragenden Kielfäden als „Fangfäden“ bezeichnet, „die zum Auffangen der vorbeitreibenden Nahrungskörper dienen“. Ich hielt (1909, S. 6) die Kiele und ihre Fortsätze gewissermaßen für das Gerüstwerk, „das die Larve zuerst errichtet und zwischen das sie die Gespinstwände je nach Bedarf immer weiter vorschiebt; als ‚Fangfäden‘ zum Auffangen und Aufhalten vorbeischwimmender Nahrungsteilchen spielen sie sicher kaum eine große Rolle“. Und BAUSE (S. 38) schreibt: „Es ist nicht ersichtlich, in welcher Weise diese Fäden ein solches ‚Auffangen‘ bewerkstelligen sollen. Und doch hatte LAUTERBORN recht! MUNDY hat in seiner Arbeit von 1909 (S. 33—35) auf Grund von sorgfältigen Beobachtungen in der Zuchtschale gezeigt, daß die Larve zwischen den Fäden ein schleimiges Gewebe spinnt, das sie von Zeit zu Zeit samt den darin hängen gebliebenen Partikelchen wieder beseitigt und verschlingt (soweit gröbere Teilchen nicht zum Gehäusebau verwendet werden). Die *Rheotanytarsus*-Larve gestaltet das Vorderende ihrer Röhre also zu einem temporären Fangnetz um! Wir kommen im nächsten Abschnitt hierauf zurück. MUNDYS als selbständiges Buch erschienene Arbeit ist wenig bekannt geworden, daher sind diese interessanten Beobachtungen in die spätere Chironomidenliteratur leider nicht übergegangen.

WALSHE (1950 a, 1951 a) hat MUNDYS Beobachtungen in allen Punkten bestätigt.

Nun noch einige Worte über die Ceratopogoniden. Diese Familie enthält keine Arten, die an das stark strömende Wasser gebunden sind, sondern nur lenitisch-aquatische Formen, halbaquatische Feuchtigkeitsbewohner und terrestrische Larven. G. W. MÜLLER hat (1905) eine solche Feuchtform beschrieben, *Atrichopogon Mülleri* K., die er im Thüringer Wald im Ungeheuren Grund in einem sehr kleinen Rinnsal fand, dessen Wasser kaum zwischen den Steinen hervortritt, fast nur den Grund feucht hält. Dort leben die Larven auf der Unterseite der Steine, vielfach da, wo sie dem Boden in breiter Fläche aufliegen. Die ganze Haut der Larven ist mit stark chitinisierten Wärzchen bedeckt, die aber auf einem länglich ovalen Feld des Rückens vom Thorakalsegment 2 und Abdominalsegment 1 bis 7 fehlen. Das von Chitinwarzen freie Oval bildet die dorsale Fläche einer kräftigen und steilen Warze von entsprechender Form, das genannte Oval ist scharfkantig gegen die übrige Warze abgesetzt, platt. MÜLLER fragt (S. 225):

„Welche Bedeutung haben diese Rückenwarzen? Die Larve lebt, wie gesagt, an der Unterseite von Steinen, vielfach da, wo sie der Unterlage fest aufliegen, so daß das Tierchen die Nachbarschaft mit der Dorsal- und Ventralfläche berührt, bei der Fortbewegung einen großen Widerstand zu überwinden hat. Unter diesen Verhältnissen scheinen Bewegungsorgane auf dem Rücken sehr nützlich; zweifelhaft kann man nur über ihre Wirksamkeit sein, möglich, daß die Warzen nur bestimmt sind, die Reibung an der Rückenfläche zu vermindern, möglich aber auch, daß sie aktiv der Bewegung dienen, in welchem Falle man sie als Rückenbeine (Pseudopodien) bezeichnen könnte. Für die letzte Deutung scheint der Umstand zu sprechen, daß sie den Segmenten fehlen, welche ventral Bewegungsorgane tragen (1. Thorax-, letztes Abdominalsegment)."

Eine ganz andere Deutung gab ANKER NIELSEN (1951, S. 79) für diese Gebilde. Er sieht in ihnen respiratorische Organe.

2. Ernährung

Bei den Chironomidenlarven finden wir die verschiedensten Arten der Ernährung: es gibt unter ihnen Raubtiere, Fleischfresser; die größte Zahl der Chironomidenlarven lebt von pflanzlicher Substanz, und zwar frischlebender oder abgestorbener, mehr oder weniger zersetzter.[8] Und schließlich sind vereinzelte Formen zu parasitärem Leben übergegangen. Und diese Verschiedenheiten der Ernährung prägen sich zum Teil auch in dem Bau der Mundteile und in der Lebensweise der Larven aus.

a) Raubtiere

(„Raubtiertypus" WESENBERG-LUND 1943 a)

Alle Tanypodinenlarven sind Fleischfresser, Raubtiere, Jäger. Sie leben frei, ohne Gehäusebau. ZAVŘEL (in THIENEMANN-ZAVŘEL 1916, S. 606 bis 607) fand im Pharynx und Oesophagus dieser Larven „Diatomeen, Desmidiaceen, Fadenalgen, leere Häute von Chironomidenlarven, Cladoceren, Copepoden, Ostracoden, Arcellen, Difflugien, oft in unglaublicher Menge". Und an anderer Stelle (l. c. S. 636) schreibt er: „Alle Tanypinenlarven sind Raubtiere. Im Oesophagus der Tanypinenlarven fand ich Detritus nur in so unbedeutender Menge, daß er überhaupt als Nahrungsbestandteil nicht in Frage kommt, Vertreter der Mikroflora (besonders Desmidiaceen) werden von allen Larven gierig verschluckt. Daß die *Micropelopia*-Larven[9] ausgesprochene Fleischfresser sind, habe ich mich sehr oft augenscheinlich überzeugen können. Ja mir scheinen diese kleinen Arten noch räuberischer zu sein als die größeren Arten des *Tanypus*-Typus. Schon ihre äußerst rasche Beweglichkeit weist auf solche Lebensweise hin. Sie fressen gierig *Ano-*

[8] Wenn also SÉGUY (1950, S. 389) schreibt: „Toutes les larves des Chironomines et des Tanypodines sont zoophages" — so stimmt das bezüglich der Chironominen in keiner Weise.

[9] *Micropelopia* = *Ablabesmyia*.

pheles-, Orthocladius-, Tanytarsus-Larven usw., und sogar ihre eigenen Artgenossen werden nicht verschont, wie ich mich oft bei Zuchtversuchen überzeugen konnte; als ich einmal eine Larve aus der *Costalis*-Gruppe züchtete, schlüpften mir aus etwa 30 gefangenen Larven nur 2 Imagines heraus; die anderen Larven wurden von ihren stärkeren Artgenossen gefressen." Sehr häufig stehen auf dem Speisezettel der Tanypodinenlarven auch Borstenwürmer, Tubificiden. In dem von ihm untersuchten sauerländischen Forellenbach fand MEIERJÜRGEN (1935, S. 86—90) bei 29 *Ablabesmyia*-Larven in 88,5% der Tiere im Darminhalt Chironomidenlarven (*Microtendipes.*

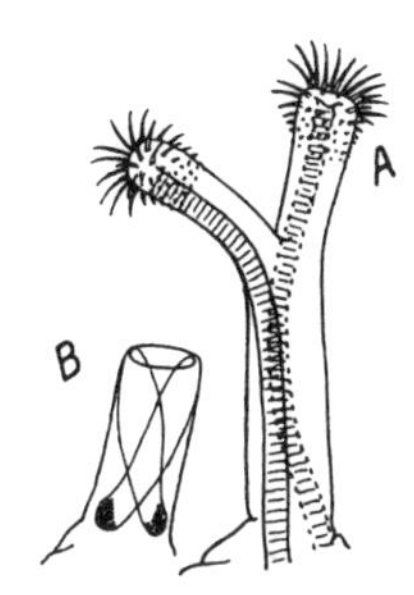

Abb. 34. *Ablabesmyia monilis.* Vordere Fußstummel. A vorgestreckt, B eingezogen. [Aus THIENEMANN-ZAVŘEL 1916.]

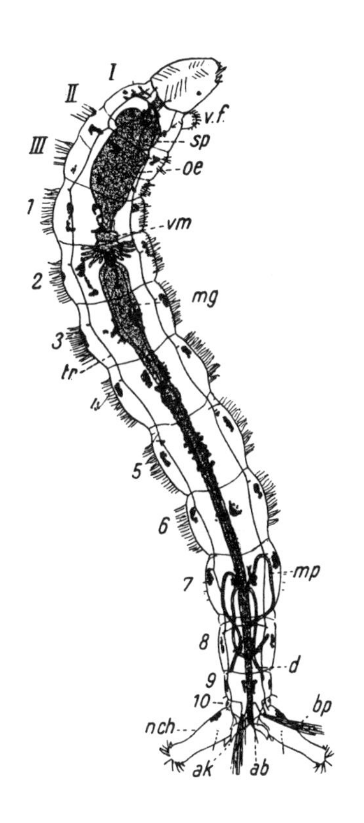

Abb. 35 (rechts). *Procladius*-Larve. Die schwarzen Flecke erscheinen in auffallendem Licht weiß. vf: vordere Fußstummel. nch: Nachschieber. bp: praeanale Borstenpinsel. ab: Supraanalborsten. ak: Analschläuche. Verdauungskanal grau. sp: Speicheldrüsen. oe: Oesophagus. vm: Vormagen (= Schlundkopf + Cardia). mg: Magen (stark gedehnt). mp: Malpighische Gefäße. d: Darm. [Aus THIENEMANN-ZAVŘEL 1916.]

Eutanytarsus, Ablabesmyia, Orthocladiinen), die größeren Larven in der Regel in kurze Stücke zerbissen, die kleineren meist ganz verschluckt; dazu Baetidenlarven, Hydracarinen, *Alona,* Ostracoden, *Canthocamptus,* Nauplien, *Chaetogaster,* Rotatorien. 12 Larven der *Tanypi* (vor allem *Macropelopia)* hatten ebenfalls meist (11 Tiere) Chironomidenlarven gefressen, daneben Hydracarinen, *Alona,* Ostracoden, *Chaetogaster, Nais* und Rotatorien.

Auffallend lang sind die vorderen Fußstummel der Tanypodinenlarven (Abb. 34). Sie „erwachsen aus dem Prothorax auf einem langen, gemeinsamen Stiel und können in diesen eingezogen werden. Beide Äste sind distal etwas angeschwollen und dicht mit Chitinhaken bedeckt. Die distalen Haken sind schlank, lang und mäßig gebogen, die proximalen kurz, breit und stark gebogen. Bei den meisten Arten sind die Haken fein gezähnt oder gesägt, die proximalen deutlicher als die distalen" (ZAVŘEL-THIENEMANN 1916, S. 589). Die Länge der vorderen Fußstummel der Tanypodinenlarven — bei keiner anderen Chironomidengruppe sind im allgemeinen diese Organe so lang — steht wohl irgendwie in Beziehung zu ihrer durch die räuberisch-jagende Lebensweise bedingten Bewegungsart. Die Larven können sich langsam, etwa wie eine Spannerraupe, auf der Unterlage bewegen, dann aber plötzlich überaus rasch vorschnellen, um ein Nährtier zu erbeuten. Bei dieser Bewegung werden die Larven des *Tanypi*-Typus wohl auch durch den an den Seiten der meisten Körpersegmente vorhandenen Schwimmhaarsaum (Abb. 35) unterstützt, der den Larven des *Micropelopia*-Typus allerdings fehlt.

Die Mundteile der Tanypodinenlarven sind sehr charakteristisch und weichen von denen der übrigen Chironomidenfamilien stark ab. Inwieweit es sich aber hier um Anpassungsmerkmale — an die räuberische Lebensweise — handelt, inwieweit um reine Organisationsmerkmale, ist schwer zu beurteilen. Auffallend ist die Stellung der stark zugespitzten Mandibeln: sie bewegen sich g e g e n e i n a n d e r in der Horizontalebene, während sie sich bei den übrigen Chironomidenlarven in einer schiefen Ebene nicht gegeneinander, sondern gegen den gezähnten Rand des Labiums bewegen (l. c. S. 582). Sie stellen also ein Greiforgan dar, mit dem die Beutetiere festgehalten werden können. Auch die starke Beweglichkeit des Hypopharynx-Apparates (l. c. S. 589) steht vielleicht mit dem Erwerb lebender, tierischer Nahrung in Beziehung.

Schon bei meiner ersten Untersuchung lappländischer P o d o n o m i n e n (1937 b) war mir die eigenartige Bewegung der — freilebenden — Larven von *Lasiodiamesa gracilis* K. aufgefallen: „Die Larve kriecht wie andere Chironomidenlarven oder bewegt sich, hastig ‚schnickend' oder ‚schlagend', wie die *Ablabesmyia*-Larve" (l. c. S. 70); das ließ auf eine ähnliche, räuberische Ernährungsweise schließen. Ich sah damals aber nur pflanzlichen Detritus und Diatomeen im Darminhalt. PAGAST fand später die Larven im ostpreußischen Hochmoor der Zehlau und beobachtete sie genauer (1941, S. 205, 206): „Die Larven klettern an den *Sphagnum*-Stengeln umher und halten in der Bewegung inne, indem sie mit den mächtigen Haken der Nachschieber die Blättchen umklammern und den Körper frei im Wasser aufrichten. Obwohl ich es nicht direkt beobachten konnte, scheinen sie — nach der Haltung des Tieres zu urteilen — in dieser Haltung vorbeischwimmende Organismen zu fangen. Im Darm fand ich einzelne Diatomeenschalen, recht viele Flagellaten, Chlorophyceen und viele Chitinteile, unter denen deutlich

Cladocerenreste, z. B. Abdomina von Chydoriden, zu erkennen sind." Besondere morphologische Anpassungsmerkmale an diese Art der Ernährung sind weder an den Mundwerkzeugen noch den Bewegungsorganen nachweisbar.

Aus der großen Subfamilie der Orthocladiinen nähren sich nur ganz vereinzelte Arten im Larvenstadium von lebenden Tieren.

Die Larve der Gattung *Protanypus* lebt frei im Schlamm von Seen: „Sie bewegt sich schnell — nach Art der räuberischen *Cryptochironomus*-Formen (Pagast 1932, S. 161) — und unterbricht wie diese ganz plötzlich die Bewegung, um still zu verharren. Auch die Kopfbewegung ist schnell, wie bei *Cryptochironomus*, die Herzfrequenz aber niedrig. Darmuntersuchungen bestätigen, daß *Protanypus* tatsächlich Raubtier ist. Der Darm enthält nämlich Chitinteile von Chironomidenlarven und -puppen. Die Beute wird also nicht, wie bei *Cryptochironomus*, ausgesaugt, sondern gefressen" (Pagast 1947, S. 563). Schon Lenz (l. c. S. 93) fand im Darm norwegischer Larven Reste von Chironomiden, vor allem Puppen. Besondere äußere morphologische Anpassungen an diese Ernährungsweise sind kaum zu erkennen, wenn man nicht im Bau der auffallend spitzen Mandibel eine solche sehen will (vgl. die Larvenbeschreibung von Lenz 1925 b). Doch weist Zavřel (1926 c) in seiner Bearbeitung der Chironomiden des Wigrysees auf verschiedene Merkmale der *Protanypus*-Larve hin, die entsprechenden Merkmalen der Tanypodinen ähneln, so u. a. die zahnlose Mittelpartie des Labiums, die Mandibeln („Raubtierkiefer"), das Glossa-ähnliche Gebilde, die Reduktion der Praemandibeln, vor allem aber die Anordnung der Pharyngealmuskulatur (l. c. S. 212), die ganz Tanypodinen-ähnlich ist und, wie Zavřel sagt, „durch mächtige Saugwirkung das Verschlucken der Beute fördert".

Auffallend hastige, zum Teil rückwärtsspannende Bewegungen beobachtete ich, als ich das erstemal die blaßbräunlichen, freien Larven von *Pseudodiamesa branickii* (Now.) zwischen Algenwatten in den flachen Uferteilen der Hinteren Gumpe (1270 m) bei Partenkirchen fand (Thienemann 1936 b, S. 207). Pagast (1947, S. 568) hat dann ausführlicher über diese Art berichtet: „Die Larven bewegen sich ruckartig, ‚raubtierartig': der Körper schnalzt schnell vor oder zurück und ruht dann wieder. Im Gegensatz zu den ihren Kopf ebenfalls schnell bewegenden *Cryptochironomus*- und *Protanypus*-Larven bewegt *Pseudodiamesa* beim Kriechen ihren Kopf nur langsam nickend, während ja die beiden eben genannten Formen eine sehr schnelle zitternde Kopfbewegung zeigen, die von Ruhepausen unterbrochen wird. Eine stetig langsame Kopfbewegung mit langsamer, nicht schnalzender Körperbewegung zeigen die pflanzenfressenden Chironomiden. Diese Beobachtung veranlaßte mich, auch den Darminhalt der *Pseudodiamesa*-Larven zu untersuchen. Hier das Ergebnis:

Als *P. branickii* bestimmt:

Eine Larve (Schweizer Nationalpark, NADIG leg.), Diatomeen und feine unbestimmbare Reste, bei einer zweiten: zwischen Diatomeen und Sandkörnchen Teile von Ostracoden und Köpfe von kleinen Chironomiden. 1 Larve (Haute Tarentaise): Diatomeen und feinste unbestimmbare Reste. Greßbach bei Hundseck im Schwarzwald 2 Larven: Chitinteile. Hochtalsee im Sat Dagh (Kurdistan) 2 Larven: Chitin, kleiner Chironomidenkopf. Schwedisch-Lappland (Material von THIENEMANN): erste Larve: Diatomeen u. a. Algen, Köpfe und Fußkrallen von Chironomiden, zweite Larve: ebenso und voll mit Resten von Plecopteren (Schwanzfadenglieder usw.), dritte Larve: Diatomeen, Algenfäden, Arcellen.[10]

Danach erweisen sich die Larven als ‚Allesfresser' ähnlich den Tanypinen. Daß sie als Raubtiere nicht nur Dipterenlarven angehen, sondern auch andere Insekten (Plecopteren) und Kleinkrebse (Ostracoden) — ebenso wie die Larve von *Lasiodiamesa* (PAGAST 1941) —, ist meines Wissens für Chironomiden bisher nicht bekannt. Im Gegensatz zu den reinen Raubtieren unter den *Cryptochironomus*-Formen, die ihre Beute nur aussaugen, werden von den *Pseudodiamesa*-Larven ganze Chitinteile verschlungen." Auch bei dieser Art sind morphologische Anpassungsmerkmale an ihre Ernährungsweise nicht nachweisbar (THIENEMANN und MAYER 1933).

GOSTEEWA (1950) beobachtete im russischen Glubok-See, daß Eier von *Leucaspius delineatus*, deren Embryonen im Beginn der Augenpigmentierung standen, von Chironomidenlarven zerrissen wurden; die Larven zogen ihr Opfer dann heraus und fraßen „das Herz und Teile des Dotters". Den Rest ließen sie im Stich und zerfraßen dann das Blatt, dem die Eier angeheftet waren. Die Larven wurden als *Eucricotopus silvestris* bestimmt. Ob die Bestimmung richtig war, ist mir zweifelhaft.

„Ernährungsspezialisten" sind die Larven der Gattung *Cardiocladius* (THIENEMANN 1932 b, 1939 d, S. 127). Sowohl von europäischen *(C. capucinus* [ZETT.]) wie amerikanischen *(C. obscurus* [JOH.]) wie australischen Arten ist bekannt, daß die trägen, hochgradig sauerstoffbedürftigen Larven in Flüssen und Bächen frei zwischen den Kolonien von *Simulium*-Larven und -Puppen herumkriechen und sich von diesen nähren, ohne daß besondere Anpassungsmerkmale an diese Lebensweise vorhanden wären. Wahrscheinlich sind a l l e *Cardiocladius*-Larven in ihrer Ernährung auf *Simulium* angewiesen.

Über weitere Beziehungen von Chironomidenlarven zu *Simulium* berichtet SÉGUY (1950, S. 402); um welche Chironomidenarten es sich in diesen beiden Fällen handelt, ist allerdings nicht bekannt. BEQUAERT fand in

[10] In den Larven von *P. pubitarsis* ZETT. aus dem Lac superieur de Marinet (Basses-Alpes, Meereshöhe 2532 m) wies DORIER (1939 a, S. 28) vor allem Diatomeen *(Navicula, Amphora, Synedra, Cocconëis)*, daneben ? *Merismopedia* und Fragmente von *Hormogoneae* nach. (TH.)

Guatemala eine Chironomidenlarve vergesellschaftet mit den Puppen von *Simulium callidum.* Sie baut ihre Gänge auf oder zwischen den Puppen des *Simulium.* GRENIER (1944, 1949) sah Orthocladiinenlarven zwischen den Kiemen oder im Innern des Puppencocons einer Simuliide. Sie nähren sich dort von Detritus und Algen, nagen aber gelegentlich auch an den *Simulium*-Puppenkiemen. Die gleichen Larven fressen den Schleim, der die *Simulium*-Eier umgibt, und die ihn besiedelnde Mikroflora.

Innerhalb der Subfamilie Chironominae gibt es bei den Tanytarsariae keine Raubtiere, wohl aber bei den Chironomariae, und zwar den *„Cryptochironominae"*. LENZ hatte ursprünglich (1921, S. 15) einige Arten der Chironomariae als besondere Subfamilie „Cryptochironominae" abgetrennt; doch fanden sich später (HARNISCH 1923) allerlei Arten mit Übergangscharakteren, so daß man diese neue Subfamilie wieder fallen ließ (LENZ 1941). (Im folgenden wende ich die von LENZ [1941] vorgeschlagene Namengebung an.) Der erste, der sich eingehender mit den Larven und Puppen der *Cryptochironomus*-Verwandten befaßte, war HARNISCH (1923). Er beschrieb auch zuerst die merkwürdigen von den übrigen Chironomarien abweichenden Bewegungen der Larve. So für *Paracladopelma camptolabis* (l. c. S. 298): „Frei, ohne Gehäuse. Bewegungen rasch, sehr eigentümlich: ständige, sehr schnelle und hastige Ruckbewegungen des Kopfes wie suchend nach allen Seiten, dabei lebhaftes Zittern der Antennen und Palpen." Für die freilebenden räuberischen Larven der Gattung *Harnischia* gibt LENZ (1926 a, S. 138) „schnelle, ruckartige Bewegungen" an. Die Larve von *Cryptochironomus (Demicryptochironomus) vulneratus* ZETT. wühlt nach PAGAST (1932, S. 161) „frei im Sand. Bewegung sehr schnell, ruckweis, der Kopf ist dauernd in zitternder Bewegung"; und für eine andere, nicht bis zur Art bestimmte *„Cryptochironomus*-sp."-Larve aus einem Bach berichtet PAGAST (1936 b, S. 274): „Sie bewegt sich schnell schlängelnd im Sande (*Cryptochironomus*-ähnlich)." Alle Autoren bezeichnen diese *Cryptochironomus*-Verwandten als Räuber, aber geformte Tierreste hat man bisher nur einmal im Darminhalt dieser Larven gefunden. HARNISCH bemerkt bei *Paracladopelma camptolabis:* „Der Darm einiger frisch untersuchter Tiere war leer; an konservierten nichts zu erkennen, jedenfalls keine Detritusklümpchen"; und bei *Cryptochironomus defectus* K.: „Nie fanden sich Detritusklümpchen, stets eigenartige helle, bröckelige oder breiige Massen, worin mehrmals zweifelsfrei Oligochaetenborsten waren." PAGAST für *Cryptochironomus vulneratus:* „Im Darm fand ich nur strukturlose Reste." Wenn die Larven also Raubtiere sind, so können sie keinesfalls ihre Beute ganz verschlingen. Und so hat PAGAST (1947, S. 568) auch festgestellt, daß die reinen Raubtiere unter den *Cryptochironomus*-Formen ihre Beute nicht fressen, sondern nur aussaugen. Genauere Angaben über diese Art der Nahrungsaufnahme liegen allerdings leider noch nicht vor. Schon HARNISCH

(S. 299) hat einzelne der morphologischen Merkmale der Cryptochironominenlarven als Raubtiercharaktere gedeutet und damit zum Teil als Konvergenzerscheinungen zu entsprechenden Tanypodinenorganen. So sagt er: „Zur größeren Beweglichkeit mögen vielleicht die schlankeren Nachschieber und die gestreckteren Klauen beitragen ... Der schwierigen Nahrungssuche entspricht bessere Ausbildung und Vorstreckung der Sinneswerkzeuge ... Verwandlung der zierlichen, feinen, wohl bürstenartigen Beborstung der Mundwerkzeuge in starre Sperrborsten (wohl besonders die Innenborste der Mandibeln) oder kräftige Fanghaken (wohl besonders Labrumbewaffnung) ... klar ist die Wandlung der Mandibel von einer breiten, plumpen Schaufel zu einem schlanken, dolchartigen Messer ... Die eigenartige Gestaltung des Labiums (Abb. 36) läßt sich direkt noch nicht erklären. Doch läßt sie sich als Anpassung ans Raubtierleben auffassen,

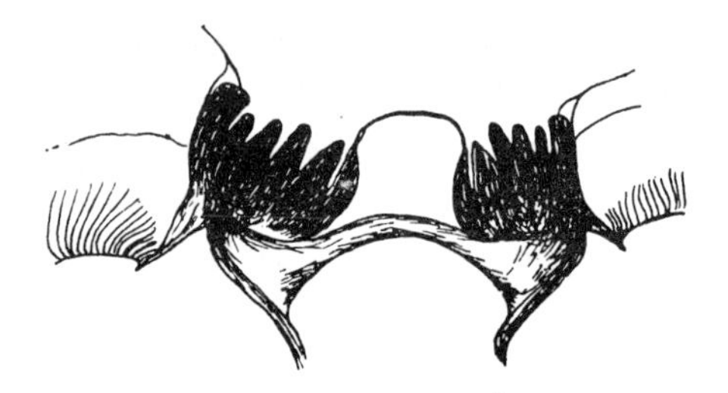

Abb. 36. *Cryptochironomus*-Larve der *defectus*-Gruppe. Labium. [Aus LENZ 1923.]

wenn wir sie als Konvergenzerscheinung zum Labium der Tanypinen werten, die bestimmt Raubtiere sind." Zu letzterem Punkte sei darauf hingewiesen, daß, wie oben (S. 57) schon gesagt, auch die räuberische Orthocladiinenlarve *Protanypus* eine zahnlose Mittelpartie des Labiums besitzt, eine immerhin auffallende Übereinstimmung. Bei der von PAGAST (1936 b) beschriebenen *Cryptochironomus*-Larve ist (S. 275) „die Spezialisation auf den ‚Raubtiertyp' schon recht weit gegangen. Alle Kopfanhänge sind so stark verlängert wie bei *Cryptochironomus* s. s., doch hat sie im Bau des Labiums das ‚*Cryptochironomus*-s. s.-Stadium' schon weit überschritten (Zahnpartie ganz geschwunden). Dazu kommt die eigenartige Streckung der Körpersegmente und die Verlängerung der Nachschieber ..." Und WESENBERG-LUND (1943, S. 511) schreibt zusammenfassend über die Cryptochironominenlarven: „Die räuberische Lebensweise bedingt größere Beweglichkeit, längere Nachschieber, bessere Sinnesorgane und längere Palpen,[11] als die anderen Chironominen besitzen; das Labrum trägt dicke Borsten, die

[11] Die Verlängerung der Palpen oft auf fast Antennenlänge ist so auffallend, daß SCHNEIDER (1905) unter die photographische Abbildung eines Cryptochironominenlarvenkopfes die Unterschrift „*Chironomus quadricornis*" setzte. (TH.)

Mandibeln sind schlank und dolchartig."[12] Genauere Studien über die Nahrungsaufnahme der Cryptochironominenlarven werden zeigen, inwieweit diese Betrachtungsweise berechtigt ist.

Interessante neue Beobachtungen über die Ernährung der Larven von *Parachironomus bacilliger* K. hat LENZ (1951 a) angestellt. Wir werden *Parachironomus*-Larven als Parasiten in Schnecken weiter unten (S. 66) kennenlernen; TSCHERNOWSKIJ (1932, zitiert nach LENZ 1951 a) fand in karelischen Seen *Parachironomus*-Larven einer nicht näher bestimmten Art in *Phryganea*-Laich, wo sie sich von den Eiern nährten. LENZ hatte Bodengreiferfänge aus der Zone der toten Muscheln (12 m Tiefe) des Großen Plöner Sees, die zahlreiche *Chir. plumosus*-Larven enthielten, Anfang Juli 1950 in einer Petrischale zur Zucht angesetzt.

„Es entwickelten sich nur wenige Larven zu Puppen, da ja die *plumosus*-Larven in der Tiefe der größeren holsteinischen Seen erst etwa im September ihren einjährigen Entwicklungszyklus beenden und als Imagines schlüpfen und schwärmen. Die wenigen sich verpuppenden Tiere fanden sich an der Wasseroberfläche der Zuchtschale in abgestorbenem Zustande. Nun geschah folgendes: Kaum war eine solche Puppe abgestorben und blieb regungslos an der Wasseroberfläche liegen, da waren nach geraumer Zeit eine, zwei oder mehrere kleine gelbliche Larven zur Stelle, die sich in Gallertröhren längs der toten Puppe installierten. Sie wurden als Larven der Gattung *Parachironomus* diagnostiziert. Die ersten wurden für zufällige Gäste gehalten, da sie ihre Röhren an der Glaswand der Schale befestigt hatten, an der auch die tote Puppe schwamm. Dann erwies sich indes die Regelmäßigkeit des Vorganges bei jeder abgestorbenen Puppe, und es wurde festgestellt, daß in fast allen Fällen die kleine Larve ihre Gallertröhre sowohl am Körper der toten *plumosus*-Puppe als auch an der Glaswand der Schale befestigt hatte. In dieser Position war also die Röhre der kleinen Larve mit dem Puppenkörper fest verankert, und die weitere Beobachtung ergab die nunmehr selbstverständliche Tatsache, daß die tote Puppe von der Larve auf- oder besser ausgefressen wurde, so daß zum Schluß nur die Puppenhülle übrigblieb. Das zarte, vielfädige, büschelförmige Atemorgan außen am Thorax wurde ebenfalls verzehrt. Es wurde dabei allerdings nicht beobachtet, daß die Larve in den Körper der Puppe hineinkroch. Sie bewegte sich in ihrer Röhre vor und zurück, reckte den Kopf auch nach beiden Seiten aus der Röhre heraus, um zu fressen, und zwar genau so, wie wir das auch bei Chironomidenlarven beobachteten, die in Schlammröhren wohnen. Die Ausbeutung dieser Nahrungsquelle wird für die *Parachironomus*-Larve ja auch dadurch erleichtert, daß mit fortschreitender Verwesung des Puppenkörpers dieser sich gewissermaßen in der Chitinhülle verflüssigt und an den angefressenen Stellen aus der Hülle, die offenbar mit Hilfe der spitzen Mandibeln durchlöchert wird, heraustritt. Im weiteren Verlauf der Beobachtungen wurde festgestellt, daß auch die nun in der Zucht auftretenden vereinzelten *Parachironomus*-Puppen dem gleichen Schicksal verfielen wie die *Tendipes*-Puppen. Jede derartige Puppe, die nicht zum Schlüpfen kam, sondern vorher abstarb, wurde an- bzw. aufgefressen. Mehrmals (Abb. 37) wurden abgestorbene Puppen von *Parachironomus* gefunden, an denen sich jeweils eine

[12] Die Beobachtung über die Nahrungsaufnahme der Brassen, die er anschließend bringt, dürfte sich aber kaum auf Cryptochironominen-, sondern eher auf *Stictochironomus*-Larven beziehen.

Larve festgesponnen hatte, obwohl die Puppe erst wenige Stunden zuvor erschienen war. In einem Falle dauerte es 24 Stunden, bis die Larve sich an der toten Puppe eingestellt hatte; offenbar war dies während der Nacht geschehen. Die Beobachtung, daß im Wasser der Zuchtschale schwimmende Larven niemals bei Tage gefunden, sondern immer erst am Morgen an Ort und Stelle, d. h. an der Puppenleiche, angetroffen wurden, deutet darauf hin, daß sie offenbar nur in der Dunkelheit herumschwimmen, mit anderen Worten negativ phototaktisch sind. Nun sind aber die Gallertröhren, die sie sich nahe der Wasseroberfläche an dem Puppenleichnam spinnen und in denen sie sich dauernd aufhalten, ganz dünn und vollständig durchsichtig, bieten also durchaus keinen Schutz gegen das Licht. Die Anziehungskraft der toten Beute scheint also stärker zu sein als die Scheu vor dem Licht.“

Es wurden bis vier *Parachironomus*-Larven an einer einzigen Puppe von *Chir. plumosus* beobachtet (Abb. 38). Unmittelbar vor der Verpuppung verlassen die Larven oft ihre Röhren und verpuppen sich an anderer Stelle; am

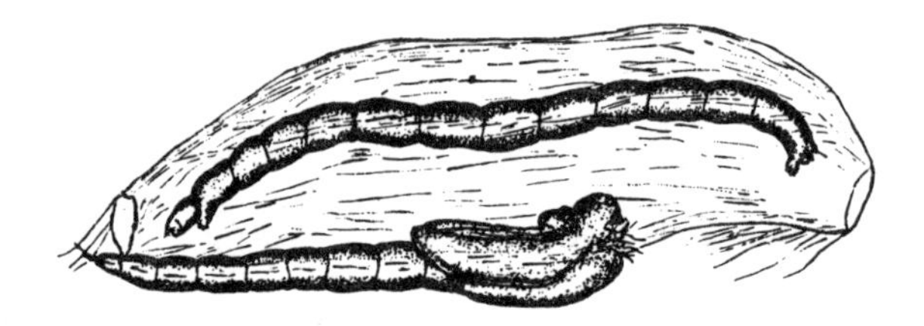

Abb. 37. ***Parachironomus bacilliger.*** Larve an einer toten Puppe der gleichen Art. [Aus LENZ 1951 a.]

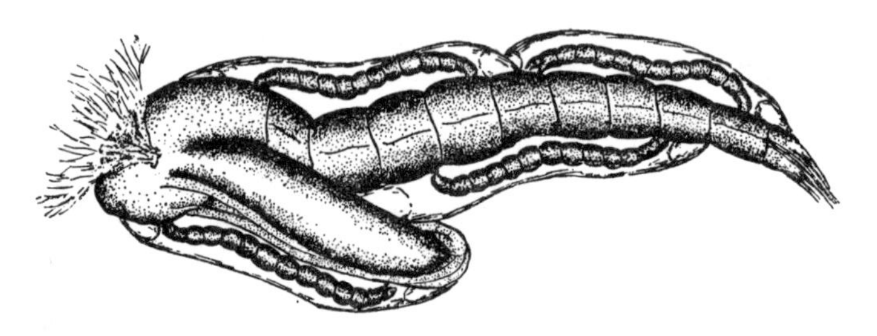

Abb. 38. ***Parachironomus bacilliger.*** Vier Larven in Gallertröhren an einer toten Puppe von *Chironomus plumosus.* [Aus LENZ 1951 a.]

nächsten oder schon am gleichen Tage tauchten dann die Puppen an der Wasseroberfläche auf und schlüpften. Kamen sie aber in den Bereich einer *Parachironomus*-Larve, dann ergriff die Larve die schwimmende Puppe, spann sie mit einigen Fäden an der Glaswand fest und begann sie auszufressen. Diese *Parachironomus bacilliger*-Larven sind also Räuber, die ihre Beute, wohl normalerweise tote *Chironomus*-Puppen, wittern und sich dann auf sie stürzen. Vielleicht spielt als ihre Nahrung „gerade die verflüssigte organische Substanz, die aus einer toten Puppe heraustritt, eine Hauptrolle“ (LENZ). „Wie die *Parachironomus*-Larven systematisch-morphologisch zwischen *Tendipes* und ihren Verwandten einerseits und *Cryptochironomus* andererseits stehen, so sind sie auch ökologisch ein Zwischenglied zwischen beiden Gruppen. Die *Tendipes*-Larven sind reine Detritusfresser, die *Cryptochironomus*-Larven und die ihnen nahestehenden Formen sind Raubtiere. Die *Parachironomus*-Larven aber sind teils Detritusfresser, teils Kommensalen, teils Parasiten und teils Raubtiere. Alle vier genannten Spezifica der Ernährungsweise lassen sich durch Beobachtungen belegen. Wieweit dabei die Verhaltensweise jeweils artspezifisch ist, bedarf noch eingehender Untersuchungen.“ (LENZ 1951 a.)

Eine interessante Beobachtung machte ANNANDALE (1907, S. 114), der über den eigentümlichen Fang von *Hydra orientalis* durch nicht näher bestimmte Chironomidenlarven berichtet, die die Hydren erst durch Einspinnen „fesseln“.

b) Epöken und Parasiten

Bei den Chironomidenlarven gibt es verschiedene Übergänge von Carnivorie oder Epoekie zum echten Parasitismus.

Schon seit langem ist es den Forschern bei Untersuchung unserer Süßwasserschwämme, der Spongilliden, aufgefallen, daß man in ihnen regelmäßig allerlei Chironomidenlarven findet. Die erste Notiz hierüber stammt aus dem Jahre 1753 (HANOW). WUNDSCH hat kürzlich (1943 a) eine zusammenfassende Übersicht über die in Süßwasserschwämmen lebenden Chironomidenlarven gegeben; KAISER machte (1947) neue Angaben für Dänemark. Die Einzelliteratur ist bei WUNDSCH vollständig verzeichnet; vgl. auch WUNDSCH 1952.

Innerhalb der Chironomidenfauna der Spongilliden — es sind solche Schwammchironomiden bekannt aus Europa, Nordamerika, Afrika, Indien — kann man mit WUNDSCH (l. c. S. 51) zwei Gruppen unterscheiden, einmal die „eng angepaßten Schwammbewohner“ und dann „die auch Schwämme besiedelnden ubiquitären Aufwuchsbewohner“. Die zweite Gruppe umfaßt die meisten Arten, schon GRIPEKOVEN hat sich in seiner Arbeit über die minierenden Chironomiden (1914) mit diesen befaßt. Uns interessiert an dieser Stelle nur die erste Gruppe, denn nur die Larven der beiden hierher gehörigen Arten ernähren sich wirklich vom Schwammgewebe.

Es handelt sich um die beiden Chironomarien *Xenochironomus xenolabis* K. und *Demeijerea rufipes* L.

Xenochironomus xenolabis K. (flavinervis K., *Rousseaui* GOETGH.) ist bekannt aus Franken, Schlesien, Südengland, Belgien, Holland, Dänemark, Südschweden, Lettland, Mittelrußland, Kanada, USA. Er lebt im fließenden, aber auch im stehenden Wasser (dänische Teiche). Wie schon LIPINA (1927) festgestellt und PAGAST (1934) bestätigt hat, nährt sich die Larve ausschließlich vom Gewebe ihres Wirtsschwammes (*Euspongilla lacustris* L.). Beschreibung der Metamorphose bei PAGAST (1934).

Demeijerea rufipes L. (*pulchra* ZETT., *bifasciata* MG.) (Abb. 39) ist bekannt aus Deutschland, Frankreich, Österreich, Holland, Belgien, England, Skandinavien, Rußland. Die Metamorphose dieser *Glyptotendipes* nahestehenden Form wurde zuerst von WUNDSCH (1943 b) beschrieben; er fand das Tier nicht selten in Schwämmen aus der mittleren Havel und der Oder (Bellinchen) und erkannte es als spezifischen Schwammbewohner. Aus Spongilliden wird die Art neuerdings (BERG 1948) auch für die dänische Susaa angegeben.

Besondere morphologische Merkmale der Mundwerkzeuge, die mit der besonderen Ernährungsweise im Zusammenhang stehen könnten, sind bei keiner der beiden Arten vorhanden.

Auch in Bryozoenkolonien leben Chironomidenlarven (GRIPEKOVEN). WESENBERG-LUND (1943, S. 525, 526) schreibt: „Wer jemals Bryozoenkolonien und besonders die Klumpen von *Plumatella fungosa* untersucht hat, der muß die zahllosen Chironomidenlarven bemerkt haben, die in den Kolonien Schutz und Nahrung suchen. Sie leben nicht außen auf den Kolonien wie *Nais proboscidea*, sondern kriechen in die Röhren hinein und bohren ihre mit Gespinst ausgekleideten Gänge quer durch die Bryozoenröhren hindurch. Legt man eine solche Kolonie in Formalin oder Alkohol, so fallen Hunderte von Mückenlarven heraus." Es ist bisher aber keine Art bekannt, die ein obligatorischer Bryozoenbewohner ist. Möglich wäre es allerdings, daß es doch solche gibt. KAISER (1947) fand in *Plumatella* bei Hilleröd einige Larven der *Parachironomus varus*-Gruppe; es ist, wie er sagt, naheliegend, hier Kommensalismus oder Parasitismus anzunehmen, da ja die Larven von *Parachironomus varus* als Schneckenparasiten bekannt sind. Die gleiche oder eine nächstverwandte Art könnte ein Bryozoenparasit sein. Doch ist das nur Vermutung. Exakte Beobachtungen könnten Klarheit schaffen.

MARCUS (1941, S. 92) führt die folgenden Bryozoen an, in denen nach der bisher vorliegenden Literatur Chironomidenlarven beobachtet worden sind: *Plumatella repens, Pl. fungosa typica, Pl. f. coralloides, Pl. emarginata muscosa, Cristatella mucedo, Lophopus crystallinus, Lophopodella carteri himalayana, Paludicella articulata.*

Besonderes Interesse verdienen die erst in neuester Zeit genauer bekannt gewordenen Ernährungsbeziehungen zwischen Chironomidenlarven und Schnecken. T. VAN BENTHEM-JUTTING berichtete 1938 über die Beziehungen der Larve von *Parachironomus varus* GOETGH. zu *Physa fontinalis* (vgl. dazu die Metamorphosenbeschreibung von *P. varus* durch LENZ 1938);

eine wesentliche Ergänzung und Erweiterung dieser Beobachtungen brachte 1942 eine ausgezeichnete Arbeit von JEAN GUIBÉ. In beiden Arbeiten werden auch die älteren Notizen zu diesem Thema verzeichnet; Besiedelung von

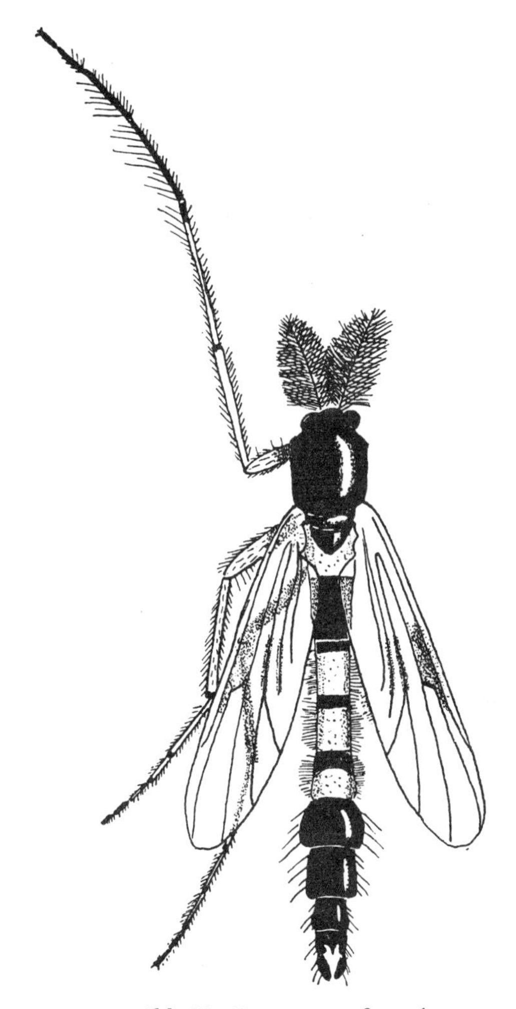

Abb. 39. *Demeijera rufipes* ♂.
[Aus LINDNER, Fliegen der palaearktischen Region.]

Schnecken durch Chironomidenlarven wurde sowohl in Europa wie Nordamerika beobachtet. Doch wurden erst 1938 und 1942 die betreffenden Arten sicher festgelegt.

Es handelt sich in beiden Fällen um die Larven von *Parachironomus varus* GOETGH., aber, wie GUIBÉ nachwies, um zwei verschiedene Unterarten *P. varus* GOETGH. s. l. ist bisher bekannt aus Belgien, Holland, Frankreich, England, vielleicht auch aus Dänemark (KAISER 1947).

P. varus varus lebt außen auf den Gehäusen von *Physa fontinalis*, in einem Gespinstgang, gewöhnlich so, wie es Abb. 40 zeigt; in dieser Lage ist die Larve, die ihre Röhre ab und zu verläßt, von den Mantellappen der Schnecke bedeckt, wenn diese ausgestreckt ist. Seltener nehmen die Larven andere Stellen des Schneckengehäuses ein (Abb. 41), ja VAN BENTHEM-JUTTING fand sie auch gelegentlich in der Mantelhöhle der Schnecke

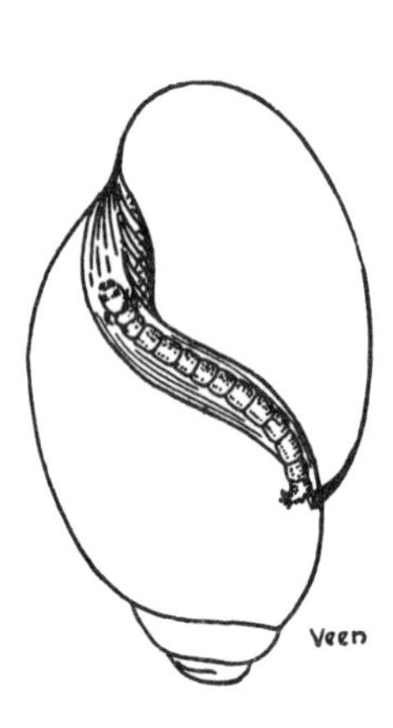

Abb. 40. *Parachironomus varus varus.* Larve in ihrer gewöhnlichen Stellung auf dem *Physa*-Gehäuse. [Aus VAN BENTHEM-JUTTING 1938.]

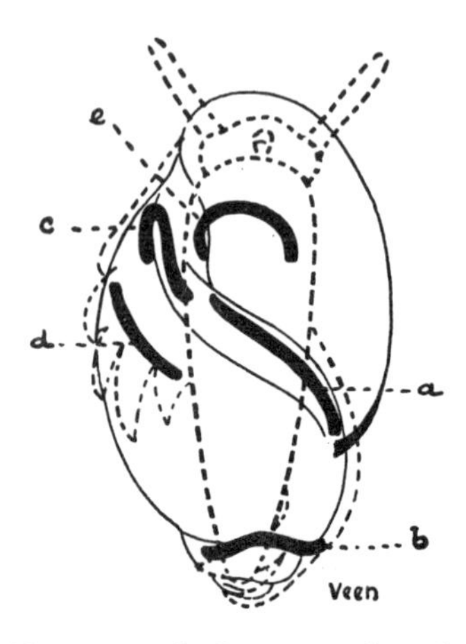

Abb. 41. Durchschnitt von *Physa fontinalis* mit den verschiedenen Stellungen, in denen die Larve von *Parachironomus varus varus* auftreten kann. [Aus VAN BENTHEM-JUTTING 1938.]

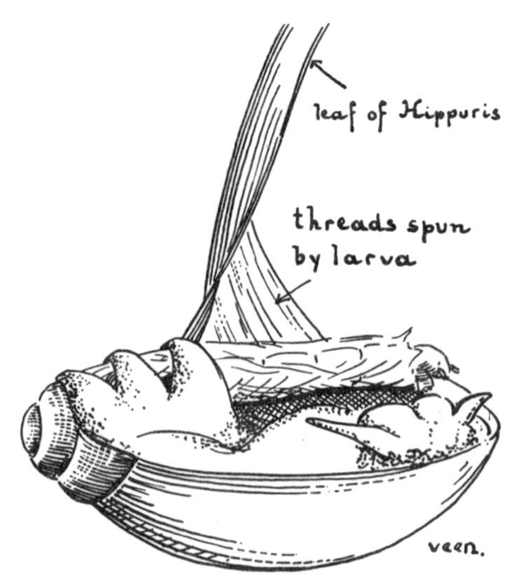

Abb. 42. *Physa fontinalis,* von der Larve von *Parachironomus varus* an ein *Hippuris*-Blatt festgesponnen. [Aus VAN BENTHEM-JUTTING 1938.]

(Abb. 41 e). Doch müssen das Ausnahmefälle sein, da GUIBÉ die Larven stets nur außen auf dem Gehäuse antraf. Die Larve kann zuweilen ihren Träger an eine Wasserpflanze festspinnen (Abb. 42) und schließlich die Öffnung des Schneckenhauses mit einer Gespinstdecke fest verschließen (Abb. 43); die Schnecke stirbt ab. Die Larven sind carnivor und leben vom Integument der Schnecke. Man kann ihre Fraßstellen an Mantel und Fuß infizierter Schnecken sehen.

Die Larve von *P. varus limnaei* GUIBÉ ist ein Endoparasit von Limnaeen (*Limnaea limosa, L. peregra* und anderen). Sie lebt fast immer außerhalb

Abb. 43. Fortsetzung des in Abb. 42 dargestellten Prozesses: die Larve spinnt einen dünnen Verschluß über die Öffnung des Schneckenhauses. [Aus VAN BENTHEM-JUTTING 1938.]

der Mantelhöhle, an der Basis der Windung und nimmt so den Raum hinter der Lunge ein. Wenn die Larve erwachsen ist, krümmt sich ihr Körper zurück und liegt dann über der Leber, auf deren Oberfläche sie eine Furche eindrückt (GUIBÉ, S. 289). Normalerweise lebt nur eine Larve in jeder Schnecke; sie spinnt hier keine Röhren. Die Larve nährt sich, wie GUIBÉ auch experimentell nachgewiesen hat, vom Blut der Schnecke. Beide Unterarten von *P. varus* lassen sich durch deutliche, wenn auch geringfügige morphologische Merkmale im Larven-, wie Puppen-, wie Imaginalstadium voneinander unterscheiden (GUIBÉ, S. 284); sie sind streng wirtsspezifisch: es gelingt nicht, *Physa* mit *P. varus limnaei* oder *Limnaea* mit *P. varus varus* zu infizieren. Die Schnecken können stellenweise sehr stark von den Larven befallen sein; die 2734 *Limnaea limosa,* die GUIBÉ untersuchte, waren zu 20,7% infiziert, 772 *Physa fontinalis* sogar zu 39,5%. Die Verpuppung der *varus varus*-Larve findet auf ihrer Wirtsschnecke statt, die *varus limnaei*-Larve verläßt zur Verpuppung ihren Wirt. Im allgemeinen überleben die Schnecken die Infektion. Die Mundwerkzeuge der *varus*-Larven zeigen keine besonderen Anpassungsmerkmale.

Während die in und auf Spongillen und Schnecken lebenden und durch ihre Ernährung fest an ihre Wirte gebundenen Chironomidenlarven zu den

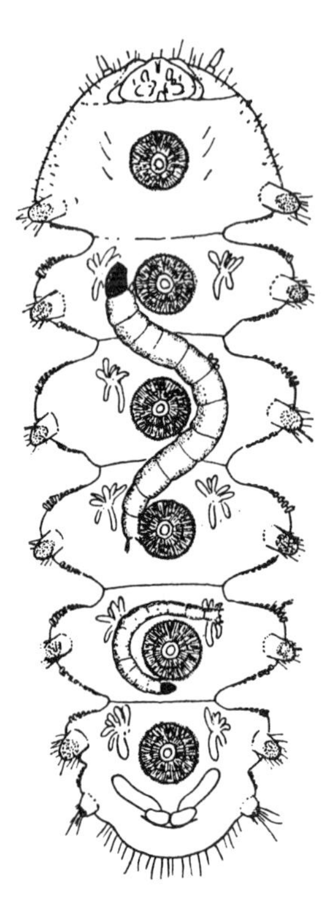

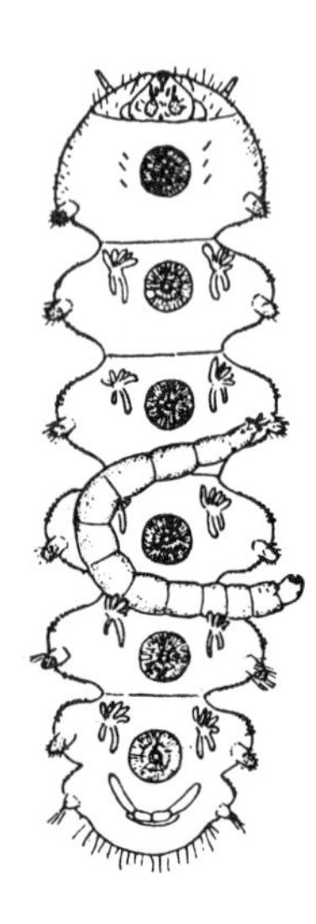

Abb. 44. Larven von „*Dactylocladius*" *commensalis* an der Unterseite der Larven der Blepharoceride *Neocurupira Hudsoni*. [Aus TONNOIR 1922.]

Chironomarien gehören, sind es Orthocladiinenlarven, die man auf und in anderen Insektenlarven antrifft, und zwar als Epöken oder auch als echte Parasiten. Zu den Epöken gehören drei Arten.

Im Hochgebirge Neuseelands leben an stärkstströmenden Stellen der Bäche neben anderen Blepharoceridenlarven die großen Larven von *Neocurupira Hudsoni* LAMB. An der Unterseite dieser Larven — aber nicht an anderen Blepharoceridenlarven — fand TONNOIR (1922) regelmäßig die zitronengelben, schwarzköpfigen Larven einer Orthocladiine, die er als *Dactylocladius commensalis* beschrieb (Abb. 44).[13] Die erwachsene Larve

[13] Gehört aber sicher nicht zur Gattung *Dactylocladius* in dem jetzt gebräuchlichen Sinne! Die wirkliche Gattungszugehörigkeit der Art ist nach der vorliegenden Beschreibung nicht festzulegen.

liegt gewöhnlich U-förmig gekrümmt um den Saugnapf des 3. oder 4. Segmentes; sie lebt hier frei, ohne Gehäuse. Die Puppen liegen in einem Gallertgehäuse, zwischen zwei Segmenten ihres Wirtes befestigt (Fig. 3 bei TONNOIR, S. 282). Über die Ernährung der Larven macht TONNOIR keine Angaben; doch ist es sicher, daß sie sich von der Mikroflora der Steine, auf denen sie lebt, wie ihre Wirtslarve nährt. Die *Neocurupira*-Larve bietet ihr also nur Schutz und Halt in der Strömung. Die Mundteile der *commensalis*-Larve zeigen keine besonderen morphologischen Eigentümlichkeiten.

Weit verbreitet sind in Europa auf den Larven von *Ephemera vulgata* und *danica* die epökischen Larven von *Epoicocladius ephemerae* (K.). Ihr erster Entdecker, K. ŠULC, schreibt über ihre Lebensweise (ŠULC und ZAVŘEL 1924, S. 384, 385): „Auf den Extremitäten und Haarschöpfen der

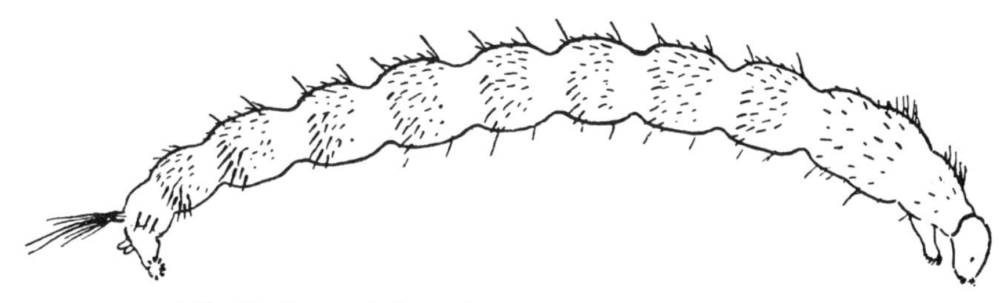

Abb. 45. *Epoicocladius ephemerae.* Larve. [det. STRENZKE.]

frisch ausgefischten Larven von *Ephemera vulgata* habe ich 1921 Chironomidenlarven entdeckt, die sich auf den Wirtstieren vertraulich bewegten und dieselben, auch wenn sie in ein Gefäß mit reinem Wasser getan wurden, nicht verlassen haben. Im Sommer 1924 züchtete ich die Puppen und die Imago . . . Sie sind epoikisch und ernähren sich von den Algen, Diatomeen und feinem Detritus, der an den Haaren, der Körperoberfläche und den Kiemen haften bleibt; hiermit reinigen sie gleichzeitig die Oberfläche des Wirtstieres. Die vollreife Larve spinnt sich auf den Sterniten des Wirtstieres in einen länglichen Kokon ein, wo sie sich in die Puppe verwandelt; die vollreife Puppe bricht durch, verläßt das Gespinst und schwimmt, vom Ventilationsstrom der Ephemeralarve getragen, durch den Wasserkrater ins Freie, begibt sich an die Wasseroberfläche, wo aus ihr die Imago ausschlüpft.“ Die 4,5 bis 5 mm lange gelbe Larve (Abb. 45) ist intersegmental stark, fast rosenkranzförmig, eingeschnürt und sehr stark und verhältnismäßig dicht braun beborstet; sie besitzt nur ein Paar Analschläuche. Die Art ist bekannt aus langsam fließenden und stehenden Gewässern in Rumänien, Böhmen, der Tatra, Niederösterreich (Lunzer Untersee), Polen, dem europäischen Rußland, Kurland, Mark Brandenburg, Holstein, Dänemark, England.

In Nordamerika kommt die Gattung *Epoicocladius* ebenfalls vor. Über diese Larven berichtet JOHANNSEN (1937, S. 77) unter „*Spaniotoma (Smittia)* sp. E. GROUP *Epoicocladius* ZAVŘEL: „... gefunden im Februar von Miss JANET F. WILDER in South Hadlay (Massachusetts), an den Beinen und Kiemen einer Ephemeridenlarve *(Hexagenia recurvata)* herumkriechend." Die Larven unterscheiden sich in verschiedenen Merkmalen von den europäischen (vgl. JOHANNSEN, l. c. S. 77; THIENEMANN 1944, S. 607), sie sind noch nicht bis zur Imago gezüchtet. Das Vorkommen dieser beiden nächst ver-

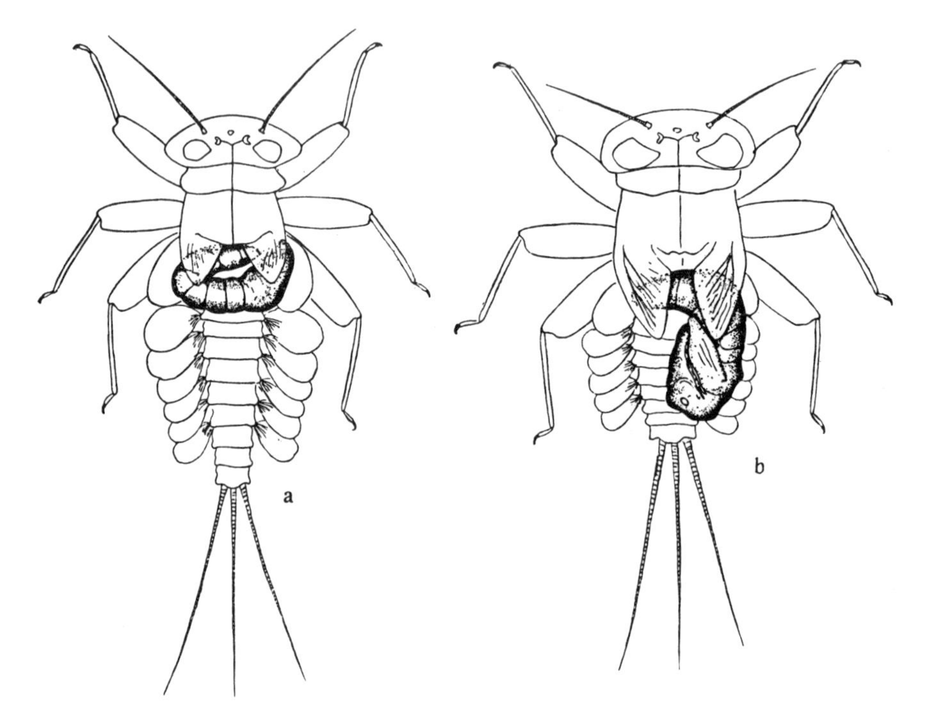

Abb. 46. *Symbiocladius equitans.* a) Larve, b) Puppe auf *Rhitrogena sp.* [Aus CLAASSEN 1922.]

wandten und ökologisch gleich eingestellten *Epoicocladius*-Arten in der Palaearktis und Nearktis spricht für das hohe Alter der Gattung und ihrer Bindung an Ephemeridenlarven.

Der interessantesten, echt parasitischen Orthocladiinenlarve *Symbiocladius rhitrogenae* (ZAV.) hat CODREANU (1939) eine ausführliche, gründliche Darstellung gewidmet (darin auch vollständig die ältere Literatur).

Schon 1922 hatte CLAASSEN aus den USA eine Larve dieses Genus als *Trissocladius equitans* beschrieben. Die Larven und Puppen lebten unter den Flügelscheiden der Nymphen der Ephemeride *Rhitrogena* sp. in einem Gebirgsbach in Colorado (Abb. 46). In Böhmen fand KOMÁREK ähnliche

Larven auf *Ecdyonurus fluminum* und STEPÁN auf *Rhitrogena semicolorata;* ZAVŘEL (SULČ und ZAVŘEL 1924) beschrieb die Tiere zuerst als *Phaenocladius microcephalus* und *Ph. Rhitrogenae;* KIEFFER stellte 1925 dafür das Genus *Symbiocladius* auf. 1926 beschrieb dann DORIER aus den französischen Alpen von *Rhitrogena semicolorata* seinen *Dactylocladius brevipalpis* GOETGH.

All diese europäischen Formen sind aber als identisch zu einer Art zusammenzuziehen. *Symbiocladius rhitrogenae* ZAVŘEL (1924) (genaue Synonymie bei CODREANU, l. c. S. 28, 29) ist bis jetzt sicher aus Böhmen, Rumänien, den Alpen, Vogesen bekannt; die von SCHOENEMUND (1930, S. 81) von *Heptagenia lateralis* aus Westfalen und dem Riesengebirge gemeldeten Tiere gehören wohl sicher auch zu unserer Art.[14] Eine von UÉNO auf *Ecdyonurus* in Japan gefundene Form ist ebenfalls eine *Symbiocladius*-Art. „Die Gegenwart von Repräsentanten der Gattung *Symbiocladius* auf den drei Kontinenten der holarktischen Region bezeugt das beträchtliche Alter dieses Typs von Parasitismus.“ (CODREANU, S. 29.)

Wir verweisen ausdrücklich auf CODREANUS schöne Abhandlung, der wir die Abb. 47 bis 49 (auf Tafel III) entnommen haben.

Die *Symbiocladius*-Imago legt ihre Eier im Bache ab, die Larven suchen im ersten Stadium (Abb. 47) aktiv ihren Wirt auf, sie machen hier drei Häutungen durch (Abb. 48) und verpuppen sich dann ebenfalls unter den Flügelscheiden der Ephemeridennymphe (Abb. 49). Hauptwirte sind *Rhitrogena semicolorata* und *Heptagenia lateralis,* seltener wird *Ecdyonurus fluminum* befallen. In Rumänien sind 28 bis 64% der *Rhitrogena*-Larven, 18 bis 69% der *Heptagenia*-Larven, in Frankreich 28 bis 35% der *Rhitrogena*-Larven von *Symbiocladius* befallen. Die *Symbiocladius*-Larve nährt sich vom Blute ihres Wirtes; parasitierte weibliche Ephemeridennymphen entwickeln keine Ovarien. In jedem Fall führt der Befall durch *Symbiocladius* zu einer krebsartigen Tumorenbildung in der Ephemeridenlarve; sie ist von CODREANU eingehend studiert worden.

Eine kurze Notiz über eine in USA ebenfalls an Ephemeridennymphen lebende Chironomidenlarve brachten NEEDHAM, TRAVER und YIU-CHI HSU auf Seite 217 ihrer „Biology of Mayflies“ (Ithaca 1935): „Wir haben Larven von ähnlicher Form gefunden, ventral befestigt an den Larven von *Ephemerella flavilinea* vom Glacier Nationalpark.“ In die *Symbiocladius*-Verwandtschaft gehört sicher JOHANNSENS nordamerikanische „*Spaniotoma* spec. F.“, die unter den Flügelscheiden der Plecoptere *Acroneuria* lebt (JOHANNSEN 1937, S. 75). In meiner Sammlung befindet sich ferner ein Präparat einer ebenfalls *Symbiocladius* ähnlichen Larve aus Niederösterreich (leg. KRAWANY), die in einem Limnophilidenköcher im Bereiche des Abdomens der

---

[14] Neuerdings fand H. DITTMAR die Art auch im Sauerland (Albaum).

eben verpuppten Trichopterenlarve lag. — Es sind also wohl noch mancherlei Überraschungen in puncto parasitische Chironomidenlarven zu erwarten!

CODREANU hat die Morphologie der vier verschiedenen Larvenstadien von *Symbiocladius* sorgfältig beschrieben; tatsächlich sind die Unterschiede zwischen der frisch geschlüpften Larve des 1. Stadiums, die frei lebt, und der Larve im 4. Stadium nicht unbeträchtlich. Aber als Anpassungen an den Parasitismus können sie nicht aufgefaßt werden; denn sie sind nicht größer und liegen in der gleichen Richtung wie die Differenzen zwischen erstem und letztem Larvenstadium bei freilebenden Chironomiden.

Bei den Ceratopogonidenlarven kennen wir keine räuberischen oder parasitischen Arten. Hier saugen aber die weiblichen Imagines Blut (vgl. S. 245).

c) Blattminierer und ähnliche Formen

Es gibt eine Anzahl von Larven der Orthocladiinen und Chironomarien, die sich von Phanerogamengewebe nähren, und zwar von frischlebendem oder mehr oder weniger zerfallendem. Zur ersten Gruppe gehören die in den Blättern oder Stengeln von Wasserpflanzen minierenden Larven.

Blattminierer sind unter den Orthocladiinen Larven der Gattung *Eucricotopus*, und zwar finden wir diese vor allem in den Schwimmblättern von *Potamogeton*. Der typische Blattminierer ist *Eucricotopus brevipalpis* K. in den Blättern von *Potamogeton natans* (Taf. I Abb. 16). (Ausführliche Schilderung bei THIENEMANN 1909, S. 9—11; GRIPEKOVEN 1914, S. 82—86; Literatur verzeichnet bei THIENEMANN 1936 g, S. 534.) Die Art ist in Europa wahrscheinlich so weit verbreitet wie ihre Wirtspflanze; in Deutschland kenne ich sie von Oberbayern bis Schleswig-Holstein, von Pommern und der Neumark bis zur Eifel. Schon Anfang Juni sind neben den Larven auch Puppen vorhanden, und bis Mitte Oktober trifft man neben jungen und alten Larven auch Puppen an; das Tier hat verschiedene Generationen im Laufe des Sommers. Eiablage und Überwinterung der Larven wurden noch nicht beschrieben. Die junge Larve dringt durch ein nur Bruchteile eines Millimeters weites Loch in die Epidermis der Blattunterseite ein und frißt sich allmählich durch das Mesophyll des Blattes hindurch, wobei die untere und obere Epidermis geschont werden. Je weiter die Larve miniert, desto mehr wächst sie auch und mit ihr wird der Gang immer breiter; schließlich beträgt seine Breite 1,5 bis 2 mm. Der Gang verläuft nahe der Blattoberseite; je größer er wird, desto deutlicher kommt auch eine schwache Herauswölbung der den Gang bedeckenden Epidermisschicht gegenüber der übrigen Blattepidermis zum Ausdruck; er hebt sich durch seine dunkelrotbraune Farbe von dem übrigen, heller grün gefärbten Blatt ab. Der Gang bildet (Abb. 16) vielfache mäandrische Windungen, stellenweise sind auch blindendende Verzweigungen vorhanden. Man findet in einem Blatt oft bis 6 oder noch mehr Larven. Die Larven liegen ruhig in ihrem Gang, und zwar auf der Seite, bald der rechten, bald der linken; Abdominalschwingungen führen sie nicht aus. Der Gang ist von feuchter Luft, nicht von Wasser erfüllt. Den Freßakt der Larven beschreibt GRIPEKOVEN so: „Beim Fressen drückt *Brevipalis* das Labium fest gegen die grünen Palisadenzellen und nagt dann mit den Mandibeln nacheinander gleichsam im Takte 1, 2 oder rechts, links die grünen Zellen weg. Die Maxillen scheinen auch eine Rolle dabei zu spielen, denn man sieht stets 3 Mundgliedmaßen von oben nach unten im Dreitakte sich bewegen. Der Durchschnitt der Anzahl der Freßbewegungen ist bei weichem Gewebe 75, bei einer Blattader 50 in der Minute." Als Gangverlängerung beobachtete ich an drei aufeinander folgenden Tagen 10, 13 und etwa 20 mm. Das Endstück des Ganges wird durch hohe Aufwölbung der Epidermis zur Puppenkammer, die etwa 6 mm lang, 2 mm breit ist. (Näheres bei THIENEMANN 1909, S. 10, 11.) Die Puppe liegt, von feuchter Luft umgeben, ruhig ohne Atembewegungen auf der Seite, den Kopf der ursprünglichen Fraßrichtung entgegengesetzt. Puppenruhe etwa 3 Tage. Die leere Puppenhaut bleibt im Puppengehäuse festgeklemmt zurück. Drei morphologische Eigentümlichkeiten der Larve von *E. brevipalpis* kann man wohl als Anpassungen an das minierende Leben auffassen: die starke laterale Kompression des ganzen Körpers, die kegelförmige Zuspitzung des Kopfes und die weitgehende Reduktion der Antennen.

Ganz ähnlich dem europäischen *E. brevipalpis* ist der von JOHANNSEN (1942) und C. O. BERG (1949, 1950, S. 90—91) beschriebene *Eucricotopus flavipes* JOH. Die Larve miniert in den untergetauchten Blättern von *Potamogeton*-Arten (*amplifolius, epihydrus, illinoensis, praelongus, richardsonii, robbinsii*). Die Larve liegt auf der Seite in ihren Minen; der Kopf ist lateral komprimiert, vor allem auch nach vorn zu, die Antennen sind sehr klein. Die von BERG (S. 90) genau geschilderten Freßbewegungen der Larve entsprechen etwa GRIPEKOVENS Beschreibung. Die Larve entfernt alles Gewebe zwischen der Epidermis der Blattober- und -unterseite, so daß die Mine ganz durchscheinend ist. Das Puppenleben dauert ungefähr 2½ Tage; dann sprengt die reife Puppe durch kräftige dorsoventrale Bewegungen die dünne Blattepidermis und schwimmt zur Wasseroberfläche. Ein zweiter nordamerikanischer *Potamogeton*-Blattminierer ist *Eucricotopus elegans* JOH.; er lebt in den Schwimmblättern von *Potamogeton amplifolius, natans* und *nodosus*. Auch bei dieser Art ist die Larvenantenne reduziert, allerdings nicht so stark wie bei *E. flavipes* und *brevipalpis*; eine laterale Abplattung und Zuspitzung des Kopfes wird nicht angegeben. Mehr als 20 Larven des ersten Stadiums durchziehen mit ihren Minen oft ein einziges Blatt; von den Larven des 3. Stadiums findet man selten mehr als drei Exemplare in einem Blatt. Wenn die Blätter, in denen sie minieren, braun werden und zu zerfallen beginnen, verlassen sie die Larven des 2. Stadiums und beginnen in frischen Blättern zu minieren. Im 4. Stadium beziehen die Larven oft dickere Teile der Pflanze (Mittelrippen, Stengel). Die Verpuppung findet in den Minen statt, die Puppe führt Atembewegungen aus. Ist sie reif — nach etwa 2½ Tagen —, so sprengt sie durch ihre Bewegungen die Blattoberhaut und schwimmt an die Oberfläche des Gewässers. Bis zum 3. Stadium ist die Larve ein echter Minierer; am Ende dieses Stadiums, wenn sie stark gewachsen ist, nagt sie die untere Blattepidermis weg; an deren Stelle spinnt sie ein mit Detritus durchsetztes Gewebe. So wird sie zum Halbminierer („channeler" [Berg]).

Als „Halbminierer" bezeichnete Gripekoven solche Formen, die „die Oberfläche von Blättern und Stengeln unregelmäßig wegnagen und sich in diesen Furchen eventuell Gallertgehäuse anlegen". Zu diesen gehört als charakteristische Form *Eucricotopus trifasciatus* Pz. (= *limnanthemi* K., *prolongatus* K., *pulchellus* Mg.), eine in Europa und USA weit verbreitete Art, die auch aus Kleinasien, Japan und Java bekannt ist; in Europa von Frankreich bis zum Baltikum, von Österreich bis Skandinavien (Finnland) nachgewiesen, und zwar aus stehenden Kleingewässern und dem Seenlitoral, wie aus langsam fließendem Gewässer. (Angabe der älteren Literatur Thienemann 1936 g, S. 535.) Die Art ist gefunden auf den Schwimmblättern von *Potamogeton natans, Polygonum amphibium, Limnanthemum nymphoides,* Gripekoven hat sie auf Seite 86 bis 89 (hier fälschlich als *E. willemi* K. bezeichnet; vgl. Gripekoven, S. 96) und Seite 92 bis 94 behandelt. Eine ausgezeichnete Monographie der Art, auf Grund des Massenvorkommens im Lunzer Untersee, gab 1938 Johanna Kettisch. Dieser Arbeit entnehmen wir das Folgende:

„*Cricotopus trifasciatus* gehört zu den Halbminierern. Die Larve benagt die Oberfläche der Schwimmblätter von *Potamogeton natans* und frißt darin unregelmäßige Gänge. Die obere Epidermis und das Palisadenparenchym dienen ihr als Nahrung. Die untere Epidermis bleibt unberührt, dagegen werden manchmal auch Zellen aus dem Schwammparenchym herausgerissen. Selten werden die Leitgefäße durchbissen, obgleich sie stark benagt werden.

Die Larve verfertigt sich stets über ihrer Fraßstelle ein schützendes Gespinst. Es ist meist etwas länger als die Larve selbst und wird aus einem Sekret, das durch Wasseraufnahme zu einer Gallerte aufquillt, gebildet. Exkremente, Diatomeen, andere Algen und kleine Sandkörner bleiben in der Gallerte haften und geben dem Ganzen eine größere Festigkeit und Widerstandskraft. An beiden Enden ist das Gespinstgehäuse offen, so daß es der Larve möglich ist, sowohl an einem wie auch am anderen Ende weiterzufressen.

Nach der dritten Häutung beginnen die Larven eigene Fraßgänge anzulegen bzw. in den schon vorhandenen weiter zu minieren. Da aber die größte Anzahl der ausgeschlüpften Larven auf einem Blatt nicht genügend Nahrung und Platz findet, sind viele der nun schon herangewachsenen Larven gezwungen, dasselbe zu verlassen und neue Blätter aufzusuchen.

Findet die übersiedelte Larve auf dem neuen Blatt bereits Fraßspuren im Gewebe, so benützt sie dieselben und beginnt von hier aus weiterzunagen. Beginnt die Larve ihren Fraßgang nicht am Rand, sondern auf der Oberfläche des Blattes, so kriecht sie darauf umher und hackt dabei immerwährend mit den schon kräftigen Mandibeln auf das Gewebe ein. Dadurch werden Zellen der Epidermis verletzt und die Blattoberfläche zeigt bald einige kleine bräunliche Flecke. An diesen Stellen sind die verletzten Zellen abgestorben und ein Eindringen der Mandibeln in das Blattinnere ist nun leichter möglich.

Hat die Larve den neuen Fraßgang nun so weit hergestellt, daß sie selbst Platz darin findet, so beginnt sie sich in der schon erwähnten Weise sogleich ein schützendes Gallertgehäuse zu bauen. Die distale Öffnung ist ein kleines Stück von der Angriffsstelle des Fraßes entfernt. Die Larve kommt nun mit dem Kopf und den vorderen Fußstummeln aus dem Gehäuse heraus und reißt die Epidermiszellen heraus. Zuerst wird die Epidermis angegangen, was schwerer und langsamer vonstatten geht, dann das Palisadengewebe, das der Larve geringeren Widerstand bietet.

Zur Zeit der größten Bevölkerungsdichte findet man auf einem *Potamogeton*-Blatt mehrere Gänge. Doch ist in jedem Gang nur eine Larve. Stoßen zwei in einem Gang aufeinander, so entsteht ein heftiger Kampf. Die Larven hacken mit den Mandibeln aufeinander los und beißen sich häufig am Thorax der Gegner fest. Dieser Kampf währt so lange an, bis eine der beiden Larven unterlegen ist und die Fraßstelle verlassen muß. Dabei wird sie manchmal so lange verfolgt, bis sie über den Blattrand ins Wasser fällt.

Der Fraßgang und das Gallertgehäuse der Larve sind stets mit Wasser gefüllt. Bei Gängen, die vom Rande des Blattes aus verlaufen, kriecht die Larve immer zum Blattrand und macht mit ihrem Analende schwingende Bewegungen und strudelt dadurch das Wasser in ihren Fraßgang. Liegen die Gänge aber in der Mitte des Blattes, ist also ein Heraufstrudeln des Wassers über den Blattrand nicht mehr möglich, so bohrt die Larve sich Öffnungen durch die untere Epidermis, so daß immer, durch ihre dauernden Schwingungen veranlaßt, frisches Wasser durch diese in die Gänge dringt. Ist ein Blatt aber schon irgendwie verletzt oder von einer Schnecke durchfressen und grenzt der Fraßgang an solche Stellen an, so ist ein Durchbohren der unteren Epidermis überflüssig. Die Larve füllt in derselben Weise ihre Gänge mit Wasser, wie es bei Fraßgängen, die vom Blattrand aus verlaufen, der Fall ist. An sonnigen Tagen, wenn der Wasserspiegel unbewegt ist und viele Gänge durch Ausschlüpfen der Puppen nicht mehr belegt sind, kann man beobachten, daß sie völlig ausgetrocknet sind. Dies ist ein Beweis dafür, daß der Gang austrocknet, wenn nicht durch eine Larve für dauernde Wasserzufuhr gesorgt wird.

Nach einer längeren Regenperiode findet man die Blätter nahezu ohne Larven auf. Denn alle jene, die sich nicht fest genug in ihren Gallertgehäusen verschanzen konnten, wurden von den Wellen heruntergeschwemmt. Ein neues Blatt wird von diesen selten erreicht, da die kleinen Elritzen, die immerwährend unter den *Potamogeton*-Beständen umherschwimmen, sie fressen. Hebt sich der Wasserspiegel, so daß der gesamte Pflanzenbestand überspült ist, schwimmen die Elritzen auf die Blätter und schaben viele in ihren Gehäusen befindlichen Larven ab und verzehren sie. Bei gänzlicher Überflutung der Blätter sitzt die Larve vollkommen unbeweglich in ihrem Gespinst. Sie nimmt weder Nahrung zu sich, noch bewegt sie sich.

Auch wenn der Wasserspiegel seine normale Höhe hat, springen die kleinen Fische, besonders bei Schönwetter, auf die Blätter, senken diese unter Wasser und suchen sie nach Larven ab.

Bald nach einer Regenperiode werden die Blätter wieder von neuen Larven besiedelt, und zwar von den jüngeren Stadien, die sich auf der Unterseite des Blattes im Schleim, wie bereits beschrieben wurde, aufgehalten haben. Sie sind unterdessen herangewachsen und imstande, sich selbst Miniergänge zu fressen."

KETTISCH hat auch (S. 260—263) die Funktion der Mundwerkzeuge beim Fressen genau studiert; sie faßt ihre Beobachtungen so zusammen: „Wenn wir den Mechanismus der Mundwerkzeuge kurz vergegenwärtigen, so sehen wir, daß in der Bewegung der einzelnen Mundteile ein rasches Nacheinander ihrer Funktionen herrscht.

Das Labrum tastet mit seinem Sinnesfeld ab und holt die Nahrung in die Oralhöhle. Es fungiert als Tastorgan.

Die Prämandibeln mit dem Epipharynx führen in dem Augenblick, wo das Labrum vortastet, einen Schlag oralwärts und befördern die Nahrung zu den Maxillen.

Die Maxillen fungieren als Fangapparat. Labium und Maxillen stellen einen Knetapparat dar. Die Maxillen mit ihren oralmedianen Borsten bilden den Stopfapparat.

Der Palpus der Maxille trägt Sinnesorgane, die wohl mit Recht als Geschmacksorgane gedeutet werden können.

Die Mandibeln und mit ihnen das Labium funktionieren als Reißwerkzeug.

Der Hypopharynx bildet die Schluckapparatur."

In USA lebt *E. trifasciatus* nach BERGS Beobachtungen (1950, S. 91) in den Schwimmblättern von *Potamogeton amplifolius, natans* und *nodosus.* Seine Lebensweise entspricht ganz den Schilderungen, die KETTISCH gegeben hat.

An *Potamogeton natans* minierend ist ferner *Eucricotopus tricinctus* MG. bekannt (GRIPEKOVEN, S. 94); in der Ruhr am Kahlenberg bei Mühlheim minierte am 15. September 1911 in den schwimmenden Blättern von *Glyceria* eine *Eucricotopus*-Art, die KIEFFER als *hyalinus* beschrieb. EDWARDS (1929, S. 319) stellt *hyalinus* als synonym zu *tricinctus* MG. *Tricinctus* und *trifasciatus* stehen sich überaus nahe, so daß sie, wie es KIEFFER und andere Autoren taten, vielleicht zur gleichen Art zusammenzuziehen sind. *(E. tricinctus* ist bekannt aus Europa nördlich bis Lappland, aus Japan, Nordamerika.)

Am 27. Juni 1911 sammelte ich am Ufer des Laacher Sees (Eifel) *Glyceria*-Blätter mit minierenden Larven. Aus der Zucht schlüpfte eine *Trichocladius*-Art heraus, die KIEFFER *T. glyceriae* nannte; die Metamorphose der Art behandelten GRIPEKOVEN (S. 94—95) und POTTHAST (S. 305—306). Später sind nie wieder minierende *Trichocladius*-Arten gefunden worden. Es ist also möglich, daß es sich hier nur um Einmieter in Minen gehandelt hat, die von einer anderen Art, vielleicht einer Chironomarie, angelegt waren.

Unter den *Eucricotopus*-Arten gibt es eine, überaus euryöke Form, die meist freilebend angetroffen wird, aber auch minierend auftritt: *E. silvestris* FABR. (*fusciforceps* K., *longipalpis* K., *fuscimanus* K., *obscurimanus* K., *albipes* K.). Eine fast kosmopolitische Art. In Europa von Frankreich bis Rußland, von Italien bis Finnland und Lappland, in Ostsibirien, Japan, Formosa, Java, in USA. Noch nicht in Afrika (aber auf den Kanarischen Inseln), Südamerika und Australien gefunden. (Literaturangaben bei THIENEMANN 1936 g, S. 535.) Sie lebt in stehendem wie fließendem, reinem, aber auch organisch verunreinigtem Wasser, ist auch im Binnensalzwasser, und über der Ostsee fliegend, gefunden. Auf Island in heißen Quellen bei 16 bis 41° C. In den norddeutschen Seen häufig im Litoral zwischen Pflanzen, in Kalkkrusten auf Pflanzen, sowie zuweilen in abgebrochenen *Phragmites*-Stengeln sowie unter *Spongilla* und *Plumatella*. Auch minierend in den Blattstielen von *Trapa natans* gefunden (Groitzsch bei Eilenburg in Sachsen). GRIPEKOVEN (S. 91—92) fand sie in Westfalen überall a n Wasserpflanzen, aber auch minierend in der Mittelrippe und den Blattstielen von *Potamogeton natans*, in Stengeln und Blattstielen von *Potamogeton lucens* und *perfoliatus*, in *Scirpus lacuster*, in *Glyceria*, in Schilfblättern, unter Rinde von Zweigen im Wasser, in abgestorbenen *Plumatella*-Klumpen usw. (Vgl. auch S. 29.)

Damit haben wir die „Blattminierer" unter den Orthocladiinen geschildert. Es handelt sich also, sieht man von dem nicht sicher wirklich minierenden *Trichocladius glyceriae* ab, um *Eucricotopus*-Arten, von denen drei echte Minierformen darstellen; bei *E. brevipalpis* lebt die Larve nicht im Wasser, sondern in der feuchten Luft ihrer Mine, so vielleicht auch *E. elegans* in den ersten drei Larvenstadien; vom Ende des 3. Stadiums an ist deren Gang, ebenso wie bei *E. flavipes*, wohl sicher mit Wasser erfüllt. *E. brevipalpis* und *flavipes* zeigen einige morphologische Besonderheiten als Anpassung an ihre minierende Lebensweise. *E. trifasciatus* ist ein „Halbminierer"; auch sie nährt sich, wie die vorige, vom Blattgewebe und lebt in Schwimmblättern; doch sind ihre Fraßgänge oben offen, mit Wasser erfüllt. Sie ist ein echtes Wassertier. Die dritte Art endlich, *E. silvestris*, lebt meist frei in ihren Gallertgängen auf Pflanzenblättern usw., doch kann sie stellenweise auch als echter Minierer in Wasserpflanzen auftreten. Ihre Nahrung besteht nicht mehr ausschließlich aus grünem Blattgewebe; sie frißt meist Diatomeen und andere pflanzliche Mikroorganismen sowie pflanzlichen Detritus.

Viel zahlreicher als unter den Orthocladiinen finden sich minierende Larven unter den Chironominen. Doch nur unter den Chironomariae. Die Tanytarsariae haben keine Arten mit minierenden Larven.

Allerdings finden sich in der Literatur Angaben über „*Tanytarsus*"-Arten, die aus Blattminen gezüchtet worden sind. Ich habe selbst (1909, fig. 19) ein *Stratiotes*-Blatt mit Chironomidenminen abgebildet, aus dem ich *Tanytarsus (Calopsectra) stratiotis* Kieff. gezüchtet hatte (Abb. 50); mein Material stammte aus einem Altarm der Havel bei Brandenburg (Gripekoven, S. 73); die gleiche Art züchtete Gripekoven von *Stratiotes* bei Münster in Westfalen (l. c. S. 5); und aus *Potamogeton natans*-Zuchten

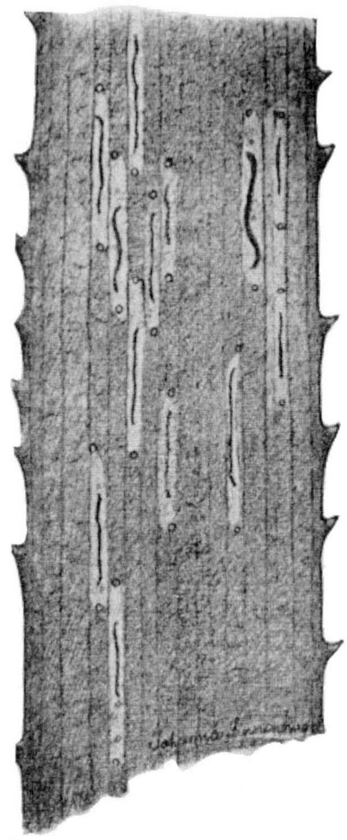

Abb. 50. Teil eines *Stratiotes*-Blattes mit Fraßgängen einer Chironomarie *(Glyptotendipes gripekoveni* oder *Phytochironomus candidus).* [Nach Thienemann 1909 aus Gripekoven 1914.]

schlüpfte ihm *Tanytarsus (Calopsectra) longiseta* K. Schon Gripekoven betont aber ausdrücklich (S. 73), daß diese *Tanytarsus*-Arten keine typischen Minierformen sind; die Minen in *Stratiotes* stammen nach ihm wahrscheinlich von *Phytochironomus candidus* K.; die *Tanytarsus*-Arten sind Einmieter, zum Teil haben sie vielleicht auch nur oberflächlich auf den Blättern gesessen. (Leider gibt auch Wesenberg-Lund 1943, fig. 435, meine Abb. 48 wieder mit der Unterschrift „*Tanytarsus stratiotis* K. in einem *Stratiotes*-Blatt".) Später hat sich herausgestellt, daß diese aus Minen gezüchteten „*Tanytarsus*" gar nicht in diese Gattung gehören, ja nicht einmal

„Tanytarsariae" sind. Es sind vielmehr Arten aus der Sectio Chironomariae connectentes, und zwar aus den Gattungen *Polypedilum, Pentapedilum* und *Lenzia*. Lenz hat 1941 (a) in seiner Zusammenfassung und Revision der Metamorphose der Chironomariae connectentes die genannten Angaben auch über diese Formen zusammengestellt (hier auch genaue Literaturangabe). Nach ihm sind die folgenden Arten in Blattminen gefunden worden (Ergänzung nach Berg 1950):

Polypedilum tetrachaetus Goetgh. (Imago: Goetghebuer 1921 a, S. 131 bis 132; Metamorphose Goetghebuer 1919, S. 59—60; sub *Tanytarsus.)*
Flandern: Destelbergen, in *Sparganium,* zusammen mit *Endochironomus tendens* Fabr.

Polypedilum illinoense Malloch (1915 sub *Chironomus)*
(Metamorphose Berg 1950, S. 91—92)
Nordamerikanische Art, auf den Schwimmblättern von *Potamogeton natans,* als „Halbminierer" („channeler").

Polypedilum ophioides Townes (1945) (Metamorphose Berg 1950, S. 92)
Nordamerikanische Art, auf den Schwimmblättern von *Potamogeton natans.* Bildet keine Gänge, sondern frißt Epidermis und Mesophyll fleckenweise weg; nur in den zusammengerollten Seitenecken junger Blätter; hier auch die Verpuppung.

Pentapedilum dubium K.
Holstein: Wiesengraben nahe Plön, in den Blättern von *Stratiotes.*

Pentapedilum fodiens K.
Eifel: Ulmener Maar, aus *Sparganium ramosum,* in dem *Glyptotendipes pallens* Mg. *(longifilis* K.) und *Endochironomus tendens* Fabr. *(sparganicola* K.) minieren, gezüchtet.

Pentapedilum iridis K. (Gripekoven, S. 74, sub *Tanytarsus iridis* K.)
Münster in Westfalen: Ziegeleiteich, in abgestorbenen faulen *Iris*-Blättern, zusammen mit *Glyptotendipes gripekoveni* K. *(sparganii* K.).

Pentapedilum quadrifarium K.
Münster in Westfalen: Teich, aus *Butomus umbellatus,* zusammen mit *Endochironomus calolabis* K. und *alismatis* K.).

Pentapedilum scirpicola K.
Holstein: Vierer See bei Plön, in ziemlich morschen Halmen von *Scirpus lacustris,* zusammen mit *Glyptotendipes* und *Endochironomus albipennis* Meig. *(Miki* K.).
Oberbayern: St. Ottilien, Klostergarten. In einem schwimmenden Stück faulen Holzes.

Pentapedilum sparganii K. (Gripekoven, S. 74—76)
Münster in Westfalen: In oder an *Sparganium erectum.*

Pentapedilum stratiotale K. (? *tritum* Walk.) (Gripekoven, S. 76)
Münster in Westfalen: In den Ausläufern von *Stratiotes*, in oder an den Wurzelstücken von *Sparganium*. Burtt (1940) fand die von Edwards als *tritum* Walk. bestimmten Larven in England minierend, zusammen mit *Glyptotendipes glaucus* (vgl. S. 91) und *Phytochironomus imbecillis* (vgl. S. 97) in verrottenden *Typha*-Blättern.

Pentapedilum superatum K.
Holstein: Bischofsee bei Plön, in fauligem *Scirpus*, zusammen mit *Glyptotendipes* u. a.

Zu *Pentapedilum* bemerkt Lenz (1941, S. 24) ausdrücklich: „Zuweilen werden die Larven auch in den Minen von Pflanzenblättern oder -stengeln gefunden, sind dann aber offenbar nur Einmieter fremder Gänge. Sie leben von dem auf dem Substrat abgelagerten Detritus bzw. von den sich dort ansiedelnden Algenkolonien, vor allem Diatomeen." Doch konnte Burtt (1940) bei *P. tritum* Walk. (? *stratiotale* K.) nachweisen, daß die Larven in ihren Gängen „Fangnetze" bauen, wie *Glyptotendipes glaucus* und *Phytochironomus imbecillis* (vgl. S. 91). Auch für *Pentapedilum sordens* v. d. W. aus USA wies Berg (1950, S. 96, 97) diesen Fangnetzbau nach. Er fand die Larven in verschiedenen Seen in den Stengeln und zum Teil in zusammengerollten und -gefalteten Blättern von *Potamogeton*-Arten (*P. amplifolius, gramineus, natans, richardsonii, robbinsii*) und beschrieb Lebensweise und Metamorphose. Überwinterung als Larve in und an *Potamogeton*.

Eine genaue Schilderung des Fangnetzbaues bei *P. sordens* gab Walshe 1951 a:

„Die *Pentapedilum*-Larve dreht ihren Körper ebenfalls in jedem Stadium des Netzbaues. Aber bei dieser Gattung streckt die Larve nach dem Ausführen der Wendung ihren Körper rückwärts aus und heftet so ihre Nachschieber weit hinten in der Röhre an (Abb. 51, B und C). Durch mehrere (im allgemeinen 2 bis 4) Sprünge nimmt die Larve dann wieder ihren ursprünglichen Platz in der Röhre ein (Abb. 51, C). Die Bewegungsfolge wird durch Abb. 51, A, B, C, D wiedergegeben. Die *Pentapedilum*-Larve ist kleiner und schlanker als die der anderen Gattungen; auch kann sie sich um ihre Nachschieber weiter nach hinten umdrehen. Infolgedessen entsteht ein längerer Netzkegel. Am Schluß des Netzspinnens streckt sich die Larve nicht länger nach vorn bis zur Spitze des Netzes aus, sondern arbeitet in der hinteren Hälfte. Schließlich erteilt sie der Mündung des Kegels mit den vorderen Fußstummeln eine Reihe von Schlägen und heftet sie so an die Wandungen an."

Lenzia longiseta K.
Münster in Westfalen: Von Gripekoven (S. 5) — als *Calopsectra longiseta* — aus *Potamogeton natans*-Zuchten gewonnen.
Flandern: Destelbergen, auf *Potamogeton lucens* (Goetghebuer 1919, S. 61).

Lenzia stratiotis K.

Das ist die oben Seite 78 als *Tanytarsus (Calopsectra) stratiotis* schon erwähnte Art.

Lenzia albiventris K.

Plön, Wiesengraben, in *Stratiotes,* zusammen mit *Glyptotendipes brevifilis.*

Während also unter den Tanytarsariae und Chironomariae connectentes keine echten Blattminierer vorhanden sind, gibt es unter den Chironomariae genuinae deren eine ganze Zahl, und zwar innerhalb der Gattungen *Glyptotendipes* K., *Phytochironomus* K., *Endochironomus* K., *Stenochironomus* K.

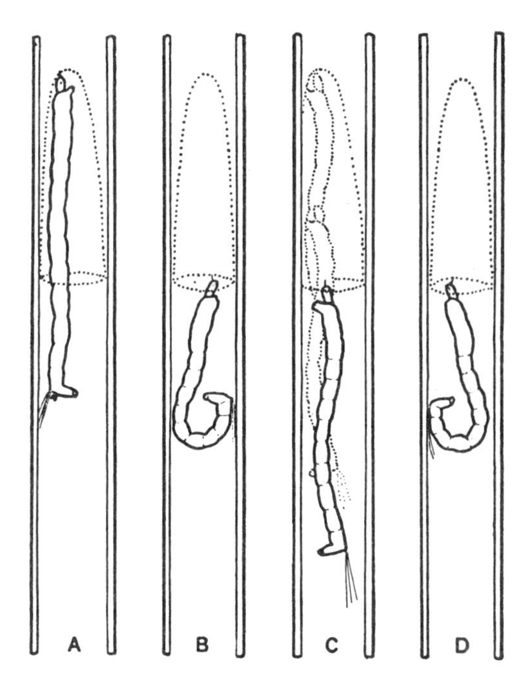

Abb. 51. Vier Stadien des Netzspinnens von *Pentapedilum sordens.* [Aus WALSHE 1951 a.]

Leider liegen die systematischen Verhältnisse innerhalb der Gattung *Glyptotendipes* K. noch recht im argen.

J. J. KIEFFER hat eine große Zahl von *Glyptotendipes*-Arten (s. l.) beschrieben (vgl. seine Zusammenfassung 1918 a, S. 94—98); von einem Teil von ihnen hat GRIPEKOVEN Metamorphose und Lebensweise geschildert; seine „*Lobiferus*-Gruppe" der Gattung *Tendipes* umfaßt die später als *Glyptotendipes* s. l. bezeichneten Formen. Er gliedert die *Lobiferus*-Gruppe s. l. in *Lobiferus*-Gr. s. s. und *Caulicola*-Gruppe. Die Formen der *Caulicola*-Gr. hat KIEFFER dann (1921 a) als Gattung *Phytochironomus* bezeichnet, während *Lobiferus*-Gr. s. s. gleich *Glypto-*

tendipes s. s. KIEFFER ist. Leider hat GOETGHEBUER (im „LINDNER", Lieferung 13c, 1937, S. 13—17) die Gattung *Glyptotendipes* KIEFF. im ganzen mit *Phytochironomus* K. identifiziert und innerhalb dieser zwei Subgenera unterschieden. Das erste nennt er *Phytotendipes* n. subg.; dies umfaßt die Arten, die wir bisher als *Glyptotendipes* s. s. bezeichnet haben; das zweite nennt er *Glyptotendipes* s. s., dies umfaßt die bisher als *Phytochironomus* K. bezeichneten Arten! Es ist also, kurz zusammengefaßt:

Glyptotendipes KIEFFER s. s. = *Lobiferus*-Gr. GRIPEKOVEN = *Phytotendipes* GOETGH.

Phytochironomus KIEFFER = *Caulicola*-Gr. GRIPEKOVEN = *Glyptotendipes* s. s. GOETGH.!

Ich behalte im folgenden die KIEFFERschen Namen bei.

Eine zweite Schwierigkeit liegt darin, daß GOETGHEBUER, durchaus mit Recht, den Versuch macht, eine ganze Anzahl KIEFFERscher „Arten" zusammenzuziehen. Wenn man aber die Metamorphosestadien berücksichtigt, zeigt sich, daß hierbei doch noch manche Unklarheit, ja Unmöglichkeit besteht. Darüber im folgenden bei den einzelnen Arten Näheres.

Wir behandeln zuerst die Gattung *Glyptotendipes* K. s. s. (= Sg. *Phytotendipes* GOETGH.), zu der GOETGHEBUER im „LINDNER" 4 Arten stellt; dazu kommen noch ein oder zwei KIEFFERsche Arten und eine nordamerikanische. Diese Arten zeigen eine interessante Reihe von normalen Schlamm- bzw. Detritusfressern zu echten Minierformen.

G. barbipes STAEG (*heteropus* K., *singularis* GOETGH.) kommt im Süßwasser und Brackwasser vor und ist aus Skandinavien, Holland, Belgien, England, Deutschland, Österreich, Ungarn und USA (TOWNES 1945) bekannt. Häufig in der Ostsee; in Holstein in süßen und brackigen Kleingewässern (Verbreitung: THIENEMANN 1936 f; KREUZER 1940). Die Larven haben 2 Schläuche (Tubuli) am 11. Segment. Sie leben im Schlamm. Nicht minierend.

G. pallens MG. (? *polytomus* K.)

Bei dieser Art wird die Synonymie recht schwierig! WUNDSCH (1943 a) verdanken wir die neuesten, gründlichen Untersuchungen über diese Art. Er sandte die aus Larven mit 2 Tubuli am 11. Segment (Abb. 52) gezüchteten Imagines an Dr. GOETGHEBUER, der sie als *pallens* MG. (syn? *polytomus* K.) bestimmte. (Metamorphose von *polytomus* bei KRAATZ, S. 22—23.) Setzt man *pallens* = *polytomus*, dann kann die von GOETGHEBUER (in „LINDNER" 13 c, S. 15) gegebene Synonymie nicht ganz bestehen bleiben. Es müßten, da GRIPEKOVEN (S. 29) für die Larven dieser Arten ausdrücklich das Fehlen der Schläuche am 11. Segment betont, und falls dies wirklich stimmt, aus der Synonymenliste von *pallens* und *pallens* var. *glaucus* MG. gestrichen werden: *flavipalpis* K., *fossicola* K., *nudifrons* K., *ripicola* K., *stagnicola* K.

Ob die weiteren von GOETGHEBUER festgelegten Synonyma sicher sind, wird schwer festzustellen sein; es sind für *pallens* MG.: *obscuripes* MG., *longifilis* K., ? *juncicola* K.; für *pallens* var. *glaucus* MG.: *brevifilis* K., *abstrusus* K., *norderneyanus* K.

Junicola ist jedenfalls zu streichen; denn diese von KIEFFER (1918 a, S. 97) zu *Glyptotendipes* gestellte Art gehört nach späterer brieflicher Mitteilung KIEFFERs an mich zu *Phytochironomus;* die von GRIPEKOVEN (S. 60—62) als *juncicola* beschriebenen Larven und Puppen gehören zur Gattung *Endochironomus.* Von *norderneyanus* (GRIPEKOVEN, S. 42) ist die Larve nicht bekannt, so daß die systematische Stellung fraglich bleiben muß. Die Larve von *abstrusus* (aus Jönköping, Schweden;

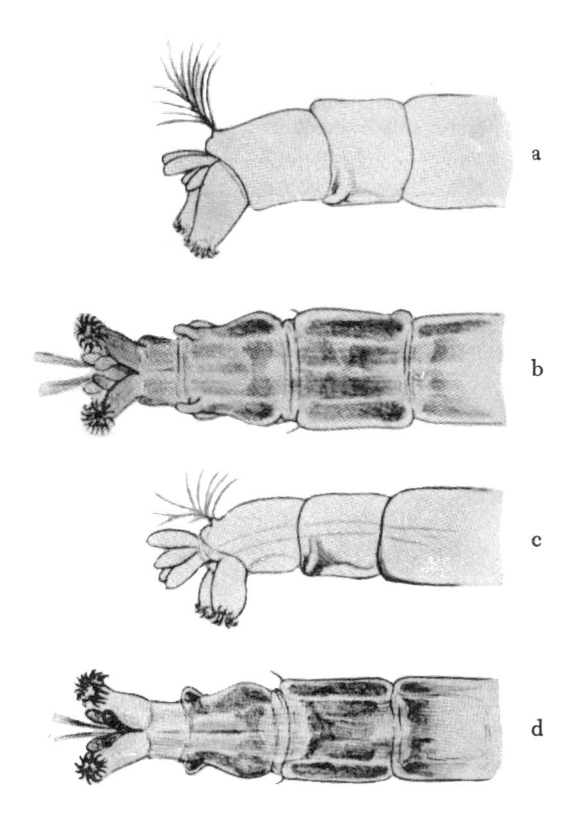

Abb. 52. a und b: *Glyptotendipes pallens.* Larvenhinterende von der Seite und von unten.. c und d: *Glyptotendipes paripes.* Larvenhinterende von der Seite und von unten. [Aus WUNDSCH 1942/45.]

vgl. THIENEMANN-KIEFFER 1916, S. 529) hat kurze *polytomus*-Schläuche am 11. Segment. Ich habe weiterhin das noch vorhandene *Glyptotendipes*-Material meiner Sammlung untersucht mit folgendem Ergebnis: Die „*polytomus*-Schläuche" sind wohlentwickelt vorhanden bei: *flavipalpis* K., *stagnicola* K. (kurze Papillen), *fossicola* K., *nudifrons* K. Diese Arten können also im Einklang mit GOETGHEBUERs auf Grund der Imagines gewonnenen Auffassung als Synonyma zu *pallens* = *polytomus* gestellt werden. Von *longifilis* besitze ich kein Material mehr, seine Stellung bleibt also unsicher. — Schwierig wird die Sache bei *ripicola* K. und *brevifilis* K. *Ripicola* aus dem Ulmener Maar (vgl. GRIPEKOVEN, S. 42) hat *polytomus*-Papillen, nicht aber eine von KIEFFER als *ripicola* var. bezeichnete Form aus alten *Phragmites*-Stengeln des Trammer Sees bei Plön. Von *Brevifilis* hat eine von KIEFFER als var. bezeichnete Form aus Münster in Westfalen (Schloßgraben, unter Rinde Juli 1915) die *polytomus*-Schläuche; dagegen fehlen meinem übrigen *brevifilis*-Material, das ich nachprüfen konnte, diese Gebilde vollständig (var. *inclusus* K. Ulmener Maar in *Alisma;* Schloßgraben Münster in fauligem Holz; Bischofssee Plön in faulem *Scirpus;* Preetz, Kirchensee, unter *Spongilla,* von KIEFFER als var. bezeichnet). Nach der vorliegenden Literatur und dem Material nehme ich also die folgende Synonymie für *pallens* Mg. an:

Glyptotendipes pallens MG. *(polytomus* K., *obscuripes* MG., *fossicola* K., *flavipalpis* K., *stagnicola* K., *gilvus* GOETGH. *ripicola* K. [partim], ? *longifilis* K.; nec! *juncicola* K.); *G. pallens* var. *glaucus* MG. *(nudifrons* K., *abstrusus* K., *brevifilis* K. [partim]; ? *norderneyanus* K.).

Diese Klärung der Synonymie war notwendig für die folgende kurze Darstellung der Lebensweise der *pallens*-Larven.

G. pallens ist in Europa weit verbreitet, wird aus Deutschland, Österreich, England, Belgien, Holland, Frankreich, Dänemark, Skandinavien, Rußland angegeben und kommt *(glaucus)* auch in Japan vor. Ziehen wir nur die sicheren Angaben heran, so ist die Art von folgenden Biotopen bekannt:

GRIPEKOVEN und ich fanden sie in der Umgegend von Münster in Westfalen (als *polytomus* K.) in den abgestorbenen Klumpen von *Plumatella fungosa* in der Werse bei der Pleistermühle (4. Juli 1908) (KRAATZ, S. 22—23) als *fossicola* (GRIPEKOVEN, S. 44, 45) im Schloßgraben von Münster (13. Juli 1910) in Menge in *Plumatella* und *Spongilla* minierend, in faulenden *Nuphar*-Stengeln minierend, zwischen den Blattscheiden von *Typha.* Wo sie, wie in den Blattscheiden, nicht minieren, bauen sie normale *Chironomus*-Gänge. Im Otterbachsteich zwischen Tabarz und Waltershausen in Thüringen minierte die Art *(stagnicola;* GRIPEKOVEN, S. 43) in *Spongilla*-Krusten (26. März 1910). In der Eifel lebten die Larven *(flavipalpis;* GRIPEKOVEN, S. 41) im Meerfelder Maar (14. August 1911) in abgebrochenen, aber noch nicht faulenden *Phragmites*-Stengeln, die gerade bis zur Wasseroberfläche reichen und außen dicht mit Algen besetzt sind, sie bauen sich darin Gespinstgänge. Im Ulmener Maar (14. August 1910) graben sie in faulenden Holzstücken und Stengeln *(ripicola;* GRIPEKOVEN, S. 42, 43). (Die von KIEFFER als *ripicola* var. bezeichnete Form ohne *polytomus*-Schläuche lebte im Trammer See bei Plön [17. Juli 1918] in vorjährigen, unter Wasser abgebrochenen *Phragmites*-Stengeln, wie im Meerfelder Maar.) In Destelbergen (Flandern) fand GOETGHEBUER (1919, S. 64) die Art minierend in den Blättern von *Sparganium* (sub *gilvus* n. sp.; 1921 a, S. 37, stellt er *gilvus* als Synonym zu *pallens).*

Die folgenden Formen sind zu *glaucus* gestellt worden:

TOKUNAGA (1938 b, S. 324) fand die Art *(glaucus)* „very abundant in a freshwater pond at Tomioka, Kyushu“ (Japan), also wohl nicht minierend. GOUIN (1936, S. 161) fand *glaucus* im Elsaß und bemerkt: „n'est pas une forme mineuse". Doch traf BURTT (1940) die Art (det. EDWARDS) in England sehr häufig minierend in der Basis der untergetauchten Blätter von *Typha latifolia* an, vor allem im schon zerfallenden Gewebe; ferner in verrottendem, im Wasser liegendem Holz, hier ihre Gänge bauend, sowie im Innern von *Phragmites*-Stengeln, die im Wasser treiben. Seine Larven hatten keine „*polytomus*"-Schläuche. In Schweden fand ich die Art (als *abstrusus*) im Vättern bei Jönköping, am Ufer hinter der Parallelmauer in den grünen schleimigen Algenmassen zwischen Pflanzen (20. August 1912); im Zucht-

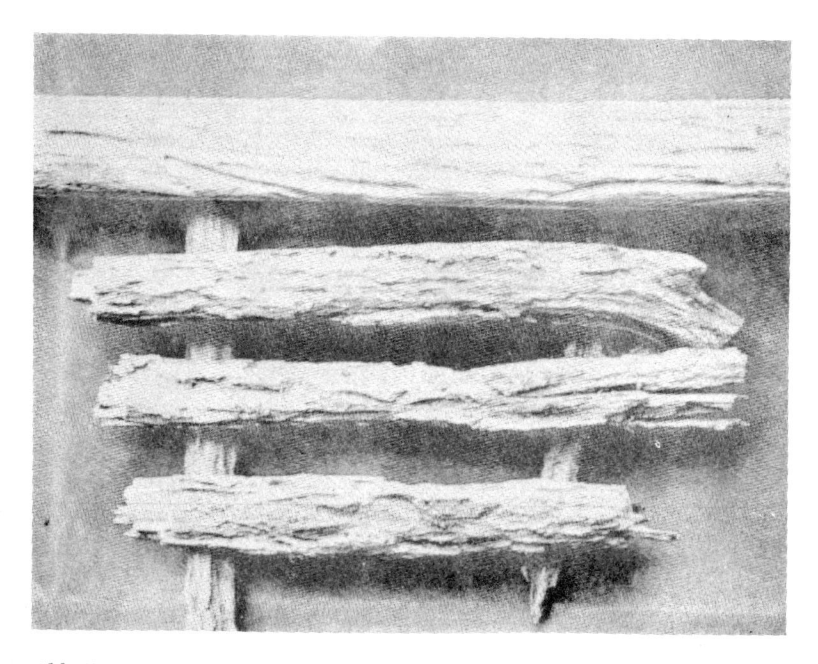

Abb. 53. Von Chironomidenlarven angefressene Holzstücke aus der Werse bei Münster in Westfalen (oben) und aus dänischen Seen (unten, leg. WESENBERG-LUND). [Aus GRIPEKOVEN.]

glas bauen die Larven an der Wand angeheftete, leicht gekrümmte Gespinströhren, die an einem Ende etwas trichterförmig erweitert sind (THIENEMANN-KIEFFER 1916, S. 529). *Norderneyanus* (GRIPEKOVEN, S. 42) lebte frei im Süßwassergraben der Napoleonschanze auf Norderney (10. Juli 1911). „*Nudifrons*" (GRIPEKOVEN, S. 44) lebte im Meerfelder Maar in der Eifel (14. August 1911) unter *Spongilla*- und *Plumatella*-Kolonien, die Zweige im Wasser überziehen; sie graben dabei auch in das Holz selbst Gänge, wie sie GRIPEKOVEN abbildet (Abb. 53, oberstes Holzstück). Im Zuchtglas bauen sie lange Gespinstgänge. Im Ulmener Maar (9. August 1911) leben sie in hohlen, abgebrochenen Stengeln von verschiedenen Wasserpflanzen. Als *brevifilis* von KIEFFER bestimmt liegt mir die Art vor: aus Westfalen, der

Eifel und Holstein, und zwar aus Forellenteichen der Teichwirtschaft Auerhof bei Herzkamp in Westfalen, aus Bodenschlamm (10. Juni 1913); aus dem Schloßteich in Münster (Juli 1915); aus dem Schloßgraben in Münster unter Rinde (Juli 1915) und aus faulendem Holz (Juli 1913); aus dem Ulmener Maar (9. August 1913), in *Alisma plantago* minierend (var. *inclusus* K.); aus einem Wiesengraben in Behl bei Plön, *in Stratiotes*-Blättern minierend (3. Mai 1919); im Bischofsee bei Plön, in fauligem *Scirpus* minierend (8. August 1918) (keine *polytomus*-Schläuche); im Kirchensee bei Preetz (Holstein), unter *Spongilla* grabend (11. Juli 1918) (keine *polytomus*-Schläuche); im Großen Eutiner See, in frischem und faulendem *Scirpus* minierend (19. August 1918). Aus dem Großen Plöner See meldet HUMPHRIES (1938, S. 544) *glaucus;* MEUCHE (1939, S. 474) wies die Art (det. GOETGHEBUER) im Bewuchs von 12 Seen der Plöner Gegend nach; an den Larven seines Materials fehlen die *polytomus*-Schläuche vollständig. — Schließlich stellte WUNDSCH (1943 a, S. 371) bei seiner Untersuchung im Göttin-See und den umliegenden Havelgewässern fest: „daß gerade die blutkiementragenden Larven vom Typus *polytomus* (= *pallens*), aus denen ich hier immer *G. pallens* züchten konnte, nur in der engeren Uferregion, vor allem in den *Cladophora*-Rasen der Pfähle und Steinschüttungen, in *Plumatella*-Klumpen und Schwammkrusten vorkamen". Und zwar kamen (S. 376) 766 *Glyptotendipes*-Larven, fast alle *pallens,* auf den Quadratmeter der Schüttungssteine der großen Dämme am Göttin-See.

Überblickt man die hier für das Vorkommen von *pallens* (inklusive var. *glaucus)* gebrachten Einzelangaben, so zeigt sich eine recht große Variationsbreite in der Lebensweise dieser Form. Die Larven sind gefunden als echte Minierer in frischen, lebenden *Stratiotes*-Blättern und in Alisma; sie minieren, oder besser graben in faulenden Blättern und Stengeln von Wasserpflanzen, unter Rinde von Zweigen, die im Wasser liegen, unter *Spongilla*- und *Plumatella*-Kolonien auf solchen Zweigen, wobei sie auch das Holz selbst annagen. In abgebrochenen vorjährigen *Phragmites*-Stengeln bauen sie Gespinstgänge; sie leben im Algenaufwuchs des Seenlitorals, zwischen den Blattscheiden von *Typha,* hier normale *Chironomus*-Gänge spinnend. Aber man findet sie gelegentlich auch im groben Bodenschlamm von Gräben und Teichen. Teiche, Tümpel, Gräben und das Seenlitoral sind die Biotope, in denen *pallens* lebt. Es scheint, daß die Tubuli am 11. Segment zwar normalerweise vorhanden sind, gelegentlich aber fehlen können; das ist nicht verwunderlich, wenn man bedenkt, wie stark diese Gebilde z. B. bei *Ch. plumosus* variieren; immerhin ist es auch möglich, daß in der „Art" *pallens* doch noch mehrere spezifisch zu unterscheidende Formen stecken.

Glyptotendipes paripes EDW. *(subglaucus* GOETGH., ? *tristis* v. D. W.; nec! *hypogaeus* K.) ist im Gegensatz zu *pallens* n i e minierend gefunden worden. Er ist bisher bekannt aus England, Belgien, Holland, Elsaß, Deutschland,

Rußland sowie USA (TOWNES 1945), und zwar aus Teichen, Tümpeln (KREUZER 1940, S. 469; THIENEMANN 1948, S. 40). Er lebt aber auch in Seen. In Seen der mittleren Havel wies ihn WUNDSCH (1943 a) in Massenentwicklung nach, und zwar im Litoral von 2 bis 3 m Tiefe; die Larven leben hier von dem absinkenden frischen Plankton (WUNDSCH, S. 374; vgl. auch S. 463 bis 465 dieses Buches). KRÜGER fand *paripes* im Bodenschlamm holsteinischer Seen und Teiche (Krummensee, Lustsee bei Nortorf, Rixdorfer Teiche bei Plön); und es ist sehr wahrscheinlich, daß die von LUNDBECK (1926) für verschiedene holsteinische Seen genannten „*polytomus*-Larven" zum Teil auch zu unserer Art gehören. Denn die *paripes*-Larven besitzen wie *pallens* Tubuli am 11. Segment, wenn auch meist kürzere (Abb. 52). Die Metamorphose der Art ist zuerst von WUNDSCH (1943 a) beschrieben worden.

Glyptotendipes gripekoveni K. (*riparius* K.; *scirporum* K., *gracilis* K., *fuscinervis* K. ? *discolor* K.; nec! *cauliginellus* K. *nec! iridis* K.) ist eine echte Minierform, die als Larve höchstens einmal in einem verschlagenen Exemplar außerhalb ihrer Wirtspflanze angetroffen wird. Bekannt aus Fennoskandien, England, Belgien, Holland, Deutschland, Österreich, Ungarn (Balaton), Dänemark. (Von TOWNES 1945, S. 142, mit dem amerikanischen *lobiferus* SAY zur gleichen Art gerechnet [?].) In Deutschland aus Westfalen, Schlesien, Holstein, Sachsen; aus Teichen, Tümpeln und dem Seenlitoral, auch aus langsam fließenden Gewässern der Ebene. — GRIPEKOVEN, der die Metamorphose der Art beschrieb, fand sie in den Blättern und Ausläufern von *Stratiotes* als Hauptform, in den Stengeln von *Potamogeton natans*, in faulenden und frischen Blättern von *Sparganium*, in faulenden *Iris*-Blättern, in alten *Scirpus*-Stücken,[15] unter *Plumatella, Spongilla* und Rinde von Zweigen, die im Wasser liegen; hier die Holzunterlage zerfressend (Abb. 53). (Eingehende Beschreibung bei GRIPEKOVEN, S. 38—40.) Nach außen sind die Minen in den Pflanzenblättern an den beiden, etwa 15 mm voneinander entfernten Öffnungen zu erkennen (Abb. 56).

Glyptotendipes cauliginellus K. wird von GOETGHEBUER (im „LINDNER" 13 c, S. 14) mit ? als Synonym zu *gripekoveni* gestellt. Das ist unmöglich. Schon GRIPEKOVEN hat (S. 30) auf Grund der Längenverhältnisse der Zahnplättchen des 5. und 6. Abdominalsegmentes der Puppen *cauliginellus* und *iridis (sparganii;* vgl. unten) von allen übrigen *Glyptotendipes*-Arten geschieden. Bei der „*cauliginellus*-Gruppe" verhält sich die Länge der Zahnplättchen am 6. und 5. Segment wie 2 : 1 (Abb. 55), bei den übrigen wie 3 : 2 (Abb. 54). Metamorphose von *cauliginellus* bei GRIPEKOVEN, Seite 33, 34. Eine echte Minierform, in Westfalen von GRIPEKOVEN in der Umgegend von Münster im Stengel von *Potamogeton natans*, in *Typha*-Blättern, in der

---

[15] Im Postsee bei Preetz in frischem *Scirpus minierend* (leg. K. SEIDEL); die Larven zum Teil mit schwachen Vorwölbungen als Andeutung der „*Polytomus*-Schläuche".

Mittelrippe von *Glyceria fluitans,* in *Scirpus lacustris* gefunden. Einmal frei im Süßwassergraben der Napoleonschanze auf Norderney gefunden (10. Juli 1911). Ungarn, Balaton, in *Potamogeton perfoliatus* (SURÁNYI 1943).

Nächst verwandt mit *cauliginellus* ist *Glyptotendipes iridis* KIEFF. (1918 a, S. 97) (= *sparganii* KIEFFER [GRIPEKOVEN, S. 31]; nec! *sparganii* KIEFF. 1908, S. 705, 706; 1911 b, S. 37—38; nec! *sparganii* KIEFF. WILLEM 1908).[16] Ich fand sie in faulenden, vorjährigen Teilen von *Iris* und *Sparganium* in einem

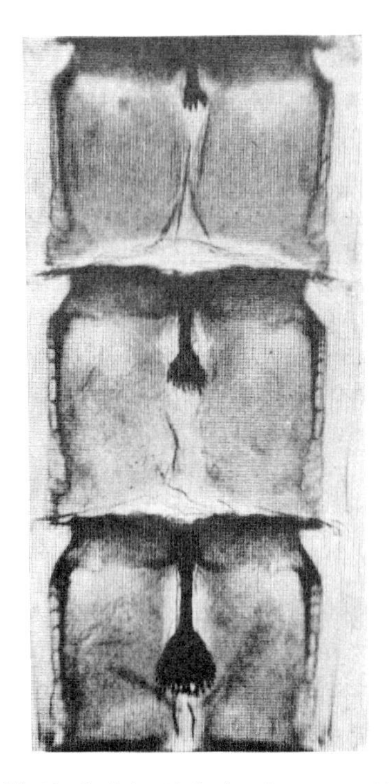

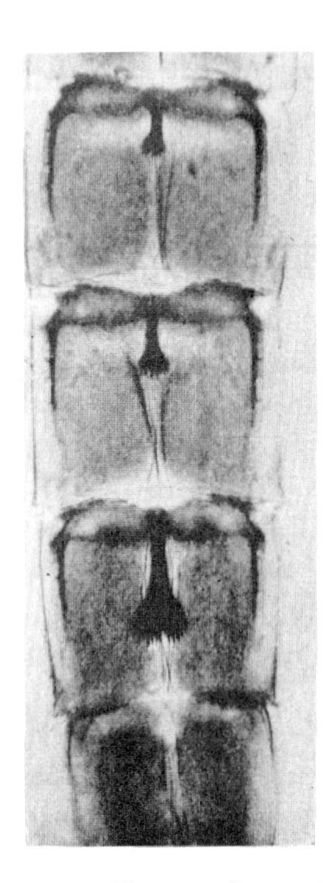

Abb. 54 (links). Abdominalsegment 4 bis 6 der Puppe von *Glyptotendipes gripekoveni.* [phot. HUSTEDT nach Originalpräparat GRIPEKOVENs.]

Abb. 55 (rechts). Abdominalsegment 4 bis 6 der Puppe von *Glyptotendipes cauliginellus.* [phot. HUSTEDT nach Originalpräparat GRIPEKOVENs.]

[16] Brief J. J. KIEFFERs vom 25. Juli 1918 an mich: „*Sparganii* gehört nicht zu *Glyptotendipes,* die Imago hat 18gliedrige Fühler beim ♂, ist also schon dadurch von *Glyptotendipes* ausgeschlossen, ebenso von *Chironomus;* sie gehört sicher nicht zu der von WILLEM gegebenen Beschreibung von Larve und Puppe. Gehört zu *Endochironomus (nymphoides*-Gruppe); ich vermute, daß Larven derselben gemeinschaftlich mit den von WILLEM beschriebenen im *Sparganium* minierten und die Imago derselben mir zugesandt wurde, oder daß die mir zugesandten Imagines die von *nymphaeae* WILLEM sind, von der WILLEM die Larven und Puppen beschrieb. Dagegen ist die von Ihnen erhaltene Imago (Ziegelei, in *Iris*-Blättern minierend), von der ich nur ♀ kenne und die ich als *sparganii* var. bezeichnete, ein echter *Glyptotendipes;* ich habe deshalb den Namen für letztere Art ändern müssen (*iridis* novum nomen)."

Ziegeleiteich bei Münster in Westfalen (März 1910), GRIPEKOVEN ebenfalls bei Münster in *Sparganium*, in frischen und faulenden Blättern. Metamorphose GRIPEKOVEN, Seite 31.

(Vielleicht sind *cauliginellus* und *iridis* identisch. [?] Der *Cauliginellus*-Typ auch im Großen Plöner See, in abgestorbener *Typha*. [MEUCHE, S. 475].)

Glyptotendipes lobiferus SAY. Nordamerikanische Art (JOHANNSEN 1937b; MUTTKOWSKI 1918; LINDEMANN 1942; TOWNES 1945, S. 142). (Vgl. oben *gripekoveni*). Eine ausgezeichnete Darstellung der Lebensweise, insbesondere der Ernährung, gab LEATHERS 1922 (S. 9—17), dem wir hier folgen. Frei lebt sie, etwa wie *paripes*, in Seen und Teichen in normalen *Chironomus*-Gängen und nährt sich von organischem Detritus; aber sie miniert auch in fast allen untergetauchten Wasserpflanzen, vor allem in toten und

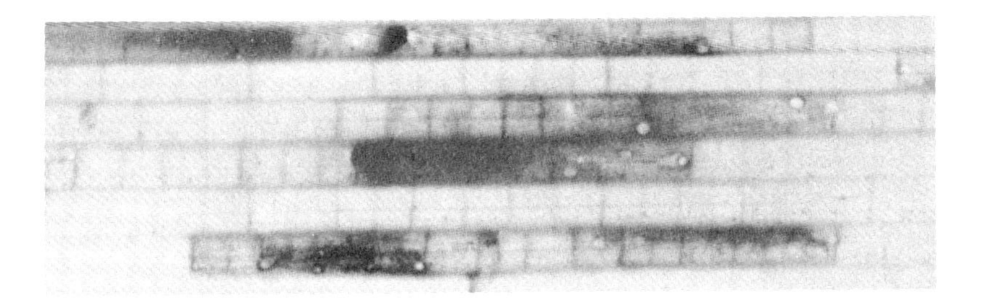

Abb. 56.
Glyptotendipes gripekoveni in *Sparganium*-Blatt.
[phot. GROSPIETSCH.]

lebenden *Sparganium*-Blättern. Wie bei *gripekoveni* sind die von den Larven besetzten Blätter kenntlich an den kleinen Löcherpaaren, die die Epidermis an den beiden Enden der Mine durchbrechen (Abb. 56). Durch die dauernden Abdominalschwingungen der Larve werden Wasser und mit ihm die in ihm suspendierten Teilchen durch den Larvengang hindurchgesogen. LEATHERS beschreibt eingehend auch das Eindringen der Larven in die Blätter.

Wovon nährt sich nun die minierende *Glyptotendipes*-Larve eigentlich? Die Frage scheint überflüssig. „Natürlich vom Gewebe der Pflanze, in der sie lebt", wird man sagen. Aber schon WILLEM (1908, S. 698, 699) beschrieb bei einem in *Sparganium* minierenden *Glyptotendipes* (Imago unbekannt; vgl. Anmerkung [16] auf S. 88!) eine Auskleidung der Mine durch Gespinst, „dessen vordere Region wahrscheinlich zum Fang flottierender Teilchen dient, die hier festkleben". Und über den Darminhalt der Larven sagt er (S. 698): „Der Inhalt des Verdauungskanals wird nicht durch Bruchstücke des Blattgewebes gebildet, wie man erwarten könnte, sondern bei den von mir geprüften Exemplaren durch Partikelchen und Reste von den gleichen Organismen, die im Wasser flottieren: Desmidiaceen, Diatomeen, *Pediastrum, Clathrocystis,* Schwammnadeln, Hydrachnidenpanzern, Rädertieren, dazu einige Sandkörnchen und manchmal pflanzliche, luftgefüllte, sternförmige Zellen. Die Larven ernähren sich also von Plankton, und der Wasserstrom, der ihre Röhren durchstreicht, dient nicht nur der Sicherung der Atmung, sondern auch der Zufuhr der Nahrungsstoffe." GRIPEKOVEN bestreitet, daß die Nahrung von *gripekoveni* und ähnlichen Minierformen vor allem aus „Plankton" bestehe, glaubt auch, daß erst die verpuppungsreife Larve sich in ihrem Gang einspinnt; „die Nahrung besteht bei den jüngeren Larven hauptsächlich aus den abgenagten Diatomeen usw., während sich bei größeren mehr Pflanzenfasern bzw. Gewebeteile der Wirtspflanzen finden" (GRIPEKOVEN, S. 12). Nun hat aber auch LEATHERS im Darm der

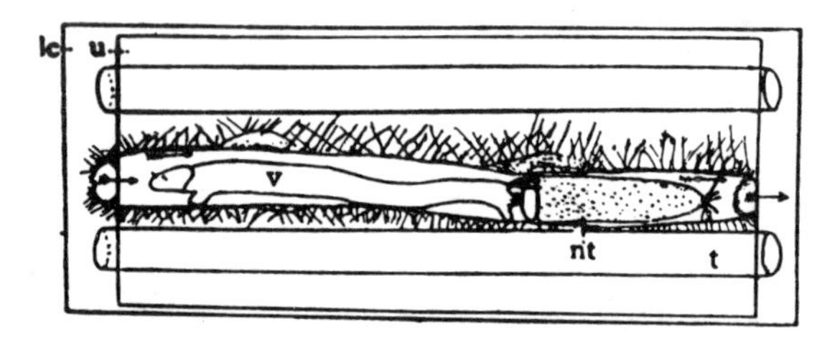

Abb. 57. Larve von *Glyptotendipes lobiferus* zwischen zwei Glasscheiben in ihrem Gespinst. lc: untere Glasscheibe, t: Glasröhrchen, u: obere Scheibe, v: Larve, nt: Fangnetz. Die Pfeile zeigen die Richtung des Wasserstroms an. [Aus LEATHERS 1922.]

minierenden *lobiferus*-Larve im wesentlichen Mikroorganismen gefunden, und durch eine geschickte Versuchsanordnung konnte er zeigen, daß sich die Larve in der Blattmine nicht nur einen Gespinstgang, sondern im Zusammenhang mit ihm ein richtiges Fangnetz spinnt (Abb. 57). Ein solches Netz entsteht in weniger als einer halben Minute; hat es sich mit den durch den Wasserstrom mitgeführten Organismen gefüllt (von Bakterien bis zu Rädertieren und Crustaceen), so wird es — in etwa 6 Sekunden! — „eingeholt" und die Beute gefressen; LEATHERS beschreibt (S. 12) genau die Mitwirkung der einzelnen Mundteile bei diesem Prozeß. Dann wird wieder ein neues Netz gebaut.

Eine ausführliche neue Darstellung der Lebensweise von *G. lobiferus* verdanken wir BERG (1950, S. 92—94). *G. gripekoveni* baut also „Fangnetze" in seinen Gängen. Neueste Beschreibung bei WALSHE 1951 a (vgl. auch S. 93). Ohne Kenntnis der LEATHERSschen Arbeit hat BURTT (1940) die Ernährungsweise von *Glyptotendipes glaucus* (MG.) eingehend untersucht. Wir bringen das wichtigste von seinen Ergebnissen hier in deutscher Übersetzung:

„Die Larve frißt eine Röhre in die Blattbasis von *Typha*, wobei sie die lufterfüllten Interzellularräume benutzt. Sie beginnt mit dem Ausfressen eines runden Loches, durch das sie in einen der Lufträume kriecht. Sie durchbeißt dann dessen Querwände so lange, bis der Gang lang genug ist. Das Innere der Röhre wird mit einer feinen Schicht Speicheldrüsensekret ausgesponnen. An jedem Ende öffnet sie sich in einem deutlichen, durch die Cuticula des Blattes gefressenen Loch. Der Verschluß der Röhre an den Enden wird entweder durch ein reines Gespinst von Speicheldrüsensekret oder durch eine mit Sekret bekleidete Querwand der Interzellulare gebildet. Die Anlage der Röhre ist in Abb. 58 wiedergegeben.

Innerhalb der Röhre verankert sich die Larve mit den vorderen und hinteren Fußstummeln und führt oral-analwärts verlaufende wellenförmige Bewegungen mit dem Körper aus, deren Art der Darstellung Abb. 58 entspricht. Dadurch wird ein Wasserstrom in der Röhre erzeugt. Die darin enthaltenen Teilchen bilden die Hauptnahrung der Larve und werden auf folgende Weise gefangen: Die Larve spinnt in ihrer Röhre ein Gewebe, das genau die Form eines Planktonnetzes hat

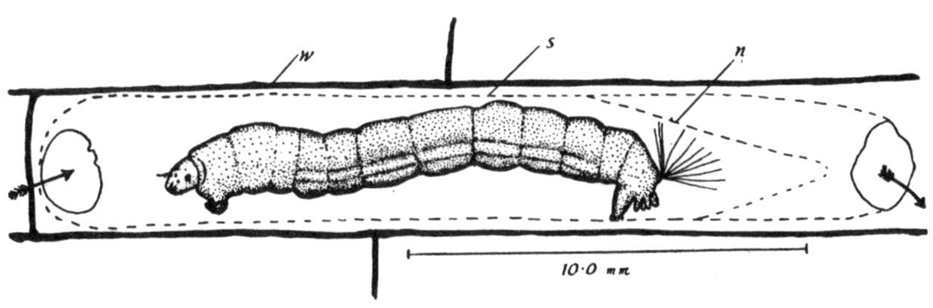

Abb. 58. *Glyptotendipes glaucus* in ihrem Gehäuse in einem *Typha*-Blatt. Schematisch. n: Netz, s: Wand des Gehäuses, w: Wand der Luftzellen des Blattes. Die Pfeile geben die Richtung der Wasserströmung an. [Aus BURTT 1940.]

und dessen Spitze auf das Vorderende der Röhre gerichtet ist (Abb. 58). Das Anfertigen dieses Netzes ist schwer zu verfolgen, da es sehr fein ist und nicht deutlich zu sehen ist, ehe sich eine Anzahl Partikelchen darin gefangen hat. Die Bewegungen, die das Weben des Netzes begleiten, sind jedoch sehr charakteristisch. Die Larve drückt ihre Mundöffnung auf eine Stelle der Wand in der Nähe des Endes der Röhre und bewegt sich dann schnell rückwärts (ich deute dies als Fixieren und Ausziehen eines Speichelfadens). Dann bewegt sie sich langsam vorwärts, wobei sie die vorderen Fußstummel abwechselnd einzieht und ausstreckt (vermutlich den Speichelfaden in seine Lage bringend). Diese Handlung wird (immer vom selben Anheftungspunkt ausgehend) mehrfach wiederholt, bis das Netz fertig ist, wenn sich die Larve in ihrer Röhre umdreht. Infolge der Enge der letzteren muß sie sich ganz einknicken, um herumzukommen; oft verbringt sie einige Zeit damit, beim Umdrehen die Ventralseite ihres Körpers zu reinigen. Sobald die Larve ihre neue Stellung eingenommen hat, fängt sie sofort an, die oral-analwärts verlaufenden wellenförmigen Körperbewegungen auszuführen. Die dadurch in das Netz gelangenden Partikel machen dieses dann bald deutlich sichtbar. In dieser Stellung ist die Larve in Abb. 58 dargestellt. Das Pumpen hält wenige Minuten an; dann dreht sich die Larve wieder in ihrer Röhre um. Aber diesmal ergreift sie das offene Ende des Netzes mit den Mandibeln, rollt es auf, indem sie ihren Körper — erst in der einen, dann in der anderen Richtung — um die Längsachse dreht, und verschlingt es. Sobald das Gewebe mitsamt den darin enthaltenen Teilchen gefressen ist, beginnt die Larve ein neues Netz zu spinnen, und der Vorgang wiederholt sich.

Der Feinbau der Röhre und des Netzes wird am deutlichsten, wenn man ein Stück mit Boraxkarmin färbt. Ein Teil der Röhrenwandung erscheint als Menge feiner gewellter Fäden von weniger als 2 μ Dicke, die in sämtlichen Richtungen verlaufen. Das Netz bietet ein sehr ähnliches Bild, nur liegen die Fäden längst nicht so dicht beieinander, so daß Lücken von 5 bis 10 μ zwischen ihnen offen bleiben.

Es ist interessant, zu beobachten, auf welche Weise der Rhythmus des Spinnens — Pumpens — Fressens modifiziert werden kann. Wenn man die Zahl der während des Pumpens ausgeführten Bewegungen je Minute und die Dauer der Pumpphase (oder mit anderen Worten das Intervall zwischen dem Spinnen und Fressen des Netzes) mißt, findet man, daß das Intervall zwischen dem Spinnen und Fressen des Netzes um so kürzer ist, je schneller die Pumpbewegungen sind. Unten werden einige an derselben Larve zu verschiedenen Zeiten durchgeführte Messungen wiedergegeben. Die Frequenz der Pumpbewegungen wurde in Abständen von je einer Minute mit der Stoppuhr bestimmt; hieraus wurde dann der Durchschnitt für die ganze Periode berechnet. Im allgemeinen ließ sich gegen das Ende jeder Periode eine Verlangsamung der Pumpbewegungen feststellen. Es mag dies eine Folge des erhöhten Netzwiderstandes sein, hervorgerufen durch die zunehmende Anreicherung der Partikel.

Dauer der Periode der Pumpbewegungen	Frequenz der Pumpbewegungen
45 Minuten	44 je Minute
16 3/4 „	66 „ „
14 1/2 „	68 „ „
12 „	81 „ „
11 1/4 „	82 „ „
11 „	77 „ „
10 „	71 „ „
9 „	89 „ „
7 „	103 „ „
7 „	115 „ „
6 „	131 „ „

Die Zahlen für die Perioden der Pumpbewegungen sind in der Reihenfolge der abnehmenden Dauer angeordnet. Dabei zeigt sich, daß die Frequenz der Pumpbewegungen im ganzen um so größer wird, wenn auch keine einfache Beziehung zwischen beiden besteht. Es gibt zwei Freßrhythmen bei dieser Larve: einmal die schnellen Pumpbewegungen und dann der darauffolgende langsamere Rhythmus des Spinnens, Fressens und Umdrehens in der Röhre. Beschleunigung des einen bedingt Beschleunigung des anderen Rhythmus.

Helles Licht und Erhöhung der Temperatur beschleunigen den Rhythmus.“

Die Netze fangen natürlich ohne Selektion, und ohne Selektion frißt auch die Larve, was das Netz ihr bietet: planktische Organismen wie Diatomeen und andere Algen und Klumpen von Bakterien. In den gleichen *Typha*-Blättern, in denen *Glyptotendipes glaucus* lebt, traf Burtt auch *Phyto-*

chironomus imbecillis WALK. und *Pentapedilum tritum* WALK. an, und beide Arten zeigten den gleichen Netzbau wie *Glyptotendipes.* BURTT nimmt als wahrscheinlich an, daß die Larven aller *Glyptotendipes*-Arten und vielleicht auch die aller in Pflanzen minierenden Chironomarien solche Netze bauen. (Über Netzbau bei Larven der Gattung *Chironomus* vgl. S. 113.)

Neue Untersuchungen über den Fangnetzbau bei minierenden Chironomidenlarven hat WALSHE (1951 a) angestellt, und zwar an vier *Glyptotendipes*-Arten *(gripekoveni, foliicola, pallens, viridis)*, drei *Endochironomus*-Arten *(dispar, tendens, albipennis)* und *Pentapedilum sordens.* Die Larven aller drei Gattungen haben im großen und ganzen den gleichen Netzbau: sie spinnen ein Netz quer durch das Lumen ihrer Mine, drehen sich um, so daß das Netz hinter ihrem Körper liegt. Nun treiben sie durch ihre Abdominalschwingungen das Wasser durch das Netz, das sich so mit Phytoplankton füllt. Schließlich drehen sie sich wieder um, ergreifen das Netz und fressen es mitsamt den gefangenen Nahrungspartikeln auf. Dann wird die ganze Prozedur wiederholt. Abb. 60 gibt die Netze der drei Gattungen wieder: *Glyptotendipes* spinnt entweder einen kurzen, asymmetrischen Kegel oder eine schräge Wand durch den Gang, *Pentapedilum* und *Endochironomus* symmetrische Netze. *Glyptotendipes* führt alle Spinnbewegungen mit festgeklammerten Nachschiebern durch; die Larve kann sich nicht ganz um 180° drehen; daher die Asymmetrie des Netzes. Je dicker und weniger beweglich die Larve ist, um so lieber baut sie die kurze, schräge Gespinstwand statt des Netzbeutels. Im Gegensatz dazu dreht die *Endochironomus*-Larve, wenn sie spinnt, sich bei jeder Tour um 180°; so kommt ein symmetrischer Netzbeutel zustande. Abb. 61 zeigt die verschiedenen Stadien des Netzspinnens bei *Endochironomus.* Oft rückt die Larve während des Netzbaus ein Stück zurück und fixiert nun ihre Nachschieber. Da dann der Kopf mit den Spinndrüsen das ursprüngliche Netzende nicht mehr erreichen kann, entsteht so eine Serie von Halbkegeln (Abb. 60 B, 61 D). Der Bau des *Pentapedilum*-Netzes ist schon auf Seite 80 beschrieben.

Daß das Hämoglobin bei den roten Larven von *Glyptotendipes pallens* und *Endochironomus dispar* bei niedriger O_2-Spannung von Bedeutung für den Ernährungsprozeß respektive die Intensität des Nahrungsfanges ist, hat WALSHE (1951) nachgewiesen.

Ehe wir die Gattung *Glyptotendipes* verlassen, geben wir hier noch die schöne Beschreibung wieder, die WESENBERG-LUND (1943, S. 524) von diesen „typischen Blattminierern" gibt:

„Um sie zu studieren, braucht man nur ein paar Blätter von *Stratiotes* oder *Sparganium* mit nach Haus zu nehmen; ein einzelnes Blatt von *Stratiotes* enthält nicht selten bis 50 Minengänge. Sie verlaufen stets parallel zur Längsachse des Blattes und sind ungefähr 1,5 bis 2 cm lang. An beiden Enden des Ganges liegt eine kreisrunde Öffnung, die ohne Lupe sichtbar ist; in längeren Minen finden sich außerdem häufig in einigem Abstand vom Vorder- oder Hinterende ein oder zwei weitere Öffnungen, die erkennen lassen, daß diese Minen während des Wachstums der Larve verlängert worden sind. Die Minen zeichnen sich als hellere, längliche Flecke oder Streifen zwischen den Blattnerven ab; sie sind alle ungefähr gleich breit, da die Blattadern nicht angegriffen werden. Die Larven fressen das zwischen

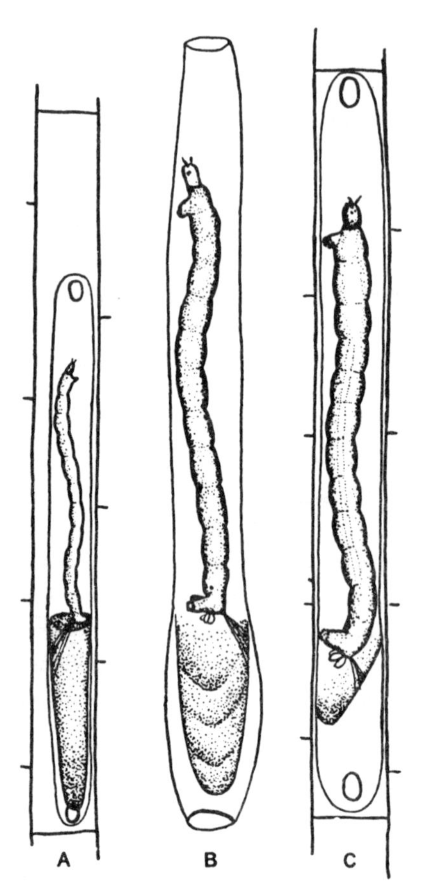

Abb. 60. Der Netzbau blattminierender Chironomidenlarven. A. *Pentapedilum*, B. *Endochironomus*, C. *Glyptotendipes*. Alle drei Larven sind in der Stellung gezeichnet, die sie beim Vollpumpen ihrer Netze einnehmen. [Aus WALSHE 1951 a.]

Ober- und Unterseite des Blattes liegende Mesophyll, das wohl ihre Hauptnahrung bildet. Sie liegen gewöhnlich auf der Seite und führen mit dem ganzen Körper schwingende Atembewegungen aus; dabei sind sie mit den vorderen und hinteren Hakenfüßen in der Mitte verankert. Infolge der Schwingungen wird die Mine ununterbrochen von Wasser durchströmt. Die verschieden gefärbten, meist rötlichen Larven, die nebeneinander in ihren Gängen hin- und herschwingen, bieten einen hübschen Anblick."

Die Gattung *Phytochironomus* K. (= *Glyptotendipes* s. s. GOETGH.) enthält echt minierende Arten. Ich vermute, daß einige der von GOETGHEBUER (im „LINDNER", Lieferung 13 c, S. 15—17) verzeichneten Arten noch als Synonyma zusammengezogen werden müssen.

Phytochironomus aequalis K. Aus *Alisma*-Stengeln gezüchtet. Münster in Westfalen Juni 1914.

Ph. caulicola K. Aus Deutschland, Belgien, Holland bekannt. Von GRIPEKOVEN, der Metamorphose und Lebensweise beschreibt (S. 49—51), bei Münster in Westfalen gefunden. Eine var. in *Stratiotes*-Blättern in einem

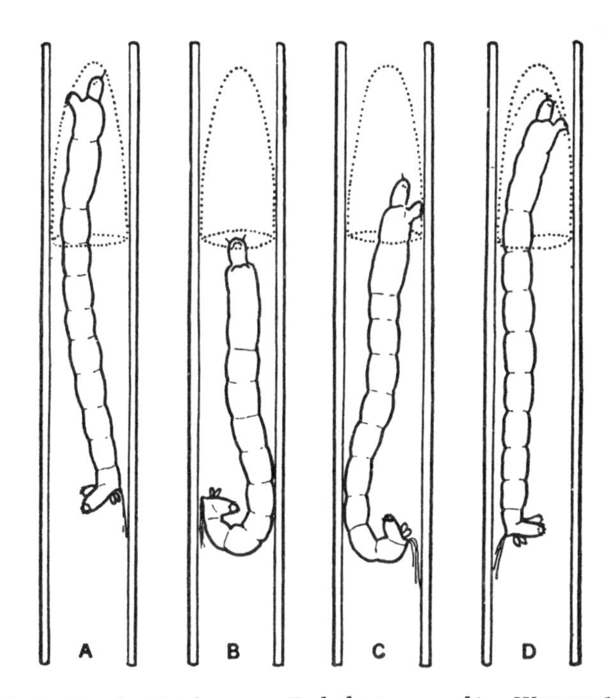

Abb. 61. Stadien des Netzbaus von *Endochironomus*. [Aus WALSHE 1951 a.]

kleinen Wiesengraben bei Behl nahe Plön (3. Mai 1919). „Die Larven leben in fauligem, ‚natürlich verschmutztem' Wasser in *Iris*-Blättern, Stengeln von *Nuphar, Oenanthe, Sagittaria, Alisma, Plantago,* grünen Stengeln von *Potamogeton natans* und *lucens* als echte Minierer. Sie ernährt sich hauptsächlich von Diatomeen usw., wie der Darminhalt beweist. Gewöhnlich sieht man 3 offene Löcher am Gange, deren Entfernung meist (11,5 + 2,5) Millimeter beträgt. Gelegentlich findet man sogar 6 und mehr Löcher, zwischen denen die Epidermis hier und da weggenagt ist. Daß auch die Knoten z. B. bei *Potamogeton natans* durchnagt werden, habe ich nie gefunden. Ich habe die Larven nirgends vor Juni angetroffen." (GRIPEKOVEN, S. 50.)

Ph. fodiens K. (*scirpi* K.). Eifel: Ulmener Maar 9. August 1913. In den Halmen von *Scirpus lacuster* minierend (*scirpi* K.). Uckermark: Unterer Uckersee 20. April 1918. *Stratiotes*-Pflanze aus 15 cm Tiefe, in den Blättern minierend (*fodiens* K.). Holstein: Kleiner Plöner See 19. Juli 1918. In den Halmen von *Scirpus* minierend (*fodiens* var.), Dieksee 25. Juli 1918. In den Stengeln von *Potamogeton lucens* (*fodiens* var. *fossor* K.).

Ph. foliicola K. (*niveipennis* K. nec. ZETT.; ? *sigillatus* K.).

Aus England, Belgien, Frankreich, Österreich, Deutschland bekannt. Metamorphose: GOETGHEBUER 1912, Seite 17 bis 18, sub *niveipennis* FABR. Lebt nach GOETGHEBUER im Parenchym untergetauchter Blätter zahlreicher Wasserpflanzen (in Blättern von *Stratiotes, Sparganium ramosum, Butomus umbellatus,* in den Blattstielen von *Sagittaria* und *Alisma*). Baut nach WALSHE (1951 a) Fangnetze wie *G. pallens, gripekoveni* und *viridis.*

Ph. hypogaeus K.

Nach brieflicher Mitteilung KIEFFERS zu *Phytochironomus.* GRIPEKOVENS Beschreibung von Larve und Puppe (S. 70, 71) gehört nicht zu dieser Art. Doch findet sich in seinen Präparaten eine *leucoceras* gleichende Puppenhaut (Wurzelstöcke von *Sparganium erectum,* Pleistermühle bei Münster in Westfalen), die wohl zu der von KIEFFER beschriebenen Imago gehört. Von anderen Stellen nicht bekannt.

Ph. latifrons K.

Edebergsee bei Plön 29. Juli 1918. Die rötlichen Larven in großer Menge in den frischen und fauligen Stengeln von *Scirpus lacuster* minierend.

Ph. leucoceras K. (nicht bei GOETGHEBUER im „LINDNER").

Metamorphose: GRIPEKOVEN, Seite 52 bis 54. Über die Lebensweise schreibt GRIPEKOVEN: „Soweit ich es bis jetzt feststellen konnte, kommen die Larven nur in fließenden Gewässern vor und gehören zu den echten Minierern. Ihre Lebensweise und Nahrung ist also wie bei diesen Formen. Ich sammelte die Larven Ende Mai 1911 am Ufer der Werse zu Stapelskotten an der Chausseebrücke. Ende Mai 1912 fand ich die Larven auch in der Werse in der Nähe von Pleistermühle ebenfalls in *Sparganium erectum,* wahrscheinlich kommt sie auch in anderen Pflanzen und an anderen Stellen, z. B. in der Steinfurter Aa bei Borghorst in Westfalen, vor. Präpariert man die Larven aus ihren Gängen heraus und legt sie in eine Glasschale, so scheiden sie augenblicklich große Mengen Gallerte ab und bedecken damit die Gefäßwandungen, ohne dabei ein typisches Gehäuse anzulegen. Die reifen grünen Larven und Puppen sind sehr empfindlich und gehen leicht ein."

Ph. severini GOETGH. (? *imbecillis* WALK., ? *fulvofasciatus* K., ? *candidus* K., *viridis* V. D. W. nec. SCHIN.).

Aus Belgien, Holland, Deutschland (Westfalen, Holstein), England bekannt.

Metamorphose *(candidus):* GRIPEKOVEN, Seite 51 bis 52. Lebensweise nach GRIPEKOVEN: „Die Larven fand ich Ende Juli 1911 und Mitte Juni 1912 an den ruhigen Stellen der Werse zu Pleistermühle und Stapelskotten. Sie minieren in *Scirpus lacuster, Glyceria* sp., im Stengel von *Potamogeton lucens* und *perfoliatus* und in der Blattmittelrippe und Blattstielen von *P. lucens* sowie in anderen Pflanzen. Man trifft sie anscheinend nur in relativ kühlem, reinem Flußwasser. *Cand.* steht so in der Mitte zwischen *Caulicola,* die ich in warmem, schmutzigem Wasser, und *Leucoceras,* die ich bis jetzt nur in Flüssen gefunden habe. Ihre Lebensweise ist wie bei den typischen Minierformen. Die Form kommt wahrscheinlich auch in mehreren Generationen vor, da ich Mitte Mai 1911 in *Scirpus lacuster* nur verlassene Gänge und Mitte Juli wieder Larven fand. Ihre Anwesenheit in diesen Binsen erkennt man an den dunkleren Längsstrichen mit den beiden Gangöffnungen, die Gänge selbst liegen hier mindestens 1 mm tief unter der Epidermis." Als *candidus* var. *versicolor* bezeichnete KIEFFER meine holsteinischen Tiere: Woltersteich 2. Juli 1918 in den Blattstielen von *Sagittaria;* Dieksee 25. Juli 1918; Bischofssee bei Plön 8. August 1918, in der Mittelrippe der Blätter von *Potamogeton lucens* minierend. BURTT (1940) fand die von EDWARDS als *imbecillis* WALK. bestimmte Art minierend zusammen mit *Glyptotendipes glaucus* (vgl. S. 84) in *Typha*-Blättern. Diese Art baut, wie *glaucus,* „Fangtrichter" (vgl. S. 90).

Ph. viridis MAEQ.

Aus Frankreich, Belgien, Deutschland, Österreich und Skandinavien bekannt. Die Puppe von GOETGHEBUER (1912 a) aus den Blättern von *Sparganium ramosum* beschrieben. Baut Fangnetze (vgl. WALSHE 1951 a).

Ph. signatus K.

Puppe von GRIPEKOVEN (S. 48) beschrieben. Ich züchtete die Art Anfang Juli 1908 aus *Plumatella fungosa* von der Pleistermühle bei Münster in Westfalen. Nach GOETGHEBUER (im „Lindner") als Imago ungenügend beschrieben; die Puppe weicht aber von den vorhergenannten Arten, die sich sehr ähnlich sind und zum Teil wahrscheinlich noch zusammengezogen werden müssen, stark ab.

Ph. dreisbachi TOWNES.

Nordamerikanische Art, die nach TOWNES (1945, S. 145—146) in den Stengeln verschiedener *Potamogeton*-Arten miniert.

BERG (1949; 1950, S. 94—96) beschrieb Metamorphose und Lebensweise genau; die Larven leben in den Stengeln, Blütenstielen, Blattmittelrippen von *Potamogeton*-Arten und anderen Wasserpflanzen. Sie bauen „Fangnetze" wie die *Glyptotendipes*-Arten; ausführlich wird der Vorgang des Netzbaues, der Planktonfang und das Verzehren des Netzes und seines Inhalts dargestellt. Die Larven überwintern im erwachsenen Zustande in ihren Pflanzen unter Eis. Die Puppenruhe dauert 2 bis 4 Tage. Da Burtt (1940) (vgl. S. 97) festgestellt hat, daß auch von *Ph. imbecillis* solche Fangnetze gebaut werden, so ist es wahrscheinlich, daß alle *Phytochironomus*-Arten diese Art der Ernährung haben. Erneute Untersuchung der von Gripekoven behandelten Arten ist dringend erwünscht.

Auch innerhalb der Gattung *Endochironomus* K. bestehen bei der Festlegung und Gruppierung der einzelnen Arten noch große Schwierigkeiten. Aufzählung der bis dahin bekannten Arten bei Kieffer 1922 g, Seite 81; Metamorphose: Lenz 1921 und Gripekoven; Lebensweise: Thienemann 1921. Auf Grund der Puppen lassen sich die Arten leicht auf zwei Hauptgruppen verteilen, die *nymphoides*- und die *signaticornis*-Gruppe (Gripekoven, Lenz); für einen Teil der Arten ist die Gruppenzugehörigkeit noch nicht bekannt. Die Gattung enthält nichtminierende Arten und echte Minierformen.[17] Zur *nymphoides*-Gruppe gehört die folgende Art (Synonymie nach Goetghebuer im „Lindner"):

E. tendens Fabr.

Mit dieser Art hat Goetghebuer (im „Lindner" 13 c, S. 11) eine Anzahl Kiefferscher Formen identifiziert; aber ein Teil dieser Arten gehört zur *nymphoides*-, ein anderer zur *signaticornis*-Gruppe! Was der echte alte Fabriciussche *tendens* ist, wird sich mit Sicherheit kaum feststellen lassen. Ich halte es für das richtigste, die zur *nymphoides*-Gruppe gehörenden Arten Kieffers mit *tendens* Fabr. zu identifizieren. Die Synonymie ist dann die folgende:

E. tendens Fabr. (*calolabis* K., *nymphoides* K., *nymphella* K., *xantholabis* K., *albipennis* Mg., *Miki* K., ? *elodeae* K., ? *danicus* K., ? *trichopus* Walk.).

Von Kieffer als *calolabis* bestimmt: Münster in Westfalen 28. Juni 1913, in einem kleinen Teich am Bahnhof Mecklenbeck in *Butomus umbellatus* minierend, zusammen mit *Endochironomus alismatis* und *Pentapedilum*

[17] Sicher gehören auch zu *Endochironomus* die Larven, die Alm im schwedischen See Hjälmaren auf der untergetauchten Vegetation, vor allem *Potamogeton perfoliatus*, antraf und von denen er (1916, S. 25, 26) schreibt: „Als ich vom Boote aus ins Wasser schaute, sah ich zu meinem Erstaunen, daß die Pflanzenstengel und -blätter durch ein Gespinst von nach allen Richtungen einander kreuzende Fäden zusammengebunden waren (Abb. 59). Diese Fäden aber liefen an den *Potamogeton*-Blättern zusammen und als ich diese näher untersuchte, fand ich auf fast jedem Blatte eine oder mehrere Röhren, welche, von Schlamm bedeckt, einer der oben erwähnten *Chironomus*-Larven als Wohnung diente. Die Fäden gingen von beiden Enden des Rohres aus, und das ganze ähnelte sehr den von gewissen Trichopteren-Larven gefertigten Röhren und Gespinsten. Vermutlich sind die Larven Raubtiere und stellen den in den Fäden festhaftenden Tieren nach. Ich kann dies jedoch nur als eine Behauptung aufstellen, da ich die Därme der untersuchten Tiere immer fast leer fand. Einige Bruchstücke von Algen waren das einzige, das ich hier entdecken konnte." Raubtiere sind diese Larven aber sicher nicht!

quadrifarium. Groitzsch bei Eilenburg in Sachsen 13. Juli 1921, in den Blattstielen von *Trapa natans* minierend. Holstein: Edebergsee bei Plön 20. Juli 1918, an und unter Rinde von Zweigstücken, die im Uferwasser liegen; Preetzer Kirchensee 11. Juli 1918, unter *Spongilla;* ferner in den Kalkkrusten auf *Potamogeton* im Großen Plöner See 17. August 1916, Kleinen Plöner See 30. Juli 1917, Höftsee 1. September 1916; Kleiner Ukleisee bei Plön 14. Juli 1920, Krummensee, Rixdorfer Teiche (leg. KRÜGER). An der Unterseite von *Nymphaea*-Blättern, in Gespinstgängen; Imago Brieg, Schlesien, leg. HARNISCH. —Von KIEFFER als *nymphoides* bestimmt (Metamorphose: GRIPEKOVEN, S. 63—65). Westfalen: Heilenbecker Talsperre, an der Mauer in

Abb. 59. Röhren- und netzspinnende *Endochironomus*-Larve. [Aus ALM 1916.]

normalen Chironomidenröhren, 1. Juni 1909; Puppenhäute auch auf der Versetalsperre, Jubachtalsperre, Hennetalsperre, Haspertalsperre; Eifel: Ulmener Maar, auf alten *Scirpus*-Stengeln, 6. April 1913. — Holstein: Fegetasche bei Plön 31. August 1919; Dieksee, an Pfählen im Uferwasser. —Von KIEFFER als *nymphella* bestimmt: Schalkenmehrener Maar 10. August 1911, in lockeren Inkrustationen auf Steinen in 1 m Wassertiefe; Ruhr bei Mülheim 15. September 1911, Imagines. — Von KIEFFER als *xantholabis* bestimmt: Holzmaar 6. August 1913. Zwischen den Scheiden und eingerollten Blättern von *Potamogeton lucens* in lockeren Gespinsten. — Von KIEFFER als *elodeae* bestimmt: Holstein: Vierer See, in morschen *Scirpus*-Stengeln, 8. August 1918; Großer Eutiner See, in frischen und morschen *Scirpus*-Stengeln, 19. August 1918. Neumark: Pulssee bei Bernstein, zwischen *Elodea* in ½ m Wassertiefe. — Als *danicus* von KIEFFER bestimmt: Fursee, Dänemark, 24. August 1912, aus Kalkinkrustationen auf *Potamogeton;* var.: Münster in Westfalen, in *Alisma*-Stengel minierend. Als *albipennis* von GOETGHEBUER und KIEFFER bestimmt die von MEUCHE 1939, Seite 475 (vgl. HUMPHRIES 1938, S. 544), im Bewuchs von 12 holsteinischen Seen nachgewiesene Art. Im dänischen Fursee lebten am 24. August 1912 die gelblich-rötlichen Larven in den Kalkkrusten auf den Blättern von *Potamogeton*. Wahrscheinlich gehört hierher auch KIEFFERS *Meinerti* (Frederiksborg 12. Mai 1882, *Chr. albipennis* ? det. MEINERT). *E. tendens* in dem hier gegebenen Umfang lebt also in Teichen und im Seenlitoral, frei auf Pflanzen und Steinen, grabend in Kalkkrusten, unter Rinde und *Spongilla*, minierend in *Scirpus, Butomus, Alisma, Trapa*. *Endochironomus tendens* F. in diesem Sinne ist bekannt aus Fennoskandia (Jämtland, Finnland, Mittel- und Südschweden), Dänemark, den britischen Inseln, Holland, Belgien, Frankreich, Deutschland, Böhmen, Österreich, Dobrudscha (BRUNDIN 1949, S. 746, 748).

Zur *signaticornis*-Gruppe gehören die folgenden Arten:

dispar MG. (*nigricoxis* K., *flavicoxis* K., *lucidus* ZETT., ? *straminipes* ZETT.).

Deutschland, England, Holland, Belgien, Frankreich, Österreich, Fennoskandia, Rußland (Westsibirien).

Aus Tümpeln Holsteins, nicht minierend (KREUZER 1940, S. 470; vgl. auch S. 529).

longiclava K. (nach GOETGHEBUER ungenügend bekannt).

GRIPEKOVEN, Seite 60, Metamorphosebeschreibung. Münster in Westfalen. In *Stratiotes*-Blättern minierend; in abgestorbenen *Scirpus*-Stengeln, Elsaß (GOUIN 1937).

signaticornis K. (nach GOETGHEBUER ungenügend bekannt).

Metamorphose: GRIPEKOVEN, Seite 57 bis 59. „Die Larven von *Signaticornis* minieren in *Glyceria fluitans* und *Sparganium erectum* in der Werse bei Pleistermühle und Stapelskotten, in der münsterischen Aa am Himmelreich zu Münster und in der Steinfurter Aa in der Nähe von Temmingsmühle bei Borghorst in Westfalen. Während ich 1911 nur wenige Larven im Juli an der Pleistermühle fand, traf ich sie im Jahre 1912 von Ende Mai an in sehr vielen Exemplaren an. Sie minieren auch in den abgestorbenen Wurzelstöcken von *Sparganium erectum* in der Werse, und zwar ähnlich wie *Tendipes gripekoveni* unter der Epidermis in der Rindenschicht. Sonderbarerweise legen sie sich im Zuchtglase in den ausgehöhlten Fugen dieser Wurzelstöcke gelegentlich einen mindestens 2 cm langen typischen *Tendipes*-Gang an, dessen weite Öffnungen schornsteinartig vorsprangen. Sie sind echte Minierer und nagen auf weite Strecken das ganze Blattgewebe, namentlich in der Mittelrippe bei *Glyceria* spec., vollständig weg und liegen dann als reife Larven oder Puppen in diesen verschmutzten Blattfurchen. Die Larven können sehr gut schwimmen. Holt man sie aus ihren Gängen heraus, so heften sie sich gelegentlich am Gefäßboden fest und schwingen in vertikaler Stellung mit dem Abdomen eine Zeitlang, um sich dann irgendwo ein Gallertgehäuse zu spinnen.“ Die Nahrung besteht aus Pflanzenfasern, Diatomeen usw.

bryozoarum K. (nec.! *tendens* [FABR.] GOETGHEBUER).

Die von GRIPEKOVEN, Seite 62, beschriebene Larve nicht zugehörig. Münster in Westfalen in *Plumatella fungosa;* Darminhalt Diatomeen, andere Algen usw.

nervicola (nach GOETGHEBUER ungenügend bekannt).

Die von GRIPEKOVEN, Seite 60—67, beschriebene Puppe nicht zugehörig. Münster in Westfalen. „Die Larve lebt in den untergetauchten Ausläufern von *Stratiotes aloides* an der Werse-Insel ‚Karpfenruhe' zu Stapelskotten. Sie nagt sich unter der harten, rauhen Rinde etwa 1 mm unter der Epidermis einen mehr oder minder großen und mit 2 weiten Öffnungen versehenen Gang heraus. Außerdem fand ich sie Ende Mai 1911 bzw. im Juni und Juli in *Catabrosa aquatica* und *Potamogeton lucens*-Stengeln."

alismatis K. (nec.! *tendens* [FABR.] GOETGHEBUER).

Westfalen: 28. Juni 1913, kleiner Teich am Bahnhof Mecklenbeck bei Münster in Westfalen, in *Butomus* minierend; Eifel: Ulmener Maar 9. August 1913, in *Alisma* minierend. Holstein: Schwanensee bei Plön 29. Juni 1918, in *Phragmites*-Halmen; Großer Plöner See 13. Juli 1917, in Kalkinkrustationen auf *Potamogeton.*

sparganicola K. (nec! *tendens* [FABR.] GOETGHEBUER).

Eifel: Ulmener Maar, in *Sparganium ramosum* minierend. 9. August 1913. Holstein: Trammer See 17. Juli 1918, in vorjährigen, unter Wasser abgebrochenen *Phragmites*-Stengeln; Dieksee 7. Juni 1918, in abgebrochenen *Phragmites*-Stengeln.

Zur *signaticornis*-Gruppe gehören ferner die folgenden von GOETGHEBUER als *tendens* FABR. bestimmten Formen (nicht *tendens* FABR. in meinem Sinne, vgl. oben).

GOETGHEBUER 1912 a, Seite 15 bis 16: in *Sparganium ramosum* minierend (= WILLEM 1908 „deuxième espèce du *Sparganium,* vielleicht = *nymphaeae* WILLEM).

MEUCHE 1939, Seite 475 (vgl. auch HUMPHRIES 1938, S. 544): zufällig im Bewuchs holsteinischer Seen. KREUZER 1940, Seite 470: In einem Weidetümpel bei Plön, besonders an den Bülten nahe dem Ufer.

All diese Formen sind also unsicher, wie überhaupt die Imaginal-Systematik der *Signaticornis*-Gruppe noch sehr revisionsbedürftig ist. Zu welcher Gruppe der nordamerikanische *E. quadripunctatus* MALLOCH gehört, dessen Larven in den Stengeln von *Nymphaea advena* minieren, läßt sich nach der Beschreibung nicht feststellen (JOHANNSEN 1937 b, S. 36; hier weitere Literatur). Die Larven des nordamerikanischen *Endochironomus nigricans* (JOH.) fand BERG (1950, S. 97, 98) in Falten oder zusammengerollten Ecken schwimmender und submerser *Potamogeton*-Blätter *(P. amplifolius, gramineus, illinoensis, richardsoni).* Sie bauen hier Gespinströhren und fangen ihre Beute mit einem Netz, wie die *Glyptotendipes*-Larven, oder sie durchlöchern das Blatt an jedem Ende ihrer Röhre, so daß das Wasser bei ihren Bewegungen frei die Röhre durchströmen kann; aber sie nehmen auch Material — auch Gewebe ihrer Wirtspflanze — außerhalb ihrer Röhre auf. Die Ernährung dieser Art erinnert zum Teil an die von *Polypedilum ophioides*, zum Teil gleicht sie der der Fangnetze spinnenden *Glyptotendipes*-Arten. BERG (S. 98) sieht in dieser Ernährungsweise ein Anfangsstadium der so eigenartigen Methode der Nahrungsaufnahme mit Fangnetzen.

Die Gattung *Endochironomus* enthält also im ganzen außer freilebenden Arten solche, die fakultative Minierer sind sowie echte obligatorische Blattminierer. Trotz mancher schon vorliegender Angaben ist ihre Ernährungsbiologie noch lange nicht genügend studiert. Die neuen, schönen Beobachtungen von WALSHE (1951 a) über den Netzbau der *Endochironomus*-Larven sind auf Seite 93 schon ausführlich geschildert worden.

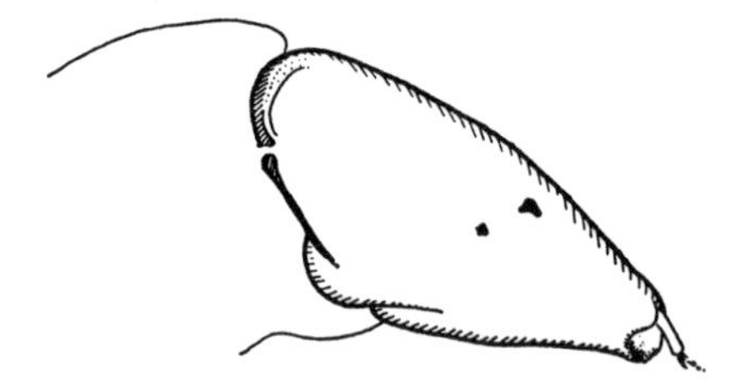

Abb. 62. *Stenochironomus* sp. Java. Larvenkopf von der Seite. [del. Dr. K. STRENZKE.]

Hier seien noch ein paar Worte über „*Chironomus*“ *braseniae* LEATHERS eingeschaltet. LEATHERS (1922) beschrieb Larven, die in USA die Schwimmblätter von *Brasenia schreberi* und *Castalia odorata* vollständig zerfressen (l. c. fig. 20—22). JOHANNSEN (1937 b, S. 32) stellt die aus diesen Gängen gezüchtete Imago zu *Polypedilum*. Aber LENZ (1941 a, S. 22; vgl. auch TOWNES 1945, S. 58) weist mit Recht darauf hin, daß Imagines und Larven und Puppen sicher nicht zusammengehören. Mir ist es wahrscheinlich, daß die Gänge von einer anderen Art herrühren und daß die *Polypedilum*-Art als Einmieter in diesen lebte. Dadurch, daß in der gleichen Pflanze oft *Glyptotendipes*, *Phytochironomus*- und *Endochironomus*-Larven minieren, und kleinere Arten, wie *Pentapedilum* u. a. (vgl. S. 80), in den Minen als Einmieter leben, sind ja schon oft Schwierigkeiten und Verwechslungen bei der Zuordnung gezüchteter Imagines zu den Metamorphosestadien vorgekommen!

Die letzte der Gattungen der *Chironomariae genuinae*, die echte, blattminierende Arten enthält, ist die Gattung *Stenochironomus* K.

St. fascipennis ZETT.

Eine aus Fennoskandien, Österreich, der Tschechoslowakei, Belgien, England, dem europäischen Rußland bekannte Art, aber sicher viel weiter verbreitet. Metamorphose von ZABOLOTSKY (1939 a), Larve auch von ZAVŘEI (1933 a) beschrieben. Die Tiere leben in allen möglichen Gewässern, Seen, Teichen, Tümpeln, Flüssen, seltener frei im Litoral, normal in submersem Erlenholz, in den Blättern von *Carex*, in abgestorbenen *Scirpus*-Stengeln, in oder unter den Kolonien von *Spongilla* und *Plumatella fungosa*. Ganz eigenartig ist der an die grabende oder minierende Lebensweise angepaßte Kopf: „Mit einem keilförmig verbreiterten Thorax und einem kurzen, breit aufsitzenden, vorne meißelartig abgeplatteten Kopf erinnern sie habituell an Buprestidenlarven" (ZAVŘEL) (Abb. 62). Die Mandibeln kurz und sehr kräftig.

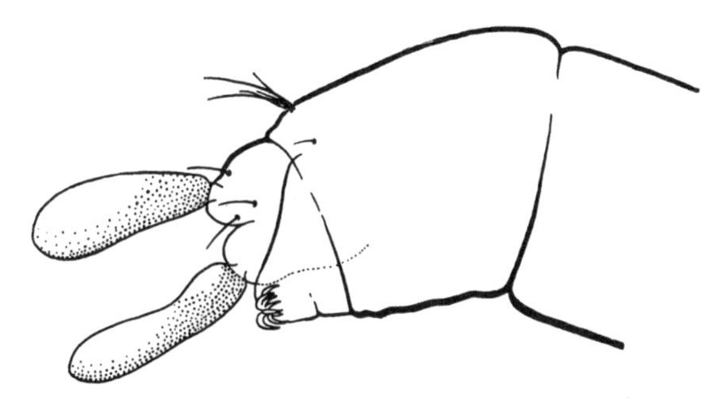

Abb. 64. *Stenochironomus* aff. sp. Larvenhinterende.
[Aus THIENEMANN 1949 a.]

St. nelumbus TOK. und KUR.

Japanische Art, in allen Stadien von TOKUNAGA und KURODA (1935 a) beschrieben. Miniert in den Schwimmblättern von *Nelumbo nucifera* (Taf. IV Abb. 63) und zerfrißt die Blätter oft vollständig. Anpassungen an die minierende Lebensweise: „Die Kopfkapsel abgeflacht, beilförmig zum Aushöhlen der dünnen Palisadenschicht des Mesophylls; reduzierte äußere Anhänge wie vordere Fußstummel und Nachschieber; abgeflachter Körper und schlängelnde Bewegung der Larve in den engen Minen."

St. sp.

In meinem Java-Material fand ZAVŘEL Larven — als *„Cryptochironomus* neuer Typ" bezeichnet (1933, S. 64) —, die, wie er 1933 a feststellte, ganz mit den Larven von *St. fascipennis* übereinstimmten. Sie minierten nicht, sondern lebten in einem Quellgraben am See Ngebel, Mitteljava (14. Dezember 1928) frei im rein phytogenen Detritus, mit dem der Darm der Larven vollgestopft war. Ich gebe in Abb. 62 ein Bild des Larvenkopfes von der Seite.

Stenochironomus aff. sp.

1936 beschrieb MESCHKAT aus dem Balaton eine eigenartige Larve, die in alten, zermürbten *Phragmites*-Halmen, vor allem in 60 bis 80 cm Wassertiefe lebte, aber sehr selten war. Im Lunzer Untersee fand ich die gleiche 14 mm lange Larve am 19. Juni 1942 in e i n e m Exemplar auf Zweigen im flachen Südufer unter *Spongilla*-Kolonien. Der Darminhalt der Larve bestand aus Holzteilchen. Besonders eigenartig war das Hinterende der Larve (Abb. 64), das ganz MESCHKATS Abbildung gleicht. Es handelt sich in beiden Fällen sicher um eine Angehörige der Gattung *Stenochironomus* oder einer allernächst verwandten Gattung. Im Wald am Untersee hat LINDNER einmal *Stenochironomus fascipennis* ZETT. gefunden; doch kann ich nicht glauben, daß die Larve zu dieser Art gehört. Denn die Imago dieser Art ist nur 4 mm groß; zu meiner Larve aber muß eine Imago von mindestens *Glyptotendipes*-Größe (7—9 mm) gehören (THIENEMANN 1950, S. 154).

(Die von JOHANNSEN [1937, S. 28—29] zu *Stenochironomus* gestellte Larve aus USA gehört augenscheinlich nicht zu dieser Art; vgl. LENZ 1941 a, S. 60.)[17a]

d) Fadenalgen als Nahrung

Es gibt eine Anzahl Orthocladiinen-Arten, deren Hauptnahrung aus Fadenalgen, vor allem Spirogyren besteht: die Arten der *Dilatatus*-Gruppe der Gattung *Psectrocladius* K. (Europäische Arten: *Ps. dilatatus* V. D. W., *obvius* WALK. [*oppertus* WALK., *carbonarius* GOETGH. nec MG., *extensus* K.], *dorsalis* K., *vicinus* K., *bifilis* K., *fraterculus* [ZETT.] [*confinis* STAEG. nec. MG.]; *platypus* EDW. Nordamerikanische Arten: *Ps. flavus* JOH., *spinifer* JOH.)

Soweit bekannt, haben alle diese Arten den gleichen, eigenartigen Gehäusebau (Abb. 65): ein freies, etwa tonnenförmiges Gallertgehäuse, mit dem die Larven zwischen den Algenwatten umherkriechen. Schon im 18. Jahrhundert wurde es beobachtet (LYONET 1832, S. 179—183, Pl. 17), später oft erneut beschrieben (MIALL and HAMMOND 1900, S. 14; JOHANNSEN 1905, S. 271, Pl. 24 fig. 17; THIENEMANN 1909, S. 7, 8, Taf. II fig. 12; DORIER 1933 b). Die beste Beschreibung der Ernährungsweise der Larve gab TAYLOR (in MIALL and HAMMOND 1900, S. 15—16, als *„Orthocladius"*):

„Die Larve nimmt ihre Wohnung in einer flottierenden *Spirogyra*-Flocke. Sie baut ein Gehäuse aus gallertiger Substanz, vermutlich Sekreten der Speicheldrüsen. Bei starker Vergrößerung kann man eine schwache fibrilläre Struktur in der Gallerte erkennen; Fäden von *Spirogyra*, Diatomeen-Kolonien u. a. werden — anscheinend absichtlich — mit eingewebt. Das Tier streckt seinen Körper oft aus der Öffnung und zieht Fäden an die Öffnung heran, wo sie an dem klebrigen Material festhaften und eine kleine Laube bilden, wie bei einem mit kletternden Pflanzen überzogenen Portal. Der ganze Bau ist nicht so durchgearbeitet wie z. B. das Ge-

[17a] Die während des Druckes erschienene Arbeit von MCGAHA (1952) konnte nicht mehr berücksichtigt werden.

häuse einer Köcherfliege; die *Orthocladius*-Larve scheint sich fast ganz auf ihre eigene Sekretion zu verlassen. Sie frißt gierig von der *Spirogyra* ihrer Umgebung, und die in das Gehäuse eingewebten Fäden haben ebenfalls den Verdauungskanal passiert.

Infolge der Durchsichtigkeit ihrer Röhre ist die Orthocladius-Larve ein bequemes Studienobjekt. Ihre Lebensäußerungen sind: 1. Fressen. Ein *Spirogyra*-Faden wird mit den Mandibeln ergriffen und in zwei Stücke zerbissen. Dann zieht ihn das Labrum, von einem Ende her anfangend, mit streichenden Bewegungen in den Schlund. Bei *Spirogyra condensata,* in der die Larve zuerst gefunden wurde, wird ein Faden sehr schnell gefressen; aber wenn die Larve *Sp. orthospira* erhielt, erfolgte das Fressen viel langsamer und anscheinend mit größerer Anstrengung, wahrscheinlich infolge der dicken gallertigen Scheide dieser Alge. Wenn keine Nahrung in der Nähe ist, streckt sich die Larve, indem sie sich mit den Nachschiebern festhält, weit aus der Röhre heraus und sucht eifrig umher, bis sie ein

Abb. 65. *Psectrocladius dorsalis.* Larvengehäuse.
[Aus THIENEMANN 1909.]

frisches Fadenbündel erlangt hat. Wenn der Nahrungsvorrat in der Gefangenschaft erschöpft ist, frißt sie auch an anderen Fadenalgen, z. B. *Oedogonium.* Von Zeit zu Zeit gibt die Larve, indem sie ihr Hinterende über die Röhre hinausstreckt, ein Kügelchen verdauter *Spirogyra* ab, das sich sofort zerteilt. Das erschien ziemlich überraschend, bis die mikroskopische Untersuchung zeigte, daß die Fäden nicht zerkaut, sondern einfach aufgeknäult werden; und da der Zelleninhalt bis auf Reste des Chloroplasten entfernt ist, so strecken sich die Fäden, wenn sie frei werden, infolge der Elastizität der Zellwände wieder gerade."

Die Tiere leben im stehenden Wasser, in Gräben, Teichen, Tümpeln und im Litoral von Seen in den Watten von *Spirogyra* und anderen Fadenalgen. „Bei starkem Sonnenschein steigt die Temperatur in den *Spirogyra*-Massen oft sehr hoch; die kleinen, länglich-ballonförmigen Gallertgehäuse liegen dann dicht unter der Oberfläche und wölben sich wie Bläschen über die Algendecke" (WESENBERG-LUND 1943, S. 522).

(Eine ähnliche Ernährungsweise wie die *Psectrocladius*-Larven der *dilatatus*-Gruppe hat nach LEATHERS Angaben [1922, S. 31—33] der nordamerikanische *„Trichocladius" nitidellus* MALLOCH. Seine systematische Stellung ist noch unsicher.)

e) Mikrophyten und Detritus als Nahrung

Bei allen im vorstehenden gegebenen Schilderungen der Ernährung der Chironomidenlarven handelte es sich um „Nahrungsspezialisten". Denn die Raubtiere, die Epöken und Parasiten, die Blattminierer und verwandten Formen sowie die Fadenalgenfresser bilden doch nur einen ganz kleinen Teil der Menge von Chironomidenlarven, die es gibt. Weitaus die größte Zahl der Chironomidenlarven lebt von pflanzlichen Mikroorganismen, und zwar von lebenden oder frisch abgestorbenen, sowie von feinstem pflanzlichem Detritus.

Wo im stehenden oder langsam fließenden Wasser höhere Pflanzen oder Fadenalgen wachsen, da sind ihre untergetauchten Teile vom sogenannten Aufwuchs besiedelt, mikroskopischen, meist einzelligen Algen, unter denen die Diatomeen ganz besonders hervortreten. Und die große Zahl von Chironomidenlarven, die an und zwischen diesen Pflanzen leben, sind im wesentlichen Aufwuchsfresser. Wenn man den Darminhalt dieser Larven — es sind Orthocladiinen, Tanytarsarien, aber auch Chironomarien — untersucht, so findet man zwischen unbestimmbarem Detritus, der entweder schon als solcher aufgenommen worden ist oder den Rest verdauter schalenloser Algen darstellt, stets Diatomeenschalen in großer Menge. Für den nordamerikanischen *Stylotanytarsus dissimilis* (Joh.) geben Cavanaugh und Tilden (1930, S. 286) als Darminhalt der Larve folgende Algen, in der Reihenfolge ihrer Abundanz, an: Diatomeen, *Gloeocapsa, Chlorella, Microthamnion, Anabaena, Oedogonium.* Sachse und Wohlgemuth (1916) untersuchten in den Wielenbacher Teichen (Oberbayern) „die Nahrung der für die Teichwirtschaft wichtigen niederen Tiere". Für nicht näher bestimmte Larven der *Tanytarsus*-Gruppe machen sie (S. 51) die folgenden Angaben: „Was die prozentuale Beteiligung der verschiedenen bei der Darmuntersuchung gefundenen tierischen und pflanzlichen Lebewesen anlangt, so konnte folgendes festgestellt werden:

Es fanden sich:

Diatomeen (Kieselalgen)	in 100%	der untersuchten Tiere
Fadenalgen	„ 100%	„ „ „
Chlorophyceen (Grünalgen) . . .	„ 80%	„ „ „
Cyanophyceen (Blaualgen) . . .	„ 50%	„ „ „
Protozoen (Urtierchen)	„ 10%	„ „ „
Detritus, meist pflanzlicher Natur	„ 100%	„ „ „

Was die quantitative Zusammensetzung betrifft, so spielen die Hauptrolle pflanzliche Abfallstoffe aller Art, wie sie sich am Grunde jedes Teiches und zwischen Pflanzengewirr vorfinden, sowie Diatomeen. Besonders kleine Formen der Gattungen *Navicula* und *Gomphonema* finden sich oft in Menge. Dann folgen, oft in ziemlich großem Abstand, die Grüna l g e n , unter denen *Scenedesmus obliquus, bijugatus* und *quadricauda* an erster Stelle stehen, während *Phacotus lenticularis* und *Pediastrum* und *Closterium,* die immerhin bei 50 bzw. 30 und 20% der Tiere sich vorfanden, nur eine untergeordnete Rolle spielen. Von den B l a u a l g e n , als deren Hauptvertreter *Merismopoedia* festgestellt werden konnte, finden sich oft beträchtliche Mengen, die denen der Chlorophyceen insgesamt zwar nahestehen, jedenfalls aber häufiger sind als *Phacotus, Pediastrum* und *Closterium.* Ganz nebensächlich erscheint mir die Beteiligung der F a d e n - a l g e n , worunter ich im Rahmen dieser Untersuchung alle fadenförmig gestalteten Algen ohne Rücksicht auf ihre systematische Stellung verstehe. Die Protozoen schließlich, als deren Vertreter ich *Arcella* (nur einmal) vorfand, spielen keine Rolle." Die Larven schaben oder kratzen den Aufwuchs ab; welche Rolle die einzelnen Mundteile dabei spielen, hat J. KETTISCH für *Eucricotopus trifasciatus* genau geschildert (vgl. S. 76). Daß man Chironomidenlarven mit reiner Bakteriennahrung bis zur Imago aufziehen kann, hat RODINA (1949) experimentell nachgewiesen.

Im schnellfließenden Wasser unserer Bergbäche sind die Pflanzen, vor allem *Fontinalis* und andere Moose, nicht so stark mit Aufwuchs besetzt; es sammelt sich aber zwischen den Moosbüscheln, wie auf einem Filter, stets all der feine Detritus, den der Bach mit sich führt, und dieser ist die Nahrungsquelle für die Unmenge von Chironomidenlarven (vor allem Orthocladiinen), die man aus einem solchen Moosbüschel aussieben kann.

Auch die blanken Steine des Bachbodens sind, selbst in den höchsten Lagen und in der stärksten Strömung, mit Mikrophyten, vor allem Diatomeen, immer dicht überzogen. Und all die Orthocladiinenlarven, die auf diesen Steinen leben, nutzen diesen Aufwuchs als Nahrung. Sitzen die Larven in Gängen, die sich an die Steine anschmiegen, so sieht man, wie sich die Larven ab und zu weit aus dem Gang herauswagen — wobei sie aber mit den Nachschiebern sich noch im Gang verankern— und nun den Stein im nächsten Umkreis der Gangöffnung „abgrasen".

In seiner schönen Arbeit „Zur Ernährungsbiologie der Bergbachfauna" hat MEIERJÜRGEN (1935, S. 79—86) den Darminhalt von Chironomidenlarven aus einem Forellenbach des Sauerlandes (Westfalen) genau untersucht, und zwar 25 Larven der *Abbreviatus-* und *Abranchius*-Gruppe der Gattung *Microtendipes,* 25 *Eutanytarsus*-Larven, 26 Orthocladiinenlarven. Seine Befunde sind genau tabellarisch dargestellt. *Microtendipes* hatte viel feinen, aber auch gröberen pflanzlichen Detritus aufgenommen; daneben aber (in 80% der untersuchten Tiere) Diatomeen, und zwar besonders die kleineren Arten wie *Achnanthes minutissima, Navicula cryptocephala, Cymbella ventricosa.* Ganz ähnlich war der Darminhalt der *Tanytarsus*-Larven, doch kamen hier zu den genannten Diatomeen noch *Fragilaria* und *Synedra vaucheriae* in großer Zahl hinzu. Bei den Orthocladiinen hatte der pflanzliche Detritus keine größere Bedeutung, ebenso traten die Diatomeen mehr zurück; dafür spielten abgebissene Stücke von Fadenalgen (*Ulothrix* sp.) die Hauptrolle. (Hier handelt es sich also anscheinend um eine Orthocladiinenlarve, die an etwas ruhigeren Bachstellen, zwischen Algen lebte.)

Zwei interessante Sonderfälle sind hier zu erwähnen. TAYLOR (1903; 1905) und LAUTERBORN (1905) beschrieben zuerst eigentümliche Gallertgehäuse (Abb. 30, S. 50), die ich später (1909, S. 3) im Sauerland wiederfand. Ich konnte den Erbauer bis zur Imago züchten, J. J. KIEFFER beschrieb (1909) die Mücke als *Orthocladius* — jetzt *Euorthocladius* — *rivulorum* n. sp. (*sordidellus* TAYLOR nec ZETT.).[18] Es handelt sich um eine einfache, 1 bis 2 cm lange Gallertröhre, die aber nicht in ganzer Länge dem Substrat, dem Bachstein, aufgeklebt ist, sondern nur mit einem Ende, während der Schlauch im übrigen frei flottiert. Wie ernährt sich nun die in dem Schlauche lebende Larve? Diese Gallertröhren sind stets mit Tausenden und aber Tausenden von Diatomeen bedeckt. Bei TAYLORS Form beteiligten sich verschiedene Diatomeenarten an dieser Bedeckung, während diese bei LAUTERBORNS und meinen Exemplaren aus einer Reinkultur der zierlichen sichelförmigen *Ceratoneis arcus* (vermischt mit Fädchen einer Cyanophycee) besteht. Diese Gallerte stellt einen wunderbaren Nährboden für die Diatomeen dar. Und untersucht man nun den Darminhalt dieser Larven, so sieht man, wie er ausschließlich aus den Algen besteht, die auf ihren Gehäusen leben! Schon TAYLOR beschreibt dies (1903, S. 521):

„Die Nahrung der Larve besteht aus einzelligen und fadenförmigen Algen. Obwohl diese auf den Steinen der Umgebung häufig sind, machen es die Stärke der Strömung und die unaufhörlichen Schwankungen der Röhre der Larve ziemlich schwer, davon zu fressen. Aber da die Röhre selber bald mit Diatomeen und anderen mikroskopischen Algen überwachsen ist, kann die Larve — indem sie den Kopf aus der Öffnung steckt und sich mit den Nachschiebern festhält — die freie Oberfläche ihrer eigenen Röhre absuchen. Der Aktionsradius der Larve ist natürlich sehr klein, aber die Röhre ist biegsam und kann völlig um sich selbst gebogen werden. Beim Herausstrecken kann die Larve mit ihren Mundwerkzeugen jeden Teil der Oberfläche ihrer Röhre erreichen, die ihr so nicht nur Wohnraum, sondern auch Nahrung liefert."

Wir kennen jetzt *Euorthocladius rivulorum* aus Deutschland von Holstein bis zu den Alpen, aus Österreich, der Schweiz, den westdeutschen Mittelgebirgen, aus England, Südschweden, der Tatra und Nordafrika.

Den zweiten „Sonderfall" bilden die *Rheotanytarsus*-Arten der Bäche. Ich habe schon oben (S. 53) kurz auf die eigenartigen „Fangnetze" dieser Larven hingewiesen. Die auf den Steinen des Bachbodens festgehefteten und von ihnen mehr oder weniger aufrecht abstehenden, aus feinsten Sandkörnchen gebauten Larvengehäuse (Abb. 13, 32, 33) setzen sich am Vorder-

[18] Es ist also nicht richtig, wenn WESENBERG-LUND (1943, S. 510, 511) meint, wir wüßten fast noch nichts über die Baumeister dieser eigenartigen Gehäuse.

rand in meist 3 oder 5 starre Fäden fort. Zwischen diesen Fäden webt nun die Larve ein schleimiges Gespinst. MUNDY (1909, S. 33, 34) beschreibt diesen Vorgang so:

„Die erwähnten Arme sind durch ein Gewebe verbunden, das ein Netz bildet, in dem alle passierenden Partikel zurückgehalten werden. Aber selbst mit starker Vergrößerung ist es mir nicht gelungen, einzelne Fäden zu erkennen; das Netzwerk scheint nur aus unregelmäßigen Schleimbändern zu bestehen, die vermutlich in dieser Form von den Mundwerkzeugen des Tieres zwischen benachbarten Armen ausgespannt werden.

Beim Bau ihres Netzes geht die Larve folgendermaßen vor: Sie kriecht einen der Arme eine Strecke weit hinauf, schwingt sich dann zum nächsten Arm hinüber, wobei sie einen Speichelfaden mit sich nimmt. Dann schwingt sie sich zurück, wobei sie sich gleichzeitig etwas in ihr Gehäuse zurückzieht. Diese Zick-Zack-Bewegung wird zwei- oder dreimal wiederholt, solange bis die Basis der Arme erreicht ist. Dann kann der ganze Vorgang von vorne anfangen, bis genügend

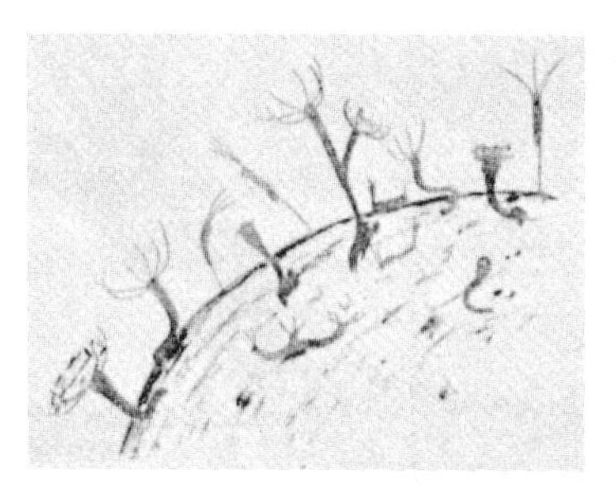

Abb. 66. Gruppe von *Rheotanytarsus*-Larven in verschiedenen Stadien. [Aus MUNDY 1909.]

viele Fäden ausgespannt sind, die ein kunstloses Netzwerk ergeben. Seine Kunstfertigkeit, verglichen mit dem Netz einer Spinne, ist auf jeden Fall für seinen Zweck gut genug, und es hält tatsächlich alle Partikel zurück, die vorüberströmen. Von Zeit zu Zeit reißt die Larve das Netz zwischen den Armen nieder. Sie sammelt die Partikel mit dem Labrum und den vorderen Fußstummeln zu einer kompakten Masse zusammen, die dann für die weitere Bautätigkeit benutzt werden kann oder die einfach gefressen wird."

In Abb. 66 und 67 sind einige Gehäuse mit ihren Fangnetzen wiedergegeben. MUNDY sieht den Hauptnutzen dieses temporären Netzbaues am Ende der von der Unterlage abstehenden Röhre darin, daß so die leicht flockigen organischen Teilchen aus dem vorbeiströmenden Bachwasser abgefangen werden, während die direkt auf dem Stein sitzenden und diesen abschabenden Larven auch eine Menge gröberer Substanzen, wie Sandkörnchen und dergleichen, mit ihrer Nahrung aufnehmen müssen. JONES (1951) fand im River Towy im Darminhalt von *Rheotanytarsus* Detritus und niedere Algen.

Von einer eigenartigen Lokalisation von Röhren einer *Rheotanytarsus*-Art — die er als „*Tanytarsus exiguus*" bezeichnet (!) — berichtet WAUTIER (1947). Er fand sie zwischen den Beinen, ausnahmsweise am Abdomen der Larven der Libelle *Calopteryx virgo.* Die *Calopteryx*-Larven waren dicht mit Microphyten, vor allem Diatomeen und fadenförmigen Cyanophyceen besiedelt, von denen die *Rheotanytarsus*-Larven lebten.

Im Bach aber gibt es außer den Strömungsbiotopen — Steine und Pflanzen — auch Stillwasserstellen, und in solchen ruhigen Bachbuchten lagert sich ein feiner Schlamm, vermischt mit gröberen Blatt- und Holzresten, ab. Dieser Schlamm ist die Wohnstätte einer charakteristischen Chironomidengemeinschaft, in der die in langen Schlammröhren lebenden *Tany-*

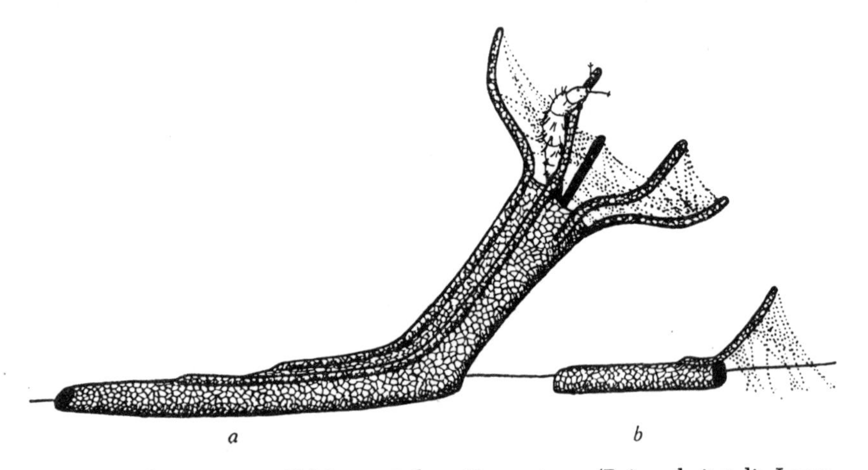

Abb. 67. *Rheotanytarsus*-Gehäuse mit ihren Fangnetzen. (Bei a arbeitet die Larve an einem der fünf Fangfäden. b) Junges Gehäuse mit nur einem Fangfaden, von dem aus das Gespinst nach dem Substrat hin ausgespannt ist. [Aus WALSHE 1951a.]

tarsus- und *Micropsectra*-Larven die Hauptrolle spielen. Dazu kommen außer räuberischen Tanypodinen *(Procladius, Macropelopia)* u. a. die frei im Schlamm wühlenden Larven der Orthocladiinen *Prodiamesa olivacea* MG. und *Paratrichocladius.* Untersucht man den Darminhalt dieser Schlammbewohner, so findet man darin nur ganz vereinzelt einmal eine Diatomeenschale, die Hauptmasse besteht aus feinstem organischem Detritus, der mit kleinen Gesteinssplittern durchsetzt ist. Diese Larven sind also echte Detritusfresser.

Und wie steht es nun mit der Ernährung der im Bodenschlamm von Teichen und Seen lebenden Chironomidenlarven?

In Teichen, in denen — definitionsgemäß — das Licht in solcher Stärke bis zum Boden dringen kann, daß dort noch pflanzliches Leben möglich ist, sind die bodenschlammbewohnenden Larven Mikrophyten- und Detritusfresser. SACHSE und WOHLGEMUTH (1916, S. 52) haben die Nahrung der *Chironomus*-Larven der Wielenbacher Teiche analysiert:

„Prozentual fanden sich:

Diatomeen (Kieselalgen)	in 100%	der untersuchten Tiere
Flagellaten (Geißeltierchen) . . .	„ 100%	„ „ „
Fadenalgen	„ 60%	„ „ „
Chlorophyceen (Grünalgen) . . .	„ 30%	„ „ „
Crustaceen: Cyclops	„ 10%	„ „ „
Detritus, meist pflanzlicher Natur	„ 100%	„ „ „

Der quantitativen Zusammensetzung nach überwiegen neben Detritusteilchen die Diatomeen, was nicht wundernehmen kann, da sie ihre Lebensbedingungen ebenso in verschmutztem, wie in reinem Wasser finden. Fast gleich stark vertreten, in einigen Tieren sogar an Zahl die Diatomeen erreichend oder überbietend, zeigen sich die Flagellaten, und zwar durchweg Angehörige der Familie der Euglenaceen, der u. a. die bekannte grüne *Euglena,* die in Dorfteichen des öfteren eine Wasserblüte bildet, angehört. Es fanden sich hier *Leptocinclis ovum, Trachelomonas hispida* und *volvocina* (die auch prozentual die Hauptrolle spielen: je in 70% der untersuchten Tiere gefunden) und seltener *Phacus* (der auch nur in 50% der Tiere festzustellen war). Diese Flagellaten kommen häufig in derartig verunreinigten Gewässern vor, wie sie die Larven der Federmücken bewohnen. Die Chlorophyceen (gefunden wurden *Scenedesmus* und *Closterium)* und Fadenalgen spielen kaum eine Rolle, da sie immer nur in geringer Zahl vorkommen. Ob *Cyclops,* den ich nur einmal finden konnte, wirklich erbeutet worden ist oder ob nur sein Chitinskelett mitsamt den Schlammteilchen aufgenommen worden ist, vermag ich nach meinem Befund nicht zu sagen, doch erscheint mir die letztere Annahme als die wahrscheinlichere, da er sonst wohl öfter gefunden worden wäre."

Aber in der lichtlosen Tiefe unserer Seen ist pflanzliches Leben nicht mehr möglich; wovon leben die so zahlreichen Chironomidenlarven des Seenprofundals?

Betrachten wir zuerst die eutrophen Seen. Ihre Tiefenfauna ist gekennzeichnet vor allem durch zwei *Chironomus*-Arten, *Ch. plumosus* L. und *Ch. anthracinus* ZETT. (= *liebeli-bathophilus* K.). In diesen planktonreichen Seen fällt ein ununterbrochener „Leichenregen" des absterbenden und abgestorbenen Planktons in die Tiefe und lagert sich auf dem Seeboden ab als sogenannte Ävja. Das ist ein von dem großen schwedischen Botaniker RUTGER SERNANDER aus der schwedischen Dialektsprache entnommenes und in die Wissenschaft eingeführtes, heute völlig internationalisiertes Wort, das die noch nicht zu „Schlamm" gewordenen Überreste einer Algenvegetation bezeichnet, also ein Vorstadium der Schlammbildung (vgl. NAUMANN 1930,

S. 71). Die *Chironomus*-Larven der Tiefe der eutrophen Seen sind Ävjafresser! Das hat zuerst ALSTERBERG 1925 in einer grundlegenden Arbeit über „Die Nahrungszirkulation einiger Binnenseetypen“ gezeigt.

Die *Chironomus*-Larven bewohnen Schlammröhren, die in flachem, U-förmigem Bogen im Schlamm liegen und mit beiden Enden, die oft kaminförmig sich über den Schlamm erheben (Abb. 68), an der Schlammoberfläche münden. In diesen Röhren führen die Larven ihre rhythmischen Atemschwingungen aus, durch die ein vom Kopf zum Hinterende gerichteter

Abb. 68. *Chironomus thummi.* Larvenröhren auf dem Boden eines Aquariums, etwa auf die Hälfte verkleinert. [Aus THIENEMANN-KIEFFER 1916.]

Wasserstrom erzeugt wird. Die Periodizität dieser „Ventilation“ hat LINDROTH (1942) experimentell untersucht. ALSTERBERG stellte nun fest, daß der Nahrungstransport der *Chironomus*-Larven der Seetiefe „in der Ebene der Schlammoberfläche erfolgt, indem sie das Material auffangen, das entweder gerade von oben herabregnet oder das auf jeden Fall sich eben erst auf der Schlammoberfläche abgelagert hat“. Sie fressen also Ävja. POTONIÉ (1936, S. 119) kommt bei seinen Untersuchungen an *Chironomus plumosus* zu dem Schluß, „daß sich als Nährmittel für *Plumosus*-Larven jeden Alters am besten fein zerriebene Stoffe aus dem Lebenskreis eines Sees eignen, d. h. also dasselbe Material im frischen Zustande, das ausfaulend den guten, fruchtbaren Detritusschlamm (Gyttja) eutropher Seen liefert". Wie nehmen aber die Larven nun diese Ävja auf? ALSTERBERG (S. 299) schreibt: „Als Apparat für die Nahrungsaufnahme kann möglicherweise das vordere Fußpaar dienen, das dicht mit Härchen bekleidet ist. Diese würden also etwa als Filtrierapparat wirken, ähnlich wie der Kammbehang an den Extremitäten der Daphniden, und der Unterschied in der aufgenommenen Nahrung würde möglicherweise auf verschiedenartiger Ausbildung der filtrierenden Härchen beruhen." Diese an sich schon recht unwahrscheinliche Annahme hat sich indessen als falsch erwiesen. LANG (1931, S. 101) stellt *Chironomus plumosus* und *Ch. thummi* (sowie *Microtendipes* und *Tanytarsus gregarius)* zu den Larventypen, „die im Wasser suspendiertes Material aufnehmen können", und zwar „ohne Selektion". Um die Wasserströmung im Innern der *Chironomus*-Röhren und die Nahrungsaufnahme verfolgen zu können, versuchte er, die Larven aus fein verteiltem Glimmer bauen zu lassen. Doch konnte er auch so nur unvollkommene Beobachtungen anstellen.

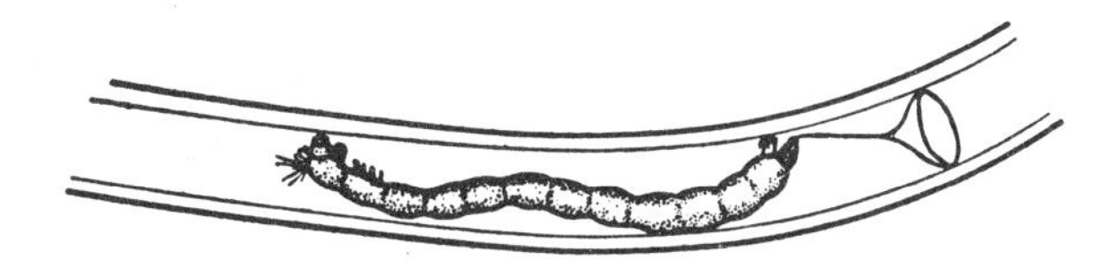

Abb. 69. *Chironomus plumosus.* Larve in ihrer Röhre mit Fangnetz. [Aus WALSHE 1947.]

Dank geschickter experimenteller Methodik hat BARBARA M. WALSHE für *Chironomus plumosus* die Frage gelöst; sie hat in einer kurzen Mitteilung (1947) darüber berichtet (vgl. auch WALSHE-MAETZ 1951):

„Das Fressen geht in der folgenden Weise vor sich. Ihre Stellung in der Röhre durch die festverankerten vorderen Fußstummel haltend, führt die Larve eine Reihe von drehenden Bewegungen mit dem Vorderkörper aus, bei denen der Kopf vollständige Kreise von wechselnder Richtung längs der Wände der Röhre beschreibt. Während dieser Bewegungen ziehen die vorderen Fußstummel Fäden des Speicheldrüsensekrets aus, indem sie sich abwechselnd schnell den Mundwerkzeugen nähern und sich von ihnen entfernen. Die Fäden werden an den Wänden der Röhre befestigt und über deren Lumen ausgebreitet, so daß ein lockeres untertassenförmiges Netz entsteht. Die Larve zieht sich dann einige Millimeter in der Röhre zurück, von der Mitte des Netzes einen Speichelfaden mit sich ziehend, so daß letzteres die Gestalt eines flachen Trichters erhält (Abb. 69). Den Faden in den Mundwerkzeugen haltend, führt sie etwa zweimal in der Sekunde heftige wellenförmige Bewegungen des Körpers aus. Diese erzeugen einen Wasserstrom durch die Röhre, wobei im Wasser suspendierte Teilchen in dem konischen Netz aufgefangen werden. Dann streckt die Larve ihren Körper gerade und frißt den Trichter mit seinem Inhalt; sofort danach wird ein neues Gewebe gesponnen. Der ganze Vorgang spielt sich beachtlich schnell ab: alle 1½ bis 2 Minuten wird ein neuer Trichter gebildet und gefressen. Jeweils ungefähr die Hälfte dieser Zeit wird für das Ausführen der Wellenbewegungen und für das Fressen, respektive das Anfertigen des Netzes, gebraucht. Obgleich diese Zeitspanne von Larve zu Larve verschieden ist, ist die Wiederholung des Vorganges sehr regelmäßig. Die ganze Verrichtung stellt ein sehr stereotypes Verhaltensschema dar, das für eine Stunde oder länger bestehen kann, ohne daß seine Regelmäßigkeit durch die Menge des Fanges im Netz beeinflußt wird. Seltener unterbleibt das Spinnen des Netzes, und die Larven kratzen statt dessen die mit Speichelfäden besponnenen Wände der Röhre ab. Ganz gelegentlich fressen sie von der Oberfläche des Schlammes, wobei sie sich mit den Nachschiebern festhalten und den Körper aus der Öffnung der Röhre strecken und ein Netz von Speichelfäden über den Schlamm ausbreiten, das dann mitsamt seinem Inhalt in die Röhre gezogen wird.

Der Filtriervorgang ist jedoch der gewöhnlichste Freßvorgang bei *C. plumosus* und ähnelt dem von blattminierenden Chironomiden, nur daß sich bei den letzteren die Larve herumdreht, nachdem sie den Trichter gesponnen hat, der dann hinter der Larve liegt mit der Spitze von deren Körper wegzeigend ... Die Netze halten alle Teilchen von mehr als 17 μ Durchmesser und die meisten von mehr als 12 μ Durchmesser zurück. Auf diese Weise fangen sie neben Detritus usw. viele Planktonorganismen. Eine Auswahl der Nahrung findet nicht statt, sondern die Larven fressen ohne Unterschied alle Teilchen, die sich im Netz fangen."

Wahrscheinlich fressen auch die anderen *Chironomus*-Arten des Seenprofundals in der gleichen Weise; nachgewiesen ist diese Ernährungsart allerdings bisher nur für *Chironomus plumosus.*

Die Charakterform der Tiefe unserer oligotrophen Seen ist *Lauterbornia coracina,* zu der in etwas eutropheren Seen noch *Sergentia coracina* tritt. Über ihre Ernährungsweise ist bisher nur wenig bekannt. Daß von ihnen „Fangnetze" gebaut werden, ist ausgeschlossen bei *Lauterbornia,* im höchsten Grade unwahrscheinlich bei *Sergentia.* Der Darminhalt der *Lauterbornia*-Larven des Weinfelder Maares, eines extrem oligotrophen Eifelsees, bestand aus einem braunen Detritus, ohne Diatomeen. Das mikroskopische Bild gleicht ganz dem des Schlammes, aus dem die Röhren der Larve gebaut sind. Im Schaalsee, einem Übergangssee zwischen oligotrophem und eutrophem Typus, bestand der Darminhalt aus reiner Planktondiatomeen-Ävja; nur wenig Detritus war beigemischt. Die *Sergentia*-Larven aus der Tiefe des Lunzer Untersees hatten als Darminhalt einen feinen braunen Detritus, dem vereinzelt nur *Cyclotella*- und andere Diatomeenschalen sowie gröbere Pflanzenfasern beigemischt waren; also keine echte Ävja. Im Schaalsee enthielt der Darm dieser Larven in der Hauptmasse feinen braunen Detritus, dazwischen verhältnismäßig viel Planktondiatomeenschalen.

Vorstehende Zeilen waren niedergeschrieben, als WALSHES neueste Arbeit erschien (1951 a). Die Verfasserin hat nun auch andere *Chironomus*-Larven auf einen Fangnetzbau hin untersucht, und zwar *Chironomus dorsalis, Ch. thummi (riparius* MG.) und *Ch. anthracinus:* keine baut Fangnetze, es sind einfache Detritusfresser. Fangnetzbau fehlt nach WALSHE auch bei anderen Schlamm bewohnenden Larven, wie *Microtendipes pedellus, Polypedilum, Sergentia, Micropsectra* und *Tanytarsus. Chironomus plumosus* nimmt also eine Sonderstellung ein.[19]

Der Nahrungserwerb von *Chironomus plumosus*, den blattminierenden *Glyptotendipes-, Endochironomus-, Phytochironomus-* und *Pentapedilum*-Larven (und *Rheotanytarsus)* stellt also ein Unikum dar, wie es meines Wissens nirgends sonst beobachtet wird. Denn hier werden Fangnetze gebaut, die nur ganz kurze Zeit in Funktion sind, dann aber von dem Tier samt der Beute gefressen werden! Darauf wird wieder ein Netz gebaut, und so geht es in kurzen Intervallen weiter!

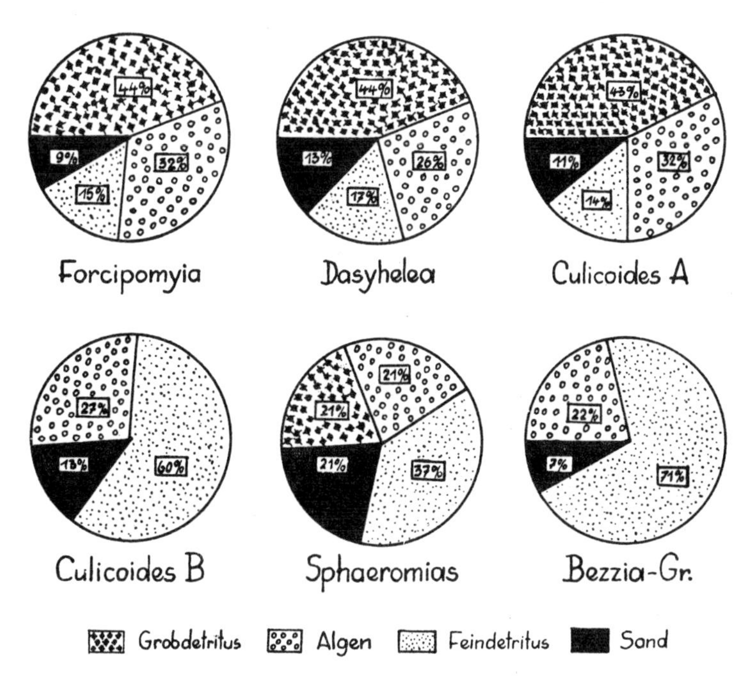

Abb. 70. Schematische Darstellung der Zusammensetzung des Darminhaltes bei den verschiedenen Larventypen der Ceratopogoniden. [Aus MAYER 1934 b.]

Zum Schluß noch einiges über die Ernährung der Ceratopogonidenlarven. MAYER (1934 b, vgl. auch 1934 a, S. 283) hat diese Larven näher untersucht und bezeichnet sie als Grob- und Feindetritusfresser. In Abb. 70 ist die Zusammensetzung des Darminhaltes bei den verschiedenen Larventypen nach MAYER dargestellt. Über die Nahrungsaufnahme selbst schreibt MAYER (1934 a, S. 283):

[19] Es wäre von Interesse, zu untersuchen, wie sich in dieser Beziehung *Camptochironomus tentans* verhält.

„Ich untersuchte systematisch eine ganze Reihe von Ceratopogoniden. Hiernach läßt sich nun eine deutliche Scheidung nach der Größe der Nahrungspartikelchen vornehmen. Diese hängt von der Größe des Pharyngealskeletts ab. Formen mit kräftigem Pharyngealskelett, wie die Genuinae, Intermediae und *Culicoides*[20] Typ I enthalten in ihrem Darm Pilzmycel, Grobdetritus, Pollen, Blattreste, Insektenborsten, Diatomeen usw., aber auch feine Partikelchen, wie Algen und Feindetritus. Die übrigen Larventypen enthalten dagegen nur feine Partikelchen. Wie ist nun diese Trennung zu erklären, beruht sie auf einer „Selektion" oder nicht? Die Klärung dieser Frage ergibt sich bei Beobachtung der Art der Nahrungsaufnahme. Bei *Bezzia*-Larven ist das Kopfskelett noch einigermaßen zu erkennen, da der Kopf hell ist. Man sieht, daß die Larve mit den Mandibeln das Substrat aufwühlt und in das Mundfeld einführt. Ist die Mundöffnung gefüllt, so klappt das Pharyngealskelett bis zur Pharynxöffnung, wobei Pharynxplatte und Pharyngealangulus fest ineinanderliegen, wie ich mich an fixiertem Material überzeugen

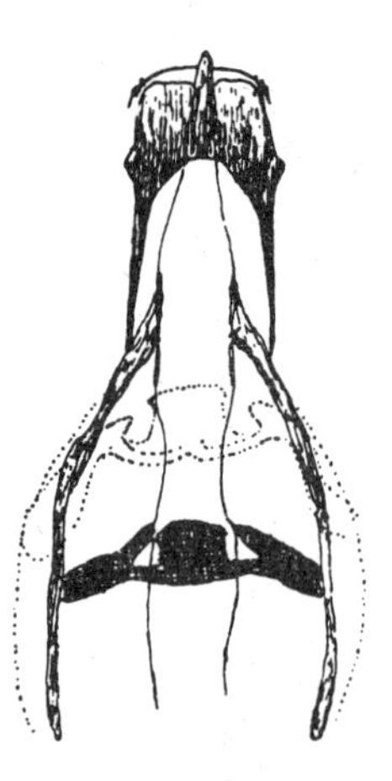

Abb. 71. *Palpomyia lineata*. Pharyngealpumpe der Larve.
[Aus MAYER 1934 b.]

konnte. Darauf geht der ganze Apparat ruckartig in die alte Lage zurück und saugt die Nahrungspartikelchen mit in den Pharynx (Abb. 71). Ist der obere Pharynxteil gefüllt, so geht der Pharyngealangulus aus der Kauplatte nach unten zurück und die Nahrungspartikelchen können den Pharynx passieren. Hierbei findet keine willkürliche Auswahl statt. Konnte ich doch bei mehreren Tieren eine Schichtung im Darm feststellen, die sich auf den Aufenthaltsort zur Zeit der Nahrungsaufnahme zurückführen ließ. So enthielt der Darm eines Tieres oral feine Schlammpartikel und analwärts Algen. Bei den Genuinen und Intermediae gestaltet sich die Nahrungsaufnahme schwieriger, da die Nahrungspartikel sich meist nicht in einem flüssigen Medium befinden. Es muß daher eine größere Saugkraft angewandt werden, die durch Vergrößerung des Querschnitts des Pharyngealapparates und stärkere Muskulatur erzielt wird. Beim Einsaugen der Nahrungspartikel passieren die kleinen Partikel die Kämme, während die größeren durch die Kammkammer geleitet und dort zerrieben werden. Diese Kammkammer ent-

---

[20] Schon LANG (1931, S. 101) stellt die *Culicoides*-Larve zu den „Feinfiltratoren". (TH.)

hält bei der Präparation meist starke Nahrungspartikel." Gelegentlich — so von mir während der Deutschen Sunda-Expedition in Zuchten bei *Dasyhelea assimilis* JOH. beobachtet — fressen Ceratopogonidenlarven auch an absterbenden oder abgestorbenen Culicidenlarven. Doch kann man „das nicht im eigentlichen Sinne als räuberisch bezeichnen. Denn wahrscheinlich hakt sich die *Ceratopogon*-Larve zufällig in den kranken oder toten Larvenkörper ein und findet hier nun Nahrung in Hülle und Fülle!" (MAYER 1934 a, S. 284.)

Daß Detritusfresser, wenn ihnen einmal die normale Nahrung fehlt, sich auch räuberisch, karnivor, betätigen können, haben LLOYD, GRAHAM und REYNOLDSON (1940) bei der Untersuchung der Chironomiden der Oxydationskörper englischer Abwasserreinigungsanstalten gezeigt. Es handelt sich dabei um die Larven der Orthocladiinen *Limnophyes minimus* MG., *Metriocnemus longitarsus* GOETGH. (= *hygropetricus* K.) und *M. hirticollis* STAEG. Ausgehungerte Larven dieser Arten fraßen nicht nur Eier, Puppen und Larven der anderen sowie von *Psychoda*-Arten, Cocons und Würmer von *Lumbricillus lineatus*, sondern erwiesen sich auch als Kannibalen an ihren eigenen Eiern und Puppen. Doch sind das „Perversitäten", die in der freien Natur kaum vorkommen dürften.

f) Anhang: Ionenregulation und Analpapillen

Bei den Chironomidenlarven s. s. stehen normalerweise um den After herum vier meist etwa fingerförmige sogenannte Analpapillen oder Analschläuche (Abb. 72, 80, 85). Nur ein Paar Analpapillen ist vorhanden bei der Gattung *Epoicocladius*, vielleicht auch bei *Microcricotopus* und bei der

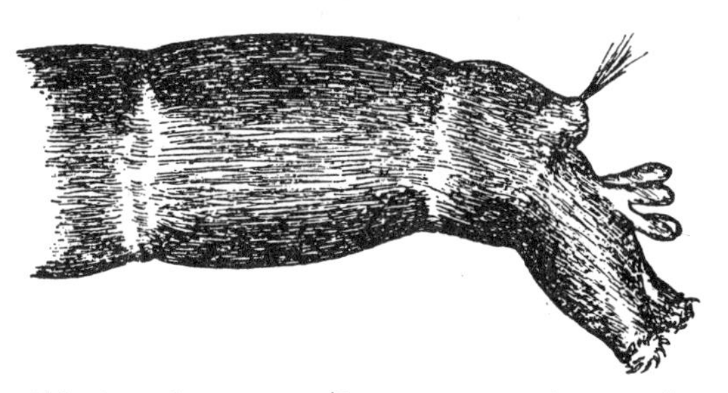

Abb. 72. *Chironomus salinarius*. Larvenhinterende. [Aus LENZ 1920.]

— unsicheren — Art *Corynoneura lemnae* SCHINER; das sind alles Orthocladiinen. Sechs Analpapillen hat die Gattung *Protenthes* (Tanypodine). Drei Analpapillen kommen bei einigen *Telmatogeton*-Arten vor (vgl. S. 579). Mehr oder weniger reduziert können die Analpapillen bei terrestrischen Orthocladiinen sein; bei diesen kann dann auch das ganze Analsegment mit all seinen Anhängen in das Praeanalsegment zurückgezogen werden. Bei allen übrigen Chironomiden sind die Analschläuche nicht retraktil. Unter den aquatischen Chironomidenlarven geht die Reduktion der Analpapillen bis zur vollständigen Reduktion bei einer Anzahl mariner Orthocladiarien, marinen *Chironomus*-Larven und der gleichfalls marinen Tanytarsarien-subsectio *Halotanytarsus;* abnorme Vergrößerung dieser Organe findet sich bei einigen Orthocladiarien, Chironomarien und Tanytarsarien; diese Verhältnisse werden gleich besprochen werden.

Bei den Ceratopogoniden können die Analpapillen stets in den After zurückgezogen werden und sind ebenfalls in Vierzahl vorhanden; oder es sind zwei Papillen vorhanden, die sich terminal in je vier Fortsätze teilen.

Welches ist die physiologische Aufgabe dieser Papillen? HARNISCH sagt in seiner zusammenfassenden Darstellung darüber folgendes (1942, S. 607 bis 608): „Die wahre und wichtige Funktion der Analpapillen hat uns KOCH (1934, 1938) zum Teil in Zusammenarbeit mit KROGH (KOCH und KROGH 1936, siehe auch KROGH 1939) kennengelehrt. Schon länger bekannt war, daß die Analpapillen von *Chironomus* — wie auch die anderer wasserlebender Insektenlarven — aus stark verdünnter $AgNO_3$-Lösung Silbersalz aufzunehmen, niederzuschlagen und zu speichern vermögen, das unter Lichteinwirkung zu metallischem Silber reduziert wird. Es lag daher nahe, zu vermuten, daß die Aufgabe der Analpapillen die aktive Aufnahme von Ionen aus dem Wasser und ihre Weitergabe an den Körper ist, daß sie also dem Ausgleich der ständigen Ionenverluste durch Oberfläche und Urin, mit anderen Worten der Ionenregulation, dienen. KOCH konnte (1938) experimentell eindeutig beweisen, daß die *Chironomus*-Larve aus dem Medium ziemlich rasch Cl aufnimmt und daß dies ausschließlich durch die Analpapillen erfolgt." Die Analpapillen dienen also der Ionenregulation.[21] Prüfen wir nunmehr, ob die damit klar erkannte Funktion dieser Organe ihre Größenvariation in den verschiedenen Biotopen verständlich macht.

Zuerst die vollständige Reduktion der Papillen, ihr Fehlen bei Arten der verschiedenen Chironomiden-Subfamilien.

LENZ hat (1930) auf einen solchen Fall bei *Chironomus* aufmerksam gemacht (vgl. auch LENZ 1920, 1926). Im westfälischen Binnensalzwasser lebt bei einem Maximalgehalt von 21 g Salz im Liter (THIENEMANN 1915a, S. 451) *Chironomus salinarius* K.; bei den Larven fehlen die Tubuli des 11. Segmentes völlig, aber die Analpapillen sind in normaler Ausbildung vorhanden (Abb. 72). Bei ebenfalls Tubuli-freien *Halliella*-Larven aus dem Brackwasser-haltigen Bahira-See in Tunis sind nicht nur die Tubuli, sondern auch die Analschläuche reduziert. „Sie sind allerdings nicht vollständig verschwunden wie die Tubuli, sondern existieren noch als kleine Wülste" (LENZ 1930, S. 449) (Abb. 73). Neuerdings (1949) hat LENZ gezeigt, daß im bulgarischen Varnasee, in den Sümpfen sowie in der Varnabucht des Schwarzen Meeres, im Mogilnoje-See auf der Insel Kildin im Barentsmeer und in einem

[21] SÉGUY (1950, S. 135) faßt diese Organe ebenso wie die Tubuli noch als Kiemen auf.

Küstensee der Adria die Analschläuche der *salinarius*-Larven stark verkürzt sind. In bulgarischen Salinen mit 6% Salzgehalt ist die Reduktion noch weiter gegangen; die Analschläuche sind nur noch als halbkugelförmige Höcker vorhanden (= *Halliella caspersi;* vgl. S. 612).

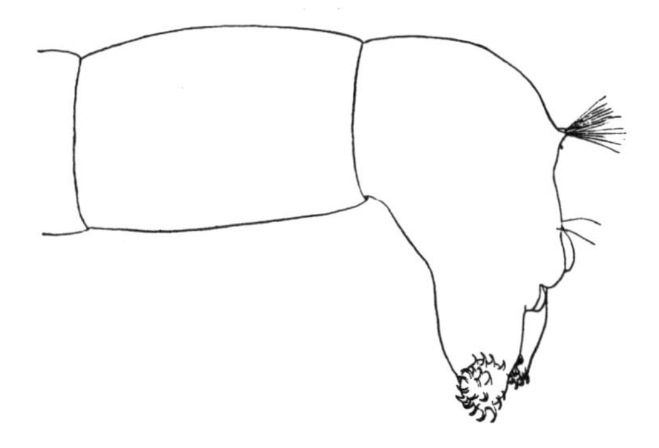

Abb. 73. *Halliella* sp. aus dem Bahira-See in Tunis. [Aus LENZ 1930.]

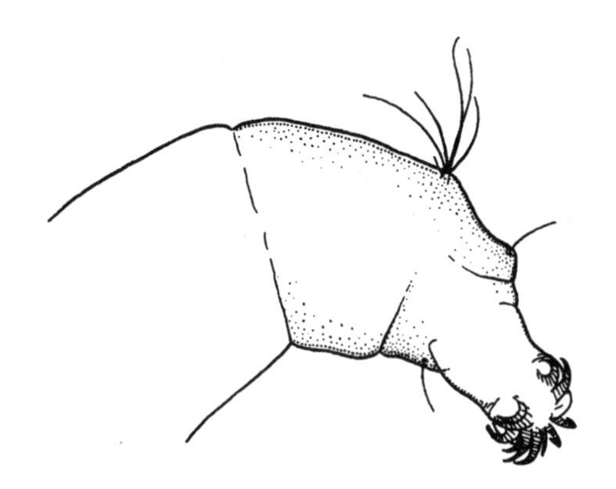

Abb. 74. *Trichocladius vitripennis.* Hinterende der Larve. [del. Dr. K. STRENZKE.]

Ein ebenso gebautes Larvenhinterende — aus dem Schwarzen Meere — bildet ZAVŘEL (1940b, S. 8) ab, doch ist es ihm, nach dem Bau des Epipharynxkammes, fraglich, ob diese Larven wirklich zu *Chironomus* s. s. gehören (nach LENZ [1950] = *Halliella).*

Dienen die Papillen der Cl-Aufnahme, wie es KOCH (1938) nachgewiesen hat, so ist die Oberflächenverkleinerung, respektive Reduktion der Papillen im kochsalzhaltigen Wasser durchaus verständlich. Weitere Untersuchungen müssen zeigen, in welchem Grade Stärke der Reduktion und Höhe des Salzgehaltes des Mediums in Beziehung zueinander stehen. Und so nimmt das Fehlen der Papillen bei allen typischen marinen Chironomiden auch nicht wunder.

Echt marin sind alle Angehörigen meiner Subsectio *Halotanytarsus* der Sectio Tanytarsariae (Thienemann-Brundin)·(*Tanytarsus boodleae* Tok., *T. maritimus* Edw., *T. halophilae* Edw., *T. pelagicus* Tok., *Pontomyia natans* Edw., *P. pacifica* Tok.). Den Larven dieser Arten fehlen die Analpapillen, bei allen anderen Tanytarsarien sind sie vorhanden.

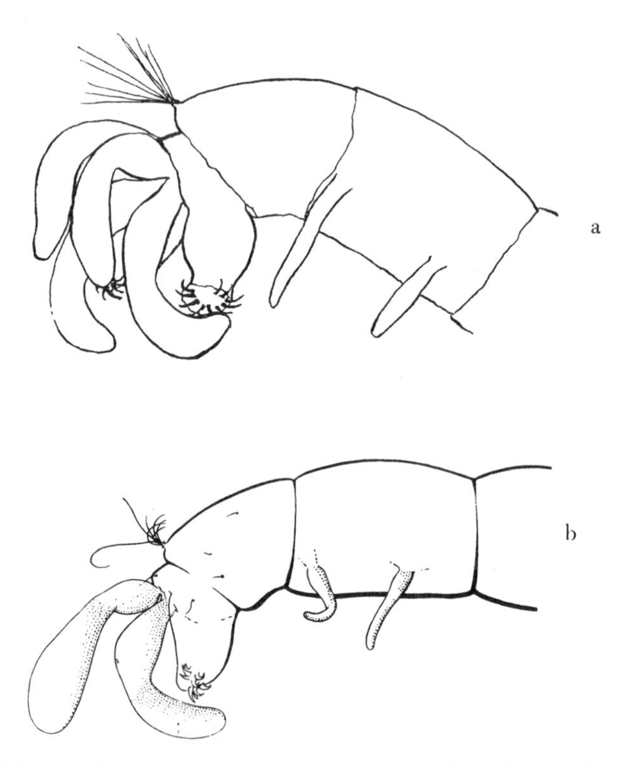

Abb. 75. *Chironomus alpestris.* Larvenhinterende. Almtümpel.
[a aus Lenz 1930, b aus Thienemann 1949 a.]

Typisch marin sind die Clunionarien-Gattungen *Clunio, Belgica, Tethymyia, Eretmoptera, Thalassomyia, Telmatogeton, Paraclunio, Halirytus, Psammathiomyia* (Wirth 1949) und die „*Smittia (Camptocladius)*"-Arten Saunders' (1928): alle ohne Analpapillen (vgl. Thienemann 1944, S. 617 bis 619). Ausnahmen: von den Süßwasserarten von *Telmatogeton* haben die Larven von *hirtus* Wirth stets, die von *abnormis* (Terry) teilweise drei Analschläuche (Wirth 1947 b).

Besonders interessant ist in dieser Beziehung *Trichocladius vitripennis* Staeg. Die Gattung *Trichocladius* im Sinne Kieffers umfaßt eine große Anzahl Süßwasserarten, die alle entweder normale oder stark vergrößerte Analpapillen (vgl. unten) haben. Nur die im Binnensalzwasser wie im marinen Litoral der Nord- und Ostsee weit verbreitete Art *T. vitripennis* besitzt völlig reduzierte Analschläuche, an deren Stelle höchstens noch ganz schwache Vorwölbungen zu erkennen sind (Abb. 74).

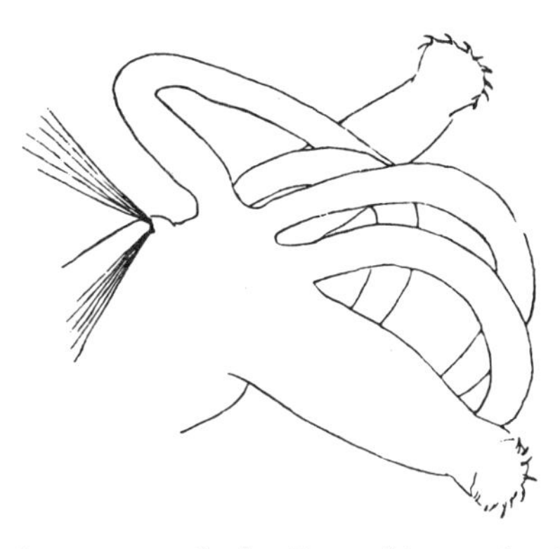

Abb. 76. *Chironomus palpalis*. Larvenhinterende. Südsumatra. [Aus Lenz 1937.]

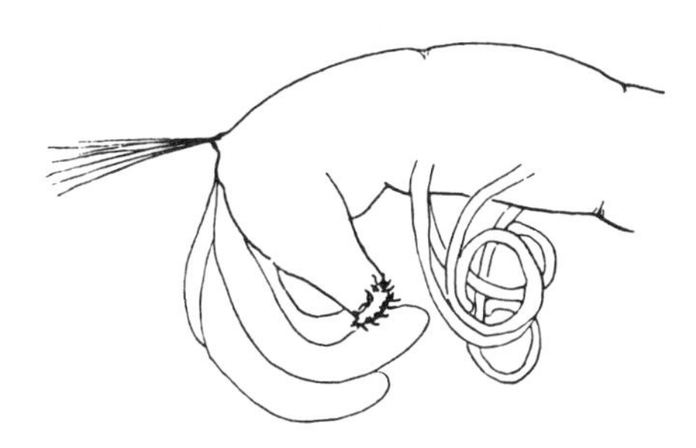

Abb. 77. *Chironomus* sp. vom Diëngplateau, Mitteljava. Larvenhinterende. [Aus Lenz 1937.]

Neuerdings hat Zavřel (1946 b) eine zweite *Trichocladius*-Larve — als *Trichocladius* B — beschrieben, die ebenfalls keine Analpapillen besitzt, aber mit *T. vitripennis* nicht identisch ist. Sie stammt aus polnischen Mineralquellen, und zwar den „Soolthermen" von Ciechoczinek (Hermannsbad) und Pomiarky. Salzgehalt 2 bis 4,5%.

Schließlich hat Stuart (1941, S. 478, 479) aus Rockpools an der schottischen Küste die Larve von *Trichocladius fucicola* Edw. beschrieben und abgebildet, bei der ebenfalls Analpapillen vollständig fehlen.

Betrachten wir nunmehr die abnorme Vergrößerung der Analpapillen; ich habe diese kürzlich in meiner Arbeit über Lunzer Chironomiden (1950, S. 95 ff.) ausführlich behandelt. Eine *Chironomus*-Larve mit solchen Analpapillen bildete LENZ (1930, fig. 3) ab (Abb. 75 a, b); ich stellte 1936 b, S. 181) fest, daß es sich dabei um *Chironomus alpestris* GOETGH., die Charakterform hochgradig gedüngter Almtümpel, handelte. Ganz ähnliche Formen beschrieb LENZ aus Niederländisch-Indien (1937, S. 5 und 16), und zwar *Chironomus palpalis* JOH. (Abb. 76) (Fundort: Südsumatra, Urwald bei Tjurup, in „Bambustöpfen" 7. Mai 1929) sowie eine unbestimmte *Chironomus*-Larve aus einem schwefelhaltigen Quellauf nahe der Kawa Sikidang auf dem Diëngplateau in Mitteljava 4. Juni 1929

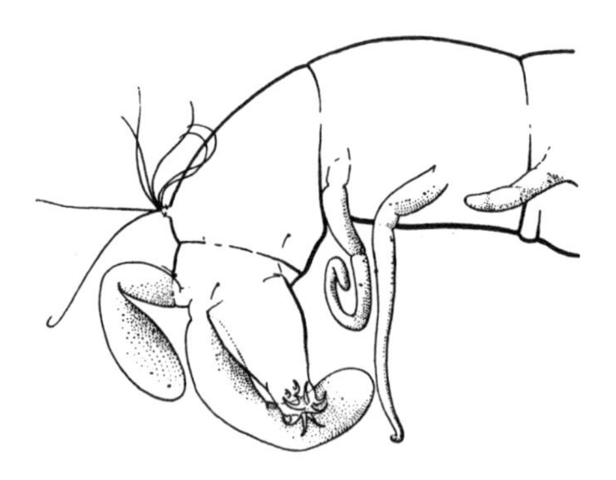

Abb. 78. *Chironomus annularius*. Seefelder, Schlesien. Larvenhinterende. [Aus THIENEMANN 1949 a.]

(Abb. 77). Beide Larvenformen gehören zum *Plumosus*-Typ (während *Ch. alpestris* zum *Thummi*-Typ gehört). Ebenfalls zum *Plumosus*-Typ gehört die von HARNISCH schon 1925 (S. 92—94) vom Hochmoor der Seefelder beschriebene *Chironomus*-Larve mit abnorm langen keuligen, eingeschnürten Analpapillen (Abb. 78); ich habe sie später von der gleichen Stelle gezüchtet, Dr. GOETGHEBUER bestimmte sie als *Ch. annularius* MG.; auch im Hochmoor Bernrieder Filz am Starnberger See fand ich die gleiche Larve (vgl. THIENEMANN 1949 a, S. 103). HARNISCH (1942, S. 604) nannte diese Form der Analpapillen *Claviger*-Typ, die mehr wurstförmigen Papillen der Larven aus Niederländisch-Indien (LENZ 1937, S. 25) *Sarcimentulus*-Typ. Merkwürdigerweise hatte die Tiefenform unserer Seen, *Chironomus anthracinus* ZETT., die in den norddeutschen Seen und den Eifelmaaren ganz normale Analpapillen besitzt (Abb. 79 a), im Lunzer Untersee (Niederösterreich) Papillen vom *Claviger*-Typ! (Abb. 79 b.) ZAVŘEL (1940 b, S. 8) bildet zwei Larven mit Analpapillen vom *Claviger*-Typ ab. Die eine stammt aus kleinen

„sogar tümpelartigen" dystrophen Seen der Hohen Tatra; sie läßt sich von *alpestris* nicht unterscheiden. Die Imagines wurden aber von GOETGHEBUER als *dorsalis* MG. bezeichnet. Die andere stammt aus Argentinien, gehört zur *plumosus*-Gruppe; die gezüchteten Imagines wurden von GOETGHEBUER und PAGAST als *Ch. dorsalis* MG. bestimmt. (Die Richtigkeit der Identifikation mit *dorsalis* erscheint mir indes in beiden Fällen recht zweifelhaft.)

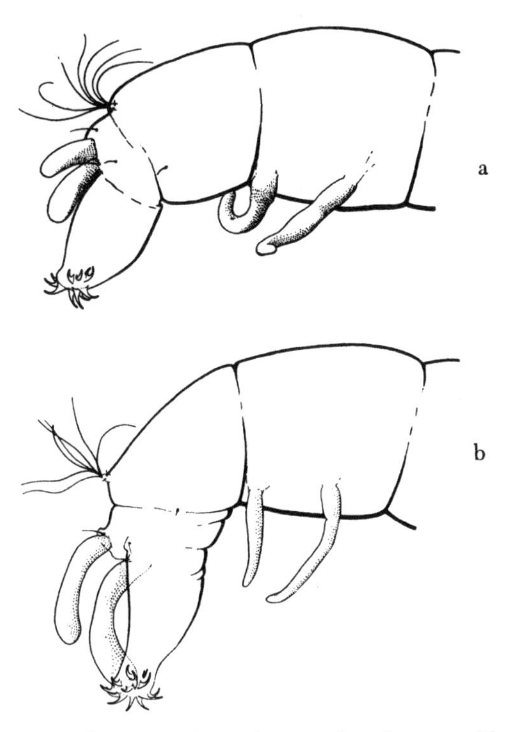

Abb. 79. *Chironomus anthracinus*. Larvenhinterende. a) aus norddeutschen Seen, b) aus dem Lunzer Untersee. [Aus THIENEMANN 1949 a.]

Die Untersuchung der Lunzer Chironomiden hatte in bezug auf die Analpapillen der Larven überhaupt ein ganz merkwürdiges Ergebnis: 13 Arten der Orthocladiinen, 2 Chironomarien, 2 Tanytarsarien zeigten auffallende Vergrößerung der Analschläuche.[22] Abb. 81 bringt die Hinterenden von vier *Trichocladius*-Arten mit abnorm vergrößerten Analpapillen, im Gegensatz zu Abb. 80, einer Art mit normalen Papillen. Abb. 82 bis 84 zwei weitere Orthocladiinen mit solchen abnorm großen Organen. Abb. 85 a

[22] Hinzu kommen nach STRENZKEs Untersuchungen (1950) noch mindestens 12 Arten terrestrischer Orthocladiinen mit auffallender Vergrößerung der Analschläuche, alles Bewohner der pflanzlichen Bodenüberzüge. Bei mehreren Arten zeigt die Größe der Analschläuche eine deutliche Beziehung zur Höhenlage des Fundortes.

stellt *Paratrichocladius inserpens* (WALK.) aus dem Bodensee dar, Abb. 85 b aus dem Lunzer Untersee, Abb. 85 c *P. holsatus* GOETGH. aus Lunz. Bei den Larven von *Corynoneura scutellata* WIN. sind im Lunzer Obersee die Analschläuche so lang oder länger als die Nachschieber (Abb. 86 a), im Lunzer Untersee erreichen sie nur $^3/_4$ oder $^1/_2$ der Nachschieberlänge (Abb. 86 b), in Holstein aber nur $^1/_4$ bis $^1/_3$ der Nachschieberlänge. Die Larven von *Tanytarsus glabrescens* EDW. aus den Almtümpeln und von *T. verralli* EDW. (?) aus dem Lunzer Obersee haben dick aufgetriebene, fast eiförmige Analpapillen, die die Nachschieber um deren Länge überragen (Abb. 87), bei den Larven aus dem Lunzer Untersee sind die Analschläuche schlanker, schlauchförmig und überragen die Nachschieber höchstens um deren halbe Länge

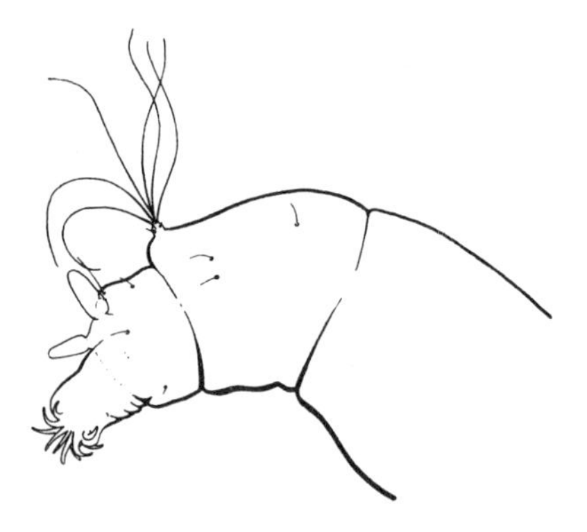

Abb. 80. *Rheorthocladius oblidens.* Larvenhinterende mit normalen Analpapillen; die meisten *Trichocladius*-Arten zeigen das gleiche Bild. [Aus THIENEMANN 1949 a.]

(Abb. 88). Und schließlich sind bei *Monotanytarsus boreoalpinus* aus dem Lunzer Obersee die schlank eiförmigen, distal gerundeten Analpapillen etwa $1^1/_2$mal so lang wie die Nachschieber (Abb. 89). Auch bei zahlreichen, von PESTA in Tiroler Almtümpeln gesammelten Larven konnte ich die gleiche Vergrößerung der Analschläuche feststellen; im Walchensee beobachtete PAGAST die gleiche Tatsache (1936, S. 216). Aber weder in Norddeutschland noch in Lappland ist mir derartiges aufgefallen. Man wird also nach einem äußeren, einem Umweltfaktor, suchen müssen, auf den diese anscheinend für die Alpen charakteristische Erscheinung zurückzuführen ist.

HARNISCH schrieb (1942, S. 607—608) — ehe die Lunzer Tatsachen bekannt waren — folgendes: „Die beobachtete Variation stellt eine erhebliche Vergrößerung der Analpapillen, also auch der die Ionenaufnahme leistenden Oberfläche, dar. Es liegen bislang noch keine Messungen über die Leistungsfähigkeit der Riesenanalpapillen vor, doch ist wahrscheinlich, daß sie gegenüber stärker verdünnten Medien leistungsfähiger sein werden als normale Papillen. In der Tat sehen wir, daß die Biotope, in denen *Chironomus*-Larven mit Riesenanalpapillen (*Claviger*- und *Sarcimentulus*-Typ) leben, durchweg durch geringen Elektrolytgehalt gekennzeichnet sind. Es kommt

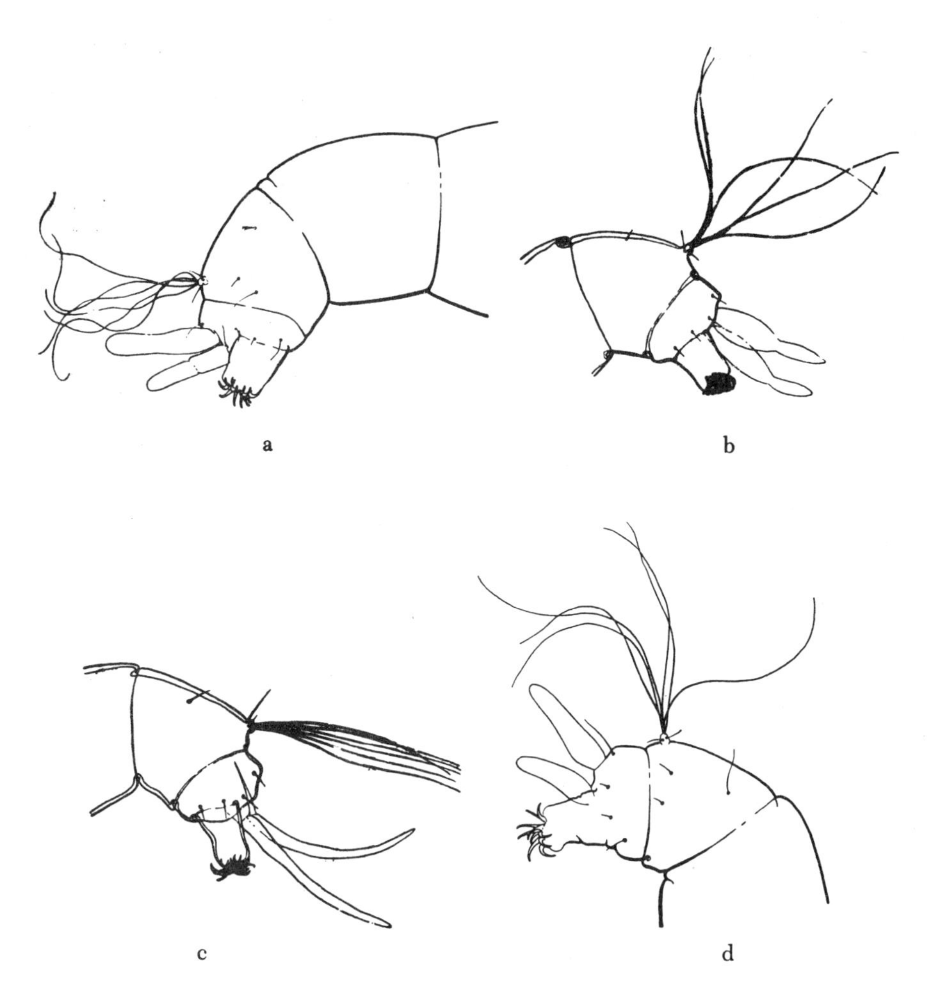

Abb. 81. *Trichocladius*-Arten aus Lunz mit abnorm vergrößerten Analpapillen. a) *T. albiforceps,* b) *T. algarum,* c) *T. tendipedellus,* d) *T. tibialis.* [Aus THIENEMANN 1949 a.]

aber noch ein anderer Biotopfaktor hinzu, der offenbar ebenfalls für das Auftreten der Papillenvergrößerung verantwortlich ist: die saure Reaktion. Untersuchungen über den Einfluß der aktuellen Reaktion auf die Ionenaufnahme liegen noch nicht vor. Es ist aber durchaus denkbar, daß saure

Reaktion sie erschwert. Daß wir Vergrößerung der der Ionenaufnahme dienenden Organe gerade in ± sauren Gewässern finden, spricht dafür, daß ihre Beanspruchung in diesen größer ist als in neutralen und alkalischen Gewässern." Und in einer neueren Arbeit „Ein Gesichtspunkt für die

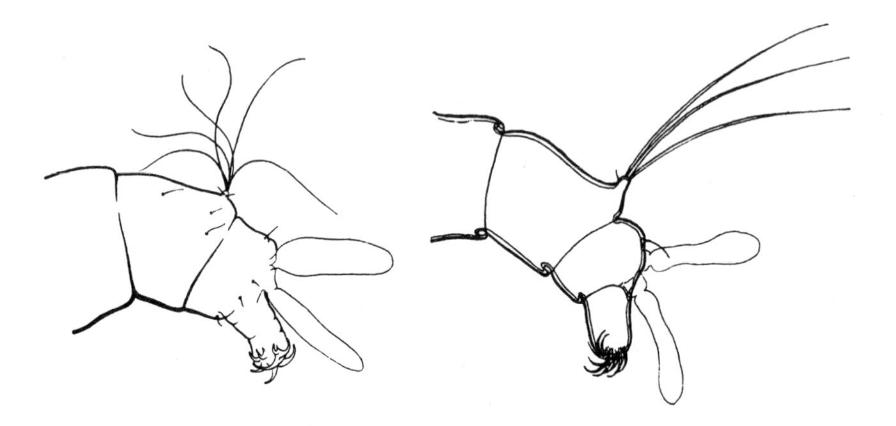

Abb. 82. *Rheorthocladius majus* aus Lunz. Larvenhinterende. [Aus THIENEMANN 1949 a.]

Abb. 83. *Psectrocladius bisetus* aus Lunz. Larvenhinterende. [Aus THIENEMANN 1949 a.]

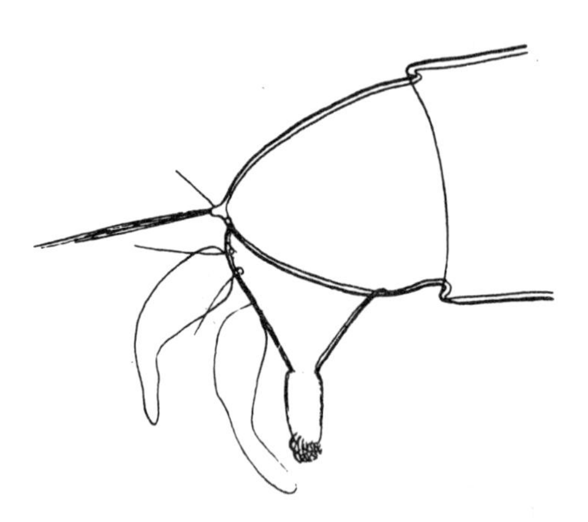

Abb. 84. *Parametriocnemus boreoalpinus* aus Lunz. Larvenhinterende. [Aus THIENEMANN 1949 a.]

Ökologie der Hochmoorwasserfauna" schreibt HARNISCH (1943, S. 423): „Das gesetzmäßige Vorkommen der Riesenanalpapillen in den salzarmen und sauren Hochmoorgewässern muß als Hinweis darauf aufgefaßt werden, daß in diesem Milieu die Analpapillen funktionell stärker in Anspruch genommen sind als in normalem Süßwasser. Da die wesentliche Papillenfunktion die Ionenaufnahme aus dem Medium ist und da das Hochmoormilieu durch extreme Salzarmut gekennzeichnet ist, ist aus diesen Beobachtungen zu folgern, daß die Aufrechterhaltung der optimalen Ionenkonzentration für die Larven im Hochmoorgebiet schwierig ist und die not-

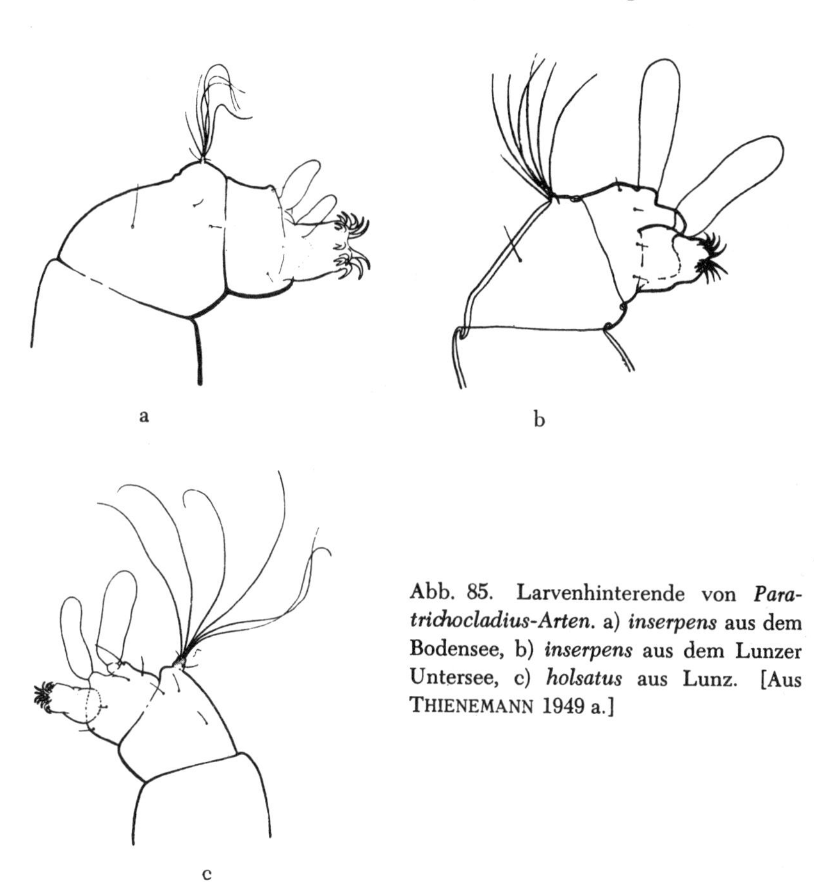

Abb. 85. Larvenhinterende von *Paratrichocladius-Arten.* a) *inserpens* aus dem Bodensee, b) *inserpens* aus dem Lunzer Untersee, c) *holsatus* aus Lunz. [Aus THIENEMANN 1949 a.]

wendige Größenordnung der Ionenaufnahme unter den Bedingungen des salzarmen, sauren Milieus durch Vergrößerung der sie leistenden Organe gewährleistet wird.“ (Vgl. auch HARNISCH 1943 b.)

Aber nun Lunz: „Der Lunzer Untersee, Mittersee und Obersee sind elektrolytenreich und alkalisch, in ihnen leben (oder lebten) aber alle oben genannten Arten mit vergrößerten Analschläuchen mit Ausnahme von *Psectrocladius bisetus.* Nur die Almtümpel und das Rotmoos sowie das Rehbergmoor sind elektrolytenarm und sauer; für die in ihnen lebenden Formen *(Ps. bisetus, Ch. alpestris, T. glabrescens* und *M. boreoalpinus)* würde man die KOCH-KROGHsche Feststellung als ökologisches Erklärungsmoment benutzen können, aber nur insoweit, als die Arten nicht auch in elektrolytenreichem und alkalischem Wasser mit der gleichen Vergrößerung der Analschläuche auftreten; das ist aber der Fall bei *Ch. alpestris, T. glabrescens* und *M. boreoalpinus* (diese auch im Obersee). Ganz auffallend

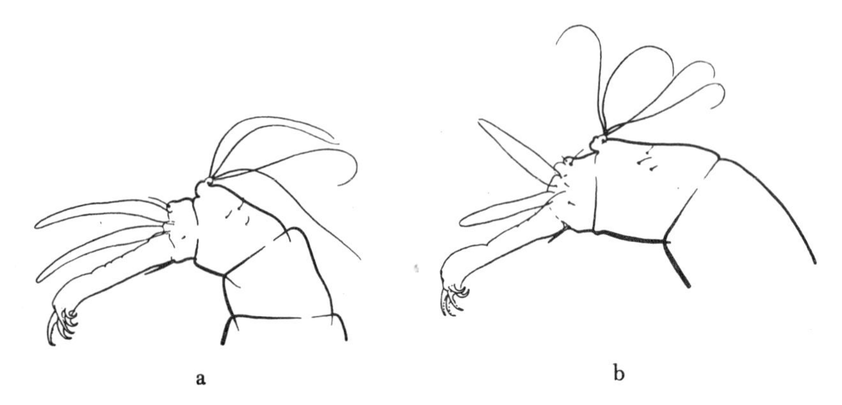

Abb. 86. *Corynoneura scutellata.* Larvenhinterende. a) Aus dem Lunzer Obersee. b) aus dem Lunzer Untersee. [Aus THIENEMANN 1949 a.]

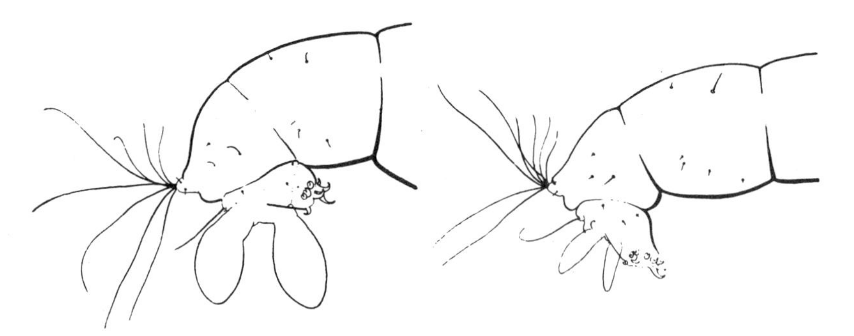

Abb. 87. *Tanytarsus glabrescens* aus Lunzer Almtümpeln. Larvenhinterende. [Aus THIENEMANN 1949 a.]

Abb. 88. *Tanytarsus glabrescens* aus dem Lunzer Untersee. Larvenhinterende. [Aus THIENEMANN 1949 a.]

ist es auch, daß die Larven von *Chironomus anthracinus* im Lunzer Untersee den *Claviger*-Typ der Almtümpel-*alpestris*-Larven aufweisen, in den norddeutschen Seen, die in Reaktion und Elektrolytgehalt zum Teil kaum vom Lunzer Untersee abweichen, normale Analschläuche besitzen. Ähnlich liegen die Verhältnisse bei *Corynoneura scutellata.*

Eine eindeutige Antwort auf die Frage nach dem Faktor, der in den Alpen die Vergrößerung der Analschläuche bei so vielen Chironomidenlarven bedingt, kann ich leider auch nicht geben. Als Primärfaktoren muß man wohl — bei einem vergleichenden Überblick über das vorliegende Tatsachenmaterial — limnochemische und thermische ausschließen. Ich glaube, daß man einzig in der Eigenart der alpinen Strahlungsverhältnisse den bedingenden Primärfaktor suchen kann. Wie allerdings diese Strahlungsverhältnisse hier eingreifen, ist unklar. Wir wissen aber durch zahlreiche Untersuchungen MERCKERS, wie bedeutsam diese Verhältnisse für die Lebenserscheinungen im Wasser sind. Es besteht durchaus die Möglichkeit, daß sie auf die Ionenaufnahme aus dem Medium in der einen oder anderen Weise wirken. Es muß Aufgabe physiologischer Untersuchungen sein, hier tiefer zu schürfen. Hier konnte — leider! — der Problemkomplex nur aufgerollt und ein Hinweis auf einen möglichen Weg seiner Lösung gegeben werden.

‚Man sollte manchmal einen kühnen Gedanken auszusprechen wagen, damit er Frucht brächte' (GOETHE an BOISSERÉE 18. Juni 1819)." (THIENEMANN 1950, S. 109.)

Abb. 89. *Monotanytarsus boreoalpinus.* Lunzer Obersee. Larvenhinterende. [Aus THIENEMANN 1949 a.]

Von Interesse für unser Problem ist auch eine Arbeit, auf die ich erst kürzlich aufmerksam wurde, von A. CERNOVSKIJ über „Chironomidenlarven aus den Gewässern der Umgegend des Baikalsees" (1937). CERNOVSKIJ untersuchte den Goremykskoje-See, einen kleinen See und ein kleines „Gewässer" in der Nähe dieses Sees, den Innokentskoje-See und den Kotelnikowskoje-See; er fand in diesen im ganzen 15 Larventypen. Und bei einer ganzen Anzahl von Formen stellte er stark vergrößerte Analschläuche fest. Auf seiner Abb. 2 bildet er die Hinterenden der Larven ab von *Chironomus plumosus*-Gruppe, *Ch. bathophilus*-Gr., *Ch. salinarius*-Gr., *Tanytarsus gregarius*-Gr., *Microtendipes* (bei all diesen *Claviger*-Typ der Analschläuche), ferner *Paratanytarsus*-Gr. (Analschläuche stark aufgeschwollen und verlängert), *Psectro*-

cladius psilopterus-Gr. (Analschläuche mehr als doppelt so lang als die Nachschieber, schlank); außerdem beobachtete er noch bei *Limnochironomus* vergrößerte Analschläuche.

Der Versuch des Verfassers, eine Erklärung des Phänomens zu finden, geht von der Annahme einer Atemfunktion der Analschläuche aus, ist also heute nicht mehr zu halten.

Auch im Baikalsee selbst beobachtet man die gleiche Erscheinung der Analschlauchvergrößerung bei Chironomidenlarven. G. WERESTSCHAGIN sammelte während der Baikalexpedition 1925 der Russischen Akademie der Wissenschaften auch Chironomidenlarven.

Am 28. Juli arbeitete er in der Bucht Possoljski Ssor, an der Ostseite des Südbeckens des Baikal. In 2,75 m Tiefe (Wassertemperatur in 2 m 18,42°)

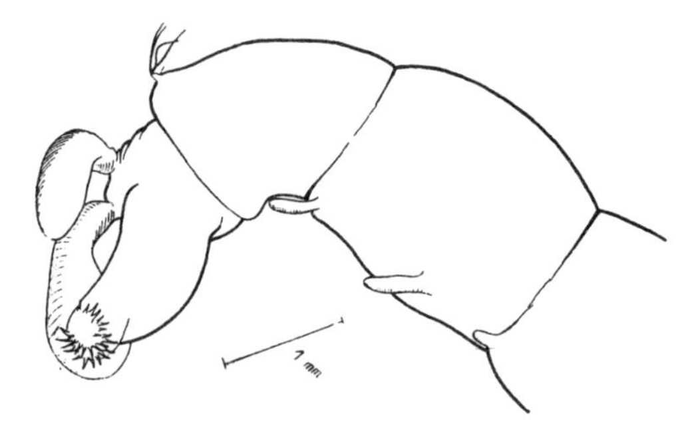

Abb. 90. *Chironomus* sp., *plumosus*-Gruppe, Typus *semireductus-claviger*. Hinterende einer ausgewachsenen Larve aus dem Baikalsee. [del. Dr. K. STRENZKE.]

lebten im schwarzen Schlamm riesige (2,7 cm lange, 0,2 cm dicke) *Chironomus*-Larven der *Plumosus*-Gruppe, vereinzelt auch Puppen; in 3,75 m Tiefe (Wassertemperatur am Boden 18,25°) fanden sich in grauem Schlamm mit Detritus halberwachsene Larven der gleichen Art in unheimlichen Massen.

Diese Larven hatten ganz kurze fingerförmige Tubuli, beide Paare von gleicher Länge, und mächtige Analpapillen vom *Claviger*-Typ; also: *Chironomus* sp. *plumosus*-Gruppe, Typus *semireductus-claviger*. Das ist eine bisher unbekannte Kombination (Abb. 90).

(Die Larven CERNOVSKIJS [vgl. seine Fig. 2, 1] sind *plumosus-nonreductus-claviger*.)

Natürlich bleibt auch für das Baikalgebiet die Frage nach dem Faktor, auf den die Vergrößerung zurückzuführen ist, unbeantwortet.

3. Atmung

Die Chironomidenlarven haben ein geschlossenes Tracheensystem. ZAVŘEL hat (1918) seinen Bau bei den verschiedenen Chironomidengruppen untersucht; man kann auf Grund der Modifikationen des Tracheensystems direkt einen „Bestimmungsschlüssel" für die Hauptgruppen entwerfen.

1. Tracheen in allen Körpersegmenten 2
   Tracheen nur in einigen Körpersegmenten (besonders im Thorax) entwickelt: Chironominae 4
2. Dorsale Queranastomosen in allen thorakalen und in den ersten 7 Abdominalsegmenten vorhanden: Ceratopogonidae.
   Nur 3 dorsale Queranastomosen vorhanden 3
3. Queranastomosen im 1. und 2. thorakalen und an der Grenze des 7. bis 8. Abdominalsegmentes entwickelt: Tanypodinae.
   Queranastomosen in allen Thorakalsegmenten: Orthocladiinae.
4. Tracheen nur im Thorax: Chironomariae genuinae.
   Tracheen auch in den letzten 3 Abdominalsegmenten: Tanytarsariae (+ Chironomariae connectentes).

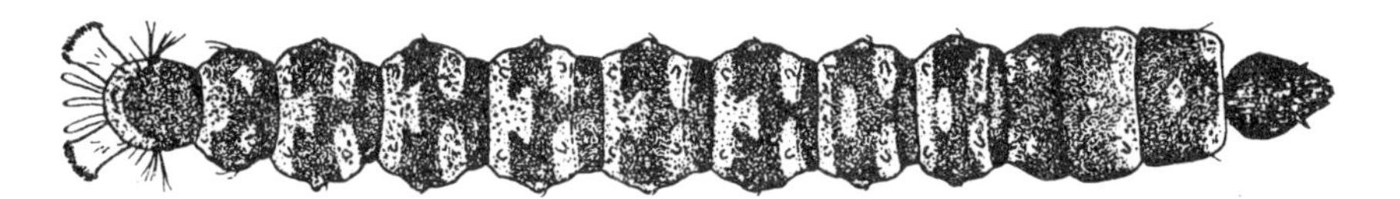

Abb. 91. *Heptagyia lurida.* Dorsalansicht der Larve. [Aus SAUNDERS 1928 a.]

Die Atmung solch „apneustischer" Larven ist natürlich eine Hautatmung, und zwar bei den Chironomidenlarven eine allgemeine Hautatmung. Allerdings hat man früher verschiedene Körperanhänge als Kiemen, und zwar als Blutkiemen, angesehen, und zwar einmal die Analpapillen; wir wissen aber heute, wie oben (S. 118) ausgeführt, daß diese Organe der Ionenregulation dienen. Ferner die sogenannten Tubuli der *Chironomus*-Larven, die ventralen Anhänge des 11. und lateralen Zapfens des 10. Segmentes; doch hat Fox (1921) nachgewiesen, daß der Gasaustausch an der gesamten Körperoberfläche, ohne Bevorzugung der sogenannten Blutkiemen, erfolgt. HARNISCH hat mit anderer Methodik (1930 a) das gleiche Ergebnis gehabt. Auch bei eigenartigen Organen einer Orthocladiine hat man von Blutkiemen gesprochen. SAUNDERS (1928 a) wies an den Abdominalsegmenten der Larve der nordamerikanischen *Heptagyia lurida* GARRETT „short, soft, protrusible papillae, apparently respiratory blood-gills" nach, und zwar in folgender Anordnung: am Mesothorax ein vorderes Paar, am Metathorax ein hinteres

Paar und an allen Abdominalsegmenten mit Ausnahme des letzten je ein vorderes und ein hinteres Paar (Abb. 91). Die europäischen *Heptagyia*-Arten besitzen diese — ganz einzigartigen — Gebilde nicht. Ich halte es für wenig wahrscheinlich, daß es sich bei diesen Organen wirklich um Kiemen handelt. Die *lurida*-Larven leben, ebenso wie unsere europäischen Formen (vgl. S. 48), in der Spritzzone an Blöcken der Gebirgsbäche, also in einem hochgradig sauerstoffreichen Milieu. Vorläufig ist die Funktion dieser Papillen rätselhaft.[23] Für die gehäusebauenden Chironomidenlarven bedeutet das Leben in den engen Röhren natürlich eine Erschwerung der Atmung. Doch ist das die Larve umgebende Medium in manchen Fällen so sauerstoffreich, daß das O_2-Bedürfnis der Larve ohne weiteres gedeckt ist. Das gilt z. B. für die in *Potamogeton natans* minierenden Larven von *Eucricotopus brevipalpis* (vgl. S. 72), die in ihrem von grünem, assimilierendem Pflanzengewebe umgebenen Gang in feuchter Luft liegen bzw. kriechen, ohne besondere Abdominalschwingungen auszuführen. Das gilt weiterhin für die Arten, die in dem dünnen Wasserhäutchen auf Blättern und Steinen in Quellen oder auch am Rande der Gewässer oder auf den ganz schwach überspülten Felsen sogenannter hygropetrischer Stellen leben (Larven der Gattung *Metriocnemus,* vor allem die violett-weiß geringelten Larven von *M. hygropetricus* K., der Gattung *Dyscamptocladius, Limnophyes* u. a.). Auch für diese Arten ist O_2 stets reichlich vorhanden. Hierher gehören auch die *Heptagyia*-Larven aus der Spritzzone der Felsen der Bergbäche. Vor allem aber leben die Tiere der starken Strömung unter günstigsten O_2-Bedingungen. Denn selbst durch die Röhren dieser Larven strömt ja ständig Wasser, so daß die atmende Körperoberfläche immer von frischem, unverbrauchtem Wasser überspült wird. Solche Biotope haben einen „physiologischen Sauerstoffreichtum" (vgl. S. 24). Die Larven können also ruhig in ihren Gängen sitzen oder das Substrat abweiden, ohne daß besondere Atembewegungen notwendig wären.

Anders werden die Verhältnisse im O_2-ärmeren Wasser, wie wir sie in den Schlammzonen unserer stehenden Gewässer, in Gewässern, die durch organische, faulende Stoffe verunreinigt sind, in hochtemperierten Gewässern usw. haben. Die Sauerstoffarmut kann in der Tiefe mancher eutropher Seen im Sommer, oder auch im Winter unter Eis, bis zu vollständiger Sauerstoffleere absinken. Überall, wo das Wasser nicht einen extrem hohen O_2-Gehalt oder durch Wasserbewegung einen „physiologischen" O_2-Reichtum aufweist, führen die Chironomiden Atembewegungen aus mit dem Ziele, ständig unverbrauchtes Wasser der atmenden Haut zuzuführen. In sauerstoffärmeren Gewässern verlassen die *Chironomus*-Larven oft, vor

[23] Rätselhaft aber ist mir auch der „Branchies sanguines" überschriebene Passus in SÉGUYs Buch (1950, S. 136): „De nombreuses larves présentent certaines régions du tégument amincies saillantes sur la surface du corps *(Chironomus)* ou invaginées dans la région rectale. Ces organes se présentent comme des sacs remplis de sang, mais dépourvus de trachés ou ayant seulement quelques rameaux."

allem nachts, zeitweise ihre Gehäuse. MIALL and HAMMOND (1900, S. 3) berichten darüber für die von ihnen monographisch bearbeitete *Chironomus*-Art:[24]

„Wenn die Larve nicht gestört wird, verläßt sie am Tage ihre Röhre selten oder nie; aber während der Nacht wagt sie sich heraus und schwimmt, sich in S-förmigen Figuren windend, dicht unter der Wasseroberfläche. Der Körper wird dabei stark gekrümmt und dann plötzlich zur entgegengesetzten Seite geschnellt, so daß die dem Wasser erteilten Schläge die Larve langsam vorwärts treiben. Während dieser nächtlichen Ausflüge wird ein Sauerstoffvorrat angelegt, der für den folgenden Tag voll ausreicht, wenn die hilflose Larve ihre Röhre nicht zu verlassen wagt. In der Gefangenschaft sind die Larven sorglos in bezug auf die Rückkehr in ihre alten Bauten, da sie sich leicht neue anfertigen können; in kleinen Gefäßen pflegen sie jedoch von Zeit zu Zeit in die alten Röhren zurückzukehren. Wenn das Wasser gut durchlüftet ist und ausreichend Nahrung zur Verfügung steht, bleiben sie oft Tag und Nacht in ihren Röhren."[25]

Diese „lokomotorischen Atmungsbewegungen", wie sie ZAVŘEL (1918, S. 206) nennt, sind schon den Amateurmikroskopikern des 18. Jahrhunderts aufgefallen und haben zu der Bezeichnung „Harlequin fly" für die *Chironomus*-Mücke geführt (vgl. dazu THIENEMANN 1923, S. 528). MARTIN FROBENIUS LEDERMÜLLER, „Hochfürstlich Brandenburg-Culmbachischer Justiz-Rath, Mitglied der Kayserlichen Akademie der Naturforscher und der Deutschen Gesellschaft in Altdorf" (1719—1769), gab im Jahre 1761 eine „Mikroskopische Gemüths- und Augen-Ergötzung" heraus. Seine „Tabula LXXV" ist überschrieben „Der Arlequin, ein Schlammwasser-Inseckt". Da bildet er — nicht gerade naturgetreu — die Larve einer *Chironomus*-Art ab (vgl. Abb. 92); die Abbildungen sind leuchtend koloriert: schwarz der Kopf, knallrot die „Zunge", d. h. die vorderen Fußstummel, grün der Darm, blaßrot der übrige Körper. Über die Bewegungen der Larve schreibt er:

„Ob in dem Reiche der Schlammthierchen Komödien gespielt werden, werde ich wohl niemalen bejahen, ob ich schon Begebenheiten und Heldenthaten unter ihnen mit angesehen, welche Stoff zu den schönsten Stücken auf die Schaubühne geben könnten ...

Indessen ist es doch gewiß, daß unter ihnen ein Geschöpf lebet, welches in gar vielen Stücken, der possierlichen Figur eines Arlequins gleicht. Sein schwarzer Kopf, sein scheckicht gefärbter Leib, und seine lächerlichen Sprünge und hüpfenden Verdrehungen und Wendungen, deren einige mit Sternchen bey der 1. Figur dieser fünf und siebenzigsten Kupfertafel angemerkt sind, haben viel ähnliches mit dieser lustigen Person der italienischen Schaubühne.

---

[24] Sie bezeichnen sie als *Ch. dorsalis* MG.; aber *dorsalis* gehört zur *Plumosus*-Gruppe, die Larve hat die beiden lateralen Zipfel am Analende des 10. Segmentes; diese fehlen der von MIALL and HAMMOND bearbeiteten Larve (vgl. MIALL and HAMMOND, fig. 1). Diese ist eine Form der *thummi*-Gruppe, wahrscheinlich *Ch. thummi* selbst.

[25] Eine physiologische Analyse dieser Bewegungen gab OEHRING (1934) in einer Arbeit über „Die Helligkeitsreaktion der *Chironomus*-Larve"

Denn bald steht dieses Insekt auf dem Kopf oder vielmehr auf der unter demselben hervor ragenden rothen Zunge oder Klappe, bald aber auf seinem mit breiten Floßfedern gezierten Schwanze, gerad in der Höhe; bald liegt es, nach der Länge gestreckt, ganz stille, fährt aber hernach wie ein Blitz zusammen und springt wie eine Schlange, weit vor sich hin. Zuweilen ist es wie ein Ballen zusammengerollt, siehet mit seinem schwarzen Kopf heimtückisch, gleich einem Scapin aus seinem Mantel, hervor, macht sodann mit einmal einen Sprung in die Höhe, krümmet sich endlich wie ein gespannter halber Bogen, und gehet ganz bedächtlich in dieser Positur, als eine Spannerraupe, auf dem Wasser fort, auf welchem es sich allemal, sowohl in der Tiefe als auf der Fläche und dem Grunde des Wassers, im Gleichgewichte, wie ein Fisch, zu erhalten weiß. Ich will aber hierbey noch nicht bestimmen, ob es eine Raupe oder Schlange seye. Unter die Classe der erstern kann ich es nicht setzen, weilen ich keine Füße daran gesehen; und weilen es zwölf Abschnitte oder Glieder hat, darf ich (es) ihn auch nicht wohl für eine

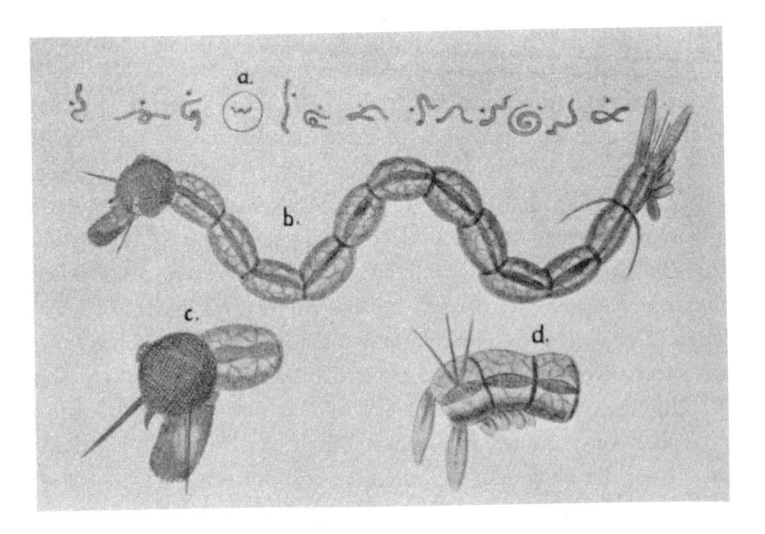

Abb. 92. „Der Arlequin, ein Schlammwasser-Inseckt“. Rote *Chironomus*-Larve und ihre Bewegungen. [Aus LEDERMÜLLER 1761.]

Schlange halten. Es bleibt mir daher nichts übrig, als dieses Inseckt für eine Wassermade zu halten. Wiewohlen ich diese meine Meynung nicht für unwidersprechlich halte. Ob ich es aber mit richtigen Begriffen, nach den Kräften meiner Einbildung, mit dem Namen eines Arlequin belegt? überlasse ich der Beurtheilung meiner g. L.“

Als „stromerzeugende Atembewegungen“ bezeichnet ZAVŘEL (1918, S. 206):

„a) Wellenbewegungen des ganzen Körpers, wobei die Larve mittels der Vorderfüßchen und Nachschieber festgehalten wird.

b) Pumpende Bewegungen, wobei die Larve nur mit den Nachschiebern festgehalten wird und ihren Körper abwechselnd vorschnellt und zurückzieht.“

ZAVŘEL weist auf die Beschreibung dieser Bewegungen bei minierenden Larven durch GRIPEKOVEN und WILLEM hin und fährt dann fort: „Dieselben Bewegungen kann man auch bei den Gehäuse bewohnenden Chironomidenlarven sowie auch bei einigen freilebenden *(Trichotanypus, Macropelopia, Prodiamesa* usw.) beobachten.“ Wir haben oben schon mehrfach auf diese Bewegungen hingewiesen; stehen sie doch nicht nur im Dienste der Atmung, sondern auch in dem der Ernährung. Über die Periodizität dieser „Ventilations“-Bewegungen bei *Chironomus* liegt bisher nur eine kurze Notiz A. LINDROTHS (1942) vor.

ZAVŘEL (1918, S. 206) beobachtete auch „Pendelbewegungen bei *Chironomus-* und *Tanytarsus*-Larven. Die Larve streckt ihren Körper aus dem Gehäuse vor (Abdomen voraus) und führt damit schwingende Bewegungen aus.“ Doch ist dieser Bewegungsmodus wohl kein normaler.

Anhang: Die Tubuli

Hier seien einige Bemerkungen über die Tubuli der *Chironomus*-Larven eingeschaltet, wenngleich diese Anhänge nach den neuesten Untersuchungen sicher keine Kiemen darstellen.[26] LENZ hat sich in verschiedenen Arbeiten mit dem Problem der Variabilität dieser Gebilde befaßt (1920, 1924, 1926, 1930, 1937), HARNISCH gab 1942 (b) eine zusammenfassende Darstellung.

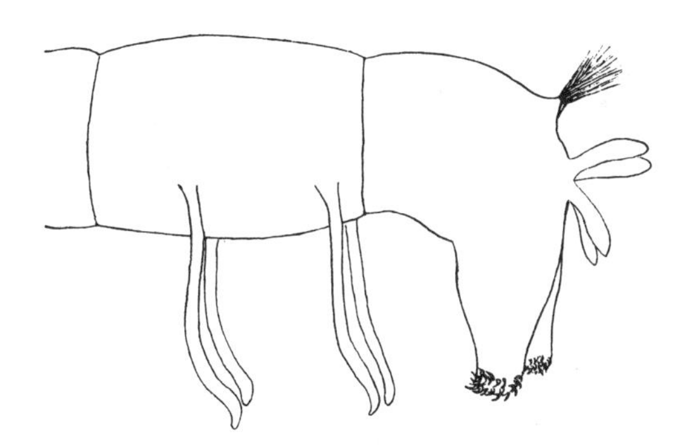

Abb. 93. Hinterende einer normalen *Chironomus*-Larve der *Thummi* Gruppe. [Aus LENZ 1930.]

Tubuli finden sich bei *Chironomus*-Larven der *Thummi-* und der *Plumosus*-Gruppe. LENZ und HARNISCH unterscheiden folgende Reduktionstypen (normaler Typ der *Thummi*-Gruppe vgl. Abb. 93, der *Plumosus*-Gruppe Abb. 94):

---

[26] Vgl. die Anmerkung auf Seite 132. Die Auffassung der Tubuli von *Ch. plumosus, bathophilus, thummi* als einer Anpassungsreihe an sinkenden O_2-Gehalt, wie sie SYMOENS (p. 77) ausspricht, dürfte sich kaum halten lassen.

I. *Plumosus*-Gruppe:

1. *Semireductus*-Typ (Abb. 94): Tubuli gleichmäßig und meist ziemlich erheblich verkürzt, oft nur kurze, zipfelförmige Schläuche von Nachschieberlänge oder überhaupt nur kleine Spitzen, wie die Lateralzipfel am 10. Segment.
2. *Reductus*-Typ (Abb. 95): Tubuli des 11. Segmentes völlig fehlend.

II. *Thummi*-Gruppe:

1. *Halophilus*-Typ (Abb. 96): Vor allem das orale Paar der Tubuli verkürzt, das anale weniger oder gar nicht.
2. *Salinarius*-Typ (Abb. 72): Tubuli fehlen völlig.
3. *Fluviatilis*-Typ (Abb. 97): Tubuli mehr oder weniger verkürzt, eigenartig zugespitzt.

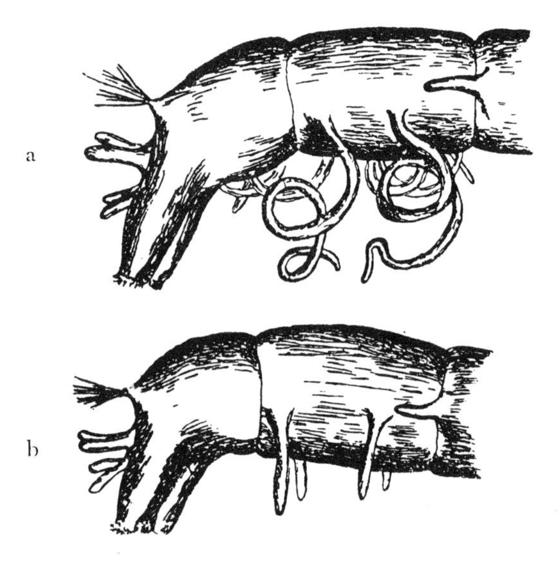

Abb. 94. Hinterende von *Chironomus*-Larven der *Plumosus*-Gruppe. a) mit normalen Tubuli, b) mit verkürzten Tubuli (*semireductus*-Typ). [Aus LENZ 1924.]

HARNISCH gibt (S. 598, 599) eine Übersicht über die Lebensstätten, an denen die einzelnen Typen bisher gefunden worden sind, und stellt zusammenfassend fest, „daß bei den Angehörigen der *Thummi*-Gruppe weitgehendere Reduktion vorwiegend in salzhaltigem Wasser zu beobachten ist; nur vereinzelt finden sich Larven ohne Tubuli (*Salinarius*-Typ) in Süßwasser und nur der *Fluviatilis*-Typ, dessen Tubulireduktion mehr durch Zuspitzung als durch Verkürzung ausgeprägt ist, lebt überwiegend in Süßwasserflüssen, nur gelegentlich in brackigem Wasser. Von der *Plumosus*-Gruppe finden wir zwar ebenfalls den *Semireductus*-Typ reichlich in brackigem Wasser verbreitet, doch meidet er offenbar Wasser mit höherem NaCl-Gehalt und ist dagegen in verhältnismäßig sauerstoffreichem Wasser von Seen und namentlich Flüssen weit verbreitet. Der *Fluviatilis*-Typ ist bislang nur aus Süß-

Abb. 95. Hinterende einer *Plumosus*-Larve vom *reductus*-Typ.
[Aus LENZ 1924.]

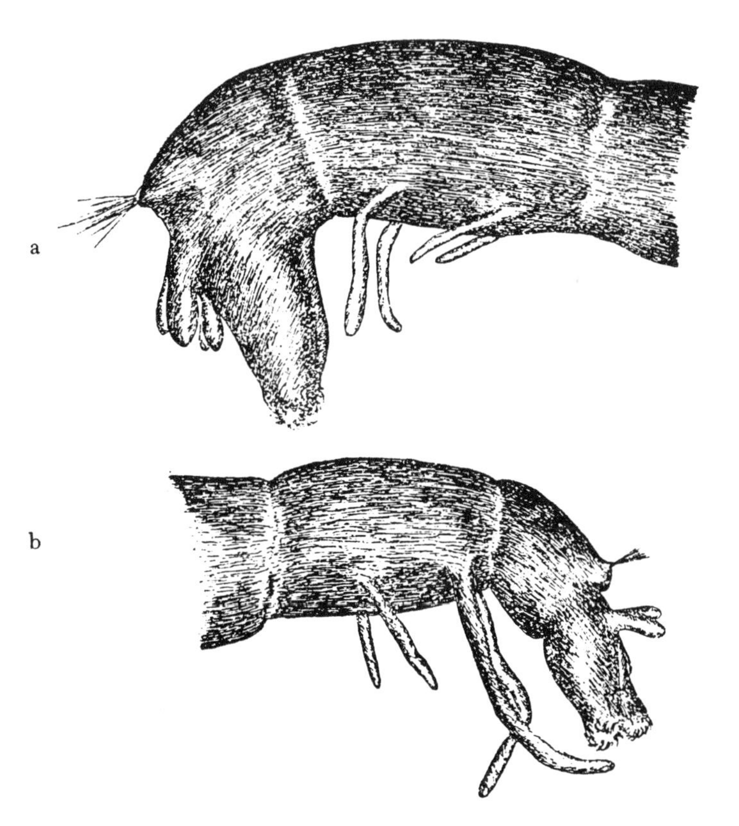

Abb. 96. Hinterende von a) *Chironomus halophilus*, b) *Ch. bicornutus*.
[Aus LENZ 1920.]

wasserbiotopen, und zwar vorwiegend ebenfalls aus Flüssen und flacheren Zonen sauerstoffreicher Seen bekannt." Nachdem durch Fox die Kiemenfunktion der Tubuli widerlegt ist, muß man auch alle Versuche, die Tubulireduktion mit Sauerstoffaufnahmeproblemen in Beziehung zu bringen, fallen lassen. Aber auch HARNISCHS Versuch, „die Reduktion der Tubuli als eine Hemmungsbildung aufzufassen unter dem Einfluß von Mediumfaktoren, die für das Leben im fraglichen Biotop Vorteile bietet" (l. c. S. 603), erscheint mir problematisch. Wenn wir ehrlich sein wollen, so müssen wir gestehen, daß uns sowohl die physiologische Leistung der Tubuli wie die

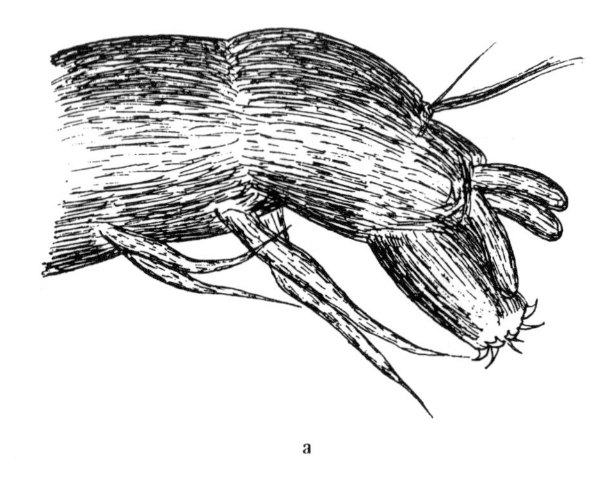

a

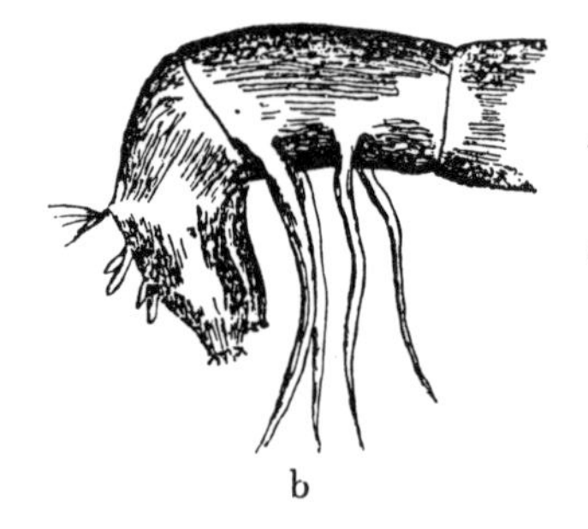

b

Abb. 97. Hinterende von *Chironomus*-Larven der *thummi*-Gruppe vom *fluviatilis*-Typ. a) *Ch. flavicollis* MG. var. (det. KIEFFER) aus der Oder, b) *Ch.* sp. aus der Wolga. [Aus HARNISCH 1922 a und LENZ 1924.]

Reduktionserscheinungen an diesen Organen vorläufig noch völlig rätselhaft sind. Einen Hinweis auf die Funktion dieser Gebilde gibt es allerdings; HARNISCH hat ihn (1937) gegeben: „Während die Oberflächenvergrößerung der Tubuli bei ruhenden Larven mit normaler Standardenergiegewinnung für die Größenordnung des Sauerstoffverbrauches bedeutungslos ist, zeigte sich, daß sie für die stark erhöhte Erholungsatmung von Larven, die zuvor unter Stickstoff einer Anaerobiose unterworfen waren, nicht belanglos ist: nach Ausschaltung der Tubuli durch eine Haarligatur oder durch einen

Klecks einer Kittmasse (Gesol) über den Tubuli war die Atmungsgröße dieser Larven um durchschnittlich etwa 20% erniedrigt. Da die Geschwindigkeit, mit der die Aufgabe der Erholungsatmung nach Anaerobiose erledigt wird, für das Tier nicht unwesentlich ist, kommt somit den Oberflächenvergrößerungen der Tubuli doch eine gewisse Bedeutung für den Gaswechsel zu, wenn auch nicht im Sinne von ‚Kiemen', an denen der Gaswechsel überhaupt lokalisiert wäre."

HARNISCH hatte sich vorgenommen, den ökologischen Gegensatz zwischen stenoxybionten und euryoxybionten Chironomidenlarven, das „*Chironomus-Tanytarsus*-Problem", physiologisch zu klären. „Ich glaubte damals, durch einige einfache Untersuchungen zum Ziele zu kommen, mußte aber bald erkennen, daß ich mir eine Lebensaufgabe gewählt hatte", schreibt er (1943 a, S. 185). Das rein Physiologische zu verfolgen, ist hier nicht der Platz. Hier sei nur noch kurz angeführt, was HARNISCH (1943 a, S. 203) aus seinen physiologischen Untersuchungen für das ökologische Problem folgert: „1. Der über das Vorkommen von *Chironomus*- oder *Tanytarsus*-Formen entscheidende Biotopfaktor ist mit Sicherheit die Sauerstoffspannung. Allerdings handelt es sich nicht um eine einfache, direkte Einwirkung des Milieufaktors, sondern um eine ziemlich komplizierte indirekte Wirkung. 2. Zwischen stenoxybionten und euryoxybionten Chironomidenlarven (wenigstens zwischen *Chironomus* und *Tanytarsus)* besteht physiologisch kein prinzipieller, qualitativer, sondern nur ein quantitativer Unterschied, letzten Endes ein Unterschied in der Zeit, in der ein schädigender Faktor ohne eingeschaltete Erholung ertragen werden kann." Vgl. hierzu auch die dieses Thema behandelnden Abschnitte in HARNISCHS neuem Buche „Hydrophysiologie der Tiere" (1951).

Schon bei LENZ (1921, 1926) finden wir eine Angabe, daß aus verschiedenen Larventypen die gleiche Imaginalart gezüchtet wurde *(Ch. salinarius* K. aus Larven vom *Salinarius*-Typ [Westfalen] und solchen vom *Halophilus*-Typ [Holstein]). Auf der Deutschen Limnologischen Sunda-Expedition zog ich von JOHANNSEN als *Chironomus costatus* beschriebene Imagines sowohl aus Larven vom *Plumosus*- wie *Thummi*-Typ (LENZ 1937, S. 3, 4). Neuerdings hat SÖGAARD ANDERSEN (1949) bei seinen eingehenden Studien über Brackwasser-*Chironomus* in Tipperne am Ringköbing-Fjord durch Zuchtversuche überaus merkwürdige Ergebnisse erzielt.

Aus Larven vom *Salinarius*-Typ züchtete er Imagines von
Ch. cingulatus nigricans GOETGH. und
Ch. „annularius nigricans".

Aus Larven vom *Halophilus*-Typ Imagines von
Ch. thummi K. und
Ch. aprilinus MG.

Aus Larven vom *Thummi*-Typ Imagines von
Ch. thummi K.,
Ch. aprilinus MG.,
Ch. cingulatus venustus STAEG.,
Ch. annularius intermedius STAEG.

Aus Larven vom *Plumosus*-Typ Imagines von
Ch. thummi K.,
Ch. aprilinus MG.,
Ch. cingulatus venustus STAEG.,
Ch. annularius intermedius STAEG.,
Ch. dorsalis dorsalis MG.

Der *Salinarius*-Typ und *Halophilus*-Typ ergaben also je 2 Imaginalformen, der *Thummi*-Typ 4, der *Plumosus*-Typ 5. Umgekehrt: *Ch. thummi* und *aprilinus* wurden aus je 3 Larventypen gezüchtet, *Ch. cingulatus venustus* und *Ch. annularius intermedius* aus je 2 Larventypen, *Ch. dorsalis, cingulatus, nigricans* und *„annularius nigricans"* aus je einer *(Plumosus* bzw. *Salinarius).* Trotzdem sind die verschiedenen Larven- und Imaginalcharaktere nicht „aufs Geratewohl" miteinander kombiniert. Denn bei jedem Larventyp überwiegt doch e i n e gezüchtete Imaginalart. So schlüpften in SÖGAARD ANDERSENS Zuchten:

aus dem *Halophilus*-Typ: 36 *aprilinus* ♂, 2 *thummi;*

aus dem *Thummi*-Typ: 25 *Ch. thummi* ♂, 10 *aprilinus,* 7 *cingulatus venustus,* 1 *annularius intermedius;*

aus dem *Plumosus*-Typ: 64 *Ch. annularius intermedius* ♂, 13 *cingulatus venustus,* 12 *dorsalis,* 5 *thummi,* 1 *aprilinus.*

In dem Brackwassertümpel seiner Lokalität 1 beobachtete SÖGAARD ANDERSEN (S. 14), daß im April nur Larven des *Plumosus*-Typs vorhanden waren; Anfang Mai erscheinen Larven des *Thummi*-Typs und überflügeln die des *Plumosus*-Typs, und das bleibt so bis zum Austrocknen des Tümpels (Ende Mai). Ist im Juli oder August der Tümpel wieder gefüllt, kommt zuerst der *Thummi*-Typ, später, wenn der Boden weich geworden ist, erscheint der *Plumosus*-Typ und überflügelt nun den *Thummi*-Typ. Dieser ist also nur vorhanden, wenn der Salzgehalt des Wassers niedrig ist. Der *Halophilus*-Typ ist nur im Frühjahr da. In seinem Kapitel über den Einfluß des Milieus auf die morphologischen Charaktere schreibt SÖGAARD ANDERSEN (S. 55): „Larven mit reduzierten Tubuli werden häufiger in brackigem oder salzigem Wasser als in Süßwasser gefunden, und in Tipperne sind Larven mit voll entwickelten Tubuli *(Plumosus*- und *Thummi*-Typ) auf Gewässer beschränkt, die keine Verbindung mit dem Fjord haben; die Larven im Fjord haben entweder reduzierte *(Halophilus*-Typ) oder fehlende Tubuli *(Salinarius*-Typ). Man möchte daher glauben, die Reduktion der Tubuli sei eine durch die Salinität des Wassers bewirkte Modifikation." Doch meint SÖGAARD ANDERSEN, dieser Schluß sei falsch, da aus *Ch. aprilinus*-Laich sich im salzarmen Wasserleitungswasser typische „*Halophilus*-Larven" entwickelten. Ich glaube aber, das spricht n i c h t gegen eine Beziehung der Tubulireduktion zum Salzgehalt des Wassers, sondern zeigt nur, daß hier schon erbliche Veränderung vorliegt. — Soweit SÖGAARD ANDERSENS Beobachtungen. Es ist dringend zu wünschen, daß seine Untersuchungen in anderen Gegenden aufgenommen, nachgeprüft und auch auf die übrigen Arten der Gattung *Chironomus* s. s. ausgedehnt werden. Denn dieses Problem der Divergenz zwischen der Morphologie der einzelnen Entwicklungsstadien einer holometabolen Insektenart hat doch ein ganz allgemeinbiologisches Interesse.

Es ist übrigens SÖGAARD ANDERSEN entgangen, daß schon ZAVŘEL (1940b) in seiner Arbeit „Polymorphismus der *Chironomus*-Larven" das Problem „gleiche Imago aus verschiedenen Larventypen" behandelt hat, und zwar auf Grund seiner Zuchten, bei denen GOETGHEBUER und PAGAST die Imaginalbestimmungen vorgenommen haben.

Als *dorsalis* var. *riparius* MG. bestimmte GOETGHEBUER Tiere aus zwei Tümpeln: im einen aus Larven vom *Thummi*-Typ, im anderen aus Larven vom *Plumosus*-Typ (Nr. 13 a und b von ZAVŘELS Tabelle 2). Bei den Nummern 3, 4, 5, 6 der Tabelle ist *dorsalis* MG. (det. GOETGHEBUER) aus *Thummi*-Larven geschlüpft, bei Nr. 8, 10, 12, 13 aus Larven vom *Plumosus*-Typ. Hierzu bemerkte ich, daß ich nicht recht an die Sicherheit dieser Imaginalbestimmungen glauben kann. Wir haben bisher *dorsalis* MG. n u r aus Larven vom *Plumosus*-Typ gezogen und *thummi* nur aus solchen vom *Thummi*-Typ. Bei Nr. 3 der Tabelle wird *dorsalis* MG. = *thummi* K. gesetzt: das ist unmöglich; beide Arten unterscheiden sich im Hypopygium einwandfrei! Bei Nr. 7 heißt es „*sordidatus* KIEFFER (nahe an *riparius* MG. = *thummi* K.)". Aber *sordidatus* ist nach unseren Züchtungen sicher = *dorsalis; riparius* stellt GOETGHEBUER im „LINDNER" selbst als var. zu *dorsalis* MG., und *thummi* ist eine andere Art!

Ein Polymorphismus der Larven von *Chironomus dorsalis* ist bezüglich der Tubuli also keineswegs sichergestellt. Auch hier müssen neue Untersuchungen einsetzen.

Wir haben (THIENEMANN-STRENZKE 1951) im Jahre 1950 diesen Fragenkomplex in Angriff genommen, und zwar an Larven aus der näheren und weiteren Umgebung von Plön.

Larven vom *Thummi*-Typ stammten

1. aus dem schwefelsauren Tonteich bei Reinbek (nähere Charakteristik bei OHLE 1936; vgl. auch S. 575 dieses Buches), 19. Mai 1950
   a) erneute Untersuchung am 6. Juli 1950
2. Ententeich bei Haßberg, 5. Juni 1950

3. Gartenbecken in Plön (vgl. S. 530 dieses Buches)
   a) Larven, 12. September 1949
   b) Larven, 25. Mai 1950
   c) eine Laichschnur, 9. Mai 1950
   d) Larven, 13. Juni 1950

Larven vom *Plumosus*-Typ stammten

4. aus Straßenpfützen
   a) am Kellersee (vgl. Abb. 191, S. 289), 27. Juli 1948
   b) bei Gettorf, 13. August 1950
5. aus dem Gartenbecken in Plön, 13. Juni 1950
6. „Tivoli", Viehtränke (1,05‰ NaCl) bei Hohwacht, 2. Juni 1950
   a) erneute Untersuchung am 13. Juli 1950

Larven vom *Halophilus*-Typ stammten

7. aus dem Schleusenteich bei Lippe (Hohwacht) (13,9‰ NaCl) (Abb. 270, S. 605), 2. Mai 1950
   a) erneute Untersuchung am 13. Juli 1950

Die folgende Tabelle bringt unsere Untersuchungsergebnisse in übersichtlicher Form:

Larventyp	Herkunft Nr. der Fundstelle	Zuchtdauer	Gezüchtet ♂	Gezüchtet ♀	Imaginal-bestimmung
A *thummi*	1	19.—31. V. 1950	45	22	*meigeni* K.
	1 a	7.—18. VII. 1950	13	11	*meigeni* K.
	2	5.—21. VI. 1950	33	9	*thummi* K.
	3 a	12.—27. IX. 1949	4	6	*thummi* K.
	3 b	25. V.—5. VII. 1950	1	22	*thummi* K.
	3 c	4. V.—23. VI. 1950	4	9	*thummi* K.
	3 d	13. VI.—23. VI. 1950	3	14	*thummi* K.
B *plumosus*	4 a	27. VII. 1938—?	>35	>20	*dorsalis* MG. (*sordidatus* K.)
	4 b	13. VIII.—4. IX. 1950	10	19	*dorsalis* MG.
	5 (3 e)	13. VI.—23. VI. 1950	13	20	*dorsalis* MG.
	6	2. VI.—6. VI. 1950	24	17	*annularius* MG.
	6 a	14. VII.—14. VIII. 1950	22	10	*annularius* MG.
C *halophilus*	7	9.—27. V. 1950	28	29	*halophilus* K.
	7 a	13. VII.—7. VIII. 1950	2	0	*halophilus* K.

Das allgemeine Ergebnis dieser Versuche — bei denen mehr als 237 ♂ gezüchtete *Chironomus*-Imagines Stück für Stück geprüft wurden, dazu kommen mehr als 208 ♀ — ist eindeutig: aus keiner dieser Reinzuchten schlüpfte mehr als eine Imaginalart; zur gleichen Imaginalart gehört stets nur ein Larventypus; aus keiner *Plumosus*-

Larvenzucht schlüpfte eine Art der *Thummi*-Gruppe, aus keiner *Thummi*-Larvenzucht eine Art der *Plumosus*-Gruppe, Larven vom *Halophilus*-Typ ergaben stets *Ch. halophilus* K. Ja, die Zuordnung ist noch enger: man kann die Larven von *Ch. annularius* von den übrigen Larven des *Plumosus*-Typs durch ihre extrem langen Appendices ventrales unterscheiden (Abb. 78 auf S. 122 dieses Buches; Sögaard Andersen, fig. 4, 5, S. 13); aus solchen Larven schlüpft stets *Ch. annularius* Mg. (Daß in der Imaginalart *Ch. annularius* [Mg. auctorum] aber noch verschiedene Arten stecken, habe ich [1950, S. 103 bis 105] gezeigt.)

Das Ergebnis unserer Untersuchung steht also in striktem Gegensatz zu Sögaard Andersens Anschauung. Wir sind fest davon überzeugt, daß Sögaard Andersen nicht mit Reinzuchten gearbeitet hat, und daß darauf die Divergenz der Ergebnisse beruht. Natürlich fallen so auch die systematischen und genetischen Schlußfolgerungen, die Sögaard Andersen im Anschluß an den vermeintlichen Polymorphismus der Larven einer *Chironomus*-Art gezogen hat. Wir wollen aber betonen, daß die Studie Sögaard Andersens durch die umfassende, sorgfältige Behandlung der verschiedenen taxonomisch wichtigen Imaginalmerkmale doch ihren großen Wert für die Systematik der Gattung *Chironomus* behält. — Zu unseren Feststellungen hat sich Sögaard Andersen (1951) kurz geäußert: „However, this is only what might be expected." (!)

4. Die Bauten der Chironomidenlarven

Unter dem Titel „Die Bauten der Chironomidenlarven" veröffentlichte ich vor über 40 Jahren (1909) meine erste zusammenfassende Chironomidenarbeit. Ich hoffte, darin „zeigen zu können, daß die Gebäude der Chironomidenlarven es an Mannigfaltigkeit und Originalität mit den Gehäusen der Köcherfliegen nicht nur aufnehmen können, daß sogar die Chironomidenröhren eine größere Verschiedenheit der Bautypen zeigen, als sie uns bei den Trichopterenlarven entgegentritt". In den seitdem verflossenen vier Jahrzehnten ist eine Unmenge von Chironomidenmetamorphosen beschrieben worden; vielerlei Einzelheiten über die Bautätigkeit der Larven sind bekannt geworden. Aber an dem Grundsätzlichen über die Baukunst dieser Larven, das in jener ersten Zusammenfassung niedergelegt war, ist nichts geändert.

Nicht alle Chironomidenlarven bauen sich Röhren oder Gehäuse.

Die Ceratopogonidenlarven leben frei und spinnen auch zur Verpuppung keine Gehäuse; das gilt für die Ceratopogonidae genuinae und vermiformes durchweg. Bei den Ceratopogonidae intermediae gibt es innerhalb der *Longipalpis*-Gruppe der Gattung *Dasyhelea* vereinzelte Ausnahmen (Thienemann 1928, S. 591). Bei *D. inclusa* K. beobachtete Zavřel (1917 a), daß die

Larve an der Wand des Zuchtgefäßes hyaline, oft verzweigte Röhrchen baut (Abb. 98); ich selbst sah, daß Larven von *D. longipalpis* K. zwischen den Algenpolstern im Salzwasser von Oldesloe in enganschließenden Gespinströhren lebten (1926 d, S. 103). Von den Chironomidae s. s. leben die räuberischen Tanypodinae und die Podonominae sowohl als Larven wie als Puppen frei, ohne Gehäuse. Die beiden anderen Subfamilien, die Orthocladiinae und Chironominae, umfassen Arten mit Gehäusebau. Wenn bei ganz einzelnen Arten der Orthocladiinae und Chironomariae keine Larvenröhre gebaut wird, so spinnt sich die verpuppungsreife Larve doch schließlich ein Gehäuse, in dem sich die Verpuppung vollzieht. Eine Sonderstellung nehmen die minierenden Chironomidenlarven ein; wir haben sie oben (S. 72 ff.) in dem Abschnitt über die Ernährung schon eingehend behandelt; auch bei diesen wird von der Larve in den Minen oder Gängen zur Verpuppung meist ein Gespinstgehäuse erbaut. Weitaus die Mehrzahl aller Chironomidenlarven aber baut sich Röhren oder Gehäuse.

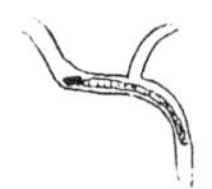

Abb. 98. *Dasyhelea inclusa.* Röhre einer Larve an der Glaswand einer Zuchtschale. [Nach einer Skizze ZAVŘELs aus THIENEMANN 1928.]

In der Mundhöhle, etwas über der Unterlippe, münden bei jeder Chironomidenlarve die paarigen Speicheldrüsen,[27] deren Sekret als feiner Faden austritt. Dieser Faden kann entweder unmittelbar das einzige Baumaterial bilden, so daß das Gebäude einer solchen Larve dann einzig und allein aus dem Sekret der Speicheldrüsen errichtet ist, oder er dient dazu, Schlammpartikelchen, Sandteilchen, Pflanzenstücke u. dgl. zu verkleben, so daß er dann gleichsam als Mörtel oder Zement Verwendung findet.

Dieses Drüsensekret aber hat nicht bei allen Larven die gleichen physikalisch-chemischen Eigenschaften; man kann zwei Typen unterscheiden, die allerdings durch Übergänge verbunden sind. Im einen Falle gerinnt das Drüsensekret, wenn es eine Weile mit dem Wasser in Berührung war, zu einer festen Masse. Verläßt es die Drüse, so ist es stark klebrig und kann so allerlei Fremdkörper zusammenleimen, deren Zusammenhalt sich bei längerem Liegen im Wasser nur verstärkt; hierher die Chironominen (Chironomariae + Tanytarsariae) und ein Teil der Orthocladiinen. Bei manchen Orthocladiinenlarven aber zeigt das Drüsensekret ein ganz anderes Verhalten: in das Wasser entleert, erhärtet es nicht, quillt vielmehr durch Wasseraufnahme zu einer Gallerte auf. Sandpartikelchen u. dgl. haften an solchen Gallertgehäusen nur locker und fallen leicht wieder ab. Übergänge zwischen

[27] Die Riesenchromosomen der Speicheldrüsenkerne haben für die moderne Genetik eine ganz besondere Bedeutung gewonnen (vgl. die kurze Zusammenfassung HANS BAUERs in THIENEMANN 1939 d, S. 134—138, sowie BAUER 1945).

beiden Typen — Röhren mit wenig gequollener Gallerte, in die Fremdkörper ziemlich fest eingesponnen sind — kommen vor.

Wir bezeichnen den ersten Typus als „Gespinstgehäuse", den zweiten als „Gallertgehäuse". Beide Typen können als freibewegliche Gehäuse, die die Larve nach Art der Köcherfliegenlarven mit sich herumträgt, oder als unbewegliche, auf oder in dem Substrat befestigte Gehäuse entwickelt sein. Der zweite Fall ist die Norm.

Grundform des Chironomidengehäuses ist eine einfache, drehrunde Röhre, die im Schlamm eingebettet liegt oder auf dem Substrat der ganzen Länge nach festgeheftet ist und damit einen mehr halbrunden Querschnitt erhält. Sie ist stets länger als die sie bewohnende Larve. Die Endteile der Röhre

Abb. 99. *Eucricotopus silvestris*. Larvenröhre, an *Lemna trisulca* befestigt. [Aus THIENEMANN 1909.]

sind nicht irgendwie besonders ausgestaltet, sondern gleichen ganz dem Mittelstück (Abb. 99); jede der beiden Öffnungen der Röhre kann als „Ausgang", d. h. zum Herausstrecken des Vorderkörpers der Larve benutzt werden. Dieser erste Gehäusetyp findet sich in Gestalt einfacher Gallertröhren oder auch sandbedeckter Gespinströhren bei den meisten Orthocladiinen fließender Gewässer; oft erscheinen die Steine des Bachbodens gesprenkelt von den Röhren (Taf. V Abb. 100). Aber auch im stehenden Wasser finden sie sich an Pflanzen, Pfählen und dergleichen (Orthocladiinen, Tanytarsarien der Sectio *Paratanytarsus* usw.). An ruhigeren Stellen der Bäche liegen im Schlamm die langen Schlammröhren der Arten der Gattung *Tanytarsus* und *Micropsectra,* ihre Öffnungen ragen mehr oder weniger weit aus der Schlammoberfläche empor (Taf. V Abb. 101); und in der Tiefe der Seen leben so in ihren Schlammröhren die *Sergentia*-Larven und die Larven von *Lauterbornia coracina.* Weitaus die Mehrzahl aller Chironomidenbauten ist nach der Grundform der einfachen Gallert- oder Gespinströhre errichtet.

Die Umwandlung einer solchen Larvenröhre zum Puppengehäuse ist im allgemeinen eine höchst einfache Sache. Da die Puppe in ihrer Thorakalregion dicker als die Larve ist, so wird die Larvenröhre vor der Verpuppung ihres Insassen an einer Stelle etwas erweitert und verdickt. Gewöhnlich wird dazu ein Endstück der Röhre benutzt. Ist die Röhre an sich schon ziemlich weit, so läßt sich eine Röhre, die eine Puppe enthält, oft kaum von einer von einer Larve bewohnten unterscheiden, zumal, wenn die Röhre mit Fremdpartikelchen verkleidet ist. Anders bei den reinen Gallertröhren. Hier verdickt vor der Verpuppung die Larve auch ihre Röhre, so daß als Puppengehäuse ein Gallerthalbellipsoid entsteht, das sich an der einen Seite in die Larvenröhre fortsetzt. Diese zerfällt aber während des Puppenlebens, so daß man die Gallertpuppengehäuse dann allein, ohne anhängende Larvenröhren, auf der Unterlage befestigt findet. Wie in einem „Schneewittchensarg" liegt die Puppe in dem durchsichtigen Gallertgehäuse und zieht sich, bei O_2-Mangel, durch Atemschwingungen immer frisches Wasser durch ihren Bau (Abb. 102). WESENBERG-LUND (1943, S. 522) hat eine hübsche Schilderung des Vorkommens solcher Puppen gegeben:

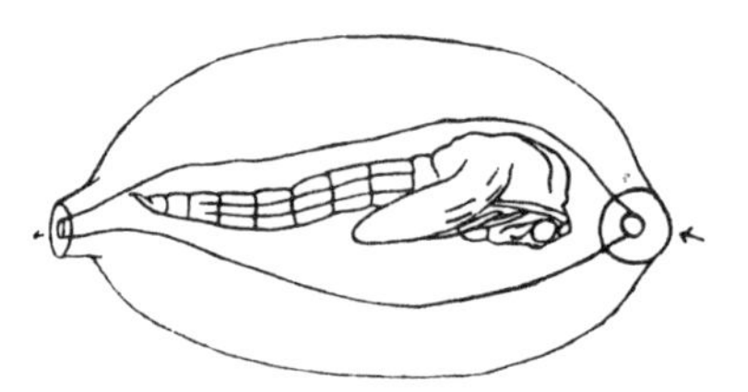

Abb. 102. *Euorthocladius thienemanni.* Puppengehäuse mit Puppe; die Pfeile geben die Richtung des Wasserstroms an. [Nach MIALL and HAMMOND 1900 aus THIENEMANN 1909.]

„Man kann gelegentlich an einem Ort, den man gut zu kennen glaubt, unerwartet zahllose Individuen einer Art finden, von deren Existenz gerade dort man nichts ahnte. So stand ich an einem sonnenwarmen Frühlingstag wenige Kilometer von Hilleröd an einem kleinen Waldbach mit steinigem Boden, der von wenige Zentimeter tiefem Wasser überrieselt wurde. Die Sonnenstrahlen fielen durch das Laub der alten Buchen und tanzten in hellen Flecken auf dem Bachboden. Es fiel mir auf, daß die Steine hier sonderbar silbrig glänzten; als ich mich näher herabbeugte, sah ich, daß sie mit zahlreichen wasserhellen, etwas abgeflachten Gallertblasen bedeckt waren. Keiner der Steine war größer als ein paar Quadratzentimeter, aber alle trugen gegen 20 solcher Blasen; jede Blase enthielt eine Chironomidenpuppe von gleicher Form und Größe wie die in dem Werk von MIALL und HAMMOND (1900) abgebildeten. Die grünlichen Puppen in den vollkommen durchsichtigen Gehäusen boten einen ungewöhnlich hübschen Anblick dar; die Gehäuse wurden vom Wasser durch eine vordere und eine hintere Öffnung durchströmt. Weder vorher noch nachher habe ich diese Erscheinung wieder beobachtet; sie dauert offenbar nur ganz wenige Tage im Jahre. Wie ich später erfuhr, gehören die Puppen zur Art *Orthocladius thienemanni* KIEFF."

Die reife Puppe drängt sich durch die Vorderöffnung ihres Gehäuses hindurch, um nun vom Wasserleben zum Luftleben überzugehen.

Eine besondere Form der Gallertröhre, bei der nur das eine Ende auf dem Substrat, einem Stein des Bachbodens, befestigt ist, die Röhre aber im übrigen frei im Wasser flottiert, haben wir schon oben (S. 108) erwähnt. Will sich die Larve von *Euorthocladius rivulorum* verpuppen, so wird das freie Ende des Schlauches birnförmig aufgetrieben, so daß eine „Puppenwiege" von 5 bis 7 mm Länge entsteht (Abb. 30). Damit ein Wasserstrom frei durch das Gehäuse zirkulieren kann, werden von der sich verpuppenden Larve an der Basis des Puppengehäuses zwei Löcher durchgebrochen, da ja das eine Ende der Larvenröhre, durch das das Wasser sonst hätte einströmen können, dem Steine fest aufsitzt. Der Kopf der Puppe ist übrigens nach der Basis des Gehäuses hin gerichtet, so daß sich die reife Puppe, will sie das Gehäuse verlassen, herumdrehen muß.

In meiner Arbeit von 1909 beschrieb ich ein aus dem nordschwedischen Sarekgebirge stammendes „Gehäuse" — und bildete es in Tafel I fig. 6 auch ab —, bei dem von der weichen Gallerthauptröhre eine ganze Anzahl schornsteinartiger Seitenröhren abgehen, so daß das Ganze etwa aussieht wie ein Ast, von dem man die Seitenzweige nahe ihrer Basis abgeschnitten hat, doch so, daß noch kurze Stummel stehengeblieben sind. Diese Röhre war, wie die von *Euorthocladius rivulorum,* dicht mit Diatomeen, und zwar fast ausschließlich *Ceratonëis arcus* Kg. bedeckt. Ich bin heute davon überzeugt, daß es sich bei diesem einen Exemplar, das mir damals vorlag, um ein Bruchstück von *Hydrurus foetidus penicillatus* handelte. Die röhrenförmigen Lager dieser Kaltwasseralge unserer Gebirgsbäche werden, wie mir Material aus dem Schweizerischen Nationalpark und aus Lunz zeigte (Thienemann 1941 a, S. 180), häufig von den Larven von *Euorthocladius rivicola* K. bewohnt. Normalerweise leben diese Larven in oft mit Sandkörnchen u. dgl. bedeckten Gallertröhren, die in ganzer Länge der Unterlage aufgeheftet sind. Die Puppe liegt dann in einem Gallerthalbellipsoid, wie wir es in Abb. 102 für den nächstverwandten *Euorthocladius thienemanni* abgebildet haben. Die Larven dringen aber auch in *Hydrurus*-Röhren ein, leben frei in diesen Röhren und sparen sich so den Bau eines eigenen Gehäuses. Auch die Puppen liegen dann frei in der Gallertröhre der Alge.

Bei den bis jetzt geschilderten Chironomidenröhren wird die Puppenröhre normalerweise nicht, wie wir es z. B. von den Trichopteren kennen, mit einem besonderen, durchlöcherten Verschlußdeckel versehen. Doch gibt es Ausnahmen. Aus der Sectio Chironomariae connectentes beschrieb Lenz (1924 a; vgl. auch 1941 a) eigenartige Puppengehäuse für zwei Formen.

Die *Sergentia*-Larve des Tiefenschlammes vieler Binnenseen baut lange, runde Schlammröhren vom *Tanytarsus*-Typ. Die Röhre der Puppe ist verkürzt (Abb. 103 a), vorn erweitert und an beiden Enden mit je einem siebartigen Gespinstdeckel verschlossen (Abb. 103 b). Die Larve von *Microtendipes* baut kurze Sand- oder Schlammröhren von lockerer Konsistenz. Das

Puppengehäuse (Abb. 103 c) ist bauchig erweitert und besitzt am Vorder- und Hinterende je einen fein durchlöcherten Deckel. Sehr wahrscheinlich zeigen auch andere Arten dieser Sectio ähnliche Verhältnisse; es wird sich lohnen, darauf zu achten.

Ich erwähnte oben (S. 145, Taf. V Abb. 101) die langen *Tanytarsus*- und *Micropsectra*-Röhren aus dem Schlamm unserer Bäche. Eine andere Tanytarsarie, *Lundstroemia roseiventris* K., verankert das eine Ende der Röhre tief im Schlamm, während der übrige Teil frei in das Wasser hinaufstrebt. Die Bauten dieser aus Thüringen, dem Spessart, Westfalen, Mähren und Mittel-

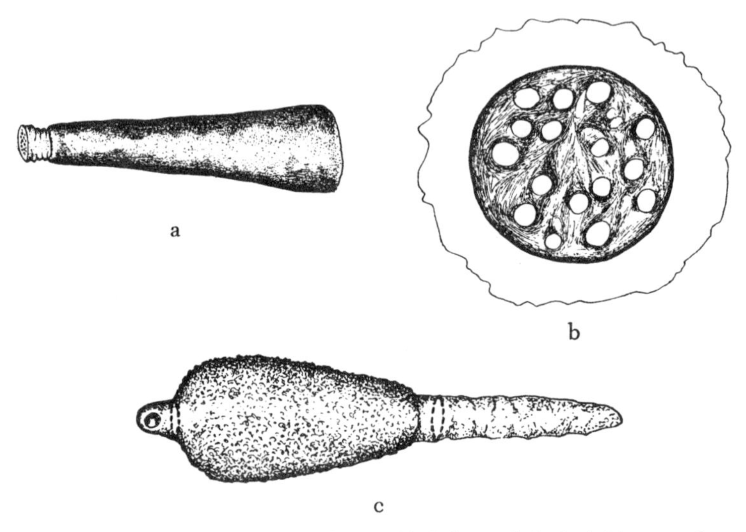

Abb. 103. a) *Sergentia*-Puppengehäuse, b) Gehäusedeckel, c) *Microtendipes*-Puppengehäuse. [Aus LENZ 1941 a.]

schweden bekannten Art bedecken oft den ganzen Grund flacher, schlammiger Waldquelltümpel und ruhiger Bachstellen und bieten einen höchst eigenartigen Anblick. Meinen Erstfund schilderte ich so (1909, S. 4): „Am 11. August 1907 beobachtete ich die Art in einem flachen (Wasserstand etwa 10—15 cm), nur etwa 2 qm großen Tümpel in der Nähe des Falkensteins bei Tambach in Thüringen; die Wasseransammlung, die man fast eine Pfütze nennen möchte, lag im Schatten des Fichtenhochwaldes dicht an einem kleinen Bach; ihr Wasser hatte, wie auch das Bachwasser, eine Temperatur von nur 12,75°. Der ganze Boden war mit den Röhrenbündeln unserer Art besetzt (Abb. 104). Die Länge der einzelnen, drehrunden, überall etwa 2 mm dicken Röhren betrug 8 bis 10 cm; sie sind aus Schlamm ziemlich fest zusammengewebt. Je 10 bis 20 Einzelröhren sind zu einem Bündel verbunden, das mit dem unteren Ende im Schlamm eingesenkt ist, nach oben bis dicht unter den Wasserspiegel reicht. Die Einzelröhren liegen dichtgedrängt aneinander, so daß sie gemeinsam einen Zylinder von 1 bis 2 cm Durchmesser bilden. Die Endfläche des Zylinders erscheint durch die dicht nebeneinander liegenden Einzelöffnungen wie ein Sieb (Abb. 104). Der gesamte Boden der Pfütze mit den Röhrenbündeln gleicht etwa einem abgeholzten Walde, einem ‚Schlag' mit seinen stehengebliebenen Baumstrünken. Die Ähnlichkeit eines solchen Röhrenbündels mit einem Baumstumpf, der mit verschiedenen, ein Stück auf der Oberfläche des Bodens sichtbar verlaufenden Wurzeln in der Erde verankert ist, wird noch dadurch erhöht, daß kleinere, dünnere Röhrenbüschel (‚Wurzeln') erst einzeln aus dem Schlamm aufsteigen und sich erst weiter oben zum gemeinsamen ‚Stamm' vereinigen (vgl. die Abbildung).

Abb. 104. *Lundstroemia roseiventris.* Röhrenbündel in einem kleinen Waldtümpel, schräg von oben gesehen. [Nach THIENEMANN 1909 aus BAUSE.]

Für die Verpuppung nimmt die Larve, soweit ich beobachten konnte, keine Veränderungen an ihrem Bau vor."

Eine ähnliche Form lag LAMPERT vor, als er schrieb („Leben der Binnengewässer", 2. Auflage, S. 154): „Andere (Röhren von Chironomidenlarven) sind fester gebaut, und wie die Halme eines Stoppelfeldes erheben sie sich zu Dutzenden am Grunde des seichten Tümpels." — Ähnlich baut auch MUNDYS (1909, S. 30) Larve Nr. 5 (wohl eine *Micropsectra*-Art): „Larve Nr. 5 baut senkrechte Röhren, die vom Grunde tiefer schlammiger Tümpel bis zu einer Länge von 10 cm aufragen. Das Kunstwerk wird dadurch vollendet, daß im allgemeinen zwei oder drei Larven ihre Röhren Seite an Seite bauen, um sich gegenseitig zu unterstützen. Wenn die Röhren fertig sind, machen sie jedoch den Eindruck einer einzigen Röhre; sie haben dann einen Durchmesser von etwa 3 oder 4 mm. Es ist nun noch zu untersuchen, auf welche Weise sich die Larve das Material für ihre lange Röhre verschafft, da sie am freien Ende der Röhre kein Netz bildet, und im allgemeinen auch keine Wasserströmung vorhanden ist, die Teilchen herbeitragen könnte. Vielleicht bringt sie den Schlamm vom Grunde ihrer Röhre herauf, doch habe ich keinen Beweis dafür."

Neben die erste Hauptgruppe der Chironomidengehäuse, die Grundform der einfachen Gallert- oder Gespinströhre, stellte ich (1909, S. 4—5) als zweite Hauptgruppe die Gehäuseform der Gattung *Chironomus* im engeren Sinne: „Auch hier ist das Gehäuse noch eine drehrunde, überall gleichweite Röhre, deren Enden sich aber vom Mittelstück in charakteristischer Weise abheben.

Abb. 105. *Chironomus*-Larvengehäuse. Schematischer Längsschnitt. [Aus THIENEMANN 1909.]

In normalen Fällen baut die *Chironomus*-Larve ihre Röhre im Bodenschlamm stehender oder langsam fließender Gewässer. Schaut man in einen Graben, der von einer größeren Zahl dieser ‚roten Mückenlarven' bewohnt ist, so sieht man auf dem Grunde überall kleine, wenige Millimeter hohe Schlammkegel, die in der Mitte ihrer Kuppe ein Loch tragen und so etwa kleinen Vulkanen ähneln. Hin und wieder sieht man wohl auch, daß aus solch einem Loch eine Larve hervorkommt, sich aber meist bald wieder zurückzieht. Diese kleinen Kegel sind die Enden der im Schlamme verborgenen Chironomidenröhren (Abb. 68, S. 112). Den Bau dieser Röhren kann man im Aquarium genauer studieren, wo die Larven häufig direkt an der Glaswand bauen und so einen Einblick in ihr Haus gewähren.

Jede Röhre ist in flachem Bogen dicht unter der Oberfläche des Schlammes gebaut (Abb. 105). Der mittlere Teil der Röhre ist am tiefsten in den Schlamm eingesenkt, die beiden Enden steigen zur Oberfläche empor. In dieser Röhre liegt die Larve und zieht durch stete Schwingungen ihres Leibes immer frisches Atemwasser durch ihr Gehäuse. Nun ist aber das Gehäuse in den weichen, modderigen Schlamm eingebettet. Endigte das Gehäuse gerade an dessen Oberfläche, so würde, wenn der Wasserstrom immer die gleiche Richtung durch das Gehäuse nimmt, an der Eintrittsöffnung ein sich stetig vertiefender Trichter entstehen, an der Ausgangsöffnung ein immer höherer durchbohrter Kegel, und die Larve bekäme nicht frisches

Wasser in ihr Gehäuse, sondern müßte im trüben Strom Modderwassers ihr Leben fristen. Nun aber erhebt die Larve durch die kleinen vulkanartigen Kegel ihre Gehäuseöffnungen über die Schlammfläche und sichert sich so das für ihre Atmung nötige Reinwasser.

Nicht selten findet man auch eine *Chironomus*-Röhre nicht im Schlamme eingebettet, sondern an einen Stein, einen Zweig festgeklebt. Da stellt dann das Gehäuse eine längere oder kürzere, aus Gespinst und Schlamm erbaute Röhre dar, deren Enden auch etwa senkrecht zur Längsachse der Röhre aufgebogen sind. Dieses Aufbiegen der Enden, das im Schlamm seine volle biologische Bedeutung hatte, ist hier natürlich zwecklos. Es zeigt uns aber, wie zäh solche einmal erworbenen Instinkte auch da erhalten bleiben, wo sie bei veränderten äußeren Bedingungen ihre Existenzberechtigung verloren haben. Doch der Fall ist ja nicht vereinzelt; schon vor vielen Jahren hat uns Fritz Müller ein schönes Beispiel solch ‚gedankenloser Gewohnheit' gegeben (Kosmos, Jahrg. 2, Vol. 4, 1879, p. 396).

Will die *Chironomus*-Larve sich verpuppen, so braucht sie an ihrer Röhre keinerlei bauliche Veränderungen vorzunehmen. Sie ruht respektive schwingt dann im Grunde der Röhre und verläßt sie, reif geworden, durch eine der beiden Öffnungen.

Diese Art des Gehäusebaues ist bei der Gattung *Chironomus*, soweit bekannt, allgemein verbreitet; zum mindesten ist sie die Norm."

Ergänzt sei hier noch, daß diese „Schlammkegel" zum großen Teil aus den Kotballen der Larve bestehen. Weiter sei an das erinnert, was wir oben (S. 112 ff.) über die Ernährung der *Chironomus*-Larven ausgeführt haben. Ogaki (1942) hat Versuche über die Verwendung verschiedener Baumaterialien an *Chironomus*-Larven angestellt und Vergleiche mit dem Köcherbau der Trichopterenlarven gezogen. Er sieht als „Motiv" für den Röhrenbau die Thigmotaxis der Larven an. (?)

„Gehen wir nun noch einmal zu den Gehäusen der ersten Hauptgruppe zurück, den einfachen Gallert- oder Gespinströhren, die meist in ganzer Länge irgendeinem Substrate aufgeklebt sind. Ist es nicht eigentlich merkwürdig, daß der Durchmesser dieser Röhren überall ungefähr der gleiche ist? Sollte man nicht erwarten, daß die Röhre an einem Ende, wo sie von der jungen und noch kleinen Larve begonnen wurde, eng und schmal ist und sich nach dem anderen Ende zu immer mehr erweitert? Daß die Larve bei jeder Häutung das ihr zu eng gewordene Haus verläßt und ein ganz neues baut, ist sicher nicht der Normalfall. Sie verlängert und erweitert vielmehr die alte Röhre bei fortschreitendem Wachstum; da nun aber diese Gallert- und Gespinströhren nur locker gefügt sind, so werden sie in ihren engen Teilen, an denen die erwachsene Larve ja keine Ausbesserungsarbeiten vornehmen kann, bald zerfallen. Auf diese Weise kommen die überall gleich weiten einfachen Röhren der ersten Hauptgruppe zustande.

Anders bei der dritten Hauptgruppe der Chironomidengehäuse; diese enthält sehr festgefügte Röhren aus Gespinst mit Einlagerung von Fremdkörpern; die Röhren lassen einen schmäleren, engeren, hinteren Teil erkennen, der allmählich in das sich stets erweiternde Vorderstück übergeht. Die Festigkeit der Röhre wird noch erhöht durch fadenartig vorspringende Längskiele, die sich in der Zahl von 1 bis 6 über die Röhre hinziehen und am Vorderrande sich noch über die Röhre hinaus als mehr oder weniger lange Fäden fortsetzen. Diese ‚Kiele' also sind gewissermaßen das Gerüstwerk für ihr Haus."

Die Baukünstler, die diese zierlichen Gehäuse schaffen, sind die Arten der Gattung *Rheotanytarsus.* Wir haben die verschiedenen Formen der *Rheotanytarsus*-Röhren, ebenso wie den „Nahrungsfang" der Larven, schon eingehend geschildert (S. 49 ff.) und Abbildungen gegeben (Abb. 13, 14, 31, 32, 33, 66). Dazu hier einige Nachträge. Die erste Abbildung von *Rheotanytarsus*-Röhren findet sich, wie LAUTERBORN (1930, S. 199) gezeigt hat, in RUPPS Flora Jenensis 1718. In Figur 2 der Tafel III wird ein *„Lytophyton caryophylloides"* (soll natürlich heißen *„Lithophyton")* abgebildet „cui D. D. SCHUTTEUS nomen imposuit, illumque invenit im Rauentale, in der Glunz, ohnweit dem Wasserfalle". Ich gebe RUPPS Figur hier in Abb. 106 wieder. Man sieht in der in der Mitte des Steines befindlichen Röhre zwischen den — übrigens in zu großer Zahl gezeichneten — Fäden sogar ein Larvenvorderende angedeutet! Herrn Professor Dr. J. HARMS bin ich für Vermittlung der Reproduktion der RUPPschen Figur zu herzlichem Dank verpflichtet.

Man kann die bis jetzt bekannten *Rheotanytarsus*-Gehäuse wie folgt unterscheiden[28] (vgl. THIENEMANN 1929 und ZAVŘEL 1934):

1. Baumaterial: durch Sekret verkittete Diatomeenschalen in regelmäßiger schraubenartiger Anordnung (Abb. 31). Kiele nur in der vorderen Hälfte der Röhren vorhanden oder ganz fehlend. Röhren der ganzen Länge nach auf dem Substrat befestigt: Stehende und fließende Gewässer Javas und Sumatras 2
   Baumaterial: durch Sekret verkittete Sandkörnchen und Schlammteilchen. Kielfäden stets wohl entwickelt. Fließende — nur ausnahmsweise stehende (?) — Gewässer 3
2. Kielfäden rudimentär oder fehlend. Java, Sumatra: *R. additus* JOH.
   2 braune Kielfäden in der Vorderhälfte der Röhre stets vorhanden. Sumatra: *R. trivittatus* JOH.

[28] WALSHE (1950 a) macht darauf aufmerksam, daß jugendliche Larvengehäuse weniger Fangfäden als erwachsene besitzen, was richtig ist, und daß auch bei erwachsenen die Zahl nicht völlig konstant ist. Es ist mir aber sehr wahrscheinlich, auch nach dem Fundplatz, daß die von ihr untersuchten erwachsenen Tiere nicht nur zu *R. rivolorum*, sondern zum Teil auch zu *R. raptorius* gehörten. Jedenfalls hat WALSHE recht, wenn sie eine sichere Artbestimmung nach der Zahl der Fangfäden als unmöglich ansieht.

3. Gehäuse mit (1 oder) 2 Kielfäden, der ganzen Länge nach am Substrat befestigt (S. 32, Abb. 14) 11
   Gehäuse mit 3 bis 6 in schwachen Spiralen verlaufenden Kielen und Kielfäden (S. 32, Abb. 13) 4
4. Gehäuse auf langen Stielen, mit 3 oder 4 Kielfäden (S. 52, Abb. 32, 33; S. 155, Abb. 107, 108) 5
   Gehäuse ungestielt 7
5. Niederländisch-indische Art: *R.* sp. cfr. *exiguus* Joh.
   Arten aus Europa und Nordamerika 6
6. Nordamerikanische Art, Gehäuse mit 3 „Fangfäden": *R. exiguus* Joh. var.
   Europäische Art (Arten?): *R.* sp.
7. Gehäuse fast ganz an der Unterlage befestigt, nur das Vorderende schwach abgehoben (Malloch 1917, Pl. 43, fig. 9), Larven weiß 8
   Gehäuse nur mit einer kleinen Stelle nahe der hinteren Öffnung befestigt, Vorder- und Hinterende abgebogen (Abb. 13) 9
8. Europäische Art: *R. rivulorum* K.
   Nordamerikanische Art: *R. exiguus* Joh.
9. Larven gelbrot 10
   Larven weiß: *R. lapidicola* K., *pentapoda* K., *photophilus* Goetgh.
10. Europäische Art, Mühlwehre der Ebene: *R. muscicola* K.
    Javanische Bäche: *R. adjectus* Joh.
11. Nordamerikanische Art, in rasch fließenden Bächen auf Steinen: *R.* sp. *C.* Joh.
    Europäische Art, auf Pflanzen in langsam fließendem Gewässer (S. 32, Abb. 14): *R. raptorius* K.

Mundy (1909) beobachtete den Gehäusebau einer aus ihrer Röhre herausgenommenen *Rheotanytarsus*-Larve in einer Zuchtschale. Wir geben seine schöne Schilderung (l. c. S. 31—33) hier in deutscher Übersetzung wieder[29] (vgl. Abb. 107):

„Als erstes sammelt die Larve eine Anzahl Schlammteilchen und bildet daraus einen kurzen Streifen oder ein kurzes Band, das über die Mitte des Körpers läuft und mit beiden Enden an der Zuchtschale befestigt ist. Mit diesem Band als Grundlage geht die Larve dann daran, eine einfache gerade Röhre zu bauen, die der Zuchtschale eng anliegt und an beiden Enden offen ist. Anfangs wird das Band nur verbreitert, so daß es einen größeren Teil des Larvenkörpers bedeckt; dann wird es aber bald auch in seiner ehemaligen Längsausdehnung verkürzt, so daß eine

[29] MUNDYs Buch ist schwer zugänglich; es dürfte kaum in einer deutschen öffentlichen Bibliothek vorhanden sein.

richtige Röhre entsteht. Es ist interessant, zu beobachten, wie das Material gesammelt wird. Sich mit den Nachschiebern an dem Band festhaltend, bestreicht die Larve schnell einen Winkel von etwa 60°, hier und da im Vorbeipendeln die Oberfläche mit ihrer Mundöffnung berührend. Dann ergreift sie mit Mundwerkzeugen und vorderen Fußstummeln ein Schlammteilchen und zieht den Körper kräftig ein, wodurch sie das Teilchen in den Mittelpunkt des Bauvorganges bringt. Aber nicht nur dieses Teilchen wird fortgeschafft, ebenso werden auch alle jene Partikel nachgezogen, die während der erwähnten pendelnden Bewegungen berührt und dabei durch Speichelfäden vereinigt wurden. Auf diese Weise wird eine Menge Material gesammelt und der Bau der Röhre schreitet schnell voran.

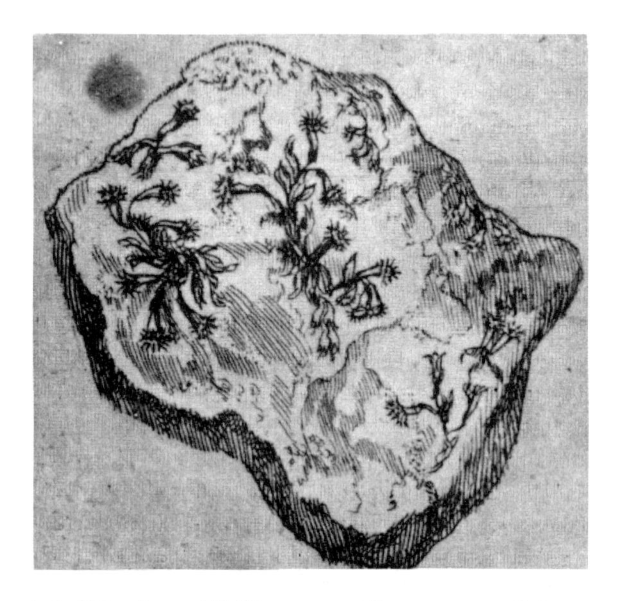

Abb. 106. Erste Abbildung von *Rheotanytarsus*-Röhren.
[Aus RUPPs Flora Jenensis 1718, Tafel III, fig. 2.]

Wenn alle gröberen Teilchen aus der Nähe des einen Endes der Röhre entfernt sind, dreht sich die Larve in ihrem Bau um, und der Vorgang wiederholt sich am anderen Ende. Es ist seltsam, zu beobachten, wie sorgfältig die Larve jedes kleinste Partikelchen aufsammelt, wenn alle gröberen Bestandteile bereits entfernt wurden. Sie gebraucht den Epipharynx dabei wie einen Rechen, so daß schließlich eine völlig saubere Fläche in einiger Entfernung rund um die primäre Röhre entsteht.

Diese Arbeiten kommen oft zu einem vorzeitigen Ende. Ein plötzlicher Wirbel, und das Insekt verliert seinen Halt, wird fortgeschwemmt und muß an einer anderen Stelle von vorne anfangen. Unter natürlichen Verhältnissen pflegt die Larve bei der Arbeit nicht ihren ganzen Körper zu exponieren, und dieser Instinkt würde sie vor einem derartigen Zwischenfall bewahren; aber da sie hier keine Möglichkeit dazu hat, ist sie gezwungen, sich anders zu verhalten und das Risiko auf sich zu nehmen.

Soweit gilt diese Beschreibung für *R. pusio* und für die Larve mit dem gestielten Gehäuse, aber nun treten Unterschiede auf. *R. pusio* braucht nur noch die ‚Fangfäden' zu bauen, während die Larve in dem gestielten Gehäuse eine verwickeltere Arbeit verrichten muß. Nachdem sie eine gerade Röhre von etwa 3 mm Länge auf der Fläche der Zuchtschale gebaut hat, verlängert sie die Röhre nahezu im rechten Winkel zu ihrer bisherigen Richtung, so daß sie nun frei ins Wasser ragt. Dieses vordere Ende wird immer mehr verfestigt, während von dem hinteren Ende nur fortlaufend Teilchen entfernt werden, um sie vorn zu verwenden. Diese Verfestigung des Vorderrandes auf Kosten des Hinterendes wird fortgesetzt, bis der ganze horizontale Teil der Röhre beseitigt ist. Inzwischen ist durch die Umlagerung des Materials eine steife, aufrechte Röhre entstanden, die nur an der Basis an die

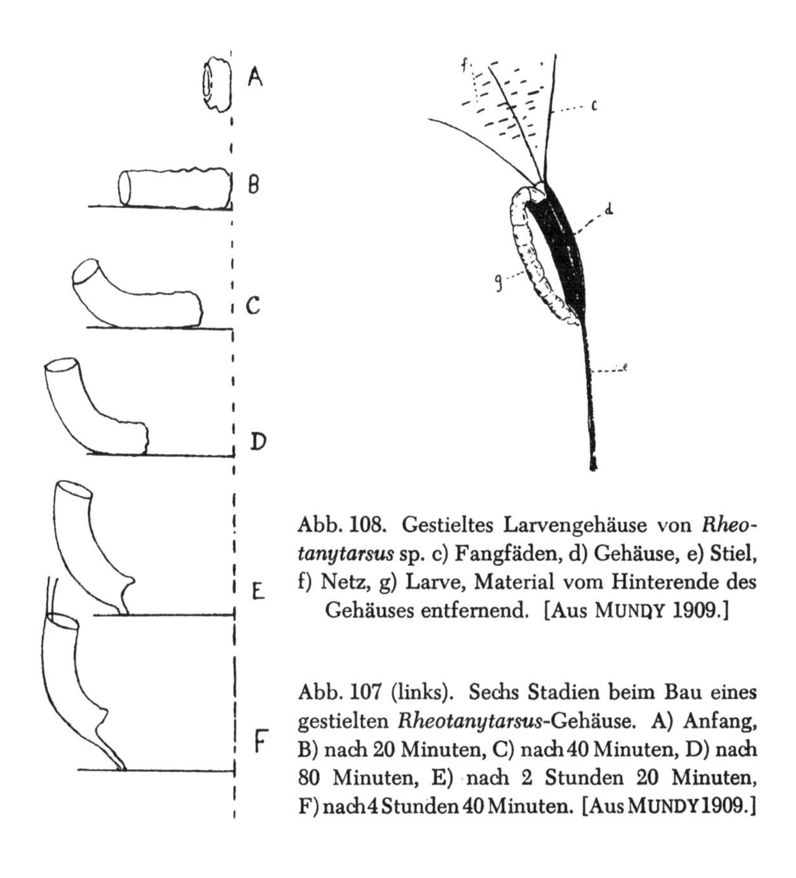

Abb. 108. Gestieltes Larvengehäuse von *Rheotanytarsus* sp. c) Fangfäden, d) Gehäuse, e) Stiel, f) Netz, g) Larve, Material vom Hinterende des Gehäuses entfernend. [Aus MUNDY 1909.]

Abb. 107 (links). Sechs Stadien beim Bau eines gestielten *Rheotanytarsus*-Gehäuse. A) Anfang, B) nach 20 Minuten, C) nach 40 Minuten, D) nach 80 Minuten, E) nach 2 Stunden 20 Minuten, F) nach 4 Stunden 40 Minuten. [Aus MUNDY 1909.]

Unterlage angeheftet ist. Doch nun muß die Larve das Verfahren ändern, denn wenn sie fortfahren würde, das Material am Grunde der Röhre zu entnehmen, würde der ganze Bau abgerissen und fortgeschwemmt werden. Um dies zu verhindern, entfernt die Larve sehr sorgfältig Material aus dem unteren Teil der Röhre und läßt auf einer Seite einen schmalen Streifen unberührt. Je mehr Teilchen rund herum entfernt werden, desto länger wird dieser Streifen, bis er schließlich das Aussehen eines Stieles bekommt, der an seinem freien Ende das kurze Gehäuse trägt. Um diesen Stiel haltbarer zu machen, dreht sich die Larve um und bearbeitet ihn vom hinteren Ende der Röhre her kräftig mit dem Labrum, wobei sie der Anheftungsstelle besondere Aufmerksamkeit schenkt. Beim Bauen am Vorderende der Röhre kommt die Larve weit daraus hervor. Sie streckt sich — stets drei oder vier Segmente in der Röhre lassend — so weit heraus wie sie kann und zieht alle Teilchen heran, die sie erreicht (Abb. 108). Ihre Reichweite ist natürlich geringer als die Körperlänge. Daher wird das Gehäuse, obwohl es fortlaufend wächst, nie länger als das Insekt. Tatsächlich ist es immer viel kürzer, indem es nie die Länge des Kopfes und der ersten neun Segmente erreicht. Auch die Länge des Stieles ist sehr verschieden; sie hängt einfach davon ab, wie lange die Larve fortfährt, Material vom Grunde aufzunehmen, um es an der Spitze anzufügen. Die Länge kann zwischen 1 und 4 cm schwanken. Jetzt bleiben nur noch die drei Arme anzufertigen. Anfangs geschieht das auf Kosten des unteren Endes der Röhre, aber sobald sie ungefähr 1 mm lang sind, werden zwischen ihnen Fäden ausgesponnen, so daß bald ein Vorrat an Baumaterial vorhanden ist, der es der Larve erlaubt, den Bau zu vollenden, ohne das eben beschriebene sparsame Verfahren fortsetzen zu müssen.

Beim Bau der Arme fügt die Larve eine Anzahl Partikel zu einem kleinen Klumpen zusammen, den sie auf dem Rand des Gehäuses anbringt; sie fügt dann Knoten auf Knoten zusammen, bis der Arm die beabsichtigte Länge hat. Während des Baues der Arme wie des Gehäuses und des Stieles macht die Larve, nachdem sie ein Klümpchen in seine Lage gebracht hat, einige heftige Bewegungen, wobei das Material geglättet und verfestigt wird und die Lücken mit Speichel ausgefüllt werden. Beim Verfestigen eines Armes beschreibt der Kopf der Larve einen vollkommenen Kreis, wobei die Vor- und Rückwärtsbewegungen mit größter Schnelligkeit ausgeführt werden. Tatsächlich erfolgen alle Bewegungen gewissermaßen in einem Zustand fieberhafter Erregung, woran auch die Antennen teilhaben, indem sie fortwährend durch schnelle vibrierende Bewegungen jeden Gegenstand in Reichweite prüfen. Anscheinend sind diese Organe trotz der geringen Größe ihrer Sinneskolben höchst empfindlich. Nur wenn die Larve sich in ihr Gehäuse zurückgezogen hat, so daß nur noch der Kopf zu sehen ist, verhält sie sich ganz ruhig. In dieser Stellung ist sie gut vor Gefahr geschützt."

Den Bau des Fangnetzes, das zwischen den „Fangfäden" ausgespannt wird, haben wir früher (S. 109) schon geschildert.

Wenn die Larve erwachsen ist und die Thorakalsegmente anschwellen, wird das Ende der Larvenröhre für sie zu eng. Dann verlängert sie die Röhre um ungefähr 1,5 mm und erweitert sie; sie braucht dazu etwa 4 Tage (Abb. 109). Und nun spinnt sie einen in der Mitte mit einem Loch versehenen Deckel (Abb. 109 b, c, d; vgl. auch Berg 1948, S. 166, fig. 68 b), der das Gehäuse vorn verschließt. Sie spinnt in den Deckel auch Schlammpartikelchen ein, die sie den Fangfäden entnimmt. Diese werden zuweilen abgebissen oder sie bleiben stehen und werden durch eine Art schmalen Gespinstkragens basal miteinander verbunden (Abb. 109 c). Aus der mittleren Öffnung des Deckels ragen später die Prothorakalhörner der Puppe heraus (Mundy, fig. 30, 37; Walshe 1950 a, fig. 26). Alle *Rheotanytarsus*-Puppengehäuse besitzen den gleichen Vorderdeckel wie eben geschildert; Tafel VI Abb. 110 zeigt diese Gebilde von zwei tropischen Arten. Am hinteren Ende der Puppenröhren, das ja an sich schon recht eng ist, werden keine besonderen Verschlüsse angebracht. Will die reife Puppe das Gehäuse verlassen, so drückt sie den Deckel ihres Gehäuses heraus; er bleibt dann zuweilen noch an einer Stelle mit dem Vorderrand des Gehäuses verbunden (Taf. VI Abb. 110 A).

An die *Rheotanytarsus*-Röhren schließen wir eines der interessantesten „Bauwerke" an, das auf Chironomidenlarven zurückgeht und das wir erst seit 1933 kennen. Damals entdeckte ich bei meinen Chironomidenstudien in der Gegend von Partenkirchen (Oberbayern) eine „gesteinsbildende" Chironomide, *Lithotanytarsus emarginatus* (GOETGH.) (THIENEMANN 1933 a, 1934,

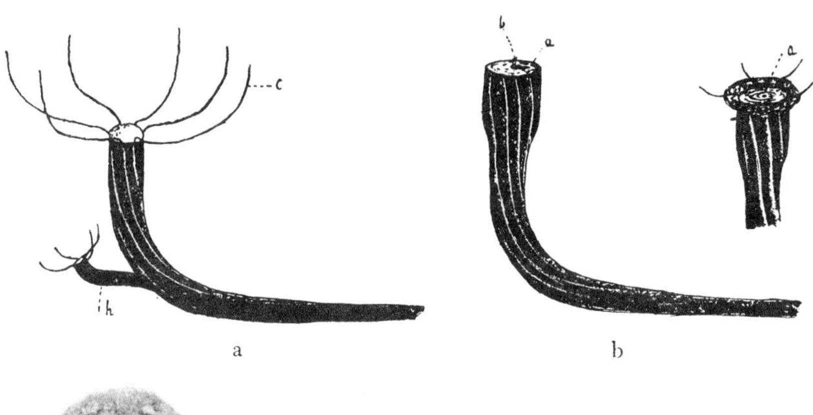

Abb. 109. Larvengehäuse von *Rheotanytarsus pusio.* a) Gehäuse einer erwachsenen Larve, daran hängend das Gehäuse einer jungen Larve; b) das gleiche Gehäuse, zum Puppengehäuse umgebaut (*a* Deckel, *b* Prothorakalhörner der Puppe); c) andere Form eines Puppengehäuses; d) Deckel des Puppengehäuses. [Aus MUNDY 1909.]

1935, 1936 b). Heute wissen wir, daß diese „Chironomidentuffe" eine weite Verbreitung haben (THIENEMANN 1944 a, hier vollständige Literaturangaben). *Lithotanytarsus emarginatus* lebt anscheinend im ganzen Alpengebiet, wo ihm kalkreiche Bäche zur Verfügung stehen (Lunz, Niederösterreich, Oberbayern, Frauenfeld, Schweiz, Baseler Tafeljura, Südfrankreich [Isère]); BERTRAND (1950, 1950 a) wies ihn in den Pyrenäen nach; nach Norden geht er bis in die Gegend von Bamberg, Nürnberg, Erlangen und Osnabrück (DANISCH 1950, 1950 a). Und während des letzten Krieges wurde er aus den Vorbergen des Kaukasus, aus Bächen bei Noworossijsk, bekannt. Neuester Fundort: Belgien, bei Namur. Leg. J.-J. SYMOENS. *Lithotanytharsus* fehlt in d e n Teilen Europas, die während der letzten Eiszeit von den nordischen Gletschern bedeckt waren; er war während der Eiszeit wohl eine sogenannte „südliche Gletscherrandform" (THIENEMANN 1950, S. 385). Am 29. Mai 1933 (vgl. THIENEMANN 1934) untersuchte ich einen kleinen Bach, der vom rechten, östlichen Talhang in steilem Gefälle über die fast senkrechten Felswände, einen zerstäubenden Wasserfall bildend, in die Partnachklamm (Oberbayern) stürzt. Das, was dem Bache sein besonderes Gepräge gab, waren die dicken Kalkinkrustationen, die das Bachbett und alles, was darin liegt — Blöcke, anstehendes Gestein, Holzstücke —, überkleiden und vor allem an den Wasserfällen stark entwickelt sind. Diese Krusten sind durchsetzt von eigenartigen Röhrchen und Gängen, Gebilden, die an der Oberfläche der Kalkbeläge in kleinen Öffnungen münden. Und in diesen Gangsystemen leben ihre Erzeuger, kleine gelbrötliche *Tanytarsus*-Larven, und ihre Puppen.

Will man den Bau dieser Chironomidentuffe verstehen, so geht man am besten von einem Stück aus, wie es auf Tafel VI Abb. 111 dargestellt ist. Man sieht die unregelmäßig geschlängelten, etwa 1,5 cm langen, gewissen Serpulidenröhren ähnlichen Gänge; die allerjüngsten Teile der Gänge scheinen überall zerstört oder zusammengefallen zu sein. Die Röhre ist im ganzen schwach konisch, ihr Durchmesser ist, soweit sie dem Substrat aufliegt, etwa halbkreisförmig. Fadenkiele und Fangfäden, wie bei den *Rheotanytarsus*-Röhren, sind nicht vorhanden. Das Material der Röhren ist festes Gespinst, dem feinste Kalkpartikelchen ein- und aufgelagert sind, so daß die Röhren eine große Festigkeit besitzen. Die verpuppungsreife Larve hebt durch Weiterbauen das Gehäuseende von der Unterlage etwas ab, so daß die Röhre nun ein kreisrundes Lumen hat. Der Rand des abgehobenen Endes wird durch Gespinst, das natürlich ebenfalls verkalkt, kragenartig erweitert (Taf. VI Abb. 112). Maße: Durchmesser des Ganges der erwachsenen Larve 0,3 mm, des Endes der Puppenröhre 0,6 mm, Breite des Kragens 0,6 mm. Das Röhrenende wird durch einen verkalkenden Gespinstdeckel verschlossen, der ein ventralwärts verschobenes, also exzentrisches Loch von 0,06 mm Durchmesser besitzt (Taf. VI Abb. 113). Schlägt sich nun während des Lebens der Larve Kalk aus dem Wasser in größeren Mengen auf dem Substrat nieder, so sorgt die Larve durch stetiges Weiterbauen am Vorderende ihrer Röhre dafür, daß das vordere Röhrenende immer an oder etwas über der jeweiligen Oberfläche des Substrats liegt. So ziehen dann die Röhren etwas schräg zur Bodenfläche des Substrates nach oben; die älteren Röhrenteile liegen i n der Kalkkruste eingebettet. Und sind die Röhren in großer Menge vorhanden, so ist die ganze Kruste von ihnen durchsetzt (Taf. VII Abb. 114), während die Krustenoberfläche von den Röhrenöffnungen wie durchlöchert erscheint. Die Öffnungen der Puppenröhren sind stets stromabwärts gerichtet. Löst man die Krusten von ihrer Unterlage los, so spalten sie leicht in einzelne Platten; die Unterseite einer solchen Platte zeigt Tafel VII Abb. 115. Und schneidet man sie senkrecht zur Oberfläche, so erhält man ein Bild wie Abb. 116: Jahresschichten! Diese Jahresschichtung wird verständlich, wenn man sich den Entwicklungszyklus unserer Tuffchironomide vergegenwärtigt.

Die Bachchironomiden haben in unseren Breiten im allgemeinen, wie auch die Seenchironomiden, einen einjährigen Entwicklungszyklus. Zur Zeit meiner Untersuchung, d. h. im Juni, fanden sich erwachsene Larven und Puppen, allerdings in einer im Verhältnis zur Größe der Tuffablagerungen relativ geringen Individuenzahl. Die große Zahl der deckellosen Puppenröhren, aus denen die Mücken schon ausgeschlüpft waren, zeigte ebenfalls, daß die Hauptflugzeit der Mücken schon vorbei war. Sie fiel also in den Mai. Das stimmt gut zu der immer wieder festgestellten Tatsache, daß in Mittelgebirgslagen bei uns die Mehrzahl der Bachinsekten im Frühjahr die Metamorphose zum geflügelten Stadium vollzieht. Dann sind also Larven und Puppen aus dem Bach verschwunden. Die geflügelten Tiere schreiten zur Laichablage (bei *Lithotanytarsus emarginatus* konnte die Eiablage bisher nicht beobachtet werden). Und nun sind im Frühsommer nur die jüngsten Larvenstadien im Bach vorhanden. Bei *Lithotanytarsus* bauen diese ihre Röhren auf der Oberfläche der Tuffe; die jüngsten Teile der Larvenröhren aber werden, wie oben schon gesagt, wieder zerstört oder fallen zusammen, so daß die an dem Querschnitt der Abb. 106 zu beobachtenden Grenzen „Jahresringen" entsprechen. Ist diese Auffassung richtig, so wäre an dem abgebildeten Tuffstück ein Jahreszuwachs von 2 bis 5 mm Dicke vorhanden. Natürlich muß die Stärke des Zuwachses von der Menge der Chironomidenlarven und der Intensität der anorganischen Kalkausfällung abhängig sein. So werden sich auch Störungen in der Kalkausfällung, etwa durch Hoch-

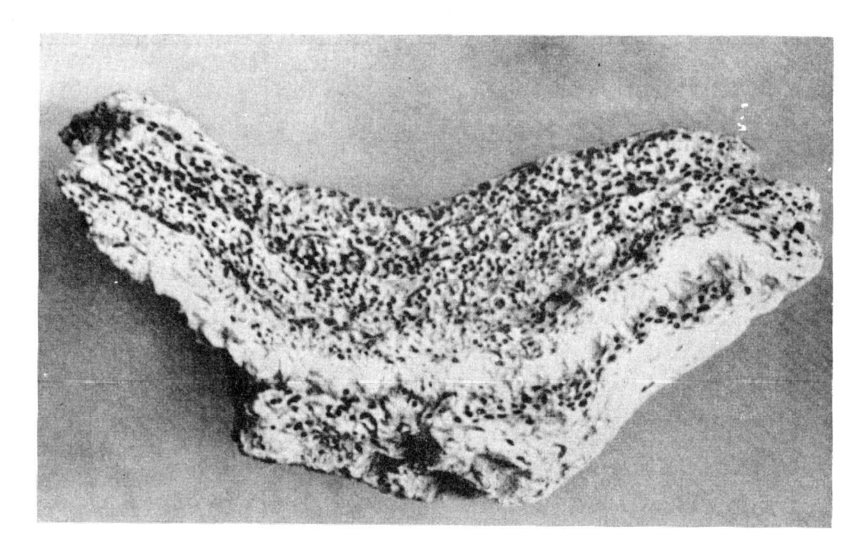

Abb. 116. *Lithotanytarsus*-Tuff, senkrecht zur Oberfläche geschnitten. 5 Jahresschichten; die beiden oberen sind reines „Wabenwerk" von *Lithotanytarsus*-Gängen, dann eine weiße Schicht fast ohne Röhren, darunter wieder eine Röhrenschicht und schließlich noch eine Schicht fast ohne Röhren.

wässer nach starken Regengüssen, in den Krusten kennzeichnen können. Und anderseits beweist die homogene Ausgestaltung der Tuffe innerhalb jeder Schicht, daß Wasserführung und Chemismus des Tuffbaches im Laufe des Jahres relativ gleichförmig sind. Die größte Dicke, die die Krusten im Bach an der Partnachklamm erreichen, beträgt 1 bis 2 cm. Wahrscheinlich haften bei der hier vorhandenen Strömung die Tuffe, falls sie größere Dicke erreichen, nicht mehr fest an der Unterlage, sondern werden dann (vielleicht vor allem bei der stärkeren Wasserführung im Frühjahr) losgerissen. Sie werden wohl im allgemeinen von der Strömung bis an den Fall des Baches in die Partnachklamm getragen, stürzen in die Partnach hinab und werden hier zerstört. Lagern sich einzelne losgelöste Tuffbrocken an ruhigerer Stelle im Bache ab, etwa in dem Becken unter einer der kleinen Kaskaden, so bieten sie bald ein eigenartiges Bild: Der zwischen den Röhren ausgefällte Kalk wäscht aus, so daß die Röhren nun herauswittern und an der Oberfläche des Stückes sichtbar werden, sich nun aber auch wieder sekundär mit Kalk inkrustieren und so an Dicke zunehmen und eine unförmliche Gestalt bekommen.

Läßt man einen Tuffbrocken einige Tage in dünner Salzsäure liegen, so wird der Kalk gelöst; an der Oberfläche treten die gewundenen Röhren deutlich hervor; schließlich bleibt ein bräunliches, weiches, schwammiges Gebilde übrig: das ist das röhrige Gespinst, das noch mit den unlösbaren feinsten Mineralteilchen, Ton und Kieselsäure, imprägniert ist. Das Chironomidengespinst spielt, ähnlich wie bei anderen Tuffen die Algenfäden, nur „die Rolle eines passiven Gerüstes, vergleichbar mit einem Gradierwerk, an dem die Auskristallisierung vor sich geht".

Wenn wir die beschriebenen Tuffe als „Chironomidentuffe" bezeichnen, so sind wir uns wohl bewußt, daß bei der Fällung des Kalkes aus dem Wasser die *Lithotanytarsus*-Larve keine aktive Rolle spielt. Wohl aber ist die Struktur des Tuffes das Werk der Lebenstätigkeit (d. h. des Gehäusebaues) der Larve, und da zum Begriff eines Gesteins nicht nur sein Chemismus, sondern auch seine Struktur, seine Form gehört, so ist die gewählte Bezeichnung berechtigt und wir können die Larven von *Lithotanytarsus emarginatus* „Gesteinsbildner" nennen.

Wie kommt es nun aber zum Ausfällen des Kalkes aus dem Bach auf die Röhren? Sicher ist diese Ausfällung des Kalkes zum Teil abiogener Natur (CO_2-Entzug durch Temperaturerhöhung oder starke Mischung mit Luft). Die Hauptmasse des Kalkes aber wird doch gewiß biogen, durch Algen, ausgefällt. WALLNER hat dieses Problem in bezug auf die *Lithotanytarsus*-Tuffe in einer Anzahl schöner Arbeiten verfolgt (1934, 1935 a, b, c). Nach WALLNER sind von den bisher bekannt gewordenen kalkbildenden Algen, die sich auf südbayerischen Tufflokalitäten finden, die Cyanophyceen *Plectonema phormidioides*, *Lyngbya aerugineo-coerulea* und die Siphonee *Vaucheria geminata*

Begleiter von *Lithotanytarsus.* Fast all ihre Standorte, zum mindesten ihre größeren Ansammlungen in Bachläufen, enthalten die Chironomidenröhren. Weniger häufig ist die Vergesellschaftung von *Lithotanytarsus* mit der Desmidiacee *Oocardium depressum* WALLNER. An der mikroskopischen Form des ausgeschiedenen Kalkes kann man schon erkennen, welche Alge ihn ausgefällt hat. Die Besiedelung schnell strömender Quellwässer durch *Lithotanytarsus* wird erst durch die Anwesenheit kalkablagernder Algen ermöglicht. Zwischen reinen Chironomidentuffen zu reinen Algentuffen ganz ohne *Lithotanytarsus*-Röhren gibt es alle Übergänge; man vergleiche WALLNERS Abbildungen. Wenn die Röhren zu Bündeln zusammengedrängt dicht stehen, dann sind auch die Kragenbildungen der Puppenröhren nicht voneinander

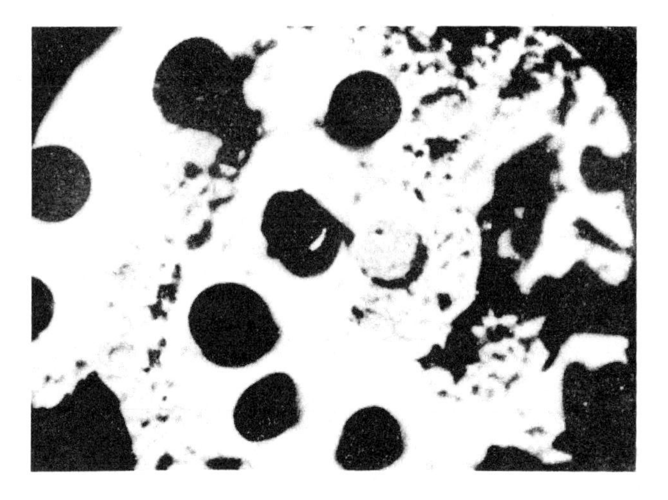

Abb. 117. *Lithotanytarsus emarginatus.*
Kragenfeld eines Röhrenbündels. In zwei Röhren sind noch die Deckel zu erkennen. Stellenweise das Kragenfeld durch *Oocardium* inkrustiert. [Aus WALLNER 1935 a.]

getrennt, schließen sich vielmehr zu einem einheitlichen „Kragenfeld" zusammen, das von den Röhrenmündungen durchsetzt wird (Abb. 117). WALLNER sieht in dieser Bildung eine „Schutzvorrichtung gegen das allzu üppige Wuchern des *Oocardium*-Bewuchses, dessen intensive Kalkfällung und leichte Verbreitung auf noch unbesiedelte Stellen die Gefahr der Einschließung für die Chironomiden bedeutet" (1935 a, S. 133). Und an anderer Stelle (1935 c, S. 137) schreibt er: „Mit dem Größerwerden des Tieres nimmt auch die Wohnröhre an Breite zu und bei reichlicher Besiedelung des Algenlagers mit *Lithotanytarsus*-Larven schließen die nur wenig inkrustierten Röhren eng aneinander. Für die Algen selbst ist kaum noch Platz. Man sieht, daß auch in so extremen Lebensräumen, wie sie ein schnell fließender Quellbach darstellt, unter den Organismen ein beständiger Kampf um ‚Platz an der Sonne' und Nahrung herrscht. Denn auch die Larven selbst müssen ständig auf die Verlängerung und Freihaltung ihrer Wohnröhre bedacht sein, wenn sie nicht Gefahr laufen wollen, ihrerseits von den schnellwüchsigen Kalkalgen eingeschlossen zu werden." — „Bisweilen aber werden die Gangmündungen doch durch die *Oocardium*-Kalke zum Verschluß gebracht, ehe noch das fertige Insekt die Puppenwohnung verlassen kann" (1935 b, S. 149).

Auf andere „Chironomidentuffe" werden wir später (S. 351, 352) zurückkommen.

Im Lunzer Seengebiet entdeckten wir eine ganz eigenartige neue Tanytarsarie, *Neozavrelia luteola* GOETGH. (GOETGHEBUER und THIENEMANN 1941 b, THIENEMANN 1942 a). Ich habe die Tiere aus der *Tolypothrix-, Rivularia-* und *Schizothrix*-Zone des Krustensteingürtels, aus grauem Uferschlamm mit Seekreide und aus dem Schlamm des Sumpfpflanzengürtels gezüchtet. Dr. GOUIN (GOWIN) fand sie in dem stark kalkhaltigen Meiergraben, in dem auch *Lithotanytarsus* lebt, auf den kalkinkrustierten Steinen des Bachbettes in kleinen, dem Stein angeschmiegten Röhren. „Die Röhren fielen mir nicht durch eine außergewöhnliche Gestalt auf. Ich hatte den Eindruck, als ob sich die Larven in die Kalkkrusten hineingebohrt hätten, so daß die Gehäuse nur als mäßig erhabene Unebenheiten erscheinen, die ich mit dem Messer herausschneiden mußte. Wahrscheinlich aber hat sich die Kalkablagerung erst nachträglich gebildet. Ob es sich um ähnliche Bildungen wie bei *Lithotanytarsus* handelt, muß späteren Untersuchungen vorbehalten bleiben" (GOUIN, in THIENEMANN 1942 a, S. 585).

Die bis jetzt behandelten Bauten der Chironomidenlarven haben bei aller Verschiedenheit eines gemeinsam: es sind unbewegliche, auf oder in dem Substrat verankerte Gehäuse. Es gibt aber auch Gehäuse, die wie die Köcher der Trichopteren von den Larven frei herumgetragen werden. Solche beweglichen Gehäuse sind mehrfach innerhalb der verschiedenen Chironomidengruppen unabhängig voneinander aufgetreten, es sind durch Konvergenz entstandene Gebilde. Wir kennen sie bei Orthocladiinen und vor allem bei der Subsectio Tanytarsariae connectentes (und Chironomariae connectentes).

Recht verschiedenartig sind diese Gehäuse bei den Orthocladiinen. Die erste Form, die wir nach ihren Erbauern als „*Psectrocladius*-Typus" bezeichnen, sind jene voluminösen Gallerttönnchen der *Dilatatus*-Gruppe der Gattung *Psectrocladius,* die wir auf Seite 104 bis 105 schon eingehend geschildert und in Abb. 65 wiedergegeben haben. Sie sind schon seit dem 18. Jahrhundert bekannt. Der oben gegebenen Beschreibung sei noch ergänzend hinzugefügt, daß sich das Puppengehäuse in nichts von dem Larvengehäuse unterscheidet. Zuweilen wird es vor der Verpuppung zwischen den Algen an einem Ende festgesponnen. In vielen Fällen aber liegt es auch frei zwischen Algenfäden, die ihm ja auch ohne besonderes Gespinst in ihrem dichten Gewirr einen ruhigen und sicheren Halt geben.

Die zweite Form, den „*Diplocladius*-Typus", entdeckte ich 1942 in Lunz, Niederösterreich (GOWIN-THIENEMANN 1942), und zwar in dem obersten Forellenteich zwischen Biologischer Station und Untersee, der direkt von dem Zuleiter, der von der Forellenbrutanstalt kommt, gespeist wird. Hier fanden sich am 14. Juni im lockeren Uferschlamm unter ganz schwacher Strömung die Larven und Puppen sehr zahlreich; auch in den folgenden Jahren habe ich die Tiere hier stets wieder gefunden. Auch in einem anderen Forellenteich, im Schlamm eines Seitenarmes des Seebachs und im Uferschlamm des Untersees vor der Kanalmündung trafen wir die Art an. Die Larven kriechen mit ihren Gehäusen herum. Diese sind 5 mm lang, 1 mm im Durchmesser, zylindrisch oder schwach konisch, aus Schlammteilchen zusammengesponnen (Abb. 118). Sie sind aber nicht starr und fest, sondern geben bei den Bewegungen der Larve elastisch nach wie die *Psectrocladius*-

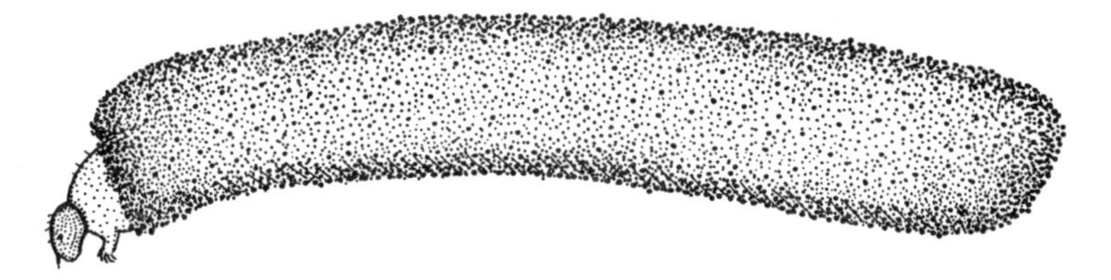

Abb. 118. *Diplocladius lunzensis.* Larvengehäuse. [del. Dr. K. STRENZKE.]

Tönnchen. An den Puppengehäusen ist der vordere Teil etwas aufgetrieben, vorn und hinten findet sich eine kleine Öffnung mit unregelmäßig konturierten Rändern. Die Puppengehäuse sind nicht festgeheftet, sondern liegen lose auf oder in dem Schlamm.

Sehr eigentümlich ist die Larve von *Heterotanytarsus apicalis* (K.). Wir kennen diese Art aus Böhmen, Oberbayern, Norddeutschland, England, Schweden (von Småland bis Lappland); sie lebt in *Sphagnum*-Tümpeln, Mooren und dem Litoral von Seen (vgl. BRUNDIN 1949, S. 702—704). Zuerst wurde die Art gefunden und gezüchtet von ZAVŘEL (1947 a); die Metamorphose beschrieb SPÄRCK (1922, S. 88—92). ZAVŘEL entdeckte die Larven auf dem sehr fein-schlammigen Boden eines mit *Sphagnum* verwachsenen Waldtümpels bei Königgrätz. Die freien, röhrenförmigen Gehäuse erinnern habituell an *Zavrelia*-Gehäuse (Abb. 124). Sie sind aus Pflanzendetritus, wahrscheinlich den Kotballen der Larve, gebaut. Bei den Puppenröhren ist der vordere Teil des Gehäuses angeschwollen. Weitere Einzelheiten über diese Köcher sind nicht bekannt.

Schließlich haben auch die Larven der hochnordischen Gattung *Abiskomyia* frei getragene Gehäuse. In einem Seitenbach des Abiskojokk (Schwedisch-Lappland) sammelte ich (1941 a, S. 208—210) Chironomidenlarven in frei beweglichen Gehäusen aus kleinen Gesteinstrümmern und Schlammteilchen; die Zucht gelang, es handelte sich um eine *Abiskomyia*-Art, die Dr. Goetghebuer als *A. paravirgo* beschrieb. Die Gehäuse sind 5 mm lang, vorn und hinten offene drehrunde Köcher; ihr Vorderdurchmesser ist etwas größer als der Hinterdurchmesser. Beim Puppengehäuse waren besondere Verschlußmembranen nicht zu erkennen. Das Gehäuse (Abb. 119) gleicht in hohem Grade dem Köcher der Trichoptere *Micrasema minimum.*

Schon früher (1937 d, S. 169—171) beschrieb ich die Puppe von *Abiskomyia virgo* Edw., einer parthenogenetischen Frühjahrsform der Seen des Abiskogebietes (Torneträsk, Katterjaure, Abiskojaure). Die Larve dieser Art war unbekannt. Da fand ich in meinen Papieren ein kleines, nicht veröffentlichtes Manuskript Professor V. Brehms aus dem Jahre 1921. Ich hatte, was mir ganz entfallen war, damals Brehm eine Anzahl Larven und Puppen in

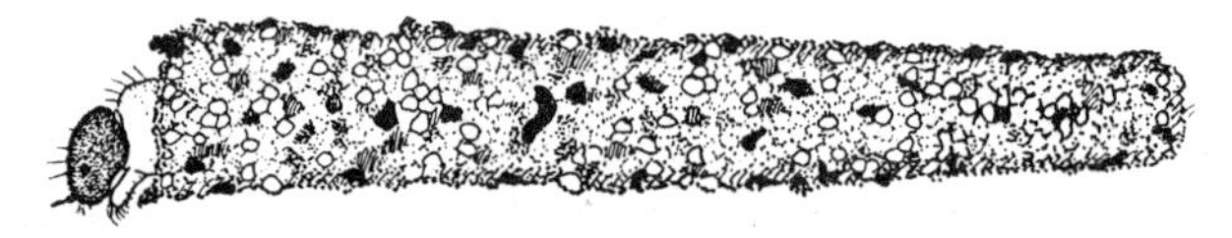

Abb. 119. *Abiskomyia paravirgo.* Larvengehäuse. [del. Dr. K. Strenzke.]

Gehäusen vom „*Zavrelia*-Typus" (vgl. unten S. 168) geschickt. Seine Larvenbeschreibung deckt sich völlig mit meiner Beschreibung von *Abiskomyia paravirgo,* und die Puppen sind einwandfrei die Puppen von *Abiskomyia virgo.* Damit ist aber auch die Larve dieser Art festgestellt, die sich nicht von der von *A. paravirgo* unterscheiden läßt, auch den gleichen Köcher wie diese baut. Die Larven wurden von von Hofsten und Alm in fünf Seen der Birken- und Grauweidenregion des Sarekgebirges (Schwedisch-Lappland) in Wassertiefen von 1,5 bis 5,5, ja noch bei 13 m Tiefe gefunden; in 17 bis 20 m Tiefe wurden nur noch leere Gehäuse gefunden. Tshernovskij hat (1949, S. 116—118) Larven von *Abiskomyia virgo* im Litoral eines Sees der Kola-Halbinsel gefunden und sie, wie auch den Larvenköcher, gut abgebildet. Er bezeichnete die Form als „Orthocladiinae gen.? *larva simulans* Tshernovskij sp. n.".

Auf einige merkwürdige Konvergenzerscheinungen zwischen den *Heterotanytarsus*- und *Abiskomyia*-Larven einerseits und den köchertragenden Chironomidenlarven anderseits gehen wir nach Besprechung der letztgenannten noch kurz ein.

1905 beschrieb Robert Lauterborn in einer später viel zitierten Arbeit drei „Chironomidenlarven mit frei beweglichen, trichopterenartigen Gehäusen". Bause (1913) untersuchte diese Formen im Rahmen seiner Dissertation genauer, konnte eine weitere hierher gehörige Art beschreiben; eine Identifikation respektive Beschreibung der Imagines nahm J. J. Kieffer vor; für diese Formen errichtete Bause die Sectio „*Tanytarsus connectens*".

Zavřel (1926 b) widmete „*Tanytarsus connectens*" eine eigene Publikation. Er stellte fest, daß diese Gruppe nicht einheitlich ist und ihre verschiedenen Gattungen genetisch nicht zusammengehören. *Lauterborniella* und *Zavreliella* stehen den Gattungen *Microtendipes* und *Paratendipes* der Chironomariae connectentes am nächsten, während *Stempellina* und *Zavrelia* Tanytarsariae (connectentes) sind. So stellt auch Lenz (1941 a) jetzt *Lauterborniella* und *Zavreliella* zu den Chironomariae connectentes, die allerdings auch eine recht heterogene Gruppe bilden. Meiner Meinung nach faßt man, da man die genetischen Verbindungen also auch so nicht recht darstellen kann, am besten doch, wie früher, diese Formen zu einer Gruppe zusammen (oder, wenn man lieber will, man schließt an *Stempellina* und *Zavrelia* als Tanytarsariae connectentes *Lauterborniella* und *Zavrelia* als erste Gattungen

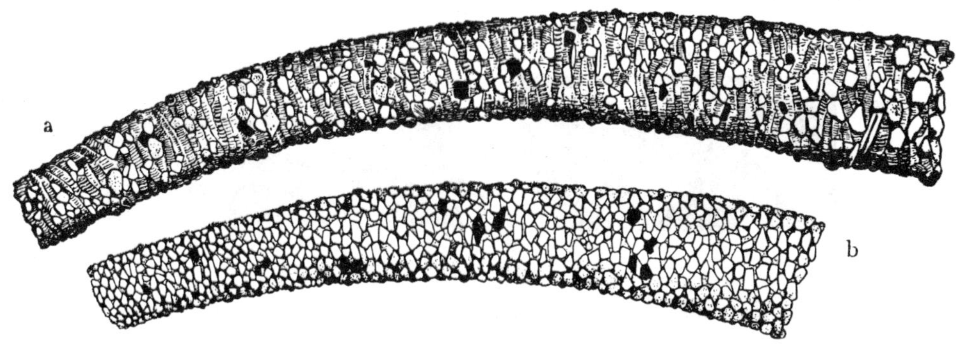

Abb. 120. *Stempellina bausei.* Larvengehäuse a) aus dem Skärshultsjön, b) aus dem See Stråken. [Aus Brundin 1948.]

der Chironomariae connectentes an). Die neueste Bearbeitung der Metamorphose der Tanytarsariae connectentes gab 1948 Lars Brundin. Wir schildern nunmehr den Gehäusebau der einzelnen Arten.

Stempellina Bausei K. Weit verbreitet in Feldgräben, kleinen Flüssen, Bächen, Teichen, Quellen und Seen, also eine recht eurytope Art. In Deutschland von Norddeutschland bis in die Alpen; von England und Schweden (Jämtland, vielleicht auch Lappland) bis Südeuropa, von Westeuropa bis zum Ob. Gehäuse (Abb. 120): eine köcherartige, hornartig gebogene, 6 bis 7 mm lange Röhre, die sich nach dem Hinterende zu gleichmäßig bis etwa auf die Hälfte der vorderen Öffnung verjüngt. Baumaterial: Sandkörnchen, Diatomeenpanzer, eventuell auch Feindetrituskugeln (vgl. Brundin 1948, S. 14 bis 15). Das Puppengehäuse hat keinen eigentlichen vorderen Verschlußdeckel.

Stempellina subglabripennis Brundin. Eine Art, die bisher nur in Seen Smålands, Jämtlands und Südfinnlands gefunden wurde (unteres Litoral bis mittleres Profundal); ihr Gehäuse ist von dem der vorigen Art nicht zu unterscheiden (Brundin 1949, S. 795).

Constempellina brevicosta Edw. In schwedischen Seen, von Småland bis Jämtland und Lappland; auch in einem norwegischen See — bei Finse — gefunden. Gehäuse wie bei *Stempellina bausei* (Brundin 1949, S. 784). Nicht zu unterscheiden von diesen Gehäusen des *Bausei*-Typus sind ferner die Gehäuse der von Lundbeck (1935, S. 267) im Kurischen Haff nachgewiesenen *Stempellina*-Art. Auch die nordamerikanische *Stempellina Johannsenii* Bause hat wahrscheinlich ein ähnliches Gehäuse (Bause, S. 67).

Stempellina montivaga Goetgh. In alpinen Kalkquellsümpfen (Oberbayern, Niederösterreich) in einem Bach bei Erlangen sowie auf überrieseltem Gestein eines kleinen Baches am Varnasee, Bulgarien. Subfossil in wärmezeitlichen Quellkalken am Windebyer Noor bei Eckernförde, Schleswig-Holstein (Thienemann 1949 d). Wie Larve und Puppe unterscheidet sich das Gehäuse von dem der anderen *Stempellina*-Arten (Thienemann 1949 b). Es hat eine hornförmige Gestalt ähnlich den Köchern der Trichoptere *Beraea*

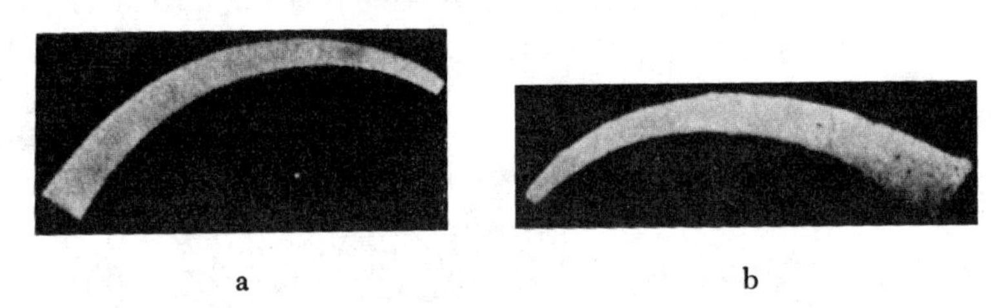

a b

Abb. 121. *Stempellina montivaga.* a) Larvengehäuse, b) Puppengehäuse. [Aus Thienemann 1949 b.]

und ist viel stärker gekrümmt als bei *bausei* (Abb. 121 a). Maximale Länge (auf der Sehne der Krümmung gemessen) 4 mm, bei *bausei* 6 bis 7 mm; Vorderdurchmesser 0,48 mm, Hinterdurchmesser 0,16 mm. *Montivaga* hat also ein viel schlankeres Gehäuse als *bausei.* Dem Gehäuse von *montivaga,* das ganz glatt ist, sind feinste Kalkpartikelchen aufgelagert. Bei Salzsäurebehandlung verschwinden sie vollständig, übrig bleibt eine Gespinströhre, der nur einige salzsäureunlösliche Teilchen, meist organischer Natur, aufgelagert sind. Vor der Verpuppung verlängert die Larve ihren Köcher um knapp 1 mm, indem sie eine „Puppenkammer" vorschaltet, die einen Durchmesser von etwa 0,7 mm hat und aus etwas gröberen Kalkpartikelchen besteht (Abb. 121 b). Mit dieser schließt sie das Puppengehäuse vorn; wahrscheinlich bleiben feinste Öffnungen unregelmäßig bestehen. Einen eigentlichen „Deckel" bildet dieser Verschluß nicht. Bei *bausei* wird das Vorderende der Larvenröhre vor der Verpuppung nicht zu einer Puppenkammer erweitert.

Stempellinella minor Edw. England, Belgien, Holland; Seen von Småland bis Lappland, Schweden; Lunzer Untersee, Niederösterreich. „Gehäuse (Abb 122) der erwachsenen Larve 2,5 bis 3 mm lang, röhrenförmig, gerade, parallelseitig oder nach hinten schwach verengt, an beiden Enden abgestutzt, auch hinten ganz offen, aus feinem Detritus aufgebaut" (BRUNDIN 1948, S. 9; 1949, S. 796—797).

Stempellinella brevis EDW. (*ciliaris* GOETGH.). England; Seen in Småland, Västmanland, Dalarne, Jämtland; Quellen in Lunz, Niederösterreich, und Holstein; Bach im Sauerland (DITTMAR). „Das Gehäuse (Abb. 123) besteht

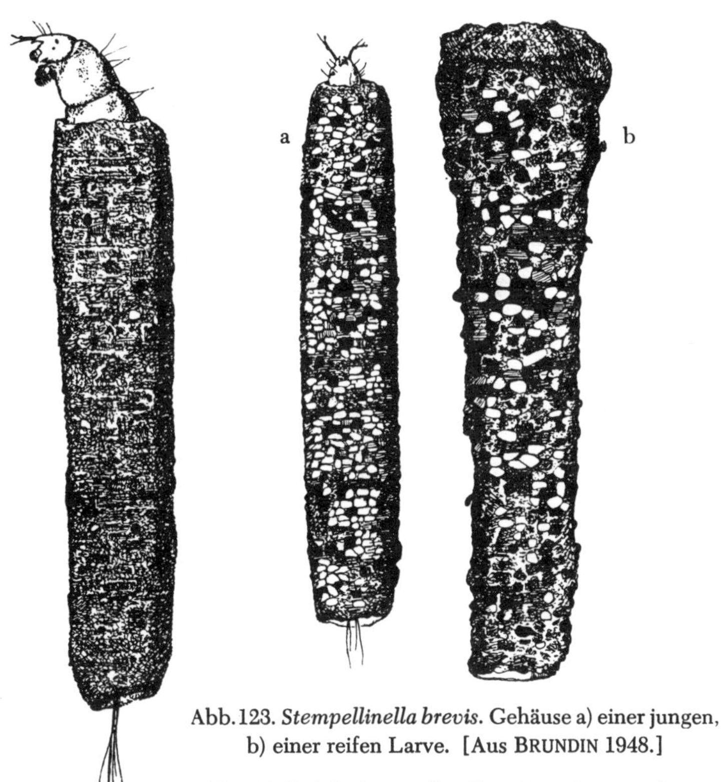

Abb. 123. *Stempellinella brevis*. Gehäuse a) einer jungen, b) einer reifen Larve. [Aus BRUNDIN 1948.]

Abb. 122 (links). *Stempellinella minor*. Larvengehäuse. [Aus BRUNDIN 1948.]

aus ungeformtem Feindetritus, Feindetrituskugeln und hellen und dunklen Gesteinstrümmern in milieubedingter, stark wechselnder Menge. Im oberen Profundal des Sees Innaren fand sich sogar eine Larve, deren Gehäuse nur aus Detritus aufgebaut war. Häufiger findet man Gehäuse, die fast nur aus Gesteinstrümmern bestehen.

Die *brevis*-Gehäuse sind meistens etwa parallelseitig. Vor der Verpuppung wird aber das Gehäuse am Vorderende ausgebaut und erweitert (Abb. 123 b). Die vordere Öffnung wird geschlossen. Ein eigentlicher ‚Deckel' kommt nicht zustande, und nur kleinere, unregelmäßige Öffnungen bleiben zurück. Das neue Baumaterial besteht fast nur aus Detritus, und dies auch in solchen Fällen, in denen das Gehäuse im übrigen nur aus Gesteinstrümmern gebaut ist" (BRUNDIN 1948, S. 12; 1949, S. 795—796).

Zavrelia pentatoma K. *(nigritula* GOETGH.). In Wiesengräben und Erlenbrüchen, kleinen Tümpeln — meist zwischen *Hypnum* — und in Seeufern. England, Belgien, Böhmen-Mähren, Deutschland (Pfalz, Thüringen), Niederösterreich, Schweden (Småland, Uppland, vielleicht auch Lappland). LAUTERBORN (l. c. S. 210) beschreibt die Gehäuse (Abb. 124) aus der Pfalz so: „Röhrenförmig, nach hinten verjüngt, an beiden Enden abgestutzt, recht festschalig. Auf der Oberfläche mit quergelegten Diatomeenpanzern (fast

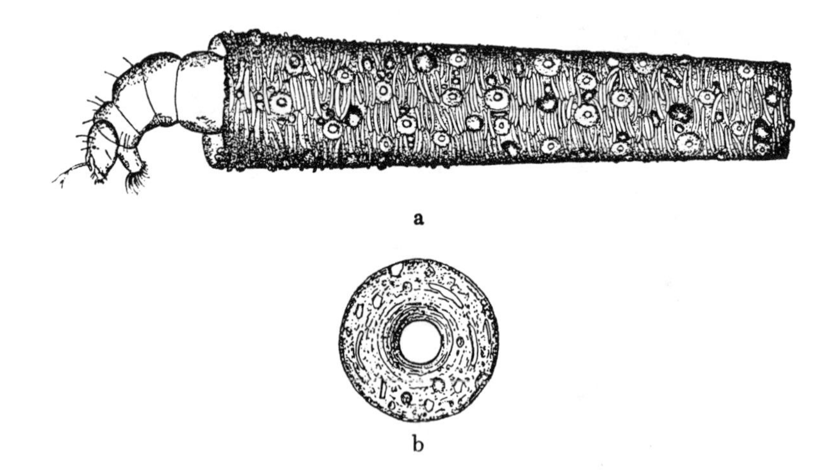

Abb. 124. *Zavrelia pentatoma.* a) Larve im Gehäuse. b) Hinterer Verschluß des Puppengehäuses. [Nach LAUTERBORN aus BAUSE.]

ausschließlich solche von *Epithemia turgida)* und Rhizopodenschalen *(Centropyxis)* bedeckt. Länge 3 bis 5 mm ... Durch die abgestutzt konische Gestalt und die — für eine Fliegenlarve gewiß bemerkenswerte! — Auswahl der aufgelagerten Fremdkörper erinnert das Gehäuse ganz auffallend an gewisse Trichopterenhülsen. Diese Ähnlichkeit wird noch bedeutend dadurch vermehrt, daß bei der Verpuppung die Larve ihr Gehäuse vorn und hinten mit einem häutigen Deckel verschließt, der im Zentrum von einer kreisförmigen Öffnung durchbrochen ist" (Abb. 124 b). Nicht überall wird jedoch das *Zavrelia*-Gehäuse aus Diatomeenpanzern gebaut; im Ufer des Lunzer Mittersees baut die *Zavrelia*-Larve ausschließlich aus kleinen Gesteinstrümmern und einzelnen organischen Bröckchen (THIENEMANN 1943 a).

Von den bisher genannten Formen vereinigt BRUNDIN (1948) die Gattungen *Zavrelia* K. und *Stempellinella* BRUNDIN zur *Zavrelia*-Gruppe, die Gattungen *Stempellina* BAUSE und *Constempellina* BRUNDIN zur *Stempel-*

lina-Gruppe; beide zusammen bilden die Sectio Tanytarsariae connectentes s. s. Es folgen jetzt die beiden, heute meist (vgl. LENZ 1941 a) zu den Chironomariae connectentes gestellten Arten.

Lauterborniella agrayloides K. Zwischen Pflanzen im Seenlitoral, in Teichen und Mooren. England, Holland, Deutschland (Eifel, Pfalz, Holstein, Ostpreußen), Böhmen-Mähren, Schweden, Finnland, Kanada; USA (TOWNES 1945, S. 21). „Gehäuse (Abb. 125) ungefähr von Gestalt eines Brillenfutterales, in der Mitte etwas verbreitert, seitlich stark zusammengedrückt, an beiden Enden gerundet und hier spaltenförmig klaffend, undurchsichtig, braun, aus zahlreichen Flöckchen zusammengesetzt, mit konzentrischen Anwachsstreifen, die parallel dem gerundeten Vorder- und

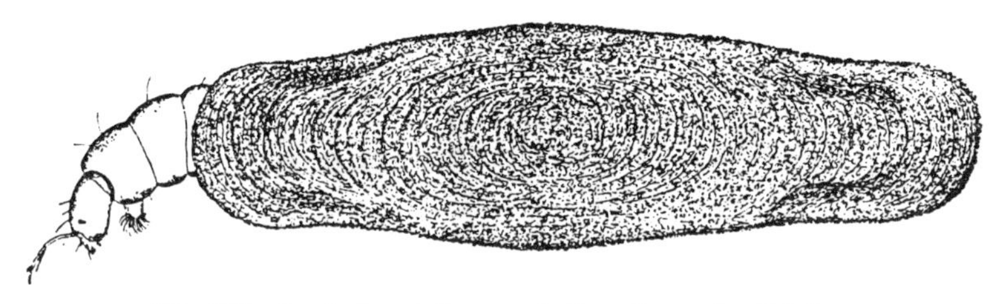

Abb. 125. *Lauterborniella agrayloides.* Larve im Gehäuse. [Nach LAUTERBORN aus BAUSE.]

Hinterrand verlaufen. Länge 3 bis 4 mm ... Das Gehäuse gleicht im Umriß sowie durch das Vorhandensein der konzentrischen Anwachsstreifen sehr dem Gehäuse von *Agraylea pallidula* MACLACHLAN, einer Trichoptere aus der Familie der Hydroptiliden" (LAUTERBORN l. c., S. 208, 209). Über die Verpuppung berichtet ZAVŘEL (1925): „Das Gehäuse wird vor der Verpuppung mit zwei schmalen Ansätzen an beiden Enden versehen; an der Basis derselben, also an der ehemaligen Öffnung des Larvengehäuses, werden siebförmig durchlöcherte Deckel befestigt, diese sind ... langelliptisch ... nach außen konvex (Abb. 126 b) ... Der vordere Deckel mißt 0,54 × 0,15 mm und besitzt etwa 12 Öffnungen in zweireihiger Anordnung, der hintere 0,38 × 0,15 mm mit etwa 6 bis 7 Öffnungen." Die Puppengehäuse sind auf der Unterlage mit starken Gespinstfaserzügen befestigt, die aus dem vorderen und hinteren Ende des Gehäuses, oder nur aus einem, ausgehen.

Zavreliella marmorata v. D. W. (*clavaticrus* K.; ? *flexilis* L.). In Teichen, Sümpfen, Wiesenmooren, Erlenbrüchen. England, Belgien, Holland, Frankreich, Deutschland (Pfalz, Westfalen, Norderney, Thüringen, Sachsen, Ostpreußen, ? Holstein), Böhmen-Mähren, Ungarn. „Gehäuse (Abb. 127) ungefähr spindelförmig, an den Enden verschmälert und abgestutzt, seitlich etwas zusammengedrückt, braun, aus feinsten Partikelchen aufgebaut, mehr oder weniger durchscheinend, besonders in der Mitte. Länge 4 bis 5 mm" (LAUTERBORN, l. c. S. 209). ZAVŘEL hat (1926 b) auch das „Wachstum" des Gehäuses während des fast 12 Monate dauernden Larvenlebens genau verfolgt; im Winter tritt eine Verzögerung des Wachstums ein („diapause larvaire"). Vor der Verpuppung wird (ZAVŘEL 1925) „die Vorderhälfte des Gehäuses in der Querrichtung etwas verbreitert und das Gehäuse an beiden Enden mit einem schmalen kaminartigen Fortsatz versehen. An der Stelle,

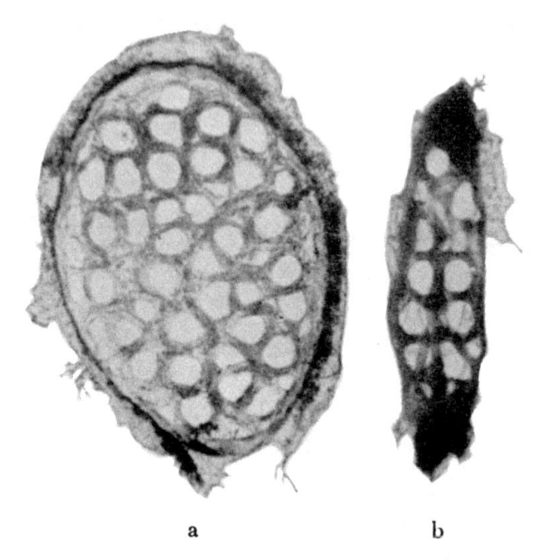

a b

Abb. 126. Vorderdeckel der Puppengehäuse von a) *Zavreliella marmorata*, b) *Lauterborniella agrayloides*. [Aus ZAVŘEL 1925.]

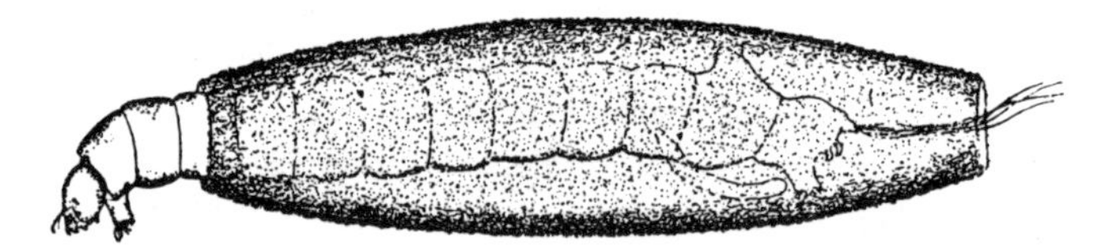

Abb. 127. *Zavreliella marmorata*. Larve im Gehäuse. [Nach LAUTERBORN aus BAUSE.]

wo das Gehäuse in diesen kaminartigen Fortsatz übergeht, werden die kreisförmigen Deckel auf einer ringförmigen Quernaht befestigt (Abb. 126 a)." Weiter schreibt ZAVŘEL (1925, S. 270): „Die ökologische Bedeutung dieser Deckel besteht wohl hauptsächlich in ihrer Funktion als Filter gegen die Verunreinigung des Puppengehäuses durch Detrituspartikel. Die Größe der Öffnungen, 25 bis 53 µ, macht aus diesen Deckeln ein überaus feines Filter, das in der Maschenweite mit der feinsten Müllergaze wetteifert. Neben dieser Schutzfunktion haben aber diese Einrichtungen auch andere

Bedeutung. Die kaminartigen Ansätze bei *Lauterborniella* und *Zavreliella* sind zu eng, um die Puppe — obzwar dieselbe ziemlich schlank ist — beim Schlüpfen glatt und leicht durchzulassen. Gerade die Neugierde, wie die Puppe die enge Öffnung des Gehäuses passieren wird, hat mich zum erstenmal auf das Vorhandensein von Deckeln aufmerksam gemacht. Ich beobachtete nämlich, wie sich die Puppe mit ihrem Kopfe und dem angeschwollenen Thorax gegen das verengte Vorderende des Gehäuses stemmte, bis der kaminartige Vorsprung wie glatt abgeschnitten abfiel (Abb. 128). Bei der Untersuchung, ob hier vielleicht eine vorbereitete Naht vorhanden ist, fand ich den Deckel. Dieser dient also auch dazu, das verengte Vorderende des Gehäuses durch Abspringen zu vergrößern und dadurch eine genügend

Abb. 128. *Zavreliella marmorata.* Puppengehäuse nach Ausschlüpfen der Puppe; der vordere kaminartige Fortsatz abgesprungen. Deckel (d) sichtbar. [Aus ZAVŘEL 1925.]

breite Öffnung für die ausschlüpfende Puppe zu bilden." Das Puppengehäuse ist, wie bei der vorigen Art, auf der Unterlage mit Gespinstfaserzügen befestigt, die sich distal in eine fächerförmige Scheibe erweitern. ZAVŘEL weist schließlich auf die Ähnlichkeit der Gehäuse mit Pflanzenteilen hin; so ähnelt *Zavrelia* entblätterten Stengeln von Moosen, *Lauterborniella* Moosblättchen, *Zavreliella* den Samen von *Glyceria.* Diese Ähnlichkeit ist in der freien Natur tatsächlich sehr groß. Erwähnt sei noch, daß *Zavreliella* eine rein parthenogenetische Art ist (vgl. S. 282). *Zavreliella annulipes* JOH., eine von mir in Sawahs (Reisfeldern) am Ranau-See in Südsumatra gefundene Art, hat Gehäuse, die sich von den Gehäusen der europäischen Art nicht unterscheiden (ZAVŘEL 1934, S. 163).

Damit haben wir die bis jetzt bekannten freibeweglichen Köcher von Chironomidenlarven aufgezählt. Das Vorhandensein solcher freien Köcher bringt bei den Orthocladiinenlarven der Gattungen *Heterotanytarsus* und

Abiskomyia einige bemerkenswerte Konvergenzerscheinungen zu den Larven der Tanytarsarien mit sich (vgl. SPÄRCK 1922; THIENEMANN 1941 a). Die Art *apicalis* K. wurde von KIEFFER zu *Metriocnemus* gestellt mit der Bemerkung „verbindet *Metriocnemus* mit *Orthocladius*"; auch in der Bearbeitung GOETGHEBUERS im „LINDNER" steht sie unter *Metriocnemus*. Den Gattungsnamen „*Heterotanytarsus*" wählte SPÄRCK wegen dieser Ähnlichkeiten mit den Angehörigen der *Tanytarsus*-Verwandtschaft. Die Antennen (Abb. 28 bei THIENEMANN 1941 a, S. 210) zeigen Anklänge an die *Tanytarsus*-Antennen: sie stehen auf einem Sockel, sind außerordentlich lang, auf der basalen Hälfte des ersten Endgliedes stehen wechselständig zwei große LAUTERBORNsche Organe. Aber die Mundteile und die Puppe zeigen durchaus Orthocladiinencharakter. — Die Gattung *Abiskomyia* EDW. wurde von EDWARDS (1937 a) ohne Bedenken zu den Orthocladiinen gestellt; auch GOETGHEBUER stellt sie zu dieser Subfamilie. Bei der Larve erinnert der Antennensockel, zum Teil die Beborstung der Abdominalsegmente, sowie die Stellung der Nachschieberklauen an die entsprechenden *Tanytarsus*-Merkmale. Bei der Puppe ähnelt die Thorakalbewaffnung der von Formen der *Tanytarsariae connectentes*, die Spitzenplättchen der Abdominalsegmente erinnern an *Rheotanytarsus*. Aber im übrigen tragen Larven wie Puppen doch einwandfrei Orthocladiinencharakter!

Zum Schluß dieses den Bauten der Chironomidenlarven gewidmeten Abschnittes sei noch auf eine eigenartige Überwinterungsweise bei Chironomidenlarven hingewiesen. Sie ist bisher nur dreimal beobachtet worden, von HARNISCH (1922 b, S. 89) in einem Weiher der schlesischen Ebene, von ALM im Yxtasjö in Mittelschweden (THIENEMANN 1921; vgl. ALM 1921, S. 17) und von M. DECKSBACH (1933) im russischen Perelawskoje-See. ALM fand die in Abb. 129 abgebildeten „Überwinterungshülsen"[30] sowohl spät im Herbst wie zeitig im Frühjahr bei der Eisschmelze. Oft lagen sie am Boden zwischen pflanzlichem Detritus, gelegentlich zwischen den Blättern von *Ceratophyllum* und anderen Pflanzen. Legt man sie in ein Glas mit Wasser bei Zimmertemperatur, so kriechen die Larven nach 1 bis 2 Tagen aus. Die Kokons, die ich untersuchen konnte, wurden am 1. April 1919 in 1 bis 2 m Tiefe gesammelt.

Die meisten Kokons haben eine Länge von 5 mm und eine Breite von etwa 1,7 mm; an den Enden sind sie etwa halbkreisförmig gerundet, die Längsseiten verlaufen parallel zueinander oder sind schwach konvex. Die Kokons sind abgeplattet, sie haben eine Dicke von 1 mm.

Es finden sich auch Kokons von nur 2,5 mm Länge: jüngere wie ältere Larven haben also gleichermaßen die Fähigkeit, diese Überwinterungsgehäuse zu bauen. Der Kokon ist allseitig geschlossen, er besteht aus einem

[30] Bei HARNISCHs Beobachtung handelte es sich aber nicht um Überwinterung!

durchsichtigen, blaß graubräunlichen, festen Gespinst ohne Ein- oder Auflagerung von Fremdkörpern.

Die Larve erfüllt den Kokon ganz und liegt in einer Ebene eng zusammengekrümmt, so daß sich Kopf und Hinterende sowie die Bauchseiten der vorderen und hinteren Körperhälfte berühren, dicht an die Kokonwand angeschmiegt im Gehäuse. Der Kokon wird beim Auskriechen der Larve von dieser an einem Ende aufgebissen oder auseinandergesprengt.

Die Larve, die diese Kokons spinnt, gehört zu einer Art der Gattung *Endochironomus*. Wir haben die Lebensweise der *Endochironomus*-Larven schon oben (S. 98—102) behandelt.

Im allgemeinen überwintern die *Endochironomus*-Larven entweder zwischen dem pflanzlichen Detritus des Gewässergrundes oder — die minierenden Arten — in den verfaulenden Pflanzenteilen. Wenn im Frühjahr im

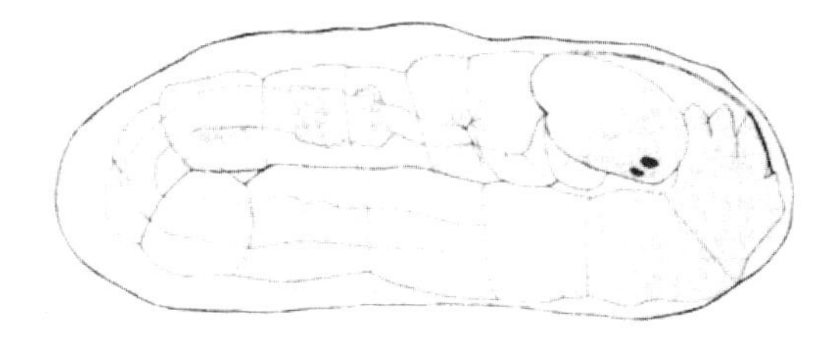

Abb. 129. *Endochironomus*-Larve im Überwinterungskokon.
[Aus THIENEMANN 1921.]

Seeufer *Sparganium*-Blattstücke, *Scirpus*-Teile usw. zusammengetrieben werden, kann man die Larven zusammen mit *Glyptotendipes* und anderen minierenden Chironomidenlarven oft zu Dutzenden, ja Hunderten in einem einzigen zerfallenden Blattstück sammeln. Ob der Bau besonderer Überwinterungshülsen nur einzelnen (wohl nicht minierenden) Arten zukommt und ob er vielleicht nur unter besonderen äußeren Verhältnissen beobachtet wird, müssen künftige Untersuchungen zeigen; ebenso werden nur Beobachtungen am Lebenden uns über die Art und Weise des Gehäusebaues Klarheit verschaffen können. — Die von MARIA DECKSBACH im Pereslawskoje-See (bei Kossino, Moskau) gefundenen Kokons stellt sie (1933, S. 378) auf Grund von Imaginalbestimmungen GOETGHEBUERS zu *Endochironomus dispar* MEIG. und bemerkt dazu „Larvengruppe Nymphoides". Ich habe oben (S. 100) diese Art — ebenfalls auf Grund von Imaginalbestimmungen GOETGHEBUERS — zur *Signaticornis*-Gruppe gestellt — ein Zeichen dafür, wie verworren die Imaginalsystematik der Gattung *Endochironomus* noch ist! M. DECKSBACH schreibt: „Es ist interessant, daß im Winter und im Herbst die meisten Larven von uns in Kokons gefunden wurden. Der Kokon ist von einer zarten Konsistenz, 5 bis 6 mm lang; die Larven liegen darin zweifach zusammengebogen." Diese *Endochironomus*-Art sei gemein in den Pflanzenbeständen der russischen Teiche und Flüsse.

B. Die aquatischen Puppen

Im allgemeinen währt das Leben einer Chironomidenlarve bei uns fast ein Jahr, das der Puppe nur wenige Tage. Trotzdem ist die Puppe, vor allem die pupa libera eines holometabolen Insekts, ein recht selbständiges Wesen und führt ein zwar kurzes, aber doch ganz besonderes Eigenleben. Sie hat ihre spezifischen Lebensäußerungen, für die spezifische Puppenorgane entwickelt sind, Organe, die nicht als Vorläufer von Imaginalorganen aufzufassen sind, sondern ausschließlich im Dienste des Puppenlebens stehen. Die Chironomidenpuppe atmet, und wenn sie in einem Gehäuse liegt, muß sie dieses als reife Puppe verlassen und sich an die Wasseroberfläche bewegen, wo die geflügelte Mücke sich aus der Puppenhülle befreit und in die Luft schwingt.

1. Atmung

Betrachten wir zuerst die Atmung und die ihr dienenden Puppenorgane. Hier ist zwischen den Puppen zu unterscheiden, die ohne Gehäuse im freien Wasser, und denen, die in einem Gehäuse leben.

a) Freie Puppen haben alle Ceratopogonidae, Tanypodinae und Podonominae. Es sind propneustische Luftatmer, mit offenen Stigmen an den Prothorakalhörnern, die das Oberflächenhäutchen des Wassers durchbrechen. Sie hängen so dauernd oder nur periodisch an der Wasseroberfläche. Im ersten Falle sind die Puppen nur wenig beweglich, fast starr, nur ab und zu sieht man träge, windende Bewegungen des Abdomens; im zweiten Falle sind die Puppen überaus beweglich, und zwar nach Art der Stechmückenpuppen; sie schwimmen mit schlagenden Bewegungen des Abdomens — wobei die Analflosse (vgl. S. 18, Abb. 7; S. 21, Abb. 11) als Ruder wirkt — zur Oberfläche des Wassers, bleiben dort eine Zeitlang hängen; bei der geringsten Störung — Wasserbewegung, Lichtreize — lösen sie sich von der Oberfläche und schwimmen — „purzelnd" — in tiefere Schichten.

Dauernd hängen alle Ceratopogonidenpuppen am Wasserhäutchen (wir denken hier nur an die echt aquatischen Arten, also vorwiegend die Ceratopogonidae vermiformes und C. intermediae; die terrestrischen und amphibischen Arten, vorwiegend Ceratopogonidae genuinae, werden später [S. 206 ff.] behandelt). Natürlich können bei Bewegung und Erschütterung der Wasseroberfläche die Puppen vom Wasserhäutchen gelöst werden und vorübergehend absinken; doch steigen sie dann passiv ohne Schwimmbewegung — sie sind etwas leichter als Wasser — wieder auf. Form der Prothorakalhörner und Zahl der Stellung der Stigmenöffnung wechseln stark (vgl. Abb. 130); sie spielen systematisch eine große Rolle. Eine be-

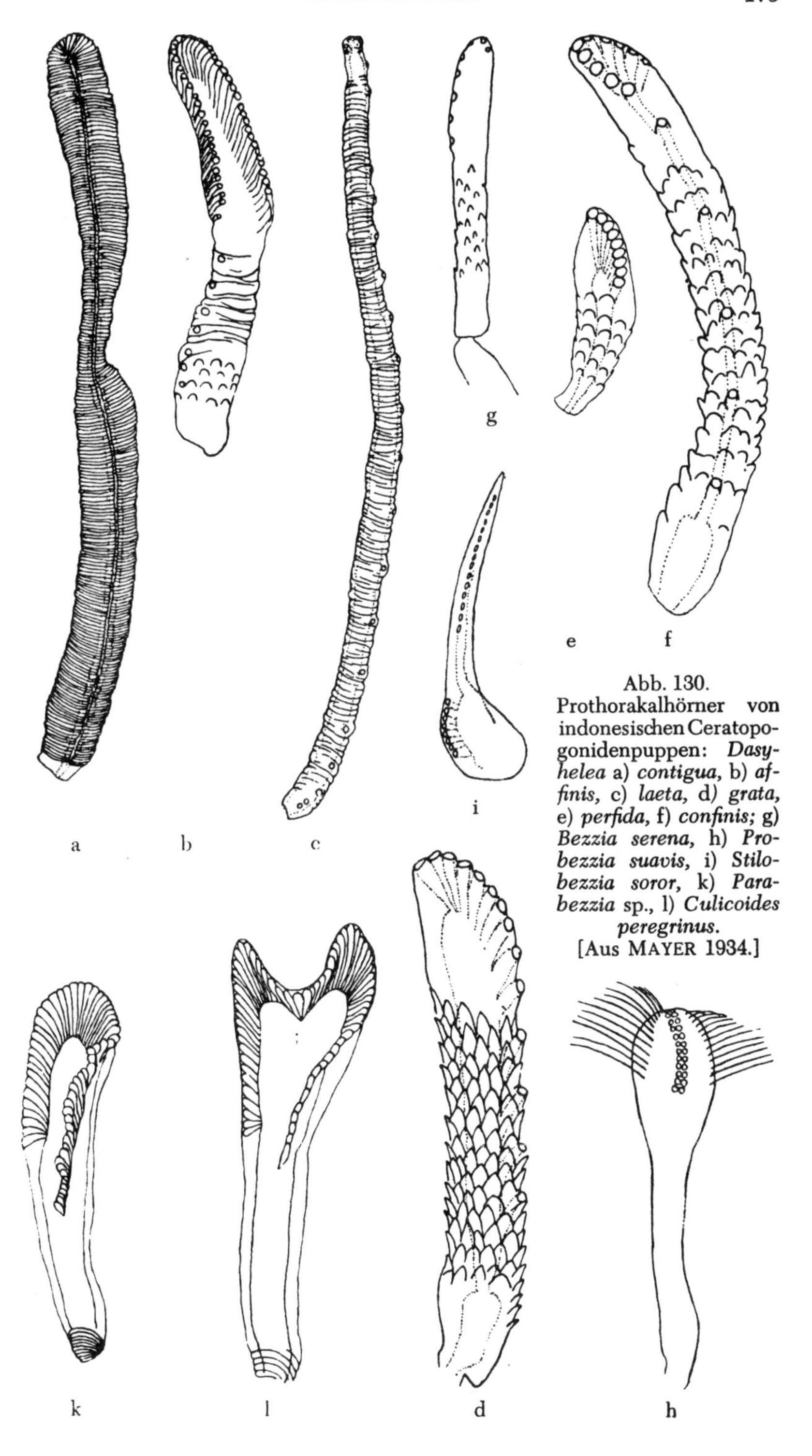

Abb. 130. Prothorakalhörner von indonesischen Ceratopogonidenpuppen: *Dasyhelea* a) *contigua*, b) *affinis*, c) *laeta*, d) *grata*, e) *perfida*, f) *confinis*; g) *Bezzia serena*, h) *Probezzia suavis*, i) *Stilobezzia soror*, k) *Parabezzia* sp., l) *Culicoides peregrinus*. [Aus MAYER 1934.]

sondere ökologische Bedeutung scheinen diese Verschiedenheiten nicht zu haben. Ebenfalls hängen die Puppen der Podonominae ceratopogonoideae[31] mit ihren offenen Stigmen und ihren den Ceratopogonidae vermiformes ähnlichen Bewegungen dauernd am Oberflächenhäutchen (Gattung *Podonomus* [Abb. 131], *Paraboreochlus* [Abb. 132] und *Boreochlus*). Nur periodisch hängen zur Atmung an der Wasseroberfläche die Tanypodinenpuppen — verschiedene Formen von Prothorakalhörnern in Abb. 8, Seite 19 — sowie die der Podonominae tanypodoideae — Prothorakalhörner Abb. 10, Seite 20. Zur Bewegungsweise dieser Puppen vgl. auch Seite 20.

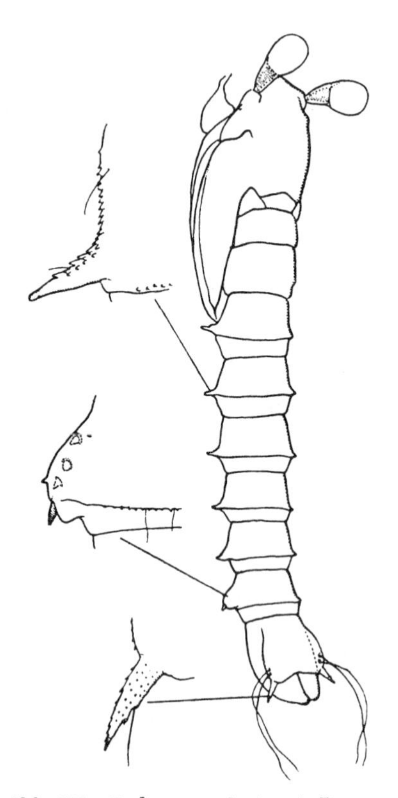

Abb. 131. *Podonomus Steineni.* Puppe.
[Nach EDWARDS aus THIENEMANN 1937 b.]

b) Alle übrigen Chironomiden, also die Orthocladiinen und Chironominen, Familien, deren Gattungs- und Artenzahl die der anderen Familien um ein Vielfaches übertrifft, haben als Puppen ein geschlossenes Tracheen-

[31] Ich habe (EDWARDS und THIENEMANN 1938, S. 158; THIENEMANN 1937 b, S. 98) zwei Gruppen der Podonominenpuppen — Abdomen Ceratopogoniden- bzw. Tanypodinen-ähnlich — unterschieden und bezeichne diese jetzt als Podonominae ceratopogonoideae und C. tanypodoideae (Gattungen *Trichotanypus* und *Lasiodiamesa*).

system, sind apneustisch, Wasseratmer, und führen ihr Puppenleben innerhalb eines Gehäuses. Wir haben die Form dieser Gehäuse auf Seite 143 ff. eingehend besprochen. Aber diese apneustischen Formen haben trotzdem meistens sogenannte Prothorakalhörner (ohne Stigmenöffnungen) oder an ihrer Stelle dünne Schläuche, oft auch mehr oder weniger dichte Büschel

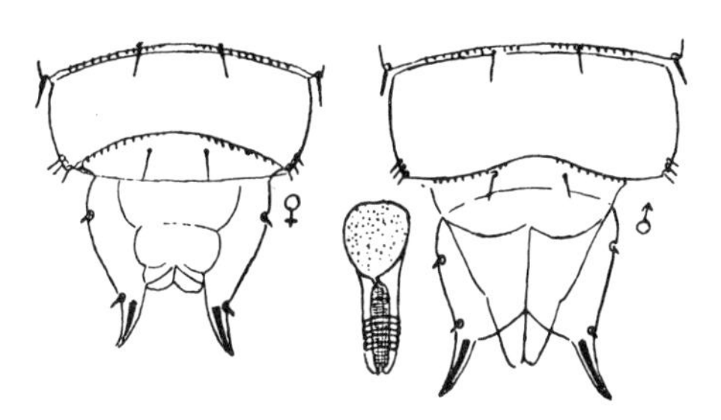

Abb. 132. *Paraboreochlus minutissimus.* Puppe, Prothorakalhorn. [Aus ZAVŘEL 1936.]

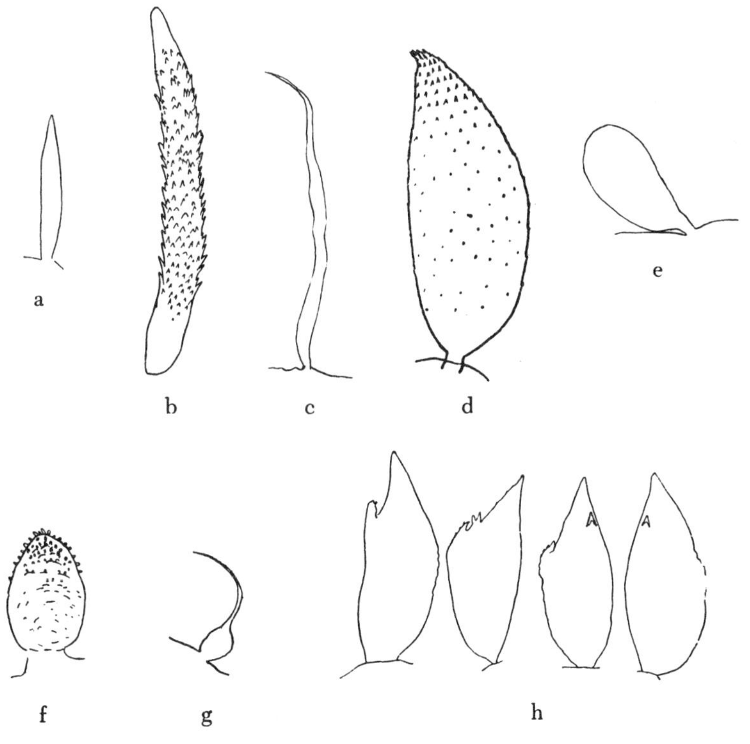

Abb. 133. Prothorakalhörner von Orthocladiinenpuppen. a) *Trichocladius cylindraceus,* b) *Paratrichocladius holsatus,* c) *Diamesa insignipes,* d) *Paratrichocladius alpicola,* e) *Euorthocladius rivicola,* f) *Parakiefferiella bathophila,* g) *Eukiefferiella lobulifera,* h) „*Orthocladius*“ *crassicornis.* [Aus THIENEMANN 1944 und POTTAST.]

solcher Schläuche, die echte Tracheenkiemen sind. Wir besprechen diese Gebilde zuerst bei den Orthocladiinen und Chironominen und schließen dann die Formen an, bei denen sie gänzlich fehlen. Bei den Orthocladiinen sind die Prothorakalhörner recht vielgestaltig und für die systematische Gliederung der Puppen wichtig (Abb. 133). Es können einfache glatte oder mit Spitzen besetzte Schläuche sein (a, b), fadenförmige (c) oder keulenförmige Gebilde (d), gestielte Blasen (e), manchmal am Ende mit einer Spitzenkappe (f); auch zwiebelförmige Prothorakalhörner kommen vor (g); zuweilen kann bei der gleichen Art, ja beim gleichen Individuum rechts und links die Ausbildung des Horns variieren (h) usw. Irgendein Zusammenhang zwischen Form der Hörner, ihrer relativen Größe und Lebensart der Puppe besteht nicht. Sehr eigenartig sind die Hörner bei *Telmatogeton:* „etwa keilförmig, Spitze vorwärts, abwärts und etwas einwärts gerichtet, Chitin uneben, am oberen Rande wellig. Die Trachee tritt durch eine lange, zylindrische Filzkammer ein und endet in einer viellappigen, membranbedeckten ‚Pore'" (THIENEMANN 1944, S. 559). Unter den Chironominen zeigen die Atmungsorgane der Tanytarsariae genuinae die einfachsten Verhältnisse (Abb. 134):[32] je ein einfacher, schlanker, am Ende zugespitzter Schlauch, der ganz glatt ist (a) oder mit kürzeren oder langen, borstenförmigen Spitzen mehr oder weniger dicht besetzt ist (b, c, d); diese Schläuche können bei einzelnen Arten eigenartig geknickt sein (e); sie können auch mehr oder weniger verkürzt sein (f), so daß sie keulenförmig erscheinen und dann ebenfalls mit langen Borsten, zuweilen recht dicht besetzt sind (g, h). Komplizierter liegen die Verhältnisse bei den Atmungsorganen der Puppen der Chironomariae (Abb. 135). Bei den Chironomariae genuinae sind stets mehr oder weniger dichte Büschel von feinen Tracheenkiemenschläuchen vorhanden (a); doch treten auch hier allerlei Verschiedenheiten auf (vgl. z. B. Abb. 135b), ja zuweilen ganz eigenartige Gebilde (c). Bei den Chironomariae connectentes im Sinne von LENZ kommen bei einer Gattung *(Stictochironomus)* ebenfalls Büschel feiner Fäden vor, im allgemeinen aber besteht das Atemorgan aus wenigen, d. h. aus 2 bis 12, zarten Schläuchen (d—h). Diese Organe sind für die Systematik der Puppen wichtig.

In bezug auf die ökologische Bedeutung dieser Verschiedenheiten kommt LENZ (1942, S. 13) zu folgendem Ergebnis:

„Bei den Puppen der Chironominae, und zwar ausschließlich bei der Gruppe der Chironomariae, zeigt sich die Tendenz zur Aufspaltung des Atemorgans. Die Formen mit dem am stärksten aufgespaltenen — büschelförmigen — Atemorgan sind auch diejenigen, denen die größte Anpassungsbreite gegenüber schlechten O_2-Verhältnissen eigen ist. Die Formen, deren Atemorgan ein Büschel feiner

[32] Die Ansicht von WALSHE (1950 a, S. 177, 178), daß die als Atmungsorgane angesehenen Prothorakalschläuche bei den Puppen von *Rheotanytarsus* „obviously sensory structures" seien (weil auf ihre Berührung die Puppe mit hastiger Rückwärtsbewegung reagiert), erscheint mir sehr gewagt!

Fäden ist, sind im allgemeinen besser an O_2-Armut angepaßt als die Formen, deren Atemorgan aus wenigen weitlumigen Schläuchen besteht. Bei der ersten Gruppe wiederum haben die in O_2-reicherem Wasser lebenden Formen die kleineren Büschel, bei der zweiten Gruppe haben die in O_2-armem Wasser lebenden Formen

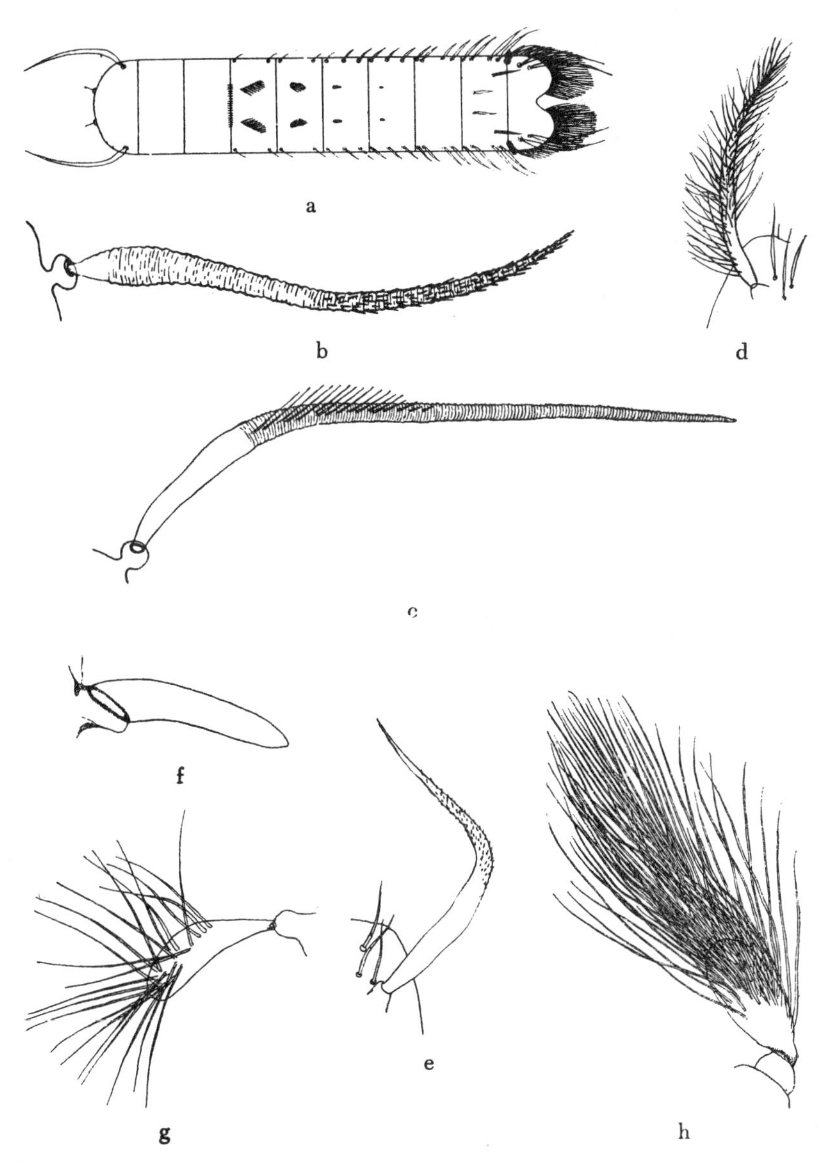

Abb. 134. Prothorakale Atmungsorgane von Tanytarsarienpuppen. a) *Tanytarsus heusdensis* [Exuvienschema], b) *T. curticornis,* c) *T. holochlorus,* d) *Micropsectra praecox,* e) *Rheotanytarsus, anomalus*-Gruppe, f) *Tanytarsus lactescens,* g) *Cladotanytarsus mancus,* h) *Cladotanytarsus mancus* var. *lepidocalcar.* [Aus KRÜGER 1945, 1938, und BAUSE.]

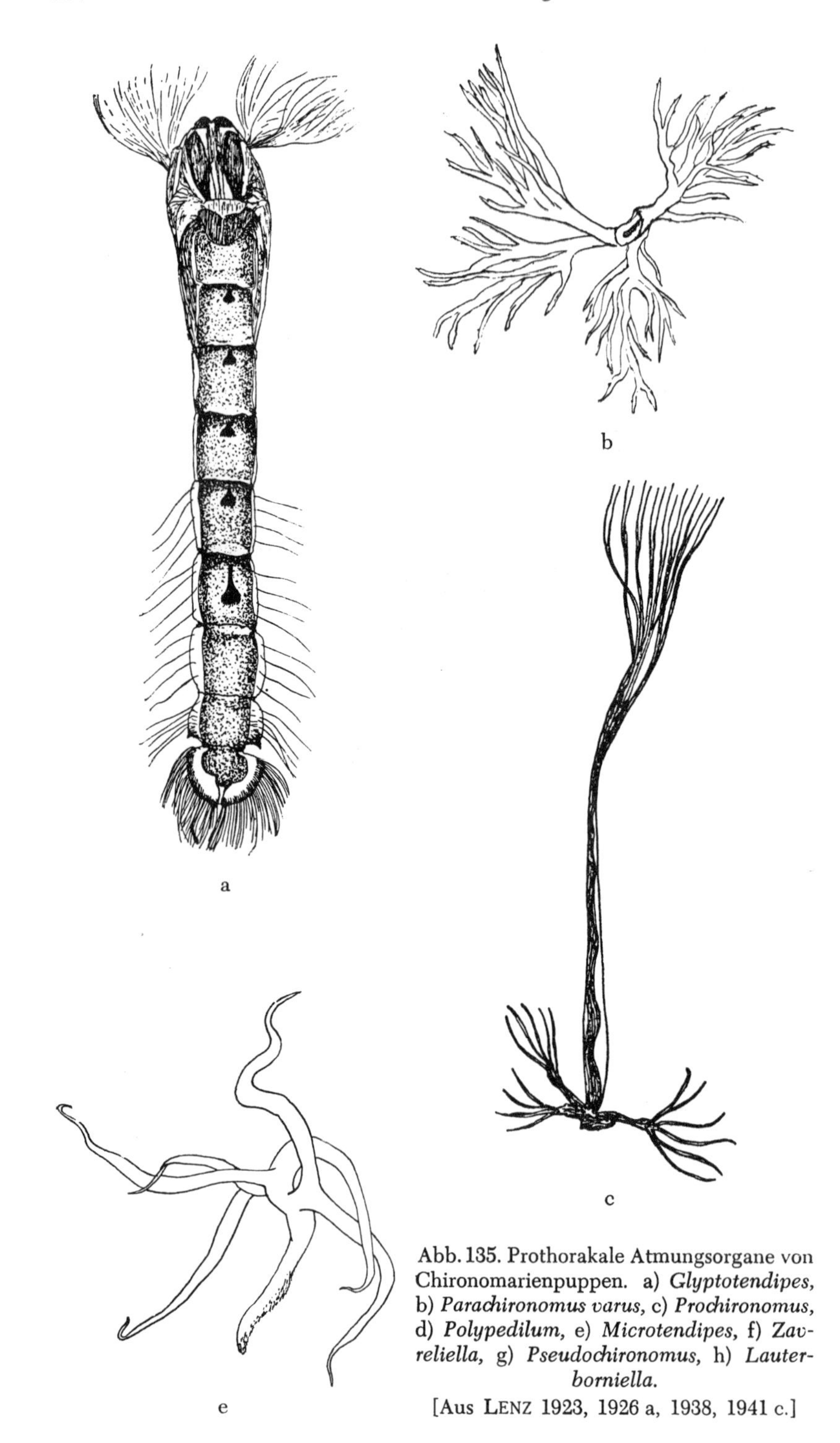

Abb. 135. Prothorakale Atmungsorgane von Chironomarienpuppen. a) *Glyptotendipes*, b) *Parachironomus varus*, c) *Prochironomus*, d) *Polypedilum*, e) *Microtendipes*, f) *Zavreliella*, g) *Pseudochironomus*, h) *Lauterborniella*.

[Aus LENZ 1923, 1926 a, 1938, 1941 c.]

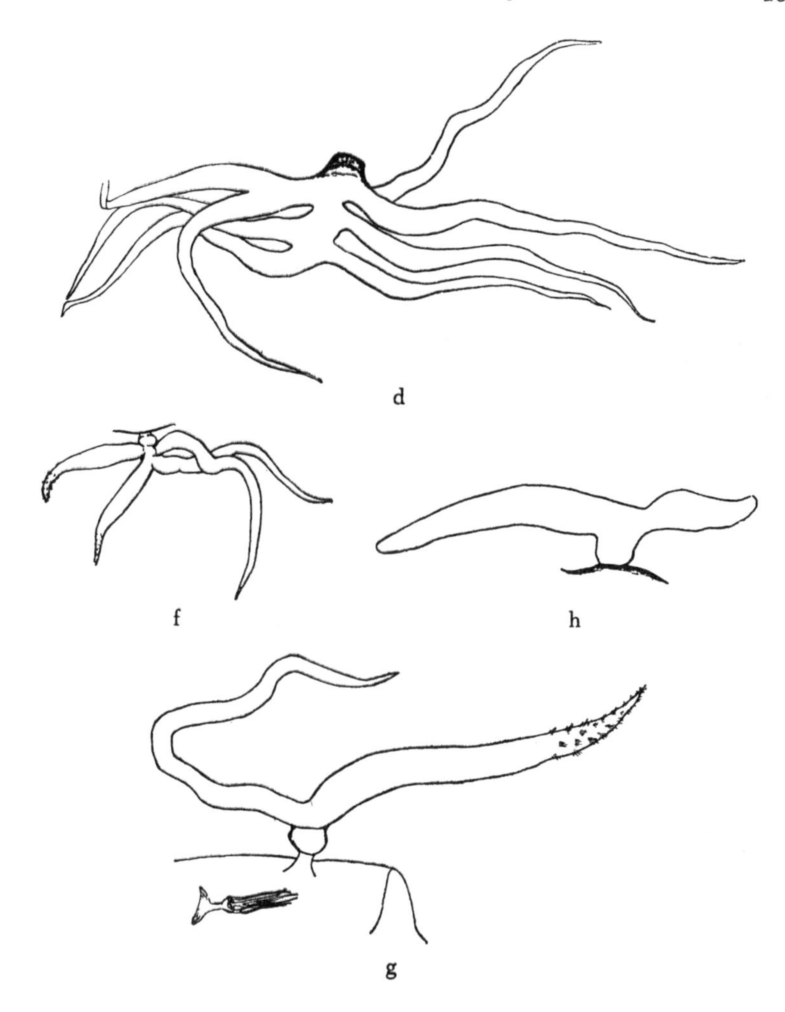

größere und zahlreichere Schläuche als die in O_2-reichem Wasser lebenden. Die vergleichende Gegenüberstellung einzelner Fälle ergibt eine Anzahl von Ausnahmen von den nur im allgemeinen geltenden Regeln. Die beiden Gruppen, die mit Büschelorgan einerseits und die mit Schlauchorgan andererseits versehenen, überschneiden sich in ihrer ökologischen Anpassung, indem Formen mit Schlauchorgan in O_2-armem Wasser und eine Anzahl von Formen mit Büschelorgan in O_2-reichem Wasser leben. Diese Tatsache ändert nichts an der Gültigkeit der allgemeinen Regel."

Bei manchen Chironomidenpuppen fehlen die prothorakalen Atmungsorgane vollständig. Es ist nicht ohne Interesse, zu verfolgen, bei welchen aquatischen Arten dies Fehlen sicher festgestellt ist.

Nicht bekannt sind solche Formen bei den Ceratopogoniden und Chironomarien. Unter den Tanytarsarien haben kiemenlose Puppen die (parthenogenetischen) Arten der *boiemicus*-Gruppe der Gattung *Stylotanytarsus*

(Krüger 1941 a, S. 242) und die (marinen) Arten der Sectio *Halotanytarsus* (Thienemann und Brundin). Unter den Orthocladiinen gibt es verschiedene Gattungen, bei deren Puppen die Prothorakalhörner fehlen; dieses Merkmal wird auch systematisch verwertet (vgl. Thienemann 1944): *Corynoneura, Thienemanniella* und *Metriocnemus, Lapporthocladius, Synorthocladius, Parorthocladius, Cardiocladius, Akiefferiella, Symbiocladius, Limnophyes, „Dactylocladius" commensalis* Tonnoir, *„Orthocladiine* aus Flußsand" (Pagast 1936 b), *Belgica, Clunio, „Smittia"*-Arten Saunders' (1928). Ferner aus der Gattung *Trichocladius* die Arten *vitripennis* Mg., *fucicola* Edw. und *tendipedellus* K. Fragen wir uns, unter welchen Atmungsverhältnissen diese kiemenlosen Chironomidenpuppen leben, so lassen sich zwei Gruppen unterscheiden.

Die eine umfaßt Arten, die in einem Wasser mit „großem physiologischem Sauerstoffreichtum" (vgl. S. 24) leben. Also in raschströmenden, meist kalten Bächen und Flüssen *(Cardiocladius, Parorthocladius, Synorthocladius, Lapporthocladius, Akiefferiella, Symbiocladius, Thienemanniella, „Dactylocladius" commensalis)* oder vorzugsweise in dünnen Wasserhäuten, an der Grenze von Wasser und Luft *(Metriocnemus, Limnophyes).* Es ist aber dabei zu betonen, daß in diesen Biotopen mindestens ebensoviel Arten m i t Prothorakalhörnern vorkommen! Und die *Stylotanytarsus*-Arten des *boiemicus*-Artenkreises, die *Corynoneura*-Arten sowie *Trichocladius tendipedellus* sind Tiere normal lenitischen Wassers. Bei all diesen Arten muß also die allgemeine Hautatmung ausreichen, doch ist eben ihr O_2-Bedürfnis verschieden groß.

Zur zweiten Gruppe gehören echt marine Arten *(Halotanytarsus, Trichocladius vitripennis* und *fucicola, Belgica, Clunio, Paraclunio,* die *„Smittia"*-Arten Saunders'). Hier haben wir wiederum ein Beispiel für das Problem und die Tatsache, die ich (1928 a, S. 381) so formuliert habe: „Die Atmung ist im Salzwasser leichter als im Süßwasser." Gelöst ist trotz vieler in diese Richtung zielender physiologischer Untersuchungen dieses Problem auch heute noch nicht.

c) Von einer Puppen r u h e kann man bei den in einem Gehäuse lebenden Chironomidenpuppen nicht sprechen. Denn sie führen fast alle, wenigstens unter bestimmten Bedingungen, rhythmische Abdominalschwingungen aus, um so frisches Wasser durch ihr Gehäuse zu ziehen. Ich habe in meiner ersten Chironomidenarbeit (Kieffer-Thienemann 1906 c, S. 147) die in einem Gallertgehäuse liegende Puppe der bachbewohnenden Orthocladiine *Euorthocladius thienemanni* K. (Abb. 102, S. 146) genauer beobachtet: „Das Puppengehäuse ist halbelliptisch, 6 mm lang, 3 mm breit, 2 mm hoch; die Gallerte ist außen meist mit Schmutzpartikelchen bedeckt. Häufig findet man zwei Puppengehäuse nebeneinander. Beobachtet man eine Puppe in der Natur, etwa wenn das Gehäuse noch auf dem Stein sitzt und dieser noch im Bache liegt, so sieht man, daß die Puppe ganz ruhig in ihrem Hause liegt. Sobald aber die Larve nicht genügend Sauerstoff hat — z. B. wenn sich eine Larve an der Wand eines Sammelglases verpuppt, was nicht selten vorkommt —, so macht sie lebhafte Abdominalschwingungen, dorsoventral, in S-förmiger Kurve; Angelpunkt der Schwingungen ist der Mesothorax; von Zeit zu Zeit dreht sich auch die Puppe um ihre Längsachse." Die gewöhnlich ganz undurchsichtigen Gehäuse der Chironomiden machen solche Beobachtungen meist unmöglich; daher finden sich in der Literatur auch nur vereinzelte Angaben. So schreibt GRIPEKOVEN von der Minierform *Glyptotendipes sparganii* K. (vgl. S. 88), daß die Puppe in ihrem zarten Kokon „meist ruhig liegt". Die Puppe von *Eucricotopus trifasciatus* macht nach WILLEM (1910) „die bei Chironomiden üblichen Atemschwingungen". Bei dem in *Potamogeton natans* minierenden *Eucricotopus brevipalpis* K. dagegen (vgl. S. 72) „liegt die Puppe regungslos, ohne alle Atemschwingungen im Gehäuse; dieses Gehäuse ist nicht vollständig mit Wasser gefüllt, sondern nur sehr feucht, so daß ein starker Sauerstoffgehalt in dem Wasser im Gehäuse vorhanden sein muß" (THIENEMANN 1909, S. 11). Der Rhythmus der Abdominalschwingungen oder ihr normales Fehlen hängt also ganz von dem Sauerstoffreichtum des Wassers im Gehäuse ab. Bei den Steinbewohnern der Bäche liegt die Puppe gewöhnlich ganz ruhig im Gehäuse, so habe ich z. B. bei *Diamesa, Parorthocladius, Euorthocladius* nie Atembewegungen der Puppen gesehen, wenn ich die Steine mit ihrem tierischen Besatz aus dem Wasser aufhob. Andererseits sieht man in den Zuchtschalen die *Chironomus*- und *Tanytarsus*-Puppen u. a. in fast steter Bewegung. Auch bei den nur in dünner Wasserhaut, also unter denkbar günstigen O_2-Verhältnissen, lebenden Chironomidenarten sieht man an den Puppen normalerweise keine Atembewegungen *(Heptagyia, Metriocnemus, Dyscamptocladius, Limnophyes)*. Interessant sind in diesem Zusammenhang Angaben, die F. KNAB (1905) über die Puppen des in den Blattschläuchen von *Sarracenia purpurea* lebenden *Metriocnemus knabi* macht. Die einzelnen Puppen liegen in einem etwa ellipsoidischen Gehäuse von Gallerte senkrecht über der Oberfläche der Flüssigkeit, mit dem Kopf nach oben, so daß der untere Teil der Gallerte eben in die Flüssigkeit eintaucht. Liegen viele Puppen nebeneinander, so fließen ihre Gehäuse zu einer großen Gallertmasse zusammen, in der dann die Puppen suspendiert sind. Durch die Lage der Puppengehäuse in der Luft oberhalb der — stark faulenden — Flüssigkeit wird also eine gute Sauerstoffversorgung der Puppen erzielt.

Wir sahen oben, daß nach den Beobachtungen an *Euorthocladius thienemanni* der Angelpunkt der Atembewegungen in der Region des Mesothorax, dem dicksten Teil der Puppe, liegt. Aber ist das wirklich richtig bzw. gilt das allgemein?

Es ist vielleicht ganz instruktiv, vor Erörterung dieser Frage einen Vergleich mit den Puppen der Trichopteren, der Köcherfliegen, zu ziehen, die ja ebenfalls Atemschwingungen in ihren Köchern ausführen (das folgende nach THIENEMANN 1905). Die Atembewegungen der Trichopterenpuppen

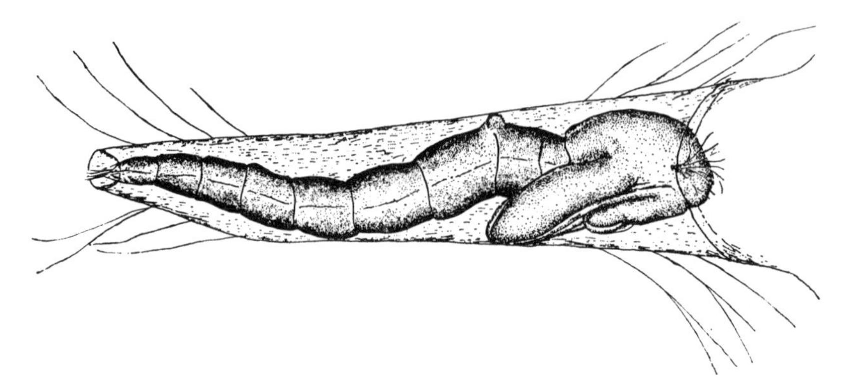

Abb. 136. *Parachironomus bacilliger.* Puppe in ihrer Gallertröhre. Man beachte die Stellung der Haken am Analrande des 2. Abdominalsegmentes. [Aus LENZ 1951 a.]

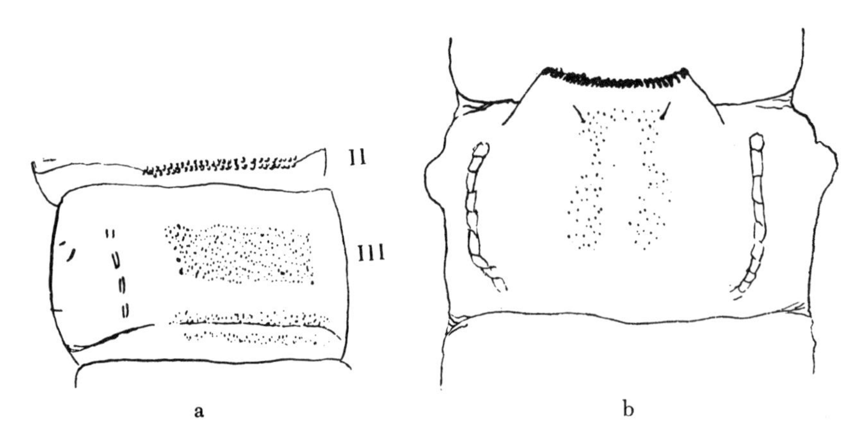

Abb. 137. Haftapparat am 2. Abdominalsegment der Puppen von a) *Trichocladius bicinctus,* b) *Parachironomus varus.* [Aus POTTHAST und LENZ 1938.]

sind Schwingungen des Abdomens in dorsoventraler Richtung, die den Wasserwechsel im Gehäuse bewirken sollen. Sie finden in regelmäßiger Folge statt. Die Schnelligkeit der Folge aber wird natürlich abhängen von dem eo ipso wechselnden Sauerstoffbedürfnis der Puppe, ferner von dem Offen- oder Verstopftsein der Löcher in den Verschlußmembranen und endlich von dem Sauerstoffgehalt des umgebenden Wassers. Im allgemeinen strömt das Wasser am Vorderende des Köchers ein und tritt am Hinterende aus. Die Intensität dieser Bewegungen kann so stark sein, daß, nimmt man ein Puppengehäuse aus dem Wasser, man bei jeder Schwingung, durch die die Flüssigkeit durch die Öffnungen der Verschlußmembrane getrieben wird, einen deutlichen, zischenden Ton hört. Am ersten Abdominalsegment, dorsalmedian, findet sich ein eigenartiger, ausstülpbarer, am Ende mit einem oder zwei Polstern kleiner Spitzen versehener Fortsatz, der sogenannte Haftapparat. Das ist der Angelpunkt für das Abdomen bei seinen Abdominalschwingungen. Bei der terrestrischen, ruhig im Köcher liegenden *Enoicyla*-Puppe fehlt dieses Organ, ebenso bei den Beraeinen, die meist halbterrestrisch leben (Quellbewohner); ebenso besitzen es auch die ruhig in ihrem Gehäuse liegenden Hydroptiliden und Rhyacophiliden nicht, auch nicht die Hydropsychiden, wenngleich diese Atembewegungen ausführen. Das zeigt, daß der Haftapparat wohl nützlich, nicht aber unbedingt notwendig ist. — Zur Vergrößerung der schwingenden Fläche haben die köchertragenden Trichopteren fast regelmäßig die sogenannte Seitenlinie, eine feine Haarreihe an jeder Seite der letzten Abdominalsegmente. Sie fehlt völlig bei den Hydroptiliden, Rhyacophiliden, Hydropsychiden und *Enoicyla,* ist stark, eventuell bis zum völligen Schwinden, reduziert bei den Beraeinen. — Und nun zurück zu den Chironomiden.

An der dorsalen Abdominalbewaffnung von Chironomidenpuppen — gut zu erkennen nur an Exuvien — kann man allgemein die folgenden Teile unterscheiden: einmal Spitzen auf dem Rücken der Segmente, im einfachsten Falle feine Chagrinspitzchen, einzeln oder in kleinen Gruppen stehend. Diese können stellenweise stärker und länger werden, zu Spitzenreihen, Spitzenbändern oder Spitzenplatten zusammentreten und so eine von Art zu Art variierende „große" Bewaffnung bilden. All diese Spitzen sind analwärts gerichtet, können also bei Anstemmen an die Gehäusewandung der Puppe eine Vorwärtsbewegung ermöglichen oder erleichtern. Wir kommen auf diese Gebilde unten (S. 190) zurück. Zweitens stehen in den Intersegmentalhäuten oft Reihen oder Bänder stets feiner Spitzchen. Bei Kontraktion der Puppensegmente zielen sie analwärts, bei Streckung der Strikturen oralwärts. Wenn sich dann die Segmentgrenzen wulstartig vorwölben, können diese Spitzen in den Dienst der Rückwärtsbewegung der Puppe treten. Drittens finden sich bei vielen Puppen am Analrande des zweiten Abdominalsegmentes eine oder mehrere Reihen kleiner aber kräftiger, oralwärts umgebogener Häkchen. Diese können entweder den Hinterrand des Segmentes in ganzer Breite einnehmen oder sie sind auf die mittlere Partie beschränkt und bilden dort oft ein aufgewölbtes Polster. Diese Organe entsprechen dem Haftapparat der Trichopterenpuppen. Haken sie sich an die Oberwand des Gehäuses fest, so bilden sie die Angel, um die das Abdomen schwingt. So schreibt Lenz (1951 a) über die Puppe von *Parachironomus bacilliger:* „Als Besonderheit muß hervorgehoben werden, daß die funktionelle Bedeutung der Hakenreihe des 2. Abdominalsegmentes erkannt werden konnte: die

Puppe befestigt sich mit dieser Hakenreihe an der Röhrenwand (Abb. 136) und bewegt nur das Abdomen. Durch diese Bewegung wird bekanntlich ebenso wie durch das Schlängeln der Larve die für die Atmung erforderliche Wasserströmung durch die Röhre hindurch erzeugt. Die Thorakalpartie des Körpers mit den zarten Atemschläuchen, die mit ihren Enden in für die Respiration günstiger Position vorne aus der Röhre herausragen, befindet sich dabei also fast in Ruhelage." Aber unbedingt notwendig sind diese

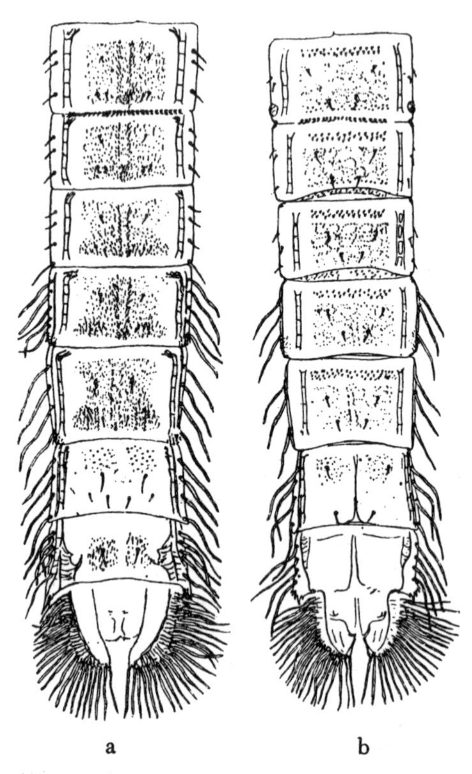

Abb. 138. Puppenexuvien von a) *Chironomus thummi*, b) *„Endochironomus" brevimanus (lepidus)*. [Aus KRAATZ 1911.]

Haken nicht, da sie auch bei vielen Puppen fehlen. Allerdings sind sie gerade bei den Puppen, die eine besonders lebhafte Bewegung des Abdomens zeigen, stets vorhanden, nämlich allen Chironomarien und Tanytarsarien (Abb. 137 b, 138, 139). Doch sind sie auch bei vielen Orthocladiinen wohl entwickelt: *Trichocladius* (Abb. 137 a), *Eucricotopus, Trissocladius, Paratrichocladius, Psectrocladius, Diplocladius, Acricotopus, Eudactylocladius, Synorthocladius, Rheorthocladius, „Orthocladius" crassicornis, Corynocera, Propsilocerus, Thienemanniola, Heterotanytarsus, Microcricotopus, Brillia, Monodiamesa bathyphila, Odontomesa, Prodiamesa, Sympotthastia Zavreli.*

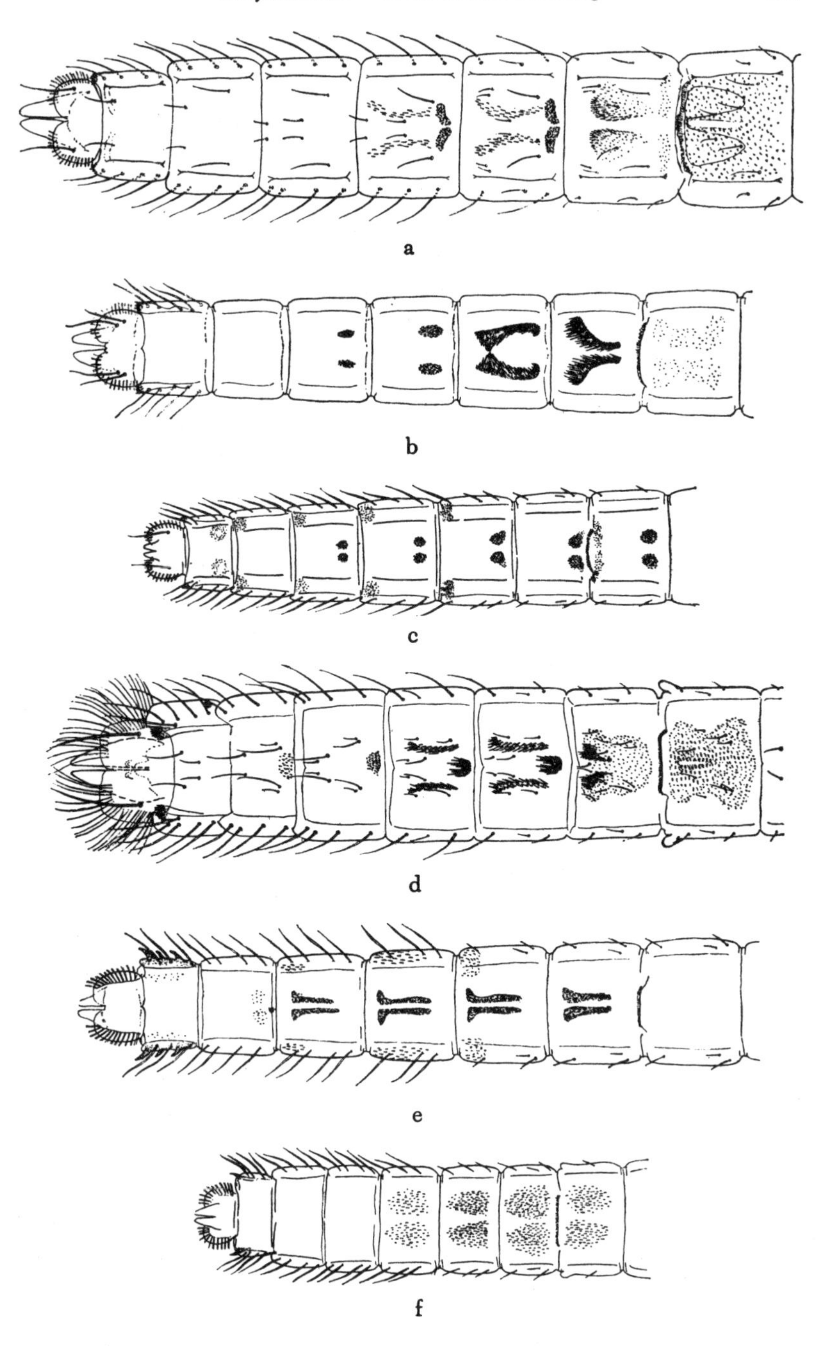

Abb. 139. Dorsale Abdominalbewaffnung der Puppen der Tanytarsarien.
a) *Lundstroemia roseiventris,* b) *Tanytarsus bathophilus,* c) *Rheotanytarsus raptorius,* d) *Paratanytarsus Lauterborni,* e) *Stempellina bausei,* f) *Zavrelia pentatoma.*
[Aus BAUSE.]

Dieses Organ fehlt bei den Ceratopogoniden, den Tanypodinen, Podonominen und allen terrestrischen Orthocladiinen: ein deutlicher Hinweis, daß es mit den Atmungs b e w e g u n g e n im Gehäuse etwas zu tun hat. Es ist ferner n i c h t vorhanden bei folgenden Orthocladiinen: *Corynoneura, Thienemanniella, Metriocnemus, Lapporthocladius, Parorthocladius, Cardiocladius, Akiefferiella, Symbiocladius, Limnophyes, „Dactylocladius" commensalis, Belgica, Clunio, Paraclunio,* den *„Smittia"*-Arten SAUNDERS'. Das sind die gleichen Formen, für die wir oben (S. 182) auch das Fehlen der Prothorakalhörner feststellten; sie leben in physiologisch O_2-reichem Wasser oder marin (vgl. oben), haben also keine regelmäßigen Abdominalschwingungen nötig. Ebenso leben in solchem sauerstoffreichen Wasser (Strömung, Wasserhaut usw.) die folgenden Orthocladiinen, die zwar Prothorakalhörner, nicht aber den Haftapparat des zweiten Abdominalsegmentes besitzen, also wohl ebenfalls keine oder doch normalerweise keine Atembewegungen ausführen: *Diamesa, Heptagyia, Pseudodiamesa, Euorthocladius, Abiskomyia, Protanypus, Paracricotopus, Rheocricotopus, Heterotrissocladius, Epoicocladius, Heleniella, Dyscamptocladius, Paraphaenocladius, Parametriocnemus, Symmetriocnemus, Potthastia* und andere. Beobachtungen an lebenden Puppen all dieser Formen sind dringend erwünscht.

Von Interesse sind unter den hier entwickelten Gesichtspunkten die Puppen von *„Spaniotoma" tatrica* und den *Eukiefferiella*-Arten. Für die Puppe von *Spaniotoma tatrica* PAGAST ist es charakteristisch, daß „zweilappige, stark bedornte Erhebungen" nicht nur auf Segment II median in der analen Hälfte stehen, sondern auch auf den folgenden Segmenten III bis VI vorhanden sind (ZAVŘEL-PAGAST 1935); also eine kräftige Verstärkung des Haftapparates! Noch eigenartiger ist die dorsale Abdominalbewaffnung bei vielen *Eukiefferiella*-Puppen (vgl. THIENEMANN 1936 c; ZAVŘEL 1939 a). Sie unterscheiden sich von allen übrigen Orthocladiinen durch je eine zusammenhängende oder in der Mitte unterbrochene oder in zwei Lateralgruppen aufgelöste Reihe starker oralwärts umgebogener Häkchen am Dorso-Analrande der Segmente III bis V oder VI (Taf. VIII Abb. 140). Also ein überaus gut entwickelter Haftapparat. Abdominalschwingungen habe ich bei diesen Puppen in natura nie gesehen.

In zwei Arbeiten hat ZAVŘEL (1942 a und b) die „Polypodie" der Chironomidenpuppen behandelt. Er unterscheidet zwei Typen der Pedes spurii, PA und PB. Als PB bezeichnet er „buckel- oder warzenförmige Ausstülpungen seitlich dicht vor der Analecke des II. Segmentes, seltener in der Ecke selbst" (Abb. 141). Über die Funktion dieser Organe schreibt ZAVŘEL (b, S. 35, 36): „Schon HUMPHRIES (1937, S. 187) hat versucht, die Funktion der PB-Füßchen zu erklären; sie vergleicht sie mit den Buckeln am ersten Abdominalsegment mancher Trichopterenlarven. Die Chironomidenpuppen machen oft in ihrem Gehäuse pendelartige Bewegungen mit ihrem Abdomen, wodurch sie einen ständigen Wasserstrom durch ihr Gehäuse erhalten; sie halten sich dabei fest an den Gehäusewänden, wohl durch ihre ausgestreckten PB-Füßchen, die ganz nahe dem Körperschwerpunkt liegen; ob diese Füßchen durch einseitige Ausstülpung auch die Schiebungen der Puppe in der Längsrichtung besorgen können, kann ich nicht sagen; auch in dieser Hinsicht sind weitere genaue Beobachtungen erwünscht."

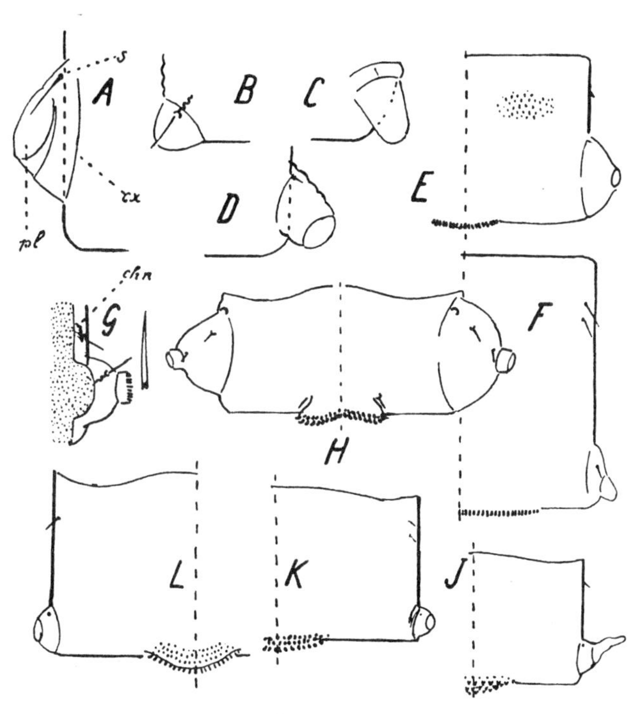

Abb. 141. Pedes spurii segmenti secundi (P.B): A. *Chironomus plumosus*, B. *Cryptochironomus defectus*, C. *Glyptotendipes cauliginellus*, D. *Endochironomus dispar*, E. *Lauterborniella agrayloides*, F. *Tanytarsus longitarsis*, G. *Monodiamesa* sp. *C*. cfr. *bathyphila*, H. *Microcricotopus bicolor*, J. *Parametriocnemus stylatus*, K. *Rheorthocladius rubicundus*, L. *Heterotrissocladius marcidus*. [Aus ZAVŘEL 1942 b.]

An den Seiten der letzten Abdominalsegmente vieler Chironomidenpuppen (Chironominen, Orthocladiinen zum Teil) finden sich einzelne dünnwandige Schlauchborsten und das Analsegment ist in eine aus zwei Loben bestehende Schwimmplatte oder Analflosse umgestaltet, die am Rande oft einen dichten Besatz von „Schwimmhaaren" trägt (Abb. 138). Wenn diese Organe auch, wie wir gleich sehen werden, vor allem gebraucht werden, wenn die reife Puppe das Gehäuse verlassen hat und an die Wasseroberfläche schwimmt, so spielen sie doch sicher auch als Flächenvergrößerung bei den Atemschwingungen eine Rolle. An den Puppen von *Parachironomus bacilliger* hat LENZ (1951 a) noch eine zweite Funktion des Analsegmentes erkannt. Er schreibt: „Die Schwimmborsten der Analplatte liegen gerade in der Endöffnung der Röhre und halten diese durch Hin- und Herschlagen frei, verhindern also einen Verschluß durch Detritus. Diese Beobachtung erweist ganz allgemein die wichtige funktionelle Bedeutung der Randborsten des Analsegmentes der Chironomidenpuppen. Alle röhrenbewohnenden Chironomidenlarven verweilen, wenigstens zu Beginn ihres Puppenstadiums, im Schutze der Röhre, gebrauchen also das bewimperte Analsegment zum Freihalten des meistens verengten Röhrenendes von einer etwaigen Verschmutzung. Daß dieses Analsegment mit seinem Saum von Schlauchborsten daneben seine Benennung als ‚Analflosse' oder ‚Schwimmplatte' zu Recht führt, sei ausdrücklich betont. Denn die meisten Chironomidenpuppen müssen zum Schlüpfakt schwimmend die Wasseroberfläche aufsuchen."

Das Analsegment der Chironomidenpuppen mit seinen Anhängen kann also die gleiche Funktion haben wie die sogenannten Putzapparate der Trichopterenpuppen (vgl. THIENEMANN 1905).

2. Das Verlassen des Gehäuses

Die reife Puppe verläßt ihr Gehäuse. Dann treten die eben schon erwähnten analwärts gerichteten Spitzen in Funktion, die sich gegen die Gehäusewände stemmen. Aber es würde anscheinend völlig ausreichen, wenn dazu ein gleichmäßiger Spitzenbesatz vorhanden wäre. Nun sehen wir aber, daß die Bewaffnung der Puppe eine überraschend mannigfaltige Ausbildung zeigt. Man betrachte die Abb. 138, 139, 140, 142. Diese Spitzenzeichnung des Abdomens ist bei manchen Gruppen, z. B. den Orthocladiinen, fast von Art zu Art verschieden, daher ein vorzügliches diagnostisches Merkmal. Aber eine ökologische Deutung dieser Variabilität ist nicht durchzuführen. Man möchte hier geradezu von einem ludus naturae, einem Spiel der Natur, sprechen! Ich kenne keine andere Insektenfamilie, bei der die Abdominalbewaffnung eine solche Verschiedenartigkeit zeigt, wie bei den Chironomiden.

ZAVŘEL hat in seiner eben erwähnten Arbeit über die Polypodie der Chironomidenpuppen als Typus A der Pedes spurii (PA) Spitzengruppen in den Analecken des vierten Sternits erwähnt („Spitzenwirbel"), die der Sohle (planta) der Raupenfüßchen samt ihren Krallen entsprechen (Abb. 143). Diese „können höchstwahrscheinlich das Festhalten der Puppe und ihre Schiebung im Gehäuse wohl besorgen". Aber „es sind noch viele Beobachtungen solcher Einzelheiten und besonders Experimente erforderlich, um den ökologischen Wert und die Zusammenhänge solcher Erscheinungen erklären zu können".

Abb. 142. Dorsalbewaffnung der Puppenexuvien von Orthocladiinen: a) *Euorthocladius rivulorum*, b) *Limnophyes pusillus*, c) *Stenocladius (Lapposmittia) parvibarba*, Segment II bis IV, d) *Thienemanniella acuticormis* K., e) *Trichocladius bicinctus*, Segment II bis IV. [Aus THIENEMANN 1944.]

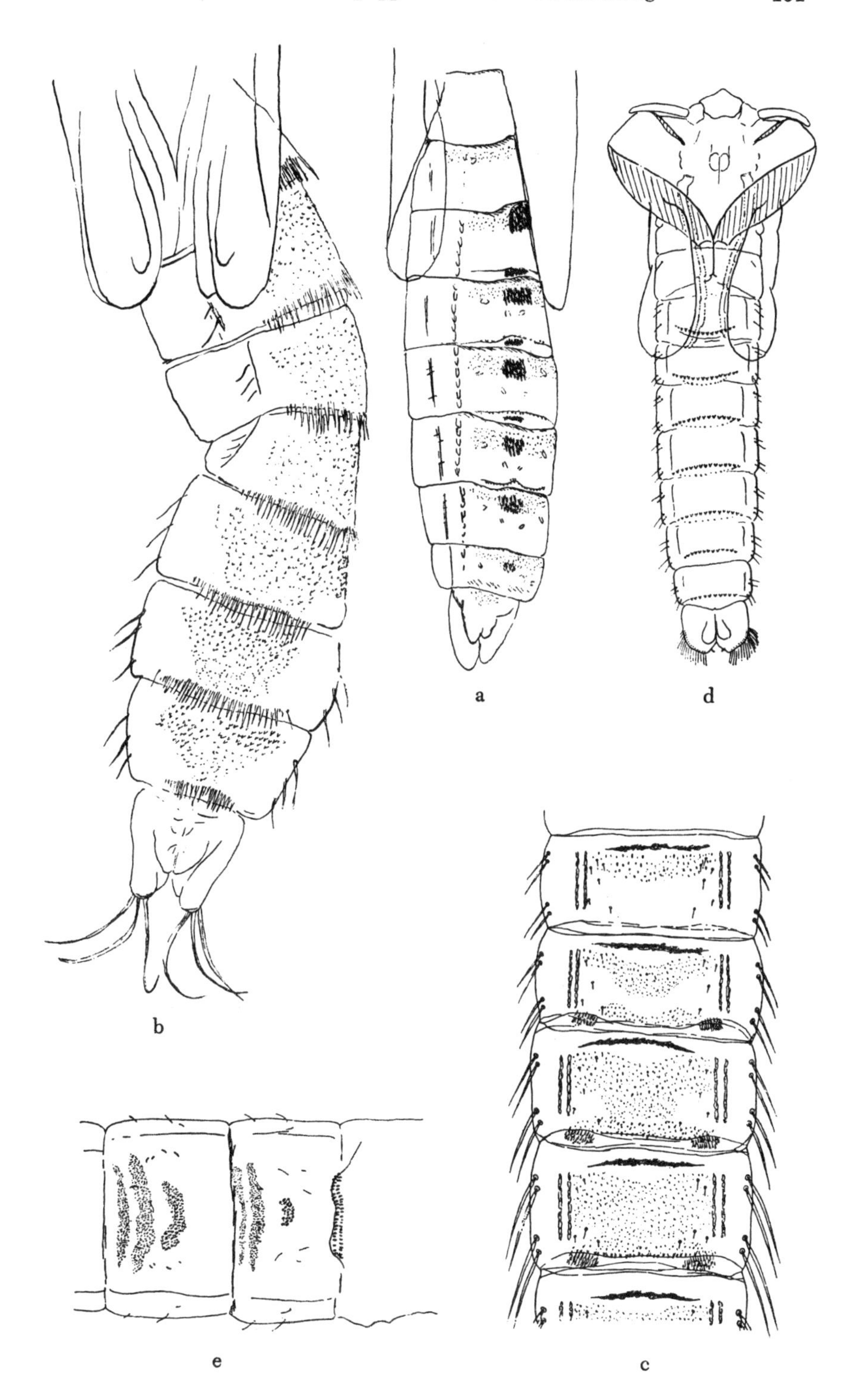
a
d
b
e
c

Das Puppengehäuse ist stets mehr oder weniger fest geschlossen, zum Teil mit perforierten Deckeln. Bei den Trichopterenpuppen sind besondere Organe, die Puppenmandibeln, ausgebildet, die nach Reifung der Puppe den Vorderdeckel des Köchers herausschneiden. Bei den Chironomiden, auch bei denen, die gedeckelte Puppengehäuse haben (vgl. S. 168, 170), fehlen solche Organe. Die Puppe stößt mit dem Vorderkörper den nur locker befestigten Deckel heraus oder drängt sich durch das anderweitig locker verschlossene Vorderende des Gehäuses hindurch und gerät so in das freie Wasser.

3. Bewegung an die Oberfläche und Schlüpfen der Puppe

Hat eine in starker Strömung lebende Chironomidenpuppe ihr Gehäuse verlassen, so wird sie von der Strömung ergriffen, an eine ruhigere Stelle des Bachlaufs, in eine Bucht oder ans Ufer getrieben, und hier schlüpft sie

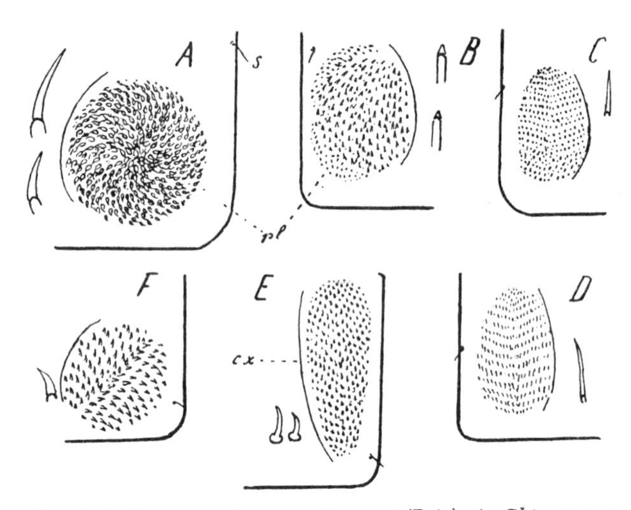

Abb. 143. Pedes spurii segmenti quarti (P.A.): A. *Chironomus plumosus*, B. *Endochironomus dispar*, C. *Microtendipes chloris*, D. *Stictochironomus histrio*, E. *Glyptotendipes cauliginellus*, D. *Polypedilum nubeculosum*. [Aus ZAVŘEL 1942 b.]

aus. Aktive Schwimmbewegungen haben für sie keine Bedeutung. Bei den in ganz dünner Wasserhaut — der Quellen oder hygropetrischer Stellen (vgl. S. 334) — lebenden Arten verläßt oft die Puppe das Gehäuse gar nicht vollständig, bleibt vielmehr mit dem Abdomen im Gehäuse stecken. Der Vorderkörper durchbricht die Wasserhaut, die Mücke schlüpft aus, die Puppenexuvie bleibt im Gehäuse haften. Anders bei den in stehendem Wasser lebenden Arten. Wohl füllt sich bei Reifung der Puppe der Raum zwischen Puppenhaut und Imago oft schon mit Luft, während die Puppe noch im Gehäuse liegt, und nach Verlassen des Gehäuses kann die Puppe dann rein passiv an die Wasseroberfläche aufsteigen. Im allgemeinen aber wird dieser Auftrieb noch durch aktive Schwimmbewegungen des Tieres unterstützt.

Während bei den Trichopterenpuppen die Beine, vor allem das zweite Paar, als Ruder dienen, ist es bei den Chironomidenpuppen die Analflosse, die das Ruderorgan darstellt (vgl. S. 189 und Abb. 138, 139, 142d). Nicht bei allen Arten ist eine solche Analflosse ausgebildet; vorhanden ist sie bei allen Chironomarien, fast allen Tanytarsarien (Ausnahme *Lithotanytarsus*), bei

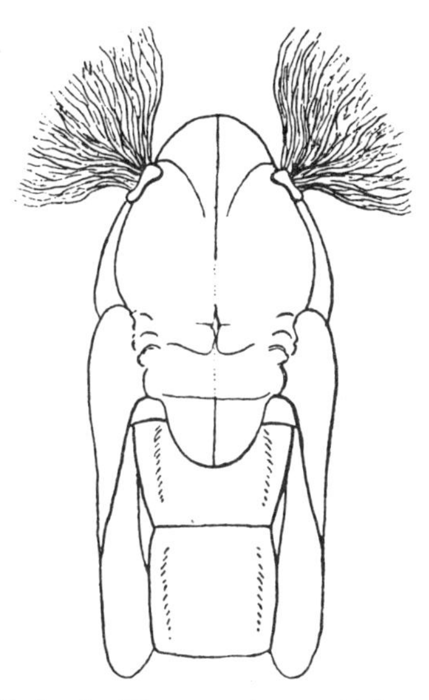

Abb. 144. Dorsalfläche des Thorax und erste Abdominalsegmente der *Chironomus*-Puppe. Zwischen den Kiemenbüscheln eine mediane und zwei gebogene laterale Linien, die bei der lebenden Puppe weiß auf schwarzem Grunde erscheinen. Die Mitellinie zeigt den Spalt an, durch den die Imago ausschlüpfen wird. Längs der beiden lateralen Linien ist das Chitin dünn und biegsam. Es biegt sich während des Schlüpfens ab- und auswärts, und so wird der Spalt erweitert. [Aus MIALL and HAMMOND 1900.]

vielen Orthocladiinen. Wo sie fehlt, werden wohl Schwimmbewegungen für die Puppe keine Rolle spielen. Sehr lebhaft sind diese Bewegungen z. B. bei den Tanytarsarien; so schreibt MUNDY (1909, S. 36), daß die *Rheotanytarsus*-Puppe „the water vigorously by means of its powerful tail-fin“ schlägt. Und von der *Corynoneura*-Puppe berichtet ZAVŘEL (1928, S. 658): „Kurze Zeit vor dem Ausschlüpfen verläßt die Puppe ihr Gallertgehäuse und schwimmt riesig schnell auf der Wasseroberfläche umher; die Konturen des propellerartig rotierenden Abdomens sind dabei verschwommen, und die mit Luft unter der Puppenhaut gefüllte Puppe scheint einem silberglänzenden Punkte ähnlich.“

Die Puppe wird durch die Luftansammlung plötzlich hochgerissen und durchbricht mit der Dorsalseite der Thorakalregion das Oberflächenhäutchen des Wassers. Am Thorax sind eine Mittellinie und zwei seitliche Linien die präformierten Stellen für die Spaltung der Puppenhaut, die zum Schlüpfakt notwendig ist (vgl. Abb. 144). Das Ausschlüpfen der Imago findet normalerweise überraschend schnell statt. Nur um Sekunden handelt es sich meistens, dann sind die langen schlanken Beine, die Antennen, sind die Flügel, ist das Abdomen aus der Puppenhülle befreit. Die Imago sitzt ein paar Augenblicke auf der Wasseroberfläche, und schon fliegt sie davon.

„Ein geflügeltes Insekt aus einem Wasserwurm, das sich eben aus seiner letzten Haut entwickelt, und als neugeborenes Tier, in einer neuen Welt, einige Minuten lang auf die Abtrocknung und Steifigkeit seiner Gliedmaßen gewartet hat, empfindet nun sogleich die innere Kraft seiner Flügel und die Regungen seiner Natur zu deren Gebrauch. Es fliegt in völliger Zuversicht und Festigkeit in ein nie versuchtes Element“ (Reimarus, Kunsttriebe der Tiere, 1773).

C. Die terrestrischen Chironomidenlarven und -puppen

Wie früher (S. 7) schon erwähnt, kannte bereits Aristoteles die im Wasser lebende rote *Chironomus*-Larve. Erst im 18. Jahrhundert wurde die erste terrestrische Chironomide bekannt. De Geer fand 1747 in Pferdekot die Larven seiner „schwarzen Erdmücke, mit federbärtigen Fühlhörnern bey dem Männchen, und ganz weißen Flügeln. *Tipula (stercoraria) nigra alis niveis totis*“; er züchtete die Imago und beschrieb die Metamorphose (de Geer 1782, S. 149—151); eine gründliche moderne Beschreibung dieses *Camptocladius stercorarius* de Geer gab Strenzke 1940.

Die erste Erwähnung einer aquatischen Ceratopogonidenlarve — „ein kleiner schlanker aalförmiger Wurm von schmutzig weißer Farbe“ — findet sich in Derhams Physico-Theology vom Jahre 1713; er nennt die Mücke „*Culex minimus, nigricans, maculatus, sanguisuga*“ (vgl. Rieth 1915, S. 379); es handelte sich wohl sicher um eine *Culicoides*-Art. Die erste terrestrische Ceratopogonidenlarve — aus der inneren Höhlung eines halbverfaulten *Angelica*-Stengels — beschreibt, sehr gut, de Geer 1782 (S. 133). Saunders (1924, S. 195) identifizierte die Art mit Edwards' *Forcipomyia radicicola* (ibidem, S. 208—209).

Das 19. und der Beginn des 20. Jahrhunderts brachte mancherlei Notizen über terrestrische Ceratopogoniden, aber nur wenig über terrestrische Chironomiden (Orthocladiinen). Erst 1923 (a) zeigte eine Arbeit von Lenz näher, welch morphologisch und ökologisch interessante Larvenformen auch die terrestrischen Orthocladiinenarten besitzen.

Ich habe dann in den letzten Jahren vor dem zweiten Weltkriege begonnen, die terrestrischen Chironomiden systematisch zu züchten und zusammen mit KRÜGER und STRENZKE die Metamorphosen unter dem Titel „Terrestrische Chironomiden (I—XIII)“ zu beschreiben (THIENEMANN und KRÜGER 1939 b, 1939 c; THIENEMANN und STRENZKE 1940, 1940 a, 1941 b, 1941 c; KRÜGER und THIENEMANN 1941; KRÜGER 1944; PAGAST, THIENEMANN, KRÜGER 1941; STRENZKE 1940, 1941, 1942; vgl. auch STRENZKE und THIENEMANN 1942, THIENEMANN 1943 b). Eine kurze Zusammenfassung über terrestrische Chironomiden gab ich in meiner Lapplandarbeit (1941 a, S. 21—25). Ausführlich hat STRENZKE (1950) Systematik, Morphologie und Ökologie der terrestrischen Chironomiden (s. s.) zusammenfassend dargestellt. Die folgenden Ausführungen schließen sich eng an dieses grundlegende Werk an.

In der terrestrischen Chironomidenfauna sind von den eigentlichen Chironomiden nur die Orthocladiinen sowie die Ceratopogoniden, von diesen alle drei Sectionen, vertreten. Terrestrische Tanypodinen, Podonominen und Chironominen sind nicht bekannt. Allerdings hat KRÜGER (1944) einen *Tanytarsus radens* als terrestrisch lebend beschrieben; doch handelt es sich bei dieser Art sicher nicht um eine echt terrestrische Form. Vorweg sei betont, daß alle terrestrischen Arten sowohl die Orthocladiinen wie die Ceratopogoniden frei, ohne Gehäusebau, leben.

1. Terrestrische Orthocladiinen

Wie ich schon in meiner Lapplandarbeit (1941 a, S. 24) hervorhob, handelt es sich bei der Hauptmasse der terrestrischen Orthocladiinen um „Formen, deren Larven sich durch Besonderheiten ihres Analendes sowie der Antenne (und des Labiums) von dem Gros der Orthocladiinen auszeichnen. Man könnte sie als ‚Orthocladiinae aberrantes‘ von den ‚Orthocladiinae normales‘ unterscheiden“. Mit dieser Bezeichnung soll aber nicht etwa eine genetische Zusammengehörigkeit dieser Orthocladiinae aberrantes behauptet werden! „Die terrestrischen Chironomiden bilden keine homogene systematische Einheit, sondern sind als polyphyletisch entstandener Gattungskomplex zu betrachten, dessen Glieder durch ihre Lebensweise bedingte gemeinsame Züge tragen“ (STRENZKE). Auf Grund ihrer mutmaßlichen Verwandtschaftsbeziehungen gruppiert STRENZKE die terrestrischen Orthocladiinen in 4 Reihen (bei jeder Gattung in Klammern die Zahl der bis jetzt genauer — auch als Larven und Puppen — bekannten terrestrischen Arten + Unterarten + Varietäten; im ganzen sind es etwa 70).

Reihe I: 1. Gattung *Paraphaenocladius* TH. (8). 2. Gattung *Pseudorthocladius* GOETGH. (2).[33] 3. Gattung *Georthocladius* STRENZKE (1). 4. Gattung *Metriocnemus* V. D. W. (6). 5. Gattung *Krenosmittia* TH. (1). 6. Gattung *Limnophyes* EAT. (9).

[33] LAURENCE (1951) beläßt in seiner Sectio *Pseudorthocladius* des Genus *Hydrobaenus* FRIES. nur *flexuellus* EDW., während er für *curtistylus* GOETGH. das neue Subgenus *Pseudokiefferiella* errichtet. Ich bleibe im folgenden bei der alten Nomenklatur.

Reihe II: 7. Gattung *Euphaenocladius* TH. (11).

Reihe III: A: 8. Gattung *Gymnometriocnemus* GOETGH. (4). 9. Gattung *Bryophaenocladius* TH. (5).

B: 10. Gattung „*Limnophyes*“ *flexuellus* EDW. (1).[33] 11. Gattung *Parasmittia* STR. (2). 12. Gattung *Pseudosmittia* GOETGH. (13).

Reihe IV: 13. Gattung *Camptocladius* v. D. W. (1).

„Diese vier Reihen stehen ohne deutliche Übergänge ziemlich isoliert nebeneinander und können auf keinen Fall aufeinander und wahrscheinlich auch nicht einfach auf eine gemeinsame Basis zurückgeführt werden. Es muß also wohl angenommen werden, daß der Übergang zur terrestrischen Lebensweise innerhalb der Orthocladiinae mehrfach erfolgte“ (STRENZKE).

a) Grundlegend für die Unterscheidung der terrestrischen und aquatischen Chironomiden ist natürlich ihr Feuchtigkeitsbedürfnis. Ich schrieb darüber schon 1941 a (S. 22) in Hinblick auf die lappländische Chironomidenfauna: „Prüft man diese ‚terrestrischen‘ Formen auf ihr Verhältnis zum Wassergehalt des Bodens, so kommt man zu dem Ergebnis, daß alle zweifellos ein völliges Durchtränken des Bodens mit Wasser aushalten können. In bezug auf die Fähigkeit, stärkere Austrocknung des Bodens zu vertragen, verhalten sie sich aber verschieden. Am meisten nässebedürftig sind sicher die Arten, die wir auch in den wassererfüllten Quellmoosen mit einer gewissen Regelmäßigkeit antreffen. Hierher gehören von den Orthocladiinen *Metriocnemus ursinus, fuscipes, Paraphaenocladius impensus* und die *Limnophyes*-Arten, von den Ceratopogoniden vielleicht die *rivicola*-Gruppe von *Culicoides*. Zu den Formen, die die stärkste Trockenheit überstehen können, ist *Euphaenocladius* zu rechnen; trifft man diese Larven doch sogar in den Moosen zwischen dem Pflaster der Kleinstadt (Plön!) an. Auch die in Moosen auf Dächern und Mauern lebenden Larven von *Bryophaenocladius muscicola* KIEFF. gehören hierher ... Hierher auch die *Dasyhelea*-Larven der *halophila*-Gruppe, die, wie experimentell festgestellt worden ist, fast völliges Austrocknen vertragen; sie überdauern die Trockenheit in einem Zustand bewegungsloser Starre, aus dem sie, wenn sie befeuchtet werden, wieder erwachen; es sind also ‚anabiotische‘ Larven. Die übrigen Arten stehen zwischen diesen beiden Extremen. Auch gegen Einfrieren werden wohl alle terrestrischen Formen ziemlich unempfindlich sein.“

Die umfangreichen Untersuchungen K. STRENZKES in Holstein und im Lunzer Seengebiet lassen die Verteilung der terrestrischen Chironomiden auf die Biotope verschiedener Feuchtigkeit klar erkennen.

STRENZKE unterscheidet für die Bodenchironomiden folgende Hauptisözien:

1. Hygrophiles Hemiedaphon (*Pseudosmittia holsata-virgo*-Synusie; *Pseudosmittia Ruttneri*-Synusie).

2. Mesophiles Hemiedaphon (*Pseudorthocladius curtistylus*-Synusie; *Dasyhelea flaviventris*-Synusie; Synusie der Sphagnen und des Moorbodens).
3. Xerophiles Hemiedaphon (*Bryophaenocladius muscicola-virgo*-Synusie).
4. Euedaphon (*Parasmittia carinata*-Synusie; *Camptocladius stercorarius*-Synusie).

Bei 1 handelt es sich um Moosüberzüge auf festem Substrat, meist Steinen an der Wasserlinie von Seen, oder auch Quellen. Wasserstandsschwankungen können diese eventuell ganz unter Wasser geraten lassen, so daß dieser Biotop zeitweise als rein aquatischer erscheint. Aber trotzdem ist die überwiegende Zahl der Charakterarten dieser Lebensstätte „aus terrestrischen Formenkreisen abzuleiten; ihre ursprüngliche Besiedelung ist also im wesentlichen nicht vom Wasser her, sondern auf dem Umwege über das Land erfolgt" (STRENZKE). Spezifische Arten sind *Pseudosmittia virgo* und *holsata* (Plön, Lunz) sowie *Bryophaenocladius subvernalis* (Lunz); dazu treten als sehr häufig *Limnophyes*-Arten, vor allem *L. prolongatus.* Schon fast rein aquatisch lebt die *Pseudosmittia Ruttneri*-Synusie (Lunz); wir kommen auf *Ps. Ruttneri* weiter unten zurück.

Zu 2 gehören e t w a s feuchte, aber immerhin noch recht nasse Biotope, nämlich die Bodenüberzüge des Sandstrandes, der *Phragmites*-Gürtel unserer Seen, von Cyperaceen-Beständen, Uferwiesen, Erlenbrüchen, Strandspülsäumen. Charakterformen sind *Pseudorthocladius curtistylus*[34] und *Paraphaenocladius impensus* (Plön, Lunz), dazu auch recht häufig *Euphaenocladius terrestris* (Plön) respektive *E. Strenzkei* (Lunz). Von *Ceratopogoniden* können vielleicht *Atrichopogon rostratus* und *Culicoides obsoletus* als Leitformen bezeichnet werden. Häufig ist ferner auch das hydrophile Element (*Metriocnemus fuscipes, M. terrester, Limnophyes*-Arten und Ceratopogoniden). Hier schließen sich die Sphagnen und der Überzug des Moorbodens an. Es dominieren *Limnophyes*- und *Metriocnemus*-Arten sowie die Ceratopogonidae vermiformes; die Artenzahl ist sehr gering, die Individuenzahl aber kann recht hoch sein.

3 stellen die trockenen oder wenigstens häufig austrocknenden Moospolster auf Mauern, Dächern, großen Steinen, in den Fugen des Straßenpflasters und dergleichen dar.[35] Sie sind charakterisiert durch *Bryophaenocladius muscicola* K. und *virgo* TH., die häufig die einzigen und zum Teil recht zahlreichen Chironomiden dieses Biotops sind. Daneben finden sich

[34] BRUNDIN (1949, S. 726) fand die Larven dieser Art auch in Seen Smålands (Innaren, Skärshultsjön) „in pflanzenabfallreichen Böden bis in etwa 0,5 m Tiefe".

[35] Diese Gesellschaft aber als „synanthrop" zu bezeichnen, wie es TISCHLER (1952, S. 168) tut, erscheint mir abwegig! Auch STRENZKE hat nie von einer Synanthropie dieser Formen gesprochen.

gelegentlich *Bryophaenocladius nidorum* (Edw.) (vgl. Strenzke 1953) und *Euphaenocladius*-Larven der *aquatilis*-Gruppe.

Während die bisher behandelten drei Typen zum Hemiedaphon, dem Bewuchs des Bodens gehören, kommen wir mit 4 zum Euedaphon, dem eigentlichen Erdboden. Seine typische Chironomidenbesiedlung bildet in Holstein wie in Lunz Strenzkes *Pseudosmittia carinata*-Synusie. In den humusreichen tieferen Bodenschichten von Wiesen und Wäldern lebt eine Chironomidengesellschaft, die durch *Parasmittia carinata* Strenzke, *Gymnometriocnemus*-Arten (*subnudus* u. a.) und *Pseudosmittia simplex* gekennzeichnet ist. Dabei ist gegenüber dem pH, dem Humus- und Wassergehalt des Bodens die erstgenannte Art am meisten euryplastisch, während die anderen auf sehr humusreiche, nicht zu feuchte, neutrale Böden beschränkt sind. In Holstein tritt in hoher Konstanz und Abundanz hier noch *Pseudosmittia trilobata* auf, die in Lunz fehlt.

b) Was den Chemismus des Bodens anlangt, so schrieb ich (1941 a, S. 22, 23): „Daß manchen terrestrischen Chironomiden — wahrscheinlich sogar fast allen — starke Unterschiede im Chemismus der Böden nichts ausmachen, geht aus ihrer Verbreitung hervor. So lebt *Pseudosmittia trilobata* in sauren, torfigen, moorigen Böden, wie im kalkhaltigen Boden, ja sogar im kochsalzhaltigen Gelände der Meeresküsten (Nordsee, Ostsee); ebenso trifft man *Pseudorthocladius curtistylus* in stark saurem Sphagnum wie im kalkreichen Boden am Ufer der holsteinischen Seen. Die *Helea*-Arten allerdings scheinen nach meinen bisherigen Erfahrungen an saures Milieu (vor allem Hochmoore) gebunden zu sein."

Strenzke hat zwei Typen chemisch aberranter „Böden" untersucht. Einmal die Salzböden unserer Ostseeküste, die von der *Dasyhelea flaviventris*-Synusie, die zum mesophilen Hemiedaphon gehört, besiedelt werden. In den schwächer salzhaltigen Böden treten noch hygrophile (*Limnophyes* sp.) und euryöke Formen auf (*Euphaenocladius* sp. *aquatilis*-Gruppe, *Pseudosmittia trilobata* [in hoher Individuenzahl] und *Pseudosmittia gracilis*). In stärker NaCl-haltigen Böden verschwinden diese Arten vollständig und *Dasyhelea flaviventris* Goetgh. (= *halobia* K.) beherrscht in hoher Individuendichte das Bild. „Der hohe NaCl-Gehalt und der meist sehr geringe Anteil der organischen Komponente machen die hier untersuchten Böden des Meeresstrandes und der Ufer von Brackwasserseen in zweifacher Hinsicht zu einer extremen Lebensstätte, und so folgt ihre Nematocerengesellschaft mit einer äußerst niedrigen Arten- und hohen Individuenzahl deutlich dem zweiten der biozoenotischen Grundprinzipien" (Strenzke). (Vgl. S. 37.)

Zum zweiten Düngerstätten. Hier lebt die zum Euedaphon gehörige *Camptocladius stercorarius*-Synusie, die durch zwei ausgesprochen stenotop-koprobionte Orthocladiinen gekennzeichnet ist: den schon von de Geer (vgl. S. 194) von Pferdemist beschriebenen *Camptocladius stercorarius* und eine bisher nur aus den Alpen bekannte *Euphaenocladius* sp.[36] LAURENCE (1951) fand in Rindermist in England „*Hydrobaenus*" *flexuellus* EDW. (vgl. S. 195) sowie eine *Euphaenocladius*-Art (nicht sp. *C.*). KETTLE and LAWSON (1952) nennen aus England (Kuhdung) noch *Culicoides chiopterus* und *C. pseudochiopterus*. Also: äußerste Artenarmut und unter Umständen größte Individuendichte lassen den Mist als eine für Chironomiden extreme Lebensstätte im Sinne des zweiten biozoenotischen Grundgesetzes erscheinen. Artenreicher ist die Ceratopogonidenbesiedelung des Mistes, die wir weiter unten (S. 210 ff.) behandeln.

c) Der Bewegung der Larven im Erdboden setzt dieser einen im Verhältnis zu limnischen Biotopen größeren Widerstand entgegen, und das prägt sich in der allgemeinen Körperform und der Ausgestaltung der Bewegungsorgane der terrestrischen Arten mehr oder weniger aus. Sie zeigen in dieser Beziehung typische Anpassungen an das Leben im Boden. Diesen Beziehungen ist schon LENZ (1923 a) nachgegangen; STRENZKE und ich haben sie (1947, S. 382—384) behandelt, die neueste Zusammenfassung gab STRENZKE in seiner großen Arbeit (1950).

„Für die Fortbewegung im Erdboden ist die zweckmäßigste Gestalt eines Tieres die Wurmform, d. h. ein gleichmäßig drehrunder Körper, der möglichst wenig starre ‚Auswüchse' besitzt und vorn und hinten verjüngt ist. Diese Gestalt haben die — auch in der Erde sehr häufigen — Ceratopogonidenlarven (Ceratopogonidae vermiformes und intermediae). Aber auch alle echten Chironomidenlarven — im Wasser wie in der Erde — haben einen Körperbau, der weitgehend dem Wurmtypus gleicht. An ‚Auswüchsen' besitzen sie nur die der Fortbewegung dienenden vorderen Fußstummel und Nachschieber sowie die meist auf mehr oder weniger langen Trägern stehenden dorsalen Borstenpinsel des Praeanalsegmentes. Soll die gesamte Körperform noch mehr dem Ideal des Wurmtypus angenähert werden, so braucht nur eine Reduktion der praeanalen Borstenpinsel und der vorderen Fußstummel einzutreten; ebenso müssen die Nachschieber entweder reduziert werden und völlig retraktil sein oder aber sie müssen stark verjüngt und gemeinsam in Richtung der Körperachse nach hinten gestreckt werden" (STRENZKE-THIENEMANN 1942, S. 382—383). Betrachten wir diese Organe bei den terrestrischen Orthocladiinen nunmehr an Hand der STRENZKEschen zusammenfassenden Darstellung; für weitere Einzelheiten sei ausdrücklich auf diese verwiesen.

---

[36] Vgl. auch FRANZ 1950, S. 59. — J. SCHINDLER erwähnt (1950) mehrfach eine „*Syndiamesa*-Larve", die, wie mir Fräulein Dr. SCHINDLER mitteilt, aus einem „absichtlich sehr feucht gehaltenen Komposthaufen in der Nähe des Wörtherseeufers" stammte. Die Bestimmung der Larve wurde von einem Herrn des Naturhistorischen Museums in Wien durchgeführt. Hier handelt es sich aber unbedingt um eine Fehlbestimmung!

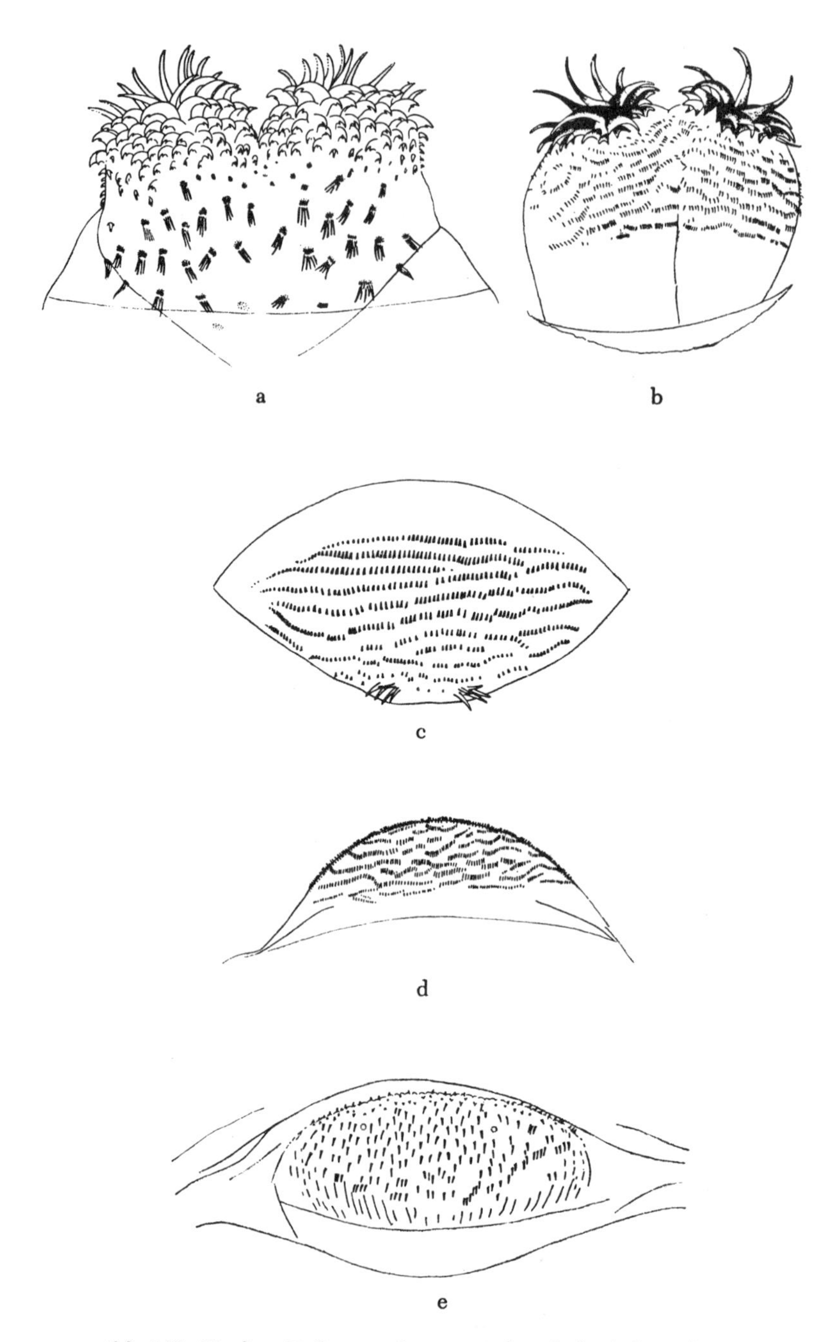

Abb. 145. Vordere Fußstummel terrestrischer Orthocladiinenlarven.

a) *Paraphaenocladius pseudoirritus*, b) *Euphaenocladius aquatilis*, c) *Parasmittia carinata*, d) *Pseudosmittia simplex*, e) *Camptocladius stercorarius*. [Aus STRENZKE 1940, 1950; STRENZKE-THIENEMANN 1942; THIENEMANN 1944.]

Die vorderen Fußstummel zeigen mit zunehmender Anpassung eine immer weitergehende Verschmelzung ihrer beiden Teile, verbunden mit einer Reduktion der distalen Klauenpolster, deren Endergebnis schließlich ein völlig unpaarer, klauenfreier, nur mit kleinen Spitzen besetzter Kriechwulst ist (STRENZKE). Abb. 145 zeigt verschiedene Typen dieser Reduktion.

Praeanalsegment und Analsegment. Wir übernehmen hier STRENZKES Darstellung zum Teil wörtlich. Abgesehen von den Arten der I. Reihe (vgl. S. 196), die dem aquatischen Typus am nächsten stehen, obwohl auch sie zum Teil schon deutliche Reduktionserscheinungen erkennen lassen (*Pseudorthocladius* [Abb. 146 a], *Georthocladius* [Abb. 146 b, c], *Metriocnemus terrester*), fehlen die praeanalen Borstenträger und Borstenpinsel stets. Das Analsegment zeigt in einigen Gattungen die Tendenz zur Verlagerung auf die Ventralseite des Praeanalsegmentes, dem es dann im typischen Fall im rechten Winkel ansitzt (*Bryophaenocladius* [Abb. 147 a], *Gymnometriocnemus* [Abb. 147 b], *Parasmittia, Pseudosmittia* zum Teil, *Paraphaenocladius* zum Teil [Abb. 147 c]). Verbunden damit ist oft eine Vorstülpung des Praeanalsegmentes über das Analsegment (*Paraphaenocladius* [Abb. 147 c], *Pseudorthocladius, Parasmittia, Pseudosmittia* zum Teil; *Bryophaenocladius* [Abb. 147 c], *Gymnometriocnemus* [Abb. 147 b]). Die Umgestaltung der Nachschieber geht nach drei Anpassungsrichtungen vor sich: 1. Durch fortschreitende Verkleinerung und Reduktion ihrer Klauenbewaffnung werden die paarigen Nachschieber zunehmend funktionsuntüchtig (I. Reihe, *Pseudosmittia, „Limnophyes" flexuellus* [Abb. 146 a, 146 b, c, 147 c, 148 a, b]) und verschwinden schließlich ganz (*Pseudosmittia simplex* [Abb. 149 a], *Camptocladius stercorarius* [Abb. 149 b]). 2. Die Nachschieber verschmelzen zu einem funktionstüchtigen, mit starken Krallen bewehrten unpaaren Kriechwulst (*Euphaenocladius* [Abb. 150], *Parasmittia*). 3. Die eigentlichen Nachschieber sind zwar wie bei 1 rudimentär, doch übernimmt vermutlich das ganze Analsegment ihre bewegungsphysiologische Funktion (*Bryophaenocladius* [Abb. 147 a], *Gymnometriocnemus* [Abb. 147 b]).

Die Analschläuche sind bei den Gattungen der I. Reihe noch wirkliche, zum Teil recht lange Schläuche (Abb. 146); bei allen echt terrestrischen Formen der Reihe II bis IV stellen sie nur flache, halbkugelige Papillen dar (Abb. 147 a, 148, 149, 150). Das Analsegment mit all seinen Anhängen ist bei terrestrischen Larven stets völlig retraktil (Austrocknungsschutz für die Analschläuche und Vermeiden mechanischer Behinderung beim Kriechen, nach LENZ 1923 a).

Mit der Fortbewegung in dem engen Lückensystem des Erdbodens mag man wohl auch die bei manchen Arten zu beobachtende starke Verkürzung

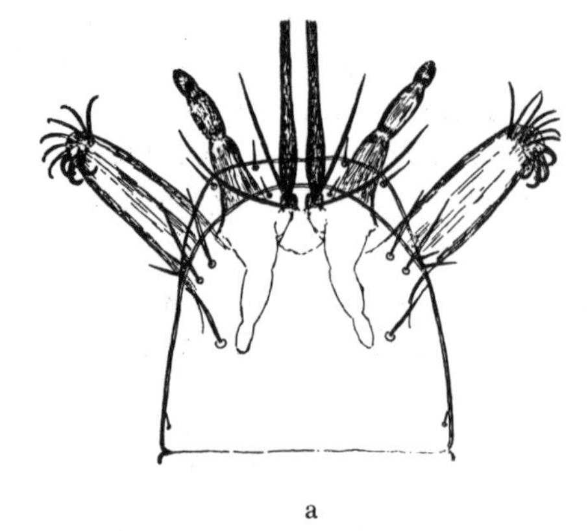

Abb. 146. Hinterenden terrestrischer Orthocladiinenlarven mit geringen Reduktionserscheinungen. a) *Pseudorthocladius curtistylus* (von oben; von den beiden langen Praeanalborsten ist nur der basale Teil gezeichnet), b) *Georthocladius luteicornis* von unten, c) von der Seite. [Aus THIENEMANN 1944 nach THIENEMANN-KRÜGER 1939 c und STRENZKE 1941.]

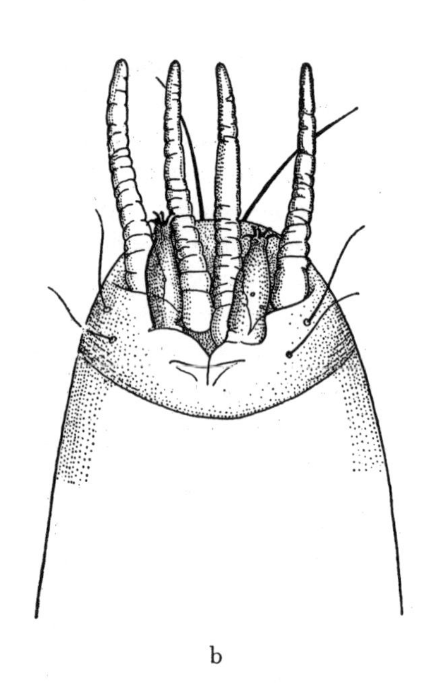

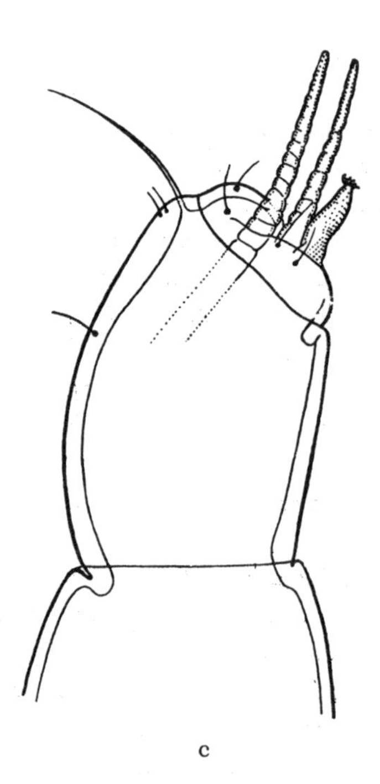

der Antennen in Verbindung bringen (einige *Metriocnemus*-Arten sowie sämtliche Arten der IV. Reihe; vgl. Abb. 151). Aber gerade bei den für die tieferen Bodenschichten charakteristischen *Gymnometriocnemus*-Arten kommen lange, ja ausgesprochen verlängerte Antennen vor! (Abb. 152.) Hier ist noch manches Rätsel zu lösen.

d) Ernährung und Mundteile. Über den Darminhalt der terrestrischen Orthocladiinenlarven berichtet STRENZKE: „Als häufigste geformte Bestandteile seien genannt: braune und farblose Pilzhyphen, Pilz-(und Algen?)Sporen der verschiedensten Form, Diatomeenschalen und Fetzen pflanzlichen Gewebes (Moose u. a.). Mit großer Regelmäßigkeit finden sich

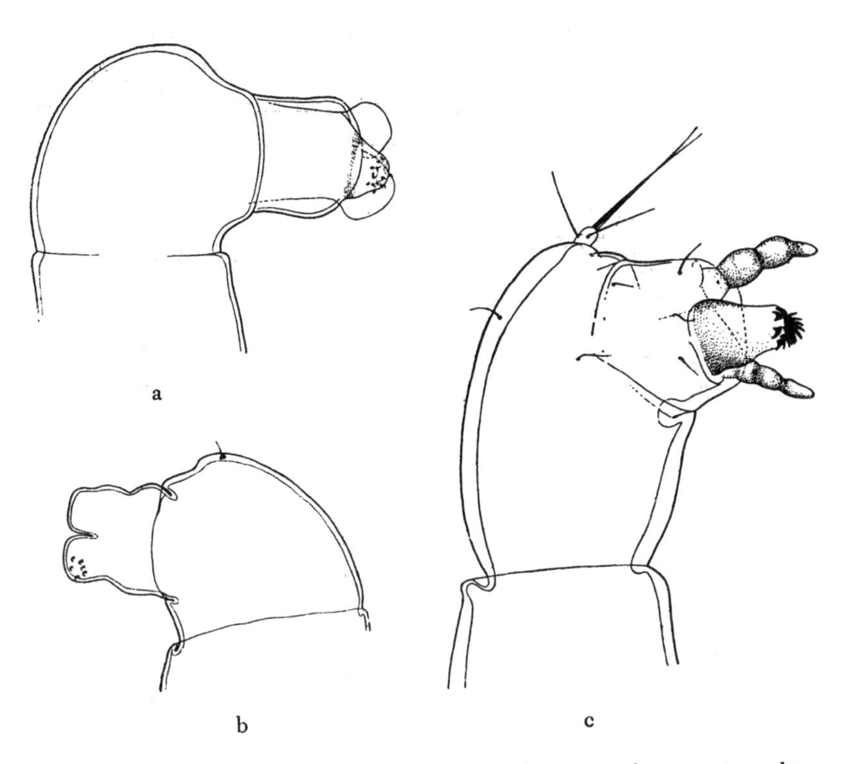

Abb. 147. Hinterenden terrestrischer Orthocladiinenlarven, Analsegment im rechten Winkel an das Praeanalsegment ansetzend: a) *Bryophaenocladius virgo,* b) *Gymnometriocnemus subnudus,* c) *Paraphaenocladius impensus.* [Aus THIENEMANN 1944 nach KRÜGER-THIENEMANN 1941 und THIENEMANN-STRENZKE 1940 b und 1941 b.]

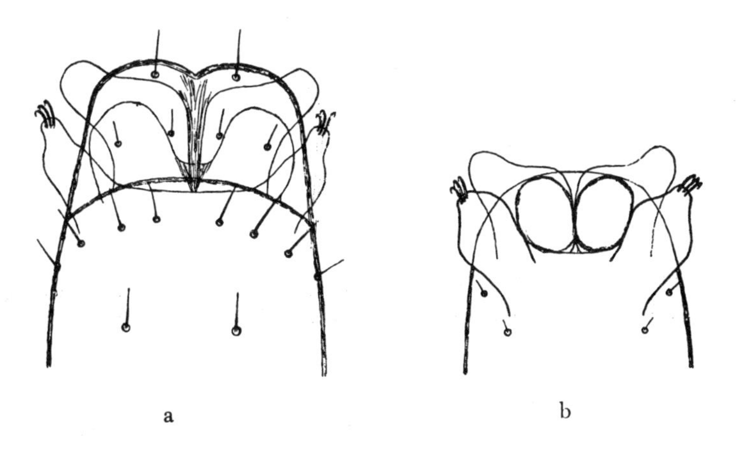

Abb. 148. Hinterende der terrestrischen Larve von *Pseudosmittia trilobata:* a) von oben, b) von unten. [Nach THIENEMANN-KRÜGER 1939 b aus THIENEMANN 1944.]

ferner mineralische Bestandteile (Quarzkörner) sowie häufig als Grundsubstanz ein amorpher, mehr oder weniger feinkörniger, heller und dunkler, brauner, organischer Detritus. All diese Komponenten können den Darminhalt in sehr wechselndem Mengenverhältnis zusammensetzen; häufig über-

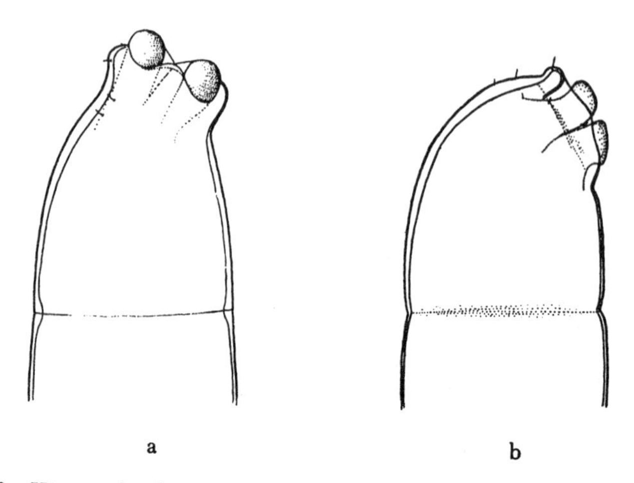

Abb. 149. Hinterende der terrestrischen Larven von a) *Pseudosmittia simplex*, b) *Camptocladius stercorarius*. [Nach STRENZKE-THIENEMANN 1942 und STRENZKE 1940 aus THIENEMANN 1944.]

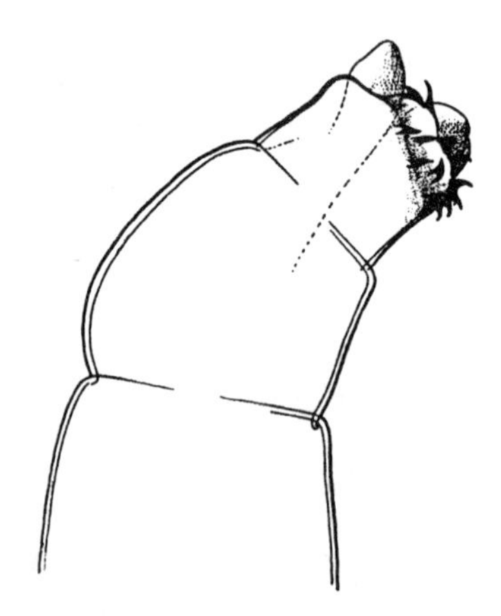

Abb. 150. Hinterende der terrestrischen Larve von *Euphaenocladius aquatilis*, von der Seite. [Nach THIENEMANN-STRENZKE 1941 c aus THIENEMANN 1944.]

wiegt die eine oder andere ganz beträchtlich, und der Darm enthält eine fast reine Füllung von z. B. Pilzhyphen, Sporen, Diatomeen oder amorphem Detritus. Das scheint im wesentlichen von den jeweiligen Bedingungen des Standortes abzuhängen."

Untersuchen wir, ob die Mundteile der terrestrischen Arten irgendwelche gemeinsamen Merkmale besitzen, durch die sie sich von den aquatischen Formen unterscheiden, so sehen wir, daß die Mandibel bei allen terrestrischen Formen eine starke, relativ kurze Spitze und ebensolche Zähne hat, und daß bei den am meisten abgewandelten Arten (III. und IV. Reihe) stets die Seta interna, Seta subdentalis und die distale Außenborste reduziert sind (Abb. 153). Das Labium ist durch einen breiten Mittelzahn, die stark

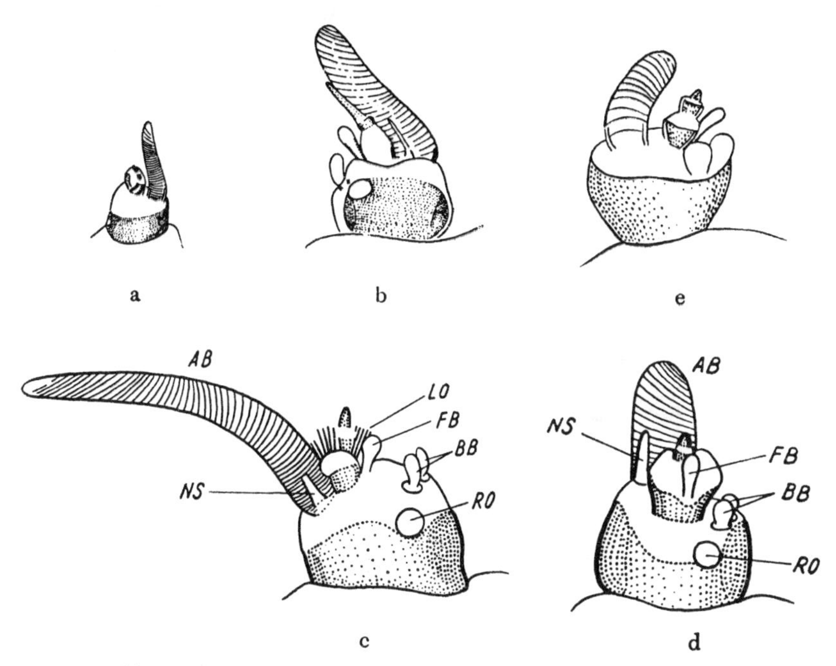

Abb. 151. Verkürzte Larvenantennen terrestrischer Orthocladiinen.
a) *Camptocladius stercorarius,* b) *Pseudosmittia simplex,* c) *Ps. trilobata,* d) *Ps. gracilis,* e) *Ps. Ruttneri.* [Aus THIENEMANN 1944 nach STRENZKE 1940 b, STRENZKE-THIENEMANN 1942, sowie aus STRENZKE 1950.]

chitinisierte Zahnleiste mit kurzen stumpfen, zu Verwachsungen neigenden Zähnen gekennzeichnet. Bei den typisch terrestrischen Arten (III. und IV. Reihe) finden sich häufig — aber nicht immer — ventrale Chitinduplikaturen, oft stark flügelartig entwickelt (Abb. 154). KRÜGER (THIENEMANN-KRÜGER 1939 b) beschreibt das Labium von *Pseudosmittia trilobata* (Abb. 154 c) so: „Form im ganzen querrechteckig, Seiten und Zähne dunkelbraun. Ventral jederseits eine starke, flügelartig verbreiterte Platte, in schrägem Winkel auf die Zähne führend. Verbindung mit der ‚Zahnplatte' durch senkrechte Verstrebung. Seiten des Labiums also T-trägerartig verstärkt (kräftige Beanspruchung des Labiums infolge der terrestrischen Lebensweise)." Im Querschnitt ist das Labium häufig U-förmig gebogen (schaufelförmig).

e) Die Puppen der terrestrischen Arten. „Bei den im Erdboden lebenden Puppen fehlen die Prothorakalhörner, die Abdominalbewaffnung zeigt ein ziemlich gleichmäßiges, nur durch einige ‚Fensterflecken' unterbrochenes Chagrin ohne Partien mit stärkeren Spitzen, das Analsegment hat

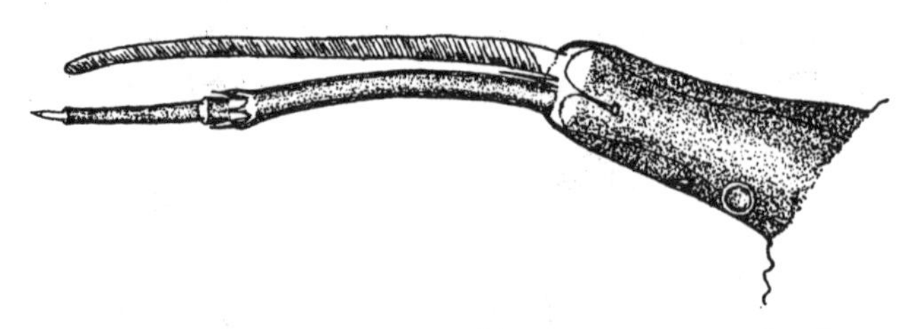

Abb. 152. Larvenantenne von *Gymnometriocnemus subnudus*. [Nach KRÜGER-THIENEMANN 1941 aus THIENEMANN 1944.]

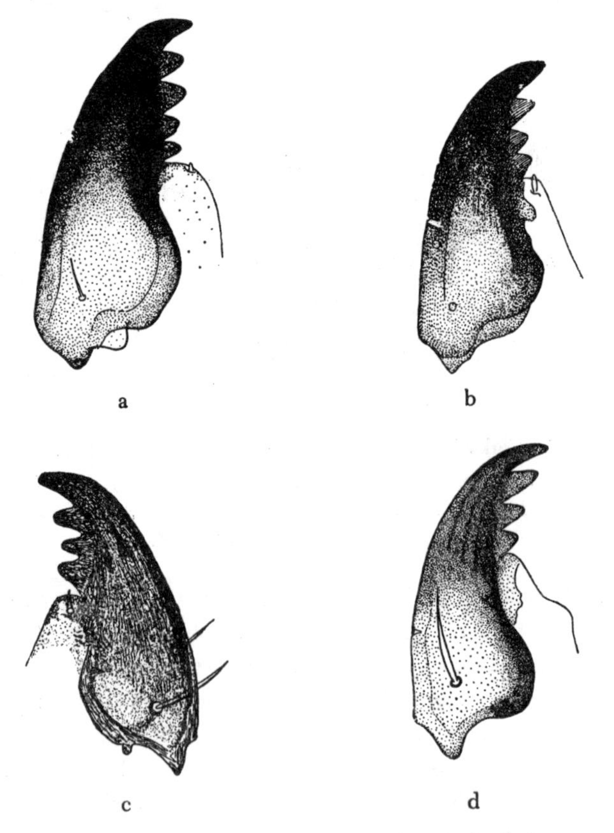

Abb. 153. Larvenmandibeln terrestrischer Orthocladiinen. a) *Camptocladius stercorarius*, b) *Pseudosmittia simplex*, c) *Pseudosmittia trilobata*, d) *Pseudosmittia Ruttneri*. [Nach THIENEMANN-KRÜGER 1939 b, STRENZKE 1940, STRENZKE-THIENEMANN 1942, aus THIENEMANN 1944.]

keine spezifischen Anhänge (Abb. 155). Es sind sehr primitive Puppen; aber auch bei den aquatischen Orthocladiinenformen können die Prothorakalhörner fehlen (vgl. S. 182), ebenso die Anhänge des Analsegmentes, und solch eine primitive Abdominalbewaffnung kann auch bei ihnen auftreten. Dies sind also sicher keine wirklichen ‚terrestrischen' Merkmale" (THIENEMANN, in

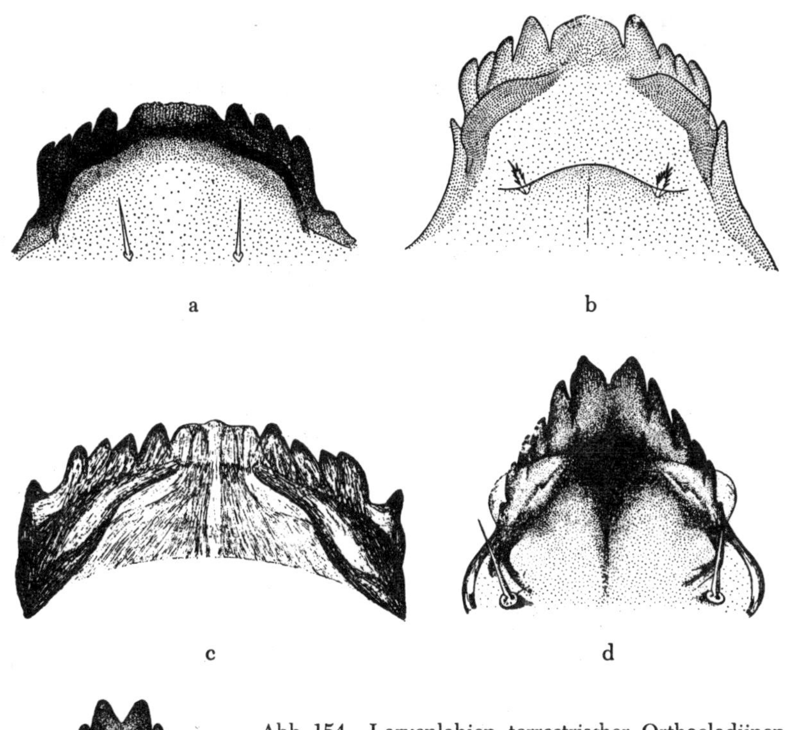

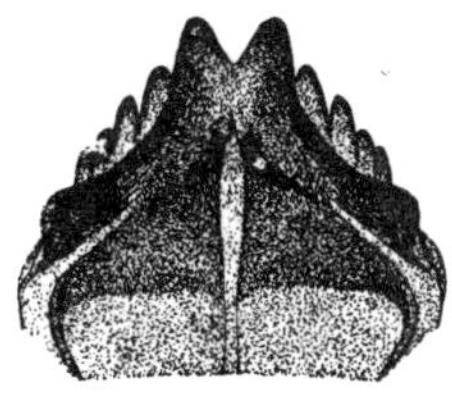

Abb. 154. Larvenlabien terrestrischer Orthocladiinen. a) *Camptocladius stercorarius,* b) *Pseudosmittia simplex,* c) *Ps. trilobata,* d) *Bryophaenocladius virgo,* e) *Gymnometriocnemus subnudus.* [Nach THIENEMANN-KRÜGER 1939 b; THIENEMANN-STRENZKE 1940; KRÜGER-THIENEMANN 1941, aus THIENEMANN 1944.]

STRENZKE-THIENEMANN 1942, S. 385—386). Doch schreibt STRENZKE (1950) mit Recht: „Anderseits darf in der bei allen echt-terrestrischen Puppen überaus gleichmäßigen Ausbildung dieser Charaktere doch wohl auch der Ausdruck einer gewissen Anpassung im Sinne eines ‚Fortfalls alles Überflüssigen' gesehen werden, zumal der Grad dieser Vereinfachungen wie bei der Larve deutliche Beziehungen zu der speziellen Lebensweise der Arten erkennen läßt. Neubildungen adaptiven Charakters fehlen den terrestrischen Puppen ganz."

f) Rückwanderung ins Wasser. Süßwasser ist zweifellos die für die Chironomiden ursprüngliche Lebensstätte. Der Übergang aufs feste Land ist eine sekundäre Erscheinung; er hat, wie wir sahen, eine Anzahl morphologischer Umbildungen bei den betreffenden Larven nach sich gezogen. Nun kennen wir seit einiger Zeit aus der sonst terrestrischen Gattung *Pseudosmittia* eine Art, *Ps. ruttneri* STRENZKE, die nun „tertiär" wieder zum Wasserleben übergegangen ist. Es ist von Interesse, zu untersuchen, ob bei dieser Formmerkmale, die im Zusammenhang mit dem Bodenleben entstanden, nach dem Übergang zum Wasserleben wiederum verschwunden sind! (Das folgende nach STRENZKE-THIENEMANN 1942, THIENEMANN 1943 b; vgl. auch STRENZKE 1950.)

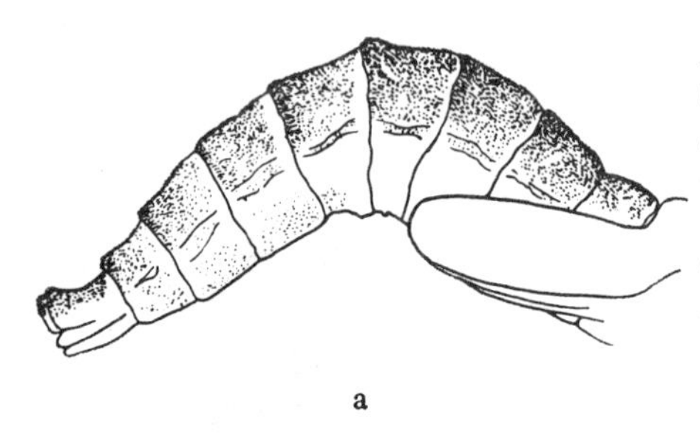

Abb. 155. Puppen terrestrischer Orthocladiinen. a) *Bryophaenocladius muscicola,* Puppenexuvie; b) *Pseudosmittia trilobota,* Dorsalbewaffnung von Segment III bis V; c) *Bryophaenocladius subvernalis,* Analende.
[Aus LENZ 1923a und THIENEMANN 1944, nach THIENEMANN-KRÜGER 1939 b und STRENZKE 1942.]

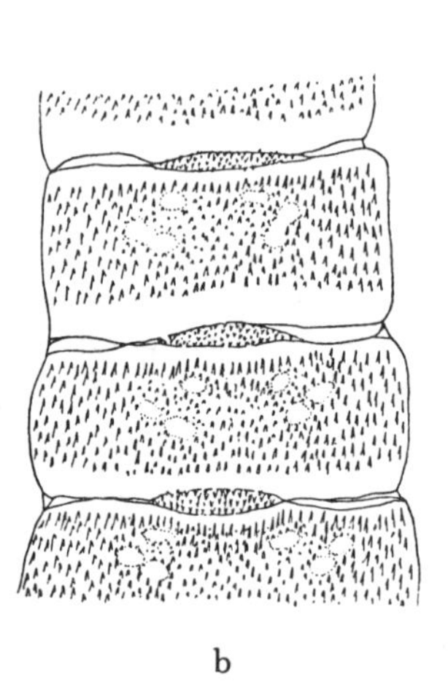

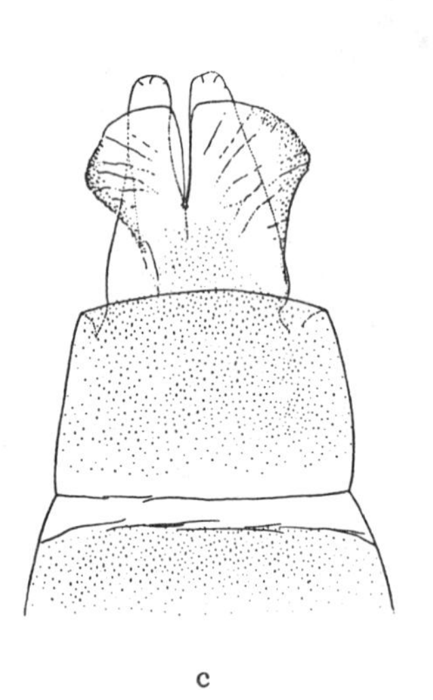

Pseudosmittia ruttneri lebt im Lunzer Untersee im Litoral des Südufers, von der Uferlinie bis in die *Schizothrix*-Zone (vgl. S. 399); sie ist ferner nachgewiesen im Litoral des Vierwaldstätter Sees, im nassen Laub des Maiergrabens in Lunz. In meinem Lapplandmaterial fand STRENZKE Puppenhäute, die sich von *Ps. ruttneri* nicht unterscheidcn lassen, im mittleren Kårsavagge-

See und im Torneträsk. Ich hatte sie (1941 a, S. 186) zu *Ps. oxoniana* EDW. gestellt; diese Art kommt aber nach STRENZKES Revision nur im Abiskojaure vor.

Ps. ruttneri ist also eine halbaquatische bis echt aquatische Art, die auch an Stellen leben kann, die, wie die *Schizothrix*-Steine des Lunzer Untersees, stets unter Wasser liegen.

Stellt diese Art nun etwa eine ursprünglich aquatische Form dar, also gleichsam die „Urform", von der sich die terrestrischen *Pseudosmittia*-Arten ableiten lassen, oder ist sie eine sekundär wieder zum Wasserleben übergegangene, ursprünglich terrestrische Form? Ein genaues Studium der Larvenmorphologie von *Ps. ruttneri* beweist, daß der zweite Teil dieser

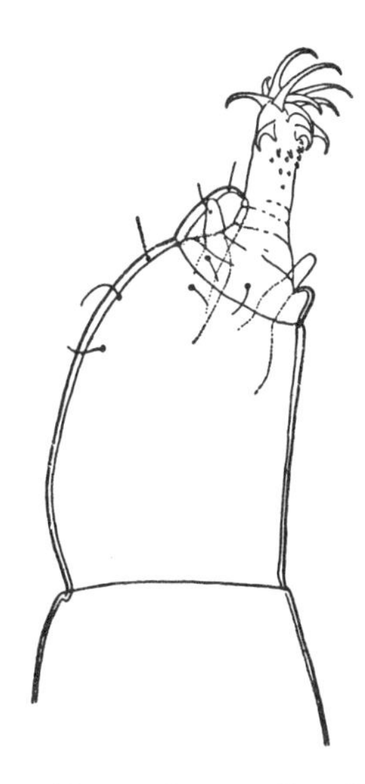

Abb. 156. Larvenhinterende von *Pseudosmittia ruttneri*. [Aus STRENZKE-THIENEMANN 1942 aus THIENEMANN 1944.]

Alternative zu bejahen ist. Denn die Larve von *Ps. ruttneri* besitzt die gleiche reduzierte Antenne (Abb. 151 e) wie die übrigen Arten (Abb. 151 b, c, d), das gleiche, schaufelartig verstärkte Labium, die gleiche Mandibelbildung (Abb. 153 b, c, d) sowie die gleiche Reduktion der praeanalen Borstenträger und -pinsel (Abb. 156). Das sind aber alles Merkmale, die wir, wie oben gezeigt, als „terrestrische" auffassen müssen. Sie sind bei dieser aquatischen Larve nur verständlich, wenn wir sie als Zeichen ihrer ursprünglich terrestrischen Herkunft ansehen. *Ps. ruttneri* ist also eine Form, die sekundär wieder zum Wasserleben übergegangen ist. Dieser Übergang aber hat wiederum zwei Umkonstruktionen mit sich gebracht.

a) Die vorderen Fußstummel stellen bei *Ps. ruttneri* nicht einen niedrigen

Querwulst wie bei den terrestrischen *Pseudosmittia*-Larven dar (Abb. 145 d), sondern die beiden Stummel sind etwa bis zur Hälfte verwachsen, so daß distal zwei Polster mit zahlreichen langen, schlanken, distal gezähnten Klauen vorhanden sind. Sie haben also den Bau der Fußstummel der aquatischen Orthocladiinen wiedergewonnen.

b) Besonders charakteristisch aber sind die Nachschieber (Abb. 156). Während diese bei den terrestrischen *Pseudosmittia*-Arten stark reduziert sind (Abb. 148) oder völlig fehlen (Abb. 149 a), sind sie bei *Ps. ruttneri* wohl entwickelt, lang, retraktil, im Leben gerade nach hinten gestreckt und tragen distal je eine Gruppe von 10 bis 15 langen, hakenförmigen Klauen; die längsten dieser Klauen sind distal fein gezähnt. Es hat sich also wieder ganz der Nachschiebertypus der aquatischen Orthocladiinenlarven ausgebildet.

Das Beispiel der *Pseudosmittia ruttneri* ist nicht nur eine „Probe aufs Exempel" für unsere Auffassung bestimmter Larvenorgane als Anpassung an die terrestrische Lebensweise. Es zeigt außerdem, daß das sogenannte DOLLOsche Gesetz von der „Nicht-Umkehrbarkeit" der Entwicklung doch Ausnahmen besitzt. In meiner Arbeit „Die Chironomidengattung *Pseudosmittia* und das DOLLOsche Gesetz" (1943 b) bin ich näher hierauf eingegangen.

2. Terrestrische Ceratopogoniden

Leider sind die terrestrischen Ceratopogoniden bisher nicht so gründlich durchgearbeitet wie die terrestrischen Orthocladiinen. Das reiche Material, das STRENZKE und ich gesammelt hatten, ist zum großen Teil durch Kriegseinwirkung verlorengegangen.

Bei den Ceratopogoniden ist das Verhältnis Wasser—Land ein prinzipiell anderes als bei den Chironomiden. Während bei den Chironomiden ohne Zweifel das Leben im Süßwasser das Ursprüngliche ist, und nur eine Anzahl Orthocladiinen sekundär das Land besiedelt haben, sind die Ceratopogonidae genuinae sicher primär Bewohner terrestrischer Biotope, nur Arten einzelner Gattungen dieser Unterfamilie *(Atrichopogon, Kempia)* sind sekundär mehr oder weniger ausgeprägte Wassertiere geworden. Andrerseits sind die Ceratopogonidae intermediae (Gattung *Dasyhelea)* ebenso wie die Ceratopogonidae vermiformes ursprünglich aquatisch; eine Anzahl Arten ist sekundär ins Feuchte und fast Trockene eingewandert. Interessant ist im Zusammenhang damit die Verschiedenheit der Larvenform der drei Subfamilien. Bei Gelegenheit der Beschreibung der Metamorphose von *Ceratopogon* — jetzt *Atrichopogon* — *Mülleri* K. schreibt G. W. MÜLLER (1905, S. 228): „Jedem, der sich mit der Fauna unserer süßen Gewässer beschäftigt, ist wohl einmal die Larve von *Ceratopogon bicolor*[37] begegnet — ein langes, schlankes, wurmartiges Gebilde,

[37] Jetzt *Bezzia bicolor* MG.

das man viel eher als Ringelwurm oder als Nematoden ansprechen möchte, denn als Fliegenlarve. Mit dieser unserer häufigsten oder wenigstens am leichtesten zugänglichen Form hat die hier beschriebene ungefähr so viel Ähnlichkeit wie eine Schlange mit einer Schildkröte, und man wird kaum an die Möglichkeit glauben, daß man es hier mit zwei nahe verwandten Arten, Vertretern einer Gattung, zu tun hat.

KIEFFER hat auch die Gattung *Ceratopogon* MEIG. in verschiedene Gattungen aufgelöst, wobei *C. bicolor* in die Gattung *Bezzia* KIEFF. kommt, während die hier beschriebene in der Gattung *Ceratopogon* verbleibt, so daß also der Verschiedenheit der Larve durch Einordnung in verschiedene Gattungen Rechnung getragen wird."

In Abb. 157 sind die verschiedenen Typen der Ceratopogonidenlarven dargestellt. Die Ceratopogonidae genuinae (a—c) haben sämtlich am 1. Abdominalsegment ventral einen retraktilen Fußstummel, der am Ende meist gespalten ist und eine Anzahl Haken trägt, das letzte Segment besitzt ventral einen Nachschieber, der zwei Reihen von gekrümmten Haken trägt. Dieses Segment ist ventralwärts umgebogen. Bei den typisch terrestrischen Larven (Gattung *Forcipomyia)* ist der Kopf meist senkrecht zur Körperachse ventralwärts gerichtet, die Abdominalsegmente sind rund, die Strikturen tief. Die Abdominalsegmente tragen stets eine große Zahl charakteristischer Borsten, die zum Teil eine Lanzettspitze tragen (Abb. 157 a), oder distal kolbig verdickt sind, zum Teil glatt, einfach, oder mit vielen sekundären Spitzchen besetzt sind. Bei den aquatischen oder halbaquatischen *Atrichopogon*-Larven (Abb. 157 c) fällt die Stirnpartie des Kopfes steil ab, die — abgeplatteten — Abdominalsegmente sind lateral in stumpfe, borstentragende Fortsätze ausgezogen, dorsal tragen sie vielfach beborstete, morgenstern- oder geweihähnliche oder auch unbedornte Fortsätze. Die oft echt aquatischen *Kempia*-Larven (Abb. 157 b) tragen an den drehrunden Abdominalsegmenten dorsolateral lange Fortsätze, an ihrer Basis je ein kurzer, unregelmäßig bedornter Fortsatz. Bei den in tropischen Phytotelmen aquatisch lebenden *Apelma*-Larven (Abb. 258, S. 549) ist der Körper schon fast wurmförmig, wie bei den beiden anderen Subfamilien, der Kopf steht in der Längsachse des Körpers, die Beborstung der Abdominalsegmente ist weniger stark, aber noch recht charakteristisch (Abb. 258 b, S. 549). Das Praeanalsegment trägt dorsal ein Paar sehr starke, lange Borsten (Abb. 258 b, 11, S. 549). Bei den Ceratopogonidae intermediae und vermiformes fehlen vordere Fußstummel vollständig, so daß, da auch der Kopf stets in Richtung der Körperachse liegt und die Beborstung der Abdominalsegmente sehr schwach ist, die Larve fast *(Dasyhelea)* oder ganz (Vermiformes) Wurmform besitzt. Bei den Intermediae (Abb. 157 d) ist noch ein Nachschieber vorhanden mit zwei Hakengruppen; das ganze Gebilde kann vollständig in das Analsegment eingezogen werden. Bei den Vermiformes fehlt auch der Nach-

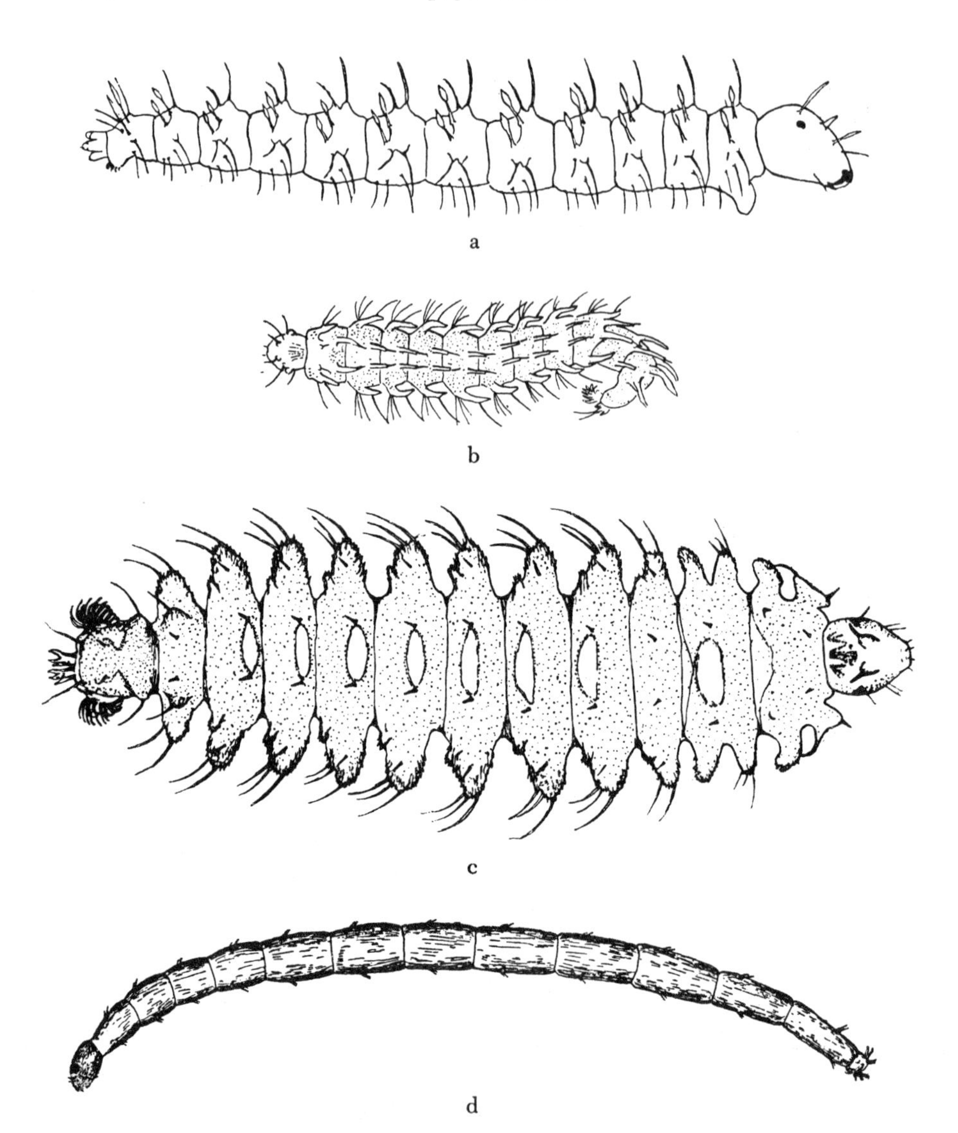

a

b

c

d

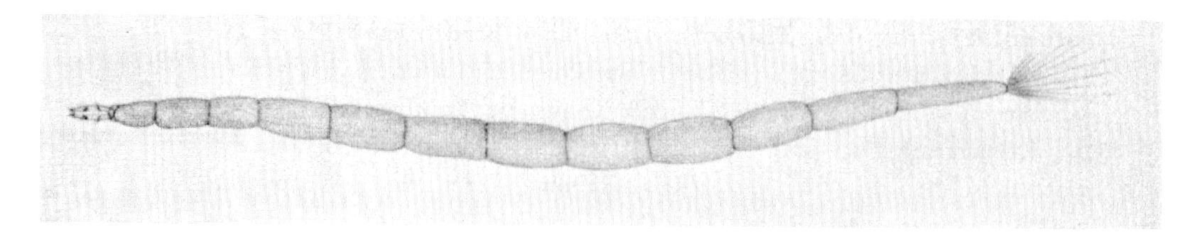

e

schieber, bei den meisten Gattungen wird der After von einem Kranz langer Borsten umgeben (Abb. 157 e), bei der Gattung *Culicoides* fehlen auch diese.[38]

Die Larven aller Ceratopogoniden — terrestrischer wie aquatischer — sind apneustisch, also auf allgemeine Hautatmung angewiesen, alle Puppen sind propneustisch, mit offenen Stigmen auf den Prothoralkalhörnern (vgl. Abb. 130, 158). Die Ernährung der Ceratopogoniden haben wir oben, auf Seite 115 ff, schon behandelt. Die Bewegung der C. genuinae erfolgt mit Hilfe der vorderen Fußstummel und Nachschieber. Die der C. intermediae ist ein langsames Winden und Schlängeln, die C. vermiformes können durch rasches Schlängeln sogar gut schwimmen. Gehen diese beiden Gruppen zu terrestrischem Leben über, so sind dank ihrer wurmförmigen Gestalt besondere Anpassungen an ihren neuen Lebensraum nicht erforderlich. Ebenso gibt Körperform und Organbau den C. genuinae die Möglichkeit, ohne besondere Umbildung terrestrisch, im Feuchten oder direkt aquatisch zu leben.

Mayer machte (1934, S. 266—277) den ersten Versuch, die Ceratopogoniden in ein „ökologisches System" einzuordnen. Er verteilt sie auf 3 Faunengebiete der Land-, Wasser- und Grenzfauna. Den Begriff „Grenzfauna" oder „Fauna liminaria" hatte zuerst Feuerborn (1923) aufgestellt: „Unter ‚Grenzfauna' (bzw. -flora) möchte ich die tierischen (bzw. pflanzlichen) Organismen zusammenfassen, die d a u e r n d gebunden sind

einerseits: an Wasser, wenn auch nur in Spuren (d. h. keine lufttrockene Umgebung vertragen);

anderseits: an Luft oder Land (mag dies durch ihre Atmungsweise oder Nahrung bedingt sein), deren Leben sich also an der Oberfläche oder Grenze des Wassers oder im ausgesprochen Feuchten abspielt."

Was Land- und Grenzfauna anlangt, so kommt Mayer zu folgender Gruppierung — wir arbeiten hier Strenzkes Feststellungen ein.

A. L a n d f a u n a:

1. B a u m r i n d e. „Der Feuchtigkeitsgehalt der Rinde lebender Bäume entspricht ungefähr demjenigen der umgebenden Luft. Bei Regenfall ist ein

[38] Mayer hat (1934, S. 255—257) für die Gattung *Leptoconops* (Honduras) noch eine vierte „Sectio", Ceratopogonidae musciformes, aufgestellt (Mundwerkzeuge rudimentär, Kopfkapsel fehlend, ohne Nachschieberhaken und Borsten). Wir können diese noch allzu wenig bekannte Gruppe hier nicht weiter berücksichtigen.

Abb. 157. Verschiedene Typen von Ceratopogonidenlarven. Ceratopogonidae genuinae: a) *Forcipomyia subtilis,* b) *Kempia fusca,* c) *Atrichopogon Mülleri* (vgl. auch Abb. 258 *Apelma comis);* Ceratopogonidae intermediae: d) *Dasyhelea versicolor;* Ceratopogonidae vermiformes: e) *Bezzia solstitialis.* [Aus Lenz 1933, 1934 und Meinert 1886.]

Ablauf des Regenwassers in Form von kleinen Rinnsalen immer an ganz bestimmten Stellen zu beobachten, was auf die Struktur der Rinde zurückzuführen ist. Die Rinnsale spülen von den Unebenheiten der Rinde angewehte Humus- und Holzpartikelchen ab, die sich dann in tieferen Rissen, in denen das Wasser gestaut wird, ablagern. Diese zersetzen sich nach Abfluß und Verdunstung des Wassers zu Mydopel oder Moderschlamm. Es

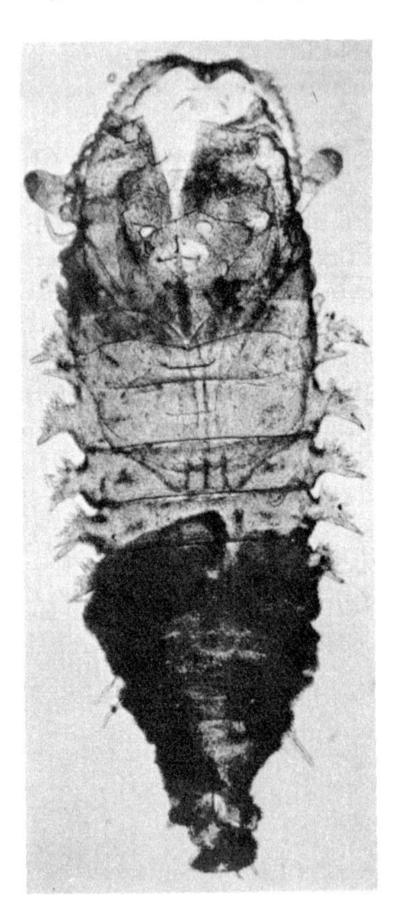

Abb. 158. Puppe von *Atrichopogon Mülleri.* Das Hinterende der Puppe steckt wie stets bei den Ceratopogonidae genuinae in der Larvenhaut. [phot. W. STEMPELL.]

sind dies allerdings nur geringe Mengen, die bald wieder austrocknen. Die Larven findet man fast immer an diesen Mydopelablagerungen unter der sonst ganz reinen Rinde von Laub- und Nadelbäumen. Bei Regenfällen fand ich sie dicht gedrängt in den Rinnsalen" (MAYER, S. 267). Die Puppen liegen unter der Baumrinde mit Vorliebe „sternartig", die Köpfe in der Mitte einander genähert, die Hinterenden radial nach außen weisend. MAYER nennt für diesen Biotop nur eine — mydobionte — Art: *Forcipomyia picea* WINN. (*latipalpis* K., *corticicola* K., ? *laboulbeni* PERRIS). Wir müssen aber meiner Meinung nach auch die folgenden, unter Baumrinden lebenden Arten hierher stellen: *Forcipomyia bipunctata* L. (*trichoptera* MG., *laguncula* K.), *corticis* K., *geniculata* GUÉRIN, *regulus* WINN., *nigra* WINN., *Atrichopogon* sp. (vgl. LASSERRE 1947, S. 16) sowie in Kalifornien (WIRTH 1952, S. 244) *Forcipomyia cinctipes* (COQ.), *F. texana simulata* WALLEY und *F. texana texana* (LONG).

1 a. Einen Übergang zur Grenzfauna bildet das Euedaphon (S. 198), die Tierwelt tieferer Bodenschichten. Hier finden sich von Ceratopogoniden nur Larven der Gattung *Culicoides*, z. B. *C. obsoletus* MG. MAYER hat diesen Biotop nicht erwähnt.

B. Grenzfauna:

2. Ameisennester. In den Abfallhaufen von Ameisennestern leben in Europa *Forcipomyia braueri* WINN., *formicaria* K., *myrmecophila* EGG.; in Amerika *F. stenammatis*, *F. wheeleri*.

3. Moderndes Laub und Holz, Humus. „Pflanzenmaterial mit geringem Feuchtigkeitsgehalt, wie Holz und Laub, bei denen die toten Zellen luftgefüllt sind, bilden als Zerfallsprodukt Mydopel. Der Zerfall dieser Pflanzenreste wird in feuchter Atmosphäre beschleunigt. In diesen Pflanzenresten und ihren Zerfallsprodukten finden wir nun auf feuchtem Waldboden oder in der Nähe von Gewässern eine große Menge von verschiedenen Spezies, die erkennen läßt, daß dies wohl der bevorzugte Biotop dieser Fauna ist“ (MAYER, S. 267). Das ist das hygrophile und mesophile Hemiedaphon (vgl. S. 197). In dem folgenden Verzeichnis der Ceratopogoniden dieser Lebensstätte sind außer MAYERS Angaben auch die Funde STRENZKE's aus Holstein und Lunz aufgenommen (STRENZKE's *Pseudorthocladius curtistylus*- und *Pseudosmittia holsata-virgo*-Synusien):[39]

C. genuinae: *Forcipomyia aquatica* K., *erronea* SPEISER, *nigra* WINN., *pallida* WINN., *phlebotomoides* BANG., *regulus* WINN., *thienemanni* K., *turficola* K., *lucorum* MG. (*sylvaticus* WINN., ? *transversalis* K.), *rostratus* WINN. (*putredinis* K.), *fossicola* K., *Kempia haesitans* K. sowie in Kalifornien (WIRTH 1952, S. 244) *Leptoconops torrens* (TOWNS.), *Forcipomyia bipunctata* (L.), *F. texana texana* (LONG), *F. brevipennis* (MACQ), *Atrichopogon levis* COQ.

C. intermediae: *Dasyhelea flaviventris* GOETGH., *flavoscutellata* ZETT. (*egens* WINN., *flaviscapula* K., *halobia* K., ? *alonensis* K., ? *heracleae* K.), *modesta* WINN., *obscura* WINN., *versicolor* WINN. (*Goetghebueri* K., *brevitibialis* GOETGH., *hippocastani* MIK., ? *flavifrons* GUÉRIN).

C. vermiformes: *Culicoides fascipennis* STAEG. (*distictus* K., *turfi-*

[39] In USA lebt an solchen Stellen z. B. *Atrichopogon levis* COQ. (BOESEL and SNYDER 1944).

cola K., *dileucus* K., ? *pallidicornis* K.), *impunctatus* GOETGH., *minutissimus* ZETT. (*pumilus* WINN.), *obsoletus* MG. (*varius* WINN., *concitus* K., *rivicola* K., *sanguineus* [COQ.] EDW.), *pictipennis* STAEG. (*guttularis* K.), *pulicaris* L. (*punctata* EAT., *pullatus* K., *biclavatus* K., ? *flavipluma* K., ? *cinerellus* K., *stephensi* CART.) [aus Amerika noch *furens, stellifer*]. — *Helea sociabilis* STGR. (*lacteipennis* WINN. nec. ZETT.). — *Monohelea calcarata* GOETGH. — *Stilobezzia gracilis* HAL. (*dorsalis* ZETT.). — *Serromyia femorata* MG. (? *ledicola* K.), *morio* FABR. — *Palpomyia distincta* HAL., *erythrocephala* STAEG., *flavipes* MG. (*hortulanus* MG.), *lineata* MG. (*octasema* K.), *nemorivaga* GOETGH. (? *brachialis* HAL.), *nigripes* MG., *serripes* MG. (*tarsatus* ZETT., *ruficeps* K.). — *Bezzia albipes* WINN. (? *fusciclava* K.), *annulipes* MG. (*media* K., *solstitialis* GOETGH. nec. WINN., *fossicola* K.), *curtiforceps* GOETGH., *pygmaea* GOETGH., *spinifera* GOETGH.

MAYER hat von den C. vermiformes hier nur einige *Culicoides*-Arten verzeichnet, die übrigen Gattungen fehlen hier bei ihm und treten erst in seinen Listen aquatischer Formen auf. STRENZKE zieht zu seinem Hemiedaphon also auch nässere Biotope als MAYER. Es ist natürlich schwer und willkürlich, wo man die Grenze der Fauna liminaria und aquatica ziehen will; sie ist keine Linie, sondern ein recht breiter Streifen!

4. Kot. Die Orthocladiinen der Düngerstätten (Euedaphon mit besonderem Chemismus) haben wir oben, Seite 198, schon behandelt. MAYER (S. 268) schreibt in bezug auf die Ceratopogoniden: „Frischer Kot hat meist einen saprogenen, länger im Freien liegender ‚verrotteter' Kot einen mydogenen Charakter. Es finden sich daher hier Formen, die in beiden Biotopen vorkommen. Bisher sind Larven aus Kuhdung, Pferdemist und menschlichen Exkrementen bekannt. In der Literatur findet sich auch gelegentlich die Bezeichnung ‚Ackermist', der wohl zu den oben genannten Exkrementen gehört. Die Larven leben meist auf der Unterseite der Kotballen. Die Eiablage findet sicher auf der Oberseite des frischen Kotes statt." Es leben an solchen Biotopen von den C. genuinae die folgenden *Forcipomyia*-Arten:[40] *bipunctata* L., *brevipennis* MACQ. (*lateralis* BOUCHÉ), *coprophila* K., *picea* WINN., *squamaticrus* K. (in Amerika *brevipennis, brumalis*); von den C. intermediae: in England *Culicoides chiopterus* und *C. pseudochiopterus*, in Amerika *Dasyhelea* ? *grisea, mutabilis*.

5. Faulende Früchte, Kräuter, Pilze. „Der Wassergehalt dieser Pflanzenreste ist sehr groß, außerdem ist die Wirkung atmosphärischer Luft bei der Zersetzung sehr gering, so daß hier Sapropelbildung vorliegt. Starke Sapropelbildung findet sich bei Früchten und Wurzeln, die im Erdreich von der Luft abgeschlossen sind, geringere bei faulenden Kräutern und Gräsern.

[40] Vgl. auch FRANZ 1950, S. 58, 59.

C. g e n u i n a e: *Forcipomyia allocera* K. (*heterocera* K.), *bipunctata* L., *brevipedicellata* K. (*geniculata* DUFOUR nec. GUÉRIN), *brevipennis* MACQ., *ciliata* WINN. (*boleti* K.), *picea* WINN., *perrisi* K., *radicicola* EDW. (? *antrijovis* K.), *pallida* WINN. (LASSERRE 1947, S. 17).

C. I n t e r m e d i a e: *Dasyhelea obscura* WINN. (in den Tropen *Dasyhelea* und *Culicoides*)" (MAYER, S. 268).

C. v e r m i f o r m e s : *Serromyia scirpi* K.

6. B a u m f l u ß. „Dieser Biotop unterscheidet sich von den anderen durch seinen besonderen Chemismus. Nach WILSON (1926) enthält das Exudat sehr viel Zucker, wahrscheinlich Saccharose und Glucose oder Lävulose, der durch Hefepilze in Kohlensäure und Alkohol gespalten wird. WILSON unterscheidet nach der Farbe weißen, braunen, roten und schwarzen Baumfluß, wobei der weiße mit einem pH von 4,5 der sauerste ist. Er gibt an, daß Dipteren durch positiven Chemotropismus angelockt werden, oder aber die Formen sich hier wiederfinden, die gewöhnlich unter der Rinde gefunden werden. Von diesen Baumflüssen unterscheidet sich wesentlich der Harzfluß der Koniferen schon infolge seiner Konsistenz. Da aber hierüber noch zuwenig bekannt ist, ordne ich ihn den Baumflüssen bei" (MAYER, S. 268, 269).

C. g e n u i n a e: *Forcipomyia pulchrithorax* EDW. (Baumfluß von Eschen, Kastanien, Ulmen); *resinicola* H. (im Harz von *Pinus silvestris*). KIEFFER (1901, S. 217) schildert die Lebensweise so: „Die weißlichen Larven dieser Art befanden sich in einer dicken, durchlöcherten, an der Außenseite schwärzlichen Harzschicht, die einen Stamm von *Pinus silvestris* auf einer Länge von mehreren Dezimetern bedeckte. Sie lebten gemeinschaftlich im flüssigen Harz, welches die inneren Wände der Aushöhlungen dieser Harzklumpen überzog. Zur Verpuppung begaben sie sich in die Gänge, welche diese Hohlräume in Verbindung mit der äußeren Luft setzten." Im Baumfluß eines Urwaldbaumes bei Tjibodas (Westjava) fand ich die Larven von *Forcipomyia mira* JOH. (LENZ 1933, S. 203).

C. i n t e r m e d i a e: *Dasyhelea dufouri* LAB. in Ulmenfluß. *D. versicolor* WINN. Fluß von Ulmen, Pappeln, Kastanien, Buchen. *D. obscura* WINN. Fluß von Eichen, Kastanien, Ulmen, Weißbuchen.

C. v e r m i f o r m e s: in Amerika *Culicoides stellifer* in Baumfluß.

In sehr instruktiven Kurven (Abb. 159) hat MAYER (S. 278) die zahlenmäßige Verteilung der Spezies der verschiedenen Gattungen auf die einzelnen Biotoptypen dargestellt. Die Zahlen auf der Abszissenachse entsprechen den Biotopen. 1 bis 6 sind die Biotope der Land- und Grenzfauna, 7 bis 13 ist normales Süßwasser (7 = Phytotelmen, 8 = Rockpools), 15 bis 17 ist Salzwasser. Man sieht, daß *Forcipomyia* (Abb. 159 a) auf das Land und die Grenzbiotope beschränkt ist und nur ganz schwach auf (tropische) Phytotelmen übergreift. *Dasyhelea* (Abb. 159 b) hat Maxima in der Fauna liminaria, in den Phytotelmen und im Salzwasser. *Culicoides* ist in der Fauna liminaria (vor allem Euedaphon) vertreten, ferner in den normal limnischen Biotopen, erreicht ein Artenmaximum im Salzwasser. Die *Bezzia*-Gruppe aber ist fast ausschließlich auf das normale Süßwasser beschränkt, wenigstens nach MAYERS Gruppierung der Arten. Fassen wir die „Grenzfauna" weiter (vgl. S. 216), so würde auch für Biotop 3 eine hohe Artenzahl verzeichnet werden müssen.

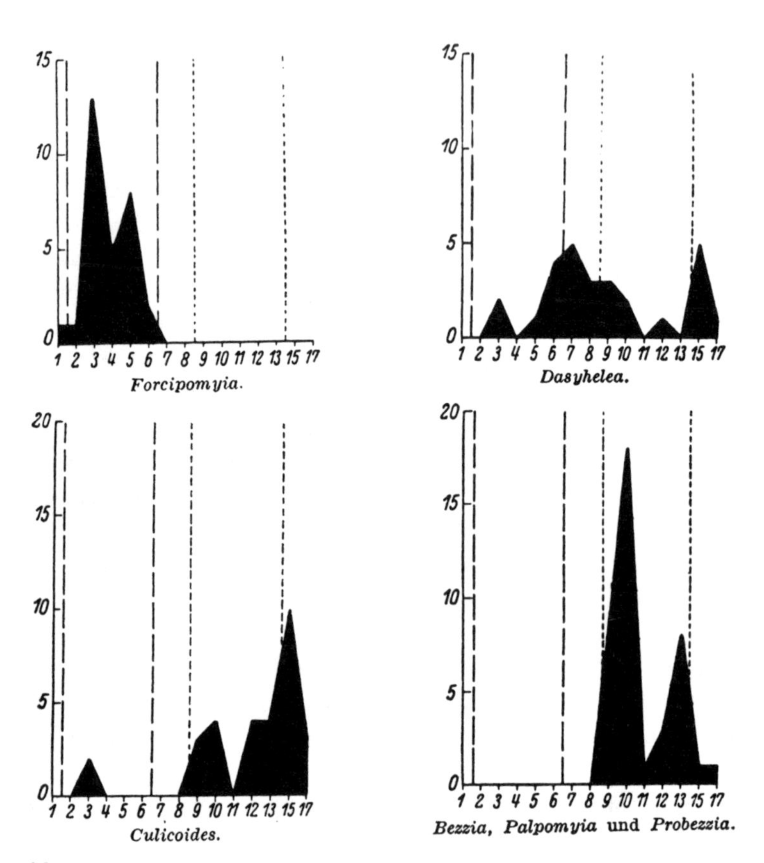

Abb. 159. Zahl der Ceratopogonidenspezies je Biotop. [Aus MAYER 1934.]

V. Der Lebensablauf der Chironomiden

Eiablage, Embryonalentwicklung, Larvenleben, Puppenleben, Ausschlüpfen der Puppen, Schwärmen und Kopulation der Imagines, Eiablage, Tod der Imago: das sind die verschiedenen Etappen im Lebensablauf (Individualzyklus) einer Chironomidenart.

A. Der Laich der Chironomiden und seine Ablage

Die erste Angabe über Chironomidenlaich und seine erste bildliche Darstellung findet sich in W. DERHAMS „Physiko-Theology" 1713. In Anmerkung 17 zu Book VIII Chap. VI („Insects Care of their Young") heißt es auf Seite 384 bis 385 (Ausgabe von 1716): „Das erste, was bei der Fortpflanzung dieser Mücken erwähnenswert ist, ist der im Verhältnis zu der geringen Größe des Tieres ungeheuer große L a i c h ... er schwimmt im Wasser und ist befestigt an irgendeinem Stock oder Stein oder sonst einem im Wasser befindlichen festen Gegenstand durch einen feinen Faden oder Strang. In diesem gelatinösen, durchsichtigen Laich sind die Eier zierlich gelagert; in einzelnen Laichmassen in einer einzelnen, in anderen in einer doppelten Spirale, die sich von einem zum anderen Ende hinzieht, wie in Figur 9 und 10; in anderen quer, wie in Figur 8." Wir geben DERHAMS Figuren in Abb. 160 wieder; Figur 9 und 10 sind sicher *Chironomus*-Laichschnüre, Figur 8 wohl ein Tanypinenlaich.

Über 100 Jahre später, 1823, beschrieb FRIES (S. 3) die Eiablage einer Tanypodine *(Psectrotanypus varius* FABR.):

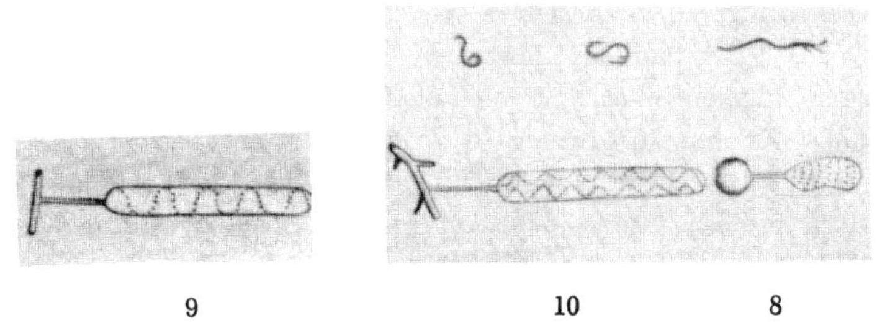

9 10 8

Abb. 160. Erste Abbildung von Chironomiden-Laichmassen.
Fig. 9 und 10 *Chironomus* sp., Fig. 8 Tanypodine.
[Aus DERHAMS Physico-Theology 1713.]

„Die scilicet 20. April anni praeterlapsi femina hujus speciei gravida ad stagnum prope Lundam diu supra aquam circumvolans mihi visa est. Tandem in folio fluitanti graminis considens ova ibi deposuit, eademque lateri folii apte affigit ... Ovatione vero peracta sine omni cura repente avolavit, mihi scrutanti ova relinquens. Haec ova primum concatenata fuere, deinde collecta in globulum gelatinosum et pellucidum ..., in quo ovula tamquam puncta opaca perspiciebantur. Observare quoque licuit, ova forma esse oblonga ... nec lagenaeformia ut Culicum, quibus praetera id proprium est, ut e feminis ope pedum posticorum in formam quasi cymbae conglutinentur ..."[41]

[41] „Am 20. April des vergangenen Jahres sah ich, wie ein schwangeres Weibchen dieser Art an einem Teiche nahe Lund lange über der Wasseroberfläche herumflog. Endlich setzte es sich auf ein flutendes Grasblatt, legte dort seine Eier ab und befestigte sie an der Seite des Blattes ... Nach vollzogener Eiablage flog es sorglos rasch davon und hinterließ mir die Eier zur Beobachtung. Diese Eier waren zuerst kettenförmig, dann in einer gelatinösen und durchsichtigen Kugel vereinigt; ... die Eier erschienen als undurchsichtige Punkte. Ich konnte auch beobachten, daß die Eier länglich, nicht flaschenförmig waren wie bei den Stechmücken, für die es außerdem charakteristisch ist, daß sie von den Weibchen mit Hilfe ihrer Hinterfüße in Kahnform zusammengeklebt werden."

Und wiederum nach fast 100 Jahren, 1920, faßte G. Munsterhjelm in seiner schwedisch geschriebenen Dissertation über Eiablage und Laich der Chironomiden alles bis dahin Bekannte und seine eigenen, gründlichen und sorgfältigen Untersuchungen zusammen. Wir schließen uns im folgenden eng an Munsterhjelm an und ergänzen seine Arbeit durch neuere Beobachtungen.

Nach der Kopulation kann die Eiablage unmittelbar erfolgen, doch kann auch eine Verzögerung der Eiablage um Stunden, ja Tage eintreten, wenn das Wetter stürmisch oder sonst irgendwie ungünstig ist. Im allgemeinen findet die Eiablage in der Dämmerung und Nacht statt. Über seine diesbezüglichen Beobachtungen in Finnland schreibt Munsterhjelm (S. 11): „Ende Juni und Anfang Juli beginnt die Eiablage der Chironomiden in Südfinnland, wenn das Wetter günstig ist, schon 8 Uhr abends. Die Zahl der laichenden Weibchen wächst ständig gegen Sonnenuntergang und ist dann groß bis über Mitternacht. Eine Verminderung scheint mir gegen die kühle Sonnenaufgangszeit zu bestehen. Einzelne verspätete Weibchen laichen noch 5 bis 6 Uhr morgens. Mitte August vollzieht sich das Laichgeschäft 1 bis 1½ Stunden früher.“ Wo man die Larven antrifft, da laichen auch die Imagines. Die terrestrischen Arten im Feuchten, an Pflanzen, an moderndem Holz, Pilzen, Dung usw., die aquatischen an den Ufern ihrer Wohngewässer, an Pflanzenteilen oder Steinen, die aus dem Wasser herausragen, an Pfählen, die im Wasser stehen, Bojen usw. Bei den Chironomiden unserer Seen aber kommt auch eine pelagische Laichablage vor. Wesenberg-Lund hat sie zuerst (1913, S. 268, 269) beschrieben:

„Liegt man in einem Boot eine Sommernacht auf dem Furesee, so sieht man aus dem Dunkel bald hier bald da große schwere Mücken gegen das Boot steuern. Sie halten sich im Fluge alle ganz vertikal und dem Wasserspiegel sehr nahe; an der Spitze des Abdomens haben sie alle eine schwarze Kugel; in dem Netze gefangen, wird diese immer abgeworfen. Sobald die Kugel ins Wasser gebracht wird, schwillt sie zu einem wurstähnlichen, etwa 3 cm langen und ½ cm dicken Strang an. In diesem liegen die Eier in schöner ringförmiger Anordnung, 20 bis 40 Ringe in einem Strang. Diese Mücken sind Chironomiden, die ihre Eier ganz pelagisch abgeben. Sie setzen sich auf die Oberfläche des Wassers, wo die Kugel abgelöst wird. Sie rühren wahrscheinlich von den größten Tiefen unserer Seen her.“

Über die Laichablage der Hauptform unserer baltischen Seen, von *Chironomus anthracinus* Zett. (= *liebeli-bathophilus* K.), konnte ich am 10. Mai 1918 auf dem holsteinischen Dieksee Beobachtungen anstellen (1922, S. 615):

„Da flogen am Vormittag (Lufttemperatur 9^{h} a. m. 9,2°, Wasseroberfläche 8,2°) bei leichtem, warmem Frühlingsregen Mengen Männchen und Weibchen über dem See. Viele Weibchen tragen je eine Eikugel von 1 bis 1,5 mm Durchmesser am Hinterleibsende; der Hinterleib wird dann beim Fliegen nicht waagrecht getragen, sondern ist nach unten gebogen. Oft sind auch die Tibio-Tarsalgelenke der Hinterbeine an der Eikugel festgeklebt. Die Weibchen setzen sich auf die Seeoberfläche und lassen hier ihre Last fallen. Bringt man in der Luft gefangene Weibchen in ein Glas mit Wasser, so fällt sofort die Kugel ins Wasser; sie sinkt zu Boden und quillt dabei zu einer langen, typischen *Chironomus*-Laichschnur, wie sie schon oft abgebildet worden ist, auf. Die Laichablage ist also eine pelagische; die Laichmassen sinken auf den Seegrund. Hier schlüpfen nach knapp einer Woche die 1,5 mm langen Larven aus.“

Die zweite Tiefenchironomide unserer Seen ist *Chironomus plumosus* (L.):

„Beobachtungen über Schwärmen und Laichablage konnte ich vom 8. bis 12. September 1921 am Großen Plöner See machen. Abends, kurz vor Sonnenuntergang, flogen da große *Plumosus*-Schwärme an der sogenannten Prinzeninsel hoch — wohl 30 m hoch — über den höchsten Bäumen. Auch in der freien Luft zwischen

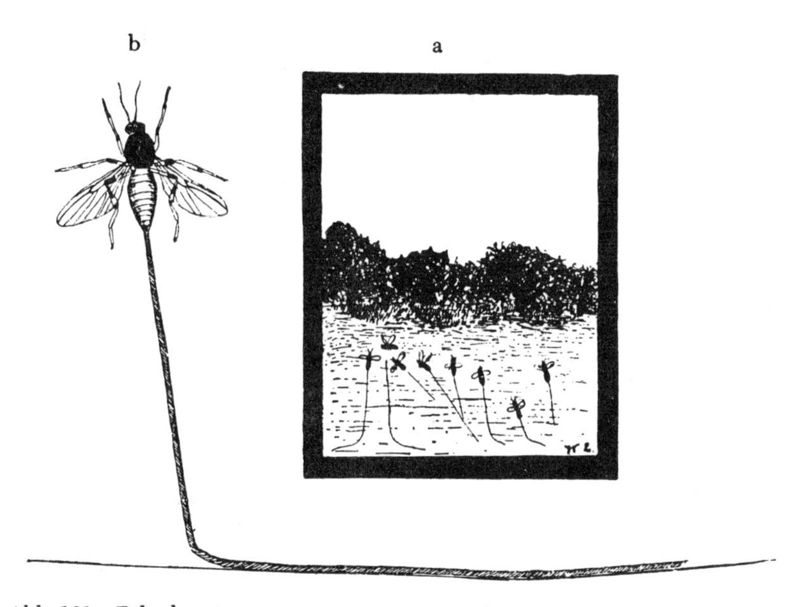

Abb. 161. *Dikrobezzia venusta* var. *concinna.* a) Beim Flug über dem Wasserspiegel während des Abwerfens der Laichschnüre, b) stößt während des Fluges die Laichschnur aus, die zum Teil auf dem Wasser liegt. [Aus WESENBERG-LUND 1943.]

den Bäumen wogen und wallen die Schwärme hin und her. Wo es windig ist, sind alle Imagines gegen den Wind gestellt, im Windschutz fliegen sie unregelmäßig, aber lebhaft und schnell durcheinander. Die Luft ist von einem Summen erfüllt, wie wenn ein Bienenschwarm in einer Linde steht. Kopula konnte nicht beobachtet werden. Sobald die Dämmerung beginnt (am 9. IX. 7.20^{h} p. m.) hört Schwärmen und Summen auf. Wenn man dann im Boot nahe dem Ufer liegt, ist das Boot plötzlich von den laichenden Weibchen umschwärmt. Die Weibchen tragen den Hinterleib halbkreisförmig nach unten und vorn umgebogen; an der Abdominalspitze hängt, auch an die Hinterbeine geklebt, die 2 bis 3 mm große Laichkugel, die sie ins Wasser fallen lassen. Da sinkt sie sofort unter und quillt zur typischen, allerdings meist etwas unregelmäßigen Schnur auf. Sobald es ganz dunkel wird (gegen 8 Uhr) sieht man keine Weibchen mehr. In der Zuchtschale schlüpfen nach 3 Tagen die jungen Larven aus. Auch *Plumosus* laicht also in unseren Seen pelagisch.“

Auch bei aquatischen Ceratopogoniden kommt eine Laichablage über der freien Wasserfläche vor. Zuerst hat sie JOHANNSEN (1905, S. 107—108; auch zitiert bei RIETH, S. 393—394) für die nordamerikanischen *Johannseniella argentata* (= *Sphaeromias argentatus* LOEW.) gegeben. Für die Laichablage der nahe verwandten *Dikrobezzia venusta* var. *concinna* MG. liegt eine schöne Schilderung WESENBERG-LUNDS (1943, S. 493) vor. Wir geben sie, wie auch die zugehörigen Abbildungen (Abb. 161 a, b), hier wieder:

„Bei Sonnenuntergang sieht man oft nahe am Ufer (z. B. am Esromsee), gewöhnlich nicht mehr als 1 bis 2 m über dem Wasserspiegel, zahlreiche winzig kleine Mücken mit glashellen Flügeln langsam hin- und herschweben. Alle wenden dabei die Köpfe landwärts; von der Spitze ihres Abdomens hängt ein außerordentlich feiner, etwa 3 bis 4 cm langer Faden herab. Bei genauer Beobachtung sieht

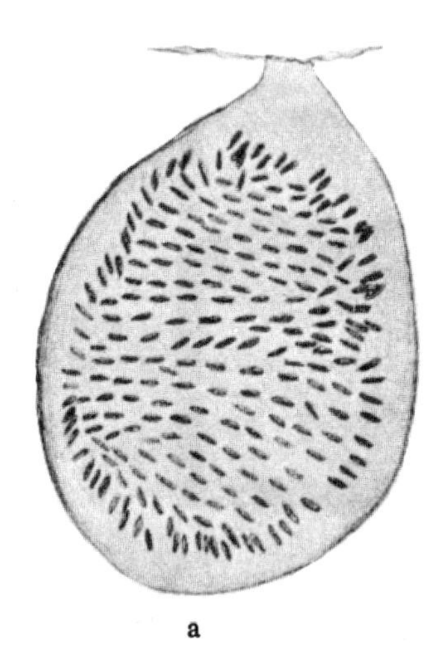

a

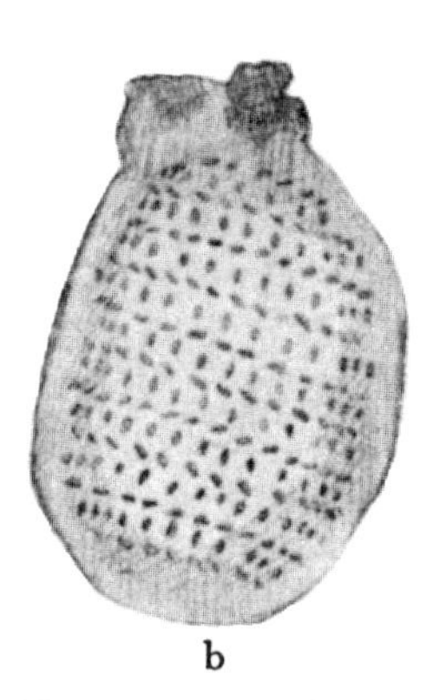

b

Abb. 162. Tanypodinenlaich. a) unbekannte Art, b) *Psectrotanypus varius*. [Aus THIENEMANN-ZAVŘEL 1916.]

man, daß der Faden allmählich immer länger wird; sobald der Faden die Oberfläche berührt, klebt er fest, liegt einen Augenblick im rechten Winkel und reißt dann ab, während die Mücke davonfliegt. Der Faden liegt nun ausgestreckt auf der Oberfläche; nimmt man ihn auf, so sieht man, daß er aus Hunderten von schrägstehenden, langen, schmalen Eiern besteht. Zuweilen wirft die Mücke auch die Eierschnur in der Luft ab; sinkend schwebt sie außerordentlich langsam auf die Wellen herunter. Ich habe diesen Vorgang sowohl am Esromsee wie am Frederiksborg-Schloßteich oft beobachtet.“

Auch an den Plöner Seen kann man die gleiche Beobachtung machen. Auch hier handelt es sich um *Dikrobezzia venusta concinna.*

MUNSTERHJELM nennt (S. 24) eine ganze Anzahl Chironomidenarten, bei denen er eine Eiablage während des Fluges beobachtet hat. Häufiger als „pelagisch“ während des Fluges findet die Laichablage statt, indem die Weibchen auf der Wasseroberfläche oder an hervorragenden Halmen und anderen Pflanzenteilen, an Pfählen, Steinen, Mauerwerk und dergleichen dicht über dem Wasserspiegel sitzen. So laichen u. a. die *Chironomus* der *thummi*-Verwandtschaft, von denen dann meist die Laichschnüre an Steinen, Zweigen, Holzwerk in der Wasserlinie befestigt werden. Doch legen die auf der Wasseroberfläche sitzenden Weibchen die Laichmassen oft auch frei ins Wasser ab. In Bächen heften die Orthocladiinen ihre Laichschnüre an Steinen fest. Die Tanypodinen heften ihre Laichkugeln mit einem Stielchen (Abb. 162) an Steinen und dergleichen im Seenlitoral an. Von diesen schreibt WESENBERG-LUND (1943, S. 506): „In einigen unserer Seen sind die Ufersteine oft von zahllosen, wenige Millimeter breiten, gestielten Gallertkugeln bedeckt, von denen häufig mehrere Hunderte auf einem Stein sitzen. Die Kügelchen werden von den Wellen unaufhörlich hin und her bewegt. Ich

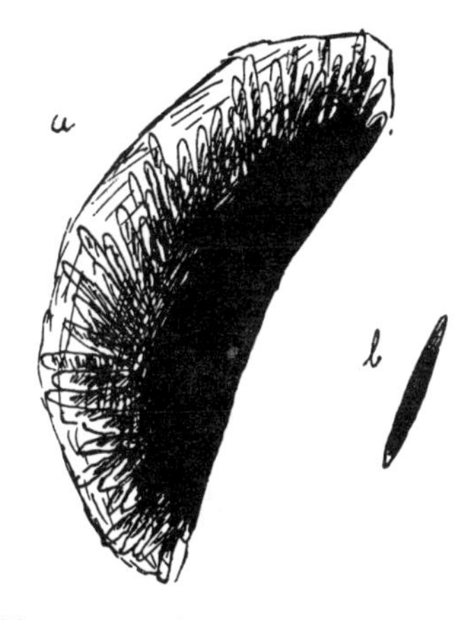

Abb. 163. Laich von *Bezzia solstitialis*.
Laichhaufen und Einzelei 10 : 1. [Aus RIETH.]

schickte seinerzeit einige von ihnen an Professor ZAVŘEL, der mir gütigst mitteilte, daß sie Eikugeln von Tanypodinen wären. Abbildungen ähnlicher Eimassen wurden sowohl von ihm (1921) als auch fast gleichzeitig von MUNSTERHJELM (1920) veröffentlicht. Die Eier stammen von *Tanypus culiciformis* MEIG. und *Procladius nervosus* MEIG.; jedes Kügelchen enthält mehrere hundert Eier, die ursprünglich strangförmig angeordnet sind. Die Gallerthülle bedeckt sich nach und nach mit Algen (Diatomeen) und Detritus“ (weitere Schilderungen bei THIENEMANN-ZAVŘEL 1916, S. 623—626). Auch aquatische Ceratopogoniden heften ihre Laichmassen an Wasserpflanzen an; Abb. 163 gibt eine Skizze des Laichs von *Bezzia solstitialis* WINN.

Eine interessante Erscheinung ist es, daß Tausende von Weibchen ihre Eier an der gleichen Stelle ablegen, so daß Riesenlaichmassen oder -klumpen entstehen. Das kann im fließenden wie stehenden Wasser vor sich gehen. So hat z. B. DINULESCO (1932) sehr hübsch beobachtet, wie die großen Laichansammlungen der Orthocladiine *Cardiocladius leoni* an den Steinen und

Felsen des Donauufers zustande kommen. Die Weibchen laichen an den fast vertikalen Uferfelsen in der Wasserlinie. Die Eier liegen in Gallertfäden, die hier festgeheftet sind und immer durch die Wellen überspült werden. Zwischen zwei Wellenbergen fliegt die Mücke das Ufer an und fixiert in dem Augenblick des niedersten Wasserstandes den Laichfaden am Uferfels; steigt das Wasser, so läßt sich die Mücke, indem sie sich mit dem Rücken auf die Wasseroberfläche wirft, mit der Welle treiben, wobei die Laichschnur völlig ausgestoßen wird. Ist der Laichakt vollendet, so dreht sie sich wieder herum und fliegt davon, wenn sie nicht, wie es meist der Fall ist, so benetzt ist, daß sie mit dem Fluß fortgerissen wird und so zugrunde geht. Der ganze Vorgang dauert etwa eine Minute. Die so abgelegten Laichmassen sind ungeheuerlich! Auf eine Länge von Hunderten von Metern ist der Uferrand der Donau und die aus dem Wasser hervorragenden Steine mit mehreren, 10 bis 15 cm breiten gallertigen, gelblichen Bändern gesäumt, die man vom Boot aus noch aus 100 bis 150 m Entfernung erkennen kann: die Laichschnüre von Millionen von *Cardiocladius*-Weibchen! Im stehenden Wasser sind es die Laichmassen von *Eucricotopus silvestris* und verwandten Arten, die oft gewaltige Dimensionen erreichen. WESENBERG-LUND (1913, S. 270) beschreibt sie: „Im Juli bis August sind die Pfähle, die Phragmitesstengel und aufragenden Steine in dem Wassersaum mit gelben, fadenähnlichen Laichmassen bedeckt. Sie werden von Tausenden, oft $^1/_3$ cm langen Fäden, die teilweise zusammengeklebt sind, gebildet. Jeder Faden ist als ein Gallertrohr anzusehen, in dessen Mitte eine Reihe von vielen Hunderten schräg liegenden Eiern sich finden. Jeder ist das Werk einer einzigen Mücke. An ruhigen Sommerabenden und Sommermorgen sieht man die Weibchen wie Wolken über solchen Stellen stehen. Nahe aneinander wie ein grauer Überzug sitzen sie auf den Steinen und Pfählen. Auf den Gallertmassen liegen den nächsten Morgen zahlreiche Leichen. Später werden die Eiermassen grau, und zuletzt, ehe die Larven ausschlüpfen, beinahe schwarz." Ähnliche Laichansammlungen von *Eucricotopus*- und *Trichocladius*-Arten sind oft beschrieben worden. Im Lunzer Mittersee (Niederösterreich) lebt in den Pflanzenbeständen *Trichocladius algarum* K. zu Zeiten in geradezu unglaublichen Massen. Ihre goldgelben Laichmassen fallen auf schwimmenden Pflanzenmassen und an der Wasserlinie von Blöcken und Baumstämmen, die im Wasser liegen, im Juni schon von weitem auf. — Über die Eiablage des marinen *Trichocladius vitripennis* MG. habe ich schon in der Zeit vom 4. bis 26. August 1912 am Sund in Hälsingborg (Südschweden) eingehende Beobachtungen angestellt (THIENEMANN in POTTHAST 1915, S. 308). An den Pfählen der Badeanstalt in Pålsjö fanden sich zwischen den Ulven viele quadratzentimetergroße, ja stellenweise dezimetergroße Gallertmassen; die Dicke der Massen beträgt einen Zentimeter und mehr. Die blaßgelben Eier (Länge 0,24—0,29 mm, Breite 0,1—0,14 mm) liegen in 0,5 mm breiten

Schnüren, die vielfach durcheinandergewunden diese Klumpen bilden. Diese Eimassen stammen natürlich nicht von einem einzigen Weibchen ab, sondern von einer großen Anzahl. An ruhigen, milden Tagen, vor allem gegen Abend, sitzen Tausende und aber Tausende von *Trichocladius*-Weibchen an den Pfählen auf den Laichklumpen dicht gedrängt nebeneinander und legen ihre Eier ab. Andere schwärmen über den Wasserspiegel in solchen Mengen, daß sie dem badenden Beobachter in Nase und Ohren gelangen. Wieder andere laufen flink über die Pfähle und wellenbespritzten Steine hin und her, anscheinend sich ein Plätzchen zur Laichablage suchend. Die von einem Weibchen abgelegte Eischnur hat eine Länge von 7 bis 8 mm. Die Laichklumpen befinden sich bei normalem Wasserstand dicht über dem Wasserspiegel und werden hier von den brandenden Wellen spritznaß gehalten; bei hohem Wasser und starkem Wellengang werden sie vollständig überspült.

Die „Pontes sociales“ von *Trichocladius algarum* K. (Edw.) haben Léger und Motaş (1928) ausführlich beschrieben und abgebildet (fig. 3, 4). Die ältere Literatur über solche Riesenlaichmassen hat Munsterhjelm (S. 29) zusammengestellt und zwei selbstbeobachtete Fälle (*Eucricotopus silvestris* [S. 39, 40] und *Dasyhelea versicolor* Winn. [S. 41]) genauer beschrieben.[42]

Daß die Imagines zur Laichablage unter Wasser gehen, ist nur von Ceratopogoniden bekannt. Munsterhjelm (S. 29) sah Weibchen von *Bezzia flavicornis* Staeg. (*flavipalpis* Winn.) unter Wasser, doch ohne daß sie Eier ablegten. Mayer (1933 a, S. 61) aber schreibt ausdrücklich: „Eine Laichablage unter Wasser ist nur bei *Bezzia* und *Palpomyia* beobachtet worden. Die Weibchen kriechen an einem Stengel ungefähr ½ cm unter die Wasseroberfläche und lassen sich nach Beendigung des Ablaichens, das etwa 2 Minuten dauert, von der Luft, die sich unter den Flügeln befindet, an die Wasseroberfläche tragen.“

Die Eiablage der Chironomiden geht sehr schnell vor sich. Munsterhjelm gibt an, daß *Chironomus plumosus* L. (*ferrugineovittatus* Zett.) 6 bis 7 Eier in der Sekunde ablegt, so daß die ganze Laichschnur mit etwa 1600 Eiern in etwa 5 Minuten abgelegt ist; *Eucricotopus silvestris* legt seine 80 bis 100 Eier in 1 bis 5 Minuten ab. Bei *Stylotanytarsus bauseellus* beobachtete ich (1948, S. 40), daß die Eiablage der Schnur mit 100 bis 180 Eiern eine Minute

[42] Eine eigenartige Ablage von Chironomidenlaich beschrieb Noll (1952) unter dem Titel „Es regnete Zuckmückeneier“. Im Juni 1943 waren die Straßen am Main bei Aschaffenburg, vor allem die Asphaltfahrbahnen, mit Chironomidenlaich bedeckt. Auf einen Quadratmeter kamen etwa 90 Gelege mit 300 Eiern; auf der ganzen betroffenen Fläche fanden sich etwa 600 Millionen Eier! „Man vermutete damals zunächst, daß ein feindliches Flugzeug Kampfstoffe abgeworfen habe. Diese Annahme erwies sich jedoch als irrtümlich. Das merkwürdige Phänomen erklärt sich vielmehr so, daß eine oder mehrere Wolken von Zuckmücken hier durchgezogen sind, daß die Tiere die nassen Asphaltstraßen für ein Gewässer hielten und hier ablaichten. Von Luftströmungen sind sie dann schnell weiter getriftet worden und verschwunden.“ Um welche Art oder Arten es sich handelte, konnte nicht festgestellt werden.

dauerte (weitere Zahlen bei MUNSTERHJELM, S. 32, 33). Über die Lebensdauer der Imagines nach der Laichablage sowie über Parthenogenese weiter unten (S. 243 ff.).

Für die verschiedenen Formen von Chironomidenlaichmassen sei auf Abb. 160 bis 164 verwiesen. MUNSTERHJELM hat die Laichformen eingehend beschrieben und abgebildet. Wir geben hier nur seine tabellarische Übersicht (S. 47—49) in deutscher Übersetzung wieder:

I. Laichmassen, in denen die Eier — jedes mit seiner besonderen Schleim-, eventuell schleim- oder kittartigen Hülle umgeben — nebeneinander geordnet liegen; die „Narbe" wahrscheinlich durchweg über dem Kopfpol des Eies.

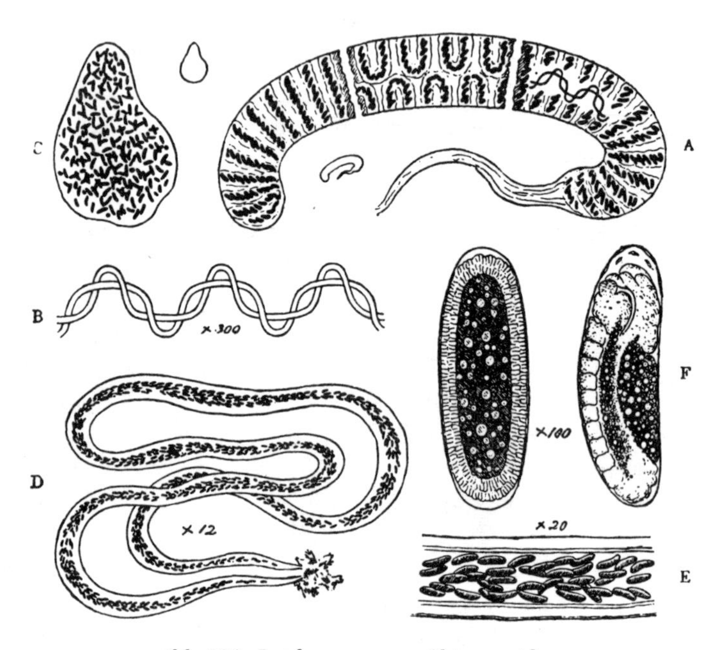

Abb. 164. Laichmassen von Chironomiden.
A: *Chironomus* sp. *thummi*-Gruppe, Laichschnur. B: Verschlungener Faden, der diese Laichmassen durchzieht. C: Tanypodinenlaich. D, E: Laichschnur, wahrscheinlich einer Orthocladiine. F: Zwei Stadien eines sich entwickelnden Eies. [Aus MIALL 1903.]

A. Laich außerhalb des Wassers. Die Eier stehen aufrecht auf der Unterlage, durch eine schleim- oder kittartige Substanz zusammengehalten (Beispiel: *Forcipomyia picea* WINN., wahrscheinlich allgemein bei den Ceratopogonidae genuinae).[43]

[43] So auch bei dem nordamerikanischen *Atrichopogon levis* COQ; doch liegen die Eier flach auf der algenbedeckten, feuchten Erde (BOESEL and SNYDER 1944, S. 43).

B. Laich am Rand von Gewässern oder dicht unter der Wasserlinie. Scheibenförmig, mit geschichteter Gallerte (Schleim). Eier aufrecht oder in liegender Stellung (Beispiele: *Dasyhelea versicolor* WINN., *Atrichopogon rostratus* WINN.).

C. Halbovoide oder halbsphärische Laichmassen im Wasser oder am Wasserrand, mit ungeschichteter Gallerte; Eier im Anfang aufrechtstehend, später sternförmig angeordnet (Beispiele: *Bezzia leucogaster* ZETT., *solstitialis* WINN., *Palpomyia flavipes* MG., *lineata* MG.) (Abb. 163).

D. Faden- oder bandförmige, gallertige Laichmassen im Wasser (Beispiele: *Sphaeromias argentatus* LOEW., *Dicrobezzia venusta concinna* MG.; vgl. S. 222) (Abb. 161).

II. Einzeleier, jedes mit geschichteter Schleimhülle; „Narbe" über dem Caudalpol des Eies (ein seltener Fall, beobachtet bei *Tanytarsus*-Arten sowie bei *Scopelodromus).*

III. Laichmassen, in denen noch jedes Ei für sich von seiner „Wandgallerte" umgeben ist, doch ist wenigstens der Beginn einer Reihenanordnung zu erkennen; „Narbe" über dem Caudalpol des Eies (Beispiele: *Paratanytarsus tenuis* MG., *Stylotanytarsus dissimilis* JOH., *St. inquilinus* KRÜGER) (Abb. 165).[44]

IV. Laichmassen, die aus einem einheitlichen Eistrang gebildet sind, die „Naht"[45] längs der Reihe der Caudalpole der Eier.

---

[44] Für den parthenogenetischen *Stylotanytarsus inquilinus* hat KRÜGER (1941 a, S. 226—227) Eiablage und Laichbildung genauestens geschildert und abgebildet (Abb. 165): „In gut gehaltenen Zuchten wurden je Weibchen bis zu 65 Eiern festgestellt, in wenig gepflegten Zuchten konnte die Zahl bis auf 13 Eier sinken. Das einzelne Ei ist von gelblichweißer Farbe, die durchschnittliche Länge betrug etwa 260 μ, die Breite etwa 80 μ, also Länge : Breite = 3 : 1. Die Eier werden von Gallerte umgeben in einer einfachen Eischnur abgelegt. Die größte Länge eines Geleges wurde mit 6 mm und einem Durchmesser von 220 μ gemessen. Die Eischnur zeigt ovalen Querschnitt, die Eier liegen in einem Winkel von etwa 40° zum Rande. Sehr schnell nach der Ablage ändert sich dieses Bild. Dadurch, daß die umhüllende Gallerte an den Randzonen der schmalen Kante schneller aufquillt als in der Mittelachse der Eischnur, werden die Eier an den beiden Polenden frei, während in der Eimitte von der Gallerte noch ein Druck ausgeübt wird. Dadurch kommt eine Drehung der Eier zustande, und durch den Druck von der Mitte der Eischnur her gleiten sie in die aufgequollene Gallerte der Randzonen hinein; sie liegen dann in zwei der Längsachse der Eischnur parallelen Reihen (Ableitung der Lageänderung siehe Abb. 165 a). Die Eischnur erhält dann, weil die Längsachse die Quellung in der Gallerte nicht mitmacht, eine spiralige Drehung, so daß man anfangs den Eindruck hat, als ob zwei einreihige, parallel verlaufende und miteinander verflochtene Eischnüre vorhanden wären (Abb. 165 b). Unter Hinterlassen eines feinen Gitterstützwerkes löst sich die Gallerte auf und die Eier werden frei, wenn nicht — und das ist gewöhnlich der Fall — schon in der Eischnur die embryonale Entwicklung begonnen hat und die Larven sich nach Sprengung der Eihülle aus der Gallerte herausarbeiten."

[45] Die „Naht" (sömmen) ist die Vereinigungsstelle der bandförmigen freien Kanten der Gallerte, die als Gallertband aus den Gallertdrüsenmündungen austritt (MUNSTERHJELM). MUNSTERHJELMs „slem" (= Schleim) übersetze ich mit „Gallerte". Bei *Chironomus* (Abb. 164 B) erscheinen die Kanten des Gallertbandes als umeinander verschlungene „Stützfäden".

A. Eiröhrenwände[46] in der Regel fest und wohlbegrenzt. Die ursprünglich gleichmäßige Eireihe wird leicht durch Veränderung von Weite und Länge der Eiröhre und als Folge der sehr dünnen Konsistenz der Füllgallerte zerstört. Gewöhnlich kein Befestigungsstrang.

1. Die Eiröhre erhält sich röhrenförmig. So bei den Orthocladiinen (vgl. Abb. 164 DE), auch bei Tanytarsarien und Chironomarien (vgl. MUNSTERHJELM, S. 48, 56—60).

2. Die Eiröhre nimmt Schlangenform an (Beispiele: *Corynoneura scutellata, Lenzia flavipes* MG. *(albipes* ZETT.).

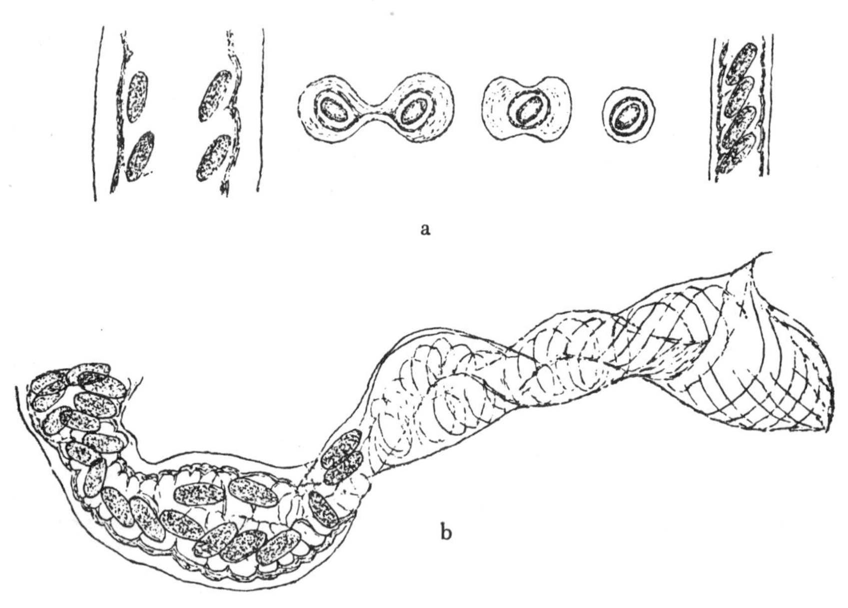

Abb. 165. *Stylotanytarsus inquilinus,* Eischnur. a) Schema der Eiverlagerung, b) Endzustand der Eischnur.

3. Die Eiröhre nimmt Sackform an (Beispiele: *Microtendipes pedellus* DEG.; *Polypedilum nubeculosum* MG.; *P. scalaenum* SCHRK., *P. pullum* ZETT.).

B. Die Eiröhrenwände in der Regel aufgequollen, ihre innere Begrenzung gelegentlich nicht zu erkennen. Die Eier behalten in der Regel ihre Stellung in der Reihe, da die Eiröhrenwände zusammenfallen oder die Füllgallerte fest ist. Gewöhnlich Befestigungsstränge vorhanden.

---

[46] Die Reihe der Eier wird durch die Eiröhrgallerte mit 1 bis 3 Schichten bedeckt; so bildet sie die „Eiröhre", in deren Innern die Eier oft in einer besonderen „Füllgallerte" liegen. Nach außen geht die Eiröhrgallerte gewöhnlich in die nicht immer scharf unterscheidbare „Außengallerte" über. Das Ganze nennt MUNSTERHJELM den „Eistrang".

1. Der Verlauf des Eistrangs ist unregelmäßig, buchtig (Beispiel: Tanypodinen).

2. Verlauf des Eistrangs spiralig (Beispiele: *Ablabesmyia monilis* L., *Endochironomus tendens* F., ausnahmsweise *Lenzia flavipes* MG.).

3. Verlauf des Eistrangs hufeisenförmig, rechts-links laufend (Beispiele: *Macropelopia nebulosa* MG. sowie die meisten Chironomarien, wie *Cryptochironomus parilis* WALK., *Lenzia flavipes* MG., *Chironomus plumosus* L., *lugubris* ZETT., *aprilinus* MG., *Camptochironomus tentans* FABR.) (Abb. 164A).

Soweit MUNSTERHJELMS Übersicht. Neue Beobachtungen, die sich in dieser Übersicht nicht unterbringen lassen, konnte STRENZKE an parthenogenetischen, terrestrischen Orthocladiinen machen.

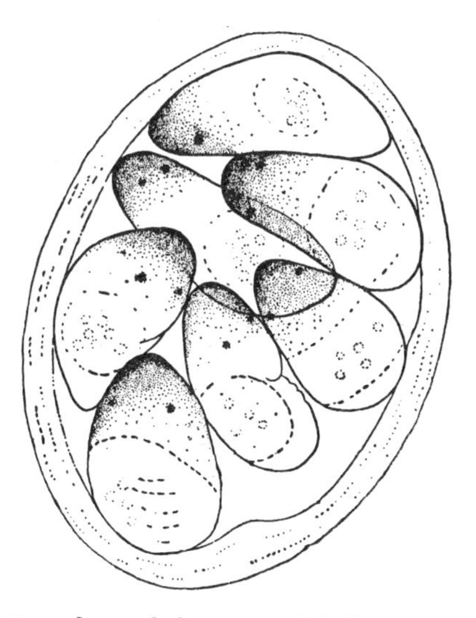

Abb. 166. *Bryophaenocladius virgo*. Eiballen mit Embryonen (Augenpunkt-Stadium). [Aus THIENEMANN-STRENZKE 1940.]

Bei *Bryophaenocladius virgo* STRENZKE (THIENEMANN-STRENZKE 1940, S. 30—31) wurden in den Zuchtgläsern die Eier „mit Vorliebe auf Filtrierpapier neben und unter den Moosstengeln und Bodenpartikeln abgelegt. Doch fanden sie sich häufig auch an den senkrechten Wänden der Zuchtgläser. Die Eiablage konnte einmal — in den Abendstunden — beobachtet werden. Im Laufe weniger Minuten legte das ♀ 4 Eiballen mit insgesamt 40 bis 50 Eiern ab, von denen je 2 innerhalb einiger Sekunden aufeinanderfolgten.

Die Gesamtzahl der Eier eines Geleges schwankte zwischen 122 und 139. Sie sind auf mehrere getrennte ‚Eiballen' verteilt, von denen sich 13 bis 16 in einem Gelege fanden; nur in einem Falle konnten etwa 42 gezählt werden. Einzelne Eier werden selten abgelegt. In den im Umriß rundlichen bis ovalen, meist nur schwach gewölbten Eiballen sind 4 bis 14 (im Durchschnitt 9) Eier von einer gemeinsamen, sackartigen (vgl. MUNSTERHJELM 1920, S. 47, 61), anscheinend einschichtigen Schleimhülle umschlossen (Abb. 166). Beim Eintrocknen schrumpft diese stark ein und zieht die Eier dabei auf sehr engem Raum zusammen. Beim Wiederbefeuchten quillt die Schleimhülle so schnell auf, daß der Eiballen in wenigen Minuten wieder seine ursprüngliche Größe erreicht. Minutenlanges Trockenliegen hat keinen Einfluß auf die Entwicklungsfähigkeit der Eier. Dagegen entwickelten sich einige Eier, die 18 Stunden lufttrocken gehalten wurden, nicht weiter.

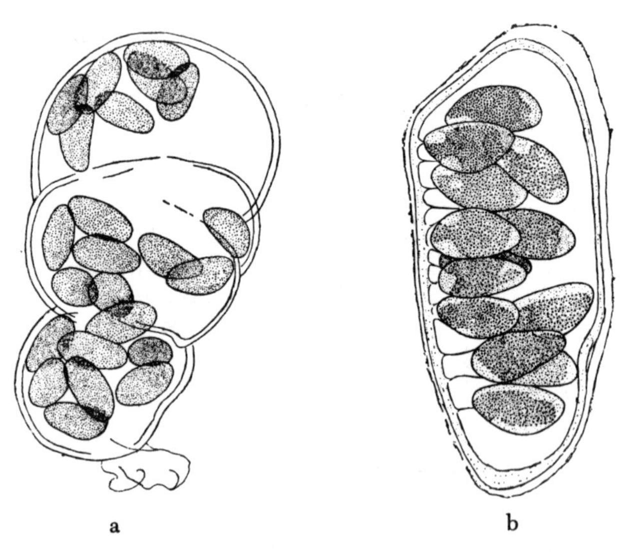

Abb. 167. *Pseudosmittia gracilis.* Eiballen. [Aus THIENEMANN-STRENZKE 1940.]

In den Ballen liegen die Eier ohne bestimmte Anordnung in einfacher Schicht. Sie sind frei in dem sehr dünnflüssigen ‚Füllschleim' (‚fyllnadslem' MUNSTERHJELM 1920, S. 47) eingebettet, sofern es sich dabei nicht einfach um eingedrungenes Wasser handelt. Eine Kammerung ist höchstens andeutungsweise vorhanden, aber auch dann können die Eier beliebig gegeneinander verschoben werden. Wird die Hülle an einer Stelle eingerissen (Naht?), so fallen die Eier einzeln heraus, und der leere ‚Sack' bleibt übrig. Der entsprechende Vorgang spielt sich beim Schlüpfen der Larven ab."

Über die Eiablage von *Pseudosmittia gracilis* schreibt STRENZKE (ebenda S. 36—37): „Die Eier wurden vorwiegend auf das feuchte Filtrierpapier abgelegt ohne Rücksicht auf etwa vorhandene Moosstengel oder Bodenpartikel. An den senkrechten Glaswänden fanden sich nur selten Teile eines Geleges. Die Eiablage selber konnte gelegentlich beobachtet werden. Ein

♀ legte dabei innerhalb knapp 2 Minuten 4 Eiballen mit insgesamt 53 Eiern ab. Maximal wurden 122 Eier von einem ♀ abgelegt, wobei es sich um ein Tier handelte, das sofort nach dem Schlüpfen isoliert werden konnte. Im übrigen schwankte die Zahl der Eier im Gelege zwischen 61 und 99 (im Durchschnitt = 76).

Der Laich wird im allgemeinen in mehreren getrennten Ballen abgelegt. Am häufigsten sind diese genau so gestaltet wie bei *Bryophaenocladius virgo*, also uhrglas- bis halbkugelförmige Schleim‚säcke' (vgl. MUNSTERHJELM 1920, S. 47, 61), in denen die Eier lose und ohne bestimmte Anordnung in einfacher Schicht (seltener sich teilweise oder ganz überdeckend) liegen. Daneben kommen langgestreckte Laichballen vor, in denen gelegentlich eine

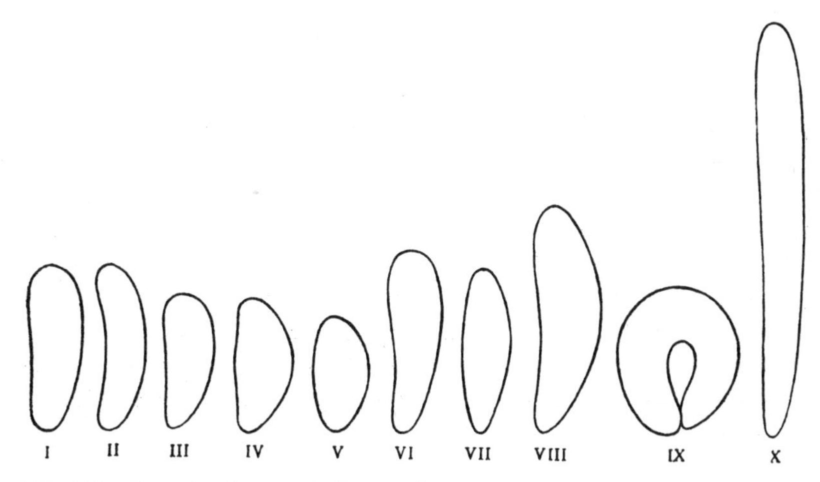

Abb. 168. Chironomideneier: I *Camptochironomus tentans*, II *Limnochironomus nervosus*, III *Eucriptotopus silvestris*, IV *Metriocnemus fuscipes*, V *Paratanytarsus tenuis*, VI *Procladius culiciformis*, VII *Forcipomyia picea*, VIII *Atrichopogon rostratus*, IX *Dasyhelea versicolor*, X *Palpomyia lineata*. [Aus MUNSTERHJELM.]

Kammerung deutlich sichtbar wird (Abb. 167 a). Die Wandung dieser Laichballen besteht aus zwei Schichten: dem deutlich begrenzten inneren ‚Wandschleim' (MUNSTERHJELM ‚äggrörsslem', von dem auch die etwaige Kammerung ausgeht, und dem ‚Außenschleim' (MUNSTERHJELMS ‚ytslem'), dessen äußerer Rand oft nur durch die daran klebenden Fremdkörper zu erkennen ist. Ältere Laichballen sind dadurch oft vollkommen verschmutzt; auch lebende Diatomeen und andere Einzeller siedeln sich häufig darauf an. Schließlich werden gelegentlich lange (1 mm und mehr), zusammengesetzte Laichballen abgelegt, die mehrere Eigruppen umfassen und dementsprechend perlenschnurartiges Aussehen haben (Abb. 167 b). An solchen Ballen findet sich ein Anhang, der eine gewisse Ähnlichkeit mit den Befestigungssträngen anderer Chironomiden hat.

Der veränderlichen Gestalt der Eiballen entsprechend schwankt auch ihre Zahl im Gelege und die Zahl der Eier in ihnen. Das Gelege besteht im Durchschnitt aus 8, maximal aus 12 und mindestens aus 2 Ballen. Die Zahl der Eier in diesen beträgt im Durchschnitt 14 (4—62). Diese Unregelmäßigkeiten können natürlich eine Folge der Zuchtbedingungen sein." Ganz ähnlich ist das Gelege von *Pseudosmittia holsata* (THIENEMANN-STRENZKE 1940 a, S. 244).

Die Eizahl schwankt von Art zu Art; die geringste Zahl fand MUNSTERHJELM bei der kleinen *Cornynoneura scutellata* (20—34 Eier), für die größten Arten werden bis über 2000 Eier angegeben (*Chironomus plumosus* 1500 bis 2000, *Camptochironomus tentans* 1400—3300). Auch bei der gleichen Art kann die Eizahl stark wechseln (*Chironomus* sp. *thummi*-Gruppe [MIALL and HAMMONDS „*dorsalis*"; vgl. S. 133] 668—1102). Die Eilänge schwankt zwischen 0,145 und 0,74 mm. Für die Eiform vgl. Abb. 168.

Die Gallerte („Schleim"), bei der MUNSTERHJELM eine Außen-, Eiröhren- oder Wand- und eine Füllgallerte unterscheidet, hat im allgemeinen für das Ei eine Bedeutung als Schutz und zur Befestigung der Eimassen auf dem Substrat. Sie erschwert das Austrocknen der sich entwickelnden Eier ebenso wie das Ausfrieren; als schlechter Wärmeleiter schützt sie Eier und frisch geschlüpfte Larven vor starken Temperaturschwankungen und ebenso wirkt sie dank ihrer Elastizität als Schutz gegen Störungen mechanischer Art. Räuberische Wassertiere werden durch die Gallerte abgehalten, wenngleich dieser Schutz kein absoluter ist. Wahrscheinlich hat die Gallerte auch antiseptische Eigenschaften.

Im allgemeinen dauert die Embryonalentwicklung bis zum Schlüpfen der Larve bei den Chironomiden 2½ bis 6 Tage, bei den Ceratopogoniden 5 bis 6, seltener bis 9 Tage;[47] natürlich spielt die Temperatur für die Verlängerung oder Verkürzung des Embryonalstadiums eine Rolle. Einige neuere Feststellungen seien als Beispiel hier angeführt. Bei *Zavreliella clavaticrus* K. dauert die Embryonalentwicklung im August/September 90 Stunden, im Oktober 150 bis 160 Stunden (ZAVŘEL 1926 b, S. 34), bei *Chironomus riparius* MG. nicht mehr als 5 Tage (BRANCH 1923 b, S. 26; vgl. TOWNES 1945, S. 125); bei *Psectrocladius obvius* WALK. bei 17° C 3 Tage (DORIER 1933 b, S. 12), bei *Stylotanytarsus inquilinus* KRÜGER bei 20° C etwa 2 Tage (KRÜGER 1941 a, S. 227), bei *Bryophaenocladius virgo* 4 bis 5 Tage (THIENEMANN-STRENZKE 1940, S. 32), bei *Pseudosmittia gracilis* bei 17 bis 24° C 72 bis 84 Stunden (ebenda S. 38), bei *Pseudosmittia holsata* etwa 3 Tage (THIENEMANN-STRENZKE 1940 a, S. 244) usw.

---

[47] Für *Atrichopogon levis* COQ. werden 1 bis 2½ Tage angegeben (BOESEL and SNYDER 1944, S. 42).

Bei *Camptochironomus tentans* beträgt nach SADLER (1935, S. 6) die Dauer der Embryonalentwicklung bei einer durchschnittlichen Wassertemperatur von

8,8°	17,5 Tage
18,2°	5 Tage
19,8°	4,25 Tage
22,1°	3 Tage.

B. Larven- und Puppenleben

Am letzten Tage des Embryonallebens beginnen die Bewegungen der Larve im Ei; diese werden kräftiger und kräftiger; die Larve liegt stark zusammengepreßt im Ei, bei den Ceratopogoniden in der Längsrichtung komprimiert, bei Chironominen und Orthocladiinen spiralig aufgerollt (vgl. Abb. 169 a). Im letzten Fall gleicht die Larve einer „zusammengedrückten Spiralfeder" (MUNSTERHJELM). Die Mandibeln sind in energischer Bewegung, um

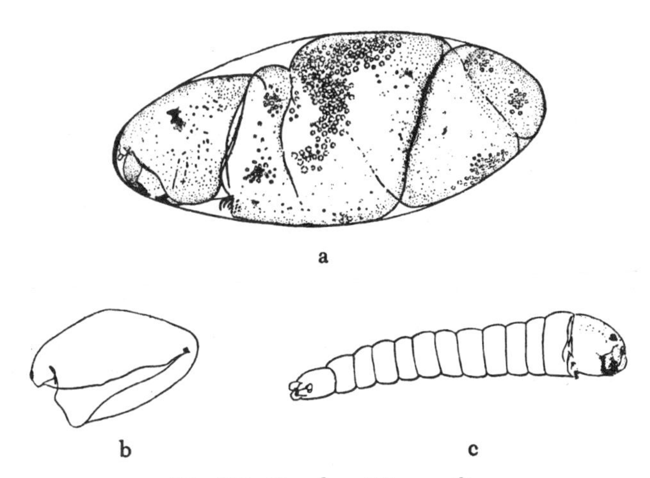

Abb. 169. *Pseudosmittia gracilis.*
a) Ei mit Embryo kurz vor dem Schlüpfen, b) Eihülle nach dem Schlüpfen, c) frisch geschlüpfte Larve. [Aus THIENEMANN-STRENZKE 1940.]

die Eischale zu durchbrechen. Diese platzt schließlich, nachdem die Larve 15 bis 20 Minuten und mehr gearbeitet hat. Gewöhnlich entsteht ein langer dorsaler Längsriß (Abb. 169 b), durch den die Larve die Eischale verläßt, meist zuerst mit dem Kopf, manchmal aber auch mit dem Hinterende. Nun geraten die jungen Larven in die Laichgallerte. Über *Camptochironomus tentans* schreibt MUNSTERHJELM (S. 114): „Sind die Wärmeverhältnisse günstig, kriechen die Larven nach nur wenigen Stunden aus der Gallerte ins Wasser, ist es zu kalt, so versammeln sie sich in der Gallerte zusammengedrängt und regungslos zu Klumpen, bis die Temperatur auf 14,5° C steigt.

Dann beginnen sie, sich zu rühren, bahnen sich ihren Weg aus der Gallerte, und nach etwa 2 Stunden sind die ersten Larven im Wasser." Und PAUSE berichtet (S. 20) über *Chironomus thummi* K. (*gregarius* K.): „Die jungen Larven geraten nun in die gallertige Grundmasse des Geleges, in der sie lebhaft schlängelnde Bewegungen machen, bis sie den Rand der Gallerte erreichen und sofort frei im Wasser umherschwimmen. Die von der Mücke zuerst abgelegten Eier, also die der Anheftungsstelle des Geleges gegenüberliegenden, schlüpfen zuerst aus. Innerhalb einiger Stunden ist das ganze Gelege leer und man sieht nur noch die zerrissenen Eierschalen in ihrer Grundmasse liegen." Über die ersten Tage des Larvenlebens der Tanypodinen schreibt ZAVŘEL (in THIENEMANN-ZAVŘEL 1916, S. 626): „Die ausschlüpfenden Larven verbleiben noch etwa 3 Tage in der Gallertmasse beisammen, und da erscheint ein solcher Eierklumpen entweder gelblich, grünlich oder rötlich — je nach der Farbe des im Magen der Larven enthaltenen Dotters. Am dritten Tage, wo die Larven den Eierklumpen zu verlassen anfangen, kann man schon in ihrem Ösophagus Diatomeen, Arcellen oder Conjugaten, die überall an der Gallertmasse festkleben, finden."

1. Die Larvula

Die dem Ei entschlüpfte Larve unterscheidet sich mehr oder weniger stark von den erwachsenen Larven. DORIER (1933 b, S. 214—215) nennt sie Larvula und schreibt: „Um Verwirrungen zu vermeiden oder zum mindesten den Gebrauch von mehr oder weniger glücklichen Ausdrücken, wie erste Larve, erwachsene Larve usw., sollte man, glaube ich, künftig vernünftiger und einfacher als Larvula den ersten morphologischen Larventyp bezeichnen, der vom Schlüpfen bis zu einer bestimmten Häutung dauert, einer Häutung, die noch zu bestimmen und wahrscheinlich die erste ist; den Namen Larve aber zu beschränken auf den zweiten Larventyp, während dessen sich das Wachstum des Tieres vollzieht und der durch die Verpuppung beendet wird."

Ich würde es für äußerst zweckmäßig halten, wenn sich der Terminus „Larvula" im DORIERschen Sinne auch in der deutschen Literatur einbürgerte. Die Larvula in diesem Sinne ist bei den Chironomiden die Larve bis zur ersten Häutung. Die ersten genaueren Untersuchungen über die larvale Entwicklung einer Chironomide hat PAUSE (1918) an *Chironomus thummi* K. (*gregarius* K.) angestellt.

Die Larvula dieser Art (Abb. 170 a) ist 0,7 mm lang, farblos, ihr Tracheensystem nicht luftgefüllt. Der Kopf ist auffallend groß, die Analschläuche sind vorhanden, die Tubuli fehlen völlig. Die Mundteile sind noch nicht voll ausgebildet (Abb. 170 b). Am Labrum (Lbr) nur 2 mediane, lange Borsten, die Praemandibeln (S) sind ohne Borstenbesatz, die Maxillarbewaffnung (Mx) ist rudimentär, am Labium (L) fehlen die Paralabialplatten usw. — Eine ausführliche Beschreibung der Larvula — und späteren Stadien — von *Chironomus cristatus* Fabr. (nach Townes: *riparius* Mg.) gibt Branch (1923 b) von *Chironomus decorus* Joh. Ping (1917). Für die Larvula von *Camptochironomus tentans* gibt Sadler (S. 7) eine ähnliche Beschreibung: 0,68 bis 0,83 mm lang, durchsichtig, 4 Analschläuche vorhanden, Tubuli fehlen.

So wie bei *Chironomus* im Larvulastadium die Tubuli fehlen, so besitzt auch die Larvula von *Zavreliella marmorata* v. d. W. (*clavaticrus* K.) die beiden, für die erwachsene Larve charakteristischen, ventral vom Hinterrande des X. Segmentes ausgehenden, langen schlauchartigen Fortsätze (vgl.

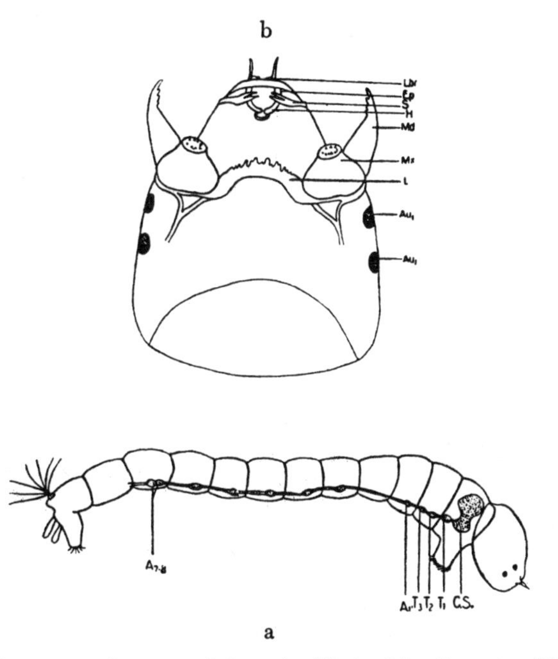

Abb. 170. *Chironomus thummi.* a) Larvula, b) Kopf der Larvula. [Aus Pause.]

Abb. 127) noch nicht, auch nicht den großen dreieckigen dorsalen Zipfel des XI. Segmentes, in den teilweise das Herz hineinragt. Die bei der erwachsenen Larve am Distalende des zweiten und dritten Antennengliedes stehenden Lauterbornschen Organe stehen bei der Larvula beide einander gegenüber auf dem Ende des zweiten Gliedes (wie es bei den typischen *Tanytarsus* normal ist; biogenetisches Grundgesetz!). Auch die Mundteile der Larvula zeigen primitivere Verhältnisse als die der Larve (Zavřel 1926 b, S. 24—27). Bei der Larvula von *Lauterborniella agrayloides* sind ebenfalls die Lauterbornschen Organe noch gegenständig, die beiden schlauchförmigen Fortsätze des X. Segmentes sind noch nicht entwickelt, der dorsale Herzbuckel des XI. Segmentes ist noch ganz niedrig.

Die Tanypodinen-Larvulae hat ZAVŘEL (in THIENEMANN-ZAVŘEL 1916, S. 627—629) beschrieben.

„Sehr auffallend ist die Einförmigkeit der ausgeschlüpften Larven (Fig. 171). Ihr Kopf ist im Vergleich zum Thorax auffallend groß, seine Dimensionen weisen immer auf den *Macropelopia*-Typus hin (auch bei *Micropelopia*-Arten). Antennen auffallend kurz (Fig. 171 c), ihre Geißel und Nebenborste gewöhnlich auseinandergespreizt, so daß die Antenne gabelförmig erscheint. Retraktilität konnte ich am 1. Tage niemals konstatieren, am 3. Tage ist sie schon ganz deutlich. Bei *Micropelopia*-Arten kann man am 3. Tage schon den *Micropelopia*-Typus deutlich erkennen (Grundglied: Summe der Endglieder wie 3 : 1, Fig. 171 d). Die labralen

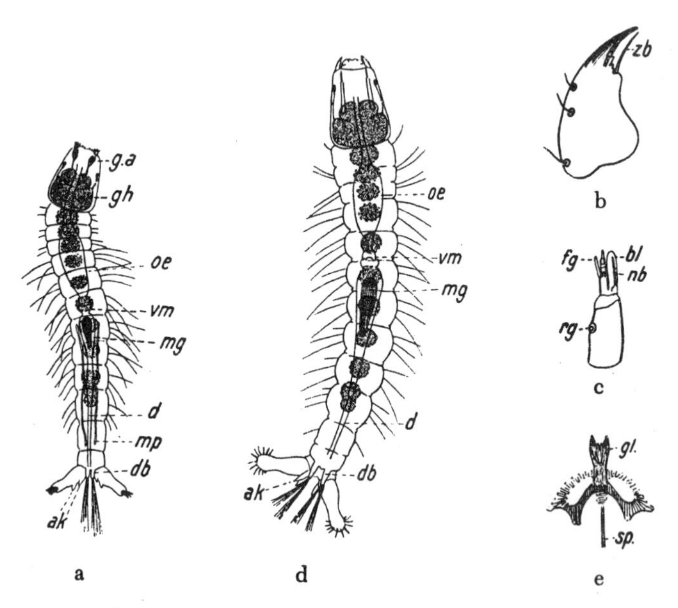

Abb. 171. Tanypodinen-Larvulae: a) einer *Procladius*-Art, b) Mandibel, c) Antenne derselben Larvula, d) einer *Ablabesmyia*-Art, e) Hypopharynx derselben Larvula. [Aus THIENEMANN-ZAVŘEL 1916.]

Borsten undeutlich, doch konnte ich bei einigen etwa 4 bis 5 Tage alten Larven eine ähnliche Verteilung der Sinnesbläschen und Borsten beobachten wie bei erwachsenen Larven des *Tanypus*-Typus. Die Mandibel ist kurz und breit; ihr Endzahn zeigt basal auf der Innenkante einige Einkerbungen oder Zähnchen (Fig. 171 b). Diese Mandibelform erinnert auffallend an die Mandibel von *Tanypus bifurcatus;* es scheint also, daß bei dieser Art die embryonalen Merkmale der Mandibel erhalten bleiben. An der Maxille konnte ich niemals die keil- oder haarförmigen Randborsten finden. Ihr Palpus ist auffallend kurz (gleich lang wie breit), doch besitzt er schon die typischen, terminalen Sinnesborsten. Am Labium sind niemals Paralabialkämme vorhanden; es erscheint als eine blasse trianguläre Platte mit seitlichen Einkerbungen und einem ziemlich großen, stumpfen Mittelzahn. In dieser Form ähnelt das Labium der Tanypinen am meisten demjenigen anderer Chironomiden. Seine weitere Entwicklung bis zur definitiven Form konnte ich leider nicht verfolgen. Auch der Hypopharynx ist mit allen seinen Teilen ausgebildet, doch besitzt die Glossa eine von der definitiven weit abweichende Form. Ich habe nämlich bei allen jungen Larven eine 4zähnige Glossa gefunden; dabei sind die zwei mittleren Zähne viel kleiner als die lateralen und von diesen scharf abgetrennt, also eine Form, die bei den bisher bekannten Larven nirgends vorkommt. Solche Glossa habe ich nicht nur bei jungen Larven von *Psectrotanypus brevicalcar* und anderen Larven des *Tanypus*-Typus, sondern auch bei solchen vom *Micropelopia*-Typus gefunden (Fig. 171 e). Auch hier kann ich nicht sagen, wie aus dieser embryonalen die definitive Form zustande kommt.

Die Körpersegmente weisen bei allen von mir untersuchten Larven eine Einförmigkeit in der Beborstung der Segmente auf: die thorakalen Segmente besitzen jederseits je zwei, die abdominalen (I—VII) je drei steife und ziemlich lange Borsten. Die zwei Supraanalborsten stehen auf papillenähnlichen Erhebungen der Haut."

„Die Tatsache, daß die jungen Larven verschiedener Tanypinenarten so einförmige und eigenartige Merkmale aufweisen, ist gewiß morphologisch und entwicklungsgeschichtlich sehr wichtig. Der Gedanke liegt sehr nahe, daß solche Larven die gemeinsame Ahnenform beider Tanypinentypen repräsentieren, oder wenigstens dieser Form sehr nahe stehen. Leider kennt man bisher keine erwachsene Larvenform mit solchen oder ähnlichen embryonalen Merkmalen; man kann also auch nicht entscheiden, welche von den bekannten Arten der Ahnenform am nächsten steht. Nur bei *Tanypus bifurcatus* und einigen verwandten Arten erkennt man an den Mandibeln und an den ziemlich schwach chitinisierten Paralabialkämmen einige, den embryonalen Merkmalen ähnliche Verhältnisse. So viel scheint aber sicher zu sein, daß die Larven vom *Tanypus*-Typus dem Ahnentypus näher stehen als die *Micropelopia*-Larven."

Über die Larvula der Orthocladiinen liegen nur vereinzelte Angaben vor. LÉGER und MOTAŞ (1928, S. 8, 9) bilden dieses Stadium für *Trichocladius algarum* K. (= *biformis* EDW.) ab und geben eine ganz kurze Beschreibung. Etwas mehr bringt KETTISCH (1937/38) über *Eucricotopus trifasciatus;* statt der für erwachsene *Eucricotopus*-Larven typischen lateralen Borstenpinsel an Abdominalsegment I bis VI steht (wie auch bei *T. algarum)* je eine lange einfache Borste. „Die Mundwerkzeuge im ersten Stadium sind sehr zart und einförmig ausgebildet, erst in dem darauf folgenden Stadium nehmen sie ihre definitive Form an." Gut beschrieben hat DORIER (1933 b, S. 213, 214) die Larvula von *Psectrocladius obvius* WALK. Sie unterscheidet sich von der Larve vor allem in den Mundteilen: an der Antenne ist das Grundglied ganz kurz, während es bei der erwachsenen Larve enorm verlängert ist (Abb. 172); die verschiedene Ausbildung der Mandibeln zeigt Abb. 173; die des Labiums Abb. 174. Auch bei der von STRENZKE (THIENEMANN-STRENZKE 1940, S. 32) näher untersuchten Larvula der terrestrischen Orthocladiine *Bryophaenocladius virgo* ist das Basalglied der Antennen auffallend kurz; das Verhältnis Basalglied : Summe der Endglieder beträgt bei der Larvula etwa 1 : 4, bei der erwachsenen Larve 4 : 3. Außerdem ist die Form der Nachschieberkrallen bei der Larvula verschieden von der bei der Larve, und der Larvulakopf ist auffallend groß.

Die Dauer des Larvulastadiums — Schlüpfen aus dem Ei bis zur ersten Larvenhäutung — wird natürlich auch von äußeren Verhältnissen abhängen (Temperatur, Ernährung). Exakte Zahlenangaben liegen nur wenig vor: für *Zavreliella marmorata* 6 Tage, für *Camptochironomus tentans* 5 bis 9 Tage, für *Chironomus thummi* 11 Tage. Man kann also wohl im allgemeinen mit durchschnittlich einer Woche rechnen.

Im ganzen gesehen zeigt die Larvula primitivere morphologische Verhältnisse als die folgenden Stadien.

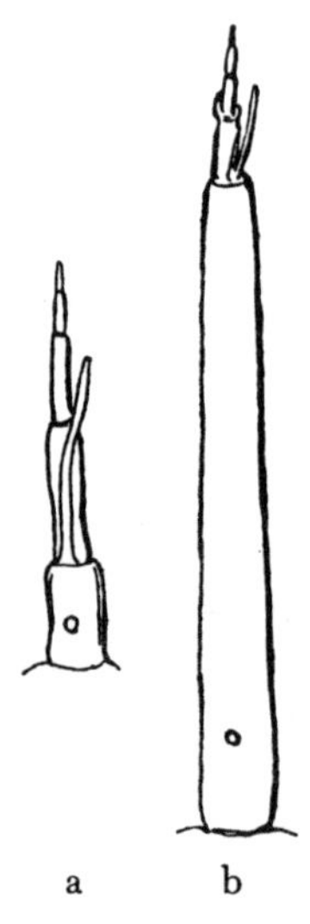

Abb. 172. *Psectrocladius obvius.*
Antenne a) der Larvula, b) der Larve.
[Aus DORIER 1933 b.]

2. Die späteren Larvenstadien

Mit der ersten Häutung nimmt die Chironomidenlarve im großen und ganzen ihre endgültige Gestalt an. Wieviel Häutungen und damit Larvenstadien sind bei den Chironomidenlarven vorhanden? Genau festgestellt sind die Zahlen bei *Chironomus thummi* durch PAUSE und bei *Camptochironomus tentans* durch SADLER. In beiden Fällen folgen auf die Larvula drei Larvenstadien, das dritte ist das letzte, aus dem die Puppe hervorgeht; im ganzen also vier Häutungen. Bei den Tanypodinen ist die Zahl der Häutungen noch unbekannt. Für die Orthocladiine *Eurcicotopus trifasciatus* glaubt KETTISCH (S. 156) bis „zur Vollwüchsigkeit" der Larve sieben Häutungen annehmen zu müssen; diese Zahl ist indes nicht in Zuchten durch Beobachtungen festgestellt, sondern statistisch auf Grund der Kopfbreiten der Larven (S. 157) errechnet worden. Ich glaube nicht, daß damit das Richtige getroffen ist, nehme vielmehr an, daß sich PAUSES und SADLERS Beobachtungen an *Chironomus* verallgemeinern lassen und daß man überall bei der Postembryonalentwicklung außer der Larvula drei Larvenstadien finden wird. Sorgfältige Beobachtungen in Zuchten müssen die Frage lösen.

Pause hat die folgende Entwicklung der *Chironomus thummi*-Larven beobachtet (Abb. 175): Die Larvula (Abb. 170 a) wächst unter kontinuierlicher Streckung heran, bis sie, von 0,7 mm, eine Länge von etwa 1,5 mm erreicht hat. Dann findet die erste Häutung statt. Diese erste Larve ist 1,6 mm lang, noch farblos bis ganz schwach rötlich, die Tracheen sind noch ohne Luftfüllung, aber im Gegensatz zur Larvula sind nun kurze Tubuli vor-

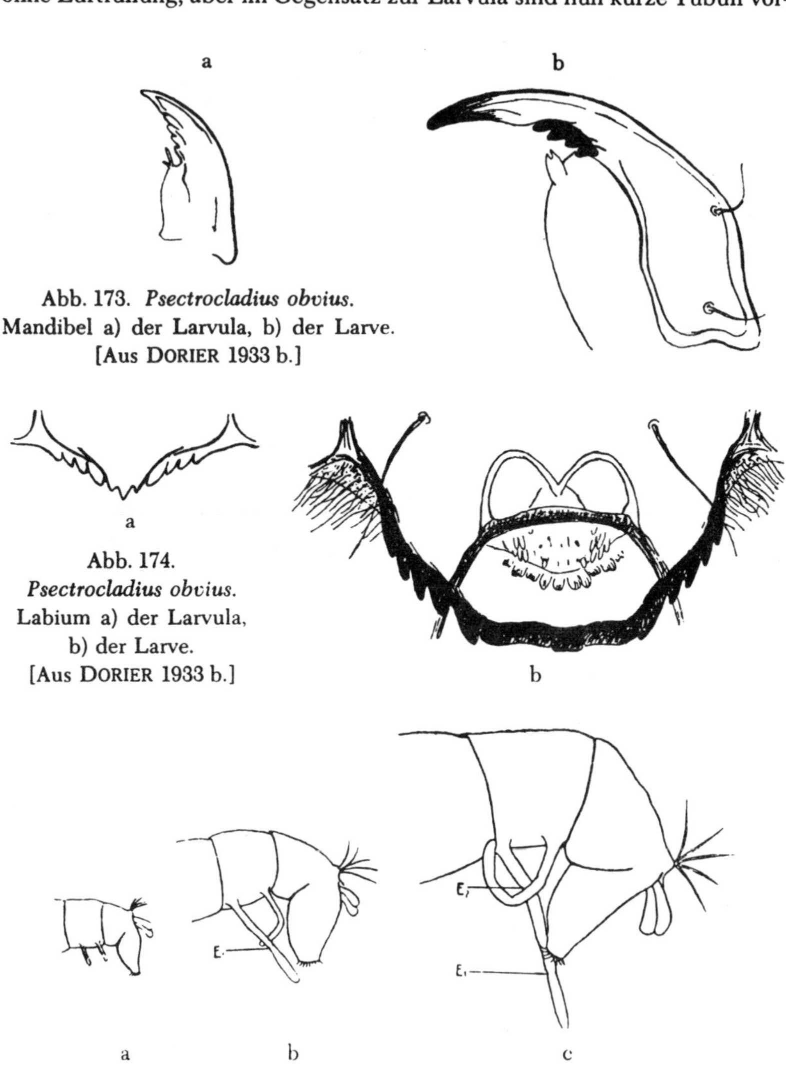

Abb. 173. *Psectrocladius obvius.* Mandibel a) der Larvula, b) der Larve. [Aus Dorier 1933 b.]

Abb. 174. *Psectrocladius obvius.* Labium a) der Larvula, b) der Larve. [Aus Dorier 1933 b.]

Abb. 175. *Chironomus thummi.* Hinterende a) des ersten Larvenstadiums, b) des zweiten, c) des dritten (E_1, E_2 Einschnürungen der Tubuli). [Aus Pause.]

handen (Abb. 175 a) und die Mundteile haben ihre endgültige Form und Bewaffnung erhalten. Bei einer Länge von etwa 3,5 bis 3,6 mm erfolgt wiederum eine Häutung. Das zweite Larvenstadium — 3,6 bis 6,5 mm lang — ist rötlich bis rot, lufterfüllte Tracheen sind an der Grenze des 1. und 2. Segmentes sichtbar, die Tubuli haben meist eine Einschnürung (Abb. 175 b). Bei 6,5 bis 6,6 mm Larvenlänge häutet sich das Tier abermals und erreicht so das dritte und letzte Larvenstadium. Farbe rötlich bis dunkelrot, Tracheen, mit Luft gefüllt, auch an der Grenze des 2. und 3. Segmentes; die langen Tubuli haben oft zwei Einschnürungen (Abb. 175 c). Bei einer Larvenlänge von etwa 15 mm findet die Verpuppung statt.

Im Prinzip der gleiche Entwicklungsgang ist von SADLER (S. 7—10) für *Camptochironomus tentans* in USA festgestellt worden.

Die Gesamtdauer der Entwicklung ist natürlich weitgehend von der Temperatur und Ernährung abhängig. Bei reichlicher Ernährung und Zimmertemperatur kann man nach PAUSE und SADLER etwa die folgenden Mittelwerte für die Dauer der einzelnen Stadien von *Chironomus thummi* und *Camptochironomus tentans* annehmen (in Tagen):

	Chironomus thummi	*Camptochironomus tentans*
Embryonalentwicklung	4	3—5
Larvula	11	5—9
1. Larvenstadium	11	6—8
2. Larvenstadium	14	6—10
3. Larvenstadium	14	4—5 bis 14—21
4. Puppe	3	3
Imago	3—5	3—5
Im ganzen etwa	60	30 bis 61[48]

Für beide Arten glauben PAUSE und SADLER, daß im Jahre 4 bis 5 Generationen auftreten können. Mehr über die Generationszahl bei Chironomiden weiter unten (S. 284 ff.).

Für *Atrichopogon levis* COQ. geben BOESEL und SNYDER (1944, S. 42) folgende Zahlen: Embryonalentwicklung 1 bis 2½ Tage; die ersten drei Larvenstadien im Durchschnitt je 1½ Tage, im ganzen also 4½ Tage, mit Variation zwischen 3 und 9 Tagen; das vierte Larvenstadium 2 bis 4 Tage, im Durchschnitt 2½ Tage. Die Puppe wie das vierte Larvenstadium 2 bis 4 Tage, im Durchschnitt 2½ Tage. Der ganze Entwicklungszyklus spielt sich also in 1 bis 2 Wochen ab.

[48] SADLER (S. 9) gibt an, daß bei Zimmertemperatur der Entwicklungszyklus von *C. tentans* vom Schlüpfen der Larvula aus dem Ei bis zum Schlüpfen der Imago 26 bis 52 Tage dauert.

3. Die Puppe

Im Verlaufe des letzten Stadiums wächst die Larve stark heran, alle Imaginalscheiben bilden sich aus. Am Ende ist die Thorakalregion der Larve stark aufgeschwollen, die Larve stellt ihre Bewegungen mehr und mehr ein. Die Veränderungen, die die Larve im Inneren durchmacht und die allmählich Puppe (bzw. Imago) entstehen lassen, sind für *Chironomus* schon von Miall and Hammond (1900, S. 118—137) ausführlich beschrieben worden. Schließlich zerreißt die Larvenhaut und wird durch die Bewegungen der Puppe abgeworfen; dann kann diese Haut bei röhren- oder gehäusebauen-

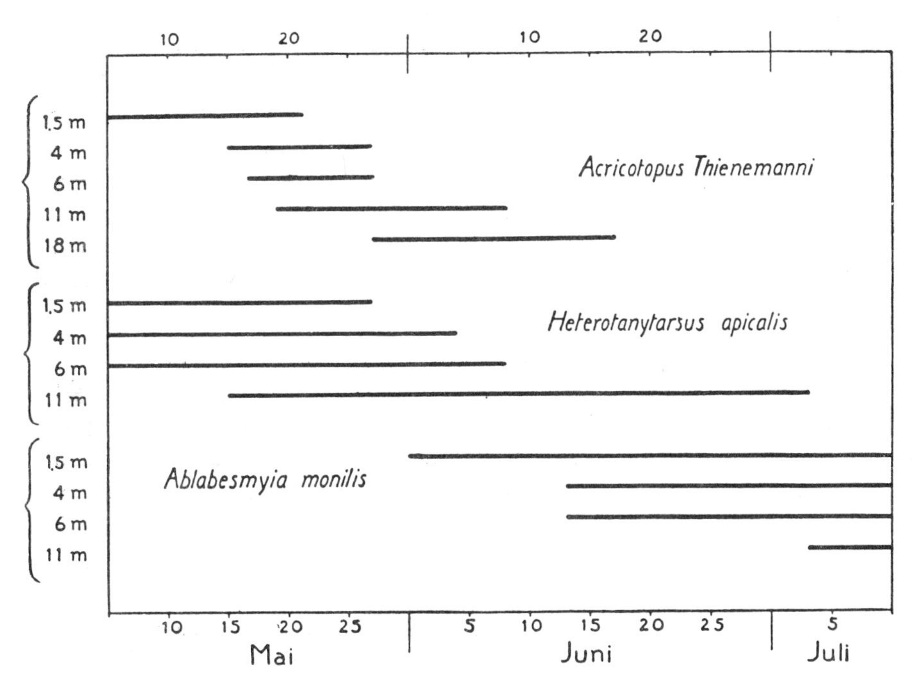

Abb. 176. Die Schlüpfperioden von *Acricotopus thienemanni, Heterotanytarsus apicalis* und *Ablabesmyia monilis* in verschiedenen Tiefen des Innaren. [Aus Brundin 1948.]

den Arten im hinteren Teil des Gehäuses, zusammengeknäult, liegen bleiben oder wird durch den Strom des Atemwassers aus dem Gehäuse hinausgetrieben. Zuweilen, bei manchen Arten sogar regelmäßig, bleibt sie auch an den letzten Puppensegmenten haften und hängt an ihnen noch, wenn die Imago schon ausgeschlüpft ist (was die Feststellung der Zusammengehörigkeit der drei Stadien Larve — Puppe — Imago bei Zuchten oft erst ermöglicht). Das stets nur wenige Tage währende Puppenleben der Chironomiden haben wir oben (S. 174 ff.) eingehend geschildert.

Interessante Beobachtungen konnte LARS BRUNDIN mit Hilfe seiner Fangtrichter (vgl. S. 274) über das Schlüpfen der gleichen Chironomidenart in verschiedenen Tiefen des småländischen Sees Innaren machen. Er schreibt (1949, S. 562): „In einem und demselben See können die verschiedenen Populationen einer eurybathen Art ... eine sehr verschiedenartige Phaenologie haben. Als Beispiel nehmen wir die Phaenologie der Arten *Aricotopus thienemanni, Heterotanytarsus apicalis* und *Ablabesmyia monilis* im See Innaren während der ersten Hälfte der eisfreien Periode (Abb. 176). Jene sind Frühlingsarten, diese eine typische Sommerart. Wir erkennen aus der Abbildung klar, wie stark temperaturbedingt die Schlüpfperioden der verschiedenen Tiefenpopulationen der fraglichen Arten sind. Beim Beginn der Fangtrichterversuche war das Schlüpfen der Arten *Acricotopus thienemanni* und *Heterotanytarsus apicalis* in seichtem Wasser schon im Gange. Als das Schlüpfen jener Art in 1,5 m Tiefe am 21. Mai beendet war, hatte die Schlüpfperiode der in 18 m Tiefe lebenden Individuen noch nicht begonnen! Die letzten Imagines von *Heterotanytarsus* schlüpften aus 1,5 m Tiefe am 27. Mai, aus 11 m Tiefe erst einen Monat später. Die ersten Imagines von *Ablabesmyia monilis* andererseits erschienen aus 1,5 m Tiefe am 1. Juni, aus 11 m Tiefe mehr als einen Monat später."

Noch einige Worte über die Puppenexuvien und ihr Schicksal.

Wenn auf unseren Seen die Tiefen-*Chironomus* schwärmen, dann bedecken die leeren Puppenhäute oft buchstäblich die Wasseroberfläche. Hat *Chironomus plumosus* seine Hauptschwärmzeit, dann können die Häute stellenweise dichte braune Flecken auf der Wasseroberfläche bilden. Vielfach liegen, wohl durch kapillare Anziehung auf dem Wasserhäutchen hervorgerufen, die Häute in Reihen von 3 bis 12 Stück nebeneinander, die Kopfenden nach der gleichen Seite gerichtet. Erhebt sich eine leichte Brise, so werden die Häute am Ufer zusammengetrieben und umsäumen dann in dicken, oft einen Dezimeter hohen Wällen die flachen Strandpartien (THIENEMANN 1922, S. 617). Aus solchen Häuteansammlungen im Uferwasser können sich „Seebälle" bilden. ALEXANDER LUTHER beobachtete am offenen Sandstrand der Ostsee bei Hangö Puppenexuvien, die teils von den Wellen zu einem schmalen Wall am Strande aufgeworfen waren, teils am Wasserrande trieben. Aus diesen Exuvien hatte die Wellenbewegung Bälle von 2 bis 3 cm Durchmesser geformt, die auch einige Algenfäden enthielten. Diese Chironomidenseebälle waren aber so locker, daß sie beim Trocknen zerfielen (HANS LUTHER 1947, S. 93). WESENBERG-LUND (1943, S. 514) berichtet aus seinem Untersuchungsgebiet von „*Chironomus plumosus*": „Zu gewissen Zeiten kann man in kleinen Teichen und im seichten Wasser Tausende und aber Tausende von Puppen sehen, deren Federbüsche aus den Röhren herausragen und im Wasser hin und her wogen. Die leeren Puppenhäute liegen massenhaft an der Oberfläche und werden vom Wind zu einem glashellen Saum am Ufer zusammengefegt." Und mit den Puppenhäuten können auch die abgestorbenen Imagines am Seeufer ausgedehnte, bis meterbreite Spülsäume bilden, wie sie KAJ BERG (1938, S. 105, fig. 102, 103) von *Chironomus anthracinus* ZETT. für den dänischen Esromsee beschrieben und photographiert hat. In windexponierten Seebuchten, an Seeabflüssen, hinter Stauwehren und an ähnlichen Stellen sammeln sich Chironomidenpuppenhäute oft zu unglaublichen Massen an (Abbildungen bei POTONIÉ 1936, S. 136), im fließenden Wasser ebenso an ruhigen Stellen, zwischen Pflanzenbeständen und an Dämmen und Wehren (Abbildungen bei LOHDE 1936). Solche Exuviensammlungen geben ein getreues Bild von der Artzusammensetzung und der relativen Häufigkeit der einzelnen Arten der Chironomidenfauna des betreffenden Gewässers zur gegebenen Zeit; und wenn man während eines ganzen Jahres die Exuvien sammelt, kann man die Phaenologie der Chironomiden eines Gewässers feststellen, leichter und einfacher als beim Fang von Larven oder Imagines, da das Chironomidenleben aller Tiefen ja auf die Wasserfläche gleichsam projiziert wird. Man braucht die Oberfläche des Gewässers nur „abzuschäumen"! Ich habe daher schon im Beginn meiner Chironomidenstudien (1910) unter dem Titel „Das Sammeln von Puppenhäuten der Chironomiden" „eine Bitte um Mitarbeit" ausgesprochen (nebenbei bemerkt, wie meist in solchen Fällen, mit geringem Erfolg!). Auf Grund dieser „Häutemethode" hat C. HUMPHRIES ihre schöne Studie über die Phaenologie der Chironomiden des Großen Plöner Sees durchgeführt (1938); bei meinen Arbeiten in den Alpen (1936 b) und in Lappland (1941 a) hat sie mir gute Dienste geleistet. Und bei meinen Chironomidenstudien im Lunzer Seengebiet konnte ich sie nicht nur zur Feststellung der Phaenologie der Chironomiden der Lunzer Seen verwenden, sondern auf sie auch Berechnungen produktionsbiologischer Art aufbauen (THIENEMANN 1949 a; hier auch eine genaue Anleitung zum Exuvienfang).

C. Das Leben der geflügelten Mücke

In diesem Buche ist bisher die Ökologie der Larven und Puppen der Chironomiden behandelt worden, auch die späteren Kapitel werden sich vorzugsweise mit diesen Stadien zu befassen haben. Der Grund ist einfach der: das Leben der geflügelten Mücke währt nur wenige Tage, das der Larve aber mindestens Wochen und Monate, ja meist fast ein Jahr — in Ausnahmefällen sogar zwei Jahre. Daher wirkt die Umwelt im wesentlichen auf die Larven, und wenn Rückwirkungen der Chironomiden auf ihre Umwelt zu beobachten sind, so gehen sie im allgemeinen wiederum von den Larven aus! Die Folge davon ist, daß die Lebensweise der Larven und Puppen der Chironomiden gründlicher untersucht worden ist als die der kurzlebigen

Imagines. Indessen liegen doch auch eine beträchtliche Zahl von Beiträgen zur Imaginalbiologie der Chironomiden vor. Wir stellen in diesem Abschnitt die wesentlichen Ergebnisse dieser Studien zusammen.

1. Ernährung

Bevor wir die auffallendste Erscheinung im Leben der geflügelten Mücken, das Schwärmen, behandeln, einiges über die Ernährung der Imagines. Allerdings: alle Chironomiden im engeren Sinne nehmen im Imaginalstadium keinerlei Nahrung zu sich, ihre Mundteile sind weitgehend verkümmert. Nur die Ceratopogoniden nehmen Nahrung auf! Man hat geglaubt, daß die Weibchen dieser Familie nur dann zur Eiablage schreiten, wenn sie Blut eines bestimmten Tieres gesogen haben. Doch gilt das nicht allgemein; MAYER (1933 a, S. 58) hat bei seinen Zuchten beobachtet, daß die Weibchen ihren Laich ablegten, ohne vorher den Saugakt vorgenommen zu haben.

Die Männchen der Ceratopogoniden sind Blütenbesucher; aber auch unter den Weibchen gibt es Arten, die „Pflanzenkost" der Blutnahrung vorziehen. MAYER (l. c.) hat eine kleine Tabelle gegeben, in der die Ceratopogonidengattungen und die Pflanzen verzeichnet sind, an denen sie saugend gefunden worden sind.

Ceratopogonidengattung:	Pflanze:
Atrichopogon	*Angelica, Heracleum*
Culicoides	*Umbellifera, Arum*
Dasyhelea	*Bauhinia, Cassia, Foeniculum, Silene*
Forcipomyia	*Umbellifera, Aristolochia*
Isohelea	*Silene*
Microconops	*Umbellifera, Spiraea*
Schizohelea	*Heracleum*

„*Culicoides*" hat anscheinend die größte Speisekarte. Eine Erklärung hierfür finden wir bei KNOLL, der in einem *Arum*-Blütenstand 500 Dipteren blutsaugender Familien (unter 461 waren 431 *Culicoides* und 30 *Odagmia* [Dipt. Simul.]) antraf.[49] „Alle diese Tiere waren Weibchen, was damit zusammenhängt, daß nur die Weibchen der genannten Art Blut zu saugen pflegen. Man wird nicht fehlgehen, wenn man annimmt, daß die Keule dieser *Arum*-Art flüchtige Substanzen entwickelt, welche mit jenen identisch (oder nahe verwandt) sind, die in der Hautausdünstung bestimmter Säugetiere die Anlockung der erwähnten blutsaugenden Insekten bewirken." Daß diese Imagines von gewisser blütenökologischer Bedeutung sind, ist im eben angeführten Falle nachgewiesen. Wie weit das bei den übrigen Genera zutrifft,

[49] Es handelt sich um *Culicoides aricola* K. und *C. bromophilus* K. (vgl. Näheres bei KIEFFER 1922 d, S. 390—392).

bedarf noch genauerer Untersuchungen (MAYER l. c., S. 60). Neuerdings (WARMKE 1951) wurde nachgewiesen, daß in Puerto Rico *Dasyhelea-*, *Atrichopogon-* und *Forcipomyia-*Arten die Bestäubung von *Hevea brasiliensis* besorgen, und daß in Trinidad die Kakaoblüten von *Forcipomyia-* und *Lasiohelea-*Arten befruchtet werden.

Im allgemeinen aber saugen die Ceratopogonidenweibchen Blut. MAYER hat (1933 a) in einer hübschen Arbeit „Zur Imaginalbiologie der Ceratopogoniden" die diesbezügliche, bis dahin vorliegende Literatur zusammengestellt. Seitdem ist mancherlei Neues zu diesem Thema veröffentlicht worden. Wir schließen uns im folgenden an MAYERS Darstellung an, arbeiten die neueren Beobachtungen ein und ergänzen auch durch Älteres, bisher Übersehenes. Die älteste Literaturangabe über blutsaugende Ceratopogoniden findet sich in DERHAMS „Physico Theology" 1713 (zitiert nach der 4. Ausgabe von 1716; auch von RIETH [S. 379, 380] in deutscher Übersetzung wiedergegeben):

„Als Beispiel für mit Rüssel versehene Insekten werde ich seiner Eigentümlichkeit halber eine sehr kleine, wenn nicht die kleinste, Mückenart herausgreifen, welche ich *Culex minimus, nigricans, maculatus, sanguisuga* nenne. Bei uns in Essex nennt man sie Nidiots, MOUFFET nennt sie Midges. Sie ist 1/10 Zoll, oder auch etwas mehr, lang, hat kurze Antennen, glatt beim Weibchen, beim Männchen dagegen federartig, etwa wie eine Flaschenbürste. Sie ist gefleckt mit schwärzlichen Flecken, besonders an den Flügeln, die etwas vom Leibe abstehen. Sie entwickelt sich aus einem kleinen, schlanken, aalförmigen Wurm, der eine schmutzigweiße Farbe hat und im stehenden Wasser mit schlängelnden Bewegungen schwimmt. Die Puppe ist klein, hat einen schwarzen dicken Kopf, der kleine Hörner trägt, einen gefleckten rauhen Leib. Sie liegt ruhig an der Oberfläche des Wassers und bewegt sich zuweilen etwas hin und her. Diese Mücken sind lästige, gierige Blutsauger, wo sie zahlreich auftreten, wie an manchen Stellen der Themse, besonders im Stauwasser, wo sie uns neulich befallen haben, in dem Hafen von Dargham. Dort fand ich sie so lästig, daß ich froh war, aus den Sümpfen herauszukommen. Ja, ich habe Pferde gesehen, die so von diesen Mücken zerstochen waren, daß ihnen die Blutstropfen vom Körper fielen, da, wo sie von ihnen verwundet waren."

LINNÉ identifiziert DERHAMS Art im Systema Naturae mit seinem *Culex pulicaris* (= *Culicoides pulicaris*). Doch ist diese Identifizierung natürlich ganz unsicher; sicher ist nur, daß DERHAM eine kleine Art der Ceratopogoninae vermiformes, wahrscheinlich eine *Culicoides-*Art, beobachtet hat. In der Fauna suecica (1746, S. 328, Nr. 1117) versieht LINNÉ diese Identifikation auch mit einem Fragezeichen. Im Systema Naturae (ED. X. 1758) charakterisiert LINNÉ seinen *Culex pulicaris so:* „Alis hyalinis, maculis tribus obscuris. Faun. suec. 1117 ... Habitat in Europa; in America. Cursitat, mordet; relinquit punctum fuscum." Ausführlich hat LINNÉ in seiner Flora lapponica (1737, S. 365—366) die Plage geschildert, die sein „*Culex pulicaris*" hervorruft. Er nennt die Mücke hier *Culex lapponicus minimus* und fügt als schwedische Namen hinzu: „KNORT Lulensibus, SWIDKNOTTEN

Novaccolis, MOCKERE Lapponibus“. Nach kurzer Diagnose der Mücke fährt er fort:

„Circa occasum solis in pratis humidiusculis vel iuxta fluvios videbis horum gregem e longinquo constitutus, ac si effet densa nebula, sique ad eos perveneris vix spiritum attrahere poteris, quin isti cum aere nares & fauces repleant. Minus quam antecedentes in pugnam proni sunt, attamen molesti cursu continuo & titillante per faciem atque manus, & quodsi mordeant, licet minus sentiatur, relinquunt post se maculam rubram, quasi a morsu pulicis productam. Praecedentes muscas motu continuo manum abigere quodammodo possumus, has autem nullo modo, tam ob copiam, quam quoniam fere visu destituuntur; si quis lintea candida veste indutus incedat, ista mox ab harum obsessione nigra erit; si nigrae vero sint vestes, eas minus curant. Has muscas fumo Tabaci, ut & antecedentes duas, abigunt Lappones . . .“

„Um Sonnenuntergang sieht man auf feuchten Wiesen oder an den Flüssen ihre Massen schon von weitem wie dichte Wolken, und wenn man dorthin kommt, kann man kaum atmen, ohne daß diese Mücken mit der Luft Nase und Rachen erfüllen. Sie sind weniger kampflustig als die vorhergehenden (Stechmücken). Trotzdem sind sie lästig durch ihr dauerndes Umherlaufen und das dadurch hervorgerufene Kitzeln auf Gesicht und Händen. Man spürt ihren Stich weniger; dieser hinterläßt einen roten Punkt, wie ein Flohstich. Während man die Stechmücken durch dauernde Handbewegungen vertreiben kann, gelingt das bei diesen auf keine Weise, sowohl wegen ihrer Menge wie auch, weil man sie kaum sieht. Kommt jemand, der einen weißleinenen Rock trägt, so ist dieser bald schwarz von den darauf sitzenden Mücken; um schwarze Kleider kümmern sie sich weniger. Die Lappen vertreiben diese Mücken, wie die beiden vorhergehenden, mit Tabaksrauch.“

Wir wissen heute, daß der Mensch von zahlreichen Ceratopogoniden angegriffen wird. MAYER nennt u. a. (l. c. S. 58) die Gattungen *Acanthoconops, Culicoides (Oecacta, Haematomyidium), Forcipomyia, Holoconops, Lasiohelea, Leptoconops, Mycterotypus.* Vor allem die kleinsten Formen (1 bis 2 mm), die jedes Moskitonetz passieren können, werden stellenweise zu einer wahren Landplage für den Menschen; ihr Stich kann recht schmerzhaft sein; manche erreichen ihre größte Stechlust nach Sonnenuntergang, andere gerade in der Mittagshitze. Der Touristenverkehr wird in Gegenden mit starker Ceratopogonidenentwicklung stark beeinträchtigt; in Kalifornien leidet die landwirtschaftliche Arbeit unter den *Leptoconops*-Massen, *Culicoides obsoletus* vertreibt stellenweise die Sportfischer von den Gewässern. Ja, auf einigen pazifischen Inseln wurden im letzten Kriege die militärischen Operationen durch *Culicoides* stark behindert (WIRTH 1952, S. 96). Eine genaue morphologische Analyse der Mundteile von *Culicoides pulicaris* (L.) (sowie *C. vexans* STAEG. und *C. obsoletus* MG.) gab JOBLING (1928), ferner GOETGHEBUER (1923 c) für *Culicoides pulicaris, Kempia fusca* und *Stilobezzia gracilis,* vgl. auch die Arbeiten MACFIES und anderer. (Über die Wirkung des Stiches und Krankheitsübertragung durch Ceratopogoniden vgl. Kapitel IX dieses Buches, S. 628—634).[50] Für das Auftreten der Cerato-

[50] Über künstliche Ernährung im Laboratorium des normalerweise Pferde und Rinder stechenden *Culicoides nubeculosus* vgl. ROBERTS (1950).

pogoniden in den Tropen (Niederländisch-Ostindien) sei hier DE MEIJERE (1909, S. 193—194) zitiert:

„Die Tierchen sind besonders in der Nähe von Wasser zu finden. Sie sind offenbar in Indien sehr verbreitet, kommen aber lokal häufiger vor, so daß sie an mehreren Orten selten sind, an anderen dahingegen sehr hinderlich. Dr. SALM beobachtete sie auf seinen Reisen in der Residenz Palembang sowohl auf Ruderbooten als auf dem Dampfschiffe nur selten, doch konnte man sie abends beim Lichte der Lampe erhaschen. Dagegen waren sie bei seinen Reisen in der Residenz Djambi, bei ähnlichen Verhältnissen von Terrain und Flüssen, eine echte Plage. Auf einer Reise von Rantau Pandjang, einem kleinen Biwak am Tabirflusse, nach Muara Tambesi am Djambiflusse, welche Reise mit dem Ruderboot 2 Tage in Anspruch nahm, war ihre Anzahl entsetzlich groß, so daß Hände und Gesicht unaufhörlich gestochen wurden, und letzteres durch Zusammenfließen von Hautblasen aussah, als ob Herr SALM von Wespen gestochen wäre. In anderen Fällen machen sie das Baden beim Tage geradezu unmöglich, weil sie, sobald man sich entkleidet hatte, von allen Seiten über einen herfielen, so daß man damit bis zum Abend warten muß, so lange bis die Tierchen sich zur Ruhe begeben hatten. Dann ist aber Eile bei der Sache, denn wenn man zu lange wartet, dann kommen die Culiciden hervor. Wollte man welche fangen, so genügte es öfters (z. B. in Muara Tambesi), sich im Sonnenschein auf ein im Flusse liegendes Floß zu begeben und einen entblößten Körperteil vorzuzeigen; auch ein badender Inländer ergab bald eine reichliche Ausbeute. Auch abends bei der Lampe kann man öfters in kurzer Zeit mehrere Arten sammeln."

MAYER schreibt (1943, S. 44): „Gleich ob man sich im tropischen Sumpfgebiet oder in den Tundren Lapplands befindet, überall sind die Gnitzen anzutreffen. Daß sie in verschiedenen Sprachen und Idiomen mit eigenen Vulgärnamen bezeichnet werden, beweist das wenig erfreuliche Ansehen, das sie dort genießen. Im hohen Norden Lapplands bezeichnet man sie als ‚Svid-Knott', in den tropischen Gegenden Westafrikas als ‚Atita'. In Amerika von den Indianern werden sie ‚No-see-um' oder ‚Punkie', in Südamerika ‚Miruim' oder ‚Jejen' genannt. In Indien kennt man sie unter ‚Machhri' und ‚Eutki', in Japan unter ‚Makunagi' und ‚Nukaga'. Auf den Marquesas-Inseln fürchtet sie der Eingeborene als ‚nono puritia', als ‚Quälgeist' oder ‚Schinder' in Kamerun. In den englisch sprechenden Ländern werden sie mit den Phlebotomen zusammen als ‚Sandflies' bezeichnet."[50a] Auch die Haus- und Nutztiere des Menschen werden von Ceratopogoniden geplagt. MAYER nennt (l. c. S. 58) unter genauer Angabe der einschlägigen Literatur *Microconops* und *Thersesthes* von Kamelen, *Culicoides* von Stieren, Büffeln, Pferden, Eseln, Kamelen, Ziegen, Gazellen, Hühnern. Über die in der Sahara den Menschen und seine Haustiere stechenden Ceratopogoniden sowie über die Ceratopogonidenplage an den Sandküsten Amerikas vgl. die Angaben bei SÉGUY (1950, S. 412). Plastisch ist die Beschreibung, die JACOBSON vom Auftreten von *Culicoides guttifer* DE MJ. in seinem Hühnerstall in Java gibt

[50a] Der im Papyrus Evers genannte „a r o b" ist als eine Art der Gattung *Leptoconops* anzusehen. (Mündliche Mitteilung Dr. K. MAYERs.)

(DE MEIJERE 1909, S. 195): „Zahlreich fing sie JACOBSON im Hühnerstall, wo sie zu Tausenden vorkommen und den Hühnern die ganze Nacht hindurch keine Ruhe ließen. Die Hühner schüttelten fortwährend ihren Kopf und pickten nach ihren eigenen Füßen, als sie von diesen Quälgeistern geplagt wurden, welche zwischen die Federn krochen und dort Blut saugten.

Bei einem weißen Huhne sah JACOBSON die Federn voll kleiner Blutstropfen, verursacht durch die zerquetschten Stechmückchen. Er versuchte, den Hühnern nachts Ruhe zu geben dadurch, daß er neben dem Stalle ein glimmendes Feuer anzündete, dessen Rauch die Mücken in die Flucht treibt."

Ceratopogoniden saugen aber nicht nur an Warmblütern. Über den Befall von Fröschen durch Ceratopogoniden berichtet kurz schon MAYER (l. c. p. 58). Ausführlich schildern C. DESPORTES und H. HARANT (1939/40) den Befall von *Rana esculenta* (und anderer Batrachier) durch *Forcipomyia velox* WINN., die wahrscheinlich auch der normale Überträger des im Froschgewebe häufigen Nematoden *Icosiella neglecta* ist. Ja, sogar an Regenwürmern wurden zwei *Culicoides*-Arten *(C. oxystoma* und *peregrinus* JOH.) saugend gefunden (MAYER, l. c. S. 58; MALLOCH 1915, S. 309).

Am häufigsten fallen andere Insekten den blutsaugenden Chironomiden zum Opfer. Eine tabellarische Aufstellung gab schon MAYER (l. c. S. 58, 59). Sie ist im folgenden durch Angabe neuerer Beobachtungen ganz wesentlich ergänzt und erweitert.[51]

Ceratopogonide	Opfer	Herkunft	Literatur
	E p h e m e r o p t e r a, P l e c o p t e r a:		
Palpomyia	*Baetis* und Perliden		EDWARDS 1923
	O d o n a t a:		
Pterobosca aeschnosuga (DE MEIJ.)	*Anax magnus* RAMB., *Procordulia artemis* LIEFT., *Orthetrum pruinosum* BURM., *Zygonyx ida* SELYS	Java	DE MEIJERE 1923, MACFIE 1932
Pterobosca adhesipes MACFIE	*Agrionoptera insignis allogenes* TILL., *Hemicordulia silvarum* RIS., *Orthetrum salina* DRURY, *Lestes praemorsus* SELYS, *Orthetrum chrysia* SELYS, *Raphismia bispina* HAGE	Neuguinea Kariman Djava Island (zwischen Borneo und Java)	
	Tramea limbata DESJ., *Agrionoptera insignis similis* SELYS, *Tolymus tillarga* FABR., *Hemicordulia* sp.	Ponape Island (Mikronesien)	TOKUNAGA 1940 c

[51] Vgl. auch WIRTH 1952, S. 242.

Ceratopogonide	Opfer	Herkunft	Literatur
	Tolymus tillarga FABR., *Diplacodes bipunctata* BRAUER, *Hemicordulia* sp.	Kusai Island (Mikronesien)	
	Lestes praemorsus SELYS, *Orthetrum sabinae* DRURY, *O. chrysis* SELYS, *Raphismia bispina* HAGEN, *Hemicordulia silvarum* RIS., *Agrionoptera insignis allogenes* TILLYARD	Karolinen	TOKUNAGA 1940c
Pterobosca feminae TOK.	*Agriocnemis femina* BRAUER	Palau-Inseln	TOKUNAGA 1940c
Pterobosca mollipes MACFIE	*Trithemis arteriosa*	Liberia	MACFIE 1932
Pterobosca odonatiphila MACFIE	*Gynacantha Kirbyi* KRÜGER und *G. moscaryi* FÖRSTER	Neuguinea	MACFIE 1932 MAYER 1936a
Pterobosca ariel MACFIE	*Orthetrum sabina* DRURY	Molukken	MACFIE 1932
Pterobosca esakii TOK.	*Tramea limbata* DESJ., *Pantala flavescens* FABR., *Tolymis tillarga* FABR., *Diplacodes bipunctata* BRAUER	Charanka Saipan Island (Mikronesien)	TOKUNAGA 1940
Pterobosca paludis MACFIE	*Lestes sponsa* KIRBY, *Coenagrion pulchellum* LIND, *Somatochlora flavomaculata* VANDERL.	England Frankreich	MACFIE 1936 MAYER 1937
Lasiohelea samoensis EDW.	*Orthetrum signiferum* LIEFT. und *villosovittatum* BRAUER	Molukken	MACFIE 1932
	Notoneura salomonis SELYS „wing of a dragonfly"	Neuguinea Samoa	
Lasioheles pennambula MACF.	*Orthetrum signiferum* LIEFT.	Molukken	MACFIE 1932
	Orthoptera, Phasmidae:		
Phasmidohelea ixodoides FIEBR.-GERTZ	Unbestimmte Art	Paraguay	FIEBRIG-GERTZ 1928
Phasmidohelea obesa DA COSTA LIMA	Unbestimmte Art	Brasilien	DA COSTA LIMA 1928
Phasmidohelea crudelis MAYER	*Crenoxylus spinosus* F.	Costa Rica	MAYER 1937
	Pseudophasma bequaerti REHN	Columbien	MAYER 1938b
Phasmidohelea Wagneri SÉGUY	*Bacteria* sp.	Brasilien	SÉGUY 1950, S. 214
Phasmidohelea sp.[52a]	„*Phasmid* sp."	Westindien	WILLISTON 1908
	Neuroptera:		
Forcipomyia (Lasiohelea) chrysopae MAYER[52b]	*Chrysopa perla, Ch.* sp.	Thüringen Schweden	MAYER 1933a MAYER 1934c MAYER 1937

[52a] *Phasmidohelea* ist als Subgenus von *Forcipomyia* aufzufassen (MAYER).
[52b] *F. chrysopae* und *eques* sind vielleicht identisch (TJEDER 1936, S. 85).

Ceratopogonide	Opfer	Herkunft	Literatur
Forcipomyia eques JOH.	*Chrysopa perla* L., *Ch. vittata* WESM., *Ch. ventralis* CT., *Ch. phyllochroma* WESM., *Ch. flavifroms* BR.	Finnland Schweden Tirol	EDWARDS 1924 b TJEDER 1936
	Melosoma u. a. Neuropteren	USA	JOHANNSEN 1908 EDWARDS 1924 b
Forcipomyia fuscicornis COQ.	*Chauliodes*	USA	MALLOCH 1915 a
	Coleoptera:		
Atrichopogon rostratus WINN.	*Meloe violaceus* und *M. proscarabaeus*	Finnland Dänemark Berlin	EDWARDS 1923 STORÅ 1937 MAYER 1937
Atrichopogon meloesugans K.	*Meloe majalis*	Algier	PEYERIMHOFF 1917
Atrichopogon oedemerarum STORÅ	*Oedemera flavescens, Chrysanthia viridis, Ch. viridissima*	Finnland	STORÅ 1939
	Hymenoptera, Tenthredinidae:		
Forcipomyia crudelis KARSCH	Gen.? spec.? Larve	Deutschland	KARSCH 1886 vgl. MAYER 1934 c
	Lepidoptera: Raupen		
Forcipomyia fuliginosa MG.[53]	Sphingide *Deilephila galii*	Ungarn	EDWARDS 1923 MACFIE 1932
Forcipomyia hirtipes DE MEIJ. (? *australiensis* K.)	*Papilio clytia, Othreis fulonica*	Ceylon Samoa	MACFIE 1932
Forcipomyia crudelis KNAB (*tropica* K.)	Gen.? spec.?	Mexico	MACFIE 1932
Forcipomyia erucicida KNAB	„*Papayasphinx*" *Erinnyis ello*	Florida	PEYERIMHOFF 1917 MACFIE 1932
Forcipomyia squamosa LUTZ	Sphingide	Peru Brasilien	PEYERIMHOFF 1917 MACFIE 1932
Forcipomyia propinqua WILL.	Geometride *Melanochroia geometroides*	Nordamerika	PEYERIMHOFF 1917 MACFIE 1932
Forcipomyia eriophorus WILL.	*Melanochroia geometroides*	Nordamerika	BAKER 1907
Forcipomyia hirtipes DE MEIJ.	*Papilio polytes* L.	Formosa	TOKUNAGA 1940 b
	Lepidoptera: Schmetterlinge, Flügel		
Atrichopogon (Kempia) infuscus GOETGH.	*Stauropus fagi* L.	Lugano	VOGEL 1931
Forcipomyia auronitens K.[54]	*Cidaria didymata, Pieris napae, Liparis monacha* usw.	Europa	EDWARDS 1923 PEYERIMHOFF 1917 MACFIE 1932
Forcipomyia (Lasiohelea) pectinunguis DE MEIJ.	*Miltochrista cruciata, Simplicia marginata* Sphingide	Kusaie Island Karolinen Sumatra	TOKUNAGA 1940 MAYER 1933 a

[53] Syn. *alboclavata* KIEFF., *canaliculata* GOETGH.

[54] Syn. *tonnoiri* GOETGH., *papilionivora* EDW.

Zu der Tabelle noch folgendes: Es sind bei jeder Art nicht sämtliche Literaturstellen angegeben; aber mit dem angegebenen Zitat findet man, wenn nötig, leicht das weitere.

Nicht aufgenommen sind im einzelnen die Dipteren, die von Ceratopogoniden überfallen werden. Denn sieht man sich die Liste MAYERS (1933 a,

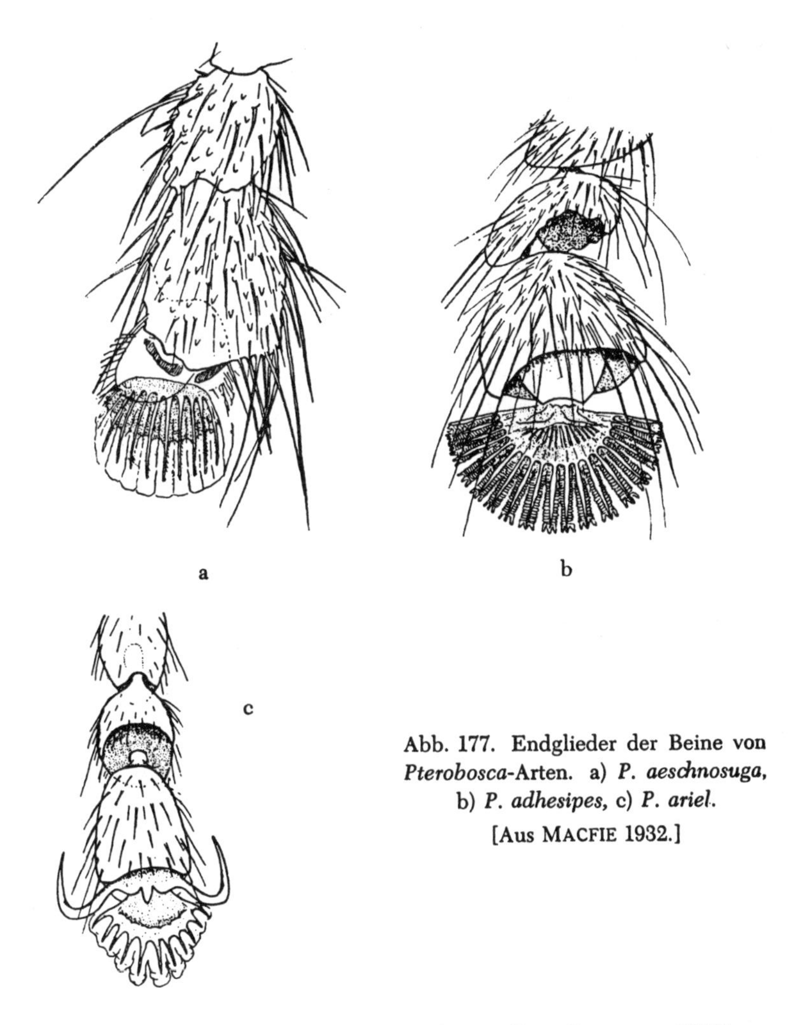

Abb. 177. Endglieder der Beine von *Pterobosca*-Arten. a) *P. aeschnosuga*, b) *P. adhesipes*, c) *P. ariel*. [Aus MACFIE 1932.]

S. 59) an (vgl. auch PEYERIMHOFF 1917 und vor allem EDWARDS 1920), so werden sehr viele Nematoceren von Ceratopogoniden ausgesogen (*Culex*, *Anopheles*, von Chironomiden *Tanypus*, *Tanytarsus*, *Cricotopus*, *Trichocladius*, *Orthocladius*, *Camptocladius* usw.); als Räuber werden die Gattungen *Ceratopogon*, *Culicoides*, *Stilobezzia*, *Serromyia*, *Bezzia*, *Psilohelea* genannt; sicher läßt sich bei genaueren Beobachtungen diese Liste sowohl der Opfer wie der Räuber sehr erweitern.

Im allgemeinen handelt es sich bei den Ceratopogoniden um eine vorübergehende Blutentnahme, die dem befallenen Tiere nichts schadet; aber natürlich ist bei kleineren Insekten der Stich tödlich. Kleinere Formen werden in Abdomen oder Thorax gestochen, bei größeren geflügelten Insekten, wie Schmetterlingen, *Chrysopa*, Libellen, wird die Flügeläderung, meist nahe der Flügelbasis, angestochen (vgl. die Abbildung in MAYER 1936 a).

Aber es gibt auch Ceratopogonidenimagines, die zu echten Ectoparasiten geworden sind. Schon die auf Odonatenflügeln sitzenden Mückchen der *Pterobosca*-Arten zeigen Anpassungen in Richtung auf den Ectoparasitismus. Die weit ausgestreckten Beine liegen mit den Tibien und Tarsengliedern dem Libellenflügel flach auf. Das Empodium besteht aus einer zentralen

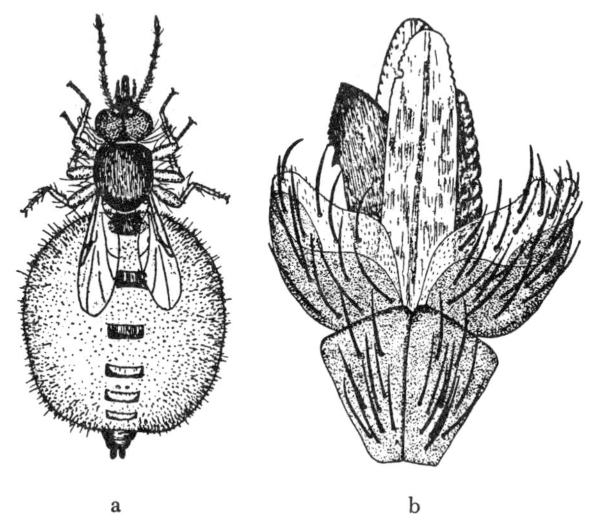

Abb. 178. *Phasmidohelea crudelis.* a) Weibchen, b) Mundwerkzeuge des Weibchens. [Aus MAYER 1938 b.]

Chitinplatte, von der Strahlen ausgehen, darunter liegt eine gewölbte Chitinmembran, die mit Reihen feiner Börstchen versehen ist (Abb. 177). Durch die Mundwerkzeuge werden die Mücken so fest im Flügelgeäder der Libelle verankert, daß der Kopf stets abreißt, wenn man die Mücke noch so vorsichtig vom Flügel zu lösen versucht. Wahrscheinlich kann das lebende Tier die durch die Blutflüssigkeit der Libelle bewirkte feste Bindung durch austretende Speichelflüssigkeit lösen (MAYER 1936 a).

Echte Ectoparasiten sind die an Antennen, Thorax und Abdomen von südamerikanischen Phasmiden saugenden ixodesähnlichen *Phasmidohelea*-Arten (vgl. FIEBRIG-GERTZ 1928; DA COSTA LIMA 1928; MAYER 1933 a, 1937, 1938 b; SÉGUY 1950, S. 214) (Abb. 178). Die Flügel sind stark reduziert, das Abdomen ist beim reifen Tier kugelförmig aufgetrieben und übertrifft die ursprüngliche Körpergröße um ein Vielfaches. Bemerkenswert sind die Mundwerkzeuge (Abb. 178 b). „Die Mandibeln sind groß und mit starken Zähnen versehen. Die Galea zeigt an Stelle der feinen Zahnreihe Wülste, die einen festeren Halt gewähren. Das Labium bildet eine Sauggloeke“ (MAYER 1938b, S. 14). Bei dem Blutdurst der Ceratopogonidenweibchen ist es kein Wunder, daß sie ihre eigenen Familiengenossen anfallen; so wurde (nach EDWARDS 1923) *Culicoides* ein Opfer von *Ceratopogon, Isohelea, Probezzia; Serromyia* und *Stilobezzia* saugten *Bezzia, Stilobezzia* saugte *Palpomyia* aus. Ja, es kommt vor, daß die Weibchen ihre eigenen Männchen bei oder nach der Kopula aussaugen. MAYER (1933 a, S. 59, 60) beobachtete folgendes:

„In einem Zuchtglase befanden sich 6 ♀♀ und 5 ♂♂ von *Bezzia annulipes* MG. Nach 2 Tagen lagen alle Männchen tot im Zuchtglase. Auf einem Männchen, das auf dem Rücken lag, stand ein Weibchen mit gespreizten Beinen und stach dem Männchen in die Kopulationsorgane. Nachdem es da einige Zeit gesaugt hatte (das Abdomen wurde zusehends dünner), stach es zweimal in den Thorax und saugte wiederum. Dann stach es dem Männchen zweimal in das linke Auge, wobei es anscheinend wiederum saugte. Am Schluß war das Männchen vollkommen ausgesogen und das Weibchen flog fort.“

Ähnliche Fälle beobachtete EDWARDS (1923) bei *Ceratopogon* und *Serromyia*, GOETGHEBUER (1914 a) und vor ihm schon STAEGER (1838) bei *Johanniseniella nitida.*

2. Schwärmen und Paarung

Das Schwärmen der Chironomiden ist eine auch dem Laien auffallende Erscheinung (vgl. S. 3). Vor allem an den eutrophen Seen des Baltikums erreicht es, insbesondere im Frühjahr, gewaltige Ausmaße (THIENEMANN 1924). Eine klassische Schilderung dieses Phänomens hat WESENBERG-LUND (1943, S. 515) für *Chironomus anthracinus* ZETT. *(liebeli-bathophilus* K.) des dänischen Esromsees gegeben.

„An Sommerabenden bilden sie über dem großen Gribwald Wolken, die bisweilen eine Länge von 7 km erreichen und deren Breite ich nicht anzugeben vermag. Die Wolken bieten einen geradezu phantastischen Anblick; von ihrer Oberfläche heben sich Kuppeln empor und formen sich langsam zu mehrere Meter hohen Säulen um, die im leichten Sommerwind hin- und herwogen, sich lichten, um sich oben wie Pinienkronen auszubreiten und sich schließlich auflösen, um anderen Säulen Platz zu machen. Die Erscheinung dauert bis zum Anbruch der Nacht; die Chironomidenwolken leuchten rotgolden in der Abendsonne und verschwinden nach Sonnenuntergang allmählich im zunehmenden Dunkel, während sich der obere, von den letzten Strahlen getroffene Teil der Säulen noch goldglänzend vom hellen Abendhimmel abhebt. Der Wolkenteppich sendet andauernd neue Säulen nach oben und ist dabei in ununterbrochener, wellenförmiger Bewegung wie ein von mächtiger Dünung bewegtes Meer.

Am folgenden Morgen ist die Vegetation mit unglaublichen Mengen von Chironomiden, und zwar fast ausschließlich mit Männchen bedeckt; auf einem einzigen Buchenblatt sitzen zuweilen an die hundert Mücken, auf Zweigen und Grashalmen bilden sie dichtgeschlossene Reihen, in denen das Vorderende eines Tieres an das Hinterende des nächsten stößt. Geht man durch den Wald, so werden die Mücken überall aufgescheucht; sie umschwärmen einen in solchen Mengen, daß es eine Qual ist, und daß man die nächste Umgebung nur wie durch einen Schleier sieht. Die Bevölkerung der Umgegend kennt das Phänomen sehr wohl und hütet sich, an solchen Tagen mit Pferden durch den Wald zu fahren; die Mücken würden die Pferde dort in unzähligen Scharen überfallen, ihnen in Augen, Ohren und Nasenlöcher dringen und sie zur Raserei bringen.

Man weiß auch, daß zweierlei Schwärme aus dem See kommen, ein Schwarm mit großen, schwarzen Mücken im Frühsommer, ein anderer mit kleineren, gelblichen Mücken im Hochsommer. Die großen Mücken sind *Chironomus liebeli-bathophilus*, die kleineren *Corethra plumicornis;* letztere bieten keinen imponierenden Anblick wie die Chironomidenschwärme. In der Zeit zwischen den beiden Schwärmen und nach dem Verschwinden des zweiten Schwarmes kann man am See aber häufig kleinere Schwärme beobachten, die aus Chironomiden von geringerer Größe und meist grünlicher Farbe bestehen; die Larven dieser Arten sind in der Uferzone heimisch. Die Mücken der großen Schwärme bedecken nach dem Absterben das Wasser und werden von den Wellen zu einem meterbreiten Gürtel am Ufer zusammengeschwemmt."

Als Gegenstück zu dieser Schilderung des Massenschwärmens von *Chironomus anthracinus* die „Haffmücken", die die Ostsee und die Haffe bevölkernde Form von *Chironomus plumosus* (L.). Schon LINNÉ hat (1745, S. 40, 86, 160) das Massenauftreten dieser Mücken auf Öland beschrieben; ausführliche Schilderungen von der Kurischen Nehrung über das Mückenjahr 1935 gab ich (1936 f.) auf Grund der Aufzeichnungen JOHANNES THIENEMANNS und Dr. SCHÜZ' (Rossitten) (in dieser Arbeit auch verschiedene instruktive Abbildungen). Ich gebe hier zwei mir von Herrn Dr. SCHÜZ freundlichst überlassene Auszüge aus dem Tagebuch der Vogelwarte Rossitten für die Jahre 1937 und 1942, die meine Veröffentlichung von 1936 ergänzen.

1937. „Auf Rückfahrt von Sarkau nach Rossitten (24 km) 11. Juni 20 bis 22 Uhr im Dämmer ein gewaltiger H a f f m ü c k e n f l u g, besonders dort, wo Pflanzenwuchs fehlt und die Nehrungsstraße von wenig mehr als mannshohem Kiefernstreif begleitet ist. Die Mücken hängen in schwingenden, schwelenden, schmutzigbraunen Wolken über dem Gezweig und bilden stellenweise durchaus undurchsichtige Haufen, so daß man ein Bild wie bei einem schweren Brand hat. Der Haffmückenflug ist sicher nicht so stark wie vor 2 Jahren, aber trotzdem gewaltig. Es ist ein ganz geringer östlicher Wind, und das Wirbeln und Schwingen der Flüge muß bis zu einem gewissen Grade aerodynamisch bedingt sein. Wenn der Wind durch die Kiefernwipfel streicht, entstehen gewiß tausend Einzelwirbel und eine starke Unruhe, man glaubt auch oft zu sehen, wie einzelne besonders starke Windstöße den Flug fassen und ein paar Meter weitertreiben, so daß die Ballung einen Augenblick dichter wird, sich aber dann verliert. Wunderbar ist das offenbar jedesmal stattfindende Zurückschwingen, es scheint nur wenig ‚verloren' zu gehen, die einzelnen Trupps, oft getrennt durch Schneisen im Gebüsch oder andere Markierungen der Oberfläche, scheinen Individualitäten zu sein — bis zu einem gewissen Grade. Am folgenden Tag verfolgte ich die Vorgänge an einem Schwarm am Vowa-Bauplatz näher. Die Mücken schweben mit Gesicht gegen Wind in Hauptsache, es findet auch ein wohl aktives Abschwenken mit Schräglage statt. Man beobachtet oft langes Verweilen der Einheiten wie Einzeltiere am Ort, dann ein allgemeines Abgetriebenwerden, das aber nach ein paar Metern ein Ende nimmt, und jenseits der allmählich geschlossen weggleitenden Masse sieht man dann eine zweite Zone zurückwirbelnder Tiere in großem Tempo. Es sieht so aus, als ob man sich passiv wegtragen läßt, dann aber, vermutlich instinktiv und von den Artgenossen beeinflußt, wohl kaum aerodynamisch, an einem gewissen Endpunkt ein ‚Genug' empfindet und mit beachtlicher Geschwindigkeit aktiv zurückstrebt. Was alles dabei mechanisch ist und was eine Art Herdentrieb, ist nicht immer so leicht zu sagen, man müßte wohl mehr Windströmungsforscher sein und auch experimentell eingreifen. In mancher Hinsicht wird man erinnert an die schlagartige Reaktion eines Strandläuferschwarms bei Schwenkungen. Bei den Mücken ist natürlich weniger Ordnung, es ist weniger ineinandergefügt, mehr Masse, aber es scheint, als ob ein Funke mit derselben Plötzlichkeit zündete. — Offenkundig ist bei mäßigen Winden die Vorliebe für Windschatten nicht erheblich, wohl aber bei stärkeren (und kälteren, wie am nächsten Abend, als NW aufkommt?). — Da wir in diesem Frühjahr wohl auch eine mäßig lange warme Zeit, dann aber wieder äußerst ungemütliche Tage hatten, habe ich mit Haffmückenflug nicht gerechnet. Es ist jedenfalls nicht so, daß ein Abschnitt niedriger Wärmegrade den Massenflug zunichte machen kann. Bevorzugung des Ostwindes wohl außer Frage, wohl weil bequem aus Haff ans Ufer getragen."

11. Juli 1942. „Nachdem schon der Juni mit einem übernormalen Stechmückenbefall (im Wald zum Teil *Aëdes)* überrascht hatte, seit 5. Juli ein Haffmückenbefall man möchte sagen ‚Stärke 12'. Wie ist das nach so kalten Wintern und vor allem so lang kaltem Frühjahr zu erklären? An den letzten 2 Abenden wohl Höhepunkt, mehr kann es nicht werden. Nach Sonnenuntergang ein gelbgrauer Rauch vom Straßengrund bis über die Baumwipfel, so dicht, daß man stellenweise nicht weiter als 30 m sehen kann. Wenn man dagegen anläuft, prickeln tausend weiche Geschosse gegen einen. Zu der gewaltigen Musik gesellt sich eine Art süßlicher Stallgeruch wie von sich zersetzendem Mist. Die Beschickung ist örtlich sehr verschieden, da alles die Leeseiten aufsucht. Gut eingewachsene Plätze, wie der Eingang zur Vogelwarte mit Fichten und Lindengebüsch, sind am meisten übersät, und der Reichtum geht einem auch am Tage fast über den Spaß. Weiße Kleider zu tragen, empfiehlt sich nicht, denn irgendwo fangen und zerquetschen sich Mücken doch, auch wenn man möglichst sachte durch die aufsteigenden Wolken schreitet. An einer besonders windgeschützten Stelle, Gartenzaun der Vogelwarte, Eingangspforte, hat sich gestern abend auf die Fläche von fast 1 qm in ausgetretener Bodenstelle ein mehrere Zentimeter hoher, dicker, lebender Brei angesammelt. Hier fielen Tausende nieder, und man konnte die Hand drin verstecken und den vollen Brei schöpfen. Pflanzen, Wände, Zäune seit Tagen getüpfelt von den Ausscheidungen, Fensterputzen wenig zweckvoll. Bestimmte Hausseiten nach Windstand bevorzugt, auch sind Südseiten unbeliebt, da Besonnung nicht gern ertragen wird, was bei den fleischig-feuchten Leibern verständlich. Offenbar sind auch die verschiedenen Unterlagen sehr verschieden beschickt. Gewisse Rauhigkeit wie an Hausputz und Holz erwünscht. Aber auch recht glatte Stützstangen von Bäumen werden dicht besetzt. Gartenzäune sind bevorzugt. Maximaldichte wird anscheinend nicht überschritten, Verteilung ist nur in gewissen Grenzen variabel. Die langen Beine brauchen Platz. Unter 100 durchgezählten Stück gestern abend an Kinderzimmerfenster (nach O, Wind N—NW) nur 15 ♀♀ gezählt."

Die Mückenplage der Zuidersee (Ijsselmeer) wird später (S. 626) behandelt werden. Als drittes Beispiel für das Massenschwärmen der Chironomiden eine Beobachtung aus den Tropen. Während der Deutschen Limnologischen Sunda-Expedition saßen wir am Abend des 28. Januars 1929 in unserem „Laboratorium" am Ranausee in Südsumatra. Wir hatten dies Laboratorium in dem überdachten, aber sonst offenen Gang zwischen Wohnhaus und Wirtschaftsgebäuden des Rasthauses aufgeschlagen, das uns von einem Plantagenunternehmen zur Verfügung gestellt war. Unsere Lampen — Primusbrenner, darüber ein flacher Schirm — brannten; aber allmählich ließ das Licht immer mehr nach. Meine Tagebuchnotiz lautet: „Heute ‚Großflugtag' an unserer Laboratoriumslampe. Erst kamen winzige Ephemeriden

Abb. 178 A. Straßenlaterne am „Kleinen Kiel" in Kiel, die Glocke fast zur Hälfte mit angelockten und abgetöteten Chironomidenimagines angefüllt.

in Massen, dann dazu vielerlei verschiedene Trichopteren, schließlich kleine grüne *Tanytarsus* in solchen Wolken, daß wir das Feld räumen mußten. Am anderen Morgen lagen solche Massen *Tanytarsus* tot oben auf der Lampe, daß ich einen Zylinder 10 × 3 cm voll gefüllt habe."[55] Burill (1913, S. 67) berichtet, daß Chironomidenschwärme zu Zeiten die Arbeiten in einem

[55] In welchen Massen auch bei uns durch Licht Chironomidenimagines angelockt und abgetötet werden, zeigt eine Notiz und ein Bild in den Kieler „Neuesten Nachrichten" vom 15. Juli 1931. Da fingen sich die aus dem „Kleinen Kiel" ausschlüpfenden Chironomiden in den Glocken der Straßenlaternen in solchen Mengen, daß diese Glocken fast zur Hälfte mit toten Mücken angefüllt waren (Abb. 178 A).

wissenschaftlichen Laboratorium am Lake Michigan unmöglich machten. Es handelte sich in Ranau um zwei Arten der Gruppe „*Rheotanytarsus anomalus*“, deren Larven im Litoral des Ranausees sehr häufig waren, und deren Exuvien in diesen Tagen die Seeoberfläche bedeckten, *Rheotanytarsus additus* (JOH.) und *trivittatus* (JOH.) (vgl. ZAVŘEL 1934, S. 150—151). Hier seien schließlich noch A. BEHNINGS Beobachtungen (1929, 1936) über die Massenentwicklung der gelegentlich „leuchtenden“ (vgl. S. 276) *Chironomus*-Art des Kaspi-Aral-Bassins, *Chironomus behningi* GOETGH., angeführt. Über den Tschalkarsee berichtet er (1929, S. 63—64):

„Namentlich entlang dem Westufer des Sees, das ganze mit *Artemisia maritima, Agropyrum ramosum, cristatum* und anderen Pflanzen bewachsene Ufer bedeckend, erregten sie durch ihre Menge das Erstaunen aller unserer daselbst arbeitenden Biologen. Ein Abkäschern der genannten Pflanzenbüsche lieferte uns im Laufe von nur einigen Minuten ein 500 g fassendes Glas voll von ausschließlich dieser einen Chironomidenart (♀♀ und ♂♂). Beim langsamen Fahren über die Steppe fliegen sie, vom Pferde aufgetrieben, mit einem ziemlich hochtönenden Summen einige Meter in die Höhe, um sich dann gleich wieder auf den Wagen mit seinen Insassen, auf das Pferd usw. haufenweise niederzusetzen. Auf eine ebenfalls interessante und sonst von mir nie beobachtete Tatsache, nämlich die, daß die Uferschwalben und Möwen in ganzen Scharen das Ufer entlangfliegen, fortwährend Chironomiden fangend und so in großer Anzahl sich von denselben nährend, sei ebenfalls hierbei hingewiesen.“ Und über den Massenflug der Art am Aralsee — August, September — schreibt er (1936, S. 245—246): „Besonders große Mengen konnten wir am 22. bis 26. August 1932 und auch zur selben Zeit 1933 sowie dann noch Anfang September (9. September 1933) beobachten, und zwar namentlich im nördlichen Teil des zentralen Meeres (Insel Barsa-Kug-Aral) und im ‚Kleinen‘ Meere. Diese Massenflüge sind nun staunenerregend. Ich konnte Fälle beobachten, wo im Wachtraum des in offener See am Anker übernachtenden Dampfers, wo eine kleine Wachtlaterne brannte, solche Mengen von Chironomiden sich bis zum Morgen sammelten, daß sie eimerweise und mit Besen am Morgen entfernt wurden. Natürlich hatten sie längst alle Petroleumlichter gelöscht. Man kann zur Zeit dieser Massenflüge nicht schlafen, da erstens der Lärm, welchen sie durch ihre Flügelbewegung ausführen, und zweitens das Jucken, welches die überall hinkriechenden Tiere verursachen, ein solches ganz unmöglich machen. In der Stadt Aralsk selbst, am nordöstlichen Teil des Meeres gelegen, finden solche Massenflüge ebenfalls zu dieser Zeit an stillen Abenden statt. Man kann dann an allen dem Luftzuge entgegengesetzten Wänden eine dicke Schicht, ausschließlich von dieser Chironomidenart gebildet, beobachten. Und in allen Zimmern sitzen sie an Wänden und Lagern, nach sich kleine grüne Kotflecke hinterlassend. Auch hier trachten den erwachsenen Tieren eine Menge Vögel (Schwalben, Seeschwalben, Möwen, Bachstelzen u. a.) nach.“

Vom Njassasee liegt mir eine Fliegeraufnahme der Schweizerischen Luftverkehrs AG. „ad Astra — Aëro“ vor. Wie eine „Windhose“ steht da ein Mückenschwarm über der Seeoberfläche; und lockere Mückenschwärme verdunkeln einen Teil des Sees.

Schon oben (S. 3) wies ich darauf hin, daß Massenschwärme der Chironomiden, die mit Rauchwolken vergleichbar sind, vielfach Veranlassung zur

Alarmierung der Feuerwehr gegeben haben. So wurde am Haff die Fischhausener Feuerwehr vor Jahren einmal alarmiert, weil der Kirchturm brenne. Es waren die Mücken! Die Bürger von Fischhausen haben daher den Namen „Müggepritscher" bekommen, den sie gar nicht gerne hören (SELLNICK, in litt.).[55a] Am 27. August 1911 eilte in Frankfurt (Main) die Feuerwehr zu dem in „Rauchwolken" — d. h. Chironomidenschwärme! — eingehüllten Schauspielhaus (R. R. 1927). In Plön täuschten 1923 Chironomidenschwärme einen Brand der Altstädter Kirche vor (THIENEMANN 1924), ebenso 1948, im Juni; diesmal konnte der Sünder auch artlich festgelegt werden, es war *Tanytarsus gregarius* K. (= *bathophilus* K.) (HARNISCH 1950). Aus dem finnischen Schärenhof berichtet SEGERSTRÅLE (1948, S. 370), daß in der Zoologischen Station Tvärminne eines Sommertags Alarm geschlagen wurde, da über dem Dach eines Hauses auf einer nahen Insel große Rauchwolken aufzusteigen schienen. Aber die Rettungsexpedition kam schnell zurück; denn die „Rauchwolken" bestanden aus unzähligen schwärmenden Chironomiden. In Kopenhagen wurde nach einer Zeitungsnotiz 1918 eine dichte „Rauchwolke" am Aussichtsturm des Zoologischen Gartens beobachtet. Die Feuerwehr wurde alarmiert; aber es war ein gewaltiger Mückenschwarm! Und in Jönköping, am Vättern, war am Abend des 2. August 1931 der obere Teil des Turmes der Kristinakirche wie von leichten Rauchwolken umgeben; auch hier rückte die Feuerwehr mit zwei Brandautos an — vergebens; denn auch hier war es „Rauch ohne Feuer", ein Riesenmückenschwarm! (Sydsvenska Dagbladet Nr. 207 vom 3. August 1931.)

Im allgemeinen bestehen die Chironomidenschwärme ausschließlich oder fast ausschließlich aus Männchen; das Schwärmen geht der Kopulation voran, die Weibchen dringen einzeln in die Männchenansammlungen ein und die kopulierenden Paare verlassen den Schwarm. Bei einer Ceratopogonide, die er als *Palpomyia brachialis* HAL. bestimmte und die wahrscheinlich identisch mit GOETGHEBUERS *P. nemorivaga* ist, beobachtete EDWARDS (1920 a), daß die Schwärme ausschließlich aus Weibchen bestanden. Beim Fliegen, und nur dann, stülpten diese Mücken eigentümliche, rötliche, paarige Schläuche aus. Je ein Paar an der Basis der Segmente 5 bis 7; jeder dieser Schläuche war ungefähr so lang wie drei Abdominalsegmente; zwischen dem 7. und 8. Segment entspringt ein Paar gegabelter Schläuche, die so lang wie das ganze Abdomen sind (Abb. 179). Die Funktion dieser Gebilde ist unbekannt; vielleicht sind es Duftorgane, die die Männchen anlocken sollen. Solche

---

[55a] Während der Drucklegung dieses Buches machte mich Herr Dr. ILLIES (Schlitz) darauf aufmerksam, daß die Hersfelder den Spitznamen „Mückenstürmer" führen. Anno 1674 meinten sie an einem heißen Sommertage, der Turm der Stadtkirche brenne; aber die Rauchwolke war ein ungeheurer Mückenschwarm! (Vgl. W. HEUN und H. OBERMANN, Hessisches Sagenbuch, 1952, S. 74, 75.) Das ist die älteste Beobachtung zum Thema „*Chironomus* und Feuerwehr". Auf der Kaminverkleidung im Wartesaal des Bahnhofs Hersfeld findet sich eine bildliche Darstellung des „Mückensturms" (ILLIES).

Organe sind, in etwas anderer Ausbildung, auch bei anderen *Palpomyia*-Arten (*flavipes* Mg., *praeusta* Löw., *subasper* Coq.) sowie *Bezzia*-Arten (*annulipes* Mg., *ornata* Mg.) vorhanden. Weibchenschwärme beobachtete Edwards auch bei *Palpomyia flavipes* Mg; bei dieser Art schwärmen auch die Männchen in normaler Weise.

Über die räumliche Verteilung der Schwärme[56] der einzelnen Chironomidenarten hat Harnisch (1922 a, S. 141—142) am Oderufer bei Brieg Beobachtungen angestellt.

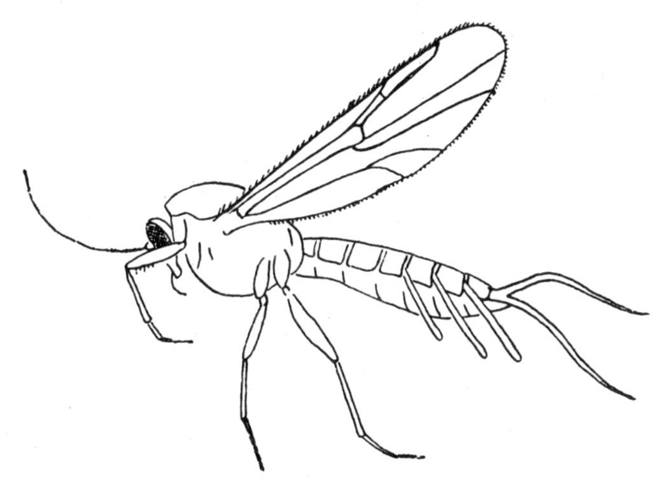

Abb. 179. *Palpomyia nemorivaga.* Weibchen, im Flug die ausgestülpten Abdominaldrüsenschläuche zeigend. [Aus Goetghebuer in Lindner.]

„Im Frühjahr (April, Mai) und Herbst (September) fallen große, oft wolkenartige Schwärme von ♂♂ am Ufer auf. Meist ziemlich tief, keinen Meter überm Boden, finden sich kleine Wolken von Orthocladiarien, z. B. *Corynoneura atra* Wied., *Thienemanniella longipalpis* K., *Trichocladius bicinctus* Meig., *Camptocladius squamatus* K. Darüber, je nach dem Wetter noch im Schutz der *Salix*-Sträucher oder um ihre Spitzen tanzen dann Riesenschwärme mittelgroßer Arten, vor allem von: *Cryptochironomus rostratus* K., *Cr. biannulatus* Staeg. var., *Harnischia fuscimanus* K., *Limnochironomus fusciforceps* K., *Polypedilum nympha, P. flexile* L. var. *scalaenum* Schrank, *P. ciliatimanus* K., *P. pedestre* Mg., *P. obliteratum* K., *Rheotanytarsus lapidicola* K., *Lenzia flavipes* Meig. var. *leucolabis* K., *Pelopia ornata* Meig., *P. monilis* L., *P. setiger* K. var., *Trichotanypus choreus* Meig., *Tr. distans* K. Wieder höher über den Weidenspitzen tanzen die *Chironomus*-Arten der *thummi*-Gruppe, etwas weniger individuenreich als die vorigen. Bei weitem am höchsten, höher als die Masten der Oderkähne, stehen einzeln oder zu wenigen die großen *Chironomus plumosus*-Formen in der Luft. So reichlich tanzen die Tiere nur an ganz windstillen, besonders sonnigen Tagen. Schon schwacher Wind

---

[56] Willer (1950, S. 1094) hebt für den Müggelsee hervor, daß von den Chironomiden die *Procladius*-Arten sowie *Chironomus plumosus* fast ausschließlich über dem freien See und nur ganz selten in der Gelegeregion schwärmen.

läßt die kleinen, stärkerer auch die größeren, bis auf die dann viel niedriger tanzenden *Chironomus*-Arten verschwinden. Erst mit vorrückendem Nachmittag stellen sich die Schwärme ein. Wie Soldaten stehen alle Individuen genau mit dem Kopf nach der gleichen Richtung. Wie Zigarettendampf zeigt, richten sie den Kopf gegen den herrschenden, für unser Gefühl oft unwahrnehmbaren Luftzug. Beim Tanzen wird diese Richtung streng innegehalten; Wendungen kommen nicht vor. Während des Sonnenuntergangs aber ändern die Tiere mehr oder minder plötzlich ihr Verhalten. Sie machen Wendungen um 180°, der ganze Schwarm wirbelt wirr durcheinander. Eine Weile nach Sonnenuntergang stellt sich die alte Ordnung wieder her, doch verfliegen sich jetzt die Tiere rasch, wohl um an Gräsern, Weiden usw. zu nächtigen. Sicher konnte ich dieses Benehmen nur an den mittelgroßen und *thummi*-Formen feststellen. Ob es eine allgemeine Eigenschaft der Chironomiden ist und vielleicht auf Lichtreizen beruht oder nur hier stattfindet und vielleicht auf um Sonnenuntergang am Fluß herrschende Luftzüge zurückzuführen ist, muß unentschieden bleiben."

Am Michigansee und an anderen nordamerikanischen Seen hat Burrill (1912, 1913) Untersuchungen über Chironomidenschwärme (u. a. von *Chironomus plumosus* und wahrscheinlich auch *Ch. anthracinus*) angestellt; er hat Riesenschwärme von über 10 Meilen Länge *(Ch. plumosus)* beobachtet. Auch Gruhl hat in seiner Arbeit über „Paarungsgewohnheiten der Dipteren" (1924) die Chironomidenschwärme behandelt. Er schreibt:

„Schwärme kleiner Arten sind im allgemeinen bedeutend unruhiger als die größerer Arten. Ruhiges Schweben gegen den Wind tritt besonders bei letzteren deutlich in Erscheinung, bei wohl allen Arten dagegen sind mehrere Methoden, den Wind zu überwinden, nebeneinander in Gebrauch, und das scheint mir als Kennzeichen für Chironomiden wertvoll. Am gleichen Schwarm habe ich das seitliche Kreuzen des Windstromes mit schräger Front beobachtet neben der vertikalen Bewegung, wie sie bei Tipuliden üblich ist, und als drittes kam dazu ein Zurücktreibenlassen durch den Wind und Wiedervorstoßen in schnellerem Fluge wie bei Culiciden. An einem anderen Schwarm sah ich, daß die oberen Tiere in etwa 4 bis 5 m Höhe vom Winde stärker abgetrieben waren als die darunter in nur 3 bis 4 m Höhe schwärmenden. Und es fand sich, daß die oberen mit seitlichen Bewegungen gegen den Wind kreuzten, die unteren dagegen sich treiben ließen, um durch gelegentliche Vorstöße ihren früheren Platz wieder zu erreichen; das scheint dafür zu sprechen, daß die Tiere mit der zweiten Methode besser gegen den Wind aufkommen als mit der ersten und würde mit der Beobachtung an Culiciden übereinstimmen, wo bei stärkerem Wind der Vorstoß eintrat. Das seitliche Kreuzen mit schräger Front ging außerdem hier fast unmerklich in kurvenartige Bewegungen über, indem an den Umdrehungspunkten zunächst eine kleine Schleife beschrieben wurde und die folgenden seitlichen Flugbahnen mit dem Winde immer stärker zurückführten, bis das Tier in ähnlichen Kurven wieder gegen den Wind anflog. Bei diesen rückwärts und vorwärts führenden Kurven blieb die Front des Tieres nicht mehr schräg gegen den Wind gerichtet, sondern verlegte sich in die Flugrichtung. Gerade durch diese Übergänge von seitlichem Kreuzen zu kurvenartigen Bewegungen kommt eine große Unregelmäßigkeit in das Gesamtbild. In ganz entsprechenden zickzackähnlichen Bahnen bewegten sich die Tiere eines anderen Schwarmes auf und ab, wobei die nach unten führenden Bogen an den Seiten Schleifen aufwiesen, und schließlich konnten an demselben Schwarm aufwärts und abwärts Spiralbewegungen festgestellt werden. Das gleiche sah ich an kleineren

Schwärmen einer dunkel geringelten, hellen Art, in denen die Tiere nur in Spiralbewegungen auf und nieder stiegen, so daß die Form des Schwarmes sehr hoch und schmal erschien. Alle diese Bewegungsformen sind gut geeignet, den Schwarm auf einer Stelle schwebend zu erhalten und gleichzeitig der wechselnden Windstärke zu begegnen." GLICK (1939) hat bei Fängen vom Flugzeug aus in USA Chironomiden noch in Höhe von über 4300 m (13 000 Fuß) festgestellt.

Die neuesten Untersuchungen über das Chironomidenschwärmen sind an den für englische Abwasserkläranlagen charakteristischen Arten *Limnophyes minimus* MG., *Metriocnemus longitarsus* GOETGH. (= *hygropetricus* K.), *Metriocnemus hirticollis* STAEG., *Chironomus dorsalis* MG. angestellt worden (Arbeiten LLOYDS, Zusammenfassung GIBSON 1945; vgl. auch GIBSON 1942). GIBSONS Hauptergebnisse sind die folgenden:

In den Schwärmen überwiegen bei weitem die Männchen. In Schwärmen von *Limnophyes minimus* fanden sich 7% Weibchen, von *Metriocnemus* 1,3% Weibchen; aus einem Schwarm von *Chironomus dorsalis* wurde unter 129 Männchen kein einziges Weibchen gefangen. *Limnophyes* und *Metriocnemus* schwärmen am Tage, *Ch. dorsalis* in der Dämmerung. Jede Art schwärmt in einer charakteristischen, der Größe der Mücken entsprechenden Höhenzone über dem Boden oder über einem hervorragenden Gegenstand. Vgl. die Tabelle, die Individuenzahlen verzeichnet:

Datum	Höhe (in Fuß)	*L. minimus*	*Metriocnemus*
17. Mai 1941	3	204	0
	5	15	5
	7	6	112
6. Juni 1941	2	96	11
	4	84	2
	6	38	14
	7	11	47

Innerhalb dieser begrenzten Zonen sucht jede der am Tage schwärmenden Arten die größte Helligkeit auf und schwärmt daher in der größten Höhe, die der Wind erlaubt. Der Einzelschwarm ist also das Ergebnis des Gegenspiels dieser Faktoren. Der Hintergrund hat einen gewissen Einfluß auf die Wahl des Schwarmplatzes, wahrscheinlich dadurch, daß die Weibchen hellere Farben lieben, zum Teil auch auf Grund der spezifischen phototropischen Einstellung der betreffenden Art. Auch bei den höchsten am Untersuchungsort beobachteten Temperaturen findet das Schwärmen statt; doch gibt es eine untere Temperaturgrenze; *Limnophyes minimus* schwärmt nicht bei Temperaturen unter 7,8° C; bei *Metriocnemus longitarsus* wurde Schwärmen noch bei 6° C und 5° C beobachtet. Das Schwärmen (und die Kopulation) findet bei *L. minimus* noch bei überaus geringen Lichtinten-

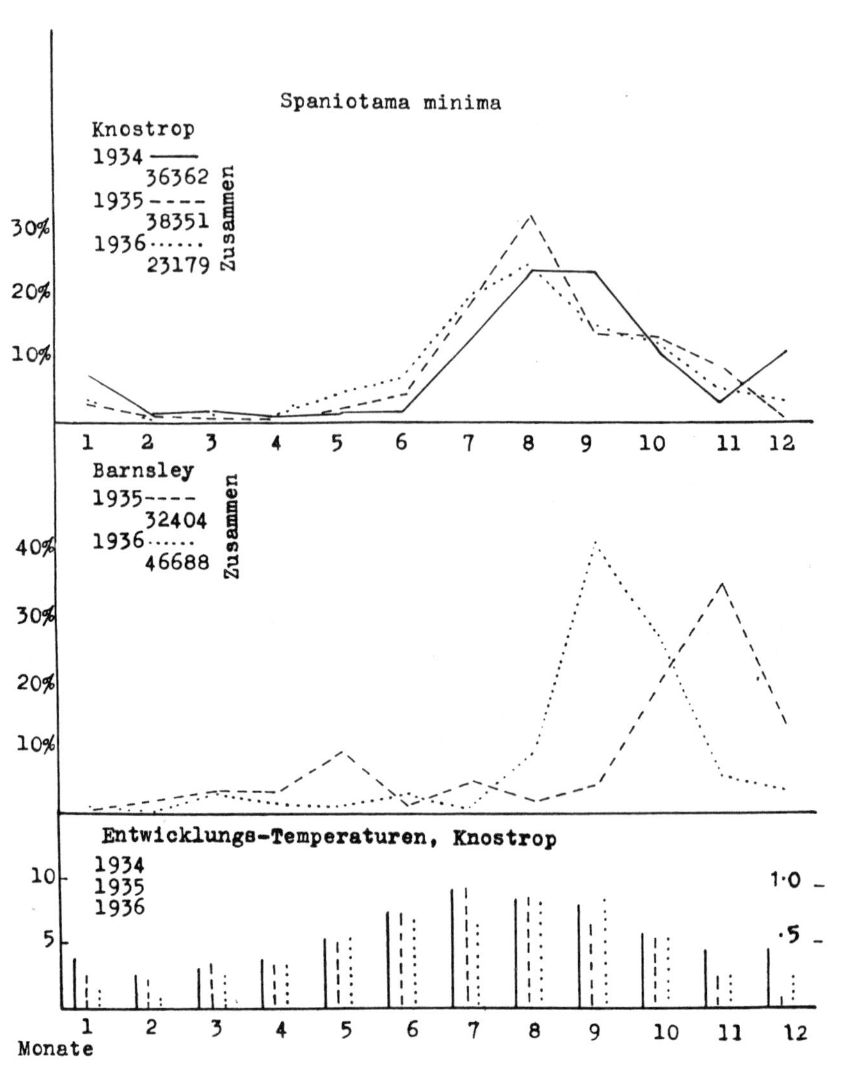

Abb. 180. Das Schlüpfen von *Limnophyes minimus* im Laufe des Jahres. [Aus LLOYD 1937.]

sitäten statt, doch vermindert sich Größe der Schwärme und Intensität des Schwärmens bei Abnahme der Lichtstärke. Noch bei einer Windgeschwindigkeit von 0,5 m/sec. schwärmt *L. minimus* stark, von 0,5 bis 1 m/sec. vermindert sich das Schwärmen, bei über 1 m/sec. hört es auf. *Metriocnemus* wurde dagegen noch bei Windgeschwindigkeiten von 1,5 m/sec. schwärmend beobachtet. Eine untere Grenze für die Luftbewegung gibt es nicht, ebensowenig wie für die bei Tage schwärmenden Arten eine obere Grenze für Temperatur und Licht. Auch bei größter Luftfeuchtigkeit findet das

Schwärmen der Tagesschwärmer statt. Durch das Schwärmen finden sich die Geschlechter auf optischem oder akustischem Wege: das ist der Sinn des Schwärmens. Auf den Zustand der Geschlechtsorgane (Spermaproduktion) übt es keinen Einfluß aus. Das Massenschwärmen bewirkt eine („psychische“) geschlechtliche Stimulation der einzelnen Männchen.

An den Abwasserreinigungswerken von Knostrop und Barnsley untersuchte LLOYD (1937) das Erscheinen und die Abundanz der „Abwassermücken“ im Laufe der Jahre 1934, 1935, 1936 im Verhältnis zu den Temperaturen der Tropfkörper („bacteria beds“), in denen sie sich entwickeln. Die Abb. 180, 181 und 182 geben LLOYDs Kurven für *„Spaniotoma minima“*

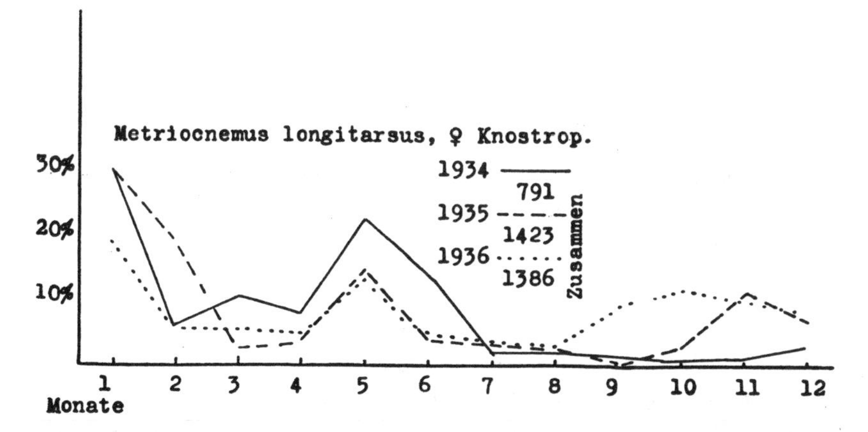

Abb. 181. Das Schlüpfen von *Metriocnemus longitarsus* (♀) im Laufe des Jahres. [Aus LLOYD 1937.]

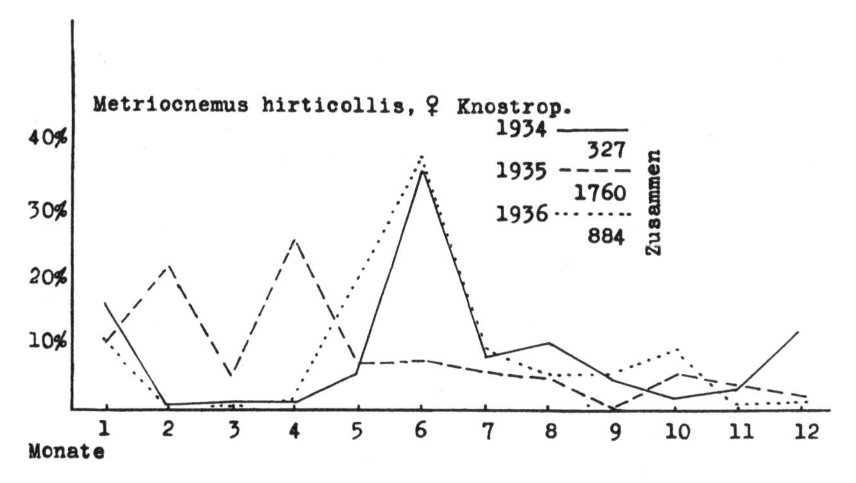

Abb. 182. Das Schlüpfen von *Metriocnemus hirticollis* (♀) im Laufe des Jahres. [Aus LLOYD 1937.]

(d. h. *Limnophyes minimus* Mg.), *Metriocnemus longitarsus* Goetgh. (= *hygropetricus* K.) und *Metriocnemus hirticollis* Staeg. wieder. Die Zahl der geschlüpften Imagines ist in Prozenten der gesamten Jahressumme der Imagines angegeben. Die Kurven sind ohne weiteres verständlich: Hauptentwicklung bei *Limnophyes minimus* im Hochsommer (August). respektive (Barnsley) im Herbst (September, November), bei *Metriocnemus hirticollis* im Juni, bei *Metriocnemus longitarsus* je ein Maximum im Januar, Mai und Oktober, November. Interessant sind auch die Beziehungen, die Lloyd und Golightly (1939) zwischen Größe der Imagines und Temperatur festgestellt haben: bei niedriger Temperatur größere Tiere (Maß die Flügellänge), bei höherer kleinere Tiere. So betrug die Flügellänge bei

M. longitarsus im Januar 2,66 mm (± 0,01), im September 2,01 mm (± 0,04); Differenz 21%;
L. minimus im Januar 1,61 mm (± 0,007), im August 1,19 mm (± 0,008); Differenz 26%.

Eine monatliche durchschnittliche Temperatursteigerung von 1° C bringt eine Verkleinerung der Flügellänge von 1 bis 2% mit sich.

Über die räumliche Verteilung der Imagines von *Culicoides impunctatus* Goetgh. in einem Wald- und Sumpfgelände und ihre Flugweite im Walde hat D. S. Kettle (1951) Untersuchungen angestellt.

Die Jahresrhythmik des Chironomidenschwärmens an Teichen in Ostpreußen untersuchte Phillipp (1938 a) — und zwar mit Hilfe von „Leimtafeln" vgl. S. 274). Rein mengenmäßig stand im Sommer 1935 die Gattung *Corynoneura* an erster Stelle; es folgten *Cricotopus*- und *Tanytarsus*-Arten, auch eine *Trichocladius*-Art kam in großer Menge vor. Die größeren *Chironomus*-Arten traten mengenmäßig mehr in den Hintergrund, dagegen war *Procladius choreus* Mg. recht stark vertreten. Bei einigen Arten (*Eucricotopus ornatus* Mg., *Tanytarsus herbaceus* Goetgh., *Endochironomus longiclava* K., *Psectrocladius stratiotis* K.) fiel ein großes, nicht auf Mängel der Methodik zurückzuführendes Überwiegen der Weibchen auf, bei den übrigen waren die Männchen in der Überzahl. Die meisten Chironomidenimagines wurden im Juli erhalten (vgl. Abb. 183 a, b). An kühlen Tagen flogen die Mücken, vor allem *Corynoneura,* in geringerer Menge; stärkerer Wind unterband den *Corynoneura*-Flug mehr oder weniger. Der Fang der übrigen Chironomiden erwies sich als recht unabhängig von Luft- und Wassertemperaturen, wurde aber durch die Luftbewegung stark beeinflußt (vgl. Phillipps Kurven auf S. 757). Bei *Camptochironomus tentans* und *Endochironomus longiclava* wurden zwei nicht durch Witterungsverhältnisse bedingte Flugzeiten festgestellt; also sind für diese Arten zwei Generationen im Jahre anzunehmen; *Chironomus anthracinus* hatte eine Generation, Flugzeit Ende April. Bei den kleineren Chironomidenarten mit kürzerer Entwicklungszeit zeigten sich keine deutlich geschiedenen Flugzeiten und Generationen, sondern zumeist ununterbrochenes Fliegen den ganzen Sommer hindurch, allerdings in wechselnder Stärke.

Als Beispiel für die Jahresrhythmik des Schwärmens der Seechironomiden sei auf die Untersuchungen von C. HUMPHRIES (1938) am Großen Plöner See und meine eigenen am Lunzer Untersee (1949 a) hingewiesen; beide wurden mit der „Häutemethode" (vgl. S. 243) angestellt.

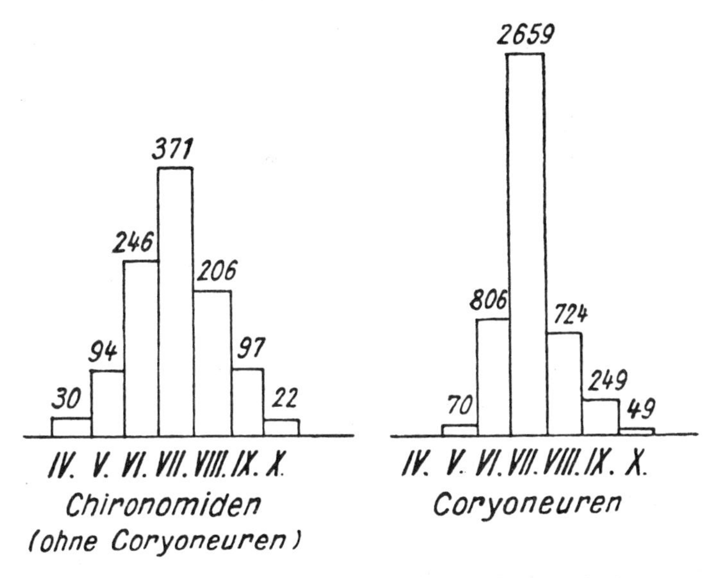

Abb. 183. Mittlere Chironomiden-Tagesfänge April bis Oktober 1935 an den Teichen von Perteltnicken. [Aus PHILIPP 1938 a.]

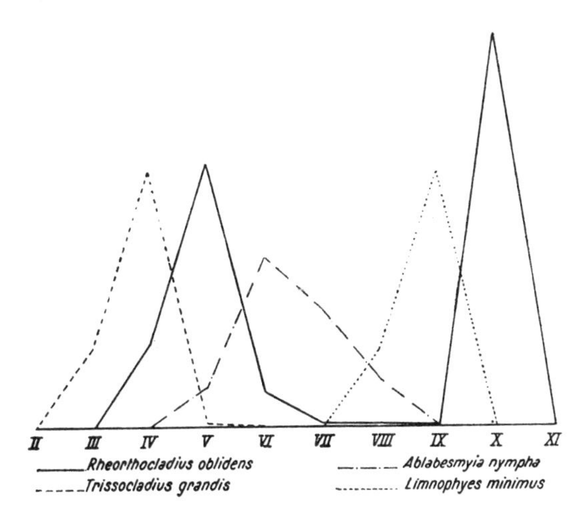

Abb. 184. Schlüpfzeitkurven einiger Bewuchs-Chironomiden. [Aus MEUCHE 1938.]

Auch MEUCHE hat sich bei seinen Bewuchsuntersuchungen (1938, S. 486ff.) mit der Phaenologie der Chironomiden des litoralen Algenbewuchses unserer holsteinischen Seen befaßt.

Je nach ihrer Schwärmzeit lassen sich in diesen Seen 4 Chironomidengruppen unterscheiden:

1. Vorfrühlingsarten (März bis Ende April): Im Großen Plöner See die litorale Orthocladiine *Trissocladius grandis* (Abb. 184), im Lunzer Untersee die profundale Tanytarsarie *Lauterbornia coracina* K. und die ebenfalls profundale Chironomarie *Sergentia coracina* ZETT.[56a]

2. Frühlingsarten (Mitte April bis Ende Mai): Im Großen Plöner See charakteristisch für den Beginn dieser Periode *Allochironomus crassiforceps* K., *Microtendipes pedellus* DEG., *Synorthocladius semivirens* K., für den Mai *Chironomus anthracinus* ZETT., *Procladius pectinatus* K., *Parakiefferiella bathophila* K., *Rheorthocladius oblidens* WALK. Im Lunzer Untersee vor allem Massenentwicklung von *Chironomus anthracinus* und *Procladius pectinatus*.

3. Sommerarten (Ende Mai bis Ende August): Im Großen Plöner See einige Orthocladiinen (z. B. *Psectrocladius sardidellus* ZETT.), einige *Chironomariae connectentes* (z. B. *Polypedilum nubeculosum* MG.), fast alle im See gefundenen Tanytarsarien und Tanypodinen. Im Lunzer Untersee schwärmen in dieser Zeit Imagines aller Gruppen, vor allem hat die Zahl der Chironomarien und Tanypodinen stark zugenommen. Eine typische Sommerform ist der in *Potamogeton* minierende *Eucricotopus trifasciatus*.

4. Herbstformen (September, Oktober): Im Plöner See Charakterform *Chironomus plumosus*. Ende September bis Anfang Oktober erscheint die zweite Generation einer Anzahl sonst für den Frühling charakteristischer Arten (*Rheorthocladius oblidens*, *Trichocladius bicinctus* MG., *Trichocladius dizonias* MG., *Procladius* sp.) (Abb. 184). Im Lunzer Untersee fehlen typische Herbstformen.

Die Phaenologie der Seenchironomiden des südschwedischen Hochlandes und Jämtlands hat BRUNDIN (1949, S. 553—561, 582—588) ausführlich behandelt.

[56a] Auf eine interessante Chironomidengesellschaft des Großen Plöner Sees, die noch vor *Trissocladius* schwärmt, hat neuerdings LENZ (1953) aufmerksam gemacht. Ende Februar 1952, unmittelbar nach dem Auftauen einer leichten Eisdecke, trieben in Ufernähe an der Wasseroberfläche zahlreiche Schilfstengelstückchen; an fast allen fanden sich Larven und Puppen von *Dyscamptocladius*, *Metriocnemus* (wohl 2 Arten) und *Limnophyes*, und zwar die Larven normalerweise im Inneren der Stengelbruchstücke, die Puppen außen auf ihnen. Bei völliger Wasserbedeckung im Zuchtschälchen sterben die Puppen ab: sie gehören also, wie es bei Arten aus diesen Gattungen ja auch sonst bekannt ist, zur „Fauna liminaria", zur Grenzfauna zwischen Wasesr und Luft. Die Flugzeit dieser Formen beträgt (1952) etwa 4 Wochen, von Mitte Februar bis Mitte März — und zwar anscheinend in der Reihenfolge *Dyscamptocladius*, *Metriocnemus*, *Limnophyes*; in der zweiten Märzhälfte trat anschließend *Trissocladius grandis* auf. „Vorfrühlingsboten" nennt LENZ mit Recht diese Arten.

Als Beispiel für die Phaenologie der Chironomiden eines nordamerikanischen Sees geben wir in Abb. 185 die Kurven für den Costello Lake in Ontario wieder. Man erkennt auch hier typische Frühlings- und Sommerformen; es gibt auch Arten, die im Herbst ihre Schwärmperiode haben (vgl. die Kurve für *Micropsectra* sp. bei MILLER, p. 37, fig. 11). Bei den Flachwasserarten schlüpfen die Männchen etwas früher als die Weibchen. Von

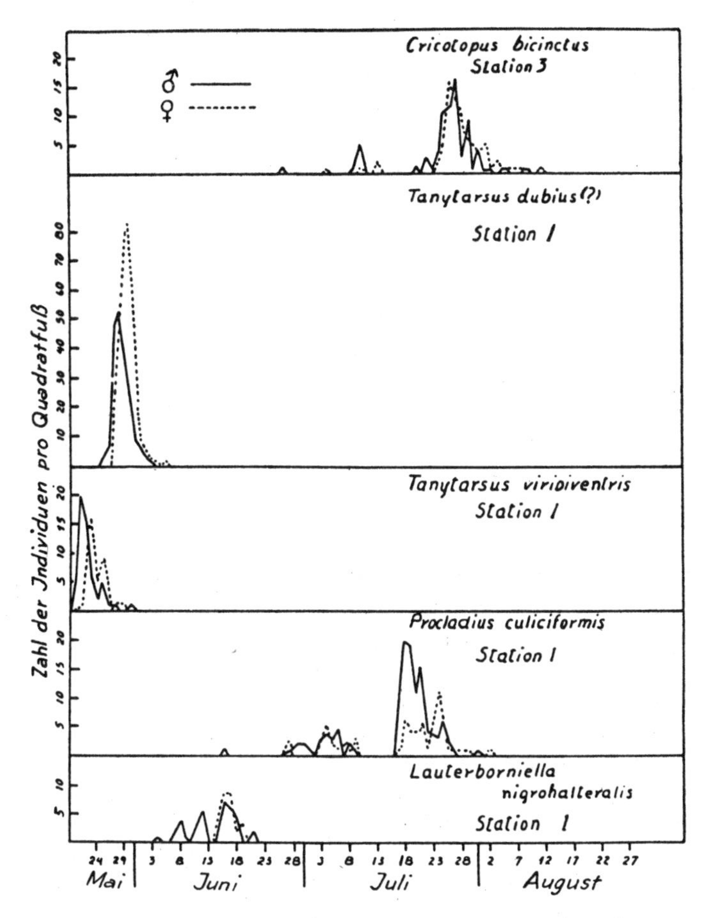

Abb. 185. Schlüpfkurven für verschiedene Chironomiden im Costello Lake, Ontario. [Aus MILLER 1941.]

Interesse ist auch Abb. 186, die zeigt, daß im Costello Lake die Artenzahl der schlüpfenden Chironomiden vom Frühling bis zum Hochsommer (Wassertemperatur 23—25° C) steigt, dann wieder sinkt. Die gleiche Feststellung konnte im Großen Plöner See und Lunzer Untersee gemacht werden (THIENEMANN 1949 a); so betrug die Zahl der schlüpfenden Arten im Lunzer Untersee und Großen Plöner See (Zahl in Klammern) im

Vorfrühling (März bis April) . . .	14	(16)
Frühling (April bis Mai)	33	(39)
Sommer (Juni bis August)	52	(62)
Herbst (September bis November)	28	(28)

Über die entsprechenden Verhältnisse in tropischen Seen ist leider noch nichts bekannt. Für Fließgewässer liegen keine zahlenmäßigen Angaben vor, aber es gilt für die Bergbäche unserer Breiten für die Chironomiden im allgemeinen auch heute noch, was ich schon 1912 d (S. 27—28) in meinem „Bergbach des Sauerlandes" für die Bachfauna im allgemeinen schrieb:

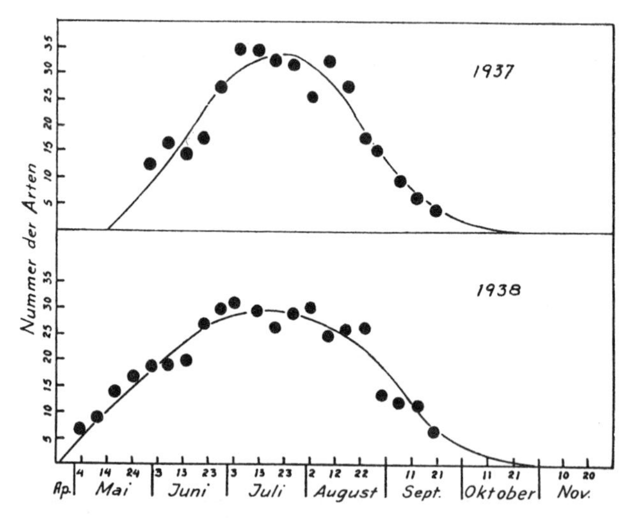

Abb. 186. Zahl der Chironomidenarten, die in jeder Woche im Costello Lake schlüpfen. [Aus MILLER 1941.]

„Während im stehenden Wasser der Höhepunkt der tierischen Entwicklung nach Arten- und Individuenzahl im Sommer erreicht wird und im Winter das Leben stark reduziert erscheint, liegen im Bergbach die Verhältnisse ganz anders. Hier entfaltet sich der volle Reichtum der Organismenwelt gerade in den Winter- und Frühlingsmonaten. Von April an bis in den Juni hinein verschwinden dagegen die zahlreichen Insektenlarven immer mehr aus den Bächen und erscheinen erst wieder im Spätherbst; Exkursionen, die man von Mitte Juni bis Ende Oktober unternimmt, bringen nur ein spärliches Material an Bachinsekten, vor allem an Insektenlarven der Steinfauna. Das hat seinen Grund darin, daß all die Bachtrichopteren, Bachephemeriden und Bachplecopteren usw. sich in den Frühlingsmonaten zum geflügelten Insekt entwickeln und damit aus den Bächen natürlich verschwinden. Nur ihre unscheinbaren Laichmassen oder jüngsten Larvenstadien sind daher in den Sommermonaten im Bache vorhanden; damit ist aber die Quantität des tierischen Lebens naturgemäß in der warmen Jahreszeit bedeutend reduziert. Diese Art der Periodizität der Bachinsekten aber steht in erster Linie wiederum mit den Temperaturschwankungen, in zweiter Linie auch mit den Ernährungsverhältnissen im Bache im Zusammenhang.

Alle echten Bachbewohner sind stenotherme Kaltwassertiere; sie vollziehen also ihre Lebensfunktionen auch in der kalten Jahreszeit, fressen und wachsen im Winterwasser zum mindesten gerade so gut, wo nicht besser, als in der warmen Jahreszeit. Für die Embryonalentwicklung wenigstens der Insekten scheint jedoch die sommerliche Wasserwärme Voraussetzung oder doch von Vorteil zu sein. Möglich ist aber das winterliche Wachstum nur dann, wenn auch in der kalten Jahreszeit der Bach Nährstoffe in genügender Menge enthält."

Auf Grund seines holsteinischen Materials kommt STRENZKE (1950) für die Phaenologie der terrestrischen Chironomiden zu folgendem Ergebnis: „Das Schlüpfen der Imagines der meisten Arten ist nicht auf bestimmte Zeiten beschränkt, sondern dehnt sich auf die ganze warme Jahreszeit aus. Doch scheinen die Imaginalzahlen bei einer Reihe von Arten *(Pseudorthocladius curtistylus, Metriocnemus fuscipes, Bryophaenocladius virgo, Pseudosmittia trilobata)* auf ein ausgesprochenes Maximum in den Frühjahrsmonaten (Ende März bis Ende Mai) hinzuweisen; die Zahl der in den Sommermonaten schlüpfenden Imagines dieser Arten ist offensichtlich viel geringer, und mit dem Oktober bis November erlischt wohl allgemein jede Schlüpftätigkeit. (Ob vorher bei manchen Arten noch ein zweites Ansteigen [Herbstmaximum] der Imaginalzahlen eintreten kann, worauf Beobachtungen an *Paraphaenocladius impensus* hinweisen, ist noch zu klären.) Ähnlich verhalten sich auch *Euphaenocladius aquatilis* und *E. Edwardsi* (u. a.); nur liegt hier das Maximum vielleicht etwas später und zieht sich länger hin. Ob die Zahlen für *Metriocnemus terrester* und *Euphaenocladius terrestris* so zu deuten sind, daß diese und andere Arten ihre Hauptschlüpfzeit in den Sommermonaten haben, müssen weitere Untersuchungen zeigen. Eine Folge von deutlich voneinander getrennten Generationen besteht aber bei diesen Arten sicher ebensowenig wie bei denen der ersten Gruppe. Dagegen weisen die — leider nicht sehr zahlreichen — Beobachtungen an *Gymnometriocnemus subnudus, Parasmittia carinata* und vielleicht auch *Georthocladius luteicornis* darauf hin, daß diese Arten nur eine, bei *G. subnudus* und *G. luteicornis* sehr zeitig (Ende Februar bis Anfang März), bei *P. carinata* etwas später auftretende Frühjahrsgeneration haben."

Die terrestrischen Ceratopogoniden verhalten sich nach den bisher vorliegenden Beobachtungen ganz ähnlich, wie die eben behandelten terrestrischen Orthocladiinen.

Zu welcher Tageszeit findet das Schlüpfen der Imagines statt? In Costello Lake stellte MILLER (1941, S. 22, 23) fest, daß im flachen Wasser das Schlüpfen vor allem zwischen 4 und 7 Uhr vormittags stattfindet, während es sich im tiefen Wasser über den ganzen Tag erstreckt. PHILLIPP hat (1938) im Laboratorium an *Chironomus thummi* die Tagesrhythmik des Schlüpfens untersucht. Man sieht aus Abb. 187, daß sich das Schlüpfen auf den hellen Tag beschränkte, während der Nacht unterblieb, was nur durch die An- bzw.

Abwesenheit des Lichtes bedingt sein kann und nicht durch Schwankungen von Temperatur und Sauerstoffgehalt des Wassers zu erklären ist.

Die Tagesrhythmik des Schwärmens[56b] hat PHILLIPP (1938a) an den Perteltnicker Teichen in Ostpreußen studiert. *Corynoneura* fliegt am hellen Tage, nicht in der Dämmerung; ähnlich *Phaenopelma fonticola* K. (stärkstes Schwärmen 14 bis 17 Uhr), ferner *Trichocladius rufiventris* MG. und *Psectrocladius stratiotis* K. Die Hauptfänge von *Trichocladius ephippium* ZETT. wurden von 14 bis 20 Uhr erhalten. *Eucricotopus ornatus* MG. ist dagegen deutlich Abendform mit stark zusammengedrängter Schwärmzeit (20 bis 23 Uhr). Ebenfalls Abendform sind die Arten *Camptochironomus tentans*

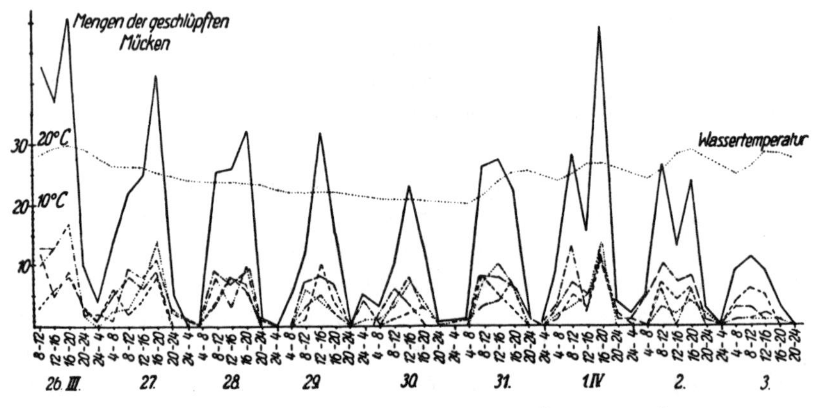

Abb. 187. Tagesrhythmik des Schlüpfens von *Chironomus thummi*. Ausgezogene Kurve = Gesamtmenge der in 4 Aquarien während je 4 Stunden geschlüpften Mücken. Punktierte Kurve = Wassertemperatur, alle 4 Stunden gemessen. Die übrigen Kurven = Mengen der in den einzelnen Aquarien geschlüpften Mücken. [Aus PHILLIPP 1938.]

und *Chironomus plumosus prasinus* MG. (Maximum 21 Uhr) sowie *Procladius choreus* MG. „Die beiden *Chironomus*-Arten flogen nicht nur in der Dämmerung oder kurz vorher nach Sonnenuntergang, wie es THIENEMANN (1922) von *Chironomus plumosus* L. beschrieben hat, sondern die ganze Nacht hindurch, in kleineren Mengen noch in den Morgenstunden. Auch die Angaben von POTONIÉ (1936), nach denen die *Plumosus*-Männchen den Tag über in den bekannten Rauchfahnen schwärmen, die Weibchen nach der Befruchtung im Gebüsch den Sonnenuntergang abwarten, eine Stunde nach Sonnenuntergang aber kaum noch fliegen, trafen nicht bei den Perteltnicker *Chironomus*-Arten zu. Die verschiedenen Flugzeiten der Chironomiden sind vielleicht nicht einmal so von den physikalischen Bedingungen im Luftraum bestimmt, die auf die Aktivität der Imagines einwirken, sondern mehr von den Faktoren, die im Wasser das Schlüpfen aus den Puppen hervorrufen. Die großen

[56b] Vgl. dazu auch NIELSEN and GREVE 1950, S. 244.

Chironomidenmengen, die am Abend auftraten, waren am Tage in Pertelt-nicken trotz eifrigen Suchens nicht zu beobachten, weder in der Vegetation noch in der Luft. Daher möchte ich annehmen, daß an den Teichen die Chironomiden, die abends oder nachts fliegen, das Wasser erst in den Abendstunden verlassen" (PHILLIPP, S. 750). Das ist sicher richtig. Man vergleiche auch WESENBERG-LUNDS Beobachtung auf dem dänischen Furesee (1913, S. 269) über das Schlüpfen der Tiefen-*Chironomus:* „Als Puppen, nachdem Luft sich unter der Puppenhaut angesammelt hat, steigen sie von diesen großen Tiefen blitzschnell vertikal aufwärts; indem die Puppen gegen die Oberfläche schlagen, berstet die Haut und die Mücken fliegen davon. In den stillen Nächten hört man rings um das Boot einen Laut, als ob Luftblasen

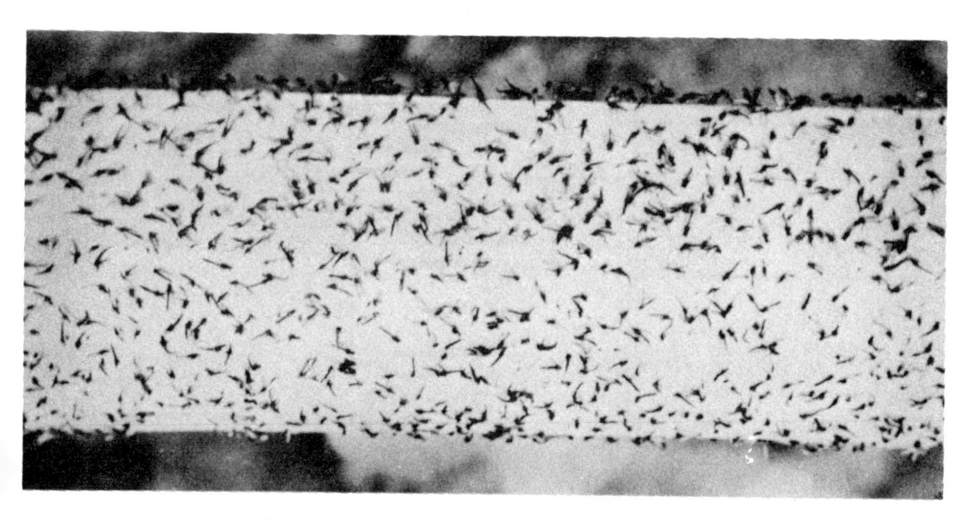

Abb. 188 A. *Chironomus anthracinus* auf einem Brett an der Prinzeninsel, Großer Plöner See. 15. V. 1936.

springen würden. Wenn man die Oberfläche mit dem Netz absucht, so bekommt man in demselben zahllose Puppenhäute."

Wir haben bis jetzt die Jahres- und Tagesrhythmik des Chironomidenschwärmens behandelt. Wie verhält sich nun Zeit und Stärke des Schwärmens am gleichen Gewässer in den verschiedenen Jahren?

Schon BURRILL (1913, S. 64) weist auf die ganz verschiedene Stärke des *Chironomus*-Schwärmens im Lake-Michigan-Gebiet in den verschiedenen Jahren hin. Auch GRANDILEVSKAJA-DECKSBACH (1935) und POTONIÉ (1936, S. 146) befassen sich mit diesem Problem; LENZ hatte schon 1930 (a) „das Massenvorkommen von Chironomiden und seine Ursachen" allgemein betrachtet. (Aus Abb. 180 gehen die Verschiedenheiten des Schwärmens von *Limnophyes minimus* an englischen Kläranlagen in 3 verschiedenen Jahren hervor.)

Ich habe seit 1918 die auffällige Erscheinung des Schwärmens von *Chironomus anthracinus* ZETT. (*bathophilus* K.) (Abb. 188 A) im Plöner Seengebiet fast alljährlich beobachtet und die Daten bis 1950 auch graphisch dargestellt (Abb. 188) (THIENEMANN 1951 b). Betrachten wir zuerst die Intensität des Schwärmens, so war es auffallend stark in den Jahren 1920, 1923, 1926, 1932, 1933, 1937, 1941, 1942, auffallend schwach 1935, 1940, 1945, 1946, 1947, 1949. Es liegt nahe, für die Unterschiede im Massenauftreten der Imagines

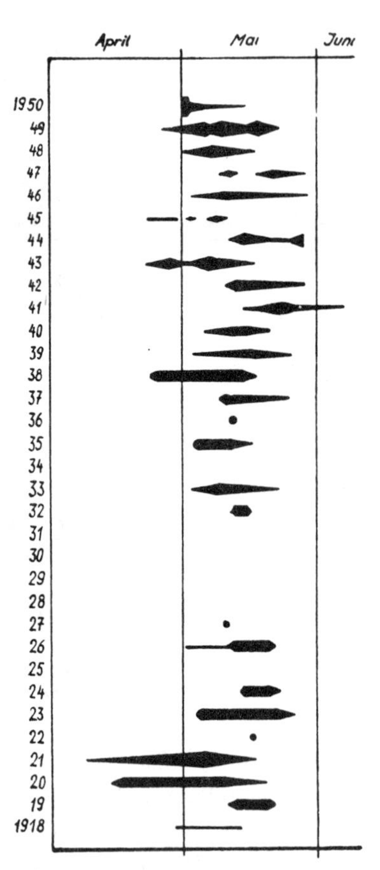

Abb. 188. Das Schwärmen von *Chironomus anthracinus* ZETT. (*bathophilus* K.) am Großen Plöner See. [Aus THIENEMANN 1951 b.]

die klimatischen, insbesondere die Temperaturverhältnisse während des Larvenwachstums verantwortlich zu machen. Und zweifellos bietet das Fehlen oder Vorhandensein und die Dauer einer Eisbedeckung des Sees einen gewissen Anhaltspunkt für die Beurteilung dieser Verhältnisse; fehlt die Eisdecke, so ist der Winter mild. Aber ein Vergleich der Schwärmintensität in den verschiedenen Jahren mit den Eisverhältnissen (THIENEMANN 1947) zeigt, daß ein Zusammenhang zwischen der Stärke des Schwärmens und den Temperaturverhältnissen während der Larvenentwicklung nicht besteht. Vielmehr wird die Stärke des Schwärmens, worauf schon LENZ (1930 a, S. 64) hinweist, in erster Linie von der Menge der im Vorjahre zur Entwicklung gekommenen Laichmassen, und diese wiederum von den klimatischen Verhältnissen während der Laichzeit — also der Schwärmzeit des Vorjahres — abhängen. *Chironomus anthracinus* laicht pelagisch (vgl. S. 220). Setzen nun während oder gleich nach der Hauptlaichzeit, solange die Laichschnüre noch in den obersten Wasserschichten schweben, starke Winde ein, so werden sicher viele Laichmassen ans Ufer getrieben und gehen hier zugrunde. Ich sehe hierin (ähnlich wie bei der Kleinen Maräne) die Hauptursache für den Wechsel in der Massenproduktion in den verschiedenen Jahren.

Im Plöner Seengebiet fällt der Höhepunkt des Schwärmens stets in den Mai, und zwar meist in die Mitte des Mai (Abb. 188). Frühester Schwärmbeginn 8. April, Ende des Schwärmens im allgemeinen Ende Mai, nur einmal (1941) Anfang Juni. Ganz einzelne Nachzügler bis Ende August schlüpfend. Gesetzmäßige Beziehungen zwischen den klimatischen Beziehungen des Winters und dem Beginn des Schwärmens lassen sich nicht feststellen!

Wenn man Chironomidenzuchten im Herbst ansetzt und die Larven unter guten Ernährungsbedingungen bei Zimmertemperatur hält, so schlüpfen während des Winters höchstens ein paar vereinzelte Imagines. Sobald aber im Frühjahr für die betreffende Art im Freien die Schlüpfzeit gekommen ist, zeigen sich auch in den Zimmerzuchten die Mücken in großer Zahl. Die imaginale Entwicklungsperiode einer Art ist also erblich fixiert; sie kann durch äußere Einflüsse nur innerhalb bestimmter Grenzen verschoben werden.

Das Schwärmen der Chironomiden stellt einen „Hochzeitsflug" dar. Wie findet nun die Copula statt?

GRUHL (1924) unterscheidet bei der Begattung der Dipteren, die entweder ruhend oder im Fluge stattfindet, nach der Lage der Geschlechter vier Stellungstypen. Die Chironomiden gehören zum zweiten: „Männchen und Weibchen sind voneinander abgewandt, nur die Genitalien berühren sich." Aber zuerst faßt das Männchen das Weibchen von oben her mit seinen Vordertarsen, die Vereinigung der Genitalien findet statt, und nun erst geht das Paar in die endgültige Stellung 2 über. GRUHLS spezielle Schilderung des Paarungsaktes der Chironomiden lautet so: „Häufig tanzen die Männchen im Windschatten von Bäumen, und es gelingt dann gelegentlich, die Weibchen an den Zweigen des Baumes oder Strauches sitzen zu sehen. Läßt sich von hieraus ein solches Weibchen durch den Schwarm treiben, so entsteht meist eine lebhafte Bewegung unter den Männchen, und ein Pärchen trennt sich von denselben in der Richtung des Windes. Die Paarung findet gelegentlich schon im Fluge ihr Ende, wenigstens habe ich das beobachten können, in der Regel jedoch senkt sich das Pärchen zur Erde, um im Grase die Begattung zu vollenden. Auch hier scheint aber die Trennung ziemlich rasch zu erfolgen. Die Stellung ist abgewandt." Es gibt eine ganze Anzahl von Schilderungen der Begattung einzelner Chironomidenarten, die aber im Prinzip überall den gleichen Vorgang feststellen. Siehe z. B. BURRILL (1913, S. 57) für *Chironomus* sp. (wohl *anthracinus*), PING (1917, S. 419) für *Chironomus decorus* JOH., BRANCH (1923, S. 25) für *Chironomus cristatus* FABR., SADLER (1935, S. 5) für *Camptochironomus tentans*, GIBSON (1935, S. 267—270) für *Limnophyes minimus*, *Metriocnemus (longitarsus* und *hirticollis)* und *Chironomus dorsalis*.

Bei den Ceratopogoniden findet die Begattung „bei der Trägheit der Männchen nicht im Fluge, sondern im Sitzen statt. Hochzeitsflüge werden nur gelegentlich beobachtet. Die Trennung vom Partner wird in vielen Fällen vom Weibchen gewaltsam vorgenommen, so daß die abgerissenen Kopulationsorgane am Abdomen des Weibchens gefunden werden. Da vor der Eiablage in vielen Fällen eine Blutaufnahme stattfindet, kann es vorkommen, daß das Weibchen das Männchen unmittelbar nach der Kopula anfällt, um zum obligatorischen Blutgenuß zu kommen" (MAYER 1943, S. 42; vgl. S. 253).

„Geschlechtsirrungen" sind, wie GRUHL (S. 222) hervorhebt, bei Dipteren nicht selten. So versucht auch bei den Chironomiden ein Männchen zuweilen die Begattung an einem anderen Männchen oder es bemüht sich, sich bei einem kopulierenden Paar zu beteiligen (BURRILL, S. 62; MIALL and HAMMOND 1900, S. 183).[57]

---

[57] Anmerkungsweise sei auf die Methodik hingewiesen, die bei den Untersuchungen über das Schwärmen der Chironomiden angewendet wurde. Einmal die „Häutemethode", d. h. das Abschäumen der Puppenhäute von der Wasseroberfläche (vgl. S. 243). Man erhält ein gutes Bild von der relativen Mengenentwicklung der einzelnen Arten. Bei seinen Untersuchungen über den Insektenflug an den Perteltnicker Teichen benutzte PHILLIPP (1936) beiderseitig mit Raupenleim bestrichene Glasscheiben, die senkrecht in Holzrahmen auf Schwimmgerüsten in den Teichen angebracht waren. Diese Methode war sehr erfolgreich (vgl. oben S. 264). Bei den Arbeiten über die Insekten der englischen Abwasserkläranlagen verwendete LLOYD (1940, S. 124) Holzkästen, mit denen eine Fläche von 1 Quadratfuß des Tropfkörpers bedeckt wurde. Alle aus dieser Fläche schlüpfenden Mücken wurden so quantitativ gefangen. In dem Kossino-See fing M. GRANDILEVSKAJA-DECKSBACH (1935) die aus einer bestimmten Seebodenfläche (0,5 qm) aufsteigenden reifen Puppen, respektive die aus ihnen schlüpfenden Imagines mit einem kegelförmigen Behälter aus Drahtgaze von 1,25 m Höhe, dessen unterer Rand im Schlamm versenkt ist, während die Spitze in ein geschlossenes Glasgefäß übergeht. Mit dieser „russischen", jedoch etwas modifizierten Methode hat BRUNDIN (1949, S. 20—23) in den smäländischen Seen überaus erfolgreich gearbeitet. MILLER (1941) verankerte auf dem Costello Lake (Ontario) sogenannte „tenttraps" (vgl. MILLERs Abb. 2), d. h. schwimmende „Zelte", die 4 Quadratfuß Wasseroberfläche bedeckten; alle aus dieser Fläche schlüpfenden Insekten gerieten in diese „Falle". Vgl. ferner WOHLSCHLAG (1950). In fließendem Wasser hatte zuerst IDE, nach ihm SPRULES (1947) durch Drahtgazekäfige eine bestimmte Bodenfläche bedeckt; die aus ihr schlüpfenden Insekten fangen sich in diesen „cage-traps" (vgl. SPRULES, Fig. 2 und 4).

3. Lebensdauer und Tod

Sofort nach der Kopulation legen die Weibchen die Laichmassen ab; wir haben die Eiablage oben (S. 220 ff.) ausführlich behandelt. Nach dem Laichen fliegen die Weibchen davon, wofern sie nicht, wie z. B. bei *Eucricotopus*- und *Trichocladius*-Arten und anderen, auf den „Pontes sociales" kleben bleiben und hier schon absterben (vgl. S. 223 ff.). MUNSTERHJELM führt (S. 34) für eine ganze Anzahl von Arten an, wie lange die Weibchen nach der Eiablage noch gelebt haben; der Tod trat bei manchen unmittelbar nach der Eiablage ein, einzelne aber lebten noch 2, 3 ja bis 9 Tage; am längsten scheinen die Tanypodinenimagines zu leben; bei Männchen beobachtete MUNSTERHJELM, gerechnet von der Kopulation, eine Lebensdauer bis zu 4½ Tagen. Das Leben als Imago ist also recht kurz: etwa 5 Tage bei den größeren, etwa 2 Tage bei den kleineren Arten ist im allgemeinen das Maximum (vgl. auch PING 1917, S. 424). PHILLIPP (1938 a, S. 751) schreibt mit Recht: „Wenn die am Abend in so großen Mengen auftretenden Chironomidenimagines am Tage nicht zu beobachten sind, muß das Leben der am Abend schlüpfenden Tiere allerdings sehr kurz sein und nach dem Begattungsflug bald sein Ende finden, so daß man die Chironomiden als wirkliche ‚Eintagsfliegen' bezeichnen könnte."

Nicht alle Chironomidenimagines sterben eines natürlichen Todes. An Stellen, wo diese Mücken in Massen schwärmen, sind oft alle Spinnennetze voll von Chironomiden. Und daß frisch schlüpfende Mücken den springenden Fischen als „Anflugnahrung" zum Opfer fallen, werden wir später sehen. Die schwärmenden Mücken werden gelegentlich von Fledermäusen (PING 1917, S. 425), vor allem aber von Libellen, Raubfliegen und Vögeln gejagt (vgl. BURRILL 1912, S. 145; 1913, S. 66). Sehr hübsch schildert WESENBERG-LUND (1908) in seiner Notiz „Über die ‚pelagische' Ernährung der Uferschwalben" *(Cotyle [Hirundo] riparia)*, wie bei schlechtem, regnerischem Wetter *Hirundo riparia* über die Oberfläche des Furesees streicht, um dort die aufsteigenden *Chironomus*-Puppen zu schnappen, während *Hirundo urbica* und *rustica* die an der Seeseite der Häuser und Bäume sitzenden Mücken suchen. (Über die Rolle, die *Chironomus behningi* für die Ernährung der Vögel am Tschalkar- und Aralsee spielt, vgl. oben S. 257.) Beobachtungen über den Fang von Chironomiden durch Empididen bei TUOMIKOSKI (1952).

Daß die an der Erde und zwischen den Pflanzen absterbenden und abgestorbenen Imagines oft von Ameisen in ihre Nester geschleppt werden (BURRILL 1913, S. 66), sei nur kurz erwähnt. Saßen wir während der Deutschen Limnologischen Sunda-Expedition abends auf der Veranda des Hotels Bellevue in Buitenzorg (Java), so sammelten sich auf der weißen Tischdecke unter der elektrischen Lampe Massen von Insekten, die das Licht anflogen, darunter Chironomiden in Mengen. Aber am nächsten Morgen war nichts mehr davon zu sehen, die Ameisen hatten völlig „reinen Tisch" gemacht.

4. Leuchtende Chironomiden

„Über eine leuchtende Chironomide des Tschalkarsees" *(Chironomus behningi* Goetgh.) berichtet A. Behning (1929, S. 64, 65):

„Bei unseren Untersuchungen hörten wir schon von den wenigen Fischern, welche sich zu dieser Zeit am See aufhalten, daß sie des Nachts öfters leuchtende Mücken gesehen haben. Eine diesbezügliche Untersuchung ergab nun wirklich, daß an den genannten Schilfbeständen, namentlich an der zum offenen See gelegenen Seite derselben, man des Abends nicht selten leuchtende Chironomiden dieser Art beobachten kann. Sie sitzen an den Schilfstengeln und -blättern, fliegen herum, fortwährend in einem hellgrünen Licht leuchtend. In 90er Alkohol gebrachte Exemplare leuchteten darin noch etwa 1 Stunde. Besonders grell leuchtet der Kopf, Thorax und Vorderteil des Abdomens. Die hinteren Abdominalsegmente leuchten nur ganz schwach, die Flügel gar nicht."

Es handelt sich hier, wie das 1911 Issatschenko nachgewiesen hat, um Leuchtbakterien (beim Falle von Issatschenko *Bakterium chironomi).* Es scheint, daß diese Bakterien bei der angeführten Wasserzusammensetzung (schwacher Salzgehalt) besonders günstige Lebensbedingungen finden. Eine weitere genauere Untersuchung dieser interessanten Erscheinung sowie der Nachweis, wann (in welchem Stadium) die Leuchtbakterien die Chironomiden befallen, steht uns noch bevor.

Über leuchtende Chironomiden existieren verschiedene Angaben. Im Jahre 1782 schreibt Carl Hablizl aus Astrabad in Persien an Pallas (1783): „. . . habe ich Gelegenheit gehabt, zu beobachten, daß auch die Mücken *(Culex pipiens* Linn.) im Finstern einen Schein von sich geben. Und zwar bemerkte ich dieses im vergangenen Herbst und diesen Frühling, da sich selbige in Mengen auf unseren Schiffen einquartiert hatten." (Es handelt sich hier um Chironomiden, welche in Massen am Kaspisee anzutreffen sind.) Alenitzin (1875) berichtet über leuchtende *Chironomus* im Aralsee (Halbinsel Kulanda, Bucht von Kum-Suat, Mündung eines Nebenarmes der Amu-Darja [Kitschkene-Darja]); Schmidt (1894) über solches von Chironomiden am Issyk-Kul; auch aus Sarepta wurde seinerzeit von Christoph ein leuchtender *Chironomus* in das Zoologische Museum nach Petersburg geschickt; Tarnani (1908) beobachtete das Leuchten von *Chironomus plumosus* und einer anderen *Chironomus*-Art bei Taganrog am Asovschen Meer, Issatschenko (1911) in der zitierten Arbeit beschreibt das Leuchten von *Chironomus* am südlichen Bug bei Warwarovka (bei Nikolajev). Alle diese Angaben beziehen sich, wie das bereits Issatschenko hervorhebt, auf Chironomiden aus Gewässern des Ponto-Kaspischen Gebiets. Ich möchte dazu nochmals betonen, daß es sich überall um mehr oder weniger salzhaltige Gewässer handelt, in denen die Larven der mit Leuchtbakterien befallenen Tiere leben. — In Westeuropa wurde ein Leuchten von *Chironomus tendens* von BRISCHKE im Jahre 1876 (nach ISSATSCHENKO zitiert) beobachtet (genaue Literaturangaben bei BEHNING). Auch am Aralsee konnte BEHNING (1936, S. 246) dieses Chironomidenleuchten zur Zeit des Massenflugs von *Chir. behningi* stets beobachten. Interessant ist seine neue Feststellung, daß auch schon die Larven dieser Art nicht selten leuchten.

Die kurze Notiz von BRISCHKE, Danzig (1876), sei hier noch wiedergegeben, da es sich um den einzigen außerhalb des Ponto-Kaspi-Gebietes beobachteten Fall des Leuchtens einer Chironomide handelt und da die Originalarbeit zur Zeit nicht leicht zugänglich sein dürfte.

„(Leuchtende Dipteren.) Auf der 48. Versammlung deutscher Naturforscher und Ärzte zu Gratz machte Hr. WLADIMIR ALENITZIN, Mitglied der Aralo-Kaspischen Expedition, Mittheilungen über leuchtende Dipteren,[58] die er im Juni und Juli 1874 beobachtete; dieselben gehörten zur Gattung *Chironomus*. Beim Lesen dieser Mittheilungen erinnerte ich mich wieder an eine ähnliche Beobachtung, welche ich bei uns machte. Als ich noch erster Lehrer am Spend- und Waisenhaus war, welches an einem Radaunearme liegt, in dem viele *Chironomus*-Larven leben, saßen im Frühling und Sommer daher die ausgeschlüpften Mücken häufig an Zäunen und Baumstämmen. An einem warmen Sommerabend des Jahres 1860 brachte mir ein Zögling eine solche Mücke, welche ihm deshalb aufgefallen war, weil sie leuchtete; der Leib derselben war leicht zerdrückt, aber ich konnte das Leuchten noch in meinem Zimmer beobachten. Einige Tage später erhielt ich wieder abends eine ganz gut erhaltene, leuchtende Mücke, ich setzte sie in eine Schachtel und beobachtete das Leuchten bis 10 Uhr abends. Es war ein Licht, wie es Hr. ALENITZIN schildert, blieb sich immer gleich und schien vom Thorax und Abdomen auszugehen; ob die Beine leuchteten, weiß ich nicht. Direktor Dr. Löw in Meseritz bestimmte die Mücke als *Chironomus tendeus*, dabei bemerkend: ‚Das Leuchten derselben ist sehr interessant und eine Wiederholung der Beobachtung sehr wünschenswert, damit klar wird, unter welchen Umständen das Phänomen eintritt. Die Art ist sehr häufig und ein Leuchten derselben sonst durchaus nicht beobachtet worden.' Leider bot sich später keine Gelegenheit, die gemachte Beobachtung zu wiederholen, nur sei noch bemerkt, daß beide Mücken Weibchen waren."

Chironomus tendens FABR. (nicht *tendeus*, wie es in der Notiz heißt) wird heute zur Gattung *Endochironomus* gestellt. (Zur Synonymie dieser Art vgl. S. 98.)

Nicht ohne Interesse sind die Beobachtungen P. SCHMIDTS (1894), die er im Sommer 1892 an der *Chironomus*-Art des Issykkul-Sees machte; er bestimmt die Form als *Ch. intermedius* STAEG.; doch war es wohl sicher *Ch. behningi*. Er schreibt (S. 60): „Die von mir beobachteten Exemplare (1 ♂, 5 ♀♀) leuchteten sehr stark mit einem etwas grünlichen, phosporescierenden

[58] Vgl. auch Deutsche Entomologische Zeitschrift 1875, Heft II, pag. 432.

Lichte, das vollkommen dem Lichte von *Lampyris* glich, sich aber durch seine Continuität und Gleichmäßigkeit wesentlich von ihm unterschied. Selbst angerührt oder sogar in Alkohol geworfen, verharren die Tiere dennoch im Leuchten und können augenscheinlich ihr Licht weder vermindern noch aufhören lassen. In Alkohol fahren die *Chironomus* noch 3 bis 4 Stunden fort zu leuchten." Das Leuchten „nimmt den ganzen Körper und alle seine Anhänge (Füße, Antennen) ein". Nach SCHMIDTS Meinung sind es „für den Wirt schädliche Parasiten, die das Leuchten verursachen". Denn die leuchtende Mücke macht „den Eindruck eines erkrankten und jedenfalls anormalen Individuums". „Den Angaben der Einwohner zufolge sieht man die leuchtenden Insekten sehr selten fliegen, sondern sie sitzen immer beinahe unbeweglich an den Ästen der Sträucher, wovon ich mich auch selbst überzeugen konnte. Es genügt ein Kästchen, ein Glas oder einfach die flache Hand unter das leuchtende Insekt zu halten, den Ast ein wenig zu schütteln und die Mücke fällt nieder in das Kästchen oder in die Hand herein und versucht nicht einmal fortzufliegen." Über das Leuchtbakterium selbst schreibt ISSATSCHENKO (1911, S. 43): „Aus lebenden und toten Mücken ist es dem Autor gelungen, eine reine Kultur leuchtender Bacterien auszuscheiden, dessen Ende gerundet und 2 bis 3 μ lang und 1 μ breit war. Auf Fisch-Agar mit 3% NaCl bildet sich ein weißer Belag. Gelatinestich verflüssigt sich sehr langsam und ist erst am 3. oder 4. Tage sichtbar. Auf Fischbouillon bildet sich ein Häutchen: auf Kartoffeln, welche mit 4% NaCl durchgekocht sind, bildet sich ein leuchtender Belag. Lakmus entfärbt sich: Nitrate gehen in Nitrite über. Wenn man diese Kulturen Meerschweinchen injiziert, so rufen sie keine krankhaften Erscheinungen bei denselben hervor. Minimaler Zuckerzusatz (weniger als 0,5% von Traubenzucker) begünstigt das Leuchten. Das Hinzufügen von Glyzerin und Mannit wirken ebenso.

Die Kultur leuchtet mit einem gleichmäßigen bläulichen Licht, welches nicht stark ist, aber verstärkt wird durch häufige Übertragung auf frischen Nährboden. Das Leuchten wird auf Bouillon und Agar hervorgerufen, welche 1 bis 4% NaCl enthalten; aber nach mehrfachen Übertragungen beobachtet man, daß auf Nährböden schwacher (0,5 bis 1% NaCl) Concentration die Bakterien stärker leuchten als auf von 3% NaCl. Gleichfalls wurde auf gewöhnlichem Fleisch-Pepton-Agar das Leuchten beobachtet, zu welchem kein Zusatz von NaCl gemacht wurde. Der Autor hat den gefundenen Organismus *Bacterium (Photobacterium) Chironomi* benannt."

D. Parthenogenese bei Chironomiden

Über die Parthenogenese bei Chironomiden gibt es schon eine ganze Anzahl Zusammenstellungen (EDWARDS 1919; MUNSTERHJELM 1920, S. 41 bis 44; GOETGHEBUER 1921 a, S. 15; ZAVŘEL 1926 b, S. 42—45; THIENEMANN 1929, S. 115; PHILLIPP 1936 b, S. 46—48; KRÜGER 1941 a, S. 239—242).

Trotzdem erscheint es mir nicht überflüssig, ja notwendig zu sein, hier noch einmal kurz zusammenzufassen, was heute über diese Erscheinung bekannt ist. Denn es schleppen sich durch die Literatur einige nicht unwesentliche Irrtümer; daher wird auch die Darstellung der Chironomiden in VANDELS Buch „La Parthénogenèse" (1931, S. 140—142, 198—199) nicht ganz den Tatsachen gerecht.

Parthenogenese ist bei den Chironomiden nicht sehr verbreitet; sie kommt vor nur bei einigen Tanytarsarien und Orthocladiinen.

1. Tanytarsariae

Die erste Arbeit über „die ungeschlechtliche Fortpflanzung einer *Chironomus*-Art und deren Entwicklung aus dem unbefruchteten Ei" ist die Abhandlung OSCAR VON GRIMMS, die er am 13. Januar 1870 der Kaiserlichen Akademie der Wissenschaften von St. Petersburg vorlegte. Er fand in einem Aquarium eine Chironomidenart, bei der im Sommer die unbefruchteten Puppen „Eier legten", die sich vollkommen weiterentwickelten; im Herbst sah er, wie aus den Puppen die Imagines — immer Weibchen — ausschlüpften. Die Eiablage der Mücken konnte er nicht beobachten; er nahm an, daß die Mücken sich begatteten, stellte aber fest, daß die Eier, die man der reifen, noch in der Puppenhaut steckenden Mücke entnahm, sich ohne Befruchtung normal entwickeln. Er meint, daß diese Art „einem Generationswechsel, respektive der Paedogenesis unterworfen ist". A. SCHNEIDER hat (1885) die GRIMMschen Beobachtungen kurz bestätigt; seine Tiere stammten aus Aquarien des Zoologischen Instituts in Gießen; er bezeichnete die Art als „*Chironomus Grimmii*". Die richtige Deutung dieser sogenannten Paedogenese gab ZAVŘEL (1907) auf Grund seiner Beobachtungen an *Stylotanytarsus boiemicus* K. (vgl. ZAVŘEL in BAUSE, S. 17): „Im Jahre 1870 hat O. VON GRIMM über eine kleine *Chironomus*-Art berichtet, die sich auf eine seltsame Weise vermehrt. Die Puppe dieser Art soll nämlich entwicklungsfähige Eier legen. Diese ‚kleine *Chironomus*-Art' ist sicher ein *Tanytarsus*. Ich habe seit 1905 mehreremals *Tanytarsus*-Larven gefunden, deren Puppen pädogenetische Eier trugen. Aus den ersten im Freien gesammelten Larven schlüpfen zuerst ♂ und ♀ aus. Aber später schwimmen auf der Wasseroberfläche tote Puppen, vollgestopft mit Eiern, die in der Embryonalentwicklung mehr oder weniger vorgeschritten sind. Entwickelte Larven verlassen die leere Puppenhaut und bauen sich an den Glaswänden aus Schlammpartikeln oder Algen ihre langen, schlanken Röhren. Die Puppe kann also nicht Eier ‚legen'. Die von GRIMM gezeichneten Genitalöffnungen sind eigentlich Spermatheken. Die aus pädogenetischen Eiern entstandenen Imagines sind immer ♀. Einmal habe ich beobachtet, daß ein vor 2 Minuten ausgeschlüpftes ♀ eine lange Schnur parthenogenetischer Eier legte. Also ist die Pädogenese der Puppe eine frühzeitige Parthenogenese. Trotzdem ich einmal von August 1905 bis Juli 1906 fünf nacheinander folgende pädogenetische Generationen gezüchtet habe, konnte ich einen Generationswechsel nicht beobachten." Ganz ähnliche Beobachtungen machte KRÜGER (1941 b, S. 556) an einer in Wasserleitungen als Schädling aufgetretenen *Stylotanytarsus*-Art, *St. inquilinus:* „In den Zuchten bei unserer als Schädling auftretenden Art *Stylotanytarsus inquilinus* war es das übliche, daß die Mücken ausschlüpften und dann meist sofort darauf zur Eiablage kamen. Gelegentlich traten sogenannte ‚schlüpftote' Puppen auf. Bei diesen war noch die Rückennaht geplatzt, der Thoraxrücken war etwas vorgedrängt worden, und in den freien Analteil der Puppenexuvie hinein waren dann von

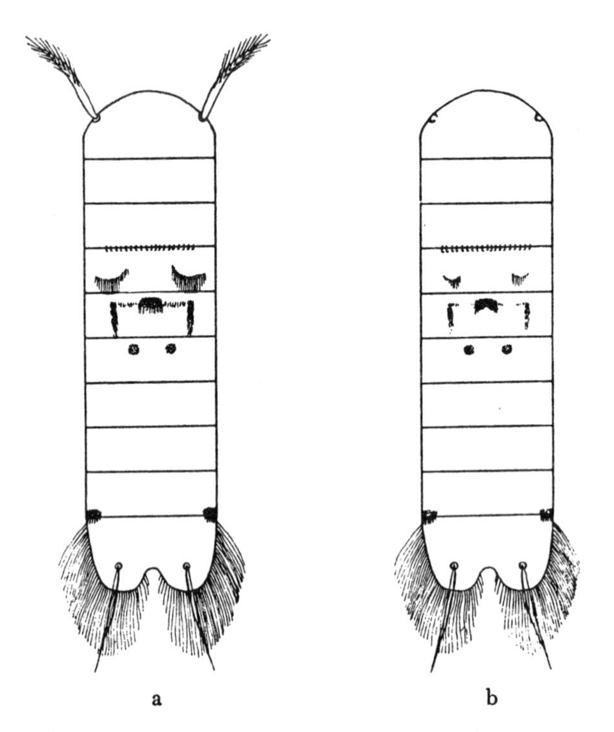

Abb. 189. Exuvien-Schemata der Gattung *Stylotanytarsus*.
a) Artenkreis *securifer*, b) Artenkreis *boiemicus*.
[Aus KRÜGER 1941 a.]

der Imago die Eier abgelegt worden. Es kam auch vor, daß bei völlig geschlossener Puppe die Eier zwischen Abdomen und Exuvie lagen und dann bei ihrer Entwicklung und der dadurch bedingten Vergrößerung ihres Volumens die Exuvie sprengten. Die Umwandlung von Larve zur Mücke geht so schnell vonstatten, das Puppenstadium ist von so kurzer und gleitender Dauer und die Eier werden erst am Ende des Puppenstadiums abgelegt, in dem ja schon ein völlig entwickeltes Insekt, eine Mücke, vorhanden ist, so daß die Pädogenese überhaupt nur eine scheinbare ist. Demnach ist *Stylotanytarsus* als parthenogenetisch anzusehen."

Wenngleich von GRIMMS Beschreibung und Abbildungen von Larve und Puppe seiner Art den heutigen Anforderungen nicht genügen, so ist doch als völlig sicher anzunehmen, daß sie zur Gattung *Stylotanytarsus* K. (1921 a, S. 276) der Subsectio *Paratanytarsus* der *Tanytarsariae genuinae* gehört. Innerhalb dieser Gattung hat KRÜGER (1941 a, S. 242) auf Grund der Puppenmorphologie zwei Artenkreise unterschieden (vgl. Abb. 189):

Artenkreis *securifer:* Prothorakalhörner vorhanden.
Artenkreis *boiemicus:* Prothorakalhörner fehlen.

GRIMMS Art hat Prothorakalhörner (vgl. GRIMMS fig. 4); allerdings macht GRIMM (l. c. S. 4) keine Angaben über eine Beborstung des Horns. *St. securifer* GOETGH. aber hat lange borstenförmige Spitzen (vgl. Abb. 189 a). Indessen ist bei JOHANNSENS *dissimilis,* der auf Grund der Dorsalbewaffnung der Puppe s i c h e r zum *securifer*-Kreis gehört, das Thorakalhorn nur „sparcely covered with hairs", so daß innerhalb dieses Artenkreises die Beborstung der Hörner also variiert.

Stylotanytarsus Grimmii ist parthenogenetisch; ob obligatorisch oder ob auch Männchen vorkommen, wissen wir nicht, wie überhaupt auch eine genaue Imaginalbeschreibung, durch die die Art einwandfrei festgelegt ist, fehlt, auch wohl immer fehlen wird. Bei *St. securifer* ist keine Parthenogenese bekannt, Männchen und Weibchen sind beschrieben. Das gleiche gilt — im Gegensatz zu vielen Angaben in der Literatur — für den nordamerikanischen *St. dissimilis* JOHANNSEN (1905, S. 292—293)! Denn die var. a von *dissimilis* (1905, S. 293), bei der JOHANNSEN (1910) obligatorische Parthenogenese nachgewiesen hat, hat er selbst später (1937, S. 11) zu *boiemicus* K. gestellt. Im Artenkreis *securifer* ist Parthenogenese also nur beobachtet bei *St. Grimmii,* nicht aber bei den beiden anderen Arten *(securifer* und *dissimilis).* Dagegen sind s ä m t l i c h e zum Artenkreis *boiemicus* gehörende *Stylotanytarsus*-Arten obligatorisch parthenogenetisch, Männchen sind bei ihnen nie beobachtet worden. Es sind das:

Stylotanytarsus boiemicus K. (Imago: KIEFFER 1921 a, S. 276; 1922 g, S. 96; wiedergegeben in KRÜGER 1941 a, S. 245, 246. GOETGHEBUER in „LINDNER", S. 112; Metamorphose: BAUSE 1914, S. 45, 63, 92, 97—99; JOHANNSEN 1905, S. 293; 1937 b, S. 11; ZAVŘEL 1926 e, S. 6; Vorkommen: ZAVŘEL 1917 a, S. 15; BREHM 1918 a, S. 31; WUNDSCH 1942, S. 380; JOHANNSEN 1937 b, S. 11. Parthenogenese: BAUSE 1914, S. 17; JOHANNSEN 1937, S. 11; MUNSTERHJELM 1920, S. 42—44; ZAVŘEL 1907, S. 64—65; 1926 b, S. 43—45.)

Bisher bekannt aus Teichen in Böhmen und Mähren, aus dem Neiße-Staubecken von Ottmachau in Oberschlesien sowie aus Ithaca, N. Y., und Orono, Maine (USA).

St. bauseellus K. (Imago: KIEFFER 1922 g, S. 96; GOETGHEBUER in „LINDNER“, S. 111; Metamorphose: BAUSE, S. 45, 63, 92, 97—99, Taf. III 27, 28, Taf. VIII 73; THIENEMANN 1948, S. 40; Parthenogenese: THIENEMANN 1948, S. 39, 40).

Bisher bekannt aus je einem Gartenbassin in Münster in Westfalen und Plön. Wahrscheinlich auch im litoralen Aufwuchs von Plöner Seen (MEUCHE 1939, S. 477; THIENEMANN 1948, S. 39, 40).

St. chlorogyne GOETGH. (*virgo* GOETGH.) (Imago: GOETGHEBUER 1934 e, S. 291, 292; im „LINDNER“, S. 113; Metamorphose, Vorkommen, Parthenogenese: THIENEMANN 1935 c, S. 86, 87).

Bisher nur aus einem Zimmeraquarium in Bremen bekannt.

St. inquilinus KRÜGER (Imago, Metamorphose, Parthenogenese, Vorkommen: KRÜGER 1941 a).

In der Wasserleitung einer mitteldeutschen Industriestadt.

St. luteola GOETGH. (Imago, Metamorphose, Parthenogenese, Vorkommen: THIENEMANN 1950, S. 95 und 162).

In den Bassins des Warmhauses der Biologischen Station in Lunz, Niederösterreich.

BOTT (1943) hat in seinen Aquarien in Istanbul eine parthenogenetische *Stylotanytarsus*-Art beobachtet, deren genaue Artzugehörigkeit nicht festgestellt wurde. Eine parthenogenetische Tanytarsarie — Gattung und Art nicht festgestellt — beobachtete WILLIAMS (1944, S. 161) in Wassertanks auf Hawaii.

Unter den Tanytarsariae connectentes (in meinem Sinne, vgl. S. 165) gibt es eine rein parthenogenetische Art *Zavreliella marmorata* v. D. W. (Synonymie und Verbreitung S. 169). Von dieser in Europa weit verbreiteten Art sind nie Männchen gefunden worden. ZAVŘEL hat (1926 b) ihre Entwicklung und Parthenogenese ausführlich beschrieben (Literaturangaben bei BAUSE, S. 73, und LENZ 1941 a, S. 55). Während der Deutschen Limnologischen Sunda-Expedition fand ich in Südsumatra (27. Januar 1929) in Sawahs (wasserüberstauten Reisfeldern) am Ranausee eine ganz ähnliche Form, deren Larven und Puppen sich von der europäischen Art *marmorata* v. D. W. nicht unterscheiden ließen (ZAVŘEL 1934, S. 163). Doch konnte ich aus diesem Material nicht nur Weibchen, sondern auch Männchen züchten, die JOHANNSEN (1932 d, S. 513, 514) als neue Art, *Z. annulipes*, beschrieb.

2. Orthocladiinae

Aus der Gattung *Corynoneura* hat GOETGHEBUER (1913 b) bei einer Art, *C. celeripes* WINN. (= *atra* WINN.) Parthenogenese beobachtet; er konnte im Aquarium drei aufeinanderfolgende parthenogenetische Generationen züchten. ZAVŘEL (1926 b, S. 45) bestätigte an Kulturen böhmischer *Corynoneura celeripes* diese Beobachtungen.

Dann beschrieb EDWARDS (1919) eine *Corynoneura innupta* aus England, die sich im Zuchtglas ebenfalls parthenogenetisch fortpflanzte; 1929 (S. 369) vereinigte EDWARDS selbst diese Art mit *C. scutellata* WINN. Sowohl bei *C. celeripes* wie *C. scutellata* findet man sonst im Freien wie in Kulturen normalerweise regelmäßig geschlechtliche Fortpflanzung. Aus welchen Gründen hier gelegentlich fakultativ Parthenogenese auftritt, wissen wir nicht. Es dürfte sich aber wohl sicher n i c h t um eine „geographische Parthenogenese", wie es VANDEL (1931, S. 198) annimmt, handeln, auch nicht um zwei distinkte Rassen, von denen die eine obligatorisch parthenogenetisch, die andere obligatorisch bisexuell ist.

Zwei weitere Beispiele von Parthenogenese lieferte die Gattung *Limnophyes* (GOETGHEBUER 1921 a, S. 15). GOETGHEBUER sah im Aquarium *L. punctipennis* GOETGH. und *L. pusillus (exiguus* GOETGH., *hexatomus* K.) sich parthenogenetisch fortpflanzen. Von der ersten Art sind bisher überhaupt nur Weibchen bekannt, von der zweiten, kosmopolitisch verbreiteten Art aber beide Geschlechter. Bei dieser liegt also sicher nur eine fakultative Parthenogenese vor, bei jener vielleicht eine obligatorische.

Bei dem in den Phytotelmen von Bromeliaceen in Costa Rica lebenden *Metriocnemus abdomino-flavatus* PICADO wies PICADO (1913, S. 288) fakultative Parthenogenese nach.

Einwandfrei konnte STRENZKE (THIENEMANN-STRENZKE 1940, S. 30—33) eine obligatorische Parthenogenese bei dem terrestrischen holsteinischen *Bryophaenocladius virgo* TH. nachweisen; von keiner anderen *Bryophaenocladius*-Art ist eine parthenogenetische Entwicklung bekannt. Weiter wies STRENZKE Parthenogenese bei zwei terrestrischen *Pseudosmittia*-Arten nach. Einmal bei *Pseudosmittia gracilis* GOETGH. (THIENEMANN-STRENZKE 1940, S. 36—39); von dieser Art sind Männchen bekannt aus Belgien und England; STRENZKE stellte dazu holsteinische Tiere, Weibchen, die sich rein parthenogenetisch fortpflanzten. Wäre diese Zuordnung richtig, so würde es sich um eine fakultative, vielleicht sogar „geographische" Parthenogenese handeln. Neuerdings (1950) rechnet aber STRENZKE mit der Möglichkeit, „daß auch diese in Holstein sich nur parthenogenetisch fortpflanzenden, von uns zu *gracilis* gestellten ♀♀ eine eigene Art repräsentieren, ähnlich wie es sich für *virgo* herausgestellt hat". Dann läge bei dieser neu zu benennenden Art obligatorische Parthenogenese vor. Bei einer holsteinischen Form, die STRENZKE als *Ps. holsata* beschrieb (THIENEMANN-STRENZKE 1940 a), wurde ebenfalls Parthenogenese festgestellt, aber da aus den Zuchten auch ein Männchen schlüpfte, wurde sie (l. c. S. 244) als „fakultative" bezeichnet. Doch ergaben die Untersuchungen in Lunz (STRENZKE 1950), daß „die von uns in Holstein mit *holsata* zusammen gefundenen und beschriebenen ♀♀ n i c h t zu dieser, sondern zu einer vermutlich rein parthenogenetischen anderen Art gehören". Diese trat auch im Lunzer Gebiet auf; STRENZKE (l. c.)

nannte sie *Ps. virgo,* und zwar die holsteinische Form *typica,* die Lunzer ssp. *montana. Holsata* ist also zweigeschlechtlich, *virgo* höchstwahrscheinlich obligatorisch parthenogenetisch. Für *Clunio marinus* wies ZAVŘEL (1932, S. 102) in Rab (Adria) fakultative Parthenogenese nach.

Schließlich entdeckte ich bei meinen Untersuchungen im Abiskogebiet in Schwedisch-Lappland eine neue, interessante, obligatorisch parthenogenetische Orthocladiine, die EDWARDS (1937 a, S. 140—142) als *Abiskomyia virgo* beschrieb. Im ersten lappländischen Frühling schwärmt sie über den Seen dieses Gebietes, die Puppenhäute bedecken die Wasseroberfläche. Unter Tausenden von Weibchen (Imagines bzw. Puppenhäutchen) habe ich kein einziges Männchen angetroffen. — Die zweite *Abiskomyia*-Art, *A. paravirgo* GOETGH., ein Bachtier, pflanzt sich bisexuell fort (vgl. THIENEMANN 1941 a, S. 205—211).

Versuchen wir nun noch, die eben geschilderten Fälle von Parthenogenese bei Chironomiden den verschiedenen, von WEBER (1933, S. 514—515) aufgestellten Parthenogenesetypen einzuordnen. Stets handelt es sich um Thelytokie, d. h. die unbefruchteten Eier werden ausschließlich zu Weibchen; es ist stets eine „normale“ Parthenogenese, d. h. die unbefruchteten Eier entwickeln sich stets weiter. Sie kann dabei „fakultativ“ sein (die Eier können befruchtet werden oder unbefruchtet bleiben). Beispiele: die beiden *Corynoneura*-Arten, *Limnophyes pusillus.* Oder sie ist „konstant“, d. h. hält unbeschränkt über Generationen weg an. Beispiele: der Artenkreis *boiemicus* von *Stylotanytarsus, Zavreliella marmorata, Bryophaenocladius virgo, Pseudosmittia virgo, Abiskomyia virgo.*

E. Rückblick und Überblick

Überblicken wir nun noch einmal den Lebenszyklus der Chironomiden im allgemeinen, so können wir nur die in den gemäßigten Zonen herrschenden Verhältnisse berücksichtigen, wobei gelegentlich auch ein Blick auf arktische Verhältnisse geworfen wird. Wie sich der Lebensablauf der Chironomiden in den Tropen abspielt, wissen wir nicht. Auch während der Deutschen Limnologischen Sunda-Expedition konnten wir Beobachtungen hierüber nicht anstellen. Dazu hätte man am gleichen Platz oder doch in der gleichen Gegend ein ganzes Jahr lang untersuchen müssen.

Die meisten Chironomiden haben in unseren Breiten einen E i n j a h r e s - z y k l u s. Das heißt die Imagines schlüpfen in der warmen Jahreszeit einmal — im Frühjahr, Sommer oder Herbst (vgl. S. 266) —, die Larven sind dann etwa zur selben Zeit des folgenden Jahres verpuppungsreif. Hierher gehören im allgemeinen unsere Seenchironomiden, vor allem die Tiefenformen, aber auch die meisten Litoraltiere, ferner die Mehrzahl der Teicharten; auch die Quell- und Bachchironomiden verhalten sich so; nach

Strenzkes Feststellungen (1950) schlüpfen die terrestrischen Arten meist während des ganzen Sommers, mit einem Maximum im Frühjahr.

Etwa 350 bis 360 Tage dauert also bei dieser Gruppe das Larvenleben, 3 bis 4 Tage das Puppenleben, 4 bis höchstens 6 Tage das Imaginalleben. Die Dauer des Wasserlebens des unreifen Tieres ist also rund 60mal so lang wie das Luftleben der reifen Mücke.

Auch ein Zweijahreszyklus kommt bei Chironomiden, wenn auch sehr selten sicher nachgewiesen, vor; die in einem Jahr geschlüpfte Larve wird erst im übernächsten Jahre schlüpfreif. Man muß die diesbezüglichen Literaturangaben mit großer Kritik betrachten. So schreibt Pagast (1947, S. 562): „Die Generation von *Protanypus* dürfte vermutlich zweijährig sein. Zu dieser Annahme veranlaßt mich die Beobachtung, daß die von mir im Lunzer Untersee im August 1939 gesammelten Larven in zwei deutlich geschiedenen Größenstufen auftraten, wie wir das bei *Ephemera vulgata*-Larven beobachten können." Ich konnte aber bei meinen Lunzer Untersuchungen (1949 a) nachweisen, daß *Protanypus morio* Zett. im Lunzer Untersee seine Hauptschlüpfzeit zwar im März bis April hat, daß aber eine weitere Schlüpfperiode in den September bis Oktober fällt; bei den Pagastschen beiden Größenstufen der Larven handelt es sich also sicher um die Frühlings- und die Herbstgeneration. Aus dem Costello Lake (Kanada) nennt Miller (1941, S. 35) als Arten mit wahrscheinlich zweijährigem Zyklus *Endochironomus nigricans* Joh. und *Chironomus (?) staegeri* Lund.; doch sind diese Verhältnisse nicht völlig klar.

Am ersten könnte man in der Arktis eine zweijährige Entwicklungszeit für Chironomiden erwarten. Aber Sögaard Andersen (1937, S. 50) hat für die genauer untersuchten fünf Arten nordostgrönländischer Seen nachgewiesen, daß sie ihren Zyklus in einem Jahre vollenden. Einwandfrei ist dagegen ein Zweijahreszyklus durch Rempel bei einer *Chironomus*-Art, die er *Ch. hyperboreus* Staeg. nennt, nachgewiesen. Bevor wir uns Rempels Beobachtungen zuwenden, muß festgestellt werden, welchen Namen die Rempelsche Art zu tragen hat.

Townes (1945, S. 130) stellt den *hyperboreus* Staeg. der amerikanischen Autoren (unter ausdrücklichem Hinweis auch auf Rempels Arbeit) zu *anthracinus* Zett. Das ist unmöglich; denn Rempels Art gehört zur *plumosus*-Gruppe (vgl. Rempels fig. 2 C), *anthracinus* Zett. aber zur *thummi-bathophilus*-Gruppe. Sögaard Andersens *hyperboreus* Staeg. aus Nordostgrönland — er hat seine Imagines mit den westgrönländischen Typenexemplaren Staegers im Kopenhagener Zoologischen Museum verglichen — gehört zur *Salinarius*-Gruppe (Sögaard Andersen 1937, S. 27—31). Also kann Rempels Art nicht gleich *hyperboreus* Staeg. sein. Sögaard Andersen (in Thienemann 1941 a, S. 234) hat auch Verschiedenheiten im Hypopyg beider Arten festgestellt. Ich habe daher (1941 a, S. 234) für REMPELS Art den Namen *Chironomus rempelii* vorgeschlagen.

Ch. rempelii ist häufig im Waskesiu Lake (Prince Albert National Park, Saskatchewan, Canada). Dort findet man bis 1000 Larven je Quadratmeter; in den Wasserschichten bis 10 m ist das Tier selten, am häufigsten in Tiefen von 20 m. Die reifen Larven beginnen sich Mitte Mai, kurz nachdem die Eisbedeckung des Sees verschwunden ist, zu verpuppen, wahrscheinlich angeregt durch die Temperatursteigerung und Erhöhung des O_2-Gehaltes des Tiefenwassers. Schwarmzeit von der letzten Maiwoche bis in die ersten beiden Juniwochen. Laichablage pelagisch, selbst noch 4,8 km vom Ufer entfernt. Embryonalentwicklung etwa 10 Tage. Das Larvenwachstum ist stark

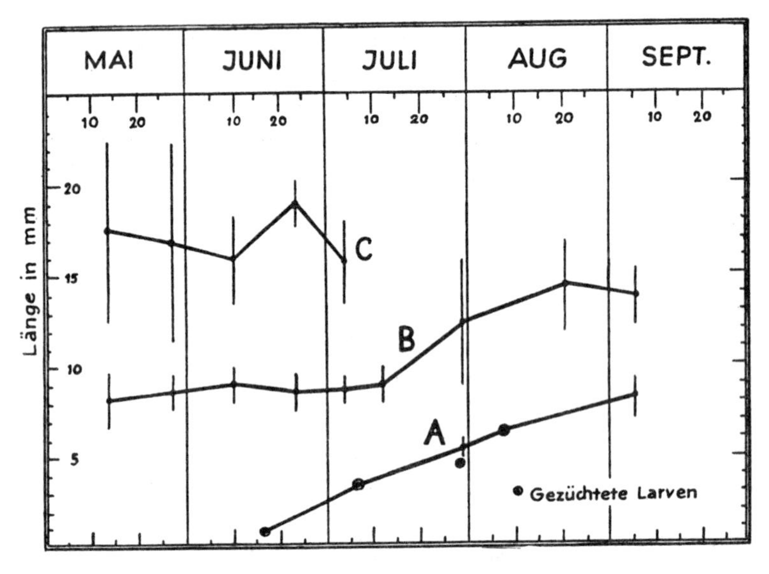

Abb. 190. Wachstumsverhältnisse der Larven von *Chironomus rempelii* im Waskesiu Lake. A. Larvenjahrgang 1932, B. 1931, C. 1930. [Aus REMPEL 1936.]

von Juni bis August, während der übrigen Monate steht es fast still. Im September haben die im gleichen Jahre ausgeschlüpften Larven eine Durchschnittslänge von 8,22 mm, die im Vorjahr geschlüpften Larven eine Länge von 13,8 mm. Kurz vor der Verpuppung sind die Larven im Durchschnitt 16 bis 19 mm lang. Abb. 190 zeigt die Wachstumsverhältnisse der Larven im Jahre 1932. A ist die neue, 1932 geschlüpfte Generation, B sind die einjährigen, 1931 geschlüpften, C die zweijährigen, 1930 geschlüpften Larven. Diese Kurven beweisen eindeutig den Zweijahreszyklus von *Ch. rempelii* im Waskesiu Lake. Wenn das Larvenleben hier also 366 + 354 = 720 Tage, das Puppenleben 10, das Imaginalleben etwa 4 Tage dauert, dann ist die

Dauer des Wasserlebens des unreifen Tieres (730 Tage) mehr als 180mal so lang wie das Luftleben (4 Tage) der Imago.

„Für die Entwicklung ist eine gewisse Wärmesumme notwendig, die bei sonst optimalen Bedingungen konstant ist, und zwar gehört dazu eine gewisse Summe wirksamer Temperaturen, d. h. derjenigen, welche innerhalb der Reizschwellen der Entwicklung liegen. Die wirksame Temperatur ist die Differenz zwischen Außentemperatur in Celsiusgraden und dem Entwicklungsnullpunkt" (FRIEDERICHS 1930, S. 163; hier Genaueres über die Wärmesummenregel). Man drückt diese Summe meist in Tagesgraden aus (Temperatur ° C × Zahl der Tage). Man kann nun die in einem bestimmten Gewässerbiotop innerhalb des wirksamen Temperaturbereichs zur Verfügung stehende Wärmesumme berechnen, außerdem experimentell oder durch Freilandbeobachtung das Tagesgradbedürfnis für die Entwicklung einer Chironomidenart bestimmen. Solche Berechnungen hat MILLER (1941, S. 48) für vier Chironomiden des Costello Lake durchgeführt. *Tanytarsus dubius* (?) brauchte 1937 790 bis 800 Tagesgrade, 1938 880 bis 900, *Polypedilum halterale* 1937 1030 bis 1090 Tagesgrade, *Spaniotoma (Eukiefferiella)* sp. 1937 790 bis 870, 1938 910 bis 1000 Tagesgrade (vgl. auch MEUCHE 1938, S. 489—490).

Schlüpft nun eine Art im Frühling und ihr Tagesgradbedürfnis kann an dem betreffenden Biotop noch bis zum Spätsommer oder Frühherbst befriedigt werden, dann kann eine zweite Schwärmperiode im Herbst zustande kommen; d. h. es gibt Chironomidenarten mit zwei Generationen im Jahr. Für den Costello Lake nennt MILLER (S. 63) folgende Arten: *Metriocnemus* sp., *Psectrocladius* sp., *Orthocladius curtistylus* GOETGH. (?), *Corynoneura celeripes* WINN., *Limnochironomus lucifer* JOH., *Parachironomus* sp., *Lauterborniella agrayloides, L. nigrohalteralis* MALLOCH, *Tanytarsus signatus* v. d. W., *T. confusus* MALL. (?), *T. viridiventris* MALL., *T. pusio* MG. (?), *T.* sp. Für *Tanytarsus signatus* berechnet er ein Tagesgradbedürfnis von 550 bis 670; solche Arten mit zwei Generationen im Jahr brauchen also gut die Hälfte der Wärmesumme der Arten mit einjährigem Lebenszyklus.

Im Großen Plöner See sind (vgl. S. 266, Abb. 184) Arten mit zwei Generationen im Jahr: die litoralen Orthocladiinen *Rheorthocladius oblidens, Trichocladius bicinctus* MG., *Tr. dizonias* MG. sowie *Procladius* sp.; im Lunzer Untersee (THIENEMANN 1949 a) die Orthocladiinen *Corynoneura scutellata, Trichocladius algarum, Tr. tendipedellus, Heterotrissocladius grimshawi, Psectrocladius sordidellus, Parakiefferiella bathophila, Protanypus morio* sowie die Tanytarsarien *Micropsectra heptameris* und *Tanytarsus gibbosiceps.* In den von PHILLIPP (1938 a) untersuchten ostpreußischen Teichen hatte *Camptochironomus tentans* FABR. und *Endochironomus longiclava* K. zwei Generationen im Jahr. Im Lunzer Gebiet schlüpfen die Bachformen im allgemeinen im Frühjahr (bis Anfang Juni), einige haben eine zweite Generation Ende August bis Oktober (THIENEMANN 1949 a) (Beispiele: *Euorthocladius rivicola, Parorthocladius nudipennis, Rheorthocladius saxicola, Eukiefferiella bavarica, Akiefferiella coerulescens).*

In Zuchten von *Rheotanytarsus „pusio"* dauerte die Larvenentwicklung bis zum Schlüpfen der Imagines vom 19. Juli bis 14. November, also 118 Tage, d. h. knapp 4 Monate (davon mindestens 4 Tage Puppenleben) (MUNDY 1909, S. 37); diese Art kann also wohl zwei Generationen im Jahr haben. In England hat *Zavreliella marmorata* zwei Generationen, im Mai und August, die Sommergeneration braucht 2,5 bis 3 Monate zur Entwicklung, die Wintergeneration entsprechend 9 bis 9,5 Monate (Edwards 1919). Für *Chironomus plumosus,* in unseren großen holsteinischen Seen mit Einjahreszyklus, sind nach POTONIÉ (1936, S. 128) „bei günstigen Witterungsbedingungen im Frühjahr, Sommer und Herbst ... zwei bis drei Generationen in einem Kalenderjahr nicht unwahrscheinlich"; in Teichen können ebenfalls zwei Generationen dieser Art auftreten (GRANDILEVSKAJA-DECKSBACH 1935).

Schlüpfen die Formen mit zwei Generationen im allgemeinen im Mai und im September, so braucht die Frühjahrsgeneration, die sich während der kalten Jahreszeit entwickelt, doppelt so lang (8 Monate) wie die sich während der 4 Sommermonate entwickelnde Herbstgeneration. Und setzt man das Imaginalleben mit etwa 3 Tagen an, so dauert das Wasserleben des unreifen Tieres in einem Fall etwa 80mal, im anderen Fall etwa 40mal so lang wie das Luftleben der (reifen) Mücke.

Es gibt auch Arten mit m e h r a l s z w e i G e n e r a t i o n e n i m J a h r. Während die Formen mit den soeben geschilderten Entwicklungstypen vor allem in eustatischen, d. h. eigenschaftssteten Gewässern — wie Seen, Flüssen, Bächen, Quellen — vorkommen, leben diese vor allem in astatischen, eigenschaftsschwankenden Gewässern — wie Tümpeln und anderen Klein- und Kleinstgewässern. Denn die oft nur ganz kurze Zeit währende Existenz eines solchen Gewässers bedingt ein rasches Durchlaufen des Lebenszyklus für seine Bewohner. Oben (S. 240) gaben wir schon an, daß nach PAUSE und SADLER bei *Chironomus thummi* und *Camptochironomus tentans* im Jahre vier bis fünf Generationen auftreten können. Das gleiche gilt sicher auch für manche anderen, in kleineren Gewässern lebende *Chironomus*-Arten (z. B. *Ch. cingulatus* MG., *dorsalis* MG.). Und wenn der Boden einer kleinen, flachen Straßenpfütze, die sich in den Wagenspuren gebildet hat (Abb. 191), dicht mit den Röhren von *Chironomus sordidatus*[59] bedeckt ist, und wenn das sonnenerwärmte Wasser (Temperatur 34,2°; 27. Juli 1948, 14^h) voll von schlüpfenden Puppen und Puppenhäuten ist, so muß es sich auch hier um

[59] *Chironomus sordidatus* K. ist nach STRENZKEs Feststellungen sicher gleich *dorsalis* MG.

eine Art mit ganz kurzfristiger Entwicklung und mehreren Generationen im Jahr handeln. Für den nordamerikanischen *Chironomus decorus* JOH. kann man nach PING (1917, S. 425) mit fünf Generationen je Jahr rechnen. TILBURY (1913) stellte in Zuchten von *Chironomus cayugae* JOH. — nach TOWNES (S. 120—121) = *Ch. decorus* Joh. — für die Embryonalentwicklung 3 Tage oder etwas mehr fest, für die Larvenentwicklung 1 Monat, für die Puppenruhe 1 Tag. Der in organisch verunreinigten Gewässern lebende nordamerikanische *Chironomus cristatus* (FABR.) BRANCH — nach TOWNES (p. 125)

Abb. 191. Straßenpfütze am Nordufer des Kellersees, Holstein (27. VII. 1948). Wohngewässer von *Chironomus dorsalis* MG. (*sordidatus* K.). [phot. THIENEMANN.]

= *riparius* MG. — hat nach BRANCH (1923, S. 26) eine Embryonalentwicklung von nicht mehr als 5 Tagen, ein Larvenleben von 24 bis 115 Tagen, eine Puppenruhe von 3 Tagen, ein Imaginalleben von 4 oder 5 Tagen. Also Wasserleben : Luftleben etwa 6 : 1 bis etwa 30 : 1. — Bei *Eucricotopus trifasciatus* beträgt nach KETTISCH (S. 163) die kürzeste Entwicklungsdauer der Larven 23 Tage, so daß auch bei dieser Art mehrere Generationen im Jahr auftreten können. — Nach BRANCH (1923 a) dauert bei *Tanytarsus fatigans* die Embryonalentwicklung mindestens 3 Tage, die Larvenentwicklung 20 bis 29 Tage, das Puppenleben 1 Tag. Unsere typische Baumhöhlenchironomide *Metriocnemus cavicola* K. hat mindestens drei Generationen im Jahr (SPÄRCK 1922, S. 87). Von dem parthenogenetischen *Stylotanytarsus inquilinus* hat KRÜGER (1941 a) vom Januar an hintereinander eine ganze Anzahl Generationen mit folgender Entwicklungsdauer gezüchtet: erst „etwa 4 Monate, dann 2 Monate, darauf 4 bis 5 Wochen, und in der Folge geht es mit der Entwicklungsdauer von 3 bis 4 Wochen für jede Generation durch den

Sommer hindurch, so daß sich also unter günstigen Bedingungen für die Tiere im Laufe eines Jahres sieben bis acht Generationen heranzüchten lassen". Auch bei dem ebenfalls parthenogenetischen *Stylotanytarsus bauseellus* konnte ich im Freien, in einem kleinen Zementbassin in unserem Garten, von April bis Oktober mehrere Generationen beobachten; im August bis September dauerte der Individualzyklus der Art knapp einen Monat (THIENEMANN 1948).

Zahlreiche Generationen hat auch der für englische Abwasserreinigungsanlagen so charakteristische *Limnophyes minimus*. Der vollständige Lebenszyklus dauert nach LLOYD (1943 a, S. 56) bei einer Temperatur von

2—3°	260 Tage	15—16°	43 Tage
6—7°	103 Tage	20—21°	29 Tage
10°	80 Tage		

Über den Entwicklungsrhythmus dieser Art hat LLOYD (1941 a, 1941 b) interessante Berechnungen angestellt. — Bei *Corynoneura celeripes* kann das ganze Larvenleben in 10 Tagen durchlaufen werden! (ZAVŘEL 1928, S. 658.)

Setzt man das Imaginalleben dieser sich schnell entwickelnden Formen mit 2 Tagen an (bei den kleinen Arten wird selbst dies reichlich lang sein) und die kürzeste Dauer des Larven-Puppenlebens im Durchschnitt mit 30 Tagen, so dauert das Wasserleben der unreifen Stadien etwa 15mal so lang wie das Luftleben der reifen Mücken (in einzelnen Fällen sogar nur 5- bis 6mal). Für die Schlüpfperioden der Chironomiden in den Seen des südschwedischen Hochlandes vgl. BRUNDINS (1949) Tabelle 102 (S. 555—557) sowie seine Ausführungen auf Seite 557 bis 563.

Bevor wir in der Betrachtung der Individualzyklen fortfahren, einige Worte über die Überwinterung der Chironomiden. Eine Überwinterung als Imago, wie sie z. B. bei Stechmücken bekannt ist, kommt bei den Chironomiden nicht vor. Das Normale ist die Überwinterung als Larve; dabei verträgt die Larve weitgehenden Wasserentzug, allerdings nicht bis zu wirklichem Austrocknen. Interessant ist es, daß manchen Arten ein Einfrieren nichts schadet. Wir kennen das z. B. von der Baumhöhlenart *Metriocnemus cavicola* K. (SPÄRCK 1922, S. 87). Daß in Ostgrönland Chironomidenlarven ungefähr 5 Monate eingefroren überwintern können, zeigte SÖGAARD ANDERSEN (1946, S. 46) auf folgende Weise: Am 12. Mai 1934 wurden am Langsoe, in der Uferregion bei einer Wassertiefe, respektive Eistiefe von 0,4 m, erst 20 cm Schnee beseitigt, dann 40 cm Eis weggehauen und dann ein Block von 15 × 12 cm Fläche aus dem gefrorenen Seeboden ausgehoben. Der Block (Sand und Gyttja) wurde aufgetaut und die folgenden Tiere herausgesammelt: 53 Larven von *Procladius choreus*, 4 von *Chironomus hyperboreus* (eine davon mit *Mermis*-Infektion), 6 von *Ditanytarsus setosimanus*, 2 von *Tanytarsus niger*, 6 von *Phaenopelma* sp., 2 von *Psectrocladius* sp., ferner eine Hydracarine und 2 kleine Ostracoden. Alle Larven waren frisch und munter und wiesen keine Unterschiede gegenüber solchen auf, die aus gewöhnlichen Schlammproben stammten. Da das Eis eine Dicke von 40 cm nicht später als Mitte Dezember erlangt hatte, so haben die Larven 5 Monate langes Einfrieren überstanden. Auch *Corynoneura scutellata* und *Eucricotopus glacialis* sowie *Orthocladius ? consobrinus* können ein Einfrieren im grönländischen Winter vertragen. Nach seinen Beobachtungen in Sachsenhausen berichtet WUNDSCH (1919, S. 447), daß sich dort in den leerstehenden Teichen die Chironomidenlarven vor dem einsetzenden Frost in den Boden zurückziehen, und zwar bis zur unteren Grenze der gefrorenen Schicht. Als er im Winter 1915/16 in einem Teich die etwa 10 cm dicke gefrorene Schlammschicht aufhacken ließ, befanden sich die großen roten *Plumosus*-Larven unmittelbar darunter, derart, daß sie beim Emporheben der gefrorenen Stücke nach unten aus diesen heraushingen. MAYENNE (1933) ließ einen gefrorenen Schlammklumpen aus den Abwasserfischteichen bei Moskau 41 Tage bei Frosttemperaturen bis —30,8° liegen. Nach dem Auftauen fanden sich darin 54 tote und 14 lebende Larven von *Glyptotendipes polytomus*. Er schließt aus seinen Beobachtungen in der Natur und seinen Experimenten, „daß die Chironomidenlarven das Gefrieren des Bodens im Winter abgelassener Teiche gut ertragen und bis zu ihrem Auffüllen mit Wasser im Frühjahr leben können. Jedoch darf dieses Auffüllen mit Wasser nicht zu lange aufgeschoben werden, da das Austrocknen des Bodens verderblicher auf die Larven wirkt als das Gefrieren.“ Sehr eingehend hat sich H. NORDQUIST (1925) mit der Wirkung des winterlichen Trockenliegens und Ausfrierens des Teichbodens (in Aneboda, Småland, Schweden) auf die Chironomidenlarven befaßt; er stellte allerdings fest (S. 55), daß wenigstens größere *Chironomus*-Larven der *plumosus*-Gruppe bei längerer Dauer des Gefrorenseins zum größten Teil absterben. „Ob dies in demselben Maße auch für kleinere Larven und für Larven der *thummi*-Gruppe zutrifft, läßt sich aus meinen Befunden nicht schließen, es ist mir aber wahrscheinlich, daß jedenfalls ein großer Teil auch solcher Larven das Gefrorensein nicht sehr lange aushalten kann.“ Es bestehen also Unterschiede in der Frostempfindlichkeit nach den Arten wie nach den Fundorten. — Vgl. auch GOSTKOWSKI (1935).

BOLDYREWA (1930) untersuchte die in einem kleinen Teiche bei Moskau eingefrorenen Organismen. Die Chironomiden „erwachen aus dem Eise, in dem sie in anabiotischem Zustande verblieben ... Das Protoplasma der eingefrorenen Tiere gefriert nicht. Bei einigen Insektenlarven (Chironomidenlarven) konnte ein partielles Aufleben beobachtet werden: ein Körperteil noch im Eis gefroren blieb unbeweglich, der andere schon befreite reagierte deutlich auf Reize. Das Verbleiben der Larven im Eise wirkt nicht auf die morphologischen Charaktere der Imago; die aus den im Eise eingefrorenen

Larven geschlüpften Insekten unterschieden sich in keinem Fall von den normal entwickelten.“ Wenn sehr spät im Jahr geschlüpfte Imagines noch zur Eiablage schreiten, so können eventuell die Laichmassen überwintern und dann erst im Frühjahr die Junglarven ausschlüpfen. Dieser Fall liegt bei *Eucricotopus trifasciatus* im Lunzer Untersee vor (KETTISCH, S. 200), mag aber auch sonst vorkommen.

Doch nun noch einmal zurück zu den Individualzyklen. In der folgenden Tabelle sind die Ergebnisse unserer bisherigen Betrachtungen ganz grob schematisch zusammengestellt:

Ungefähre Dauer von Wasser- und Luftleben (in Tagen) bei Chironomiden mit verschiedenem Individualzyklus

	Unreife Stadien (Larve und Puppe) Wasserleben	Reife Imago Luftleben	Verhältnis W : L
2-Jahres-Zyklus	830	4	200 : 1
1-Jahres-Zyklus	350—360	4 (—3)	60 : 1
2 Generationen im Jahr . . .	240 resp. 120	3	80 resp. 40 : 1
Mehr als 2 Generationen im Jahr (Minimalzahlen)	30 resp. 10	2	15 resp. 5 : 1

Zweifellos ist es das spezifische Wärmebedürfnis, das als Ursache für die verschiedene Entwicklungsdauer der verschiedenen Arten anzusehen ist. Wenn z. B. im Costello Lake eine Art zur Entwicklung rund 1000 Tagesgrade (vgl. oben S. 287) besucht, so kann sie nicht mehr als einen Individualzyklus im Jahre vollziehen, braucht sie etwa die Hälfte, so ist es möglich, daß zwei Generationen im Jahre erscheinen (MILLER 1941, S. 49). Die verschiedenartige Dauer der Individualzyklen entspricht im großen und ganzen den physiographischen Verhältnissen des Biotops, an den die betreffenden Arten gebunden sind. Unter den gleichmäßigen, eustatischen Lebensbedingungen z. B. der Seentiefe leben die Arten mit Einjahreszyklus; unter den astatischen, stark wechselnden Verhältnissen z. B. von Tümpeln und Baumhöhlen, die unter Umständen nur wenige Wochen als Gewässer überhaupt bestehen, leben die Arten mit kurzer Entwicklungsdauer. Aber diese spezifische Entwicklungsform ist nicht etwa unmittelbar durch die Verhältnisse des betreffenden Milieus induziert, sondern erblich mehr oder weniger fest fixiert. Sie läßt sich nur selten im Experiment „brechen“. Folgendes ist eine allen denen, die sich mit der Aufzucht von Chironomiden befassen, bekannte Erscheinung: Bringt man Larven, die normalerweise im Frühjahr schlüpfen, im Herbst in die Zuchtschale und läßt sie unter optimalen Ernährungsbedingungen bei Zimmertemperatur stehen, so beginnen die Tiere trotzdem im allgemeinen erst zu schlüpfen, wenn auch in der freien Natur das Schlüpfen der Art beginnt, also im Frühling. Und das, obgleich den Tieren in den Zuchtschalen in dieser Zeit eine ganz wesentlich größere Wärmemenge zugeführt wird als ihren im Freien verbliebenen Artgenossen. Das gilt unbedingt für Arten mit obligatorisch einjährigem Individualzyklus. Arten, die im Freien mehrere Individualzyklen im Jahr durchlaufen, kann man schon eher auch in den Zuchten zu einem Schlüpfen im Winter bewegen, also zu einer Zeit, in der in der Natur das Schlüpfen unterbleibt.[60] Bei jenen ist der artspezifische Entwicklungsmodus also erblich fest verankert, bei diesen ist er, wie ja auch aus den Beobachtungen im Freien hervorgeht, nicht so streng fixiert. Aber auch bei diesen gelingt es nicht durchweg, eine Verkürzung der Winterentwicklung durch Wärme zu erzwingen.

ZAVŘEL hat interessante Versuche an *Zavreliella marmorata* durchgeführt. Diese Art hat in Böhmen einen Einjahreszyklus. „Züchtet man die Frühsommerlarven in Schilddrüsen- oder Thymusextrakten von passender Konzentration, so wachsen sie sehr schnell und die Dauer ihrer Metamorphose kann auf 1 bis 2 Monate verkürzt werden; dasselbe Resultat erzielt man bei ihnen durch dauernde Einwirkung erhöhter Temperatur. Werden Spätsommer- oder Herbstlarven in Schilddrüsen- bzw. Thymusextrakten oder bei erhöhter Temperatur gezüchtet, so wachsen sie am Anfang des Versuches schneller als Kontrolltiere, der Winterstillstand des Wachstums wird aber dadurch nicht überwunden" (ZAVŘEL 1930, S. 798). Das Tempo des sommerlichen Wachstums ist also erblich nicht festgelegt (in England hat ja, vgl. S. 288, die Art auch zwei Generationen, eine im Mai, die andere im August), die winterliche Wachstumspause ist aber erblich streng fixiert.

Wie ist diese erbliche Verankerung des Entwicklungsrhythmus zu verstehen? Hiervon haben im allgemeinen Botaniker und Zoologen (sowie Mediziner) heute eine verschiedene Auffassung (man vgl. dazu das Rhythmus und Periodik gewidmete Heft des Studium Generale 2, Heft 2, 1949, insbesondere die Aufsätze von E. BÜNNING und H. CASPERS). Der Botaniker BÜNNING faßt seine Ansicht so zusammen (S. 76): „Es ist offenbar für die Pflanze primär, unabhängig von der Inkostanz äußerer Faktoren vorteilhaft, periodisch bestimmte, qualitativ voneinander verschiedene innere Extremzustände einzuschalten, in denen sie sich ihren qualitativ verschiedenen Aufgaben ganz widmen kann. Diese inneren Rhythmen haben sich durch Selektion häufig den äußeren Rhythmen, d. h. dem jahres- und tagesperiodischen Wechsel äußerer Faktoren, allmählich angepaßt." Also eine von den äußeren Faktoren nur gesteuerte, synchronisierte, endogene Rhythmik. Auch bei der tierischen Rhythmik nimmt CASPERS (S. 81) „eine innere Schwingungsbereit-

[60] So schlüpften in den Zuchtschalen im Laboratorium im November und Dezember die Imagines von *Camptochironomus tentans* noch in großer Zahl, zu einer Zeit, als aus dem kleinen Bassin in meinem Garten, aus dem die Tiere stammten, längst keine Mücken mehr erschienen.

schaft als Voraussetzung für das Einwirken exogener Faktoren" an, „nur wird von Zoologen im allgemeinen angenommen, daß die Rhythmisierung selbst exogen bestimmt ist, daß also Außenfaktoren nicht allein eine selektive Ausschaltungsfunktion haben, sondern selbst die organismische Rhythmik induzieren". Es ist hier nicht der Platz, eine generelle Lösung dieses allgemeinbiologischen Problems von den Chironomidenindividualzyklen her zu versuchen. Ich vermute, daß es sich, wie so oft, nicht um ein „Entweder — Oder" handelt. Jedenfalls aber sind „die Periodizitätsvorgänge ein Teil der Geordnetheit der Natur, wo Innen und Außen zusammenwirken" (CASPERS).

Zum Schluß dieses Kapitels sei auf eine interessante Tatsache wenigstens kurz hingewiesen.

Der Lebensablauf der Chironomiden stellt einen extremen Typus dar: Die Dauer des (Wasser-)Lebens der unreifen Stadien (Larve und Puppe) ist um ein Vielfaches — im Extrem 60-, 80-, ja 200mal — länger als die des (Luft-)Lebens der geschlechtsreifen Imago. Die Wirkung einer Chironomidenart auf die natürliche Ganzheit ihres Biotops (vor allem durch Nahrungsentnahme) geht so gut wie ausschließlich von dem unreifen Tier, der Larve, aus.

Das andere Extrem wird von vielen Wirbeltieren dargestellt: die Dauer des Lebens des reifen Tieres um ein Vielfaches länger als die des noch unreifen Jungtieres, die Einwirkung auf die umgebende Natur im wesentlichen vom geschlechtsreifen Tier ausgehend.

VI. Epöken, Parasiten und Feinde der Chironomiden

A. Epöken

Unter den auf Chironomidenlarven epökisch lebenden Formen spielen die peritrichen Infusorien die Hauptrolle, eine ganz geringe nur Algen und Schwefelbakterien, die sich gelegentlich auf Chironomidenlarven ansiedeln.

1. Peritriche Infusorien

Die Besiedelung der aquatischen Chironomidenlarven, vor allem in ihrer Kopf- und Analregion, durch koloniebildende sessile peritriche Infusorien ist eine bekannte, in der Literatur oft erwähnte Erscheinung. Bei terrestrischen Chironomidenlarven wurde ein solcher Symphorismus bisher nur zweimal beobachtet; FEUERBORN (in litteris) sah an der Larve von *Forcipomyia lateralis* BOUCHÉ (= *brevipennis* MACQ.), die auf Mist lebt, ventral beiderseits zahlreiche Kolonien eines Peritrichen — „wahrscheinlich *Opercularia* sp."; ferner gibt MAYER (1934 a, S. 286) an, von LABOULBÈNE (1866) seien schon „Vorticellen" an *Dasyhelea dufouri* beschrieben worden. Doch beruht diese Angabe auf einem Irrtum. Die betreffende Stelle findet sich bei DUFOUR (1845, S. 220—221). Er bildet diese Peritrichen in seiner fig. 4 auch — ganz roh im Umriß — ab.

MAYER (1934 a, S. 286) wies Vorticellen ebenfalls an *Dasyhelea* und *Apelma,* vor allem an der Stirnpartie des Larvenkopfes, nach.

In meinem „Bergbach des Sauerlandes" (1912 d, S. 52—54) habe ich die Besiedelung der Chironomidenlarven mit *Epistylis nympharum* ENGELM. ausführlich behandelt; es ist allerdings wahrscheinlich, daß mit diesem Namen nicht nur e i n e *Epistylis*-Art bezeichnet wurde. Ich schrieb:

„Sehr häufig ist *Epistylis nympharum* ENGELM. auf den roten *Tanytarsus*-Larven, auf denen dieses Infusor vor allem in der Aftergegend, noch mehr aber am Kopfe, dorsal, wie ventral unter dem Labium, in eng gedrängten Büscheln wächst. Wahrscheinlich ist der hier gerade durch die Atembewegungen der *Tanytarsus*-Larven starke Wasserwechsel von besonderem Nutzen für diese Vorticelliden; ihren Wirten kann jedoch die dichte Bewehrung des Kopfes und der Umgebung der Mundteile nur unbequem, ja recht störend sein. Ganz auffallend ist es, mit welcher Regelmäßigkeit *Epistylis nympharum* gerade auf den roten *Tanytarsus*-Larven angetroffen wird; auf anderen Tendipedidenlarven sucht man sie meistens vergebens; nur Tanypinenlarven, die mit jenen *Tanytarsus* an den gleichen Stellen leben, sind ab und zu auch von den Infusorienstöckchen besetzt. Man kann zu Zeiten an manchen Orten keine rote *Tanytarsus*-Larve finden, die nicht mehr oder weniger dicht von *Epistylis nympharum* besiedelt wäre."

Im Sauerland traf ich diese Peritrichen auf *Micropsectra praecox* MG. an, ebenso in Bächen des Münsterlandes, hier auch auf *Micropsectra praticola* K.; in der Tiefe der Eifelmaare auf *Tanytarsus praticola* K. und *Lauterbornia gracilenta* HOLMGR.; in Thüringen auf *Micropsectra praecox* und *Lundstroemia roseiventris* K.; auf Rügen auf *Micropsectra praecox.*

Mit den hier aufgeführten Funden von *Epistylis nympharum* auf *Tanytarsus*-Larven warmer und kalter fließender Gewässer sowie der Eifelmaare (bis 53 m Tiefe) ist aber die Verbreitungsweite dieser Art noch keineswegs erschöpft. ZSCHOKKE berichtet (1911, S. 67) über unser Infusor:

„Das weitaus häufigste peritriche Infusor der Tiefenzone des Vierwaldstätter Sees ist *Epistylis nympharum.* Es siedelt sich fast regelmäßig auf dem Kopf und auf den letzten Segmenten der Chironomidenlarven an. Besonders häufig werden die Larven aus der Gruppe der *Tanytarsus gmundensis-dives,* etwas seltener diejenigen von *Tanypus choreus* befallen. Aber auch *Asellus cavaticus, Gammarus pulex* und die Trichopterenlarven *Cyrnus trimaculatus* werden in der Tiefe zu Trägern der Infusorien.

Meine Notizen verzeichnen *E. nympharum* aus mehr als 50 Fängen, die sich vertikal von 25 m unter dem Wasserspiegel bis zur Maximaltiefe von 214 m, horizontal über den ganzen See, ohne Ausnahme des Alpnacher Beckens, erstrecken.

Daß die Art auch dem Flachwasser angehört, zeigen die Funde von ROUX und THIÉBAUD. Ersterer sammelte das Infusor auf dem Kopf von *Culex*-Larven in Sümpfen bei Genf, letzterer auf Cyclopiden in neuenburgischen Kleingewässern und Juratümpeln."

NILS VON HOFSTEN sammelte im Thuner See in einer Tiefe von 60 bis 65 m rote *Tanytarsus*-Larven, deren Kopf- und Analende mit den Büschen von *Epistylis nympharum* besetzt war.

Im Luganer See hat W. FEHLMANN die Tiefenfauna eingehend erforscht. Das Tendipedidenmaterial lag mir zur Untersuchung vor. Rote *Tanytarsus*-Larven waren reich vertreten, und zwar in 16 Fängen von 28 bis 180 m Tiefe. *Epistylis nympharum* fand sich auf ihnen in 34, 64, 73 und 180 m Tiefe.

Die fast regelmäßige stete Besiedelung der roten *Tanytarsus*-Larven durch *Epistylis nympharum* in der Seetiefe wie im Flachwasser ist eine merkwürdige und im Grunde genommen rätselhafte Erscheinung.

Starken Vorticellidenbesatz fand ich an *Tanytarsus*-Larven aus 48 m Tiefe des in 4528 m Höhe gelegenen tibetanischen Sees Tso-morari (THIENEMANN 1936 e).

Eingehend hat sich KEISER (1921) mit den „Sessilen peritrichen Infusorien und Suctorien von Basel und Umgebung" befaßt, und neuerdings URSULA NENNINGER (1948) mit den „Peritrichen der Umgebung von Erlangen mit besonderer Berücksichtigung ihrer Wirtsspezifität" sowie GERTRUD SOMMER mit den Plöner Peritrichen, und zwar den Peritrichen des Großen Plöner Sees (1950) sowie denen eines kleinen, astatischen Gartenbeckens (1949).

Die bis jetzt als Epizoen auf Chironomidenlarven sicher festgestellten Peritrichen bringt das folgende Verzeichnis.

Verzeichnis der bisher auf Chironomidenlarven beobachteten Peritrichen

Fam. Epistylidae

Gattung *Rhabdostyla* KENT

1. *Rh. brevipes* CLP. und L.: Bei Berlin auf „Dipterenlarven". See von Neuchâtel in 33 bis 52 m Tiefe, auf *Cyclops fimbriatus, Canthocamptus minutus, Alona affinis* und Chironomidenlarven (MONARD 1919, S. 43). Genfer See 25 bis 30 m tief, im Flachwasser auf Copepoden und Mückenlarven nicht selten (ZSCHOKKE 1911, S. 67).
2. *Rh. ovum* KENT: See von Neuchâtel (in 12 bis 139 m Tiefe) häufig auf verschiedenen Arten von Kleinkrebsen sowie auf Chironomidenlarven (MONARD 1919, S. 43). KEISER (S. 305) nennt die Art von Copepoden, Ostracoden, Cladoceren.
3. *Rh. chironomi* KAHL: „Auf Chironomidenlarven (an den Atemschläuchen) in Brackwassertümpeln bei Kiel (Bottsand)" (KAHL 1935, S. 678).

Gattung *Epistylis* EHRBG.

4. *E. branchiophila* PERTY-STEIN: Genfer See, an Dipterenlarven. See

von Neuchâtel in 9 bis 109 m Tiefe, an *Molanna*-Larven sowie an den praeanalen Borstenpinseln von *Tanytarsus*-Larven (MONARD 1919, S. 43). KEISER (S. 304) nennt die Art von verschiedenen Trichopterenlarven. NENNINGER (S. 188) fand sie bei Erlangen an Trichopterenlarven.

5. *E. fluitans* FAURÉ-FR. var. *insidens* NENNINGER: Teiche bei Erlangen, auf Chironomidenlarven, auf *Chironomus*-Larven, nur an den Körperseiten oder nur am Körperende (NENNINGER 1948, S. 191).

6. *E. invaginata* CL. und L.: Im See von Neuchâtel in Tiefen von 67 bis 85 m auf Chironomidenlarven (MONARD 1919, S. 43). Sonst auf *Hydrophilus* beobachtet (KAHL, S. 686).

7. *E. nympharum* ENGLM. ENGELMANN (1862, S. 44) beschrieb das Tier nach Material von „Fliegenlarven in einem kleinen mit Wasserlinsen bedeckten Teich am Brandvorwerk bei Leipzig". Später sehr oft von Chironomidenlarven angegeben (vgl. S. 295); es mag dahingestellt sein, ob es sich dabei immer um diese Art handelt. Von ROUX (1899, S. 625) bei Genf auf *Culex* gefunden. Auf *Tanytarsus*-Larven in Westfalen, der Eifel, in Thüringen, auf Rügen (THIENEMANN 1912 d, S. 53). Aus zahlreichen Schweizer Seen von Chironomidenlarven, vor allem *Tanytarsus*-Larven, bekannt, auch auf Cyclopiden in Kleingewässern beobachtet, in der Tiefe des Vierwaldstätter Sees auch auf *Gammarus pulex, Asellus cavaticus,* Larven von *Cyrnus trimaculatus* (ZSCHOKKE 1911, S. 67; THIENEMANN 1912 d, S. 54). KEISER (1921, S. 261) fand die Art an vielen Stellen der Umgegend von Basel auf *Cyclops,* Trichopteren- und Ephemeridenlarven und den Larven von *Chironomus* sp. Bei Erlangen, im Regnitz-Ufer, auf blutroter *Chironomus*-Larve (NENNINGER 1948, S. 180). SOMMER (1950, S. 370) konnte *E. nympharum* fast zu jeder Jahreszeit im Großen Plöner See auf planktisch lebenden Tieren, z. B. Cyclopiden, Daphniden, Hydracarinen, nachweisen; auch aus Ungarn bekannt.

   HAMMANN wies das Tier auf „gelben *Chironomus*-Larven" im Poppelsdorfer Weiher in Bonn nach.

8. *E. nympharum* var. *major* NENNINGER: Erlangen, Regnitz-Uferzone, auf blutroter *Chironomus*-Larve (NENNINGER 1948, S. 180).

9. *E. ovata* NENNINGER: Erlangen, Uferzone der Regnitz und ein Weiher, auf *Chironomus* sp. nur an den Analpapillen, an anderen Chironomidenlarven überall (NENNINGER, S. 181).

10. *E. plicatilis* EHBG.: Nach KAHL (1935, S. 691) „verbreitet im Süßwasser". Nach SOMMER (1950) im Großen Plöner See auf die

wärmere Jahreszeit beschränkt und nur auf pflanzlichem Substrat beobachtet. In einem Gartenbecken in Plön auf *Cyclops* (SOMMER 1949). Von NENNINGER (S. 190) bei Erlangen beobachtet auf Trichopterenlarven, *Ephemerella*-Larven, *Asellus, Carinogammarus, Planorbis corneus, Limnaea stagnalis, Limnaea* sp., an *Ceratophyllum,* auf Algen. Von MONARD (1919, S. 43) im See von Neuchâtel in 30 bis 103 m Tiefe auf *Tubifex velutinus,* vor allem aber auf *Tanytarsus*- und anderen Chironomidenlarven. KEISER (1921, S. 304) fand die Art in der Umgebung von Basel auf Pflanzenresten, *Spirogyra, Lemna,* Copepoden, *Gammarus,* Ephemeridenlarven, *Platambus maculatus, Physa fontinalis, Planorbis contortus.*

11. *E. umbilicata* CL. und L.: Auf Stechmückenlarven (KAHL, S. 683). In der Umgegend von Basel auf *Nais, Tubifex* und *Cyclops*-Arten (KEISER, S. 304). Im See von Neuchâtel in 51 bis 112 m Tiefe auf Chironomidenlarven.
12. *E. violacea* MONARD: Im See von Neuchâtel in 25 bis 135 m Tiefe nur am Kopf von Chironomidenlarven (MONARD, S. 43). Bei Erlangen auf *Chironomus*-Larve an Kopf- und Hinterende (NENNINGER, S. 182).

Gattung *Pyxidium* KENT

13. *P. kahli* NENNINGER: In einem Teich bei Erlangen an den Analpapillen von Chironomidenlarven (NENNINGER, S. 194).

Gattung *Opercularia* STEIN

14. *O. bathyomphalus* SOMMER: In einem Gartenbecken in Plön auf dem Kopfende der Larven von *Chironomus thummi* (SOMMER 1949).
15. *O. nutans* EHBG.: Auf Wasserpflanzen und -tieren (KAHL, S. 705). Im Großen Plöner See auf Litoralalgen, *Caenis*-Larven und *Procladius*-Larven der Muschelzone (SOMMER 1950). Im See von Neuchâtel in 25 m Tiefe auf Chironomidenlarve; auch im Lac d'Annecy und Lüner See auf Chironomidenlarven (MONARD, S. 42, 44). Bei Basel auf *Lemna, Gammarus, Laccobius nigriceps.*
16. *O. protecta* PENARD: Auf *Gammarus* (KAHL, S. 701). Im Großen Plöner See auf *Procladius*-Larven der Muschelzone (SOMMER 1950).
17. *O. stenostoma* STEIN-D'UDEKEM: Auf *Asellus* (KAHL, S. 701). Im Großen Plöner See auf *Procladius*- und Polycentropinenlarven (SOMMER 1950).

Fam. Vorticellidae

Gattung *Vorticella* EHBG.

18. *V. cupifera* KAHL. Bei Hamburg im Sapropel und auf *Microcystis*-

Kolonien (KAHL, S. 725). Im Großen Plöner See als Aufwuchs auf Litoralalgen, einmal auch auf *Procladius*-Larven (SOMMER 1950).

19. *V. similis* STOCKES-NOLAND (*nebulifera* EHRBG. et auctorum). Häufige und verbreitete Süßwasserform. Im Großen Plöner See auf pflanzlichen Substraten (SOMMER 1950). Bei Erlangen auf *Cyclops, Asellus, Carinogammarus,* den Larven von *Baetis, Cloeon, Chironomus* (NENNINGER, S. 214). Bei Basel auf Pflanzenresten, Algenfäden, *Lemna, Cyclops, Planorbis contortus, Limnaea peregra,* Larven von *Cloeon, Agrion, Limnophilus, Stenophylax, Agabus* (KEISER, S. 303).

V. sp.: Im See von Neuchâtel in 8 bis 144 m Tiefe auf Chironomidenlarven (MONARD, S. 42).

Gattung *Carchesium* EHBG.

20. *C. epistylis* CLP. und L.: „Auf Phryganidenlarven und anderen Insekten" (KAHL, S. 738). In der Baseler Gegend auf *Dero* sp., *Cyclops,* Larven von Ephemeriden, Perliden, Trichopteren, Käfern (KEISER, S. 304). Im See von Neuchâtel in 30 m Tiefe auf *Iliocryptus sordidus* (MONARD 1919, S. 43). Bei Erlangen auf *Cloeon* und *Chironomus*-Larven (NENNINGER, S. 219).

Fam. Zoothamniidae

Gattung *Haplocaulus* PRECHT

21. *H. extensus* (KAHL): Von KAHL zu *Vorticella* gestellt: aus einem Weiher bei Hamburg. Von SOMMER (1950) im Großen Plöner See auf Algen und auf *Procladius*-Larven gefunden.

Gattung *Pseudocarchesium* SOMMER

22. *P. aselli* ENGELMANN: Meist auf *Asellus* gefunden (ENGELMANN, KEISER, NENNINGER). Im Großen Plöner See außer auf *Asellus* auch auf *Procladius*-Larven (SOMMER 1950).

23. *P. erlangensis* (NENNINGER): Bei Erlangen auf *Cloeon dipterum, Aedes cinereus, Cyclops fuscus* (NENNINGER, S. 219, 220); im Großen Plöner See auf den Kiemenplättchen von *Gammarus pulex,* auf *Cyclops,* auf *Procladius*-Larven (SOMMER 1950).

Im ganzen sind also bis heute 23 sicher bestimmte Peritrichen als Epizoen auf Chironomidenlarven bekannt, und zwar aus 8 Gattungen und 3 Familien. Von diesen sind die meisten nicht nur von Chironomiden bekannt. Nur die folgenden Arten respektive Varietäten sind bisher ausschließlich auf Chironomidenlarven gefunden worden:

Rhabdostyla chironomi KAHL; *Epistylis fluitans* var. *insidens* NENNINGER, *Epistylis nympharum* var. *major* NENNINGER; *Epistylis ovata* NENNINGER;

Epistylis violacea MONARD; *Pyxidium kahli* NENNINGER; *Opercularia bathyomphalus* SOMMER. Es handelt sich bei all diesen Arten respektive Varietäten um solche, die bisher nur an einem oder einigen wenigen Orten gefunden worden sind. Stellt sich bei weiteren Untersuchungen heraus, daß diese Arten überall auf Chironomiden als Träger angewiesen sind, so sind es wirtsspezifische Formen im weiteren Sinne (Gruppe III NENNINGERS [S. 236]; besiedelt sind „Tiere gleicher Familie aber verschiedener Gattungen"). Einige von ihnen erreichen nach unserer heutigen Kenntnis sogar den höchsten Grad der Wirtsspezifität (III d NENNINGERS [S. 236]; besiedelt ist ein „bestimmter Körperabschnitt oder Organ von Tieren gleicher Art"); hierher *Rh. chironomi, E. nympharum major, Pyxidium kahli, Opercularia bathyomphalus.*

Bei der Besiedelung der Chironomidenlarven durch Peritrichen handelt es sich um „Symphorismus" (KEISER, S. 231), ein Festsitzen auf Tieren, wobei der „Gast" dem Träger keine Nahrung entzieht, sondern ihn lediglich als „Fahrzeug" benutzt, dabei kann ein überaus dichter Besatz mit Epizoen das „Tragtier" in seiner Bewegungsfreiheit behindern, ihm also nachteilig werden.

Interessant ist die Beobachtung G. SOMMERS (1950), daß im Großen Plöner See sessile Peritrichen nicht über die untere Grenze der Zone der toten Muscheln hinabgehen. Das Fehlen in der Tiefe hängt sicher mit dem sommerlichen O_2-Schwund im Hypolimnion zusammen. Es zeigt sich auch hier wieder, daß die Epibionten eines Wassertieres meist eine engere ökologische Valenz besitzen als ihr Träger (vgl. THIENEMANN 1925 d).

2. Pflanzliche Epöken

Gelegentlich kommen auch pflanzliche Epöken auf Chironomidenlarven vor. Allerdings gibt es kaum Literaturangaben darüber. Über die Ceratopogoniden schreibt MAYER (1934 a, S. 286): „So konnte ich an Larven und Puppen eine ganze Reihe von Pilzen, Diatomeen und Algen beobachten, die sich an den verschiedensten Organen angesiedelt hatten. Bevorzugte Stellen sind die Körperborsten, die für einen gewissen Halt garantieren." An den *Chironomus*-Larven des Tiefenschlamms eutropher Seen sind Schwefelbakterien nicht selten. So sah HARNISCH im Sommer 1949, daß die Larven von *Camptochironomus tentans* in dem sehr stark organisch verunreinigten Drecksee bei Plön regelmäßig mit einer *Thiothrix*-Art besetzt waren, und zwar entweder das ganze Tier oder nur die Analpapillen. In dem salzigen Schleusentümpel in Lippe — Bucht von Hohwacht, Ostsee — waren die Larven von *Chironomus salinarius* B. am Analende dicht mit Schwefelbakterien besetzt. Wenn man darauf achtet, wird man ähnliche Beobachtungen überall machen können. Eine ökologische Bedeutung dürfte solchem Besatz kaum zukommen.

B. Milben-, insbesondere Hydracarinenlarven, auf Chironomidenpuppen und -imagines

Die erste Beobachtung von Hydracarinenlarven an Chironomidenpuppen und -imagines stammt von TAYLOR (1903, S. 522). Er fand in England in den Puppengehäusen von *Euorthocladius rivulorum* (vgl. Abb. 29) sehr häufig eine Hydracarinenlarve, die sich, je ein Exemplar in einem Gehäuse, an dem Thorax der Chironomidenpuppe festgeklammert hielt. Treibt die reife Puppe nun an die Wasseroberfläche, so nimmt sie die Larve mit. Und wenn die Puppenhaut platzt, so steigt die Milbenlarve auf die ausschlüpfende Mücke über und wird von ihr im Fluge mitgeführt. Die weiteren Schicksale dieser Milben sind nicht bekannt, ebensowenig ihre Artzugehörigkeit. Ich habe später (1912 d, S. 55) in der Eifel und im Sauerland ebenfalls die Hydracarinenlarven auf den Puppen von *Euorthocladius rivulorum* beobachtet; doch konnte auch hier nicht festgestellt werden, zu welcher Hydracarinenart oder -gattung die Larven gehörten.

Mehr Glück hatten wir mit der Bestimmung einer im Schwarzwald aufgefundenen Milbenlarve. Im Abfluß des Mummelsees sammelte ich gemeinsam mit Professor LAUTERBORN am 7. Mai 1904 Puppen und Larven einer Art der Gattung *Orthocladius* (im engeren Sinne);[61] die Tiere ruhten in Gallertellipsoidgehäusen auf Steinen, und in fast allen Puppengehäusen zeigte sich ein blutroter Fleck, der aus je 6 bis 12 Hydracarinenlarven bestand. Über die ersten Lebensschicksale der Milben und ihrer Wirte wurde nichts Näheres ermittelt; indessen ergab die von FR. KOENIKE (Bremen) vorgenommene Untersuchung der Larven, daß es sich um Sperchoninenlarven handelte, die bisher noch nicht bekannt waren; da außen auf den Gallertgehäusen von erwachsenen Hydracarinen *Sperchon brevirostris* KOEN. und *glandulosus* KOEN. umherkrochen, so ist es wahrscheinlich, daß die Larven einer dieser beiden Arten angehörten.

Eine ganz ähnliche Vergesellschaftung von Milben und *Orthocladius*-Puppen kann man im Sauerland in den größeren Bächen der unteren Forellenregion und der Äschenregion beobachten. An den Puppen von *Orthocladius rivicola* KIEFF., die in Gallertgehäusen auf den Steinen des Bachbodens im April und Mai, aber auch im September — dann aber ohne Milben! — gefunden wurden, sitzen mit großer Regelmäßigkeit je 1 bis 3 rote Milbenlarven. *Orthocladius rivicola* ist schwierig zur Verwandlung zu bringen; eine Überwanderung der Milbenlarven auf die Mücke konnte auch hier nicht beobachtet werden, ist jedoch im höchsten Grade wahrscheinlich. Die Milbenlarven von *Orthocladius rivicola* gleichen ganz den von KOENIKE beschrie-

[61] Erst jetzt (1949) konnte ich auf Grund meines 45 Jahre alten Mikropräparates diese Chironomidenart bestimmen. Es ist *Euorthocladius saxosus* TOKUNAGA (1939, S. 326—329), eine Art, die außer aus japanischen Bergbächen auch aus Schwedisch-Lappland bekannt ist (THIENEMANN 1941 a, S. 180, sub *Euorthocladius* sp. I.; 1944, S. 558).

benen Larven aus dem Schwarzwald; es sind sicher Sperchoninenlarven; *Sperchon*-Arten sowie *Pseudosperchon verrucosus* sind in den Sauerlandbächen ja häufig.[62]

Gründliche Untersuchungen über Hydracarinenlarven auf Chironomiden hat viel später von Plön aus P. MÜNCHBERG (1935) angestellt; Einzelangaben liegen vor vor allem von LÉGER und MOTAŞ (1928) und von UCHIDA (1932).[63] Im folgenden Verzeichnis sind die bis jetzt von Chironomiden bekannten Hydracarinenlarven zusammengestellt.

Verzeichnis
der von Chironomiden bekannten Hydracarinenlarven

Wirt	Hydracarine	Autor
Tanypodinae		
Ablabesmyia		
monilis (L.)	*Piona conglobata* (KOCH)	MÜNCHBERG 1935, S. 733
Protenthes		
punctipennis MG. . . .	*Hydrodroma despiciens* (O. F. M.)	MÜNCHBERG 1935, S. 737
punctipennis MG. . . .	*Arrenurus sinuator* (O. F. M.)	MÜNCHBERG 1935, S. 735
vilipennis K.	*Hydrodroma despiciens* (O. F. M.)	MÜNCHBERG 1935, S. 737
vilipennis K.	*Arrenurus buccinator* (O. F. M.)	MÜNCHBERG 1935, S. 735
Procladius		
choreus MG.	*Piona* sp.	MÜNCHBERG 1935, S. 732
choreus MG.	*Arrenurus globator* (O. F. M.)	MÜNCHBERG 1935, S. 735
signatus ZETT.	*Piona* sp.	MÜNCHBERG 1935, S. 732
signatus ZETT.	*Hydrodroma despiciens* (O. F. M.)	MÜNCHBERG 1935, S. 737
signatus ZETT.	*Arrenurus globator* (O. F. M.)	MÜNCHBERG 1935, S. 735
Chironominae		
Allochironomus		
crassiforceps K.	*Huitfeldtia rectipes* THOR	MÜNCHBERG 1935, S. 725
Pseudochironomus		
prasinatus STAEG. . . .	*Huitfeldtia rectipes* THOR	MÜNCHBERG 1935, S. 725
Stictochironomus sp. . . .	*Huitfeldtia rectipes* THOR	MÜNCHBERG 1935, S. 725
Camptochironomus		
tentans MG.	gen.? spec.?	SADLER 1935, S. 16
Chironomus		
thummi K.	*Piona obturbans* (PIERS.)	UCHIDA 1932, S. 158
thummi K.	*Piona carnea* (KOCH)	UCHIDA 1932, S. 158
thummi K.	= *Tiphys ornatus* KOCH	UCHIDA 1932, S. 158

[62] In der Henne z. B., wo die Puppen von *O. rivicola* mit Milbenlarven reichlich besetzt waren, sammelte ich zur gleichen Zeit erwachsene Tiere von *Sperchon clupeifer*.

[63] Aus Japan (Hokkaido) erwähnt IMAMURA (1951) folgende Hydracarinen, die er auf „midges" — ohne Angabe der Art — parasitisch fand: *Megapus nodipalpis* THOR, *Neumania uchidai* n. sp., *Pionopsis lutescens* var. *japonicus* n. var.

Wirt	Hydracarine	Autor
Chironomus		
anthracinus ZETT. . . .	*Huitfeldtia rectipes* THOR	MÜNCHBERG 1935, S. 725
anthracinus ZETT. . . .	*Hygrobates longipalpis* (HERM.)	MÜNCHBERG 1935, S. 737
intermedius STAEG. . .	*Huitfeldtia rectipes* THOR	MÜNCHBERG 1935, S. 725
intermedius STAEG. . .	*Hygrobates longipalpis* (HERM.)	MÜNCHBERG 1935, S. 737
intermedius STAEG. . .	*Hydrodroma despiciens* (O. F. M.)	MÜNCHBERG 1935, S. 737
cingulatus MG.	*Hydrodroma despiciens* (O. F. M.)	MÜNCHBERG 1935, S. 737
cingulatus MG.	*Piona* sp.	MÜNCHBERG 1935, S. 732
plumosus L.	*Piona* sp.	MÜNCHBERG 1935, S. 732
plumosus L. (?)	gen.? spec.?	BURRILL 1913, S. 66
sp.	*Hydrodroma despiciens* (O. F. M.)	M. DECKSBACH 1928, S. 103
sp.	*Piona coccinea* (C. L. KOCH)	M. DECKSBACH 1928, S. 103
Micropsectra		
praecox MG.	gen.? spec.?	THIENEMANN 1912 d, S. 56
Tanytarsus		
arduennensis GOETGH.	*Piona* sp.	MÜNCHBERG 1935, S. 732
macrosandalum K. . .	*Piona* sp.	MÜNCHBERG 1935, S. 732
Orthocladiinae		
Trichocladius		
algarum K.	*Piona disparilis* (KOEN.)	LÉGER et MOTAŞ 1928, 1928 a
Euorthocladius		MOTAŞ 1928, S. 100—102
rivulorum K.	Sperchoninae gen.? spec.?	TAYLOR 1903, S. 522
		THIENEMANN 1912 d, S. 55
rivicola K.	Sperchoninae gen.? spec.?	THIENEMANN 1912 d, S. 56
saxosus TOK.	Sperchoninae *(Sperchon brevirostris* oder *Sp. glandulosus?)*	THIENEMANN 1912 d, S. 56
Ceratopogonidae		
Johannsenomyia		
inermis K.	*Hydrodroma despiciens* (O. F. M.)	MÜNCHBERG 1935, S. 737

Die allgemeinen Fragen, die sich an den Hydracarinenbefall der Nematoceren knüpfen, hat MÜNCHBERG (1935, S. 743—747) behandelt; wir schließen uns im folgenden eng an ihn an.

Wie erfolgt die Infektion mit Wassermilbenlarven?

Können die Hydracarinenlarven schwimmen, so kann die Infektion nur im Wasser, bei fehlendem Schwimmvermögen auf dem Wasser, oder, wenn die Larven springen können *(Thyas)*, auch wenige Zentimeter über dem Wasser erfolgen. Im ersten Fall werden die Puppen befallen (nymphale oder „praenatale“ Infektion), im zweiten die Imagines (imaginale oder „postnatale“ Infektion). Chironomiden l a r v e n werden nie befallen. Die Larven von *Hydrodroma* (= *Diplodontus*), *Thyas* und andere verlassen nach dem Schlüpfen das Wasser und laufen auf seiner Oberfläche umher; so können sie die frischgeschlüpften Mücken befallen; *Thyas*-Larven können durch kleine Sprünge dicht über dem Wasser fliegende Imagines erreichen. Dagegen sind z. B. *Arrenurus*-Larven gute Schwimmer, die aus eigenem Antriebe das Wasser nicht verlassen. Sie befallen die Puppen und gehen dann beim Schlüpfen der Puppe auf die Imago über. Bei *Huitfeldtia* werden wahrscheinlich die *Chironomus*-Puppen während des Aufsteigens an die Oberfläche von den Larven besiedelt.

W i r t s s p e z i f i t ä t ?

Eine e n g e r e Wirtsspezifität gibt es bei Hydracarinenlarven anscheinend nicht. Wohl aber sind bestimmte Gattungen auf besondere Familien angewiesen. So sind bisher die Larven der Gattungen *Piona, Tiphys* und *Huitfeldtia* nur auf Chironomiden gefunden worden.

E i n e S c h ä d i g u n g d e r M ü c k e n d u r c h d i e P a r a s i t e n

findet zweifellos statt. MÜNCHBERG (l. c. S. 746) beobachtete in der Plöner Anstalt, „daß die zum Fenster fliegenden Geschlechter von *Ch. plumosus*, die an den Femuren große Milbentrauben trugen, merklich langsamer und schwerfälliger flogen und leicht zu fangen waren. Es ist wohl mit ziemlicher Bestimmtheit die Annahme berechtigt, daß bei starkem Parasitenbesatz die Mücken oft ihren Peinigern zum Opfer fallen mögen . . . Es ist gut vorstellbar, daß die in ihren Lebensäußerungen arg durch die Schmarotzer behinderten Nematoceren leichter eine Beute ihrer Feinde (Vögel, Spinnen usw.) werden. Andererseits tritt der durch den Parasitismus der Hydracarinenlarven verursachte Ausfall bei den oft in ungeheuren Mengen schwärmenden Wirten für Wirt und Parasit wohl wenig in Erscheinung.“

Bei den Hydracarinenlarven handelt es sich zweifellos um einen Parasitismus, dazu aber um „Phoresie“, d. h. Transport des Parasiten durch den Wirt, durch den sein Verbreitungsgebiet erweitert wird. Welche Rolle dieser Verbreitungsmodus bei den Hydracarinen spielt, zeigt meine Untersuchung des kleinen Wasserbeckens (1,20 m Durchmesser) in meinem Garten, in dem sich 1944 bis 1947 18 Hydracarinenarten einfanden, alle als Larven eingeschleppt durch fliegende Insekten, meist wohl Chironomiden.

Zum Schluß dieses Abschnittes sei noch darauf hingewiesen, daß STRENZKE (1940, S. 123) an den Imagines von *Camptocladius stercorarius* DEG., einer terrestrischen, koprophilen Chironomide, nicht selten Deutonymphen von Parasitiden fand, einmal an einem Weibchen nicht weniger als 7 dieser Milben.

C. Endoparasiten (und Symbionten)[64]

1. Protozoen und Viren

Den Aquarienliebhabern, die ihre Fische mit „roten Mückenlarven", d. h. den roten *Chironomus*-Larven vor allem aus der *thummi*-Gruppe, füttern, ist schon lange aufgefallen, daß diese Larven vereinzelt nicht klar blutrot aussehen, sondern in ihrem Innern „weißliche bis goldgelb durchscheinende Massen zeigen, so, als seien sie mit Gold oder Silber gefüllt" (THUMM 1911, S. 829). Bei Verfütterung solcher mit Microsporidien infizierter Larven treten bei den Aquarienfischen „Erkrankungen und auch Sterbefälle, aber nur wenige" ein (THUMM, S. 830). Auch in Tanypodinenlarven wurden Sporozoen beobachtet, aber nicht so oft wie in den *Chironomus*-Larven (THIENEMANN-ZAVŘEL 1916, S. 637). Für *Dasyhelea obscura* nennt KEILIN (1921, S. 587—588) als Larvenparasiten von Sporozoen eine „Intestinalgregarine" *Allantocystis dasyhelei* KEILIN,[65] eine Microsporidienart (tödlich für die Larven), und *Helicosporidium parasiticum* KEILIN, ferner (KEILIN 1927) *Schizocystis legeri* (pathogen für die Larven). Mit den Microsporidien der Chironomidenlarven hat sich zuletzt J. WEISER (1942, 1943, 1944, 1946) eingehend beschäftigt, zahlreiche neue Arten beschrieben und die ältere Literatur zusammengestellt. Nach ihm sind die folgenden Microsporidienarten aus Chironomidenlarven bekannt (genauere Literaturzitate in WEISERS Arbeiten; vgl. auch STEINHAUS 1949):

1. *Nosema chironomi* LUTZ und SPLENDORE 1908. *Chironomus* sp. Brasilien.
2. *N. zavreli* WEISER 1944. *Chironomus thummi.* Böhmen.
3. *Thélohania pinguis* HESSE 1903. *Psectrotanypus varius.* Frankreich, Böhmen.
4. *Th. chironomi* JIROVEC 1940. *Trichocladius* sp.; *Rheorthocladius* sp. Böhmen.
5. *Thélohania breindli* WEISER 1946. *Chironomus thummi.* Böhmen.
6. *Plistophora chironomi* DEBAISIEUX 1931. *Camptochironomus tentans.* Belgien, Deutschland (Plön).
7. *P. jiroveci* WEISER 1942. *Glyptotendipes, polytomus-Gr.; Ch. thummi.* Böhmen.
8. *P. thienemanni* (DEBAISIEUX 1928) WEISER 1943. *Chironomus* sp. Belgien.
9. *Cocconema micrococcus* LÉGER et HESSE 1921. *Ablabesmyia setigera* K. Frankreich.

---

[64] Nach MARCHOUX (1898) lebt bei St. Louis am Senegal das Rädertier *Philodina parasitica* n. sp. im Rectum von *Chironomus*- und *Culex*-Larven. Weitere Angaben über diesen Fall sind mir nicht bekannt.

[65] In dem Darm „de la larve de *Chironomus*" aus dem Ochrid-See (Jugoslawien) fand GÉORGEVITCH (1951, S. 17) als neue Art *Gregarina chironomus.*

10. *C. polyspora* LÉGER et HESSE 1921. „*Tanypus*" sp. Frankreich.
11. *C. octospora* LÉGER et HESSE 1921. *Tanytarsus* sp. Frankreich.
12. *Octospora chironomi* WEISER 1943. *Camptochironomus tentans.* Deutschland (Plön).
13. *Toxoglugea chironomi* DEBAISIEUX 1931. *Camptochironomus tentans.* Belgien.
14. *Bacillidium bacilliforme* LÉGER et HESSE 1921. JIROVEC 1936. *Endochironomus juncicola; Camptochironomus* sp. Frankreich, Böhmen.
15. *B. tetrasporum* LÉGER et HESSE 1922. JIROVEC 1936. *Tanytarsus* sp. Frankreich.
16. *Mrazekia brevicauda* LÉGER et HESSE 1916. *Chironomus plumosus, anthracinus.* Frankreich, Deutschland (Plön).

Neuerdings (1948, 1949) hat WEISER auch Viren „eiförmige Inklusionen" im Fettkörper von *Camptochironomus tentans* (aus dem Drecksee bei Plön) nachgewiesen; er stellt sie in die nahe Verwandtschaft des Virus der Polyedrie. Im gleichen Material wies er auch kokkenartige Organismen nach, eine neue *Ricksettia*-artige Form.

Interessant sind die atmungsphysiologischen Untersuchungen, die HARNISCH (1944 a) an diesen erkrankten *Camptochironomus*-Larven anstellte: „Das Ergebnis ist, daß eine Krankheit (vorwiegend wohl Virusinfektion) der Larven von *Chironomus (Camptochironomus) tentans,* die normalerweise, d. h. beim Leben in Medien mit geringem Sauerstoffpartialdruck, schleichend verläuft und (nach WEISER) erst bei der Verpuppung zum Tode führt, bei optimaler Versorgung mit Sauerstoff (schon vom Partialdruck der Luft) akut wird und in kurzer Zeit (etwa 1 Stunde) das Leben der Larve beendet." Durch narkotische Gifte wird die Viruskrankheit der Larven gehemmt; sie erholen sich, in reines Wasser übergeführt, bald vollkommen und leben wenigstens eine Woche ungeschädigt weiter.

Die WEISERschen Viren fand SÖGAARD ANDERSEN (1949, S. 58) bei seinen *Chironomus*-Studien in Brackwasserpfützen des Vogelschutzgebietes Tipperne am Ringköbing-Fjord (Dänemark). Er beobachtete die Erkrankung bei *Chironomus*-Larven des *Halophilus*-Typs, und zwar im Spätfrühling, wenn der Salzgehalt dieser Gewässer sein Minimum hat. Dann sind alle Larven verseucht und sterben ab, während man im April auch gesunde und nur leicht erkrankte Larven findet.

In der während der Drucklegung dieses Buches erschienenen Zusammenstellung von SCHEER (1951) werden die folgenden, im vorstehenden noch nicht genannten Endoparasiten aus Larven erwähnt:

aus *Dasyhelea obscura: Monosporella unicuspidata* KEILIN;

aus *Bezzia solstitialis: Taeniocystis mira* LÉGER, *Schizocystis gregarinoides* LÉGER, *Toxoglugea vibrio* (LÉGER und HESSE), *Spiroglugea octospora* (LÉGER und HESSE);

aus *Culicoides peregrinus: Balantidium knowlesii* (Gosh);
aus Tanypodinen: *Leptomonas gracilis* Léger;
aus *Chironomus plumosus: Leptomonas campanulata* Léger.

2. Pilze

Hauptfeind der Imagines von *Chironomus plumosus* ist in USA nach Burrill (1912, S. 147; 1913, S. 67) der Pilz *Empusa culicis*. Im August 1912, als bei Madison (Wis.) große Schwärme über den Gipfeln der Bäume beobachtet wurden, fand Burrill überall an den Stämmen viele Exemplare toter, aufgeschwollener Mücken; sie hingen durch die weißen Hyphen des Pilzes fest an der Rinde. Ein nächst verwandter Pilz, *Entomophthora conica* Nowakowski, wird aus Europa als *Chironomus*-Parasit gemeldet (Schröter 1897, S. 140).

Bei irgendwie geschwächten Larven und Puppen treten häufig Saprolegniaceen auf, die in den Körper hineinwuchern.

Für die Ceratopogoniden schreibt Mayer (1934 a, S. 286): „Bei Puppen ist ein schwacher Bewuchs nicht schädlich, da sich auf dem Puppenkörper genügend organische Substanz in den Spitzen und Borsten ansammelt, die den Pilzen zuerst Nahrung genug gibt. Dringt aber der Pilz erst in das Innere vor, so geht der Organismus zugrunde. An *Forcipomyia* konnte ich auch Ascomyceten beobachten, die wahrscheinlich den Laboulbeniales zuzuordnen sind." Pilzinfektion der Laichmassen, die zu einer Vernichtung der Eier führt, ist ebenfalls mehrfach beobachtet worden, so von Ping (1917, S. 420) bei *Chironomus decorus* Joh.

Für *Eucricotopus trifasciatus* schreibt Kettisch (1936/38, S. 153): „Bei etwas genauerem Verfolgen der Laichentwicklung erkennt man, daß nicht alle Eier Larven ergeben. Der Laich wird sehr häufig von Phycomyceten befallen, die die Eimembran durchwandern und den ganzen Dotter verzehren. Es bilden sich Phycomycetengespinste von Ei zu Ei und ein großer Teil des Laichs wird durch sie zerstört."

Für *Dasyhelea obscura* nennt Keilin (1921, S. 587) *Monosporella unicuspidata* Keilin, einen parasitischen Hefepilz, der die ganze Körperhöhle der Larve infiziert und das Tier abtötet, bevor es zur Verpuppung kommt.

3. Myzetome bei *Dasyhelea*

Unter dem Titel „Ein erblicher bakterieller Symbiont von *Dasyhelea obscura* Winn." gab zuerst Keilin (1921, S. 588) eine kurze Notiz über Myzetome bei *Dasyhelea:* „Alle Larven von *Dasyhelea obscura* enthalten in ihrem Thorax vier große, vollständig mit Bakterien gefüllte Gebilde. Diese vier Bakterienmassen wachsen mit der Larve und gehen in die Puppe und reife Mücke über. Sie werden dann auf die Eier übertragen, und die jungen, frisch geschlüpften Larven lassen schon die vier Bakterien-Gebilde in der periviszeralen Höhlung ihrer Thorakalsegmente erkennen."

Genauere Angaben über die Myzetome von *Dasyhelea* bringt Buchner (1930, S. 323—325) nach den von Stammer vorgenommenen Untersuchungen.

Gefunden wurden diese Gebilde bisher bei *Dasyhelea versicolor* Winn. und einer zweiten, entweder zu *flavifrons* Guérin oder *brevitibialis* K. gehörigen Larve; bei *D. longipalpis* fehlen sie. *D. versicolor* besitzt wie *D. obscura* zwei Paar kugeliger Myzetome im Thorax, bei *D.* sp. handelt es sich um eine einheitliche, vornehmlich in den ersten Abdominalsegmenten gelegene oder in das letzte Thorakalsegment vordringende lappige Masse. Sie begleitet hier eine große Strecke weit seitlich und ventral den Darm, während im anderen Falle die Myzetome den Speicheldrüsen anliegen. Zwischen den Myzetomen der Larven und denen der Imagines scheinen wesentliche Unterschiede nicht zu bestehen. Diese Organe stellen wenigkernige Syncythien dar, die nur von einer zarten Haut umspannt sind und in denen sich zahllose fädige Bakterien drängen.

4. *Mermis* und *Gordius*

Gordiiden und vor allem Mermithiden sind häufige Endoparasiten von Chironomiden. Trybom (1892) hat die bis 1892 vorliegende Literatur zusammengestellt. Er selbst fand *Mermis* in *Chironomus annularius* Mg. im See Glan in Schweden. Miall and Hammond (1900, S. 6) verzeichnen die folgenden Arten aus *„Chironomus": Gordius tolosanus* Duj., *Mermis albicans* Sieb., *M. acuminata* Sieb., *M. chironomi* Sieb., *M. crassa* Linst.; diese sind in Larven und Puppen nachgewiesen, *Mermis albicans* auch in den Mücken selbst. Thumm (1911) fand in abwasserverseuchten Gewässern der Dresdener Umgegend die *Chironomus thummi*-Larven ebenso wie *Prodiamesa olivacea*-Larven stellenweise stark mit *Paramermis* besetzt.

In einer russisch geschriebenen Arbeit berichtet J. N. Arnold (1915) über *Gordius* und *Mermis* in *Chironomus*-Larven. In der Folgezeit finden sich in vielen Chironomidenarbeiten Angaben über *Mermis*- und *Gordius*-Infektion; meist allerdings ohne genaue Artbestimmung des Parasiten. Denn es sind ja noch unreife Larvenstadien der Würmer, die meist zur Beobachtung kommen. Einige Beispiele:

M. Decksbach (1928, S. 102) fand in zentralrussischen Chironomidenlarven Mermithiden, die gewöhnlich ihren Wirt an Länge mehrmals übertrafen und im Körperinnern der Larve, zwei- oder dreimal gewunden, lagen. Aus einer eben gefangenen weiblichen Imago von *Chironomus plumosus* kam ein Wurm heraus, der sich bald darauf in eine kompakte Spirale aufgewunden hatte; die Mücke starb nach kurzer Zeit. Infizierte *Chironomus*-Larven können also — wie oft beobachet — sich verpuppen und die Imago kann noch schlüpfen.

Im nordamerikanischen Lake Mendota findet sich eine Infektion mit *Gordius aquaticus* L. vor allem bei *Camptochironomus tentans* — eine Larve kann bis drei Würmer enthalten —, ferner bei *Chironomus lobiferus, plumosus* und *C. tentans* var. (?), nie bei den kleineren Chironomidenarten; *Mermis* fand MUTTKOWSKI (1918, S. 390) in *Chironomus palliatus* COQ., *lobiferus* SAY. und *viridis* MACQ. Auch SADLER (1935, S. 16) berichtet von Würmern in *Camptochironomus tentans.* Selbst in der Arktis wird die *Chironomus*-Larve von *Mermis* befallen; SÖGAARD ANDERSEN (1946, S. 46) sah in Ostgrönland im Rundsö in einer im Eis überwinterten Larve von *Chironomus hyperboreus* „a parasitic worm ? *Mermis*"; STRENZKE sah in einer *Euphaenocladius*-Larve aus Grönland eine große Mermithidenlarve. Dagegen kann ich mich nicht besinnen, während der Deutschen Limnologischen Sunda-Expedition solche *Mermis*-Infektion von Chironomidenlarven je gesehen zu haben.

Mermis ist nicht nur aus den Larven von Chironomarien bekannt; nicht selten habe ich bei meinen Bachuntersuchungen kleinere *Mermis*-Formen auch in verschiedenen Orthocladiinenlarven gefunden; so im Sauerland „blaugrüne *Mermis*-Larven, die am Schwanzende ein Horn trugen, wie die Larven von *Mermis albicans* v. SIEB. in *Euorthocladius rivulorum;* ferner *Paramermis crassa* v. LINSTOW (det. VON LINSTOW) — die sonst in Abwasser-*Chironomus*-Larven vorkommt —, in *Diamesa prolongata* (THIENEMANN 1912 e, S. 54, 55). In Lunz (Niederösterreich) waren die Larven von *Eukiefferiella ruttneri* GOWIN (Bäche) sehr stark mit Mermithidenlarven infiziert, ebenso *Trichocladius algarum* (Mittersee) (THIENEMANN 1950, S. 125—139). Von terrestrischen Orthocladiinenlarven ist noch ein Fall einer *Mermis*-Infektion bekannt: eine jugendliche Larve von *Bryophaenocladius virgo* aus den Pflastersteinmoosen von Plön (THIENEMANN-STRENZKE 1940, S. 29). In Tanypodinenlarven habe ich nie *Mermis*-Larven gesehen, aber ZAVŘEL verzeichnet sie (THIENEMANN-ZAVŘEL 1916, S. 637); doch wird in unserer Tanypodinenmonographie (THIENEMANN-ZAVŘEL 1916, S. 637) ausdrücklich betont, daß wir in Tanypodinenlarven nie *Mermis* beobachtet haben. Im Gegensatz dazu schreibt ZSCHOKKE (1911, S. 86), daß nach FOREL im Genfer See die jüngeren Entwicklungsstadien von *Mermis aquatilis* DUJ. in „*Tanypus*-Larven" parasitieren. Für Ceratopogoniden liegt eine einzige Angabe über eine Mermithiden(?)infektion vor, nämlich für die Larve von *Dasyhelea obscura* (KEILIN 1921, S. 588) (einige weitere Angaben im folgenden Abschnitt D). Es sind bisher die folgenden „*Gordius*"- und „*Mermis*"-Arten von Chironomiden bekannt (wobei indessen für die sichere Artbestimmung nicht in allen Fällen garantiert werden kann!):

Gordius aquaticus L.
Parachordodes tolosanus DUJ.

Mermis acuminata v. SIEB.
albicans v. SIEB.
aquatilis DUJ.
chironomi v. SIEB.
contorta v. LINST.
crassa v. LINSTOW

Genauere neuere Angaben über das Verhältnis von *Mermis* zu ihrem Chironomidenwirt liegen vor von M. COMAS (1927) und REMPEL (1940).

COMAS untersuchte in Paris gekaufte Larven von *Chironomus thummi,* die vor allem mit *Paramermis contorta* — neben einzelnen *P. aquatilis* — infiziert waren. In jeder Larve lebt gewöhnlich ein Wurm, seltener zwei bis drei; er verläßt die Larve bei ihrem Tod oder wenn er geschlechtsreif geworden ist. Die Kopulation findet dann sogleich statt und dauert mehrere Stunden, sofort darauf die Eiablage. Nach 14 bis 16 Tagen schlüpft die Wurmlarve; findet sie im Verlauf von einigen Stunden keinen Wirt, so stirbt sie ab. Trifft sie aber auf eine frisch gehäutete *Chironomus*-Larve, so dringt sie meist, trotz der Abwehrbewegungen der *Chironomus*-Larve, durch die äußere Körperhaut in sie ein. Manchmal gelingt es der *Chironomus*-Larve auch, den Wurm mit ihren Mandibeln zu ergreifen und zu töten, bevor er vollständig eingedrungen ist.

REMPEL stellte seine Untersuchungen in Kanada (Saskatchewan) an *Chironomus rempelii* TH. (*hyperboreus* REMPEI nec. STAEG.) an. Der Parasit, eine Mermithide, konnte nicht bis zur Art bestimmt werden.

Der Parasit scheint nur in reife oder annähernd reife Larven einzudringen; Larven des ersten und zweiten Stadiums waren nie infiziert; die Infektion ist bei Larven des vierten Stadiums stärker als bei denen des dritten. Weibliche und männliche Larven werden befallen, aber nur in den weiblichen kommt der Wurm bis zur Reife. (Doch wurden an anderer Stelle einmal zwei männliche Mücken von *Chironomus decorus* mit voll erwachsenen *Mermis* gefunden.) In den weiblichen *Chironomus*-Larven nährt sich der Wurm von den Genitalorganen (Ovarien, Schleimdrüse), die übrigen Organe werden nicht zerstört. In den vier beobachteten infizierten männlichen Larven waren die Hoden intakt. Groß war die Zahl der Intersexe oder gynandromorphen Individuen unter den aus infizierten Larven geschlüpften Mücken.

5. Trematoden in *Chironomus*

Dieses Buch war schon abgeschlossen, da machten wir eine überraschende Beobachtung, die unbedingt noch aufgenommen werden mußte. Und wieder spielte, wie so oft bei wissenschaftlichen Entdeckungen, der Zufall seine ausschlaggebende Rolle.

Auf Seite 530 bis 532 ist von dem Becken in unserem Plöner Garten die Rede, dessen Besiedlung — auch durch Chironomiden — wir in vier aufeinanderfolgenden Jahren — 1944 bis 1947 — verfolgt haben (THIENEMANN 1948). In den nächsten Jahren wurden nur einzelne Stichproben entnommen, vor allem um festzustellen, welche *Chironomus*-Arten jeweils die Hauptmasse der Chironomiden darstellten. Während das 1944 bis 1946 *Chironomus thummi* war, war es 1947 *Ch. cingulatus;* 1948 und 1949 wieder *Ch.*

thummi, aber im Herbst 1949 auch *Camptochironomus tentans.* Den milden Winter 1949/50 überdauerten in dem feuchten Schlamm über 100 *Camptochironomus*-Larven; bis 16. Mai 1950 schlüpften die Imagines — 92 Puppenhäute wurden gefunden. Aber im Juni 1950 war nur *Ch. thummi* und *Ch. dorsalis* vorhanden; und als wir im Juli 1951 die in dem Bassin befindlichen *Chironomus*-Larven zur Zucht aussetzten, schlüpfte ausschließlich *Ch. thummi;* die Häute dieser Art waren am 6. Juni 1951 in Massen vorhanden. Es war also schon die zweite Larvengeneration, die wir in unseren Zuchtschalen hatten. Und nun spielte der Zufall! Wir hätten uns diese Larven sicher nicht genauer angesehen, wenn nicht mein Enkel VOLKER THIENEMANN einmal ein solches Tier unter dem Mikroskop hätte sehen wollen. Dr. STRENZKE zeigte es ihm; und dabei sah er, daß das hintere Körperende der Larven eine Unmenge eigentümlicher Cysten enthielt. Und als wir der Sache näher nachgingen, erwiesen sich a l l e Larven so infiziert. Es war uns auch sofort klar, daß diese Cysten nichts anderes als eingekapselte Cercarien waren.

Aber woher stammten diese Cercarien?

1944 bis 1947 waren nie Wasserschnecken in dem Becken gewesen, auch 1948 nicht. Am 31. August 1949 aber fand sich in dem Becken eine — sicher durch irgendeinen Vogel aus dem nahen Kleinen Plöner See eingeschleppte — Schneckenlaichmasse; in einer Zuchtschale trat Ende September 1949 eine junge *Limnaea auricularia* auf. Die Schnecken überwinterten in dem feuchten Schlamm sowohl 1949/50 wie 1950/51; im Sommer 1951 waren zahlreiche erwachsene und Massen junger, in diesem Jahre geschlüpfter Schnecken vorhanden. Als nun Dr. STRENZKE die erwachsenen *Limnaea auricularia* des Gartenbeckens untersuchte, erwies sich eine Anzahl Tiere als Träger dieser Cercarien; eine Infektion von Larven von *Chironomus thummi* (von anderer Stelle, wo sie nicht infiziert waren) gelang sofort. Doch wie hatten sich diese Schnecken infiziert? Da sie als Laich — also ohne Infektion — in das Becken gelangt waren, mußte ihre Infektion in dem Becken selbst stattgefunden haben. Welche Tiere aber, die die reifen Trematodenwürmer beherbergten, konnten ihren Kot mit den Würmern in das Becken entleert haben, so daß die ausschlüpfenden Miracidien in die Schnecken drangen? Es gibt in dem Becken keine Fische und keine Amphibien, die ja als Wirtstiere in Frage kommen könnten. Wohl aber überfliegen oft allerlei Singvögel das Becken, sitzen auf seinem Rande, trinken dort und lassen wohl auch ihren Kot in das Becken fallen. Aber diese Vögel fressen doch keine *Chironomus* - L a r v e n, wohl aber die aus ihnen entstehenden M ü c k e n. Und nun zeigte es sich in unseren Zuchten, daß viele der recht stark infizierten Larven sich doch noch verpuppen und daß aus den Puppen normale *thummi*-Mücken ausschlüpfen. Diese Mücken enthalten dann ebenfalls die encystierten Cercarien!

Wir haben daher zwei exotische Ziervögel *(Aidemossne cantans* GMELIN)

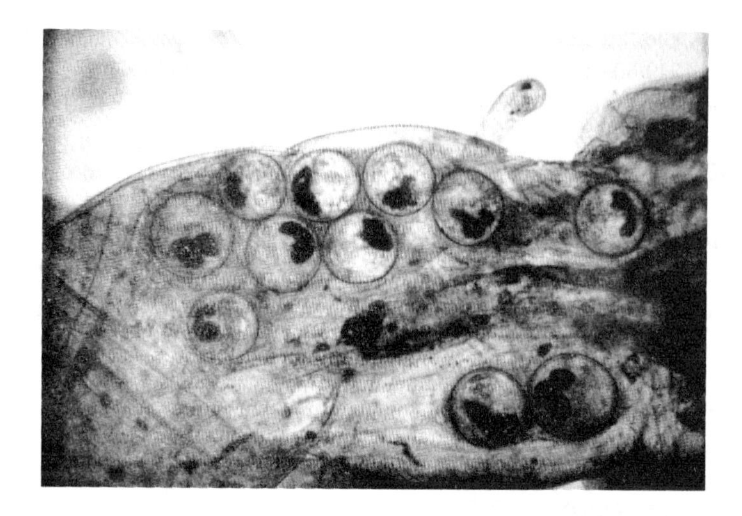

a

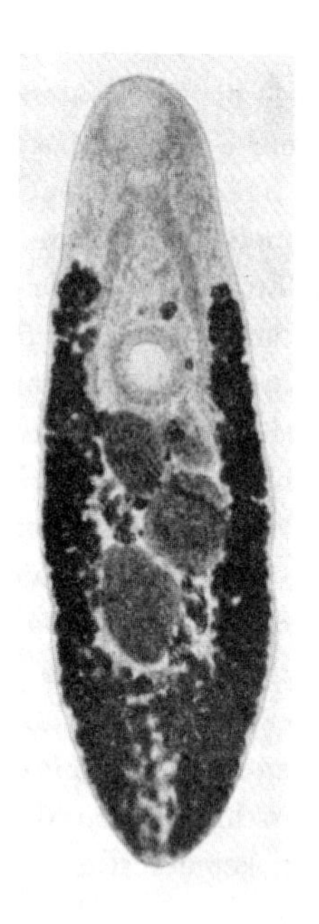

b

Abb. 191 A. *Plagiorchis maculosus* RUD.

a) Cercarien, im Hinterende der Larve von *Chironomus thummi* encystiert (lebend).

b) Reifer Wurm aus dem Vogeldarm (gefärbtes Balsampräparat).

[phot. STRENZKE.]

mit diesen infizierten Mücken gefüttert — und Anfang bis Mitte August gingen die Tiere ein: ihre Därme enthielten reife Trematoden in großer Zahl! So war im Laufe von 2 bis 3 Wochen dank günstiger, durch das Gartenbecken bedingter Umstände der ganze Lebenszyklus dieses Wurmes festgelegt und damit eine *Chironomus*-Art als Zwischenwirt eines Trematoden (*Plagiorchis maculosus* RUD.) nachgewiesen (Abb. 191 A b). Dr. STRENZKE hat diese Untersuchung durchgeführt. Aus seinen Ergebnissen sei hier ein Teil der Zusammenfassung gebracht (vgl. STRENZKE 1952, 1953): „Die Sporocysten fanden sich in der Mitteldarmdrüse von *Radix auricularia* f. *lagotis*. Von 47 zur Untersuchungszeit (21. Juli bis 11. August 1951) vorhandenen zweijährigen Schnecken enthielten 4 Individuen Sporocysten, die massenhaft Cercarien abgaben. Mit dem Absterben der älteren Schnecken (Mitte bis Ende August) erlosch die Trematodeninfektion in dem Becken. Es gelang, im Versuch die Larven von *Chironomus thummi, Psectrotanypus varius, Chaoborus crystallinus* und *Culex pipiens* mit den Cercarien zu infizieren. Im Freiland wurden encystierte Agamodistomen nur bei *Chironomus thummi* und *Psectrotanypus varius* beobachtet. Die *Chironomus*-Larven waren zu 100% infiziert und enthielten durchschnittlich 35 (2 bis 74) Cysten, die vorwiegend am Hinterdarm saßen (Abb. 191 A a). Von den *Psectrotanypus*-Larven beherbergten nur etwa 60% Cysten, und zwar höchstens 2 je Larve (vorwiegend in den Nachschiebern und im Kopf). Die Cysten gehen auf die Puppe und von dieser auf die Imago über, in der sie bei den beiden Arten eine ähnliche Vertretung aufweisen wie in der Larve. Schädigungen der Mücken als Folge des Trematodenbefalls wurden nicht beobachtet ... Unter natürlichen Umständen kommen als Endwirt *Hirundo rustica,* aber auch andere Singvögel in Frage."

Bisher lagen in der Chironomidenliteratur keine Angaben über Trematodeninfektion der Larven (und Imagines) vor. Nur bei BITTNER und SPREHN (1928) findet sich ein Hinweis, wonach die Larve von *Chironomus plumosus* den Hilfswirt des Fledermausparasiten *Lecithodendrium lagenae* (BRANDES) darstellt.

Diese Angabe geht auf VON LINSTOW (1887, S. 102) zurück, der im Kies des Weserufers kleine blaßrote Chironomidenlarven häufig fand; er nennt sie *Chironomus plumosus,* was natürlich eine Fehlbestimmung ist. In diesen Larven leben — bis zu 15 Stück in einer Larve — eingekapselte Cercarien *(crmatae).* Er stellt sie — ohne Fütterungsversuche vorzunehmen — zu dem Fledermausparasiten *Distomum ascidia* VAN BENED. Diese Identifizierung muß als zweifelhaft angesehen werden.

Erst nach Vollendung der Untersuchung STRENZKES erhielten wir Kenntnis von der Arbeit NÖLLERS und ULLRICHS (1927), die in *Chironomus*-Larven (sie nannten sie mit ? *plumosus)* ebenfalls unsere Cercarien nachwiesen und in verschiedenen Vögeln daraus *Plagiorchis maculosus* züchteten. In *Limnaea stagnalis* eines Tümpels hatten die beiden Autoren eine starke Infektion durch verschiedene Sporocysten, Redien und Cercarien gefunden. In kleinen Versuchsbecken ließen sich die *Chironomus*-Larven, die sich von selbst eingestellt hatten, durch Einsatz der Limnaeen mit den *Plagiorchis*-Cercarien infizieren. Fütterung von Goldfischen mit diesen Larven ergaben ein negatives Resultat, ebenso die Fütterung von Hühnerküken. Dagegen zeigten sich im Darm der mit Larven und Imagines gefütterten verschiedenen Singvögel (Exoten und Kanarienvögel) bald zahlreiche reife *Plagiorchis.*

NÖLLER-ULLRICHS und STRENZKES Untersuchungen ergänzen sich in vorzüglicher Weise und beweisen, daß es sich bei der Plöner *Chironomus*-Infektion nicht um eine durch die Verhältnisse unseres Gartenbeckens bedingte Zufallserscheinung handelt, sondern daß normalerweise *Chironomus*-Larven (und -Imagines) die Wirte der *Plagiorchis*-Cercarien sind. Auch BROWN (1926) hat nach NÖLLER-ULLRICH „mit großer Wahrscheinlichkeit, ja man kann sagen mit Sicherheit" die gleiche Cercarie in *Chironomus* gesehen.

SCHEER (1951) erwähnt in seiner während des Druckes erschienenen Zusammenstellung aus *Chironomus* sp. noch den Trematoden *Pleurogenes medians* (OLSSON) (Endwirt: *Rana, Bufo).*

D. Intersexualität durch Mermisinfektion

Gynandromorphismus oder Intersexualität ist bei Chironomiden erst in letzter Zeit häufiger beobachtet worden.

1914 beschrieb J. J. KIEFFER eine *Forcipomyia heterocera* n. sp. und bemerkte bei der Schilderung der Antenne des Männchens: „Antenne verschieden gestaltet; an einem Exemplar waren sie wie üblich, das heißt mit einem Federbusch und 4 langen Endgliedern, an einem anderen dagegen waren sie gestaltet wie beim ♀, also ohne Federbusch und mit 5 schwach verlängerten Endgliedern ..." EDWARDS fand (1920 b) neben normalen Männchen von *Trichocladius ephippium* ZETT., die die üblichen Schwärme bildeten, auch eine große Zahl von Männchen, die Antennen besaßen, die bis in die kleinsten Einzelheiten den Weibchenantennen glichen; außerdem war ihr Abdomen kürzer als normal und mehr wie das weibliche Abdomen aussehend. Aber die äußeren Genitalanhänge waren normal männlich ausgebildet. Diese Tiere schwärmten nicht, sondern saßen ruhig am Boden. — In beiden Fällen waren es also Tiere mit männlichen Kopulationswerkzeugen, aber weiblicher Antenne. Über die Ursache dieser Bildung wird nichts angegeben; aber 1932 (b, S. 32) bemerkt EDWARDS richtig, daß sie in manchen Fällen die Folge der Infektion mit Mermithiden sei und daß man solche Exemplare nie habe kopulieren sehen.[66]

Einen ganz anderen Fall von Gynandromorphismus beschrieb GOETGHEBUER (1921 a, S. 16) für ein Exemplar von *Tanytarsus sordens* v. D. W.: Kopf, Antennen, Beine männlich, Genitalanhänge weiblich. Eine ganz ähnliche Bildung verzeichnet EDWARDS (1932 b, S. 32) für drei Weibchen von *Limnophyes pumilio* HOLMGREN. Während bei normalen ♀ die Antenne 7 Glieder hat (beim ♂ 13 bis 14), ist die Länge und Zahl der Antennen-

[66] Von den Marquesas-Inseln beschrieb MACFIE (1933 b, S. 98) eine *Atrichopogon* sp. „with both male and female characters".

borsten größer und Zahl der Glieder der Antenne verschieden: ein Exemplar 8 Glieder beiderseits, das andere 9 Glieder auf der einen, 7 auf der anderen Seite, das dritte 7 auf der einen, 6 auf der anderen Seite. Bei allen dreien hat das Endglied männlichen Charakter. Diese ♀ wurden in normaler Kopula gefunden. EDWARDS bemerkt mit Recht, daß der Gynandromorphismus dieses zweiten Typs eine andere Ursache haben müsse als der des ersten, durch *Mermis*-Infektion erzeugten Typs. Wir behandeln ihn im folgenden nicht weiter.

1936 (b, S. 48, 49) wies PHILLIPP Gynandromorphismus des ersten Typs bei *Tanytarsus herbaceus* GOETGH. und *Chironomus plumosus* L. nach: diese Tiere enthielten *Paramermis,* bis zu drei Stück in einer Mücke; von den inneren Geschlechtsorganen war nichts mehr zu sehen. „Es handelt sich also

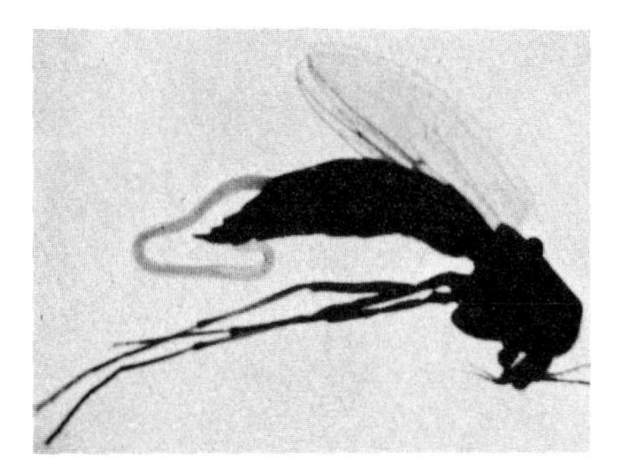

Abb. 192. Gynandromorphes Männchen von *Einfeldia dissidens,* mit einem heraustretenden parasitischen Wurm. [Aus HUMPHRIES 1938.]

um eine ähnliche Folgeerscheinung der parasitären Kastration, wie sie bei dem Befall gewisser Dekapoden durch *Sacculina* festgestellt ist.“ Bei *Camptochironomus tentans* fand SADLER (1935, S. 16) bei *Mermis*-infizierten Tieren oft „an *intersexed condition*“. Aus dem Großen Plöner See stammt ein Exemplar der Mücke von *Einfeldia dissidens* WALK. mit ♀ Antenne und ♂ Kopulationsorganen; als Miß HUMPHRIES (1938, S. 578) sie in Alkohol konservierte, kam ein kräftiger Wurm heraus (Abb. 192), dessen Bestimmung nicht gelang. Auch in Oberbayern (GOETGHEBUER 1934 f., S. 94) und Finnland (STORÅ 1937, S. 259) wurde der gleiche Gynandromorphismus bei *Einfeldia dissidens* beobachtet, in Finnland (l. c.) auch bei *Chironomus staegeri* LUNDB. An *Eukiefferiella ruttneri* GOWIN aus dem Maiergraben bei Lunz (Niederösterreich), die dort stark *Mermis*-infiziert war, konnte ich eine ganze Reihe der Antennenveränderung beobachten (THIENEMANN 1950, S. 139) (vgl. Abb. 193). Die infizierten ♀ können nur schwache morphologische Veränderungen zeigen, höchstens ist der 6gliedrige Fühler ein wenig länger (250 μ gegen 200 μ bei nicht infizierten). Sie können aber auch eine typisch gynandromorphe Form besitzen, indem die Kopulationsorgane männlichen Charakter erhalten, die Antennen dagegen mehr oder weniger den weiblichen Antennen gleichen.

Die normale ♂-Antenne hat 14 Glieder, Geißellänge 675 bis 700 μ. Solche 14gliedrigen Antennen kommen auch bei den *Mermis*-infizierten Tieren vor, doch ist die Geißel dann nur 500 bis 600 μ lang; die Beborstung ist noch ganz wie bei normalen Tieren. Es kommen aber bei den befallenen Tieren Antennen von 10, 8, ja 6 Gliedern vor, mit einer Beborstung, die bei Zunahme der Gliederzahl auch immer mehr männlichen Charakter annimmt.

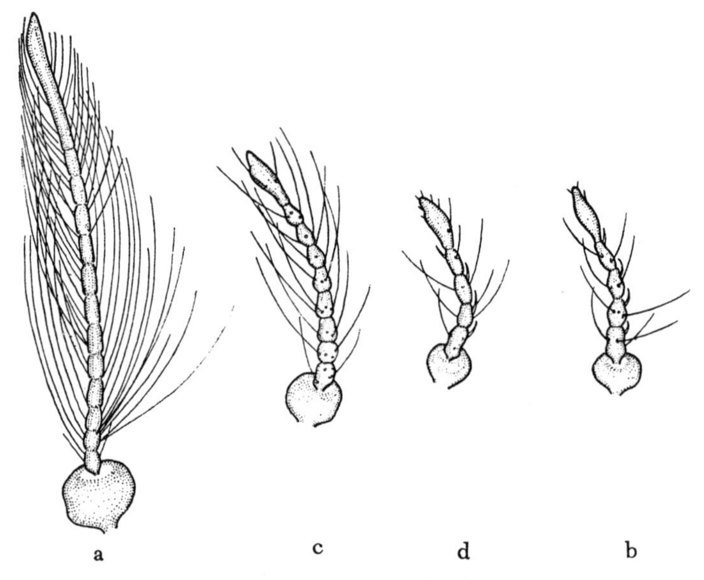

Abb. 193. *Eukiefferiella ruttneri.* Imaginalantennen.
a) normale ♂, b) normales ♀, c) infiziertes ♂, Antenne 10gliedrig, d) infiziertes ♂, Antenne 6gliedrig. [Aus THIENEMANN 1949.]

Bei einer 10gliedrigen Antenne war die Geißel 300 μ lang, bei je einer 8- und 6gliedrigen 225 μ. Diese 6gliedrige Antenne ähnelt also noch ganz der weiblichen Antenne, auch bezüglich der Sinnesborsten.

Ein tieferes Verständnis für den durch *Mermis*-Infektion hervorgerufenen Gynandromorphismus der Chironomiden haben wir erst durch REMPELS Arbeit „Intersexuality in Chironomidae induced by Nematode Parasitism" (1940) gewonnen.

REMPEL beobachtete diesen Gynandromorphismus bei *Chironomus rempelii* TH. (*hyperboreus* REMPEL nec. STAEGER), *Ch. plumosus* L., *Sergentia coracina* ZETT., *Cricotopus slossonae* MALL., *C. exilis* JOH., *Cardiocladius obscurus* JOH. und einer *Tanytarsus* sp. Seine im folgenden referierten Ergebnisse sind an der erstgenannten Art gewonnen.

Wie oben schon kurz bemerkt, befällt der Parasit weibliche und männliche Larven, aber er scheint nur selten in den männlichen Larven seine Entwicklung vollenden zu können. Nur 4 männliche parasitierte Larven fand REMPEL, und in all diesen starb der Parasit ab, bevor er geschlechtsreif wurde. Während seiner Untersuchungen hatte REMPEL etwa 20 000 Exemplare von

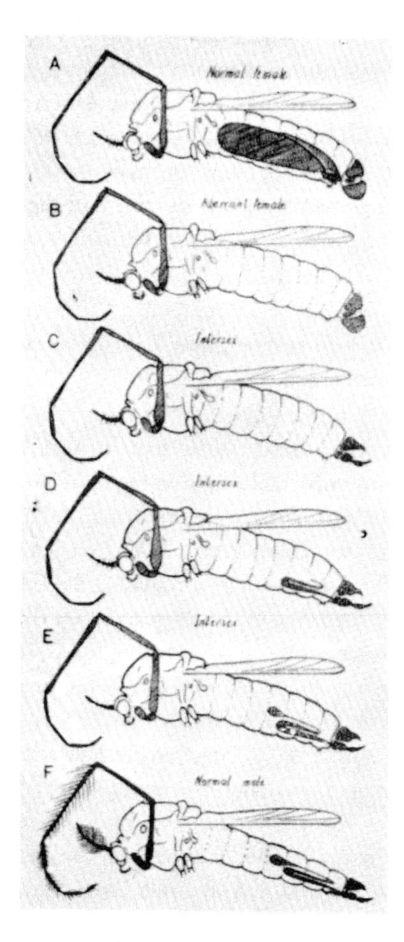

Abb. 194. Verschiedene Grade der Intersexualität von *Chironomus rempelii*. [Aus REMPEL 1940.]

Ch. rempelii untersucht, aber nur 2 ♂-Mücken waren parasitiert, und diese erwiesen sich als echte Männchen, ohne jede Tendenz nach der weiblichen Seite hin. Nun nährt sich der Wurm von den weiblichen Geschlechtsorganen (Ovarien, Schleimdrüse), während die übrigen Organe nicht zerstört werden; in den 4 männlichen parasitierten Larven waren die Hoden intakt. Und nun der Erfolg der parasitären Kastration dieser weiblichen Larven! REMPEL hat

110 „Intersexe" genau studiert; 37 davon waren aus parasitierten Larven gezüchtet. Er unterscheidet bei ihnen folgende Gruppen (vgl. Abb. 194):

a) Aberrante Weibchen mit teilweisem oder völligem Verlust der inneren Geschlechtsorgane (Abb. 194 B) (10 Stück). Während die äußeren Genitalien und der sonstige Körperbau typisch weiblich ist, fehlen doch die Ovarien und die Schleimdrüse in 8 von 10 Fällen gänzlich, in 2 Fällen sind Teile des Ovars oder die Schleimdrüse noch vorhanden.

b) Weibchen mit männlichen Kopulationsorganen aber ohne innere Geschlechtsorgane (49 Exemplare, davon 7 aus parasitierten Larven gezüchtet, die übrigen gefangen) (Abb. 194 C). Körper typisch weiblich, mit Ausnahme der Kopulationsorgane, die völlig denen normaler Männchen gleichen. Während aus den Züchtungsversuchen hervorgeht, daß die Larven der vorigen Gruppe erst verhältnismäßig spät infiziert wurden, muß hier angenommen werden, daß die Infektion bei jüngeren Larven erfolgt ist.

c) Weibchen mit männlichen Kopulationsorganen und mit Ductus ejaculatorius (Abb. 194 D). Hierher eine große Zahl Intersexen. In 2 Fällen auch die Vasa deferentia vorhanden.

d) Weibchen mit männlichen Kopulationsorganen und vollständig regenerierten inneren männlichen Geschlechtsorganen (Abb. 194 E). Nur 2 Fälle, in einem die Hoden gut entwickelt, Spermatogenese in Gang.

Es ist hier nicht der Ort, auf die theoretischen Folgerungen, die REMPEL aus seinen Beobachtungen zieht, genauer einzugehen. Nur soviel sei bemerkt: „every individual starts out as a female", die Intersexe der Gruppen b, c, d sind also Weibchen mit männlichen äußeren (b, c, d) und teilweise (c, d) auch inneren Geschlechtsorganen. In beiden Geschlechtern ist ein ♂-bestimmender Faktor vorhanden; er wird bei den normalen Weibchen durch die Tätigkeit der Ovarien überdeckt; werden die Ovarien durch den Parasiten mehr oder weniger zerstört, so gewinnt er die Herrschaft. Die Ausbildung der männlichen Kopulationsorgane ist unabhängig von den Hoden. — REMPELS während des Krieges erschienene und daher wenig bekannt gewordene Arbeit ist von großer Bedeutung auch für das Intersexualitätsproblem im allgemeinen. REMPEL hat uns mit einem besonders interessanten Fall „parasitärer Kastration" bekannt gemacht, einer Erscheinung, die ja in den verschiedensten Tiergruppen und für die verschiedensten Parasiten bekannt ist (vgl. HESSE 1943, S. 608). Es ist zu hoffen, daß REMPELS Ergebnisse auch an anderen Chironomidenarten nachgeprüft werden; Gelegenheit dazu ist gar nicht selten.

Interessant sind noch einige Beobachtungen, die REMPEL (S. 274) im Freien an einigen Intersexen machte. Mehrfach sah er, wie normale Männchen den Versuch machten, mit einem Intersex zu kopulieren; es müssen also von diesem „Weibchenreize" ausgehen. Außerdem flogen solche Intersexe auch über die Seefläche hin, wie es sonst normale Weibchen zur Laichablage tun. Daß dieser „Eiablage"-Instinkt erhalten geblieben ist, ist von Bedeutung für den Parasiten, der so in seinen natürlichen Lebensraum zurückkehren kann, um seinen Lebensablauf zu vollenden.

E. Feinde der Chironomiden

Wir haben früher (S. 275) schon Vögel, Fledermäuse, Libellen, Raubfliegen und springende Fische als Feinde der Chironomiden - Mücken erwähnt. Spinnennetze sind oft ganz angefüllt mit Chironomidenimagines.

Es gibt auch „Klebfallenpflanzen", die zum Verhängnis für die schwärmenden Mücken werden.

So fand MÜNCHBERG (1937, S. 17) als „Beutetiere von *Drosera rotundifolia* L. auf einem grenzmärkischen Zwischenmoor" auch Imagines von Chironomiden und Ceratopogoniden; und sicher werden die Klebgürtel der Pechnelken (und anderer Pflanzen), über deren Bedeutung für die Kleintierwelt uns WALTER ARNDT in einer seiner anregenden Arbeiten (1937) berichtet hat, gewiß auch zuweilen schwärmende Chironomiden einfangen; ARNDT erwähnt (S. 147) eine *Serromyia* sp., wahrscheinlich *S. morio* FABR. An *Silene nutans*, dessen Blütenstengel drüsig sind, sammelte KERNER (1879) im Gschnitztal in Tirol unter vielen anderen Insekten auch „*Chironomus*" und „*Ceratopogon*".

Zu diesen „Klebefallen" aber kommt noch eins: „Die Harzflüsse und wohl auch manche Saftflüsse. Was von kleineren Tieren alles sein Grab in den Harzflüssen findet, darüber geben uns ja in klassischer Weise die vielfältigen Ergebnisse der Untersuchung der Bernsteinfauna Aufschluß! Es berührt eigenartig, daß wir über die Auswirkung der Harzflüsse auf unsere heutige Tierwelt unverhältnismäßig weniger unterrichtet sind als über die der Tertiärzeit! Mir ist in dieser Beziehung eine einzige Arbeit bekannt geworden: Zum Vergleich mit der Insektenfauna des Bernsteins hat BRUES (1933) in Nordflorida die Todesopfer gesammelt, die sich im Harz von zur Terpentingewinnung in bekannter Weise angeschlagenen Kiefern vorfanden. Die Untersuchung erweiterte er später stark durch Befestigen von Fliegenpapier an Bäumen, so daß insgesamt 22 938 festgeklebte Tiere zur Beurteilung vorlagen" (ARNDT, l. c. S. 159). Davon waren 652 Exemplare Chironomiden.[67]

In der Waitomo-Höhle auf der Nordinsel von Neuseeland lebt eine Mycetophilide, *Arachnocampa luminosa* SKUSE, in großen Massen, deren Larven und Larvengespinste leuchten. Die schleimigen, leuchtenden Gespinstfäden hängen von den Decken der Höhle herab und locken durch ihr Licht Insekten an, die sich in ihnen verfangen und von den Larven von *Arachnocampa* gefressen werden (sehr schöne Abbildungen dieser leuchtenden Gespinste bei GOLDSCHMIDT 1948). Die Beute besteht aus den Imagines

[67] Auch bei uns haften an den Leimringen an Obstbäumen stets viele Chironomidenimagines. (TH.)

einer *Tanypus*-Art, die zweifellos aus dem die Höhle durchrinnenden Flusse stammt und die wahrscheinlich die Hauptnahrung dieser „neuseeländischen Glühwürmer“ bildet (EDWARDS 1924 c, 1933/34).

Chironomiden l a r v e n wurden mehrfach in den Blasen von *Utricularia* als Beute dieser Pflanze gefunden (WEIJENBERGH 1847 sowie TREAT 1875). BÜTTIKER (1952, S. 33) hat festgestellt, daß im Winter für die Ernährung der Enten des Aare-Stausees bei Klingnau (Schweiz) Chironomidenlarven eine Hauptrolle spielen.

Die Hauptfeinde der Chironomidenlarven sind die Fische; wir werden die Bedeutung der Chironomiden für die Ernährung unserer Süßwasserfische in einem späteren Abschnitt (Kapitel XII, S. 655 ff.) ausführlich behandeln.

Hier sei nur darauf hingewiesen, daß die Chironomidenlarven und -puppen in ausgedehntem Maße auch der karnivoren niederen Tierwelt zum Opfer fallen. Einige Beispiele:

Von den Ceratopogoniden schreibt MAYER (1934 a, S. 286):

„Zu den eigentlichen Feinden der Ceratopogonidae zählen alle räuberischen Wasserinsekten. So war ein Käfer versehentlich in eine Zuchtschale, in der eine Sammelzucht angesetzt war, geraten. Er benutzte die Gelegenheit und fraß etwa 10 *Bezzia*-Larven. Aber auch andere räuberische Dipterenlarven stellen ihnen nach. An einer Quelle konnte ich beobachten, wie einer Limnobiidenlarve, *Pedicia* sp., einige *Palpomyia*-Larven zum Opfer fielen. Ferner fand ich im Darm einer Tanypinenlarve einen gut erhaltenen Kopf einer *Culicoides* sp. An Dipterenlarven, die den *Intermediae* im Baumfluß nachstellen, beobachtete KEILIN (1921) eine Anthomyide *Phaonia cincta* ZETT. und die Dolichopodiden *Systenus adpropinquus* LOEW. und *S. scholtzei* LOEW.

Aber auch unter den Hydrozoen finden sich einige, die eine *Ceratopogon*-Larve als Kost nicht verachten. So gibt SCHNEIDER (1926) eine anschauliche Schilderung der Nahrungsaufnahme einer *Protohydra leuckartii*, die eine *Dasyhelea* überwältigt hatte.“

MIALL and HAMMOND (1900, S. 7) nennen Trichopteren-, *Perla-*, *Sialis*- und *Tanypus*-Larven als Feinde der roten *Chironomus*-Larven; eine ganze Anzahl von Köpfen von *Chironomus*-Larven könne man oft im Darm einer einzigen *Perla*- oder *Tanypus*-Larve sehen. Über die Feinde der Tanypodinenlarven lesen wir (THIENEMANN-ZAVŘEL 1916, S. 636, 637): „Die größeren Feinde, wie Fische, räuberische Insektenlarven usw., übergehe ich mit Stillschweigen. Zu den Feinden der Tanypinenlarven muß man einige Acarinen rechnen. Wenigstens sah ich mehrmals einen *Hygrobates (longipalpis* oder *nigromaculatus?)*, als er eine Tanypinenlarve (*Costalis*-Gruppe) überfiel und aussaugte. Sein Körper erreichte dabei fast doppelte Größe. Ich jagte den Räuber davon. Nach etwa einer Minute kehrte er aus einer nicht unbedeutenden Entfernung schnurstracks auf die Beute zurück, obzwar diese in einem Pflanzengewirr verborgen lag. Dann ergriff er die Beute und schwamm geschickt mit der großen Last davon.

Mehrmals habe ich gesehen, daß auch *Hydra* Tanypinenlarven fängt und verschluckt." Hier sei als Besonderheit noch erwähnt, daß nach TRÄDGÅRD (1911, S. 91) die interessante *Prosopistoma*-Larve sich in Schweden von Chironomiden-, vor allem *Tanytarsus*-Larven nährt. BADCOCK (1949, S. 203) fand im Welsh Dee (Wales) im Magen-Darm von *Herpobdella octo-oculata Perla carlukiana*-Nymphen, in den Larven von *Rhyacophila dorsalis, Polycentropus flavomaculatus* als Hauptinhalt Chironomidenlarven; auch *Gammarus pulex, Ephemerella ignita*-Nymphen, die Larven von *Stenophylax stellatus* und *Hydropsyche* sowie *Simulium* (!) hatten gelegentlich Chironomidenlarven gefressen. — In dem von MEIERJÜRGEN (1935) untersuchten Albaumer Bach (Sauerland) spielten die Chironomiden als Nahrung vor allem für die Trichopterenlarven eine Rolle; bei *Rhyacophila nubila* und *tristis, Polycentropus flavomaculatus* Hauptnahrung, weniger häufig in den Larven von *Hydropsyche, Stenophylax stellatus, Stenophylax* sp., *Halesus interpunctatus, Brachycentrus montanus.* — GRAU (1926) stellte bei seinen „Nahrungsuntersuchungen bei Perlidenlarven" der Münchener Umgebung in der freien Natur wie experimentell fest, daß Chironomidenlarven die Hauptnahrung der großen Plecopteren *(Perlodes dispar, Perla bipunctata, P. cephalotes)* sind. — PER BRINCK schreibt in seiner schönen Monographie der schwedischen Plecopteren (1949, S. 155), daß — während die *Plecoptera filipalpia* reine Vegetabilienfresser sind — alle *Plecoptera setipalpia* carnivor sind und daß bei ihnen neben Ephemeridennymphen Chironomidenlarven an erster Stelle auf der Speisekarte stehen. — VAILLANT (1948, S. 127) berichtet, wie in den Alpen auf den sonnenerwärmten, dünn überrieselten Felsen, den sogenannten hygropetrischen Biotopen, die Fliegen der Dolichopodide *Liancalus virens* SCOP. bewegungslos, den Kopf nach oben gerichtet, sitzen, „im Anstand" auf Chironomidenlarven (vgl. S. 335), die ihre Hauptnahrung darstellen. Sobald die *Liancalus* eine Beute gesichtet haben, tauchen sie unter, ergreifen die Larve, saugen sie aus und lassen sie wieder los. Sie legen ihre Eier an den gleichen Stellen ab, und die Larven leben ebenfalls von Chironomidenlarven. Sie ergreifen diese von hinten; ist der Kopf der Beute zu dick, so verschlingen sie ihn nicht. Gelegentlich greifen sie Larven von ihrer eigenen Größe an; dann aber beißen sie ihr Opfer nur an und lassen die teilweise ausgefressene Haut liegen. Eine *Liancalus*-Larve von 4 mm Länge hatte u. a. im Darminhalt 9 Kopfkapseln von Chironomidenlarven; die größte Kopfkapsel war 160 μ lang. Auch die an den gleichen Stellen lebenden Larven der Dolichopodiden *Tachytrechus notatus* STANN und *Syntormon zelleri* LOEW. nähren sich ebenso wie die Fliegen selbst vor allem von Chironomidenlarven (VAILLANT 1949).

Man kann wohl ohne Übertreibung sagen, daß alle karnivoren Süßwassertiere, seien es Insektenlarven oder Wanzen, Käfer, Milben, Egel (vgl. MEUCHE 1937 e)[68] usw., in fast allen limnischen Biotopen Chironomidenlarven fressen. Interessant ist es, daß nach REISINGER (1951, S. 115) der europäische Landblutegel (*Xerobdella lecomtei* FRAUENFELD) die „laubstreubewohnenden" Chironomidenlarven frißt und in der Gefangenschaft auch wasserlebende Larven (*Chironomus* und *Tanytarsus*) anstandslos annimmt.

[68] In den Plöner Seen stellte MEUCHE (1937 a) als Beute der Schlundegel *Herpobdella octooculata* und *testacea* die folgenden Chironomidenlarven fest: *Pseudochironomus prasinatus*, *Endochironomus* sp., *Eucricotopus silvestris*, *Trichocladius bicinctus*, *Rheorthocladius oblidens*.

Zweites Buch

Die Verbreitung der Chironomiden

VII. Die Chironomidenfauna der verschiedenen Lebensstätten

Chironomiden besiedeln den terrestrischen, limnischen und marinen Lebensbezirk der Erde. Ihr Entwicklungszentrum stellt der limnische Bezirk dar; wir haben schon in Kapitel II dieses Buches (S. 17 ff.) darauf hingewiesen, daß eigentlich alle Lebensstätten der Binnnengewässer — mit einer Ausnahme, dem Grundwasser (S. 25) — ihre charakteristische Chironomidenfauna besitzen.

Es ist Aufgabe dieses Abschnittes, die Chironomidenbesiedlung der verschiedenen Biotope eingehender in ihren Charakterzügen zu schildern.

Vorher aber müssen wir uns darüber klarwerden, daß die Verteilung der Chironomiden auf die einzelnen Biotope bisher nur in wenigen Gebieten der Erde einigermaßen bekannt ist. Eigentlich überhaupt nur in Europa! Nur für Europa — und zwar für den Norden, die mitteleuropäische Tiefebene, die Mittelgebirge, die Alpen — liegen Zusammenfassungen über die Chironomiden aller möglichen Lebensstätten vor. Schon für Nordamerika, dessen Chironomidenfauna systematisch wohl gut bekannt ist, sind solche Zusammenfassungen nur für Seen vorhanden, fehlen aber für die Fließgewässer u. a. Aber auch in Europa steckt im Süden, in Spanien, Italien, dem Balkan, die Chironomidenforschung noch ganz im Anfang. Das gleiche gilt für Südamerika; und aus der Antarktis und Australien sind nur Einzelheiten bekannt.

Viel gearbeitet ist schon über Chironomiden in Rußland, aber Zusammenfassungen für die einzelnen Biotope, die den heutigen Anforderungen genügen und die uns (auch sprachlich!) zugänglich sind, sind mir nicht bekannt. Durch Tokunagas Arbeiten ist viel über japanische Chironomiden bekannt, aber Darstellungen über die Besiedelung der einzelnen Biotope sind, abgesehen von Miyadis Studien über die Bodenbesiedelung der Seen, nicht vorhanden. Während der Deutschen Limnologischen Sunda-Expedition habe ich auf Java, Sumatra und Bali den Chironomiden natürlich meine ganz besondere Aufmerksamkeit geschenkt; in unserem Expeditionswerk sind die einzelnen Gruppen durch verschiedene Spezialisten bearbeitet worden. Darstellungen der Chironomidenfauna einzelner Biotope liegen bisher nur für die Pflanzengewässer vor. Wir werden sie im folgenden auch für die übrigen Lebensstätten, im Vergleich zu den entsprechenden Biotopen der gemäßigten Zonen, geben. Die Chironomidenfauna der Binnengewässer Afrikas ist noch — man kann ruhig sagen — unbekannt.

So bleiben für einen großräumigen Vergleich der Chironomidenfauna der Binnengewässertypen nur Europa von der Arktis bis zu den Alpen, Niederländisch-Indien als tropisches Gebiet, und für die Seen noch Nordamerika. Aus allen anderen Teilen der Erde können nur Einzelheiten herangezogen und in das allgemeine Bild eingearbeitet werden.

A. Chironomiden aus Höhlen

Oben (S. 25) habe ich schon bemerkt, daß im „nicht erleuchteten" Bezirk das Grundwasser keine Chironomidenfauna besitzt; ich brachte das in Zusammenhang mit der Schwierigkeit oder Unmöglichkeit für die schlüpfende Mücke, aus dem Grundwasser in das ihr adäquate Lebenselement, in die Luft, zu kommen.

Dagegen sind aus Höhlen allerlei Chironomiden bekannt geworden (vgl. Zavřel 1918 a, Vimmer 1919, Edwards 1924, 1929 a, Goetghebuer 1939 f.; Zusammenfassungen Wolf 1934/38, S. 437, und vor allem Zavřel 1943 a).

Von den Höhlenforschern Absolon und Kratochvil erhielt Professor Zavřel die von ihnen in Höhlen von Bosnien und der Herzegowina gesammelten Chironomidenlarven, im ganzen 15 Arten. Die meisten von ihnen stammten von feuchten Stellen und Felswänden, ein paar auch aus einer Höhlenquelle. Aber von diesen 15 Arten waren die meisten nur in ganz wenigen Exemplaren gefunden worden. Es sind dies die folgenden 12 (in Klammern die Zahl der Exemplare):

Metriocnemus sp. (1), *Gymnometriocnemus* sp. (= „*Orthocladius* I") (3), *Paraphaenocladius* sp. (1), *Heterotrissocladius* sp. (1), *Prodiamesa olivacea* (1); *Cryptochironomus* cfr. *defectus* (1), *Stictochironomus* cfr. *histrio* (2), *Polypedilum* sp. (1), *Paratendipes albimanus* (1), *Pentapedilum* (?) sp. (2), *Ablabesmyia* sp. *minima* Gr. (1), *Macropelopia* sp. (6).

Das sind reine Zufallsfunde, Formen, die aus Gewässern der Umgebung und dem Erdboden in die Höhle geraten sind. Die drei restlichen Arten waren in größerer Zahl vorhanden: *Chironomus thummi*-Gr. (16), *Eutanytarsus, inermipes*-Gr. (30), „*Orthocladius* II" (14). Aber auch diese sind sicher keine echten Höhlentiere; die beiden erstgenannten sind weit verbreitete euryoecische Gewässertiere, die in der Höhle anscheinend günstige Entwicklungsbedingungen gefunden haben, „*Orthocladius* II" sicher eine terrestrische Art. Aus der Ochozer Höhle bei Brünn sind schon lange als Imagines *Ablabesmyia melanops* Mg. und *Metriocnemus picipes* Mg. bekannt (Wolf, S. 438), als Larve lebt dort *Parametriocnemus stylatus* K. (Syn.

Metriocnemus pallidulus Mg., nach Zavřel 1943 a, S. 261): auch diese keine typischen Höhlenformen. Das gleiche gilt für die von Goetghebuer (1939 f.) für rumänische Höhlen angegebenen *Dyscamptocladius perennis* Mg. und *Trichocladius leruthi* n. sp. Goetgh. sowie für die von Wolf im „Animalium Cavernarum Catalogus" noch verzeichneten Arten: *Endochironomus dispar* Mg., *Chironomus viridulus* L., *Orthocladius barbicornis* (L.), *Orthocladius sordidellus* (Zett.), *Metriocnemus fuscipes* Mg., *Macropelopia nebulosa* Mg. Ebenso für die von Pagast (1947, S. 583) aus einigen Höhlen des südlichen Schwarzwaldes erwähnten Arten *Prodiamesa olivacea* Mg. (Larven im Höhlenbach), *Paraphaenocladius impensus* Walk., *Metriocnemus* sp., *Micropsectra bidentata* Goetgh. Es sind also keine Troglobionten unter den Chironomiden bekannt; ich glaube auch nicht, daß man auf Grund der bisher vorliegenden Beobachtungen irgendeine Chironomidenart als troglophil bezeichnen kann. Was man bisher von Chironomiden in Höhlen gefunden hat, gehört zu den Trogloxenen. Es ist auch an den Chironomidenlarven der Höhlen „keine Spur einer Einwirkung der ökologischen Höhlenfaktoren zu finden" (Zavřel 1943 a, S. 263). Allerdings wurden die von Zavřel untersuchten Larven alle „tief in der Höhle in voller Dunkelheit und nicht in der Eingangsregion gesammelt". Trotzdem glaube ich nicht, daß man deshalb von einer „höheren Stufe der Troglobiose" sprechen kann. Neuerdings erwähnt Janetschek (1952) aus Höhlen der Nördlichen Kalkalpen eine Anzahl Chironomiden, die K. Strenzke ihm bestimmt hat. Es sind die folgenden (alles Zufallsfunde, keine echten Höhlentiere!): *Bryophaenocladius* cfr. *tirolensis* Goetgh. — *Metriocnemini* — *Metriocnemus fuscipes* Mg. — *Euphaenocladius* sp. — *Euphaenocladius aterrimus* Mg. — *Smittia* n. sp. (*superata* Goetgh. aff.).

Von Ceratopogoniden hat Edwards (1924, 1929 a) *Atrichopogon cavernarum* aus zwei indischen Höhlen — Batuhöhle, Selangor, und Sijuhöhle, Assam — beschrieben. Ob es sich hier um eine troglobionte Art handelt, wissen wir nicht. Doch ist es sehr wohl möglich, da ausdrücklich angegeben wird, daß die Larven zweifellos in Fledermaus-Guano leben. Die Art ist auch von den Fidji-Inseln bekannt (Edwards 1929 a). Übrigens gibt Edwards (1929 a) aus der Batuhöhle auch eine *Chironomus*-Art an („*Chironomus* sp. 3 ♂, 900 feet from entrance. A very small dark species without special ornamentation").

B. Die terrestrische Chironomidenfauna

Die terrestrische Chironomidenfauna ist im autökologischen Kapitel dieses Buches auf den Seiten 194 bis 218 schon eingehend behandelt worden.

Hier zur Ergänzung nur noch eine kurze Notiz über zwei extrem terrestrische Biotope, an denen Chironomiden gefunden wurden.

Im ersten Fall handelt es sich um Larven, die angeblich durch Ausfressen des Samens der Zuckerrübe großen Schaden angerichtet hatten (THIENEMANN 1936 a). Fundplatz ein Zuckerrübenschlag bei Salzmünde (Sa.). Im Laboratorium des Pflanzenschutzamtes Halle sah man, daß die Larven und „ein Borstenwurm" in Aushöhlungen der Samen lagen. Welcher Anteil an der Schädigung auf die Larven entfiel, ließ sich nicht feststellen. Die Untersuchung der mir als Präparat zugesandten Larven ergab, daß es sich um eine Art der Gattung *Bryophaenocladius* handelte, einer Gattung, die auch sonst extrem terrestrische Formen enthält (vgl. S. 196). Leider konnte neues und lebendes Material nicht beschafft werden.

Der andere Fall betrifft Chironomiden aus Vogelnestern.

In einem Amselnest in Oxford wurden am 24. November 1925 Larven gefunden, aus denen am 7. Juni 1926 eine ♂ Imago schlüpfte, die EDWARDS (1929, S. 243) als *Orthocladius nidorum* beschrieb; wir stellen sie, wie die übrigen Arten von EDWARDS' *Orthocladius* Gruppe B (vgl. THIENEMANN-STRENZKE 1940, S. 27, 28), zur Gattung *Bryophaenocladius.* In seinen „Biologisch-ökologischen Untersuchungen über Vogelnidicolen" erwähnt auch NORDBERG (1936, S. 44, 45), leider ohne Artbestimmung, Chironomiden und Ceratopogoniden aus finnischen Vogelnestern. (Chironomiden aus Nestern von *Falco, Regulus, Turdus philomelus, Delichon urbica, Dryocopus martius;* Ceratopogoniden *[Helea* sp.] aus dem Nest von *Bubo bubo.)* Weitere Angaben über Chironomiden aus Vogelnestern sind mir nicht bekannt.

C. Die Chironomidenfauna der Binnengewässer

1. Die Chironomiden der Quellen

Wir behandeln hier nur die normalen Quellen (Akratopegen); Thermen, Solfatarengewässer, Mineralquellen werden später (S. 564—576) besprochen.

Unsere Quellen sind (vgl. THIENEMANN 1925, S. 37) entweder Limnokrenen, Tümpelquellen, beckenartige Quellen, die von unten her mit Wasser gefüllt werden; durch Überlaufen bildet sich der Quellbach. Untergrund meist schlammig oder sandig, Pflanzenwuchs oft reich. Oder Rheokrenen, Sturzquellen. Ausfluß auf waagrechtem oder fallendem Horizont, Wasser sofort mit stärkerem oder schwächerem Gefälle zu Tal eilend. Untergrund grobsandig oder steinig, meist auch pflanzenarm. Oder Helokrenen, Sicker- oder Sumpfquellen; Wasser durch mehr oder weniger dicke Erdschicht durchsickernd, daher das Quellgebiet ein Quellsumpf oder Quellmorast. Es ist klar, daß sich diese Unterschiede auch in der Besiedlung der Quellen aussprechen. Im allgemeinen kann man innerhalb der Quellfauna (Mitteleuropas) folgende ökologische Elemente unterscheiden (THIENEMANN 1925; 1941 a, S. 55):

1. Krenobionte, und zwar Landtiere, Feuchtigkeitstiere (Hygrophile) und echte Wassertiere in lückenloser Reihe.

2. Diesen Krenobionten gesellen sich krenophile und krenoxene Formen folgenden Ursprungs zu:

a) Stygobionte, d. h. Tiere der unterirdischen Gewässer. Denn „die Quelle ist der Ort des Austritts des Wassers aus dem Erdinnern". Daß es aber keine stygobionten Chironomiden gibt, wurde oben (S. 25, 324) schon gezeigt. Dagegen sind die 3 folgenden Gruppen auch in der Chironomidenfauna der Quellen vertreten.

b) Landtiere und feuchtigkeitsliebende Tiere, und zwar solche, die in oder auf der Erde leben. Denn „im Gebiete der Quellen, besonders der Helokrenen, tritt Wasser und Land in innige Berührung miteinander". Beispiele: *Forcipomyia-* und *Atrichopogon*-Arten; *Metriocnemus hygropetricus, Paraphaenocladius impensus.*

c) Lenitische Tiere, d. h. Elemente der Stillwasserfauna. Denn „im Gegensatz zum Lauf des tiefer gelegenen Baches zeigt das Wasser der Quellgebiete, vor allem bei Helokrenen und Limnokrenen, eine nur schwache Strömung". Beispiele: *Chironomus*-Arten, Tanypodinen.

d) Rheophile, d. h. die Strömung liebende Tiere. Denn durch das Quellrinnsal, das sich bei Rheokrenen unmittelbar an den Quellmund anschließt, geht die Quelle in den Bach über. Beispiele: *Rheorthocladius-, Eudactylocladius-, Eukiefferiella*-Arten u. a.

Eingehendere Darstellungen hat die Chironomidenfauna der Quellen nur gefunden für Lettland (Pagast-Froese 1933), Norddeutschland (Thienemann 1926 a, b), die Schweiz (Jura: Gejskes 1935, Schweizer Nationalpark: Nadig 1942), Oberbayern (Thienemann 1936 b) sowie Lappland (Thienemann 1941 a); in der letztgenannten Arbeit habe ich versucht, alles bisher über Quellchironomiden Bekannte zusammenzufassen. Wir schließen uns im folgenden (unter Verbesserung von Einzelheiten auf Grund neuer Funde) an sie an. Mancherlei über Quellchironomiden ist auch aus dem Sauerland (westfälisches Mittelgebirge; Thienemann 1912 d, 1919), aus den Sudeten (Zavřel-Pax), Südschweden (Thienemann-Kieffer 1916) und dem Lunzer (Niederösterreich; Thienemann 1949 a) und Wiener Gebiet (Kühn 1940) bekannt. Vollständig bekannt sind aber die Quellchironomiden noch in keinem all dieser Gebiete. Immerhin können wir wenigstens für die Chironomidenbesiedlung der Quellen der Palaearktis schon ein Bild entwerfen und diese mit den Quellchironomiden eines tropischen Landes, nämlich Niederländisch-Indiens, vergleichen. Die Quellchironomidenfauna aller übrigen Teile der Erde ist absolut unbekannt.

a) Die Quellchironomidenfauna der Palaearktis

1. Der Quellfauna von Lappland bis zu den Alpen (und wahrscheinlich auch südlich der Alpen) sind eine Anzahl von Arten gemeinsam, unter denen sich 8 echte, d. h. krenobionte oder doch wenigstens krenophile Quellchironomiden befinden:

Metriocnemus hygropetricus (krenophil), *M. fuscipes* (krenophil, terrestrisch), *Parametriocnemus stylatus* (krenophil, rheophil), *Paraphaenocladius impensus* (krenophil, terrestrisch), *Krenosmittia boreoalpina* (krenophil, terrestrisch), *Pseudodiamesa nivosa* und *branickii* (beide stellenweise krenobiont, im ganzen krenophil), *Diplomesa lapponica*[69] (krenobiont). Diese 8 Arten — durchweg Orthocladiinen! — bilden nach unseren jetzigen Kenntnissen den „Grundstock der gesamteuropäischen Quellchironomidenfauna". Dabei ist aber zu bemerken, daß die beiden *Pseudodiamesa*-Arten, *Diplomesa lapponica* und *Krenosmittia boreoalpina* bisher in der baltischen Ebene nicht nachgewiesen wurden, es auch im höchsten Grade unwahrscheinlich ist, daß sie hier vorkommen. Diese vier Arten sind „boreoalpine Arten" (THIENEMANN 1950 b, S. 533, 539). Holarktisch sind von diesen Arten drei — die beiden *Metriocnemus*-Arten und *Paraphaenocladius* —, die übrigen sind bisher nur in der Palaearktis nachgewiesen.

Neben den 8 typischen Arten treten in der Quellfauna von der Arktis bis zu den Alpen eine große Zahl weiterer Chironomiden als krenoxene Elemente auf, nämlich:

Tanypodinae: Die *tetrasticta* (= *nigropunctata*)- und *costalis* (= *lentiginosa*)-Gruppen der Gattung *Ablabesmyia* (aber beide Gruppen in den verschiedenen Gegenden wohl in verschiedenen Arten).

Orthocladiinae: *Rheocricotopus, fuscipes*-Gruppe; *Dyscamptocladius, acuticornis*-Gruppe; *Rheorthocladius, rhyacobius*-Gruppe; *Eudactylocladius* sp. sp.; *Eukiefferiella* sp. sp.; *Limnophyes* sp. sp.; *Diamesa* sp. sp.; *Corynoneura* sp. sp.

Tanytarsariae: *Micropsectra* sp. sp.; *Paratanytarsus* sp. sp.; *Stempellina* sp. sp.

Ceratopogonidae: *Dasyhelea, diplosis*-Gruppe, *Culicoides, rivicola*-Gruppe, *Helea* sp. sp., *Bezzia*-Gruppe sp. sp.

2. Zu dem Grundstock der gesamteuropäischen Quellchironomidenfauna treten in den von mir (1941 a) genauer untersuchten Quellen Lapplands — Abiskogebiet, Schweden; vgl. die Quellabb. 195, 196 auf Tafel IX — die folgenden, nur in der Quellfauna Lapplands nachgewiesenen Arten:

Podonominae: *Podonomus Kiefferi* (krenobiont), *Boreochlus thienemanni* (krenobiont), *Trichotanypus posticalis* (krenophil), *Lasiodiamesa gracilis* (krenoxen).

Orthocladiinae: *Metriocnemus ursinus* (krenophil, terrestrisch), *M. atratulus* (krenophil, auch in moorigen Gewässern), *Eudactylocladius*

[69] Während des Druckes stellte sich auf Grund der Sammlung VAILLANT heraus, daß *Diplomesa lapponica* PAGAST (= *Pseudokiefferiella* ZAVŘEL) identisch ist mit *Diamesa parva* EDW. Diese Art ist also jetzt bekannt aus Lappland, Schottland, der Hohen Tatra, den Pyrenäen und den Alpen (vgl. THIENEMANN 1951).

vernalis (wohl krenoxen), *Akiefferiella coerulescens* (in Lappland krenobiont, sonst Bachform).

Ceratopogonidae: *Helea longitarsis* (krenoxen).

Scheidet man die Arten aus, deren Verbreitungsgebiet südlich den Polarkreis überschreitet, so kann man die folgenden, nur nördlich des Polarkreises vorkommenden krenophilen und krenobionten Arten als die Quellfauna Lapplands besonders kennzeichnend ansehen:

die Podonominen *Boreochlus thienemanni* (nur palaearktisch bekannt) und *Trichotanypus posticalis* (holarktisch),

die Orthocladiine *Metriocnemus ursinus* (holarktisch).

3. In den Quellen der Arktis fehlen, aber in der Quellfauna von der baltischen Tiefebene (zum Teil auch von Mittel- und Südschweden) bis zu den Alpen kommen die folgenden 9 krenobionten und krenophilen Arten vor, die wir als „Grundstock der mitteleuropäischen Quellfauna" bezeichnen:

Tanypodinae: *Ablabesmyia binotata, Macropelopia, goetghebueri* (= *adaucta*)-Gruppe (limno-krenobiont).

Orthocladiinae: *Brillia modesta, Eudactylocladius bipunctellus, Limnophyes prolongatus.*

Tanytarsariae: *Stempellina bausei.*

Ceratopogonidae: *Forcipomyia phlebotomoides, Atrichopogon thienemanni, Culicoides obsoletus.*

Zu diesen treten noch als krenoxene Formen die Orthocladiinen *Acricotopus lucidus* (lenitisch), *Eukiefferiella minor* (rheophil), *Prodiamesa olivacea* (lenitisch), die Tanytarsarie *Micropsectra praecox* (lenitische Bachform) und die Chironomarie *Chironomus dorsalis* (lenitisch). (Die in meiner Lappland-arbeit [1941 a, S. 51, 52] in Abschnitt α bis δ genannten Arten sind in ihrer Quellverbreitung noch zu wenig bekannt, müssen daher hier außer acht bleiben. Doch sei darauf hingewiesen, daß die ursprünglich von mir in einem Buchenlaubquellsumpf auf Jasmund, Rügen, gefundene *Camptokiefferiella gracillima* K. jetzt auch aus dem Schlamm der Quellregion eines Baches im Weserbergland von ILLIES [vgl. S. 348] gezüchtet worden ist. Es handelt sich bei ihr also wahrscheinlich um eine weiter verbreitete, echt krenobionte Art.)

4. Es gibt eine Anzahl Arten, die bisher nur aus der Quellfauna der Alpen und Voralpen, zum Teil auch der deutschen Mittelgebirge bekannt sind. Handelt es sich nur um Einzelfunde, so ist die Stellung dieser Formen kaum zu beurteilen, ehe nicht weitere Fundplätze bekannt sind. Ich nehme aber an, daß sich unter ihnen typisch alpine Quellarten sowie überhaupt Arten finden, die zu den „südlichen Gletscherrandarten" in meinem Sinne (1950 b, S. 380 ff.) gehören. Hierher:

Tanypodinae: *Ablabesmyia hieroglyphica* GOETGH. (Oberbayern).

Orthocladiinae: *Cricotopus miricornis* GOETGH. (Oberbayern);

Trichocladius bituberculatus GOETGH. (Schweiz, Oberbayern, Niederösterreich); *Tr. dentifer* GOETGH. (Schweiz, Niederösterreich); *Tr. nadigi* GOETGH. (Schweiz) (die 3 *Trichocladius*-Arten wohl eigentlich Bachformen, also krenoxen); *Dyscamptocladius minutissimus* GOETGH. (Oberbayern); *Eukiefferiella subalpina* GOETGH. (Oberbayern); *E. alpicola* (Niederösterreich); *Corynoneura brevipennis* GOETGH. (Schweizer Jura); *C. Kiefferi* GOETGH. *(clavicornis* K.) (Niederösterreich); *Diamesa zernyi* EDW. (Alpen).

Tanytarsariae: *Gowiniella acuta* GOETGH. (Oberbayern, Niederösterreich, Schweiz; wohl eigentlich Bachform, krenoxen); *Ditanytarsus alpestris* TH. (Schweiz); *Lithotanytarsus emarginatus* (ein krenoxenes Bachtier, „südliche Gletscherrandform"; Verbreitung: Alpen, Kaukasus, im Mittelgebirge bei Bamberg, Erlangen, Nürnberg, Namur, nördlichster Fund Wiehengebirge bei Osnabrück; fehlt in den Teilen Europas, die von den nordischen Gletschern der letzten Eiszeit bedeckt waren [THIENEMANN 1950 b, S. 385]); *Stempellina montivaga* (Oberbayern, Niederösterreich, Französische Alpen, Erlangen, Bulgarien; in der postglazialen Wärmezeit auch in norddeutschen Quellen; hier jetzt ausgestorben, krenobiont [vgl. THIENEMANN 1949 b, d]).

Podonominae: *Paraboreochlus minutissimus* STROBL (= *Ablabesmyia pecteniphora* GOETGH.) (Steiermark, Oberbayern, Korsika, Harz, krenobiont).

Zu diesen Arten treten eine ganze Anzahl krenoxener Formen, die in den Alpen in Quellen gefunden sind, anderswo aber auch, allerdings in anderen Biotopen, auftreten:

Tanypodinae: *Ablabesmyia punctata* FAB.

Orthocladiinae: *Paraphaenocladius penerasus* EDW., *P. cuneatus* EDW., *Heterotrissocladius marcidus* WALK., *Pseudorthocladius curtistylus* GOETGH., *Trichocladius sylvaticus* GOETGH., *Synorthocladius semivirens* K., *Rheocricotopus effusus* WALK. *(fuscipes* K.), *Rh. chalybeatus* EDW., *Rheorthocladius frigidus* ZETT., *Eukiefferiella bavarica* GOETGH., *E. lobulifera* GOETGH., *Limnophyes gurgicola* EDW., *Corynoneura celeripes* WINN., *Parasmittia* sp. A. STRENZKE, *Pseudosmittia holsata* TH. u. STR., *Prodiamesa olivacea* MG.

Tanytarsariae: *Micropsectra globulifera* GOETGH., *Stempellina saltuum* GOETGH., *Stempellinella brevis* EDW.

Ceratopogonidae: *Forcipomyia picea* WINN., *Dasyhelea modesta* WINN., *D. flavoscutellata* ZETT., *D. versicolor* WINN., *Probezzia bicolor* MG., *Bezzia annulipes* MG., *Culicoides pulicaris* L.

5. In meiner Lapplandarbeit (1941 a, S. 48) habe ich ein Verzeichnis der damals aus Quellen überhaupt bekannten Chironomidenarten gegeben, ferner in Tabelle 15 die Artenzahl der Chironomiden der Quellen, nach den einzelnen Chironomidenuntergruppen und Gebieten getrennt. Diese Tabelle gebe ich hier wieder.

Artenzahl der Chironomiden der Quellfauna

	Im ganzen		Lappland	Mittel- und Süd-schweden	Lettland	Nord-deutsch-land	Mittel-deutsches Bergland	Alpen und Voralpen
	Arten-zahl	in % der Ges.-zahl						
Tanypodinae	23	12	2	6	7	9	3	7
Podonominae	5	3	4	0	0	0	0	1
Orthocladiinae	108	55	33[1]	11[2]	25[3]	33[4]	27[5]	42[6]
Tanytarsariae	18	9	5	4	8	5	1	11
Chironomariae	3	1	0	2	1	2	0	1
Ceratopogonidae	40	20	7	1	4	14	2	16
Im ganzen	197	100	51	24	45	63	33	78

[1] = 65% [2] = 46% [3] = 55% [4] = 52% [5] = 82% [6] = 55%

Es handelt sich hier natürlich um Minimalzahlen, vor allem für die noch mangelhaft untersuchten Gebiete; ferner werden wohl manche hier als gesonderte Arten gezählte Formen später zu einer Art zusammengezogen werden müssen. Das wird aber ungefähr ausgeglichen dadurch, daß seit 1941 vor allem durch meine Lunzer Untersuchungen eine Anzahl weiterer Arten in Quellen gefunden worden sind.

Das, was sofort auffällt, ist das Überwiegen der Orthocladiinen in der Quellfauna: Mehr als die Hälfte aller in Quellen gefundenen Chironomidenarten gehört zu den Orthocladiinen! (55% im ganzen, so auch in Lettland und den Alpen; 52% in Norddeutschland, sogar 65% in Lappland). Dann folgen die Ceratopogoniden mit 20%, die Tanypodinen mit 12%, die Tanytarsarien mit 9%; ganz zurück treten die Podonominen mit 3% und die Chironomarien mit 1%. Berücksichtigt man aber das Verhältnis der in Quellen nachgewiesenen Arten und der überhaupt bekannten Arten einer Gruppe, so stehen die Podonominen vor allen übrigen. Denn alle 5 aus der Palaearktis überhaupt bekannten Podonominenarten kommen auch in Quellen vor, ja drei von ihnen sind krenobiont, eine ist krenophil. Alle übrigen Gruppen kommen außer in Quellen auch in vielen anderen Lebensstätten vor; doch können genaue Zahlen dafür nicht gegeben werden.

Berücksichtigen wir nunmehr nur die typischen Quellchironomiden, also die krenobionten und krenophilen Arten, den Grundstock der gesamt- und mitteleuropäischen Quellfauna und der Lapplands. Leider können wir noch keine sicheren Zahlen für die nur auf die Alpen respektive Alpen plus Mittelgebirge beschränkten typischen Quellformen machen, müssen also dieses große und artenreiche Gebiet fast ganz unberücksichtigt lassen. Die folgenden Zahlen werden sich, wenn die Alpen und mitteldeutschen Bergländer in dieser Beziehung erst einmal gut durchforscht sind, sicher wesentlich erhöhen, vielleicht fast verdoppeln.

Typische Quellchironomiden sind unter den
Podonominen 3 Arten (davon eine alpin-krenobiont)
Tanypodinen 2 Arten
Orthocladiinen 12 Arten
Tanytarsarien 2 Arten (davon 1 in Alpen u. Mittelgebirge krenobiont)
Chironomarien keine Art
Ceratopogoniden 3 Arten.[70]

Im ganzen also 22 Arten, unter denen wiederum die Orthocladiinen mit 12, das sind 55%, überwiegen, die Chironomarien ganz fehlen.

6. Wir haben oben (S. 327) schon bemerkt, daß in Quellen, vor allem Helokrenen, land- und feuchtigkeitsliebende Tiere neben den eigentlich aquatischen Tieren auftreten. STRENZKE hat (1950) auf Grund verschiedener Proben aus Quellen des Lunzer Seengebietes (Niederösterreich) die prozentualen Individuenzahlen der terrestrischen Chironomiden in Lunzer Quellen zusammengestellt.

Nr. der Probe	632	631	649	671	634	633
Paraphaenocladius impensus monticola . .	2	32	67	4	60	—
Metriocnemus fuscipes	4	4	17	—	—	3
Limnophyes prolongatus-gurgicola . . .	—	—	—	58	+	—
Limnophyes sp.	53	—	—	—	2	92
Pseudosmittia holsata	12	4	—	—	—	—
Forcipomyia phlebotomoides	—	—	—	—	1	1
Ceratopogonidae intermediae	17	61	17	—	23	—
Ceratopogonidae vermiformes	12	—	—	34	13	4
Individuenzahl der Originalprobe	(102)	(28)	(6)	50	(96)	(77)
Artenzahl	6	4	3	3	6	4

Zu dieser Tabelle bemerkt er, daß die terrestrische Chironomidenfauna der Quellen entsprechend den auf kleinstem Raum stark wechselnden Milieubedingungen recht heterogen ist. In den Moosüberzügen auf festem Substrat (Probe 632, 631) treten uns offensichtlich Mischgesellschaften der *Pseudosmittia holsata — virgo-* und *Pseudorthocladius curtistylus*-Synusie (vgl. S. 196) entgegen. Erstere verschwindet, sobald in den Moosen die humosen Ablagerungen eine gewisse Stärke erreicht haben (Probe 649) oder sobald der Untergrund selbst bodenartig wird (Probe 671). In der *Pseudorthocladius curtistylus*-Synusie tritt, wie in Holstein an solchen Stellen, *Pseudorthocladius* völlig zugunsten von *Paraphaenocladius impensus* zurück;

[70] Neuerdings (1951) hat ANKER NIELSEN aus den großen Quellen von Himmerland (Nordjütland) eine ganze Anzahl von *Atrichopogon*-Arten in überaus sorgfältiger Weise beschrieben. Es handelt sich um: *Atrichopogon speculiger* n. sp. (Larve sehr ähnlich *A. mülleri* K.), *A. dubius* n. sp. (Larve von voriger nicht zu unterscheiden), *A. cornutus* n. sp. (Larve sehr ähnlich *A. trifasciatus* K.), *A. alveolatus* n. sp. (Larve von *A. thienemanni* K. kaum zu unterscheiden), *A. hexastichus* n. sp. (Larve hat gewisse Ähnlichkeit mit *A. peregrinus* JOH.), *A. polydactylus* n. sp. (Larve nicht zu unterscheiden von *A. rostratus* WINN.), A. sp. x, A. sp. y. Da diese Arten bisher nur von dieser Stelle bekannt sind, läßt sich über ihre tiergeographische Stellung noch nichts sagen.

dieser erreicht besonders hohe Zahlen in der Fallaubschicht, während der in Quellmoosen sehr regelmäßig vorkommende *Metriocnemus fuscipes* hier fehlt. Ob die wie in Holstein und Oberbayern so auch in Lunz streng krenobionte *Forcipomyia phlebotomoides* eine schärfere Differenzierung der terrestrischen Chironomidengesellschaften der Quellen ermöglichen wird, müssen weitere Untersuchungen zeigen. — Soweit STRENZKE.

7. In den Limnokrenen leben naturgemäß lenitische Arten, d. h. solche der Stillwasserfauna. Ich habe schon früher (1926 a, S. 37) als limnokrenophil und limnokrenobiont bezeichnet die Tanypodinen der Gattung *Ablabesmyia (tetrasticta*-Gruppe) und der *goetghebueri* (= *adaucta)*-Gruppe der Gattung *Macropelopia* sowie die Tanytarsarien *Lundstroemia roseiventris* K. und *brevimanus* K. und *Chironomus dorsalis*. Bei seinen gründlichen Untersuchungen in Quellen des Schweizerischen Nationalparkes im Engadin hat NADIG (1942) eine typische, über 2 m tiefe Limnokrene untersucht, die God dal Fuornquelle (G. F. Q I), ferner die Fischweiherquellen (F. W. Q I—IV), von denen drei Rheokrenencharakter haben, während die vierte eine Mittelstellung zwischen Rheokrene und Limnokrene einnimmt. Die Chironomiden dieser Quellen (leider nur zum Teil gezüchtet) haben mir seinerzeit zur Untersuchung vorgelegen. Es gibt nun eine Anzahl Chironomiden, die n u r in G. F. Q I oder nur in F. W. Q I—IV vorkommen (NADIG, S. 409—411).

Nur in G. F. Q I

T a n y p o d i n a e :
Ablabesmyia sp. *tetrasticta*-Gr.
Ablabesmyia punctata
Procladius sp.
Macropelopia sp. (wohl *goetghebueri*-Gr.)

T a n y t a r s a r i a e :
Ditanytarsus alpestris TH.[71]

C h i r o n o m a r i a e :
Chironomus dorsalis MG.

O r t h o c l a d i i n a e :
Prodiamesa olivacea MG.

C e r a t o p o g o n i d a e :
Probezzia bicolor
Bezzia annulipes
Culicoides albicans WINN.
Dasyhelea sp.

Nur in F. W. Q I—IV

T a n y t a r s a r i a e :
Gowiniella acuta GOETGH.[72]

O r t h o c l a d i i n a e :
Trichocladius nadigi GOETGH.
Rheorthocladius saxicola K.
Euorthocladius rivicola K.
Eukiefferiella lobulifera GOETGH.
Eukiefferiella minor K.
Parametriocnemus stylatus K.
Diamesa thienemanni K.
Diamesa cfr. *hygropetrica* K.
Diamesa sp. sp.
Pseudodiamesa branickii (NOW.)

Wie man sieht, sind in G. F. Q I durchweg Stillwasserformen vorhanden — für eine solche Limnokrene nicht auffallend. Weshalb aber sind die auf F. W. Q I—IV beschränkten Arten, d u r c h w e g rheophile Formen, nicht auch in dem Ablauf der Limnokrene G. F. Q I, der doch auch Bachcharakter hat, vorhanden? Entfernung beider Stellen 500 bis 800 m! NADIG hat die

[71] Bei NADIG „*Paratanytarsus* sp." vgl. THIENEMANN(-KRÜGER) 1951.

[72] Bei NADIG „*Eutanytarsus gregarius*-Gruppe, mit auffallend hohem Herzbuckel" (vgl. THIENEMANN-BRUNDIN).

thermischen und chemischen Verhältnisse beider Quellgebiete vorbildlich genau untersucht und kommt zu dem Ergebnis, daß ein wirklich greifbarer Unterschied nur in der Gesamthärte und dem Sulfatgehalt beider Gebiete liegt:

	G. F. Q I	F. W. Q I, II, IV
Gesamthärte deutsche Härtegrade	84,8—95,0	9,8—11,7
SO_4 mg/l	1462—1505	46,3—70,3

NADIG schreibt dazu (S. 413): „Unsere Kenntnisse über die Beziehungen zwischen den Organismen und der Gesamthärte (Sulfathärte) des Wassers sind spärlich. Im vorliegenden Fall ist man geneigt, diesen Faktoren entscheidende Bedeutung beizumessen. Der Beweis für die Richtigkeit der Annahme, daß die hohe Gesamthärte und der hohe Sulfatgehalt entscheidend für das Fehlen zahlreicher Arten wirken, ist aber nicht erbracht." Ich glaube auch, diese Annahme ist nur bedingt richtig: Nicht als solcher wirkt der Sulfatgehalt, sondern vielmehr dadurch, daß er zur Entstehung von Schwefelwasserstoff Veranlassung gibt. In der Umgebung des Quelltümpels G. F. Q I, besonders in der Nähe des Ausflusses, kann ein deutlicher, wenn auch leichter Geruch nach H_2S, im Winter stärker als sonst, wahrgenommen werden. Und analytisch wurden Spuren von H_2S im Wasser der Limnokrene selbst wie auch in der Hauptwasserader des Ausflusses nachgewiesen. Im Faulschlamm der Limnokrene wie im Ausfluß sind stets bedeutende Mengen H_2S vorhanden. Die Entstehung dieses H_2S ist aber in erster Linie auf Sulfatreduktion durch Bakterien zurückzuführen (NADIG, S. 340). Nur G. F. Q I zeigt — selbst noch in ihrem Ausfluß — H_2S-Gehalt — und hier fehlen all die rheophilen Reinwasserformen unter den Chironomiden, die in den H_2S-freien F. W.-Quellen vorkommen; nur die euryoecischen lenitischen Arten sind vorhanden, die zum Teil in stark verunreinigten Gewässern leben, ja zum Teil *(Macropelopia)* selbst in Schwefelquellen nachgewiesen sind!

b) Die Chironomiden der palaearktischen Fauna hygropetrica

Als hygropetrische Fauna bezeichnete ich zuerst in meiner Dissertation (1905, S. 66, 67) die Tierwelt dünn berieselter, glatter, kahler Felswände. Später (1910 a) habe ich der Fauna hygropetrica eine eigene kleine Arbeit gewidmet; die an solchen Stellen in Westfalen, im Sauerland, nachgewiesenen Chironomiden sind bei KIEFFER-THIENEMANN 1908/09, Seite 33, verzeichnet. Bei meinen Partenkirchener Chironomidenstudien habe ich auch die hygropetrischen Stellen berücksichtigt (1936 b, S. 216—220). Im Abiskogebiet in Lappland habe ich solche Lebensstätten nicht gesehen; ich kenne sie nur aus unseren Mittelgebirgen und den Alpen; sie kommen aber auch in den Pyrenäen und sicher auch anderen Hochgebirgen der Palaearktis vor.

Diese Stellen ähneln in mancher Beziehung den Quellen: ganz dünne Schicht gleichmäßig rinnenden, klaren, reinen Wassers mit hohem Sauerstoffgehalt. Der Hauptunterschied gegenüber den Quellen liegt in den thermischen Verhältnissen. Während unsere Quellen ein gleichmäßig temperiertes, stenothermes, kühles Wasser führen, sind diese hygropetrischen Wände oft, ja meist, der Sonne stark ausgesetzt, so daß die Wassertemperaturen stark schwanken. Also Eurythermie der hygropetrischen Biotope gegenüber der Kaltstenothermie der Quellgebiete.

Charakterformen der hygropetrischen Stellen sind in den Alpen und im Mittelgebirge die ebenfalls in Quellen vorkommenden Orthocladiinen *Eudactylocladius bipunctellus* ZETT. (*hygropetricus* K.) und *Metriocnemus hygropetricus* K. Ferner kenne ich von diesen Biotopen:

Die Orthocladiinen *Eudactylocladius luteus* GOETGH. (Oberbayern, bisher nur hygropetrisch), *Dyscamptocladius minutissimus* GOETGH. (Oberbayern, hygropetrisch und in Quellen), *Brillia modesta* (häufiger in Quellen und Bächen), *Thienemannia gracilis* K. (weit verbreitet — Deutschland, Belgien, England, Island, Färöer — im Sauerland hygropetrisch, im übrigen Biotop unbekannt), *Diamesa hygropetrica* K. (im Sauerland hygropetrisch, sonst aus Gebirgsbächen der Alpen), *Rheocricotopus* sp. *fuscipes*- und *atripes*-Gruppe (sonst Quell- und Bachbewohner). Gelegentlich fand ich in den Alpen auch Ceratopogoniden (*Atrichopogon pavidus* WINN., ? *Stilobezzia* sp.), Tanypodinen (*Ablabesmyia hieroglyphica* GOETGH., sonst alpine Quellform) und von Tanytarsarien *Tanytarsus* und *Micropsectra* sp.

Im ganzen sind die hygropetrischen Stellen wie die Quellen also charakterisiert durch Orthocladiinen, von denen aber wohl keine Art ausschließlich der Fauna hygropetrica angehört. (Von anderen Tiergruppen aber gibt es eu hygropetrische Arten!) Eine große Arbeit VAILLANTS wird unsere Kenntnis der Fauna hygropetrica ganz wesentlich erweitern und vertiefen.

c) Quellchironomiden aus Insulinde

Da eine vollständige Zusammenstellung der Quellchironomiden, die wir während der Deutschen Limnologischen Sunda-Expedition 1928/29 gesammelt haben, bisher noch nicht vorliegt, gebe ich sie im folgenden (n. sp.: die von der Expedition gesammelten neuen Arten).

Tanypodinae
(vgl. ZAVŘEL 1933)

1. *Ablabesmyia facilis* JOH. (n. sp.).
   (S 1) Mitteljava: 3. XII. 28. Eine Puppenexuvie in einem kleinen Quellrinnsal (etwa 1300 m Meereshöhe), das in der NW-Ecke in den See Pasir (bei Sarangan) fließt. Wassertemperatur 17 Uhr 19,5° C. Das Rinnsal ist mit Pflanzen stark verwachsen.
   (D 10) Mitteljava: 4. VI. 29. Diëngplateau. 1 Puppe gezüchtet. Quelle Toxewo in der Wiese gegenüber dem Bimatempel, nahe Siterus, an der linken Seite des Kali Tulis. Wassertemperatur 10.30 Uhr 15,5° C,

pH 6,5. Stark abfließende Limnokrene, mit Gräsern, *Nasturtium,* mit schleimigen Algen verwachsen. Am Rande *Xyris, Eriocaulon,* Enzian. (T 8 c) Sumatra: 1. IV. 29. Eine reifende Larve in einer stark besonnten, wasserarmen Sickerquelle an offenem Weidehang südlich Balige am Tobasee. Wassertemperatur 9 Uhr 24° C. — Die Art ist krenophil, nicht auf Quellen beschränkt, sondern wurde auch im überschwemmten Ufer des Ausflusses des Ranausees, Südsumatra, sowie in einem wassererfüllten Baumfarnstumpf an den Wasserfällen von Tjiböröm, Westjava, gefunden.

2. *Ablabesmyia alterna* JOH. (n. sp.).
   (Z 6) Bali: 15. VI. 29. Seitenquelle des Baturitibaches nahe Baturiti, am linken Talhang, in lichtem Wald, etwa 800 m hoch. Wassertemperatur 8 Uhr 18° C.
   (Z 6 a) Seitentümpel, in den das Wasser über eine Mooswand tropft. 2 Larven, davon 1 reif.
   (Z 6 c) Kleiner Tümpel, aus dem Bambusrinne abgeht. 1 Larve, 1 Puppe gezüchtet.
   (T 12) Nordsumatra: 5. III. 29. Bach südlich des Tobahotels Balige, Quelle aus Bambusrohr in etwa 1200 m Höhe, stark fließend. Besonnt 8.30 Uhr 21° C. In Moosen 2 Larven.
   (R 1 d) Südsumatra: 20. I. 29. Quelliges Zuflußrinnsal am Ausfluß des Ranausees. Wassertemperatur 9 Uhr 23,2° C. 2 reifende Larven.
   (Y 14 a) Westjava: 11. VII. 29. Tjibodas, Quelle bei Kandang Badak (2400 m), aus Urwald kommend. Wassertemperatur 13. VII. 7 Uhr 11,3° C, pH 6,5. 1 Larve. — Krenophile Art, auch in Bächen (Java) und im Blattachselwasser von *Colocasia* (Bali).

3. *Ablabesmyia albiceps* JOH. (n. sp.).
   (D 11) Mitteljava: 4. VI. 29. Diëngplateau (2060 m), kleiner, ganz mit *Nasturtium* verwachsener Quellsumpf, zur Zeit ohne Ablauf. Wassertemperatur 11 Uhr 20° C. 1 Larve. — Krenoxene Art, sonst aus dem Ausfluß des Ranausees, Südsumatra, und aus den Ufersphagnen des Danau di Atas, Mittelsumatra.

4. *Ablabesmyia* sp. *binotata-(= minima-)*Gruppe.
   (Y 14 b) Westjava: 11. VII. Tjibodas, Kandang Badak (2400 m), ganz schwach rinnende Seitenquelle. Wassertemperatur 12° C. In Moosen 1 Puppe. — Wohl krenobiont oder krenophil, wie die europäische *A. binotata* WIED.

5. *Ablabesmyia, costalis*-Gruppe, sp. A.
   (L 5) Ostjava: 10. X. 28. Badequelle am See Bedali (Taf. X Abb. 197). Wassertemperatur 26° C. Aus Moosen 1 Larve ausgesiebt.
   (FT 7) Sumatra: 6. IV. 29. Quelltümpel südlich Balige (1350 m),

Tobagebiet, zwischen *Spirogyra* 1 reifende Larve. — Wohl krenophil, auch aus dem Brandungsufer des Ranausees, Südsumatra.

6. *Ablabesmyia, costalis*-Gruppe, sp. B.
(S 1) Mitteljava (vgl. *A. facilis*, S. 335): 1 Larve.
(FY 10) Westjava: 12. VII. 29. Tjibodas, Quelle „Kapala Tjiliwong" — Limnokrene mit anschließendem Bächlein — im Alun-Alun des Gedeh in 2700 m Höhe (Taf. X Abb. 198). Wassertemperatur 11,7° C. 2 Larven.
(FF 8 c) Mittelsumatra: 25. II. 29. Kalkquellen von Panjingahan am See von Singkarak (Taf. X Abb. 199). 1 Larve. — Diese in unserem Material häufiigste *Ablabesmyia*-Art ist krenophil, kommt sonst nur im fließenden Wasser, meist den Moospolstern von Wasserfällen, vor (Ostjava, Mittelsumatra, Tobagebiet, Bali).

7. *Ablabesmyia, costalis*-Gruppe, sp. C.
(Y 14 a) Westjava (vgl. *A. alterna*, S. 336): 1 Larve. — Seltene Art, sonst aus mitteljavanischen Bächen.
Procladius culiciformis (L.).
(FY 10) — Vgl. *Ablabesmyia, costalis*-Gruppe, sp. B. Zavřel (l. c. S. 616) schreibt selbst, es sei fraglich, ob die eine 3 mm lange, hier gefundene Larve wirklich zu dieser Art gehört, die sonst nur in den großen Sumatranischen Seen gefunden ist. Ich halte es für ausgeschlossen.

8. *Procladius vitripennis* Edw.
(FT 7) Sumatra (vgl. *Ablabesmyia, costalis*-Gruppe, sp. A): 1 reife Larve. — Sicher krenoxen. Sonst aus Westjava (Buitenzorg) und Balige (Sumatra) bekannt.

Orthocladiinae

(vgl. Thienemann 1932 a, 1937 a)

9. *Metriocnemus nigrescens* Joh. (n. sp.).
(S 21) Mitteljava: Auf dem Lawu, wenig unterhalb seiner höchsten Erhebung (3340 m), liegt in 3145 m Höhe in einem vom Gipfel östlich herabstreichenden, mit *Festuca nubigena* und vereinzelten *Vaccinium*-Bäumchen bewachsenen Hochtälchen das heilige Wasser „Sendangdradjat", eine Quelle, oder besser gesagt, ein anscheinend künstlich ausgegrabenes Wasserloch von 2 m Länge, 1 m Breite und 1,5 m Tiefe (Ruttner 1931, S. 287). Boden schwarzer Schlamm. Wassertemperatur (18. XII. 28) 16.30 Uhr 12,5° C. Am Ufer schwärmte die von Johannsen neu beschriebene Art, die aber augenscheinlich, wie auch die Schwärme zwischen den Tempelruinen des Lawuplateaus, aus der Erde stammen. Also krenoxene Art.

10. *Trichocladius* sp.
(FD 5 c) Mitteljava: 6. VI. 29. Quelle am Serajubach. Larven, Puppen, eine Puppenhaut. (Aus dieser Zucht hat Johannsen [1932 a,

S. 722] eine Imago als *Cricotopus sylvestris* Fabr. var. bezeichnet. Ich nehme an, es handelt sich um diese *Trichocladius* sp.)

11. *Chaetocladius compressus* Joh. (n. sp.).
(L 15 k) Ostjava: 25. X. 28. See Pakis, Quelle (26,5° C) am N-Ufer, aus kurzer Höhle etwa 10 m über dem See entspringend. Kräftiges Rinnsal. Aus Laub, das in der Quelle liegt, gezüchtet. (Johannsen [1932 a, S. 729] bezeichnet die ♀. Imago als *„Spaniotoma [Chaetocladius] compressus* n. sp. [Group *Chaetocladius]"; Chaetocladius* K. = *Dyscamptocladius* Th.) — *Chaetocladius*-Arten sind bei uns zum Teil krenophil.

12. *Corynoneura* sp.
(B 5) Westjava: 15. IX. 28. Oberste saure Quelle (pH 4,5—4,8) im Botanischen Garten Buitenzorg (Ruttner 1931, S. 318, 319), rieselt in einem schattigen Tälchen als Rheokrene heraus. Wassertemperatur 26 bis 28,4° C. Im Siebrückstand kleine bläuliche *Corynoneura*-Larven.
(L 11 b) Ostjava: 20. X. 28. Rheokrene an einem Zuflußbach des Lamongansees. Larven.
(R 1 d) Südsumatra (vgl. *Ablabesmyia alterna):* Larven.

13. „Violett geringelte Larven mit lederbraunem Kopf" (Thienemann 1932 a, S. 558, Larve a). Diese im Habitus unseren *Metriocnemus hygropetricus*-Larven ähnlichen Larven — Gattungszugehörigkeit nicht festzustellen! — sehr häufig in Westjava im Gebirge, im Gebiet von Tjibodas in Quellen, Bächen und Wasserfällen; an den gleichen Biotopen in Mitteljava, im Gebiet von Sarangan und auf dem Diëngplateau.

14. „Violett geringelte Larven mit hellgelbem Kopf, kurzen Antennen, ohne Borstenträger" (Thienemann 1932 a, S. 558, Larve c).
(L 15 a) Ostjava: 25. X. 28. Einzeln in der Bachquelle am See Bedali (vgl. *Ablabesmyia, costalis*-Gruppe, sp. A., S. 336).

15. „Violett geringelte Larven mit hellgelbem Kopf, längeren Antennen, kurzen Borstenträgern" (Thienemann 1932 a, S. 558, Larve d).
(Z 6 b) Bali (vgl. *Ablabesmyia alterna,* S. 336): Von der tropfnassen Mooswand dieser Quelle.

16. *Limnophyes* sp. 1 (Thienemann 1932 a, S. 558).
(L 15 h) Ostjava (vgl. *Chaetocladius compressus):* Larven.
(T 12) Sumatra (vgl. *Ablabesmyia alterna):* Tobagebiet. Larven.

Chironomariae
(vgl. Lenz 1937 b)

17. *Chironomus bipunctus* Joh. (n. sp.).
(X 1) Ostjava: 25. VI. 29. Tenger. Unterhalb Ngadisari — bei 1860 m Höhe — in der Felswand neben dem Bachbett einzelne Löcher von etwa 1 m Durchmesser, in die quelliges Wasser tropft. Einzelne zum Wasser-

holen benutzt, andere durch Spülen u. dgl. stark verschmutzt. Temperatur in einem verschmutzten „Quell-Rockpool" 13,3° C, pH 7,6. Massen Larven, Puppen, Imagines.

(D 16) Ostjava: 5. VI. 29. Diëngplateau. Serajuquelle (2090 m) gefaßt, aus Steinrinne kräftig fließend. Wassertemperatur 12 Uhr 16,5° C, pH 7. Imagines. — Sonst nicht bekannt. Also vielleicht limnokrenobiont.

18. *Chironomus costatus* JOH. (n. sp.).

(S 21) Mitteljava: 18. XII. 28. „Sendangdradjat" (vgl. *Metriocnemus nigrescens,* S. 337). Im Schlamm Larven aller Größen, gezüchtet. — Sonst aus Tümpeln, Teichen, Rockpools, der Seetiefe, schlammigen Stellen in Bächen bekannt (Bali, Java, Südsumatra), krenoxen.

Chironomus sp.

(S 12) Mitteljava: 8. XII. 28. Quelle bei Tjemorosewu, am Höhenweg Sarangan—Solo in 1875 m Höhe. Ein Komplex von Rheokrenen und Limnokrenen, zum Teil gefaßt. In einer Limnokrene (15,3° C) Larven vom *thummi*-Typ.

19. *Polypedilum flavescens* JOH. (n. sp.).

(R 1d) Südsumatra: 20. I. 29. (Vgl. *Ablabesmyia alterna,* S. 336.) L. P. I. gez.

(D 16) Mitteljava: 5. VI. 29. (Vgl. *Chir. bipunctus,* S. 338.) Imagines. — Ferner aus Buitenzorg (Westjava) und Bali. Wohl krenophil.

20. *Pentapedilum nodosum* JOH. (n. sp.).

(SQ 3) Mitteljava: 20. XII. 28. Quelle bei Singolangu, östlich Sarangan (Temperatur 20,5° C), mit *Marsilia* durchwachsener Sumpf. L. P. I. gez. — Sonst im Tobameer, litoral 1 bis 2 m tief. Imagines auch aus Ostjava und Südsumatra. Wohl krenoxen.

21. *Microtendipes* sp.

(Z 6c) Bali: 15. VI. 29. (Vgl. *Ablabesmyia alterna,* S. 336.) Eine Larve.

Nicht gezüchtet: *Polypedilum*- oder *Pentapedilum*-Larven von folgenden Quellbiotopen:

(FD 5) Mitteljava: 6. VI. 29. Diëngplateau. Quelle bei Patakbanteng.

(FZ 2) Bali: 14. VI. 29. Quellen unterhalb Tamantanda (Baturitigebiet).

22. *Stenochironomus* sp.

(Ng 3 b) Mitteljava: 14. XII. 28. Quellgraben am NW-Ufer des Sees Ngebel. Larven. Näheres Seite 103.

Tanytarsariae

(vgl. ZAVŘEL 1934)

23. *Eutanytarsus, Inermipes*-Gruppe.

(FY 10) Westjava: 12. VII. 29. (Vgl. *Ablabesmyia, costalis*-Gruppe, sp. B.) Larven.

24. *Rheotanytarsus adjectus* JOH. (n. sp.).
(SQ 3) Mitteljava: 20. XII. 24. (Vgl. *Pentapedilum nodosum*, S. 339.) Larven und Puppen; Bestimmung nicht ganz sicher. — Sonst in Bächen in Ost- und Westjava. Krenoxen.
25. *Rheotanytarsus* sp. cfr. *lapidicola*.
(L 5) Ostjava: 29. X. 28. Badequelle am See Bedali (vgl. *Ablabesmyia, costalis*-Gruppe, sp. A.). — Sonst in Bächen in Mitteljava, Süd- und Mittelsumatra. Krenoxen.
26. *Stempellina* sp.
(S 1) Mitteljava: 9. XII. 28. (Vgl. *Ablabesmyia facilis*, S. 335.) 2 Gehäuse vom *Bausei*-Typus.
27. *Zavrelia* sp.
(D 11) Mitteljava: 4. VI. 29. (Vgl. *Ablabesmyia albiceps*, S. 336.) 1 Larve.

Ceratopogonidae
(vgl. LENZ 1933, MAYER 1934)

28. *Atrichopogon (Kempia) attenta* JOH. (n. sp.).
(Y 14) Westjava: 11. VII. 29. (Vgl. *Ablabesmyia alterna.*) Larven auf Moosen und feuchten Steinen in Mengen. Imagines gezüchtet.
29. *Atrichopogon (Kempia) diluta* JOH. (n. sp.).
(F S 1) Mitteljava: XII. 28. (Vgl. [S 1] *Ablabesmyia facilis.*)
30. *Dasyhelea affinis* JOH. (n. sp.).
(B 29) Westjava: 26. VII. 29. Kalksinterquellen von Kuripan (vgl. RUTTNER 1931, S. 319—323). L. und P. in Mengen in Algen. Wassertemperatur 30 bis 31° C. Gesamtkonzentration des Wassers 31 bis 36,5‰, also ähnlich der des Meerwassers. — Ist aber auch im flachen Ufer des Tobasees, Sumatra, in normalem Süßwasser nachgewiesen.
31. *Dasyhelea simillima* JOH. (n. sp.).
Ostjava: 15. XI. 28. Aus Moosen der Badequelle am See Bedali gezüchtet (vgl. *Ablabesmyia, costalis*-Gruppe, sp. A., S. 336).
32. sp. *Culicoides*-Gruppe.
(B 29) Westjava: 26. VII. 29. (Vgl. *Dasyhelea affinis.*) Larven.
33. sp. *Bezzia*-Gruppe.
(S 12) Mitteljava: 8. XII. 28. (Vgl. *Chironomus* sp., S. 339.) Larven.

d) Vergleich der tropischen und europäischen Quellchironomidenfauna

Ein Vergleich der Quellchironomidenfauna der Tropen und der Palaearktis kann nur in großen Zügen gezogen werden. Denn einmal kennen wir aus den Tropen nur die Quellen Insulindes einigermaßen, alle anderen tropischen Gebiete sind in dieser Hinsicht terrae incognitae. Zum anderen ist der Artenbestand natürlich tiergeographisch bedingt. Man kann kaum erwarten, daß z. B. in Lappland und in Java — Sumatra — Bali die gleichen Arten vorkommen. Indessen sind viele Gattungen in beiden Gebieten vertreten. Und der Bestand an größeren Gruppen ist in beiden sogar identisch. Mit einer Ausnahme allerdings: die Subfamilie Podonominae ist aus den Tropen noch nicht bekannt, vielmehr im wesentlichen auf die Arktis und Antarktis beschränkt.

	Insulinde		Gesamteuropa		Lappland	
	Artenzahl	in %	Artenzahl	in %	Artenzahl	in %
Podonominae	0	0	5	3	4	8
Tanypodinae	8	24	23	12	2	4
Orthocladiinae	8	24	108	55	33	65
Chironomariae	6	18	3	1	0	0
Tanytarsariae	5	15	18	9	5	10
Ceratopogonidae . . .	6	18	40	20	7	14
Zusammen	33	99	197	100	51	101

In obenstehender Tabelle ist die Gesamtartenzahl der in Quellen Insulindes, Lapplands und Gesamteuropas bisher nachgewiesenen Arten verzeichnet, also der krenobionten, krenophilen und krenoxenen. Ferner die Artenzahl jeder Gruppe in Prozent der Gesamtartenzahl der Quellchironomidenfauna jedes Gebietes. In Abb. 200 sind die Prozentwerte graphisch dargestellt.

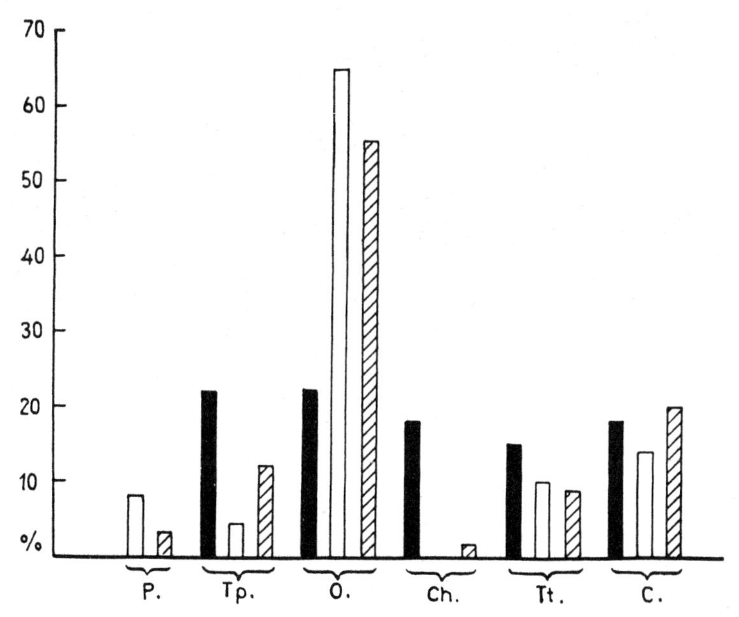

Abb. 200. Artenzahl der einzelnen Chironomidengruppen (in % der Gesamtartenzahl der Quellchironomiden jedes Gebietes) in der Quellfauna Insulindes (Java, Sumatra, Bali [schwarze Stäbe]), Gesamteuropas (weiße Stäbe), Lapplands (schraffierte Stäbe). P = Podonominae, Tp = Tanypodinae, O = Orthocladiinae, Tt = Tanytarsariae, C = Ceratopogonidae. (Vgl. die Tabelle.)

Sieht man sich die Gesamtzahlen der Chironomiden der Quellfauna Insulindes und Lapplands an, so fällt die geringe Zahl 33 (Insulinde) im Vergleich zu 51 (Lappland) auf. Natürlich sind beides nur Minimalzahlen, die bei weiteren Untersuchungen steigen werden; aber ich glaube, das Verhältnis beider wird sich nicht wesentlich ändern. Das ist um so auffallender, als einmal in beiden Gebieten der gleiche Beobachter mit den gleichen Methoden und sicher auch mit der gleichen Intensität gesammelt hat; zum anderen handelt es sich bei dem in Lappland untersuchten Abiskogebiet um ein relativ kleines Gebiet (zwischen 68°10—68°30′ nördlicher Breite, 18—19° östlicher Länge), während in Insulinde die Strecke zwischen Bali (im Südosten) und dem Tobagebiet (im Nordwesten) in Luftlinie etwa der Entfernung Konstantinopel—Köln entspricht! Wenn trotzdem in diesem gewaltigen Gebiet an Arten wenig mehr als die Hälfte der lappländischen gesammelt wurde, so zeigt das, daß in der Quellfauna der Tropen die Chironomiden nach Artenzahl — und das gleiche gilt für die Individuenzahl — eine viel geringere Rolle spielen als in der Arktis oder auch in Gesamteuropa (Artenzahl der Quellchironomiden rund 200).

Weiter sieht man vor allem an der graphischen Darstellung (Abb. 200), daß die einzelnen Chironomidengruppen verhältnismäßig gleichmäßig in der Quellfauna Insulindes vertreten sind (15—18%; die schwarzen Stäbe relativ gleich hoch), während in Lappland wie in Gesamteuropa in dieser Beziehung große Unterschiede vorhanden sind (0—65, respektive 1—55%; die Stäbe sehr verschieden, jeweils einer besonders hoch!). Das tropische Gleichmaß gegenüber den starken Umweltschwankungen, die in gemäßigten Zonen und in der Arktis vorhanden sind, prägt sich auch in der Zusammensetzung der Quellchironomidenfauna aus. Und dabei sind doch auch bei uns gerade die Quellen, Biotope mit meist sehr geringen jährlichen Milieuschwankungen, meist ausgeprägt eustatische Gewässer. Trotzdem diese Divergenz zwischen Tropen und Europa!

Der dritte Unterschied zwischen tropischen und europäischen, insbesondere arktischen Quellen liegt in der grundverschiedenen Vertretung der Orthocladiinen einerseits und Chironomarien andererseits. In den europäischen Quellen mehr als die Hälfte aller Arten Orthocladiinen (Gesamteuropa 55%, Lappland sogar 65%), in Insulinde nur ein Viertel (24%), in den europäischen Quellen keine oder fast keine Chironomarien (höchstens 1%), in Insulinde 18%. Es bestätigt sich also auch in der Quellfauna die früher schon von mir aufgestellte Regel — auf die wir später noch zurückkommen werden: „Regional gesehen steigt der Anteil der Orthocladiinen an der gesamten Chironomidenfauna der Gewässer, je mehr man sich der Arktis und den höheren Gebirgslagen nähert, er sinkt gegen die Tropen hin und nach der Ebene zu. Für die Chironomarien gilt umgekehrt, daß ihre relative Artenzahl in den Tropen und der Ebene die höchste, in der Arktis und dem Hochgebirge die niedrigste ist" (THIENEMANN 1932 a, S. 560—561; 1941 a, S. 205).

2. Die Chironomiden der Fließgewässer

In der Erforschung der Chironomidenfauna der Fließgewässer bietet sich uns das gleiche Bild wie in der der Quellchironomiden: nur für Europa liegen Zusammenstellungen vor! Merkwürdigerweise fehlen diese selbst für Nordamerika, wo man die Chironomidenfauna sonst schon so eingehend untersucht hat. Im übrigen finden sich in der Literatur nur Einzelangaben. Wir werden hier also nur für Europa eine Darstellung der Chironomidenfauna der verschiedenen Typen der fließenden Gewässer geben; dabei können wir uns weitgehend an die entsprechenden Abschnitte meiner großen Lapplandarbeit (1941 a, S. 60—87) anschließen.[73] Was wir über die Chironomiden tropischer Fließgewässer während unserer Sunda-Expedition kennengelernt haben, wird dann hier zum erstenmal zusammengefaßt werden.

a) Die Chironomiden der Fließgewässer Europas

1. Der Gletscherbach

Direkt unter dem Gletscherrand, ja bis in das Gletschertor hinein leben in den Alpen auf den blanken Steinen des Gletscherbaches Chironomidenlarven aus der Subfamilie der Orthocladiinen, und zwar vor allem die Larven der von STEINBÖCK (1934) treffend als „Gletscherzuckmücke" bezeichneten *Diamesa steinboecki;* die Anpassungscharaktere, die den Larven das „torrenticole" Leben ermöglichen, haben wir oben (S. 45) geschildert; oft ist sie vom Gletschertor an über einen Kilometer bachabwärts „die alleinige und unbestrittene Beherrscherin des Baches" (STEINBÖCK 1934, S. 267). Aber sie ist nicht auf diese Stellen beschränkt, sondern lebt auch talabwärts in den Hochgebirgs-, ja bis in die Mittelgebirgsbäche hinein in zuweilen großer Zahl. Vergesellschaftet ist sie in den Alpen meist mit einer zweiten *Diamesa*-Art, *D. latitarsis* GOETGH., sowie mit einer dritten, *Diamesa tyrolensis* GOETGH., so z. B. in den Gewässern des Vorfeldes des Hintereisferners in den Ötztaler Alpen, die H. JANETSCHEK genau untersucht hat[74] (THIENEMANN

---

[73] Für die Alpengewässer vgl. auch die kurze Darstellung von DORIER (1938). In den Pyrenäen hat neuerdings BERTRAND (1950 b) gesammelt; soweit nach dem bisher bearbeiteten Material zu urteilen ist, liegen hier bezüglich der Chironomidenverteilung die gleichen Verhältnisse wie in den Alpen vor.

[74] JANETSCHEK erwähnt in seiner großen zusammenfassenden Arbeit (1949, S. 145—149) noch die folgenden Imagines, die er im Gletschervorfeld des Hintereisferners gefangen hat: *Parametriocnemus stylatus* K., *Eukiefferiella tirolensis* GOETGH. und *alpium* GOETGH., *Diamesa longipes* GOETGH. und *alpina* GOETGH. Von Tanytarsarien lebten in einem Tümpel mit Schlammgrund *Micropsectra* sp. und *Tanytarsus* sp.

1949 e); an dieser Stelle waren auch *Eudactylocladius-*, *Dyscamptocladius-* (*vitellinus*-Gruppe), *Eukiefferiella*-Larven sowie die Larven von *Pseudodiamesa branickii* (Now.) anzutreffen, die ebenfalls in den tiefer gelegenen Bachstrecken vorkommen. Doch sind die eigentlichen Charakterformen der Gletscherbäche die *Diamesa*-Arten, vor allem *D. steinboecki* und *latitarsis*. Aus den Alpen ist aus Gletscherbächen ferner noch bekannt *Diamesa aberrata* LUNDB. (PAGAST 1947, S. 521).

In Lappland konnte ich nur den Abfluß des Kårsajökels[75] untersuchen (THIENEMANN 1941 a, S. 69—71) (Taf. XI Abb. 201). Am Tage meiner Untersuchung (16. VII. 37) brauste der Bach aus dem Gletschertor (etwa 810 m) in gewaltigen Wassermassen, schmutzig-graubraun, über das Geröll hinab (Wassertemperatur 11 h. a. m. 1° C). Außer unbestimmbaren kleinen Orthocladiinenlarven fand ich hier auf den Steinen in großer Zahl die Larven von *Diamesa steinboecki* und *D. lindrothi* GOETGH., ferner *Diamesa* sp. *cinerella*-Gruppe. *D. lindrothi* ist nächst verwandt mit der alpinen *D. latitarsis;* beide bilden ein boreoalpines Artenpaar. Also auch hier im Norden sind wie in den Alpen *Diamesa*-Arten für die Gletscherbäche kennzeichnend.

Die Strecke des obersten Auftretens der Bachforelle bildet nach STEINBÖCK (1938, S. 482) die Grenze zwischen Gletscherbach und Hochgebirgsbach im engeren Sinne (für die physiographischen Unterschiede beider vgl. STEINBÖCK 1938, S. 481).

2. Der Hochgebirgsbach

„Größere Hochgebirgs- oder Gießbäche" der Alpen habe ich vor allem während meiner Partenkirchener Untersuchungen in Oberbayern auf ihre Chironomidenbesiedelung untersucht (THIENEMANN 1936 b). Kurze physiographische Charakteristik dieser Bäche (Taf. XI Abb. 202): Speisung durch Gletscher oder Firnfelder. Wasserführung stark wechselnd, im Sommer am stärksten. Beobachtete Maximalströmung 2,4 m/sec. Bachbett in steter starker Umgestaltung. Wasser vor allem im Sommer trübe. Ruhige Stellen im Bachbett kaum vorhanden, Bachmoose gering entwickelt, Steine des Bachbettes glatt. Bachbett im Winter schmäler als im Sommer, aber zum großen Teil schneefrei. Wassertemperaturen im Sommer 6,6 bis 8,5° C, in höheren Lagen 3,5° C, im Winter 2,6 bis 0,5° C. Jahresschwankung 6° C.

Auf den blanken Steinen dieser Bäche leben nur Orthocladiinen, und zwar wies ich in Oberbayern dort 9 Arten nach: *Diamesa steinboecki, D. latitarsis, D. insignipes* K. (= *prolongata* K.), *D.* sp., *Onychodiamesa macronyx* K., *Cardiocladius* sp., *Euorthocladius rivicola, E. rivulorum, Parorthocladius nudipennis.* Von diesen leben auf den Steinen im allerstärksten Wasserprall als Glieder der typischen „*Liponeura*-Gemeinschaft" nur die beiden ersten Arten in Mengen und verbreitet, die folgenden vier vereinzelt, während die

[75] Jökel = Gletscher.

letzten drei die Bindung an die Strömung in geringerem Maße zeigen; sie leben mehr in Seitenteilen des Baches, wo die Strömung nicht mehr ganz so stark ist.

Etwa 12 Arten lebten in Oberbayern in den Pflanzen auf den Steinen der Gießbäche, zeigen also einen weit geringeren Grad von Rheophilie. Sie treten auch in den „Mittelgebirgsbächen" am gleichen Biotop oder auch auf Steinen auf *(Eutanytarsus* sp., *Inermipes*-Gruppe; *Eukiefferiella alpestris; Rheocricotopus fuscipes*-Gruppe; *Diamesa* sp. sp.; *Thienemanniella* sp. u. a.). Wo wirklich einmal — z. B. hinter einem großen Felsblock — sich eine ruhige Stelle im Bach findet, stellen sich *Eutanytarsus*-Larven der *Inermipes*-Gruppe ein.

Einen besonderen Biotop bilden im Hochgebirgsbach große festliegende Blöcke, die vom — kalten — Spritzwasser der vorbeibrausenden Wassermassen ständig überstäubt werden. Hier leben neben den Larven von *Eudactylocladius bipunctellus*, die wir schon als Glieder der Fauna hygropetrica kennenlernten (S. 335), vor allem die eigenartigen *Heptagyia*-Larven mit ihren zu Saugnäpfen umgestalteten Nachschiebern (vgl. S. 49). Sie sind überall, wo man sie bisher nachgewiesen hat, an diesen Biotop gebunden *(H. punctulata* Goetgh. [Alpen, Pyrenäen, Nordafrika], *H. rugosa* Saunders [Alpen], *H. cinctipes* Edw. [Korsika], *H. lurida* Garret [USA], *H. brevitarsis* Tok. [Japan]; *Heptagyia*-Arten sind auch aus den Südanden bekannt).

Blättert man die Arbeiten von M. Tokunaga durch, so bekommt man wenigstens einen ungefähren Begriff von der Chironomidenbesiedlung der japanischen Hochgebirgsbäche. Nicht weniger als 11 „alpine" *Diamesa*-Arten sind von Tokunaga (1936 a, 1937 a) neu beschrieben worden, keine einzige der europäischen kommt im japanischen Hochgebirge vor. Auf den Steinen der Bäche finden sich von *Cardiocladius*-Arten zwei europäische auch in Japan, *C. fuscus* K. (= *glabripennis* K.) und *capucinus* Zett., eine dritte, *C. esakii* Tok., ist bisher nur aus Japan bekannt (Tokunaga 1939, S. 308—311) (*C. obscurus* Joh. in USA). Wie in Europa sind *Euorthocladius*-Arten charakteristisch für diesen Biotop; *Euorthocladius suspensus* Tokunaga (1939, S. 323—326) ist nächstverwandt mit unseren *E. rivulorum* K., *Euorthocladius intermedius* Tokunaga (1939, S. 332—334), mit *E. thienemanni* K., während der von Tokunaga (1939, S. 326—329) neu beschriebene *Euorthocladius saxosus* auch ganz vereinzelt in Europa angetroffen wurde (Lappland, Thienemann 1941 a, S. 180, Sp. 93; Schwarzwald, Abfluß des Mummelsees, 7. V. 04, vgl. Thienemann 1912 d, S. 56). Für die von Tokunaga (1939, S. 315—318) beschriebene *„Spaniotoma (Orthocladius)" Kanii* kenne ich keine europäische Parallele. Dagegen ist *filamentosa* Tokunaga (1939, S. 329—331) von unserem europäischen *Rheorthocladius frigidus* Zett. nicht zu unterscheiden, und *tentoriola* Tokunaga (1939, S. 321—323) nicht von unserer *Eukiefferiella clypeata* K. Wie unsere europäischen *Heptagyia*-Arten leben in Japan *H. brevitarsis* Tok. (1939, S. 302) und sicher auch *H. nipponica* und *H. eburnea* Tokunaga (1937 a, S. 56, 60). (Die systematische Stellung der an solchen *Heptagyia*-Biotopen lebenden *„Spaniotoma [Orthocladius]" kibunensis* Tokunaga [1939, S. 318—321] erscheint mir noch nicht klar; ob die beschriebene Larve und Puppe wirklich zusammengehören?) Schließlich sei noch darauf hingewiesen, daß der in Europa häufige rheophile *Rheotanytarsus pentapoda* K. auch in Japan vorkommt (Tokunaga 1938 b, p. 335). In Formosa wurden *„Spaniotoma"*-Arten in Höhen von 3600 bis 3900 m, *Tanytarsus taiwanus* in 3000 m Höhe gefunden (Tokunaga 1939, S. 297).

In Lappland entsprechen den alpinen Hochgebirgsbächen die Jokks (Thienemann 1941 a, S. 71—79). Leider konnte ich nur einen von ihnen, den Abiskojokk (Taf. XII Abb. 203, 204), untersuchen und auch diesen, aus technischen Gründen, nur kursorisch. Immerhin gehen die folgenden, in ihm nachgewiesenen Chironomiden ein ganz gutes Bild seiner Besiedelung:

Zur Steinfauna gehören *Euorthocladius rivicola* und die drei *Diamesa*-Arten *steinboecki, lindrothi* und *davisi* Edw. (eine arktische Art: Hudsonstraße, Lappland, Norwegen, Bäreninsel [?]). Zwei Tanytarsariae leben vielleicht an ruhigen Bachstellen, wahrscheinlich auch zwischen Moosen (*Micropsectra* sp., *Phaenopelma* sp.). Alle übrigen Chironomiden leben in den Moospolstern der Steine. Es sind das außer einer Tanypodine (*Ablabesmyia* sp.) die folgenden Orthocladiinen: *Parametriocnemus boreoalpinus* Gowin (auch aus Lunz bekannt; vielleicht mehr Schlammbewohner), *Microcricotopus* sp. cfr. *bicolor, Rheorthocladius* sp., *rhyacobius*-Gruppe, *R.* sp., *connectens*-Gruppe, *Trichocladius* sp. sp., *Eukiefferiella* sp. cfr. *calvescens-lobulifera, E.* sp. cfr. *minor-montana, E. brevicalcar* K., *E.* sp. cfr. *hospita, Akiefferiella* sp. cfr. *devonica* Edw., *Potthastia* sp. II., *Corynoneura* sp., *Thienemanniella ? vittata* Edw.

3. „Übergangsbäche"

Bei Untersuchungen in Oberbayern (1936 b, S. 223 ff.) bezeichnete ich als „Übergangsbäche" (vgl. Taf. XIII, Abb. 205) solche, die in der Stärke der Wasserführung den „Hochgebirgsbächen" zum Teil kaum nachstehen, aber aus Quellen (meist der Waldregion) entspringen und keine Verbindung mit Gletschern oder Firnfeldern haben. Im Gegensatz zu den Bächen der vorigen Gruppe ließen sich diese Bäche in Oberbayern so kennzeichnen: Speisung durch Quellen (der Waldregion); Wasserführung weniger wechselnd, im Sommer am stärksten. Beobachtete Maximalströmung 1,8 m/sec.; Bachbett stabiler, Wasser klarer, ruhige Stellen im Bachbett häufiger; Bachmoose stärker entwickelt; Steine des Bachbettes im Sommer oft mit schlammigen Überzügen; Bachbett im Winter schmäler als im Sommer, aber zum Teil schneefrei. Wassertemperaturen im Sommer 9,5° C, im Winter 2,2° C, Jahresschwankung 7,3° C.

Solche Gewässer sind in den Alpen weit verbreitet. Die größeren Fließgewässer z. B. des Lunzer Gebietes — Seebach, Lechnergraben, Ybbs zum Teil — gehören dazu.

Die Chironomidenfauna dieser Bäche ist bedeutend artenreicher als die der „Hochgebirgsbäche" der vorigen Gruppe, Das gilt für die Steinfauna wie für die Moosfauna und die Schlammfauna. Besonders charakteristisch ist in der Moosfauna die überaus reiche Entwicklung der *Eukiefferiella*-Arten. Die Hauptmasse der Arten wird auch in diesen Bächen durch Orthocladiinen gebildet, Tanypodinen und Tanytarsarien sind nur ganz schwach vertreten, Chironomarien und Ceratopogoniden fehlen.

In die folgende Liste sind meine Partenkirchener und die Lunzer Funde aufgenommen:

Steinfauna:

Orthocladiinae: *Trichocladius alpestris* GOETGH., *T. bituberculatus* GOETGH.; *Synorthocladius semivirens* K.; *Euorthocladius rivicola* K., *E. thienemanni* K., *E. rivulorum* K., *E. luteipes* GOETGH.; *Parorthocladius nigritus* GOETGH., *P. nudipennis* K., *P. atroluteus* GOETGH.; *Rheorthocladius majus* GOETGH., *R. saxicola* K., *R. dispar* GOETGH., *R. mitisi* GOETGH., *R. frigidus* ZETT.; *Cardiocladius* sp.; *Symbiocladius rhithrogenae* S. u. Z.; *Diamesa hygropetrica* K., *D. latitarsis* GOETGH., *D. steinboecki* GOETGH., *D. insignipes* K. (*prolongata* K.), *D. hamaticornis* K., *D. cinerella* MG., *D. thienemanni* K. (*camptoneura* K.).

Tanytarsariae: *Rheotanytarsus* sp. cfr. *pentapoda-lapidicola*.

Moosfauna:

Tanypodinae: *Ablabesmyia de Beauchampi* GOWIN.

Orthocladiinae: *Parametriocnemus stylatus* K.; *Trichocladius tremulus* L., *T. albrechti* K.; *Rheocricotopus effusus* WALK.; *Paracricotopus niger* K.; *Eukiefferiella discoloripes* GOETGH., *E. lobulifera* GOETGH., *E. lobifera* GOETGH., *E. calvescens* EDW., *E. nigrofasciata* GOETGH., *E. bavarica* GOETGH., *E. longicalcar* K., *E. montana* GOETGH., *E. similis* GOETGH., *brevicalcar* K., *E. alpestris* GOETGH., *E. hospita* EDW.; *Akiefferiella coerulescens* K.

Tanytarsariae: *Gowiniella acuta* (GOETGH.).

Schlammfauna:

Tanypodinae: *Macropelopia notata* MG.; *Psectrotanypus trifascipennis* ZETT.

Orthocladiinae: *Brillia modesta* MG.; *Diplocladius lunzensis* GOWIN; *Prodiamesa olivacea* MG.

Tanytarsariae: *Micropsectra bidentata* GOETGH.

Natürlich geht ein Teil dieser Arten auch in die Bäche der folgenden Gruppe (Mittelgebirgsbäche), wie ja überhaupt auch physiographisch die Trennung der einzelnen Bachtypen keine scharfe ist.

4. Der Mittelgebirgsbach

Als „kleinere (Mittelgebirgs-)Bäche" bezeichnete ich in meiner Arbeit über „Alpine Chironomiden" einen Bachtypus, der in den niederen Mittelgebirgslagen der Alpen allgemein auftritt, ebenso in unseren deutschen Mittelgebirgen; zu ihm müssen wir in Norddeutschland auch die Kreidebäche der Halbinsel Jasmund auf Rügen rechnen; ebenso gehören die „Quellenbäche" Lapplands (THIENEMANN 1941 a, S. 62 ff.) hierher.

In den Alpen und in Mitteldeutschland fallen diese Bäche noch ganz in die Salmonidenregion, die tiefer gelegenen aber gehören zum Teil nicht mehr zur Forellenregion, sondern schon zur Region der Äsche. Die oberbayerischen Bäche dieses Typus habe ich kurz so charakterisiert: Speisung durch Quellen. Wasserführung wenig wechselnd, im Frühjahr am stärksten. Beobachtete Maximalströmung 0,9 m/sec. Bachbett stabil, Wasser klar. Ruhige Stellen im Bachbett vielfach vorhanden, Bachmoose wohlentwickelt. Steine des Bachbettes in kalkarmen Bächen glatt, in Bächen mit Tuffbildung inkrustiert. Bachbett im Winter oft ganz von Schnee überdeckt. Wassertemperaturen im Sommer 5,5 bis 17° C, im Winter 2 bis 5,5° C, Jahresschwankung 11° C.

In den Bächen des Sauerlandes, von denen meine Bachuntersuchungen ausgingen, habe ich die Chironomiden möglichst berücksichtigt (THIENEMANN 1912 d, e, 1919), ebenso auf Rügen (1926 a); GEIJSKES (1935) untersuchte im Röserenbach im Baseler Tafeljura ebenfalls die Chironomidenfauna recht gut; in den Alpen habe ich in Oberbayern, GOWIN (GOUIN) hat in Lunz die Chironomiden solcher Bäche studiert (THIENEMANN 1936 b, 1949 a; GOWIN 1943). Einige Angaben für Elsaß-Lothringen macht GOUIN 1936 und 1937. Einen Bach der Salmonidenregion des Weserberglandes, die Mölle, hat neuerdings ILLIES in vorzüglicher Weise untersucht und dabei auch die Chironomiden mit berücksichtigt.

Im folgenden bringe ich ein Verzeichnis der bisher in diesen Mittelgebirgsbächen beobachteten Chironomidenarten, und zwar getrennt nach der Steinfauna, der Moosfauna und der Schlammfauna; es bedeutet S Sauerland, nach meinen Untersuchungen, B Röserenbach bei Basel (GEIJSKES), P Oberbayern, nach meinen Untersuchungen, M Maiergraben bei Lunz, nach GOWINS Untersuchungen (in THIENEMANN 1949), E Elsaß-Lothringen, nach GOUIN, R Rügen (THIENEMANN 1926 a), L Weserbergland, nach ILLIES.

a) Chironomiden der Steinfauna der Mittelgebirgsbäche

Orthocladiinae:

Diamesa insignipes K. (*prolongata* K.) S P R L, *thienemanni* K. (*campto-*

neura K., *fissipes* K.) S, *tyrolensis* GOETGH. P, *hygropetrica* K. S P, *latitarsis* GOETGH. P M, *steinboecki* GOETGH. P.

Euorthocladius rivicola K. S P L, *rivulorum* K. S P, *thienemanni* K. S B R (Werra).

Rheorthocladius saxicola K. S P M, *pedestris* K. S, *rhyacobius* K. S B, *rhyacophilus* K. S, *tubicola* K. S, *frigidus* ZETT. S M.

Parorthocladius nudipennis K. B.

Synorthocladius semivirens K. S P M, *breviradius* K. (= *flaviforceps* K.) S, *miricornis* K. S, *tetrachaetus* K. S.

Eudactylocladius adauctus K. S M, *fuscitarsis* K. S, *fuscimanus* K. R, *olivaceus* K. S.

Trichocladius bicinctus MG. (*fallax* K.) S B, *tremulus* L. (*pictimanus* K.) S B, *bituberculatus* GOETGH. P M B, *dentifer* GOETGH. M, *strenzkei* GOWIN M.

„*Orthocladius*" *melanosoma* GOETGH. B.

„*Dactylocladius*" *ilkleyensis* EDW. B.

Microcricotopus parvulus K. S.

Eukiefferiella clypeata K. S, *cyanea* TH. P, *lobifera* GOETGH. P M, *pseudomontana* GOETGH. B, *ruttneri* GOWIN M, *brehmi* GOWIN M.

Cardiocladius sp. P.

Limnophyes pusillus EAT.

Tanytarsariae:

Lithotanytarsus emarginatus GOETGH. P B M, *Gowiniella acuta* GOETGH. P, *Rheotanytarsus lapidicola* K. S, *pentapoda* K. S, sp. R B.

Neozavrelia luteola GOETGH. M.

β) Chironomiden der Moosfauna der Mittelgebirgsbäche

Ceratopogonidae:

Dasyhelea modesta (?) P.

Culicoides sp. *rivicola* GR. P, *neglectus* (?) P, *setosinervis* K. S.

Bezzia-Typ S.

Tanypodinae:

Ablabesmyia melanops WIED. S E, *pallidula* MG. (*muscicola* K.) S, sp. 3 ZAVŘEL S, *viridescens* GOETGH. E, *puncticollis* GOETGH. P, *hieroglyphica* GOETGH. P, *binotata* WIED. P.

Orthocladiinae:

Eukiefferiella bavarica GOETGH. P S L, *lobulifera* GOETGH. P S, *alpestris* GOETGH. P, *minor* EDW. P M, *montana* GOETGH. P, *graciliella* GOETGH. P, *brevicalcar* K. S M, *hospita* EDW. E, *longicalcar* K. S R, *discoloripes* GOETGH. S.

Akiefferiella fuscicornis GOETGH. E, *coerulescens* K. M.

Camptokiefferiella camptophleps EDW. M.

Brillia modesta MG. S P M E B L.

Parametriocnemus stylatus K. (*alulatus* GOETGH., ? *pallidulus* MG.) P M E L.
Paraphaenocladius impensus WALK. E.
Thienemannia gracilis K. P S.
Metriocnemus hygropetricus K. P S, *fuscipes* MG. E.
Limnophyes prolongatus K. P R, sp. M, *fischeri* K. S, *verticillatus* K. S.
Dyscamptocladius perennis MG. P, *longistylus* K. S R, *piger* GOETGH. E.
Rheocricotopus chalybeatus EDW. E, *rivicola* K. B, *effusus* (WALK.) EDW. S P.
Paracricotopus niger K. S P, *microcerus* K. S.
„*Orthocladius*" *longiradius* K. S, *setosinervis* K. S.
Trichocladius bicinctus MG. (*atrimanus* K.) S, *microtomus* K. S.
Eudactylocladius bipunctellus ZETT. (*hygropetricus* K.) S.
Corynoneura celeripes WINN. S, *bifurcata* K. B, sp. S B P.
Thienemanniella nana K. S, *clavicornis* K. S, *longipalpis* K. S, *fusca* K. P.

Tanytarsariae:
Micropsectra suecica K. S, *atrofasciata* K. S, sp. P.
Tanytarsus fasciatus K. S, sp. P.

Chironomariae:
Polypedilum convictum WALK. (*nympha* K.) S E, *nubeculosum* MG. (*hirtimanus* K.) S, *apfelbecki* EDW. E, *heptatomum* K. S, *scutellaris* K. S,
Microtendipes pedellus K. S.
Lenzia (Phaenopsectra) leucolabis K. S.
Limnochironomus nervosus E.

γ) Chironomiden der Schlammfauna der Mittelgebirgsbäche

Hierher die Arten, die in den ruhigen Buchten der Bäche, im Schlamm, zwischen abgelagerten Blättern und anderen Pflanzenresten leben.

Ceratopogonidae:
Bezzia-Typ S P B.
Culicoides setosinervis K. S.

Tanypodinae:
Macropelopia notata MG. S B R, *nebulosa* MG. P E.
Ablabesmyia geijskesi GOETGH. B L.
Psectrotanypus trifascipennis S L, *varius* FABR. R.

Orthocladiinae:
Heleniella thienemanni GOWIN M.
Prodiamesa olivacea MG. S P M B R.
Rheocricotopus gouini GOETGH. E.
Corynoneura celtica E, *scutellata* WINN. L.
Dyscamptocladius sp. P, *piger* GOETGH. L.
Paratrissocladius fluviatilis GOETGH. L. Sonst aus Flüssen der Ebene bekannt (vgl. S. 360).

T a n y t a r s a r i a e :

Micropsectra praecox Mg. S P B R, *atrofasciata* K. S P B, *bifilis* K. S, *bidentata* Goetgh. M, *dentatilobus* K. L.

Tanytarsus longiradius K. S, *tetramerus* K. (*conicomatus* Krüger) L.

Lundstroemia roseiventris K. S.

Goetghebueria piligera K. S.

C h i r o n o m a r i a e :

Chironomus dorsalis Mg. B.

Cryptochironomus lateralis Goetgh. P.

Polypedilum pedestre Mg. B, *laetum* Mg. B, *integrum* K. M.

Überblickt man das Ganze der Mittelgebirgsbäche, so findet man eine viel größere Artenzahl (und Gattungszahl) als bei den vorigen Bachtypen. Das hängt natürlich mit der viel größeren Mannigfaltigkeit der Lebensbedingungen in den Mittelgebirgsbächen zusammen.

Hier treten neben den normalen Wässern Bäche mit so hohem Kalkgehalt auf, daß die Steine des Bachbettes, Zweige und Pflanzenteile darin stark inkrustiert werden. In solchen Bächen treten die Bachmoose ganz zurück, ja können völlig fehlen. Die in kalkarmen Bächen in den Moosen lebenden Tiere (vgl. S. 349) finden sich in diesen kalkreichen Bächen dann auf und zwischen Kalkkrusten der Steine. In den Alpen und den Mittelgebirgen, die außerhalb des Einflusses der Gletscher der letzten (Würm—Weichsel) Eiszeit liegen, siedelt sich als Charakterform in diesen Bächen *Lithotanytarsus emarginatus* an und bildet die eigenartigen „Chironomidentuffe", die wir oben (S. 156 ff.) schon eingehend beschrieben haben. Auch *Rheotanytarsus*-Arten können ähnliche, aber lockere Kalkablagerungen auf Bachsteinen bilden. Ich habe ein solches Gesteinsstück aus den Baumbergen (Münsterland) in meiner *Lithotanytarsus*-Arbeit (1934, S. 491, fig. 7) abgebildet und gebe das Bild hier (Abb. 206) noch einmal wieder. Ob es sich bei den von Baiarunas (1921) von Stauropol beschriebenen „rezenten Chironomidentuffen" um *Rheotanytarsus*-Tuffe handelt oder ob es doch *Lithotanytarsus*-Tuffe sind, läßt sich nach der Beschreibung nicht mit Sicherheit sagen. Einen subfossilen Chironomidentuff aus jung-alluvialen Ablagerungen der Wiesent bei Forchheim (Oberfranken) beschrieb Krumbeck (1948, S. 288—290) und bildete ihn (Taf. XXXI Abb. 3) ab. Es ist hier anscheinend eine *Eutanytarsus*-Art (*Micropsectra* oder *Tanytarsus*), die diese Röhren gebaut hat. — Um was für ein Gebilde es sich bei dem von Suessenguth (1947) aus einem Almtümpel erwähnten „Chironomidentuff" handelt, ist nicht festzustellen.

Je mehr man im Mittelgebirgsbach aus der Forellenregion in die Äschenregion kommt, um so stärker sind die Stellen lenitischen Wassers, vor allem die Schlammablagerungen, entwickelt. Und um so mehr entfaltet sich auch die zugehörige Lebensgemeinschaft (vgl. Thienemann 1920 a); das bedeutet in bezug auf die Chironomiden eine Zunahme der Chironomarien und

Tanytarsarien gegenüber den Orthocladiinen. Von solchen Arten notierten wir z. B. für die Äschenregion der Diemel (Westfalen) (THIENEMANN 1920 a, S. 32) *Micropsectra suecia* K., *M. atrofasciata* K., *Polypedilum convictum* WALK. *(nympha* K.), *P. nubeculosum* MG. *(hirtimanus* K.), *Phaenopsectra leucolabis* K., *Microtendipes pedellus* K.[76]

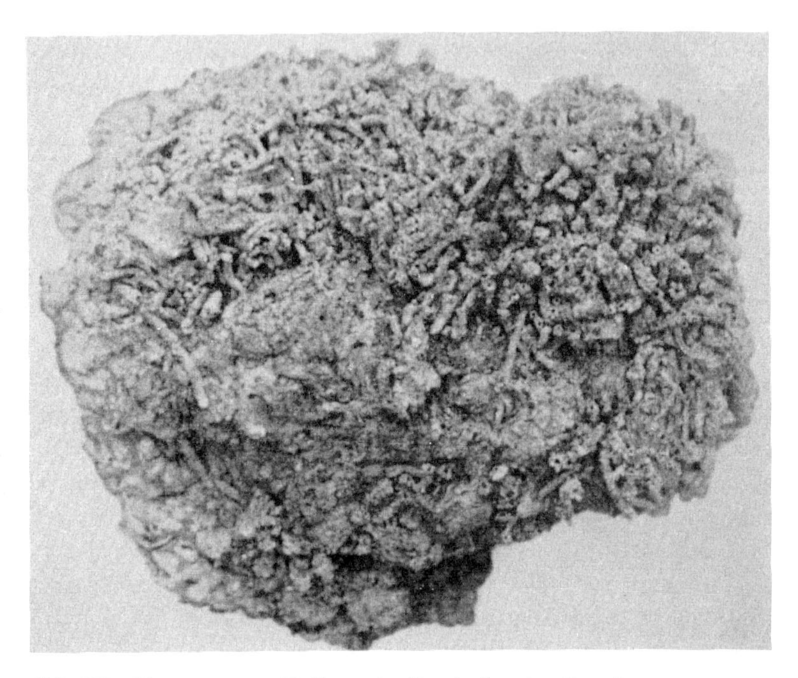

Abb. 206. *Rheotanytarsus*-Tuff aus der Bombecker Aa, Baumberge, Münsterland (etwa 1 : 1). [Aus THIENEMANN 1934.]

Hier sei noch einmal darauf hingewiesen, daß die Scheidung der einzelnen Bachtypen in natura keine strenge ist; es gibt Übergänge. Das gleiche gilt für die einzelnen Biotope e i n e s Baches. Und so gehen natürlich auch die Glieder der einen Gemeinschaft gelegentlich in einzelnen Exemplaren einmal in eine andere über.

Nicht ohne Interesse ist ein summarischer Vergleich der Chironomidenbesiedlung der bisher geschilderten Bachtypen: mitteleuropäischer Gletscherbach, Hochgebirgsbach, Übergangsbach, Mittelgebirgsbach; und zwar beziehen wir uns dabei auf die auf den vorigen Seiten gebrachten Einzelheiten. (Der „Mittelgebirgsbach" Lapplands wird erst weiter unten behandelt.)

---

[76] Von den Bächen der Äschenregion schrieb ich (1912 d, S. 46): „Wie am stehenden oder langsam fließenden Wasser der Ebene die *Chironomus*-Arten oft in dichten Scharen schwärmen, Rauchsäulen vergleichbar auf- und niedersteigen, so fliegen hier die zarten *Tanytarsus*-Mücken an ruhigen Frühlingsabenden in lockeren Wolken am Flußufer."

In der folgenden Tabelle ist, nach den Hauptgruppen der Chironomiden und nach den Bachbiotopen getrennt, die Zahl der Arten und, in Klammern, der Gattungen für die vier mitteleuropäischen Bachtypen verzeichnet.[77] Bei den Orthocladiinen bedeutet die Zahl unter dem Bruchstrich die Prozentzahl der Orthocladiinen, bezogen auf die Gesamtzahl der Chironomiden der betreffenden Biotope.

	Gletscherbach (Steine)	Hochgebirgsbach			Übergangsbäche		
		Steine[78]	Pflanzen	Schlamm	Steine	Pflanzen	Schlamm
Ceratopogonidae	—	—	—	—	—	—	—
Tanypodinae	—	—	—	—	—	1 (1)	2 (2)
Orthocladiinae	$\frac{8}{100}$ (5)	$\frac{12}{100}$ (7)	$\frac{11}{92}$ (7)	—	$\frac{24}{96}$ (8)	$\frac{18}{90}$ (6)	$\frac{3}{50}$ (3)
Tanytarsariae	—	—	1 (1)	1 (1)	1 (1)	1 (1)	1 (1)
Chironomariae	—	—	—	—	—	—	—
Summe	8 (5)	12 (7)	12 (8)	1 (1)	25 (9)	20 (8)	6 (6)
Im ganzen	8 (5)		21 (12)			51 (22)	

	Mittelgebirgsbäche		
	Steine	Pflanzen	Schlamm
Ceratopogonidae	—	5 (3)	2 (2)
Tanypodinae	—	7 (1)	5 (3)
Orthocladiinae	$\frac{40}{89}$ (13)	$\frac{41}{64}$ (17)	$\frac{5}{21}$ (5)
Tanytarsariae	5 (4)	3 (2)	7 (4)
Chironomariae	—	8 (4)	5 (3)
Summe	45 (17)	4 (27)	24 (17)
Im ganzen		133 (48)	

In der Reihe Gletscherbach — Hochgebirgsbach — Übergangsbäche — Mittelgebirgsbäche, also von Berg zu Tal, steigt also bei den Chironomiden

die Artenzahl von 8 über 21, 51 auf 133,
die Zahl der Gattungen von 5 über 12, 22 auf 48.

Im Gletscherbach sind **nur** Orthocladiinen vertreten, im Hochgebirgsbach tritt dazu eine Tanytarsariae, im Übergangsbach bilden Orthocladiinen die überwiegende Zahl, dazu einzelne Tanytarsarien und Tanypodinen, im Mittelgebirgsbach sind neben den Orthocladiinen als Hauptmasse auch alle vier anderen Gruppen vertreten. Betrachtet man die drei Bachbiotope im

[77] Die nur in der von ILLIES untersuchten Mölle im Weserbergland (vgl. S. 348) vorkommenden Arten sind in diese Berechnung nicht einbezogen.

[78] einschließlich Spritzwasserblöcke.

einzelnen, so sind die Steine besiedelt im Gletscherbach und Hochgebirgsbach nur von Orthocladiinen, im Übergangsbach kommt eine, in den Mittelgebirgsbächen kommen 5 Tanytarsarien dazu. Pflanzen fehlen im Gletscherbach ganz; im Hochgebirgsbach sind sie besiedelt von Orthocladiinen (92%) und einer Tanytarsarie, in den Übergangsbächen von Orthocladiinen (90%) und je einer Tanytarsarie und Tanypodine, im Mittelgebirgsbach von Orthocladiinen (64%) und einzelnen Arten aller anderen Gruppen. Schlamm fehlt ganz im Gletscherbach, ist gering entwickelt im Hochgebirgsbach (1 Tanytarsarie); in den Übergangsbächen ist er zu 50% besiedelt von Orthocladiinen, dazu Tanytarsarien und Tanypodinen, und im Mittelgebirgsbach kommen 21% der Artenzahl auf die Orthocladiinen, der Rest verteilt sich auf die vier übrigen Gruppen.

Im ganzen also in all diesen Bächen ein artenmäßiges — und individuenmäßiges! — Überwiegen der Orthocladiinen bis 100% (im Gletscherbach).

Betrachten wir nunmehr noch einmal die Chironomidenbesiedelung der Jasmundbäche auf Rügen. Das sind (THIENEMANN 1926) extrem kalkreiche Bäche; solche Bäche können artenreich sein. Man denke an die große Zahl der Arten (28), die GEIJSKES im Röserenbach bei Basel gefunden hat; in dem extrem kalkreichen Maiergraben bei Lunz mit seinen *Lithotanytarsus*-Tuffen hat GOWIN bei seinen Untersuchungen im Bach (ausschließlich Quellgebiet) 24 Chironomidenarten nachgewiesen. Aber in allen Jasmundbächen beobachtete ich nur 11 Arten! Und zwar auf Steinen: *Diamesa insignipes, Euorthocladius thienemanni, Eudactylocladius fuscimanus, Rheotanytarsus* sp.; in Pflanzen: *Eukiefferiella longicalcar, Limnophyes prolongatus, Dyscamptocladius longistylus;* in Schlamm: *Macropelopia notata, Psectrotanypus varius, Prodiamesa olivacea, Micropsectra praecox.* Was ist der Grund dieser Artenarmut? Der hohe Kalkgehalt kann es nicht sein, wie das Beispiel der beiden eben genannten artenreichen Kalkbäche in den Alpen und Voralpen zeigt. Die Rügenbäche stellen eine verhältnismäßig kleine „Mittelgebirgsenklave" in der Norddeutschen Tiefebene dar; und solch kleine, von den übrigen ähnlichen Biotopen isolierte Gebiete pflegen aus verschiedenen, hier nicht zu erörternden Gründen (vgl. THIENEMANN 1950 b, S. 68) artenärmer zu sein als ähnliche Gebiete größerer Ausdehnung. Aber auch das kann diese auffallende Erscheinung nicht erklären. Hier liegen vielmehr historisch-tiergeographische Gründe vor, die uns diese Artenarmut verstehen lassen. Wir werden sie im Anschluß an die Besprechung der lappländischen „Quellenbäche" kennenlernen.

Den bisher besprochenen mitteleuropäischen Mittelgebirgsbächen entsprechen die von mir so genannten Quellenbäche Lapplands (THIENEMANN 1941 a, S. 62—69). Ich habe solche im Abiskogebiet in der Birkenregion bis an ihr oberes Ende hin untersucht (Taf. XIV Abb. 207, 208). Auch in diesen Bächen können wir, wie in Mitteleuropa, eine Biocoenose der blanken Steine, eine solche der Bachpflanzen (vor allem Moose) und der ruhigen Bachstellen mit Schlammablagerungen und Pflanzengenist unterscheiden. Hier wies ich in den 8 untersuchten Bächen folgende Chironomiden nach:[79]

Steinbewohner:

Orthocladiinae: *Euorthocladius rivicola* K., *Eudactylocladius* sp., *Lapporthocladius abiskoensis* (EDW.), *Rheorthocladius rubicundus* (auch in Moosen), *Rh. frigidus* ZETT., *Rh. sp. rhyacobius*-Gruppe, *Eukiefferiella cyanea* TH., *Diamesa lindrothi* GOETGH., *D. steinboecki* GOETGH.

Tanytarsariae: *Rheotanytarsus* sp. ? *photophilus* GOETGH.

Moosbewohner:

Tanypodinae: *Ablabesmyia melanura* MG., *A.* sp. (beide auch in Schlamm).

Podonominae: *Podonomus kiefferi* GARRET, *Lasiodiamesa gracilis* K., *Trichotanypus posticalis* LUNDBECK.

Orthocladiinae: *Abiskomyia paravirgo* GOETGH. (auch in Schlamm), *Rheocricotopus* sp. *fuscipes* GR., *Eukiefferiella* sp. cfr. *bavarica* GOETGH., *E. suecica* GOETGH., *Akiefferiella coerulescens* K., *Pseudodiamesa branickii* (NOW.), *Corynoneura scutellata* WINN., *C.* sp., *Thienemanniella* sp. cfr. *morosa* EDW., *Th. ? vittata* EDW., *Th.* sp. B, *Th.* sp.

Schlammbewohner:

Orthocladiinae: *Prodiamesa olivacea* MG.

Tanytarsariae: *Micropsectra recurvata* GOETGH., *Monotanytarsus austriacus* K.

Die Chironomidenfauna der Quellenbäche Lapplands setzt sich also zusammen aus:

Tanypodinae: 2 Arten (beide Moos-, gelegentlich Schlammbewohner).
Podonominae: 3 Arten (Moosbewohner).
Orthocladiinae: 31 Arten (9 Stein-, 13 Moos-, 1 Schlammbewohner).
Tanytarsariae: 3 Arten (1 Stein-, 2 Schlammbewohner).
Chironomariae und Ceratopogonidae fehlen.

Im ganzen also 39 Arten, etwa drei Viertel davon Orthocladiinen, in der Steinfauna sogar neun Zehntel, in der Moosfauna etwa zwei Drittel. Rein arktische Arten sind *Trichotanypus posticalis, Lapporthocladius abiskoensis, Abiskomyia paravirgo, Eukiefferiella suecica. Podonomus kiefferi* ist eine bipolare Art, *Eukiefferiella cyanea* eine boreoalpine Art.[79] Der Prozentsatz der Orthocladiinen ist in den Quellenbächen Lapplands (79%) ungefähr so hoch wie in den Mittelgebirgsbächen Mitteleuropas.

---

[79] Dazu noch die folgenden Orthocladiinen, von denen der Biotop nicht bekannt ist: *Parametriocnemus* sp., *Heterotrissocladius* sp., *Eucricotopus* sp., *Diplocladius* (?) sp., *Psectrocladius* sp. *psilopterus*-Gruppe, *Dyscamptocladius* sp. *vitellinus*-Gruppe, *Dactylocladius verralli* EDW., *Eukiefferiella* sp., Typ „Abisko". — *Podonomus kiefferi* ist neuerdings auch von den Islas Juan Fernandez (Chile) nachgewiesen (WIRTH 1952 c).

Hier mag noch die Untersuchung von C. F. HUMPHRIES und W. E. FROST (1937) über die Chironomidenfauna der submersen Moose des irischen River Liffey eingeschaltet werden. Der Liffey River liegt in der Forellenregion; untersucht wurde er in etwa 700 Fuß Höhe bei Ballysmuttan, wo er über Granit fließt und ein pH von 4,4 bis 6,8, im Durchschnitt von 5 bis 6, hat, und bei Straffan in ungefähr 180 Fuß Höhe, wo er über Kalkgestein fließt und ein pH von 7,9 bis 8,3, im Durchschnitt 7,8 bis 8, hat. Es wurde — es handelte sich um eine fischereibiologische Untersuchung — nur die Moosfauna der Steine untersucht, wobei natürlich auch echte Steinbewohner mit unterliefen. Annähernd gleiche Moosmengen wurden quantitativ ausgesiebt; die Bestimmung der Larven und Puppen nahm Miß HUMPHRIES in der Plöner Anstalt vor. Natürlich war in den meisten Fällen nur eine Bestimmung nach Gattungen oder größeren Gruppen möglich. Die beiden untersuchten Stellen zeigten in der Zahl der Arten und Individuen nur geringe Unterschiede. 95,9% der Larven bei Straffan, 98,6% bei Ballysmuttan waren Orthocladiinen, der Rest verteilte sich auf Chironomarien, Tanytarsarien und Tanypodinen. 24 Genera konnten identifiziert werden, aber nur 3 — *Eukiefferiella, Trichocladius* und *Corynoneura* — konnten als typisch für diese Moose betrachtet werden. Die nachgewiesenen Formen sind die folgenden:

Orthocladiinae: *Euorthocladius rivulorum, E. thienemanni; Eukiefferiella* sp. I, *E.* sp. II cfr. *discoloripes, E.* sp. *longicalcar*-Gruppe, *E.* sp. II *longicalcar*-Gruppe, *E.* sp. *brevicalcar*-Gruppe, *E.* sp. *lobulifera*-Gruppe, *E.* sp. indet.; *Parakiefferiella bathophila, Trichocladius* sp. sp., *Corynoneura* sp., *Rheorthocladius* sp. *oblidens*-Gruppe, *Rh.* sp. *saxicola*-Gruppe, *Rh.* sp.; *Diamesa* sp., *Psectrocladius* sp. *psilopterus*-Gruppe, *Ps.* sp. *dilatatus*-Gruppe, *Heterotrissocladius* sp.; *Dyscamptocladius* sp., *Limnophyes* sp., *Acricotopus* sp., *Rheocricotopus* sp. *fuscipes*-Gruppe, *Synorthocladius semivirens.*

Tanytarsariae: *Tanytarsus* sp. sp.; *Micropsectra* sp. sp., *Rheotanytarsus* sp., *Paratanytarsus* sp., *Cladotanytarsus* sp.

Chironomariae: *Endochironomus* sp., *Microtendipes* sp., *Polypedilum* sp., *Cryptochironomus* sp.

Tanypodinae: *Ablabesmyia* sp. *costalis*-Gruppe, *A.* sp. *minima*-Gruppe, *A.* sp. *nigropunctata*-Gruppe, *A.* sp. *sexannulata*-Gruppe, *A.* sp. indet.; *Macropelopia* sp.

Dieses Bild der Moosfauna eines irischen Forellenflüßchens entspricht also ganz dem entsprechender mitteleuropäischer Gewässer.

5. Vergleich der mitteleuropäischen und lappländischen Bergbäche

In meiner Lapplandarbeit habe ich (1941 a, S. 82) eine tabellarische Übersicht über die Artenzahl der Chironomiden in den Biotopen der Fließgewässer Lapplands, der mitteleuropäischen Mittelgebirge und der Alpen nach dem damaligen Stande gegeben. Dabei sind die einzelnen, oben unterschiedenen Bergbachtypen — Gletscherbach, Hochgebirgsbach usw. — zusammengezogen. Ich gebe diese Tabelle hier wieder.

	Lappland				Mittelgebirge					Alpen						
	Im ganzen	Steine	Moose	Schlamm	Im ganzen	Steine	Moose	Schlamm	Tuff	Im ganzen	Steine	Moose	Schlamm	Tuff	Im ganzen	In % der Gesamtsumme
Ceratopogonidae	—	—	—	—	2	—	2	1	—	4	—	3	1	—	5	3
Tanypodinae	2	—	2	2	8	—	2	5	—	5	—	4	1	—	14	9
Podonominae	3	—	3	1	—	—	—	—	—	—	—	—	—	—	3	2
Orthocladiinae	36	9	14	2	62	31	33	2	2	51	20	31	3	5	111	70
Chironomariae	—	—	—	—	9	—	6	3	—	1	—	—	1	—	10	6
Tanytarsariae	4	1	—	2	10	2	3	5	1	6	—	2	3	2	16	10
Im ganzen	45	10	19	7	91	33	47	16	3	67	20	40	9	7	159	100

Das Ergebnis ist eindeutig: Die Chironomidenfauna der Fließgewässer Lapplands ist artenärmer als die der Alpen und der Mittelgebirge Mitteleuropas! Das Verhältnis Lappland : Alpen : Mittelgebirge ist 45 : 67 : 91. Nimmt man die Bachbiotope einzeln, so ist das Verhältnis bei der Steinfauna 10 : 20 : 33, bei der Moosfauna 19 : 40 : 47, bei der Schlammfauna 7 : 9 : 16. Diese Artenverarmung bezieht sich also in erster Linie auf die echten rheobionten und rheophilen Tiere, die eigentlichen Strömungstiere; bei den Stillwassertieren der Fließgewässer tritt sie weniger kraß in Erscheinung. Eine Anzahl (14) von Arten haben die lappländischen Gewässer gemeinsam mit denen der Bergländer Mitteleuropas. Es sind das

aus der Steinfauna: *Eudactylocladius* sp., *Euorthocladius rivicola, Rheorthocladius rhyacobius*-Gruppe, *R. frigidus, Eukiefferiella cyanea, Diamesa steinboecki;*

aus der Moosfauna: *Ablabesmyia* sp., *Rheocricotopus fuscipes*-Gruppe, *Eukiefferiella brevicalcar, Akiefferiella coerulescens, Pseudodiamesa branickii, Corynoneura* sp., *Thienemanniella* sp.;

aus der Schlammfauna: *Prodiamesa olivacea.*

Alle übrigen in den Alpen und unseren Mittelgebirgen nachgewiesenen Arten fallen weg.

Zu diesen 14 mit Mitteleuropa gemeinsamen Arten kommt in Lappland eine kleine Anzahl hochnordischer Arten hinzu: *Podonomus kiefferi, Lasiodiamesa gracilis, Trichotanypus posticalis, Abiskomyia paravirgo, Lapporthocladius abiskoensis, Eukiefferiella suecica, Diamesa lindrothi;* ferner einige Arten, die in den Fließgewässern Lapplands vorkommen, bisher aber aus denen der Alpen und Mittelgebirge noch nicht gemeldet sind; doch sind sie dort sicher auch vorhanden, da sie in anderen Gebieten Mitteleuropas nachgewiesen sind. Aber das ändert nichts an der Tatsache der großen Artenarmut der Chironomidenfauna der lappländischen Fließgewässer!

Die Artenverarmung der Tierwelt der Bäche und Flüsse Lapplands im Vergleich mit den entsprechenden Biotopen der Alpen prägt sich nicht nur in der Chironomidenbesiedelung, sondern auch in der gesamten übrigen Fauna aus. Die Gründe für diese auffallende Tatsache sehe ich im Anschluß an HOLDHAUS in folgendem (1941 a, S. 85, 86):

„1. In den mitteldeutschen Bergländern und den Voralpen konnten sich während der Eiszeit die typischen Bachformen der Präglazialperiode erhalten. Wir müssen auf Grund des Vergleiches der nordischen und mitteleuropäischen Bachfauna die in Mitteleuropa allgemein verbreiteten, in Fennoskandia fehlenden typischen Bachtiere geradezu als präglaziale, d. h. tertiäre Relikte ansehen! Diese Bachtiere aber sind im allgemeinen auch rheophil bzw. rheotaktisch, indem sie bei aktiver Wanderung gegen den Strom ziehen. Für die Verbreitung talabwärts kommt für sie kaum aktive Wanderung in Betracht; hier spielt die Verschleppung durch Hochwasser usw. die Hauptrolle. Es setzte also die norddeutsche Ebene mit ihren schwächer fließenden Gewässern auch in den ersten Postglazialperioden, als die thermischen Verhältnisse für die kaltstenothermen Bachtiere auch in der Ebene noch günstiger waren, wegen dieser Strömungsverhältnisse der Nordverbreitung der meisten mitteleuropäischen Bachtiere ein unüberwindliches Hindernis entgegen. Nur die nicht ausgesprochen rheophilen und besonders leicht auch außerhalb des Wassers verbreitungsfähigen Formen konnten so nach Norden in die Bäche gelangen und so diese Gebiete besiedeln, deren gesamte Tierwelt — vielleicht bis auf ganz geringe Reste — durch die Eiszeit zum Aussterben gebracht worden war. So mußten schon aus diesem Grunde die Bäche der mitteldeutschen Mittelgebirge und der Alpen eine bedeutend artenreichere Fauna haben als die Norddeutschlands und Fennoskandias.

Dazu kommt:

2. daß auch nach der Eiszeit die Neueinwanderung petrophiler Torrentikolformen in den deutschen Mittelgebirgen und den Alpen von Süden her aus den ehemals nicht oder nur schwach vergletscherten Gebirgen der Mittelmeerländer leicht vor sich gehen konnte. ‚In postglazialer Zeit war aber eine Neubesiedelung Fennoskandias mit petrophilen Arten von Süden her nicht möglich, da die norddeutsche Ebene und das russische Flachland, auf weite Erstreckung aus lockeren Sedimenten bestehend, für diese Tiere eine unüberschreitbare Barriere bildeten‘ (HOLDHAUS, S. 332). Ebenso ist ‚eine Immigration petrophiler Arten nach Fennoskandia von Osten her kaum in Rechnung zu ziehen. Denn erstens versperrt auch hier der Gürtel glazialer Ablagerungen und lockerer Alluvionen den Weg und zweitens scheint die

Petrophilfauna des Urals selbst überaus verarmt. Westsibirien, im Gegensatz zu dem gebirgigen und faunistisch extrem reichen Ostsibirien größtenteils aus quaternärem und rezentem Schwemmland bestehend, besitzt eine sehr arme und monotone Fauna'" (HOLDHAUS, S. 332).

Die oben (S. 354) erwähnte Artenarmut der Rügenbäche läßt sich auf die gleiche Weise wie die der Bäche Lapplands durch diese historisch-geographischen Gegebenheiten im Zusammenhang mit der physiologischen Eigenart der Bachtiere erklären.

Man könnte vielleicht hier einwerfen, daß die Chironomiden im Imaginalstadium doch geflügelte Lufttiere sind, also anderen Verbreitungsregeln als ihre Larven folgen. Aber ich habe mich (1941 a, S. 155, 156) über die Verbreitungsmöglichkeiten der Chironomiden so ausgesprochen: „Im Larvenstadium dürfte ein passiver Transport von Wasserbecken zu Wasserbecken nur in seltensten Ausnahmefällen möglich sein. Wir wissen aus einer kleinen Notiz KNUT DAHLS (Allgemeine Fischerei-Zeitung **39**, 1914, S. 121), daß wurmförmige Ceratopogonidenlarven stundenlang im Fischmagen am Leben bleiben können; so könnten diese Larven bei Transporten gefangener Fische eventuell weit verschleppt werden. Aber im allgemeinen kommt für die Larven doch nur Wanderung kleinsten Ausmaßes oder Verschleppung durch die Wasserbewegung innerhalb e i n e s Gewässers in Frage. Auch der Laich der Chironomiden dürfte nur in Ausnahmefällen verschleppt werden; Beobachtungen hierfür liegen meines Wissens nicht vor. Die Verbreitung der Chironomiden auf weitere Strecken hin findet zweifellos im allgemeinen durch die Imagines statt. Nun handelt es sich da zwar um flugfähige Insekten, doch fliegen diese Mücken freiwillig und rein aktiv nie auf weite Strecken von ihren Brutgewässern fort.[80] Wohl aber können die Luftströmungen die schwärmenden Mücken weit verschleppen. Da aber diese Schwärme in vielen Fällen nur aus Männchen bestehen und die Weibchen sich meist dicht an der Wasseroberfläche halten, so wird eine solche Verschleppung wohl nur in der Minderzahl der Fälle wirklich die Möglichkeit einer Besiedelung eines fernen Gewässers mit sich bringen. Und da weiterhin die Chironomiden mit ihren zahllosen Arten vielfach so stark und spezifisch ökologisch differenziert sind, d. h. in nur ganz bestimmten Gewässertypen Lebensmöglichkeit finden, so müßte eine solche Verschleppung eine Art auch gerade wieder an den ihr eigentümlichen Biotop bringen, wenn sie zu einer Neuansiedelung führen soll. Man sieht, daß auch bei solchen geflügelten Insekten die Ausbreitung über größere Gebiete keine so einfache Angelegenheit ist: verhältnismäßig lange Zeiträume werden notwendig sein, wenn eine solche Form z. B. von Mitteldeutschland bis in die Arktis gelangen soll! Denn

[80] Mehrere Exemplare von *Culicoides pulicaris* wurden auf der Mitte der Nordsee gefunden. Durch aktiven Flug bewegen sich die Ceratopogoniden aber kaum über 500 m fort (SÉGUY 1950, S. 240).

die Verbreitung kann im allgemeinen nur ganz allmählich, Schritt für Schritt, erfolgen und nur ganz selten wohl werden größere Strecken mit einem Male überwunden."

6. Die Fließgewässer der Ebene

Je weiter man ein Fließgewässer von Berg zu Tal verfolgt, um so mehr verkleinern sich die streng lotischen Biotope (Stein), und die lenitischen — Pflanzen, Schlamm, Sand — gewinnen immer größere Ausdehnung.

Leider gibt es nur ganz wenige Arbeiten, in denen die Chironomidenfauna von Fließgewässern der Ebene so eingehend berücksichtigt ist, daß man Vergleiche mit der Chironomidenbesiedelung der Berggewässer ziehen kann.[80a] Hier ist in erster Linie NIETZKES (1938) Untersuchung der Kossau (Taf. XV Abb. 209) und anderer Flüßchen Schleswig-Holsteins zu nennen; das Chironomidenmaterial, das ich bearbeitet habe, umfaßte 79 bestimmte Arten. Die ökologische Gruppierung ergibt das Folgende:[81]

a) Arten, die auch sonst auf den Steinen raschfließender Gewässer leben:
Orthocladiinae: *Euorthocladius thienemanni* K. (erreicht Massenentwicklung), *E. rivulorum* K., *Rheorthocladius frigidus* ZETT., *Diamesa insignipes* K.
Tanytarsariae: *Rheotanytarsus photophilus* GOETGH.
Artenzahl: 5.

b) Arten, die auch sonst zwischen Pflanzen, seltener auf Steinen fließender Gewässer leben:
Orthocladiinae: *Rheorthocladius rubicundus* MG., *Trichocladius bicinctus* MG., *T. triannulatus* MACQ., *Synorthocladius semivirens* K., *Eukiefferiella discoloripes* GOETGH., *E. longicalcar* K., *Rheocricotopus disparilis* GOETGH., *R. chalybeatus* EDW., *Microcricotopus bicolor* ZETT., *Limnophyes prolongatus* K., *Brillia modesta* MG., *Thienemanniella fusca* K., *Th.* sp.
Die beiden erstgenannten Arten erreichen Massenentwicklung.
Artenzahl: 13.

c) Arten, die (auch sonst) vor allem im Schlamm und Sand fließender Gewässer, seltener im Seenlitoral, leben:

[80a] Die während des Druckes erschienene Arbeit von ALBRECHT (1953) konnte nicht mehr berücksichtigt werden.

[81] Zu den Arten dieser Aufzählung kommen noch 8 Arten, deren ökologische Stellung noch unsicher ist: von Steinen *Cryptochironomus digitalis* EDW., *Pentapedilum tritum* WALK., *Trichocladius motitator* (L.); von Steinen, Sand, Lehm *Stylotanytarsus securifer* GOETGH.; aus Schlamm *Dactylocladius amniculorum* GOETGH., *Tanytarsus paschalis* GOETGH., *T.* (?) *eminulus* WALK. Doch ist inzwischen *Stylotanytarsus securifer* auch in der Fulda nachgewiesen worden, so daß es sich bei dieser Art sicher um eine echte Flußform handelt.

Orthocladiinae: *Paratrissocladius fluviatilis* GOETGH., *Potthastia longimanus* K. (*campestris* EDW.), *P. gaedei* MG., ferner der Epöke auf *Ephemera*-Larven *Epoicocladius ephemerae* K.

Chironomariae: *Lenzia flavipes* MG.

Tanytarsariae: *Tanytarsus herbaceus* GOETGH., *T. nietzkei* GOETGH., *T. pallidicornis* WALK., *T. heusdensis* GOETGH., *T. parenti* GOETGH., *T. holochlorus* EDW., *T. curtistylus* GOETGH., *Micropsectra praecox* MG., *M. bidentata* GOETGH., *M. atrofasciata* K., *Cladotanytarsus disperso-pilosus* GOETGH., *C. mancus* WALK., *C. van der Wulpi* EDW.,[82] *Stempellina bausei* K.

Die *Tanytarsus*-, *Micropsectra*- und *Cladotanytarsus*-Arten können Massenentwicklung erlangen.

Artenzahl: 19 (4 Orthocladiinen, 1 Chironomarie, 14 Tanytarsarien).

d) Art, die auch sonst nur von Pflanzen langsamfließender Gewässer bekannt ist:

Tanytarsariae: *Rheotanytarsus raptorius* K.

e) Arten, die sonst vorzugsweise im stehenden Wasser oder an lenitischen Stellen fließender Gewässer zwischen Pflanzen oder im Schlamm leben:

α) Vor allem zwischen Pflanzen, ausnahmsweise im Schlamm:

Tanypodinae: *Ablabesmyia nympha* K. (Massenentwicklung), *A. sexannulata* GOETGH., *monilis* L., sp. *nigropunctata*-Gruppe.

Orthocladiinae: *Eucricotopus silvestris* F., *Trissocladius glabripennis* GOETGH. (*grandis* K.), *Corynoneura* sp.

β) Zwischen Pflanzen und im Schlamm:

Ceratopogonidae: *Bezzia solstitialis* WINN., *B. annulipes* MG., *B. gracilis* WINN., *Palpomyia lineata* MG., *Sphaeromias* sp.

Orthocladiinae: *Diplocladius* sp.

γ) Schlammbewohner:

Tanypodinae: *Macropelopia notata* MG., *M. nebulosa* MG., *M.* sp. *goetghebueri*-Gruppe, *Psectrotanypus varius* F., *P. trifascipennis* ZETT., *Procladius parvulus* K., *P. choreus* MG.

Chironomariae: *Chironomus plumosus* L., *Ch. aprilinus* MG., *Ch. intermedius* STAEG., *Camptochironomus pallidivittatus* MALLOCH, *Limnochironomus nervosus* STAEG., *Paratendipes albimanus* MG., *Microtendipes pedellus* DEG., *Polypedilum scalaenum* SCHRK., *P. convictum* WALK.

Tanytarsariae: *Tanytarsus bathophilus* K., *T. curticornis* K.

---

[82] In Lettland fand PAGAST (1936 b, S. 274) im Flußsand der Krievupe als Hauptform *Cladotanytarsus van der Wulpi*, daneben *Stempellina*, gestielte *Rheotanytarsus*-Gehäuse, *Polypedilum scalaenum*, *Monodiamesa bathyphila*, *Procladius*.

Massenentwicklung erreichen: *Psectrotanypus trifascipennis, Procladius parvulus, Paratendipes albimanus, Microtendipes pedellus.*
Artenzahl: 32.

Die Art der Gruppe d — *Rheotanytarsus raptorius* — ist Leitform für die langsam strömenden Flüßchen der Ebene. Im übrigen nimmt die Artenzahl zu von den extrem lotischen zu den lenitischen Biotopen! Gruppe a: 5 Arten, Gruppe b: 13 Arten, Gruppe c: 19 Arten, Gruppe d: 32 Arten. Während in den Fließgewässern des Berglandes die S c h l a m m fauna stets die geringste Zahl an Chironomidenarten besitzt (vgl. die Tabelle S. 357), ist in Schleswig-Holstein der Schlamm und Sand am reichsten besiedelt (49 Arten gegen je 25 Arten auf Steinen und zwischen Pflanzen).

Leider wurde mir die schöne Arbeit von MARLIER (1951) über die Biologie eines Flüßchens der Ebene von Brabant, des Smohain, erst während des Druckes dieses Buches zugänglich. MARLIER hat hier auch die Chironomiden berücksichtigt, die ihm GOETGHEBUER bestimmte. Er zählt aus dem Smohain auf: *Macropelopia nebulosa* MG., *Ablabesmyia melanops* WIED., *A.* sp. *tetrasticta*-Gruppe, *Camptochironomus tentans* F., *Glyptotendipes pallens* var. *glaucus* MG. (?), *Polypedilum convictum* WALK., *Micropsectra praecox* MG., *M. atrofasciata* K., *Rheotanytarsus* sp., *Brillia modesta* MG., *Paraphaenocladius impensus* WALK., *Dyscamptocladius piger* GOETGH., *Prodiamesa olivacea* MG. sowie die Ceratopogonide *Palpomyia flavipes* MG. Aus anderen Flüßchen der flandrischen Ebene erwähnt er noch *Chironomus thummi* K. und *Psectrotanypus trifascipennis* ZETT. (letztere auch im Smohain). Auf Grund der Chironomidenbesiedelung unterscheidet er im „Eubenthon“ folgende Synusien:

1. Die Synusie von *Camptochironomus tentans:* in einer organisch stark verunreinigten Quelle; die Larven von *Camptochironomus* hier in einer Maximalmenge bis 22 200 Individuen je 1 m².

2. Die Synusie von *Micropsectra praecox:* im Schlamm der den Quellen benachbarten Zone; Zahl der *Micropsectra*-Larven 4220 bis 110 970 je m². Hier lebt auch *Macropelopia nebulosa,* die sich von den *Micropsectra*-Larven nährt. Ebenso ist *Prodiamesa olivacea* für diese Synusie charakteristisch. Das Zahlenverhältnis *Micropsectra-* : *Prodiamesa*-Larven schwankt von Stelle zu Stelle und im Laufe des Jahres. So betrug dies Verhältnis (in % der gesamten Tiermenge) am 27. Mai an einer Stelle 32 : 25, näher dem Ufer hier aber 6 : 50; am 28. August an einer Stelle 77 : 5,5, an einer anderen 85,6 : 6,6. Eine Variante dieser Synusie wird stellenweise (viel organisches Sediment) durch *Psectrotanypus trifascipennis* gekennzeichnet.

3. Die Synusie des Sandes des Unterlaufs mit *Dycamptocladius* sp. Hier tritt *Dyscamptocladius* in etwa 2 Larven je 1 m² auf, *Prodiamesa* bildet 10% der gesamten Tierzahl.

Im „Epibenthon“ unterscheidet MARLIER 2 Synusien:

4. Die Steinbewohner des Oberlaufs (Synusie mit *Sperchon glandulosus*). Hier lebt von Chironomiden *Brillia* und eine *Ablabesmyia* der *tetrasticta*-Gruppe.

5. Die steinbewohnende Synusie des Unterlaufs mit *Hydropsyche:* hier auf den blanken Steinen *Rheotanytarsus,* zwischen *Plumatella*-Kolonien *Paraphaenocladius impensus.* — Unter „Hydrobios" versteht MARLIER die Pflanzenbewohner des Flusses. Hier nennt er als Bewohner der Blätter von *Potamogeton crispus Polypedilum convictum.*

In der folgenden Tabelle ist noch einmal ein summarischer Vergleich gezogen zwischen der Chironomidenbesiedelung der Fließgewässer der Bergländer von Lappland bis zu den Alpen und der der schleswig-holsteinischen Flüßchen der Ebene. Natürlich ist die absolute Zahl des gewaltigen Gebietes Lappland—Alpen viel größer als die Schleswig-Holsteins. Aber die Prozentzahlen sind vergleichbar. Und da zeigt sich das Bild einer viel gleichmäßigeren Vertretung der einzelnen systematischen Gruppen in dem verhältnißmäßig ausgeglichenen Lebensraum der Fließgewässer der Ebenen als unter den extremen Bedingungen der Berge. Im Bergland machen in den Fließgewässern die Orthocladiinen 70% der gesamten Chironomidenzahl aus, in der Ebene nur etwa die Hälfte (37%). Dafür sind die Chironomariae + Tanytarsariae in der Ebene fast dreimal so stark vertreten (43% : 16%).

Zahl der Chironomidenarten
der europäischen Fließgewässer der Bergländer von Lappland bis zu den Alpen und der schleswig-holsteinischen Flüßchen der Ebene

	Berggewässer		Ebene	
	Artenzahl absolut	in % der gesamten Zahl	Artenzahl absolut	in % der gesamten Zahl
Ceratopogonidae . . .	5	3	5	6
Tanypodinae	14	9	11	14
Podonominae	3	2	—	—
Orthocladiinae	111	70	29	37
Chironomariae	10	6	13	16
Tanytarsariae	16	10	21	27
Im ganzen	159	100	79	100

Es wäre schön gewesen, wenn man die Chironomidenfauna der von KAJ BERG und seinen Mitarbeitern in vieler Beziehung so genau untersuchten dänischen Susaa (BERG 1948) mit der der holsteinischen Fließgewässer eingehend hätte vergleichen können. Aber leider sind bei der Susaa-Untersuchung keine Zuchten vorgenommen worden; die gesammelten Larven und Puppen, die ANKER NIELSEN untersucht hat, konnten daher nur in ganz einzelnen Fällen bis zur Art bestimmt werden.[83] Immerhin sieht man aus den von KAJ BERG verfaßten „General Considerations" (S. 285 ff.), daß eine große Ähnlichkeit in der Chironomidenbesiedelung der Susaa und unserer holsteinischen Flüßchen besteht. Der für die Susaa als charakteristische Chironomide der stark überströmten Steine bezeichnete *Euorthocladius thienemanni* (S. 287) ist auch aus Holstein vom gleichen Biotop bekannt; *Rheotanytarsus raptorius, Diamesa insignipes, Prodiamesa olivacea, Synorthocladius semivirens, Potthastia longimanus, Epoicocladius ephemerae, Cladotanytarsus* usw. sind ebenfalls aus beiden Gebieten von den gleichen Biotopen bekannt. Aber für einen genaueren Vergleich reicht das dänische Material nicht aus. Es gibt, wie ANKER NIELSEN (S. 156) sagt, wohl einen ersten Überblick, aber kein vollständiges Bild der Chironomidenfauna eines dänischen Flusses.

Die Barbenregion der Ems (Westfalen) hat VONNEGUT (1937) untersucht. Doch sind die Chironomiden nicht bis zur Art bestimmt worden. Immerhin läßt sich ein skizzenhaftes Bild der Chironomidenfauna dieser Region — im Vergleich mit der der höher gelegenen Äschenregion — gewinnen. VONNEGUT (S. 396) unterschied die von ihm gesammelten Chironomiden in: Chironominae (*Ch. plumosus, Ch. thummi, Ch.* ohne „Blutkiemen", d. h. Tubuli); *Rheotanytarsus, Eutanytarsus, Corynoneura,* Orthocladiinae, Micropelopiae, Tanypi. Und nun schreibt er (S. 397—398): „Die Hauptrolle unter den Dipteren der Barbenregion spielten die Chironomiden; eine genaue Bestimmung der Arten kann, da keine Zucht angelegt wurde, nicht gegeben werden. Ich möchte hier lediglich an Hand der Ausführungen von THIENEMANN in FISCHERS Arbeit über die Äschenregion der Diemel (1920) einige vergleichende Bemerkungen über das Vorkommen der einzelnen Subfamilien in Forellen-, Äschen- und Barbenregion anschließen. Hier ist zunächst die Gattung *Chironomus* herauszustellen. Von ihren blutkiementragenden Larven waren in der Barbenregion die Chironominae im Fluß sehr häufig und in den Altarmen in noch größerer Anzahl vorhanden. Sie fehlen aber nach den vorliegenden Untersuchungen im Forellenbach und treten in der Äschenregion nur ganz vereinzelt auf, so daß sie erst in der Barbenregion, wohl infolge der größeren Ausdehnung der für sie günstigen Lebensgebiete, wie sie die Schlammablagerungen darstellen, besonders hervortreten. Dasselbe gilt in etwa für die als Chironominae ohne Blutkiemen zusammengefaßten Formen.

[83] Ein paar Bemerkungen zu einzelnen Arten: *Cladotanytarsus* (S. 162) und „Attersee *Tanytarsus*" (S. 164) ist dasselbe; das in Fig. 68 b abgebildete Gehäuse gehört zu *Rheotanytarsus raptorius* K.; die Identifizierung einer Larve mit TOKUNAGAs *Orthocladius kanii* (S. 176) ist ganz unsicher; auch *Pseudosmittia gracilis* (S. 180) war nur nach der Larve nicht zu identifizieren; die *Monodiamesa*-Art (S. 182) dürfte mit großer Wahrscheinlichkeit *M. bathyphila* sein; die Bestimmung „*Brachydiamesa steinboecki*" (S. 183) ist falsch; es handelt sich um *Diamesa insignipes* K. *Psilodiamesa campestris* EDW. (S. 183) ist synonym mit *Potthastia longimanus* K.

Was die *Tanytarsus*-Larven angeht, so herrscht im Bachschlamm *Eutanytarsus* vor, dasselbe gilt für die Äschenregion, aber hier treten diese Larven schon beständiger an Pflanzen auf, wohl, wie THIENEMANN hervorhebt, aus dem Grunde, weil im Äschenfluß die Pflanzen mit mehr Schlammpartikelchen besetzt sind und daher diesen Tieren in bezug auf Ernährung und Röhrenbau schon günstigere Lebensbedingungen bieten können. In der Barbenregion war *Eutanytarsus* in den Schlammablagerungen sehr häufig, aber auch an Pflanzen des Ufers recht beständig und verschiedentlich in großer Individuenzahl vertreten. Seltener als in den oberen Flußregionen kam *Rheotanytarsus* in der Barbenregion an Steinen und Pflanzen in stark strömendem Wasser vor.

Die Orthocladiinae-Larven spielten im Untersuchungsgebiet die gleiche bedeutende Rolle wie in der Forellen- und Äschenregion. Die Vertreter der Gattung *Corynoneura*, die nach THIENEMANN im stehenden und fließenden Wasser weit verbreitet sind, kamen auch in der von mir untersuchten Flußstrecke gerade an Pflanzen im ruhigen Wasser des Flußlaufs sowie der Kolke und Altarme zahlreich vor.

Von den Tanypodinae wurden die Tanypi im Untersuchungsgebiet massenhaft im Sand des Ufers und im Bodenschlamm des Flusses beobachtet; bemerkenswert ist, daß sie recht häufig auch an Pflanzenbeständen festzustellen waren, was THIENEMANN zwar nicht im Forellenbach, wohl aber in der Äschenregion beobachten konnte. Während die Tanypilarven trotz zahlreichen Auftretens an Pflanzen aber am häufigsten im Sand und Schlamm waren, kamen die Micropelopiae überwiegend an Pflanzenbeständen vor, was z. B. auch in der von FISCHER untersuchten Äschenregion der Diemel der Fall war. Viel häufiger als in den oberen Regionen fanden sich in der Barbenregion schließlich noch Ceratopogoninae vermiformes, die im eigentlichen Flußlauf und in den Kolken zum Teil massenhaft gefangen wurden."

Die Arbeiten der Limnologischen Flußstation Freudenthal erweitern und vertiefen unsere Kenntnisse von den biologischen Verhältnissen der Barbenregion hoffentlich recht bald.[83a]

Hier seien noch die Beobachtungen gebracht, die HALL (1951 a) über die Chironomidenfauna südenglischer Flüßchen gemacht hat, und zwar eines kalkreichen (River Itchen, pH 7,9—8,3) und einiger saurer (drei „New Forest streams", pH 6,1—7). In jedem Gebiet untersuchte er drei Biotoptypen: I. Mitte des Strombettes, starke Strömung. II. Rand des Strombettes, schwache Strömung. III. Ganz lenitische Stellen mit feinem Schlamm und zerfallender organischer Substanz.

In der folgenden Tabelle ist die Zahl der aus jeder Biotopart des kalkreichen und der sauren Flüßchen gezüchteten Imagines angegeben.

[83a] Notizen über die Chironomidenfauna der Rhône bei Lyon bei LAFON (1953, S. 44).

	Kalk			Sauer		
	I	II	III	I	II	III
T a n y p o d i n a e						
Ablabesmyia monilis L.				1	9	
Ablabesmyia nubila MG.					2	
Macropelopia nebulosa MG.		1			1	
Macropelopia notata MG.		1				
Macropelopia goetghebueri K.					4	
Psectrotanypus trifascipennis ZETT.		7	5		2	1
Procladius choreus MG.			2		13	7
Clinotanypus nervosus MG.						1
O r t h o c l a d i i n a e						
Prodiamesa olivacea MG.		1	4		13	
Brillia longifurca K.					1	
Brillia modesta MG.		2				
Orthocladius (Chaetocladius) excerptus WALK.		5				
C h i r o n o m a r i a e						
Phaenopsectra flavipes MG.		1			14	
Paratendipes albimanus M.		13			60	15
Microtendipes pedellus DEG.					6	6
Microtendipes chloris MG.					2	
Microtendipes nitidus MG.	3					
T a n y t a r s a r i a e						
Micropsectra subviridis GOETGH.		133	5			
Micropsectra retusa GOETGH.	2					
Paratanytarsus tenellulus GOETGH.					1	
Tanytarsus eminulus WALK.		25			2	
Tanytarsus signatus V. D. W.					3	
Stempellinella brevis EDW.				2		

Bei der zum Teil recht geringen Zahl der gezüchteten Imagines muß die Tabelle sehr kritisch ausgewertet werden. *Micropsectra subviridis* scheint die sauren Bäche wirklich zu meiden, *Paratendipes albimanus* dagegen scheint diese zu bevorzugen. Im übrigen aber müssen erst ausgedehntere Beobachtungen vorliegen, wenn man beurteilen will, inwieweit Kalkreichtum oder Kalkarmut eines Fließgewässers auf seine Chironomidenfauna wirkt (vgl. dazu auch S. 354 dieses Buches).

Die in Schleswig-Holstein untersuchten Fließgewässer sind kleinste Flüßchen, fast Bäche. Von wirklichen Flüssen der Ebene ist nur die Oder in bezug auf ihre Chironomidenfauna e t w a s bekannt. HARNISCH hat (1922a) die Brassenregion der Oder und ihres Nebenflusses Stober im Kreise Brieg untersucht; eine kurze Übersicht gab er 1924. Wenn auch die volle Artenzahl der Oderchironomiden durch diese Arbeiten noch keineswegs wirklich erfaßt worden ist — von manchen Gruppen werden nur Gattungen angeführt —, so kann man doch auf Grund dieser Arbeiten ein skizzenhaftes Bild der Chironomidenbesiedelung dieser Oderregion gewinnen und einen Vergleich mit den übrigen Fließgewässern ziehen.

Harnisch unterscheidet in seinem Untersuchungsgebiet drei mehr lotische und drei lenitische Flußbiotope. Zu den ersten gehören: 1. die Wehre, die zwischen *Cladophora* und auf der Pflasterung ein überaus reiches Leben zeigen; 2. die frei flottierenden, mit Schlammpartikelchen besetzten *Fontinalis*-Büsche; 3. die Odersteine und *Conferva*-Watten. Die lenitischen Biotope sind: a) mit Genist durchsetzter Schlamm zwischen Phanerogamenbeständen (mit *Sparganium*); b) dicker, schwarzer Schlick, auch in Altwässern und Buchten; c) Sand, der höchstens mit dünner, mehliger, sauber brauner Schlammschicht überdeckt ist. Die an diesen Stellen nachgewiesenen Chironomiden habe ich nach Harnischs Arbeit im folgenden tabellarisch zusammengestellt, und zwar nach lotischen und lenitischen Biotopen getrennt; dabei bedeutet × vorhanden, + nicht selten, + + häufig, + + + gemein.

In der folgenden Tabelle (S. 370) ist noch einmal eine summarische Übersicht der Artenzahlen, nach den Hauptgruppen der Chironomiden, gegeben. Die Prozentzahlen lassen sich mit den der Tabelle auf Seite 363 entnommenen Zahlen für die schleswig-holsteinischen Flüßchen (Kossau) und die Fließgewässer des Berglandes vergleichen.

Oder, lotische Biotope (nach HARNISCH)

	Oderwehre	Fontinalis-büschel (Stober)	Oder-Steine (und eine Conferven-watte)
Orthocladiinae			
Cardiocladius fuscus K. (*glabripennis* K.) . . .	+++		
Trichocladius bicinctus MG.	+++	+++	+++
Trichocladius triannulatus MACQ. (*suecicus* K.) .	+++		++
Trichocladius motitator L.			+++
Eucricotopus silvestris F. (*longipalpis* K.) . . .			++
Eucricotopus sp.		++	
Microcricotopus confluens K.			+++
„*Orthocladius*“ sp.	++		×
„*Metriocnemus*“ sp.	×	+	
Limnophyes sp.	++		
Acricotopus melanopus K.			×
Corynoneura sp.		++	
Thienemanniella flaviforceps K.	+	+	
Tanypodinae			
Ablabesmyia ornata MG.	++		++
Ablabesmyia sp.		+	
Tanytarsariae			
Rheotanytarsus lapidicola K.	+++	+	+
Chironomariae			
Polypedilum convictum WALK. (*nympha* K.) . .	+		×
Polypedilum integrum K.			×

Oder, lenitische Biotope (nach HARNISCH)

	Schlamm, mit Genist durchsetzt	Schwarzer Schlick	Sand
Ceratopogonidae			
Bezzia chrysocoma K.		×	
Bezzia oder *Palpomyia* sp.	×	+	×
Culicoides sp.	×	+	++
Orthocladiinae			
Prodiamesa olivacea MG.	+++	×	
Heterotrissocladius longicollis K. var.	+		+
Heterotrissocladius triangulifer K.			+
Eucricotopus silvestris T.	++		
Eucricotopus sp.			+
Trichocladius motitator L.		×	
Trichocladius sp.			×
Psectrocladius silesiacus K.			×
Tanypodinae			
Ablabesmyia monilis L.	+	+	+
Procladius sp. (z. B. *sagittalis* K., *choreus* MG., *distans* K.)		+++	
Procladius sp.	+		+(+)
Protenthes punctipennis F.		+	
Clinotanypus nervosus MG.	+++		
Macropelopia sp.	×		
Tanytarsariae			
Micropsectra sp. (*Inermipes* GR.)		+	
Tanytarsus sp. (*Gregarius*-Gruppe)	+		++
Tanytarsus bipunctatus K.	×		
Paratanytarsus bigibbosus K.		×	
Paratanytarsus sp.			+++
Chironomariae			
Polypedilum scalaenum SCHRCK. var. *trinotatum* V. D. W. (= *conjunctum* K.)		+++	++
Polypedilum nubeculosum MG. (*ciliatimanus* K.)		+	++
Polypedilum convictum WALK (*nympha* K.)		+	
Polypedilum laetum MG. (*heptastictum* K.)			++
Polypedilum sp.	+		++
Lenzia flavipes MG.			++
Lenzia flavipes var. *leucolabis* K.			++
Lenzia sp.	+	+	
Paratendipes plebejus MG. (*fuscimanus* K.)	×	++	++
Microtendipes abbreviatus-Gruppe			+
Stictochironomus maculipennis MG.		+	+++
„*Stictochironomus*“ *pictulus* MG.			++

	Schlamm, mit Genist durchsetzt	Schwarzer Schlick	Sand
Endochironomus sp.	×		
Phytochironomus foliicola K. var.			×
Chironomus plumosus (L.)			×
Chironomus thummi-Gruppe	×	+++	++
Parachironomus pararostratus HARNISCH . . .		+	
Parachironomus (?) forficula K.		+	
Paracladopelma camptolabis K.	×	+	+++
Harnischia fuscimanus K.		++	+++
Harnischia albimanus K.			×
Cryptochironomus rostratus K.		+	+++
Cryptochironomus defectus K.		×	
Cryptochironomus imberbipes K.			×

Betrachten wir zuerst die verschiedenen Oderbiotope. Die lotischen und lenitischen unterscheiden sich, wie zu erwarten, durch die Verschiedenartigkeit des Verhältnisses Orthocladiinae : Chironomariae; bei den lotischen ist dieses 73 : 11, bei den lenitischen 16 : 53; d. h. im bewegten Wasser etwa 7mal soviel Orthocladiinenarten wie Chironomariae, im Stillwasser 3- bis 4mal soviel Chironomarienarten als Orthocladiinen. (Ein ähnliches Verhältnis — starke Zunahme der Artenzahl im lenitischen Wasser — hätte sich wohl auch bei den Tanytarsarien ergeben, wenn hier die einzelnen *Tanytarsus*- und *Micropsectra*-Arten unterschieden wären.) Von den Charakterformen der lotischen Biotope ist *Cardiocladius* eine auch sonst für Flüsse typische Gattung (vgl. THIENEMANN 1932 b): *C. fuscus* auch aus englischen Flüssen, *C. congregatus* TÖM. und *leoni* GOETGH. aus der Donau, *C. obscurus* JOH. aus USA. *Trichocladius bicinctus* ist ebenfalls weit verbreitet in Flüssen und Bächen, lebt aber auch in stehenden Gewässern (THIENEMANN 1936 g, S. 538); *Tr. triannulatus* ist bisher nur in kleineren und größeren Flüssen (Oder, Rhein, Schleswig-Holstein) festgestellt (THIENEMANN 1936 g, S. 540). *Rheotanytarsus lapidicola* haben wir schon (S. 51) als Steinbewohner der Mittelgebirgsbäche kennengelernt. Bei der Fauna der Odersteine verzeichnet HARNISCH (S. 129) noch „als freilich verhältnismäßig regelmäßige Gäste aus der Schlammfauna“ (nicht in die Tabelle aufgenommen!): *Micropsectra* sp., *Tanytarsus senarius* K., *Polypedilum obliteratum* K., *Paratendipes plebejus* MG., *Microtendipes* sp., *abbreviatus*-Gruppe. Auffallend ist in der Schlamm- und Sandfauna das starke Hervortreten der *Cryptochironomus*-Verwandten (*Cryptochironomus, Harnischia, Paracladopelma*) und die Zuspitzung der Tubuli bei den *Chironomus*-Larven der *thummi*-Gruppe (*Fluviatilis*-Typ HARNISCHS, vgl. S. 136 dieses Buches sowie Abb. 97).

	Oder (Brassenregion)						Kossau	Berg-gewässer
	Lenitische Biotope		Lotische Biotope		Im ganzen			
	absolut	%	absolut	%	absolut	%	%	%
Ceratopogonidae	3	6	—	—	3	5	6	3
Tanypodinae	7	14	2	11	9	14	14	9
Orthocladiinae	8	16	13	73	18	29	37	70
Tanytarsariae	5	10	1	6	6	9	27	10
Chironomariae	26	53	2	11	27	43	16	6
Im ganzen	49		18		63			

Vergleichen wir nun noch an Hand vorstehender Tabelle die Gesamt-Chironomidenfauna der Brassenregion der Oder mit der der schleswig-holsteinischen Flüßchen und der Berggewässer, so zeigt sich in der Reihe Berggewässer — „Kossau" — Oder für die Orthocladiinen eine Abnahme von 70 über 37 auf 29%, für die Chironomarien eine Zunahme von 6 über 16 auf 43%.

Das Bild für die Tanytarsarien ist, da die Oderangaben nicht ausreichen, nicht klar. Ceratopogoniden und Tanypodinen sind in allen drei Regionen prozentual ähnlich vertreten.

An der unteren Peene hatte Fr. Krüger 1941 und 1942 gearbeitet und dort auch den Chironomiden seine besondere Aufmerksamkeit geschenkt. Zu einer Sichtung seines Materials kam er nicht mehr; er starb an den Folgen der Kriegsstrapazen und Gefangenschaft am 27. August 1945. Ich habe seine Chironomidenzuchten bearbeitet und die Ergebnisse in einer kleinen Veröffentlichung zusammengestellt (1951 a). Das Untersuchungsgebiet umfaßt die Peene zwischen dem pommerschen Festland und der Insel Usedom und das Achterwasser sowie die Krummiener Wiek. Es handelt sich größtenteils um Süßwasser, das nach der Peenemündung hin je nach Wind und Strömung mehr oder weniger weit in schwaches Brackwasser übergeht. Ich gebe hier ein Artenverzeichnis; die Arten, die auch in schwachem Brackwasser (1,1—3,4$^0/_{00}$) gefunden wurden, sind mit einem + bezeichnet.

Ceratopogonidae (> 3 Arten):

Sphaeromias pictus Mg., *Palpomyia* sp., *Bezzia* sp., + *Ceratopogonidae vermiformes* gen.?, spec.?

Tanypodinae (4 Arten):

Ablabesmyia monilis L., + *Procladius choreus* L., + *Protenthes kraatzi* K., *P. vilipennis* K.

Orthocladiinae (6 Arten):

+ *Eucricotopus silvestris* F., *Trichocladius bicinctus* Mg., *Psectrocladius pilimanus* GOETGH., *Potthastia longimanus* K., *Limnophyes* sp., *Coryneura* sp.

Chironomariae (16 Arten):

+ *Chironomus plumosus* L., *Ch. ? winthemi* GOETGH., *Limnochironomus pulsus* WALK., *L. nervosus* STAEG., *Endochironomus* sp. (*nymphoides*-Gruppe), *Glyptotendipes paripes* EDW., + *Leptochironomus tener* K. (*balticus* PAGAST), *Cryptochironomus defectus* K., + *C. psittacinus* MG., *Cryptochironomus* (*? Parachironomus*) *pseudotener* GOETGH., *Parachironomus parilis* WALK., *Cryptocladopelma laccophila* K., *Stictochironomus histrio* F., + *Polypedilum nubeculosum* MG., *P. pullum* ZETT. (*prolixitarse* LUNDSTR.), *P. laetum* MG. (*heptastictum* K.).

Tanytarsariae (5 Arten):

+ *Cladotanytarsus mancus* WALK., + *Cl. wexionensis* BRUNDIN, + *Monotanytarsus inopertus* WALK., *Stylotanytarsus* sp., *Tanytarsus holochlorus* EDW.

Etwa die Hälfte der Arten sind Chironomarien. Als weitest verbreitete Arten heben sich hervor unter den Orthocladiinen *Eucricotopus silvestris*, unter den Chironomarien *Chironomus plumosus* und *Polypedilum scalaenum*, unter den Tanytarsarien *Cladotanytarsus mancus*, unter den Tanypodinen *Procladius choreus*, alles auch sonst weitverbreitete Tiere. Und all diese Tiere gehen auch in das schwache Brackwasser hinein, dazu von — in der Peene — seltenen Formen *Cryptochironomus psittacinus*, *Leptochironomus tener*, *Cladotanytarsus wexionensis*, *Monotanytarsus inopertus*, *Protenthes kraatzi* und wurmförmige Ceratopogonidenlarven.

Wir müssen uns nun noch der Chironomidenbesiedelung russischer Flüsse zuwenden.

Das von der Biologischen Wolgastation in der Wolga gesammelte Material hat LENZ (1924) bearbeitet; Chironomiden aus der Oka und dem Ob LIPINA (1927, 1926 b), aus Mologa und Sheksna GROMOV (1939). Einige Notizen über die Chironomiden des Amu-Darja gab PANKRATOWA (1933). Leider handelt es sich in all diesen Fällen nur um Sammlungen von Larven und Puppen, ohne Züchtungen. (Über SHADINS Buch [1940] vgl. S. 375.)

Wie in der Wolga sich die verschiedenen Chironomidentypen auf die einzelnen Biotope verteilen, geht aus LENZ' Tabelle 3 (S. 21) hervor; im ganzen hatten dem Untersucher 204 Einzelfänge mit 2950 Tieren vorgelegen, die sich auf rund 60 Typen verteilen.

Zwischen Pflanzen und auf Steinen herrschen vor die Orthocladiinen und *Rheotanytarsus*, häufig ist *Eutanytarsus*, dazu kommen *Paratanytarsus* und Tanypodinen (*Ablabesmyia, Procladius*).

Im Sand sind *Cryptochironomus* und Verwandte besonders charakteristisch, dazu vereinzelt Tanypodinen, Orthocladiinen und *Paratanytarsus*.

Im Sand-Schlamm vor allem *Chironomus*, seltener *Cryptochironomus* und *Procladius*, vereinzelt *Culicoides*, *Parachironomus*, Sectio Chironomariae connectentes und Tanytarsariae connectentes, *Eutanytarsus* und *Paratanytarsus*.

Im Schlamm überwiegt bei weitem *Chironomus* und *Procladius*, die übrigen Formen treten ganz zurück.

Dies ganze Bild ähnelt dem von Harnisch für die Oder festgestellten.

Die *Chironomus*-Larven der *Plumosus*-Gruppe treten in der Wolga in drei Formen auf, mit normalen Tubuli (Abb. 94 a), als *Semireductus*-Typ (Abb. 94 b) und als *Reductus*-Typ (Abb. 95), die der *Thummi*-Gruppe in normaler Form (Abb. 93), als *Salinarius*-Typ (Abb. 72) und als *Fluviatilis*-Typ (Abb. 97). (Vgl. hierzu S. 135 ff. dieses Buches.)

Aus Lipinas Oka-Untersuchung (1927) — die Oka ist ein etwa 1400 km langer Nebenfluß der Wolga — entnehmen wir das Folgende: Im Strom selbst sind bei schneller Strömung besonders charakteristisch kleine Larven der Chironominae genuinae, die fast 70% der ganzen Chironomidenfauna ausmachen, dazu vor allem *Cryptochironomus*-Verwandte und Orthocladiinen; bei langsamer Strömung überwiegt *Chironomus plumosus-reductus* (62%); *Chironomus thummi*-Gruppe tritt mit 16% auf, dazu kommt vor allem noch *Procladius* und *Polypedilum*. Die Litoralzone des Flusses läßt sich in eine ganze Anzahl Einzelbiotope gliedern: a) Kleine Buchten am Sandufer, „Sakossje", reich besiedelt, dem langsam fließenden Strom ähnlich, aber mit Überwiegen von *Chironomus thummi*-Gruppe (26%). b) Steinige Ufer: stark verbreitet Orthocladiinen, *Cladopelma*, *Parachironomus*, *Chironomus thummi*-Gruppe. c) Schlammige Ufer: einförmig, aber die einzelnen Arten individuenreich, *Plumosus-reductus* 30%, *Polypedilum* 17%. d) Lehmige Ufer: *Cladopelma* 40%, *Glyptotendipes* 35%. e) Sandlehmige Ufer: *Glyptotendipes* 23%, *Chironomus plumosus*- und *thummi*-Gruppe je 15%. f) Pflanzenbestände: verbreitet *Cladopelma*, *Parachironomus*, *Cricotopus*, *Polypedilum*, *Procladius*. Überströmte Pflanzenbüschel enthalten viel Orthocladiinen und *Rheotanytarsus*. Im Stromarm Lipinski *Chironomus* (vor allem *plumosus-reductus*) 62%, *Culicoides* 20%. Quantitativ sehr reich, im Durchschnitt 629 Larven je m², im Schlamm sogar 2205 Larven je m². Strombuchten ergeben viel *Culicoides* (40%), in großer Zahl auch *Chironomus plumosus*-Gruppe, *Protenthes*, *Cryptochironomus*. In stillen Buchten an erster Stelle *Procladius* (50%), ferner *Polypedilum* und *Tanytarsus* s. s.

Im ganzen beträgt die mittlere Individuenzahl je m² 778; in Sand-Schlamm 1230, Schlamm 945, Sand 348, Sand-Lehm 293, Lehm 223. Der schlammige Sand ist aber viel stärker besiedelt als der Schlamm, er enthält auch die größte Formenmannigfaltigkeit. In der Wolga ist umgekehrt der Schlamm dreimal so dicht besiedelt wie der schlammige Sand. Auch in den von Gromov (1939) untersuchten Nebenflüssen der Wolga, der Mologa und Sheksna war der schlammige Sand von der größten Chironomidenmenge besiedelt (175 Larven = 0,37 g je m², respektive 150 Larven = 0,234 g), der reine Sand am geringsten (40 Larven = 0,03 g, respektive 14 Larven = 0,007 g). Im reinen Sand des Flußbodens lebten außer drei anderen Chironomarien *Paratendipes* und *Stictochironomus;* im schlammigen Ufersand waren *Cladotanytarsus, Cryptochironomus, Chironomus thummi*-Gruppe, *Ch. plumosus reductus* und *Polypedilum* weitest verbreitet; auf Lehmgrund *Culicoides, Procladius, Cryptochironomus, Monodiamesa,* auf schlammigem Lehm die gleichen, außer *Monodiamesa,* dazu *Plumosus reductus.* In schlammigen Buchten der Mologa erreicht *Chironomus plumosus* starke Entwicklung, in weniger schlammreichen Buchten überwiegt *Cladotanytarsus* und *Cryptochironomus.* Im schlammigen Sand der Nebenflußmündungen dominiert *Ch. thummi*-Gruppe und *Procladius* und in kleinen Flüßchen mit viel Schlamm *Chironomus plumosus semireductus.*

Aus dem Obgebiet lag Lipina (1926 b) Chironomidenmaterial vor: 1. aus dem Unterlauf des Flusses Irtysch unterhalb der Stadt Tobolsk und dem Flusse Ob von der Mündung des Irtysch bis zum Delta (Uferzone); 2. aus dem an die Stadt Nowonikolajewsk grenzenden Gebiet, aus dem Ob und dem Unterlauf des Inja; 3. aus dem Oberlauf des Ob (bei Barnaul), dem Fluß Bilja und dem See Teletzkoje. Natürlich kann man sich auf Grund eines so geringen Materials nur eine unvollständige Vorstellung von der Chironomidenfauna dieses gewaltigen Stromes machen. Die Verfasserin schreibt: „Der Fluß Bija gibt ein typisches Bild der Fauna eines schnell fließenden, reinen Stromes. Die Fauna des Flusses Inja nähert sich etwas der Fauna stehender Gewässer. Im Flusse Ob im Gebiet von Nowonikolajewsk ist nur die Uferzone, nicht breiter als 100 m, besiedelt. An seichteren Stellen bis zu 1,5 m überwiegen *Chironomus thummi,* tiefer tritt an seine Stelle *Chironomus reductus* und Übergangsformen von *Reductus* zu *Plumosus;* die Blutkiemen des 11. Segments von *thummi*-Larven sind zugespitzt. Unterhalb des Einflusses des Irtysch kommt es im Ob und einigen seiner Nebenflüsse zu sogenanntem ‚Samor', d. h. einer Verseuchung des Wassers unter der Eisdecke.[84] Die Uferzonen der Bezirke, wo die Verseuchung stattfindet, unterscheiden sich weder quantitativ noch qualitativ von denjenigen, welche durch die Verseuchung nicht heimgesucht werden (die Termine des Auftretens von Puppen für verschiedene Arten stimmen überein). Das Vorkommen von Chironomidenlarven in den unter Verseuchung leidenden Bezirken in derselben Zusammensetzung wie in den anderen Gebieten kann zwei Ursachen haben: entweder erstreckt sich die Verseuchung nicht auf alle Schichten des Flußbodens, und die Chironomidenlarven bleiben im Laufe der Seuchenmonate unbeschädigt, oder diese

[84] Sogenannter Flußbrand, d. h. Sauerstoffschwund (Th.).

Flußbezirke werden als Gewässer des Flußtales noch vor Anfang der Verseuchungsperiode vom Flusse isoliert und folglich vor dem verderblichen Einfluß der Verseuchung bewahrt. Im letzteren Fall sind die Gewässer des Flußtales Vorratskammern für die Bodenfauna. Die Chironomidenfauna ist anscheinend wenig dem Einfluß klimatischer Verhältnisse ausgesetzt. Alle Formen sind mehr oder weniger gleichmäßig verbreitet. So sind ohne Ausnahme alle Gattungen, deren Vorhandensein jenseits des Polarkreises konstatiert wurde, auch in den südlicheren Gebieten gefunden worden, und auch die Zeit des Auftretens der Puppen ist dieselbe. Das von THIENEMANN angenommene Überwiegen von Orthocladiinen in der Arktis trifft anscheinend nur für einige Gewässer zu. Der Ob zeigt uns jenseits des Polarkreises ein recht buntes Bild. Wenn wir die transpolaren Formen nach Unterfamilien zusammenstellen, so erhalten wir: Tanypodinae — 11, Chironomariae — 34, Tanytarsariae — 1, Orthocladiinae — 14. Folglich ist hier die Anwesenheit nur einer Unterfamilie (Culicoidinae) nicht konstatiert worden, und auch im ganzen Ob ist nur ein Exemplar eines Vertreters dieser Unterfamilie aufgefunden worden. An erster Stelle stehen Chironominae (aus der Sectio *connectens* ist kein einziger Vertreter gefunden worden), an zweiter Orthocladiinae, deren Anzahl um 2½mal kleiner ist als die der Chironominae. Ein vergleichbares Material ist nur für die Uferfauna des Unterlaufes des Ob vorhanden. Unser Material teilen wir in 4 Gruppen: 1. die Uferzone des Flusses; 2. nach dem Hochwasser zurückgebliebene Gewässer; 3. vom Frühjahrswasser überschwemmte Wiesen; 4. ‚Sor', d. h. von Frühjahrswassern gefüllte Mulden, welche nachher entweder vollständig austrocknen oder nur Reste des Wassers enthalten; diese Mulden erreichen bis zu 70 km im Umkreise. Was die prozentlichen Verhältnisse der einzelnen Unterfamilien anlangt, so stehen überall an erster Stelle Chironominae genuinae, an zweiter Orthocladiinae. Aber nicht überall überwiegen die ersteren über die letzteren: dieses Überwiegen ist ungeheuer groß in den nach dem Hochwasser zurückgebliebenen Gewässern, kleiner auf den Wiesen und am niedrigsten in der Litoralzone und den Mulden. Entgegengesetzt wächst der Prozentsatz der Orthocladiinae, und in den Mulden ist er dem der Chironominae fast gleich. Sehr artenreich ist die Fauna der Wiesen, am eintönigsten die der nach dem Hochwasser zurückgebliebenen Gewässer."

Kurz sei noch auf die Notiz von W. J. PANKRATOWA (1933) über einige Fänge aus dem Amu-Darja hingewiesen. Im Strombett selbst wurden vier Typen von Chironomidenlarven gefunden, davon der eine *Polypedilum*, die drei anderen neu und unbekannt. Doch hat, nach den sehr skizzenhaften Zeichnungen (vor allem Fig. 7) zu urteilen, PANKRATOWAS Form 1 große Ähnlichkeit mit PAGASTS „Orthocladiine aus Flußsand" (PAGAST 1936 b), die er im bewegten Sand zweier Flüsse in Livland und Südost-Estland fand.

Es ist sehr zu bedauern, daß über die Chironomidenfauna der großen

Ströme nur so fragmentarische Nachrichten vorliegen. Denn auch in den Flüssen spielen, wie in den stehenden Gewässern, die Chironomiden eine überragende Rolle. Sie treten quantitativ stellenweise in großen Massen auf, wie aus den oben für die Oka gegebenen Zahlen hervorgeht; in der Wolga kommen an manchen Stellen im Schlammboden bis 2000 Exemplare je m^2 vor (vgl. auch Taf. XVI Abb. 210). *Chironomus-Larven* der *plumosus*-Gruppe machen in der Wolga oft den einzigen Mageninhalt der auf den überschwemmten Wiesen sich mästenden Sterlets aus (BEHNING 1928, S. 67).

Wenn aber solche Studien in Zukunft mit wirklichem Erfolg durchgeführt werden sollen, so darf es bei den Feldarbeiten nicht, wie bisher meist, dabei bleiben, daß an vielen Stellen des betreffenden Gewässers die Larven und Puppen gesammelt und konserviert werden! Wenigstens die quantitativ stark hervortretenden und für den betreffenden Biotop charakteristischen Formen müssen bis zur Imago aufgezogen werden! Die Angabe der Larven-„typen" oder -„gruppen" genügt heute nicht mehr, sondern muß durch wirkliche Speciesbestimmungen ersetzt werden! Wem das zuviel verlangt erscheint, der möge bedenken, welche Rolle die Chironomiden in der Besiedelung der meisten limnischen Biotope und für die gesamte limnische Produktionsbiologie spielen. Der Wert vieler limnologischer Untersuchungen, für die oft soviel Zeit, Arbeit und Mittel verwendet worden sind, würde bei Berücksichtigung dieser Forderung um vieles größer sein. Ich habe oben (S. 363) schon darauf hingewiesen, wie wertvoll es gewesen wäre, wenn man die Chironomidenfauna der Susaa mit der gleichen Intensität untersucht hätte wie die der Kossau (NIETZKE); denn dann hätte man einen Vergleich beider ziehen können und die allgemeinen Gesichtspunkte, die wir über die Zusammensetzung der Chironomidenfauna der fließenden Gewässer entwickelt haben, hätten ein sichereres Fundament erhalten können. — Hier noch ein Beispiel: SHADIN hat (1940) in einem neuen, schönen Buche seine ausgedehnten und intensiven Studien über die Fauna zahlreicher Flüsse des europäischen Rußlands zusammengestellt. Auch die Chironomiden sind überall berücksichtigt worden; auf Seite 830 bis 846 wird auch ein Verzeichnis von 123 verschiedenen „Formen" gegeben. Ich sage mit Absicht „Formen" — denn eine wirkliche Speciesbestimmung findet sich nur bei vier Formen! Es ist überaus bedauerlich, daß sich daher die SHADINsche Zusammenstellung für unsere Zwecke nicht auswerten läßt!

b) Chironomiden aus den Fließgewässern Insulindes

Auf Java, Sumatra und Bali haben wir fließende Gewässer nur im Mittel- und Hochgebirge untersucht; große Flüsse der Ebene mußten bis auf die Seeausflüsse ganz unberücksichtigt bleiben. Was wir im Bergland im Bach, Fluß und Wasserfall an Chironomiden festgestellt haben, ist im folgenden verzeichnet (Taf. XVI—XIX Abb. 211—217).

Tanypodinae
(vgl. ZAVŘEL 1933)

1. *Ablabesmyia facilis* JOH. (n. sp.).
(Y 20) Westjava: Tjibodas, Wasserfälle von Tjiböröm (Taf. XVI Abb. 211), in einem wassererfüllten Baumfarnstumpf. 1 Larve. 13. V. 29.
(R 1 a) Südsumatra: Ausfluß des Ranau-Sees, im überschwemmten Ufer. 9 Larven. 20. I. 29. Sonst in Quellen (vgl. S. 335).

2. *Ablabesmyia dolosa* JOH. (n. sp.).
(L 10 a) Ostjava: Strudelloch im Bachbett eines Zuflußbaches des Lamongan-Sees. 1 Puppe gezüchtet. 14. X. 28.
(L 11 b) Ostjava: Zuflußbach des Lamongan-Sees. 2 Larven. 20. X. 28.
Also an ruhigen Bachstellen, aber auch in Sawahs und Heidetümpeln (vgl. S. 541).

3. *Ablabesmyia alterna* JOH. (n. sp.).
(L 18 d) Ostjava: Zuflußbach des Ranu Lamongan, an ruhiger, schlammiger Stelle. 1 Larve. 16. X. 28.
(S 5 a) Mitteljava: Sarangan, Kali (= Bach) Djumok (etwa 1800 m). 1 reifende Larve. 9. XII. 28. Sonst vor allem in Quellen (S. 336); auch einmal in einer Phytotelme gefunden (S. 547).

4. *Ablabesmyia albiceps* JOH. (n. sp.).
(R 1, FR 5 a) Südsumatra: Ausfluß des Ranau-Sees. Zahlreiche Larven. 25. I. 29. Puppen auch in einem Rockpool mitten in diesem Seeausfluß. 25. I. 29 (R 1 g).

5. *Ablabesmyia* cfr. *pilosella* MALLOCH [ZAVŘEL 1933, S. 615 „Neuer Typus"].
(R 25 f) Südsumatra: Urwaldbach bei Ranau (Taf. XVII Abb. 212). 1 Larve. 28. I. 29.
(F 44) Mittelsumatra: Bach in der Nähe von Padang. 1 reife Larve. 19. III. 29.

6. *Ablabesmyia* sp. *Costalis* B.
(FL 25 b, 26 a) Ostjava: Großer Wasserfall am Ranu Bedali, aus Moosrasen. Zahlreiche Larven. 21., 29. IX. 28.
(L 7 c) Ostjava: Zuflußbach des Ranu Lamongan, auf Steinen. 1 Larve. 12. X. 28.
(P 2) Ostjava: Kali Kemanten, Gebirgsbach am Kawi (etwa 1500 m). 2 Larven. 18. X. 28.
(FF 17 b) Mittelsumatra: Wasserfall der Harau-Kloof, in Moosen. 1 Larve. 10. III. 29.
(FT 6) Sumatra: Tobagebiet, Bach südlich Belige. 4 Larven. 5. IV. 29.

(FZ 6 g) B a l i : Wasserfall Ljemampeh am Batur (1100 m), in Moos, 3 Larven. 26. VI. 29.
Diese Art — aus der Verwandtschaft von *A. muscicola* K. — also meist in Moosen von Wasserfällen. Seltener in Quellen (vgl. S. 337).

7. *Ablabesmyia* sp. *Costalis* C.
(S 5 a) M i t t e l j a v a : Sarangan, Kali Djumok (1800 m). 1 reife Larve. 9. XII. 28.
(S 8) M i t t e l j a v a : Sarangan, Wasserfall des Kali Pagergede (Abb. 213). 1 Exuvie. 6. XII. 28. Auch aus einer Quelle (vgl. S. 337).

O r t h o c l a d i i n a e

(vgl. JOHANNSEN 1932 a, THIENEMANN 1932 a, 1937 a)

8. *Metriocnemus discretus* JOH. (n. sp.).
W e s t j a v a : Tjibodas, Wasserfälle von Tjiböröm (Taf. XVI Abb. 211). 9. VII. 29. (I. gezüchtet.)
9. *Eucricotopus trifasciatus* Pz.
(Y 13) W e s t j a v a : Tjibodas, aus raschfließenden Gräben im Botanischen Garten. 10. VII. 29. (1 ♀ gezüchtet.)
10. *Cricotopus argutus* JOH. (n. sp.).
(S 8) M i t t e l j a v a : Sarangan, Wasserfall des Kali Pagergede (1410 m) (Taf. XVII Abb. 213). 6. XII. 28. (♂ gezüchtet.)
11. *Cricotopus incisus* JOH. (n. sp.).
Wie Nr. 8. (♀ gezüchtet.)
12. *Trichocladius* sp.
Wie Nr. 9. (1 Puppenhaut.)
13. *Trichocladius* sp. cfr. *bituberculatus* GOETGH.
Wie Nr. 14. Puppenhäute.
14. *Rheocricotopus* sp. *atripes*-Gruppe.
(B 1) W e s t j a v a : Buitenzorg, Auslauf eines Teiches im Botanischen Garten. Puppenhäute in der Spritzzone der Moose der Auslaufrinne. 12. IX. 28.
15. *Microcricotopus* sp.
Wie Nr. 17. 1 ♂ gezüchtet.
16. *Cardiocladius delectus* JOH.
W e s t j a v a : Buitenzorg, Hotel Bellevue, Lampenfänge. Stammt sicher aus dem Fluß Tjisadane.
17. *Spaniotoma (Trichocladius) unica* JOH. (n. sp.).
(S 8) M i t t e l j a v a : Sarangan, Wasserfall des Kali Pagergede (1410 m) (Taf. XVII Abb. 213). 1 ♀ gefangen.
18. *Spaniotoma (Trichocladius) lobalis* JOH. (n. sp.).
(Fy 7 b) W e s t j a v a : Tjibodas, am Kali Tjiwalen. 14. VII. 29. (Auch aus einem Teich, vgl. S. 541).

19. *Spaniotoma (Trichocladius) rigida* JOH. (n. sp.).
Wie Nr. 17. 1 ♂ gezüchtet.

20. *Spaniotoma (Trichocladius) mediocris* JOH. (n. sp.).
Sumatra: Toba-Gebiet, bei Balige fliegend. 1 ♀ gezüchtet aus Bachmoos. 1. IV. 29.

21. *Corynoneura* sp.
(B 3) Westjava: Buitenzorg, Seitenarm des Tjiliwong. Larven zwischen *Rheotanytarsus*-Röhren. IX. 28.

22. *Thienemanniella* sp.
(M 12) Südsumatra: Aër Putih, ein Urwaldbach bei Tjurup. Larven. 8. V. 29.
(FZ 6 g) Bali: Wasserfall bei Ljemampeh am Batur. Larven in Moos. 26. VI. 29.

23. *Limnophyes* sp. a. (THIENEMANN 1932 a, S. 559).
In Bächen, vor allem des Gebirges (Westjava, Tjibodas; Mitteljava, am Kawi; Ostjava, Ausfluß des Sees Pakis).
Ferner in Bächen violett geringelte Larven unbekannter Art und Gattung, in 3 verschiedenen Typen (vgl. THIENEMANN 1932 a, S. 558):

24. a) Lederbrauner Kopf. In Mittel- und Westjava im Gebirge in Quellen, Bächen, Wasserfällen.

25. b) Fast schwarzer Kopf.
(FT 6) Sumatra: Tobagebiet, Wasserfall eines Baches südlich Balige. 5. IV. 29.

26. c) Hellgelber Kopf.
(L 15 a) Ostjava: Ausfluß des Sees Pakis. 24. X. 28.

27. Eine Orthocladiinenlarve unbekannter Art und Gattung lebte in großer Zahl als Epibiont auf der Krabbe *Paratelphusa tridentata* in einem Seitenarm des Flusses Tjiliwong im Botanischen Garten in Buitenzorg, Westjava.

Tanytarsariae
(vgl. ZAVŘEL 1934)

28. *Eutanytarsus* sp. *Inermipes*-Gruppe.
(L 7 c, L 10 d) Ostjava: Zuflußbäche des Ranu Lamongan, auf Steinen. Einzelne Larven. X. 28.

29. *Eutanytarsus* sp. *Gregarius*-Gruppe Nr. 1 (ZAVŘEL, S. 140).
(FD 3) Mitteljava: Diëngplateau, Kali Tulis, Moos auf Steinen. 1 Larve. 4. VI. 29.

30. *Rheotanytarsus adjectus* JOH. (n. sp.).
(B 1) Westjava: Buitenzorg, Ausfluß eines kleinen Teiches im Botanischen Garten, in Moos. 12. IX. 49.

(B 3) Westjava: Buitenzorg, Seitenarm des Tjiliwongflusses im Botanischen Garten. Gehäuse überziehen bürstenartig Steine und Zweige in stärkster Strömung. 14. IX. 28.

(B 4) Westjava: Buitenzorg, Ausfluß des „sauren“ Teiches im Botanischen Garten. 15. IX. 28.

(B 21) Westjava: Buitenzorg, Abflußbächlein des Schwimmbades des Hotels Bellevue. In Mengen auf moos- und algenbesetzten Steinen. 26. IX. 28.

(L 7 c) Ostjava: Auf Steinen eines Zuflußbaches des Ranu Lamongan. 12. X. 28.

31. *Rheotanytarsus acerbus* JOH. (n. sp.).
(R 5 c) Südsumatra: Wai Negri, ein kleiner Urwaldbach am Ranau-See, an Wurzeln und Laub in der Strömung. 22. I. 29.

32. *Rheotanytarsus* cfr. *exiguus* JOH.
(S 10) Mitteljava: Sarangan, Kali Djumok (etwa 1520 m). Lang gestielte Gehäuse an Wurzelwerk, das in den Bach hängt. 7. XII. 28.
(R 34 c) Südsumatra: Urwaldbach nahe Ranau, auf Steinen (Taf. XVII Abb. 212). 1. II. 29.

33. *Rheotanytarsus* sp. cfr. *lapidicola* und *pentapoda*.
(D 13) Mitteljava: Diëngplateau, Serajubach bei Patakbanteng (1950 m), an Steinen. 5. VI. 29.
(R 34 c) Wie Nr. 32.

34. *Rheotanytarsus additus* JOH. (n. sp.).
(FD 3) Mitteljava: Diëngplateau, Kali Tulis, aus Moos an Steinen. 4. VI. 29. (Bestimmung nicht ganz sicher.) Sonst in Seen und Sawahs.

35. *Rheotanytarsus trivittatus* JOH. (n. sp.).
(R 1 c) Südsumatra: In der Strömung im Ausfluß des Ranau-Sees. Larven und Puppen. 20. I. 29.
(FM 12) Südsumatra: Musi bei Muara Klingi. Imago an Uferpflanzen. 8. V. 29.

36. *Cladotanytarsus conversus* JOH. (n. sp.).
(R 1 f) Südsumatra: In der Strömung des Ausflusses des Ranau-Sees. 29. I. 29.

37. *Atanytarsus* juv. Nr. 1 (ZAVŘEL, S. 162).
(P 2) Mitteljava: Kali Kemanten, ein Gebirgsbach am Kawi (etwa 1500 m). 1 Larve. 18. X. 28.

Chironomariae
(vgl. LENZ 1937)

38. *Chironomus costatus* JOH. (n. sp.).
(L 7 a) Ostjava: Im Schlamm eines Zuflusses des Ranu Lamongan. 12. X. 28.

(Z 5 b) Bali: Kintamani, Rockpools im Bachbett des Padanggombobaches bei Tamantanda. 14. VI. 29.

39. *Chironomus* sp.
Nicht gezüchtete Larven von folgenden Stellen:
(L 6 a, L 10 d) Ostjava: Zuflußbäche des Ranu Lamongan. 12., 16. X. 28.
(FZ 1 c) Bali: Padangombobach, oberhalb Tamantanda bei Baturiti (1100 m), am Ufer auf Steinen. 14. VI. 29.
(FZ 6 b) Bali: Wasserfall bei Ljemampeh am Innenabfall der Caldera des Batur, Rinnsal mit Laub. 26. VI. 29.

40. *Syntendipes flavitibia* Joh. (n. sp.).
(B 21) Westjava: Buitenzorg, Abflußbach des Schwimmbades des Hotels Bellevue. 26. IX. 28.

41. *Polypedilum concomitatum* Joh. (n. sp.).
(L 7 b) Ostjava: Zuflußbach des Ranu Lamongan, zwischen Laub. 12. X. 28.

42. *Polypedilum hirticoxa* Joh. (n. sp.).
(M 7 b) Südsumatra: Musifluß bei Aër Simpang unweit Tjurup (Taf. XVIII Abb. 214). 6. VIII. 29.

43. *Polypedilum limpidum* Joh. (n. sp.).
(R 34 b) Südsumatra: Urwaldbach bei Ranau, zwischen Laub (Taf. XVII Abb. 212). 1. II. 29.

44. *Polypedilum vectus* Joh. (n. sp.).
(R 3) Westjava: Buitenzorg, Seitenarm des Tjiliwongflusses im Botanischen Garten. 12. IX. 28.

45. *Polypedilum* oder *Pentapedilum* sp.
Nicht gezüchtete Larven:
(D 13, 14) Mitteljava: Diëngplateau, Serajubach unterhalb Patakbanteng. 5. VI. 29.
(V 13) Westjava: Tjibodas, Rinnen im Botanischen Garten. 10. VII. 29.
(Fy 7 m) Westjava: Tjibodas, Kali Tjiwalen. 14. VII. 29.
(R 25 d) Südsumatra: Urwaldbach bei Ranau, zwischen Laub in der Strömung und am Bachrand (Taf. XVII Abb. 212). 29. I. 29.
(F 44) Mittelsumatra: Bach in der Nähe von Padang. 19. III. 29.
(R 37 d) Südsumatra: Kali Warkuk, Hauptzufluß des Ranau-Sees, zwischen Laub (Taf. XVIII Abb. 215). 4. II. 29.
(FM 8 c) Südsumatra: Moose und Algen eines Baches bei Tjurup. 7. V. 29.

46. *Microtendipes* sp.
(S 2) Mitteljava: Sarangan, Resttümpel im Kali Djumok (1400 m). 4. XII. 28.

47. gen.? spec.?
(B 3) Westjava: Buitenzorg, Seitenarm des Tjiliwong im Botanischen Garten, in und an Spongilla. 13. IX. 28.

Ceratopogonidae
(vgl. LENZ 1933, MAYER 1934)

48. *Forcipomyia excellans* JOH. (n. sp.).

49. *Forcipomyia subtilis* JOH. (n. sp.).
(Beide Arten FR 1 f) Südsumatra: Im Abfluß des Ranau-Sees an einem schwimmenden Baumstamm. 12. I. 29. [Wohl nur zufällig im Wasser!]

50. *Atrichopogon pudica* JOH. (n. sp.).
(FL 16 b) Ostjava: Im Moos des großen Wasserfalls am See Bedali. 29. XI. 28.

51. *Dasyhelea contigua* JOH. (n. sp.).
(FZ 6 d) Bali: Wasserfall bei Ljemampeh nahe Kintamani am Batur. 26. VI. 29.
(FT 3 c) Sumatra: Tobagebiet, Moos eines Wasserfalls nördlich Balige. 1. IV. 29.
(FF 17 b) Mittelsumatra: Harau-Kloof, Moose des großen Wasserfalls. 10. III. 29.
(S 8) Mitteljava: Sarangan, Wasserfall des Kali Pagergede (1410 m) (Taf. XVII Abb. 213). 6. XII. 28.
Bewohnt also das Moos von Wasserfällen im Gebirge von Bali bis Nordsumatra, bis etwa 1400 m nachgewiesen, meist in Gesellschaft von *Stilobezzia soror* (vgl. Nr. 55).

52. *Dasyhelea insons* JOH. (n. sp.).
(FY 5 c) Westjava: Tjibodas, Wasserfälle von Tjiböröm, an *Colocasia* (Taf. XVI Abb. 211). 9. VII. 29.

53. *Dasyhelea perfida* JOH. (n. sp.).
(L 16, FL 16) Ostjava: An den Wasserfällen am See Bedali in den Kalkschuppen auf den spritznassen Blättern von *Colocasia indica* und der Nessel *Elatostemma macrophyllum* in Massen, ebenso in Moos. 10. XI. 28.
(FF 8 d) Mittelsumatra: Kalkquellen und Wasserfälle von Panjingahan am See von Singkarak (Taf. X Abb. 199). 23., 25. II. 29.
(FT 3 c) Sumatra: Tobagebiet, Moose eines Wasserfalls südlich Balige. 1. IV. 29.
(FT 17 b) Mittelsumatra: Padang-Hochland, Harau-Kloof, Moose des großen Wasserfalls. 10. III. 29.

54. *Dasyhelea* sp. sp.
Nicht näher zu bestimmende Larven in Mitteljava (Sarangan) in Moosen von Wasserfällen, zwischen Wurzelwerk und Moosen in Bächen, in Westjava in den Wasserfällen von Tjiböröm (Tjibodas). In Sumatra im Tobagebiet in Bächen, ebenso in Mittelsumatra. In Südsumatra in Urwaldbächen, im Cyanophyceen-Anflug überstäubter Felsblöcke in größeren Bächen, am Wasserfall Kapala Tjurup (Taf. XIX Abb. 216), in und an fauligen Blattscheiden wilder Bananen; in Bali, in Wasserfallmoos. (Genaue Angaben bei MAYER 1934, S. 181.)

55. *Stilobezzia soror* JOH. (n. sp.).
Vergesellschaftet mit *Dasyhelea contigua* (Nr. 51) in FZ 6d, S 8, ferner:
(FS 10 a) Mitteljava: Sarangan, Wasserfall oberhalb des Sees Wurung, in Moos. 16. XII. 28.
(S 9) Sarangan, Wasserfall im Kali Djumok. 7. XII. 28.

56. *Probezzia conspersa* JOH. (n. sp.) var. a.
(L 7 b, L 19 a) Ostjava: In einem Zuflußbach des Sees Lamongan zwischen Pflanzen sowie im See selbst zwischen Uferpflanzen *(Hydrilla)*. 12., 18. XI. 28.

57. *Culicoides*-Gruppe.
Unbestimmbare Larven in FS 10 a (vgl. 55) sowie in und an fauligen Blattscheiden wilder Bananen am Wasserfall Kapala Tjurup, Südsumatra (Taf. XIX Abb. 216) (M 2 c).

58. *Bezzia*-Gruppe.
Unbestimmbare Larven. In Ostjava an den Wasserfällen am See Bedali, in Mitteljava (Sarangan) an Wasserfällen und in Bachmoosen bis 1410 m; in Mittelsumatra im Ausfluß des großen Wasserfalls von Panjingahan am Singkarak-See.

c) Vergleich der Chironomidenfauna tropischer und europäischer Fließgewässer

Wir haben in Niederländisch-Indien Fließgewässer nur im Bergland untersucht, daher können wir einen Vergleich natürlich nur ziehen mit unseren europäischen Berggewässern. Dabei muß der Gletscherbach unberücksichtigt bleiben; denn Gletscherbäche gibt es auf Java—Sumatra—Bali nicht. Da wir aber alle in unseren Gletscherwässern gefundenen Chironomiden auch im anschließenden Hochgebirgs- und Übergangsbach noch gefunden haben, ja da sie teilweise bis in die Mittelgebirgsbäche gehen, so sind die für diesen ganzen Gewässerkomplex berechneten Zahlen (vgl. S. 357) mit den für Insulinde ermittelten vergleichbar.

In Europa teilen wir die Fließgewässer bekanntlich nach ihrer Fischfauna in verschiedene Regionen ein: an die fischleeren Gletscherwässer schließt sich die Salmonidenregion (oberer Teil Forellen-, unterer Teil Äschenregion), es folgt die Barbenregion (Übergang von Bergland in Ebene), schließlich kommt die Brassenregion (Ebene). Ich habe den Eindruck, daß sich auch die großen Fließwassersysteme auf Sumatra und Java in ganz ähnlicher Weise gliedern lassen; schon in meinem ersten Reisebericht (1930, S. 13) wies ich darauf hin.

Unserer Barbenregion, oder der unteren Äschenregion und dieser, entspricht hier ökologisch die Strecke der Gewässer, in denen die Saugkaulquappen von *Rana jerboa* und die Saugwelse (*Glyptosternum platygaster*) ihre Hauptwohnstätten haben. Die Abb. 214 und 215 auf Tafel XVIII stellen solche Flußteile dar. In den höher gelegenen Bachteilen — also den unserer Forellenregion entsprechenden — bilden Cobitiden die Charakterformen der Fischfauna (*Nemachilus*-Arten); hier trifft man von Saugkaulquappen statt *Rana jerboa Bufo asper* an; den Charakter solcher Bäche gibt Tafel XIX Abb. 217 wieder. Unterhalb der *Rana jerboa-Glyptosternum*-Region liegt die des Flusses der Ebene, unserer Brassenregion entsprechend.

Es wäre sehr zu wünschen, wenn diese von mir vorläufig aufgestellte Gliederung von Ichthyologen genauer geprüft würde. Unsere Chironomidenausbeute in den Fließgewässern Insulindes ist nicht groß genug, um sie auf diese Regionen aufzuteilen, vor allem auch, da wir den tropischen Ebenenfluß nicht untersuchen konnten.

Wie in Europa, kann man auch im Bergbach Insulindes drei Biotope unterscheiden, die stärkst überspülten Steine und Felsen des Bachbodens (z. B. Taf. XVIII Abb. 214, 215; Taf. XIX Abb. 217), den Pflanzenwuchs auf Steinen (vor allem Moose) und die mehr lenitischen Stellen mit Schlammablagerungen und zusammengeschwemmten Pflanzenresten (letztere vor allem in Urwaldbächen wie Taf. XVII Abb. 212 stark entwickelt).

Vielfach finden sich im Gebirge Wasserfälle, mit Moosen dicht überwuchert (Taf. XVI Abb. 211; Taf. XVII Abb. 213), teilweise von ganz gewaltiger Höhe und Wasserführung, wie der Wasserfall Kapala Tjurup des Musi (Taf. XIX Abb. 216). An solchen ist der Luftdruck so stark, daß es unmöglich ist, an den Fuß des Falles zu kommen; die überaus üppige Vegetation der Umgebung des Falles liegt dauernd in einem dichten Sprühnebel feinster Tröpfchen, so daß sich auf und in den Pflanzen, weit vom eigentlichen Wasserfall entfernt, doch echte Wassertiere, u. a. auch Chironomidenlarven, finden. Eins fällt dem Beobachter, der unsere paläarktischen Berggewässer kennt, sofort auf: in den Bächen Insulindes ist die quantitative Entwicklung der Chironomiden sowohl nach Arten- wie Individuenzahl eine bedeutend geringere als in Europa (THIENEMANN 1932a, S. 560). Wenn man in unseren Bergbächen, etwa Anfang Mai, Moosbüschel der Bachsteine aussiebt, so erhält man meist Hunderte von Chironomidenlarven der verschiedensten Art; in Insulinde bei der gleichen Untersuchung meist nur ganz einzelne. Ich habe von meinen vielen Bachuntersuchungen in Niederländisch-Indien z. B. von Orthocladiinenlarven nur rund 200 Exemplare mitgebracht! Ein Vergleich der Artenzahl der einzelnen Hauptgruppen der Fließwasser-Chironomiden Europas und Insulindes bringt die folgende Tabelle.

	Fließgewässer des europäischen Berglandes		Niederländisch-indische Fließgewässer	
	Artenzahl absolut	Artenzahl in % der gesamten Artenzahl	Artenzahl absolut	Artenzahl in % der gesamten Artenzahl
Ceratopogonidae	5	3	11	19
Tanypodinae . .	14	9	7	12
Podonominae . .	3	2	—	—
Orthocladiinae .	111	70	20	35
Chironomariae .	10	6	10	17
Tanytarsariae . .	16	10	10	17
Im ganzen	159	100	58	100

Aus der Tabelle und der graphischen Darstellung Abb. 218 geht hervor, daß auch in Insulinde die Orthocladiinen an Artenzahl in den Fließgewässern stärker vertreten sind als jede der anderen Gruppen. Aber während in diesen Biotopen in Europa die Orthocladiinen fast drei Viertel (70 %) aller

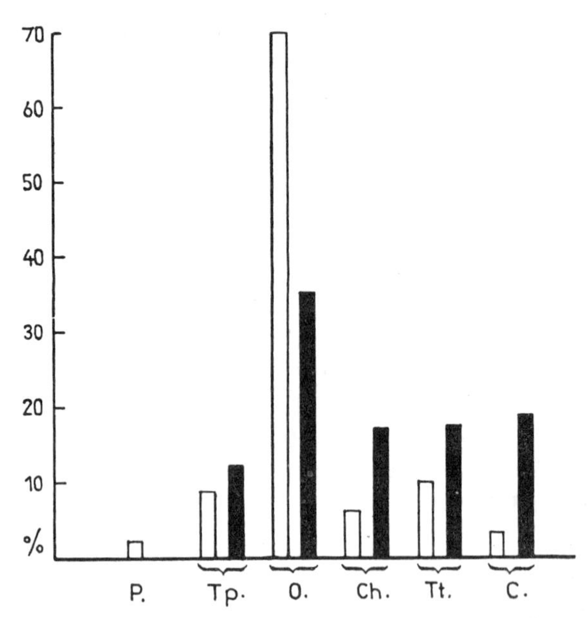

Abb. 218. Artenzahl der einzelnen Chironomidengruppen (in % der Gesamtartenzahl jedes Gebietes) in der Fließwasserfauna der Berglande Insulindes (schwarze Stäbe) und Europas (weiße Stäbe). P = Podonominae, Tp = Tanypodinae, O = Orthocladiinae, Ch = Chironomariae, Tt = Tanytarsariae, C = Ceratopogonidae. (Vgl. die Tabelle.)

Chironomidenarten bilden, ist es in Insulinde viel weniger als die Hälfte (35%). Dafür sind mit Ausnahme der in Insulinde fehlenden Podonominen die übrigen Chironomidengruppen verhältnismäßig stärker vertreten als in Europa. Mit anderen Worten: in der im Verhältnis zu Europa viel gleichmäßigeren Vertretung der einzelnen Chironomidengruppen in der Fließwasserfauna Insulindes prägt sich — ebenso wie wir es bei der Quellfauna (S. 342) schon feststellten — das Gleichmaß der Tropen aus.

Identische Arten unter den Chironomiden finden sich — vielleicht mit einer Ausnahme — nach unseren heutigen Kenntnissen — in der Fließwasserfauna Europas und Insulindes nicht; die Ausnahme betrifft den bisher aus Europa und Nordamerika bekannten *Eucricotopus trifasciatus;* indessen ist die Bestimmung des javanischen Exemplars nicht voll gesichert.

Dagegen sind eine ganze Anzahl Gattungen der Fließwasserfauna beider Gebiete gleich. Es sind das: *Ablabesmyia; Metriocnemus, Trichocladius, Rheocricotopus, Microcricotopus, Cardiocladius, Limnophyes, Corynoneura, Thienemanniella; Rheotanytarsus, Chironomus, Polypedilum; Forcipomyia, Atrichopogon, Dasyhelea, Stilobezzia, Probezzia.*

Auf der anderen Seite fehlen in der Fließwasserfauna Niederländisch-Indiens eine ganze Anzahl in Europa artenreicher und weitverbreiteter Gattungen, darunter gerade die, die für die Gebirgsbachfauna der Paläarktis besonders charakteristisch sind *(Diamesa, Euorthocladius, Rheorthocladius, Parorthocladius, Eudactylocladius, Heptagyia, Eukiefferiella, Synorthocladius,* ferner *Prodiamesa, Macropelopia* u. a.).

3. Die Chironomidenfauna der stehenden Gewässer: Seen

a) Chironomiden und Seetypenlehre

Eine fröhliche Schar jüngerer und älterer Zoologen und Botaniker untersuchte unter Leitung von Professor Dr. Walter Voigt (Bonn) im Sommer 1910 die Eifelmaare. Da zeigte sich in der Tiefenfauna eine merkwürdige Verschiedenheit: in der einen Maargruppe, im Schalkenmehrener Maar, Holzmaar und Meerfelder Maar, ist der braunschwarze Tiefenschlamm ausschließlich von großen roten Larven der Gattung *Chironomus (Ch. anthracinus* Zett.) (= *bathophilus* Kieff.) (Abb. 222) besiedelt, während in dem graubräunlichen Schlamm der Tiefe des Pulvermaares, Weinfelder Maares, Gemündener Maares und des Laacher Sees von den Chironomiden *Tanytarsus*-Larven *(Lauterbornia coracina* [Zett.]) (Abb. 221) leben. Schon vorher war es mir bei der Untersuchung der westfälischen Talsperren aufgefallen, daß diese, ähnlich wie es von subalpinen Seen bekannt ist, durch eine Massenentwicklung von *Tanytarsus*-Arten charakterisiert sind, während für die norddeutschen, die baltischen Seen, immer die Gattung *Chironomus* als Hauptform angegeben wird. Aber hier in der Eifel sind „*Chironomus*-

Maare“ und „*Tanytarsus*-Maare“ doch unmittelbar nebeneinander gelegen: nur ein schmaler Kraterrand, leicht passierbar für das geflügelte Insekt, trennt Weinfelder Maar und Schalkenmehrener Maar (Taf. XX Abb. 219, 220)! Die geographische Lage kann diese Unterschiede nicht erklären; es müssen gewisse Eigentümlichkeiten im Schlamm oder Wasser sein, die hier nur „*Chironomus*“, dort nur „*Tanytarsus*“ zur Entwicklung kommen lassen.

Einer der „Maargenossen“ war inzwischen „Biologe“ an der Landwirtschaftlichen Versuchsstation in Münster in Westfalen geworden. Hier hat ihr Direktor, Geheimrat Professor Dr. J. König, eine „Biologische Abteilung für Fischerei und Abwasserfragen“ geschaffen. Sein weitsichtiger Blick erkannte, daß, seit Kolkwitz und Marsson ihre grundlegenden Untersuchungen veröffentlicht haben, bei der Beurteilung der abwasserverseuchten Gewässer der Hydrobiologe neben dem Chemiker arbeiten muß;

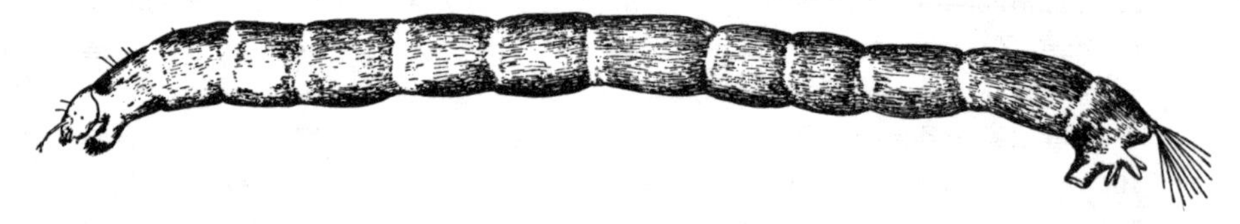

Abb. 221. *Lauterbornia gracilenta* Holmgren. Larve (10 : 1). [Aus Thienemann 1925.]

und so läßt er beide gemeinsam schaffen und die „Biologische Wasseranalyse“ mehr und mehr ausbauen! In den faulenden, durch organische Abwässer aus Städten, Zucker- und Papierfabriken, Brauereien, Brennereien verunreinigten Wasserläufen sind von größeren Tieren neben den Schlammröhrenwürmern *(Tubifex)* die Arten der Gattung *Chironomus* (vor allem *Ch. thummi* Kieff. und Verwandte) die Charakterformen. In Massen leben sie hier, in so gewaltigen Mengen, daß man sie literweise aus dem Schlamm aussieben kann, daß die Zierfischhändler sie hier gewinnen und als Futter für Aquarienfische lebend zum Verkauf bringen. Die Gattung *Tanytarsus* aber fehlt da ganz; sie lebt nur in r e i n e n Bächen und Gräben und Seen. Fragt man sich, worauf es beruht, daß die „Reinwasserfauna“ in diesen Abwässern fehlt und nur die „Saprobien“, zu deutsch „Schmutzfinken“, hier ihr Fortkommen finden, so ergibt sich folgendes: es sind nicht etwa die Fäulnis g i f t e, die die „Reinwasserorganismen“ ausschließen. Es ist vielmehr vor allem der durch die Fäulnis entstehende Sauerstoffschwund, der den Gliedern der Reinwasserfauna das Leben im „Abwasser“ unmöglich macht. Wo aber diese Formen ausgeschlossen sind, da können sich die auch mit einem Minimum von Sauerstoff zufriedenen Abwasserorganismen konkurrenzlos entwickeln und bei dem Reichtum an Nahrung, den der Abwasserschlamm bietet, gewaltige Individuenzahlen erreichen.

Läßt sich zeigen, daß in der Tiefe der *Chironomus*-Maare, so wie im Abwasser, ein niedriger Sauerstoffgehalt vorhanden ist, in der Tiefe der *Tanytarsus*-Maare dagegen ein hoher, so wären die faunistischen Differenzen in der Tiefenfauna der beiden Maargruppen mit einem Male erklärt oder doch dem Verständnis bedeutend nähergebracht.

Scharfe Problemstellung ist meist schon die halbe Lösung des Problems! So auch hier. Die Untersuchung der Sauerstoffverhältnisse der Eifelmaare ergab im Tiefenwasser der *Tanytarsus*-Maare Sommer und Winter annähernd Sauerstoffsättigung, in der Tiefe der *Chironomus*-Maare dagegen im Sommer einen hochgradigen, bis 11% der Sättigung betragenden Sauerstoffmangel.

Und so erklärt die Eigenart eines Milieufaktors die Eigenart der Zusammensetzung der Fauna. Oder besser gesagt, sie erklärt das F e h l e n der *Tanytarsus*-Larven in den *Chironomus*-Maaren. Daß die sauerstoffanspruchslosen *Chironomus*-Larven nicht auch in den *Tanytarsus*-Maaren

Abb. 222. *Chironomus anthracinus* ZETT. Larve (7 : 1). [Aus THIENEMANN 1951.]

leben, muß, da hoher Sauerstoffgehalt für sie kein Hindernis bildet, auf anderen Ursachen beruhen. Es ist sicher, daß sie den nährstoffreicheren Schlamm brauchen, wie er sich nur in den von ihnen besiedelten Maaren findet. Die *Tanytarsus*-Maare haben einen fast ganz mineralisierten Schlamm, der für „nahrungsbescheidene“ Tiere ein günstiges Wohnmedium darstellt. Nährstoffreichtum und Sauerstoffreichtum im Seeboden sind im allgemeinen unvereinbar; Nährstoffarmut und Sauerstoffreichtum gehören meist zusammen. — (Das Vorstehende nach THIENEMANN 1926, S. 42—44.)

Damit war die Lehre von den Seetypen geboren. Sie entwickelte sich in der Folgezeit rasch (THIENEMANN 1939 d, S. 115).

Weitere Untersuchungen zeigten, daß die großen Alpenseen *Tanytarsus*-Seen sind und entsprechend einen hohen Sauerstoffgehalt des Tiefenwassers haben, daß dagegen die meisten norddeutschen Seen *Chironomus*-Seen mit starkem Sauerstoffschwund im Tiefenwasser sind. Und die wenigen norddeutschen Seen mit höherem Sauerstoffgehalt des sommerlichen Tiefenwassers sind *Tanytarsus*-Seen (THIENEMANN 1919 b).

Inzwischen hatte EINAR NAUMANN in Schweden seine limnologischen Seenstudien begonnen; die in Nord- und Mitteleuropa gewonnenen Erfahrungen führten zur Prägung von drei Haupttypen der Seen, des oligotrophen, d. h. des nährstoffarmen, des eutrophen, d. h. des nährstoffreichen, und des dystrophen, d. h. der Humusseen. Es zeigte sich bald (THIENEMANN 1922, 1923 a), daß im großen und ganzen der oligotrophe See dem *Tanytarsus*-See, der eutrophe dem *Chironomus*-See entspricht. Die von NAUMANN und mir und unseren Mitarbeitern in der Folgezeit mehr und mehr ausgebaute Seetypenlehre hat in der Limnologie überaus anregend gewirkt und sich von einem solch großen, zum mindesten heuristischen Wert erwiesen, wie wir es bei ihrer Begründung kaum ahnen konnten; ihre „deutsche" Wurzel aber kam aus der Chironomidenforschung! — Die Bedeutung bestimmter Chironomidenarten als Leitformen für bestimmte Seetypen wurde später mehr und mehr herausgearbeitet. Dabei ist aber scharf zu betonen, daß nur die Chironomiden des Profundals hierfür in Frage kommen, nicht etwa auch die Litoralformen!

Nachdem ich selbst (1922) schon eine eingehendere Gliederung vor allem der eutrophen Seen Norddeutschlands auf Grund ihrer Tiefen-Chironomidenfauna gegeben hatte — immer unter Berücksichtigung der Sauerstoffverhältnisse als Indikator für den Gesamtstoffkreislauf des Sees! — ist dann LUNDBECK (1926, S. 329) zu dem folgenden „Schema für die Seetypenordnung" gekommen.[85] [Die Zeichen in den einzelnen Feldern bezeichnen das Fehlen bzw. die Häufigkeit des Typus in Norddeutschland, die leeren sind noch unbekannt.]

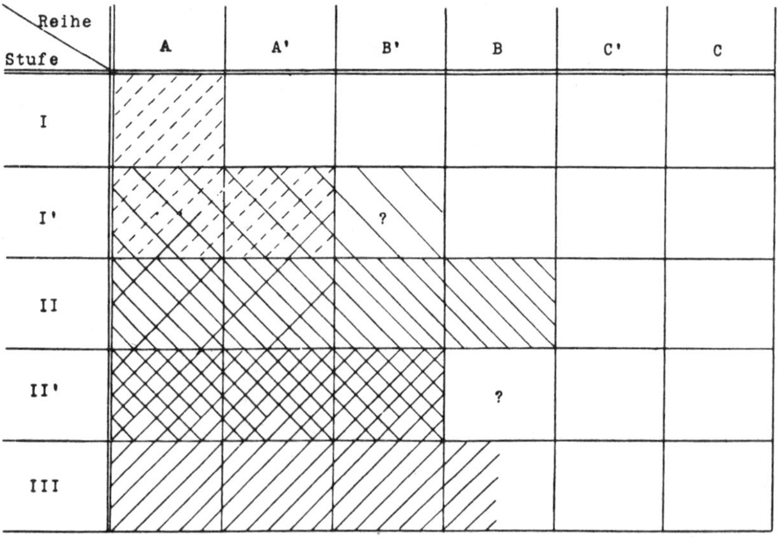

Reihe / Stufe	A	A'	B'	B	C'	C
I						
I'			?			
II						
II'				?		
III						

Abb. 223. Die Verbreitung der Chironomidencharakterarten über die verschiedenen Seetypen. *// Lauterbornia,* \\ *Chironomus anthracinus,* // *Chironomus plumosus.* [Aus LUNDBECK 1926.]

[85] LUNDBECK (1934, S. 221) beschränkt die Gültigkeit seines Schemas „ausdrücklich auf die Seen der Norddeutschen Tiefebene oder, richtiger noch, auf deren Kerngebiet, mit der Elbe und Weichsel als Grenze".

LUNDBECK bemerkt (l. c. S. 322) ganz richtig, daß seine Gruppen eigentlich keine „Typen“ in meinem Sinne seien („Musterbeispiele, die aus Einzelerfahrungen durch Schematisierung gewonnen sind“), sondern genau genommen „ein System der Einzelseen“, er behalte aber den schon eingebürgerten Namen „Seetypen“ bei. Grundlage ist ja in beiden Fällen die Einzelerfahrung; durch Schematisierung gelangt man zu „Seetypen“ im eigentlichen Sinne, durch systematische Ordnung zum „System“. Die Ver-

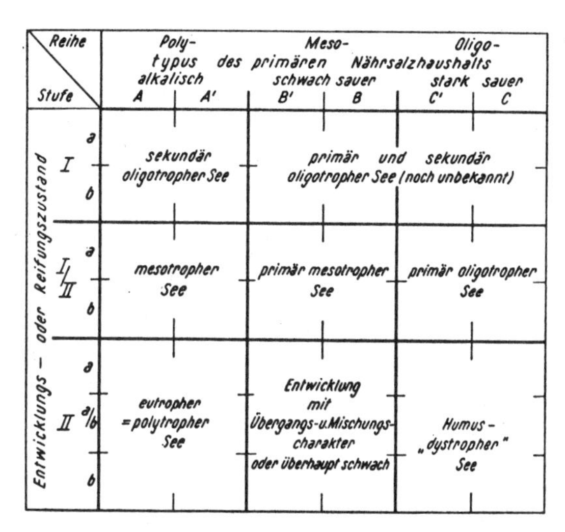

Abb. 224. Grundschema zur systematischen Ordnung der Seen nach ihrer Trophie, ihrem Säuregrad und ihrem Humusgehalt. [Aus LUNDBECK 1951.]

breitung der einzelnen Charakterarten über die verschiedenen Seetypen ist nach LUNDBECK (l. c. S. 367) in Abb. 223 wiedergegeben. Das System LUNDBECKs hat DECKSBACH (1929) auf Grund der Untersuchung russischer Seen und unter Berücksichtigung der „verschiedenen Typenfolgen der Seen“ etwas modifiziert. (Für russische Verhältnisse vgl. ferner LASTOČKIN 1931.) Eine Gliederung schwedischer Seen auf Grund der Bodenfaunistik gab ALM (1922), eine solche finnischer Seen VALLE (1927).

Eine feinere Gliederung der Seen des oligotrophen Typus auf Grund der Tiefen-Chironomiden nahm LENZ (1925, 1927) vor. Er unterschied als Stufen fortschreitender Eutrophierung die typisch oligotrophen *Tanytarsus*-[86] oder *Lauterbornia*-Seen, an die sich als Übergangsglieder zum

[86] Mein Ausdruck „*Tanytarsus*-See“ bedeutet, daß Arten der *Tanytarsus*-Gruppe (Tanytarsariae) im Gegensatz zu Arten der *Chironomus*-Gruppe (Chironomariae) Charakterformen der Tiefenfauna sind. Es ist also unnötig und stört das Verständnis der Literatur, wenn man nach dem Vorschlag von PAGAST (1943 a, S. 479) bestimmte *Tanytarsus*-Seen in „*Micropsectra*-Seen“ umtaufen wollte.

typisch eutrophen *Chironomus*-See die *Stictochironomus*- und die *Sergentia*-Seen anschließen. LUNDBECK gab dann (1936, S. 315) auf Grund seiner Untersuchungen über die Bodenbesiedelung der Alpenrandseen für diese das folgende Schema:[87]

I Oligotropher Typus: a) *Orthocladius*-Seen, b) *Tanytarsus*-Seen.

I/II Mesotropher Typus: a) *Stictochironomus*-Seen, b) *Sergentia*-Seen (beide „*Tanypus*-Seen").

II Eutropher Typus: a) *Bathophilus*-Seen, b) *Bathophilus-Plumosus*-Seen, c) *Plumosus*-Seen.

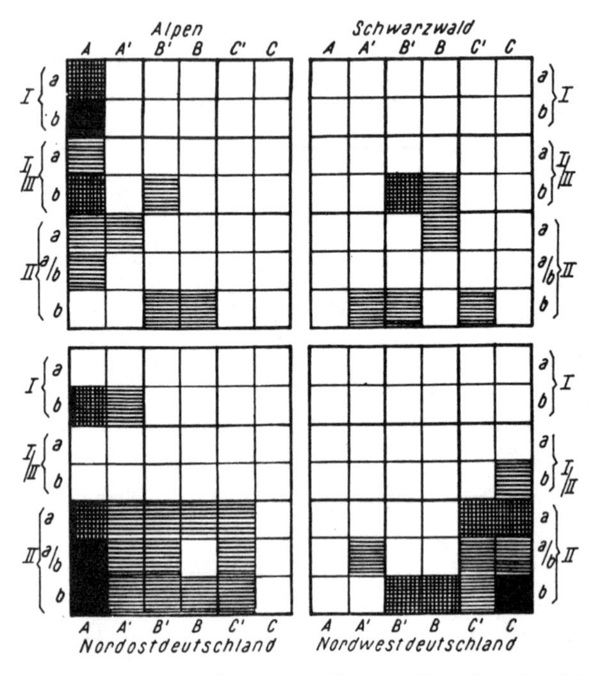

Abb. 225. Die Verteilung der Seen in den vier deutschen Landschaften auf die Trophiestufen und -reihen des Systems der Seen (vgl. Abb. 224). Schwarz vorherrschende, kreuzweise gestrichelt häufige, einfach gestrichelt geringe Zahl von Seen. [Aus LUNDBECK 1951.]

Ein neues Grundschema LUNDBECKS (1951) zur systematischen Ordnung der Seen nach ihrer Trophie, ihrem Säuregrad und ihrem Humusgehalt ist in Abb. 224 wiedergegeben. Die Verteilung dieser Seen in den von ihm studierten vier deutschen Landschaften stellt Abb. 225 dar.

Diese Seetypisierung hat Kritik gefunden; dabei ist aber gleich zu bemerken, daß nicht allen Kritikern klar bewußt war, daß es ein prinzipieller Unterschied ist, ob man einen Seetypus (nur) a u f G r u n d seiner Tiefen-

[87] Über LUNDBECKs (1934) „primär oligotrophen" Seetypus vgl. S. 421.

Chironomiden aufstellt, oder ob man die Tiefen-Chironomiden als Indikatoren für einen bestimmten Seetypus benutzt und diesen nach ihnen benennt. Im allgemeinen richtet sich die Kritik — und dann mit Recht — nur gegen die erstgenannte Methode.

So überschreibt LANG (1931, S. 125) den Schlußabschnitt seiner „Faunistisch-ökologischen Untersuchungen in einigen seichten oligotrophen bzw. dystrophen Seen in Südschweden" mit der Frage: „Ist es berechtigt, auf Grund bodenfaunistischer Untersuchungen Seentypen aufzustellen?" Nein, gewiß nicht, wenn nicht dabei auch die Gesamtökologie des betreffenden Sees berücksichtigt wird! „Dies haben indessen einige andere Forscher getan." „Damit sind wir zu der reinen Seenkatalogisierung ohne irgendwelchen festen ökologischen Grund angelangt." Und nun folgt eine Kritik der Systeme von LENZ, DECKSBACH, ALM, VALLE. Auch NAUMANN (1932, S. 107, 110) hat Kritik an den auf Grund der profundalen Chironomidenfauna aufgestellten Seensystemen geübt; diese trifft diese Systeme aber nur insofern, als sie „den produktionsbiologischen Typus der in Frage stehenden Gewässer nicht hinreichend studiert" haben. Auch die Kritik PAGASTS (1940) trifft nur Einzelheiten, nicht das Ganze. Daß allerdings „die Anwendbarkeit der Bodentierwelt für die Seetypengliederung ohne andere Kontrolle ihre Grenzen und Gefahren hat" — wie es LUNDBECK (1936, S. 314) ausdrückt —, dürfte wohl allen auf diesem Gebiete arbeitenden Forschern klar sein![88]

Aber man kann diese ganze Sache auch von einem anderen Gesichtspunkte betrachten. Ich zitiere hier Ausführungen von LENZ (1933 b, S. 175, 176), die er im Anschluß an die Untersuchung des Waterneverstorfer Sees, eines „*Fleuria*-Sees" macht:

„In der letzten Zeit ist Kritik laut geworden an der Aufstellung faunistisch begründeter Seetypen. Diese Kritik ist zweifellos berechtigt, wenn sie sich dagegen wendet, daß man auf Grund rein deskriptiv gewonnener faunistischer Daten Gewässer benennt, typisiert und damit glaubt, das wichtigste Forschungsziel der Limnologie erreicht zu haben. Indes scheint es mir, als ob die erwähnte Kritik oft das Kind mit dem Bade ausschütte, wenn sie überhaupt die Charakterisierung und Benennung von Gewässerarten auf Grund faunistischer Daten ablehnt. Richtig aufgefaßt, kann dies durchaus zulässig sein; und das ist nicht einmal ein Ausnahmefall! Für jeden limnologisch Denkenden ist es selbstverständlich, daß Gewässertypen nur durch Erfassung des Gesamtfaktorenkomplexes aufgestellt werden sollen, also auf Grund des Kausalzusammenhanges zwischen Besiedlung und sämtlichen übrigen, besonders den primären Faktoren der Gewässercharakteristik. Aber ist das immer von vornherein möglich? Man spricht von einem wissenschaftlichen Gebäude und stellt hierdurch einen Vergleich auf. Dieser ist zwar recht instruktiv, aber er hinkt wie alle Vergleiche. Beim Bau eines Hauses muß man das Material vorher bereit haben und muß mit dem Fundament beginnen. Bei der Errichtung eines wissenschaftlichen Gebäudes hat man mit

[88] ALSTERBERGs Kritik (1930, S. 318—322) braucht hier nicht berücksichtigt zu werden, da sie zum Teil von ganz irrigen Voraussetzungen ausgeht.

den Gegebenheiten zu rechnen, und die Bausteine kommen erst nach und nach zusammen. Wir müssen das Material benutzen, wie wir es bekommen. Für denjenigen, der es richtig verstehen will, möchte ich sogar das paradox klingende Wort aussprechen, daß wir ein wissenschaftliches Gedankengebäude nicht immer vom Fundament aus zu bauen brauchen. Wir können — und das geschieht doch recht häufig — auf Grund der zur Verfügung stehenden Daten das Gebäude in den Hauptzügen — nennen wir's ruhig ‚hypothetisch' — umreißen, um dann in exakter Einzelarbeit die fehlenden Glieder einzufügen, so daß schließlich das Ganze ein kausal begründetes Gefüge darstellt. Sollten wir vielleicht ein vorhandenes faunistisches Material nicht auswerten, weil andere Daten fehlen? In den meisten Fällen lassen sich diese faunistischen Tatsachen sogar schon durch direkte Zusammenhänge kausal begründen. Ich erinnere an das klassische Beispiel der Eifelmaar-Untersuchungen THIENEMANNs (1913, 1915). In diesem Falle werden diese faunistischen Daten dazu benutzt, die Charakteristik des betreffenden Sees zunächst einmal, und zwar kann das auch mehr oder weniger theoretisch sein, auf eine kurze Formel bringen; denn nichts anderes heißt es, wenn wir ‚klassifizieren'. Für den Waterneverstorfer Binnensee lautet diese Formel zunächst eben ‚Fleuria-See', und wir verbinden bereits einen ganz bestimmten Begriff damit. Für die Weiterarbeit ergeben sich so — wie die Entwicklung der Limnologie mehrfach beweist — ungeheuer wichtige Anhaltspunkte. Gerade für die regionale Untersuchungsmethode, deren Bedeutung vor allem NAUMANN (1932) stets betont, können die faunistisch gewonnenen Begriffe geradezu wegweisend sein. Voraussetzung ist — das sei noch einmal betont, daß diese faunistischen Begriffe bis zur Grenze des Möglichen kausal aufgebaut werden. Wo diese Grenze Einhalt gebietet, da allerdings kann es erlaubt sein — dafür mußte einmal eine Lanze gebrochen werden —, auch einmal ‚die Sache auf den Kopf zu stellen'. Auch diese Methode, richtig gehandhabt, fördert die Erreichung des Forschungszieles, ja oft ist sie sogar die einzig mögliche."

An anderer Stelle (1933, S. 7) weist LENZ auf eine „zweite Gefahr" für die Behandlung der Seetypenfrage hin. Eutropher und oligotropher See stellen die Endglieder einer einzigen Reihe dar; es war naheliegend, daß man Unterteilungen, Übergangsglieder schuf:

„Bis zu einem gewissen Grade ging das, darüber hinaus mußte aber die stete Aufgliederung in immer enger gefaßte Größen, d. h. Untertypen, den ursprünglichen Typenbegriff verwischen. Gewiß, in der Zoologie und Botanik gliedern wir ja auch auf, soweit wir können; hier aber gebietet der Speziesbegriff immerhin nach unten ein ‚Halt'. Das ist bei den Seen nicht der Fall: wenn wir wollen, können wir bis zum Einzelsee aufteilen, d. h. wir können den einzelnen See zum Typus, d. h. Untertypus, erklären, da schließlich jeder See seine Individualität besitzt. Das aber geht gegen den Sinn der Typenlehre; sie will doch nur Grundtypen aufstellen, d. h. Extremfälle für eine bestimmte Faktorenzusammensetzung; dazwischen gibt es ungezählte Varianten, die aber eben keine Typen sind.

Es hindert uns nichts, diese Seenvarianten durch irgendeinen besonders bedeutsamen Indikator zu bezeichnen. Als solche Indikatoren kommen in erster Linie die Leit- und Charakterformen der Besiedelung in Frage, also etwa die Benthosformen. Aber das darf nicht dazu verleiten, eine solche, vielleicht sogar auf rein descriptivem Wege gewonnene Charakterisierung als die endgültige Aufgabe der Seenforschung zu betrachten."

Auch WESENBERG-LUND behandelt in seinem Insektenbuch (1943, S. 520, 521) im Chironomidenkapitel die Seetypenlehre. Er schreibt:

„Die weitere Einteilung der Seen (d. h. über die Haupteinteilung in oligotrophe und eutrophe Seen hinaus. TH.) nach den in ihnen auftretenden verschiedenen Chironomidenlarven muß ich indessen unbedingt ablehnen; ich halte es für durchaus verfehlt, die Natur nach dem Vorkommen weniger, auf eine bestimmte Region beschränkter Tierformen ohne die geringste Berücksichtigung der zahllosen Lebewesen in den übrigen Regionen in ein künstliches Schema pressen zu wollen." Er spricht dann weiter von der „Unbrauchbarkeit des Prinzipes, jedesmal einen neuen Seetypus aufzustellen, wenn andere als die von THIENEMANN und NAUMANN angegebenen Typenindikatoren in der Bodenfauna eines Sees vorherrschen; bei diesem Verfahren werden weder die ökologischen Bedingungen des Sees noch die Ökologie der Typen gehörig berücksichtigt, sondern man begnügt sich mit allgemeinen Vermutungen. Man ist damit zu einer Katalogisierung der Seen ohne feste ökologische Grundlage gelangt."

Diese Kritik richtet sich indessen nur gegen Auswüchse in seiner Durchführung, nicht gegen das Prinzip selbst. Die Chironomiden sind und bleiben ausgezeichnete Indikatoren, Leitformen für bestimmte limno-ökologische Verhältnisse. Unsere Seetypen sollen kein starres Schema darstellen, in das die Natur gepreßt wird, sondern ein Hilfsmittel zur wissenschaftlichen „Bewältigung" der Vielfalt der natürlichen Gegebenheiten.

Sehr eingehend hat sich BRUNDIN in seinem großen Buche mit dem Thema „Chironomiden und Seetypenlehre" auseinandergesetzt (1949, S. 616 bis 669). Besonders wichtig wird seine Feststellung, daß die *Stictochironomus*-Larve der Tiefe der nordischen Seen nicht *St. histrio* FABR., sondern *St. rosenschöldi* (ZETT.) EDW. ist, und daß zu dieser Art auch „die mitteleuropäischen Profundalpopulationen" gehören. (Revision der alpinen Funde also nötig!) *Histrio* und *rosenschöldi* haben aber eine grundverschiedene ökologische Einstellung (l. c. S. 643). Ebenso besitzen die beiden *Sergentia*-Larven *(coracina* und *longiventris)* „eine ziemlich verschiedene ökologische Valenz" (l. c. S. 645—648). Damit gewinnt natürlich das Problem der „*Stictochironomus*"- und „*Sergentia*"-Seen ein ganz neues Gesicht. — Weiter betont BRUNDIN mit Recht die Bedeutung der „ausbreitungshistorischen Faktoren" für das Verständnis der Chironomidenverbreitung (S. 656 bis 661): „Soweit nicht der Sauerstoffstandard ein Minimalfaktor ist, bestimmen in erster Linie die ausbreitungshistorischen Faktoren und der Temperaturfaktor, inwieweit die kaltstenotherme nördliche Artengruppe in den nord- und mitteleuropäischen Seen vertreten ist ... Es herrscht kein Zweifel darüber, daß das Vorkommen der Chironomiden speziell in oligotrophen Seen ohne genaue Berücksichtigung auch der ausbreitungshistorischen Faktoren und des Temperaturfaktors nicht erklärt werden kann." Die „Plöner Schule" hat auch diese Frage nicht vernachlässigt; vgl. z. B. die Darstellung in meiner *Mysis*-Arbeit (1925, S. 408—413) sowie LUNDBECK (1936, S. 295—300). Auch in meiner limnischen Tiergeographie bin ich hierauf eingegangen und bin bezüglich „boreoalpiner" Chironomiden zu ganz ähnlichen Ergebnissen gekommen wie BRUNDIN (vgl. THIENEMANN 1950 b, S. 532—534, 539, 543). Schließlich betont BRUNDIN (S. 668—669), „daß die Chironomiden nicht den hohen Wert als Trophieindikatoren besitzen, der bisher allgemein angenommen wurde ... Die Chironomiden sind im allgemeinen erheblich empfindlichere Indikatoren für den Sauerstoffstandard als für den Trophiestandard. Jener Faktor wird in mesotrophen Seen für viele Arten, besonders die kaltstenothermen, ein Minimalfaktor; da der Sauerstoffstandard aber vom Trophiestandard nicht absolut abhängig ist, sondern auch vom relativen Volumen des Hypolimnions stark beeinflußt wird, folgt hieraus, daß wir vor allem innerhalb der mesotrophen Seengruppe eine feiner abgestimmte Korrelation zwischen Trophiestandard und Bodenfauna a priori nicht erwarten können. Wenn wir auf bodenfaunistischer Grundlage beurteilen wollen, ob ein See mesotroph ist, muß dem Gewicht der Tiere je Flächeneinheit eine größere Bedeutung zugemessen werden als der Zusammensetzung der Chironomidenfauna." Das ist durchaus richtig. Vor allem aber muß in solchen Seen die Vertikalverteilung der „Indikatorarten" innerhalb des Profundals genau beachtet werden.

Und allgemein: wenn die Chironomiden auch nicht in allen Fällen gerade für die sogenannte Trophie (übrigens ein sehr schwieriger Begriff!) kennzeichnend sind, so gibt es doch sicher keine andere Gruppe der Süßwassertiere, unter der sich so zahlreiche ausgezeichnete Indikatoren für alle möglichen Milieufaktoren finden! Und in s e h r v i e l e n Fällen stehen Sauerstoffstandard und Trophiegrad in engster Beziehung zueinander.

Neue Gesichtspunkte bringt BRUNDINS Arbeit von 1951, in der er das Verhältnis der profundalen Chironomidenlarven zur O_2-Mikroschichtung über dem Boden untersucht. Die nicht-roten, d. h. Haemoglobin-freien Orthocladiinenlarven sind als profundale Schlammbewohner an ein Milieu besonders schwach entwickelter Mikroschichtung gebunden. Bei den roten Larven, den Chironomarien und Tanytarsarien, spielt die Larvengröße eine besondere Rolle. Denn je größer die Larve, um so mehr kann sie höhere, also O_2-reichere Wasserschichten über dem Schlamm durch ihre Atembewegungen erreichen und O_2-reicheres Wasser durch ihre Gänge pumpen. BRUNDIN gibt die folgende Tabelle der Larvengrößen:

	Länge mm	Durchmesser mm	Körperoberfläche : 2 mm^2
Chironomus plumosus	28,0	2,0	87,9
Chironomus anthracinus	18,0	1,35	38,5
Sergentia coracina	14,0	0,80	17,6
Stictochironomus rosenschöldi . . .	11,5	0,74	13,3
Tanytarsus sp. (mittlere Größe) . . .	7,0	0,5	5,5

Ungefähr die Hälfte der Körperoberfläche ist bei den rhythmischen Atemschwingungen aktiv. Setzt man für die *Tanytarsus*-Larve diesen Wert = 1, so ist er bei *Stictochironomus* etwa 2½mal so hoch, bei *Sergentia* etwa 3mal, bei *Ch. anthracinus* etwa 7mal und bei *Ch. plumosus* 16mal so hoch. Die Larven sind in der Tabelle nach abnehmender Körpergröße geordnet und diese Ordnung entspricht ganz dem Vermögen der Larven, unter ungünstigen Atmungsbedingungen zu leben. Das kann, sagt BRUNDIN, kaum ein Zufall sein! BRUNDIN weist diese Gesetzmäßigkeit an einzelnen der von ihm untersuchten Seen besonders nach. Daß die profundalen Chironomiden auch als jüngste, also sehr kleine Larven profundal leben können, beruht darauf, daß sie zu einer Zeit schlüpfen (Frühling oder Herbst), in der durch Totalzirkulation auch im eutrophen See die Mikroschichtung gänzlich verschwindet.

„Was ist ein Typus?" (vgl. THIENEMANN 1949, S. 29, 30): der in anschauliche Form gebrachte Idealfall, das Urbild, das in der Natur nie in seiner Simplifikation, sondern stets individuell ausgestaltet vertreten ist. Die Einzelerscheinung entspricht nie in allen Einzelheiten dem Typus. Man verlange also, wenn man einen See typologisch untersucht, nichts Unmögliches von der Natur, die der Mensch, wofern er sie überhaupt wissenschaftlich bewältigen will, in all ihren Einzelerscheinungen, Gebilden wie Geschehnissen, typisieren muß!

b) Die Chironomidenfauna europäischer Seen

1. Oligotrophe Seen

α) Die Chironomiden der oligotrophen Eifelmaare

Aus historischen Gründen beginnen wir mit den Maaren der Eifel (Taf. XX Abb. 219, 220). Denn diese waren nicht nur die „Keimzelle" der Seetypenlehre: die Eifelmaare waren auch das erste Seengebiet, dessen Chironomidenfauna genauer untersucht wurde, vor allem durch Aufzucht aller erbeuteten Larven. Oligotroph sind von den 7 untersuchten Eifelmaaren das Pulvermaar (74 m tief), das Weinfelder Maar (51 m) (Abb. 219) und das Gemündener Maar (38 m) (auch der Laacher See [53 m] gehört hierher, doch wurde seine Chironomidenfauna nicht genauer untersucht). Das sind kleine (0,35, 0,168, 0,072 km²), dabei aber im Verhältnis zur Fläche sehr tiefe Seen mit ganz schmaler Uferbank und entsprechend gering entwickeltem Litoral. Dies wirkt sich auch auf die Zusammensetzung ihrer Chironomidenfauna aus. Diese ist in der folgenden Tabelle, nach unseren in den Jahren 1910 bis 1914 durchgeführten Untersuchungen (THIENEMANN 1915) zusammengestellt.

Die Chironomiden der oligotrophen Eifelmaare

	Uferfauna			Tiefenfauna		
	Pulvermaar	Weinfelder Maar	Gemündener Maar	Pulvermaar	Weinfelder Maar	Gemündener Maar
Ceratopogonidae						
1. *Bezzia solstitialis* WINN.	+	+	+			
Tanypodinae						
2. *Procladius choreus* MG.				+		
3. *Procladius culiciformis* (L.)						+
4. *Ablabesmyia monilis* (L.)		+				
5. *Ablabesmyia humilis* K.	+	+	+			
Orthocladiinae						
6. *Eucricotopus trifasciatus* PZ.	+					
7. *Psectrocladius* sp.		+				
8. *Parakiefferiella bathophila* K.						+
9. *Limnophyes bathophilus* K.						+
10. *Corynoneura celeripes* WINN.			+			
Tanytarsariae						
11. *Micropsectra imicola* K.						+
12. *Lauterbornia coracina* K.				+	+	+
13. *Tanytarsus* cfr. *curticornis* K.		+				
14. *Stempellina bausei* K.	+					
15. *Lauterborniella agrayloides* K.		+	+			
Chironomariae						
16. *Limnochironomus lobiger* K.		+	+			
17. *Cryptochironomus* cfr. *defectus* K.		+				
18. *Lenzia flavipes* MG.			+			
	Im ganzen 12 Arten			Im ganzen 6 Arten		

Es wurden also im ganzen 18 Arten in den oligotrophen Eifelmaaren nachgewiesen, die sich auf die einzelnen Gruppen wie folgt verteilen: Ceratopogonidae 1, Tanypodinae 4, Orthocladiinae 5, Tanytarsariae 5, Chironomariae 3.

Das sind recht kleine Zahlen, die sich bei weiteren Untersuchungen wohl noch etwas erhöhen würden, aber sicher nicht viel. Denn die extremen Verhältnisse sowohl des Litorals (geringe Ausdehnung) wie des Profundals (große Tiefe, Nahrungsarmut) stehen einer vielseitigen Besiedelung hindernd entgegen. Für das Profundal ist eigentlich nur die in allen 3 Maaren (sowie im Laacher See) im Tiefenschlamm häufige, im ersten Frühjahr schlüpfende

Tanytarsarie *Lauterbornia coracina* K.[89] charakteristisch; sie kennzeichnet diese Maare als *Tanytarsus*-Seen; dazu kommt noch die wohl auch in allen Maaren auftretende *Procladius*-Art (vielleicht sind *P. choreus* MG. und *culiciformis* L. identisch). Eine Sonderstellung nimmt die Tiefe des Gemündener Maares ein. Hier wachsen, dank der großen Durchsichtigkeit des Wassers, an verschiedenen Stellen noch in 22 m Tiefe Rasen des Laubmooses *Fontinalis antipyretica* L. *forma laxa* MILDE, die von dem Lebermoos *Aneura sinuata* DUN. *forma stenoclada* durchsetzt sind. In diesen Moosmassen findet sich neben *Micropsectra imicola* K. vor allem *Parakiefferiella bathophila* K. recht häufig, seltener ist *Limnophyes bathophilus* K.

Die litorale Chironomidenfauna umfaßt 11 Arten (vgl. die Tabelle). Die Larven von *Bezzia solstitialis* WINN. schlängeln sich zu Zeiten in großen Mengen zwischen den Uferpflanzen herum, die Laichkuchen dieser Art können in weiter Ausdehnung Blätter und andere Pflanzenteile, die ins Wasser hängen, bedecken. Von minierenden Arten tritt — nur im Pulvermaar, an den Blättern von *Polygonum amphibium* — *Eucricotopus trifasciatus* Pz. (*limnanthemi* K.) auf.

Die Arten der Gattung *Chironomus* s. s. fehlten in den oligotrophen Eifelmaaren vollständig.[90]

β) Oligotrophe Alpenseen (und Schwarzwaldseen)

aa) Der Lunzer Untersee

Nur ein typischer, oligotropher Alpensee ist auf seine Chironomidenfauna hin genau untersucht worden, der Lunzer Untersee (Abb. 226, S. 398). Ich habe auf Grund meiner in den Jahren 1941 bis 1944 durchgeführten Arbeiten seine Chironomidenfauna in ihrer Verteilung auf die einzelnen Seeregionen (und ihren jahreszeitlichen Wechsel) dargestellt (THIENEMANN 1950) und gebe hier eine kürzere Zusammenfassung der Ergebnisse:

---

[89] EDWARDS hatte später KIEFFERs *coracina* als Synonym zu *gracilentus* HOLMGREN gezogen, auch *Oeklandia borealis* K. sowie, mit Fragezeichen, *Chironomus brevimanus* LUNDSTRÖM und *Prochironomus koenigi* K. zur gleichen Art gestellt. Doch wies neuerdings (1949) BRUNDIN auf Grund der Untersuchung der Typen nach, daß *gracilentus* HOLMGREN ein echter *Tanytarsus* der *holochlorus*-Gruppe ist (S. 847) und daß *Oeklandia* mit *Lauterbornia* nicht näher verwandt ist, sondern *Paratanytarsus* sehr nahe steht; ebenso steht *Lauterbornia Micropsectra* überaus nahe. Die Synonymie von *Lauterbornia coracina* K. ist also (S. 786): = *L. gracilenta* EDW., ? *Prochironomus koenigi* K., ? *Chironomus brevimanus* LUNDSTRÖM; nec. *Chironomus coracinus* ZETT., nec. *Chironomus gracilentus* HOLMGREN, nec. *Oeklandia borealis* K.

[90] In der Zeit vom 25. März bis 7. April 1943 habe ich gemeinsam mit Dr. FR. KRÜGER erneut die Eifelmaare untersucht. Wir haben vor allem quantitativ mit dem Bodengreifer untersucht und wollten diese Arbeit im Sommer wiederholen. Doch Dr. KRÜGER wurde dann eingezogen und ist später an den Folgen der Kriegsstrapazen gestorben. So bleibt die Untersuchung ein Torso! Wie vor einem Menschenalter schwärmte am Pulvermaar *Lauterbornia* in Massen; aus dem Litoral züchtete ich *Procladius choreus* MG., ebenfalls aus 6 bis 8 m Tiefe schlüpften *Chironomus cingulatus* MG. (nicht selten) und *Microtendipes pedellus* DEG. (vereinzelt). *Ch. cingulatus* hatten wir bei unseren ersten Maaruntersuchungen nicht gefunden.

Das Litoral

des Lunzer Untersees ist in überaus charakteristischer Weise gegliedert. Die oberste Region ist die Zone der Krustensteine mit 3 übereinander gelegenen Teilen. Direkt an das Ufer schließt sich die

Tolypothrix-Zone an, ein Gebiet, das bei Niederwasser völlig trocken liegt und daher auch in seiner Chironomidenbesiedelung enge Beziehung zum Terrestrischen zeigt. 12 Arten haben wir hier nachgewiesen (2 Ceratopogoniden, 2 Tanytarsarien, 8 Orthocladiinen). Der terrestrisch-limnische Mischcharakter spricht sich in dem Auftreten von 4 Orthocladiinenarten aus, die im Untersee nur in dieser Zone leben, von denen die erste

Abb. 226. Der Lunzer Untersee in Niederösterreich.
[Aus THIENEMANN 1950.]

sonst in dünnen Wasserhäuten am Rande der Gewässer vorkommt, die zweite ähnlich, aber auch im feuchten Boden lebt, die dritte und vierte extrem feuchtigkeitsliebend, halbaquatisch ist: *Metriocnemus hygropetricus* K., *Limnophyes pusillus* EAT., *Bryophaenocladius subvernalis* EDW., *Pseudosmittia holsata* STRENZKE. Die übrigen 8 Arten treten auch in den tieferen Biotopen des Sees auf und erreichen dort ihre Hauptentwicklung; nur *Dasyhelea modesta* WINN. ist auch in der *Tolypothrix-Zone* sehr häufig; *Dasyhelea*-Arten sind ja dafür bekannt, daß ihre Larven und Puppen Austrocknen gut vertragen (vgl. S. 539). Nicht selten ist hier auch *Pseudosmittia ruttneri* STR., *Neozavrelia luteola* GOETGH. und die im ganzen Litoral häufige

Corynoneura scutellata WINN., während der Rest der Arten in dieser Zone noch seltener ist (*Bezzia solstitialis* WINN., *Trichocladius tibialis* MG., *Tr. tendipedellus* K., *Tanytarsus curticornis* K.).

Landeinwärts von dieser Zone kommt ein Gebiet mit Moosüberzügen auf festem Substrat, die zeitweise noch stark unter der Einwirkung des Seewassers stehen. Doch kann dieser Biotop nicht mehr zum See selbst gerechnet werden. STRENZKE hat hier 13 Orthocladiinen und 7 Ceratopogonidenarten festgestellt (*Paraphaenocladius impensus monticola, P. penerasus, P. pseudirritus, P.* sp. *impensus* aff., *Pseudorthocladius curtistylus, Metriocnemus fuscipes, M. terrester, M.* sp. *rufiventris* aff., *Limnophyes pusillus, L. prolongatus, L.* cfr. *curtistylus, Pseudosmittia brevicornis, P. longicrus; Dasyhelea versicolor, D. flavoscutellata, Bezzia albipes, B. annulipes, Palpomyia flavipes, P. serripes, Serromyia morio*).

An die *Tolypothrix*-Zone schließt sich eine Zone an, die nur teilweise und für kürzere Zeit ins Trockene gerät, die

Rivularia-Zone, mit 18 Arten (4 Ceratopogoniden, 1 Tanypodine, 9 Orthocladiinen, 4 Tanytarsarien) schon artenreicher als die *Tolypothrix*-Zone. 8 Arten hat sie mit dieser gemeinsam (*Dasyhelea modesta, Trichocladius tibialis, Tr. tendipedellus, Limnophyes* sp. *Pseudosmittia ruttneri, Corynoneura scutellata, Tanytarsus curticornis, Neozavrelia luteola*). Vier Arten sind bisher nur in der *Rivularia*-Zone gefunden worden, aber nur ganz vereinzelt, so daß sie nicht als Charakterformen dieser Zone aufzufassen sind (*Culicoides quadripunctatus* GOETGH., *Ceratopogonidae* gen.? spec.?, *Pseudosmittia tenebrosa* GOETGH., *Eudactylocladius bidenticulatus* GOETGH.). Die übrigen hier vorhandenen Arten erreichen in der nächsten Zone, respektive im pflanzlichen Aufwuchs ihre größte Häufigkeit (*Palpomyia flavipes* MG., *Ablabesmyia monilis* L., *Trichocladius albiforceps* K., *Psectrocladius sordidellus* ZETT., *Paratanytarsus atrolineatus* GOETGH., *Stempellina bausei* K.).

Die unterste Zone des Krustensteingürtels ist die stets untergetauchte

Schizothrix-Zone, die in ihren schwammigen Steinüberzügen ein arten- und individuenreicheres Chironomidenleben zeigt, das mancherlei Beziehungen zum Uferschlamm und der Seekreide aufweist (31 Arten, davon 4 Ceratopogoniden, 4 Tanypodinen, 10 Orthocladiinen, 4 Chironomarien, 9 Tanytarsarien). 12 Arten traten schon in den beiden höheren Zonen auf; 7 von ihnen haben ihr Häufigkeitsmaximum in der *Schizothrix*-Zone (*Palpomyia flavipes, Dasyhelea modesta, Trichocladius tibialis,* Tr. *tendipedellus, Tr. albiforceps, Tanytarsus curticornis, Paratanytarsus atrolineatus*); dazu kommen *Ablabesmyia monilis, Pseudosmittia ruttneri, Limnophyes* sp., *Corynoneura scutellata, Neozavrelia luteola.*

9 Arten sind nur in der *Schizothrix*-Zone gefunden worden, die erst- und letztgenannten Charakterformen der Zone (*Ablabesmyia atrocincta* GOETGH.,

A. binotata WIED., *A. sexannulata* GOETGH., *Orthosmittia subrecta* GOETGH., *Smittia lindneriella* GOETGH., *Tanytarsus laetipes* ZETT., *Pentapedilum tritum* WALK., *Microtendipes britteni* EDW.). *Tanytarsus glabrescens* EDW. ist hier auch sehr häufig, kommt aber auch im grauen Uferschlamm vor. Die folgenden Arten sind in anderen Zonen häufiger als in *Schizothrix* (*Parakiefferiella bathophila* K., *Limnochironomus pulsus* WALK., *Tanytarsus gibbosiceps* K., *Cladotanytarsus mancus* WALK., *Paratanytarsus tenuis* MG., *Sergentia coracina* ZETT., *Micropsectra* sp.). (Die Bestimmung von *Dasyhelea versicolor* WINN. ist unsicher; *Forcipomyia titillans* WINN. wurde nur einmal hier gefunden.)

Nicht überall ist der Krustensteingürtel vorhanden. Statt seiner treten an manchen Stellen Wasserpflanzen auf, deren Aufwuchs von Chironomiden reich besiedelt ist.

In dieser Zone des pflanzlichen Aufwuchses wurden nachgewiesen:

Ceratopogonidae: *Bezzia annulipes* MG., *Dicrobezzia venusta* MG.

Tanypodinae: *Ablabesmyia monilis* L., *A.* sp. *lentiginosa*-Gruppe, *Procladius choreus* MG., *Macropelopia notata* MG.

Orthocladiinae: *Trichocladius algarum* K., *Tr. tibialis* MG., *Tr. tendipedellus* K., *Tr. albiforceps* K., *Eucricotopus trifasciatus* PZ., *Psectrocladius sordidellus* ZETT., *Parakiefferiella bathophila* K., *Corynoneura scutellata* WINN.

Chironomariae: *Limnochironomus fusciforceps* K., *L.* sp., *Lenzia flavipes* MG., *Microtendipes britteni* EDW., *Endochironomus* sp., *Chironomus anthracinus* ZETT., cfr. *Stenochironomus.*

Tanytarsariae: *Micropsectra* sp., *Tanytarsus curticornis* K., *T.* sp., *Paratanytarsus atrolineatus* GOETGH., *P. tenuis* MG.

Also: 2 Ceratopogoniden, 4 Tanypodinen, 8 Orthocladiinen, 6 bis 7 Chironominen, 4 bis 5 Tanytarsarien; im ganzen 24 bis 26 Arten.

Von diesen ist *Eucricotopus trifasciatus* die charakteristische Minierform der Blätter von *Potamogeton natans;* die merkwürdige, als cfr. *Stenochironomus* bezeichnete Larve fand sich nur einmal unter *Spongilla.* „Leitformen" dieses Aufwuchsbiotops sind *Trichocladius algarum* und *Paratanytarsus tenuis,* in Massen entwickeln sich auch *Tr. tendipedellus, Psectrocladius sordidellus, Corynoneura scutellata, Paratanytarsus atrolineatus,* häufig ist *Bezzia annulipes.* Die übrigen Arten treten ganz zurück. *Macropelopia notata* und *Chironomus anthracinus* sind „Irrgäste" aus dem Schlamm.

BREHM und RUTTNER unterscheiden hier noch eine untere Zone des pflanzlichen Aufwuchses, die aus den Fontinalisrasen in etwa 10 bis 12 m Tiefe gebildet wird. Diese

Fontinalis-Zone stellt eine Übergangszone ohne eigene Charakterformen dar. Wir haben darin 15 Arten gefunden (1 Ceratopogonide, 4 Tanypodinen, 2 Orthocladiinen, 3 Chironomarien, 5 Tanytarsarien); hier klingen die Arten der oberen Pflanzenzone aus, dazu kommen Schlammformen aus Uferschlamm, Seekreide, ja sogar in Einzelexemplaren aus dem eigentlichen Profundal.

Wo weder Krustensteine noch Wasserpflanzen vorhanden sind, treffen wir den Uferschlamm an, teils mehr feinschlammig, teils mehr sandig.

Hier leben 31 Chironomidenarten (2 Ceratopogoniden, 5 Tanypodinen, 9 Orthocladiinen, 7 Chironomarien, 8 Tanytarsarien). Besonders häufig sind *Procladius choreus, Psectrotanypus trifascipennis* ZETT., *Tanytarsus gibbosiceps* K., *T. glabrescens* EDW., *Stempellina bausei* K. Alle übrigen treten ganz zurück; es sind zum Teil Irrgäste aus den benachbarten Biotopen; so aus dem Krustensteingürtel *Dasyhelea modesta, Trichocladius tendipedellus* und *tibialis,* aus der Pflanzenzone *Trichocladius algarum* und *Corynoneura scutellata,* aus dem Profundalschlamm *Sergentia coracina* und *Chironomus anthracinus.* Vor der Mündung des „Kanals" ist der braune Uferschlamm im See von Formen besiedelt, die im Kanal ihre Hauptwohnstätte haben (*Prodiamesa olivacea* MG., *Heterotrissocladius marcidus* WALK., *Paratrichocladius inserpens* WALK., *Diplocladius lunzensis* GOWIN, *Micropsectra praecox* MG., *Macropelopia notata* MG., *Ablabesmyia claripennis* K.).

Der letzte der Biotope des Litorals ist die reine, weiße Seekreide.

Sie ist besiedelt von 14 Arten (1 Ceratopogonide, 4 Tanypodinen, 2 Orthocladiinen, 3 Chironomarien, 4 Tanytarsarien). Von diesen nimmt eine Sonderstellung ein der sehr häufige *Epoicocladius ephemerae* K., der auf den Larven von *Ephemera danica* lebt. Sehr häufig sind auch *Psectrotanypus trifascipennis, Procladius choreus, Tanytarsus gibbosiceps, Cladotanytarsus mancus,* nicht selten ist *Limnochironomus pulsus.* Die übrigen acht Arten, die in anderen Biotopen des Sees ihr Maximum erreichen, sind seltener (*Bezzia* oder *Palpomyia, Ablabesmyia monilis, Procladius pectinatus, Parakiefferiella bathophila, Paracladopelma camptolabis, Microtendipes britteni, Neozavrelia luteola, Stempellina bausei*).

Das Profundal

oder die sogenannte Schwebregion, die sich von etwa 10 bis 15 m ab bis in die größte Tiefe des Sees (33,7 m) erstreckt. Hier habe ich 19 Arten nachgewiesen (1 Ceratopogonide, 3 Tanypodinen, 5 Orthocladiinen, 5 Chironomarien, 5 Tanytarsarien). Von diesen sind aber 8 Arten nur gelegentlich im Profundal zu finden, da ihre eigentliche Heimat der Schlamm höherer Zonen ist (*Macropelopia notata, Psectrotanypus trifascipennis, Prodiamesa olivacea, Heterotrissocladius marcidus* WALK., *Paracladopelma camptolabis, Tanytarsus gibbosiceps, Stempellina bausei*). So bleiben 11 für die Tiefe des Lunzer Untersees wirklich charakteristische Arten. Von diesen geht ein Teil nicht oder nur ganz vereinzelt bis in die größte Tiefe; es sind im wesentlichen Tiere des o b e r e n Profundals (bis etwa 20 bis 25 m):

Heterotrissocladius grimshawi EDW.: in Mengen zwischen 15 und 20 m, tiefer nur vereinzelt.

Chironomus anthracinus ZETT.: vereinzelt von 1 bis 10 m, Maximum in 15 bis 20 m, in 25 bis 30 m vereinzelt.

Micropsectra heptameris K.: in 15 bis 20 m Tiefe.

Stictochironomus rosenschoeldi (ZETT.) EDW.:[91] vereinzelt von 10 m an, Maximum 20 bis 25 m, tiefer seltener.

Procladius pectinatus K.: von 10 m an, Maximum um 20 m, tiefer seltener.

Paratrichocladius alpicola ZETT.: etwa 15 m in Massen.

Sergentia coracina ZETT.: vereinzelt schon im Uferschlamm und in *Schizothrix,* Maximum in 25 m, in größerer Tiefe seltener.

Cryptochironomus nigritulus GOETGH.: nicht häufig von 15 m bis zur größten Tiefe.

Ausgeprägte Tiefenbewohner aber sind:

Protanypus forcipatus (EGG) BRUNDIN,[91a] *Lauterbornia coracina* K., *Micropsectra bidentata* GOETGH.

Typologisch — auf Grund seiner Chironomidenfauna — und das wird durch die hydrochemischen Verhältnisse (O_2) bestätigt — habe ich den Lunzer Untersee so charakterisiert (1949, S. 27, 28): „Sowohl das reichliche Vorhandensein der ‚*Tanytarsus*'-Form *Lauterbornia* wie das Massenauftreten der ‚*Orthocladius*'-Form *Heterotrissocladius* und die Existenz von *Protanypus* zeigen die noch echte Oligotrophie des Lunzer Untersees an. Allerdings weist die Verschiebung von *Heterotrissocladius* in das obere Profundal und sein fast gänzliches Fehlen in der größten Tiefe auf den Beginn einer von der Tiefe ausgehenden Eutrophierung hin. In die gleiche Richtung deutet das Auftreten von *Stictochironomus* und *Sergentia* sowie die Existenz von *Chironomus anthracinus* (= *bathophilus*), mit ihrer Hauptentwicklung im oberen Profundal. D e r L u n z e r U n t e r s e e s t e h t a l s o h e u t e z w i s c h e n d e n *T a n y t a r s u s*- und *S t i c t o c h i r o n o m u s*-S e e n, d. h. a n d e r G r e n z e v o n O l i g o t r o p h i e u n d M e s o t r o p h i e."

[91] Diese Art ist in meiner Lunzer Arbeit (S. 155) als *St. histrio* FABR. var. *nigripes* K. bezeichnet worden. Es ist aber nach BRUNDINs Untersuchungen (1949) im höchsten Grade wahrscheinlich, ja eigentlich sicher, daß dieser hypolimnische *Stictochironomus* der Alpenseen zu *rosenschöldi* gehört. Diese Art war KIEFFER nicht bekannt. Von Professor BREHM im Sommer 1953 durchgeführte Zuchten haben bestätigt, daß der *Stictochironomus* des Lunzer Untersees tatsächlich *rosenschöldi* ist.

[91a] In meiner Lunzer Arbeit als *P. morio* ZETT. bezeichnet. BRUNDIN hat aber in seiner neuesten Arbeit (1952, S. 42—44) nachgewiesen, daß der alpine *Protanypus forcipatus* EGG. ist, und daß die nördlichen Arten *morio* ZETT. und *caudatus* EDW. in den Seen der Alpen höchstwahrscheinlich nicht vorhanden sind. *P. forcipatus* ist mit *caudatus* nächstverwandt, beide bilden ein typisches boreoalpines Artenpaar.

In Abb. 227 ist die Besiedelung der einzelnen Lebensstätten des Lunzer Untersees durch die Chironomiden noch einmal graphisch dargestellt. Man erkennt die beiden für die Chironomiden optimalen Biotope des Untersees mit ihrer großen Artenzahl, die *Schizothrix*-Zone (III) und den Uferschlamm (VIII). Auf der anderen Seite hat der höchst astatische Biotop der *Toly-*

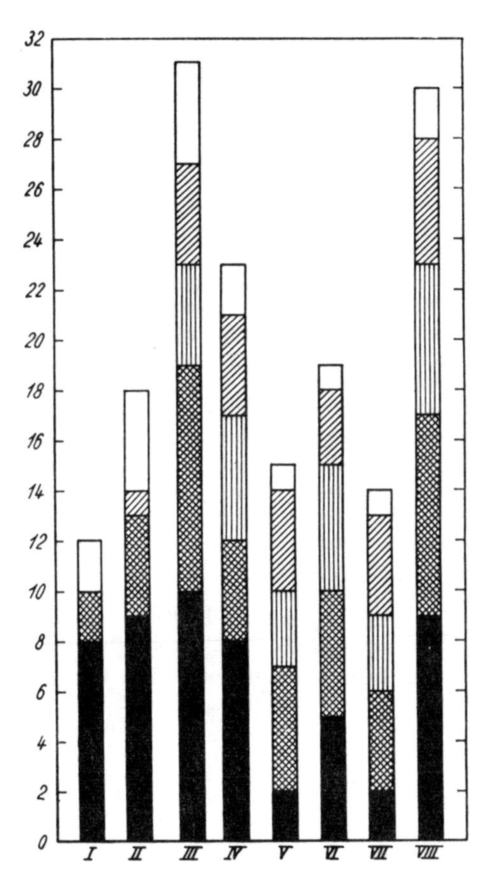

Abb. 227. Artenzahl der Chironomiden in den verschiedenen Biotopen des Lunzer Untersees. I = *Tolypothrix*-Zone, II = *Rivularia*-Zone, III = *Schizothrix*-Zone, IV = Aufwuchszone, V = *Fontinalis*-Zone, VI = Schweb, VII = Seekreide, VIII = Uferschlamm. Schwarz Orthocladiinae, weiß Ceratopogonidae, schräg schraffiert Tanypodinae, senkrecht schraffiert Chironomariae. [Aus THIENEMANN 1949.]

pothrix-Zone die geringste Artenzahl; nur wenig höher ist sie in dem einseitig charakterisierten Biotop der Seekreide (VII) sowie in dem Übergangsgebiet zwischen Litoral und Profundal, der *Fontinalis*-Zone (V). *Rivularia*-Zone (II) und Schweb (VI) haben eine mittlere Anzahl, während die Artenzahl im pflanzlichen Aufwuchs (IV) zwischen dieser und der Artenzahl der beiden Optimalbiotope liegt.

bb) Andere oligotrophe und mesotrophe Alpenseen

Im Oktober bis November 1928 hat LUNDBECK 43 Seen des Alpenrandes (einschließlich des Vorlandes) vergleichend bodenfaunistisch untersucht. Seine Ergebnisse sind in einer großen Arbeit „Untersuchung über die Bodenbesiedelung der Alpenrandseen" (1936) dargestellt. LUNDBECK war sich selbst der Lücken seiner Arbeit bewußt. Aus jedem See konnten nur einzelne Stichproben entnommen werden, die ausschließliche Verwendung des Bodengreifers als Fanggerät schloß die Untersuchung von Fels- und Geröllufer ganz aus und schränkte die Berücksichtigung reiner Sandufer oder der Pflanzen besiedelnden Litoraltiere stark ein. Trotzdem aber muß LUNDBECKs Arbeit als grundlegend bezeichnet werden; ihm standen seine großen an den norddeutschen Seen gewonnenen Erfahrungen (LUNDBECK 1926) für die Beurteilung der alpinen Verhältnisse zur Verfügung. Die Arbeit enthält eine Fülle von Tatsachen und eine Fülle neuer Gesichtspunkte für ihre Deutung. Sie stellt eine prächtige limnologische Synthese dar. Und wenn die Kritiker der Seetypenlehre (vgl. oben S. 391) sie genauer studiert hätten, so würden sie gefunden haben, daß eigentlich alle kritischen Einwände, die sie gegen die „Plöner Schule" erhoben haben, dieser selbst schon klar bewußt waren!

Wir werden das, was in LUNDBECKs Abhandlung die Chironomiden betrifft, hier kurz darstellen, vor allem in bezug auf die von ihm untersuchten oligotrophen (und mesotrophen Seen), wobei allerdings oft auch schon auf die eutrophen Seen vorgegriffen werden muß. Die Seetypen, die er auf Grund seiner Untersuchungen für sein Gebiet aufstellt und die er nicht etwa nur bodenfaunistisch, sondern unter Berücksichtigung aller physiographischen und biologischen Verhältnisse charakterisiert, sind oben (S. 390) schon kurz erwähnt worden.

Im Litoral aller untersuchten Seen, soweit er es mit Hilfe des Bodengreifers untersuchen konnte, bilden die Chironomiden einen starken Anteil an der Fauna. Häufigste Formen sind *Polypedilum* und *Microtendipes,* beide machen nicht selten über die Hälfte aller Chironomiden aus. Dazu kommen in vielen Fällen Larven von *Chironomus, Stictochironomus* und andere, während die Tanypodinen in den flacheren Zonen etwas zurücktreten. An sandigen Stellen kommen *„Tanytarsus"*,[92] *Microtendipes, Stictochironomus, Paratendipes* in größeren Mengen vor. Im Schlicksandufer leben Chironomiden meist massenhaft, hier überwiegt *Polypedilum; Chironomus* (meist *anthracinus* [=*bathophilus*]), *Stictochironomus* und zahlreiche andere Gruppen sind nicht selten. Und im echten Litoralschlamm nimmt die Chironomidenmenge — unter stärkerem Hervortreten von *Microtendipes* — noch zu.

---

[92] = *Tanytarsus* + *Micropsectra.*

Das Sublitoral ist die reichst besiedelte Zone, vor allem an der Grenze zum Litoral. Typisch sind hier die Tanypodinen und die beiden *Chironomus*-Larven *(anthracinus* und *plumosus)*, die wir als Charaktertiere des Profundals eutropher Seen kennen. „In der nahrungsarmen Tiefe der oligotrophen Seen ohne Lebensmöglichkeit können sie hier bei ausreichender

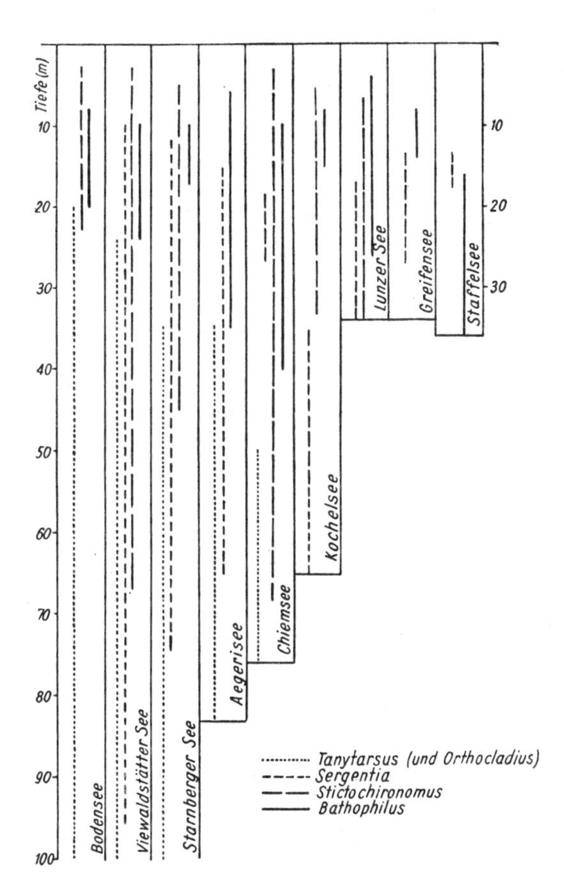

Abb. 228. Die Tiefenverteilung charakteristischer Chironomidentypen in verschiedenen Seen des Alpenrandes. [Aus LUNDBECK 1936.]

Detritusablagerung im Sublitoral vorkommen und selbst ins Litoral übertreten, bei mangelhafter litorigener Ablagerung indessen fehlen sie ganz. In demselben Maße andererseits, wie zunehmende Planktonproduktion auch die profundale Ablagerung reicher macht, treten sie ins Profundal über" (LUNDBECK 1936, S. 233). Für das Profundal unterscheidet LUNDBECK (S. 246 ff.) die folgenden Chironomidengemeinschaften:

Die *Orthocladius*-Gemeinschaft (mit *Tanypus*-Gemeinschaft): auf Böden mit sehr geringem organischem Gehalt (< 5%), in den größten Seen.

Die *Tanytarsus- (Lauterbornia-)* Gemeinschaft (mit Oligochäten-Gemeinschaft): auf Böden mit etwas höherem organischem Gehalt: die typische Profundalbevölkerung der oligotrophen Seen.

Die *Sergentia*-Gemeinschaft (mit *Stictochironomus*- und *Tanypus*-Gemeinschaft): auf Böden mit erheblichem organischem Gehalt (um 20%), mineralreicher Gyttja. Mesotrophe Seen.

Mit Annäherung an eutrophe Verhältnisse — Böden mehr und mehr aus organischen Resten bestehend — „lösen sich dann die weiter genannten Gemeinschaften, nacheinander in das Profundal eindringend, ab, bis zum Erreichen der typischen Eutrophie, für die, wie wir aus Norddeutschland wissen und wie wir es im Alpengebiet bestätigt finden, eine der *Chironomus*-Gemeinschaften typisch ist" (l. c. S. 247). Das sind:

die *Bathophilus*-Gemeinschaft und

die *Plumosus*-Gemeinschaft (mit *Corethra*-Gemeinschaft).

In Abb. 228 ist die Tiefenverteilung charakteristischer Chironomidentypen in verschiedenen Seen des Alpenrandes dargestellt. Aus der „Abnahme des Nahrungsgehaltes im Boden können wir die Art der Verteilung der verschiedenen Gemeinschaften in der Tiefenzone verstehen; sie sind in den Grundzügen so, daß immer die in bezug auf Nahrung anspruchsvollere bathymetrisch über der genügsameren, d. h. in geringerer Tiefe, vorkommt. Ob eine Gemeinschaft überhaupt im Profundal auftritt, hängt davon ab, ob der Nahrungsgehalt des oberen Profundals ihren Ansprüchen genügt. Alsdann wird die vorhergehende Gemeinschaft nach der Tiefe zu verdrängt.[93] So haben wir Seen, in denen das obere Profundal eine *Sergentia*-, das untere eine *Tanytarsus*-Gemeinschaft bevölkert, oder Seen mit der entsprechenden Anordnung der *Bathophilus*- und *Sergentia*-Gemeinschaft; und im Chiemsee z. B. kommen alle drei Gemeinschaften, zwar etwas vermischt, aber doch deutlich bathymetrisch angeordnet vor.[94] Erst unter eutrophen Lebensver-

[93] Hierzu bemerkt BRUNDIN (1949, S. 635): „Dieser Gedankengang ist sehr bestechend, dürfte aber nur eine beschränkte Gültigkeit besitzen. Entscheidend ist, ob der Nahrungsstandard der profundalen Sedimente gegen die Tiefe hin tatsächlich generell abnimmt. Eine solche Abnahme scheint mir wahrscheinlich, besonders hinsichtlich großer und wenig exponierter oligotropher Seen mit trogförmigen Becken. Die Windstauströmungen sind dort schwach, und der litorigene Detritus, der für den Trophiestandard der Sedimente in diesen Seen recht ausschlaggebend sein dürfte, wird auf den Böschungen gegen die Tiefengebiete abgelagert. Kleinere Seen besitzen aber oft ein mehr oder weniger schalenförmiges Becken, und in solchen Fällen geschieht die Sedimentation offenbar nach anderen Prinzipien. Schon schwache Windstauströmungen dürften hier genügen, um eine Anhäufung von Sedimenten im tiefsten Teil des Sees herbeizuführen. Viele Tatsachen sprechen dafür, daß dies in den von mir untersuchten südschwedischen oligotrophen Seen der Fall ist, und LUNDBECK rechnet selbst mit ähnlichen Verhältnissen in den norddeutschen Seen. Besonders hinsichtlich *Chironomus anthracinus (bathophilus)* und *plumosus* scheint es eine häufige Erscheinung zu sein, daß die Kolonisation in der größten Tiefe beginnt."

[94] Vgl. auch Lunzer Untersee (S. 402) und Starnberger See (S. 413) (TH.). Im Bodensee-Untersee lebt im tieferen Teil eine *Tanytarsus*-Gemeinschaft, im flacheren größeren Teil eine typische *Bathophilus*-Gemeinschaft (LUNDBECK, l. c. S. 259).

hältnissen tritt der Sauerstoffmangel in Erscheinung und zwingt die verdrängten Gesellschaften, nach oben auszuweichen, so daß sie, wenn sie nicht vorher aussterben, zuletzt nicht in den größten Tiefen, sondern nur noch im oberen Profundal, an der Grenze des Sublitorals, in den letzten Spuren zu finden sind, ehe sie verschwinden" (l. c. S. 250).

Zuflüsse können auf Seeteile bodeneutrophierend wirken: das äußere Becken des Vierwaldstätter Sees (Kreuztrichter) beherbergt eine *Tanytarsus*-Gemeinschaft, der der Reußmündung nahe Teil, der Urner See, eine

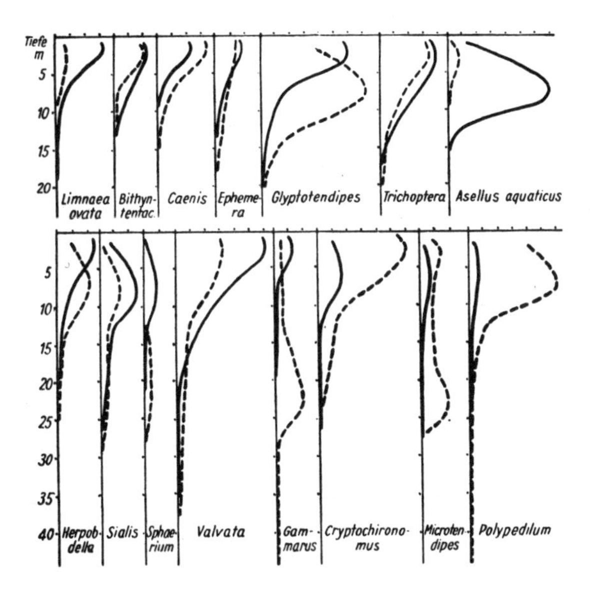

Abb. 229. Die Tiefenverbreitungskurven (im Durchschnitt aller untersuchter Seen) einer Reihe von litoralen Tierformen im *Orthocladius*- (- - - -) und *Tanytarsus*-See (——). Die Stückzahl wird angegeben durch die Punkte, deren Zwischenraum einer Zahl von je 20 (bei den beiden letzten Beispielen je 200) Stück je m² entspricht. [Aus LUNDBECK 1936.]

Sergentia-Gemeinschaft (l. c. S. 268). Diesen Unterschied erkannte schon ZSCHOKKE (1911), versuchte ihn aber rein historisch-tiergeographisch zu deuten.

„Der im norddeutschen eutrophen See beherrschende Sauerstoffgehalt büßt im typischen subalpinen, d. h. oligotrophen See seinen Einfluß weitgehend ein, weil er ja nicht mehr Minimumfaktor ist. Hier wirkt dagegen der edaphische Faktor in erster Linie verbreitungsregulierend" (LUNDBECK, S. 275). LUNDBECK (l. c. S. 276 ff.) unterscheidet nun für die von ihm untersuchten Seen in der Bodenfauna verschiedene „ökologische Tiergruppen"; uns interessieren an dieser Stelle nur die Chironomiden.

1. Die litorale Tiergruppe. Hierzu als typische Vertreter in oligotrophen Alpenseen *Polypedilum* und *Microtendipes*. (Weitere in Abb. 229.) „Beide nehmen in ihrer Zahl bei stärker verschlammtem Sublitoral deutlich ab, besonders *Polypedilum*, während *Microtendipes* mehr durch Verlegung in das flache Wasser reagiert. Eine *Microtendipes*-Art tritt in einigen Seen, so vor allem im Vierwaldstätter See, im Sublitoral (15 bis 20 m) in Mengen auf (bis zu 3000 Stück je qm); in den mehr zum eutrophen Typ hinneigenden Seen kommt die Larve dann lediglich litoral vor“ (l. c. S. 276).

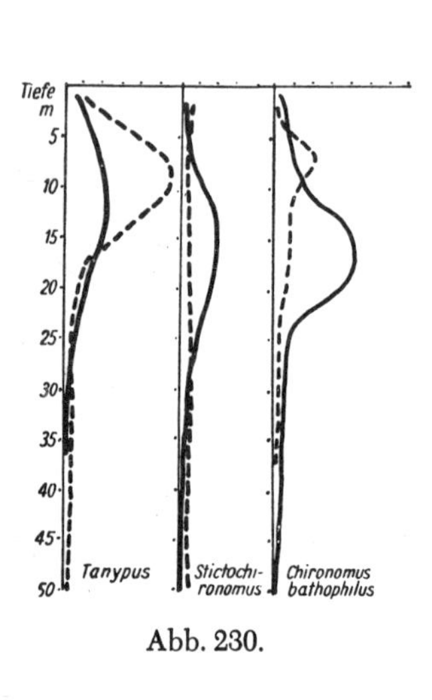

Abb. 230.

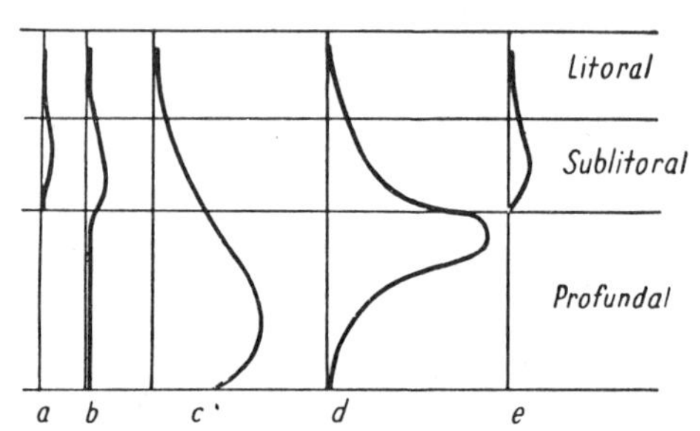

Abb. 231. Schematische Tiefenverteilungskurven der *Bathophilus* (= *anthracinus*)-Larven in Seen verschiedener Trophie: a—b oligo- bis mesotroph, c beginnend eutroph (tiefste Lage des Häufigkeitsmaximums, d—e regelrecht eutroph (mit durch O_2-Mangel wieder nach oben verdrängtem Häufigkeitsmaximum). [Aus LUNDBECK 1936.]

Abb. 230. Die Tiefenverbreitung einiger sublitoraler Chironomiden. Darstellungsweise wie in Abb. 229; die Punkte bezeichnen je 200 Stück je m². (Zum Vergleich: *Chironomus plumosus* bleibt völlig litoral und erreicht nur Höchstzahlen von etwa 40 Stück je m². [Aus LUNDBECK 1936.]

2. Die litoral-sublitorale Tiergruppe. Die Tiefenverbreitung einiger sublitoraler Chironomiden ist in Abb. 230 dargestellt. Weitaus die wichtigste Art ist *Chironomus anthracinus (bathophilus)*. „Kaum ein See ist unter den besuchten, in denen nicht diese Larve gefunden wurde oder doch wenigstens ziemlich sicher zu erwarten wäre. Tiefenverbreitung und Anzahl wechseln indessen stark: im echt oligotrophen See noch in kleiner Anzahl fast auf das Litoral beschränkt, oft ganz fehlend, geht die Art bei den reiferen Seen mehr und mehr in die Tiefe. Im *Sergentia*-See scheint sie nicht nur im Sublitoral ihr Zahlenmaximum zu erreichen, sondern auch regelmäßig in den oberen Teilen des Profundals aufzutreten. Von da führt ein allmählicher Übergang zur völligen Einwanderung ins Profundal, aus dem erst zunehmender Sauerstoffmangel in hoch eutrophen Seen die Art

wieder vertreibt" (LUNDBECK, l. c. S. 281) (Abb. 231). Hierher gehören auch Tanytarsariae, wohl in den meisten Fällen *Micropsectra*-Arten. Diese sublitoralen „*Tanytarsus*"-Larven sind in größerer Zahl in Seen verbreitet, in denen die profundale *Tanytarsus*-Gemeinschaft nicht mehr vorkommt. Sicher bildet die Gesamtheit aller Mitglieder der Tanypodinae zunächst im Litoral, dann im Sublitoral ein Maximum aus. Später, offenbar als Vorläufer der profundalen *Chironomus*-Gemeinschaft, finden sie sich in einigen schon fast eutrophen Seen in größter Menge im Profundal.

3. Die profundal-sublitorale Tiergruppe. Hierher *Stictochironomus*, der in seinem Vorkommen allerdings recht unregelmäßig ist: in norwegischen Seen mittleren Nährstoffgehaltes bis in die Tiefe gehend, in Finnland vorzugsweise in humosen Seen, in russischen und einigen norddeutschen Seen Uferform. So auch im Bodensee, auf reinem Sandgrund. In zahlreichen Seen von LUNDBECK aber auch tiefer gefunden, in Seen größerer biologischer Reife mit schwachem sublitoralem Maximum. Nur in wenigen Seen in der Tiefe durch Massenentwicklung wirklich Charakterform, in den von LUNDBECK untersuchten eutrophen alpinen Seen so gut wie ganz fehlend. In mancher Beziehung ähnlich ist *Sergentia*, die aber im Litoral völlig fehlt; wohl kaltstenotherm. Unter dem Einfluß der Gebirgsflüsse wird sie erheblich reicher (Verbesserung der Nahrungsverhältnisse, verminderte Temperatur des Seewassers). In streng oligotrophen Seen fehlt sie.

4. Die profundale Tiergruppe. Das sind kaltstenotherme Tiere. Hierher gewisse Tiefenorthocladiinen, wahrscheinlich meist *Heterotrissocladius*-Arten (nicht *Psectrocladius*), dazu *Protanypus*, auch *Monodiamesa bathyphila.*[94a] Hierher ferner vor allem *Lauterbornia*.

Zu dieser Darstellung LUNDBECKS, insbesondere was seine Gruppe 3 angeht, sind aber nun, nach BRUNDINS grundlegenden Studien (1949) einige Verbesserungen und Änderungen zu geben. BRUNDIN hat nachgewiesen (l. c. S. 777—780), daß in dem See-*Stictochironomus* zwei morphologisch einander ganz nahestehende, ihrer ökologischen Einstellung nach aber grundverschiedene Arten stecken.

Stictochironomus histrio FABR. (Verbreitung: Schweden, Finnland, Rußland, England, Belgien, Holland, Frankreich, Deutschland, Österreich, Bosnien, Spanien) ist „ein südliches, verhältnismäßig warmstenothermes Element", „eine obligate Flachwasserart", „Charakterart minerogener Ufer". Ist „in Südskandinavien und Mitteleuropa weit verbreitet und kommt dort in der Litoralregion sowohl oligotropher wie eutropher Seen vor". „Größte Abundanz in sandigen Biotopen." „In Süd- und Mittelschweden eine ausge-

---

[94a] BRUNDIN hat aber neuerdings (1952, S. 46—48) nachgewiesen, daß die alpine *Monodiamesa* eine neue Art, *alpicola* BRUNDIN, ist und daß vieles dafür spricht, „daß *bathyphila* im Alpengebiet fehlt und daß sie während der Eiszeit eine nördliche Gletscherrandart war".

sprochene Frühlingsform; die Imagines erscheinen von Ende April bis Ende Mai." Die Tatsache, daß BRUNDIN „die Art am nördlichsten im eutrophen See Erken in Uppland nachweisen konnte, deutet darauf hin, daß sie ein südliches Element in der schwedischen Fauna bildet".

Stictochironomus rosenschöldi (ZETT.) EDW. (Syn. *assimilis* ZETT.) (sicher [d. h. auf Grund von Imagines] festgestellte Verbreitung: Norwegen, Schweden, von Lappland bis Småland, England, Irland, Kärnten) ist „eine kaltstenotherme, nördliche Art. Die Larven leben im südlichen und mittleren Fennoskandien nur in der Profundalregion tiefer, kalter und sauerstoffreicher Seen, während sie in den arktischen und subarktischen Seen Fennoskandiens auch in der Litoralregion auftreten". Daß in nördlichen Gebieten *rosenschöldi* „ein stenobather Bewohner der hypolimnischen Bodengebiete stabil geschichteter, sauerstoffreicher Seen ist, gilt nicht nur für Mittel- und Südschweden, Südfinnland und die britischen Inseln, sondern sicher auch für Mitteleuropa". Die *Stictochironomus*-Larven der Tiefe des Wigrysees und der Alpenseen gehören sicher zu dieser Art (vgl. auch S. 402). Die Art ist also boreoalpin, ihre Südkolonien stellen Glazialrelikte dar. „In Süd- und Mittelschweden schlüpfen die Imagines im August bis September, in der subarktischen Region von Mitte Juni bis Ende August." Auf dem Lunzer Untersee „Puppenhäute von Mai bis August, Hauptschlüpfzeit im Juni bis Anfang Juli" (THIENEMANN 1949, S. 155).

Auch in der Seen-*Sergentia* verbergen sich zwei Arten:

Sergentia coracina ZETT. (Syn. *profundorum* K.). (S i c h e r e, auf Grund von Imagines festgestellte Verbreitung [BRUNDIN, S. 774]: Grönland, Spitzbergen, Nowaja Semlja, Norwegen, Schweden von Lappland bis Småland, Finnland, Nordrußland, England, Polen, Norddeutschland, Alpen, Österreich, Schweiz; ? USA, ? Kanada.) „Eine kaltstenotherme nördliche Art, die in den arktisch-subarktischen Seen hauptsächlich im Litoral und oberen Profundal lebt und die in Süd- und Mittelfennoskandien sowie in Mitteleuropa als stenobather Profundalbewohner gewisser stabil geschichteter Seen auftritt. Da die Larven niedrigem Sauerstoffstandard gegenüber recht anpassungsfähig sind, hat *S. coracina* sich seit der Eiszeit auch in gewissen mitteleuropäischen Seen, die am ehesten als eutroph zu bezeichnen sind, bis zur Gegenwart halten können" (BRUNDIN, S. 774). Auf dem Lunzer Untersee Puppenhäute von April bis Mai, Hauptschlüpfzeit im April (THIENEMANN 1949, S. 156).

Sergentia longiventris K. (Bisher festgestellte Verbreitung: Norwegen, Schweden, Jämtland bis Småland, Niederösterreich). Eine boreoalpine Art. „Nach allem zu urteilen eine obligate Flachwasserart und gleichzeitig weniger ausgeprägt kaltstenotherm als *coracina*. In bezug auf den Sauerstoffstandard ist sie ebenso anspruchslos wie *coracina*, und in polyhumosen

Milieus gedeiht sie wahrscheinlich besser als diese. In den südschwedischen polyhumosen Seen zwei Generationen pro Jahr, von denen die erste im April bis Mai, die zweite im September erscheint ... An den subarktischen Seen wurden die Imagines von Mitte Juni bis Anfang Juli beobachtet" (BRUNDIN). Auf dem Lunzer Mittersee Puppenhäute von April bis Juni, Hauptschlüpfzeit April bis Mai (THIENEMANN 1949, S. 155).

Es ist nach BRUNDINS Feststellungen dringend erwünscht, daß die Verbreitung der *Stictochironomus*- und *Sergentia*-Arten vor allem in den alpinen Seen, aber auch in den norddeutschen Seen geringeren Eutrophiegrades gründlich erforscht wird!

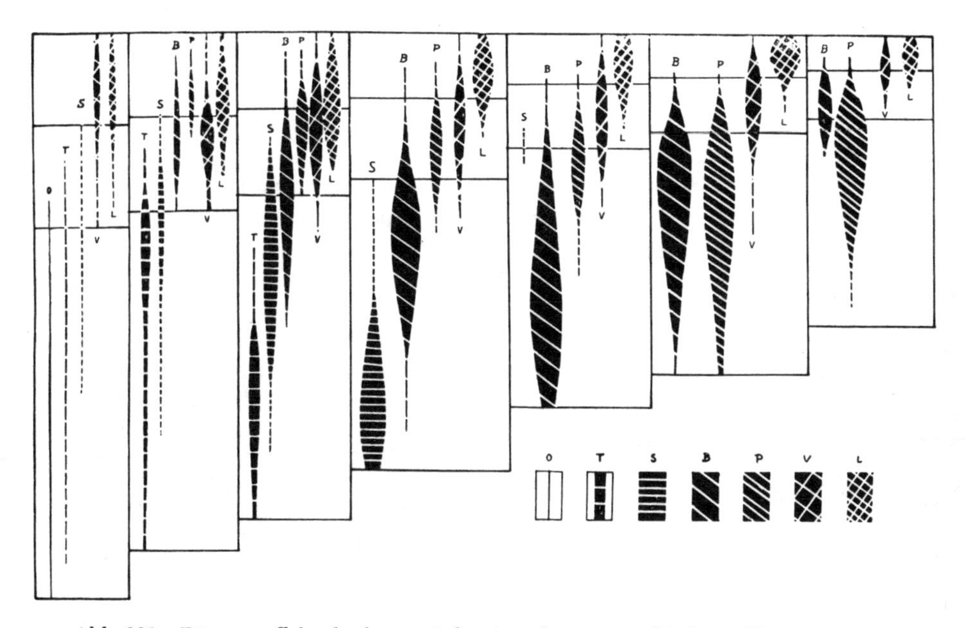

Abb. 232. Die gestaffelte bathymetrische Anordnung verschiedener Tiergruppen und ihre Verbreitungs- und Mengenveränderungen vom oligotrophen (links) bis zum eutrophen See (rechts). O = *Orthocladius*-Gruppe, T = *Tanytarsus- (Lauterbornia-)*Gruppe, S = *Sergentia*-Gruppe, B = *Bathophilus*-Gruppe, P = *Plumosus*-Gruppe (V = *Valvata*-Gruppe, L [litorale] = *Bithynia*-Gruppe).
[Aus LUNDBECK 1936.]

Sehr instruktiv ist LUNDBECKS Schema (Abb. 232) der „gestaffelten bathymetrischen Anordnung der verschiedenen Tiergruppen und ihre Verbreitungs- und Mengenveränderungen vom oligotrophen bis zum eutrophen See". Er bemerkt dazu:

„Wenn in diesem Zusammenhang von ‚früher' und ‚später' gesprochen wird, so bezieht sich dies auf die säkulare Entwicklung, auf die Reifung der Seen, d. h. auf den Übergang vom oligotrophen über den mesotrophen zum eutrophen Seetypus usw. Diese an sich zeitlichen Veränderungen stellen sich bei räumlich vergleichender Betrachtung wie der vorliegenden natürlich als Verschiedenheiten in den einzelnen Seen dar, welche dadurch zustande kommen, daß je nach den Vorbedingungen die Reifung mit verschiedener Geschwindigkeit verläuft, so daß zu einem bestimmten Zeitpunkt die verschiedensten Reifezustände vorhanden sind. Eine solche momentbildartige Vergleichung gibt demnach etwa einen Querschnitt durch den Gang der zeitlichen Entwicklung. Dies sind an sich bekannte Dinge, doch scheint ein Hinweis darauf hier notwendig, weil mir der Gedanke nahezuliegen scheint, daß die heutige Verschiedenheit der Besiedelung eine ähnliche wie die zeitliche in jedem einzelnen See ist, so daß also der sichtbare Querschnitt durch die Entwicklung eben in eine Besiedelungsgeschichte umgedeutet werden kann" (l. c. S. 293, 294). Hier entwirft nun anschließend (S. 295—300) LUNDBECK von der ökologischen Seite her ein Bild von der Besiedelungsgeschichte unserer Seen seit der Eiszeit (vgl. S. 480 ff.).

Zum Schluß sei noch kurz verzeichnet, welche der von ihm untersuchten alpinen Seen er zum oligotrophen und mesotrophen Typus rechnet (über die eutrophen Seen vgl. S. 466).

Oligotropher Seetypus:

Orthocladius-Seen: Bodensee, Walensee, Brienzer und Thuner See. (Hierher wohl auch der Genfer See. Einen Übergang zu den kleineren hochalpinen *Orthocladius*-Seen bildet der Plansee.) Sekundär verändert sind Tegernsee und Lago Maggiore.

Tanytarsus-Seen: Vierwaldstätter See, Alpnacher, Zuger, Ammer-, Starnberger, Chiem-, Ägerisee (die letzten drei bereits auf der Grenze zum mesotrophen Typus); vom Bodensee-Untersee ein Teil (Reichenauer und Rheinsee). Sekundär verändert sind Zürichsee und Comer See. — Zuflüsse haben den Urner See des Vierwaldstätter Sees sowie wahrscheinlich auch den Heiterwanger See aus *Tanytarsus*-Seen in „sekundäre" *Sergentia*-Seen verändert.

Mesotropher Seetypus:

Stictochironomus-Seen: Hierher stellt LUNDBECK mit Sicherheit nur den Lunzer Untersee (vgl. aber S. 402) und den Weißensee; vielleicht gehört auch der Sarner See hierher. Also ein seltener Typ. (Primäre) *Sergentia*-Seen: Hierher Kochelsee, Schliersee, Wörthsee, Alpsee bei Immenstadt und Greifensee, vielleicht auch Eibsee.

Wir schließen an LUNDBECKS Darstellung einige Bemerkungen über einzelne alpine oligotrophe und mesotrophe Seen an.

Im Starnberger See hat PAGAST (1940) die „Chironomidenlarven des Bodenschlamms" untersucht, auf Grund von 68 Bodengreiferfängen.

Hier seine Tabelle:

Die Chironomidenlarven des Bodenschlammes im Starnberger See (1936)

T = Tiefenverbreitung in Metern, AB = Anzahl Bodengreiferfänge, die Individuen der betreffenden Art enthielten, N = Gesamtanzahl der Individuen, O = Ortsdichte.

Name	T	AB	N	O
Macropelopia fehlmanni-Gruppe	40—85	5	6	1,2
Procladius	4—13	4	16	4,0
Protanypus (Didiamesa)	40—58	2	2	1,0
Orthocladiinae	(0)—58	13	68	5,2
Ch. „semireductus"	7—20	8	19	2,4
Cryptochironomus s. s.	(0)—48	13	20	1,5
Polypedilum scalaenum	7—8	5	16	3,2
Sergentia	10—96	17	54	3,2
Stictochironomus	(0)			
histrio-Gruppe	18—24	4	16	4,0
Micropsectra	15—106	34	628	18,5
Tanytarsus	6—90	16	54	3,4
Lauterbornia	7—106	9	36	4,0

Unter *Chironomus „semireductus"* versteht er *„plumosus"*-Larven, „die in der Länge der Tubuli variieren, so daß man geneigt ist, die meisten dem *semireductus*-Typus zuzuordnen". LUNDBECKS Tiefenverteilung entspricht sonst „recht gut" der von PAGAST festgestellten Tiefenverbreitung der vier Charakterformen im Starnberger See:

Ch. „semireductus"	Maximum	in	5—15	m	Tiefe
Sergentia	„	„	10—20	„	„
Stictochironomus	„	„	15—25	„	„
Micropsectra	„	„	30—100	„	„

„Die vier ‚Leitformen' der Seetypenfolge: *Tanytarsus- (Micropsectra-)* See, *Stictochironomus*-See, *Sergentia*-See und *Chironomus*-See besiedeln im tiefen (Starnberger) See solche Zonen, deren Tiefe der mittleren Tiefe der vier entsprechenden Seetypen gleichkommt" (PAGAST, l. c. S. 401).

Unter dem Titel „Beiträge zur Kenntnis der Uferbiozönosen des Bodensees" hat GEISSBÜHLER (1938) die Besiedelung einer kurzen Uferstrecke des schweizerischen Ufers (Egnachterbucht zwischen Romanshorn und Arbon) behandelt. Leider aber sind die Bestimmungen der Chironomiden (S. 36 bis 40), wie der Autor selbst hervorhebt, ganz unsicher, so daß eine Wiedergabe der Liste hier keinen Zweck hat. Nach dem Erscheinen der Arbeit hat GOETGHEBUER einen Teil des Materials, das ich ihm zusandte, revidiert. Die Liste seiner Ergebnisse enthält aber nur Nummern; die Fundorte der einzelnen Arten können nicht mehr festgestellt werden, da Dr. GEISSBÜHLER im April 1944 verstorben ist. Nach den Bestimmungen GOETGHEBUERS sind sicher die folgenden Arten für das Litoral der betreffenden Strecke des Bodenseeufers nachgewiesen:

Procladius cinereus GOETGH., *Paratrichocladius inserpens* WALK., *Chironomus plumosus* L., *Ch. dorsalis* MG., *Microtendipes chloris* MG., *Polypedilum geissbühleri* n. sp. GOETGH., *Tanytarsus macrosandalum* K., *Cladotanytarsus mancus* WALK.

Hier schalten wir eine Betrachtung über die Chironomidenfauna des maximal nur 2,9 m tiefen Lunzer Mittersees ein (Abb. 233) (THIENEMANN 1949, S. 52—61). Allerdings nimmt dieser See durch seine im allgemeinen reichliche Wasserzufuhr eine Mittelstellung zwischen einem fließen-

Abb. 233. Der Lunzer Mittersee. [Aus THIENEMANN 1950.]

den und stehenden Gewässer ein. Und da er durch die in den Seeboden bis 2,9 m tief eingesenkten „Quelltrichter" mit Grundwasser gespeist wird, so ist er eigentlich eine riesige Limnokrene. (Größte Länge 333 m, größte Breite 123 m.) Man kann — sieht man von der Abflußregion ab — folgende Biotope im Mittersee unterscheiden:

Blöcke in der Wasserlinie, mit Moosen, Flechten, *Tolypothrix* bewachsen. Die Chironomidenfauna dieses Biotops, die man nicht als eigentliche Seefauna bezeichnen kann, besteht aus 8 Orthocladiinen und 3 Ceratopogoniden. (*Paraphaenocladius impensus monticola, Pseudorthocladius curtistylus, Metriocnemus hygropetricus, M. fuscipes, Limnophyes pusillus, L. gurgicola, Bryophaenocladius subvernalis, Pseudosmittia virgo montana;*

Dasyhelea flaviventris, Bezzia albipes, Serromyia morio.) Das ist eine ganz ähnliche Fauna, wie wir sie oben (S. 398) für die *Tolypothrix*-Zone des Lunzer Untersees und die landeinwärts von ihr liegenden moosüberzogenen Steine usw. verzeichnet haben.

Der Schlamm, der den größten Teil des Seebodens bedeckt, ist überaus dicht besiedelt von 4 Tanypodinen, 4 Orthocladiinen, 2 Chironomarien, 3 Tanytarsarien. Von diesen sind aber 2, die ihre Hauptvertretung in den Pflanzen finden *(Ablabesmyia punctatissima* und *Trichocladius algarum),* selten, ebenso sind im See überhaupt ganz selten 3 weitere *(Procladius* sp. *sagittalis*-Gruppe, *Chironomus anthracinus, Paracladopelma camptolabis).* Nicht allzu häufig ist *Tanytarsus gibbosiceps.* So bleiben 8 Arten, die durch ihr Massenauftreten für die Schlammablagerungen kennzeichnend sind. Das sind, nach ihrer Häufigkeit geordnet, *Heterotrissocladius marcidus* und *Sergentia longiventris, Psectrotanypus trifascipennis, Prodiamesa olivacea, Paratrichocladius inserpens, Macropelopia notata* und schließlich *Micropsectra praecox* und *Monotanytarsus austriacus.*

Die submersen Pflanzen sind belebt von 14 Arten (1 Ceratopogonide, 3 Tanypodinen, 8 Orthocladiinen, 1 Chironomarie, 1 Tanytarsarie), von denen aber 11 hier ganz selten sind *(Psectrotanypus trifascipennis, Heterotrissocladius marcidus, Paratrichocladius inserpens, Prodiamesa olivacea, Sergentia longiventris, Monotanytarsus austriacus, Bezzia nobilis, Ablabesmyia claripennis, Trichocladius tendipedellus, Psectrocladius sordidellus, Synorthocladius semivirens).* 3 Arten sind die Charaktertiere des Pflanzenbiotops. Zu Zeiten tritt *Trichocladius algarum* in ganz unglaublichen Mengen auf, dazu kommt *Ablabesmyia punctatissima* und *Rheorthocladius majus.*

Das Südufer, flach, viel besser durchwärmt als der übrige See, mit seinen zeitweise inundierten Grasflächen, die durch Hirsche gedüngt werden, hat wiederum eine ganz andere Chironomidenbesiedelung (5 Ceratopogoniden, 2 Tanypodinen, 3 Orthocladiinen, 1 Tanytarsarie). Nur 2 von ihnen treten auch sonst im See, in den submersen Pflanzenbeständen auf *(Bezzia nobilis* und *Ablabesmyia punctatissima).* Durch ihr Massenvorkommen charakterisieren diesen Biotop besonders: *Atrichopogon lucorum, Bezzia bicolor, Ablabesmyia punctata, Zavrelia nigritula, Dasyhelea modesta, Paratrichocladius holsatus;* seltener sind *Culicoides stigma, Metriocnemus hygropetricus, Psectrocladius obvius.*

In den Quelltrichtern im Südufer wurde — aber nur in ganz einzelnen Exemplaren — eine Mischfauna von Pflanzen- und Schlammbewohnern gefunden *(Ablabesmyia punctatissima, A. punctata, Prodiamesa olivacea, Rheorthocladius majus, Paratrichocladius holsatus, Trichocladius algarum, Heterotrissocladius marcidus, Eukiefferiella brevicalcar, Sergentia longiventris, Stictochironomus lepidus, Monotanytarsus austriacus).*

Auch der oberbayerische Badersee ist eine große Limnokrene, die ich bei meinen Chironomidenstudien in der Gegend von Garmisch-Partenkirchen, allerdings nur kursorisch, untersucht habe (1936 b, S. 246, 247). Von den im Mittersee festgestellten Arten traf ich auch im Badersee an *Ablabesmyia punctatissima, Macropelopia notata* (-Gruppe) *Psectrotanypus trifasciatus, Sergentia* sp., *Micropsectra* sp., *Monotanytarsus austriacus, Heterotrissocladius* sp., *Prodiamesa olivacea, Synorthocladius semivirens.*

Zum Schluß dieses Abschnittes über die Chironomidenfauna oligotropher alpiner Seen sei der Vollständigkeit halber noch die ältere Literatur angegeben, die aber, da Züchtungen des Materials und daher wirkliche Artbestimmungen fehlen, heute im allgemeinen nur noch historisches Interesse hat:

Vierwaldstätter See: ZSCHOKKE 1911 (Profundal; vgl. dazu THIENEMANN 1915, S. 34—36); OBERMAYER 1922 (S. 71—76; Litoral!).

Genfer See: FOREL 1904 (S. 85—87, 243, 354); ZEBROWSKA 1914 (vgl. dazu THIENEMANN 1915, S. 33).

Brienzer und Thuner See: VON HOFSTEN 1911 (S. 40—42; vgl. dazu THIENEMANN 1915, S. 36—37).

Neuchateler See: MONARD 1919 (S. 110—114).

Luganer See: FEHLMANN 1911 (S. 43—44; vgl. dazu THIENEMANN 1915, S. 42—43).

Lüner See, Silvaplana-See, Davoser See, Lucendro-See: BORNER 1920, (vgl. THIENEMANN 1915, S. 37—41).

Schachensee, Stuibensee, Pfrillensee: THIENEMANN 1936 b (S. 244—246).

cc) Anhang: Schwarzwaldseen

Durch LUNDBECKS neueste Untersuchungen (1951) ist auch die Chironomidenbesiedelung der zum Untersuchungsgebiet der Hydrobiologischen Station Falkau gehörenden Schwarzwaldseen bekannt geworden.

Zu seiner Gruppe B' I/II b „*Sergentia*-Seen" (vgl. Abb. 225, S. 390) rechnet er den Titisee und Feldsee. „*Sergentia* als stark vorherrschende Profundalart, daneben Oligochäten, Pisidien und *Tanypus;* Uferfauna auf steinig-sandigem Boden nicht stark entwickelt; *Chironomus* meistens litoral-sublitoral spärlich vorhanden." Über die Chironomidenfauna des Titisees (1078 ha, Maximaltiefe 40 m, mittlere Tiefe 21 m) stellt LUNDBECK fest: *Chironomus* sp. *bathophilus*-Gruppe nur vereinzelt im Sublitoral, wenig im flachen Wasser, gar nicht in der Tiefe. *Sergentia* (Art nicht bestimmt) ist die eigentliche Charakterform des Seebodens: ganz wenig im obersten Litoral, maximal im oberen Profundal, dann wieder abnehmend. Tanypodinen — außer einigen Larven von *Ablabesmyia, costalis*-Gruppe im bewachsenen Ufer immer *Procladius* sp. — in allen Tiefenzonen, am häufigsten im unteren Litoral. Zu diesen Arten kommen noch *Tanytarsus, Paratanytarsus, Lauter-*

borni-Gruppe, Orthocladiinen, *Endochironomus, Signaticornis*-Gruppe, *Glyptotendipes, Limnochironomus, Polypedilum, Microtendipes* und *Stictochironomus.*

Die Tiefenverteilung dieser Arten geht aus der folgenden Tabelle hervor (Stückzahlen je m²):

Tiefe in m	*Chironomus anthracinus*-Gruppe	*Sergentia*	Tanypodinae	Andere Chironomiden
0—4	+	7	52	761
4—8	+	260	134	305
8—12	9	171	99	180
12—20	—	846	37	7
20—28	—	608	30	—
28—34	—	356	15	—
34—40	—	244	15	—

Der Feldsee (Höhenlage 1113 m; 9,8 ha, Maximaltiefe 34 m, mittlere Tiefe 18 m) hat ebenfalls *Sergentia,* die hier bis in die größten Tiefen geht, als Charaktertier. Häufig ist *Microtendipes* bis in 10 m Tiefe. Die übrige Chironomidenfauna ähnlich wie im Titisee. Die Tiefenverteilung der Chironomiden (Stückzahl je m²) zeigt die folgende Tabelle:

Tiefe in m	*Sergentia*	*Microtendipes*	Andere Chironomiden	Tanypodinen
0—2	25	140	108	—
2—4	18	310	81	18
4—12	81	905	143	72
12—20	15	—	—	30
20—28	289	—	—	—
28—34	111	—	—	—

An diese beiden Seen schließt LUNDBECK den Schluchsee unter B I/IIb an: „Den vorigen ähnlich, aber sekundär schwach eutrophiert, auch etwas humifiziert; *Sergentia* fehlt der Tiefe (nur schwach im Litoral vertreten, hier neben *Tanypus* als vorherrschender Tiefenform wenig Oligochäten und Pisidien; *Chironomus* in geringerer Tiefe vorherrschend (auch *Chaoborus* vorhanden); Bodenbesiedelung überhaupt arm (besonders im Litoral — auch Pflanzen — infolge Wasserstandsschwankung).“

Der Schluchsee ist jetzt zum Hauptspeicherbecken für das Schluchseekraftwerk umgewandelt, hat eine Fläche von 380 ha (früher 103), eine Maximaltiefe von 65 m (früher 33 m), eine mittlere Tiefe von 30 m (früher 15). Die Chironomidenbesiedelung zeigt die folgende Tabelle (Stückzahlen je m²):

Tiefe in m	*Chironomus anthracinus*-Gruppe	*Chironomus plumosus*-Gruppe	*Sergentia*	Tanypodinae	Andere Chironomidae
2—4	22	—	+	22	111
4—8	13	—	6	102	120
8—12	11	—	11	143	67
12—20	12	—	—	164	12
20—28	—	15	—	30	—
28—36	9	—	—	89	—
36—44	—	—	—	216	—
44—58	—	—	—	162	—

γ) Chironomiden aus oligotrophen Tatra- und Balkanseen

aa) Hohe Tatra

Über die Chironomidenfauna der Hohen Tatra liegen, vor allem auf Grund der von S. HRABĚ durchgeführten Untersuchungen, Angaben vor von ZAVŘEL (1935, 1937) und HRABĚ (1939, 1942[95]). Wir behandeln im folgenden vorerst nur die oligotrophen Tatraseen, die ZAVŘEL (1935) zu den „panoligotrophen" Hochgebirgsseen im Sinne PESTAS stellt.

Als Beispiel sei hier zuerst (nach ZAVŘEL 1935, S. 447) eine Tabelle der Tiefenverbreitung der Chironomiden im See Hincovo gegeben (Meereshöhe 1965 m, Maximaltiefe 53,2 m, Areal 18,2 ha). Die Proben wurden von S. HRABĚ mit dem Bodengreifer entnommen. Die erste Spalte gibt die Zahl der Individuen im ganzen an, die zweite Spalte in % der Gesamtzahl der Chironomiden (541); die drei folgenden Spalten (%) geben die Häufigkeit der Art in jeder der drei Tiefenzonen, in % aller Chironomiden der betreffenden Zone an (0—1 m = 157 Stück, 3—4 m = 368, 5—32 m = 16):

	Individuenzahl absolut	Individuenzahl %	0—1 m %	3—4 m %	5—32 m %
Macropelopia notata-Gruppe	72	13,5	39	3	
Procladius	53	10	1	11	68
Pseudodiamesa branickii NOW.	27	4,5	17		
Heterotrissocladius marcidus WALK.	49	9	18	6	
Lauterbornia	333	61,5	21	80	32
Micropsectra	7	1,5	4		

Zusammenfassend charakterisiert HRABĚ (1939) die Chironomidenfauna der „Alpenzone" (1800—2154 m) der Hohen Tatra so: In den spärlichen

[95] Die umfangreiche Arbeit von 1942 kann ich aus sprachlichen Gründen leider nur schwer auswerten.

Sand- und Schlammablagerungen der Ufer *Heterotrissocladius marcidus* und *Pseudodiamesa branickii*. Im Profundalschlamm fanden sich 8 Chironomidentypen, von denen aber nur *Lauterbornia* und *Procladius* zahlreich sind, die übrigen ganz zurücktreten (*Macropelopia, Pseudodiamesa, Prodiamesa olivacea, Heterotrissocladius, Micropsectra, Tanytarsus*). Chironomarien fehlen. In einigen Seen ist *Lauterbornia* vorherrschend, in anderen fehlt sie; aber erst weitere Untersuchungen können die allgemeine oder beschränkte Verbreitung sicherstellen. In keinem See herrschen im Profundal Orthocladiinen vor. „Die bekannte THIENEMANNsche Regel über Orthocladiinendominanz ist nur für Bäche, seichte Tümpel und Uferzone der Seen gültig" (HRABĚ 1939, S. 11). Diese Tatraseen sind keine *Orthocladius*-Seen, sondern *Tanytarsus- (Lauterbornia-)* Seen (ZAVŘEL 1937, S. 495).

ZAVŘEL schließt seine Arbeit von 1935 mit den Worten (S. 448): „Meine Untersuchungen zeigen also klar, daß für die Gewässer der Hohen Tatra und wahrscheinlich der ganzen Karpathenkette sowie der anliegenden Balkangebirgszüge folgende Chironomiden als Leitformen anzuerkennen sind: *Lauterbornia* sp. für feinschlammige Bodenfazies der typischen Hochgebirgsseen, *Pseudodiamesa branickii* Now. und *Heterotrissocladius marcidus* WALK. für Bäche, Quellen und Seeufer mit Ausnahme der dystrophen und stark versumpften Seen.

Würde sich also durch künftige Untersuchungen erweisen lassen, daß auch die alpinen Hochgebirgsseen dieselben Formen in der Tiefe enthalten, so könnte die Selbständigkeit des panoligotrophen Seetypus anerkannt werden; nur müßte man dessen von PESTA angeführte Eigenschaften folgendermaßen ergänzen:

Bodenfazies: Ein feiner grauer mit niederen Algen vermischter Schlamm;
Elitorale Fauna sehr artenarm; fast nur *Tubifex tubifex, Lauterbornia* und *Trichotanypus; Corethra* fehlt.
Litoral: *Macropelopia, Pseudodiamesa* und *Heterotrissocladius* sehr häufig."

bb) Balkan

Was wir über die Chironomidenfauna der Seen des Balkans wissen, beschränkt sich auf die kurzen „Bemerkungen zur Chironomidenfauna einiger balkanischer Seen" ZAVŘELS (1931). Es handelt sich dabei um die Seen Ochrida-, Prespa-, Dojran- und Skutarisee; diese Reihenfolge entspricht der Verstärkung der Trophie: der Ochridasee ist typisch oligotroph, der Dojran- und Skutarisee sind eutroph. Schon bei der ersten Untersuchung von Proben, die S. STANKOVIĆ im Ochrida- und Prespasee gesammelt hatte, fiel ZAVŘEL „die Abwesenheit der für tiefe oligotrophe Seen Nordeuropas charakteristischen Typen, wie *Lauterbornia, Sergentia, Monodiamesa, Protanypus*", auf. Zu diesem negativen Merkmal konnte er später auf Grund reicheren Materials ein positives hinzufügen: in diesen Seen treten zwei *Microchironomus*-Arten „als recht häufige, sogar führende Vertreter der Chironomidenfauna auf". *Microchironomus* Nr. 1 ist wahrscheinlich mit *M. conjugens* K., *Microchironomus* Nr. 2 mit *M. laccophilus* K. identisch. Im Ochridasee ist fast nur die erste Art vorhanden, in den drei anderen Seen — von denen der Dojran „ein echter *Plumosus-Corethra*-See" ist — kommen beide vor. *M.* Nr. 1 belebt im Ochridasee alle Schichten ziemlich gleichmäßig, doch scheint sie in Tiefen unter 20 m etwas häufiger zu werden;

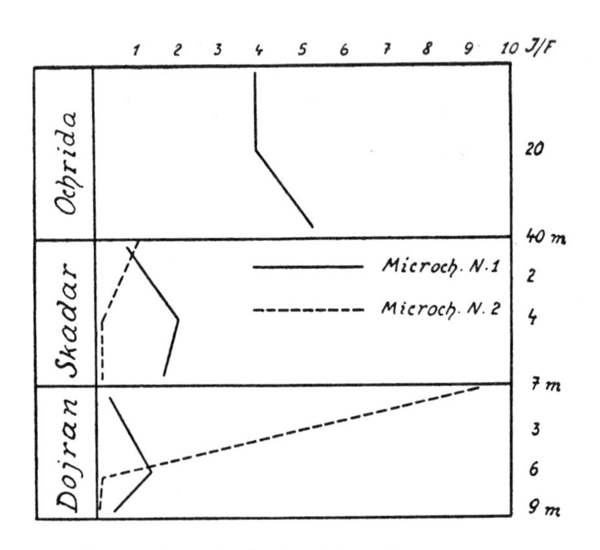

Abb. 234. Tiefenverteilung der beiden *Microchironomus*-Arten in Balkanseen auf Grund der durchschnittlichen Individuenzahl je Fang (J/F). [Aus Zavřel 1931.]

M. Nr. 2 wurde in diesem See nur an einer Stelle des Südufers zwischen *Phragmites* gefunden. *M.* Nr. 1 findet sich in dem flachen Dojran- und Skutarisee in allen Schichten, erreicht in mittleren Tiefen ein Maximum, ist aber viel spärlicher vertreten als im Ochridasee; *M.* Nr. 2 ist hier auch ziemlich häufig, aber meist auf die oberflächlichen Schichten beschränkt; fehlt im eutrophen Dojransee in den untersten Schichten zwischen 6 und 9 m vollständig (vgl. hierzu Abb. 234).

„Für die erwähnten Balkanseen bilden beide *Microchironomus*-Arten einen so typischen Bestandteil der Bodenfauna, daß man wohl nicht fehlgeht, wenn man sie als *Microchironomus*-Seen bezeichnet; dies soll aber keine neue Stufe in der Thienemann-Lundbeckschen Skala bedeuten; es soll eher einen regionalen, geographischen Seentypus bezeichnen, der für eine bestimmte Gegend maßgebend ist" (Zavřel 1931, S. 274).

„Merkwürdigerweise" gehört, wie ZAVŘEL schreibt, auch der Balaton zu diesem Typus; nach seinen und LENZ' Erfahrungen (LENZ 1926) sei die Chironomidenfauna vom Balaton und Ochridasee fast vollkommen identisch. Ich meine aber doch, man solle vor solchen Schlußfolgerungen erst die Ergebnisse wirklich gründlicher Chironomidenstudien in diesen Seen abwarten. Was wir bis jetzt von der Chironomidenfauna dieser Gebiete kennen, ist doch nur ein recht dürftiges Bruchstück!

Kürzlich (1951) hat STANKOVIĆ erneut über die Tiefenfauna dieser und einiger anderer Balkanseen berichtet und dabei vor allem Angaben über die Quantität gemacht. Doch wurde die Chironomidenfauna nicht eingehender untersucht.

δ) Oligotrophe und mesotrophe Seen der südbaltischen Tiefebene

Seen niederen Trophiegrades sind im Verhältnis zu den eutrophen Seen in der südbaltischen Tiefebene selten, und zwar um so seltener, je mehr man im Bereich der Jungmoränenlandschaft von Osten nach Westen vorschreitet.

Noch weiter westlich ist im Bereich der Altmoränenlandschaft, also in dem während der letzten (Weichsel-, Würm-) Eiszeit nicht vergletschert gewesenen Gebiet, in Niedersachsen ein kleiner See genauer untersucht worden, der hochgradige oligotrophe Verhältnisse aufweist (vgl. LUNDBECK 1933 und 1934). Das ist der Wollingster See (Oberfläche 4,4 ha, größte Tiefe 17 m, mittlere Tiefe 3 m). Durch Ausstrudelung oder einen Toteisblock entstanden, liegt er auf einer oberflächlich durch Auswaschung sandig gewordenen Moränenebene. Sein Wasser ist arm an gelösten Stoffen (Abdampfrückstand 54,4 mg/l; CaO 4,8 mg/l), sauer (pH rund 4,2), ohne Braunfärbung (Farbe IX—X der Forel-Ule-Skala). Wasserdurchmischung infolge der offenen Lage und des windreichen Klimas stark; Metalimnion im August in 7 bis 8 m Tiefe, Temperatur des Tiefenwassers im Sommer hoch, mindestens 9°. O_2-Gehalt des Tiefenwassers im Sommer nicht unter 3 ccm/l = 40% der Sättigung. *Lobelia*-Wiesen vorhanden; *Phragmites* scheint, kulturbedingt, erst in neuer Zeit sich angesiedelt zu haben. Dieser See ist — edaphisch bedingt — „primär oligotroph". Die Zusammensetzung der Chironomidenfauna des Wollingster Sees ist nach LUNDBECKS Untersuchungen (1933) eine ganz eigenartige.

Häufigste Art ist eine *Limnochironomus*- (oder *Cladopelma*-) Art — auf schlammigem Boden in 0,5 bis 7 m Tiefe. Stark vertreten sind die Tanypodinen; vor allem *Procladius*, in der Uferzone noch einige andere.

„Die Larve von *Allochironomus* ist zwar durchaus nicht zahlreich gefunden worden; sie ist aber bemerkenswert, weil sie eine der wenigen oder gar die einzige Art im See ist, die die Uferzone ganz meidet. Sie kommt erst von 3 m Tiefe an vor und geht vereinzelt in die größte Tiefe; am häufigsten wurde sie in 6 bis 8 m gefunden“ (l. c. S. 15). *Allochironomus crassiforceps* K. ist sonst bekannt aus dem Sublitoral des Großen Plöner Sees, aus Estland und Südschweden (Schonen und Småland) (BRUNDIN 1949, S. 735). An weiteren Chironomiden wurden im Wollingster See noch gefunden:

Polypedilum sp., einzeln im flachen Ufer;

cfr. *Cryptochironomus*, zwei Arten, im flachen Ufer, bis 5 m, vor allem auf Sand;

Orthocladiinae, ebenso, bis in 2 m Tiefe;

Ceratopogonidae vermiformes (*Bezzia*-Typ), ebenso, bis höchstens 3 m Tiefe.

Wir kennen von keinem anderen norddeutschen See von der Art des Wollingster Sees die Chironomidenfauna, haben also keine Möglichkeit eines Vergleiches.

Über weitere nordwestdeutsche „saure“ Binnenseen hat LUNDBECK (1951) berichtet, nachdem er schon früher (1938) „das Werden und Vergehen“ dieser Seen geschildert hatte. Er unterschied tiefe und flache Heideseen und Moorseen; durchschnittliches pH 4,2; 3,9; 3,9. In allen tiefen Heideseen traten die Larven von *Chironomus, anthracinus*-Gruppe auf, *plumosus*-Larven nur in zwei verhältnismäßig stark kulturell beeinflußten tiefen Heideseen. Die pflanzenarme, sandige Uferzone dieser Klarwasserseen (pH 4,1—4,2) war charakterisiert durch ein Massenvorkommen von *Pseudochironomus*-Larven. Für die übrige Chironomidenfauna vgl. LUNDBECK (1951, S. 50). Die ungefähre Chironomidenartenzahl betrug in den tiefen Heideseen 18, in den flachen Heideseen 9, in den Moorseen 11.

Von den übrigen, zu den oligotrophen und mesotrophen zu rechnenden Seen der Norddeutschen Tiefebene ist g e n a u e r nur die Chironomidenfauna des Profundals respektive der pflanzenfreien Bodenschichten bekannt; eingehende Studien über die litorale Chironomidenfauna liegen nicht vor. Doch ist die profundale Chironomidenfauna ja von ganz besonderer theoretischer Bedeutung (vgl. S. 388). Ich glaube auch aus zahlreichen Stichproben schließen zu dürfen, daß die Chironomidenfauna der Uferregion des gut bekannten, eutrophen Großen Plöner Sees im wesentlichen ebenso zusammengesetzt ist, wie die der entsprechend großen mesotrophen Seen, also z. B. des Außen-Schaalsees.

Schon in seiner Dissertation (1926) stellt LUNDBECK (S. 336) fest, daß reine „*Tanytarsus*-Seen“, in denen die beiden *Chironomus*-Arten (*plumosus* und *anthracinus*) wirklich vollständig fehlen (wie es in Eifelmaaren der Fall ist; vgl. S. 396), in der Norddeutschen Tiefebene bisher nicht nachgewiesen, auch wohl überhaupt nicht vorhanden sind. Die niedrigste Trophiestufe wird hier repräsentiert durch LUNDBECKS „*Tanytarsus-Bathophilus*-Seen“, die er später (vgl. S. 390) als mesotrophe Seen bezeichnete, *Sergentia*-Seen im Sinne von LENZ. Auf Grund unserer zum Teil gemeinsam durchgeführten Untersuchungen stellte LUNDBECK (1926, S. 337) hierher:

den Schaalsee (Außen-Schaalsee) in Lauenburg (weitere Angaben bei THIENEMANN 1928 c);

in Mecklenburg den Breiten Lucin, Schmalen Lucin, Carwitzer See (weitere Angaben THIENEMANN 1925 a);

in Pommern den Madüsee (weitere Angaben THIENEMANN 1925 a, 1928 c), den Dratzigsee (weitere Angaben THIENEMANN 1925 a, 1928 c).

Ich habe (1928 c) noch den Enzigsee und Großen Lübbesee in Hinterpommern als Seen dieser Gruppe erkannt.

Bei der Untersuchung der Edelmaränen-Seen des Kreises Birnbaum in Posen (THIENEMANN 1928 b) erwies sich der Schrimmersee als *Tanytarsus-(Bathophilus-)* See; die übrigen Seen — Gorzyner, Altgörziger, Großer Tuczen sowie der Pulssee in der Neumark sind schon etwas stärker eutroph, werden aber doch am besten als „*Sergentia*-Seen" aufgefaßt.

Von den Seen Ostpreußens ist der Mauersee ein — mesotropher — *Sergentia*-See (LUNDBECK 1936, S. 250, 326).

Als Tiefen-„*Tanytarsus*" ist *Lauterbornia coracina* K. sicher festgestellt (Imagines) im Schaalsee, den Lucinseen, dem Madü- und Dratzigsee, doch dürften auch die *Tanytarsus*-Larven der Tiefe der anderen Seen sicher zu dieser Art gehören. Weitere Tiefenform ist *Sergentia coracina* ZETT. *(profundorum* K.), in einigen dieser Seen ist auch *Monodiamesa bathyphila* (vgl. THIENEMANN 1918) ein nicht seltener Bewohner der Tiefe (im Breiten Lucin von etwa 10 m bis fast in die größte Tiefe [58 m]). *Chironomus anthracinus* findet sich höchstens vereinzelt einmal in der Tiefe; doch kann diese Art in höheren Schichten (vor allem sublitoral) nicht selten sein. *Chironomus plumosus* fehlt in der Tiefe ganz, kann aber in den Seen, die schon stärker nach der eutrophen Seite neigen, im Litoral, selten auch tiefer, vorkommen.

Für den ostpreußischen Mauersee gibt LUNDBECK (1936, S. 250) die folgende Tabelle der bathymetrischen Anordnung der wichtigsten Chironomiden (Zahl je m²):

Tiefe m	*Microtendipes*	*Chironomus*		*Sergentia*
		plumosus	*anthracinus*	
9	45	176	90	—
13	490	67	155	—
20	44	30	30	—
26	—	—	22	22
31	—	—	20	160
40	—	—	—	488

Wie die Chironomiden der Seetiefe in den norddeutschen Seen mit Großer Maräne und Edelmaräne verbreitet sind, ist in Abb. 235 dargestellt. Ich schrieb dazu (1928 b, S. 32): „Alle Edelmaränenseen enthalten als charakteristische Tiefenchironomide *Sergentia profundorum* K. Diese Form wird in den mehr westlich gelegenen norddeutschen Seen nur oder fast nur in den Seen der Stufe I' gefunden (LUNDBECK 1926, S. 368; LENZ 1925); in anderen Gegenden tritt *Sergentia* auch in reinen *Tanytarsus*-Seen auf; in unseren, in nährstoffärmerem Gelände gelegenen norddeutschen bzw. posenschen Seen geht sie auch in die (eutrophen) Seen der Stufe II. Die Edelmaränen-Seen fallen also in den Variationsbereich der ‚*Sergentia*-Seen'." Man vergleiche hierzu die Seite 410 wiedergegebene Beurteilung der ökologischen Valenz von *Sergentia coracina* durch BRUNDIN.

Über die Chironomidenfauna des Wigrysees bei Suwalki (Polen) (Maximaltiefe 60,5 m) liegen drei Arbeiten vor, eine von ZAVŘEL (1926 c), in der auch einige benachbarte Seen kurz behandelt werden, eine von RZOSKA (1936), in der er einen Vergleich mit dem eutrophen westpolnischen Kiekrzsee zieht (vgl S. 463), sowie eine von TARWID (1939), in der die Verteilung der Chironomidenlarven im Profundal der verschiedenen Becken des Wigrysees auf Grund von Bodengreiferfängen untersucht wird.[96]

TARWID unterscheidet in den nicht stärker eutrophierten Teilen des Sees Formen des oberen und des unteren Profundals:

Zu den ersteren stellt er *Stictochironomus* sp. (wohl = *rosenschoeldi)* und *Monodiamesa bathyphila;* die erste Art sehr häufig, die zweite ebenfalls sehr verbreitet.

Die Formen des unteren Profundals sind:

Lauterbornia coracina K. Die jungen Larven leben während des Winters in wenig tiefen Schichten, im Beginne des Sommers dringen sie in die Tiefe vor. *Lauterbornia* schlüpft im Wigrysee nach LITYNSKIS Beobachtungen im Beginne des Herbstes, also anders als in fast allen anderen Seen von Lappland bis in die Alpen! Nur am schwedischen Siljan (Dalekarlien) fing BRUNDIN (1949, S. 786) am 2. September 1948 eine ♂-Imago; er betrachtete dies

[96] TARWIDs Arbeit ist schwer zugänglich. Sie hat eine Geschichte! Die von A. LITYNSKI herausgegebene Zeitschrift „Archives d'Hydrobiologie et d'Ichthyologie" druckte zuerst die Separata der Arbeiten, d a n n erst das ganze Heft, in dem sie erschienen. Als 1939 der Krieg ausbrach, waren Heft 1-2 von Band 12 erschienen, vom anschließenden Heft 3 aber nur die Separata, unter ihnen TARWIDs Studie. Während der deutschen Besetzung Polens besuchte ich im Juni 1940 meinen alten Freund LITYNSKI in seiner Zuflucht in einem kleinen Bauernhaus am Wigrysee; die Wigrystation war von „polnischen" Russen, die dort in der Gegend auch während der polnischen Zeit lebten, ausgeplündert worden. Der Satz des Heftes stand noch in der betreffenden Druckerei in Suwalki. Im Einverständnis mit LITYNSKI versuchte ich, die Druckerei zur Herausgabe des Heftes zu bewegen; doch scheiterte dies an den übergroßen Geldforderungen, die die Druckerei stellte. So ist TARWIDs Arbeit nur in Separatabdrucken vorhanden.

mit Recht als eine phaenologische Besonderheit. Eine Erklärung für diese Sonderstellung der *Lauterbornia* des Wigry (und Siljan) kann ich nicht geben.

Micropsectra sp. In Massen, schlüpft nach TARWID wahrscheinlich im Frühjahr. *Sergentia* sp., sicher *coracina* K., in Mengen.

Wenn im Herbst *Lauterbornia* aus der Tiefe ausgeschlüpft ist, treten *Micropsectra* und *Sergentia* hier an ihre Stelle. Auf die Verschiedenheiten, die die verschiedenen Becken des Wigrysees bieten, wird hier nicht eingegangen.

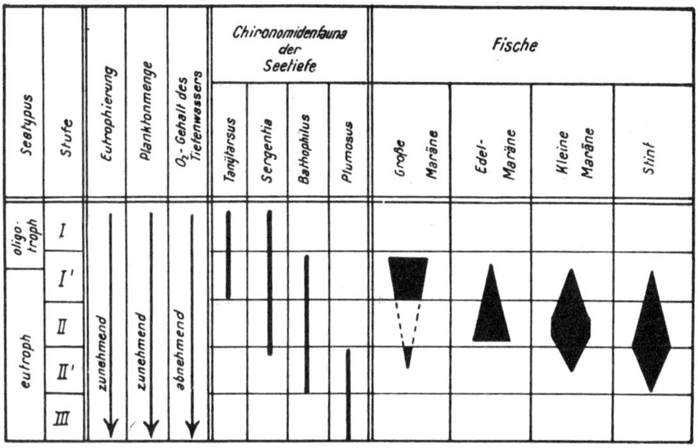

Seetypus	Stufe	Eutrophierung	Planktonmenge	O_2-Gehalt des Tiefenwassers	Chironomidenfauna der Seetiefe				Fische			
					Tanytarsus	Sergentia	Bathophilus	Plumosus	Große Maräne	Edel-Maräne	Kleine Maräne	Stint
oligotroph	I	zunehmend	zunehmend	abnehmend								
eutroph	I'											
	II											
	II'											
	III											

Abb. 235. Norddeutsche Seen mit großer Maräne und Edelmaräne. [AUS THIENEMANN 1928 b.]

Von weiteren Chironomiden des Wigrysees seien hier noch genannt:

Protanypus sp. (selten).

Chironomus bathophilus K. (*anthracinus* ZETT.): in eutrophen Buchten, ganz vereinzelte Exemplare auch am Grunde des offenen Sees (Schwärmzeit April).

Chironomus plumosus L.: nur in eutrophen Buchten und in Charawiesen.

In dem benachbarten, 100 m tiefen Hańscza-See, einem „typisch subalpinen See", wurden *Lauterbornia* und *Protanypus* sowie *Monodiamesa* ebenfalls nachgewiesen. ZAVŘEL (S. 218) charakterisiert das Hauptbecken des Wigrysees so: „Ein typischer *Tanytarsus*-See; die großen, tiefen Randbecken scheinen am Anfang des Eutrophierungsprozesses zu sein und befinden sich etwa im Stadium eines *Sergentia-Stictochironomus*-Sees (LENZ); die seichten Randbecken haben den Eutrophierungsprozeß schon weitgehend durchgemacht und sind *Chironomus*-Seen geworden."

(Den von PAGAST genauer untersuchten lettländischen Usma-See behandeln wir im Anschluß an die fennoskandischen oligotrophen Seen im nächsten Kapitel [S. 436].)

ε) Die Chironomidenfauna oligotropher Seen Fennoskandias

aa) Schweden und Finnland

Noch vor kurzem wäre es unmöglich gewesen, ein einigermaßen naturgetreues Bild der Chironomidenfauna der Seen Fennoskandias zu entwerfen. Erst seit dem Erscheinen von LARS BRUNDINS Buch „Chironomiden und andere Bodentiere der südschwedischen Urgebirgsseen. Ein Beitrag zur Kenntnis der bodenfaunistischen Charakterzüge schwedischer oligotropher Seen“ (LUND 1949) kennen wir die Chironomidenfauna dieser Seen so genau, daß ein Vergleich mit den norddeutschen und alpinen Seen möglich ist. Das Folgende basiert vollständig auf BRUNDINS Darstellung. Natürlich kann hier nur das Wesentlichste aus dem über 900 Druckseiten starken Bande entnommen werden. Wer sich genauer orientieren will, sei auf BRUNDINS Buch ausdrücklich hingewiesen. Dies Werk wird für lange Zeit die sichere Grundlage bilden, auf der jede weitere Untersuchung über die Chironomiden des Nordens aufbauen muß.

Wir beginnen mit dem

1. Innaren, als Beispiel eines oligohumosen südschwedischen Urgebirgssees.

Dieser See ist von BRUNDIN am genauesten untersucht worden. Wir können mit vollem Recht behaupten, daß von keinem See — auch nicht vom Lunzer Unter- und Mittersee! — die Chironomidenfauna so gründlich erforscht ist wie vom Innaren!

Der 16 km² große See liegt im zentralen Teil des südschwedischen Hochlandes, etwa 12 km nordöstlich der Stadt Växjö, genau auf dem 57. Breitengrad. Meereshöhe 176 m, größte Tiefe 19 m. Seeform an ein unregelmäßiges Kreuz erinnernd; Bodenrelief sehr bewegt. Speisung im wesentlichen durch unterseeische Quellen, Zuflüsse unbedeutend, Abfluß zum See Helgasjön (Flußgebiet der Mörrumså). Seewasser sehr arm an Humusstoffen, gelbgrün, maximale Transparenz 7 m; pH 6,8 bis 6,9. Stark windexponiert, daher in normalen Jahren andauernd totale Umschichtung, Temperatur des Bodenwassers Ende des Sommers etwa 16 bis 17° C; O_2-Gehalt kaum unter 50% sinkend. Nur ganz lokal, in einem isolierten Tiefenloch, kann die Sättigung bis 22% O_2 absinken. — Der Innaren ist ein auf Grund der geologischen Verhältnisse — also edaphisch bedingt — oligotropher, oligohumoser, nicht stabil geschichteter See.

BRUNDIN hat im Innaren 140 Chironomidenarten nachgewiesen, eine sehr hohe Zahl!

I. Litoral.

1. Sedimentboden des oberen Litorals (0,2—0,5 m). Zwei Standortstypen wurden genauer untersucht:

α) Lichte *Scirpus lacustris-Equisetum*-Bestände auf grobdetritusreichem Sedimentboden. Hier fanden sich in den Bodengreiferfängen 39 Chironomidenlarventypen. (Abundanz der Chironomiden 1600—8660 je m².) Am häufigsten (vgl. BRUNDIN, Tabelle 8, S. 86) Larven der *Polypedilum nubeculosum*-Gruppe, dann *Procladius, Bezzia*-Gruppe, *Clinotanypus nervosus, Ablabesmyia.* Besonders charakteristisch für den Biotop: *Clinotanypus, Pseudorthocladius curtistylus* (sonst terrestrisch! vgl. S. 197), *Psectrotanypus varius* und „*Rheotanytarsus*" (Identität nicht festgestellt.) Die größte Abundanz im See erreichen hier: *Ablabesmyia, Clinotanypus nervosus, Culicoides nubeculosus*-Gruppe, *Psectrotanypus varius, Procladius, Psectrocladius* B., *Pseudorthocladius curtistylus, Polypedilum, convictum*-Gruppe, *Heterotrissocladius marcidus, Microtendipes, Paratendipes,* „*Rheotanytarsus*".

β) Sehr lichte *Equisetum*-Bestände auf grobdetritusarmem Sedimentboden.

„In keinem anderen Biotop des Sees ist die Bodenfauna so reich entwickelt wie hier." 28 Chironomidenlarventypen. (Abundanz der Chironomiden 6300 respektive 10 350 je m².) Qualitativ recht beträchtlich von α abweichend. Stark dominierend *Pagastiella orophila* EDW. und *Tanytarsus gregarius*-Gruppe, charakteristische Bewohner der offenen Gyttjaböden größerer Tiefen. Elemente desselben Typus sind die ziemlich häufigen Larven von *Limnochironomus* und *Pseudochironomus prasinatus.* Ihre größte Abundanz im See überhaupt erreichen hier die Larven des *Bezzia*-Typs und von *Stempellina bausei.*

2. Sandboden des oberen Litorals, von sehr dünner Detritusschicht überlagert (Tiefe 0,2—0,3 m). 17 Chironomidenlarventypen. (Abundanz etwa 6300 je m².) Am häufigsten die *Culicoides nubeculosus*- und *Polypedilum nubeculosum*-Gruppe, ferner *Parakiefferiella. Tanytarsus* und *Pagastiella* treten zurück.

3. Die Isoëtidenteppiche des Sedimentbodens (Tiefe 1,3—3 m).

α) In 1,3 bis 2 m Tiefe, *Lobelia* und *Isoëtes lacustre.* Sedimente verhältnismäßig dünn. Abundanz der 33 Larventypen sehr gering. Am häufigsten *Endochironomus dispar*-Gruppe, *Cryptochironomus supplicans, Tanytarsus gregarius*-Gruppe, *Ablabesmyia, Procladius.* Die größte Abundanz im See erreichen hier: *Psectrocladius psilopterus*-Gruppe (wohl überwiegend *sordidellus), Cryptochironomus supplicans, Demicryptochironomus vulneratus, Harnischia pseudosimplex.*

β) In 3 m Tiefe; nur *Isoëtes lacustre.* Sedimente mächtiger. 29 Larventypen. (Abundanz etwa 3100 je m².) Übergangsgebiet zur unteren Litoralzone mit ihren fast offenen Sedimentflächen. Daher *Pagastiella* dominierend, dann *Tanytarsus gregarius*-Gruppe, *Procladius, Tanytarsus* Typus II, *Cladotanytarsus, Endochironomus dispar*-Gruppe.

Mit Hilfe eines Fangtrichters (vgl. S. 274) hat BRUNDIN über einem

Lobelia-Isoëtes-Teppich in 1,5 m Tiefe vom 6. Mai bis 10. Juli 1947 die folgenden schlüpfenden Chironomidenarten erbeutet:

Ablabesmyia cingulata WALK., *monilis* L., *nigropunctata* STAEG.; *Procladius choreus* MG., cfr. *nigriventris* K., *nudipennis* BRUNDIN.

Acricotopus thienemanni GOETGH., *Corynoneura celeripes* WINN.; *Eucricotopus silvestris* F., *Heterotanytarsus apicalis* K., *Heterotrissocladius marcidus* WALK.; *Parakiefferiella bathophila* K.; *Psectrocladius fennicus* STORÅ, *sordidellus* ZETT., *Zetterstedtii* BRUNDIN; *Synorthocladius semivirens* K.

Cryptocladopelma viridula FAB.; *Demicryptochironomus vulneratus* ZETT.; *Harnischia pseudosimplex* GOETGH.; *Lenzia flavipes* MG.; *Parachironomus vitiosus* GOETGH., *Pentapedilum tritum* WALK., *Stempellina bausei* K.; *Stempellinella brevis* EDW., *minor* EDW.; *Tanytarsus chinyensis* GOETGH., *lestagei* GOETGH., *signatus* V. D. W.

Insgesamt wurden in den Isoëtidenteppichen 45 Chironomidenarten gefunden. Im ganzen ist aber die dichte Isoëtidenvegetation für die Chironomidenentwicklung nicht günstig, die Abundanzzahlen sind verhältnismäßig niedrig, die meisten Arten finden optimale Verhältnisse in anderen Biotopen.

4. Die sublotischen Stein- und Blockböden (Tiefe etwa 1,5 m). (Untersucht nur mit Fangtrichtern.) Vom 6. Mai bis 10. Juli schlüpften hier 43 Chironomidenarten, besonders häufig *Ablabesmyia monilis, A. nigropunctata* und *Psectrocladius sordidellus;* im großen und ganzen sind es Arten, die auch die sedimentären Litoralböden bewohnen. Vielleicht sind *Stictochironomus histrio, Tanytarsus recurvatus* und *T. lactescens* besonders charakteristisch für diesen Biotop.

5. Der Sedimentboden des unteren Litorals (Tiefe 4—6 m). Relativ mächtige Sedimente, die reich an pflanzlichem, litorigenem Grobdetritus sind; sehr spärliche Vegetation von *Nitella* und Moosen. Milieubedingungen besonders günstig für die Chironomiden. Abundanz etwa 4800 je m² (gleich etwa ³/₄ der Gesamtfauna), im oberen Teil der Zone sogar bis 13 000 Larven je m². 50 Chironomidenarten wurden nachgewiesen. Es dominieren *Pagastiella orophila, Tanytarsus, Cladotanytarsus, Procladius;* häufig ist auch *Pseudochironomus prasinatus.* Folgende Larventypen erreichen hier ihre höchste Abundanz: *Epoicocladius ephemerae, Psectrocladius* B., *Cryptocladopelma viridula, Kribioxenus brayi,* Gattung *Limnochironomus, Pagastiella orophila, Paralauterborniella nigrohalteralis, Pseudochironomus prasinatus,* Gattung *Cladotanytarsus, Micropsectra monticola, Tanytarsus* Typus II.

II. Der profundale Sedimentboden (Tiefe 7—19 m).

Sediment eine hauptsächlich planktogene, weitgehend koprogen umgewandelte, sehr dyarme, an Chitin und Ocker ziemlich reiche, graue bis schwarzgraue Feindetritusgyttja. Leere Gehäuse von *Stempellina bausei* kommen in sehr großen Massen vor (bis zu etwa 140 000 je m²). — Die Chironomidenlarven dominieren über die übrige Fauna; relative Abundanz 62,9%; im Durchschnitt 1100 je m². 46 Arten, also sehr artenreich. Die *Tanytarsus*-Larven, die meisten wohl zu *T. gregarius* und *signatus* gehörend, bilden 55% der profundalen Chironomidenbesiedelung; die zweite Stelle, mit 14%, nimmt *Procladius* ein (*P. ? cinereus,* cfr. *nigriventris, nudipennis).* Auch die Larven von *Heterotrissocladius grimshawi* und *Heterotanytarsus apicalis* spielen eine gewisse Rolle. Viele litorale Elemente finden wegen der hohen Temperaturen und des optimalen O_2-Standards bis ins untere Profundal günstige Bedingungen. (In der größten Tiefe, 18—19 m, noch 29 Arten; im unteren Profundal [14—15 m] 32 Arten, im oberen Profundal [7—13 m] 42 Arten.) Am häufigsten sind die eurythermen Arten und die weniger ausgeprägt stenothermen Warmwasserarten. Kaltstenotherme Elemente, wie *Heterotrissocladius subpilosus, Sergentia coracina* und *Tanytarsus lugens* fehlen. Die einzige, sicher kaltstenotherme Art des Sees ist *Heterotrissocladius määri,* und diese ist sehr selten. Eine in 14 m Tiefe gefundene *Stictochironomus*-Larve gehört wahrscheinlich zu *rosenschöldi,* einem ebenfalls kaltstenothermen Element. Die in thermischer Hinsicht weniger anspruchsvollen Arten *Protanypus morio* und *Monodiamesa bathyphila* sind durch schwache Populationen vertreten. Nur ganz lokal, in der eng umgrenzten Tiefenrinne vor Kråkenäs lebt in 18 und 19 m Tiefe *Chironomus anthracinus.*

Mit Ausnahme des oberen Teiles der unteren Litoralzone, wo die *Pagastiella*-Larve etwas zahlreicher vorhanden ist, bilden die Larven der Gattung *Tanytarsus* (18 Arten!) unter den Chironomidenlarven das dominierende Element in allen Tiefenzonen des Innaren. Die profundale Bodenfauna dieses Sees bezeichnet BRUNDIN als „eine sehr artenreiche *Tanytarsus gregarius-signatus*-Gesellschaft".

Eine vollständige Liste der Chironomidenfauna des Innaren wird auf Seite 442 ff. zum Vergleich mit der des Lunzer Untersees gegeben.

2. Andere oligohumose und mesohumose südschwedische Urgebirgsseen sowie der finnische Puruvesi.

Mit dem von ihm am gründlichsten erforschten Innaren hat BRUNDIN eine Anzahl weiterer südschwedischer (und finnischer) oligohumoser und mesohumoser Urgebirgsseen verglichen.

Der Skären (BRUNDIN l. c. S. 208—216, 386) ein hochgelegener, verhältnismäßig tiefer Quellsee (Maximaltiefe 27 m, Oberfläche 3 km²). Durchsichtigkeit sehr hoch, > 9 m, Humusgehalt extrem niedrig. pH etwa 6,9. Stabile Schichtung, Sommertiefentemperatur 7 bis 10°, O_2-Gehalt am Schluß der Sommerstagnation in der größten Tiefe bis auf etwa 26% der Sättigung sinkend.

Die Bodenfauna des Profundals bietet ein ganz anderes Bild als die des Innaren, da die dank der stabilen Schichtung niedrige Temperatur des Bodenwassers kälteliebenden Arten gute Lebensbedingungen bietet. Häufig sind von kaltstenothermen Arten: *Heterotrissocladius määri, Stictochironomus rosenschöldi, Sergentia coracina, Tanytarsus lugens.* Kaltstenotherm ist wahrscheinlich auch *Procladius barbatus* und eine *Micropsectra*-Art. *Monodiamesa bathyphila* und *Protanypus morio* sind entschieden häufiger als im Innaren.

Im übrigen zeigt die Chironomidenfauna eine weitgehende Übereinstimmung mit der des Innaren (Verzeichnis BRUNDIN, S. 214).

Der Allgunnen (BRUNDIN, S. 216—222, 387): hochtransparent, oligohumos, Areal 14 km², Maximaltiefe 30 m. pH 6,9 bis 7, sommerliche Tiefentemperatur 12 bis 12,9°. O_2-Gehalt noch Mitte Juli in den bodennahen Schichten hoch, 5,13 bis 5,17 cc/Liter. Im ganzen dem Innaren sehr ähnlich, aber Sedimente reich an Eisenocker.

Chironomidenbesiedelung ganz mit der des Innaren übereinstimmend, doch wahrscheinlich in der Tiefe eine sehr schwache *Stictochironomus rosenschöldi*-Population.

Der Örken (BRUNDIN, S. 222—223, 387): Areal 26,2 km², Maximaltiefe 30 m, oligohumos. Sichttiefe > 7 m. pH 6,9. In der Tiefe folgende kaltstenotherme Arten: *Paracladopelma obscura, Stictochironomus rosenschöldi, Sergentia coracina.*

Der Mien (BRUNDIN, S. 223—226, 388): Areal 20 km², Maximaltiefe 39 m, oligohumos. Sichttiefe etwa 7 m. Tiefenschlamm sehr eisenhaltig. In der Tiefe von kaltstenothermen Arten *Paracladopelma obscura, Micropsectra* sp. und „*Orthocladius* K." Im übrigen die für die südschwedischen Seen typischen Chironomiden. Auffallend häufig *Kribioxenus brayi; Polypedilum pedestre* nur hier in einem südschwedischen Urgebirgssee gefunden.

Während die bisher genannten Seen oligohumos waren, handelt es sich bei den folgenden drei Seen um mesohumose Seen (die polyhumosen werden später [S. 472 ff.] behandelt).

Der Stråken bei Aneboda (BRUNDIN, S. 226—291, 388—390), der „Haussee" der Limnologischen Station Aneboda. Seine Chironomidenfauna war schon von LANG 1931 untersucht worden; BRUNDIN hat sie mit seinen viel exakteren Methoden gründlich studiert. Im ganzen wies er hier 84 Arten nach; wahrscheinlich beträgt der Artenbestand aber mehr als 100. Im ganzen große Ähnlichkeit mit dem Innaren, indessen doch 15 Arten im Stråken, die dem Innaren fehlen: *Ablabesmyia falcigera, Corynoneura carriana, Allochironomus crassiforceps, Einfeldia* sp., *Glyptotendipes mankunianus, Leptochironomus tener, Limnochironomus lobiger, Microtendipes caledonicus,*

Parachironomus nigronitens, P. paradigitalis, P. parilis, Paratanytarsus laetipes, Stempellina almi, St. subglabripennis, Tanytarsus norvegicus.

Im Vergleich zum Innaren charakterisiert BRUNDIN (S. 389, 390) die Chironomidenfauna des Stråken so: „Während die *Tanytarsus*-Larven im Innaren ganz vorherrschend sind, spielen sie im Stråkenprofundal eine sehr untergeordnete Rolle. Statt dessen sind die *Procladius*- und *Stempellina bausei*-Larven Dominanten, und zwar besitzen diese im oberen, jene im unteren Profundal die größte Abundanz unter den Chironomiden. Die *Bausei*-Larven sind entschieden häufiger als im Innaren, die *Procladius*-Larven etwas spärlicher. Sehr auffallend ist das spärliche Auftreten der *Heterotrissocladius grimshawi*- und *Heterotanytarsus apicalis*-Larven, die im Innaren zu gewissen Jahreszeiten hervortretende Profundaltiere sind. *Acricotopus thienemanni* scheint ganz zu fehlen. Eine viel wichtigere Rolle als im Innaren spielen dagegen im unteren Profundal die großen *Chironomus*-Larven, die im Stråken in wenigstens 2 Arten vertreten, *anthracinus* und ? *plumosus;* jene ist die häufigere Art. Leider ist die Identität der zur *plumosus*-Gruppe gehörenden Larven nicht sicher. Vielleicht haben wir es hier auch mit der Art *C. tenuistylus* zu tun.

Viele Chironomiden besitzen eine weit geringere Vertikalverbreitung als im Innaren. Während die größte Tiefe im Innaren von 25 Larventypen besiedelt ist, finden wir in der Tiefenrinne des Stråken in 11 bis 12 m nur 16 Larventypen. Die litoralen Elemente machen sich im Profundal des Stråken überhaupt weniger geltend. Bezeichnend ist das allerdings spärliche Vorkommen des *Orthocladius naumanni* im unteren Profundal, einer euryoxybionten, für dyreiche Sedimente charakteristischen Art.“ ... „Die vorliegenden Proben sprechen am ehesten dafür, daß die Litoralfauna nur wenig individuen- und artenärmer als diejenige im Innaren ist. Es ist aber auffallend, daß die *Tanytarsus*-Larven auch im Litoral eine verhältnismäßig bescheidene quantitative Rolle spielen. Offenbar ist dies eine Folge des generell höheren Humusstandards.

Parallel mit dem Humus- und Sauerstoffstandard nimmt die Bodenfauna des Stråken eine deutliche Mittelstellung zwischen der Bodenfauna des Innaren einerseits und der Bodenfauna des Skärshultsjön andererseits ein. Bei qualitativem Vergleich mit oligohumosen Seen ist die Profundalfauna hauptsächlich durch negative Züge gekennzeichnet. Die positiven Züge bestehen darin, daß gewisse für sauerstoffarme bzw. dyreiche Milieus besonders angepaßte Arten (*Chironomus plumosus*-Gruppe, *Orthocladius naumanni)* im unteren Profundal hinzukommen.“

Der Helgasjön (BRUNDIN, S. 291—294, 390): Areal 50 km², Tiefe 21 m. Nur kursorisch untersucht, 62 Chironomidenimagines nachgewiesen: die für südschwedische oligo- und mesohumose Seen typische Zusammensetzung. Kaltstenotherme Arten scheinen zu fehlen.

Der Aresjön (BRUNDIN, S. 294—298, 390), ein ziemlich kleiner und sehr seichter See nahe dem Innaren; maximale Tiefe etwa 5 m. Im Profundal am häufigsten *Tanytarsus*-Larven der *gregarius*-Gruppe, *Tanytarsus* Typus II und *Procladius*. Larven der *Chironomus plumosus*-Gruppe in der größten Tiefe spärlich. Kaltstenotherme Elemente fehlen offenbar ganz.

BRUNDIN hatte im August 1947 Gelegenheit, auch an den südfinnischen Seen Puruvesi, Kollasjärvi und Pitkäjärvi Chironomidenimagines zu sammeln. Seinen allgemeinen Eindruck faßt er (S. 599) so zusammen:

„Das Material zeigt, daß der Artenbestand der Chironomidenfauna in den untersuchten finnischen Seen praktisch genommen identisch mit jenem ist, den ich in den süd- und mittelschwedischen oligotrophen Seen nachgewiesen habe. Es gibt wohl auch kaum Veranlassung, zu bezweifeln, daß kommende Untersuchungen eine entsprechende Übereinstimmung zwischen den Chironomidenfaunen der nordfinnischen und nordschwedischen Seen nachweisen werden.“

3. Vättern (und Siljan).

Besonderes Interesse bietet die Chironomidenfauna des durch SVEN EKMANS klassische Arbeiten besonders bekannten Vättern. Mit einem Areal von 1900 km² einer der größten europäischen Seen, hat er eine maximale Tiefe von 128 m; er ist oligohumos, sehr klar (Sichttiefe 16—17 m); Tiefentemperatur im Sommer 4 bis 4,5°; nur selten wird eine Eisdecke auf diesem stärkst windexponierten See beobachtet. O_2-Gehalt in allen Tiefen immer hoch.

Schon EKMAN hatte bei seinen Arbeiten auf die Chironomiden geachtet; ich habe selbst mit ihm 1912 dort etwas gesammelt (THIENEMANN-KIEFFER 1916). BRUNDIN hat auf der Visingsö und am Ostufer 1946 und 1948 Imagines gesammelt. So kennt man jetzt 52 Arten aus dem Vättern; natürlich ist das nur ein Teil der Chironomidenfauna dieses gewaltigen Sees.

Der Vättern liegt noch in Südschweden, nur wenig nördlicher als die von BRUNDIN untersuchten kleineren Seen des südschwedischen Hochlands. Trotzdem hat seine Chironomidenfauna teilweise einen nochnordischen Charakter. Von besonderem Interesse sind folgende kaltstenotherme Arten:

Heterotrissocladius subpilosus (K.) EDW. Im Vättern Charakterform in 20 bis 120 m Tiefe. Eine der charakteristischsten und häufigsten Chironomiden der schwedischen Hochgebirgsseen; auch aus Ostgrönland und von der Bäreninsel. In Südschweden außer im Vättern nur noch in dem tiefen, extrem oligohumosen Sommen.

Paracladopelma obscura BRUNDIN. In den schwedischen Hochgebirgsseen verbreitet; in Südschweden im Örken und Mien, in Mittelschweden im Siljan.

Stictochironomus rosenschöldi (Zett.) Edw.

Micropsectra groenlandica Sögaard Andersen. In Schweden in den Hochgebirgsseen häufig und im Storsjön (Jämtland). Ostgrönland.

Tanytarsus lugens K. (*borealis* Brundin). In den skandinavischen Hochgebirgsseen weit verbreitet; Ansjön, Siljan, Skären. Auch in Norddeutschland (Schaalsee, Breiter Lucin [syn. *T. cornutifrons* K.]) und Oberbayern (Eibsee). Nicht so extrem stenotherm wie die vorigen. Weitere nördliche Formen des Vättern sind nach Brundin *Ablabesmyia fuscipes* Edw., *A. lentiginosa* (Fries) Edw., *Eucricotopus pilitarsis* Zett., *Prodiamesa ekmani* Brundin.

Brundin (S. 472) schreibt: „Fast alle litoralen Elemente des Artenbestandes kommen auch im Litoralgebiet der jämtländischen subarktischen Seen vor . . . Das Profundal des Vättern wird von einer Chironomidenfauna bewohnt, die ganz auffallend an jene der skandinavischen Gebirgsseen vom Typus des Stora Blåsjön erinnert. Die Charakterart vor allen anderen ist *Heterotrissocladius subpilosus,* der unter den seebewohnenden Chironomiden zu den am meisten ausgeprägt kaltstenothermen Arten gehört. Daß gerade diese Art die nach allem zu urteilen häufigste Chironomide im sehr kalten unteren Profundal des Vättern ist, muß für den See als sehr typisch bezeichnet werden.“ Hier sei noch kurz auf die leider sehr wenig bekannte Chironomidenfauna des großen, oligohumosen Sees Siljan in der Provinz Dalarna eingegangen (Brundin, S. 495—499). (Areal 284 km², Maximaltiefe etwa 120 m. Tiefentemperaturen ähnlich wie im Vättern.) Brundin sammelte hier 70 Chironomidenarten. Darunter die sicher aus dem Profundal stammenden Arten *Paracladopelma obscura, Stictochironomus rosenschöldi, Lauterbornia coracina* und *Tanytarsus lugens.* Nördliche Elemente sind wahrscheinlich *Psectrocladius limbatellus* und *Microtendipes britteni.*

4. Oligohumose Seen der hochborealen Region Västmanlands und Jämtlands.

In dieser Region der großen Nadelwaldgebiete, die eine Mittelstellung zwischen dem südschwedischen Hochland und der subarktischen Region einnimmt, hat Brundin (S. 473—507, 563—568) Urgebirgsseen im nördlichen Västmanland und östlichen Jämtland (Kälarne-Gebiet) untersucht.

Das Litoral zeigt in seiner Chironomidenfauna große Übereinstimmung mit der der småländischen Seen. So sind auch hier häufige Arten: *Ablabesmyia cingulata, A. monilis, Trichocladius festivus, T. lacuum, Cryptocladopelma viridula, Endochironomus intextus, Glyptotendipes pallens, Lenzia flavipes, Limnochironomus pulsus, Polypedilum cultellatum, P. pullum, Pseudochironomus prasinatus, Cladotanytarsus atridorsum, C. mancus, Tanytarsus chinyensis, T. curticornis, T. glabrescens, T. gregarius, T. heusdensis,*

T. lestagei; dazu die mehr oder weniger typisch nördlichen, auch im Småland vorkommenden: *Ablabesmyia barbitarsis, A. fusciceps, Acricotopus thienemanni, Heterotanytarsus apicalis, Heterotrissocladius marcidus, Paratanytarsus penicellatus, Stempellinella brevis.*

Nicht in Småland kommen die folgenden Arten vor (doch sind sie, mit Ausnahme der beiden *Trichocladius*-Arten, mehr an humusreiche Seen gebunden): *Corynoneurella paludosa, Pseudorthocladius filiformis, Trichocladius humeralis, Tr.* sp. pr. *obnixus, Einfeldia luctuosa, E. mendax.* Das sind höchstwahrscheinlich alles nördliche Elemente. *Pagastiella orophila* ist zwar überall vorhanden, spielt aber in der Litoralregion eine erheblich geringere Rolle als in Småland.

Die profundale Chironomidenfauna der hochborealen Seen ist im wesentlichen die gleiche wie die Smålands: in den mäßig tiefen Seen die *Stictochironomus rosenschöldi*-Gemeinschaft mit *St. rosenschöldi, Sergentia coracina, Tanytarsus lugens, Heterotrissocladius määri* usw., in seichteren Seen *Chironomus anthracinus* und ein *Chironomus* des *semireductus*-Typus, nur in sehr tiefen kalten Seen *Heterotrissocladius subpilosus* und *Micropsectra groenlandica.*

5. Seen der subarktischen Region (nördliches Jämtland, Lappland).

Bei der Darstellung der Chironomidenfauna der Seen dieser Region stützte sich Brundin (S. 511—533, 568—588) in erster Linie auf das von ihm in Gebirgsseen des nördlichen Jämtland (Stora Blåsjön, Leipikvattnet, Semningsjön) gesammelte Material und zog zum Vergleich meine Angaben über die lappländischen Seen (Torneträsk und Abiskojaure) (Thienemann 1941) heran.

Die Zahl der in diesen Seen nachgewiesenen Chironomidenarten beträgt 133. Interessant ist die Verteilung der Arten auf die einzelnen Gruppen, wie sie aus der folgenden, Brundins Arbeit (S. 573) entnommenen Tabelle hervorgeht:

Hauptgruppe	Alle untersuchten Seen		Stora Blåsjön		Leipikvattnet		Semningsjön		Torneträsk	
	Artenzahl	%	Artenzahl	%	Artenzahl	%	Artenzahl	%	Artenzahl	%
Tanypodinae	20	15,0	16	18,8	6	11,8	6	14,3	10	18,5
Orthocladiinae	58	43,6	31	36,5	20	39,2	20	47,6	28	51,9
Chironomariae	32	24,1	20	23,5	11	21,6	7	16,7	6	11,1
Tanytarsariae	23	17,3	18	21,2	14	27,4	9	21,4	10	18,5
Im ganzen	133	100,0	85	100,0	51	100,0	42	100,0	54	100,0

Die Artenzahl im ganzen macht nur etwa 67% der Zahl der in den Seen

Smålands nachgewiesenen Arten. Sieht man sich aber die einzelnen Gruppen an, so bilden

	in den subarktischen Seen	in den småländischen Seen
die Orthocladiinae	44%	26%
die Chironomariae	24%	36%
die Tanytarsariae	17%	21%
die Tanypodinae	15%	18%

des gesamten Artenbestandes.

Gegenüber dem Artenbestand der småländischen Seen haben die Orthocladiinae zugenommen auf 114%, abgenommen dagegen die Tanypodinae auf 56%, die Tanytarsariae auf 55%, die Chironomariae auf 45% des småländischen Artenbestandes. Die relative Zunahme der Orthocladiinen und Abnahme der Chironomarien bei Annäherung an die polaren Gebiete haben wir oben (S. 342) schon einmal hervorgehoben. Brundin schreibt (S. 574) in bezug auf die von ihm studierten Seenchironomiden mit Recht: „Ausschlaggebende Faktoren sind hierbei in erster Linie sicher der Temperatur- und Trophiestandard der Litoralzone.“ Vergleicht man noch die Artenverteilung in den 3 verschiedenen hoch gelegenen jämtländischen Seen (St. Blåsjön 433 m ü. M., Leipikvattnet 468 m, Semningsjön 689 m), so nehmen die Orthocladiinen zu von 36,5 über 39,2 auf 47,6%, die Chironomarien ab von 23,5 über 21,6 auf 16,7%. Noch extremer sind die Zahlen bei dem viel nördlicher gelegenen, stark exponierten Torneträsk, Orthocladiinen 51,9%, Chironomarien 11,1%.

Betrachten wir nun die zonale Gliederung der Chironomidenfauna dieser Seen. Quantitativ gesehen ist das Litoral viel lichter besiedelt als in Småland. Die charakteristischen Mitglieder der Profundalfauna der kalten, O_2-reichen, oligohumosen südschwedischen Seen leben hier häufig und regelmäßig, zum Teil sogar mit größter Abundanz im Litoral. Es sind dies: *Heterotrissocladius määri, H. subpilosus, Orthocladius* K., *Prodiamesa ekmani, Paracladopelma obscura, Stictochironomus rosenschöldi, Micropsectra groenlandica.* Subarktische Litoralbewohner sind wohl auch *Sergentia coracina* und *longiventris,* natürlich auch *Monodiamesa ekmani* und *Protanypus (morio* und *caudatus).*

Die häufigsten Litoralarten der jämtländischen subarktischen Seen sind nach den bisherigen Feststellungen: *Ablabesmyia* spp., *Procladius* spp., *Acricotopus thienemanni, Paracladopelma obscura, Constempellina brevicosta, Micropsectra groenlandica, Heterotrissocladius grimshavi, määri, subpilosus, Parakiefferiella bathophila, Paratrichocladius alpicola, Psectrocladius fennicus, Trichocladius lacuum, Paratanytarsus penicillatus, Stempellinella brevis, Tanytarsus heusdensis, curticornis, lestagei, lugens. Pagastiella* tritt ganz zurück, ebenso *Endochironomus; Glyptotendipes* fehlt. Etwa

20 bis 30% der Chironomidenlarven des Litorals gehören zur Gattung *Heterotrissocladius.* Für das Profundal dieser Seen ist es charakteristisch, daß *Heterotrissocladius subpilosus* zu den häufigsten Arten gehört (St. Blåsjön 87%!). Im übrigen hängt es wohl von Zufälligkeiten ab, welche Arten hier dominieren (in St. Blåsjön die Orthocladiinen mit 90%, im Semningsjön mit 55%, im Leipikvattnet die Tanytarsariae [vor allem *Stempellinella brevis* und *Micropsectra* sp.] mit 43%). *Lauterbornia coracina* wurde in den jämtländischen subarktischen Seen nicht gefunden, von mir aber im Torneträsk und den Kårsavagge-Seen des Abiskogebietes; ob sie hier im Profundal ihr Abundanzmaximum erreicht, ist unsicher, da ich nur Puppenhäute gesammelt habe.

6. Die Seen der arktischen Region Schwedens (und Norwegens).

Das von Brundin (S. 588—591) ausgewertete Material sammelte ich in den Kårsavagge-Seen und dem Katterjaure des Abiskogebietes; vergleichsweise zog er 3 Seen des zentralnorwegischen Hochgebirges heran. Es handelt sich um > 35 Arten (2 Tanypodinen, 1 Podonomine, 18 Orthocladiinen, 8 Chironomarien, 6 Tanytarsarien).

Diese Arten leben auch in subarktischen Seen (das gilt sicher auch für die seltene *Pseudodiamesa nivosa!).* Die arktischen Seen werden also von einer verarmten subarktischen Seenfauna bewohnt. Ob es Arten gibt, die nur in diesen arktischen Seen leben, wissen wir nicht. Die Artenzahl dieser Seen ist mit 35 sicher nicht erschöpft, man wird sie wohl mehr als verdoppeln müssen. Die Verarmung gegenüber den subarktischen Seen (133 Arten) bleibt aber, als Folge der niedrigen Temperaturen und der langen Eisbedeckung (8½ bis 10 Monate und mehr!) und des geringen Nährstoffstandards der Seeböden. Es sind „ultraoligotrophe" Gewässer im Sinne Naumanns.

bb) Vergleich der fennoskandischen oligotrophen Seen mit dem Usma-See und Lake Windermere

Der Usma-See in Lettland wurde von Pagast genauer untersucht (ausführliche Arbeit 1931, Ergänzungen 1940). Wie Brundin (S. 600) hervorhebt, erinnert dieser See physiographisch in vieler Hinsicht an den schwedischen Innaren. Auch sein Artenbestand an Chironomiden ist dem der südschwedischen Urgebirgsseen weitgehend ähnlich. Und wenn man die Zusammenstellung der von Pagast im unteren Profundal des Usma-Sees, in 12 bis 15 m Tiefe, nachgewiesenen Chironomiden betrachtet *(Procladius* sp., *Monodiamesa* cfr. *bathyphila, Chironomus* cfr. *plumosus* (spielt keine dominierende Rolle), *Leptochironomus tener, Paralauterborniella nigrohalteralis* (Leitformen des Seebodens in 2 bis 15 m Tiefe), *Polypedilum scalaenum,*

Tanytarsus gregarius, ? lugens, signatus), so wird man Brundin unbedingt recht geben, der (S. 601) schreibt: „In ihrer Zusammensetzung scheint die profundale Chironomidenfauna der des Innaren recht ähnlich zu sein."

Auch der Windermere, der größte See Englands, erinnert in seiner Chironomidenfauna stark an die von Brundin untersuchten südschwedischen Seen. Brundin (S. 602) hat die von Edwards (1929) und Humphries (1936) im Lake Windermere gefundenen Chironomiden zusammengestellt. „Aus der Artenliste geht hervor, daß alle für den Windermere nachgewiesenen Chironomidenarten auch aus den schwedischen oligotrophen Seen bekannt sind. *Pseudorthocladius filiformis* kenne ich in Schweden nur von den hochborealen und subarktischen Seen. *Paratanytarsus laccophilus*, den ich nur in der hochborealen Region am Gransjön bei Kälarne gefunden habe, ist im übrigen nur im Typenexemplar aus dem Windermere bekannt und kann wohl als eine überhaupt seltene Art betrachtet werden. Alle übrigen Windermere-Chironomiden habe ich in den Seen des südschwedischen Hochlandes nachweisen können."

Besonders zu bemerken ist das Vorkommen von *Heterotrissocladius* sp. in Windermere bis in 12 m Tiefe.

Im Profundal des Windermere leben: *Ablabesmyia, costalis*-Gruppe, *Procladius* sp., *Monodiamesa bathyphila, Endochironomus* sp., *Paracladopelma obscura, Pentapedilum tritum, Sergentia coracina, Stictochironomus rosenschöldi, Tanytarsus* sp., *gregarius*-Gruppe.

„Wie wir sehen, erinnert der allgemeine Aspekt der profundalen Chironomidenfauna stark an die Verhältnisse in den oligohumosen, stabil geschichteten süd- und mittelschwedischen Oligotrophseen des Skären-Typus. Es ist dabei von Interesse, feststellen zu können, daß auch der profundale Temperaturstandard sehr übereinstimmend ist. Gemeinsame Charakterarten sind in erster Linie die kaltstenothermen Arten *Sergentia coracina, Stictochironomus rosenschöldi* und *Paracladopelma obscura*."

Eine Besonderheit des Windermere bietet die eurybathe Verbreitung der *Endochironomus*-Art.

ζ) Seen auf Ostgrönland

F. Sögaard-Andersen hat 1933 bis 1934 drei kleine Seen der Ella-Insel (72° 50′ n. Br.) an der Ostküste Grönlands untersucht und in zwei Arbeiten (1937, 1946) über seine interessanten Ergebnisse berichtet (vgl. dazu auch Brundin 1949, S. 605—608, 648—651). Der Langsee (18 m über dem Meere) ist etwa 650 m lang, 140 m breit, Fläche 5 ha; größte Tiefe 2 m, durchschnittliche Tiefe 1 m. Umgebung Tundra, am Ufer Gräser und Carices, *Eriophorum*. Boden bis in 1 m Tiefe vorwiegend aus Eisenkonkretionen, unter 1 m aus Gyttja bestehend. Vegetation *(Potamogeton, Batrachium)* sehr spärlich. Eisbedeckung 1933/34 etwa 9 Monate (25. September bis 20. Juli). 4 Monate lang war die Eisdecke 1 bis 1,25 m dick.

Ende März roch das Wasser schon unmittelbar unter der Eisdecke stark nach H_2S; die ganze Wassermasse des Sees war also O_2-frei. Abgesehen von dem in allen Tiefen vorkommenden *Procladius choreus*[97] — ebenso kommt *Sergentia coracina* und eine *Paratanytarsus*-Art (bei ANDERSEN „*Phaenopelma*") vor — unterscheidet SÖGAARD-ANDERSEN im Langsee zwei Chironomidengemeinschaften: in 1 bis 2 m die *Tanytarsus niger*-Gemeinschaft, in 0 bis 1 m die *Ditanytarsus setosimanus*-Gemeinschaft. Die letzte gliedert er in zwei „Zonen", von 0 bis 0,5 m die *Cricotopus*-Zone (*Eucricotopus glacialis* ED., *Corynoneura scutellata* WINN.) und die *Chironomus*-Zone in 0,5 bis 1 m Tiefe (*Chironomus hyperboreus*); *Ditanytarsus setosimanus* GOETGH., *Psectrocladius* sp. sp., *Orthocladius ? consobrinus* (HOLMGR.) EDW. kommen in beiden Zonen vor. Die Abundanz der Bodentiere — im wesentlichen Chironomiden, nur 1 bis 3% andere Formen — betrug durchschnittlich etwa 1500 Individuen je m^2 (in 1—2 m Tiefe) bis 2700 (in 0,1 bis 0,8 m Tiefe). Über die Überwinterung der Chironomidenlarven des Langsees in eingefrorenem Zustande haben wir oben (S. 290) schon berichtet.

Der Rundsee (18 m über dem Meere) im gleichen Gelände wie der Langsee, hat einen Durchmesser von 340 respektive 270 m, Fläche 7,4 ha. Maximaltiefe 11 m. Eisbedeckung 1. Oktober 1933 bis 2. Juli 1934. O_2-Gehalt beträchtlich höher als im Langsee, doch roch das Bodenwasser am 23. Mai 1934 stark nach H_2S. Sichttiefe (6. Februar) wenigstens 10 m. Wassermoose und *Nostoc* kommen bis in 7 m Tiefe vor.

In 0 bis 0,9 m Tiefe ist die häufigste Chironomide *Eucricotopus glacialis* (dazu *Psectrocladius* sp. sp.; *Corynoneura scutellata, Orthocladius ? consobrinus;* also eine Orthocladiinen-Gemeinschaft), in 1 bis 5 m Tiefe *Sergentia coracina, Tanytarsus niger, Paratanytarsus (Phaenopelma)* und *Orth. ? consobrinus,* in 5,5 bis 11 m Tiefe häufig *Tanytarsus niger, Paratanytarsus (Phaenopelma)* und *Orth. ? consobrinus,* in 5,5 bis 11 m Tiefe häufig *Tanytarsus niger, Sergentia coracina,* selten *Paratanytarsus, Procladius choreus.* Abundanz der Chironomiden im Durchschnitt in 0 bis 5 m etwa 200, in 5,5 bis 11 m Tiefe etwa 30 Individuen je m^2.

Der Ulvesee (Wolfsee) (111 m über dem Meere) hat eine Fläche von 8,4 ha (Länge 550 m, Breite 200 m), eine größte Tiefe von 5 m, eine Durchschnittstiefe von 3 m. Eisverhältnisse wie bei den vorigen beiden Seen. Sediment Gyttja mit Moos und *Nostoc.*

In den ufernahen flachen Teilen leben *Procladius ? choreus, Ablabesmyia melanosoma* GOETGH., *Chironomus hyperboreus* STAEG., *Eucricotopus ? glacialis* Edw., *Psectrocladius* sp. sp. In größeren Tiefen (4—5 m) dominiert *Paratanytarsus (Phaenopelma);* häufig waren auch *Micropsectra groenlandica* SÖG.-ANDERSEN, *Tanytarsus niger, Procladius ? choreus;* ferner kamen

---

[97] BRUNDIN hält die Artbestimmung nicht für sicher.

vor *Ablabesmyia ? melanosoma, Sergentia coracina, Psectrocladius* sp. sp., *Orthocladius ? consobrinus.* Durchschnittliche Individuenzahl in 4 bis 5 m Tiefe etwa 1700 je m².

BRUNDIN (S. 607) hat diese Seen mit den von ihm untersuchten subarktischen schwedischen Seen verglichen (vgl. S. 434). Auffallend ist da die geringe Artenzahl in den grönländischen Seen (etwa 13). Schuld hieran sind sicher die extremen Überwinterungsverhältnisse, vor allem der O_2-Schwund. Gemeinsam mit den schwedischen Gebirgsseen sind 5 Arten *(Corynoneura scutellata, Psectrocladius limbatellus, Chironomus hyperboreus, Sergentia coracina, Micropsectra groenlandica).* „Einige der häufigsten grönländischen Arten fehlen aber, soweit bisher bekannt, in den untersuchten schwedischen Gebirgsseen, und die Verschiedenheiten im allgemeinen Aspekt der Chironomidenfauna sind deshalb recht groß."

Wo soll man nun diese ostgrönländischen kleinen Flachseen im System der Seetypen unterbringen?

SÖGAARD-ANDERSEN (1946, S. 56—58) sieht in seinen grönländischen Seen die folgenden Züge, die sie mit eutrophen Seen gemeinsam haben: 1. Mächtige Gyttjaschicht in der Seetiefe, 2. niedriger O_2-Standard während des Winters, 3. gelöste Pflanzennährstoffe vorhanden, 4. quantitative und qualitative Abnahme der Bodenbesiedelung gegen die Tiefe. Anderseits haben die Seen gemeinsam mit den oligotrophen Seen: 1. Litorale Pflanzenproduktion gering, 2. Profundalbesiedelung eine *Tanytarsus*-Gemeinschaft, 3. im Rundsee, dem tiefsten, am meisten oligotrophen See, Sichttiefe groß, und 4. Detritus-Suspensionen im Sommer gering. Daher faßt SÖGAARD-ANDERSEN Langsee und Ulvesee als mesotrophe Seen auf, der Rundsee steht nach ihm zwischen Mesotrophie und Oligotrophie. Gegen diese Auffassung führt BRUNDIN (1949, S. 648—651) eine Anzahl kritischer Einwände ins Feld und kommt zu dem Schluß: „Wir dürften es hier mit mehr oder weniger typischen ultraoligotrophen Seen sensu NAUMANN zu tun haben." Auf die einzelnen Einwände, die BRUNDIN erhebt, gehe ich hier nicht ein. Denn ich glaube, dies Problem läßt sich nur auf einer ganz anderen Ebene klären!

Die Seetypenlehre ist in den gemäßigten Zonen der Nordhalbkugel entstanden. In meinen „Binnengewässern Mitteleuropas" (1925) habe ich (S. 199) ausdrücklich die 3 Seetypen, wie sie NAUMANN und ich aufgestellt haben, als nur für die mitteleuropäischen Seen gültig — oder passend — aufgefaßt und (S. 207) im Anschluß an LUNDBECKS Gliederung (vgl. S. 388) betont: „Dieses Seensystem entspricht unseren heutigen Kenntnissen am besten; indessen wird es bei Untersuchung der Seen anderer Gegenden — es basiert ja vor allem auf den mitteleuropäischen, insbesondere norddeutschen Verhältnissen — noch mancherlei Umgestaltung erfahren." Und in meinem Sauerstoffbuch von 1928, in dem ich die Bedeutung der Morphometrie des Seebeckens für den Trophiegrad des Sees herausarbeitete, schrieb ich in der Schlußzusammenfassung (S. 142, 143): „Unsere Ausführungen beziehen sich vorläufig nur auf die von uns verglichenen Seen der gemäßigten Zonen Europas und Nordamerikas. Ob bzw. inwieweit sie allgemeine Geltung auch über diese Seen hinaus haben, muß das Studium der Seen anderer Gegenden zeigen. Wichtig wäre in dieser Beziehung vor allem die Untersuchung tiefer hocharktischer und hochalpiner sowie tropischer Seen und flacher Seen aller Art..."

Nach Rückkehr von der Deutschen Limnologischen Sundaexpedition (1928/1929) habe ich dies Problem von neuem aufgenommen in einer kleinen Arbeit „Tropische Seen und Seetypenlehre" (1931), nachdem das Tropenerlebnis mir auch den „Produktionsbegriff in der Biologie" (1931) in neuer Beleuchtung erscheinen ließ. Der erste Absatz der Arbeit „Tropische Seen und Seetypenlehre" lautet: „Auch die Entwicklung wissenschaftlicher Probleme ist oft geographisch bedingt. Die Lehre von den Seetypen ist in den gemäßigten Zonen der Nordhalbkugel entstanden und baut auf bisher im wesentlichen auf den Verhältnissen Nord- und Mitteleuropas. Nachdem nun aber auch eine Anzahl tropischer Seen wenigstens in den Grundzügen ihrer Limnologie bekannt ist, liegt es nahe, die Seetypenlehre einmal ‚von den Tropen aus' zu betrachten. Manches erscheint da mit einem Mal in einem ganz neuen Lichte!" — Es waren, wie zu erwarten, die Verschiedenheiten der thermischen Verhältnisse, die nun als bestimmende Faktoren sich klar herausstellen. Die „eutrophe" Form der O_2-Kurve in allen von uns untersuchten tropischen Seen, auch in den größten und tiefsten, ließ sich aus der hohen Temperatur des Hypolimnions und der dadurch bedingten großen Geschwindigkeit der Zersetzung der organischen Substanz verstehen. Weiterhin aber kann die Eutrophie oder Oligotrophie eines Sees, will man die Seetypenlehre auf die ganze Erde erweitern, nicht mehr ausschließlich durch die Lage des N + P-Spektrums bestimmt werden, vielmehr muß die „Gesamtproduktion" des Sees in Betracht gezogen werden. Damit aber tritt ein dynamisches Moment (zahlenmäßig kaum faßbar!) als höchst wirksam auf! Berücksichtigt man die Seen der ganzen Erde, so fällt die für die Seen der gemäßigten Zonen zwischen oligotrophem und eutrophem Typus zahlenmäßig festgestellte morphometrische Grenze. Wichtig werden klimatische und edaphische Faktoren. Auf Einzelheiten einzugehen, ist hier nicht der Platz. Ich verweise auf meine Arbeit von 1931. Und all diese Schwierigkeiten kehren natürlich wieder, wenn wir arktische Seen „typisieren" wollen! Hier will es aber das Unglück, daß die limnochemischen Verhältnisse bisher noch von keinem solchen See bekannt — respektive veröffentlicht — sind!

Hinzu kommt noch eins: erfaßt sind von der Seetypenlehre bisher so gut wie ausschließlich tiefere Seen mit deutlicher Gliederung in Litoral und Profundal; die flachen Seen wurden fast ganz vernachlässigt!

Ich schlage daher vor, die Eingliederung der grönländischen Seen

Sögaard-Andersens in ein System der Seetypen vorläufig zurückzustellen, bis mehr Tatsächliches über die Limnologie arktischer Seen bekannt geworden und Sinn, Bedeutung und praktische Anwendung der Oligotrophie-Eutrophie-Begriffe auch für arktische Verhältnisse gut herausgearbeitet worden ist. Dann erst wird sich auch klären lassen, ob respektive inwieweit der Begriff der „Ultraoligotrophie“ (vgl. Brundin 1949, S. 661—663) berechtigt ist. Zur Zeit würde eine Diskussion dieser Fragen meiner Meinung nach zu keinem positiven Ergebnis führen!

Auf eins sei in diesem Zusammenhang aber noch kurz hingewiesen. In den flachen ostgrönländischen Seen lagert sich am Boden eine mächtige Gyttjaschicht ab, die allochthonen Ursprungs ist, d. h. aus der Umgebung des Sees mit ihren Flachmooren und anderen Pflanzengesellschaften stammt; und von dieser geht dann während der etwa 9 Monate dauernden Eisbedeckung eine starke Sauerstoffabnahme aus, die zu völliger Sauerstofffreiheit des ganzen Seewassers führen kann. Nun hat kürzlich (1949) Steinböck bei der Untersuchung des in 2792 m Höhe im Ötztal (Tirol) gelegenen Schwarzsees ähnliches festgestellt; im Zusammenhang mit früheren Untersuchungen alpiner im Ötztal (Tirol) gelegener Seen, vor allem durch seine Schülerin Frau Dr. Leutelt-Kipke, stellt er die Mehrzahl der Hochgebirgsseen zu einem Typus, den er so charakterisiert (S. 144): „Seen mit Tiefenschlamm, dessen reicher Anteil an allochthonem pflanzlichem Detritus typische Fäulnisbildung aufweist. Tiefenwasser in der eisfreien Zeit je nach Wind- und Wetterverhältnissen O_2-reich, auch übersättigt, bis ± arm; unter Eisdecke starke O_2-Zehrung, manchmal wahrscheinlich bis zum völligen Schwund.“ Wegen der eutrophen Erscheinungen unter Eis bezeichnet Steinböck diesen Typ der Alpenseen als kryoeutrophen Typ.

Die Parallele zu den von Sögaard-Andersen untersuchten ostgrönländischen Seen ist offensichtlich.

η) Vergleich der Chironomidenfauna europäischer oligotropher Seen

Für die profundale Chironomidenfauna der nord- und mitteleuropäischen Seen hat Brundin (1949, S. 661—668) eine zusammenfassende Übersicht gegeben. Er betont (S. 663), daß in bezug auf das Auftreten der Chironomiden in den nord- und mitteleuropäischen harmonisch oligotrophen Seen die litorale Artengruppe wahrscheinlich die größten regionalen Verschiedenheiten aufweist. „Eine nähere Diskussion dieser Fragen ist aber wegen des unbedeutenden Tatsachenmaterials nicht möglich.“

Nachdem ich aber nun die Lunzer Seen doch recht eingehend auf ihre Chironomidenfauna hin untersucht habe, liegt es nahe, den bestuntersuchten nordischen oligotrophen See, den Innaren, mit dem bestuntersuchten alpinen oligotrophen See, dem Lunzer Untersee, zu vergleichen. Auf Grund von Brundins und meinen Feststellungen (1950) sind die folgenden Tabellen entworfen. Das + bedeutet das Vorkommen der betreffenden Art in dem See. Da aber jeder See doch eine Individualität darstellt, das Fehlen einer Art in ihm also eventuell etwas „Zufälliges" sein kann, so ist bei jeder Art, die in dem einen oder anderen See fehlt, auch angegeben, ob sie sonst in den Alpen (A) oder im Norden (N) vorkommt. Dabei ist aber zu bedenken, daß unsere Kenntnis der Verbreitung der einzelnen Chironomidenarten noch recht dürftig ist! Aber ein allgemeiner Vergleich läßt sich auf Grund des vorliegenden Materials doch ziehen.

Tanypodinae	Innaren	Lunzer Untersee
Ablabesmyia barbitarsis (ZETT.) EDW.	+	A
carnea FABR.	+	A
cingulata (WALK.) EDW.	+	
divisa (WALK.) EDW.	+	A
fusciceps EDW.	+	
griseipennis V. D. W.	+	A
nemorum GOETGH.	+	A
nigropunctata STAEG.	+	A
phatta EGG.	+	A
monilis L.	+	+
binotata WIED.	+	+
punctatissima GOETGH.		+
atrocincta GOETGH.		+
lentiginosa FRIES	N	+
claripennis K.		+
sexannulata GOETGH.		+
sp. *lentiginosa*-Gruppe		+
Macropelopia punctata FABR.	+	A
nebulosa MG.	+	A
notata MG.		+
Clinotanypus nervosus MG.	+	A
Psectrotanypus varius FABR.	+	A
trifascipennis ZETT.	N	+
Procladius ? cinereus GOETGH.	+	
flavifrons EDW.	+	
fuscus BRUNDIN	+	
? islandicus GOETGH.	+	
cfr. *nigriventris* K.	+	
nudipennis BRUNDIN	+	
signatus ZETT.	+	
choreus MG.	+	+
pectinatus K.	N	+

Orthocladiinae	Innaren	Lunzer Untersee
Acricotopus thienemanni GOETGH.	+	
Brillia longifurca K.	+	
Metriocnemus hygropetricus K.	N	+
Heterotrissocladius grimshawi EDW.	+	+
marcidus (WALK.) EDW.	+	+
määri BRUNDIN	+	
Eucricotopus silvestris F.	+	A
trifasciatus PZ.	N	+
Trichocladius albiforceps GOETGH.	+	+
algarum K. (*biformis* EDW.)	+	+
bilobatus STORÅ	+	
festivus MG.	+	A
decorus GOETGH.		+
lacuum EDW.	+	
oscillator MG.	+	
tendipedellus K.		+
tibialis MG.	+	+
rufipes GOETGH.		+
triannulatus MG.	+	A
sp. B 28 BRUNDIN	+	
Paratrichocladius alpicola ZETT.	N	+
holsatus GOETGH.	N	+
inserpens WALK.	N	+
Diplocladius lunzensis GOWIN		+
Psectrocladius obvius WALK.	N	+
sordidellus ZETT.	+	+
calcaratus EDW.	+	A
fennicus STORÅ	+	
Zetterstedtii BRUNDIN	+	
Synorthocladius semivirens K.	+	A
Eudactylocladius bidenticulatus GOETGH. . . .		+
Orthocladius dentifer BRUNDIN	+	
Parakiefferiella bathophila K.	+	+
coronata EDW.	+	
Epoicocladius ephemerae K.	+	+
Eukiefferiella hospita EDW.	+	A
Heterotanytarsus apicalis K.	+	A
Microcricotopus bicolor ZETT.	+	A

Orthocladiinae	Innaren	Lunzer Untersee
Limnophyes pusillus EAT.	N	+
sp.		+
Pseudorthocladius curtistylus GOETGH.	+	A
Bryophaenocladius subvernalis EDW.		+
Pseudosmittia ruttneri STRENZKE	?N	+
tenebrosa GOETGH.		+
holsata STRENZKE		+
Orthosmittia subrecta GOETGH.		+
Smittia lindneriella GOETGH.		+
„*Diamesa*" *gotica* BRUNDIN	+	
Prodiamesa olivacea MG.	+	+
Monodiamesa bathyphila K.[97a]	+	
Protanypus morio ZETT.[97a]	+	
Corynoneura celeripes WINN.	+	A
lacustris WINN.	+	
scutellata WINN.	+	+

Chironomariae	Innaren	Lunzer Untersee
Chironomus anthracinus ZETT.	+	+
plumosus L.	+	+
cingulatus MG.	+	A
dorsalis MG.	+	A
Limnochironomus nervosus STAEG.	+	A
fusciforceps K.		+
pulsus WALK.	+	+
Cryptocladopelma laccophila K.		+
edwardsi KRUSEMAN	+	
subnigra BRUNDIN	+	
viridula FABR.	+	A
Cryptochironomus supplicans MG.	+	A
cfr. *defectus* K.		+
nigritulus GOETGH.		+
Cryptotendipes usmaënsis PAGAST	+	
Demicryptochironomus vulneratus ZETT.	+	+
Harnischia pseudosimplex GOETGH.	+	

[97a] Nach BRUNDIN neuester Arbeit (1952) ist in den Alpen *Monodiamesa* durch die Art *alpicola* BRUNDIN, *Protanypus* durch die Art *forcipatus* EGG. (BRUNDIN) vertreten (vgl. S. 402).

Chironomariae	Innaren	Lunzer Untersee
Paracladopelma camptolabis K.	+	+
cfr. *camptolabis* sp. A.		+
Parachironomus arcuatus GOETGH.	+	A
monochromus V. D. W.	+	A
spissatus BRUNDIN	+	
vitiosus GOETGH.	+	A
Einfeldia cfr. *dilatata* GOETGH.	+	
Demeijerea rufipes L.	+	A
Glyptotendipes gripekoveni K.	+	A
pallens MG.	+	A
Kribioxenus brayi GOETGH.	+	
Endochironomus impar WALK.	+	
intextus WALK.	+	
tendens FABR.	+	A
Stictochironomus histrio FABR.	+	A
rosenschöldi ZETT.	N	+
pictulus MG.	+	A
Xenochironomus xenolabis K.	+	
Stenochironomus fascipennis ZETT.	+	A
gibbus FABR.	+	A
hibernicus EDW.	+	
? sp.		+
Pseudochironomus prasinatus STAEG.	+	A
Sergentia coracina ZETT.	N	+
Lenzia flavipes MG.	+	+
punctipes WIED.	+	A
Pagastiella orophila EDW.	+	
Paralauterborniella nigrohalteralis MALL.	+	
Paratendipes albimanus MG.	N	+
nudisquama EDW.	+	
Microtendipes britteni EDW.	N	+
brevitarsis BRUNDIN	+	
chloris MG. var. *lugubris* K.	+	A
pedellus DEG.	+	A
Pentapedilum tritum WALK.	+	+
sordens V. D. W.	+	A
uncinatum GOETGH.	+	

Chironomariae	Innaren	Lunzer Untersee
Polypedilum albicorne MG.	+	A
arundineti GOETGH.	+	
bicrenatum K.	+	
convictum (WALK.) EDW.	+	A
cultellatum GOETGH.	+	
nubeculosum MG.	+	A
pullum ZETT.	+	A
scalaenum SCHR.	+	A
sp.[98]		+
Lauterborniella agrayloides K.	+	

Tanytarsariae	Innaren	Lunzer Untersee
Tanytarsus chinyensis GOETGH.	+	
eminulus (WALK.) BRUNDIN	+	
gregarius (K.) EDW.	+	
heusdensis GOETGH.	+	
holochlorus EDW.	+	A
innarensis BRUNDIN	+	
lestagei GOETGH.	+	
lactescens EDW.	+	A
multipunctatus BRUNDIN	+	
nemorosus EDW.	+	A
occultus BRUNDIN	+	
quadridentatus BRUNDIN	+	
recurvatus BRUNDIN	+	
samboni EDW.	+	
separabilis BRUNDIN	+	
signatus V. D. W.	+	
curticornis K.	+	+
glabrescens EDW.	+	+
gibbosiceps K.		+
laetipes ZETT.	N	+
sp.		+
Xenotanytarsus miriforceps K.		+
Lauterbornia coracina K.	N	+
Corynocera ambigua ZETT.	+	

[98] Sicher eine der auch im Innaren vorkommenden Arten.

Tanytarsariae	Innaren	Lunzer Untersee
Micropsectra monticola EDW.	+	
bidentata GOETGH.	N	+
heptameris K.		+
praecox MG.	N	+
sp.		+
„*Rheotanytarsus*“	+	
Paratanytarsus atrolineatus GOETGH.		+
tenuis (MG.) GOETGH.	+	+
penicillatus GOETGH.	+	
Cladotanytarsus mancus WALK. (EDW.)	+	+
atridorsum (K.) EDW.	+	
difficilis BRUNDIN	+	
Neozavrelia luteola GOETGH.		+
Stempellina bausei K.	+	+
Zavrelia nigritula K.		+
Stempellinella brevis EDW.	+	A
minor EDW.	+	A
Constempellina brevicosta EDW.	+	

Zusammenfassung der vorstehenden Tabellen

Artenzahl	Innaren	Lunzer Untersee	Artenzahl im ganzen	Beiden Seen gemeinsam	Dem Norden und den Alpen gemeinsam	Nur im Innaren, nicht in den Alpen	Nur im Lunzer Untersee, nicht im Norden
Tanypodinae	23	12	32	3	17	9	6
Orthocladiinae	35	30	55	10	29	14	12
Chironomariae	53	18	63	8	38	19	6
Tanytarsariae	30	17	42	5	14	20	17
Im ganzen	141	77	192	26	98	62	41

Aus der zusammenfassenden Tabelle geht hervor, daß Innaren und Lunzer Untersee zusammen von 192 Chironomidenarten (exklusive Ceratopogonidae) bewohnt werden, der Innaren von 141, der Lunzer Untersee von 77. Beiden gemeinsam aber sind nur 26 Arten! Sehen wir uns diese genauer an:

Tanypodinae (3 Arten): *Ablabesmyia monilis* und *binotata:* die zweite nur ganz vereinzelt im Litoral, die erste in beiden Seen häufige Litoralart, eurytop, im Lunzer See bis 11 m Tiefe, im Innaren ebenfalls bis wenigstens 11 m Tiefe. — *Procladius choreus:* im Innaren im oberen und unteren Litoral, im Lunzer Untersee vom Ufer bis ins Profundal in 15 m Tiefe.

Trichocladius albiforceps, algarum, Psectrocladius sordidellus, Parakiefferiella bathophila, Epoicocladius ephemerae, Corynoneura scutellata. Litoral im Innaren, litoral bis profundal im Lunzer Untersee: *Prodiamesa olivacea, Heterotrissocladius marcidus.* Litoral im Lunzer See, profundal im Innaren: *Trichocladius tibialis.* In beiden Seen profundal: *Heterotrissocladius grimshawi.*

Chironomariae (8 Arten): In beiden Seen vor allem litoral: *Limnochironomus pulsus, Demicryptochironomus vulneratus, Paracladopelma camptolabis, Lenzia flavipes, Pentapedilum tritum, Polypedilum* sp. In beiden Seen ganz selten, Biotop unsicher: *Chironomus plumosus.* Im Lunzer Untersee von 1 m bis zur größten Tiefe, Maximalvertretung in 15 bis 20 m, im Innaren nur in der größten Tiefe (18—19 m): *Chironomus anthracinus.*

Tanytarsariae (5 Arten): In beiden Seen im wesentlichen litoral: *Tanytarsus curticornis, glabrescens, Paratanytarsus tenuis, Cladotanytarsus* mancus. In beiden Seen Maximum im Litoral, aber, doch seltener, bis in die größte Tiefe: *Stempellina bausei.*

Diese 26 gemeinsamen Arten (13% der Gesamtartenzahl) sind also größtenteils Litoralformen, zwei von ihnen sind typische Profundaltiere.

Beschränkt man sich aber nicht nur auf die beiden Seen im speziellen, sondern untersucht, welche Arten der beiden Seen auch sonst im Norden respektive in den Alpen vorkommen, so ergeben sich 97 gemeinsame Arten, d. h. 50% der Gesamtartenzahl (im einzelnen vgl. man die Tabellen).

Nur im Innaren, nicht in den Alpen, sind nachgewiesen 60 Arten (32% der Gesamtartenzahl), nur im Lunzer Untersee, nicht im Norden, 41 Arten (21% der Gesamtartenzahl). Sicher finden sich unter diesen Formen typisch nördliche bzw. typisch alpine Elemente. Es erscheint mir aber jetzt noch verfrüht, eine Aufteilung auf diese Gruppen vorzunehmen.

Vergleicht man Innaren und Lunzer Untersee, so muß man sich klar sein, daß man damit zwei auch abgesehen von der geographischen Lage verschiedene Typen der harmonisch-oligotrophen Seen vergleicht. Denn der Lunzer Untersee ist stabil geschichtet, der Innaren aber höchst instabil. Das spricht sich natürlich vor allem in den sommerlichen Temperaturverhältnissen des Profundals aus und wirkt auf die Besiedelung der Tiefenzone.

Damit kommen wir noch einmal auf die profundale Chironomidenfauna der oligotrophen europäischen Seen zurück, über die BRUNDIN (l. c. S. 663 bis 666) eine vorzügliche kurze Zusammenfassung gegeben hat. Wir folgen hier im wesentlichen seiner Darstellung.

Bei den „stabil geschichteten“ Seen treten im Profundal im wesentlichen dieselben Arten in verschiedener Kombination dominierend auf, sowohl in der skandinavischen hochborealen Region, im südschwedischen Hochland wie in Polen, Norddeutschland und im Alpengebiet. BRUNDIN nennt diese Artengruppe die *Stictochironomus rosendschöldi*-Gemeinschaft und rechnet dazu: *(Procladius barbatus), Heterotrissocladius määri, Paracladopelma obscura,*[99] *Stictochironomus rosenschöldi, Sergentia coracina, Lauterbornia coracina, Tanytarsus lugens.* Das sind kaltstenotherme, eurybathe, mehr oder weniger stenoxybionte, in der Ernährung wenig wählerische Arten nördlichen Ursprungs. Wahrscheinlich gehören noch weitere Formen hierher (u. a. eine *Micropsectra*-Art der *praecox*-Gruppe, vielleicht auch *Micropsectra groenlandica, Protanypus caudatus, Prodiamesa ekmani, Heterotrissocladius subpilosus).*

Anders ist die Besiedelung der Tiefe der instabil geschichteten oligotrophen Seen vom Typus des Innaren. Die hohe Sommertemperatur des Tiefenwassers hat die kaltstenothermen Arten der Spätglazialfauna aussterben lassen, oder sie spielen nur eine ganz untergeordnete Rolle. So kommt im Innaren von den Arten der *Stictochironomus rosenschöldi*-Gemeinschaft nur — und zwar ganz spärlich — *Heterotrissocladius määri* vor. Häufiger sind die weniger ausgeprägt kaltstenothermen Arten *Monodiamesa bathophila, Protanypus morio, Heterotrissocladius grimshawi* (die erste Art auch in norddeutschen Seen, die letzte charakteristisch für die Tiefe des Lunzer Untersees). Dominierende Arten im Profundal des Innaren sind eurytherme stenoxybionte *Tanytarsus*-Arten.

2. Eutrophe Seen

a) Die Chironomiden der eutrophen Eifelmaare

Wie bei den oligotrophen Seen (vgl. S. 395), so beginnen wir aus historischen Gründen auch bei der Darstellung der Chironomidenfauna der eutrophen europäischen Seen mit den Eifelmaaren. Eutroph sind von den 7 untersuchten Maaren das Schalkenmehrener Maar (21 m) (Taf. XX Abb. 220), Holzmaar (21 m), das Meerfelder Maar (17 m) (Abb. 236, S. 451) sowie das Ulmener Maar (37 m). Das letztgenannte nimmt eine Sonderstellung durch seine in der Tiefe entspringende Natronquelle ein; sein Profundal ist azoisch; nur sein Litoral kann mit dem der anderen Maare verglichen werden. Diese Maare sind kleine Seen (0,216, 0,068, 0,243, 0,054 km^2) mit relativ breiter Uferbank (die drei ersten) und entsprechend entwickelter Litoralvegetation.

In der folgenden Tabelle ist die Chironomidenfauna nach unseren 1910 bis 1914 durchgeführten Untersuchungen zusammengestellt (THIENEMANN

[99] Es ist möglich, daß der *Cryptochironomus nigritulus* GOETGH. des Lunzer Untersees (THIENEMANN 1950, S. 153) artidentisch ist mit *Paracladopelma obscura* BRUNDIN (? *claripennis* EDW. 1929) (BRUNDIN 1949, S. 763). Sicherheit kann aber nur Neuzüchtung des alpinen wie nordischen Materials bringen. Vorläufig müssen wir beide als verschiedene Arten führen.

1915); Artnamen nach der heutigen Auffassung (vgl. dazu die Tabelle über die Chironomiden der oligotrophen Eifelmaare S. 396).

Die Chironomiden der eutrophen Eifelmaare[100]

	Uferfauna				Tiefenfauna		
	Schalken-mehrener Maar	Holzmaar	Meer-felder Maar	Ulmener Maar	Schalken-mehrener Maar	Holzmaar	Meer-felder Maar
Ceratopogonidae							
1. *Bezzia solstitialis* WINN.		+		+			
Tanypodinae							
2. *Procladius choreus* MG.					+	(+)	(+)
3. *Procladius sagittalis* K.					+		
4. *Ablabesmyia monilis* L.				+			
Orthocladiinae							
5. *Corynoneura celeripes* WINN.		+		+			
6. *Psectrocladius sordidellus* ZETT. (*remotus* K.)				+			
7. *Limnophyes devius* K.				+			
8. *Limnophyes crescens* K.				+			
9. *Microcricotopus nigriclava* K.				+			
10. *Eucricotopus brevipalpis* K.	+			+			
11. *Eucricotopus trifasciatus* PZ.	+	+		+			
12. *Eucricotopus silvestris* F.			+				
13. *Eucricotopus limnobius* K.		+					
14. *Eucricotopus variiforceps* K.				+			
Tanytarsariae							
15. *Tanytarsus gregarius* K. (*bathophilus* K.)					+	+	
16. *Tanytarsus verticillatus* K.						+	
17. *Tanytarsus armatifrons* K.	+?				+?		
18. *Tanytarsus distans* K.						+	
19. *Tanytarsus* cfr. *curticornis* K.			+				
20. *Micropsectra unifilis* K.				+			
21. *Paratanytarsus* sp.				+			
Chironomariae							
22. *Chironomus anthracinus* ZETT. (*bathophilus* K.)					+	+	+
23. *Glyptotendipes pallens* MG.			+	+			
24. *Endochironomus tendens* FABR.	+	+		+			
25. *Endochironomus alismatis* K.				+			
26. *Endochironomus sparganicola* K.				+			
27. *Microtendipes leucura* K.				+			

[100] Nicht aufgenommen wurde in die Tabelle *Chironomus elatior* K. (unsichere Art; Schalkenmehrener Maar 10. Juli 1911 fliegend) und *Chironomus melanopus* K. (aus Krustensteinen des Schalkenmehrener Maares am 20. August 1911 gezüchtet; unsichere Art, vielleicht = *anthracinus*).

	Uferfauna				Tiefenfauna		
	Schalkenmehrener Maar	Holzmaar	Meerfelder Maar	Ulmener Maar	Schalkenmehrener Maar	Holzmaar	Meerfelder Maar
28. *Microtendipes pedellus* DEG. (*stagnorum* var. K.)	+						
29. *Pentapedilum exsectum* K.	+						
30. *Pentapedilum fodiens* K.				+			
31. *Paracladopelma camptolabis* K. . .						+	
32. *Cryptochironomus* cfr. *defectus* K. .				+			
33. *Synchironomus fusiformis* K.				+			
Im ganzen	25 bis 26 Arten				7 bis 8 Arten		

Es wurden also im ganzen 33 Arten in den eutrophen Eifelmaaren nachgewiesen (gegen 18 in den oligotrophen), die sich auf die einzelnen Gruppen wie folgt verteilen (in Klammern die entsprechenden Zahlen für die oligotrophen Maare): Ceratopogonidae 1 (1), Tanypodinae 3 (4), Orthocladiinae 10 (5), Tanytarsariae 7 (5), Chironomariae 12 (3). Damit ist natürlich noch lange nicht die volle Artenzahl gegeben; vor allem die Zahl der litoralen Arten dürfte sich bei erneuter Untersuchung ganz wesentlich erhöhen.

Abb. 236. Das eutrophe Meerfelder Maar in der Eifel. Mitten zwischen Wiesen gelegen, starke *Phragmites*-Entwicklung. Der Niederwasserstand des abnorm heißen und trockenen Sommers 1911 markiert sich durch den weißen, aus Kalkablagerungen auf den Schilfstengeln gebildeten Streifen. [Aus THIENEMANN 1925.]

Nicht so die der profundalen Arten. Charakteristisch für das Profundal ist in erster Linie *Chironomus anthracinus* Zett., der in den oligotrophen Maaren fehlt; dazu kommen als häufig noch *Procladius choreus* und *sagittalis;* ganz zurücktreten die 3 (—4) *Tanytarsus*-Arten; *Paracladopelma camptolabis* ist eine mehr litorale Art, die nur zufällig in das Profundal des Holzmaares gelangt sein dürfte. Die für die Tiefe der oligotrophen Maare kennzeichnende *Lauterbornia coracina* fehlt in den eutrophen Maaren ganz.

Charakteristisch für die Verteilung dieser Chironomidenlarven im Schalkenmehrener Maar ist eine Bodengreiferserie vom 4. April 1943 (Krüger-Thienemann, vgl. S. 397) (Zahlen je Bodengreiferfläche Birge-Ekman).

Tiefe in m	*Chir. anthracinus*	*Procladius*	*Tanytarsus*
3,5	—		+
5,5	—		+
7,5	—	+	+
8,3	—	+	
9	12	+	1
10	16	+	1
11	10	2	
12	28	1	
13	30	+	1
14	29	1	
14,7	58	+	+
16,5	4	+	+
17,5	9	+	
18	—		
19	—		
21	—		

Im Holzmaar war am 29. März 1943 *anthracinus* in 7,5 bis 11 m Tiefe vorhanden, *Procladius* in 7,5 bis 14 m Tiefe, beide in geringer Zahl (4—8 je Bodengreiferfläche).

Die litorale Chironomidenfauna der eutrophen Eifelmaare umfaßt mindestens 25 bis 26 Arten (in den oligotrophen Maaren nur 11 Arten nachgewiesen), unter denen die Orthocladiinen und Chironomarien überwiegen. Die minierenden Arten der Gattungen *Glyptotendipes, Endochironomus* und *Pentapedilum* wurden nur in diesen Maaren nachgewiesen, ebenso *Eucricotopus brevipalpis* und *silvestris,* während *Eucricotopus trifasciatus* auch im Pulvermaar an den Blättern von *Polygonum amphibium* lebte.

Die Unterschiede zwischen den beiden Maargruppen, den oligotrophen und eutrophen, in bezug auf ihre profundale Chironomidenfauna faßte ich 1915 (S. 22) so: „Die Gattung *Chironomus,* und zwar als charakteristische Form die Art *Chironomus bathophilus* Kieffer, kommt nur auf dem Grunde der flachen Maare vor, sie fehlt vollständig den tiefen Maaren; *Tanytarsus*-Arten treten vereinzelt in den flacheren Maaren neben *Chironomus bathophilus* auf, ohne indessen den Habitus der Tiefenfauna entscheidend zu beeinflussen. Wir können die Maare der Gruppe II nach dem charakteristischsten Vertreter ihrer Tiefenfauna als *Chironomus*-Maare bezeichnen. Anderseits ist die Chironomidenlarve der Tiefe der Maare der Gruppe I, die durch ihre Massenentwicklung der Tiefenfauna dieser Maare den Stempel aufdrückt, eine Angehörige der *Tanytarsus*-Gruppe, nämlich *Lauterbornia coracina* Zett." Und schon in meiner ersten Veröffentlichung „über den Zusammenhang zwischen dem Sauerstoffgehalt des Tiefenwassers und der Zusammensetzung der Tiefenfauna unserer Seen" (1913 b, S. 244) wies ich darauf hin, „daß man im allgemeinen wohl die Seen der Norddeutschen Tiefebene und Dänemarks als *Chironomus*-Seen, die Seen am Nordfuße der Alpen als *Tanytarsus*-Seen bezeichnen kann".

β) Eutrophe Seen Norddeutschlands (und Dänemarks)

aa) Der Große Plöner See

Nur von einem eutrophen See der Norddeutschen Tiefebene ist die Chironomidenbesiedelung so genau bekannt, daß wir einen Vergleich mit den oligotrophen Seen, wie dem Lunzer Untersee und dem Innaren, ziehen können. Das ist der Große Plöner See (Fläche rund 30 km², größte Länge und Breite 8,3 km, Maximaltiefe 60,5 m). Die zahlreichen, im Laufe der Jahre von der Plöner Hydrobiologischen Anstalt gesammelten Daten hat zuerst C. F. Humphries 1938 in ihrer Dissertation „The Chironomid Fauna of the Großer Plöner See, the relative density of its members and their emergence period" zusammengefaßt. In meiner Arbeit über „Lunzer Chironomiden" habe ich (1950, S. 46—52) einen „Vergleich der Chironomidenfauna des Lunzer Untersees und des Großen Plöner Sees" gezogen. Auch Brundin hat (1949, S. 593—596) den Großen Plöner See kurz behandelt. Zweifellos ist mit den rund 90 (86) sicher nachgewiesenen Arten die Chironomidenfauna dieses großen holsteinischen Sees noch nicht voll erfaßt; man kann sicher mit etwa 120 Arten rechnen. Aber die wesentlichen, dominierenden und charakteristischen Arten sind gewiß festgelegt.

Allerdings ist die Verteilung der Arten auf die verschiedenen Tiefenzonen nicht im einzelnen exakt festgestellt.

Einen ersten Versuch in dieser Richtung machte schon 1923 Lenz in seiner Arbeit „Die Vertikalverbreitung der Chironomiden im eutrophen See" (vgl. Abb. 19, S. 36). Sein Hauptergebnis faßte er so zusammen (S. 150): „Zusammenfassend wäre also festzustellen, daß die ‚*Chironomus*-Formen' die tieferen Regionen beherrschen. Sie sind die typischen Schlammbewohner und -fresser und vertragen zum Teil starken O_2-Schwund. Die ‚*Tanytarsus*-Formen' spielen infolge ihres höheren O_2-Bedarfs in den tieferen Zonen des eutrophen Sees keine Rolle. Sie können in der Uferzone stärkere Entwicklung zeigen, wo im übrigen die Orthocladiinen dominieren. In und an Pflanzen behaupten die ‚*Chironomus*-Formen' zusammen mit einer Anzahl *Cricotopus*-Arten das Feld. Die *Tanypus*-Larven finden sich als Räuber und als anpassungsfähige Formen in fast allen Zonen, aber nicht so zahlreich und so typisch regelmäßig wie z. B. *Chironomus bathophilus.*" Im einzelnen nennt er für das Profundal *Chironomus anthracinus (bathophilus)* und *plumosus, Tanypus (Procladius), Tanytarsus;* für das Sublitoral *Allochironomus, Cladopelma, Polypedilum, Microtendipes, Tanytarsus, Procladius, Cryptochironomus;* für das Litoral *Glyptotendipes, Phytochironomus, Endochironomus, Eucricotopus, Trichocladius, Corynoneura, Pentapedilum, Ablabesmyia (monilis),* Cryptochironominen, Orthocladiinen, *Tanytarsus, Bezzia, Palpomyia, Culicoides, Sphaeromias* u. a. Man muß bedenken, daß damals unsere Felduntersuchungen erst im Anfang standen und daß die Systematik der Metamorphosestadien der Chironomiden ebenfalls noch in den Kinderschuhen steckte.

Die Chironomiden im Algenbewuchs unserer holsteinischen Seen hat MEUCHE (1939) in seiner großen Arbeit ausführlich berücksichtigt (vgl. S. 461). Studien über die Chironomidenfauna anderer Einzelbiotope des Großen Plöner Sees liegen sonst nicht vor; doch sind zur Zeit Arbeiten über die Besiedelung des Brandungsufers und der *Potamogeton*-Zone im Gange. Ich halte mich im folgenden im wesentlichen an die zusammenfassende Darstellung, die ich (1950, S. 46 ff.) gegeben habe; dabei wird zugleich der Unterschied in der Chironomidenbesiedelung zwischen Großem Plöner See, Lunzer Untersee und Innaren klarwerden. (Im allgemeinen werden nur die Chironomidae s. s. berücksichtigt.)

Zuerst eine Tabelle der Artenzahl der Hauptgruppen der Chironomiden in den drei Seen.

	Großer Plöner See		Lunzer Untersee		Innaren	
	Artenzahl	in % der Gesamtzahl	Artenzahl	in % der Gesamtzahl	Artenzahl	in % der Gesamtzahl
Tanypodinae	14	16	12	16	23	16
Orthocladiinae	24	28	30	39	35	25
Chironomariae	29	34	18	23	53	38
Tanytarsariae	19	22	17	22	30	21
Gesamtzahl	86	100	77	100	141	100

Dieser einfache Vergleich der Artenzahlen führt aber noch zu keinem Ergebnis. Wir vergleichen nunmehr die einzelnen Arten miteinander, wobei auf die Tabellen Seite 455 bis 457 verwiesen sei. (In der folgenden Tabelle bedeutet N = zwar nicht im Innaren selbst, aber im Norden nachgewiesen; A = zwar nicht im Lunzer Untersee, aber in den Alpen nachgewiesen.)

	Großer Plöner See	Innaren	Lunzer Untersee
1. *Ablabesmyia monilis*	+	+	+
2. *Procladius choreus*	+	+	+
3. *Procladius pectinatus*	+	N	+
4. *Brillia longifurca*	+	+	
5. *Eucricotopus silvestris*	+	+	A
6. *Trichocladius festivus*	+	+	A
7. *Paratrichocladius holsatus*	+	N	+
8. *Psectrocladius sordidellus*	+	+	+
9. *Synorthocladius semivirens*	+	+	A
10. *Parakiefferiella bathophila*	+	+	+
11. *Epoicocladius ephemerae*	+	+	+
12. *Microcricotopus bicolor*	+	+	A
13. *Prodiamesa olivacea*	+	+	+
14. *Monodiamesa bathyphila*	+	+	A
15. *Corynoneura scutellata*	+	+	+
16. *Chironomus anthracinus*	+	+	+
17. *Chironomus cingulatus*	+	+	A
18. *Chironomus plumosus*	+	+	+
19. *Limnochironomus pulsus*	+	+	+
20. *Limnochironomus nervosus*	+	+	A
21. *Cryptochironomus supplicans*	+	+	A
22. *Glyptotendipes pallens*	+	+	A
23. *Endochironomus tendens*	+	+	A
24. *Endochironomus intextus*	+	+	
25. *Stictochironomus histrio*	+	+	A
26. *Pseudochironomus prasinatus*	+	+	A
27. *Sergentia coracina*	+	N	+
28. *Lenzia flavipes*	+	+	+
29. *Paratendipes albimanus*	+	N	+
30. *Microtendipes pedellus*	+	+	A
31. *Microtendipes chloris* var. *lugubris*	+	+	A
32. *Polypedilum nubeculosum*	+	+	A
33. *Tanytarsus gregarius*	+	+	
34. *Tanytarsus heusdensis*	+	+	
35. *Tanytarsus holochlorus*	+	+	A
36. *Tanytarsus lestagei*	+	+	
37. *Tanytarsus samboni*	+	+	
38. *Tanytarsus curticornis*	+	+	+
39. *Tanytarsus glabrescens*	+	+	+
40. *Xenotanytarsus miriforceps*	+		+
41. *Corynocera ambigua*	+	+	
42. *Paratanytarsus atrolineatus*	+		+
43. *Cladotanytarsus mancus*	+	+	+
44. *Cladotanytarsus atridorsum*	+	+	
	44	42 (35)	36 (17)

Von den 86 Arten des Großen Plöner Sees kommt etwa die Hälfte (44 = 51%) auch im Norden respektive im Innaren und (oder) auch in den Alpen respektive im Lunzer Untersee vor. Und zwar sind gemeinsam mit dem Innaren 35 (= 41% der gesamten Artenzahl des Großen Plöner Sees) gemeinsam mit dem Norden überhaupt 42 Arten (= 49%); mit dem Lunzer Untersee 17 Arten (= 20%), mit den Alpen überhaupt 36 (= 42%). Danach scheint also eine verhältnismäßig große Übereinstimmung in der Chironomidenbesiedelung des norddeutschen eutrophen Großen Plöner Sees, des südschwedischen, oligotrophen Innaren und des alpinen oligotrophen Lunzer Untersees zu bestehen. Aber es handelt sich hier nur um das Artenbild im allgemeinen! Die Zahlen erscheinen in einem ganz anderen Lichte, wenn man die Häufigkeit der Einzelarten vergleicht. Für den Plöner See und Lunzer Untersee habe ich auf Grund von Häutefängen diesen Vergleich durchgeführt. Für den Innaren liegen solche Häutefänge respektive deren Analyse nicht vor. Doch gewinnt man aus BRUNDINS übrigen Angaben doch ein Vergleichsbild.

Betrachten wir zuerst den Großen Plöner See und den Lunzer Untersee (THIENEMANN 1950, S. 48—50).

In der folgenden Tabelle ist die Häufigkeit der Hauptchironomidenarten des Großen Plöner Sees im Jahre 1936 auf Grund der von C. F. HUMPHRIES gewonnenen Zahlen der Puppenhäute zusammengestellt.

	Häutezahl absolut	Häutezahl in % der Gesamtzahl (= 22338)
Rheorthocladius oblidens	4502	20
Tanytarsus inaequalis[101]	4198	19
Tanytarsus heusdensis	2382	11
Allochironomus crassiforceps	1166	6
Chironomus anthracinus	1070	5
Protenthes vilipennis	725	3
Tanytarsus samboni	687	3
Synorthocladius semivirens	680	3
Psectrocladius sordidellus	477	2
Microtendipes pedellus	475	2
Parakiefferiella bathophila	389	2
Cladotanytarsus mancus	362	2
Procladius sp.	357	2
Procladius pectinatus	347	2
Trichocladius dizonias	293	1
Ablabesmyia monilis	267	1
Trichocladius bicinctus	223	1
Limnochironomus cfr. *pulsus*	218	<1
Chironomus plumosus	213	<1

[101] Nec.! *holochlorus*. Vgl. KRÜGER 1944.

	Häutezahl absolut	Häutezahl in % der Gesamtzahl (= 22338)
Tanytarsus sp.	198	< 1
Polypedilum nubeculosum	193	< 1
Paratendipes plebejus	173	< 1
Psilotanypus sp.	175	< 1
Polypedilum prolixitarse	155	< 1
Trichocladius festivus	127	< 1
Trissocladius grandis	122	< 1
Pseudochironomus prasinatus	122	< 1

Weiter werden in der nächsten Tabelle die dem Großen Plöner See und dem Lunzer Untersee gemeinsamen Arten verzeichnet und ihre Häufigkeit (in % der Gesamthäutezahl jedes Sees) angegeben; ein + bedeutet das ganz vereinzelte Vorkommen im See (weit unter 1 %).

	Häutezahl in % der Gesamthäutezahl	
	Großer Plöner See	Lunzer Untersee
Ceratopogonidae:		
Bezzia annulipes	+	+
Dicrobezzia venusta	+	+
Chironomidae:		
Tanypodinae		
Ablabesmyia monilis	1	< 1
Procladius pectinatus	2	< 1
Procladius choreus	2	< 1
Orthocladiinae:		
Paratrichocladius holsatus	+	+
Psectrocladius sordidellus	2	< 1
Psectrocladius sp. *dilatatus*-Gruppe	+	+
Parakiefferiella bathophila	2	< 1
Prodiamesa olivacea	+	+
Corynoneura scutellata	+	40
Chironomariae:		
Chironomus anthracinus	5	1
Limnochironomus pulsus	< 1	1
Stictochironomus histrio	+	1
Lenzia flavipes	+	2
Tanytarsariae:		
Tanytarsus curticornis	+	1
Tanytarsus glabrescens	+	+
Xenotanytarsus miriforceps	+	+
Cladotanytarsus mancus	2	+
Paratanytarsus atrolineatus	+	2

Die gemeinsamen Formen spielen mit wenigen Ausnahmen in keinem der beiden Seen quantitativ eine Rolle!

Ausnahmen: *Corynoneura scutellata* stellt im Lunzer See 40% aller Individuen und steht so an erster Stelle; im Großen Plöner See tritt sie ganz zurück. Im Gegensatz dazu steht *Chironomus anthracinus* im Großen Plöner See mit 5% an 5. Häufigkeitsstelle und ist die vorherrschende Form des Profundals, im Lunzer See steht sie mit 1% an 10. Stelle, im Profundal nimmt sie mit 1% der Profundalarten die 5. Stelle ein. Die nach *Corynoneura* häufigsten Lunzer-See-Chironomiden *(Micropsectra heptameris, Trichocladius algarum + tendipedellus,*[102] *Lauterbornia coracina, Tanytarsus gibbosiceps, Paratanytarsus atrolineatus)* kommen im Großen Plöner See überhaupt nicht oder ganz selten (die letztgenannte Art) vor, und die neben *Chironomus anthracinus* häufigsten Chironomiden des Großen Plöner Sees *(Rheorthocladius oblidens, Tanytarsus inaequalis, T. heusdensis, Allochironomus crassiforceps, Protenthes vilipennis* usw.) fehlen im Lunzer Untersee. Die im Großen Plöner See gut vertretenen Chironomidengattungen *Endochironomus, Phytochironomus* und *Glyptotendipes* fehlen im Lunzer Untersee. Das Vorhandensein der an stark bewegtes Wasser gebundenen litoralen Arten *Rheorthocladius oblidens* und *Synorthocladius semivirens* im Großen Plöner See, ihr Fehlen im Lunzer See hängt mit der verschiedenartigen Wirkung des Windes auf das Litoral zusammen. Das Vorherrschen von *Chironomus anthracinus* (und *plumosus)* im Profundal des Großen Plöner Sees stempelt diesen zum typischen *Chironomus*-See; das Vorhandensein von *Lauterbornia coracina* und anderen Tanytarsarien im Schweb des Lunzer Sees läßt diesen noch als *Tanytarsus*-See erscheinen. Die typischen Profundalarten des Lunzer Sees *Protanypus forcipatus, Heterotrissocladius grimshawi, Sergentia coracina, Lauterbornia coracina, Micropsectra heptameris, Micropsectra bidentata* fehlen im Großen Plöner Seee ganz.[103]

---

[102] In der Tabelle Seite 455 ist *Sergentia coracina* für den Großen Plöner See angegeben, auf Grund einer Notiz aus den ersten Plöner Untersuchungsjahren. Ich glaube kaum, daß das Tier jetzt noch hier lebt.

[103] Neuerdings (1952) stellte sich bezüglich der dem Großen Plöner See und Lunzer Untersee gemeinsamen Arten noch folgendes heraus: C. F. HUMPHRIES (1938, S. 579) beschrieb als „(1) *Rheorthocladius* sp." recht charakteristische Puppenhäute, die sie „v. rare" vom 2. bis 14. Mai 1936 im Großen Plöner See gesammelt hatte. Die gleiche Art züchtete bei der Arbeit für ihre Dissertation Fräulein EHRENBERG im April bis Mai 1952 von Steinen des Litorals des Großen Plöner Sees in einer größeren Anzahl von Exemplaren. Dr. BRUNDIN bestimmte sie als *Trichocladius biformis* EDW., wies aber (in litteris) auf die große Ähnlichkeit dieser Art mit *Tr. algarum* K. hin (vgl. THIENEMANN 1942 b, S. 302). Ein genauer Vergleich mit meinem sehr reichen *algarum*-Material aus dem Lunzer See ergab die völlige Identität beider Arten. Die Synonymie ist also die folgende: *Trichocladius algarum* K. *(biformis* EDW.; *Rheorthocladius* sp. [1] HUMPHRIES). Die Art lebt im Lunzer Untersee (vgl. THIENEMANN 1950, S. 32, 45, 125) im Aufwuchs sehr häufig; sie nimmt (inklusive der sehr schwer von ihr zu unterscheidenden *Tr. tendipedellus* K.) der Häutezahl nach die 3. Stelle unter allen Chironomiden ein; im Großen Plöner See bildet sie weniger als 1% der gesamten Häutezahl!

Ich habe in meiner Arbeit über „Lunzer Chironomiden" das Kapitel „Vergleich der Chironomidenfauna des Lunzer Untersees und des Großen Plöner Sees" mit folgenden Worten geschlossen: „Wenn auch sicher weder beim Großen Plöner See noch beim Lunzer Untersee, diesen ‚Hausseen' der Lunzer und Plöner Anstalt, wirklich alle Chironomidenarten schon erfaßt sind, so hat doch das bisher vorliegende Material die charakteristischen Unterschiede in der Chironomidenfauna dieses eutrophen und oligotrophen Sees klar erkennen lassen. Im ganzen betrachtet, muß die Chironomidenfauna beider Seen als grundverschieden bezeichnet werden.

Das ist nicht verwunderlich, da ja auch die Umwelt, in der die Tiere leben, in beiden Seen grundverschieden ist. Das gilt nicht nur für die profundalen Verhältnisse — im Lunzer Untersee oligotrophe mit entsprechenden Sedimenten und hohem O_2-Gehalt des Wassers, im Großen Plöner See eutrophe Faulschlammablagerung und O_2-Schwund im Sommerwasser —, sondern auch für die litoralen. Die großen Schilfwälder, ausgedehnten unterseeischen Wiesen und die eigenartige Zone der toten Muscheln — Biotope, die für den Großen Plöner See so charakteristisch sind —, fehlen im Lunzer Untersee ganz. Und auf der anderen Seite suchen wir einen Krustensteingürtel, wie er den Lunzer Untersee kennzeichnet, im Großen Plöner See vergebens.

Die Chironomidenfauna, die so fein auf die Ökologie ihrer Wohngewässer anspricht, bringt durch ihre verschiedenartige Zusammensetzung die grundlegenden Unterschiede zwischen Lunzer Untersee und Großem Plöner See zum Ausdruck."

Vergleicht man nun die Häufigkeit der Hauptchironomidenarten des Großen Plöner Sees (Tabelle S. 456) mit ihrem Vorkommen im Innaren, so ergibt sich folgendes:

Die an erster Stelle im Großen Plöner See stehenden Arten *Rheorthocladius oblidens* und *Tanytarsus inaequalis* fehlen im Innaren ganz, *Tanytarsus heusdensis* ist nicht selten, *Allochironomus crassiforceps* fehlt ganz, *Chironomus anthracinus* hat im Innaren eine ganz beschränkte Verbreitung, *Protenthes vilipennis* fehlt, *Tanytarsus samboni* ist ganz selten, *Synorthocladius semivirens* im Litoral weit verbreitet, *Psectrocladius sordidellus* ist die häufigste *Psectrocladius*-Art des Sees, *Microtendipes pedellus* nicht selten, *Parakiefferiella bathophila* nicht selten, *Cladotanytarsus mancus* die häufigste Art der Gattung, die *Procladius*-Arten sind häufig, aber *Procladius pectinatus* fehlt, *Trichocladius dizonias* fehlt, *Ablabesmyia monilis* ist die häufigste Art der Gattung im Innaren, *Trichocladius bicinctus* fehlt, *Limnochironomus pulsus* ist häufig, *Chironomus plumosus* nur in einem ♂ gefunden, *Polypedilum nubeculosum* in 3 ♂, *Paratendipes plebejus* fehlt,

Polypedilum prolixitarse fehlt, *Trichocladius festivus* gehört zu den häufigsten *Trichocladius*-Arten des Sees, *Trissocladius grandis* fehlt, *Pseudochironomus prassinatus* gehört zu den häufigsten Arten des Sees.

Also auch im Innaren eine vom Großen Plöner See ganz verschiedene Chironomidenbesiedelung! Die Verschiedenheit tritt noch stärker hervor, wenn man daran erinnert, daß einige für den Innaren ganz besonders charakteristische Arten im Großen Plöner See gänzlich fehlen. So z. B. *Acricotopus thienemanni, Heterotanytarsus apicalis,* die *Heterotrissocladius*-Arten, *Pagastiella orophila, Stempellina bausei.* BRUNDIN (1949, S. 594—595) betont, „daß die Chironomidenfauna des Großen Plöner Sees ganz überwiegend solche Arten enthält, die auch in den südschwedischen Urgebirgsseen vorhanden sind. Die Abundanz der gemeinsamen Arten scheint aber vielfach recht verschieden zu sein." Diese verschiedene Abundanz bewirkt, daß das Bild des Chironomidenlebens in diesem See doch ein ganz anderes ist als in den oligotrophen Seen Südschwedens.

BRUNDIN weist auch auf das Vorkommen einiger Arten im Großen Plöner See hin, die er als nördliche Elemente auffaßt. „Diese sind *Monodiamesa bathyphila, Corynocera ambigua (crassipes)* und *Tanytarsus (Fournieria) norvegicus.* Sie kommen auch in den Seen des südschwedischen Hochlandes vor, haben aber, nach allem zu urteilen, ihr eigentliches Verbreitungsgebiet in den subarktisch-hochborealen Seen. Im Großen Plöner See und in den småländischen Seen schlüpfen *Corynocera* und die *Tanytarsus*-Art im Frühling, *Monodiamesa* im Herbst, während sie in den subarktischen Seen Sommerformen sind. Im Großen Plöner See sind wohl die Populationen dieser Arten als die letzten zurückgebliebenen Reste der nördlich betonten Chironomidenfauna, die in spätglazialer Zeit im See ihren Wohnsitz hatte, aufzufassen." Mit dieser Deutung hat BRUNDIN zweifellos recht. Und es ist sehr wahrscheinlich, daß seit dem ersten Auffinden dieser Arten im Großen Plöner See sie bis heute im Verfolg der zunehmenden, kulturbedingten „Auxotrophierung" des Sees ausgestorben sind. Dazu folgende Daten:

Monodiamesa bathyphila K.: Ich fand die Larven 1916 vereinzelt im Ascheberger Teil des Großen Plöner Sees, auch 1920 wurden sie noch gefunden, ebenso traf sie LUNDBECK bei seinen Untersuchungen in allen Becken des Sees noch an. Seitdem ist die Art im Großen Plöner See nicht wieder gefunden worden (HUMPHRIES 1938, S. 553).

Corynocera ambigua ZETT.: Von 1918 bis 1922 im ersten Frühjahr (Mitte April bis Anfang Mai) im Plöner Becken des Großen Plöner Sees Imagines und Puppenhäute sehr häufig. Seitdem nicht wieder gesehen.

Tanytarsus (Fournieria) norvegicus K.: Von HUMPHRIES (1938, S. 566) die Puppenhäute — sehr selten! — 1936 gesammelt. Ob jetzt noch vorhanden?

Auf die von BRUNDIN (S. 594) angeschnittene Frage eines niedrigen O_2-Gehaltes in der Litoralregion natürlich eutropher Seen und den Einfluß dieses Faktors auf stenoxybionte Chironomidenarten wird weiter unten (S. 470) bei der Behandlung der Chironomidenfauna kultureutrophierter Seen eingegangen.

Bei seinen Untersuchungen über „Die Fauna im Algenbewuchs" des Litorals ostholsteinischer Seen hat MEUCHE (1939) den Großen Plöner See besonders intensiv untersucht (39 von insgesamt 130 Proben aus 42 Seen). Hier wies er 35 Chironomidenarten nach, darunter alle für den Süßwasserbewuchs typischen Arten. Die typischen Arten sind die folgenden (in Klammern die Zahl der Seen, in denen MEUCHE sie im Bewuchs fand, sowie das sonstige Vorkommen der Art, im fließenden Wasser [F], im Stillwasser zwischen Pflanzen [Sp], im Stillwasser im Schlamm und Sand [Ss], als Minierform [M]).

Tanypodinae (1):

Ablabesmyia nympha K. (8 F)

Chironomariae (3):

Glyptotendipes pallens MG. var. *glaucus* MG. (12 Sp M)
Endochironomus albipennis MG. (12 M?)
Pseudochironomus prasinatus STAEG. (2 *Aegagropila*-Bewuchs Sp Ss?)

Tanytarsariae (1):

Tanytarsus heusdensis GOETGH. (6 F Ss)

Orthocladiinae (7):

Eucricotopus silvestris F. } (18 F Sp)
Eucricotopus silvestris ornatus MG. }
Trichocladius bicinctus MG. (16 F Sp)
Trichocladius festivus MG. (5)
Rheorthocladius oblidens WALK. (8 Sp)
Trissocladius grandis K. (4 F? Sp)
Limnophyes sp. (3).

Die übrigen im Bewuchs des Großen Plöner Sees nachgewiesenen genau bestimmten Arten treten seltener auf und sind für diesen Biotop nicht so charakteristisch, zum Teil sind es Zufallsfunde. Es sind: *Ablabesmyia monilis; Glyptotendipes* sp. (*cauliginellus*-Gruppe), *Phytochironomus caulicola, Endochironomus tendens, Limnochironomus nervosus, L. pulsus, Polypedilum acutum, Microtendipes pedellus; Tanytarsus curticornis, Paratanytarsus inopertus, P. tenellulus, P. atrolineatus, P. quintuplex, Stylotanytarsus* sp., *Trichocladius* sp. sp., *Synorthocladius semivirens, Psectrocladius sordi-*

dellus, Parakiefferiella bathophila, Orthocladius crassicornis, Potthastia longimanus, Corynoneura scutellata.

Von allen Subfamilien herrschen die Orthocladiinen im Bewuchs bei weitem vor.

bb) Andere eutrophe Seen Norddeutschlands (und Dänemarks)

Von keinem anderen eutrophen See der baltischen Tiefebene als dem Großen Plöner See ist, wie schon gesagt, die g e s a m t e Chironomidenfauna auch nur einigermaßen genau bekannt. Allerdings zeigen die zahlreichen Einzeluntersuchungen an den anderen großen und tiefen, kalkreichen, eutrophen Seen Norddeutschlands, die wir im Laufe der Jahre vorgenommen haben, daß diese im großen und ganzen das gleiche Bild der Chironomidenbesiedelung wie der Große Plöner See aufweisen.

Genau bekannt aber ist, vor allem durch LUNDBECKS Arbeiten (1926), die P r o f u n d a l fauna vieler tiefer wie flacherer eutropher Seen Norddeutschlands. Und diese Untersuchungen ergaben, daß sich der verschiedene Eutrophiegrad, d. h. das verschiedene Reifestadium dieser Seen, auch in der Chironomidenbesiedelung des Profundals ausprägt.

An die mesotrophen oder fast noch oligotrophen „*Tanytarsus-Bathophilus*-Seen" (vgl. S. 390) (Stufe I') schließt LUNDBECK (1926, S. 337) als erste Stufe der eutrophen Seen (Stufe II) die *Bathophilus*-Seen (mit typischer Gyttja) an. Das sind solche Seen, in deren Tiefe von den beiden „eutrophen" *Chironomus*-Arten nur *Chironomus anthracinus* ZETT. (= *bathophilus* K.) auftritt. Die charakteristischsten Vertreter dieses Typus sind die eutrophen Eifelmaare (vgl. S. 449). In Norddeutschland ist von solchen Seen außer einigen Seitenbecken von Seen, deren Hauptbecken noch *Tanytarsus-Bathophilus*-Charakter zeigt (Lucinseen, Schaalsee usw. vgl. S. 489), nur der Suhrer See bei Plön bekannt (LUNDBECK 1926, S. 345, 347). In Dänemark gehört hierher der von KAJ BERG (1938) bezüglich seiner Bodenfauna monographisch behandelte Esromsee sowie der Furesee. — Zu den *Bathophilus*-Seen mit Dygyttja rechnet LUNDBECK den Pluß-See und Großen Madebrökensee bei Plön. Zu den *Bathophilus*-Seen mit Laubdy gehören z. B. der Garrensee und Plötschersee.

Auf der nächsten Eutrophiestufe (II') stehen die *Bathophilus-Plumosus*-Seen (mit typischer Gyttja) im Sinne LUNDBECKS, d. h. solche Seen, in denen sowohl *Chironomus anthracinus* wie *plumosus* im Profundal leben. Und zwar kann *Ch. anthracinus* überwiegen (bei Plön z. B. der Schluensee und Schöhsee) oder beide Arten sind gleichmäßig vorhanden (z. B. Großer Plöner See, Selenter See, Dieksee, Behler See) oder aber *Ch. plumosus* überwiegt (z. B. Kleiner Plöner See, Trammer See, Kellersee). Zu dieser Gruppe gehört die weitaus größte Zahl der größeren und tieferen Seen der Norddeutschen

Tiefebene.[104] Es gibt auf dieser Stufe auch Seen mit Dygyttja (z. B. der Edebergsee bei Plön).

Stufe III bilden die *Plumosus*-Seen, d. h. solche eutrophe Seen, deren Profundal nur von *Ch. plumosus* besiedelt ist, während *Ch. anthracinus* in diesen Seen gänzlich fehlt. Der Typus „*Plumosus*-See mit typischem Faulschlamm" umfaßt alle kleinen und flachen Seen; er reicht über die Grenzen des Begriffes „See" hinüber zum „Weiher und Teich" (LUNDBECK, S. 350). LUNDBECK stellt von den von ihm untersuchten norddeutschen Seen 15 hierher. Nach BERG (1938, S. 207—210) gehören von den dänischen Seen die folgenden zu dieser Gruppe: Tjustrup See, Sorö See, Tuel See, Frederiksborg Schloßsee, Magle See. Es gibt auch *Plumosus*-Seen mit Laubgyttja (in Holstein z. B. Uckleisee, Wielener See, Kalksee) und solche mit Laubdy (z. B. Kolksee bei Eutin).

Neuere Untersuchungen machen es wahrscheinlich, daß ganz flache, vergreisende Seen Holsteins im letzten Stadium („Teich-Seen") zum Teil wenigstens (Beispiel: Drecksee bei Plön, Tröndelsee bei Kiel) nicht durch *Ch. plumosus,* sondern durch *Camptochironomus tentans* charakterisiert sind. Inwieweit kulturelle Eutrophierung (Abwassereinfluß) bei der Ausbildung dieser „*Camptochironomus*-Seen" mitwirkt, ist noch genauer zu untersuchen.

LUNDBECK (S. 352) hebt als sehr charakteristisch für das Profundal der *Plumosus*-Seen hervor „das oft sehr massenhafte Auftreten von ‚*Ceratopogon*'-Larven *(Bezzia hydrophila?)* im Schlamm, der sich in den meisten Fällen noch *Glyptotendipes polytomus* zugesellt". „Diese Kombination *Plumosus-Ceratopogon-Glyptotendipes* stellte auch JÄRNEFELT (1925) in vielen finnischen Seen fest." WUNDSCH hat nun neuerdings (1943 a) in den von ihm untersuchten eutrophen, flachen Seen der mittleren Havel wirkliche „*Glyptotendipes*-Gewässer" beschrieben. Ende Mai schwärmten dort große Chironomiden lebhaft, und die großen Massen zusammengetriebener Puppenhäute gehörten mit Ausnahme weniger *Microtendipes*- und vereinzelter *Plumosus*-Exuvien zu zwei großen *Glyptotendipes*-Arten, und zwar — in geringer Menge — zu *G. pallens (polytomus),* die Hauptmasse zu *G. paripes.* Die *pallens*-Larven lebten nur in der engeren Uferregion, vor allem in den *Cladophora*-Rasen der Pfähle und Steinschüttungen, in *Plumatella*-Klumpen und Schwammkrusten. Die *paripes*-Larven aber sind es, „die das vom Gelege freie Litoral bis zu 2 bis 3 m Tiefe hinab bevölkern". „Die Larven leben dort in selbstgebauten, weichen und ziemlich formlosen Sekretröhren, die an der Außenseite mit Sand- und Schlammpartikelchen bekleidet

---

[104] RZOSKA (1936) hat die Bodenchironomiden des westpolnischen eutrophen Kiekrzsees, eines *Bathophilus-Plumosus*-Sees, quantitativ untersucht. Das Ergebnis stimmt mit den an den norddeutschen Seen gewonnenen Resultaten überein. Doch werden im allgemeinen nur Gattungs- und Gruppennamen gegeben. Eine Aufzucht der Arten wurde nicht vorgenommen. — Von westrussischen Seen sind der Beloje See und Pereslawskoje See *Bathophilus-Plumosus-Seen* (M. DECKSBACH 1928, 1933).

sind, die Röhren liegen aber nicht frei an der Oberfläche des Bodenschlamms oder in demselben, wie die von *plumosus,* sondern sie sind stets, meist klumpenweise, an die zahlreichen leeren Molluskenschalen angeheftet, ja großenteils geradezu in diesen versteckt" (WUNDSCH, S. 371). In diesen Flußseen der Mark nehmen Flachflächen in Tiefen von 1 bis 3 m oft den größten Teil des Seenareals ein, während die eigentliche Profundalregion (6 bis 8, selten mehr als 10 m tief) vielfach nur als Trichter, Kolke oder verhältnismäßig schmale Rinne entwickelt ist. Dieses Profundal ist durch *Plumosus-Procladius-Tubifex* gekennzeichnet. Die Flachflächen aber sind überall mehr oder weniger dicht mit leeren Molluskenschalen, vor allem *Dreissensia* und *Valvata* bedeckt. Diese flächenhaft ausgebreiteten Schalenmassen bilden die eigentlichen Ansiedelungssubstrate für die *paripes*-

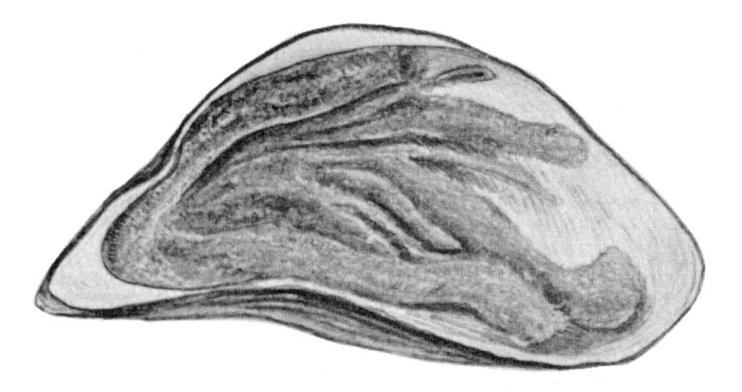

Abb. 237. *Glyptotendipes paripes.*
Bündel von Larvenröhren in der Schalenhälfte einer geschlossenen *Dreissensia*-Schale eingebaut; die andere Schalenhälfte wies ein entsprechendes Bündel auf. [Aus WUNDSCH 1942/45.]

Larven: „Die Röhren sind nämlich in großen Mengen in den Schalen eingebaut und versteckt, genau wie wir es für die in der Uferregion in alten hohlen Rohrstengelstücken eingebauten Gehäuse der Vertreter der alten *lobiferus*-Gruppe kennen. Besonders eigenartig ist der Aufenthalt in denjenigen zahlreichen *Dreissensia*-Schalen, deren beide Schalenhälften im natürlichen Zusammenschluß erhalten sind. Öffnet man derartige, oft noch recht fest schließende *Dreissensia*-Schalen, so findet man sie stets mit einer scheinbar kompakten Schlammasse angefüllt, aus der sich aber beim Ausspülen regelmäßig ein Paket von 8 bis 10 Larvenröhren enthüllt, die zur Zeit meiner Beobachtung (Mai und August) in ihrer größten Mehrzahl bewohnt waren. Jede geschlossene *Dreissensia*-Schale enthielt durchschnittlich etwa drei große verpuppungsreife Larven und daneben 4 bis 5 kleinere in jüngeren Stadien. Alle erwiesen sich bei Züchtung stets zu *G. paripes* gehörig" (WUNDSCH, S. 372, 373). Abb. 237 zeigt dieses charakteristische Bild.

Auch an den Wurzelteilen von Wasserpflanzen, wie *Potamogeton* und vor allem *Typha angustifolia,* sind solche Röhren angeheftet. Im Göttin-See fand WUNDSCH (S. 375) auf dem freien, spärlich mit *Potamogeton* bestandenen Boden der Flachflächen in 1,75 m Tiefe (sandige Gyttja mit viel *Dreissensia*-Schalen) folgende Larvenzahlen für den m²:

Glyptotendipes paripes . . .	1276 (bis 2112)
Pentapedilum	88
Microchironomus conjungens	350
Eutanytarsus (gregarius) . .	80
Procladius culiciformis . . .	44

Und von je 100 von der Oberfläche des Göttin-Sees gefischten größeren Puppenexuvien waren

am 29. Mai 1941		am 1. August 1941	
Microtendipes	26	*Endochironomus* . . .	17
G. paripes	64	*G. paripes*	51
G. pallens	2	*G. pallens*	14
Ch. plumosus	8	*Ch. plumosus*	12
		Cryptochironomus . . .	2
		Polypedilum	3
		Phytochironomus . . .	1

Also ein gewaltiges Überwiegen von *Glyptotendipes paripes* in diesen Seen!

Eine von WUNDSCH für den Göttin-See durchgeführte Berechnung zeigt, daß in diesem See das Verhältnis der Zahlen der ausgewachsenen Larven von *Glyptotendipes* : *Chironomus plumosus* gleich 100 : 1 ist, und die Frischgewichte verhalten sich wie 30 : 1. WUNDSCH spricht daher von einer „*paripes*-Stufe des *plumosus*-Gewässers“.

Im Frühjahr 1942 hat WUNDSCH (1950) interessante Beobachtungen über die Besiedelung von Überschwemmungsflächen am Lünower See, Beetzsee (Wasserstraße mittlere Havel) angestellt. Im Maximum rund 150 ha überschwemmte Wiesenflächen lassen den See in jedem normalen Frühling vorübergehend fast um die Hälfte seiner Sommerwasserfläche anwachsen. WUNDSCH konnte hier folgende Chironomidenlarven nachweisen: *Cladotanytarsus, Paraphaenocladius, Eucricotopus, Endochironomus, Parachironomus, Corynoneura, Glyptotendipes paripes, Gl. gripekoveni, Chironomus dorsalis-riparius.* Doch treten diese Formen keineswegs in einem besonders großen Individuenreichtum auf. Man hat vielmehr „vielfach deutlich den Eindruck, daß die Fauna in den flacheren Teilen der Überschwemmungsflächen und gegen den Binnenrand hin im Verhältnis zum Seenlitoral und den diesem benachbarten tieferen Überschwemmungsflächen eher verarmt“. In Ergänzung dieser Untersuchungen studierte WUNDSCHS Schüler HELMUTH GESSNER „die tierische Besiedelung von Dreffmassen bei der Frühjahrsüberschwemmung von Seen im Oberspreegebiet" (1950). „Dreff" ist die Ansammlung der von Eis, Wind- und Wasserbewegung abgebrochenen *Phragmites*-Halme. Untersuchungsgebiet war das Ufer des Müggelsees. In diesen Halmen, und zwar in den schwimmenden wie auch in den Halmen am Ufer und am Boden, findet sich eine reiche Fauna; von Chironomiden vor allem die Larven von *Glyptotendipes pallens* und *paripes* (90% des Gesamtgewichtes der Tiere), dazu weniger häufig *Endochironomus, Limnochironomus, Parachironomus, Pseudochironomus, Polypedilum, Cladotanytarsus, Eucricotopus, Orthocladius, Procladius, Clinotanypus, Ablabesmyia, Bezzia.* Die prozentmäßige Verteilung der Chironomidenlarven schwankt bei *Glyptotendipes* zwischen 64 und 100, bei *Endochironomus* zwischen 0,5 und 12, bei *Polypedilum* zwischen 2 und 8; die übrigen Arten spielen eine geringere Rolle. In 100 Halmen fanden sich 17 bis 182 Larven, davon 11 bis 167 *Glyptotendipes*-Larven. Diese Dreffmassen können also eine bedeutende Rolle für die Verfrachtung der echten Litoraltierwelt auf die Überschwemmungsflächen spielen.

γ) Eutrophe Seen des Alpengebietes und Schwarzwaldseen

Für die Beurteilung der Chironomidenbesiedelung eutropher Seen des Alpengebietes stehen uns nur LUNDBECKS Untersuchungen (1936, S. 326 bis 332) zur Verfügung; wir schließen uns hier eng, zum Teil wörtlich, an ihn an.

Der *Bathophilus*-See ist, wie in Norddeutschland, so auch hier selten; innere Teile des Bodensee-Untersees (Zeller und Gnadensee), Pfäffiker See, Lungernsee; alles Seen, bei denen von einem Gebirgscharakter nicht mehr gesprochen werden kann. (Zu den Laubgyttja-Seen mit *Bathophilus* sind eventuell der Alpsee bei Füssen und der Alatsee zu stellen.)

„Der *Bathophilus-Plumosus*-Typus umfaßt mit dem Staffel-, Bannwald-, Hopfen- und Pilsensee sämtliche kleinen Seen des Gebiets, soweit sie nicht Humusschlamm haben. Der *Plumosus*-Typus scheint daher im Alpengebiet sehr schwach vertreten zu sein und sich auf die allerkleinsten, seichtesten Seen zu beschränken, die nicht mehr untersucht wurden. Es handelt sich bei diesem Typus um Flachlandseen, auf die das Gebirge nur noch mittelbaren Einfluß hat" (LUNDBECK, S. 328).

Zu den „mesohumosen *Plumosus*-Seen" gehören Schwansee, Schleinsee und Degersee. (Den Lunzer Obersee, den LUNDBECK ebenfalls hierher stellt, werden wir weiter unten [S. 478] behandeln.) Diese Seen liegen am Alpenrand respektive im Hügelgelände des Vorlandes.

Es ist selbstverständlich, daß die eutrophen Seen im Alpengebiet bei weitem nicht die Rolle spielen wie in der Norddeutschen Tiefebene.[104a]

[104a] Einige Angaben über die Chironomidenfauna der meromiktischen Seen Kärntens bei FINDENEGG (1953, S. 53).

Über einige eutrophe Schwarzwaldseen, zum Teil eher Weiher, berichtet neuerdings LUNDBECK (1951). Es sind *Chironomus*-Seen, und zwar:

a) Ein *Bathophilus*-See B II a (vgl. S. 390): der Mathisleweiher (2,5 ha, Maximaltiefe 2,5 m), auf felsigem Untergrund, stark verkrautet, aber mit schwacher Sedimentation, durch Aufstau bereichert. Schlammfauna mit wenig *Ch. bathophilus*-Gruppe (44 Stück je m²); im Ufer eine weißliche Orthocladiinenlarve.

b) Ein *Plumosus*-See B' II b (vgl. S. 390): der Windgfällweiher (18 ha, Maximaltiefe 5 m), dem vorigen sehr ähnlich, etwas weniger humos, vielleicht kulturell schwach beeinflußt, auch Aufstau. Bodenchironomiden in Stück je m²:

Tiefe in m	*Chir. plumosus*-Gruppe	Tanypodinae	andere Chironomiden
0—2	32	74	244
2—3,5	99	89	72

Die „anderen Chironomiden" sind: *Tanytarsus, Glyptotendipes, Microchironomus, Microtendipes,* Orthocladiinen.

Aus der Reihe B fallen heraus:

c) Künstliche *Plumosus*-Seen (Staubecken) A' II b (vgl. S. 496). Hierher der Schlüchtsee, ein 3,4 ha großer normaler Fischteich, und die Talsperre Unterbränd (11 m Tiefe, doch bei der Untersuchung stark gesenkt). Im Bodensediment Massenbesiedelung von *Chir. plumosus*-Gruppe, dazu *Procladius. Plumosus* in 0 bis 2 m 250 Stück je m², in 2 bis 4 m 312, in 4 bis 7 m 548; *Procladius* 153, 30, 15; in 0 bis 2 m 9 *Glyptotendipes.*

d) Ein Moorsee (Verlandungsrestsee) C' II b (vgl. S. 478): der Ursee, moorblänkenähnlich mit Schwingufern, ohne eigentliches Litoral, sehr schwacher litoraler Pflanzen- und Tierbesiedelung. Vereinzelt *Chir. plumosus*-Gruppe, auch *Sergentia;* in der Tiefe nur *Corethra.*

δ) Eutrophe Seen Schwedens

aa) Natürlich eutrophe Seen

Durch BRUNDINS grundlegende Studien (1949) ist die Chironomidenbesiedelung vieler oligotropher Seen Schwedens gut bekannt. Zum Vergleich mit diesen Seen zog er (S. 459—465) als natürlich eutrophen See den in Schonen gelegenen Ringsjö heran (Größe 40,7 km², Maximaltiefe 16,5 m). Das ist der einzige eutrophe See Schwedens, dessen Bestand an Chironomidenarten einigermaßen bekannt ist. BRUNDIN verzeichnet die folgenden 56 Arten:

Tanypodinae:

Ablabesmyia carnea, falcigera, melanops, monilis; Procladius choreus, signatus; Psectrotanypus varius.

Orthocladiinae:

Acricotopus lucidus; Corynoneura scutellata, C. sp.; *Eucricotopus silvestris, Microcricotopus bicolor, Protanypus morio; Psectrocladius obvius, Synorthocladius semivirens, Trichocladius bicinctus, bituberculatus, dizonias, festivus, obnixus, triannulatus* (=*.suecicus* K.).

Chironomariae:

Chironomus anthracinus, cingulatus, ? obtusidens, plumosus, Ch. sp., *Cryptochironomus* s. str.; *Cryptocladopelma virescens* Mg.,· *viridula, Demicryptochironomus vulneratus, Endochironomus impar, tendens; Glyptotendipes pallens, Lenzia flavipes, Limnochironomus nervosus; Microtendipes chloris* var. *lugubris, pedellus; Pagastiella orophila, Parachironomus* sp., *Pentapedilum sordens, uncinatum; Polypedilum bicrenatum, laetum; Pseudochironomus prasinatus, Stictochironomus histrio.*

Tanytarsariae:

Cladotanytarsus difficilis, mancus, v. d. Wulpi; Monotanytarsus austriacus, Tanytarsus gregarius, heusdensis, holochlorus, lestagei, samboni, veralli.

Brundin (S. 462) bemerkt hierzu: „Von der gesamten Artenzahl machen die Chironomini mit 25 Arten nicht weniger als 44,6% aus. Am nächsten folgen Orthocladiinae mit 14 Arten und 25% und Tanytarsini mit 10 Arten und 17,9%. Die Tanypodinen treten mit 7 Arten und 12,5% ziemlich zurück.

Bei den Einsammlungen erhielt ich den bestimmten Eindruck, daß die Chironomidenfauna des Sees überaus individuenreich, aber nur mäßig artenreich im Vergleich mit småländischen oligotrophen Seen ist.

Durch ihr Massenauftreten fielen besonders folgende Arten in die Augen:

Acricotopus lucidus
Chironomus dorsalis
Endochironomus tendens
Glyptotendipes pallens
Limnochironomus nervosus
Microtendipes chloris
Microtendipes pedellus
Cladotanytarsus difficilis
Cladotanytarsus mancus
Tanytarsus holochlorus
Tanytarsus veralli

Von *Acricotopus lucidus* abgesehen, kommen diese Arten auch in den småländischen oligotrophen Seen vor. Sie zeigen sich demnach als ausgeprägte eurytrophe Arten. Die meisten finden aber wahrscheinlich in eutrophen Milieus optimale Lebensbedingungen.

Von Interesse sind einige Arten, die in den småländischen oligotrophen Seen fehlen oder jedenfalls sehr selten sind:

Ablabesmyia falcigera
Acricotopus lucidus
Trichocladius dizonias
Trichocladius obnixus
Cryptocladopelma virescens
Polypedilum laetum

Vieles spricht dafür, daß wenigstens *Trichocladius dizonias* und *Poly-*

pedilum laetum, wenn in Menge vorhanden, als Indikatoren eines eutrophen Milieus angesehen werden können."

Der Ringsjön ist hiernach höchstwahrscheinlich zu den *Bathophilus-Plumosus*-Seen im Sinne LUNDBECKS zu stellen. Allerdings scheint der Trophiegrad des Ringsjön noch ein verhältnismäßig geringer zu sein. Dafür spricht außer dem Vorkommen eines Coregonen *(Coregonus nilssonii* VAL.) und des glazial-marinen Reliktenkrebses *Pallasea quadrispinosa* auch das Vorhandensein von *Protanypus morio,* einer Art, die in den norddeutschen eutrophen Seen bisher nicht gefunden wurde.

bb) Kultureutrophierte Seen

Von besonderem Interesse sind die von BRUNDIN (S. 429 ff.) untersuchten Seen in der Nähe der südschwedischen Stadt Växjö. Diese Seen — Trummen, Växjösjön, Södra und Norra Bergundasjön — nehmen die Abwässer der Stadt Växjö auf, und so sind „durch langandauernde Zufuhr von Abwasser primär oligotrophe småländische Humusseen des Durchschnittstypus in typisch eutrophe Gewässer umgewandelt worden ... Hier bot sich eine gute Gelegenheit, den Trophiefaktor allein in seiner Einwirkung auf die qualitative und quantitative Zusammensetzung der Bodenfauna zu studieren" (BRUNDIN, S. 430, 431). Im Växjösjön, Södra Bergundasjön und Trummen wies BRUNDIN folgende 51 Arten nach:

Tanypodinae:

Ablabesmyia falcigera, guttipennis, maxi, monilis; Procladius imicola, P. sp.; *Protenthes punctipennis, Clinotanypus nervosus, Psectrotanypus varius.*

Orthocladiinae:

Acricotopus lucidus, Corynoneura celeripes, scutellata, minuscula, Eucricotopus silvestris, Psectrocladius obvius, Trichocladius dizonias, triannulatus, T. sp.

Chironomariae:

Camptochironomus tentans, Chironomus cingulatus, dorsalis, plumosus; Cryptochironomus supplicans, C. cfr. *supplicans; Einfeldia dissidens, longipes; Endochironomus dispar, impar, tendens; Glyptotendipes gripekoveni, mancunianus, pallens; Leptochironomus tener, Limnochironomus nervosus, pulsus, lobiger; Lenzia punctipes; Microtendipes pedellus, chloris* var. *lugubris; Parachironomus arcuatus, monochromus; Pentapedilum sordens; Polypedilum bicrenatum, laetum, nubeculosum, Zavreliella marmorata.*

Tanytarsariae:

Cladotanytarsus wexionensis; Paratanytarsus tenellulus; Tanytarsus heusdensis, holochlorus, Zavrelia pentatoma.

Diese Växjö-Seen sind also durch die kulturelle Eutrophierung zu echten *Plumosus*-Seen (ohne *Chironomus anthracinus!*) geworden.

„Für die Chironomidenfauna der Växjö-Seen sehr kennzeichnend ist die geringe Größe des Artenbestandes. Wenn der Växjön und der Södra Bergundasjön etwa normale mesohumose Seen wären, hätten die zahlreichen Exkursionen zweifellos in etwa 100 Chironomidenarten resultiert. Tatsächlich liegen aber aus jenem See 29, aus diesem 30 Arten vor. Der gesamte Artenbestand der beiden Seen erwies sich als 37, also genau dieselbe Zahl, die im extrem oligotrophen Moorkolk Grimsgöl[105] erhalten wurde. Ein Vergleich mit natürlichen eutrophen Seen fällt für die Växjö-Seen in dieser Hinsicht nur wenig vorteilhafter aus. So wurden im holsteinischen Großen Plöner See 86 Chironomidenarten im Laufe eines einzigen Jahres nachgewiesen (Humphries 1938).

Wie für die meisten anderen lakustrischen Tiergruppen gilt auch für die Chironomiden die Regel, daß der Artenbestand eines Sees in erster Linie eine Resultante der im Litoral vorhandenen Existenzbedingungen ist. Fast alle Arten gedeihen in dieser Zone am besten. Mit an Gewißheit grenzender Wahrscheinlichkeit kann angenommen werden, daß von den im Växjösjön und Södra Bergundasjön gefundenen Chironomiden höchstens zwei Arten ihr Abundanzmaximum im Profundal erreichen: *Chironomus plumosus* und *Procladius* sp.

Die wichtigste Ursache für die große Artenarmut der litoralen Chironomidenbesiedelungen liegt zweifellos darin, daß in diesen extrem eutrophen Milieus auch das Litoralgebiet unter Sauerstoffmangel zu leiden hat. Meine im Södra Bergundasjön ausgeführten Messungen zeigen, daß der Sauerstoffgehalt in den dichten Schilfen am Ende der winterlichen Stagnationsperiode sehr niedrig und in ganz seichtem Wasser fast gleich Null ist. Wenn auch mit einer partiellen Auswanderung der Tiere gegen die untere Litoralgrenze hin am Anfang des Winters gerechnet wird, müssen die fraglichen O_2-Verhältnisse für die litorale Tierwelt generell gesehen sehr ungünstig sein.

Die meisten Litoralarten sind wie bekannt als stenooxybionte Organismen zu betrachten. Nach allem zu urteilen, ist das litorale Milieu der Växjö-Seen nur für mehr oder weniger ausgeprägt euryoxybionte Arten günstig. Wir verstehen deshalb ohne weiteres, daß dieses Milieu auf den ursprünglichen litoralen Artenbestand in radikaler Weise ausmerzend eingewirkt haben muß. Von diesem Gesichtspunkt aus bekommt jede nachgewiesene Art ein besonderes Interesse“ (Brundin, S. 454—455).

Hier muß ich noch einmal auf die Frage des litoralen O_2-Schwundes in natürlich-eutrophen Seen zurückkommen (vgl. S. 461). Brundin will die ver-

[105] Vgl. Seite 475 dieses Buches (Th.).

hältnismäßig geringe Artenzahl in natürlich-eutrophen Seen eventuell auch auf einen niedrigen litoralen O_2-Standard zurückführen. Er schreibt (S. 594): „Theoretisch scheint es mir aber wahrscheinlich, daß der Sauerstoffgehalt auch im Litoral natürlicher eutropher Seen bis auf für ausgeprägt stenooxybionte Arten kritische Werte herabsinken kann". Solcher O_2-Schwund müßte meiner Meinung nach vor allem im Winter unter Eis zu beobachten sein. Bei unseren großen windexponierten Seen vom Typus des Großen Plöner Sees — der ja in 31 Jahren 19mal völlig eisbedeckt, 12mal ganz eisfrei war (THIENEMANN 1946/47) — liegen für solchen winterlichen litoralen O_2-Schwund keine Anhaltspunkte vor. Auch die von PUKE (1949) für das Litoral des Mälaren angegebenen O_2-Werte erscheinen mir in dieser Beziehung nicht beweisend. Natürlich k a n n in kleineren, im Winter regelmäßig lange Zeit eisbedeckten Seen der O_2-Gehalt auch des Litorals unter bestimmten Bedingungen eventuell kritisch niedrige Werte erlangen. Für die künstlich, durch hochgradig fäulnisfähige städtische Abwässer überdüngten Växjö-Seen wird BRUNDINS Auffassung aber zweifellos richtig sein.

Von den 51 in den Växjö-Seen nachgewiesenen Arten erreichen Massenvorkommen: *Trichocladius dizonias, Chironomus plumosus, Endochironomus dispar, Glyptotendipes mancunianus, pallens, Polypedilum laetum, Cladotanytarsus wexionensis.*[106] Diese sind hier viel häufiger als in den natürlichen oligotrophen Seen des Gebietes (in denen drei von ihnen überhaupt nicht nachgewiesen sind). „Sie sind durch das extrem eutrophe Milieu klar begünstigt." Einige Arten der Växjö-Seen *(Ablabesmyia guttipennis, Procladius imicola, Corynoneura minuscula, Camptochironomus tentans, Einfeldia dissidens, Zavrelia pentatoma)* kennt BRUNDNN in Schweden sonst nur aus eutrophen Seen und polyhumosen Seen. Das sind wohl, wie auch die übrigen Arten dieser Seen, nach BRUNDIN Formen mit sehr weiter ökologischer Valenz, die auch in wenigstens temporär sauerstoffarmen Litoralbiotopen leben können.

Die relative Verbreitung der einzelnen Chironomidengruppen in den Växjö-Seen ist:

C h i r o n o m a r i a e 57 bis 63% des Artenbestandes, dagegen die T a n y t a r s a r i a e 8 bis 14%, die O r t h o c l a d i i n a e 10 bis 17%.

BRUNDIN charakterisiert die Chironomidenbesiedelung der Växjö-Seen im ganzen so (S. 456—457):

„Zusammenfassend können wir sagen, daß die Litoral- und Profundalfaunen der Växjö-Seen einen extrem eutrophen Aspekt besitzen. Dies kommt besonders in der Zusammensetzung des Artenbestandes und in der nur mäßig hohen Abundanz der Bodenfauna der Tiefengebiete zum Ausdruck. Der durch die starke Abwasserzufuhr bedingte niedrige Sauerstoffstandard

---

[106] Es ist nicht ausgeschlossen, daß auch KRÜGERs *Cl. atridorsum* (K.) EDW. gleich *wexionensis* BRUNDIN ist (vgl. BRUNDIN, S. 783).

macht sich auch im Litoral stark geltend, was den Artenbestand auf ein Minimum heruntergebracht hat. Die Bodenfauna ist deshalb viel artenärmer als in natürlichen eutrophen Seen und zeigt in dieser Hinsicht deutliche Züge extremer Eutrophie. Trotz ihrer Artenarmut enthält die litorale Chironomidenfauna nicht weniger als 7 Arten, die im Gebiet nur aus den Växjö-Seen bekannt sind. Und mehrere dieser Arten erreichen dort eine Massenentwicklung. Dasselbe gilt für einige in natürlichen Seen weniger häufige Arten. Der Aspekt der litoralen Chironomidenfauna ist demnach überaus charakteristisch." Und weiter sagt er: „Durch die übermäßige Abwasserzufuhr ist dort ein Milieu geschaffen worden, das selbst für euryoxybionte Tiere kaum optimal ist. Das Optimum ist nach allem zu urteilen schon überschritten worden."

* *

*

In seiner zusammenfassenden Übersicht der profundalen Chironomidenfauna der nord- und mitteleuropäischen Seen charakterisiert BRUNDIN (S. 667) die eutrophen Seen in folgender Weise:

„Eutrophe Seen. Hier kommen die euryoxybionten, eurythermen und polytrophen *Chironomus*-Arten *anthracinus* und *plumosus* völlig zur Geltung. Charakteristisch sind in seichterem Wasser außerdem *Glyptotendipes*-Larven, die vor allem zu *paripes* EDW. gehören dürften (vgl. WUNDSCH 1943). Die Arten der *Stictochironomus Rosenschöldi*-Gemeinschaft fehlen meistens vollständig. *Sergentia coracina* ist in wenigen mäßig eutrophen Seen, wie den norddeutschen ‚*Bathophilus*'-Seen Tollensesee und Pielburger See, angetroffen worden (THIENEMANN 1928 b). Schwache Populationen von *Monodiamesa bathyphila* und *Protanypus morio* in gewissen eutrophen Seen zeugen auch davon, daß das bewohnte Milieu nicht allzu extrem ist."

3. Dystrophe Seen

Wir haben in den vorstehenden Kapiteln bisher die Chironomidenbesiedelung der oligotrophen und eutrophen Seen Europas behandelt. Beides sind harmonische Seetypen, d. h. solche, in denen die lebensnotwendigen Stoffe gleichmäßig vorhanden, kein Stoff im Übermaß vorhanden ist. Es bleibt von unseren Seen nun noch ein einseitig charakterisierter Typus, der sogenannte dystrophe Seetypus. Unter typisch dystrophen Seen wollen wir solche verstehen, in denen die Humusstoffe im Polytypus vorhanden und die zugleich mehr oder weniger sauer sind.

Bis vor kurzem war die Chironomidenfauna dieser Seen noch ganz unbekannt. Nur fand man einige Hinweise darauf, daß in der Tiefe solcher Seen rote *Chironomus*-Larven der *plumosus*-Gruppe auftreten. Das war aber auch alles bis zu BRUNDINS Arbeit von 1944! Dieser hat zwei dystrophe Seen Smålands genau untersucht, den mäßig polyhumosen Skärshultsjön

(BRUNDIN, S. 299—360) und den extrem polyhumosen Grimsgöl (S. 360 bis 384); zum Vergleich zog er den mäßig polyhumosen Hovtjärn in Västmanland (S. 487—495) und den mäßig polyhumosen Vontjärn in Jämtland heran (S. 508—511).

Ehe wir auf die Chironomidenfauna dieser Seen näher eingehen, aber noch ein Wort darüber, weshalb wir die meso humosen Seen hier nicht zu den echten dystrophen Seen rechnen. BRUNDIN schreibt in seiner „Charakteristik der profundalen Chironomidenfauna" u. a. folgendes (S. 550, 551) über das profundale Milieu des Stråkentypus (mesohumos) und des Skärshultsjöntypus (mäßig polyhumos): „Der erhöhte Humusstandard führt dort eine augenfällige generelle Senkung des Sauerstoffstandards herbei, und die Forderungen an das Anpassungsvermögen der Bodentiere werden schon im Profundal der meso humosen Seen ganz erheblich verschärft. Die Untersuchungen im Stråken deuten gewiß darauf hin, daß das mesohumose profundale Milieu auf die Arten der oligohumosen Seen ausmerzend wirkt, zeigen aber anderseits, daß dieses Milieu nicht so extrem ist, daß dem profundalen Humusmilieu speziell angepaßte Arten besonders günstige Lebensbedingungen finden ... Erst im Profundal der polyhumosen Seen begegnen wir einem Milieu mit so verschärften Lebensbedingungen, daß die Arten der oligohumosen Seen mehr oder weniger vollständig ausgesondert werden und die speziellen ‚Humusarten' völlig zur Geltung kommen."

Das ist übrigens eine Bestätigung einer allgemeinen biocoenotischen Regel, die ich schon 1913 (a, S. 66) im Anschluß an die Untersuchung der „Salzwassertierwelt Westfalens" aufstellte: „Die Eigentümlichkeit einer bestimmten Biocoenose tritt erst hervor, wenn sich die Eigenart der sie charakterisierenden Lebensbedingungen über eine bestimmte Minimalgrenze hinaus entwickelt hat. Dies prägt sich besonders klar aus beim Chemismus des Wassers, gilt aber auch wohl für alle anderen verbreitungsregulierenden Faktoren."

Der Skärshultsjön (Maximaltiefe 13,5 m) wurde von BRUNDIN sehr genau untersucht. Er wies im See die folgenden 89 Chironomidenarten nach und meint, der gesamte Artenbestand dürfte 100 nur wenig überragen:

Tanypodinae:

Ablabesmyia cingulata, A. monilis, A. phatta, Clinotanypus nervosus, Procladius cfr. *nigriventris, P. nudipennis.*

Orthocladiinae:

Brillia longifurca, Corynoneura scutellata, C. sp., *Epoicocladius ephemerae, Eucricotopus silvestris, E. tricinctus, Heterotanytarsus apicalis, Heterotrissocladius marcidus, Microcricotopus bicolor, Orthocladius nau-*

manni, Parakiefferiella coronata, Pseudorthocladius curtistylus, Protanypus morio, Psectrocladius sordidellus, P. Zetterstedtii, Trichocladius festivus, T. oscillator, Trissocladius grandis.

Chironomariae:

Chironomus anthracinus, C. cingulatus, C. dorsalis, C. ? plumosus, C. tenuistylus, Cryptochironomus supplicans, Cryptocladopelma edwardsi, C. viridula, Demicryptochironomus vulneratus, Endochironomus impar, E. intextus, E. lepidus, E. tendens, Glyptotendipes gripekoveni, G. pallens, Harnischia pseudosimplex, Lauterborniella agrayloides, Lenzia flavipes, L. punctipes, Limnochironomus nervosus, Microtendipes caledonicus, M. chloris v. *lugubris, M. pedellus, Pagastiella orophila, Parachironomus arcuatus, P. parilis, P. vitiosus, Paracladopelma camptolabis, Paralauterborniella nigrohalteralis, Paratendipes* cfr. *nudisquama* (nur Larven), *Pentapedilum sordens, P. tritum, Polypedilum bicrenatum, P. cultellatum, P. nubeculosum, P. pullum, Pseudochironomus prasinatus, Sergentia longiventris, Stenochironomus fascipennis, S. gibbus, S. hibernicus, Stictochironomus* cfr. *histrio, Xenochironomus xenolabis.*

Tanytarsariae:

Cladotanytarsus atridorsum, C. difficilis, C. mancus, Constempellina brevicosta, Micropsectra monticola, Paratanytarsus laetipes, P. penicillatus, P. tenuis, Stempellina bausei, S. subglabripennis, Stempellinella minor, Tanytarsus chinyensis, T. curticornis, T. eminulus, T. holochlorus, T. lestagei, T. multipunctatus, T. nemorosus, T. recurvatus, T. separabilis, T. signatus, Zavrelia pentatoma.

Die Verteilung der Arten auf die einzelnen Gruppen ist:

Tanypodinae . . .	6 Arten =	6,7 %	der Gesamtartenzahl
Orthocladiinae . .	18 Arten =	20,2 %	„ „
Chironomariae . .	43 Arten =	48,3 %	„ „
Tanytarsariae . .	22 Arten =	24,8 %	„ „
Summa	89 Arten =	100,0 %	

Aus den ausführlichen Listen BRUNDINS der in den verschiedenen Biotopen nachgewiesenen Arten kurz folgendes:

1. Dichte *Juncus supinus*-Gesellschaft auf Sandboden (Tiefe 0,2 m): 15 Larventypen, Hauptmenge *Stictochironomus* cfr. *histrio* und *Psectrocladius psilopterus*-Gruppe.
2. Nackter Sandboden (Tiefe 0,2 m): 11 Larventypen, vorherrschend *Cladotanytarsus.*
3. *Isoëtes*-Teppich auf Sedimentboden (Tiefe 0,3 m): 21 Larventypen. Häufigste Formen: *Bezzia*-Gruppe, *Parakiefferiella* cfr. *coronata, Polypedilum nubeculosum*-Gruppe, *Psectrocladius psilopterus*-Gruppe.
4. *Carex rostrata*-Schilf auf Sedimentboden (Tiefe 0,4—0,6 m): 21 Lar-

ventypen. Weitaus am häufigsten *Pagastiella orophila.* Stark vertreten auch *Polypedilum nubeculosum*-Gruppe, *Pseudochironomus prasinatus* und *Bezzia*-Gruppe.

5. *Lichtes Equisetum limosum*-Schilf auf Sedimentboden (Tiefe 1 m): Mindestens 28 Arten. *Pagastiella* hier am häufigsten im See. Häufig auch *Procladius, Tanytarsus gregarius*-Gruppe, *Cladotanytarsus, Pseudochironomus.*
6. Sedimentboden mit *Myriophyllum alterniflorum* (Tiefe 1,5 m): 14 Larventypen. Sehr häufig *Paratanytarsus* (wahrscheinlich *penicillatus).* Häufig auch *Psectrocladius psilopterus*-Gruppe und die *Tanytarsus gregarius*-Gruppe.
7. Offener Sedimentboden im unteren Litoral (Tiefe 2 m): 34 Arten. An erster Stelle *Pagastiella orophila,* ferner häufig *Tanytarsus gregarius*-Gruppe, *Polypedilum convictum*-Gruppe, *Procladius, Tanytarsus* Typus II.
8. Profundaler Sedimentboden (Tiefe 4—13 m): 22 Arten. (Im Innaren 46 Arten!) Häufigste Art *Chironomus tenuistylus,* dann *Cryptocladopelma viridula;* weiter *Procladius, Orthocladius naumanni, Polypedilum pullum,* in manchen Jahren auch *Sergentia longiventris* und *Heterotanytarsus apicalis* häufig. Vereinzelt *Chironomus anthracinus.* Im unteren Profundal wurden nur *Ch. tenuistylus, Procladius, Orthocladius naumanni, Tanytarsus gregarius*-Gruppe und *Bezzia*-Gruppe nachgewiesen.

Auch der nur 1,08 ha große, extrem polyhumose Grimsgöl (Maximaltiefe 4,8 m) ist von Brundin genau untersucht worden.

37 Chironomidenarten wurden nachgewiesen; also extreme Artenarmut! Davon 14 Chironomariae (= 38 %), Tanypodinae 10 Arten (= 27 %), Orthocladiinae 10 Arten (27 %), Tanytarsariae 3 Arten (= 8 %).

Tanypodinae:

Ablabesmyia binotata, brevitibialis, cingulata, guttipennis, longipalpis, cfr. *Maxi, monilis, Anatopynia plumipes, Procladius ? cinereus, fuscus.*

Orthocladiinae:

Corynoneura celeripes, Heterotanytarsus apicalis, Heterotrissocladius grimshawi, H. marcidus, Microcricotopus bicolor, Orthocladius naumanni, Parorthocladius cfr. *nigritus, Psectrocladius sordidellus, Ps.* sp. pr. *sordidellus, Trissocladius mucronatus.*

Chironomariae:

Chironomus tenuistylus, Cryptocladopelma edwardsi, viridula, Demicryptochironomus vulneratus, Endochironomus dispar-Gruppe, *Glyptotendipes pallens, Lenzia flavipes, Microtendipes chloris* var. *lugubris, Pagastiella orophila, Paratendipes nudisquama, Polypedilum pullum, Sergentia longiventris, Stenochironomus gibbus, St. hibernicus.*

T a n y t a r s a r i a e :

Stempellina bausei, Tanytarsus separabilis, Zavrelia pentatoma.

Von den 27 gefundenen Arten leben zweifellos 25 im Litoral. Eine Ausnahme bildet wohl nur *Chironomus tenuistylus,* vielleicht auch *Orthocladius naumanni.*

Im Litoral dominiert *Sergentia longiventris;* es folgen die *Procladius-* und *Cryptocladopelma*-Larven, verhältnismäßig zahlreich sind auch die *Psectrocladius*-Larven.

Das Profundal ist durch extreme Arten- und Individuenarmut gekennzeichnet. Als häufigste Form kommt *Sergentia longiventris* in allen Tiefen vor, während *Chironomus tenuistylus* auf 4 bis 4,8 m beschränkt ist. Im Profundal des Grimsgöl leben überhaupt die folgenden Arten: *Ablabesmyia* sp. (bis 1,7 m), *Procladius* sp. (bis 4 m), *Heterotanytarsus apicalis* (bis 3 m), *Heterotrissocladius marcidus* (bis 3 m), *Microcricotopus bicolor* (bis 3 m), *Orthocladius naumanni* (bis 4 m), *Psectrocladius sordidellus* (bis 3 m?), *Chironomus tenuistylus* (4—4,8 m), *Cryptocladopelma viridula* (bis 1,7 m), *Demicryptochironomus vulneratus* (bis 1,7 m), *Sergentia longiventris* (bis 4,8 m).

Unter den litoralen Chironomiden des Skärshultsjön gibt es nur eine einzige Art, die nach BRUNDIN eine humusliebende zu sein scheint, *Microtendipes caledonicus,* während das Profundal humuspositiv charakterisiert ist durch *Chironomus tenuistylus* und *Orthocladius naumanni* sowie durch *Sergentia longiventris,* die allerdings außerhalb Südschwedens (Lunzer Mittersee, vgl. S. 414) nicht an dystrophe Gewässer gebunden ist. Der extrem polyhumose Grimsgöl enthält nach BRUNDIN mindestens 6 Arten, deren Larven im Gebiet für ausgeprägte Humusmilieus charakteristisch sind: *Ablabesmyia brevitibialis* GOETGH., *A. longipalpis* GOETGH. (beide Arten in Mitteleuropa nicht an Humusgewässer gebunden); *Orthocladius naumanni* BRUNDIN (in Süd- und Mittelschweden nur in polyhumosen Gewässern gefunden, in der nordschwedischen Nadelwaldregion auch in humusarmen Seen); *Trissocladius mucronatus* BRUNDIN (bisher nur aus dem Grimsgöl bekannt); *Chironomus tenuistylus* BRUNDIN (nur im Profundal polyhumoser schwedischer Seen, vielleicht auch in mesohumosen); *Sergentia longiventris* K. (vgl. oben). Die artenreichste Gattung der weniger humosen Seen, *Tanytarsus,* ist im Grimsgöl nur durch e i n e Art, *T. separabilis* BRUNDIN, vertreten.

In dem kleinen — 650 m langen, 300 m breiten — mäßig polyhumosen H o v t j ä r n (Västmanland) (Maximaltiefe 5 m) wurden 28 Arten nachgewiesen. Die Profundalfauna dieses Moorkolkes ist „jener Fauna weitgehend ähnlich, die das obere Profundal des ebenfalls mäßig polyhumosen småländischen Sees Skärshultsjön besiedelt. Gemeinsam sind u. a. die als Milieuindikatoren wichtigen Arten *Orthocladius naumanni* und *Sergentia longiventris.*" Im Litoral finden wir „deutliche Anklänge an die Verhältnisse in extrem polyhumosen Seen des Typus Grimsgöl. Das Vorkommen der *Ablabesmyia brevitibialis,* die große Abundanz der wahrscheinlich größtenteils zur Art *sordidellus* gehörenden *Psectrocladius*-Larven und das seltenere Auftreten der *Tanytarsus*-Larven sind in dieser Hinsicht sprechende Tatsachen. Wie im Profundal ist aber die Chironomidenfauna auch im Litoral erheblich artenreicher als im Grimsgöl. — Wie wir sehen, nimmt die Bodenfauna des Hovtjärn eine Mittelstellung zwischen der des Skärshultsjön und Grimsgöl ein" (BRUNDIN, S. 494, 495).

Das Chironomidenmaterial aus dem polyhumosen, sehr kleinen (0,3 km^2) Östra Vontjärn (Jämtland) ist sehr klein. „Für das polyhumose Milieu besonders typisch sind *Chironomus tenuistylus,* dessen *plumosus*-ähnliche Larven in der größten Tiefe (3,8 m) zu Hause sind, sowie *Ablabesmyia brevitibialis* und *A. longipalpis.* Humusindikatoren sind wahrscheinlich auch *Corynoneurella paludosa, Psectrocladius* cfr. *sphagnicola* und *Microtendipes caledonicus*" (BRUNDIN, S. 511).

Bei der Besprechung des finnischen Pitkäjärvi nennt BRUNDIN (S. 599) als für das Humusmilieu charakteristisch außer *Microtendipes caledonicus* auch *Cryptocladopelma bicarinata* (vgl. S. 432).

BRUNDIN vergleicht (S. 539) die relative Größe der Artenbestände vom Innaren und Grimsgöl, um die Anpassungsfähigkeit der Chironomidengruppen an das extrem polyhumose Milieu festzulegen. Es beträgt im Vergleich zum Innaren im Grimsgöl der Artenbestand der Tanypodinae 43,5%, Orthocladiinae 28,6%, Chironomariae 26,4%, Tanytarsariae 10,3%. Die Tanypodinae nehmen also eine stark humuspositive, die Tanytarsariae eine stark humusnegative Stellung ein, die beiden anderen Gruppen stehen in der Mitte. Und an anderer Stelle (S. 542) betont er noch einmal, „daß auch die litoralen *Tanytarsus-Populationen* gegenüber einer Zunahme des Humusstandards sehr empfindlich sind. Im Profundal tritt dies aus natürlichen Gründen noch stärker hervor." „Die profundalen Charakterarten der polyhumosen Seen sind *Orthocladius naumanni, Chironomus tenuistylus* und *Sergentia longiventris*" (BRUNDIN, S. 551). Die Abnahme der im Profundal lebenden Arten mit zunehmendem Humositätsgrad zeigt die Reihe: Innaren 45, Stråken 28 (eventuell mehr), Skärshultsjön 20, Grimsgöl 11. In seiner Zusammenfassung über die „Humusseen" (S. 667, 668) weist BRUNDIN noch auf den Unterschied der Profundalbesiedelung hin zwischen solchen mesohumosen oder schwach polyhumosen Seen, deren O_2-Standard wegen Morphometrie und Exposition relativ hoch ist, und den stabil geschichteten, stark humushaltigen und sauerstoffarmen Seen. Im ersten Fall können die Mitglieder der *Stictochironomus rosenschöldi*-Gemeinschaft eine bedeutende Rolle spielen. Aber diese Seen sind ja keine typisch und extrem dystrophe Seen in unserem Sinne. Im zweiten Falle — hierher die von BRUNDIN selbst untersuchten polyhumosen schwedischen Seen — liegt unser scharf gekennzeichneter dystropher Typus vor. Hier sind die Charakterformen der Profundalfauna *Chironomus tenuistylus, Orthocladius naumanni* und *Sergentia longiventris.*

Es sei noch einmal hervorgehoben, daß diese gesamte Charakteristik der dystrophen Seen sich ausschließlich auf dem schwedischen Material BRUNDINS aufbaut. Das Studium der Chironomidenfauna polyhumoser Seen anderer Gebiete muß zeigen, inwieweit hier allgemeine, überregionale Gesetzmäßigkeiten vorliegen.

Die Chironomiden polyhumoser Flachgewässer in Hochmoorgebieten werden später (S. 555 ff.) behandelt werden. Über einen Moorsee des Schwarzwaldes, den Ursee, vgl. Seite 467.

Anhang: Der Lunzer Obersee

Es gibt zweifellos auch Humusseen höheren Trophiegrades als die bisher behandelten oligotrophen Humusseen Schwedens. Das heißt es kann sich ein mehr oder weniger hoher Gehalt an Humusstoffen mit mehr oder weniger hoher Eutrophie vereinigen. Es gibt tiefbraune, dabei nichtsaure, sondern kalkreiche eutrophe Seen! Aber BRUNDIN betont mit Recht (S. 668): „Die Kenntnis der Chironomidenfauna in Humusseen höheren Trophiestandards ist gegenwärtig so fragmentarisch, daß eine allgemeine Charakteristik nicht gegeben werden kann.“ Durch meine Untersuchungen im Lunzer Seengebiet ist aber nun die Chironomidenfauna e i n e s kalkreichen Braunwassersees doch so weit bekannt, daß sich eine kurze Darstellung dieser ganz eigenartigen Verhältnisse lohnt (das Folgende nach THIENEMANN 1950, S. 65—71). Es handelt sich um den höchstgelegenen der drei Lunzer Seen (1113 m Meereshöhe), den Lunzer Obersee Abb. 238, S. 479). Das ursprünglich ziemlich große Becken hat durch Verlandung erheblich an freier Wasserfläche eingebüßt; etwa 44% des ehemaligen Seespiegels werden heute von Moorbildungen, die größtenteils aus Schwingrasen bestehen, eingenommen. Heutiges Areal 7,8 ha, das der Moorbildungen 6,3 ha. Größte Tiefe 15,5 m, mittlere Tiefe 4,2 m. Kalkgehalt hoch, etwa dem des Lunzer Untersees entsprechend; doch ist das Wasser durch die Moorzuflüsse stark mit Humusstoffen angereichert. Tiefensediment eine Dy-Gyttja. Im Sommer wie Winter (Eisbedeckung November bis Mai) starke O_2-Zehrung ab 4 bis 5 m Tiefe, die größeren Tiefen O_2-frei. Also ein kalkreicher Braunwassersee mit extrem einseitigen Lebensbedingungen. Artenzahl daher gering; bis jetzt 30 bis 31 Arten nachgewiesen, und zwar:

Ceratopogonidae . .	6—7	Chironomariae	7
Tanypodinae	4	Tanytarsariae	8
Orthocladiinae . . .	5		

Für die l i t o r a l e n P f l a n z e n b e s t ä n d e, d. h. den Rand des Schwingrasens, überspülte *Carex, Elodea, Potamogeton,* dazu *Spongilla* sind charakteristisch *Corynoneura scutellata* (Hauptform), *Procladius choreus* und *Ablabesmyia monilis connectens.* Häufig auch *Bezzia* sp.; vereinzelt *Limnophyes pusillus, Trichocladius tibialis, Tanytarsus-* und *Monotanytarsus*-Larven. In den Schwingrasen von BREHM nachgewiesen: *Ablabesmyia tenuicalcar, Bezzia bidentata* und *brehmiana.*

Im torfigen Uferschlamm sind Charakterformen Tanytarsarien (*Tanytarsus veralli, inaequalis, Xenotanytarsus miriforceps, Monotanytarsus boreoalpinus*). Ferner leben hier *Bezzia* sp., *Procladius choreus, Ablabesmyia tetrasticta*-Gruppe, *Corynoneura scutellata, Limnochironomus* sp., *Paratendipes* sp., *Chironomus anthracinus* (? vgl. unten), Chironomariae gen.? spec.?

Abb. 238. Lunzer Obersee, vom Aufstieg zur Herrenalm aus, 27. VIII. 1943. [Aus THIENEMANN 1950.]

Ganz eigenartige Verhältnisse liegen im Profundal vor. LUNDBECK fand 1927 bei seinen Untersuchungen (1936 a, S. 64—65) im Profundal neben ganz vereinzelten *Procladius*-Larven „*Chironomus*-Larven der *Plumosus*-Gruppe", und zwar von 3 bis 13 m, mit einem Maximum (3000 Stück je m²) in 6 m. Ich konnte bei Nachprüfung des Materials indessen feststellen, daß es sich nicht um *Plumosus*-Larven handelte, sondern um die für die Almtümpel (vgl. S. 536) so charakteristische Art *Ch. alpestris.* 1940 und 1942 konnte ich in den Häutefängen (mit Imagines) aber nur *Chironomus anthracinus* nachweisen; schon LUNDBECK fand im Litoral zwei Larven, die wahrscheinlich zu dieser Art gehörten; und während des alljährlichen Kursus in Lunz fand man stets diese Larven im Litoralschlamm des Obersees. Und als ich nun 1943 (Mitte Mai) im Obersee sehr intensiv mit Dredge und

Bodengreifzange arbeitete, fand ich von 1,5 m bis zur größten Tiefe überhaupt keine *Chironomus*-Larven. Auch spätere Untersuchungen im gleichen Jahr waren ergebnislos! Also: 1927 ist der Schlamm des Obersees von 3 bis 13 m Tiefe von *Chironomus alpestris* besiedelt, im Litoral lebte wahrscheinlich schon 1927, sicher aber später, bis 1942 *Chironomus anthracinus,* 1943 aber war überhaupt keine *Chironomus*-Larve im Obersee nachzuweisen!

Über die Ursache dieses auffälligen Wechsels lassen sich höchstens ganz vage Vermutungen aufstellen. Wenn wir ehrlich sein wollen, müssen wir zugeben, daß wir in dieser Hinsicht nichts wissen!

Eine Eingliederung des Lunzer Obersees in das System der Seetypen begegnet großen Schwierigkeiten. LUNDBECK (1936 a, S. 331) stellte ihn zu seinen mesohumosen *Plumosus*-Seen: aber die Tiefenform des Sees war ja gar nicht *plumosus,* sondern *alpestris!* Und heute lebt überhaupt kein *Chironomus* in der Tiefe des Obersees!

Dieser hoch gelegene, kalkreiche Braunwassersee der Alpen stellt also auch in seiner Chironomidenbesiedelung ein Unikum dar!

4. Geschichte der Chironomidenbesiedelung der europäischen Seen seit der Eiszeit

BRUNDIN betont (1949, S. 656) mit Recht, daß für das Verständnis der Verbreitung der Chironomiden in unseren Seen auch die ausbreitungshistorischen Faktoren herangezogen werden müssen.

Schon 1925 habe ich in meiner *Mysis relicta*-Arbeit die postglaziale Entwicklung der Profundal-Chironomidenfauna unserer norddeutschen Seen, so wie ich mir sie vorstellte, geschildert. LUNDBECK hat 1936 in seinen Untersuchungen über die Bodenbesiedelung der Alpenrandseen ebenfalls einen Abschnitt zur Besiedelungsgeschichte gebracht (S. 295—300). In meiner Lapplandarbeit habe ich (1941 a, S. 146—166) auch „tiergeographische Betrachtungen über die Chironomidenfauna Lapplands“ angestellt. Auch für die Lunzer Chironomiden gab ich (1950, S. 172—178) eine „tiergeographische Übersicht“. Schließlich bringt BRUNDIN (1949, S. 609—615) den „Entwurf einer tiergeographischen Gruppierung der schwedischen seebewohnenden Chironomiden“; auch an vielen anderen Stellen seines großen Buches werden tiergeographische Probleme der Chironomidenverbreitung erörtert. Und daß ich in meiner „Verbreitungsgeschichte der Süßwassertierwelt Europas“ (1950 b) auch die Chironomiden, soweit es auf Grund des vorliegenden Materials nur möglich war, berücksichtigt habe, ist selbstverständlich.

Einer tiergeographischen Analyse der Chironomidenbesiedelung eines bestimmten Biotops stehen zur Zeit noch beträchtliche Schwierigkeiten entgegen. Denn noch ist, trotz intensiver Forschungsarbeit auf diesem Gebiet, die Kenntnis der Verbreitung der einzelnen Arten sehr lückenhaft. Dazu kommt, daß die Synonymie der Chironomidenarten, vor allem der von den älteren Autoren beschriebenen, noch keineswegs voll geklärt ist. Aber, wie ich 1941 (a, S. 147) sagte: „Einmal muß der Anfang gemacht werden", wobei man sich aber darüber klar sein muß, daß es eben erste Versuche sind, die mit allen Mängeln solcher Pionierarbeit behaftet sind. Neue Funde können plötzlich ganz neue Gesichtspunkte erschließen, und selbst das besterforschte Gebiet kann immer noch Überraschungen bringen.

Ehe man solche tiergeographischen Betrachtungen beginnt, muß man sich erst einmal über die Verbreitungsmöglichkeiten der Chironomiden klarwerden. Ich verweise hierfür auf Seite 359 dieses Buches.

Man muß auch die Tatsache beachten, daß die Lebensdauer der Imagines überaus kurz ist (BRUNDIN, S. 657; vgl. auch S. 275 dieses Buches).

Wir werden uns im folgenden auf die Chironomiden der S e e n beschränken.

Da stellen wir zuerst die Frage, ob wir Anhaltspunkte dafür haben, daß bestimmte Arten der heutigen Chironomidenfauna Europas schon im Präglazial, also im späten Tertiär, bei uns gelebt haben. Im allgemeinen steht das Artbild der europäischen Süßwasserfauna seit dem Tertiär fest und die Tierwelt der Binnengewässer Europas setzt sich heute im wesentlichen aus den gleichen Arten zusammen, aus denen sie schon um die Wende vom Tertiär zum Diluvium gebildet wurde (THIENEMANN 1950 b, S. 717). Das gilt sicher auch für die Chironomiden. Allerdings kennen wir ihre Artverbreitung noch nicht so genau, daß wir die Arten im einzelnen auf ihre Zugehörigkeit zu den drei großen Gruppen der präglazialen Ureinwohner Europas prüfen könnten (Holarktisch-zirkumpolare, eurasiatische, genuineuropäische Arten). Es besteht auch die Möglichkeit — z. B. bei boreoalpinen Artenpaaren —, daß einzelne Arten sich erst während oder nach der Eiszeit ausgebildet haben. Doch sind das sicher große Ausnahmen. Im allgemeinen kann man mit Sicherheit annehmen, daß die Arten unserer heutigen europäischen Chironomidenfauna schon vor der Eiszeit in Europa gelebt haben (vgl. dazu BRUNDINS [S. 659] Hinweis auf die Verbreitung von *Lauterbornia coracina);* sie waren dann auch Glieder der eiszeitlichen Tierwelt unserer Binnengewässer.[107]

a) Bei der Bearbeitung der Chironomiden des Abiskogebietes, Schwedisch-Lappland, stellte ich (1941 a, S. 157) als erste Gruppe „die bisher nur oder fast nur nördlich des Polarkreises gefundenen Arten" auf. BRUNDIN unterschied (p. 610—615) für die schwedischen seebewohnenden Chironomiden nördliche, panskandinavische und südliche Arten, und unter den

[107] Über Subfossilfunde von Chironomiden in glazialen und frühpostglazialen Ablagerungen Angaben in folgenden Arbeiten: BREHM, KRASSKE-KRIEGER 1948 (Schwarzsee bei Kitzbühel); DEEVEY 1937 (USA); GAMS 1927 (Lunzer Obersee); SÖGAARD-ANDERSEN 1938, 1943 (Dänemark). Allgemeinere, sichere Schlußfolgerungen sind indessen aus diesen Befunden nicht zu ziehen.

nördlichen Formen drei Untergruppen, deren erste von „in Schweden exklusiv nördlichen Arten" gebildet wird. Bei dieser führt er 6 Arten namentlich auf, von denen die ersten zwei aber sicher *(Paratrichocladius alpicola)* oder sehr wahrscheinlich *(Parakiefferiella nigra* BRUNDIN [vgl. BRUNDIN, S. 716]) auch in den Alpen vorkommen, also boreoalpine Arten (vgl. unten S. 485) sind. Die dritte, *Protanypus caudatus* EDW., bildet mit der der alpinen Form, *P. forcipatus* EGG. (BRUNDIN), ein typisches boreoalpines Arten paar (BRUNDIN 1952, S. 43). Die drei anderen sind aber bisher nur in den arktisch-subarktischen Seen nachgewiesen:

Trichocladius humeralis (ZETT.) EDW. (= *ephippium* [ZETT.] STORÅ) [Jämtland, Schwedisch und Finnisch Lappland, Spitzbergen]; *Trissocladius torneträskensis* EDW. [Schwedisch Lappland, Torneträsk. THIENEMANN 1941 a, S. 174]; *Paratanytarsus hyperboreus* BRUNDIN [Jämtland, Lule Lappmark]. Folgende Arten sind bisher gleichfalls nur aus Gebieten nördlich des Polarkreises bekannt geworden (vgl. BRUNDIN, S. 690 ff.), gehören also zum Teil sicher auch in diese Gruppe: *Procladius lundstroemi* GOETGH. *(barbitarsis* LUNDSTR. nec. ZETT.), *Trichotanypus posticalis* LUNDB.; *Abiskomyia virgo* EDW., *Diplocladius aquilonaris* GOETGH.; *Eudactylocladius mixtus* (HOLMGR.) EDW.; *Orthocladius obesus* GOETGH.; *Trichocladius basalis* (STAEG.) STORÅ, *Chironomus hyperboreus* STAEG. *(polaris* K.); *Einfeldia luctuosa* STORÅ, *Einfeldia mendax* STORÅ, *Sergentia psiloptera* EDW.

Wie ist diese Gruppe tiergeographisch zu verstehen? BRUNDIN (p. 611) schreibt darüber: „Die Ursache dieser chorologischen Unterschiede kann sowohl existenzökologischer wie ausbreitungshistorischer Natur sein. Man kann sich nämlich denken, daß gewisse kaltstenotherme Chironomiden litoral stenobath sind und daß sie deshalb, unter der Voraussetzung, daß sie in spätglazialer Zeit in Südschweden lebten, dort zum Aussterben gebracht wurden, da sie beim Eintritt der Klimaverbesserung in den Profundalgebieten der kalten Seen keine zusagende Zuflucht finden konnten. Es ist aber auch möglich, daß die exklusiv nördlichen Arten interglaziale Elemente oder nordöstliche Einwanderer sind, die es in dem jetzigen Klima schwer haben, ihr Verbreitungsgebiet wesentlich zu erweitern." Ich selbst dachte (1941 a, S. 158) an die Möglichkeit, daß diese Arten auch sogenannte nördliche Gletscherrandformen gewesen sein könnten, d. h. solche Formen, die während der letzten Eiszeit an das Vorland des nordischen Inlandeises gebunden waren. Doch glaube ich nicht mehr an diese Hypothese; denn dann hätten diese Arten beim Rückzug nach Norden doch hier und da in geeigneten Seen Südskandinaviens Reliktkolonien zurückgelassen (vgl. die nächste Gruppe S. 483). Wir sehen in dieser Gruppe präglaziale Nordeuropäer oder auch präglaziale Bewohner der gesamten Arktis. Denn wären sie präglazial weiter südlich verbreitet gewesen, so wäre ihre heutige scharfe Beschränkung auf den hohen Norden unverständlich (THIENEMANN 1941 a,

S. 157, 158). Ihre heutige hochnordische Verbreitung ist verständlich auf Grund einer der von BRUNDIN genannten drei Annahmen. Aber welche von diesen im Einzelfalle zutrifft, ist schwer zu sagen. Läßt sich bei ihnen eine weitere Verbreitung nach Nordosten (Nordsibirien) nachweisen, so handelt es sich wohl um nordöstliche spätglaziale oder frühpostglaziale Zuwanderer. Im anderen Falle trifft entweder BRUNDINS existenzökologische Hypothese zu oder es handelt sich um sogenannte Würmüberwinterer („interglaziale Elemente"), d. h. solche Tiere, die die letzte, die Würm-Weichseleiszeit, an eisfreien Stellen Westnorwegens überdauert haben. Eine sichere Entscheidung ist vorläufig wohl bei keiner Art möglich.

b) Als zweite Gruppe seiner nördlichen Arten nennt BRUNDIN „nördliche Arten mit reliktartigen Vorkommnissen bis nach Südschweden". BRUNDIN berücksichtigt hier nur die schwedischen Verhältnisse; blickt man aber über Südschweden hinweg bis zu den Alpen, so wird man diese Gruppe in tiergeographischer Hinsicht nicht als einheitlich betrachten können. Denn sie enthält sowohl Arten, die über Südskandinavien hinaus weiter südlich nicht bekannt sind, wie auch solche, die stellenweise auch in Mitteleuropa und bis in die Alpen vorkommen. Beide aber haben, glaube ich, eine verschiedene Verteilung während der letzten Eiszeit und eine verschiedenartige postglaziale Verbreitungsgeschichte gehabt.

Unter den von BRUNDIN genannten Arten sind die folgenden nicht südlich von Südschweden nachgewiesen:

Procladius barbatus BRUNDIN: die häufigste Art der subarktischen jämtländischen Seen; in Südschweden in Småland im Skären.

Heterotrissocladius määri BRUNDIN: spielt in den schwedischen subarktischen Seen im Litoral und oberen Profundal eine hervorragende quantitative Rolle. In Süd- und Mittelschweden stenobather Profundalbewohner stabil geschichteter oligotropher oligohumoser Seen.

Heterotrissocladius subpilosus (K.) EDW.: Ostgrönland, Bäreninsel, Schwedisch Lappland, Jämtland. Dominierende Art im Profundal der tiefen skandinavischen Gebirgsseen. In Südschweden im Vättern und Sommen; im Vättern dominierende Chironomide der Tiefe.

Prodiamesa (Monodiamesa) ekmani BRUNDIN: Jämtland, Torne Lappmark (Torneträsk). In Südschweden im Vättern. Die Art bildet mit der alpinen *Monodiamesa alpicola* BRUNDIN ein boreoalpines Artenpaar (BRUNDIN 1952).

Micropsectra groenlandica SÖGAARD ANDERSEN: Jämtland, Lappland; Ostgrönland. In den schwedischen arktisch-subarktischen Seen zu den häufigsten Chironomiden gehörend. In Südschweden nur im Vättern nachgewiesen.

Als dritte Gruppe seiner nördlichen Arten bezeichnet BRUNDIN „nördliche Arten, die bis Småland wahrscheinlich kontinuierlich verbreitet sind". Auch diese Gruppe ist in tiergeographischer Hinsicht heterogen. Wir können an die eben genannten Arten von BRUNDINS Gruppe 2 die seiner Gruppe 3 anschließen, die südlich von Südschweden nicht nachgewiesen sind; es sind das:

Acricotopus thienemanni GOETGH.: Lappland bis Småland. Nordnorwegen.
Orthocladius naumanni BRUNDIN: Jämtland bis Småland.
Trichocladius bilobatus STORÅ: Kolahalbinsel, Lappland bis Småland.
Microtendipes brevitarsis BRUNDIN: Jämtland bis Småland.
Constempellina brevicosta EDW.: Nordnorwegen, Lappland bis Schonen.

Eine Art von BRUNDINS Gruppe 3 ist außer in Skandinavien auch in Holstein nachgewiesen: *Tanytarsus (Fournieria) norvegicus* K. *(dentifer* BRUNDIN): Norwegen, Jämtland bis Småland; Holstein, Großer Plöner See.

Wie ist die Verbreitung all dieser Formen — Lappland bis Südschweden, mit einer Ausnahme nicht weiter südlich nachgewiesen — zu verstehen? (Vorkommnisse in England berücksichtige ich hier nicht, da mir das vorliegende Material noch zu gering erscheint).

In meiner limnischen Tiergeographie habe ich (1950 b, S. 337 ff.) zu den „nördlichen Gletscherrandformen", d. h. den durch das Inlandeis von Norden nach Süden verdrängten Arten, die an die Nähe der Abstürze des nordischen Inlandeises gebunden blieben, ohne in die sogenannte glaziale Mischfauna einzugehen, zwei Gruppen von Tieren gerechnet, einmal heute rein arktische Süßwasserarten, zum anderen solche, die heute auch stellenweise — als Relikte — in Mitteleuropa vorkommen. Beide Gruppen müssen auch präglazial nordische Tiere gewesen sein. Zu der zweiten dieser Gruppen, glaube ich, müssen wir die eben aufgezählten skandinavischen Chironomidenarten rechnen, wenn wir ihre heutige Verbreitung verstehen wollen. Das sind mehr oder weniger kaltstenotherme Arten. Wir nehmen an, daß sie — ursprünglich nordische Formen — während der letzten Eiszeit an den Eisrand des nordischen Inlandeises gebunden waren. Und als nun das Eis sich wieder nach Norden zurückzog, folgten sie sukzessive dem Eisrand und besiedelten auch in Südschweden ihnen adäquate Biotope. Als dann die postglaziale Erwärmung der Gewässer fortschritt, erhielten sich diese Arten in einem Hauptgebiet, den arktischen und subarktischen Seen, und in der Tiefe einzelner stabil geschichteter Seen Südschwedens (bei einer Art, *Tanytarsus norvegicus,* auch in Holstein) blieben hier und da Bestände der einen oder anderen Art als Relikte zurück.[107a] Diese Hypothese erscheint mir zur Zeit am geeignetsten ,das heutige Verbreitungsgebiet dieser Arten zu erklären.

c) Es gibt auch „südliche Gletscherrandformen", d. h. solche präglazial alpine Arten, die sich während der letzten Eiszeit nicht oder nicht weit von

[107a] Bei *Monodiamesa bathyphila* K. „spricht vieles dafür, daß sie im Alpengebiet fehlt und daß sie während der Eiszeit eine nördliche Gletscherrandart war" (BRUNDIN 1952, S. 49). — Sichere Funde: Fennoskandia, Lettland, Pommern, Mecklenburg, Holstein, England, Polen (BRUNDIN l. c.).

den Abstürzen der Alpengletscher entfernt haben und beim Rückgang der Gletscher postglazial wieder in die Alpen zurückgezogen haben (vgl. THIENEMANN 1950 b, S. 380 ff.). Diese Arten leben heute rein alpin oder gehen nach Norden höchstens bis in die deutschen Mittelgebirge. Ich habe in meiner Lunzer Arbeit (1950, S. 176, 177) eine ganze Anzahl Chironomidenarten aufgezählt, die bisher nur aus den Alpen, zum Teil sogar nur aus dem Lunzer Gebiet bekannt geworden sind, darunter auch Seenbewohner (vgl. die Tabellen auf S. 455—457). Da aber die Erforschung der Chironomidenfauna der Alpen und der deutschen Mittelgebirge doch noch ganz in den Anfängen steckt, verzichte ich hier auf eine Aufzählung dieser Arten. Aber daß es auch unter den seenbewohnenden Chironomiden solche „südlichen Gletscherrandarten" gibt, ist sicher.

d) Wir haben oben aus den von BRUNDIN zu den „Nördlichen Arten" gestellten Chironomiden eine Anzahl Formen ausgeschieden, die auch in den Alpen, zum Teil sogar in vereinzelten norddeutschen Seen vorkommen. Welches ist ihre tiergeographische Stellung?

In meiner limnischen Tiergeographie habe ich (1950 b, S. 530—547) ein, auch eine ganze Anzahl Chironomiden enthaltendes „Verzeichnis boreoalpiner Süßwassertiere" gegeben, das nun auf Grund der BRUNDINschen Forschungen noch etwas erweitert werden kann. Boreoalpine Tiere sind mehr oder weniger kaltstenotherme Arten, die während der letzten Eiszeit den ganzen Raum zwischen nördlicher und alpiner Vergletscherung bevölkert haben müssen und sich beim Gletscherrückgang nach Norden und in die Alpen oder die anschließenden Gebirge zurückgezogen haben. Dabei starben sie in der dazwischen liegenden „Auslöschungszone" entweder vollständig aus (typisch boreoalpine Arten) oder hinterließen an geeigneten Stellen in Mitteleuropa (die Seenbewohner meist in der Tiefe oligotropher bis mesotropher Seen) Reliktkolonien (boreoalpine Arten im weiteren Sinne). Unter den Seen bewohnenden Chironomiden gehören nach dem heutigen Stande unserer Kenntnisse die folgenden zu den boreoalpinen Arten; bei weiteren Fortschritten unserer Kenntnis der Chironomidenverbreitung wird dies Verzeichnis sicher noch mancherlei Veränderung und Ergänzung erfahren:

1. Typisch boreoalpine Chironomiden der Seenfauna:

Paratrichocladius alpicola ZETT. (*ciliatimanus* K.). Nordsibirische Inseln, Nordnorwegen, in Schweden in Jämtland, Lappland — Bodensee, Lunzer Untersee (BRUNDIN, S. 716).

Orthocladius (Spaniotoma) tatricus PAGAST. Lappland (Abiskogebiet) — Hohe Tatra (BRUNDIN, S. 714).

Psectrocladius sp. „*connectens*". Lappland (Abiskogebiet) — Oberbayern, Pfrillensee (THIENEMANN 1941 a, S. 178).

? *Parakiefferiella nigra* BRUNDIN. Jämtland — Oberbayern, Schachensee (vgl. BRUNDIN, S. 716).

? *Pseudosmittia ruttneri* STRENZKE. Falls mit *oxoniana* EDW. identisch, eine boreoalpine Art, auf alle Fälle aber ein Formenkreis mit boreoalpiner Verbreitung (*oxoniana:* Lappland, Spitzbergen, Bäreninsel, Ostgrönland, ? Schottland; *ruttneri:* Lunzer Untersee — Schweiz) (THIENEMANN 1950, S. 536).

Cryptochironomus lateralis GOETGH. Lappland — Oberbayern (n i c h t Lunzer Untersee) (THIENEMANN 1949, S. 534).

Monotanytarsus boreoalpinus TH. Lappland, Norwegen — Oberbayern, Niederösterreich, Schweiz (THIENEMANN 1950, S. 161).

Die folgenden Arten sind außer im Norden und den Alpen auch als Reliktkolonien in Südschweden (zum Teil auch England), nicht aber in Norddeutschland nachgewiesen (leiten also zur nächsten Gruppe über):

Sergentia longiventris K. Norwegen, Schweden (Jämtland bis Småland) — Lunzer Mittersee (BRUNDIN, S. 774), eventuell Wigrysee (S. 425).

Stictochironomus rosenschöldi (ZETT.) EDW. Nordnorwegen, Schweden (Lappland bis Småland), England, Irland — Kärnten, eventuell Lunzer Untersee (vgl. S. 402) (BRUNDIN, S. 778).

Paracladopelma obscura BRUNDIN. Island, Schweden (Lappland bis Småland), England — Alpen (vgl. BRUNDIN, S. 763—764).

2. B o r e o a l p i n e S e e n - C h i r o n o m i d e n i m w e i t e r e n S i n n e :

Sergentia coracina ZETT. Grönland, Spitzbergen, Nowaja Semlja, Norwegen, Finnland, Schweden (Lappland bis Småland), Nordrußland — Schottland, England — norddeutsche Seen, Polen — Lunzer Untersee, Schweiz (BRUNDIN, S. 773).

Heterotrissocladius grimshawi EDW. (*scutellatus* GOETGH.). Schweden (Lappland bis Schonen), Schottland, Irland — Belgien (Ardennen) — Lunzer Untersee (BRUNDIN, S. 704).

Lauterbornia coracina K. Spitzbergen, Bäreninsel, Norwegen, Schweden (Lappland, Dalarne) — Norddeutschland, Polen, Eifel — Schweiz, Lunzer Untersee, Hohe Tatra (BRUNDIN, S. 786; frühere Verbreitungsangaben hiernach zu verbessern).

Tanytarsus lugens K. Norwegen, Schweden (Lappland bis Småland) — Norddeutschland — Alpen (Oberbayern, Eibsee) (BRUNDIN, S. 804).

Stempellinella brevis EDW. (*ciliaris* GOETGH.). Schweden (Jämtland bis Småland), Schottland, England — Holstein, Thüringer Wald — Niederösterreich (Lunz) (BRUNDIN, S. 795; THIENEMANN 1950, S. 165).[107b]

e) Die bisher behandelten Chironomidenarten stellen nur den kleinsten Teil der Chironomiden der Seen Europas dar. Weitaus die Mehrzahl gehört

[107b] Über die boreoalpinen Artenpaare *Monodiamesa ekmani-alpicola* und *Protanypus caudatus-forcipatus* vgl. oben S. 402.

— so wie es auch bei den übrigen Süßwassertieren der Fall ist — zur glazialen Mischfauna. Aber diese Arten sind nicht, wie die der vorigen Gruppe d, stenotherme Kaltwassertiere, vielmehr euryöke, eurytherme Formen. Hierzu gehören BRUNDINS „panskandinavische" und seine — von Schweden aus gesehen — „südlichen Arten". Sie sind zum großen Teil bekannt von der Arktis bis zu den Alpen, ja teilweise bis Südeuropa und Nordafrika; einzelne allerdings scheinen in Schweden nach Norden nur bis zum Mälargebiet zu gehen, sind also e t w a s kälteempfindlicher als die übrigen. Ich habe in meiner Lappland-Arbeit und in der über die Lunzer Chironomiden Listen dieser Arten (nicht nur der Seebewohner) gegeben. Ein näheres Eingehen auf diese Formen bietet kein Interesse. Von den von mir im Abiskogebiet nachgewiesenen Arten gehörten über 50% zu dieser Gruppe (1941 a, S. 160), von den Chironomiden des Lunzer Gebietes 34,6%, und rechnet man noch die von Südskandinavien bzw. England und Norddeutschland bis in die Alpen und zum Teil weiter südlich verbreiteten Arten dazu, sogar 63,8% (1950, S. 178). (In diesen Zahlen sind allerdings auch die wenigen von uns hier zu Gruppe d gestellten Arten mit enthalten.)

Welches Bild kann man nun von der spät- und postglazialen Entwicklung der für unsere Seen so besonders charakteristischen profundalen Chironomidenfauna entwerfen?

Für die oligotrophen Seen bemerkt BRUNDIN (S. 659): „Der Kern der profundalen mitteleuropäischen Populationen der nördlichen Chironomiden ist unzweifelhaft glazialen oder spätglazialen Ursprungs." Und an anderer Stelle (S. 592) schreibt er von den süd- und mittelschwedischen Seen: „Als wahrscheinliche Glazialrelikte kommen in den fraglichen Seen wenigstens 10 Chironomidenarten in Betracht. Die meisten treten in bedeutendem Individuenreichtum auf und geben dadurch der Tiefenfauna ihr spezielles Gepräge." Das ist die von ihm als *Stictochironomus rosenschöldi*-Gemeinschaft bezeichnete Artengruppe, dieselbe, die ich früher schon „*Tanytarsus*-Gemeinschaft" (im Gegensatz zur *Chironomus*-Gemeinschaft) genannt habe. „Wahrscheinlich wurde die kaltstenotherme nördliche Artengruppe (in Südschonen und Norddeutschland) schon während der postglazialen Wärmezeit in den eutrophen Seen zum Aussterben gebracht oder jedenfalls sehr stark reduziert" (BRUNDIN, S. 658). In meiner *Mysis*-Arbeit (1925) habe ich diesen Entwicklungsgang schon in großen Zügen geschildert und bin in meiner limnischen Tiergeographie näher darauf eingegangen (1950 b, S. 445 ff.; hieraus das Folgende).

Wir können als sicher annehmen, daß die periglazialen Seen, die flacheren wie die tieferen, während der Eiszeit o l i g o t r o p h e n Charakter besaßen. Denn mögen hier und da auch die den Seen von den Schmelzwässern zugeführten Mengen von mineralischen Nährstoffen nicht unbeträchtlich gewesen sein, die niederen Wassertemperaturen erlaubten doch nur eine Geringproduktion an organischer Substanz, an Pflanzen und Tieren. Auf Grund unserer Kenntnis der Besiedelung alpiner und hochnordischer Seen können wir den Schluß ziehen, daß jene oligotrophen eiszeitlichen Seen von einer ähnlichen Tierwelt bevölkert waren. Wir betrachten hier nur die Bevölkerung des Tiefenbodens der oligotrophen Seen, da diese ein besonders guter Indikator für die Eutrophierungsvorgänge ist. Solch oligotrophe Seen haben, da der Aufbau organischer Substanz nur gering ist und demgemäß der Abbau nur wenig Sauerstoff verbraucht, auch im Wasser des sommerlichen Hypolimnions einen hohen Sauerstoffgehalt. So können in der Tiefe Tiere leben, die nicht nur die Kälte lieben, sondern auch einen hohen Gehalt des Wassers an Sauerstoff brauchen. Wir bezeichnen diese tierische Biozönose, nach der Hauptgruppe der in ihr vertretenen Chironomidenlarven, als die *Tanytarsus*-Gemeinschaft und nach ihr diese Seen auch als *Tanytarsus*-Seen ...

Die so besiedelten Seen machen nun im Laufe der Postglazialzeit Veränderungen durch, sie eutrophieren, und werden schließlich zu eutrophen Chironomus-Seen. Dieser Reifungsprozeß läßt sich an den verschiedenen, heute noch bestehenden Übergangsstadien verfolgen.

Die Ursache dieses natürlichen Reifungsvorganges ursprünglich oligotropher Seen, d. h. der Zunahme ihrer organischen Produktion, beruht einmal auf der Erhöhung der Temperatur in der Postglazialzeit; dazu kommt die Vermehrung der Vegetation in der Umgebung der Seen, durch die den Seen allochthone Pflanzensubstanz zugeführt wird, und die Zunahme der Entwicklung der Pflanzenwelt in den Seen selbst. Schließlich wirkt auch die menschliche Kultur (Äcker und ihre Düngung, Viehwirtschaft, Besiedlung der Seeufer usw.) im Sinne einer Verstärkung des natürlichen Eutrophierungsvorgangs (vgl. dazu Brundin 1949, S. 660).

Wie dieser Reifeprozeß vor sich geht, in welcher Reihenfolge die einzelnen charakteristischen Komponenten der Fauna der *Tanytarsus*-Seen verschwinden und durch Mitglieder der „*Chironomus*-Fauna" ersetzt werden, erkennen wir, wenn wir die einzelnen gegenwärtig vorhandenen norddeutschen *Tanytarsus*-Seen miteinander und mit den den *Tanytarsus*-Seen ähnlichsten *Chironomus*-Seen (d. h. den *Chironomus*-Seen, in denen *Corethra* noch fehlt) vergleichen; vor allem aber, wenn wir die verschiedenen Teile stark gegliederter *Tanytarsus*-Seen (z. B. des Schaalsees, des Breiten Lucin, des Carwitzer Sees) vergleichend betrachten.

Das erste Glied der *Tanytarsus*-Fauna, das verschwindet, wenn der norddeutsche *Tanytarsus*-See reift, d. h. in diesem Falle, wenn die Anreicherung des Tiefenschlammes mit fäulnisfähiger organischer Substanz ein gewisses Minimum überschritten hat, ist zweifelsohne die *Tanytarsus*-Form, d. h. *Lauterbornia coracina*, selbst. Das erkennen wir klar, wenn in einem *Tanytarsus*-See flachere Buchten vorhanden sind, in denen sich hinter unterseeischen Barrieren, hinter von Menschenhand gezogenen Dämmen, oder auch nur, weil sie in der Richtung der Hauptwinde liegen, das im See selbst erzeugte und abgestorbene oder auch das aus der Umgebung hineingewehte Pflanzenmaterial besonders ansammelt. Dann gewinnt der Schlamm dieser Buchten mehr und mehr den Charakter echten Faulschlamms, der O_2-Gehalt des Tiefenwassers sinkt im Sommer weit unter 50 v. H. der Sättigung: *Lauterbornia* verschwindet, sie wird ersetzt durch *Chironomus anthracinus* ZETT. und *Chironomus plumosus* (L.). So ist die etwa 10 m tiefe Nordost-

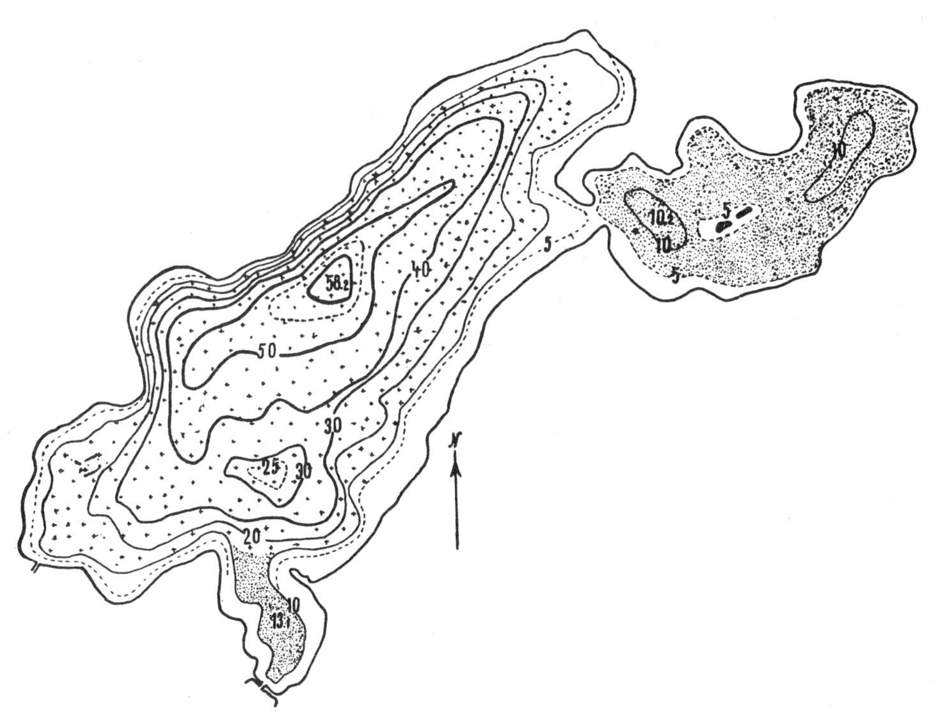

Abb. 239. Breiter Lucin in Mecklenburg, August 1924. Hauptteil des Sees mit *Tanytarsus*-Fauna (Kreuze), zwei Seitenbuchten mit *Chironomus*-Fauna (Punkte). [Aus THIENEMANN 1925.]

bucht des breiten Lucin — der sogenannte „Lütte-See“ — und die etwa 12 m tiefe, an den schmalen Lucin angrenzende und von ihm nur durch einen künstlichen Damm, über den die Landstraße führt, getrennte Südbucht des gleichen Sees zum *Chironomus*-See geworden (Abb. 239); auf einem etwa früheren Stadium noch steht der Hauptteil des Carwitzer Sees, dessen Nordteil, der sogenannte „Zansen“, ein echter *Tanytarsus*-See ist, sowie das Lassahner Becken und der Niedorffer Binnensee des Schaalsees, indem sich hier *Chironomus*- und *Tanytarsus*-Fauna mischt. Der Tollense-See — ursprünglich und sicher auch in historischer Zeit noch ein echter

Tanytarsus-See — hat jetzt in seiner ganzen Ausdehnung den gleichen Charakter wie die beiden genannten Buchten des breiten Lucin, er ist ein *Chironomus*-See.

Die Eutrophierung der *Tanytarsus*-Seen kann sich aber noch in einer anderen Art in bezug auf die Bodenfauna äußern. Wir haben im Sublitoral unserer Seen, d. h. in der Zone, in der sich zuoberst das reichste Muschelleben abspielt und die dann weiter nach unten in die Zone der Ablagerung toter Muscheln übergeht, einen Bereich mit besonders nahrhaften Schlammabsätzen, dessen Schlammeutrophie sich allerdings in den *Chironomus*-Seen nicht wesentlich von der der Profundalregion unterscheidet. In den echten *Tanytarsus*-Seen dagegen ist der Schlamm dieses Sublitorals zweifellos nährstoffreicher als der der größeren Tiefen. Und so können hier denn, wie Beobachtungen im Madüsee und im Carwitzer See zeigen (das gleiche dürfte für den Dratzigsee gelten), stellenweise die Larven von *Chironomus anthracinus* und *plumosus* in Massenentwicklung auftreten. Das widerspricht — wie nebenbei bemerkt sei — der Definition des *Tanytarsus*-Sees in keiner Weise: denn charakteristisch für ihn ist ja das Fehlen der *Chironomus*-Larven im Profundal.

Wo wir heute die *Tanytarsus*-Gemeinschaft in unseren Seen antreffen, werden wir sie im allgemeinen als Überbleibsel aus der kühlen und „oligotrophen" Spätglazial- und Frühpostglazialzeit auffassen können (Thienemann 1950 b, S. 451).

Lundbeck (1936, S. 295—300) hat die „gestaffelte bathymetrische Anordnung der verschiedenen Tiergruppen und ihre Verbreitungs- und Mengenveränderungen vom oligotrophen bis zum eutrophen See" (vgl. S. 411 und Abb. 232 auf S. 411) in ein „Bild von der Besiedelungsgeschichte unserer Seen seit der Eiszeit" umgedeutet (vgl. dazu auch Brundin, S. 661) und damit die von mir oben gegebene Entwicklungsgeschichte weiter ausgeführt. Ich verweise hier ausdrücklich auf seine Darstellung, die sicher in ihren Grundzügen, in der Betonung der Bedeutung des Ernährungs- und Sauerstoffstandards, richtig ist, auf Grund weiterer, eingehenderer Untersuchungen aber gewiß noch Verbesserungen und Erweiterungen erfahren wird.

Auf eines sei noch kurz aufmerksam gemacht: für die Gebiete, die unter dem Einfluß der Eiszeit standen, also Europa, Zentralasien und Nordamerika, ist der oligotrophe See und mit ihm seine typische Chironomidenbesiedelung als das Primäre zu betrachten, von dem sich der eutrophe See mit seiner charakteristischen Besiedelung ableitet. Wir werden im Anschluß an die Behandlung tropischer Seen und ihrer Besiedelung (S. 517), wenn wir dann einen Blick über die ganze Erde werfen, auf diese Feststellung wieder zurückkommen.

5. Anhang: Die Chironomidenfauna mitteleuropäischer Talsperren

Vom Ende des vorigen Jahrhunderts an entstanden vor allem im westdeutschen Mittelgebirge im Flußgebiet der Ruhr eine ganze Anzahl Talsperren, künstliche Seen in einer Gegend, in der es natürliche Seen nicht gibt. Bergtäler wurden durch gewaltige Mauern gesperrt, und so wurden Wasserspeicher verschiedenster Größe geschaffen, von einer maximalen Staufläche von 8 bis 94 ha. Die damals fertiggestellten 9 westfälischen Talsperren des Ruhrgebietes habe ich in den Jahren 1907 bis 1911 genauer untersucht und in meinen „Hydrobiologischen und fischereilichen Untersuchungen an den westfälischen Talsperren" (1911) über die Ergebnisse berichtet. Untersucht wurden die folgenden, in 286 bis 435 m Meereshöhe gelegenen, maximal 15 bis 35 m tiefen Talsperren: Ennepe (maximale Staufläche 94 ha), Henne (85 ha), Öster (24), Glör (21), Verse (18), Jubach (11), Heilenbecke (8,6), Fülbecke (7,8). Dazu zum Vergleich noch die Urfttalsperre in der Eifel (322,5 m über NN; maximale Staufläche 216 ha, größte Stauhöhe 52,5 m).

Folgende Chironomidenarten wurden in diesen Sperren nachgewiesen (nach THIENEMANN 1911, S. 632—638; dazu Ergänzungen nach späterer Revision des gesammelten Materials. Die sicher eigentlich im Bach oder in Quellen lebenden Arten nicht aufgenommen. Nomenklatur die heute gültige, in Klammern der seinerzeit von KIEFFER angewandte Name.)

Ceratopogonidae:

Culicoides stigmaticus K.

Tanypodinae:

Ablabesmyia monilis L., *tetrasticta* K. (*nigropunctata* STAEG.), *barbatipes* K., *humilis* K., *niveiforceps* K.; *Procladius serratus* K., *distans* K., *culiciformis* L., *choreus* MG., *lugens* K., *longistylus* K., *pectinatus* K.; *Macropelopia notata* MG. (*enhydra* K.); *Psectrotanypus trifascipennis* ZETT. (*longicalcar* K.), *varius* F. (*brevicalcar* K.).

Orthocladiinae:

Prodiamesa olivacea MG. (*praecox* K.); *Psectrocladius psilopterus* K.; *najas* K., *vicinus* K.; *Trichocladius curvinervis* K.; *Heterotrissocladius cubitalis* K.; *Eucricotopus silvestris* F. (*longipalpis* K.), *Camptocladius aquaticus* K., *Corynoneura conjungens* K., *celeripes* WINN., *arcuata* K.

Chironomariae:

Chironomus cingulatus MG. (*versicolor* K., *sanguineus* K.?, *subulatus* K.), *anthracinus* ZETT. (*Liebeli* K.), *annularius* MG., *corax* K., *melanopus* K.; *Endochironomus tendens* F. (*nymphoides* K.), *cognatus* K.; *Cryptochironomus coarctatus* K., *supplicans* MG. (*defectus* K.); *Limnochironomus lobiger* K. (*brevitibialis* [ZETT.] K.).

Tanytarsariae:

Tanytarsus virens K., *gregarius* K., *longitarsis* K., *pusio* (MG.) K., *longiradius* K.; *curticornis* K., *Microsepctra praecox* MG. (*trivialis* K., *lanceolatus* K.), *curtimanus* K., *flavofasciata* K.

Die Chironomiden spielen in der Fauna dieser Talsperren die dominierende Rolle, und unter diesen überwiegen die Tanytarsariae quantitativ weit über die übrigen Gruppen. Während die Ceratopogoniden nur in ganz einzelnen Exemplaren auftreten, erlangen Massenentwicklung

von den Tanypodinen *Procladius culiciformis* und *Ablabesmyia monilis*,
von den Chironomarien vor allem *Chironomus cingulatus*,
von den Tanytarsarien *Tanytarsus gregarius, longitarsis, longiradius, curticornis* und *Micropsectra praecox* und *flavofasciata*.

Die Tanytarsariae sind in ihrer Massenentwicklung besonders charakteristisch für die westfälischen Talsperren des Sauerlandes.

Fragt man sich nun noch, woher die Chironomidenarten dieser neugeschaffenen Gewässer stammen, so ist festzustellen, daß vier von ihnen auch Bewohner der Schlammablagerungen der ruhigen Buchten der Sauerlandbäche sind: *Macropelopia notata, Psectrotanypus trifascipennis, Micropsectra praecox* und *Prodiamesa olivacea*. Diese können jedenfalls direkt aus dem Bach in die Sperren übergegangen sein. Alle übrigen müssen in aktivem Fluge oder passiv durch Winde verschleppt in diese Gewässer gelangt sein.

Die Talsperren des Sauerlandes sind als *Tanytarsus*-Gewässer zu bezeichnen. Nicht so die von WUNDSCH im letzten Jahrzehnt untersuchten, zum Teil im östlichen Deutschland gelegenen „Großstaubecken".

Genau untersucht hat er das Neiße-Staubecken von Ottmachau (Oberschlesien) (WUNDSCH 1942). Dieses liegt in 205 m Meereshöhe in einer breiten Talmulde der Glatzer Neiße, die durch einen niedrigen Erddamm zu einem maximal 1976 ha bedeckenden Becken aufstaut.

Die von WUNDSCH festgestellte Chironomidenbesiedelung ist in der folgenden Tabelle wiedergegeben. (/ = vorhanden, + = häufig. Es handelt sich hier im allgemeinen nicht um genaue Artbestimmungen, sondern um Larven t y p e n).

	Neiße oberhalb des Staubeckens, Ufer- und Pflanzenzone			Staubecken, pflanzenfreie Tiefenregion und örtliche pflanzenfreie Flachflächen			Staubecken, Uferregion und Vegetationszonen			
	1	2	3	4	5	6	7	8	9	10
Chironomus thummi			/							
Chironomus plumosus				+	+	/			/	
Glyptotendipes polytomus							/		+	+
Glyptotendipes Typ *gripekoveni*		+	/				/		+	/

	Neiße oberhalb des Staubeckens, Ufer- und Pflanzenzone			Staubecken, pflanzenfreie Tiefenregion und örtliche pflanzenfreie Flachflächen			Staubecken, Uferregion und Vegetationszonen			
	1	2	3	4	5	6	7	8	9	10
Limnochironomus			/							
Allochironomus			/							
Endochironomus (nymphoides-Gruppe)									/	/
Polypedilum	/	/	+	/			/	/	+	
Pentapedilum	/		/				/			
Paratendipes		/	/							
Parachironomus Typ *varus*		/	+				/		+	
Cryptochironomus defectus				/				/	/	
Cryptochironomus Typ *Harnischia*			/							
Microchironomus Typ *conjungens*				/						
Eutanytarsus inermipes		+	+							
Eutanytarsus gregarius			/							
Typ *gibbosiceps-lobatifrons*			/							
Lauterbornia (coracina)			/							
Paratanytarsus (Lauterborni-Gruppe)		/	+							
Cladotanytarsus								+	+	
Micropsectra		/								
Eucricotopus sp. (*silvestris*-Gruppe)							+		+	+
Trichocladius	+	+	+				/			
Dactylocladius		/								
Protenthes (bifurcatus)			/							
Procladius (culiciformis)				+	/	/			/	

Für die einzelnen Biotope des Staubeckens (eines „*Chironomus*-Sees der reinen *Plumosus*-Stufe") gibt WUNDSCH (S. 378) folgende Chironomidenbesiedelung an:

1. Vegetationszone, soweit entwickelt: absolut am zahlreichsten *Eucricotopus* und *Cladotanytarsus* (wahrscheinlich *atridorsum);* zahlreich *Glyptotendipes,* meist *pallens (polytomus)*-Gruppe, *Polypedilum, Parachironomus.*

2. Kahles, lehmig-sandiges Vorland der Ufer: zu 95% *Cladotanytarsus,* dazu Cryptochironominen der *defectus*-Gruppe und *Polypedilum.*

3. Steinschüttungen des Staudammes: *Glyptotendipes pallens* und *gripekoveni.*

4. *Polygonum amphibium*-Wiesen: am häufigsten *Eucricotopus* und *Parachironomus,* ferner *Trichocladius* und *Polypedilum,* als Minierer *Glyptotendipes (pallens-* und *gripekoveni*-Typ).

5. Zusammengetriebene Algenwatten: Massen *Eucricotopus; Glyptotendipes* und *Endochironomus.*

6. Flacheres „Profundal“ im Ostteil des Beckens: *Plumosus*-Larven und *Microchironomus*-Larven (cfr. *conjungens)*.
7. Tiefere Bezirke im alten Neißebett, mit echter Gyttja: große *Plumosus* (400 je m²), seltener *Procladius (culiciformis)*.

Man erkennt ohne weiteres, daß hier eine ganz andere Besiedelung als die der westfälischen Talsperren vorliegt!

Wundsch hat diese Untersuchungen an „Großstaubecken“ weiter ausgebaut und darüber (1949) berichtet. Die nunmehr von ihm berücksichtigten Talsperren sind die folgenden:

Name	Oberfläche bei Vollstau ha	Flußgebiet
1. Möhnetalsperre	1016	Ruhr (Rhein)
2. Edertalsperre	1170	Eder (Weser)
3. Bleilochtalsperre	923	Saale (Elbe)
4. Hohenwarthetalsperre	737	Saale (Elbe)
5. Ottmachau	1976	Neiße (Oder)
6. Turawa	2043	Malapane (Oder)
7. Stauwerder	860	Klodnitz (Oder)

Die Chironomidenbesiedelung dieser Großstaubecken geht aus der Wundschs Arbeit (S. 103) entnommenen Tabelle hervor.

Zeichenerklärung: = massenhaft, + häufig, / vorkommend	Edertalsperre 12. 5. 1943	Diemeltalsperre 25. 9. 1943	Bleilochtalsperre 6. 7. 1943	Hohenwarthetalsperre 23. 7. 1943	Ottmachau 28. 8. 1941	Turawa 10. 10. 1942	Stauwerder 13. 10. 1942
Bezzia		/				/	
Culicoides sp.		+				/	+
Procladius choreus (culiciformis)	/	+	+	/	+	=	/
Macropelopia			/	/			
Ablabesmyia monilis			/	/			
Ablabesmyia lentiginosa	/			/			
Ablabesmyia tetrasticta	+						
Psectrotanypus				/			
Tanytarsus (acuminatus)				+			
Micropsectra sp.				/			
Stylotanytarsus (bauseellus)				+			
Lauterbornia sp.		/		+		/	
Eutanytarsus sp.		+	/				/
Cladotanytarsus sp.		/	+				+
Cladotanytarsus					+	/	
Diamesa sp.							/
Orthocladius (Psectrocladius)	+	/		/			+
Trichocladius sp.					/		
Limnophyes sp.	/			+			

	Eder-talsperre 12. 5. 1943	Diemel-talsperre 25. 9. 1943	Bleiloch-talsperre 6. 7. 1943	Hohenwarthe-talsperre 23. 7. 1943	Ottmachau 28. 8. 1941	Turawa 10. 10. 1942	Stauwerder 13. 10. 1942
Dactylocladius sp.							
Corynoneura sp.							
Prodiamesa sp.				/			
Cricotopus sp.				/	+		
Eucricotopus (silvestris)					+		
Microtendipes		=		+		/	
Paratendipes	/			/			
Endochironomus (nymphoides)	/			/	/	+	
Polypedilum (laetum)			/	/	/		
Polypedilum (nubeculosum)	+	+	/	/	+	=	+
Pentapedilum	/	+	/	/	/		
Stictochironomus sp.	/						
Limnochironomus sp.		/				/	
Cryptochironomus (defectus)			/		+	+	
Parachironomus (varus)	/				+		
Glyptotendipes (gripekoveni)					+	/	/
Glyptotendipes (polytomus)					+	+	
Glyptotendipes (paripes)			+				
Glyptotendipes pallens (polytomus)							
Chironomus thummi		=		+			
Chironomus plumosus	+		+	=	+	=	=

Wundsch unterscheidet (S. 92) bei den von ihm untersuchten großen Staubecken zwei Typen:

„1. das langgestreckte, verhältnismäßig enge, angestaute Flußtal des Mittelgebirges (Typus der Möhne-, Eder-, Bleiloch- und Hohenwarthetalsperre), ‚Rinnenseetypus';

2. das breite im Überschwemmungsgebiet eines Flusses beim Eintritt in die Ebene gelegene, nach Art eines großen Fischteiches hinter einen ausgedehnten Staudamm angestaute Flachlandstaubecken (Typus der Becken von Ottmachau, Turawa und Stauwerder), ‚Flächenseetypus'."

„Die Großstaubecken beider topographischen Typengruppen zeigen limnologisch die Eigenschaften eutropher Seen." Sie sind „*Plumosus*-Seen". In allen Großtalsperren „besteht die Besiedelung des Bodens in dem längere Zeit im Jahre unter Wasser stehenden Teile aus den roten *Chironomus*-Larven der *Plumosus-Thummi*-Gruppe, aus *Procladius*-Larven und aus Tubificiden (Schlammröhrenwürmern), also aus derjenigen Tiergesellschaft, die für den eutrophen Seentypus des norddeutschen Raumes bezeichnend ist" (Wundsch 1949, S. 111). Müllers Untersuchungen in der Edertalsperre im Jahre 1951 zeigten eine starke Zunahme der Bodenbesiedelung gegenüber Wundschs Feststellungen 1943 (Müller 1952 a).

Eine erneute Untersuchung der kleineren Talsperren des Sauerlandes mit quantitativen Methoden (Bodengreifer), die damals, als ich dort arbeitete, noch nicht entwickelt waren, wäre sehr erwünscht. So könnte sicher festgestellt werden, ob der Unterschied in der Chironomidenbesiedelung der kleinen und großen Staubecken wirklich ein solch prinzipieller ist, wie es nach dem bisher vorliegenden Material scheint.

Über zwei kleine Staubecken des Schwarzwaldes vgl. Seite 467.

c) Die Chironomidenfauna nordamerikanischer Seen

Dank vor allem der Lebensarbeit O. A. JOHANNSENS ist über die Chironomiden der USA sehr viel bekannt. Merkwürdigerweise aber ist die Chironomidenfauna einzelner Gewässertypen nur ganz selten wirklich genau durchforscht worden. Das gilt, wie oben (S. 327) schon einmal bemerkt, für Quellen und Fließgewässer, für die solche Zusammenstellungen gänzlich fehlen. Aber auch für oligotrophe Seen sind sie nicht vorhanden. Nur für einige ganz wenige eutrophe Seen und einen dystrophen (mesohumosen) ist die Chironomidenfauna mehr oder weniger genau durchforscht. Im folgenden wird über diese berichtet.

α) Mendota Lake

Durch die klassischen Untersuchungen von BIRGE und JUDAY und ihrer Schule ist der Lake Mendota im Südteil des Staates Wisconsin, an dessen Ufern die Stadt Madison liegt, der limnologisch bestdurchforschte See nicht nur der USA, sondern der Welt! Es ist ein typisch eutropher See mit einer Fläche von 39,4 km², einer größten Länge und Breite von 9,5 respektive 7,4 km und einer Maximaltiefe von 25,6 m. Gespeist wird der See außer durch einige Quellen und Bäche vom Yahara River. Der See verdankt seine Entstehung, wie unsere holsteinischen Seen, der letzten Eiszeit.

Über die Fauna des Sees, mit besonderer Berücksichtigung der Insekten, hat R. A. MUTTKOWSKY (1918) berichtet. Die Chironomiden werden auf Seite 407 bis 412 und 475 behandelt, und zwar auf Grund qualitativer wie quantitativer Untersuchungen. 35 Arten wies MUTTKOWSKY im See nach, womit natürlich seine Chironomidenfauna bei weitem nicht vollständig erfaßt ist! Im einzelnen berichtet er über die Arten folgendes (heutige Nomenklatur; in Klammern die von M. benutzten Namen):

Ceratopogonidae:

Palpomyia longipennis LOEW.; *Probezzia pallida* MALLOCH; *Probezzia glaber* COQ. Alle drei Arten gemein, vor allem an *Cladophora* und andere Fadenalgen gebunden.

Tanypodinae:

Procladius choreus MG., Verbreitung wie *Chironomus tentans.* Im Bodenschlamm häufig, wichtiges Fischfutter.

Ablabesmyia decolorata Malloch, *carnea* Fabr., *monilis* L. Litoralformen, nur die letztere häufig.

Orthocladiinae:

Eucricotopus trifasciatus Pz., *exilis* Joh. Die erste Art ist im Litoral, in fast allen Biotopen, besonders häufig; viel von Fischen gefressen. Andere Orthocladiinenarten gibt Muttkowsky nicht an!

Chironomariae:

Chironomus (Camptochironomus) tentans F. Größte Art des Sees, an die Schlammgebiete gebunden (Optimal in 7—25 m). Schlüpfzeit April bis Mai und September bis Oktober. Für das mehr sandige und steinige Litoral wird eine *tentans* var. als häufig angegeben.

Chironomus plumosus L. Nur an einigen Stellen im Litoral.

Limnochironomus modestus Say. Sandliebend, nicht häufig.

Cryptochironomus digitatus Malloch. Weit verbreitete litorale Sandform.

Pseudochironomus fulviventris Joh. Ebenfalls im sandigen Litoral, aber seltener.

Glyptotendipes lobiferus Say. Im Litoral in Sand, Kies, auf Steinen und Pflanzen, häufig.

Endochironomus subtendens Townes *(viridis* [Macq.] Muttkowsky). Auf Pflanzen in einem und mehr Metern.

Stictochironomus palliatus Coq. Aus Fischmägen.

Microtendipes chloris Mg. *(abbreviatus* K.). Im Litoral und Sublitoral.

Polypedilum convictum Walk. *(Chironomus flavus* Joh.). Nicht häufig, zwischen Pflanzen.

Tanytarsariae:

? *Rheotanytarsus exiguus* Joh. In 5 m Tiefe, ziemlich häufig. (Diese Bestimmung ist sicher falsch. Das Vorhandensein einer *Rheotanytarsus*-Art in 5 m Tiefe eines eutrophen Sees erscheint mir ausgeschlossen.) An einzelnen Stellen im See wies Muttkowsky ferner noch andere Tanytarsarien nach; er nennt die folgenden und fügt ein „etc." hinzu: *Lauterborniella agrayloides* K., *Paratanytarsus lauterborni* K. (? Bestimmung ganz unsicher [Th.]), *Tanytarsus muticus* Joh., *Micropsectra dives* Joh., *Stempellina bausei* K. (von Muttkowsky mit ? versehen).

Versucht man den Lake Mendota in das System der Seetypen einzugliedern, so kommt man zu dem Ergebnis, daß es sich unzweifelhaft um einen echten *Chironomus*-See handelt. Aber die Profundalart des Sees ist nicht *Ch. anthracinus* — der im See überhaupt nicht vorkommt —, auch nicht *Ch. plumosus* — der ja nur ganz lokal in der Uferzone auftritt —, vielmehr *Chironomus (Camptochironomus) tentans* F. Diese Art aber kennen wir aus Norddeutschland als typischen Bewohner des Bodens schon weitgehend vergreister flacher „Teichseen" (vgl. S. 463). Brundin (1949, S. 735) kennt sie aus Schweden aus dem kultureutrophierten Växjösjön (vgl. S. 469) aus dem Mälaren und einem Kolk in Jämtland. In USA und Kanada scheint sie viel häufiger zu sein als in Europa (wo sie außer in Fennoskandia und Deutschland in Rußland, England, Holland, Belgien, Frankreich, Österreich bekannt ist), wie aus den Angaben TOWNES (1945, S. 135—136) hervorgeht; hier lebt sie sonst „in shallow water with much decaying organic matter: dead leaves, dead algae, or a moderate amount of organic pollution". Das Vorkommen in dem doch ziemlich tiefen Lake Mendota (sowie in dem Wawasee Lake [vgl. S. 503]) ist also etwas Besonderes!

β) Chautauqua Lake

Eine bedeutend größere Zahl von Chironomiden hat TOWNES (1938, S. 170—171) aus dem Chautauqua Lake festgestellt.

Der Chautauqua Lake ist ein im Südteil des Staates New York östlich vom Lake Erie gelegener, 24 km langer Rinnensee glazialen Ursprungs. Meereshöhe 397 m; durch einen im Ausfluß, dem Chadakoin-River, angebrachten Damm kann der Seespiegel um fast 2 m schwanken. Fläche rund 57 km². Tiefe im allgemeinen 11 bis 12 m, mittlere Tiefe 7,10 m. Einige tiefere Löcher mit geringer Fläche haben eine Tiefe bis 23 m. In diesen Kesseln kann im Sommer der O_2-Gehalt bis auf Spuren absinken. pH von 6,8 bis 9,4, im allgemeinen 7 bis 7,4. Oberflächentemperaturen bis 26° C, Sommer-Tiefentemperatur 15,2 bis 16° C. Sichttiefe im Sommer 2 bis 3,5 m. Also ein eutropher Flachsee (vgl. TRESSLER 1938). Unterwasserpflanzen gehen bis in etwa 4 m Tiefe, von da an ist der Boden bis in die größte Tiefe mit weichem, braunem, mit Pflanzenresten durchsetztem Schlamm bedeckt. In der Pflanzenzone lebt die Hauptmasse der niederen Tierwelt, auch der Chironomiden; im Schlamm *Procladius culiciformis* und *Chironomus plumosus*. Sandige Teile des Bodens sind von großen Mengen kleiner Chironomiden besiedelt (*Tanytarsus* sp. sp. *Polypedilum scalaenum* SCHRK. [= *Chironomus needhami*] usw.); auf steinigem Boden finden sich Orthocladiinen. — TOWNES führt im einzelnen folgende Arten für den Chautauqua Lake auf:

Ceratopogonidae:

Palpomyia longipennis LOEW. (1,75—8 m, vor allem 2—4 m, häufig). *Probezzia* cfr. *elegans* COQ. In Massen zwischen Fadenalgen.

Tanypodinae:

Ablabesmyia illinoensis MALLOCH (2—5 m, nicht häufig), *A. monilis* L. (selten), *A. pilosella* LOEW. (häufig); *Procladius culiciformis* L. (0,2 bis 22 m, überall, außer auf Steinen), *P. bellus* LOEW. (0,5—1,5 m, häufig); *Protenthes punctipennis* MG. (1—2 m, nicht häufig); *Clinotanypus* JOH. (1,2—4 m, Sand und Schlamm).

Orthocladiinae:

Orthocladius sp. (an Steinen in 0,3—1 m, häufig); *Trichocladius politus* COQ. (gemein), *T. bicinctus* MG. (häufig); *Eucricotopus trifasciatus* PZ. (zwischen Pflanzen, bis 0,5 m); *Limnophyes* sp. (selten, zwischen Pflanzen, bis 0,5 m); *Corynoneura similis* MALLOCH (massenhaft zwischen Wasserpflanzen in 0—1 m).

Tanytarsariae:

Tanytarsus confusus MALLOCH (0,5—4 m, sehr häufig auf sandigem Schlamm usw.), *T. neoflavellus* MALLOCH (0,2—2 m, auf Sand oder Sand und Schlamm häufig), *T. viridiventris* MALLOCH (wie vorige Art), *T.* cfr. *pusio* MG. (wie *neoflavellus*, aber doppelt so häufig), *T.* sp. sp. (4 unbestimmte Arten als Imagines gefangen); *Micropsectra* sp. (nicht häufig, sandiger Schlamm in 1—2 m); *Lauterborniella* sp. (beschränkte Verbreitung in 1,5—2,75 m auf Schlamm oder schlammigem Sand), *Lauterborniella varipennis* COQ. (Imagines gemein).

Chironomariae:[108]

Chironomus plumosus (L.) (nicht so häufig wie in anderen Seen; jüngere Larven in 2,5—5 m, erwachsene in 5—22 m; Hauptschwärmzeit Ende Mai; e i n e Generation im Jahr), *Ch. decorus* (JOH.) TOWNES (Larven gelegentlich in 3—4,5 m); *Einfeldia brunneipennis* (JOH.) TOWNES (Imagines selten); *Limnochironomus fumidus* (JOH.) TOWNES (Imagines selten), *L. modestus* (SAY.) TOWNES (häufig auf Böden mit sandigem Schlamm und Pflanzendetritus); *Endochironomus dimorphus* (MALLOCH) TOWNES (0,5—6,5 m, Sand und Schlamm, vor allem unter Pflanzen), *E. nigricans* (JOH.) TOWNES (1,5 m, schlammiger Sand mit Pflanzendetritus, in dichten Pflanzenbeständen in flachem Wasser), *E. subtendens* TOWNES (*viridis* MALLOCH) (Pflanzenbestände in offenem Wasser, weniger häufig als in den meisten Seen); *Stenochironomus taeniapennis* COQ. (*Chironomus exquisitus* MITCH.) (Imagines selten); *Parachironomus abortivus* (MALLOCH) TOWNES (1,5—3 m, in Pflanzenbeständen); *Cryptochironomus fulvus* JOH. (*parvilamellatus* BEYER) (0,25—8 m, Boden unter Pflanzen); *C.* sp. (3 Arten, unbestimmt, Lebensweise wie *fulvus*); *Glyptotendipes paripes* EDW. (0,25—3 m, sandiger Schlamm oder Schlamm mit Pflanzenresten, sehr häufig), *G. senilis* (JOH.) (1,25 m, in Pflanzenbeständen, häufig), *G.* sp. 2 (2—3 m, nicht häufig, Schlamm und sandiger Schlamm mit Pflanzenresten); *Stictochironomus devinctus* (SAY) TOWNES (Imagines selten); *Pseudochironomus pseudoviridis* MALL. (nicht häufig, 0,2—2,3 m, sandiger, schlammiger Boden mit Pflanzendetritus); *Harnischia casuaria* TOWNES (1—5 m, feiner Sand und Schlamm), *H. collator* TOWNES, *H. potamogeti* TOWNES (wie vorige); *Microtendipes pedellus* DEG. (*aberrans* TOWNES) (1—2,5 m, Pflanzenreste mit Sand und Schlamm, unter Pflanzen-

[108] Nomenklatur nach TOWNES 1945.

beständen häufig); *Paratendipes albimanus* MG. (0,5—6,5 m, feiner Sand mit Schlammüberzug, besonders unter Pflanzenbeständen); *Polypedilum halterale* (COQ.) TOWNES (4—6 m, auf schlammigem Boden häufig); *P. scalaenum* (SCHRK.) TOWNES *(needhami* MALLOCH) (0,2—3,7 m, feiner Sand mit Schlammüberzug, häufig); *Pentapedilum sordens* (V. D. W.) TOWNES *(fulvescens* JOH.) (0,5—4 m, schlammiger Sand, häufig); *Chironomus* sp. 1 (0,25—4 m, feiner Sand mit Schlamm), *Ch.* sp. 2 (0,5—3 m, an Wasserpflanzen), *Ch.* sp. sp. (Imagines von 8 unbestimmten Arten). Die hier genannten 66 Arten verteilen sich auf die einzelnen Gruppen so:

Ceratopogonidae	2 =	3%
Tanypodinae	11 =	17%
Tanytarsariae	11 =	17%
Chironomariae	36 =	55%
Orthocladiinae	6 =	9%

Auffallend ist das starke Zurücktreten der Orthocladiinen und das starke Überwiegen der Chironomarien; aber es handelt sich ja nur um einen Sommeraspekt; denn die Untersuchung fand vom 15. Juni bis 4. September statt. So ist natürlich die typische Frühjahrsfauna überhaupt nicht erfaßt. Im ganzen ist das Gattungsbild etwa das gleiche wie bei unseren europäischen eutrophen Seen, das Artenbild ist natürlich zum Teil abweichend. Immerhin treten eine ganze Anzahl auch in der Palaearktis vertretener Arten auf.

Der Chautauqua Lake ist ein echter *Chironomus plumosus*-See (ohne *Ch. anthracinus).*

γ) Cedar Bog Lake

Am Cedar Bog Lake, 35 Meilen nördlich von Minneapolis (Minnesota), hat RAYMOND L. LINDEMAN eine Reihe limnologischer Untersuchungen angestellt. Einem jungen Forscherleben, das zu den größten Hoffnungen berechtigte, setzte der Tod am 24. Juni 1942 die Grenze. LINDEMAN war erst 27 Jahre alt, als er nach schwerer Krankheit starb. In dreien seiner Arbeiten (1941, 1942, 1942 a) hat er auch die Chironomiden dieses Sees behandelt, allerdings nur die quantitativ stark hervortretenden genauer.

Cedar Bog Lake ist ein „vergreisender", im letzten Stadium stehender eutropher See, ein „Teichsee". Ursprünglich einem Toteisblock seine Entstehung verdankend, war er früher mehr als 10mal so groß als jetzt. Heute beträgt seine Fläche nur 1,448 ha, seine Uferlinie 500 m, seine größte Tiefe etwa 1 m. Unterseeische Wiesen von *Najas flexilis, Potamogeton zosteriformis* und *panormitanus,* dazwischen nahe dem Ufer *Ceratophyllum demersum,* bedecken mehr als die Hälfte des Bodens; Fadenalgen, wie *Spirogyra* und *Oedogonium,* wachsen dazwischen. Zwischen diesen Wasserpflanzen leben *Endochironomus, Tanytarsus* und *Cricotopus, Glyptotendipes lobiferus* SAY. miniert in Pflanzenteilen oder lebt frei im Schlamm; mehr in der

Mitte des Sees, im planktogenen Sediment beherrschen *Chironomus plumosus* L. und *decorus* JOH. das Bild. Hier finden sich auch die carnivoren Larven von *Cryptochironomus psittacinus* MG. *(stylifera* JOH.), *Procladius culiciformis* (L.), *Protenthes stellatus* COQ., *Psectrotanypus dyari* (COQ.) sowie von *Ablabesmyia*-Arten; *Palpomyia*-Larven sind sehr häufig. Vier Jahre hindurch hat LINDEMAN die Hauptformen des Sees untersucht. *Chironomus plumosus, Ch. decorus, Glyptotendipes lobiferus* und *Endochironomus nigricans* haben drei Generationen im Jahr, *Procladius culiciformis* und *Palpomyia* sp. mindestens zwei, wahrscheinlich zuweilen auch drei Generationen im Jahr. Im Winter, wenn das Wasser unter Eis 50 Tage O_2-frei ist, überleben von den *Plumosus*-Larven 43%, von den *Decorus*-Larven 38% (LINDEMAN 1942 a). Bei Laboratoriumsversuchen ergab sich eine Toleranzreihe gegen Anaerobiosis *plumosus-decorus-lobiferus;* selbst einzelne *lobiferus*-Larven sowie Palpomyia konnten noch eine Anaerobiose von 120 Tagen (bei 0—10°) ertragen.[109]

Vergleicht man den Cedar Bog Lake mit unseren europäischen Seen, so können wir ihn als *Plumosus*-See bezeichnen, der aber zu den *Glyptotendipes*-Gewässern WUNDSCHS (vgl. S. 463) (in der Kombination *Plumosus-Glyptotendipes-Palpomyia)* überleitet.

δ) Der kanadische Costello Lake

Sehr gut ist die Bearbeitung der Chironomidenfauna des kanadischen Costello Lake durch MILLER (1941).

Der Costello Lake ist ein typischer dystropher, mesohumoser See im Algonquin Park, Ontario. Er liegt im Praekambrischen Schild, 45° 35′ nördlicher Breite, 78° 20′ westlicher Länge, Meereshöhe 417 m. Fläche 3,9 ha, Länge etwa 1,2 km, größte Breite 0,4 km. Maximaltiefe 20 m; über ein Drittel der Seefläche ist 5 m und weniger tief. Längsachse des Sees O—W. Umgebung hohe Hügel; Pappel-Birken-Koniferenwälder umgeben den See. Das Wasser des Sees kommt aus dem Brewer Lake und zwei Moorseen und einem Sumpf; der See entwässert durch zahlreiche Seen schließlich in den Ottawa River. Der Boden des Sees ist sandig, bedeckt mit Torfschlamm bis zu mehr als 20 m Dicke. Wasser braun, sauer, pH im Sommer 4,6 bis 6,6. Thermische Stratifikation ab Mitte Mai, Tiefenwasser 3,8 bis 4,9°, sommerlicher O_2-Schwund in 18 m bis 1,9 cc/Liter. Das Wasser ist kalkarm und enthält viel gelöste und suspendierte Humusstoffe.

MILLER wies die folgenden Arten im See nach (Bestimmung [exklusive Tanytarsariae] durch TOWNES; Nomenklatur zum Teil geändert nach TOWNES 1945; die mit * bezeichneten Arten sind im See selten).

[109] *Endochironomus*-Larven fehlen in den Winterfängen; LINDEMAN (1942, S. 436) denkt daran, daß die Art eventuell im Eistadium überwintert. Sollte sie nicht vielleicht als Larve in den eigentümlichen, auf Seite 172 dieses Buches geschilderten Kokons überwintern?

Tanypodinae:

Ablabesmyia carnea F., *A. illinoensis* MALLOCH, *A.* sp. sp.; *Procladius* * *culiciformis* L., *P.* * *fasciger* CURRAN, * *Psilotanypus* sp.

Orthocladiinae:

Protanypus sp.; *Diamesa* sp.; *Metriocnemus* sp.; *Trichocladius bicinctus* Pz., *Eucricotopus* **trifasciatus* Pz.; *Psectrocladius sordidellus* ZETT., *P.* sp. sp.; *Pseudorthocladius curtistylus* GOETGH.?; *Orthocladius* sp. sp.; *Eukiefferiella* sp., *Smittia* sp.; *Corynoneura celeripes* WINN.

Chironomariae:

Sergentia coracina ZETT.; *Lenzia obediens* JOH., *L. flavipes* MG. *(flavicauda* MALLOCH); *Pentapedilum* sp.; *Chironomus* **decorus* JOH.; *Ch. atritibia* (MALL.) TOWNES (als *staegeri* LUNDB.? angeführt); *Xenochironomus xenolabis* K., *Limnochironomus modestus* Say., *L.* **lucifer* JOH., *L.* sp. c., *L.* sp. d.; *Harnischia (Cladopelma) galaptera* TOWNES *(claripennis* MALLOCH), *H. (C.) laminata* K.; *Cryptochironomus* *sp. a., *C.* sp.?; *Parachironomus abortivus* MALL.?, *P. tenuicaudatus* MALL., *P.* sp. f.; *Harnischia curtilamellata* MALL., *H. edwardsi* KRUSEMAN, *H. casuaria* TOWNES, *H. spectabilis* TOWNES; *Glyptotendipes lobiferus* SAY.; *Endochironomus nigricans* JOH., *E.* sp.; *Kribioxenus babiyi* REMPEL; *Microtendipes pedellus pedellus* DEG., *M. pedellus* n. ssp.; *Stictochironomus* **devinctus* SAY.; *Polypedilum halterale* COQ., *P. illinoensis* MALL., *P. scalaenum* SCHRK., *P. fallax* JOH., *P.* sp. e.

Tanytarsariae:

Lauterborniella agrayloides K.; *Paralauterborniella nigrohalteralis* MALL.; *Zavreliella varipennis* COQ.; *Micropsectra* sp.; *Phaenopelma simulatus* MALL. (?); *Tanytarsus signatus* v. D. W., *T. dubius* MALL.?, *T. confusus* MALL.?, *T. pusio* MG.?, *T. viridiventris* MALL.; dazu noch etwa 8 weitere *Tanytarsus*-Arten.

Das sind also mindestens

Tanypodinae	6 Arten =	9%
Orthocladiinae	12 Arten =	17%
Chironomariae	35 Arten =	50%
Tanytarsariae	17 Arten =	24%
Mindestsumme	70 Arten	100%

Man sieht, wie die Chironomarien die Hälfte der Artenzahl aller Chironomiden bilden. Je nachdem, ob die Art im Sommer (1937 und 1938) oberhalb oder unterhalb der Thermokline oder in beiden Zonen lebt und je nach der Zahl der Generationen im Jahr, unterscheidet MILLER die folgenden Artengruppen:

I. Oberhalb der Thermokline lebend:

a) Eine Generation im Jahr: *Ablabesmyia carnea, A.* sp., *Procladius fasciger, Diamesa* sp. *Psectrocladius sordidellus, Eukiefferiella* sp., *Pseudochironomus* sp., *Chironomus decorus, Xenochironomus xenolabis, Limnochironomus* sp. c., *L.* sp. d., *Harnischia (Cladopelma) galaptera; Cryptochironomus* sp. a., *C.* sp.?, *Parachironomus tenuicaudatus, Harnischia curtilamellata, Kribioxenus babiyi, Stictochironomus devinctus, Polypedilum halterale, P. scalaenum, Zavreliella varipennis, Tanytarsus dubius (?), T.* sp. 2.

b) Zwei Generationen im Jahr: *Metriocnemus* sp., *Psectrocladius* sp., *Pseudorthocladius curtistylus?, Corynoneura celeripes, Limnochironomus lucifer, Parachironomus* sp. b., *Lauterborniella agrayloides, Paralauterborniella nigrohalteralis, Tanytarsus signatus, T. confusus?, T. pusio?, T. viridiventris, T.* sp. 5.

II. Oberhalb und unterhalb der Thermokline lebend: *Ablabesmyia illinoensis, A.* sp.; *Procladius culiciformis, Psilotanypus* sp. 2, *Psectrocladius* sp. 1, *Orthocladius* sp. 2, *Sergentia coracina, Pentapedilum* sp., *Tanytarsus* sp. 3, *Phaenopelma simulata?*.

III. Unterhalb der Thermokline lebend: *Trichocladius bicinctus, Eucricotopus trifasciatus, Chironomus atritibia, Endochironomus nigricans, Polypedilum illinoensis, Micropsectra* sp., *Tanytarsus* sp. 4.

Von diesen Profundalarten sind *Endochironomus nigricans* und *Chironomus atritibia* an die größte Tiefe gebunden. Besonders charakteristisch ist für den Costello Lake *Chironomus atritibia.*

ε) Weitere Angaben über nordamerikanische Seen

Es gibt natürlich eine ganze Anzahl Notizen über Chironomiden aus anderen nordamerikanischen Seen, aber alle sind lückenhaft. So verzeichnet EGGLETON (1931, S. 256—257) aus dem Douglas und Third Sister Lake (Michigan) folgende Arten:

Johannsenomyia sp., *Protenthes basalis* WALLEY, *Chironomus decorus* JOH. *(cayugae* JOH.), *Ch. riparius* MG. *(viridicollis* MALL.), *Stictochironomus devinctus* (SAY.), *Cryptochironomus psittacinus* MG. *(stylifera* JOH.). RAWSON (1930, S. 51) nennt als Hauptform des Profundals des Lake Simcoe (Ontario) *Chironomus plumosus* (L.), von anderen Chironomiden gibt er nur Gattungsnamen an; nach SCOTT, HILE und SPIETH (1928, S. 16, 17) ist die Charakterform des Profundals des Wawasees (TURKEY) Lake (Indiana) *Camptochironomus tentans* F. Im kanadischen Waskesiu Lake ist die für den Schlamm in 10 bis 20 m Tiefe kennzeichnende Art *Chironomus rempelii* TH. *(hyperboreus* REMPEL 1936) usw. Sieht man sich im Werk von TOWNES (1945) die Verbreitung der für die eutrophen Seen charakteristischen Chironomiden an, so findet man, daß *Chironomus plumosus* weit verbreitet und häufig von Kanada und Britisch-Columbia bis Kalifornien vorkommt. Es wird also sehr viele *Chironomus plumosus*-Seen in Nordamerika geben, ja die meisten eutrophen Seen werden zu dieser Gruppe gehören. Aber es gibt sicher auch *Bathophilus*- respektive *Bathophilus-Plumosus*-Seen. Denn *Chironomus anthracinus* ZETT. (*bathophilus* K.) lebt auch von Kanada bis Kalifornien. TOWNES (p. 131) bemerkt, daß die Art in temperierten Klimaten sich nur in den kältesten Seen findet. *Sergentia coracina* ZETT. kommt nach TOWNES von Kanada bis Montana vor. Also wird es auch Seen geben, die zwischen Eutrophie und Oligotrophie stehen. *Lauterbornia coracina* ist bisher aus der Nearktis nicht bekannt. Aber oligotrophe Seen gibt es dort natürlich auch ebenso wie in Europa, nur ist, wie schon gesagt, ihre Chironomidenbesiedelung noch gänzlich unbekannt.

Nach SHELFORD und BOESEL (1942) leben im westlichen Erie-See an Chironomiden:

a) In der — lotischen — *Goniobasis-Hydropsyche*-Gemeinschaft (0 bis 8 m) *Cricotopus exilis* JOH. und Verwandte (Hauptmasse); vereinzelt *Ablabesmyia* sp., *Chironomus pallidus* JOH., *Ch.* sp.

b) In der *Pleurocera-Lampsilis*-Gemeinschaft (Sandboden unterhalb a). *Chironomus digitatus* MALL., *Ch.* sp. (5 sp.), *Ch. flavus* JOH.; *Procladius culiciformis* — alle nicht häufig.

c) In der *Hexagenia-Oecetis*-Gemeinschaft (Schlammboden unterhalb a, b); häufig *Chironomus digitatus* MALL., *Coelotanypus scapularis* LOEW., *Procladius culiciformis, Chironomus curtilamellatus* MALL.; seltener *Chironomus* sp. sp., *Ch. decorus* JOH., *Ablabesmyia monilis* L.; vereinzelt *Eucricotopus trifasciatus* PZ.

Eine Zusammenstellung der in dem O_2-freien Profundal amerikanischer Seen lebenden Chironomidenarten gibt WELCH (1952, S. 184). Er nennt: *Chironomus tentans* F., *plumosus* L. (inklusive *ferrugineovittatus* ZETT.), *utahensis* MALL.,[110] *staegeri* LUNDBECK (= *fasciventris* MALL.), *Procladius choreus* und *culiciformis*.

Die Seen von Connecticut hat DEEVEY (1941) auf Grund ihrer Boden-Chironomidenfauna eingeteilt in: 1. *Chironomus*-Seen, 2. Mesotrophe *Chironomus*-Seen, 3. *Tanytarsus*-Seen, 4. *Trissocladius*-Seen und 5. nichtgeschichtete Seen.

Schließlich sei noch auf die Arbeit von GERSBACHER (1937) hingewiesen „Development of stream bottom communities in Illinois", in der auch die Chironomiden von Fluß-Stauseen behandelt werden.

Ich habe oben schon einmal darauf hingewiesen, daß das Gattungsbild der Chironomidenfauna der nordamerikanischen eutrophen Seen im wesentlichen dem entsprechenden Bild der europäischen Seen gleicht, daß aber das Artenbild ein anderes ist. Doch kommen eine ganze Anzahl sowohl in den

[110] Eine Art, die an den Klamath-Seen (Oregon) in solchen Massen auftritt, daß die „Klamath-midge" eine Plage für die Anwohner darstellt (TOWNES 1945, S. 128).

nearktischen wie palaearktischen Seen vor. Ich stelle diese — im wesentlichen nach den Angaben von TOWNES und BRUNDIN — hier zusammen; dabei sind die nur nördlich des Polarkreises vorkommenden Arten nicht aufgenommen. Die Liste ist noch unvollständig und wird, wenn die Artidentität mancher weiterer nearktischer und palaearktischer Formen festgestellt ist, sicher noch bedeutend größer werden. Nur die in Seen nachgewiesenen Arten sind berücksichtigt.

Tanypodinae:

Ablabesmyia carnea F.; *A. melanops* MG., *A. monilis* L., *vitellina* K., *Procladius choreus* MG.; *Protenthes punctipennis* MG.

Orthocladiinae: *Corynoneura celeripes* WINN., *C. scutellata* WINN.; *Diplocladius cultriger* K.; *Psectrocladius obvius* WALK; *Eucricotopus silvestris* F., *E. tricinctus* MG., *E. trifasciatus* Pz.; *Trichocladius bicinctus* MG.; *Prodiamesa olivacea* MG.; *Monodiamesa bathyphila* K. (?)

Chironomariae:

Chironomus plumosus L., *Ch. anthracinus* ZETT., *Ch. dorsalis* MG., *Ch. riparius* (MG.) TOWNES, *Ch. pilicornis* F.; *Camptochironomus tentans* F.; *Einfeldia pagana* MG., *longipes* STAEG.; *Glyptotendipes barbipes* STAEG., *G. paripes* EDW., *gripekoveni* K. (= ? *lobiferus* SAY.); *Limnochironomus nervosus* STAEG., *L. lobiger* K.; *Cryptocladopelma edwardsi* KRUS., *C. viridula* F.; *Cryptochironomus psittacinus* MG.; *Parachironomus monochromus* V. D. W., *P. varus* GOETGH., *tenuicaudatus* MALL. (*bacilliger* K.); *Harnischia frequens* JOH. (*longiforceps* K.), *H. pseudotener* GOETGH.; *Lenzia flavipes* MG., *L. punctipes* WIED.; *Paralauterborniella nigrohalteralis* MALL.; *Microtendipes pedellus* DEG.; *Paratendipes albimanus* MG.; *Pentapedilum sordens* V. D. W., *P. tritum* WALK.; *Polypedilum convictum* WALK., *P. nubeculosum* MG., *P. scalaenum* SCHRK., *P. laetum* MG., *P. fuscipenne* MG.; *Sergentia coracina* ZETT.; *Xenochironomus xenolabis* K.

Tanytarsariae:

Lauterborniella agrayloides K.; *Tanytarsus signatus* V. D. W.

Das auffallende Überwiegen der Chironomariae in dieser Liste der gemeinsamen Arten entspricht sicher nicht den tatsächlichen Verhältnissen, sondern beruht darauf, daß nur von dieser Gruppe die nordamerikanischen Arten — durch TOWNES 1945 — systematisch genau durchgearbeitet und mit den europäischen Formen verglichen worden sind.

d) Die Chironomidenfauna einiger innerasiatischer Seen

Die Yale North India Expedition brachte aus tibetanischen Hochgebirgsseen ein zwar sehr kleines, dafür aber um so interessanteres Material an Chironomidenlarven und -puppen mit. Denn es konnte so nachgewiesen werden, daß dort in Ladak, in Höhen zwischen 4267 und 5297 m, echte

Tanytarsus- wie *Chironomus*-Seen vorhanden sind (THIENEMANN 1936 e; vgl. dazu BRUNDIN 1949, S. 636—637).

Typische *Tanytarsus*-Larven fanden sich im Ororotse Tso (5297 m) 12. VII. 1932 in 14 m Tiefe. Bodentemperatur 3,98° C, O_2 am Grund 5,1 mg/Liter. Eisbedeckung, schwaches O_2-Defizit am Boden, aber Photosynthesis bis zum Boden (14 m) vorhanden, da Algen häufig. Schlamm eine Diatomeen-reiche Feindetritusgyttja. Auf den m^2 8900 Chironomidenlarven, *Gammarus pulex*. Ferner im Tso-morari (4528 m) 28. VIII. 1932 in 48 m Tiefe. Bodentemperatur 4,75°. O_2 am Grund 5,95 mg. Form der O_2-Kurve oligotroph. Schlamm ein gyttjiger Feinsand. Auf den m^2 450 Chironomidenlarven, *Gammarus pulex*. Die Larven am Kopf und Thorax stark mit Vorticelliden besetzt.

Chironomus-Larven vom *Anthracinus*-Typ (Tubuli des vorderen Paares ein wenig reduziert) lebten im Sta-rtsak-puk Tso (4267 m) 4. IX. 1932. Tiefe 1,5 m. Temperatur 14,85°. Süßwasser, ungeschichtet, viel Wasserpflanzen. pH 9,6. O_2 an der Oberfläche 7,7 mg/Liter. Ferner im Yaye Tso, einem kleinen See in 4686 m Höhe, 19. VIII. 1932, in 18,1 m Tiefe. Bodentemperatur 8,78° C. O_2-Gehalt des Bodenwassers 2,0 mg/Liter. Form der O_2-Kurve eutroph. Schlamm eine Diatomeen-reiche Feindetritusgyttja. Auf den m^2 1500 Tubificiden, 2800 Chironomiden, 130 Pisidien.

Es sind also der Yaye Tso und der Sta-rtsak-puk Tso eutrophe *Chironomus*-Seen, der Tso-morari und der Ororotse Tso — dieser mit 5297 m Höhe der höchstgelegene genau limnologisch untersuchte See der Erde — oligotrophe *Tanytarsus*-Seen. In diesen tibetanischen Hochgebirgsseen sind die gleichen Beziehungen zwischen O_2-Standard und Chironomidenbesiedelung vorhanden wie in den europäischen Seen. HUTCHINSON, der Limnologe der Expedition, vergleicht die Trophieverhältnisse des Yaye Tso mit seiner reichen Planktonentwicklung mit mesotrophen bis mäßig eutrophen Flachlandseen Europas und Nordamerikas. Zu diesen Feststellungen bemerkt BRUNDIN (1949, S. 636—637):

„Das Vorkommen natürlicher planktonreicher Seen mit reicher Bodentierwelt in diesen anscheinend sterilen hochalpinen Gegenden scheint recht schwer zu erklären zu sein. Jedoch ist zu bemerken, daß die Seen in fast tropischen Breiten liegen und daß die Sonnenhöhe deshalb beträchtlich ist. Folglich kann angenommen werden, daß der sommerliche Temperaturstandard relativ hoch ist (vgl. Yaye Tso), sowie daß die oberen Wasserschichten auch unter der Eisdecke nicht unbeträchtlich erwärmt werden können. Es scheint mir auch wahrscheinlich, daß in tibetanischen Seen äolisch bedingte Sedimentationsprozesse eine hervorragende Rolle spielen. In Ladak, wo die Niederschläge überaus niedrig sind, ist das Terrain den intensiven Abtragungsprozessen praktisch genommen während des ganzen Jahres ausgesetzt, und die Transportkapazität der Winde ist in bezug auf feines terrestrisches Material sehr beträchtlich. Es ist bekannt, daß die Täler der tibetanischen Hochebene wegen der schlechten Drainierungsverhältnisse mit großen Mengen lößartiger Erosionsprodukte allmählich ausgefüllt werden. Aus diesen Gründen scheint es klar, daß die Sedimentzufuhr in den tibetanischen Seen viel intensiver als in den europäischen hochalpinen und hocharktischen Seen sein muß."

Ein zweites in bezug auf die Chironomiden interessantes Ergebnis der Yale North India Expedition war der Nachweis von *Pseudodiamesa branickii* (Now.) PAGAST (*pubitarsis* GOETGH., *pilosa* K.) im Ororotse Tso. 3 Puppen dieser sonst aus Norwegen, Schwedisch-Lappland, Schottland, dem Schwarzwald, den Alpen, der Hohen Tatra bekannten Art fanden sich im eisfreien Uferwasser (Temperatur 8—10° C) des im übrigen ganz eisbedeckten Ororotse Tso am 11. VI. 1932; Imagines (det. EDWARDS) flogen in der Nähe. STEINBÖCK (1934) hat die Art in den Alpen in kleinen „Seen" auf dem Gletschereis oder am Stirnrand von Gletschern gefunden. (Für die Verbreitung und Ökologie dieser boreoalpinen, stenothermen Kaltwasserform vgl. auch PAGAST 1947, S. 565—569.)

Über die Chironomidenbesiedelung der Seen des asiatischen Rußlands liegen meines Wissens nur wenige genauere Angaben vor. Allerdings ist — abgesehen von den sprachlichen Schwierigkeiten, die die Auswertung der russischen Literatur bietet — mir das wissenschaftliche Schrifttum der UdSSR seit zwei Jahrzehnten unzugänglich. Es ist also möglich, daß in dieser Zeit neuere Arbeiten zu dieser Frage erschienen sind.

MIKULIN (1933) untersuchte 68 Dredgeproben aus dem Balchasch-See auf ihre Chironomidenfauna. Er fand darin etwa 19 Formen (Larventypen): *Chironomus salinarius* (vgl. unten), *Phytochironomus, Prochironomus, Cryptochironomus, Paracladopelma, Harnischia, Paratanytarsus, Cladotanytarsus, Tanytarsus, Micropsectra, Polypedilum, Orthocladiinen, Ablabesmyia, Protenthes, Psectrotanypus longicalcar, Culicoides* und drei weitere unbestimmte Chironomarien. Leitformen im See sind die *Chironomus*- und *Protenthes*-Art, erstere im ganzen See ziemlich gleich häufig, letztere von Westen nach Osten an Häufigkeit zunehmend. Tiefe und Salzgehalt des Sees steigen ebenfalls von Westen nach Osten an. (Im Westen 90 bis 250 mg Cl/l, im Osten 880 bis 995 mg Cl/l.) In der gleichen Richtung nimmt die Dichte der Besiedelung des Seebodens zu. *Chironomus* lebt in Tiefen von 1 bis 21 m und scheint optimale Lebensverhältnisse in dem grauen Schlammboden zwischen 10 und 15 m Tiefe zu finden, *Protenthes* tiefere Stellen zu bevorzugen, findet sich aber auch von 2,5 m Tiefe ab. Die Imagines von *Chironomus* schlüpfen in Massen von Ende Juli bis Anfang August, *Protenthes* fliegt von Ende Juni bis Anfang August.

Die Bezeichnung der *Chironomus*-Art als *„salinarius"* ist nicht richtig; denn es handelt sich nach MIKULINS Beschreibung um eine *Plumosus*-Form des *reductus*-Typs (vgl. S. 136). BEHNING (1936, S. 246) ist der Meinung, daß es sich hier um *Chironomus behningi* GOETGH. handelt.

Das ist die Art, die im Tschalkar- und Aralsee lebt und von deren Massenauftreten und dem Leuchten der Imagines uns ARVID BEHNING (1929, 1936) so plastische Schilderungen gegeben hat (vgl. auch S. 257, 276).

Über die Chironomidenfauna des durch WERESTSCHAGIN und seine Mitarbeiter sonst so gründlich untersuchten Baikal-Sees liegen keine Veröffentlichungen vor (vgl. aber S. 130). Einige kleinere Seen in der Umgebung des Baikal-Sees hat ČERNOVSKIJ (1937) untersucht (vgl. auch S. 129). Er zählt die folgenden Larventypen (nicht Arten!) auf: *Chironomus plumosus, bathophilus, Endochironomus nymphoides, Glyptotendipes gripekoveni, Limnochironomus, Stictochironomus (rezvoji* n. sp., nur Larve!), *Paratanytarsus, Tanytarsus, Microtendipes, Polypedilum, Psectrocladius psilopterus, Corynoneura, Tanypus, Pelopia, Bezzia.*

Das ist alles, was — mir jedenfalls — über die Chironomidenfauna innerasiatischer Seen bekannt geworden ist!

e) Japanische Seen

Japan hat in M. TOKUNAGA einen vorzüglichen Chironomidenkenner. Trotzdem gibt es für keinen japanischen See eine eingehende Bearbeitung seiner Chironomidenfauna! Doch hat D. MIYADI in seiner Serie „Studies on the Bottom Fauna of Japanese Lakes“ die Bodenfauna einer sehr großen Anzahl japanischer Seen in allen Gegenden und Höhenlagen des Landes quantitativ untersucht; allerdings gibt er nur die Larventypen der Chironomiden an. In Nr. X dieser Serie (1933) bringt er ein „System der japanischen Seen, auf Grund der Bodenfauna“, dem wir das Folgende entnehmen. Wir schließen dann seine Angaben über die Seenfauna der Kurilen (MIYADI 1937, 1938) an. Unter den harmonischen Seen Japans unterscheidet er folgende Gruppen:

I. Den *Tanytarsus*-Typ. Hierher viele Seen mit 50 m und mehr Tiefe, Tiefenwasser O_2-reich. *Tanytarsus*-Larven gehen bis in die größte Tiefe. *Chironomus plumosus*-Larven fehlen oder sind höchstens an ganz beschränkten Stellen speziellen Charakters vorhanden. Wo in der Tiefe eines solchen Sees durch Mikrostratifikation O_2-Mangel entsteht, fehlen die *Tanytarsus*-Larven in der größten Tiefe, sind aber im oberen Profundal in Menge vorhanden. Hierher gehören die Seen Tazawa-Ko, Towada-Ko, Tyûzenszi-Ko, das Hauptbecken von Sugenuma, Motosu-Ko, Nisinoumi und Asinoko. (Auch die acidotrophen Seen Inawasiro-Ko und Kuttyaro-Ko gehören wohl hierher, doch ist Sublitoral und oberes Profundal des erstgenannten von *Chir. anthracinus* besiedelt.) Zum *Tanytarsus*-Typ gehört auch der von YOSHIMURA (1933) untersuchte, 42 m tiefe Kratersee Itinomegata und eine Anzahl Kraterseen des Mt. Kirisima, die UÉNO (1938) untersucht hat, Rokkannon-ike, Hudo-ike, Onami-ike, Ohata-ike, Sinmoé-ike — diese 9,3 bis 14,1 m tief — und der 93,5 m tiefe Mi-ike.

In einem Untertyp („Oligochaeta-subtyp") herrschen Oligochäten vor, doch treten an beschränkten Stellen und in geringer Zahl auch die Larven der Gruppen Tanytarsus genuinus und Chironomariae connectentes auf. (Hierher Tôya-Ko, Sikotu-Ko, Kutyarako, Ikeda-Ko.)

II. Seinen zweiten Typ nennt MIYADI den *Tanytarsus-Endochironomus*-Typ. Hierzu ist aber folgendes zu bemerken: Wir kennen mit einer Ausnahme — Lake Windermere (vgl. S. 437) — keinen europäischen See mit *Endochironomus*-Larven im Profundal, und im Costello Lake in Ontario wies MILLER in der Tiefenregion *Endochironomus nigricans* JOH. nach. Ob es sich im ersten Fall um echte *Endochironomus*-Larven in unserem Sinne handelt, scheint mir nicht sicher. Nun hat die Unterscheidung von *Sergentia*- und *Endochironomus*-Larven schon Schwierigkeiten gemacht (vgl. SÖGAARD ANDERSEN 1937, S. 33); doch weist LENZ (1941 a, S. 35) demgegenüber darauf hin, daß diese Unterscheidung doch gar nicht schwer ist. Jedenfalls möchte ich annehmen, daß MIYADI hier *Endochironomus* und *Sergentia* verwechselt hat und daß es sich bei seinem Typ II in Wirklichkeit um „*Tanytarsus-Sergentia*-Seen" handelt. Diese Annahme wird als berechtigt bestätigt dadurch, daß MIYADI in seiner Nord-Kurilenarbeit (1937, S. 474) den Kizaki-Ko und Unagi-ike als „*Sergentia lakes*" bezeichnet. Wenn der O_2-Gehalt in einem See, so sagt MIYADI, zu niedrig wird, bleiben die *Tanytarsus*-Larven auf das obere Profundal, Sublitoral und Litoral beschränkt und werden im unteren Profundal durch „*Endochironomus*" (also *Sergentia)* ersetzt. *Plumosus*-Larven kommen gelegentlich in geringen Mengen vor. Hierher gehören Aoki-Ko (in dem LENZ [1927 a] auch *Protanypus* nachwies), Unnagi-ike, Kirisima Mi-ike, Benten-numa, Simizi-numa, Numazawa-numa, Yukunaki-numa, Ôdaira-numa, Oziri-numa, Kizaki-Ko (letzterer etwas eutropher als die anderen).

YOSHIMURA (1932) stellt den 19,8 m tiefen See Busyu zu dem „pure *Endochironomus*-Typ" *(Chironomus plumosus* in flacherem Wasser ganz gering vertreten), UÊNO (1936) den kleinen Bergsee Waku-ike (10,8 m tief) zu den *Sergentia*-Seen, ebenso (1936 a) den Panke-Ko (49,9 m tief), den Penke-Ko und Ziro-Ko. Vielleicht gehört auch der Sannomegata (31 m tief) hierher (YOSHIMURA (1933).

III. *Plumosus*-Typ. *Chironomus plumosus* lebt in Seen recht verschiedener Art. MIYADI unterscheidet vier Untertypen:

a) Oligotropher *Plumosus*-Typ: Kleine Bergseen mit O_2-Schwund im sommerlichen Tiefenwasser. *Ch. plumosus* hauptsächlich im oberen Profundal und Sublitoral, in der Tiefe spärlich. Larven viel kleiner als in anderen Seen. (Hierher Saino-Ko, Kirigome-Ko, Karigome-Ko, Biwa-ike, Maru-ike, Nuai-Becken des Oziri-numa.) Hierher wohl auch der 10,5 m tiefe Kratersee Ninomegata (YOSHIMURA 1933).

b) Mesotropher *Plumosus*-Typ: Größer als die vorigen, 10 bis 38 m tief. *Tanytarsus*-Larven im Litoral und Sublitoral, im Profundal dominiert *Plumosus*. In einigen Seen „*Endochironomus*" häufig im Sublitoral und oberen Profundal. (Hierher Noziri-Ko, Yuno-Ko, Maru-numa, Yamanaka-Ko, Kawaguti-Ko, Syôzi-Ko, Haruna-Ko, Ono am Mt. Akagi, Onuma und Konuma in Hokkaidô, Akimoto-Ko, Hibara-Ko.) UÉNO (1936a) stellt ferner den Akan-Ko (36,6 m tief) und den kleinen, flachen Taro-Ko zum mesotrophen *Plumosus*-Typ; hierher wohl auch der Koike (16,5 m tief) (UÉNO 1938) sowie der Abasiri-Ko (17,6 m tief) (UÉNO 1938 a).

c) Polytropher *Plumosus*-Typ: Große, flache Seen, O_2-Mangel nur in besonderen Fällen, Cyanophyceen-Wasserblüte. *Plumosus* überall. (Hierher Suwa-Ko. Togô-ike, Mikato-Ko, Kasumiga-ura, Kita-ura, Koyama-ike, Tôro-Ko.)

d) In stark mit Pflanzen verwachsenen flachen Seen treten *Plumosus* und die Chironomiden der Bodenfauna überhaupt stark zurück (Inbanuma, Tega-numa, Südbecken und Lagunen des Biwa-Ko, Ogura-ike).

IV. *Corethra*-Typ. Kleine, 4 bis 25 m tiefe Seen, O_2 verschwindet im Sommer für lange Zeit vollständig. Im tieferen Profundal nur *Corethra*, im Litoral und oberen Profundal *Plumosus*, „*Endochironomus*" und Chironomariae connectentes.

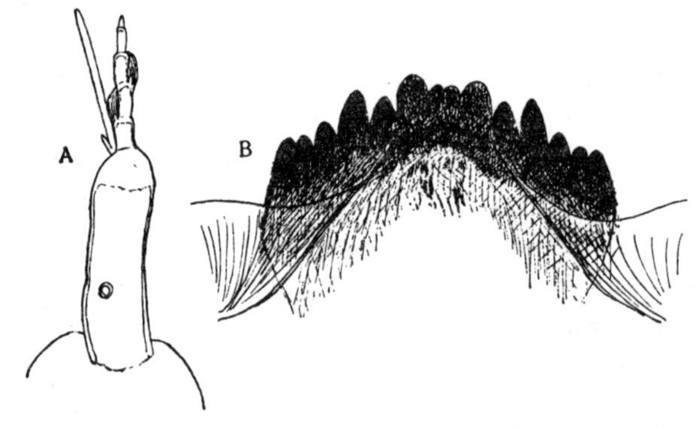

Abb. 240. Antenne und Labium der *Stictochironomus*-Larve aus dem Yôda-Ko (Nord-Kurilen). [Aus MIYADI 1937.]

Im äußersten Norden Japans, auf den Nord-Kurilen, hat MIYADI im Sommer 1934 limnologische Studien getrieben (MIYADI 1937). Hier fand er in vielen Seen *Tanytarsus*-Larven, Tanypodinen und Orthocladiinen sehr häufig, auch eine *Cryptochironomus*-Larve, in Lagunenseen *Chironomus plumosus*, und in dem einzigen See mit echtem Profundal (Yôda-Ko) *Stictochironomus*-Larven (Abb. 240). Er unterscheidet hier zwei Typen von Seen, für die Chironomiden charakteristisch sind:

1. Den *Chironomus*-Typ: Mit *Plumosus*-Larven in der Bodenfauna. Hierher die größeren Lagunenseen.
2. Den *Stictochironomus*-Typ: Hierher nur der Yôda-Ko, ein mesotropher See auf der Insel Paramusiru-tô; Tiefe im Maximum 30 m, Fläche 1,22 km², O_2-Gehalt am 13. Juli 1934 in 29 m Tiefe 10,29 ccm/Liter.

MIYADI weist darauf hin, daß dieser schöne Bergsee morphologisch und produktionsbiologisch LUNDBECKS *Stictochironomus*-Seen der subalpinen Region Europas ähnelt. Mehr als 1600 auf 1 m² *Stictochironomus*-Larven fanden sich im Durchschnitt.

Auf der Insel Kunasiri-sima der Süd-Kurilen arbeitete MIYADI an 17 Seen (MIYADI 1938). Auch hier wies er „*Plumosus*-Seen" und „*Corethra*-Seen" nach. Von Chironomiden verzeichnet er außer *Ch. plumosus, Stictochironomus, Tanytarsus, Einfeldia*, Tanypodinen, Orthocladiinen.

Eine Besonderheit unter den japanischen Seen bietet der Kratersee Siratori-ike, der nach UÉNO (1938) durch die Larven von *Stenochironomus* sp. charakterisiert ist. — Über die rapide Eutrophierung eines Kratersees, Haruna, der so durch Verwandlung der Gyttja in Sapropel fast seine gesamte Bodenchironomidenfauna verlor, berichtet YOSHIMURA (1933).

Folgende Chironomidenarten sind bis jetzt sowohl aus Japan wie Europa bekannt (vor allem nach TOKUNAGAS Arbeiten). Das ist aber sicher nur ein Bruchteil der tatsächlich gemeinsamen Arten! In dankenswerter Weise hat Herr TOKUNAGA dieses Verzeichnis revidiert und ergänzt.

Chironomidenarten, die in Europa und Japan vorkommen

Tanypodinae:

Procladius choreus MG. (Auch Nearktis)
crassinervis ZETT. (Auch Nearktis)
sagittalis K.
Protenthes punctipennis T. (Auch Nearktis)
Psectrotanypus varius F.
Macropelopia nebulosa MG.
goethgebueri K.
Ablabesmyia divisa WALK.
maculipennis ZETT.
melanops MG. (Auch Nearktis)
monilis L. (Kosmopolit)

Orthocladiinae:

Brillia modesta MG.
Parametriocnemus stylatus K.
Metriocnemus picipes MG.
Cardiocladius capucinus ZETT.
fuscus K.
Euorthocladius saxosus TOK.
Eucricotopus silvestris F. (Auch Nearktis, Java)
tricinctus MG. (Auch Nearktis)
trifasciatus PZ. (Auch Nearktis)
Trichocladius triannulatus MACQ.
bicinctus MG. (Auch Nearktis)
oscillator MG.
tremulus L.
Trichocladius trifascia EDW.
Rheocricotopus chalybeatus EDW.
Microcricotopus bicolor ZETT.
? *Monodiamesa bathyphila* K. (Auch Nearktis)
Protanypus
Smittia nudipennis GOETGH.
aterrima MG.
vesparum GOETGH.
Corynoneura celtica EDW.
lobata EDW.
Thienemanniella lutea EDW.
majuscula EDW.

Chironomariae:

Chironomus plumosus L. (Auch Nearktis)
dorsalis MG.
anthracinus ZETT. (Auch Nearktis)
lugubris ZETT.
thummi K.
Cryptocladopelma viridula F.
Glyptotendipes glaucus MG.
paripes EDW.
Glyptotendipes gripekoveni K.
Limnochironomus lobiger K.
Stenochironomus bitensis K.
Polypedilum nubeculosum MG.
Pentapedilum sordens V. D. W. (Auch Nearktis)
? *Sergentia coracina* (Auch Nearktis)
Microtendipes fuscipennis MG.

Tanytarsariae:

Micropsectra subviridis GOETGH.
praecox MG.
Cladotanytarsus van der Wulpi EDW.
Rheotanytarsus pentapoda K.

Ceratopogonidae:

Forcipomyia bipunctata L.
pallida WINN.
tenuisquama K.
brevipedicellata K.
brevipennis MACQ.
Atrichopogon winnertzi GOETGH.
rostratus WINN.
Kempia brunnipes MG.
longiserra K.
Dasyhelea dufouri LAB.
flaviventris GOETGH.
flavoscutellata ZETT.
scutellata MG.
Culicoides arcuatus WINN.
circumscriptus K.
nubeculosus MG.
obsoletus MG.
pulicaris L.
Monohelea tesselata ZETT.
Trishelea incompleta K.
Helea minima K.
Isohelea flaviventris K.
Bezzia chrysocoma K.
flavicornis STAEG.
Stilobezzia albicornis K.
Sphaeromias pictus MG.

Von den hier aufgezählten 78 Arten sind mindestens 14 auch aus Nordamerika bekannt, also holarktische Arten; die übrigen müssen vorläufig als eurasiatische Arten bezeichnet werden.

f) Tropische Seen

MIYADI (1939) hat auch eine „Limnological survey of Taiwan (Formosa)" veröffentlicht. Was er aber über die Chironomidenfauna dieser tropischen Seen erwähnt, ist wenig. Er nennt als Seenbewohner Tanypodinen, *Polypedilum, Einfeldia* und *Cryptochironomus;* das ist alles.

Während der Deutschen Limnologischen Sunda-Expedition habe ich mich bemüht, die Chironomiden der von uns untersuchten Seen möglichst zu erfassen. Im folgenden die Liste.

Tanypodinae:

1. *Ablabesmyia aucta* JOH.: Ostjava: Ranu Lamongan, im flachen Ufer zwischen *Hydrilla* 18. IX. 1928. Puppe. Westjava: Telaga Warna am Puntjakpaß (etwa 1350 m) 21. IX. 1928. Puppenexuvie. — Auch aus einem Teich in Buitenzorg (Westjava).
2. *A. albiceps* JOH.: Südsumatra: Im Ausfluß des Ranausees, auch in einem Rockpool im Ausfluß. I. 1929. Larven und Puppen. Mittelsumatra, im Ufer des Danau di Atas zwischen *Sphagnum* 17. III. 1929. Larve. — Auch aus einem Quellsumpf auf dem Diëng-Plateau (Mitteljava).

3. *A. divergens* Joh.: Mittelsumatra, wie vorige Art. — Auch aus Heidetümpel im Tobagebiet (Sumatra) und aus Teichen in Buitenzorg (Westjava).
4. *A. facilis* Joh.: Südsumatra: Larven im überschwemmten Ufer des Ausflusses des Ranausees 20. I. 1929. — Auch in Quellen in Sumatra (Tobagebiet) und West- und Mitteljava.
5. *Ablabesmyia* sp. *Costalis*-Gruppe A: Südsumatra, Larve im Brandungsufer des Ranausees, Larve 2. II. 1929. — Auch aus Quellen im Tobagebiet (Sumatra) und in Ostjava.
6. *Procladius culiciformis* L.: Sumatra, Tobasee, Nordbecken. Larven in 25 bis 28 m Tiefe, Puppenexuvien auf der Oberfläche 12. IV. 1929; Südsumatra, Ranausee, Larven in 12 bis 15 und 45 m Tiefe 21. I. 1929. Mittelsumatra, See von Singkarak, Larven in 30 m Tiefe. 5. III. 1929.
7. *Clinotanypus obscuripes* Mg.: Mittelsumatra, See Ngebel, in 8 m Tiefe Larven, Puppen, an der Oberfläche Puppenexuvien. 13., 14. XII. 1928.
8. *Cl. crux* Wied. Mittelsumatra, See von Singkarak, Larven in 30 m Tiefe. 5. III. 1929.
9. *Tanypus* sp. (Neuer Typus Zavřel): Westjava, Telaga Warna am Puntjakpaß, im Ufer eine Larve. 21. IX. 1928.

Orthocladiinae:

10. Ich habe (vgl. Thienemann 1932 a, S. 555) nur einige wenige, unbestimmte Orthocladiinenlarven im Litoral von Seen auf Java, Sumatra und Bali gefunden. Orthocladiinen treten in der Seenfauna Insulindes vollständig zurück!

Chironomariae:

11. *Chironomus costatus* Joh.: Südsumatra, Ranausee, Larven aus 53 m Tiefe. 28. I. 1929. — In Java in Quellen, Bächen, Tümpeln, Teichen, in Bali in Rockpool.
12. *Ch. javanus* K.: Südsumatra, Ranausee, Oberfläche 28. I. 1929. — Auch aus Sawahs am Seeufer.
13. *Ch. palpalis* Joh.: Südsumatra, Ranausee, aus 45 m Tiefe 26. I. 1929. — Auch aus „Bambustöpfen" (vgl. S. 547) im südsumatranischen Urwald.
14. *Ch. quadratus* Joh.: Mitteljava, Telaga Warna, Diëng-Plateau (Solfatareneinfluß!). 4. VI. 1929.
15. *Ch. hirtitarsis* Joh.: Sumatra, Tobasee, Bucht von Meat, aus Larve vom Seeboden gezogen. 10. IV. 1929.
16. *Ch.* sp.: Mitteljava, Diëng-Plateau, Telaga Pengilon und Telaga Warna (Solfatareneinfluß). Puppenhäute 3. VI. 1929; Ostjava, Ufer des Ranu Lamongan. 9. X. 1928. Puppenhaut. Mitteljava: Telaga Pasir, auf Steinen in 2 bis 4 m Tiefe, Larven 8. XII. 1928. Telaga Ngebel, Larven in 2 m Tiefe, viele Puppenhäute auf der Seeoberfläche 13., 14. XII. 1928.

Südsumatra, Ranausee, Larven aus 45 und 75 m Tiefe. 21., 26. I. 1929. — Tobasee, Porseabecken, viele Puppenhäute 8. IV. 1929.

17. *Limnotendipes flexus* JOH.: Ostjava, Ranu Bedali, Ufer und Lyngbyazone (2—6 m). 15. X., 22. XI. 1928. Südsumatra, Ranausee, Oberfläche. 21. I. 1929.
18. *Stictotendipes stupidus* JOH.: Westjava, Stausee Tjigombong, Lehmkrusten auf Ufersteinen. 17. IX. 1928. Ostjava, am Ranu Lamongan Lampenfänge X., XI. 1928. — Auch aus Teich in Westjava.
19. cfr. *Limnochironomus:* Ostjava, Ranu Pakis, Steine im Ufer. 25. X. 1928. Bali, Batursee, an Steinen im Litoral. 21. XI. 1929. Südsumatra, Ranausee, zwischen Potamogeton und in 7 bis 10 m Tiefe. I. 1929.
20. *Cryptochironomus* sp.: Südsumatra, Ranausee, Larven in 10 m Tiefe. 30. I. 1929.
21. *Polypedilum albiceps* JOH.: Mitteljava, Telaga Pasir, auf Steinen in 2 bis 4 m Tiefe. 8. XII. 1928.
22. *Propedilum anticus* JOH.: Westjava, Stausee Tjigombong zwischen Pflanzen. 17. IX. 1928.
23. *Pentapedilum nodosum* JOH.: Sumatra, Tobasee, Bucht von Meat in 2 bis 4 m Tiefe. Imagines am Ranausee in Südsumatra in Massen schwärmend 23. I. 1929 und am Ranu Lamongan in Ostjava X. 1928. — Auch aus einer mitteljavanischen Quelle.
24. cfr. *Microtendipes:* Südsumatra, Ranausee, in 10 m Tiefe. 30. I. 1929.
25. *Microchironomus* cfr. *laccophilus:* Sumatra, Tobasee, Nordbecken. Oberfläche Puppenexuvien. 12. IV. 1929.
26. *Microchironomus* cfr. *conjungens:* Ebenda, in 25 bis 28 m Tiefe. 12. IV. 1929.

Tanytarsariae:

27. *Tanytarsus ovatus* JOH.: Mitteljava, Telaga Pasir auf Steinen in 2 bis 4 m Tiefe. 8. XII. 1928.
28. *Tanytarsus* sp. *Gregarius*-Typ Nr. 2: Südsumatra, Ranausee, 1 bis 1,5 m, Sandboden. 21. I. 1929.
29. *Tanytarsus* sp. *Gregarius*-Typ Nr. 3: Südsumatra, Ranausee, Oberfläche Puppenexuvien. I. 1929.
30. *Tanytarsus* sp. *Gregarius*-Typ juv. Nr. 3: Südsumatra, Ranausee, 1 bis 1,5 m Tiefe. 21. I. 1929.
31. *Tanytarsus* sp. *Gregarius*-Typ Nr. 4: Südsumatra, Ranausee, 45 m Tiefe. 21. I. 1929.
32. *Rheotanytarsus additus* JOH.: Südsumatra, Ranausee, an *Potamogeton* in 0 m, an *Hydrilla* in 1 m, auf Sandboden in 1 bis 1,5 m, an der Seeoberfläche Massen Häute, am 28. I. 1929 in Unmassen zusammen mit folgender Art schwärmend (vgl. S. 256). Mittelsumatra, Singkarak-See,

2 m zwischen *Potamogeton;* Ostjava, Ranu Lamongan, auf Blättern im Ufer, Exuvien an der Seeoberfläche. 18. XI. 1928. — Auch in Sawahs bei Ranau.

33. *Rheotanytarsus trivittatus* JOH.: Südsumatra, Ranausee, zwischen *Potamogeton,* Massen Exuvien auf der Oberfläche. I. 1929. Massenschwärme vgl. vorige Art. — Auch in der Strömung des Seeausflusses und in Sawahs am See; ferner am Musi bei Muara Klingi. 8. V. 1929.
34. *Paratanytarsus* sp.: Ostjava, eine Puppe im Uferwasser des Ranu Lamongan. 18. XI. 1928.
35. *Cladotanytarsus conversus* JOH.: Südsumatra, Ranausee, auf Sandboden in 1 bis 1,5 m Tiefe und in der Strömung des Seeausflusses. 21., 29. I. 1929.

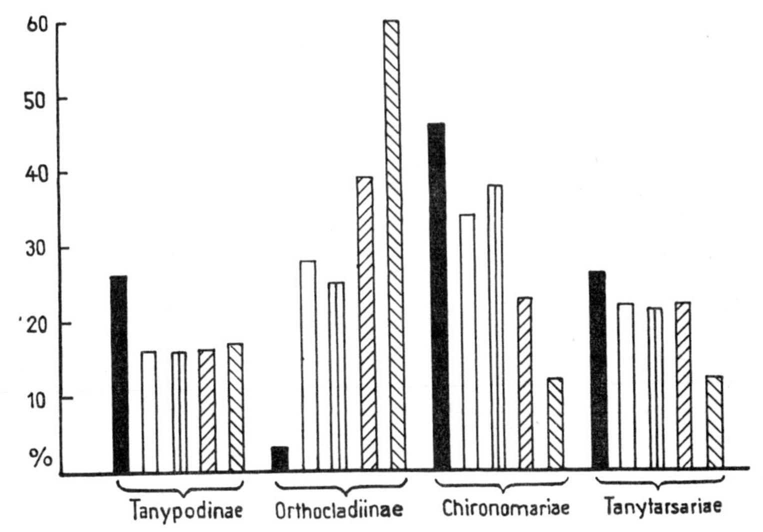

Abb. 241. Prozentuale Vertretung der einzelnen Chironomidengruppen (Artenzahlen) in den Seen Insulindes und in europäischen Seen. Schwarze Stäbe = Insulinde, weiße Stäbe = Großer Plöner See, längsgestreifte = Innaren, schräg (//) gestreift = Lunzer Untersee, schräg (\\) gestreift = Lunzer Mittersee.

Ceratopogonidae:

36. *Forcipomyia excellans* JOH.: Mitteljava, See Ngebel, unter Steinen dicht über dem Wasser. 14. XII. 1928. Südsumatra, im Abfluß des Ranausees an schwimmenden Baumstämmen. 12. I. 1929.
37. *Forcipomyia subtilis* JOH.: Südsumatra, wie vorige Art. — Auch aus wassererfüllten Kokosnüssen (vgl. S. 546).
38. *Dasyhelea affinis* JOH.: Sumatra, Tobasee, in flachen, überspülten *Eriocaulon*-Wiesen des Ufers. 2. IV. 1929. — Auch aus mittelsumatranischen Kalksinterquellen.

39. *Bezzia mollis* JOH.: Mitteljava, im Ufer des Telaga Warna, Diëng-Plateau. 3. VI. 1929. — Auch aus Sawahs am Tobasee.
40. *Probezzia conspersa* JOH. var. a JOH.: Ostjava, Ranu Lamongan, zwischen Uferpflanzen sowie in einem Zuflußbach des Sees. 12., 18. XI. 1928.
41. gen. spec. *Bezzia*-Gruppe: Mittelsumatra, Danau di Atas, aus Ufersphagnen. 17. III. 1929.

Es sind von uns also in den Seen Insulindes nachgewiesen: 9 Tanypodinenarten, > 1 Orthocladiine, 16 Chironomarien, 9 Tanytarsarien, 6 Ceratopogoniden. Am meisten fällt dabei die minimale Artenzahl von Orthocladiinen auf. Ich schrieb darüber schon 1932 (a, S. 556): „Auffallend ist die geringe Vertretung der Orthocladiinen im Seenlitoral, vor allem, wenn man daran denkt, wie stark diese bei uns, in den gemäßigten Zonen, sein kann. In manchen Seen Insulindes fehlen Orthocladiinen so gut wie ganz. ‚Schäumt' man die Puppenhäute der Chironomiden von der Seeoberfläche ab, so findet man unter ihnen höchstens vereinzelte, oft überhaupt keine Orthocladiinenhäute. Auch das völlige Fehlen von Orthocladiinen, die in Wasserpflanzen minieren, ist beachtenswert."

Interessant ist ein Vergleich der Artenzahlen der Hauptgruppen der Chironomiden der Seen Insulindes und Europas; vgl. die folgende Tabelle sowie Abb. 241.

Prozentuale Vertretung
der einzelnen Chironomidengruppen (Artenzahlen)
in den Seen Insulindes und in europäischen Seen

	Insulinde	Europa				
		Großer Plöner See	Innaren	Lunzer Untersee	Lunzer Mittersee	Im Durchschnitt
Tanypodinae	26	16	16	16	17	16
Orthocladiinae	3	28	25	39	60	38
Chironomariae	46	34	38	23	12	27
Tanytarsariae	26	22	21	22	12	19

Während die Unterschiede bei den Tanypodinen und Tanytarsarien nicht allzu groß sind, sind die Orthocladiinen in der Seenfauna Insulindes mit 3% der gesamten Artenzahl der Chironomiden vertreten, in den Seen Europas aber mit 25 bis 60, im Durchschnitt mit 38%. Und während die Chironomariae in Insulinde fast die Hälfte (46%) der Artenzahl bilden, machen sie in Europa nur etwa ein Viertel (im Durchschnitt 27%; 12—38%) aus. Also zeigt sich auch hier bei der Seenfauna wieder die Richtigkeit der Regel von der relativen Zunahme der Chironomarien und der relativen Abnahme der Orthocladiinen bei Annäherung an den Äquator (vgl. S. 342).

Nur eine einzige Art der Seenfauna Insulindes kommt auch in Europa vor: *Procladius culiciformis*. Ob Unterschiede in der Seenbesiedelung zwischen den drei Inseln Java, Sumatra und Bali vorhanden sind, läßt sich auf Grund unseres Materials nicht entscheiden.

Bewohner der Seetiefe sind:

die Tanypodinen *Procladius culiciformis* (größte Fundtiefe 45 m, Ranausee, Sumatra), *Clinotanypus crux* (30 m, See von Singkarak, Sumatra), *Clinotanypus obscuripes* (8 m, See Ngebel, Java);

die Chironomarien *Chironomus costatus* (53 m, Ranausee), *Ch. palpalis* (45 m, Ranausee), *Ch. hirtitarsis* (Tobasee), *Ch.* sp. (75 m, Ranausee), *Microchironomus* cfr. *conjungens* (25—28 m, Tobasee);

die Tanytarsarie *Tanytarsus* sp. *Gregarius*-Typ Nr. 4 (vereinzelt in 45 m Tiefe, Ranausee).

Alle übrigen Arten leben im Seenlitoral und gehen zum Teil auch in die Seeausflüsse. Besonders charakteristisch für das Litoral sind die beiden Arten der Gruppe „*anomalus*“ der Gattung *Rheotanytarsus, Rh. additus* und *trivittatus*, die sich zu gewaltigen Massen entwickeln können (vgl. S. 514).

Zweifellos sind alle von uns genauer untersuchten Seen Insulindes *Chironomus*-Seen, und zwar gehören die Larven der charakteristischen *Chironomus*-Arten (z. B. *javanus, palpalis)* nach LENZ' Feststellungen (1937) zum *Plumosus*-Typus. Solche *Chironomus*-Seen sind in Sumatra sicher der Ranausee, der Tobasee, wohl auch der See von Singkarak, in Bali der Bratansee, in Java der Pasir, Ngebel, Lamongan. Im Ranausee, wo wir *Chironomus*-Larven bis zu einer Tiefe von 75 m nachgewiesen haben, betrug der O_2-Gehalt in dieser Tiefe zwischen 0,12 und 2,07 mg/Liter, während in den größeren Tiefen der Sauerstoff vollständig verschwunden ist (RUTTNER 1931, S. 331): also die gleichen Verhältnisse, wie sie eutrophe Seen der gemäßigten Zonen zeigen. *Tanytarsus*-Seen haben wir in Insulinde nicht angetroffen (*Micropsectra* lebte in keinem See [ZAVŘEL 1934, S. 139]).

Wir haben oben (S. 490) darauf hingewiesen, daß, historisch gesehen, in den gemäßigten Zonen der Nordhalbkugel der *Tanytarsus*-See der primäre ist, und daß im Laufe der postglazialen Eutrophierung aus den ursprünglichen glazialen oligotrophen *Tanytarsus*-Seen die eutrophen *Chironomus*-Seen geworden sind. Denkt man aber an die Seen der ganzen Erde, so gewinnt das Problem cin anderes Aussehen. Denn „der extrem eutrophe Binnensee ist an Wärme und nährstoffreiches Gelände, das durch regelmäßige starke Niederschläge erschlossen wird, gebunden, d. h. also an feuchte Tropengebiete“ (THIENEMANN 1931, S. 206). Die Tropen sind die Wiege des Lebens: und so ist unter größten regionalen Gesichtspunkten gesehen auch der eutrophe See, der *Chironomus*-See, der primäre, ursprünglichste!

Während der Drucklegung dieses Buches erschienen (1952) die ersten Angaben über MACDONALDS Chironomidenuntersuchungen im afrikanischen

Victoria-See. In der Ekunubay sind die Hauptschlammbewohner Larven von *Pelopia* sp., *Procladius* sp. und einer *Chironomus*-Art der *Plumosus*-Gruppe. *Clinotanypus* und *Tanytarsus* treten in geringerer Zahl auf.

4. Die Chironomidenfauna der stehenden Gewässer: Teiche und Tümpel

Zwischen See und Teich oder Weiher gibt es keine scharfen Grenzen. „Ein Weiher ist ein See ohne Tiefe; er kann in seiner ganzen Ausdehnung von der litoralen Seeflora besiedelt werden", schreibt F. A. Forel. Teiche oder Weiher sind stehende, flache, nicht austrocknende Gewässer, ohne Gliederung in Litoral und Profundal. Im allgemeinen zeigen sie also die Charakteristika des Seenlitorals. Aber je kleiner an Fläche ein solcher Teich ist, um so mehr hat er, im Gegensatz zum Seenlitoral, einen streng lenitischen Charakter; Brandungsufer fehlen, und die Teichfauna ist durchweg eine Stillwasserfauna (vgl. Thienemann 1925 a, S. 212).

Die Kleinteiche faßt Kreuzer (1940) mit den übrigen Kleingewässern wie stagnierende Gräben und vor allem Tümpel zusammen unter den Begriff des Telmas und stellt sie den größeren stehenden Gewässern, Teichen und Seen gegenüber: „Das Telma ist ein Verband kleiner stehender Süßwasserbiotope von astatischem Typus. Die Kleinheit wird als ökologischer Faktor wirksam. Sie hat spezifische physikalische und auch chemische Verhältnisse zur Folge, die wiederum eine bestimmte oder doch bestimmt zusammengesetzte Fauna bedingen" (l. c. S. 553, 554). Kleinteiche oder Kleinweiher im Sinne Kreuzers führen ständig Wasser, ihr Wasserstand ist aber starken Schwankungen unterworfen, doch erfolgt Austrocknung höchstens ausnahmsweise. Wird diese jedoch zur regelmäßigen Erscheinung, so haben wir einen Tümpel vor uns, den absolut „amphibischen" und damit astatischsten Typ der Kleingewässer (l. c. S. 553).

„Die Telmen stellen ‚Selektivbiotope' dar. Es fehlen echte Formen der Tiefe und des lotisch bewegten Litorals sowie des fließenden Wassers. Auch Elemente des lenitischen Seenlitorals treten sehr zurück. — Die Hauptformen der ‚Kleinteiche' stellen eine Auslese euryözischer und euryplastischer Formen einer streng lenitischen Fauna dar, welche auch in größeren limnischen Biotopen, vor allem in Weihern und Teichen, leben können. Viele sind Ubiquisten; einige aber zeigen doch eine starke Bindung an kleine Gewässer. Die Hauptelemente der ‚Tümpel' sind biotopgebunden, sind echte Leitformen, welche stenözisch, aber ebenfalls weitgehend euryplastisch sind" (l. c. S. 554, 555). Je kleiner ein Gewässer ist, um so mehr bestimmen Einzelheiten der Umgebung seinen Charakter (Kreuzer, S. 552), um so mehr ist es in seiner Eigenart abhängig von seiner Umgebung.

Für unsere Betrachtung der Chironomidenfauna der Teiche und Telmen fassen wir die nicht regelmäßig austrocknenden Teiche und Kleinteiche zusammen; dabei behandeln wir auch Fischteiche, die ja künstlich trockengelegt werden können. (Weiteres über Fischteiche und ihre Chironomiden in Kapitel XI, S. 740—746.) Es folgen dann die Tümpel und „Kleinstgewässer".

Ein eingehenderes Studium der Chironomidenfauna all dieser Gewässer ist bisher nur in Europa erfolgt. Vergleichsweise können einige Daten aus Insulinde herangezogen werden. Während der Drucklegung dieses Buches ging mir R. KENKS Arbeit (1949) über das tierische Leben in temporären und permanenten Teichen in Südmichigan zu, die im folgenden noch berücksichtigt werden konnte.

a) Europa

1. Teiche und Kleinteiche

Für die Beurteilung der Chironomidenfauna dieser Gewässer stehen uns die folgenden zusammenfassenden Darstellungen zur Verfügung: PHILLIPPS Arbeit (1938 a) über ostpreußische Fischteiche (Perteltnicken); KREUZERS Untersuchungen an holsteinischen Kleingewässern (1940), und zwar seine „alkalischen Kleinteiche" (Taf. XXI Abb. 242); meine Lapplandarbeit (1941 a), und zwar die „alkalischen Teiche der Birkenregion" (S. 125—131) (Taf. XXII Abb. 243), und meine „Lunzer Chironomiden" (1950), und zwar die „Teiche in der Umgebung des Untersees" (S. 63—65) (Taf. XXII Abb. 244). Wir schließen dann einige Bemerkungen über Teichchironomiden anderer Gegenden an.

In den folgenden Tabellen sind die in Holstein, Ostpreußen, Lunz und Lappland nachgewiesenen Teichchironomiden verzeichnet. Bei den Ceratopogoniden mußte Ostpreußen ausfallen, da PHILLIPP die Ceratopogoniden nicht berücksichtigt hat.

Ceratopogonidae	Holstein	Lunz	Lappland
Dasyhelea modesta WINN.		+	
aestiva WINN.			+
longipalpis-Gruppe			+
versicolor var. *insignipalpis* K.			+
halophila-Gruppe			+
diplosis-Gruppe			+
Culicoides pictipennis STG.		+	
? *fascipennis* STG.		+	
neglectus WINN.			+
rivicola GR.			+
Bezzia bicolor MG.	+	+	+
solstitialis WINN.			+
annulipes MG.	+	+	
multiannulata STROBL.		+	
taeniata HAL.		+	
Palpomyia lineata MG.		+	
spinipes MG.			+

Bei Betrachtung der Ceratopogonidentabelle fällt schon der große faunistische Unterschied zwischen den drei Gebieten — norddeutsche Ebene, Alpen, Lappland — auf. Von den im ganzen 17 Arten 2 in Holstein, 8 in Lunz, 10 in Lappland. Aber nur 2 Arten treten in Holstein und Lunz *(Bezzia annulipes)*, respektive in allen drei Gebieten auf *(Bezzia bicolor)*, im übrigen ist die Zusammensetzung der Ceratopogonidenfauna der Teiche in Lunz[111] und in Lappland eine g a n z verschiedene.

Daß die Teichfauna der drei verglichenen Gebiete wirklich grundverschieden ist, zeigen die eigentlichen Chironomiden noch klarer.

Tanypodinae	Holstein	Ost-preußen	Lunz	Lappland
Ablabesmyia monilis L.			+	+
monilis L. var. *connectens* TH.				+
guttipennis V. D. W.	+			
tenuicalcar K.	+			
falcigera K.	+			
nympha K.	+			
melanura MG.	+			
punctatissima GOETGH.			+	
Macropelopia notata MG.			+	
sp.	+			
Psectrotanypus varius F.	+		+	
trifascipennis ZETT.			+	
Procladius sagittalis K.	+			+
choreus MG.		+		
sp.			+	+
Protenthes kraatzi K.		+		

Orthocladiinae	Holstein	Ost-preußen	Lunz	Lappland
Metriocnemus sp.	+			
Brillia modesta MG.			+	
Heterotrissocladius marcidus WALK.			+	
sp.				+
Trissocladius brevipalpis K.	+			
Parametriocnemus stylatus K.			+	
boreoalpinus GOWIN			+	
Krenosmittia boreoalpina GOETGH.			+	
Heleniella thienemanni GOWIN			+	
Trichocladius festivus MG.	+		+	
algarum K.			+	
tendipedellus K.			+	
alpestris GOETGH.			+	

[111] Auf Tabelle 16 zu Seite 65 meiner Lunzer Arbeit (1950) ist leider ein Fehler stehen geblieben: es ist „*(Dasyhelea) flavipes*" zu streichen!

Orthocladiinae	Holstein	Ost-preußen	Lunz	Lappland
Paratrichocladius alpicola K.			+	
holsatus GOETGH.			+	+
Eucricotopus tricinctus MG.				+
ornatus MG.		+		
ephippium ZETT.		+		
silvestris F.	+			
trifasciatus PZ.			+	
Acricotopus lucidus STAEG.	+			
Psectrocladius limbatellus HOLMGR.				+
barbimanus EDW.				+
obvius WALK.			+	+
platypus EDW.				+
stratiotis K.		+		
sordidellus ZETT.			+	
psilopterus-Gruppe	+			+
dilatatus-Gruppe				+
sp. „connectens"				+
Diplocladius lunzensis GOWIN			+	
Parakiefferiella bathophila K.			+	
sp. a				+
Orthocladius tatricus PAGAST				+
Parorthocladius nudipennis K.			+	
Rheorthocladius rufiventris MG.		+		+
majus GOETGH.			+	
dispar GOETGH.			+	
frigidus ZETT.			+	
Eukiefferiella minor-montana			+	
Limnophyes punctipennis GOETGH.	+			
longiseta K.	+			
sp.			+	+
Diamesa sp.			+	
Pseudodiamesa nivosa GOETGH.			+	
Potthastia longimanus K.			+	
Prodiamesa olivacea MG.	+		+	
Corynoneura scutellata WINN.	+	+	+	
carriana EDW.		+		
sp.	+			+

Chironomariae	Holstein	Ost-preußen	Lunz	Lappland
Chironomus plumosus L.	+	+		
plumosus var. *prasinus* MG.		+		
dorsalis MG.	+			
cingulatus MG.	+			
anthracinus ZETT.	+	+		
hyperboreus STAEG.				+
thummi-Gruppe			+	+

Chironomariae	Holstein	Ostpreußen	Lunz	Lappland
Camptochironomus tentans F.		+		
Limnochironomus lobiger K.	+		+	
sp.				+
Glyptotendipes barbipes STAEG.	+			
gripekoveni K.		+		
paripes EDW.	+			
Endochironomus longiclava K.		+		
tendens FABR.	+			
dispar MG.	+			
signaticornis-Gruppe	+			
Cryptochironomus lateralis G.				+
biannulatus STAEG.		+		
Cryptochironomus supplicans MG. (*defectus* K.)		+		
suppilcans-Gruppe	+			
Paracladopelma camptolabis K.			+	
Stictochironomus sp.				+
Lenzia sp.	+			
Paratendipes albimanus MG.			+	
Microtendipes ? chloris var. *lugubris* K.				+
sp.	+			
Polypedilum nubeculosum MG.		+		
crenulosum K.		+		
? convictum WALK.				+
cultellatum GOETGH.			+	
sp.	+			+
Pentapedilum musciola K.		+		
sp.				+

Tanytarsariae	Holstein	Ostpreußen	Lunz	Lappland
Tanytarsus herbaceus GOETGH.		+		
latiforceps EDW.				+
virens-Gruppe				+
gregarius-Gruppe sp. a				+
gregarius-Gruppe sp. b				+
holochlorus EDW.			+	
sp.				+
Micropsectra praecox MG.			+	
sp. C.			+	
Monotanytarsus austriacus K.			+	
boreoalpinus TH.			+	+
Paratanytarsus atrolineatus G.			+	
tenuis MG.		+	+	
cfr. *lauterborni*				+
sp.	+			
Phaenopelma fonticola K.		+		
Constempellina brevicosta EDW.				+
Cladotanytarsus cfr. *mancus*				+
Stempellina bausei			+	
Zavrelia marmorata V. D. W.		+		

Übersicht über Teichchironomiden

	Artenzahl im ganzen	Holstein		Ostpreußen		Lunz		Lappland	
		Artenzahl	%	Artenzahl	%	Artenzahl	%	Artenzahl	%
Tanypodinae . . .	16	8	23	2	9	6	13	4	11
Orthocladiinae . .	50	11	32	6	27	28	60	15	42
Chironomariae . .	34	14	41	11	48	5	10	9	25
Tanytarsariae . . .	20	1	3	4	17	8	17	8	22
Artenzahl im ganzen	120	34		23		47		36	

Betrachten wir die Übersichtstabelle. Von den insgesamt 120 Arten wurden in Holstein 34, in Ostpreußen 23, in Lunz 47, in Lappland 36 nachgewiesen. Aber unter den bis zur Art sicher bestimmten Formen kommen, wie die Einzeltabellen zeigen, zugleich in den Teichen von zwei Gebieten nur 11 Arten vor, keine einzige in drei oder gar allen vier Gebieten!

Es fanden sich

in Lappland + Lunz:	*Ablabesmyia monilis*
	Paratrichocladius holsatus
	Psectrocladius obvius
	Monotanytarsus boreoalpinus
in Lappland + Holstein:	*Procladius sagittalis*
in Lappland + Ostpreußen:	*Rheorthocladius rufiventris*
in Holstein + Lunz:	*Psectrotanypus varius*
	Limnochironomus lobiger
in Holstein + Ostpreußen:	*Chironomus plumosus*
	Chironomus anthracinus
in Lunz + Ostpreußen:	*Paratanytarsus tenuis*

Die für die holsteinischen Kleingewässer besonders charakteristische Art *Ablabesmyia falcigera* — KREUZER fand sie in 82 Proben aus 19 Kleingewässern — und der ebenfalls in den holsteinischen Kleingewässern häufige *Chironomus cingulatus* — 25 Proben aus 6 Kleingewässern — fehlt in den Teichen der drei anderen Gebiete.

Man kann tatsächlich keine Art finden, die für die Teiche aller Gebiete kennzeichnend wäre. Wenn KREUZER seine Telmen als „Selektivbiotope" bezeichnet, so gilt das gleiche auch für alle Teiche. „Teich" ist kein einheitlicher Biotoptypus; in jeder Gegend ist seine Besiedelung eine besondere, von der Besiedelung der übrigen stehenden Gewässer der Umgebung abhängige; der Zufall spielt bei der Besiedelung eine große Rolle.

Vergleichen wir die prozentuale Verteilung der Arten der verschiedenen Chironomidenhauptgruppen: in Holstein und Ostpreußen — also der Ebene — überwiegen die Chironomarien (mit 41 respektive 48%) über die Orthocladiinen (32 respektive 27%), in Lunz und Lappland — also den Alpen und der Arktis — die Orthocladiinen (mit 60 respektive 42%) über die Chironomarien (10 respektive 25%). Das entspricht einer allgemeinen, von uns schon mehrfach erwähnten Regel: „Regional gesehen steigt der Anteil der Orthocladiinen an der gesamten Chironomidenfauna der Gewässer, je mehr man sich der Arktis und den höheren Gebirgslagen nähert, er sinkt gegen die Tropen hin und nach der Ebene zu. Für die Chironomariae gilt umgekehrt, daß ihre relative Artenzahl in den Tropen und der Ebene die höchste, in der Arktis und dem Hochgebirge die niedrigste ist" (THIENEMANN 1941 a, S. 205).

Der besonders hohe Prozentsatz der Orthocladiinen in den Lunzer Teichen erklärt sich aber vor allem dadurch, daß diese Teiche mehr oder weniger stark durchflossene Forellenteiche sind, die eine ganze Anzahl (13) Arten beherbergen, die sonst in den Lunzer Fließgewässern auftreten *(Brillia modesta, Parametriocnemus stylatus, P. boreoalpinus, Heleniella thienemanni, Trichocladius alpestris, Diplocladius lunzensis, Parorthocladius nudipennis, Rheorthocladius dispar, Rh. frigidus, Eukiefferiella minor — montana, Diamesa* sp., *Potthastia longimanus, Micropsectra* sp. C.). 15 Arten der Lunzer Teiche leben auch im Mittersee, 17 auch im Untersee. (Man vergleiche die Tabellen auf S. 520—522 mit denen auf S. 442—447 und S. 414 bis 415.) Der faunistische Zusammenhang zwischen den Teichen und den übrigen Gewässern des Lunzer Gebietes ist überaus deutlich.

Auch von den 34 Arten der holsteinischen Kleinteiche sind mindestens 12 auch aus den Seen der Umgegend bekannt *(Ablabesmyia nympha, A. guttipennis, Procladius sagittalis, Trichocladius festivus, Eucricotopus silvestris, Psectrocladius psilopterus*-Gruppe, *Cornynoneura scutellata, Chironomus plumosus, Ch. anthracinus, Glyptotendipes paripes, Endochironomus tendens, E. signaticornis*-Gruppe).

Die lappländischen Teiche des Abiskogebietes haben von ihren 36 Chironomidenarten 12, also ein Drittel, gemeinsam mit den benachbarten Seen (vgl. THIENEMANN 1941 a, S. 128).

Für elsässische Teiche gibt GOUIN (1936, 1937) eine ganze Anzahl Chironomiden an; ob unter diesen Teichen sich auch austrocknende Tümpel (in unserem Sinne) befinden, weiß ich nicht. In der folgenden Aufzählung sind die auch in unseren Tabellen Seite 519 bis 522 vertretenen Arten mit einem * bezeichnet.

C e r a t o p o g o n i d a e : *Johannsenomyia inermis* K.; *Bezzia* * *annulipes* MG., *B. bidentata* K., *B.* * *bicolor* MG., *B. glyceriae* K., *B.* sp.

T a n y p o d i n a e : *Ablabesmyia* * *monilis* L., *A.* * *guttipennis* V. D. W., *A. hirtimana* K., *A. barbatipes* K., *A. brevitibialis* GOETGH.; *Macropelopia nebulosa* MG., *M.* * *notata* MG.; *Psectrotanypus* * *varius* F.; *Procladius* * *choreus* MG., *P. bifasciatus* STAEG.; *Protenthes* * *kraatzi* K., *P. vilipennis* K.

O r t h o c l a d i i n a e : *Brillia longifurca* K., *Eucricotopus* * *silvestris* F.; *Trichocladius bicinctus* MG.; *Psectrocladius* * *stratiotis* K., *Ps.* * *obvius* WALK.; *Parametriocnemus* * *stylatus* K.; *Limnophyes longiseta* K.

C h i r o n o m a r i a e : *Chironomus* * *plumosus* L., *Ch.* * *dorsalis* MG., *Ch. d.* var. *viridicollis* V. D. W., *Ch.* * *cingulatus* MG., *Ch. thummi* K., *Ch. obtusidens* GOETGH.; *Limnochironomus notatus* MG., *L. nervosus* STAEG.; *Glyptotendipes* * *paripes* EDW., *G.* * *barbipes* MG., *G. pallens* MG.; *Polypedilum* * *convictum* WALK.; *Microtendipes pedellus* DEG., *M.* sp.

T a n y t a r s a r i a e : *Tanytarsus ornatus* GOETGH., *T.* sp.

Es sind also von den 5 bis 6 Ceratopogonidenarten 2 auch in den eben behandelten Teichen vorhanden und von den 36 Chironomidae s. s. 16 Arten.

In seiner Gliederung der Ceratopogoniden- und Chironomidenfauna Belgiens nach hydrobiologischen Gesichtspunkten gibt GOETGHEBUER (1936a) lange Artenlisten für die stehenden Gewässer. Er unterscheidet diese nur nach dem p^H ($p^H < 7$, respektive $p^H > 7$); eine Gliederung nach Teichen und Tümpeln usw. wird nicht vorgenommen; auch handelt es sich fast durchweg nur um Imaginalfunde an diesen Gewässern respektive in ihrer Nähe, nicht um den Nachweis der Larven. Für unsere Zwecke genügt ein Hinweis auf diese Arbeit. Über einen Fischteich im Schwarzwald vgl. Seite 467.

Die Besiedelung eines künstlichen Forellenteiches im englischen Lake District hat kürzlich (1949) MACAN untersucht. Es handelt sich um den „Three Dubs Tarn", westlich des Lake Windermere (vgl. S. 437) in 215 m Höhe gelegen. Er wurde 1908 durch Errichtung eines Dammes geschaffen, hat eine Größe von 16 066 m² und eine maximale Tiefe von etwa 3 m. Das Wasser ist klar, elektrolytenarm, reich an organischer Substanz; Ca-Gehalt 3 bis 5,2 mg/Liter. Jedes zweite Jahr wird der Teich mit Knochenmehl gedüngt. — An dieser Stelle interessieren uns nur die Angaben über die Chironomidenfauna. Die ausschlüpfenden Imagines wurden vom 30. April bis 15. Oktober in zwei „floating cages" — so wie sie auch von MILLER, SPRULES und anderen benutzt wurden (vgl. S. 274) — gefangen. Die Artbestimmung nahm P. FREEMAN vom British Museum vor.[112] In der folgenden Tabelle sind die 23 häufigeren Chironomidenarten zusammengestellt; die Zahl hinter jeder Art bedeutet die Anzahl der im ganzen gefangenen Tiere; dazu kommen noch 22 Arten, die selten, d. h. nur in je 1 bis 5 Exemplaren, gefangen wurden.

---

[112] Ich gebe hier aber die Gattungsnamen in d e r Form wieder, wie sie auch sonst in diesem Buche benutzt worden sind. Wenn man die beiden *Psectrocladius*-Arten — *platypus* und *limbatellus* — als *„Hydrobaenus"* bezeichnet, oder das Tier, das seit Jahrzehnten *Heterotanytarsus apicalis* K. heißt, nun auf einmal *„Hydrobaenus (Bryophaenocladius) apicalis* K." nennt — um nur zwei Beispiele herauszugreifen! —, so wird schließlich unsere ganze Chironomidenliteratur unverständlich! Ausdrücklich verweise ich auf meine kurzen Bemerkungen zur Synonymie der Chironomiden auf Seite 1 und 2 dieses Buches.

Die häufigeren Chironomiden des Three Dubs Tarn

Tanypodinae:	*Ablabesmyia monilis* L.	217
	Procladius choreus MG.	246
	lugens K.	69
	flavifrons EDW.	79
Orthocladiinae:	*Psectrocladius platypus* EDW.	218
	limbatellus HOLMGR.	547
	Corynoneura scutellcta WINN.	12
Chironomariae:	*Pseudochironomus prasinatus* STAEG.	16
	Chironomus inermifrons GOETGH.	187
	Einfeldia pagana MG.	49
	Limnochironomus pulsus WALK.	24
	nervosus STAEG.	66
	lobiger K.	151
	Microtendipes pedellus DEY.	14
	chloris var. *lugubris* K.	17
	Polypedilum prolixitarse LUNDSTR.	35
	Pagastiella orophila EDW.	21
Tanytarsariae:	*Tanytarsus gregarius* K.	49
	eminulus WALK.	230
	nemorosus EDW.	270
	Cladotanytarsus mancus WALK.	11
Ceratopogonidae:	*Bezzia solstitialis* WINN.	29
	Probezzia venusta MG.	17

Die selteneren Chironomiden des Three Dubs Tarn

Tanypodinae:	*Ablabesmyia melanops* MG.
	barbitarsis ZETT.
	cingulata WALK.
	Macropelopia goetghebueri K.
	Procladius simplicistilus FREEMAN
Orthocladiinae:	*Heterotrissocladius marcidus* WALK.
	Eucricotopus tricinctus MG.
	pulchripes VERR.
	Heterotanytarsus apicalis K.
	Pseudorthocladius filiformis K.
	Limnophyes minimus MG.
	Smittia pratorum GOETGH.
Chironomariae:	*Einfeldia macani* FREEMAN
	Paracladopelma camptolabis K.
	Cryptochironomus falcatus K.
	Endochironomus tendens FABR.
	Polypedilum convictum WALK.
	Lenzia flavipes MG.
	Pentapedilum nubens EDW.
	unicinatum GOETGH.
Ceratopogonidae:	*Palpomyia lineata* MG.
	Bezzia annulipes MG.

Es wurden also 45 Chironomiden- (+ Ceratopogoniden-)Arten in diesem Teich nachgewiesen, und zwar 9 Tanypodinen, 10 Orthocladiinen, 18 Chironomarien, 4 Tanytarsarien, 4 Ceratopogoniden. Die Hauptformen sind — nach ihrer Fangzahl geordnet:

Psectrocladius limbatellus	*Psectrocladius platypus*
Tanytarsus nemorosus	*Ablabesmyia monilis*
Procladius choreus	*Chironomus inermifrons*
Tanytarsus eminulus	*Limnochironomus lobiger*

Quantitativ überwiegen also die Orthocladiinen und Tanytarsarien über die Chironomarien. Man hat durchaus den Eindruck einer „oligotrophen" Chironomidenfauna, in der *Psectrocladius platypus* auf den Moorcharakter des Teiches hinweist (vgl. S. 555), während *Psectrocladius limbatellus* ein arktisch-subarktisches Element darstellt.

(Für die Phaenologie der häufigeren Chironomiden des Teiches vgl. Macans graphische Darstellung Fig. 3.)

Auf Wunders Chironomidenstudien in schlesischen Fischteichen werden wir später (S. 740 ff.) zurückkommen.[112a]

2. Tümpel

Unter der Tierwelt der Tümpel, also der regelmäßig austrocknenden Kleingewässer, gibt es eine Anzahl Arten, die die extreme Astasie dieser Lebensstätten nicht nur vertragen können, sondern direkt an sie gebunden sind, sie als Lebensbedingung brauchen. Sie müssen in einem ihrer Entwicklungsstadien, nämlich dem Ei, einmal austrocknen oder ausfrieren, damit die Weiterentwicklung in Gang kommen kann. Das sind also telmatobionte Formen; das bekannteste Beispiel stellen die Euphyllopoden, wie *Apus* und *Branchipus*, dar.

Wir kennen bisher unter den Chironomiden mit Sicherheit keine obligatorischen Tümpelbewohner; allerdings sind einige Arten bisher nur in Tümpeln gefunden worden (z. B. *Stenocladius [Lapposmittia] parvibarba* Edw.); indessen besagt das bei solchen Einzelfunden und bei der immer noch recht geringen Kenntnis der Verbreitung und Ökologie der Chironomiden nichts. Doch haben eine ganze Anzahl Arten eine gewisse Vorliebe für Kleingewässer, sind telmatophil. Und daß viele Chironomidenlarven in dem austrocknenden Schlamm z. B. von Fischteichen überwintern können, ja das Einfrieren vertragen, ohne geschädigt zu werden, ist von den verschiedensten Autoren festgestellt worden (Nordquist 1925; Mayenne 1933; vgl. auch S.290—292 dieses Buches). Die Gewässerreihe See—Teich—Tümpel ist durch zunehmende Einseitigkeit und Astasie der Lebensbedingungen gekennzeichnet, und so ist eine immer stärkere Auslese der Arten,

[112a] Angaben über die Chironomiden südwestböhmischer Teiche (aber ohne genaue Artbestimmungen) finden sich bei Winkler (1951).

eine immer geringere Artenzahl zu erwarten, je mehr man sich dem Tümpelpol nähert. Aber, wie gesagt, für den Tümpel charakteristische, nur in ihm lebende Arten wird man nicht oder nur in ganz vereinzelten Fällen vielleicht antreffen.

Studien über die Chironomidenfauna der Tümpel liegen vor für Lappland, Holstein, Schlesien und die Alpen.

α) Lappland

In austrocknenden Tümpeln und Gräben, also periodischen Kleingewässern, des Abiskogebiets (vgl. Taf. XXIII Abb. 245, 246) wies ich (1941 a, S. 136) folgende Arten nach:

Ceratopogonidae: *Dasyhelea versicolor* Winn., *Bezzia solstitialis* Winn., *Bezzia*-Gruppe sp.

Podonominae: *Lasiodiamesa gracilis* K., *Trichotanypus posticalis* Lundb.

Tanypodinae: *Ablabesmyia monilis* var. *connectens* Th., *A. barbitarsis* (Zett.) Edw., *A.* cfr. *claripennis, Procladius* sp.

Orthocladiinae: *Trissocladius* sp. C., *Eucricotopus* sp., *Trichocladius* sp., *Diplocladius* cfr. *cultriger, Psectrocladius limbatellus* Holmgr., *P.* sp. *psilopterus*-Gruppe, *P.* sp. *dilatatus*-Gruppe, *Dyscamptocladius perennis* Mg., *D.* sp. *vitellinus*-Gruppe, *Rheorthocladius rufiventris* Mg., *Orthocladius tatricus* Pag., *Limnophyes longiseta* K., *Stenocladius (Lapposmittia) parvibarba* Edw., *Corynoneura scutellata* Winn., *C.* sp.

Chironomariae: *Chironomus* cfr. *lugubris* Zett., *Ch. thummi-bathophilus*-Gruppe, *Stictochironomus* sp., *Limnochironomus* sp.

Tanytarsariae: *Micropsectra groenlandica* Anders, *Calopsectra* sp., *Monotanytarsus boreoalpinus* Th., *Paratanytarsus lauterborni* K.

Sieht man von den Ceratopogoniden ab, so sind das 29 Arten:

Podonominae . . .	2 Arten =	7%
Tanypodinae . . .	4 Arten =	14%
Orthocladiinae . . .	15 Arten =	52%
Chironomariae . . .	4 Arten =	14%
Tanytarsariae . . .	4 Arten =	14%

Mehr als die Hälfte der Arten sind, wie im hohen Norden zu erwarten, Orthocladiinen. Eine Anzahl (19) dieser Tümpelchironomiden leben auch in den alkalischen Teichen der Birkenregion (vgl. S. 520 ff.) oder auch in den später (S. 558) zu besprechenden Moorgewässern des Abiskogebietes.

Nur in Tümpeln wurde u. a. der interessante *Stenocladius parvibarba* Edw. gefunden (vgl. Thienemann 1938; Edwards, Krüger, Thienemann 1939). Rein arktisch sind u. a. auch die beiden Podonominenarten sowie *Micropsectra groenlandica.* „Boreoalpin" sind *Orthocladius tatricus* Pagast (Lappland — Hohe Tatra) und *Monotanytarsus boreoalpinus* Th. (Lappland — Alpen — Pyrenäen).

β) Holstein

In Holstein hat KREUZER (1940) in periodischen Buchenwaldtümpeln (vgl. Abb. 247) folgende Chironomidenarten gefunden:

Tanypodinae: *Procladius* sp., *Psectrotanypus varius, Ablabesmyia guttipennis* v. D. W., *A. falcigera* K., *A. nemorum* GOETGH., *A. melanura* MG.

Orthocladiinae: *Diplocladius* sp., *Eucricotopus silvestris* F., *Corynoneura* sp., *Limnophyes longiseta* K., *L. exiguus* GOETGH.

Chironomariae: *Chironomus cingulatus* MG., *Ch. dorsalis* MG., *Parachironomus* sp., *Endochironomus tendens* F., *Polypedilum* sp.

Tanytarsariae: *Micropsectra* sp.

Also 17 Arten, die sich fast gleichmäßig auf Tanypodinen, Orthocladiinen und Chironomarien verteilen, die Tanytarsarien treten mit einer Art ganz

Abb. 247. Der *Chirocephalus*-Tümpel im Klostergehege bei Preetz (Holstein) im Frühjahr. (phot. THIENEMANN 2. V. 1930.) [Aus KREUZER 1940.]

zurück. Also eine ganz andere Besiedelung als die der lappländischen Tümpel! Wenn auch einige Formen an beiden Stellen auftreten, so sind das doch Arten, die in der Fauna dieser Tümpel nur eine ganz geringe Rolle spielen. Häufig und charakteristisch sind in der Chironomidenfauna der Waldtümpel Holsteins *Ablabesmyia nemorum* und *falcigera, Chironomus dorsalis* und *Limnophyes longiseta;* von diesen ist aber nur die letztgenannte, halbterrestrische Art auch in den Tümpeln des Abiskogebietes gefunden worden.

Von allgemeinerem Interesse ist eine zweite, in Holstein von mir selbst durchgeführte „Tümpeluntersuchung" (THIENEMANN 1948). Hier handelt es sich um ein kleines kreisrundes Zementbasin in unserem Garten in Plön, mit einem lichten Durchmesser von 1,20 m und einer maximalen Wassertiefe von

75 cm. Es wird von der Wasserleitung gespeist und dient zum Gießen des Gartens. Etwa 30 m liegt es vom Ufer des Kleinen Plöner Sees entfernt. Bei Beginn der kalten Jahreszeit wird es vollständig geleert, im Frühjahr wieder gefüllt. Die Besiedelung des Beckens erfolgt in jedem Jahr also von neuem. In vier aufeinanderfolgenden Jahren (1944—1947) habe ich das Becken regelmäßig, mindestens einmal in jedem Monat untersucht; seitdem nur einmal in jedem Jahr etwa im August. Bis zum Jahre 1949 wurden die folgenden Chironomiden- und Ceratopogonidenarten in diesem extrem astatischen Kleingewässer nachgewiesen.

Ceratopogonidae:

Bezzia solstitialis WINN.

Tanypodinae:

1. *Ablabesmyia barbatipes* K., 2. *A. monilis* L., 3. *A.* sp., 4. *Macropelopia notata* MG., 5. *Procladius choreus* MG., 6. *Psectrotanypus varius* T.

Orthocladiinae:

7. *Acricotopus* sp., 8. *Corynoneura scutellata* WINN., 9. *Dyscamptocladius* sp., 10. *Eucricotopus silvestris* F., 11. *E.* sp. A., 12. *E.* sp. B, 13. *Metriocnemus hygropetricus* K., 14. *Microcricotopus* sp. cfr. *bicolor* ZETT., 15. *Psectrocladius* sp. *psilopterus*-Gruppe.

Chironomariae:

16. *Chironomus plumosus* L., 17. *Ch. thummi* K., 18. *Ch. cingulatus* MG., 19. *Ch.* sp., 19a. *Camptochironomus tentans* F. (1949!), 20. *Chironomariae genuinae* (nec *Chironomus)*, 21. *Glyptotendipes paripes* EDW., 22. *Limnochironomus pulsus* WALK., 23. *L. tritomus* K., 24. *Cryptochironomus defectus*-Gruppe, 25. *Parachironomus cryptotomus*-Gruppe, 26. *Polypedilum* sp. *convictum*-Gruppe, 27. *P.* sp., 28. *Microtendipes* sp., 29. *Pseudochironomus* aff.

Tanytarsariae:

30. *Cladotanytarsus mancus* WALK., 31. *Micropsectra fusca* K., 32. *Monotanytarsus austriacus* K., 33. *M. inopertus* WALK., 34. *Paratanytarsus atrolineatus* GOETGH., 34a. *P. tenuis* MG. (1949!), 35. *Stylotanytarsus bauseellus* K., 38. *Tanytarsus heusdensis* GOETGH., 37. *T. holochlorus* EDW., 38. *T. samboni* EDW.

Das sind 40 Arten, und zwar:

Tanypodinae . . .	6 Arten	= 15%
Orthocladiinae . . .	9 Arten	= 22%
Chironomariae . . .	15 Arten	= 38%
Tanytarsariae . . .	10 Arten	= 24%

Also starkes Überwiegen der Chironomarien, an zweiter Stelle die Tanytarsarien. Aus Abb. 248 ist ersichtlich, wann die einzelnen Arten in dem Becken in jedem der vier Untersuchungsjahre erschienen sind und wie lange

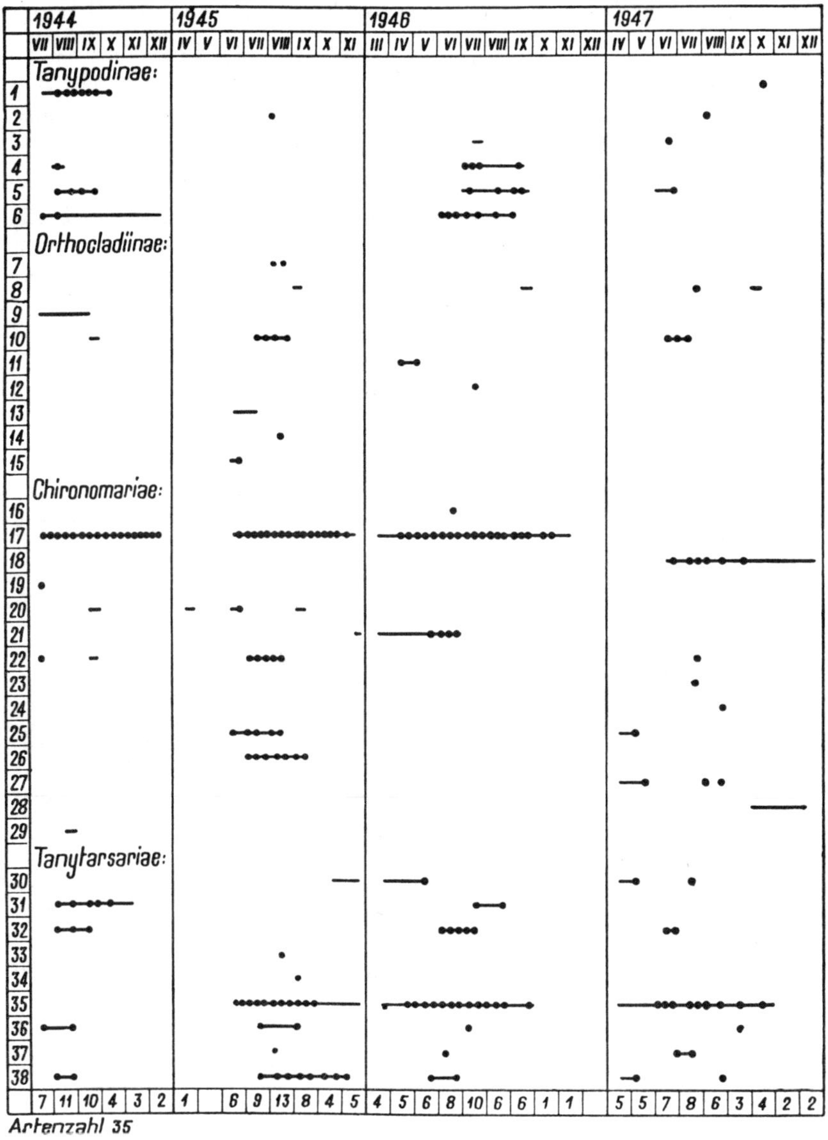

Abb. 248. Die verschiedenen Chironomidenarten in dem Plöner Gartenbecken 1944—1947. (Die Zahlen entsprechen denen der Liste auf S. 530.) [Aus THIENEMANN 1948.]

sie in dem Becken zu finden waren. Man sieht ohne weiteres, wie verschieden die Besiedelung in den einzelnen Jahren war und wie verschieden stark die einzelnen Arten vertreten waren.

In allen vier Jahren war nur *Tanytarsus heusdensis* und *T. samboni*, aber beide selten, vorhanden.

In dreien der vier Jahre kamen vor, und zwar:

1944, 1945, 1946: *Chironomus thummi,* als Hauptform des Beckens.

1945, 1946, 1947: *Stylotanytarsus bauseellus,* eine parthenogenetische Art, stets in Mengen, selten dagegen *Tanytarsus holochlorus, Cladotanytarsus mancus, Corynoneura scutellata.*

1944, 1946, 1947: *Monotanytarsus austriacus* und *Procladius choreus.*

1944, 1945, 1947: *Limnochironomus pulsus, Eucricotopus silvestris,* beide nicht häufig.

In zweien der Untersuchungsjahre traten auf, und zwar:

1944, 1945: Eine Larve der Chironominae genuinae.

1945, 1946: *Glytotendipes paripes.*

1944, 1946: *Macropelopia notata, Psectrotanypus varius* (häufig), *Micropsectra fusca.*

1945, 1947: *Ablabesmyia monilis, Parachironomus,* beide selten.

Die übrigen 18 Arten der Tabelle treten nur in je einem Jahre auf, alle selten bis auf *Chironomus cingulatus,* der 1947 an die Stelle von *Ch. thummi* getreten ist.

Und 1949 erreicht *Camptochironomus tentans* Massenentwicklung, *Paratanytarsus tenuis* tritt ebenfalls als neue Form, aber nur selten, auf.

Die Artenzahl der Chironomiden betrug 1944 = 15, 1945 = 20, 1946 = 16, 1947 = 16. Als telmatobiont in unserem Becken kann man nur die Gattung *Chironomus* — meist durch *Ch. thummi* vertreten — und *Stylotanytarsus bauseellus* bezeichnen. Im übrigen ist es der Zufall, der bald die eine, bald die andere Art in das Becken gelangen läßt und der für das jeweilige Bild seiner Bevölkerung verantwortlich ist.

Alle Chironomiden des Gartenbeckens stammen sicher aus dem Seenlitoral, wohl meist des nächstgelegenen Kleinen Plöner Sees, und gelangen, wenn sie dort schwärmen, als Imagines in aktivem Fluge oder passiv durch den Wind verschlagen, in dieses Kleingewässer. Aber wirklich günstige Lebensbedingungen finden hier nur die wenigen, für unser Becken als telmatobiont bezeichneten Arten.

Eine von *Chironomus dorsalis* Mg. (*sordidatus* K.) dicht besiedelte Straßenpfütze ist in Abb. 191 wiedergegeben (vgl. S. 289).

γ) Schlesien

Harnisch hat (1922 b) die Chironomidenfauna austrocknender Gewässer der schlesischen Ebene (nähere Umgebung von Brieg, Bezirk Breslau) untersucht. Er unterscheidet:

2. a) Ephemere Frühlingstümpel. Stehen diese einmal ausnahmsweise länger unter Wasser, so leben darin: *Bezzia, Eucricotopus, Rheorthocladius* sp., *Ablabesmyia quatuorpunctata* K.

3. a) Frühlingstümpel im Wiesengelände: Besiedelung *Bezzia, Procladius.*

b) Frühlingstümpel im Buschwald: *Bezzia, Culicoides, Procladius, Polypedilum, Chironomus dorsalis, Eutanytarsus.*

4. Kleine Regenwasserlachen: *Procladius choreus, Psectrotanypus varius, Cladotanytarsus pallidus* K., *Paratanytarsus.*

5. Große Tümpel: *Psectrotanypus varius, Chironomus* sp. *thummi*-Gruppe (Hauptformen).

   a) Mit dicker Schicht faulenden Genistes: *Bezzia, Clinotanypus nervosus, Procladius, Ablabesmyia, tetrasticta*-Gruppe, *Dyscamptocladius, Eucricotopus, Psectrocladius, dilatatus*-Gruppe, *Cornynoneura, Glyptotendipes, Endochironomus, Polypedilum, Micropsectra, Paratanytarsus.*

   b) Genist tritt zurück: *Bezzia picticornis* K., *Macropelopia marginata* K., *Procladius, Ablabesmyia monilis*-Gruppe, *A. costalis*-Gruppe, *Psectrocladius dilatatus*-Gruppe, *Trichocladius grandis* K., *Corynoneura, Glyptotendipes gripekoveni, Endochironomus, Cryptochironomus supplicans* Mg., *Paratendipes fuscimanus* K., *P. nigrimanus* K., *Paratanytarsus tenuis* var. *silesiacus* K.

   c) Ohne Genist, nur Schlamm und Sand: *Bezzia chrysocoma, B.* sp., *Culicoides pictipennis, C.* sp., *Clinotanypus nervosus, Procladius sagittalis, P.* sp., *Cryptochironomus, Phytochironomus, Polypedilum, Lenzia flavipes* var. *leucolabis, L.* sp., *Paratendipes fuscimanus.*

6. Resttümpel kleiner Bäche:[113] *Micropsectra praecox, M. suecica* K., Hauptformen; *Culicoides, Procladius, Clinotanypus, Macropelopia notata* (? *hirtipes* K.), *Ablabesmyia arcigera* K., *A. chirophora* K., *A. rufa* K., *Psectrotanypus varius, Dyscamptocladius constrictus* K., *D.* sp., *Metricocnemus, Rheorthocladius, Chironomus dorsalis* Mg. (*flaviocollis* Mg.).

7. Tümpel mit Sand- und Lehmgrund: *Culicoides, Psectrotanypus varius, Procladius, Eucricotopus silvestris* F., *Limnophyes squamatus* K., *Chironomus thummi* var. *subproductus, Ch. salinarius* K. (?), *Lenzia* sp., *Paratendipes, Micropsectra diceras* K., *Tanytarsus tetramerus* K., *T. atrofasciatus* K., *T. punctipes* K. (nec Wied.), *Paratanytarsus bigibbosus* K., *P. tetraplastus* K., *Stylotanytarsus trilobatus* K.

Harnisch nennt Nr. 5 *Chironomus*-Tümpel, Nr. 6 und 7 *Tanytarsus*-Tümpel. — Diese von Harnisch geschilderte Chironomidenfauna der schlesischen Tümpel weicht stark von der der Tümpel Holsteins ab.

δ) England

Neuerdings hat R. E. Hall (1951 b) vier Tümpel in New Forest (Südengland) auf ihre Chironomidenfauna untersucht; sie liegen in offenem Ge-

[113] Gromov (1936) hat solche Resttümpel an der Kama untersucht. Da keine sicheren Chironomiden-Artbestimmungen vorliegen, sei auf diese Arbeit nur kurz verwiesen.

lände; ihre pH-Werte schwankten zwischen 6,0 und 7,1. In der folgenden Tabelle sind HALLS Ergebnisse zusammengestellt, und zwar wird für jeden Tümpel und jede Chironomidenart die Zahl der gezüchteten Imagines angegeben.

	Tümpel				Insgesamt
	H 5	HR 1	Ob. 6	Ob. 7	
T a n y p o d i n a e :					
Ablabesmyia nubila MG.	3				3
Macropelopia nebulosa MG.		1			1
Macropelopia goetghebueri K.			2		2
Psectrotanypus varius F.	3		1		4
Procladius choreus MG.			18		18
C h i r o n o m a r i a e :					
Chironomus dorsalis MG.	54	23	14		91
Chironomus thummi K. (*riparius* MG.) . . .	45	36	7		88
T a n y t a r s a r i a e :					
Micropsectra fusca MG.	14		28		42
Micropsectra praecox MG. (*brunnipes* ZETT.)			1		1
Tanytarsus verruculosus GOETGH.			10	16	

Es ist nicht ohne Interesse, daß in diesen südenglischen Tümpeln keine Orthocladiinen nachgewiesen wurden und daß die quantitativ am stärksten hervortretenden Arten — *Chironomus dorsalis* und *thummi*, *Micropsectra fusca*, *Procladius choreus*, *Tanytarsus verruculosus* — mit Ausnahme der letztgenannten Art zu d e n Formen gehören, die auch in unserem Plöner Gartenbecken (vgl. S. 530) eine Hauptrolle spielen.

ε) A l p e n

Über die Chironomiden alpiner Tümpel habe ich in meinen Arbeiten von 1936 b (Oberbayern) und 1949 (Lunz) berichtet. Drei

W i e s e n t ü m p e l

in der Gegend von Garmisch-Partenkirchen hatten die folgende Besiedelung (1936 b, S. 252): Der eine in 1350 m Höhe, am 31. VII. 1935 untersucht, enthielt *Culicoides fascipennis* STAEG. und *Dasyhelea flavoscutellata* ZETT. Der zweite — eigentlich ein quelliges Wiesenmoor im Tal — war am 15. VII. 1935 besiedelt von *Dasyhelea versicolor* WINN., *D. modesta* WINN., *Bezzia xanthocephala* GOETGH., *Holoconops* sp., *Psectrocladius* sp. *psilopterus*-Gruppe. Der dritte, wohl künstlich geschaffen oder doch vertieft, in etwa 850 m Höhe, war am 1. VI. 1933 belebt von *Eutanytarsus* sp., *Chironomus* sp. *thummi*-Gruppe, *Psectrocladius obvius*.

In der Wiese des Kazimbodens (650 m hoch) bei Lunz liegen zwei Tümpel (1949, S. 94). Der eine, in dem eine Sulze oder Salzlecke für das Vieh angebracht ist, hat ein hochkonzentriertes ($2^{0}/_{00}$ Salz, vorwiegend

NaCl), durch den Kot der Kühe stark eutrophiertes Wasser. Hier lebt neben *Culicoides* sp. *Chironomus dorsalis* MG. Der andere ist ein reiner, normaler, schwach quelliger Wiesentümpel mit *Culicoides* sp., *Bezzia* sp., *Limnophyes* sp., *Metriocnemus fuscipes*. In Hirschsuhlen bei Lunz fand sich *Bezzia, Heterotrissocladius marcidus, Micropsectra praecox*. Man sieht, daß jeder einzelne dieser Tümpel seine ganz besondere, individuelle Chironomidenbevölkerung hat. Gemeinsame Züge sind nicht vorhanden.

Wiederum ganz anders besiedelt war am Ferchensee bei Mittenwald ein ganz flacher und vom See völlig abgeschlossener

Ufertümpel.

Sein Wasser hatte am 23. VII. 1935, 15 Uhr, 30°! Hier lebte in großen Mengen *Paratanytarsus nigrofasciatus* GOETGH. (THIENEMANN 1936b, S. 253).

Das größte Interesse unter den alpinen Tümpeln bieten zweifellos die

Almtümpel

oder Weidetümpel, die vielfach, durch Massenentwicklung von roten *Euglena*-Arten, sogenannte „Blutseen" sind. Ich habe sie in Oberbayern (1936 b, S. 248—252), vor allem aber in Lunz (1950, S. 75—95) genau studiert. Schon bei den Untersuchungen in Oberbayern schält sich als typische Chironomidengemeinschaft für diese hocheutrophierten Tümpel (Taf. XXIV Abb. 249) heraus: *Chironomus alpestris* GOETGH., *Culicoides stigma* MG., *Psectrotanypus varius* F. — Seltener und weniger häufig fanden sich *Dasyhelea holosericea* MG., *Bezzia bicolor* MG., *Ablabesmyia curticalcar* K., *Metriocnemus* sp., *Corynoneura scutellata, Einfeldia dissidens* WALK.

Im Lunzer Gebiet wurden Almtümpel bis in 1800 m Höhe (am Dürrenstein) untersucht. Eine sehr große Anzahl solcher Tümpel habe ich in den Jahren 1942 bis 1944, zum Teil viermal, zu den verschiedensten Jahreszeiten besucht; am eingehendsten wurden die 9 Tümpel im Gstettner Boden (1270 m) studiert.

Abgesehen von den Zufallsfunden je einer Larve von *Trichocladius algarum* K. und *Limnophyes* sp. erwiesen sich 5 Chironomidenarten als charakteristisch für die Lunzer Almtümpel, von denen wir drei schon in den oberbayerischen Almtümpeln antrafen:

1. *Culicoides stigma* MG. Auch in den oberbayerischen Almtümpeln in 1280 bis 1800 m Höhe überaus häufig, ebenso in Riesenmassen in Lunzer Tümpeln bis 1800 m. Die Larve kann in austrocknendem Schlamm überdauern. Euryoecische Art, von England, Belgien, Kurland bis Ägypten bekannt.

2. *Psectrotanypus varius* FABR. Ebenfalls in oberbayerischen Almtümpeln. Euryoecisch, eurytop, auch in hochgradig verunreinigtem Wasser der α-mesosaproben Zone. Verbreitung: Von Südschweden, Finnland, England bis zum Balkan, von Japan und Rußland bis Frankreich.

3. *Procladius sagittalis* K.[114] Haupttanypodine der Lunzer Almtümpel.

4. *Chironomus alpestris* GOETGH. Charakterform der Lunzer und oberbayerischen Tümpel. Nur aus den Alpen bekannt. (Im Lunzer Gebiet auch im Obersee, Rotmoos und Rehbergmoor.)

5. *Tanytarsus glabrescens* EDW. Im Lunzer Gebiet außer in den Almtümpeln im Untersee; hier die charakteristische Tanytarsarie der *Schizothrix*-Zone (vgl. S. 399). In schwedischen Seen — von Jämtland bis Schonen — weit verbreitet und nicht selten (BRUNDIN 1949, S. 800). England, Westmorland, Schleswig-Holstein (Großer Plöner See, Lustsee bei Nortorf, Burger Au).

Interessant ist die Entwicklung der beiden letztgenannten Formen in den Lunzer Tümpeln. Im allgemeinen tritt *Tanytarsus glabrescens* nur vereinzelt zwischen den Massen von *Chironomus alpestris* auf. Nur im Gstettner Boden gibt es einen Tümpel, in dem *Tanytarsus* vorherrscht.

Ich habe im Juni und Juli 1942 bei fünf Tümpeln des Gstettner Bodens die abgeschäumten Puppenhäute ausgezählt. Ergebnis (THIENEMANN 1949, S. 85):

Tümpel Nr. 8	*Chironomus*	*alpestris*	100	*Tanytarsus*	*glabrescens*	1
Nr. 7	„	„	60	„	„	12
Nr. 1	„	„	60	„	„	25
Nr. 6	„	„	40	„	„	26
Nr. 5	„	„	5	„	„	100

Es gibt also im Gstettner Boden typische *Chironomus*-Tümpel (Nr. 8), Übergangstümpel (Nr. 7, 1, 6) und e i n e n typischen *Tanytarsus*-Tümpel (Nr. 5). Wie ist die Existenz dieses e i n e n *Tanytarsus*-Tümpels — ich kenne im ganzen Lunzer Gebiet keinen weiteren — zu verstehen? Eine Untersuchung im Mai 1943, kurz nach der Hauptschneeschmelze, löste das Rätsel. Nach allen sonstigen Erfahrungen mußte der *Tanytarsus*-Tümpel einen geringeren Grad der Eutrophie zeigen, oligotropher sein als die *Chironomus*-Tümpel. Aber wie kann diese „Oligotrophierung" zustande kommen?

Während allen übrigen Tümpeln des Gstettner Bodens am 20. bis 21. Mai 1943 kein Schneeschmelzwasser mehr zufloß, befand sich an dem Hügel, unter dem der *Tanytarsus*-Tümpel liegt, noch ein großer, mächtiger Schneefleck (Taf. XXIV Abb. 250), von dem dem Tümpel dauernd Schmelzwasser zufloß. In der Südostecke fließt der Tümpel über und entwässert in ein tiefer gelegenes, trockenes Dolinenloch (in der Abbildung etwas oberhalb des Tümpels, mit Schnee gefüllt). Der Tümpel wird also im Frühjahr lange Zeit durchspült, hat dann das klarste Wasser von allen Tümpeln. So werden die organischen Stoffe des Vorjahres weitgehend beseitigt; es tritt eine gewisse

[114] Nachträglich hat sich durch Vergleich mit KIEFFERschem Originalmaterial herausgestellt, daß die Lunzer Art eine ganz andere, systematisch noch nicht festgelegte Art ist!

Oligotrophierung ein, durch die der *Tanytarsus*-Charakter in jedem Jahre wiederhergestellt wird. So wirkt sich die Lage an dem kleinen, südlich vorgelagerten Hügel, in dessen Schatten sich alljährlich der Schnee länger hält als an den übrigen Tümpeln, ausschlaggebend auf den limnologischen Charakter des Tümpels aus! Sicher ein interessantes Beispiel dafür, wie man für die Deutung der biologischen Verhältnisse einer Lebensstätte alle Milieubedingungen berücksichtigen muß. Ohne die Untersuchung gleich nach der allgemeinen Schneeschmelze wäre ein Verständnis für die Eigenart dieses Tümpels nicht gewonnen worden! Übrigens werden auch starke Regengüsse, wie sie während des Sommers in dieser Höhe häufig sind, eine Durchspülung des *Tanytarsus*-Tümpels bewirken.

Neuerdings hat auch Pesta (1948) in alpinen Tümpeln Tirols Chironomidenlarven gesammelt (aber nicht gezüchtet). Ich habe in seinem Material festgestellt (Thienemann 1950, S. 106): *Trichocladius tendipedellus* (in manchen Tümpeln häufig), *Psectrocladius* sp., *Corynoneura* sp., *Chironomus alpestris, Chironomus* sp., *Tanytarsus* sp., *Paratanytarsus* oder *Monotanytarsus.* (Auf die Vergrößerung der Analschläuche bei alpinen Chironomidenlarven, u. a. auch bei *Chironomus alpestris,* wurde oben [S. 123] in anderem Zusammenhang hingewiesen.)

3. Kleinstgewässer: „Rockpools“ oder Lithotelmen

In Mulden, Höhlungen, ja zuweilen ganz kleinen Löchern in Felsen, in denen sich das Niederschlagswasser oder das Spritzwasser benachbarter Gewässer sammelt, entstehen Miniaturtümpel, Kleinstgewässer, die sogenannten Rockpools oder Lithotelmen. Häufig sind diese an den Felsküsten der Meere und hier schlägt dann in die tiefst gelegenen zuzeiten Salzwasser hinein, so daß ihr Wasser einen wechselnden NaCl-Gehalt hat. Solche Rockpools sollen uns erst später beschäftigen. Die höher gelegenen aber enthalten normalerweise nur Süßwasser.

Schon vor Jahren habe ich in Südschweden, am Kullen, in den Felsen der „Kullanäs“ solche Tümpel untersucht (Taf. XXV Abb. 251). Hier lebten (4. VIII. 1912) in dem lockeren, schwärzlichen Detritus des Bodens von Chironomiden *Chironomus thummi, Tanytarsus pentaplastus* K., im Juni 1921 *Tanytarsus thienemanni* K., auf den Steinen zwischen kleinen Algenräschen in kurzen, lockeren Gängen *Eucricotopus saxicola* K., *Prochironomus fuscus* K. und eine *Corynoneura*-Art (Thienemann-Kieffer 1916, S. 504—505; Thienemann 1929, S. 108). *Chironomus thummi* findet sich hier auch in minimalen Wasseransammlungen in Felsritzen.

Rockpools entstehen auch an den Felsufern von Gebirgsflüssen, oft als Resttümpel des Frühjahrshochwassers. In Lappland, im Abiskogebiet, habe ich solche sowohl in der Birken- wie Fjällregion untersucht (1941 a, S. 121, 122, 124, 125, 138). Zum Teil sind es einzelne Schmelzwasserpfützen in dem plattigen Gestein, zum Teil ganze Komplexe von stufenweise übereinander liegenden Tümpeln (Taf. XXV Abb. 252); auch diese enthalten Schmelzwasser, bekommen aber hier und da, jedenfalls im Frühjahr, schwachen Zufluß aus den quelligen Hängen der vom Fluß tief eingeschnittenen Schlucht. Doch entstehen hier auch richtige Miniaturgewässer in kleinen Strudellöchern, die bei einer Wassertiefe von 20 cm nur eine Oberfläche von 40 × 70, ja 20 × 20 cm haben können. — In diesen lappländischen Rockpools fand ich von Chironomiden: *Trissocladius* sp. *C.*, *Psectrocladius limbatellus*, *Ps.* sp. *psilopterus*-Gruppe, *P.* sp. *dilatatus*-Gruppe, *Eudactylocladius mixtus* (Holmgr.) Edw., *Limnophyes* sp., *Chironomus* sp. *plumosus*-Gruppe, *Micropsectra groenlandica.*

Auffallend ist das Auftreten der *Eudactylocladius*-Art in einem Lithotelma; denn die Gattung *Eudactylocladius* ist sonst an fließendes Wasser gebunden. Die Art wird wohl nach dem Rückgang des Frühlingshochwassers in diesem Kleinbiotop zurückgeblieben sein; Ende Mai 1938 lebten hier Larven und Puppen; Anfang Juli 1938 aber fanden sich nur abgestorbene Puppen, die wohl durch O_2-Mangel eingegangen waren. Und nun ist es von Interesse, daß in Rockpools am Ausfluß des Lunzer Mittersees am 26. VI. 1942 ebenfalls eine *Eudactylocladius*-Art (Larven und Puppen) sehr häufig war! Sie lebte dort zusammen mit einer in Massen vorhandenen *Dasyhelea*-Art, *D. lithotelmatica* Strenzke (vgl. Thienemann 1950, S. 55, 178—187).

Peus (1932, S. 146) berichtet von *Chironomus dorsalis* Mg. aus Felslöchern im Bett der Schwarza bei Schwarzburg (Thüringen), die eine auffallende Vergrößerung der Analpapillen zeigten (vgl. S. 121—123).

Besonders charakteristisch für diese Kleinstgewässer ist die Gattung *Dasyhelea,* und zwar nicht nur für natürliche: aus dem Weihwasserkessel auf einem Münchener Friedhof beschrieb J. J. Kieffer *Dasyhelea versicolor* Winn. var. *insignipalpis,* die auch in finnischen Rockpools wiedergefunden wurde (Thienemann 1928, S. 594). Aus natürlichen Lithotelmen sind außer *D. lithotelmatica, Dasyhelea obscura* Winn. und *D. geleiana* v. Zilah bekannt. Diese beiden Arten, vor allem die zweite, sind auch experimentell in bezug auf ihre Widerstandsfähigkeit gegen Eintrocknen untersucht worden.

Dasyhelea obscura Winn. fand Storå (1939, S. 17, 18) an der finnischen Küste „an Felsen und Steinen in kleineren Wasserpfützen mit faulenden Blättern. Sie vertragen recht gut das Austrocknen der Gewässer. Diese sind überhaupt ephemerer Natur, und doch habe ich stets bei Regen, aber auch nach längeren niederschlagsarmen Perioden Larven und Puppen in denselben angetroffen. Schon früh im Frühling habe ich erwachsene Larven angetroffen. Es scheint, als ob die Art in diesem Entwicklungsstadium überwinterte.“ Zavřel (1935 b) experimentierte mit Larven dieser Art aus jugoslawischen Lithotelmen und kam bezüglich ihrer Widerstandsfähigkeit zu denselben Ergebnissen wie von Gelei und von Zilah bei *Dasyhelea geleiana.*

Dasyhelea geleiana v. ZILAH wurde zuerst VON GELEI (1930) in Ungarn in Lithotelmen auf Quarzitfelsen bei Révfülöp und Kővágóörs (Komitat Zala) in Massen gefunden und von SEBESS VON ZILAH in einer Arbeit „Anabiotische Dipteren" (1931) genau beschrieben. Die Experimente, die VON GELEI (1930) mit den Larven anstellte, führe ich hier mit GELEIS Worten an:

„Selbstverständlich gehören die Lebewesen dieses Kleinbiotops zu jener Gruppe, die Trockenheit in irgendeinem Entwicklungszustand leicht und lange ertragen. Die höchsten tierischen Organismen, die in den Lithotelmen in großer Menge gefunden worden sind, waren Mückenlarven aus dem Genus *Dasyhelea*. Und das merkwürdigste ist, daß auch diese Tiere im Larvenzustand wochenlang in der warmen, trockenen Erde, die durch den Quarzit von dem Erdreich der Umgebung bezüglich der Wasserzufuhr vollständig isoliert wird, in anabiontischem Zustand die Trockenheit ertragen. Experimentell wurde festgestellt, daß die Larven ohne Erde, also in ungeschütztem Zustand an der freien Luft in einem trockenen Laboratorium, dessen relative Feuchtigkeit im Durchschnitt 53% betrug, aufbewahrt, die Trockenheit zwei Wochen lang, ohne das Leben einzubüßen, ertragen, denn Trockenheit wirkt erst während der dritten Woche tödlich, da von 90 Larven binnen 24 Tagen 88 starben. Mit einer kleinen Menge Erde, die in trockenem Zustand 5,567 g wog, wurden im Uhrglas 500 Larven isoliert. Auch dieses stand frei, unbedeckt auf dem Laboratoriumstisch. Die kaum ein Zentimeter dicke Erde hat dazu beigetragen, daß die Larven über 40 Tage ohne jede Sterblichkeit die Trockenheit ertrugen. Am 40. Tage wurde nach dem Augenmaß ungefähr die Hälfte der Erde, genau 2,6040 g in einer Uhrschale in einen Exsiccator (mit $CaCl_2$) gestellt. Das Material stand 8 Tage im Exsiccator und verlor 0,1098 g, also 4,2%, Wasser. Darauf wurden beide Uhrgläser mit Wasser benetzt und begossen. Im Uhrglas aus dem Exsiccator wurden nach Verlaufe eines Tages 94 Larven am Leben gefunden, aus dem mit Exsiccator nicht behandelten Material dagegen 264 Stück. Angenommen, daß die fortwährend an der freien Luft gehaltenen Tiere alle am Leben blieben, so wurden in den Exsiccator 236 Stück eingelegt, von denen 94 Stück, also 38,1%, noch immer am Leben blieben. Der Versuch im Exsiccator zeigt uns klar, daß der Erdboden mit seiner Gasadsorptionsfähigkeit und durch seine relativ große Feuchtigkeit, trotz anscheinender Trockenheit, einen großen Schutz gegen eine verhängnisvolle Austrocknung gewährt. Dieser durch den Versuch klargelegte Umstand läßt es auch verstehen, daß im Laboratorium in einer Papiertüte mit Humus vollständig trocken aufbewahrte Larven drei Monate lang am Leben geblieben sind."

Die Versuche, die VON ZILAH anstellte, bestätigen VON GELEIS Beobachtungen. Die Larven sterben auch im Winter nicht und vertragen das Einfrieren. VALKANOV (1940) wies *D. geleiana* auch in Bulgarien nach, die hier unter den gleichen Verhältnissen wie in Ungarn lebte.[115]

Ähnliche Versuche, wie von GELEI und ZILAH, stellte HINTON (1951) mit den Larven von *Polypedilum vanderplanki* HINTON an, die in kleinen Rockpools in Nordnigeria leben. Sie können 18 Monate trocken liegen; nach dieser Zeit werden 90% der Larven wieder aktiv. Auch nach mehrfach

[115] Aus südafrikanischen Rockpools verzeichnet BOTHA DE MEILLON (1936) *Dasyhelea tugelae* n. sp. (Natal) und *D. thomsoni* n. sp. (Transvaal) sowie (1937 b) *Culicoides engubandei* n. sp. (Zululand).

wiederholtem Austrocknen wacht die Larve wieder auf. Aktive Larven können Temperaturen von 41° C ertragen; ja einige vertragen 43,5° C 14 Stunden lang. Trockene Larven können 20 Stunden lang einer Temperatur von 65° C ausgesetzt werden und wachen wieder auf, 11 Stunden lang ebenso einer Temperatur von 68,5°. (Für kurze Zeit erholten sich einzelne trockene Larven, die extrem hohen Temperaturen ausgesetzt waren: bei 106° C für 3 Stunden, bei 126 bis 130° C für 20 Minuten, bei 199 bis 201° C für 5 Minuten!)

Diese physiologische Eigenart der Larven ist Voraussetzung für ihre Existenz an ihrem — extrem astatischen — Biotop.

Abb. 253. Sawahs, wasserüberstaute Reisfelder, am Ranau-See, Südsumatra.
[Aus A. f. H. Suppl.-Bd. VIII.]

b) Insulinde

Während der Deutschen Limnologischen Sunda-Expedition haben wir auch Teiche, Tümpel und Rockpools untersucht; dazu kommt als wichtigster Typ der periodischen Gewässer noch die Sawah, das wasserüberstaute Reisfeld (Abb. 253). Wir geben im folgenden eine Liste der von uns in all diesen Gewässern auf Java, Sumatra und Bali nachgewiesenen Chironomiden- und Ceratopogonidenarten.

Tanypodinae:

1. *Ablabesmyia albiceps* Joh.: Rockpool mitten im Ausfluß des Ranausees, Südsumatra. 25. I. 1929. Ferner im Ausfluß des Ranausees, zwischen Ufersphagnen des Danau di Atas, Mittelsumatra, und in einem Quellsumpf des Diëngplateaus, Mitteljava.

2. *A. aucta* Joh.: Teich im Botanischen Garten Buitenzorg, Westjava. 5. IX. 1928, 20. VII. 1929. Ferner aus Westjava vom See Telaga Warna am Puntjakpaß und aus Ostjava aus dem flachen Ufer des Ranau Lamongan.
3. *A. dolosa* Joh.: Strudelloch im Bachbett eines Zuflusses des Ranu Lamongan, Ostjava. 14. X. 1928. Sawahs bei Balige und Heidetümpel von Huta Gindjang, Nordsumatra, Tobagebiet. 29., 30. III. 1929. Ferner in Ostjava, Zuflußbach eines Zuflusses des Ranu Lamongan.
4. *A. divergens* Joh.: Verschiedene Teiche im Botanischen Garten Buitenzorg, Westjava. IX. 1928, VII. 1929. Heidetümpel von Huta Gindjang, Nordsumatra, Tobagebiet. 3. IV. 1929. Ferner aus dem *Sphagnum*-Ufer des Danau di Atas, Mittelsumatra.
5. *A. monilis* L.: Teich im Botanischen Garten Buitenzorg, Westjava. 20. VIII. 1928. Heideteich von Huta Gindjang, Nordsumatra, Tobagebiet. 29. III. 1929. Ferner aus Bambustöpfen in Südsumatra, einem Quelltümpel in Nordsumatra.
6. *Protenthes punctipennis* Mg.: Teich im Botanischen Garten Buitenzorg, Westjava. 29. IX. 1928. Sawahs am Ranausee, Südsumatra. 27. I. 1929. Ferner aus einer heißen Quelle in Mittelsumatra.

Orthocladiinae:

7. *Eucricotopus silvestris* F.: Teich im Botanischen Garten Buitenzorg, Westjava. 12. IX. 1928. (Eine var. aus einer Quelle auf dem Diëngplateau.)
8. *Trichocladius* sp.: Wie vorige.
9. *Microcricotopus* sp.: Wie vorige.
10. *Rheocricotopus* sp. *atripes*-Gruppe: Wie vorige. Auch in Sawahgräben bei Ranau, Südsumatra. 27. I. 1929.
11. *Spaniotoma (Trichocladius) lobalis* Joh.: Teich im Botanischen Garten Buitenzorg. 12. IX. 1928.

Chironomariae:

12. *Chironomus costatus* Joh.: Wie vorige. In Mitteljava aus einem Tümpel am See Pasir bei Sarangan. 12. XII. 1928. In Bali in Rockpools im Bett des Padanggombobaches bei Tamantanda in 1100 m Höhe. 14. VI. 1929. Ferner aus einem Quelltümpel auf dem Larvu, Mitteljava (3145 m), aus einem Bach in Ostjava, aus 53 m Tiefe des Ranausees, Sumatra, und aus dem Botanischen Garten Buitenzorg.
13. *Chironomus javanus* K.: Sawah bei Ranau, Südsumatra. 27. I. 1929. Auch im Ranausee selbst.
14. *Tendochironomus tumidus* Joh.: Sawah bei Ranau, Südsumatra. 26. I. 1929. Auch in Ostjava.
15. *Stictotendipes stupidus* Joh.: Teich im Botanischen Garten Buitenzorg. 17. IX. 1928. Auch aus einem westjavanischen Stausee und aus Ostjava.

16. *Polypedilum vectus* JOH.: Botanischer Garten Buitenzorg, Teich und im Tjiliwungfluß. 12., 13. IX. 1928.
17. *Pentapedilum convexum* JOH.: Mittelsumatra, Straßengraben am Subangpaß. 4. III. 1929. Auch in Solfatarenquelle Nordsumatras und im *Sphagnum*-Ufer des Danau di Atas, Mittelsumatra.
18. *Glyptotendipes polytomus*-Typ: Stautümpel auf Samosir, Tobasee. 12. IV. 1929.
19. cfr. *Prochironomus:* Wie vorige.
20. cfr. *Microchironomus:* Wie vorige.
21. *Microchironomus* cfr. *laccophilus:* Teich im Botanischen Garten Buitenzorg. IX. 1928.
22. *Chironomus* sp.: Fischteiche am Puntjakpaß, Westjava. 21. IX. 1928. Sawah bei Ranau, Südsumatra. 27. I. 1929.
23. *Polypedilum* oder *Pentapedilum:* Heidetümpel bei Huta Gindjang, Tobagebiet, Nordsumatra. 29. III. 1929.

Tanytarsariae:

24. *Tanytarsus oscillans* JOH.: Teich im Botanischen Garten Buitenzorg. 15. IX. 1928, 20. VII. 1929.
25. *Tanytarsus, gregarius*-Gruppe Nr. 3: Sawah am Ranausee. 27. I. 1929, Auch aus dem Ranausee selbst in 1 bis 1,5 m Tiefe.
26. *Rheotanytarsus additus* JOH.: ? Sawahs bei Balige, Tobagebiet, Nordsumatra. 30. III. 1929. Sonst aus dem Ranausee, Südsumatra, dem Ranau Lamongan, Ostjava, und vom Diëngplateau, Mitteljava.
27. *Rheotanytarsus trivittatus* JOH.: Sawahs am Ranausee. 27. I. 1929. Auch im Ranausee selbst und am Musi, Südsumatra.
28. *Zavreliella annulipes* JOH.: Sawahs am Ranausee. 27. I. 1929.

Ceratopogonidae:

29. *Dasyhelea laeta* JOH.: In Südsumatra in einem Rockpool — nur eine Handvoll Wasser! — auf einem Felsen am Westufer des Ranausees. 2. II. 1929. In Mittelsumatra in einem kleinen Rockpool — etwa $^1/_4$ Liter Wasser! — auf einem Block neben den heißen Quellen von Bukit Kili. 2. III. 1929.
30. *Dasyhelea trigonata* MAYER: Mittelsumatra, in Sawahs am Ombilin, dem Ausfluß des Sees Singkarak. 28. II. 1929. Im Tobagebiet in *Sphagnum*-Tümpel in der Heide von Huta Gindjang. 3. IV. 1929.
31. *D.* sp.: Auf einem Spritzwasser überstäubten Felsblock am Wai Warkuk, Südsumatra. 4. IV. 1929. Sawahs am Ranausee. 6. II. 1929. Südsumatra.
32. *Culicoides peregrinus* K.: In Sawahs am Ranausee, Sudsumatra. 26. I. 1929.
33. *Palpomyia* sp.: Stauteich bei Sarangan, Mitteljava. 7. XII. 1928.
34. *Nilobezzia ochriventris* EDW. var. *diffidens* JOH.: Teich im Botanischen

Garten Buitenzorg, Westjava. 15. IX. 1928. Sawah bei Singkarak, Mittelsumatra. 29. II. 1929.

35. *Parrotia flaviventris* K. var. *badia* JOH.: Sawahs am Ranausee. 26. I. 1929. Sawahs bei Balige, Tobagebiet. 7. IV. 1929.
36. *Bezzia mollis* JOH.: Sawahs bei Balige, Tobagebiet, Nordsumatra. 7. IV. 1929. In Mitteljava auf dem Diëngplateau in einem kleinen Tümpel in der Verlandungszone des Telaga Warna und im See selbst. 3. VI. 1929.
37. *Bezzia serena* JOH.: Teich im Botanischen Garten Buitenzorg, Westjava. 15. IX. 1928. *Sphagnum*-Tümpel in Huta Gindjang, Tobagebiet, Nordsumatra. 3. IV. 1929.
38. *Probezzia suavis* JOH.: Sawahs am Ranausee, Südsumatra. 6. II. 1929. Sawahs am Singkaraksee, Mittelsumatra. 28. II. 1929.
39. *Probezzia assimilis* JOH.: Teich im Botanischen Garten Buitenzorg, Westjava. 15. IX. 1929.
40. *Holoconops* sp.: Nordsumatra, Tobagebiet, *Sphagnum*-Tümpel bei Huta Gindjang.
41. *Bezzia*-Gruppe gen.? spec.?: Mitteljava, Teichwirtschaft Punten; Westjava, Teiche im Botanischen Garten Buitenzorg, Westjava; Mittelsumatra, Sawahs bei Singkarak, Graben bei Bukit Kili.

In den Teichen, Tümpeln, Gräben, Rockpools und Sawahs Insulindes wurden also nachgewiesen:

Tanypodinae	6	Arten	= 15%	der	Gesamtzahl
Orthocladiinae	5	„	= 12%	„	„
Chironomariae	12	„	= 29%	„	„
Tanytarsariae	5	„	= 12%	„	„
Ceratopogonidae	13	„	= 32%	„	„
Insgesamt	41		100%		

Also: Chironomariae und Ceratopogonidae bilden die Hauptmenge der Arten.

In Teichen, Tümpeln und Gräben fanden sich: Nr. 2, 3, 4, 5, 6, 7, 8, 9, 10, 11, 12, 15, 16, 17, 18, 19, 20, 21, 22, 23, 24, 33, 34, 36, 37, 39, 40, 41 (= 28 Arten).

In Sawahs: Nr. 3, 6, 10, 13, 14, 22, 25, 26, 27, 28, 30, 32, 34, 35, 36, 38, 41 (= 17 Arten).[115a]

[115a] Über die Chironomidenfauna der südeuropäischen Reisfelder ist nur wenig bekannt. Aus Oberitalien wird *Chironomus cavazzai* KIEFFER (1913 e) erwähnt (CAVAZZA 1914; vgl. auch S. 640 dieses Buches). In Südfrankreich untersuchte Frau Dr. DENISE SCHACHTER Reisfelder im Rhonedelta; das Chironomidenmaterial habe ich bearbeitet. Die Chironomidenfauna der untersuchten Reisfelder setzt sich zusammen aus einer Art der Chironomariae connectentes, wahrscheinlich (?) einer *Polypedilum*-Art. Das ist die häufigste Form. Weniger häufig ist eine *Chironomus*-Art der *Plumosus*-Gruppe sowie ein *Procladius* der *Sagittalis*-Gruppe. Seltener ist ein *Tanytarsus*, wahrscheinlich in allen Fällen der *curticornis-Gruppe*. Nur vereinzelt ist eine *Psectrocladius*-Art, eine Cryptochironomine, sowie *Chironomus* sp. *thummi*-Gruppe vorhanden.

In Rockpools: Nr. 1, 3, 12, 29, 31 (= 5 Arten): also Abnahme der Artenzahl mit zunehmender Spezialisierung des Milieus. In den Rockpools sind nur die Gattungen *Ablabesmyia, Chironomus* und *Dasyhelea* vertreten.

5. Die Chironomidenfauna der Pflanzengewässer

Pflanzengewässer oder „Phytotelmen" (VARGA 1928, S. 161) sind „periodische Gewässer, die durch Ansammlung der atmosphärischen Niederschläge oder durch Flüssigkeitsausscheidung der Pflanzen selbst in oder an lebenden — oder im Absterben begriffenen — Pflanzen oder Pflanzenteilen entstanden sind" (THIENEMANN 1934 b, S. 45). Es sind Kleinstgewässer, Miniatur-Biotope; und da nicht nur der Regen zu ihrer Füllung beiträgt, sondern dabei auch der Tau, vor allem in regenarmen Zeiten und Gegenden, eine Rolle, sicher stellenweise sogar die Hauptrolle spielt, so sind sie zum Teil als „Taugewässer" (vgl. THIENEMANN 1943, S. 226—228) zu bezeichnen.

Das Hauptverbreitungsgebiet dieses eigenartigen Gewässertypus sind die feuchten Tropen, in den gemäßigten Zonen sind sie seltener und einförmiger. Wir beginnen daher mit den tropischen Phytotelmen.

a) Tropische Phytotelmen

„Wie C. PICADO in der Einleitung zu seiner Arbeit ‚Les Broméliacées épiphytes considérées comme milieu biologique' auseinandersetzt, schließen sich Tropenwälder und normale, permanente stehende Gewässer vom Typus der Teiche und Tümpel und Gräben im allgemeinen aus. Denn der Wasserverbrauch der gewaltigen Pflanzenmassen der tropischen Wälder ist so groß, daß sich am Boden stehendes Wasser nur unter ganz besonderen Bedingungen ansammeln kann; in der gleichen Richtung wirkt die Drainage des Bodens durch die Baumwurzeln. An die Stelle solcher Gewässer treten die Wasseransammlungen in und an Pflanzen, für die VARGA den treffenden Namen ‚Phytotelma' geprägt hat. Sie erst ermöglichen einer lenitischen Wassertierwelt die Existenz selbst im tropischen Urwald" (THIENEMANN 1934 b, S. 44).

α) Insulinde

Ich habe in Insulinde die Phytotelmen und ihre gesamte Tierwelt eingehend untersucht und ihnen eine besondere Arbeit gewidmet (1934 b). Der dort gegebenen Einteilung folgen wir auch hier.

I. Flüssigkeit wenigstens zum Teil von der Pflanze ausgeschieden.
   1. Verdauende Sekrete. Hierher die *Nepenthes*-Kannen (vgl. THIENEMANN 1932) (Abb. 17 auf S. 33 sowie Abb. 254 auf S. 545). In *Nepenthes*-Kannen auf Sumatra wurde an zwei Stellen die wohl nepenthebionte *Dasyhelea confinis* angetroffen. Andere Chironomiden kamen in Insulinde in *Nepenthes* nicht vor.
   2. Nichtverdauende Sekrete. Hierher die Blütenstände der Zingiberaceen (Taf. XXVI Abb. 255) und die „Wasserkelche" von *Commelina*

obliqua (Abb. bei KOLUMBE 1931). In diesen beiden Phytotelmen wurden nur ganz vereinzelte *Dasyhelea*-Larven gefunden; die Art wurde nicht festgestellt.

Abb. 254. *Nepenthes ampullaria* im Schwingrasen von Haranganleok bei Balige, Tobagebiet (Sumatra). [Aus A. f. H. Suppl.-Bd. XI.]

II. Die Flüssigkeit ist im wesentlichen Niederschlagswasser.

1. Zwischen chlorophyllführenden Teilen der Pflanze.

a) Blattachselwasser. Hierher gehören die meisten Phytotelmen. In Insulinde wurden die Blattachsel-Phytotelmen folgender Pflanzen untersucht:

Colocasia indica: Die großen „*Colocasia*-Becher" hatten eine reiche Besiedelung. An Chironomiden fanden sich:

Apelma comis JOH. (Abb. 258, S. 549): Bali, Java, Südsumatra. Bisher nur aus diesem Biotop (vgl. MAYER 1933).

Apelma sp.: Eine jugendliche Larve in Südsumatra.

Culicoides anophelis EDW.: Java.

Ablabesmyia alterna JOH.: Eine Larve, Bali, wohl Zufallsfund, da sonst ausschließlich in Quellen (vgl. S. 336) nachgewiesen.

cfr. *Polypedilum:* Bali.

Pandanus: Hier wurden nur einmal (Bali) einzelne kleine Chironomidenlarven gefunden.

Crinum und *Hymenocallis:* In Tjibodas, Java, einzelne Larven der *Ceratopogonidae genuinae* und Orthocladiinenlarven.

Bromeliaceen: *Ablabesmyia ignobilis* JOH.: Tjibodas, Java.

Musa: Im Wassergewebe der Blätter bei Tjibodas, Java, einzelne Ceratopogoniden aus der Verwandtschaft von *Culicoides.*

b) Inflorescenzwasser. In den Wasserkelchen von *Cyrtandra glabra*. Südsumatra (Abb. bei THIENEMANN 1934 b, Tafel IV). Kleine rötliche Chironominenlarven in lockeren Röhren.

2. Zwischen nicht-chlorophyllführenden Teilen der Pflanze.

a) Blüten — keine Chironomiden.

b) In verholzten Pflanzenteilen.

α) Stengel und Stamm: Hierher „Bambustöpfe“ und Baumhöhlen. „Bambustöpfe“ (Taf. XXVI Abb. 256) entstehen, wenn ein Bambusrohr im Internodium abgehauen wird; dann werden Phytotelmen gebildet, die oft mehrere Liter Wasser enthalten. In Insulinde fanden sich in diesen folgende Chironomiden:
Forcipomyia simulans JOH.: Südsumatra.
Dasyhelea assimilis JOH.: Südsumatra, Bali.
Dasyhelea grata JOH.: Südsumatra, Bali.
Johannsenomyia prominens JOH.: Südsumatra.
Ablabesmyia ignobilis JOH.: Südsumatra.
Ablabesmyia monilis JOH.: Südsumatra.
Chironomus palpalis JOH.: Südsumatra.
Tanytarsus sp.: Südsumatra.
Wassererfüllte Baumhöhlen (Taf. II Ab. 18), Bretterwurzeln. Hierin lebten:
Culicoides guttifer DE MEY.
Ablabesmyia ignobilis JOH.
Ablabesmyia facilis JOH.

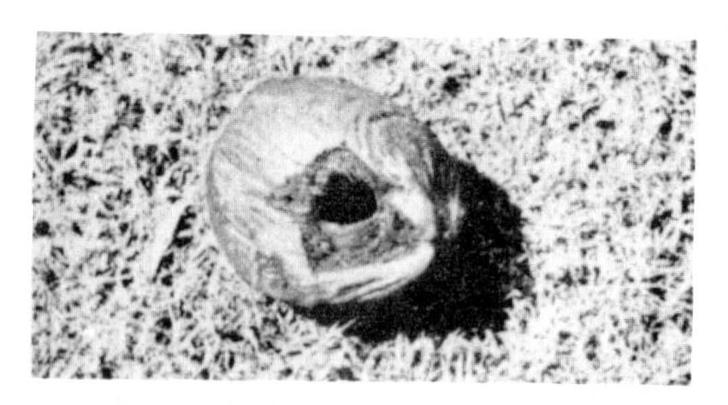

Abb. 257. Kokosnuß, vom Eichhörnchen angefressen und abgefallen, mit Wasser gefüllt. Klakah (Ostjava). [Aus A. f. H. Suppl.-Bd. IX.]

β) In abgefallenen Pflanzenteilen.
Das Eichhörnchen *Callosciurus notatus* nagt ein Loch in die Kokosnuß, frißt sie aus; die Nuß fällt zu Boden, mit dem Loch nach oben (Abb. 257); sie füllt sich mit Regenwasser. Darin fand sich von Chironomiden *Forcipomyia subtilis* JOH. — Java.

In der folgenden Tabelle (aus THIENEMANN 1934 b) sind die in Insulinde in Phytotelmen lebenden Chironomiden zusammengestellt.

Chironomidae	*Nepenthes*	Zingiberaceen	*Commelina*	*Colocasia*	*Pandanus*	*Crinum, Hymenocallis*	Bromeliaceen	*Musa*	*Cyrtandra*	Bambus	*Baumhöhlen*	Kokosnüsse	Zahl der von der Art besiedelten Phytotelmatypen	Bekannt auch aus folgenden normalen tropischen Gewässern	Geographische Verbreitung
Ceratopogoninae genuinae:															
Forcipomyia subtilis JOH.												+	1		Java
Forcipomyia simulans JOH.										+			1		Sumatra
gen. (?) spec. (?)						+							1		Java
Apelma comis JOH.				+									1		Java, Sumatra, Bali
Apelma sp.				+									1		Sumatra
Ceratopogoninae intermedia:															
Dasyhelea confinis JOH.	+												1		Sumatra
Dasyhelea assimilis JOH.										+			1		Sumatra, Bali
Dasyhelea grata JOH.										+			1		Sumatra, Bali
Dasyhelea sp.		+	+										2		Java, Sumatra
Ceratopogoninae vermiformes:															
Culicoides guttifer DE MEIJ.											+		1		Sumatra
Culicoides anophelis EDW.				+									1		NW-Indien, Malaienhalbinsel, Sumatra, Java
Tanypodinae:															
Ablabesmyia alterna JOH.				+									1	*	Java, Sumatra, Bali
Ablabesmyia ignobilis JOH.							+			+	+		3		Java, Sumatra
Ablabesmyia facilis JOH.											+		1	**	Java, Sumatra
Ablabesmyia monilis (L.)										+			1	+	Kosmopolit
Chironominae:															
Chironomus palpalis JOH.										+			1	***	Sumatra
cfr. *Polypedilum*				+									1		Java
gen. (?) spec. (?)					+			+	+				3		Sumatra, Bali
Tanytarsus s. l. sp.										+			1		Sumatra
Orthocladiinae:															
gen. (?) spec. (?)						+							1		Java
Artenzahl	1	1	1	4	1	2	1	1	1	7	3	1			

* Sonst nur in Quellen. ** Quellen, Flußufer. *** Seetiefe.

Von den 13 von uns unterschiedenen Phytotelmaarten enthalten:

Ceratopogonidae genuinae . . .	4 = 31%
„ intermediae . .	4 = 31%
„ vermiformes . .	2 = 16%
Ceratopogonidae im ganzen . . .	8 = 62%
Tanypodinae	4 = 31%
Orthocladiinae	1 = 8%
Chironominae	5 = 39%
Chironomidae im ganzen	12 = 92%

Nepenthes, Commelina und Zingiberaceen sind ausschließlich von Larven der Ceratopogonidae intermediae (*Dasyhelea*-Arten) besiedelt; in den Niederschlagswasser-Phytotelmen, und zwar in ihren beiden Haupttypen (Wände mit oder ohne Chlorophyll), treten alle Chironomiden-Subfamilien auf (Orthocladiinen wurden bisher nur in Blattachseln gefunden). Streng an Phytotelmen gebunden, also phytotelmatobiont, sind einzelne Ceratopogonidenarten und vielleicht die Tanypodine *Ablabesmyia ignobilis;* alle anderen sind phytotelmatoxen, vielleicht einige phytotelmatophil. Interessant ist es, daß jede der phytotelmatobionten Ceratopogonidenarten nur in einer bestimmten Phytotelmaart vorkommt. So ist

Apelma comis gebunden an *Colocasia* (vgl. hierzu MAYER sowie S. 553, 554)

Dasyhelea confinis an *Nepenthes, D. assimilis* und *grata* an Bambus.

Bei diesen Formen hat also eine starke Spezialisierung eingesetzt.

In der folgenden Tabelle werden die Chironomiden der Phytotelmen mit den von uns aus allen Binnengewässern Niederländisch-Indiens gesammelten zahlenmäßig (Artenzahl) verglichen.

	Artenzahl im ganzen	Davon in Phytotelmen absolut	In Phytotelmen in % der gesamten Artenzahl der Gruppe	Vertretung jeder Gruppe in % der gesamten Chironomiden-Artenzahl	
				in allen Gewässern	in Phytotelmen
Ceratopogonidae genuinae . .	10	5	50	6	24
intermediae	12	5	42	8	24
vermiformes	21	2	9	13	10
Ceratopogonidae im ganzen .	43	12	28	27,6	57
Tanypodinae	21	4	19	13,4	19
Orthocladiinae	21	1	5	13,4	5
Chironomariae	50	3	6	32	14
Tanytarsariae	21	1	5	13,4	5
Chironomidae s. l. im ganzen .	156	21	13	99,8	100

Man sieht ohne weiteres, daß in den Phytotelmen die Ceratopogoniden vorherrschen (57 gegen 28% der gesamten Chironomidenzahl), während die Chironomariae, die im ganzen vorherrschen (32%), in den Phytotelmen zu-

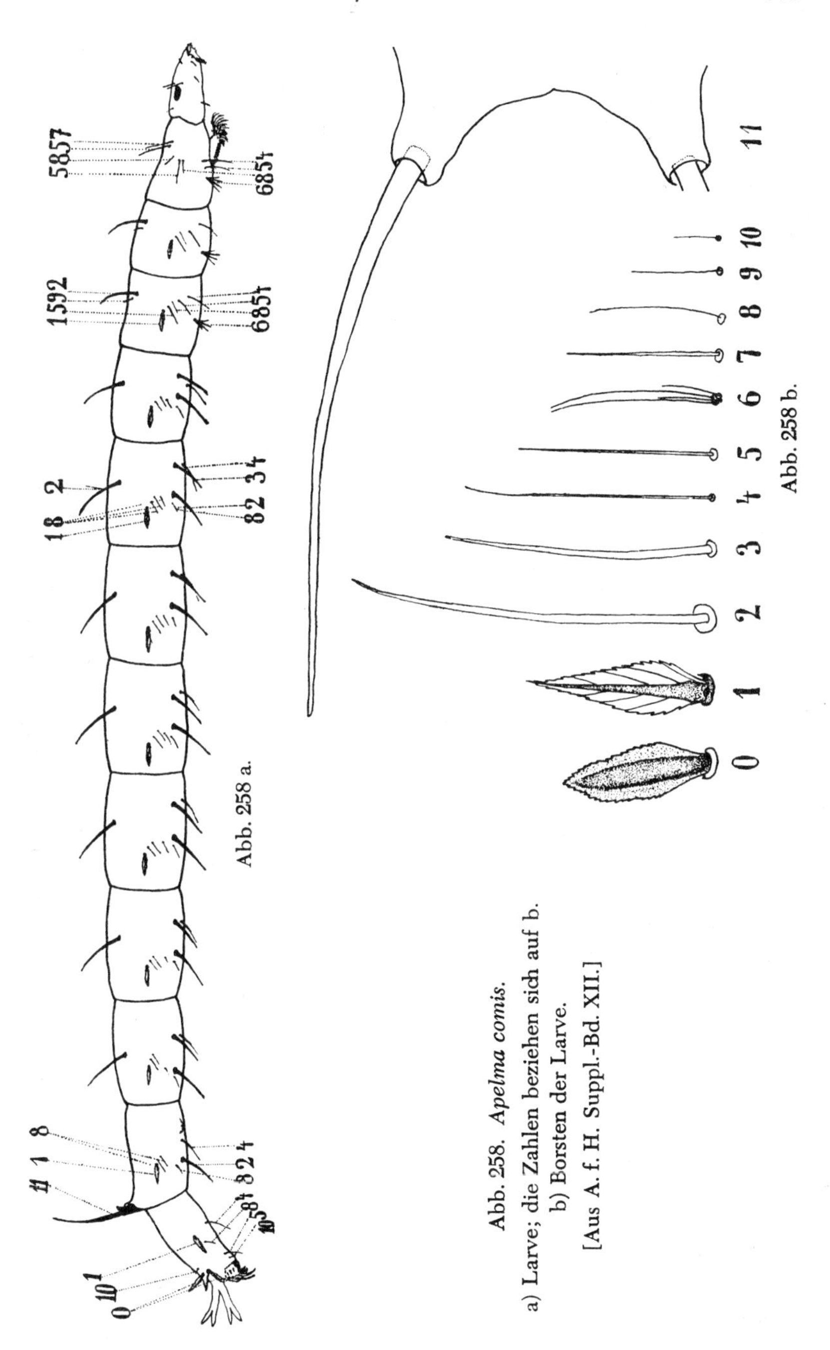

Abb. 258. *Apelma comis*.
a) Larve; die Zahlen beziehen sich auf b.
b) Borsten der Larve.
[Aus A. f. H. Suppl.-Bd. XII.]

rücktreten (14%); ganz zurücktreten die Orthocladiinae und Tanytarsariae (5% in Phytotelmen, in allen Gewässern 13,4%); die Tanypodinen überwiegen etwas in den Phytotelmen (19 gegen 13,4%).

Auf Hawaii leben die Larven von *Forcipomyia ingrami* CART. an der Basis der Spatha der Aracee *Richardia aethiopica* SPRENG, in dem dort angesammelten Detritus und Wasser sowie zwischen dem Detritus an den Blattbasen von Kohl (WILLIAMS 1944, S. 176), die Larven von *Dasyhelea hawaiiensis* MACFIE in den Blattachseln der Composite *Dubautia laxa pseudoplantaginea* SKOTTSB. (l. c. S. 178).

β) Mittel- und Südamerika

In Costa Rica hat PICADO in einer schönen Arbeit (1913) die Tierwelt der Phytotelmen der wildwachsenden terrestrischen und epiphytischen Bromeliaceen untersucht. Von Chironomiden wies er nach:

Ceratopogonidae: Nicht näher bestimmte Larven der *Bezzia*-Gruppe.
Tanypodinae: *Ablabesmyia costaricensis* PICADO.
Orthocladiinae: *Metriocnemus abdomino-flavatus* PICARDO; gen.? spec.?
Chironomariae: *Chirocladius pedipalpus* PICADO, *Chironomus* sp., *plumosus*-Gruppe.

In Brasilien fand SAUNDERS (1925) in den Phytotelmen terrestrischer Bromeliaceen eine Anzahl *Apelma*-Arten (Ceratopogonidae): *Apelma edwardsi* SAUNDERS, *A. bromelicola* LUTZ, *A. keilini* SAUNDERS, *A. magna* SAUNDERS, *A.* sp.

(In Britisch Guyana untersuchte SMART [1938] die Phytotelmen der Bromeliacee *Brocchinia micrantha;* er fand darin Ceratopogoniden- und Chironomidenlarven, gibt aber nichts Genaueres über diese an.)

In Hawaii treten in den Phytotelmen der Ananas die Larven von *Apelma brevis* JOH. (JOHANNSEN 1927) auf (ILLINGWORTH 1934; WILLIAMS 1944, S. 172; vgl. auch MAYER 1934 a, S. 219); sie schädigen die Blätter durch Zernagen, Bakterien dringen ein und die ganze Pflanze fault (JOHANNSEN 1927). In Brasilien lebt im Wasser des kletternden Riesenbambus häufig und zahlreich die Larve von *Culicoides bambusicola* LUTZ (LUTZ 1913, S. 62).

γ) Afrika

Bei ihren Untersuchungen über die Ceratopogoniden der Goldküste stellten CARTER, INGRAM und MACFIE (1920, 1921; INGRAM and MACFIE 1921, 1924 b) in den Höhlen verschiedener Bäume die folgenden Arten fest: *Culicoides inornatipennis* n. sp. und var. *rutilus* n. var., *C. accraensis* n. sp., *C. punctithorax* n. sp., *C. clarkei* n. sp., *C. eriodendroni* n. sp., *C. confusus* n. sp., *C. nigripennis* n. sp., *Dasyhelea nigrofusca* n. sp., *D. fusciformis* n. sp.; *Forcipomyia ingrami* CART., *F. castanea* M. und J., *F. ashantii* M. und J. In den feuchten zerfallenden Teilen an der Basis von Bananenstümpfen — also keinen echten Phytotelmen — lebten *Culicoides inornatipennis, C. austeni* n. sp., *Dasyhelea pallidihalter* n. sp., *D. fusciscutellata* n. sp., *D. similis* n. sp., *D. flava* n. sp.; *Forcipomyia castanea* M. und J., *F. venusta* M. und J., *F. hirsuta* M. und J.

Aus Sierre Leone verzeichnen INGRAM und MACFIE (1923, S. 55, 56) *Apelma bacoti* J. und M. für die Blattachseln von *Dracaena.*

Für Südafrika nennt BOTHA DE MEILLON (1936) aus Baumhöhlen: *Culicoides meeserellus* n. sp. (Nordtransvaal), *Dasyhelea larundae* n. sp. (Zululand).

Im Kongo wies WANSON (1939) *Culicoides inornatipennis* in Baumhöhlen nach.

b) Phytotelmen in gemäßigten Zonen

α) Europa

In Europa besteht die größte Menge der Phytotelmen aus wassererfüllten Baumhöhlen (Taf. II Abb. 18). Ich habe seinerzeit (THIENEMANN 1934 e, S. 78 ff.) eine „Liste der bisher in europäischen, insbesondere deutschen Baumhöhlen nachgewiesenen Wassertiere" gebracht, neuerdings (1951) hat URSULA ROHNERT in ihrer Arbeit „Wassererfüllte Baumhöhlen und ihre Besiedelung" einen „Beitrag zur Fauna dendrolimnetica" gegeben. Vor allem die Buche *(Fagus silvatica),* in geringerem Maße aber auch zahlreiche andere Bäume, zeigen „Höhlenbildung"; ein großer Teil dieser Höhlen ist mehr oder weniger andauernd mit Wasser gefüllt. Die typischen Baumhöhlenbewohner unter den Chironomiden sind die Orthocladiine *Metriocnemus cavicola* K. *(martinii* TH.) und die Ceratopogoniden *Dasyhelea lignicola* K. und *D. dufouri* LAB. (= *sensualis* K.). Gelegentlich — als dendrolimnetoxen — wurden auch *Chironomus thummi* und eine *Bezzia*-Art gefunden. *Metriocnemus cavicola* wurde in Europa von England und Südschweden bis in die Alpen nachgewiesen; *Dasyhelea dufouri (sensualis)* von Holstein bis Niederösterreich; diese Art lebt auch im Baumfluß von Ulmen. Beide Arten wurden in einem pH-Bereich von 6 bis 8 (8,3) gefunden. *Metriocnemus cavicola* fand U. ROHNERT in Höhlen auf Buchen, Eschen, Hainbuchen, Ahorn, Fichte, *Dasyhelea* in Buchen, Linden, Hainbuchen. Bevorzugt wird die Buche. *Metriocnemus* und *Dasyhelea* überwintern im Larvenstadium und können Einfrieren und starkes, wenn auch nicht vollständiges Eintrocknen vertragen. Im Laufe des Sommers gelangen bei beiden mehrere Generationen zur Entwicklung.

Wie für die tropischen Phytotelmen ist für europäische Baumhöhlen also die Gattung *Dasyhelea* charakteristisch; das phytotelmatobionte Auftreten von *Metriocnemus*-Arten in Europa (vgl. auch das weiter unten über *Scirpus silvaticus* Gesagte), findet in den Tropen keine Parallele.

Seltener sind in Europa Blattachselphytotelmen.

In den von ALPATOFF in Rußland untersuchten Phytotelmen von *Angelica silvestris* lebten keine Chironomiden. Auch VARGA (1928) fand bei dem Studium der Phytotelmen von *Dipsacus silvester* in Ungarn keine Chironomiden, doch wies GOETGHEBUER (1925 a) in Belgien im gleichen Biotop zusammen mit einer *Chironomus* sp. *Dasyhelea bilineata* GOETGH. (nec!

dufouri LAB.) nach, ebenso PAVISIĆ (1942) in Slowenien, und ZAVŘEL (1941 b) nennt für ihn noch *Metricocnemus hirticollis* var. *dipsaci* ZAVŘEL. E. J. FITTKAU fand in *Dipsacus*-Zisternen in der Gegend von Freiburg i. B. regelmäßig *Dasyhelea bilineata* in großer Zahl, an einer Stelle (am Kaiserstuhl, 17. VI. 1951) auch zwei kleine *Chironomus*-Larven der *plumosus*-Gruppe.

Mit dem interessantesten europäischen Blattachselphytotelma, dem von *Scirpus silvaticus* — einem „Kleinst"gewässer in des Wortes wahrster Bedeutung —, und seiner Besiedelung hat uns kürzlich STRENZKE (1950 a, b, c)

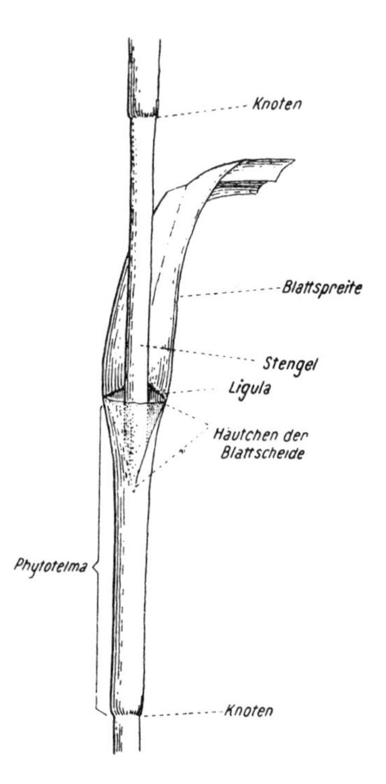

Abb. 259. Stengelabschnitt von *Scirpus silvaticus* mit dem Phytotelma. [Aus STRENZKE 1950 c.]

bekannt gemacht (Abb. 259). „Die jeweils etwa in der Mitte zwischen zwei Knoten ansetzenden Blätter umgreifen mit 6 bis 8 cm langen Scheiden den Stengel. Während der untere Teil der Blattscheide dem Stengel ziemlich eng anliegt, bleibt oben — unterhalb der Stelle, an der die Spreite den Stengel verläßt — ein mehrere Millimeter messender Zwischenraum bestehen. Da die Blattscheide allseitig und bis oben hin völlig geschlossen ist, entsteht hier ein nach unten spitz zulaufender, tütenförmiger Behälter, der an den unteren Blättern bis 2,5 cm lang sein kann. Das an den, durch ihren V-förmigen Querschnitt als Rinne wirkenden, Blattspreiten herablaufende atmosphärische Wasser kann sich hier sammeln und halten." In dieser, nicht mehr als Bruchteile eines Kubikzentimeters messenden Wassermenge leben außer verschiedenen, für diesen Biotop nicht charakteristischen Kleinsttieren regelmäßig die Larven zweier *Metricocnemus*-Arten, *M. scirpi* K. und *M. inopinatus* STRENZKE. Die erste Art wurde ursprünglich von J. J. KIEFFER bei Bitsch entdeckt und ist jetzt — aus diesen Phytotelmen — bekannt auch aus Holstein, Braunschweig, Baden (leg. FITTKAU), Südschweden, die zweite aus Holstein, Baden (leg. FITTKAU) und Südschweden.

Zusammenfassend ist festzustellen, daß für die europäischen Phytotelmen — Baumhöhlen und Blattachselgewässer — von Chironomiden s. l. zwei Gattungen charakteristisch sind, die Ceratopogonidengattung *Dasyhelea* mit den Arten *bilineata* GOETGH., *dufouri* LAB. (= *sensualis* K.) und *lignicola* K., und die Orthocladiinengattung *Metricocnemus* mit den Arten *cavicola* K. (= *martinii* TH.), *hirticollis* var. *dipsaci* ZAVŘEL, *scirpi* K. und *inopinatus* STRENZKE.

β) Nordamerika

Aus nordamerikanischen Baumhöhlen sind *Culicoides guttipennis* COQ., *C. vilosipennis* R. und H. und *C. arboricola* R. und H. bekannt (ROOT and HOFFMAN 1937). Aus Kalifornien meldet WIRTH (1952, S. 244) *Culicoides luteovenus* R. und H. und *C. unicolor* (COQ.).

Einen besonderen Typ von Phytotelmen stellen die Blattschläuche der „Pitcher-Plants", der Sarraceniaceen dar: *Heliamphora nutans* in Britisch Guyana, *Darlingtonia californica* in Kalifornien und Oregon, die *Sarracenia*-Arten in Nordamerika.

Metriocnemus knabi COQ. lebt in *Sarracenia purpurea*. Larven in der Becherflüssigkeit zu allen Jahreszeiten; Verpuppung an der Becherwand dicht über dem Flüssigkeitsspiegel. Larven vertragen Einfrieren (KNAB 1905).

Metriocnemus edwardsi JONES lebt in *Darlingtonia californica* (JONES 1916).

γ) Japan

Aus Japan ist bisher, soviel ich sehe, nur ein einziger Phytotelmenbewohner bekannt.

TOKUNAGA (1932 a) beschrieb eine *Dasyhelea*-Art, die aber sicher in das Genus *Apelma* zu stellen ist, *Apelma crinume* (TOK.). Die Larven und Puppen leben zahlreich in dem Blattachselwasser von *Crinum asiaticum* L. var. *japonicum* BAKER, in Seto (Wakayama Präfektur) an der japanischen Südküste.

Das japanische *Apelma*-Vorkommen gibt zu denken. *Crinum asiaticum* hat in Japan die Nordgrenze seiner Verbreitung. Wir kennen die Pflanze (vgl. die Karte bei KOSHIMIZU 1930, S. 215) von den Sunda-Inseln, Philippinen, Molukken, Neuguinea, einigen Südseeinseln, von der westlichen Küste Vorderindiens, Malakka, der Ostküste von Hinterindien und Südchina (etwa bis zum Wendekreis des Krebses), von Formosa und den Hawaii-Inseln. In Japan lebt die var. *japonicum* an sandigen Meeresküsten, die von den warmen, südlichen Meeresströmungen beeinflußt sind (vgl. l. c. S. 216, Fig. 42), vor allem auf Kiusiu an der Südküste von Shikoku und an der Südküste von Honsu. KOSHIMIZU hat nachgewiesen, daß die Samen von *Crinum asiaticum japonicum* lange Zeit im Meerwasser liegen können, ohne in ihrer Keimfähigkeit geschädigt zu werden. Er nimmt an, daß die Art durch Meeresströmungen in junger geologischer Zeit, wohl erst nach der Eiszeit, nach Japan gelangt ist. Wie mag dann ihr Blattachselbewohner, *Apelma crinume*, an seine japanischen Fundorte gelangt sein?

Die Ceratopogonidengattung *Apelma wurde* von KIEFFER (1919, S. 64) für zwei ungarische Arten, *auronitens* K. und *aurosparsum* K., aufgestellt. Später (1925, S. 75) hat KIEFFER als synonym zu *auronitens* GOETGHEBUERS *Trichohelea tonnoiri* (aus Belgien) gestellt. EDWARDS (1926 a, S. 393) und nach ihm GOETGHEBUER (im „LINDNER") vereinigt *Apelma* mit *Forcipomyia;* das ist auf Grund der Larven und Puppen nicht richtig. Von den beiden europäischen *Apelma*-Arten ist die Metamorphose und Lebensweise nicht bekannt. Alle übrigen *Apelma*-Arten sind tropisch oder subtropisch, und alle bekannten *Apelma*-Larven und -Puppen leben in Blattachselphytotelmen. So lebt (vgl. die Zusammenstellung bei MAYER 1933, S. 237):

A. *bacoti* INGRAM and MACFIE auf *Dracaena* — Sierra Leone.
A. *brevis* JOH. auf Ananas — Hawaii.
A. *bromelicola* LUTZ auf Bromeliaceen — Brasilien.
A. *edwardsi* SAUNDERS auf Bromeliaceen — Brasilien.
A. *keilini* SAUNDERS auf Bromeliaceen — Brasilien.
A. *magna* SAUNDERS auf Bromeliaceen.
A. *comis* JOH. auf *Colocasia* — Bali, Java, Sumatra.
A. sp. (MAYER) auf *Colocasia* — Südsumatra.
A. *crinume* TOK. auf *Crinum asiaticum japonicum* — Japan.

Die Gattung *Apelma* ist mit phytotelmatobionten Arten also vertreten in Afrika, Südamerika, Japan, Insulinde, Hawaii.

Auf Grund der Larven scheint die japanische Art *crinume A. brevis* von Hawaii und A. *keilini* aus Brasilien am nächsten zu stehen.

Die weite Verbreitung der Gattung *Apelma* in den Tropen spricht für ihr hohes Alter, und die eigenartige Lebensweise ihrer Larven und Puppen wird ebenfalls uralt sein. Ist *Crinum asiaticum* erst postglazial nach Japan gekommen, und zwar aus Samen durch Meeresströmungen, so muß die heute auf ihr lebende *Apelma*-Art entweder vorher in Japan in Blattachseln anderer Pflanzen gelebt haben und dann auf *Crinum* übergegangen sein. Oder diese *Apelma crinume* muß aus anderen Gebieten, in denen *Crinum asiaticum* lebt, nach Japan verschleppt sein. Es dürfte sich lohnen, in dem weiten Verbreitungsgebiet von *Crinum asiaticum* — sowie der anderen *Crinum*-Arten — die Blattachselgewässer dieser Amaryllideen genau zu erforschen.

6. Moorchironomiden

Wir haben oben (S. 472 ff.) eine Anzahl Chironomiden genannt, die für die schwedischen polyhumosen Seen charakteristisch, also irgendwie an einen starken Humusgehalt des Wassers gebunden sind. Nun erhebt sich die Frage: „Gibt es allgemein echte Moorchironomiden, d. h. solche, die nur im Hochmoorwasser mit seinem hohen Humusgehalt und seiner sauren Reaktion leben können, also tyrphobionte Arten?"

Brundin (1949, S. 395) nannte für den extrem polyhumosen Grimsgöl, einen typischen Moorkolk, als Charakterarten:

Ablabesmyia brevitibialis	*Trissocladius mucronatus*
Ablabesmyia longipalpis	*Chironomus tenuistylus*
Orthocladius naumanni	*Sergentia longiventris,*

wobei aber zu bemerken ist, daß letztgenannte Art an anderen Stellen (z. B. im Lunzer Mittersee; vgl. S. 415) nicht an Humuswasser gebunden ist.

In meiner limnischen Tiergeographie (1950 b, S. 90, 91) habe ich als sicher tyrphobionte Arten die folgenden aufgeführt:

die Podonomine *Lasiodiamesa gracilis* K. (Verbreitung siehe S. 564);

die Tanypodine *Ablabesmyia tenuicalcar* K. (Böhmen und Mähren, Lettland, Holstein, Alpen [Moore des Lunzer Gebietes]);

die Orthocladiine *Psectrocladius platypus* Edw. (Lappland, Småland, Schottland, England, Belgien; Holstein, Schlesien, Oberbayern);

die Ceratopogoniden *Helea sociabilis* Goetgh. (Belgien, England, Deutschland) und *Helea thienemanni* Mayer (Lappland) sowie „wahrscheinlich noch andere Chironomiden".

Zweifellos gibt es eine ganze Anzahl von Chironomiden s. l., die für ihre Entwicklung an das Hochmoor gebunden sind. Allerdings bringt Peus in seiner „Tierwelt der Hochmoore" (1932) keine näheren Angaben über Moorchironomiden. Doch hat schon Harnisch (1925) bei seiner Untersuchung der Seefelder eines schlesischen Hochmoores verschiedene Arten angeführt. Ich selbst habe in Lappland auch Moore untersucht, später im Anschluß daran (1939 f) verschiedene deutsche *Betula nana*-Moore, dann Moore im Lunzer Seengebiet. Vor allem aber hatten A. Dampf und E. Skwarra eine große Chironomidensammlung von estländischen Mooren und von der ostpreußischen Zehlau zusammengebracht, die J. J. Kieffer in drei Arbeiten (1924 f, 1927, 1929) beschrieben hat. Dabei handelte es sich nur um Imagines, die auf und an den zum Teil sehr großen und ausgedehnten Hochmooren gefangen worden waren. Es ist also möglich, daß sich darunter auch einzelne, aus anderen Biotopen verflogene Tiere befinden. Der allergrößte

Teil der Arten lebt aber sicher auch im Larven- und Puppenstadium in den Mooren selbst. Die terrestrischen Formen (z. B. *Forcipomyia)* werden wohl auch großenteils moorgebunden sein. Im folgenden gebe ich eine Liste der von den ostpreußischen und estländischen Mooren nachgewiesenen Arten (E = Estland, O = Ostpreußen). Inwieweit manche der von KIEFFER unterschiedenen Arten etwa zusammengezogen werden müssen, wird die Zukunft zeigen. Es wäre eine überaus lohnende Aufgabe, eines der großen skandinavischen Hochmoore — vielleicht die schwedische Komosse — einmal gründlich auf ihre Chironomidenbesiedelung hin zu untersuchen und dabei auch die Larven und Puppen zu berücksichtigen. Übrigens sind Moorchironomiden bisher nur in Europa eingehender studiert worden.

Chironomiden aus estländischen und ostpreußischen Mooren

Ceratopogonidae:[116]

Forcipomyia hygrophila K. (E), *sphagnicola* K. (E), *sphagnophila* K. (O), *sphagnorum* K. (E), *turfacea* K. (E), *turficola* K. (O); *turfosa* K. (E); *halterata* WINN.

Atrichopogon turficola K. (E); *Kempia stagnalis* K. (E).

Dasyhelea estonica K. (E), *biunguis* K. (O), *turficola* K. (E, O), *turfacea* K. (E), *paludicola* K. (E), *dampfi* K. (E), *fascigera* K. (E).

Culicoides pulicaris L. (E), *cordiformis* K. (E), *fascipennis* STG. (= *turficola* K.) (E).

Ceratopogon (Trishelea) incompleta K. (E, O), *crassiforceps* K. (O), *longipalpis* K. (O), *magniforceps* K. (O); *(Anakempia) turfacea* K. (O), *conjuncta* K. (O); *(Schizohelea) leucopeza* MG. *(copiosa* WINN.) (O).

Diplohelea parvula K. (O).

Serromyia ledicola (? *femorata* MG.) (E).

Palpomyia turfacea K. (E, O).

Bezzia monacantha K. (O).

Orthocladiinae:

Corynoneura innupta EDW. (E), *brevinervis* K. (E).

Thienemanniella (Microlenzia) flavicornis K. (O).

Brillia haesitans K. (E).

Metriocnemus bitensis K. (E).

Acricotopus turfaceus K. (O).

Dactylocladius atomus K. (O).

Psectrocladius spinulosus K. (O), *fusiformis* K. (O), *dampfi* K. (O), *turficola* K. (O), *heptamerus* K. (O), *furcatus* K. (O), *flaviventris* K. (O), *palu-*

[116] Von den hier aufgezählten 31 Ceratopogonidenarten fehlen 18 Arten in der Ceratopogonidenbearbeitung in LINDNERs Dipterenwerk! Für Ceratopogoniden aus schottischem „Bogland" und „Marsh" vgl. KETTLE and LAWSON (1952, S. 450); siehe auch KETTLE 1951 und 1952.

dicola K. (O), *silesiacus* K. var. (O), *unifilis* K. (E), *flavofasciatus* K. (E), *brehmi* K. (E), *sphagnicola* K. (E), *sphagnicola* var. *brachytoma* K. (E), *foliaceus* K. (E), *sphagnorum* K. (E), *skwarrai* K. (E), *foliiformis* K. (E), *hirtimanus* K. (E).

Eucricotopus silvestris F. (E), *saxicola* K. (E).

Rheocricotopus fuscithorax K. (E).

Trichocladius phragmitis K. (E), *sphagnorum* K. (E), *nigripes* K. (E).

Orthocladius paluster K. (O), *turficola* K. (O), *insigniforceps* K. (O).

Euphaenocladius foliatus K. (E), *foliosus* K. (O).

Smittia flexinervis K. (E), *bacilliger* K. (E), *paluster* K. (E; auch Oberbayern, Königsdorfer Filz).

Limnophyes triseta K. (E), *sphagnophilus* K. (E), *distylus* K. (E), *pentatomus* K. (E), *p.* var. *turfaceus* K. (E), *p.* var. *longiradius* K. (O).

Die folgenden Arten wurden von Kieffer zu „*Camptocladius* v. d. W." gestellt; wahrscheinlich gehören die meisten zu *Limnophyes* im heutigen Sinne, vielleicht auch einige zu *Smittia*: *atriventris* K. (O), *bipilus* K. (E), *dentatipalpis* K. (E), *filipalpis* K. (E), *dampfi* K. (E), *pallidipes* K. (O; auch Oberbayern), *turficola* K. (O).

Chironomariae:

Chironomus turfaceus K. (O), sp. (E).

Limnochironomus nervosus Staeg. (*falciformis* K.) (E), *pulsus* Walk (*atrovittatus* K.) (O).

Cryptochironomus supplicans Mg. (*chlorolobus* K. (O), *bicornutus* K. (O, E).

Parachironomus cryptotomus var. *turficola* K. (E).

Phytochironomus foliicola K. (O).

Pseudochironomus (*Proriethia*) *albimanus* K. (O).

Lenzia flavipes Mg. (*leucolabis* K.) (E).

Polypedilum scalaenum Schrk. (E).

Tanytarsariae:

Micropsectra praecox Mg. (*inermipes* K.) (E).

Tanytarsus sp. (E).

Tanypodinae:

Ablabesmyia monilis L. (E), *tetrasticta* K. (*nigropunctata* K.) (E), sp. (E).

Procladius aterrinus K. var. (E), sp. (E).

Podonominae:

Lasiodiamesa gracilis K. (= *Prosisoplastus sphagnicola* K. = *Protanypus turfaceus* K.) (vgl. Brundin 1952, S. 44) (E, O).

Auffallend ist die große Zahl von Ceratopogoniden (31 Arten, Chironomiden s. s. 70). Dabei treten aber die sonst in den Binnengewässern häufigsten Gattungen *Bezzia*, *Palpomyia*, *Culicoides* stark zurück gegenüber den aquatischen Arten der Gattungen *Dasyhelea* und *Helea*. Die Chironomidae s. s. umfassen 70 Arten, davon:

Podonominae . . .	1 Art	= 1%
Tanypodinae . . .	5 Arten	= 7%
Orthocladiinae . .	51 Arten	= 73%
Chironomariae . .	11 Arten	= 16%
Tanytarsariae . . .	2 Arten	= 2%
Im ganzen	70 Arten	= 99%

Nicht ohne Interesse ist ein Vergleich der Chironomidenbesiedelung der estländischen und ostpreußischen Hochmoore mit der des extrem polyhumosen småländischen Moorkolkes „Grimsgöl" (vgl. S. 475). Hier wies BRUNDIN (1949, S. 377 ff.) nach:

Tanypodinae . . .	10 Arten	= 27%
Orthocladiinae . .	10 Arten	= 27%
Chironomariae . .	14 Arten	= 38%
Tanytarsariae . .	3 Arten	= 8%
Im ganzen	37 Arten	= 100%

An beiden Stellen treten also die Tanytarsariae ganz zurück. Wenn die Orthocladiinae in Estland + Ostpreußen im Verhältnis zum Grimsgöl so stark hervortreten, so liegt das u. a. daran, daß einmal unter den von KIEFFER unterschiedenen 19 *Psectrocladius*-Arten wahrscheinlich doch mancherlei Synonyme vorhanden sind und daß BRUNDIN die terrestrischen oder halbaquatischen Gattungen *Limnophyes, Smittia, Euphaenocladius, „Camptocladius"* v. D. W. (K) überhaupt nicht berücksichtigt hat. Diese umfassen aber hier 18 Formen.

In Lappland habe ich ein Hochmoorgebiet unterhalb des Abisko-Turisthotels (Taf. XXVII Abb. 260) mit einem sauern Moorteich, Gräben und *Sphagnum*-Löchern untersucht, das auf Dauerfrostboden liegt (THIENEMANN 1941 a, S. 116—118, 131—132). Folgende Arten wies ich dort nach:

Ceratopogonidae:

Dasyhelea versicolor WINN., *obscura* WINN., ? *semistriata* GOETGH., sp. *halophila*-Gruppe.

Culicoides neglectus WINN., *fascipennis* STG., sp. *rivicola*-Gruppe; *Holoconops* sp., *Ceratopogon thienemanni* MAYER; *Helea* sp.; *Bezzia affinis* STG., *bicolor* MG., *solstitialis* WINN., *B.* sp.

Podonominae:

Lasiodiamesa gracilis K.; *Trichotanypus posticalis* LUNDB.

Tanypodinae:

Ablabesmyia monilis L., *monilis* var. *connectens* TH., *punctata* FAB.

Orthocladiinae:

Metriocnemus atratulus ZETT., *Paratrichocladius holsatus* GOETGH.,

Trichocladius sp.; *Acricotopus* sp.; *Psectrocladius*, sp. *psilopterus*-Gruppe, sp. *dilatatus*-Gruppe, sp. *„connectens"*; *Dyscamptocladius* sp., *vitellinus*-Gruppe; *Limnophyes minimus* MG., *septentrionalis* GOETGH., ? *borealis* GOETGH., sp. *Corynoneura celeripes* WINN., sp.

Chironomariae:

Chironomus sp. *plumosus*-Gruppe

Tanytarsariae:

Micropsectra groenlandica SÖGAARD ANDERSEN; *Lundströmia* sp.

Die Ceratopogoniden bilden mit 13 Arten fast ein Drittel der gesamten Artenzahl (35). Die Chironomidae s. s. verteilen sich so auf die verschiedenen Gruppen:

Podonominae: 2 Arten = 9% der Gesamtartenzahl der Chironomidae s. s. (22)
Tanypodinae: 2 Arten = 9% der Gesamtartenzahl der Chironomidae s. s.
Orthocladiinae: 15 Arten = 68% der Gesamtartenzahl der Chironomidae s. s.
Chironomariae: 1 Art = 5% der Gesamtartenzahl der Chironomidae s. s.
Tanytarsariae: 2 Arten = 9% der Gesamtartenzahl der Chironomidae s. s.

22 Arten im ganzen

Also wie in den estländischen und ostpreußischen Mooren starkes Vorherrschen der Orthocladiinen, alle übrigen Gruppen treten demgegenüber ganz zurück.

Vom schlesischen Hochmoor der Seefelder (bei Bad Reinerz) und anderen schlesischen Hochmooren sind durch HARNISCHS Arbeiten (1925) und meine ergänzenden Untersuchungen (1939 f) folgende Chironomiden bekannt geworden:

Ceratopogonidae:

Ceratopogon sociabilis GOETGH., *Dasyhelea* sp., *Bezzia solstitialis* WINN.

Tanypodinae:

Ablabesmyia tenuicalcar K., *monilis connectens* TH., sp. *tetrasticta*-Gruppe.

Podonominae:

Lasiodiamesa gracilis K.

Orthocladiinae:

Paraphaenocladius impensus WALK., *Psectrocladius platypus* EDW., *heptamerus* K., *turfaceus* K., sp. *psilopterus*-Gruppe, sp. *dilatatus*-Gruppe, *Dyscamptocladius* sp. *vitellinus*-Gruppe; *Pseudosmittia trifoliata* K., *Limnophyes rectinervis* K., *Georthocladius luteicornis* GOETGH.

Chironomariae:

Chironomus annularius MG., *Ch.* sp.; *Endochironomus* sp., *nymphoides*-Gruppe, *Cryptochironomus sphagnorum* K., *Microtendipes turficola* K.

Tanytarsariae:

Micropsectra praecox MG.

Auch hier also ein Überwiegen der Orthocladiinen, doch sind auch die Chironomarien relativ stärker vertreten als in den nördlicher gelegenen Mooren. Übrigens sind die Seefelder bezüglich ihrer Chironomidenbesiedelung doch nur kursorisch untersucht; es kommen sicher viel mehr Arten, vor allem Ceratopogoniden, dort vor.

Im Lunzer Seengebiet hatte ich Gelegenheit, von Hochmooren das Rotmoos (in der Nähe des Obersees) (Taf. XXVII Abb. 261) sowie das Rehbergmoor zu untersuchen (THIENEMANN 1950, S. 71—75).

Ergebnis:

Ceratopogonidae:

Dasyhelea modesta, D. sp. *halophila*-Gruppe, *Culicoides vexans* STAEG., *Bezzia annulipes* MG., *B. solstitialis* WINN.

Tanypodinae:

Ablabesmyia tenuicalcar K., *A. punctata* F., *Procladius* sp.

Orthocladiinae:

Psectrocladius bisetus GOETGH., *Ps.* sp. *dilatatus*-Gruppe, *Limnophyes* sp., *Georthocladius luteicornis* GOETGH.

Chironomariae:

Chironomus alpestris GOETGH.

Tanytarsariae:

Monotanytarsus boreoalpinus TH.

Von diesen Chironomiden der beiden kleinen Alpenhochmoore ist eine eine typische Moorform *Ablabesmyia tenuicalcar,* vielleicht auch *Monotanytarsus boreoalpinus. Procladius* sp. und *Chironomus alpestris* sind in Lunz sonst Charakterformen der Almtümpel (vgl. S. 535—537).

Bei kursorischen Untersuchungen verschiedener deutscher *Betula nana*-Moore stellte ich (1939 f) an Chironomiden fest:

Zwergbirkenmoor zwischen Bodenteich und Schafwedel (Kreis Uelzen), Hannover (5. V. 1937):

Ablabesmyia falcigera (vgl. S. 529), *A.* sp., *Heterotanytarsus apicalis* K., Ceratopogonidae vermiformes.

Mooslohe bei Weiden, Oberpfalz (6. V. 1939):

Paraphaenocladius impensus WALK., *Psectrocladius* sp. *psilopterus*-Gruppe, *Ablabesmyia* sp., *Macropelopia goetghebueri* K.; *Culicoides* sp.

Bernrieder Filz am Starnberger See (30. IV. 1937) (THIENEMANN 1939 e, S. 2):

Ablabesmyia monilis L. *typica, Psectrotanypus varius* T., *Procladius* sp., *sagittalis*-Gruppe, *Psectrocladius platypus* EDW., *Psectrocladius* sp. *psilopterus*-Gruppe, *Acricotopus* sp., *Chironomus annularius* MG. (vgl. THIENEMANN 1950, S. 105), Ceratopogonidae vermiformes.

Alle drei — kleinen — Moore sind schon stark kulturbeeinflußt; die einzige, wirklich tyrphobionte Art wurde im Bernrieder Filz gefunden, nämlich *Psectrocladius platypus.*

Bei seinen Kleingewässeruntersuchungen hat R. KREUZER (1940) auch „moorige Kleinteiche" in Holstein und der Lüneburger Heide untersucht. Er stellte an Chironomiden fest:

Ceratopogonidae:

Kempia sp. cfr. *fusca; Bezzia annulipes, bicolor; Palpomyia lineata.*

Tanypodinae:

Ablabesmyia guttipennis, tenuicalcar, falcigera, nemorum, Psectrotanypus varius, Procladius choreus.

Orthocladiinae:

Psectrocladius platypus, P. sp. *psilopterus*-Gruppe, *Corynoneura* sp., *Limnophyes longiseta, punctipennis.*

Chironomariae:

Chironomus cingulatus, Ch. sp., *Parachironomus* sp., *Glyptotendipes* sp., *Gripekoveni*-Gruppe, *Endochironomus dispar* MG., *E.* sp. *signaticornis*-Gruppe, *Polypedilum* sp., *Paratendipes* sp.

Tanytarsariae:

Tanytarsus heusdensis, cfr. *Zavreliella* sp.

Das ist keine echte Moorfauna mehr! Den Moorcharakter dieser Biotope zeigen nur noch zwei Arten an, *Ablabesmyia tenuicalcar* und *Psectrocladius platypus.*

Schließlich seien hier noch die schwedischen „Moorchironomiden" genannt, die BRUNDIN an verschiedenen Stellen seines großen Buches (1949) nennt:

Tanypodinae:

Ablabesmyia brevitibialis GOETGH. (BRUNDIN, p. 675, 766, 395). Alle schwedischen Funde aus Moorgewässern (vgl. S. 472 ff.).

Ablabesmyia longipalpis GOETGH. (BRUNDIN, S. 680, 456, 395). Die schwedischen Funde aus sehr nahrungsarmen Moorkolken (vgl. S. 472ff.).

Procladius fuscus BRUNDIN (S. 689). Häufigste *Procladius*-Art des extrem polyhumosen Moorkolkes Grimsgöl.

Podonominae:

Lasiodiamesa gracilis K. (BRUNDIN, S. 766). Småland, Vinninge Moor.

Orthocladiinae:

Corynoneura minuscula BRUNDIN (BRUNDIN, S. 698, 456). Nur in stark oligotrophen Moorkolken und im stark eutrophen Växjösjön (vgl. S. 469).

Orthocladius naumanni BRUNDIN (BRUNDIN, S. 713). In Süd- und Mittelschweden für polyhumose oligotrophe Seen charakteristisch, in Nordschweden auch in humusarmen Seen.

Psectrocladius platypus EDW. (BRUNDIN, S. 724). Småland, auf Hochmoor.

Trissocladius mucronatus BRUNDIN (Brundin, S. 734, 395). Grimsgöl.

Rheocricotopus uliginosus BRUNDIN (S. 766). Småland, Vinninge Moor.

Chironomariae:

Chironomus tenuistylus BRUNDIN (S. 739, 395). Charakterform des Profundals schwedischer polyhumoser Seen.

Cryptocladopelma bicarinata BRUNDIN (S. 766). Småland, Vinninge Moor.

Paratendipes nudisquama BRUNDIN (S. 766). Vor allem in Mooren und Moorkolken, aber auch im Litoral oligohumoser, oligotropher Seen.

Microtendipes caledonicus EDW. (BRUNDIN, S. 756). „Vielleicht eine nördliche, für Humusgewässer charakteristische Art."

Überblickt man die im Vorstehenden gegebenen Verzeichnisse, so erkennt man, daß wohl schon eine große Anzahl von Chironomidenarten aus Moorgewässern bekannt ist, daß es aber noch ausgedehnter Untersuchungsarbeit bedarf, bis man die in Mooren lebenden Arten nach dem Grad ihrer Bindung an das Moormilieu — in tyrphobionte, tyrphophile und tyrphoxene — wirklich scharf gliedern kann. Selbst bei der Betrachtung der prozentualen Verteilung der systematischen Hauptgruppen läßt sich zur Zeit noch keine sichere Entscheidung darüber treffen, inwieweit die beobachteten Divergenzen regional-geographisch oder lokal-ökologisch bedingt sind.

Auf einige interessante Einzelheiten aber sei doch schon jetzt hingewiesen, um eine Diskussion über ihre Ursachen anzuregen.

Es ist eine bekannte Tatsache, daß Tiere, insbesondere Wassertiere, in ihrer nordischen Heimat eurytop an den verschiedensten Lebensstätten vorkommen können, während sie an der Südgrenze ihres Verbreitungsgebietes stenotop sind und nur in ganz bestimmten Biotopen ihre Lebensbedingungen finden. In meiner limnischen Tiergeographie (1950 b) habe ich diese „regionale Stenotopie" ausführlich behandelt (S. 35—41). Besonders häufig ist der Fall, daß nordische, euryöke und eurytope Arten an der Südgrenze ihres Verbreitungsgebietes Hochmoorbewohner werden. Beispiele: der Käfer *Ilybius crassus* THOMS., die Wasserwanze *Glaenocorisa cavifrons* THOMS., die Libelle *Somatochlora arctica* ZETT. Hochmoore und überhaupt polyhumose Gewässer sind wegen der extrem einseitigen Gestaltung ihres Milieus verhältnismäßig konkurrenzarme Lebensstätten, in die sich jene Tiere an der Grenze ihrer Lebensmöglichkeiten zurückgezogen haben und erhalten konnten. Auch unter den Chironomiden kennen wir Arten, deren heutige Verbreitung nur auf Grund dieses Gedankenganges zu verstehen ist. So lebt (THIENEMANN 1939 f) die Podonomine *Lasiodiamesa gracilis* in Lappland nicht nur im tiefbraunen Wasser von Moorteichen, Moorgräben und -tümpeln, sondern auch in flachen Tümpeln der Fjällregion und Tümpeln im Birkenwald, in Quellen, Quelltümpeln und Quellbächen. Aber schon in Südschweden und Finnland ist, ebenso wie in Estland, Ostpreußen, Westpreußen und Schlesien, die Art nur im Hochmoor anzutreffen. *Orthocladius naumanni* BRUNDIN ist von seinem Entdecker (BRUNDIN 1949, S. 713, 714) in der nordschwedischen Nadelwaldregion auch in humusarmen Seen im Litoral und oberen Profundal gefunden worden, in Süd- und Mittelschweden aber ist die Art für polyhumose Seen charakteristisch. Der eigentümliche *Heterotanytarsus apicalis* K. hat sich durch BRUNDINS Untersuchungen (l. c. S. 702—704) für Schweden als eine „in erster Linie seebewohnende Art" herausgestellt, die von Lappland bis Småland vorkommt und recht eurybath ist. BRUNDIN nennt sie „eine nördliche, oligotrophe, gegenüber Humusmilieus sehr anpassungsfähige Art". Aber im Süden, in Norddeutschland und Böhmen, lebt sie nur in Moortümpeln! (Doch liegt aus den Alpen wiederum ein Seenfund vor: Oberbayern, Badersee; vgl. THIENEMANN 1941 a, S. 184.)

Es scheint nun auch vorzukommen, daß euryöke Arten mehr südlicher Herkunft, die in ihrem mitteleuropäischen Verbreitungsgebiet eurytop sind, im Norden zu stenotopen Moorwasserbewohnern werden. BRUNDIN macht auf zwei Arten aufmerksam (S. 675, 680). *Ablabesmyia brevitibialis* GOETGH. Alle schwedischen Funde (Småland, Västmanland, Jämtland) stammen aus Moorgewässern. Dagegen stellt GOETGHEBUER sie in Belgien zu den Arten, die nur in eutrophen stehenden Gewässern des Flachlandes leben; GOUIN fand sie in einem Tümpel im Botanischen Garten in Straßburg. *Ablabesmyia longipalpis* GOETGH. In Schweden (Småland, Jämtland) aus Moorkolken; in Südfinnland aus moorartiger Uferpartie des Puruvesi und einem schwachhumosen kleinen See, Kollasjärvi. Aber in Belgien nur in eutrophen stehenden Gewässern des Flachlandes (GOETGHEBUER).

Natürlich ist meine Deutung nur eine Hypothese und bedarf der Nachprüfung. Aber warum sollten euryöke Südformen nicht auch an ihrer Nordgrenze das konkurrenzarme Moorwasser besiedeln und sich so — stenotop — hier halten können?

Schwieriger noch zu erklären ist die Verbreitung einer Artengruppe, die BRUNDIN (S. 456) in Schweden nur aus eutrophen Seen u n d oligotrophen Seen des p o l y humosen Typus, vor allem aus Moorkolken, kennt:

Ablabesmyia guttipennis — *Camptochironomus tentans*
Procladius imicola — *Einfeldia dissidens*
Corynoneura minuscula — *Zavrelia pentatoma*

„Die ökologische Einstellung dieser Arten erscheint rätselhaft. W a h r s c h e i n l i c h h a b e n w i r e s a b e r h i e r m i t e i n e r G r u p p e ausgeprägt eurytropher Arten zu tun, die dem Leben in wenigstens temporär sauerstoffarmen Litoralbiotopen angepaßt sind" (BRUNDIN).

Noch eine kurze Bemerkung sei angeschlossen über die tiergeographische Stellung der wohl interessantesten Moorchironomide, der Podonomine *Lasiodiamesa gracilis* (vgl. THIENEMANN 1950 b, S. 372—373, 380). Wir kennen das Tier jetzt von der Kolahalbinsel, aus Schwedisch-Lappland, Småland, Finnland, Estland, Ostpreußen, Westpreußen, Schlesien und England (COE 1950, S. 135). *Lasiodiamesa* ist sicher eine sogenannte nördliche Gletscherrandform (vgl. S. 484). „Es handelt sich nach der ganzen Verbreitung bei *Lasiodiamesa* um ein praeglazial nordisches Tier, das während der Eiszeit die dem nördlichen Eisrand vorgelagerten Tundra-Moorgewässer bevölkerte und von hier aus bis Schlesien vordrang (Parallele z. B. der Euphyllopode *Branchinecta paludosa* mit einer Kolonie in der Hohen Tatra), beim Rückzug der Gletscher ihnen bis in die Arktis folgte, wo heute das Zentrum der Podonominenverbreitung liegt, und in Hochmooren der nordostdeutschen Tiefebene, des Baltikums und Südschwedens ebenso wie im schlesischen Gebirge Reliktpopulationen zurückließ" (THIENEMANN 1950 b, S. 372, 373).

7. Chironomiden aus Thermen, Solfataren, Mineralquellen und mineralsauren Gewässern

a) Insulinde

Wohl jeder Naturforscher, der in Buitenzorg (Westjava) arbeitet, besucht auch den „Berggarten" von Tjibodas (1400 m) und besteigt von hier den Gedeh (2926 m). Auf dieser großartigen Urwald- und Gebirgswanderung passiert er in etwa 1700 m Meereshöhe die prächtigen Wasserfälle von Tjiböröm (Taf. XVI Abb. 211). Dann geht der Aufstieg weiter, immer durch den gewaltigen Urwald mit seiner Fülle von Bäumen und Sträuchern. Der Weg steigt jetzt sehr steil hinan. In 2150 m Höhe bietet sich auf einmal ein ganz großartiges Bild, das wir auf Seite 25 dieses Buches schon einmal kurz geschildert haben. Dicht am Wege stürzen da in etwa 20 m breiter Front über algenbewachsene Tuffwände heiße Quellen hinab; wir messen ihre Temperatur mit 51 bis 52° C (13. VII. 1929). Riesige Wassermengen sind es, die da in drei Kaskaden steil zu Tal stürzen. Die ganze Umgebung ist in Dampf und Dunst gehüllt (S. 26, Abb. 12). Gleichsam ein großes, natürliches Treibhaus ist so entstanden in einer Höhe, in der sonst die Gewässer eine Temperatur von etwa 13° zeigen. Der Epiphytenbewuchs der Bäume ist unter dem Einfluß der ständigen feuchten Wärme üppig, an den heißen Wänden blühen Begonien und Moose und Farne wuchern. Tiefbraune Algen (*Scytonema coactile* var. *thermale* u. a.) bedecken die Wände, über die das Wasser tropft, und blaugrüne Algenzotten (*Mastigocladius laminosus*) hängen herab und werden von dem heißen

Wasser überrieselt. Und in diesem Wasser leben noch bei 51° C, einer Temperatur, bei der normales tierisches Eiweiß sonst gerinnt, die Larven und Puppen einer *Dasyhelea*-Art, *D. tersa* JOH. (MAYER 1934, S. 180), in großen Mengen. — Den schönsten Anblick bieten die heißen Quellen — „Ajer Panas" — in der Morgenfrühe; dann leuchtet der weiße Dampf hell in den Strahlen der Morgensonne, und als große, schwarze Silhouetten umrahmen die Bäume mit ihrem Laub und Bewuchs das Bild (THIENEMANN 1931, S. 46, 47).

„Ajer Panas" gehört zu den alkalischen Thermen. pH 8; hohe Konzentration bei geringem Carbonatgehalt; Chloride und Sulfate in großer Menge vorhanden; hoher Gehalt an Kieselsäure (vgl. im übrigen RUTTNER 1931, S. 306—307).

Weitere alkalische Thermen konnten wir auf Sumatra untersuchen. In Mittelsumatra finden sich unweit Singkarak an verschiedenen Stellen warme Quellen; ihr Wasser riecht meist nur schwach nach H_2S und wird, in kleinen Teichen und Tümpeln aufgestaut, von den Eingeborenen zum Baden benutzt. Es sind sämtlich Wässer von hohem Carbonat- und Chloridgehalt (RUTTNER l. c. S. 353):

Heiße Quellen von Kadjai (7. III. 1929). Hier liegt dicht am Bach, gegen ihn abfallend, ein Sumpf (15 × 5 m) mit einer Temperatur von 39°. Seine randlichen Partien sind mit *Bacopa monniera* (L.) WETTST., einer Scrophulariacee, dicht verwachsen; dazwischen finden sich Cyperaceen, eine Landform von *Marsilia* und Büsche des Farnes *Acrostichum aureum* (Taf. XXVIII Abb. 262). Hier wies ich folgende Chironomiden nach:

Tanypodinae: *Protenthes vilipennis* MG. (ZAVŘEL 1933, S. 617).
Die Art lebt auch in Sawahs am Ranausee und in Teichen im Botanischen Garten Buitenzorg, Java.

Chironomariae: *Chironomus* sp. (Larve) (LENZ 1937, S. 17).

Ceratopogonidae: *Stilobezzia notata* DE MEIJ. var. *perspicua* JOH. (MAYER 1934 a, S. 186—187). Auch in Sawahs am Ranausee.
Parabezzia sp. (MAYER, S. 188, 189).
Probezzia assimilis JOH. (MAYER, S. 193, 194). Auch in einem Teich des Botanischen Gartens Buitenzorg.
Culicoides-Gruppe (MAYER, S. 195). Larven.

Alle diese Arten, die hier bei 39° C leben, sind sicher nicht an Thermen gebunden. Aber in einer Seitenpfütze der heißen Quellen mit 27,2° C fanden sich im Schlamm in Massen die Röhren von *Tanytarsus pictus* (DOL.) (ZAVŘEL 1934, S. 141). Das ist sicher eine thermobionte Art. Ich fand sie noch an den nicht weit von Kadjai gelegenen heißen Quellen von Bukit Kili Kedjil (2. III. 1929). Hier ist der Graben (38°) unterhalb der Quellen mit Röhren dieser Art völlig gepolstert! Ebenso wurde die Art aus den gleich zu besprechenden heißen Quellen am Ranausee, aus der *Lyngbya*-Zone (40°), gezüchtet.

Interessant ist, daß eine nächst verwandte Art, *Tanytarsus uraiensis* TOK., aus heißen Quellen von Formosa nachgewiesen ist (vgl. S. 568).

Eine ganz anders gestaltete heiße, alkalische Quelle kam am Ranausee in Südsumatra zur Beobachtung.

Hier entspringen am Fuße des Gunung (= Berg) Seminung im Niveau des Seespiegels heiße Quellen („Wai Panas"). Wir haben sie am 5. II. 1929 untersucht. RUTTNER schildert sie so (RUTTNER 1931, S. 338; vgl. auch GEITLER und RUTTNER 1936, S. 695—697): „Entlang eines niedrigen, von Bäumen und Gesträuch bewachsenen Abbruches entquillt hier dem Seeufer an zahlreichen Stellen heißes Wasser. Der Quellhorizont hat eine bedeutende Ausdehnung, wir sahen eine Strecke von vielleicht 100 m, wahrscheinlich erstreckt er sich noch weiter. Zwei nebeneinanderliegende Quellaustritte wurden untersucht. Die Hauptmasse des Wassers tritt als Rheokrene an der Basis der steilen Uferböschung im Seeniveau aus, quillt aber auch aus dem Seeboden bis zu einer Tiefe von 0,5 m. Vermöge seiner hohen Temperatur (58°) breitet es sich nur an der äußersten Oberfläche des Sees aus und bedingt dort eigentümliche Schichtungsverhältnisse. Noch einige Meter von der Quelle wurden unmittelbar an der Oberfläche 55°, 10 cm tiefer nur mehr 32° gemessen. Beim Untersuchen standen wir mit den Füßen im kalten Wasser des Sees, die Schenkel waren aber von einem Ring von kaum erträglicher Temperatur umspannt. Die reich entwickelte Thermalflora zeigt dementsprechend auch eine sehr scharf ausgeprägte Zonation.

Das Wasser ist geruchlos, enthält also keinen Schwefelwasserstoff, aber bedeutende Mengen von CO_2. Eine untersuchte Probe ergab einen Gehalt von 69 mg im Liter. Ferner wurden 3,2 mg Sauerstoff festgestellt, eine für die hohe Temperatur auffallend große Menge. Der Carbonatgehalt ist der hohen CO_2-Sättigung entsprechend sehr bedeutend, beträgt aber nur 52% der Gesamtkonzentration. Der Rest — etwa 270 mg im Liter — kommt auf Sulfate und Chloride. Wie in allen vulkanischen Wässern sind reichlich Phosphate vorhanden; dagegen fehlen Eisen und Mangan vollständig."
Abb. 263 auf Tafel XXVIII zeigt diese Lokalität; man sieht die dampfende Wasserfläche des Sees. Hier fanden sich folgende Chironomiden:

Chironomariae: *Cladotendipes inferior* JOH. (LENZ 1937, S. 7, 8).
In der Lyngbyazone bei 40° C.
cfr. *Limnochironomus* (Larven, vielleicht zur vorigen Art). 40°.
Chironomariae connectentes, 1 kleine Puppe, 40° (LENZ, S. 19).

Tanytarsariae: *Tanytarsus pictus* (DOL.), vgl. oben.

Ein besonders schönes Gebiet mit sauren Thermen, Solfataren, konnten wir an der Südwestküste der Insel Samosir am Tobasee (Nordsumatra) untersuchen (11.—15. IV. 1929) (Taf. XXIX Abb. 264, 265). Wir haben diese Örtlichkeit auf Seite 27 dieses Buches schon geschildert. (Weitere Beschreibung dieser Stelle bei RUTTNER 1931, S.384—388; VAN STEENIS und RUTTNER 1933, S. 344—347; GEITLER und RUTTNER 1936, S. 701—702, 704—705.)

Von Chironomiden wurden in diesen schwefelsauren Gewässern nachgewiesen:

Chironomariae: *Chironomus costatus* JOH. var. *apicatus* JOH.: Tümpel mit Temperatur 29° und pH 2,83 (LENZ 1937, S. 4) (Abb. 250).

Chironomus sp.: Kleine Quelle mit Temperatur 35,5° und pH 2,68; H_2S-Geruch (LENZ, S. 17).

Pentapedilum convexum JOH.: Quelle, Temperatur 32°, pH < 4, H_2S vorhanden (LENZ, S. 14), sonst aus einem Straßengraben und in Schlenken und Schwingrasen am Danau di Atas, Mittelsumatra.

Ceratopogonidae: *Dasyhelea tersa* JOH.: In dünnüberspülten Algenbelägen auf dem gasbrodelnden Boden bei 38° und pH 2,85 in Massen, ferner bei 35,5° und pH 2,68, und bei 43° C (Taf. XXIX Abb. 265). Also die gleiche Art, wie in den alkalischen Thermen bei Tjibodas (vgl. S. 565).

Überblickt man die von uns festgestellte Chironomidenfauna der alkalischen und sauren Thermen Javas und Sumatras, so sehen wir, daß Orthocladiinen ganz fehlen, von Tanypodinen nur eine Art bei relativ niedrigen Temperaturen vorhanden ist. Stärker vertreten sind nur Chironomarien (etwa 7 Arten) und Ceratopogoniden (etwa 5 Arten). Charakteristisch für diese Biotope sind *Dasyhelea tersa* (alkalische Thermen und Solfataren), *Tanytarsus pictus* (alkalische Thermen) sowie wahrscheinlich *Chironomus*-Arten (alkalische Thermen und Solfataren). Das niedrigste pH, bei dem Chironomiden vorkamen, betrug 2,68, die höchste Temperatur 51°.

Im Jahre 1937 hat BRUES heiße Quellen auf Celebes, Sumatra und Java untersucht (BRUES 1939). Er wies von Chironomiden nach:

Protenthes punctipennis MG. (Sipirok, Sumatra, 32—44,5° C)
Metriocnemus? sp. (Sipirok, Sumatra, 37°, pH 8,6)
Chironomus plumosus-Gruppe (Sipirok, Sumatra, 37°)
Chironomus thummi-Gruppe (Pangaloan, Sumatra)
Chironomus gen.? spec.? (Sumatra, Celebes, Java, 34—38° C).

b) Japan

Eine zusammenfassende Darstellung der Chironomidenfauna japanischer Thermen gibt es nicht. Aus TOKUNAGAS Arbeiten entnehme ich die folgenden Angaben über Thermalchironomiden Japans:

Ablabesmyia okadai TOK.: Heiße Mineralquellen Yunomine-Onsen. Temperatur 29,2° C (TOKUNAGA 1938 b, S. 316; 1939, S. 297).

Chironomus crassiforceps KIEFFER (1916): Heiße Quellen Sozan-Onsen. Temperatur 38°; heiße Schwefelquellen in Formosa (TOKUNAGA 1939, S. 297, 334—336).

Chironomus lugubris ZETT.: Unzen-Onsen, Temperatur 17 bis 38° C (TOKUNAGA 1939, S. 297). Diese Art ist sonst bekannt aus Nordsibirien, Spitzbergen, der Bäreninsel, Skandinavien (Lappland, Sarek, Finnland), England und (?) Österreich.

Chironomus thummi K.: Zigoku-Onsen, Kumamoto-Ken, 33,8° C (TOKUNAGA 1940 a, S. 291). Sonstige Verbreitung Seite 30.

Tanytarsus thermae TOK.: Towada, Aomori-Ken, 29° C, pH 7 (TOKUNAGA 1940 a, S. 304).

Tanytarsus uraiensis TOK.: Heiße Mineralquellen von Urai-Onsen, Formosa (TOKUNAGA 1938 l, S. 350—354; 1939, S. 297).

Tanytarsus (Stempellina) okadai TOK.: Heiße Quelle von Tsubame-Onsen, Temperatur 36° (TOKUNAGA 1939, S. 297, 337—338).

Von besonderem Interesse sind die Untersuchungen der japanischen Limnologen in hochgradig mineralsauren Gewässern.

Der Katanuma-See ist ein Kratersee auf dem Gipfel des Vulkans Katanuma, in einer Meereshöhe von 306 m. Der See hat eine Fläche von 0,15 km², eine Maximaltiefe von 17,5 m, im allgemeinen eine Tiefe von 1,5 bis 4 m. Am 13. XI. 1932 betrug die Temperatur in 0 bis 11 m 10,5 bis 10,1° C, der O_2-Gehalt 4,55 bis 3,09 ccm/l. Das pH betrug in allen Tiefen 1,4. Höhere Pflanzen, Plankton und Fische fehlen (YOSHIMURA 1933 b), TOKUNAGA wies in diesem sauren Wasser folgende Chironomiden nach:

Lasiohelea acidicola TOK. (1937 c, S. 455—459)

Chironomus (Chironomus) acerbiphilus TOK. (1939, S. 336)

sowie noch zwei andere Arten der Gattung *Chironomus.*

Im Hudo-ike, einem Kratersee des Mt. Kirisima — Meereshöhe 1228 m, Durchmesser 210 m, Maximaltiefe 9,3 m —, war das pH in allen Schichten im Juli 1936 2,9. In seinem Bodenschlamm lebten als einzige Tiere Chironomidenlarven (im Durchschnitt 326 Stück je m²), und zwar *Tanytarsus*- und Orthocladiinenlarven (UÉNO 1938).

Im Osoresan-Ko mit einem pH von 3 (0 m) bis 5 (15 m) war als einzige bodenbewohnende Chironomide *Ablabesmyia monilis* vorhanden (UÉNO 1938, S. 359). YOSHIMURA (1934 b) gibt allerdings noch *Chironomus plumosus* und Chironomariae connectentes an. Der Osoresan-Ko ist ein Kratersee, Meereshöhe 205 m, Fläche 2,17 km², Maximaltiefe 15,9 m, Temperatur 30. VIII. 1934 0 m = 22°, 15,4 m 13,0°; ab 14 m kein Sauerstoff, sondern Schwefelwaserstoff (YOSHIMURA 1934).

In dem raschströmenden Bergfluß Eno-gawa in Süd-Kyushu leben da, wo der Fluß durch heiße saure Quellen beeinflußt ist (Meereshöhe 820 m, Datum 11. X. 1931, Temperatur 24,8° Luft, 25° Wasser; pH 3,5 [SO_4 269,5 mg/l]), die roten Larven von *Chironomus plumosus* in Massen (UÉNO 1933, S. 226, 229).

In einigen weiteren sauern Seen wurde keine Bodenfauna nachgewiesen; so im Onuma-ike, pH 2,8 bis 3,8 (MIYADI 1931, S. 217; UÉNO 1934), und in dem auf der Südkurilen-Insel Kunasiri gelegenen Itibisinai-Ko, pH 2,8 (MIYADI 1938, S. 135—137; YOSHIMURA 1934 b). Die Notiz bei OHLE (1936, S. 639) über das Vorkommen von Chironomiden in diesem See beruht auf einer Verwechslung mit dem Osoresan-Ko (YOSHIMURA 1934 b, S. 498).

c) Nordamerika

Abgesehen von einer Notiz von ROOT und HOFFMANN (1937, S. 158, 159) (nach der *Culicoides hieroglyphicus* MALLOCH und *Culicoides variipennis* COQ. in „hot springs" in Arkansas leben, und der Angabe bei WIRTH [1952, S. 145, 244, 248, 251], daß *Forcipomyia calcarata*-Larven und -Puppen sehr häufig an dem steinigen Rande einer warmen Mineralquelle in Kalifornien und eine *Dasyhelea*-Art am Ausfluß eines Geysirs in Nevada lebten; *Parabezzia inermis* COQ. wird von heißen Quellen in Arizona angegeben [WIRTH 1952 a, S. 25]) kenne ich nur die BRUESschen Veröffentlichungen über die nordamerikanische Thermalfauna (BRUES 1924, 1927, 1928, 1932). BRUES' Arbeitsgebiet waren die heißen Quellen vor allem des Yellowstone Parks, aber auch andere Gebiete der USA (Newada, Kalifornien usw.). Leider ist die Bestimmung der Chironomiden nur nach den Larven vorgenommen worden, so daß die Speciesangaben ganz unsicher sind. Indessen lassen die sorgfältigen Untersuchungen doch deutlich die Anpassungsfähigkeit der Chironomiden an hohe Temperaturen und zum Teil niedriges pH erkennen. Im folgenden verzeichne ich die Angaben für die verschiedenen Chironomidenformen, die sich in den vier BRUESschen Arbeiten finden.

Ceratopogonidae:

Dasyhelea sp., *longipalpis*-Gruppe: Newada, Larven bei 39,6°, Puppen bei 38,8°.

Chironomidae.

Tanypodinae:

Ablabesmyia monilis oder eine verwandte Form: Newada, Kalifornien, bis 35,4° (pH 8 bis 8,8). Eine andere Tanypodine in New Mexiko bei 39,5°, pH 8,1, spezifisches Gewicht 1,0039.

Chironomariae: *Chironomus.*

BRUES (1927, S. 195) erwähnt „*Chironomus*-Larven" aus Wasser von 49° C (Yellowstone Park) und 51,1° (Kalifornien). Die erste Form bezeichnete er 1924 (S. 397) als „*Chironomus* sp. near *tentans* FAB." und bildet das Larvenhinterende ab; es handelt sich hiernach um eine *Chironomus* sp. der *Plumosus*-Gruppe; eine genauere Artbestimmung ist unmöglich. 1928 (S. 188) erwähnt er „*Chironomus tentans* FABR." aus Kalifornien aus Wasser von 35° C, gibt aber ausdrücklich an, daß die Larven nur zwei Paar „ventral blood-gills“ an Stelle von drei Paar haben. Also sicher nicht *tentans*, überhaupt keine Art der *Plumosus*-Gruppe, sondern der *Thummi*-Gruppe. Wenn er dann (1932, S. 328) „*Chironomus tentans* FABR.“ von 11 Stellen aus dem Yellowstone Park nennt, so sind darunter mindestens zwei ganz verschiedene Arten zusammengefaßt. Diese lebten hier bei Temperaturen von 25,4 bis 44,8° C, in einem Wasser von einem spezifischen Gewicht von 1,0025 bis 1,0062 und einem pH von 3,6 bis 7,9. — Die von BRUES als *Chironomus* sp. Nr. 4 bezeichnete Art fand sich an 20 Stellen des Yellowstone Parks, Newadas, Kaliforniens, Neu-Mexikos bei Temperaturen von 30,4 bs 43°, einem spezifischen Gewicht von 1,0009 bis 1,0060, einem pH von 7,1 bis 9,6. — *Chironomus* sp. Nr. 1 stammt aus Newada (Temperatur 42°), *Chironomus* sp. Nr. 2 aus 6 Stellen des Yellowstone und Mount Lassen Parks; Temperatur 22,2 bis 36,6°, spezifisches Gewicht 1,0025 bis 1,0039, pH 6,8 bis 9,6, *Chironomus* sp. Nr. 3 aus Newada (39,5°).

Tanytarsariae:

„*Tanytarsus exiguus* JOH.“ (eine *Rheotanytarsus*-Art in unserem Sinne) nennt BRUES (1932, S. 240) eine Form aus Newada (Temperatur 30,8°, spezifisches Gewicht 1,0029, pH 9,3). Diese Bestimmung ist ganz unsicher.

Orthocladiinae:

„*Cricotopus trifasciatus* Pz.“ aus dem Yellowstone Park (38,4°, spezifisches Gewicht 1,0023, pH 8,9). — Diese Bestimmung ist wohl sicher falsch.

„*Cricotopus* sp. like *C. varipes* COQ.“ Auch hier liegt eine ganz unsichere Bestimmung einer *Eucricotopus*-Art vor. Von einer Stelle aus Newada und 4 Stellen aus dem Yellowstone Park. Temperatur 23,2 bis 39,5°, spezifisches Gewicht 1,0023 bis 1,0062, pH 7,7 bis 9,1.

Orthocladius sp.: Von 3 Stellen in Newada, Idaho und Kalifornien. Temperatur 32,5 bis 38,5°, spezifisches Gewicht 1,0031 und 1,0032, pH 8,4. *Orthocladius* sp. Nr. 2: Yellowstone Park (Temperatur 34°, spezifisches Gewicht 1,0046, pH 8,2).

Was mit diesen beiden „*Orthocladius*“-Arten gemeint ist, läßt sich nicht feststellen. — Stellt man die Extremwerte für die von BRUES untersuchten nordamerikanischen Formen zusammen, so ergibt sich:

	Höchste Temperatur	pH-Bereich
Ceratopogonidae: *Dasyhelea* sp.	39,6	
Tanypodinae	39,5	8,0—8,8
Chironomus sp. sp.	51,1	3,6—9,6
Tanytarsariae	30,8	9,3
Orthocladiinae	39,5	7,7—9,1

d) Island

Eine vorzügliche zusammenfassende Darstellung der tierischen Besiedelung der heißen Quellen Islands hat vor einigen Jahren S. L. TUXEN (1944) gegeben.

Es handelt sich dabei um größtenteils stark alkalische Quellen (pH > 9); die Höchsttemperaturen betragen in Rheothermen 88° C, in Limnothermen 90,5°. TUXEN (S. 14) unterscheidet unter den „heißen" Quellen Islands (das sind Quellen, deren Temperaturen über der durchschnittlichen Maximaltemperatur der Umgebung liegen, d. h. in Island über 14° C) zwei Gruppen:

„Verhältnismäßig heiße" Quellen: „Quellen ohne eine spezifische Organismengesellschaft, in Island von 15 bis 40°; letzterer Grenzwert ist konstant über die ganze Welt."

„Absolut heiße" Quellen: „Quellen mit spezifischer Organismenbesiedelung oder ohne alles Leben, über 40°. In diesen bildet die Temperatur von 50 bis 52° den Grenzwert für tierisches Leben, von 80 bis 90° für pflanzliches Leben (exklusive Bakterien)."

In den „absolut" heißen Quellen lebt in Island — neben den Nematoden *Monhystera filiformis* und *Rotylenchus multicinctus*, dem Ostracoden *Cyprinotus salinus*, der Ephydride *Scatella thermarum* und der Schnecke *Radix ovata* — von Chironomiden die Orthocladiine *Eucricotopus silvestris* F. forma *thermicola* TUXEN in großen Massen. TUXEN wies sie in 7 Quellen bei Temperaturen von 16 bis 41° nach, und zwar in fast ganz Island (vgl. TUXENS fig. 45). Die Temperatur von 41° liegt nahe der Höchsttemperatur, die die Larve verträgt; denn in Wasser von 42,5° und 46° starben die Larven binnen kurzer Zeit (TUXEN, S. 97). Die Larven bauen die für die Art üblichen Gänge, meist zwischen Cyanophyceenfäden; ihre Nahrung besteht aus Cyanophyceenzellen und Diatomeen. *Eucricotopus silvestris* F. ist ein Kosmopolit, der in Europa von Lappland und Island bis Italien, von Rußland bis Frankreich und England lebt, in Asien aus Ostsibirien, Formosa und Java bekannt ist. Er kommt in Nordamerika vor; aus Australien, Südamerika und Afrika kennt man ihn noch nicht. Die Imago variiert in der Färbung stark; TUXEN stellte seine forma *thermicola* auf Grund besonders starker schwarzer Thorakalzeichnung auf; er spricht (S. 123) von einem „phaenotypischen Melanismus".

In den „verhältnismäßig heißen" Quellen leben auf Island von Chironomiden außer *Eucricotopus silvestris thermicola* noch *Procladius* sp. (drei Quellen von 19,5—24°, außerdem zwei Quellen von 7 und 9°). *Metriocnemus* sp. (zwei Quellen von 16 und 16,5°), *Metriocnemus* sp. cfr. *ursinus* (eine Quelle mit 23°), *Eukiefferiella* sp. (eine Quelle von 33°) und *Chironomus* sp. *halophilus*-Gruppe (zwei Quellen von 26—30°).

In der Nähe heißer Quellen fing TUXEN (S. 150) außer *E. silvestris thermicola* noch die folgenden Chironomiden: *Schizohelea leucopeza* MG., *Macropelopia nebulosa* MG.

Im Boden in der Nähe heißer Quellen lebten (TUXEN, Tabelle XII): *Dasyhelea* sp., *Pseudosmittia gracilis* GOETGH., *Euphaenocladius aquatilis* G., *E. terrestris* GOETGH. Das sind keine Thermaltiere, sondern normale Bodenformen. TUXEN (S. 205) spricht bei der Bodenfauna der Umgebung der heißen Quellen von einer „selective community".

(Die Ähnlichkeit der Thermalfauna mit der Salzwasserfauna wird in Kapitel D [S. 618] behandelt.)

e) Mittel- und Südeuropa

Über Chironomiden aus südeuropäischen Thermen kenne ich nur die kurzen Angaben ISSELS; er fand *Chironomus*-Larven in den Thermen von Acqui bei 36° C (ISSEL 1900, S. 12), in den Thermen von Viterbo bei 35° (ISSEL 1910/11, S. 179). Bei seinen „Biologischen Untersuchungen an den

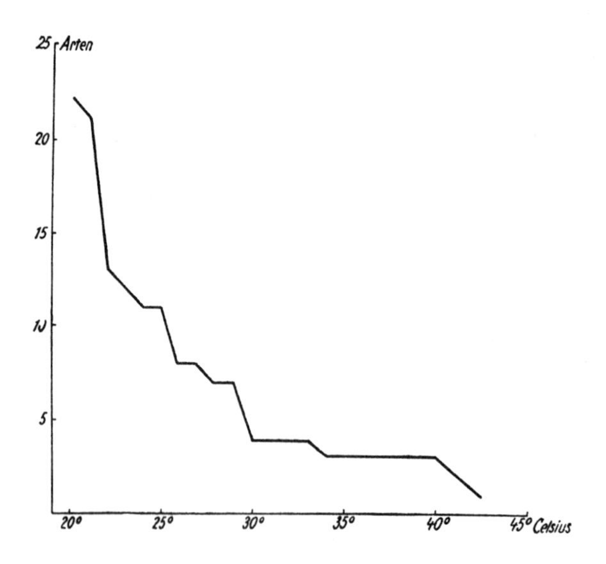

Abb. 266. Abnahme der Zahl der Chironomidenarten mit steigender Temperatur in den Thermen Mitteleuropas. [Aus ZAVŘEL-PAX 1951.]

Thermen von Warmbad Villach in Kärnten" wies STROUHAL (1934, S. 528 bis 529) folgende Chironomiden bei Temperaturen über 25° nach: *Atrichopogon* sp. (27,2°, 28,6°); *Dasyhelea* sp. (darunter eine Art der *longipalpis*-Gruppe) (25,3—27,3°); *Chironomus* sp. (darunter *thummi*-Gruppe) (25,4 bis 25,8°, 27,7°); *Cryptochironomus* sp. (25,4—25,9°); Tanytarsariae (27,2°); *Procladius* sp. (25,4—24,7°); Orthocladiinen (25,4—27,2°).

In einem neu erbohrten Thermalwasser bei Debrecen (Ungarn) fand sich bei 37,5° *Chironomus plumosus,* bei 35° *Culicoides punctatidorsum* K. (ZILAHI-SEBESS 1951).

Bei seinen ausgedehnten Untersuchungen an Mineralquellen hat PAX auch die Chironomidenlarven und -puppen gründlich gesammelt. ZAVŘEL hat dies Material noch kurz vor seinem Tode bearbeitet (ZAVŘEL und PAX 1951; vgl. auch ZAVŘEL 1946 a). Wie aus der zusammenfassenden Tabelle, die ich hier wiedergebe, hervorgeht, und wie Abb. 266 zeigt, nimmt mit steigender Temperatur in den Thermen Mitteleuropas die Zahl der Chironomidenarten rasch ab (vgl. S. 653). In den sogenannten Liarothermen (18 bis 28°) kommen noch 19 Arten vor, in den Euthermen (28—44°) nur noch 7. Von diesen gehen *Psectrocladius, Dyscamptocladius, Metriocnemus* bis 29°, *Dasyhelea* und *Pseudosmittia* (wohl Zufallsfund) bis 40°, während bei 42,5° — der höchsten Temperatur, bei der in Mitteleuropa Chironomidenlarven beobachtet worden sind — nur noch *Chironomus*-Larven der *thummi*-Gruppe leben. Die Akrothermen (44—65°) und Hyperthermen (über 65°) Mitteleuropas sind Chironomiden-frei (vgl. auch PAX 1951).

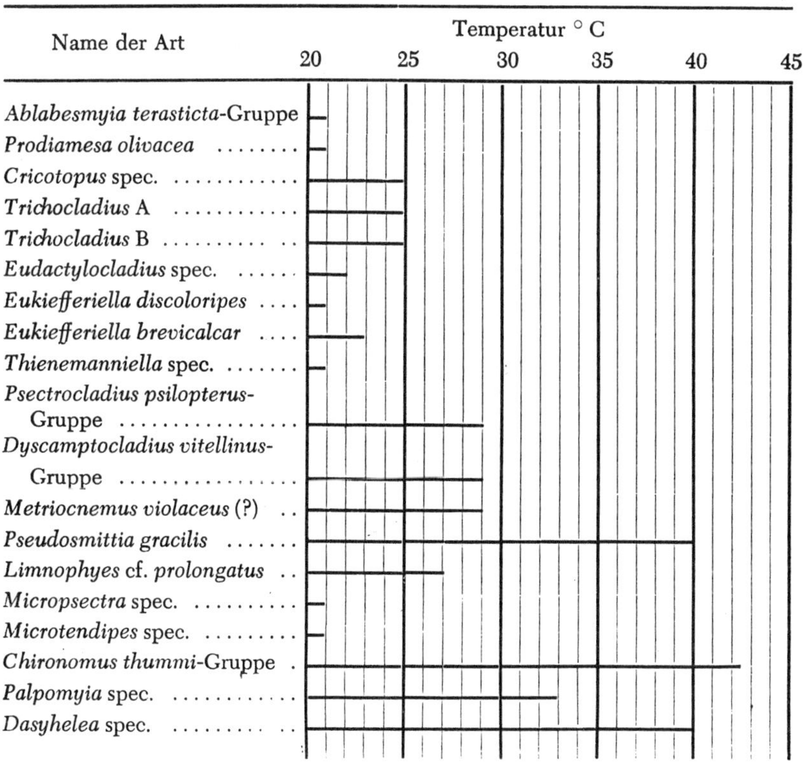

Name der Art	Temperatur °C 20	25	30	35	40	45
Ablabesmyia terasticta-Gruppe						
Prodiamesa olivacea						
Cricotopus spec.						
Trichocladius A						
Trichocladius B						
Eudactylocladius spec.						
Eukiefferiella discoloripes						
Eukiefferiella brevicalcar						
Thienemanniella spec.						
Psectrocladius psilopterus-Gruppe						
Dyscamptocladius vitellinus-Gruppe						
Metriocnemus violaceus (?) ..						
Pseudosmittia gracilis						
Limnophyes cf. *prolongatus* ..						
Micropsectra spec.						
Microtendipes spec.						
Chironomus thummi-Gruppe .						
Palpomyia spec.						
Dasyhelea spec.						

Nach den Hauptgruppen der Chironomiden geordnet leben an Arten von:

	Tany-podinen	Ortho-cladiinen	Tany-tarsarien	Chiro-nomarien	Cerato-pogoniden
bei 18 bis 25° . . .	1	13	1	2	2
bis 29°	0	4	0	1	2
bis 40°	0	1	0	1	1
über 40°	0	0	0	1	0

Ob es sich bei den bei den höchsten Temperaturen beobachteten *Dasyhelea* sp. und *Chironomus* sp. um spezifische Thermalarten handelt — was an sich wenig wahrscheinlich ist —, kann nur die Aufzucht der Larven entscheiden.

In den von PAX (und ZAVŘEL) untersuchten kalten Mineralquellen wurden nachgewiesen:

in Schwefelwasserstoffquellen mit 1 bis 5 mg Gesamtschwefel:
Chironomus sp. *thummi*-Gruppe;

in Schwefelwasserstoffquellen mit mehr als 25 mg Gesamtschwefel:
Chironomus sp. *thummi*-Gruppe, *Forcipomyia* sp.;

in einer Kochsalz-reichen Schwefelquelle: *Dasyhelea, Palpomyia* sp.;
in Bitterwässern: *Atrichopogon* sp. *Palpomyia* sp.

Frei von Chironomiden waren alle Eisenquellen, ein großer Teil der Kohlensäurequellen, Schwefelquellen mit mehr als 100 mg S/Liter, die Jodquellen, Arsenquellen, radioaktiven Quellen und die Schwefelthermen. PAX bemerkt hierzu: „Freilich ist hier zu beachten, daß bisweilen wohl nicht die Mineralisierung, sondern die Fassung der Quellen oder ihre Lage unterhalb der Erdoberfläche eine Ansiedelung von Chironomidenlarven unmöglich machen. In anderen Fällen ist zweifellos das Vorhandensein flüssiger Kohlenwasserstoffe und das Auftreten reichlicher Mengen von Methan für den negativen Befund verantwortlich zu machen."

Ich selbst habe (1926 b, S. 244—250) im Mai 1924 auf der Halbinsel Jasmund (Rügen) eine kleine Schwefelquelle im Tal des Kollickerbaches untersucht. Die Quelltemperatur betrug 8°, das Wasser war alkalisch (p_H 7,2) und unterschied sich in seiner Konzentration nicht von dem der normalen Jasmundquellen. Aber es schmeckte unangenehm nach H_2S und der intensive Schwefelwasserstoffgeruch in der ganzen Umgebung der Quelle zeigte, daß der Gehalt an H_2S recht beträchtlich sein mußte. Alle Steine und Blätter dieses Quellrinnsals waren mit schneeweißen Überzügen von Schwefelbakterien bedeckt. Von Chironomiden lebten hier in gewaltigen Mengen die Larven von *Dyscamptocladius perennis* MG. *(setiger* K.), einer Orthocladiinenart, die sonst auch aus Abwassergräben und von

Tropfkörpern einer Kläranlage für städtische Abwässer bekannt ist; wir kennen sie ferner aus dem Reinwasser von Gräben und Tümpeln, Quellen und Bächen, den Filteranlagen eines Wasserwerks usw. (Verbreitung Europa, von der Bäreninsel bis Rumänien).

Von Interesse ist der schwefelsaure Tonteich bei Reinbek, ein „idiotropher Weiher", den OHLE (1936) monographisch studiert hat. Sein pH betrug 1933 3,25, 1935 3,17. Sein Wasser enthält durchschnittlich 30 mg/l freie Schwefelsäure. In diesem extrem acidotrophen Gewässer lebten von Chironomiden die Chironomarie *Chironomus dorsalis* (det. GOETGHEBUER), die Orthocladiine *Corynoneura bifurcata* K. sowie Larven der Ceratopogonidae vermiformes. Bei einer neueren Untersuchung des Tonteiches (19. V. 1950 pH 3,3) wurden als Hauptchironomiden festgestellt: *Chironomus meigeni* K., *Corynoneura scutellata* WINN., *Bezzia bicolor* MG., vereinzelt *Psectrocladius*-Larven der *psilopterus*-Gruppe.

In dem „Alaunsee" bei Komotau (Böhmen) — pH 3,1 — wurden „am nördlichen Ufer wiederholt Mückenlarven einer *Chironomus*-Art aus der *thummi-Gruppe* erbeutet" (KLEMENT und ENZ 1940, S. 66/2).

f) Allgemeines

Im folgenden fasse ich noch einmal die allgemeinsten Ergebnisse bezüglich Höchsttemperaturen und höchsten Säuregrades zusammen.

Chironomiden aus alkalischen Wässern bei 40° C und mehr

Art	Land	Höchste Temperatur
Ceratopogonidae:		
Dasyhelea tersa	Java	51°
Dasyhelea sp.	Europa	40°
Orthocladiinae:		
Eucricotopus silvestris thermicola . . .	Island	41°
(*Pseudosmittia gracilis*	Europa	40°)
Chironomariae:		
Chironomus sp. sp.	USA	51,1°[117]
Chironomus sp. *thummi*-Gruppe	Europa	42,5°
Cladotendipes inferior	Sumatra	40°
cfr. *Limnochironomus*	Sumatra	40°
Chironomariae connectentes	Sumatra	40°
Chironomarie Nr. 1	USA	42°
Tanytarsariae:		
Tanytarsus pictus	Sumatra	40°

[117] In EGGLETONs Versuchen (1931, S. 295) starben *Chironomus plumosus*-Larven aus der Tiefe nordamerikanischer Seen bei 49° C sofort, bei 48° in 5 bis 10 Sekunden, bei 47° in 40 bis 50 Sekunden, bei 45° in 4 bis 5 Minuten, bei 40° in 40 bis 60 Minuten, bei 35° in 40 bis 45 Stunden, bei 30° in 48 bis 96 Stunden; sie lebten normal 15 Tage bei 20 bis 27° C.

Chironomiden aus mineralsauren (H_2SO_4) Gewässern mit einem pH < 4

Name	Gebiet	Niedrigstes pH
Ceratopogonidae:		
Lasiohelea acidicola	Japan	1,4
Dasyhelea tersa	Sumatra	2,68
Ceratopogonidae vermiformes	Europa	3,17
Tanypodinae:		
Ablabesmyia monilis	Japan	3—5
Orthocladiinae:	Japan	2,9
Corynoneura bifurcata	Europa	3,17
Chironomariae:		
Chironomus acerbiphilus	Japan	1,4
Chironomus sp. sp.	Japan	1,4
Chironomus costatus apicatus	Sumatra	2,83
Chironomus sp.	Sumatra	2,68
Chironomus plumosus	Japan	3,5
Chironomus dorsalis	Europa	3,17
Chironomus sp. *thummi*-Gruppe	Europa	3,1
Chironomus sp.	USA	3,6
Pentapedilum convexum	Sumatra	< 4
Tanytarsariae:		
Tanytarsus sp.	Japan	2,9

D. Salzwasser-Chironomiden

Wir haben in den vorigen Kapiteln die Chironomidenfauna der Binnengewässer behandelt, und zwar der normalen wie der sogenannten idiotrophen und der idiothermen, d. h. der Gewässer, in denen der Chemismus oder die Thermik ganz einseitig entwickelt ist. Dabei wurden die Gewässer mit besonders hohem Gehalt an Kochsalz (NaCl) noch nicht berücksichtigt.

Es gibt nun aber auch Salzwasser-Chironomiden, Arten, die auf eine hohe NaCl-Konzentration des Wassers entweder angewiesen sind oder doch in diesem Wasser leben können. Ein solches Wasser ist in einzelnen limnischen Biotopen vorhanden (Salzquellen, Salzseen), vor allem aber in größter Ausdehnung im Meere. Auch im Meere leben Chironomiden, allerdings nur im marinen Litoral.

Nun nimmt man — mit Recht — an, daß die wenigen Meeresinsekten im allgemeinen aus dem Süßwasser ins Meer übergegangen sind; sicher gilt das auch für viele Chironomiden, die also sekundäre Meerestiere sind. Ich glaube aber, daß unter den marinen Chironomiden eine Gruppe von Gattungen und Arten diesen Umweg über das Binnenwasser nicht gegangen ist, sondern von vornherein im Gezeitenbereich des marinen Litorals gelebt und hier einen großen Artenreichtum entwickelt hat. Das ist die von mir als Sectio der Orthocladiinen aufgefaßte Gruppe der Clunionariae. Wenn ich diese im folgenden kurz als „primäre Meerestiere" bezeichnet habe, so bin ich mir bewußt, daß ich diesen Begriff damit in etwas anderem Sinne verwende, als es die Meeresbiologen tun. Gemeint ist, daß es sich um eine Gruppe handelt, die primär ein „marin-litorales Entwicklungs- und Entfaltungszentrum" besitzt.

1. Primäre Meerestiere

a) Die Clunionariae als primäre Meerestiere

Wir geben hier zuerst ein Verzeichnis der bisher bekannten Clunionarien und ihrer Verbreitung und schließen uns an die neueste, ausgezeichnete Revision von WIRTH (1949) an; in dieser Arbeit ist auch die Hauptliteratur zitiert; einige übersehene oder neue Angaben werden im folgenden eingeschoben. WIRTH faßt die Clunioninae als besondere, von Orthocladiinenvorfahren abgeleitete Subfamilie auf. Ich habe (vgl. oben S. 3) diese marinen Formen als Sectio der Orthocladiinae — parallel den Sectiones Orthocladiariae und Corynoneurariae bezeichnet und daher Clunionariae genannt. Es ist bis zu einem gewissen Grade „Geschmacksache", ob man sich WIRTHS oder meiner Auffassung anschließt. Innerhalb dieser Gruppe unterscheidet nun WIRTH mit Recht zwei Hauptgruppen, die Clunionini, d. h. die Gattungen *Clunio, Belgica, Tethymyia* und *Eretmoptera,* und die Telmatogetonini, d. h. die Gattungen *Thalassomyia, Telmatogeton, Paraclunio, Halirytus, Psammatiomyia.*

I. Subsectio Clunionini.

1. Gattung *Clunio* HALIDAY (vgl. STONE and WIRTH 1947).

Cl. marinus HAL. (= *syzygialis* CHEVREL, *bicolor* K., *marinus* var. *aegyptius* K., *adriaticus* SCHINER, *adriaticus* var. *balearicus* BEZZI). Diese 1845 in Irland (Belfast) entdeckte Art ist die für die europäischen Küsten typische *Clunio*-Species. Sie wird angegeben für: Norwegen (Bergen), Kattegat, Öresund; aus der Ostsee nur für die Kieler Bucht (THIENEMANN 1915 a); Helgoland, England, Irland, Belgien, Frankreich; Balearen (BEZZI 1913), Ägypten, Triest; Schwarzes Meer (SERNOV 1913; CARAUSU 1939; CASPERS 1951 a); nördliches Kaspimeer (BEHNING 1940).

Cl. africanus HESSE. Südafrika (HESSE 1937).

Cl. pacificus EDW. Samoa-Inseln, Japan, Ryukyu-Inseln, Marianen-Inseln (STONE and WIRTH, S. 219).

Cl. setoensis TOK. Japan, Ryukyu-Inseln (TOKUNAGA 1933, 1938 a).

Cl. tsushimensis TOK. Japan (TOKUNAGA 1933).

Cl. tsushimensis var. *minor* TOK. Japan (TOKUNAGA 1933).

Cl. aquilonius TOK. Japan (TOKUNAGA 1938 a).

Cl. takahashii TOK. Formosa (TOKUNAGA 1938 b).

Cl. littoralis STONE and WIRTH. Die verbreitetste *Clunio*-Art der

Hawaii-Inseln (STONE and WIRTH, S. 205).

Cl. brevis STONE and WIRTH. Hawaii-Insel Oahu (l. c., S. 214).

Cl. vagans STONE and WIRTH. Auf Hawaii und Oahu im marinen Litoral; auf Kauai an einem Wasserfall (vgl. S. 588) (STONE and WIRTH l. c. S. 210—212).

Cl. marshalli STONE and WIRTH. Florida (STONE and WIRTH, S. 217; WIRTH 1949, S. 159).

Cl. brasiliensis OLIVEIRA. Bahia, Brasilien (OLIVEIRA 1950 a).

Cl. schmitti STONE and WIRTH. Galapagos-Inseln (STONE and WIRTH, S. 218).

Cl. fuscipennis WIRTH. Chile, Islas Juan Fernandez (WIRTH 1952 c).[118]

2. Gattung *Eretmoptera* KELLOGG.

   E. browni KELLOGG. Kalifornische Küste von Point Cabrillo bis Point Lobos (WIRTH 1949, S. 159; hier die weitere Literatur).

   E. murphyi SCHAEFFER. Süd-Georgien (WIRTH 1949, S. 160; hier die weitere Literatur).

3. Gattung *Tethymyia* WIRTH.

   T. aptena WIRTH. In den Wintermonaten an der kalifornischen Küste gemein (WIRTH 1949, S. 160—165; Imaginalbeschreibung, Metamorphose, Lebensweise).

4. Gattung *Belgica* JACOBS.

   Belgica antarctica JACOBS. Antarktis, Gerlachestraße, in etwa 65° südlicher Breite, die einzige Chironomide der antarktischen Region im engeren Sinne (WIRTH 1949, S. 165; hier genaue Literaturangabe).

II. Subsectio Telmatogetonini.

5. Gattung *Thalassomyia* SCHINER (= *Scopelodromus* CHEVREL, *Galapagomyia* JOHNSON, ? *Campontia* JOHNSTON). (Zusammenfassende Darstellung WIRTH 1947 a.)

   Th. setosipennis WIRTH. Hawaii-Inseln (WIRTH 1947 a, I. L. P.).

   Th. bureni WIRTH. Florida (WIRTH 1949, I; 1942 d, L. P.).

   Th. maritima WIRTH (*pilipes* EDW. 1935 [nicht 1928]). Hongkong, China; Neu-Caledonien; Guam (WIRTH 1947 a, I. P.; 1949).

   Th. pilipes EDW. Samoa; Marquesas-Inseln (WIRTH 1947 e, I.; 1949).

   Th. africana EDW. Ostafrika (Dar-es-Salam), Marquesas-Inseln (WIRTH 1947 a; hier die weitere Literatur).

   Th. longipes (JOHNSON). Galapagos-Inseln, Tres Marias Islands, Neu-Mexiko (WIRTH 1947 a; 1949).

   Th. frauenfeldi SCHINER (= *Th. f.* var. *luteipes* STROBL.; *Scopelodromus isemerinus* CHEVREL; *Sc. canariensis* Santos-Abreu; ? *Chiro-*

[118] Die von BIRULA (1935) für das Kara-Meer als *Clunio* beschriebene Larve ist sicher keine *Clunio*-Larve.

nomus pedestris WOLLASTON; ? *Ch. obscuripennis* Lynch-Arribalzaga). England, Frankreich, Italien (Triest, Dalmatien), Algeciras, Spanien, Korsika, Algier, Azoren (STORÅ 1945), Kanaren, Madeira (STORÅ 1949), Schwarzes Meer (Varna-Bucht, CASPERS 1951 a; STRENZKE 1951 a; von Kap Šabla bis Sozopol, VALKANOV 1949) (der von Montevideo gemeldete *Chironomus obscuripennis* dürfte kaum artidentisch mit *frauenfeldi* sein) (Literatur bei WIRTH 1947 a, S. 126).

6. Gattung *Telmatogeton* SCHINER (*Charadromyia* TERRY, *Trissoclunio* K.). (Zusammenfassende Darstellung WIRTH 1947b; vgl. 1949, S. 170 bis 174.)

Gruppe A: *Charadromyia* TERRY. Süßwasserformen von den Hawaii-Inseln (vgl. S. 586).
T. torrenticola TERRY.
T. hirtus WIRTH.
T. williamsi WIRTH.
T. fluviatilis WIRTH.
T. abnormis TERRY.

Gruppe B: *japonicus-Gruppe*. Pazifische Küsten, marin.
T. japonicus TOK. Japan, Hawaii-Inseln; atlantische Küste Nordamerikas bei New York; Golf von Mexiko, Küste von Florida (WIRTH 1952 d).
T. macswaini WIRTH. Kalifornien.
T. australicus WOMERSLY. Südaustralien. (Vielleicht = *japonicus* [briefliche Mitteilung W. W. WIRTHS].)

Gruppe C: *simplicipes*-Gruppe. Pazifische Küsten, marin.
T. simplicipes EDW. Südostchile.
T. pacificus TOK. Japan, Hawaii-Inseln.
T. pusillum EDW. Marquesas-Inseln.
T. latipennis WIRTH. Socorro Island, Clarion Island (Neu-Mexiko).
T. atlanticum OLIVEIRA. Brasilianische Küste (OLIVEIRA 1950).
T. nanum OLIVEIRA. Brasilianische Küste (OLIVEIRA 1950).

Gruppe D: *Telmatogeton* s. s. Indischer Ozean, Südostafrika, Südostchile, marin.
T. sancti-pauli SCHINER (*fuscipennis* K.). Südostafrika, St.-Pauls-Insel (SÉGUY 1940, S. 216—219).
T. minor K. Südostafrika.
T. trochanteratum EDW. Südostchile.

7. Gattung *Paraclunio* K. (Zusammenfassung und Literatur bei WIRTH 1949, S. 174—179.)

P. trilobatus K. (*alaskaensis* MALLOCH partim). Kalifornien, verbreitet.
P. alaskaensis COQ. Alaska, Oregon, British Columbia, Kalifornien.

8. Gattung *Psammatiomyia* DEBY.
P. pectinata DEBY. England, Frankreich (Literatur bei WIRTH 1949, S. 179; BROWN 1947).

9. Gattung *Halirytus* EATON.
H. amphibius EAT. (? *magellanicus* JACOBS). Kerguelen (? Magellan-Straße) (Literatur bei WIRTH 1949, S. 180; vgl. ferner THIENEMANN 1937 c; SÉGUY 1940; hier beste Metamorphosebeschreibung).

Es ist von Interesse, die geographische Verbreitung der Clunionariae etwas näher zu betrachten.

Hier ist aber eines scharf zu betonen. Tiergeographische Betrachtungen sind stets mit der Einschränkung, „soweit unsere heutigen Kenntnisse reichen", zu verstehen. Ein neuer Fund kann plötzlich ganz neue Gesichtspunkte erschließen und frühere Folgerungen als unrichtig erweisen. Das gilt hier ganz besonders, denn trotz W. W. WIRTHS neuer gründlicher Forschungen ist die Formenfülle der Clunionarien sicher noch längst nicht erschöpft. Vor allem sind bei genauerer Untersuchung der Litoralfauna der Inseln inmitten der großen Ozeane Neuentdeckungen zu erwarten.

Wir kennen jetzt 9 Gattungen mit 44 Arten respektive Varietäten der Clunionarien. Als artenreich haben sich die Gattungen *Clunio* — mit 14 Arten und einer Varietät —, *Telmatogeton* — mit 17 Arten, davon 5 sekundär zu Süßwasserarten geworden (vgl. S. 586—588) — und *Thalassomyia* — mit 7 Arten — erwiesen. Diese 3 Gattungen umfassen also mit 39 von 45 Formen 86% des Artenbestandes aller Clunionarien. 2 Arten enthalten die Gattungen *Eretmoptera* und *Paraclunio*, je 1 Art die Gattung *Tethymyia*, *Belgica*, *Psammatiomyia* und *Halirytus*.

Aus der nördlichen Polarregion sind keine Clunionarien bekannt, in der Südpolarregion ist echt antarktisch *Belgica antarctica*, subantarktisch *Halirytus amphibius*. Europa hat 3 Arten (3 Gattungen) von Clunionarien. Am weitesten verbreitet ist *Clunio marinus*, etwas seltener *Thalassomyia frauenfeldi;* beide gehen auch in die Nebenmeere — westliche Ostsee *Clunio*, Schwarzes Meer *Clunio* und *Thalassomyia*, bis ins Kaspimeer *Clunio*. Die engste Verbreitung hat *Psammatiomyia pectinata*, die bisher nur aus Südfrankreich (Biarritz) und Südengland (Cornwall) bekannt ist.

Aus Afrika sind bekannt: Nordafrika *Clunio marinus* und *Thalassomyia frauenfeldi;* Ostafrika (Dar-es-Salam) *Thalassomyia africana;* Südostafrika *Telmatogeton sancti-pauli* und *T. minor;* erstgenannte Art auch auf der Insel St. Pauli im Indischen Ozean.

Die europäisch-afrikanischen Küsten des Atlantischen Ozeans sind also artenarm: nördlich des Äquators 4 Arten. Von den amerikanischen Atlantikküsten ist nur eine *Thalassomyia*-Art von Montevideo sowie *Clunio brasiliensis, Telmatogeton atlanticum* und *nanum* von der brasilianischen Küste und *Telmatogeton japonicus* von New York und aus dem Golf von Mexiko (Florida) bekannt. — Von den Küsten des Indischen Ozeans sind nur die eben genannten drei ost- bzw. südostafrikanischen Arten bekannt.

Aus Südaustralien ist nur *Telmatogeton australicus* beschrieben.

Das Hauptentwicklungsgebiet der Clunionarien sind die Küsten und Inseln des Pazifischen Ozeans! 36 Arten, 7 Gattungen. Also 81% aller Arten.

Betrachten wir zuerst die amerikanischen Pazifikküsten, von Alaska südwärts bis zum Äquator. Hier leben *Paraclunio alaskaensis, P. trilobatus, Clunio marshalli, Eretmoptera browni, Tethymyia aptena, Telmatogeton macswaini, T. latipennis, Thalassomyia bureni, Th. longipes.* Die letztgenannte Art ist auch von den Galapagosinseln — südlich des Äquators — bekannt, wo auch *Clunio schmitti* lebt; aus Südostchile kennt man *Telmatogeton simplicipes* und *T. trochanteratum,* von den Islas Juan Ferandez *Cl. fuscipennis.* Hier schließt sich *Eretmoptera murphyi* von Südgeorgien an. Im ganzen leben also an diesen Küsten von Clunionarien 14 Arten (7 Gattungen).

Noch größer ist der Artenreichtum an der japanisch-chinesischen Küste und auf den Inseln des Pazifischen Ozeans. Die Gattung *Clunio* ist hier mit 9 Formen vertreten (nur von der Küste Japans und Formosas bekannt: *tshushimensis, tshushimensis minor, aquilonius, takahashii;* Japan und Inseln: *pacificus, setoensis;* Hawaii-Inseln: *littoralis, brevis, vagans),* die Gattung *Thalassomyia* mit 4 Arten (von der Festlandsküste und Inseln: *maritima;* nur von den Inseln: *setosipennis, pilipes, africana,* letztere auch von der ostafrikanischen Küste bekannt), die Gattung *Telmatogeton* mit 8 Arten (Japan und Inseln: *japonicus, pacificus;* nur Inseln: *pusillum,* dazu die 5 Süßwasserarten der Hawaii-Inseln). Insgesamt also 21 Arten (3 Gattungen).

Auffallend ist die weite, anscheinend (heute) diskontinuierliche Verbreitung von *Telmatogeton japonicus* — Japan, Hawaii, New York, Florida.

Wir stellen die Verbreitung der Clunionarien (Arten- und Gattungszahlen) noch einmal tabellarisch zusammen.

	Artenzahl	Gattungszahl
Europa	3	3
Amerikanische Atlantikküste	5	3
Küsten des Indischen Ozeans	3	2
Südaustralien	1	1
Amerikanische Pazifikküste	14	7
Japanisch-chinesische Küste und Inseln des Pazifik	21	3
Südpolarregion	2	2

b) Die Lebensweise der Clunionarien; Lunarperiodizität

Die Clunionarien sind Bewohner der Felsküsten des Meeres. Nur selten werden sie von sandigem Boden gemeldet, so *Clunio marinus* aus dem Kattegat (THIENEMANN 1915 a, S. 465); auf dem Gabelflach in der Kieler Bucht (16—17 $^0/_{00}$ Salzgehalt) lebten die *Clunio*-Larven in kleinen Sandröhren zwischen Spongien (l. c. S. 465). Wenn sie sonst an Sandküsten vorkommen (so in Belgien), findet man sie an Molen und anderen Uferbauten (BEQUAERT und GOETGHEBUER 1913). Für das nordöstliche Kaspiseegebiet charakterisiert BEHNING (1940, S. 102) den *Clunio marinus*-Biotop nördlich der Halbinsel Busatschi so: „flach, Salzgehalt von 15 bis 30 $^0/_{00}$, beständig wechselnd, sandig-schlammiger Boden mit viel Muschelschalen, üppige Bodenvegetation, namentlich aus Characeen, Rhodophyceen und Chlorophyceen bestehend". FRAUENFELD (1855, S. 14) fand in Triest *Clunio marinus* „an den unter dem Wasserspiegel an Steinen sitzenden *Mytilus minimus* POLI". In Helgoland lebt *Clunio marinus* auf dem „Felswatt als Larve in Polsterüberzügen, die von Algen und sedentären Polychaeten aufgebaut werden und durch Schlickbeimischung den Lebensraum für eine sehr reiche Fauna bieten. Bei Wasserbedeckung ist die ganze Polsteroberfläche von den weißlichen Tentakelkronen der Würmer *(Fabricia sabella)* übersät" (CASPERS 1948, S. 90). In Japan kommen *Clunio*-Arten an der Gezeitenküste zwischen Algen, wie *Gigartina* und *Endocladia* u. a., vor, die zum Teil auf den Austernkolonien des Felsufers wachsen (TOKUNAGA 1935 c, S. 3); ähnlich die *Telmatogeton*-Arten. In Südafrika fand sich *Telmatogeton sancti-pauli* und *T. minor* ausschließlich zwischen den Rotalgen *Porphyra capensis* und *P. vulgaris* in der Gezeitenzone (HESSE 1934). Auf den Hawaii-Inseln leben die *Telmatogeton*- und *Clunio*-Arten ebenfalls auf den von Algen *(Ulva, Enteromorpha)* bedeckten Steinen und Felsen des Litorals (WIRTH 1947 b; STONE and WIRTH 1947). Die *Thalassomyia*-Arten kommen in den gleichen Biotopen vor (WIRTH 1947 a); im Schwarzen Meer leben die Larven von *Thalassomyia frauenfeldi* in der Brandungszone an Felsen und Pfählen und in ihrem Algenbelag und können hier bei Trockenheit in einen anabiotischen Zustand verfallen, auch eine Winterkälte von bis — 12° ertragen (VALKANOV 1949). *Psammatiomyia pectinata* lebt ebenfalls auf dem mit Rotalgen besetzten Gestein der Felsküste von Cornwall und Südfrankreich in der Niederwasserzone (BROWN 1947; DEBY 1889).

Die gründlichsten Untersuchungen sind an *Clunio marinus* durch CASPERS (1939, 1947, 1948, 1951) durchgeführt worden. CASPERS faßt sie 1948 zusammen: „Die Kopulation der Chironomiden findet bei Ebbe im Bereich der Polsterüberzüge statt, wobei das Männchen mit seinem großen Zangenapparat das flügellose Weibchen umfaßt und auf dem Watt herumträgt. Sofort danach legt das Weibchen die Eier in langer Schnur ab, schrumpft dadurch stark zusammen und geht bald zugrunde; auch die

Männchen sterben oft schon, bevor sie von der herankommenden Flut erfaßt werden. Zu den Schwärmzeiten finden sich riesige Mengen von Männchen und Weibchen zusammen; erstere sind dabei in der Minderzahl." Eine ausführliche, anschauliche Schilderung des *Clunio*-Schwärmens gab schon CHEVREL 1894. Das Massenauftreten schwärmender Imagines wird auch von vielen anderen Clunionarien berichtet; aus der Entfernung können die Felsen dann aussehen, als wenn sie von Pulverschnee bedeckt wären (TOKUNAGA 1935 c, S. 4).

CASPERS (1948, S. 90) fährt nun fort:

„Das Schwärmen ist also auf die Trockenliegezeit des Lebensraumes beschränkt und kann nur dann zur Ablage der Eier führen. Durch den Wechsel von Ebbe und Flut wäre damit bereits eine Rhythmisierung des Schwärmens gegeben. Die Beobachtungen auf Helgoland zeigten nun, daß das Schwärmen auf die Abendstunden — etwa zwischen 17 und 20 Uhr — beschränkt ist, wie es ja bei

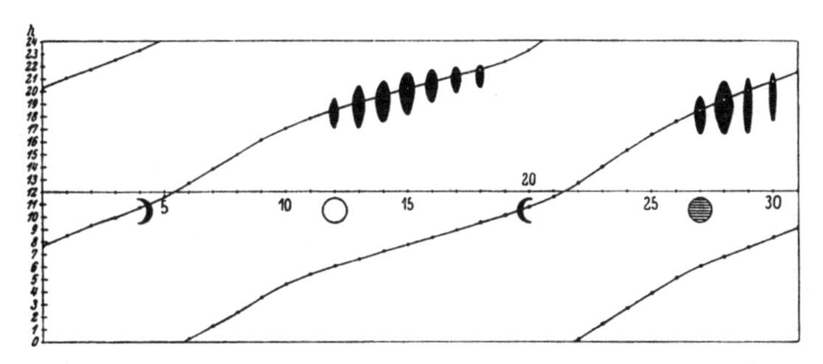

Abb. 267. Das Auftreten der Imagines von *Clunio marinus* in Helgoland im Juli 1938. Auf der Waagrechten die Monatstage, auf der Senkrechten die Tageszeit von 0 bis 24 Uhr. Gezeiten durch die Verbindung der beiden täglichen Niedrigwasser dargestellt. [Aus CASPERS 1951.]

vielen Insekten der Fall ist. Durch die tägliche Verschiebung der beiden Gezeitenwellen liegt das Watt in dieser Zeit jedoch nur in 14tägigen Abständen etwa im Zeitraum von 5 Tagen trocken. Hierdurch treten im Monat zwei auf einige Tage beschränkte Schwärmperioden auf (Abb. 267).

Es war zu schließen, daß das Trockenfallen in den Abendstunden irgendwie als ein Reiz auf die Puppen wirkt und das Schlüpfen auslöst. Beweisführend für diese Annahme mußte der Versuch im Aquarium sein, wo künstlich zu anderen Terminen als im Watt in den Abendstunden die Polster trockengelegt werden können. Es erwies sich jedoch, daß hier ein Schwärmen der Chironomiden nicht an anderen Tagen zu erreichen ist, als es im Watt auch stattfindet. Werden die Polster im Aquarium ständig unter Wasser gelassen, tritt hier also überhaupt keine Ebbe ein, so schlüpfen die Imagines trotzdem (die Puppen nehmen Luft auf und steigen an die Oberfläche), und zwar wiederum nur zum gleichen Termin, zu dem auch im Watt das Schwärmen stattfindet.

Aus diesen Versuchen mußte geschlossen werden (CASPERS 1939), daß das periodische Schwärmen von *Clunio* wenigstens nicht unmittelbar durch das Trockenfallen des Lebensraumes bewirkt wird. Es konnte nun vermutet werden, daß die Periodizität des Schlüpfens auf einer erblichen Fixierung der Larvenentwicklungszeit fußt: Diese braucht nur genau 14 Tage oder ein Mehrfaches hiervon zu betragen, um aus den abgelegten Eiern eines Datums dann wieder zum Termin des Abendniedrigwassers Imagines erscheinen zu lassen. Größenmessungen des Larvenbestandes in den verschiedenen Monaten ließen aber bereits eine solche Fixierung fraglich erscheinen, wie gegen diese Annahme auch schon die Tatsache spricht, daß die Larven ab Oktober überwintern und trotzdem dann im März oder April wieder ‚zeitgemäß' schwärmen.

Wie Abb. 267 (S. 583) zeigt, fällt der Beginn der Schlüpfperiode auf den Voll- und Neumondtermin, also auf die Syzygien, wo im Gezeitengeschehen Spring- und Nipptiden herrschen. Gerade die Gegensätzlichkeit der Gezeiten weist darauf hin, daß nicht die Länge des Trockenfallens der Wattfläche oder sonst ein hiermit verknüpfter Faktor zur Erklärung herangezogen werden kann. Entsprechend ist auch — wie es die Laboratoriumsversuche bestätigen — kein Einfluß des Mondlichtes festzustellen, das ja ebenfalls bei Voll- und Neumond gerade gegensätzlich ist und überhaupt durch Wolken stark variiert wird.

Die Schwärmperiodizität steht in Zusammenhang mit dem Umlauf des Mondes um die Erde und damit in Parallele zu seinem Phasenwechsel, d. h. zu seiner Stellung im synodischen Monat. Da die Helgoländer Experimente zeigten, daß der Wechsel der Gezeiten unmittelbar oder mittelbar — auf Grund etwa einer erblichen Fixierung — nicht als bewirkend heranzuziehen ist, ebenso wie kein anderer Faktor der Umgebung zu erkennen ist, mußte geschlossen werden, daß es sich entweder um einen direkten Einfluß des Mondes auf die Tiere oder um eine indirekte Bewirkung über bisher nicht bekannte, aber durch den Mondumlauf rhythmisierte Umweltfaktoren handelt."

Eine solche „Lunarperiodizität" war schon von Chevrel (1894) für *Clunio marinus* und *Thalassomyia frauenfeldi* festgestellt worden.

Von den „Maruim", den *Culicoides*-Arten der brasilianischen Mangrove schreibt Lutz (1912, S. 16, 17): „Eine Eigentümlichkeit der Mangrovemücken, die dem Volke wohl bekannt ist, liegt darin, daß sie, ohne auf eine Jahreszeit beschränkt zu sein, manchmal in so großer Menge auftreten, daß die Bevölkerung in weitem Umkreise im höchsten Grade belästigt wird und es mancherorts vorzieht, die betreffenden Gegenden für die schlimmste Zeit zu verlassen. Dafür gibt es auch wiederum Tage, in denen man im Mangue selbst unbelästigt herumstreifen kann. Das geringere und häufigere Auftreten wird allgemein mit den Mondphasen und den durch dieselben beeinflußten Gezeiten in Verbindung gebracht." Lutz hat selbst eingehende Untersuchungen über das Auftreten der „Maruim" angestellt, mit dem Resultat (l. c. S. 23), „daß die Maruim einige Tage vor Voll- und Neumond anfangen, reichlicher aufzutreten, während mehrerer Tage sehr zahlreich sind und dann allmählich oder rasch abnehmen und manchmal auf kurze Zeit ganz verschwinden. Es können so höhere Fluten mit einer größeren Anzahl koinzidieren, aber der Anfang ihrer Zunahme scheint eher auf einen Einfluß der schwächeren Gezeiten hinzudeuten." *Culicoides peliliouensis* Tok. zeigt auf den Palau-Inseln ebenfalls ein lunarperiodisches Schwärmen (Tokunaga and Esaki 1936 e, S. 57). Auch von der marinen Tanytarsarie

Samoas, *Pontomyia natans,* nimmt BUXTON (1926, S. 808) an, daß ihr Auftreten vielleicht durch den Mondzyklus geregelt wird. Aber wie ist so etwas zu verstehen? — CASPERS (1948, S. 91) schreibt am Ende des oben gegebenen Zitats mit Recht: „Dieser Schluß per exclusionem mußte aber unbefriedigend erscheinen."

CASPERS brachte nun Helgoländer Algenpolster mit *Clunio*-Larven mit Flugzeug nach Varna am Schwarzen Meer, wo sie in Aquarien gehalten und weiter beobachtet wurden. Dabei ergab sich, daß die Tageszeit des Schlüpfens an die Ortszeit gebunden ist, absolut also in Varna 80 Minuten früher als in Helgoland liegt. Die an die beiden Mondphasen geknüpfte Schwärmrhythmik wurde beibehalten, und zwar auch, als die Tiere im Winter zum Schlüpfen gebracht wurden, wenn sie im Freien in Helgoland nicht auftreten. — Aus seinen Beobachtungen und Versuchen zieht CASPERS (1947) folgende Schlüsse:

„Eine Wirkung der Gezeiten — mittel- oder unmittelbar — ist auszuschließen, ebenso wie ein Einfluß von Sonnenstrahlung oder Mondlicht. Die Schwärmeperiodizität steht in klarem Zusammenhang mit der Kulminationszeit des Mondes, die eine eindeutige Funktion seiner Phase ist. Ferner scheint eine Beziehung zum Datum des Monddurchganges durch den Himmelsäquator zu bestehen; gewisse Unregelmäßigkeiten beim Schwärmen im Winter finden dadurch ihre Erklärung. Auf jeden Fall ist ein klarer Zusammenhang mit der Stellung des Mondes festzustellen. Damit aber ist ‚die bewirkende Kraft' noch nicht gefunden. Bei Voll- und Neumond ist die Anziehungskomponente des Mondes durch die der Sonne verstärkt. Der Kräfteunterschied ist aber so gering, daß seine Perzeption fraglich bleibt. Vom Mond ausgehende Strahlungen können wohl als Faktor ausgeschieden werden, da die Mondhöhe keinen Einfluß hat und es auch gleichgültig ist, ob das Gestirn über oder unter dem Horizont steht. Zu denken ist noch an die durch den Mondumlauf hervorgerufenen terrestrischen Elektroperiodizitäten, die bereits nachgewiesen sind. Gesicherte Ergebnisse über eine biologische Wirksamkeit fehlen aber noch. — Endogene Ursachen der Rhythmik erscheinen unmöglich, da die Phasenlänge nicht fixiert ist. (Natürlich ist aber eine innere Bereitschaft Voraussetzung.) Auch die tageszeitliche Bindung des Schwärmens an die Ortszeit des Schlüpfortes spricht für eine exogene Ursache.

Wenn die bewirkende Kraft vorerst nicht einwandfrei nachzuweisen ist, so haben die Versuche jedoch ergeben, daß auf diesem analytischen Wege weiterhin eine Lösung möglich sein wird. Das lunare Periodizitätsgeschehen bei Organismen geht wohl auf einen Komplex von Kräften zurück. Sicher spielen nicht nur die Quantitäten der Kräfte, sondern auch ihr prozessualer Wandel eine Rolle. Im ganzen sind die lunaren Periodizitätserscheinungen ein Teil der Gesamtfähigkeit des Organismus, planetarisch-physikalische Vorgänge wahrzunehmen und ihrem Kampf um die Arterhaltung sinnvoll einzubauen."

Anhangsweise sei bemerkt, daß nach VALKANOVs Beobachtungen (1949, S. 111) im Schwarzen Meer, wo Gezeiten praktisch nicht existieren, das Schlüpfen der Imagines von *Thalassomyia frauenfeldi* unabhängig vom Mondwechsel geworden ist und daß (CASPERS 1948, S. 92) an der bulgarischen Küste auch der dort lebende *Clunio marinus* keine lunare Rhythmik besitzt.

c) Die Besiedelung tropischer Bergbäche durch Clunionarien

Es ist eine bekannte Tatsache, daß in den Tropen die Zahl der marinen Einwanderer in das Süßwasser eine beträchtliche ist. Ich erinnere für diesen marinen Einschlag im tropischen Süßwasser nur daran, daß wir während der Deutschen Limnologischen Sunda-Expedition in Java hoch oben im Gebirge Polychaeten nachwiesen, ja eine „*Sacculina*", einen Rhizocephalen (*Sesarmoxenos gedehensis* FEUERBORN) in der kleinen Krabbe *Sesarma nodulifera* DE MAN fanden (FEUERBORN 1931). Schon VON MARTENS stellte 1857 den Satz auf: „Die Ähnlichkeit der gesamten Süßwasserfauna mit der gesamten Meeresfauna nimmt von Pol gegen den Äquator zu" (THIENEMANN 1950 b, S. 246).

Ein schönes, bisher allgemein zoogeographisch noch nicht ausgewertetes Beispiel bieten die Clunionarien. Wir haben sie oben als primäre Meerestiere aufgefaßt. Und nun sind auf den Sandwich-Inseln (Hawaii) einige Arten sekundär zu echten Süßwasserbewohnern geworden!

Im Jahre 1913 beschrieb TERRY aus Gebirgsbächen von Hawaii zwei Chironomidenarten, für die er das Genus *Charadromyia* errichtete; er erkannte auch die Ähnlichkeit der Puppen seiner *Ch. torrenticola* mit der des SCHINERschen *Telmatogeton sancti-pauli*. Aber erst EDWARDS (1928) stellte die generische Zusammengehörigkeit der Süßwasserarten von Hawaii mit den marinen *Telmatogeton*-Arten sicher fest.

1931 meldet ILLINGWORTH eine *Charadromyia*-Art aus einem Graben auf der Insel Oahu, und 1944 veröffentlicht WILLIAMS biologische Notizen über hawaiische Chironomiden. 1947 (b) erscheint von dem in Honolulu arbeitenden WILLIS W. WIRTH eine ganz ausgezeichnete monographische Zusammenfassung unserer bisherigen Kenntnisse über die Gattung *Telmatogeton* mit Beschreibung von drei weiteren neuen Species aus dem Süßwasser der Hawaii-Inseln. Wir schließen uns im folgenden an diese Arbeit an.

Während im marinen Litoral der Hawaii-Inseln 2 *Telmatogeton*-Arten vorkommen (*T. japonicus* TOK. und *pacificus* TOK.), sind aus den Binnengewässern dort jetzt 5 Arten bekannt, die einander nahestehen und von WIRTH als „Group A. *Charadromyia* TERRY" von allen anderen — marinen — *Telmatogeton*-Arten unterschieden werden. WIRTH leitet sie von *T. japonicus* ab. Am nächsten steht diesen von den Süßwasserarten *T. abnormis*, es folgen in zunehmender Differenzierung *fluviatilis* — *williamsi* — *torrenticola* — *hirtus*. (Doch bedeuten diese morphologischen Differenzierungen der Imagines keine Anpassungen an den neuen Lebensraum!) Alle 5 Arten sind Bewohner rasch fließender Gewässer: ihre Larven und Puppen sind sehr sauerstoffbedürftig. So leben sie in den Fällen und Schnellen größerer Gebirgsbäche auf rasch überspülten, meist blanken Blöcken. Viele Gebirgsbäche werden jetzt für die Bewässerung der Felder benutzt, und wo nun in den künstlichen, abgeleiteten Gräben das Wasser dauernd und kräftig strömt, da besiedeln die *Telmatogeton*-Arten die Steine der Grabenränder bis hinab in die Zuckerfelder der Ebene. Sie bauen Gespinstgehäuse, aus denen die Larven mit ihrem Vorderkörper oft herauskommen, um die Umgebung ihres Hauses abzuweiden; Diatomeen, Fadenalgen usw. sind ihre Nahrung. Die Dauer des Larvenlebens beträgt wohl einige Monate, die des Puppenlebens einige Tage. Bestimmte Flugperioden gibt es nicht. Die Imagines sind schlechte Flieger; das erklärt die Tatsache, daß dicht benachbarte Flußsysteme im Gebirge von Oahu von zwei verschiedenen Arten *(T. williamsi* und *fluviatilis)* besiedelt sind, ohne daß eine Vermischung der — ökologisch sicher gleich eingestellten — Arten stattfindet.

Die Verbreitung der einzelnen Arten ist die folgende:

1. *Telmatogeton torrenticola* (Terry). Die einzige Süßwasserart der Inseln Hawaii, Maui und Molokai. Bis in 610 m Höhe nachgewiesen; besonders häufig auf Hawaii an den Rainbow Falls (122 m über dem Meeresspiegel).
2. *T. hirtus* Wirth. Diese große Art lebt nur auf der Insel Kauai und ist hier weit verbreitet in den zahlreichen rasch fließenden Gebirgsbächen, die den „Alakai Swamp" (in etwa 1220 m Meereshöhe) entwässern. In einem Berggewässer, dem „Kokee stream", wurde sie zusammen mit *T. abnormis* gefunden, der einzige Fall der Überschneidung des Verbreitungsgebietes zweier *Telmatogeton*-Süßwasserarten.
3. *T. williamsi* Wirth. Insel Oahu, in Massen in einem rasch und dauernd fließenden Bewässerungsgraben, der sein Wasser aus den Höhen des Mt. Kaala (1220 m) erhält.
4. *T. fluviatilis* Wirth. Auf der Insel Oahu nur in bestimmten Teilen der Koolau-Berge in Bächen und Gräben. Andere Teile dieses Gebirges sind von *T. abnormis* besiedelt, so daß die Verbreitungsgebiete beider Arten streng getrennt sind.
5. *T. abnormis* (Terry). Auf den Inseln Kauai (vgl. *T. hirtus)* und Oahu (vgl. *T. fluviatilis)*. Bis in 1220 m Meereshöhe nachgewiesen.

Diese *Telmatogeton*-Arten vertreten in den Bergströmen der Sandwich-Inseln die Orthocladiinen unserer europäischen Gebirgsbäche!

Es ist Wirth gelungen, einen Fall zu beobachten, der wohl kaum anders als der Beginn des Süßwasserlebens einer Clunionarie zu deuten ist (Stone and Wirth 1947, S. 211).

Auf den Hawaii-Inseln leben im maritimen Litoral drei verschiedene *Clunio*-Arten; die verbreitetste ist *Cl. littoralis* Stone and Wirth, nur auf der Insel Oahu lebt *Cl. brevis* St. and W., *Cl. vagans* St. and W. kommt auf Kauai, Oahu und Hawaii vor. Diese Art ist von besonderem Interesse.

Cl. vagans lebt im Litoral auf Oahu zwischen Algen, vor allem einer *Ulva*-Art, in Riesenmengen. Hunderte von Mücken konnte Wirth in ein paar Minuten mit einem Aspirator von den Algen sammeln. Ähnlich war das Vorkommen in der Hilo-Bucht auf Hawaii; doch wird das Wasser hier durch Zufluß von Süßwasser aus der Mündung des Wailuku-Flusses brackig.

Aber das merkwürdigste Vorkommen der Art fand WIRTH am 4. IX. 1946 an den Wailua-Fällen auf Kauai. Er berichtet darüber so (S. 211—212, aus dem Englischen übersetzt):

„Ein höchst ungewöhnliches und fast unerklärliches Vorkommen von *C. vagans* wurde an den Wailua-Fällen, Kauai, entdeckt. Der Wailua-Fluß ist ein ziemlich schnell fließendes Gewässer. Sein felsiges Bett ist bei den Fällen etwa 30 m breit. Die Fälle liegen etwa 6,5 km vom Meer entfernt. Die unteren drei Viertel dieser Strecke stellen einen breiten, trägen Gezeitenstrom dar, während das obere Viertel — unterhalb der Fälle — von einer Stromschnelle mit einem Gefälle von etwa 15 m eingenommen wird. Die mit dem flügellosen Weibchen kopulierenden *Clunio*-Männchen wurden beobachtet, wie sie in der Wasserlinie um die von Sprühwasser und Kräuselwellen überzogenen Blöcke in der Stromschnelle schwärmten, dort, wo die Strömung am stärksten war. Da keine Jugendstadien gefunden wurden, läßt sich nicht sagen, ob diese Tiere hier in der Stromschnelle geschlüpft sind oder ob alle die zahlreichen Individuen die ganze Strecke vom Meer her hinauf gewandert sind. Die Suche nach *Clunio* oberhalb der Fälle (Höhe etwa 61 m) war erfolglos. Man würde von diesen zarten Mücken kaum annehmen, daß sie von ihren Brutplätzen am Meer in so großer Zahl gerade diesen Fluß hinaufgewandert sind, obwohl das natürlich der Fall sein könnte. Anderseits ist noch nie eine *Clunio*-Art in Flüssen brütend oder überhaupt vorkommend gefunden. Es wurden keine Merkmale gefunden, durch die sich die an den Wailua-Fällen gefangenen Individuen von denen unterscheiden, die sich an der Meeresküste von Oahu und Hawaii entwickeln. Wenn sich jedoch eine Kolonie im Fluß festgesetzt hätte und für viele Jahre isoliert gewesen wäre, sollte man eine Artbildung erwarten können.

Eine in gewisser Hinsicht ähnliche Situation haben wir in einem anderen Genus der Clunioninae vor uns: nämlich der marinen Gattung *Telmatogeton*, der es auf den Hawaii-Inseln gelungen ist, wenigstens 5 Arten in den Gebirgsbächen zu entwickeln. Es kann vermutet werden, ob nun *Clunio vagans* noch an den Wailua-Fällen brütend gefunden wird oder ob nur eine größere Anzahl den Strom hinauf gewandert ist, daß hier ein ähnlicher Fall einer Art vorliegt, die den unglücklichen Lebensverhältnissen zu entgehen versucht, in die ihre Clunioninen-Vorfahren durch die Konkurrenz vor langer Zeit hineingedrängt wurden. Bei *Telmatogeton* sehen wir das Ergebnis einer solchen erfolgreichen Flucht nach vielen Jahren. Es ist möglich, daß wir bei *C. vagans* Zeugen der Mittel sind, mit denen dieser Übergang durchgeführt wurde.“

2. *Halotanytarsus*

Die Clunionarien sind eine kleine Gruppe mit verschiedenen, zum Teil artenreichen Gattungen, die so gut wie ausschließlich in den felsigen Gestaden der Meere leben; und bei den wenigen, im tropischen Gebirgswasser nachgewiesenen Arten ist es sicher, daß diese sekundär aus dem marinen Litoral ins Süßwasser eingewandert sind.[119] So liegt es überaus nahe, anzu-

[119] Die von BREHM-RUTTNER (1926, S. 305) für die *Rivularia*-Zone des Lunzer Untersees angegebene „*Clunio*-Art“ ist in Wirklichkeit *Pseudosmittia ruttneri!*

nehmen, daß die Clunionarien primäre Meeresbewohner sind, d. h. von vornherein Litoralbewohner des Meeres waren und hier aus Ur-Orthocladiinen entstanden sind.

Schwerer zu beurteilen ist die Entstehungsgeschichte gewisser mariner Tanytarsarien. Ich habe auf Seite 21, 22 dieses Buches schon einmal auf die merkwürdigen *Pontomyia*-Arten, deren ganz verkümmerte Weibchen das Wasser nie verlassen, hingewiesen.

Als ich das erstemal (1929) eine kurze Revision der Tanytarsariae gab, waren von diesen marinen Arten nur die drei von EDWARDS (1926 b) beschriebenen Arten bekannt (*Pontomyia natans, Tanytarsus halophilae, T. maritimus*). Ich schrieb damals (1929, S. 119), daß die Puppen dieser Arten „der *Virens*-Gruppe" von *Tanytarsus* nahe zu stehen scheinen, während die Larven augenscheinlich der *Paratanytarsus*-Gruppe verwandt sind, da aber die Zusammengehörigkeit der einzelnen Metamorphosestadien bei diesen Arten nicht absolut sichergestellt sei, unterbleibe die Aufstellung einer neuen Hauptgruppe der Sectio *Tanytarsus genuinus* doch besser so lange, bis neues, reicheres Material dieser Formen bekannt sei.

Nun sind uns durch TOKUNAGA drei weitere Arten aus dieser Verwandtschaft in allen Metamorphosestadien bekannt geworden. Ich habe daher jetzt (THIENEMANN-BRUNDIN) für diese marinen Tanytarsarien die Gruppe *Halotanytarsus* (vgl. S. 3) aufgestellt. Zu ihr gehören die folgenden, von ihren Autoren zu *Tanytarsus* bzw. *Pontomyia* gestellten Arten, die sämtlich marine Litoralbewohner sind:

Tanytarsus maritimus EDW. (1926 b, S. 794—796; TOKUNAGA 1936 c, S. 317).
Samoa-Insel Upolu, zwischen *Halophila.*

Tanytarsus halophilae EDW. (1926 b, S. 791—794; TOKUNAGA 1936 c, S. 316, 317; 1940, S. 224, 227, 238).
Samoa-Insel Savaii, Fagamalo, zwischen *Halophila;* Carolinen, Insel Kusaie.

Tanytarsus pelagicus TOKUNAGA (1938 b, S. 354, 355).
Japan, Meeresstrand unter der Niederwassermarke.

Tanytarsus boodleae TOKUNAGA (1936 c, S. 316, 318).
Japan, Nordküste der Karatsu Bai, Saga Präfektur, in einem Gezeitentümpel, zusammen mit *Pontomyia pacifica.*

Pontomyia natans EDWARDS (1926 b, S. 796—801; BUXTON 1926; TOKUNAGA 1932; EDWARDS 1938, S. 264).
Samoa-Insel Upolu, zwischen *Halophila;* Rotes Meer. Neuer Fundort: N. E. Australien, Princess-Charlotte-Bay, Juli 1948. Am Licht zahlreiche Männchen; leg. J. L. WASSELL.

Pontomyia pacifica TOKUNAGA (1932).
Japan, Gezeitentümpel an der Küste von Seto.

Gemeinsam ist den Puppen aller 6 Arten der Besitz von paarigen Kurzspitzenplatten auf dem Rücken von Segment 2 bis 6; in dieser Beziehung gleichen sie völlig den Puppen der *Virens*-Gruppe der Gattung *Tanytarsus*. Sie besitzen auch, wie alle Angehörigen der Gattung *Tanytarsus* 2 Schlauchborsten auf jedem Anallobus. Sie weichen aber von ihnen ab durch das Fehlen der Prothorakalhörner bei allen 6 Arten. Das ist aber ein auch bei anderen marinen Chironomidenarten auftretendes Merkmal (vgl. S. 182). Und so würde man diese marinen Formen unbedenklich zur *virens*-Gruppe stellen können, wenn nicht ihre Larven von den *virens*-Larven gänzlich abwichen. Bei diesen fehlen die Analschläuche — wie bei allen echten Salzwasserchironomidenlarven (vgl. S. 118 ff.). Der Antennensockel — bei der Gattung *Tanytarsus* sonst wohl entwickelt — ist niedrig oder wird gar nicht erwähnt. LAUTERBORNsche Organe — bei *Eutanytarsus* sonst lang gestielt — werden (als sessil) nur bei *halophilae* angegeben. Es ist also durchaus berechtigt, innerhalb der Subsectio Tanytarsariae genuinae für diese Arten eine besondere Gruppe „*Halotanytarsus*" aufzustellen, die den Gruppen *Eutanytarsus, Rheotanytarsus, Paratanytarsus, Atanytarsus, Lithotanytarsus* und *Neotanytarsus* gleichgestellt ist. Aber im ganzen sind die *Halotanytarsus*-Arten doch typische Tanytarsariae (genuinae); das sind jedoch sonst alles Süßwasserbewohner. Wir können also nicht wie bei den Clunionariae annehmen, daß diese Gruppe, ohne den Süßwasser-Umweg gegangen zu sein, aus ursprünglich marinen Litoralbewohnern besteht. Vielmehr muß ein Zweig der Süßwasser-Tanytarsariae genuinae zum marinen Leben übergegangen sein und so die *Halotanytarsus*-Arten entwickelt haben.[120] Aber dieser Übergang muß schon vor langen Zeiten erfolgt sein, da sich ja solche aberrante Formen wie die *Pontomyia*-Arten ausgebildet haben.

Sind die Clunionariae unserer Auffassung nach primär marine Tiere, so sind die Glieder der *Halotanytarsus*-Gruppe alte, sekundäre Meeresbewohner und unterscheiden sich so schon durch die lange Dauer ihres marinen Lebens von den nunmehr zu behandelnden jungen sekundären marinen Chironomiden.

3. Junge sekundäre Meerestiere

Bei diesen Formen handelt es sich um einzelne marine Arten aus Gattungen, deren übrige Arten im Süßwasser leben. Wir geben im folgenden ein systematisches Verzeichnis dieser Arten, nach den einzelnen Gebieten getrennt. (Die Ostsee, als Brackwassergebiet, wird weiter unten [S. 601] behandelt.)

---

[120] Es will mir aber durchaus möglich erscheinen, daß verwandtschaftliche Beziehungen zwischen „*Halotanytarsus*" und den — früher zu den Orthocladiinen gestellten — Süßwassergattungen *Corynocera* und *Thienemanniola* bestehen. Die Puppenmorphologie weist darauf hin. Leider aber sind die Larven weder von *Corynocera* noch von *Thienemanniola* bekannt.

a) Europäische Küsten

Ceratopogonidae

Aus dem Golf von Marseille geben GOETGHEBUER und TIMON DAVID (1937, 1939) die folgenden Arten an: *Dasyhelea aperta* GOETGH., *D. aestiva* WINN., *D. modesta* WINN., *D. flavoscutellata* ZETT., *Culicoides pulicaris* L., *C. winnertzi* EDW. Von diesen ist die erstgenannte bisher nur von dieser Stelle bekannt. Alle übrigen sind weitverbreitete Süßwasserformen; doch sind Arten der Gattungen *Dasyhelea* und *Culicoides* weitgehend euryhalin und vielfach auch sonst — vgl. weiter unten — in salzigen Gewässern gefunden worden. Halobiont respektive thalassobiont könnte von den hier aufgezählten Arten höchstens die erste sein; doch müssen weitere Funde von *D. aperta* abgewartet werden. Aus der Gezeitenzone europäischer Meere führt MAYER (1934 a, S. 277) an: *Dasyhelea algarum* K., *Culicoides algarum* K., *C. nubeculosus* MG., *C. pulicaris* L., *Bezzia calceata* WALK. (= *trilobata* K.). Nur die ersten beiden könnten halobiont sein.

KETTLE und LAWSON (1952) nennen für schottische Salt marsh's die folgenden *Culicoides*-Arten: *pulicaris* L., *odibilis* AUST., *stigma* MG., *nubeculosus, circumscriptus* K., *halophilus* K., *maritimus* K.

In Rockpools bei Rovigno (Adria) wurde *Dasyhelea halophila* K. gefunden (RHODE 1912, p. 26).

Tanypodinae

Echte Salzwasserformen sind aus der Subfamilie der Tanypodinae nicht bekannt.[120a] In schottischen Rockpools wies STUART (1941, S. 449—493) *Psectrotanypus varius* F. und *Ablabesmyia barbitarsis* ZETT. nach, NICOL (1935, S. 216) in einem schottischen „Shalt-marsh" *Procladius choreus:* alles sonst echte Süßwasserformen.

Orthocladiinae

Gattung *Trichocladius* K.

Tr. vitripennis MG. (*marinus* ALVERDES nebst var. *halophilus* K., ? *Kervillei* K., *variabilis* STAEG., ? *oceanicus* PACK.).

Die im Nord- und Ostseegebiet meist verbreitete echt marine Art; auch an Binnensalzstellen. Frankreich, Belgien, Großbritannien, Norwegen, Färöer, Island, Helgoland, Amrum, Wilhelmshaven, Kattegat, Öresund; im Ostseegebiet in Schleswig-Holstein, Rügen, Dänemark, Schweden; Azoren, Madeira; Venedig, Schwarzes Meer (STRENZKE 1951 a), ferner Grönland, Hudsonstraße, Hudsonbai; wohl auch sonst an den Küsten Nordamerikas. Lebt sowohl an Felsküsten, hier auch in Rockpools, wie sandigen Küsten, zwischen Pflanzen vor allem in 0 bis 2 m Tiefe, oft in gewaltigen Mengen.

[120a] Doch ist der neuerdings (1953) von REMMERT beschriebene *Procladius breviatus* vielleicht eine halobionte Art (Nordsee, Eidermündung, westliche Ostsee in stillen Strandgewässern).

Metamorphosebeschreibungen und Lebensweise: ALVERDES 1911; RHODE 1912, S. 23—24; THIENEMANN in POTTHAST 1914, S. 307 bis 311.

Tr. fucicola EDWARDS (1926 b, S. 782).

Felsküste Englands; auch in Rockpools. Metamorphose: STUART 1941, S. 478—480. F. VAILLANT wies die Art auch an der nordafrikanischen Küste nach: „Cavités de la Jetée Nord, à Algér, remplies par les vagues, par mauvais temps — larves de l'eau saumâtre et très ubiquistes. Eclos. avril 1952."

Tr. maritimus GOETGHEBUER (1937, S. 413—414).

Golf von Marseille (GOETGHEBUER et TIMON DAVID 1937, 1939 b).

Tr. trifascia EDW. Wie vorige. (Auch aus Belgien und England bekannt, aber dort anscheinend nicht im Meere.)

Tr. decorus GOETGH. Wie vorige. (Auch aus Belgien bekannt, hier aber nicht marin.)

Tr. pseudosimilis GOETGH. Wie vorige.

Tr. arduus GOETGH.

Irland, bei 0,9 bis 2,7‰ Cl. (HUMPHRIES 1951).

Tr. braunsi GOETGHEBUER (in BRAUNS 1949).

Amrum: Farbstreifen-Sandwatt; Fehmarn (Ostsee): Heideflächen dicht hinter dem Dünenstreifen (BRAUNS 1949).

Tr. caspersi GOETGHEBUER (1939 d, S. 228).

Helgoland.

Tr. sp. (cfr. *halophilus* K. sensu EDWARDS).

Lagune von Venedig (MARCUZZI 1948, S. 12, 13).

Tr. psammophilus REMMERT (1953).

Amrum: Farbstreifen — Sandwatt.

Die von STUART (1941, S. 483, 484) aus Rockpools der schottischen Küste beschriebene und als *Cricotopus sylvestris* var. *ornatus* MG. bezeichnete Art gehört, nach der Larve zu urteilen, nicht zu *Eucricotopus,* sondern ist sicher eine *Trichocladius*-Art; sie zieht anscheinend brackiges Wasser vor. Ob die von MARCUZZI (1948, S. 11) an der Lagune von Venedig ganz vereinzelt gefangenen *Trichocladius triannulatus* MCQ. und *bicinctus* MG. wirklich aus der Lagune selbst stammen, ist nicht sicher.

Gattung *Eucricotopus* TH.

E. silvestris FABR.

In schwach brackigen Rockpools der schottischen Küste (STUART 1941). Sonst weitverbreitete Süßwasserform.

(var. *ornatus* MG. Schwarzes Meer [STRENZKE 1951 a].)

E. saxicola K.

Rockpools am Kullen, Kattegat (THIENEMANN-KIEFFER 1916, S. 505, 511—512). Süßwasserform.

E. halobius K. (1925 g, S. 385).
Rockpools am Kullen. 2. VII. 1926. Auch aus dem Salzwasser von Oldesloe bekannt; vgl. Seite 615.

Gattung *Psectrocladius* K.

Ps. sordidellus ZETT.
Golf von Marseille (GOETGHEBUER et TIMON DAVID 1937, 1939). Sonst Süßwasserart.

Ps. sp. Wie vorige.

Gattung *Orthocladius* s. l.

O. rubicundus MG. (?)
In Rockpools an der schottischen Küste (STUART 1941). Wie STUARTS Larvenbeschreibung zeigt, ist dies eine ganz andere Art als *rubicundus* MG. sensu EDWARDS, eine Süßwasserart, die zu *Rheorthocladius* gehört. Genaue Metamorphosenbeschreibung THIENEMANN-KRÜGER 1937.

O. lobulifera GOETGH.
O. meridionalis GOETGH.
O. timoni GOETGH.
O. excerptus WALK.

Diese vier Arten aus dem Golf von Marseille, die drei ersten von hier neu beschrieben (GOETGHEBUER et TIMON DAVID 1939), die letzte — wahrscheinlich ein *Dyscamptocladius* in meinem Sinne — auch aus England bekannt (hier nicht marin).

Gattung *Dactylocladius* K.

D. mercieri KIEFFER (1923 c).
Nordfranzösische Küste (Calvados).

Gattung *Eukiefferiella* TH.

E. atlantica STORÅ.
Massenhaft an den Küsten der Azoren und Kanaren und Madeiras (STORÅ 1945, 1949). (Die Zugehörigkeit zu *Eukiefferiella* in meinem Sinne erscheint mir ganz zweifelhaft.)

Gattung *Smittia* HOLMGR.

S. rupicola KIEFFER (1923 c).
Von der belgischen, französischen und Ostseeküste (Schleswig-Holstein) bekannt.

S. thalassicola GOETGH. (*thalassobia* GOETGH.).
Golf von Marseille.

S. thalassophila BEQUAERT et GOETGHEBUER 1913.
Belgische, französische, englische Küste.

S. (Orthosmittia) brevifurcata EDWARDS (1926 c).
Englische Küste; Küsten der Azoren (STORÅ 1945).

Gattung *Prodiamesa* K.

P. olivacea MG.

Englische Küste, in Brackwasser (HALL 1949).

Gattung *Corynoneura.*

C. scutellata WINN.

Rockpools an der schottischen Küste (STUART 1941). Sonst Süßwasserart.

Als sicher halobiont respektive thalassobiont können von den genannten Orthocladiinen nur *Trichocladius vitripennis* und *fucicola* bezeichnet werden; wahrscheinlich sind es auch *Smittia rupicola, thalassophila* und *brevifurcata.* Unter den übrigen Formen befinden sich eine Anzahl euryhaliner Süßwassertiere, so *Eucricotopus silvestris, Psectrocladius sordidellus, Corynoneura scutellata.* Die restlichen Arten können zum Teil echt marin sein; aber ein sicheres Urteil in dieser Beziehung kann erst gefällt werden, wenn ihre Verbreitung genauer bekannt ist. Auch ist die systematische Stellung mancher dieser Arten noch nicht sicher.

Chironomariae

Gattung *Chironomus* MG.

Ch. salinarius K.

In seiner Bearbeitung in der Faune de France führt GOETGHEBUER *aprilinus* MG. und *salinarius* K. als getrennte Arten, im „LINDNER" vereinigt er sie, wie es auch EDWARDS 1929 (S. 384) tut. EDWARDS stellt mit ? als Synonym dazu noch *hirtimanus* K. (stammt aus Greifswald). — *Ch. salinarius* in diesem Sinne hat Larven, die keine Tubuli tragen (sogenannter *salinarius*-Typ vgl. S. 118 und Abb. 72 S. 117). Nach all unseren Erfahrungen halten wir uns für berechtigt, Larven vom *Salinarius*-Typ aus europäischen Salzwässern auch zu dieser Imaginalart zu stellen. Nach EDWARDS (1929, S. 384) ist in England die Art „common, especially on coasts". GOETGHEBUER (im „LINDNER", S. 24) schreibt: „Lebt vor allem an Meeresufern und in der Nähe von Salinen. Bekannt aus Frankreich, Holland, Deutschland, Österreich, England, Skandinavien, Island." — NICOL (1935) gibt sie aus schottischen Salzsümpfen sowie (1936, S. 187) aus dem Loch an Duin auf den Hebriden (Salzgehalt 34‰) an (vgl. auch S. 750). Weitere Fundorte: Adria (Larven in Massenentwicklung in den Salzwassertümpeln des Polesine [Provinz Rovigo] [vgl. VATOVA 1951; hier auch Angaben über Quantität] bei einem Salzgehalt bis 62,7‰; Imagines in Porto nuovo, Bucht von Ancona 12. III. 1951 [leg. MORETTI]), Schwarzes Meer, Varna-See (CASPERS 1950, 1951 a; STRENZKE 1951 a), Lagunen an der Küste der Normandie, Ostsee (LENZ 1926, S. 165; die Nummern 3 bis 6 dieser Tabelle gehören nicht zu *salinarius,* sondern zu *Halliella,* vgl. S. 612), Mogilnoje See, Insel Kildin im Barentsmeer (LENZ 1949), Nowaja Semlja (vgl. HARNISCH 1942, S. 599). Ob die Süßwasserfunde von Larven vom *salinarius*-Typ wirklich zu *Ch. sali-*

narius gehören, ist mir zweifelhaft. Für den nordöstlichen Kaspisee wird *Ch. salinarius* von BEHNING (1940) angegeben; auch hier ist die Artzugehörigkeit unsicher. Im Ringköbing Fjord (SÖGAARD-ANDERSEN 1949).

Chironomus salinarius ist eine halobionte Art, die auch im Binnensalzwasser (vgl. S. 615) vorkommt.

Ch. halophilus K.

Von SÖGAARD-ANDERSEN (1949) aus Salzgewässern am Ringköbing Fjord gezüchtet.

Sehr häufig in der Ostsee (S. 603), Schwarzes Meer, Varna-See (vgl. auch STRENZKE 1951 a); auch aus Binnensalzwasser (S. 615). Halobionte Art.[121]

Ch. dorsalis MG.

Lagune von Venedig (MARCUZZI 1948). — GOETGHEBUER und TIMON DAVID geben die var. *riparius* MG. (nach GOETGHEBUER = *subriparius* K., *curtibarba* K., *halochares* K., *annularis* MACQ., ? *viridipes* MACQ.) aus dem Golf von Marseille an; SÖGAARD-ANDERSEN (1949) züchtete *dorsalis dorsalis* MG. aus Salzgewässern am Ringköbing Fjord. Die von STUART (1941) als *dorsalis* MACQ. aus schottischen Rockpools beschriebene Art kann nicht *dorsalis* MG. in unserem Sinne sein; denn *dorsalis* gehört zur *plumosus*-Gruppe, STUARTS Art aber zur *thummi*-Gruppe.

Ch. dorsalis ist eine euryhaline Süßwasserform.

Ch. cingulatus MG.

Lagune von Venedig (MARCUZZI 1948).

Ch. cingulatus venustus STAEG. und *Ch. cingulatus nigricans* GOETGH. (= *longiforceps* K.) wurde von SÖGAARD-ANDERSEN (1949) aus Salzgewässern am Ringköbing Fjord gezüchtet. Das sind Synonyme zu *salinarius* K. STUARTS *Ch. longistylus* GOETGH. aus schottischen Rockpools — nach GOETGHEBUER eine var. von *cingulatus* — kann nicht diese Art sein. Denn *cingulatus* gehört wie *dorsalis* zur *plumosus*-Gruppe, STUARTS Art aber zur *thummi*-Gruppe.

Ch. cingulatus ist eine euryhaline Süßwasserform.

Ch. annularius MG. (*absconditus* K., ? *Horni* K.).

Lagune von Venedig (MARCUZZI 1948).

Ch. annularius var. *intermedius* STAEG. und „*annularius nigricans*" wurde von SÖGAARD-ANDERSEN (1946) aus Salzgewässern am Ringköbing Fjord gezüchtet.

Über die Systematik der als *annularius* MG. bisher bezeichneten Formen vgl. THIENEMANN 1950, Seite 103 bis 105. Die aus Salzwasser bisher be-

---

[121] *Chironomus salinarius* K. = *cingulatus nigricans* GOETGH., *annularius nigricans* SÖGAARD-ANDERSEN; nec! *aprilinus* (MG.) *auctorum*. *Chironomus halophilus* K. = *aprilinus* (MG.) EDWARDS, SÖGAARD-ANDERSEN (vgl. THIENEMANN-STRENZKE 1951, S. 10, 16).

kannten, als *annularius* bzw. *intermedius* bezeichneten Tiere gehören zur *plumosus*-Gruppe.
Euryhaline Süßwasserart.

Ch. thummi K.
var.: Rockpools am Kullen, Kattegat (THIENEMANN-KIEFFER 1916, S. 505).
Weitverbreitete euryhaline Süßwasserart.
(Vielleicht gehören STUARTS *dorsalis* und *longistylus* auch zu *thummi*.)

Gattung *Parachironomus* LENZ.
P. monochromus v. D. W. (*unicolor* v. d. W.; *claviforceps* EDW.).
Golf von Marseille (GOETGHEBUER et TIMON DAVID).
Süßwasserform (vgl. LENZ 1938, S. 713).

Gattung *Polypedilum* K.
P. nubeculosum K.
Rockpools der schottischen Küste (STUART 1941), Schwarzes Meer, Algenpolster des Varnaer Strandes (CASPERS 1951 a, STRENZKE 1951 a).
Süßwasserart.

Gattung *Microtendipes* K.
M. diffinis EDW.
Golf von Marseille (GOETGHEBUER et TIMON DAVID).
Sonst aus England bekannt. Sicher Süßwasserform.

Gattung *Prochironomus* K.
P. fuscus K.
In Rockpools am Kullen (Kattegat). Einziger Fundort (vgl. THIENEMANN-KIEFFER 1916, S. 505).
Von den genannten Chironomarien sind halobiont nur *Chironomus salinarius* und *Ch. halophilus*.

Tanytarsariae

Abgesehen von der Sectio *Halotanytarsus* gibt es keine halobionten Tanytarsarien. Aus den Rockpools am Kullen (vgl. oben) züchtete ich *Tanytarsus pentaplastus* K. (nicht wieder gefunden), aus dem Golf von Marseille und von der englischen Küste wird *Micropsectra praecox* MG. — eine echte Süßwasserform — erwähnt.

Überblickt man die von den europäischen Küsten (exklusive Ostsee) nachgewiesenen rund 50 Chironomidenarten, so sind nur ganz wenige von ihnen als sicher (oder höchstwahrscheinlich) halobionte Arten — also „junge sekundäre Meerestiere“ zu bezeichnen. Das sind:

Die Orthocladiinen *Trichocladius vitripennis* und *fucicola*, höchstwahrscheinlich auch *Smittia rupicola*, *thalassophila* und *brevifurcata*.

Die Chironomarien *Chironomus salinarius* und *halophilus*.

In seinen „Untersuchungen über die algenbewohnende Mikrofauna mariner Hartböden“ gibt WIESER (1952) für die Besiedelung der Algen unterhalb des Plymouth-Laboratoriums auch die Zahl der Chironomidenlarven quantitativ an. Es handelte sich dabei um *Clunio marinus* + *Trichocladius* cfr. *vitripennis* (l. c. S. 151, 155, 157, 166).

b) Japanische Küsten

Vor allem durch TOKUNAGAS Arbeiten sind außer Clunionarien und „*Halotanytarsus*" auch eine Anzahl anderer Chironomiden von den japanischen Küsten bekannt geworden. Ich stelle sie im folgenden zusammen.

Ceratopogonidae:

Ich finde nur drei Arten angegeben: *Culicoides miharai* KINOSHITA, die in der Gezeitenzone der japanischen Küsten lebt; ihre Imagines können eine große Plage bilden (TOKUNAGA 1937 b, S. 236, 301; FUJITO 1939), sowie *Culicoides circumscriptus* K., die in Rockpools oberhalb der Gezeitenzone, zusammen mit *Chironomus enteromorphae*, lebt; sonstige Verbreitung England, Belgien, Tunis, Kleinasien, Palästina (TOKUNAGA 1937 b, S. 278) und *Dasyhelea maritima* TOK. aus einem Rockpool oberhalb der höchsten Gezeitengrenze (TOKUNAGA 1940 b, S. 126).

Orthocladiinae (vgl. TOKUNAGA 1936 c):

Smittia littoralis TOK.
Am steinigen Meeresstrand schwärmend.

Smittia nemalione TOK.
In den Algenrasen von *Nemalion pulvinatum* und *Endocladia complanata* der Gezeitenzone der Felsküste, zusammen mit *Clunio tsushimensis*.

Smittia bifurcata TOK.
Steiniger Meeresstrand, Gezeitenzone.

Smittia endocladiae TOK.
Obere Gezeitenzone des Felsstrandes, in den Rasen von *Nemalion* und *Endocladia*.

Psectrocladius yukawana TOK.
Steiniger Meeresstrand.

Chironomariae (TOKUNAGA 1936 b):

Chironomus enteromorphae TOK.
Aus „tide pools" mit *Enteromorpha intestinalis* am Strand von Seto. (Analschläuche der Larve weitgehend reduziert.)

Ch. enteromorphae var. *pacificus* TOK.
Aus Rockpools, Seto.

Chironomus setonis TOK.
Rockpools verschiedener Salzkonzentration, Seto.

Vermutlich sind alle Arten TOKUNAGAS thalassobiont.

c) Nordamerikanische Küsten

Nur ganz wenig ist über die Chironomiden der nordamerikanischen Küsten bekannt. Ich finde nichts als die folgenden dürftigen Angaben:

ALEXANDER AGASSIZ bringt in „Cruises of the Blake", Vol. 1, Seite 179 (Harvard Bull. XIV), die kurze Notiz: „The larva of a species of Fly *(Chironomus)* is quite common off shore from our northern coasts."

PACKARD (1869b) gibt eine ganz kurze Beschreibung einer Chironomidenlarve, -puppe und -imago aus dem Meere, die er *„Micralymna"* nennt; 1869 (S. 42) erwähnt er einen *„Chironomus oceanicus"* — aus 30 Faden Tiefe gedredgt in Salem Harbour. JOHANNSEN (1905, S. 269) stellt die Form mit ? zu *Orthocladius*. Vielleicht = *Trichocladius vitripennis*? (EDWARDS 1926b, S. 780). PEARSE (1936, S. 205) fand bei Beaufort (Nord-Carolina) in Strandgewässern bei etwa 20‰ Salz *Chironomus lobiferus* SAY, bei etwa 25‰ *Chironomus* sp.

Von der pazifischen Küste von Kanada erwähnt SAUNDERS (1928) außer *Paraclunio alaskensis* als *„Camptocladius"* die *Smittia*-Arten: *Smittia pacifica* SAUNDERS, *S. marina* SAUNDERS, *S. clavicornis* SAUNDERS.

Schließlich finde ich noch zwei Angaben von *Culicoides*-Arten aus nordamerikanischen salt-marshes: *Culicoides dovei* HALL. (HULL, DOVE, PRINCE 1934) und *Culicoides niger* (ROOT and HOFFMAN 1937). Neuerdings verzeichnet WIRTH (1952, S. 244) aus der Gezeitenzone Kaliforniens die Ceratopogoniden *Leptoconops Kerteszi* K. und *Culicoides tristriatulus* HOFFMAN und aus Salzsümpfen (WIRTH 1952 b) *Culicoides melleus* COQ. und *C. furens* (POEY).

d) Tropische Meeresküsten

Die erste Angabe über Chironomiden tropischer Küsten gab SEMPER (1880, S. 278) in seinem Buche über die natürlichen Existenzbedingungen der Tiere; er fand eine Chironomidenart „massenhaft im philippinischen Meere, wo mitunter Mückenschwärme das Meer dicht bedeckten".

Während für die tropischen Fels- und Gesteinsküsten die Clunionarien und die Arten der Gruppe *„Halotanytarsus"* die charakteristischen Chironomiden darstellen, sind von den Mangrove-Küsten nur Ceratopogoniden, vorwiegend der Gattung *Culicoides,* bekannt geworden. Angaben über Tanypodinen, Orthocladiinen und Chironomarien fehlen von den tropischen Meeresküsten ganz.

Die ersten genaueren Angaben über die Mangrovemücken („Maruim") stammen von A. LUTZ (1912/13) aus Brasilien. Er wies in den Staaten Rio de Janeiro und São Paulo die folgenden Arten nach:

Culicoides maruim LUTZ. Die wirkliche „Maruim", mit weitester Verbreitung. Die Larven im Meere, aber sehr versteckt im Schlamm. Sticht Menschen, größere Haustiere, Vögel usw.

C. reticulatus LUTZ. In Santos, Rio und Bahia gefunden. Larven und Puppen ausschließlich in Krabbenlöchern (von *Cardiosoma guayamin)* am Rande der Mangrovesümpfe; diese Löcher enthalten mehr oder weniger süßes Wasser.

C. insignis LUTZ. Rio, Bahia, marin.

C. pusillus LUTZ. Marin, aber selten, nur in Manguinhos gefunden. Aus Mangueschlamm gezüchtet.

C. maculithorax WILL. Marin, im Schlamm. In Südamerika weit verbreitet.

Außer diesen 5 *Culicoides*-Arten fand LUTZ „ganz marine Larven einer *Forcipomyia* und zweier *Ceratopogon*-Arten, die unter der Oberfläche von Schlamm- und Algenkrusten lebten".[122]

Aus verschiedenen Biotopen der Küste von Honduras verzeichnet PAINTER (1926) die folgenden Ceratopogoniden: *Culicoides furens* POEY, *C. phlebotomus* WILL., *C.* sp. sp., *Leptoconops* sp. sp., *Dasyhelea* sp., *Stilobezzia* sp., *Atrichopogon* sp., *Kempia* sp. Die Ceratopogonide *Haematomyidium paraense* entwickelt sich in Mittelamerika ebenfalls im Küstensalzwasser (SÉGUY 1950, S. 265).

In Afrika, an der Goldküste, fanden CARTER, INGRAM, MACFIE (1921, S. 314) in einem Krabbenloch *Culicoides austeni* C. I. M.; die Art kommt aber auch an anderen, nicht marinen Biotopen vor (vgl. S. 550).

Von der Sandküste der Halbinsel Banana — Unterer Kongo — verzeichnet WANSON (1939) die folgenden Ceratopogoniden (die Zahl in Klammern gibt die Anzahl der gesammelten Imagines, d. h. die Häufigkeit der Art, an):

Culicoides schultzei ENDERLEIN (119), *C. distinctipennis* AUSTEN (96), *C. wansoni* GOETGH. (16), *C. austeni* C. I. M. (7), *Leptoconops nicolayi* BOTHA DU MEILLON (7), *Dasyhelea flava* C. I. M. (1).

In den Löchern der Krabbe *Cardiosoma armatum* HERKL. lebten häufig *Culicoides schultzei* und *C. distinctipennis,* selten *C. austeni* und *Lepoconops nicolayi* (Salzgehalt des Wassers 3—7 g/Liter).

Im Hafen von Kusie auf der Karolineninsel Leto fing ESAKI *Lasiohelea carolinensis* TOK. und *Dasyhelea esakii* TOK. (TOKUNAGA 1940); auf der Insel Peliliou (Palau-Inseln) lebt *Culicoides pelilioueñsis* TOK. in der Mangrove und wird durch seine Massenentwicklung zur Plage für die Bewohner (TOKUNAGA and ESAKI 1936 e) (vgl. auch S. 631).

Auf Oahu (Hawaii) lebt *Dasyhelea calvescens* MACFIE in der oberen Gezeitenzone, bis in die höchstgelegenen Rockpools, und ist hier längs der Küsten gemein (WILLIAMS 1944, S. 180).

4. Das Brackwasser — die Ostsee

„Welche Arten von *Chironomus* s. l. sind Brackwassertiere", fragt KRUSEMAN 1934. Auf Grund seiner Erfahrungen in Holland, und zwar besonders in Amsterdam, unterscheidet er unter den Bewohnern des meso-

[122] Zu den Mangrovemücken gehören wahrscheinlich auch *Culicoides phlebotomus* WILL., *C. molestus* SKUSE und *C. furens* POEY (LUTZ, S. 16).

halinen Brackwassers (mesohalin im Sinne Redekes, Cl-Gehalt 1—10‰) fakultative und obligatorische Brackwasserchironomiden. Die fakultativen leben auch im Süßwasser, sie sind also hochgradig euryhalin. Hierher die meisten Arten. Kruseman zählt dazu:

Chironomus aprilinus Mg. (= *salinarius* K.).[123] (Ich möchte bei der Seltenheit sicherer Funde im Süßwasser und der Häufigkeit im Salzwasser diese Art aber doch zur 2. Gruppe stellen.) — Ferner *Chironomus plumosus* L. (und zwar *typicus*, var. *grandis* Mg., var. *prasinus* Mg.), *Ch. annularius* Mg.; *(Camptochironomus) tentans* F., *(C.) pallidivittatus* Mall.; *Limnochironomus nervosus* Staeg.; *Cryptochironomus supplicans* Mg. *(chlorolobus* K.); *Parachironomus monotonus* K., *P. tener* K.; *Harnischia virescens* Mg.; *Glyptotendipes barbipes* Staeg.

Vier holländische Arten sind nach Kruseman bisher nur aus Brackwasser bekannt: *Chironomus vulpes* K. (auch von der Ostsee bekannt), *Ch. pseudovulpes* Kruseman, *Ch. triseta* K. (auch aus Südschweden bekannt); *Parachironomus nigronitens* Edw. (auch aus England).

Eine sehr sorgfältige Studie über die Brackwässer Belgiens der Umgegend von Lilloo (Antwerpen) hat Conrad (1941) veröffentlicht. Aus dem „mare du Put" (α-mesohalin) meldet er von Chironomiden:

Chironomus sp. *halophilus*-Gruppe, *Ch.* sp. *plumosus*-Gruppe, *Ch.* sp. *thummi*-Gruppe, *Glyptotendipes* sp., *Gl.* sp., wahrscheinlich *barbipes, Phytochironomus* sp., *Paratanytarsus* sp., *Eucricotopus* sp., *Psectrocladius* sp.

Besonderes Interesse verdienen die Angaben über das Massenauftreten der Chironomiden in der Zuidersee oder dem Ijsselmeer und dem Amstelmeer (Kruseman 1935 b, 1936 b; Havinga 1941). Die Frühjahrsschwärme bestanden aus *Chironomus plumosus* (typisch, var. *prasinus* und var. *ferrugineovittatus* Mg.), *Ch. aprilinus, Ch. annularius, (C.) pallidivittatus, Cryptochironomus supplicans, Glyptotendipes paripes.* Während im Frühjahr *Ch. plumosus prasinus* die Hauptmasse bildet, tritt im Sommer *Ch. aprilinus* stärker auf. Außer den genannten Arten wurden noch *Cryptochironomus redekei* Krusem., *Cladotanytarsus atridorsum* und *Corynoneura carriana* Edw. beobachtet, ferner *Endochironomus tendens* F., *Glyptotendipes barbipes, Gl. pallens* var. *glaucus.* 1936 trat auch *Harnischia pseudosimplex* Goetgh. einige Tage in großer Zahl auf. (Über die Mückenplage am Ijsselmeer vgl. auch S. 626).

Der jütländische Ringköbing Fjord hat in seinem Salzgehalt in historischer Zeit starke Veränderungen durchgemacht (vgl. Spaerck 1936 a, b, c). Noch am Ende des 18. Jahrhunderts war die Verbindung mit der Nordsee so offen, daß der Fjord eine Bodenfauna von marinen Mollusken, wie *Ostraea edulis, Syndosmya alba, Corbula gibba,* besaß; der Salzgehalt

[123] Zur Synonymie vgl. Seite 595.

wird etwa $25^0/_{00}$ betragen haben. Im Laufe des 19. Jahrhunderts nahm der Salzgehalt ab, am Ende des Jahrhunderts betrug er in dem größten Teil des Fjords kaum viel über 4 bis $5^0/_{00}$. Die Fauna änderte sich damit, die Bodenfauna der inneren Teile des Fjordes wurde beherrscht durch *Chironomus*-Larven und andere Brackwassertiere (vgl. A. C. JOHANNSEN 1914, S. 47). 1910 wurde durch einen Kanal eine Verbindung mit der Nordsee geschaffen; nun stellte sich wieder ein stärkerer, aber recht veränderlicher Salzgehalt ein und eine marine Fauna wanderte wieder ein. 1915 trat erneut eine Änderung ein, indem der Zuflußkanal aus der Nordsee geschlossen und ein Abflußkanal im Südteil des Fjordes gegraben wurde. Damit beginnt die zweite Brackwasserperiode des Fjordes; im größten Teil ein Salzgehalt von 5 bis $6^0/_{00}$, zunehmend nach Süden. Die Chironomidenfauna des Fjordes während dieser zweiten Brackwasserperiode ist von SPÄRCK (1936 a, b) untersucht worden. Während anfangs die Bodenfauna noch vorwiegend marinen Charakter trug, änderte sie sich in den nächsten etwa 15 Jahren vollständig, so daß die marine *Macoma baltica*-Gemeinschaft auf den Südteil des Fjordes beschränkt wurde, während im übrigen der Fjordboden von einer Chironomidengemeinschaft besiedelt wurde (Abb. 268). Diese Chironomidengemeinschaft besteht (nach SPÄRCK 1936) vor allem aus *Chironomus plumosus* L. f. *semireductus* LENZ als dominierender Form bei 4 bis $8^0/_{00}$ Salz. Häufig ist ferner eine *Limnochironomus*-Art (bei $4^0/_{00}$ und weniger) und *Polypedilum nubeculosum* (in den Teilen mit einem Salzgehalt um $10^0/_{00}$). Die übrigen Formen spielen nur eine geringe Rolle; es sind das *Procladius crassinervis* (?), *Chironomus salinarius* K., *Eutanytarsus* sp., *Psectrocladius* sp.; *Trichocladius vitripennis* (?), *Corynoneura celeripes* (?).

Im September 1931 war die Natur des Fjordes ganz verändert; eine Schleuse kam in Betrieb an Stelle des unregulierten Ausflusses. Der *salinarius*-Typ überstand diese Veränderung, während *plumosus semireductus* verschwand und durch *halophilus* ersetzt wurde (SÖGAARD-ANDERSEN 1949, S. 56).

SÖGAARD-ANDERSEN (1949) hat im Fjord und in kleinen brackigen Gewässern der Tippernehalbinsel (im Fjord etwa $9^0/_{00}$, in den Kleingewässern bis $3^0/_{00}$ Salzgehalt) folgende *Chironomus*-Arten nachgewiesen: *Ch. aprilinus* MG. (= *salinarius* K.), *halophilus* K., *thummi* K., *annularius intermedius* STAEG., „*annularius nigricans*“ (= *salinarius* K.), *cingulatus venustus* STAEG., *cingulatus nigricans* GOETGH. (= *salinarius* K.), *dorsalis dorsalis* MG. (vgl. hierzu S. 139—143).

Am besten, wenn auch noch längst nicht genügend, bekannt ist die Chironomidenfauna der

Ostsee

Wir unterscheiden hier: die westliche Ostsee — bis zur Insel Rügen — mit einem jährlichen Durchschnittssalzgehalt von 15 bis $8^0/_{00}$, die mittlere

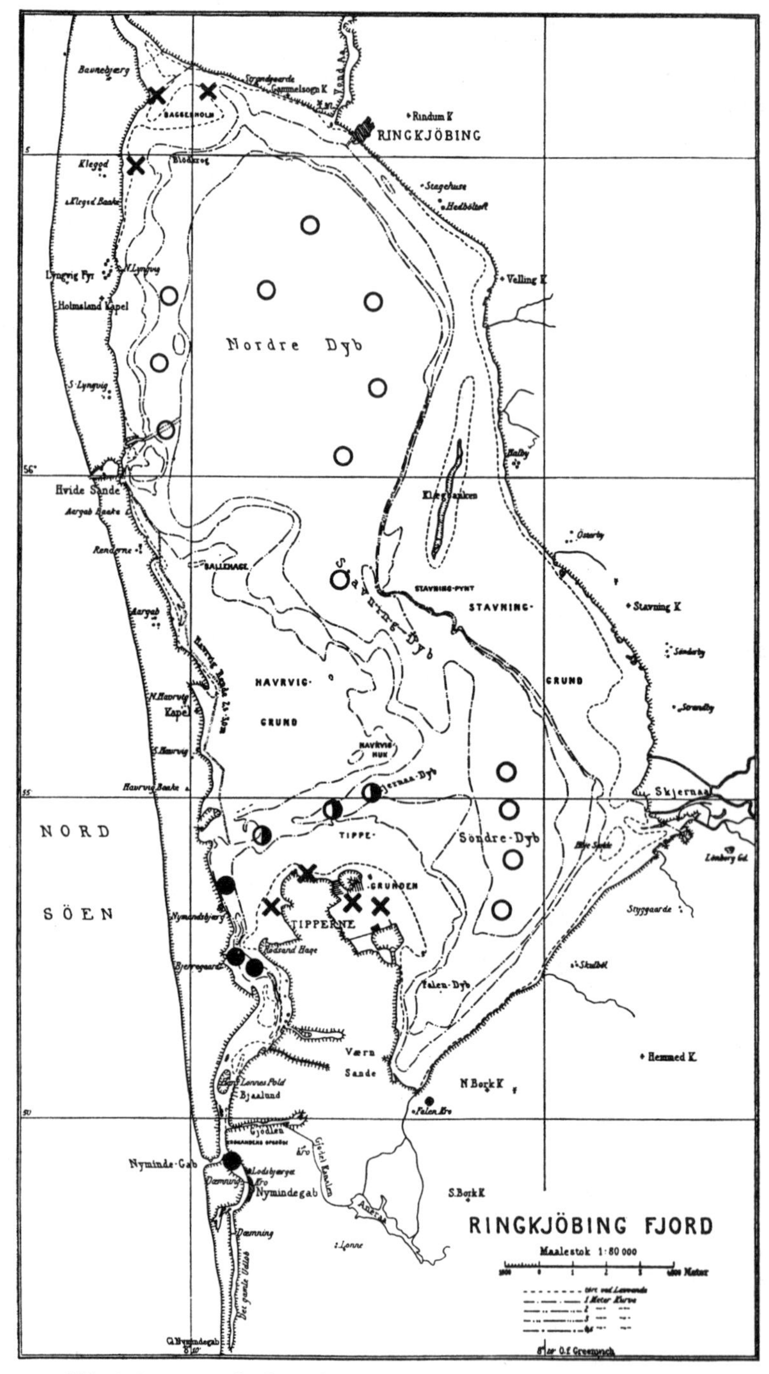

Abb. 268. Die Bodenbesiedelung im Ringköbing Fjord 1928—1931. ● *Macoma baltica*-Gemeinschaft, ○ Chironomidengemeinschaft, ◑ Übergangszone, × *Corophium*-Watt. [Aus SPÄRCK 1936 b.]

Ostsee — bis zum Eingang in den Bottnischen und Finnischen Meerbusen — mit einem Salzgehalt von 8 bis 6‰ und die östliche Ostsee — den Bottnischen und Finnischen Meerbusen — mit 6 bis 2‰ Salzgehalt.

Aus der westlichen Ostsee sind folgende Chironomiden bekannt (vgl. dazu THIENEMANN 1926 d, S. 123—125):

Clunionariae: *Clunio marinus.* Kieler Bucht (vgl. oben S. 582).

Orthocladiinae:

In Dahme — Lübecker Bucht — schwärmten am 9. IX. 1922 auf der Ostsee und am Strand die folgenden Orthocladiinen, die von KIEFFER (1924 a) beschrieben wurden. Es ist natürlich nicht sicher, daß alle Arten wirklich aus der Ostsee stammen, bei einigen aber doch höchstwahrscheinlich:

Smittia rupicola K. (1924 a, S. 81). Sicher marin, auch aus Westfrankreich (vgl. S. 593).

Smittia bacilliger K. (1924 a, S. 80). Auch von einem Moor auf Dagö bekannt. Ob marin?

Smittia albifolium K. (1924 a, S. 80). Auch aus Kurland bekannt.

Corynoneura marina K. (1924 a, S. 43, 44).

Microcricotopus parvulus K. var. *astylus* K.

Acricotopus litoris K. (1924 a, S. 94). Wohl marin.

Psectrocladius psilopterus K. var. (1924 a, S. 61).

Psectrocladius versicolor K. var. *marinus* K. (1924 a, S. 61).

Metriocnemus borealis K. var. Die Stammart von den Lofoten.

Bei Dameshöved schwärmte am 18. VII. 1923 hinter dem Deich zahlreich *Smittia hexalobus* K. (1924 g, S. 395).

Am Strand von Hohwacht (Holstein) flogen am 14. 5. 1924 (vgl. KIEFFER 1925 b) *Orthocladius litoris* K. (1925 b, S. 229), *Smittia rupicola* K., *thalassobia* K. (1925 b, S. 279), *maritima* K. (1925 b, S. 229).

Trichocladius vitripennis MG. Timmendorfer Strand, Lübecker Bucht 25. V. 1921 (von KIEFFER 1923 c, S. 14, als var. *quadrifasciatus* beschrieben), Kieler Außenförde.

Trichocladius braunsi GOETGH. ist außer von Amrum auch aus Fehmarn bekannt (vgl. oben S. 592).

Chironomariae:

Chironomus vulpes K. (1924 a, S. 23, 24). Dahme, am Strand schwärmend 9., 10. IX. 1922. Auch aus holländischem Brackwasser (vgl. S. 600).

Chironomus salinarius K. Vom Großen Belt bis Dagö nachgewiesen.

Chironomus halophilus K. Von der westlichen Ostsee bis in die finnischen Schären (Tvärmine) nachgewiesen.

Holtedahlia baltica K. (1925 b, S. 227). Hohwacht, 14. V. 1924 schwärmend.

Die Gattung *Holtedahlia* war bisher nur von Novaja Semlja bekannt.

Tanytarsariae:

Tanytarsus littoralis K. (1925 b, S. 228). Hohwacht, 14. V. 1924 schwärmend.

Ceratopogonidae:

An der Ostsee bei Dahme schwärmend (9., 10. IX. 1922). *Schizohelea copiosa* WINN. (auch bei Hohwacht) und *Culicoides maritimus* K. — Am Strand von Laboe (Kiel) züchtete H. J. FEUERBORN aus faulendem Seegras (19. VII. 1920) *Culicoides algarum* K., *pulicaris* L. var., *Bezzia trilobata* K. und *Dasyhelea algarum* K.

Die brackigen Strandseen und Strandtümpel der Küsten Holsteins haben eine interessante, aber bisher nur ungenügend untersuchte Chironomidenfauna.[124]

Abb. 269. Blick über die Wiesen am kleinen Binnensee der Hohwachter Bucht (Holstein) mit den schwach salzigen Tümpeln, die durch *Batrachium*-Blüten weiß gefärbt sind. Vorn die Außenfläche des Deiches, im Hintergrund der Strandwall, dahinter die Ostsee. [Aus LUNDBECK 1932.]

Die Untersuchungen fanden im Gebiet der Hohwachter Bucht (zwischen Kieler Bucht und Fehmarnsund) statt. Die Tierwelt der austrocknenden Salzwiesentümpel (Abb. 269, 270) hat schon LUNDBECK (1932) studiert; er fand u. a. außer Ceratopogoniden, Tanypodinen, Orthocladiinen und verschiedenen Chironominen *Chironomus*-Arten der *Salinarius*-, *Halophilus*- und *Plumosus*-Gruppe. Später hat KREUZER (1940) zwei dieser Tümpel (sein Tümpel IV a und IV b [S. 381]; Abb. Tafel XI fig. 19 und 20) wieder untersucht. Der von LENZ besonders studierte Große Waterneverstorfer Binnen-

[124] MAYER (1943 a, S. 277) führt aus „Strandseen und dergleichen" von Ceratopogoniden *Sphaeromias ocularis, Probezzia bicolor* und *P. rufithorax* an.

see (LENZ 1933 b) führt heute völlig süßes Wasser. Dagegen ist der westlich davon gelegene kleine Binnensee auch heute noch brackig, und der Sehlendorfer Binnensee östlich von Hohwacht steht in offener Verbindung mit der Ostsee. MEUCHE hat 1936 (MEUCHE 1939, S. 375—377) die Tierwelt des Bewuchses im Sehlendorfer Binnensee und Großen Waterneverstorfer Binnensee untersucht. Ich selbst habe die Salztümpel der Hohwachter Bucht 1950 kursorisch untersucht.

In all diesen Brackwässern wurden die folgenden Chironomiden gefunden:

Procladius breviatus REMMERT. Vgl. Anmerkung [120a] auf Seite 591.

Chironomus salinarius K. In Tümpeln mit Wasser bis Ostseekonzentration.

Ch. halophilus K. Ebenso.

Abb. 270. Der Schleusentümpel am Ausflußkanal des Großen Waterneverstorfer Sees, Hohwachter Bucht (Holstein). Im Hintergrund die Ostsee. [Aus LUNDBECK 1932.]

Ch. plumosus L. In den beiden stark brackigen Tümpeln IV a und b KREUZERS.

Ch. annularius MG. Wie vorige Art; auch in Massen in einem Tränketeich am Sehlendorfer See mit nur 1,05 $^0/_{00}$ Salz.

Glyptotendipes barbipes STAEG. In KREUZERS Tümpel IVa (auch aus Kopenhagen).

Tanytarsus heusdensis GOETGH. Wie vorige.

Cladotanytarsus ramosus BRUNDIN. Sehlendorfer Binnensee.

All diese Formen können stärkste Massenentwicklung erreichen! Im Algenbewuchs der brackigen Strandseen wies MEUCHE einige für Salzwasser charakteristische Orthocladiinen nach:

Eucricotopus atritarsis K. Bis 10,2 $^0/_{00}$ Salzgehalt. Auch in Tümpeln. Aus dem Binnensalzwasser Westfalens bekannt (THIENEMANN 1939 e).

Eucricotopus fuscitarsis K. Aus dem Barsbecker Strandsee. Auch aus westfälischem Binnensalzwasser.

Psectrocladius ventricosus K. Bei 10 bis 14‰ Salz. Typischste Form des Bewuchses mesohaliner Strandseen (THIENEMANN 1937 c, S. 26). Nur aus Brackwasser bekannt.

Psectrocladius barbimanus EDW. Aus schwach brackigem Wasser. Sonst bekannt aus Süßwasser: Grönland, Island, England, Oberbayern (THIENEMANN 1937 f).

Für die Schlammgründe der m i t t l e r e n O s t s e e sind drei *Chironomus*-Arten charakteristisch, in erster Linie *Ch. plumosus* L. (f. *semireductus* LENZ), ferner *Ch. halophilus* K.; dazu auch *Ch. salinarius* K.

In welchen Massen die erstgenannte Art hier vorkommen kann, ist schon LINNÉ aufgefallen (vgl. THIENEMANN 1936 f, S. 170, 171). In der 10. Auflage des „Systema naturae" (I., S. 587) schreibt er von seiner *Tipula plumosa:* „Habitat in Europa, imprimis in maritimis." In der „Öländska och Gothländska Resa" (1745) gibt er plastische Schilderungen vom Auftreten der Art auf Öland (das Folgende aus dem Schwedischen übersetzt) (p. 40): „Mücken flogen zu Tausenden, wie die größten Bienenschwärme, aus den Büschen gegen die Seeseite, so daß man sich in die wildeste Lappenmark versetzt glauben konnte, wenn diese Mücken hätten stechen können. Niemals haben wir eine solche Menge von Mücken gesehen." (p. 86) „Mücken waren in diesem Hain überall bis hinab zum Meere so zahlreich, daß man es nicht beschreiben kann; diese Mücken flogen uns in Gesicht und Mund, und man sagte, daß die Hirsche vor ihnen in dieser Zeit aus dem Wald auf das Feld zögen." (p. 160) „Mücken in vielen Millionen trieben auf dam Wasser; es waren zwei Arten, und wenn man sie fangen wollte, flogen sie davon."

HESSLE (1924) hat bei seinen Bodenbonitierungen in der mittleren und östlichen Ostsee *Chironomus*-Larven bis in 50 m Tiefe überall angetroffen, am zahlreichsten an geschützten Stellen in Buchten und Sunden mit lockerem Boden. Die Proben von Nynäshamn südlich von Stockholm und Fårösund nördlich Gotland, die mir vorlagen, enthielten die typischen *plumosus-semireductus*-Larven, die erstere auch *halophilus*-Larven, *halophilus* und *salinarius* auch aus Gudingen, einer Bucht nördlich Västervik, aus 4 m Tiefe. Im Fahrwasser bei Småland fand sich *salinarius* (LENZ 1926, S. 165); auf einer Dampferfahrt fing ich diese Art auch zwischen Stettin und Gotland (17. VIII. 1925) und vor Dagö (18. VIII. 1925). Bei der gleichen Fahrt wurden noch folgende Arten gefangen, von denen die *Trichocladius*-Arten s i c h e r aus der Ostsee stammen: *Trichocladius balticus* K. (1926 a, S. 102) (Stettin-Gotland, Kronstadt); *Tr. vitripennis* MG. (Gotland, Dagö); *Eucricotopus silvestris* F. var., *Dactylocladius flaviforceps* K. var. (beide zwischen Stettin und Gotland).

Auf der Halbinsel Jasmund (Rügen) schwärmte am 12. VII. 1925 am ganzen Ostseestrand von Stubbenkammer bis Saßnitz in ungeheuren Massen, die Kreideblöcke stellenweise schwarz bedeckend, *Trichocladius vitripennis* (von KIEFFER als *marinus* ALV. var. *quadrifasciatus* K. bestimmt).

Für den Greifswalder Bodden gibt SEIFERT (1938, p. 243) an, daß die meisten der zahlreichen Chironomuslarven „zum *salinarius*-Typ" gehören, also *Ch. salinarius* sind; für die Gewässer um Hiddensee nennt er (1939, S. 17) nur „Chironomidenlarven". — Ein Massenauftreten einer Chironomide in den Rügener Gewässern, und zwar von *Glyptotendipes barbipes* STAEG. beobachtete ich schon 1905. Ich schrieb darüber (KIEFFER-THIENEMANN 1908, S. 283): „Am 25. V. 1905 war die ganze Halbinsel Thiessow und Klein-Zicker (Rügen) buchstäblich bedeckt von den Imagines von *Chironomus barbipes.* Die Kleider, Hände, das Gesicht des durch die Felder schreitenden Wanderers überzogen sich dicht mit den Mücken. Ein Netzzug über die Kräuter und Gräser hin lieferte Hunderte der Tiere. Die Larven leben in den flachen, brackigen Buchten der Ostsee, besonders der Zicker-See. Die Brandung hatte die leeren Puppenhäute in solchen Mengen ausgeworfen, daß die Schilfstengel und Rohrhalme am Strande bis weit über die Wasseroberfläche hinauf mit den Exuvien beklebt waren." Die Art wurde übrigens schon von ZETTERSTEDT für Greifswald angegeben; bei Kopenhagen „häufig am Gestade des Meeres".

Die Rockpools von Bornholm untersuchte PALLE JOHNSON (1946). Vorherrschend sind hier *Chironomus*-Larven der *thummi*-Gruppe (bei 0,5 bis 5,4°/₀₀ Salzgehalt), darunter *Ch. thummi* K. selbst (3,1°/₀₀); sehr häufig auch *Ch. halophilus* (0,4—7°/₀₀). Orthocladiinenlarven können in Massen bei 0 bis 18°/₀₀ Salzgehalt auftreten; gezüchtet wurde *Eucricotopus silvestris* F. Nur ganz vereinzelt trat *Procladius, Macropelopia* und *Glyptotendipes* auf.

Besonderes Interesse auch in der breiteren Bevölkerung hat stets die Chironomidenbesiedelung der Ostseehaffe, des Kurischen und Frischen Haffs erregt: die Haffmücken, die in manchen Jahren in unvorstellbaren Mengen erscheinen, dieselbe Art, die schon LINNÉ auf Gotland und Öland beobachtete, *Chironomus plumosus semireductus.* Ich habe (1936 f) den Haffmücken eine eigene Arbeit gewidmet; auf Seite 254 und 255 dieses Buches ist eine Schilderung dieser Erscheinung, wie sie sich 1937 und 1942 zeigte, gegeben. Hier mag noch eine Schilderung für 1935 folgen, die ich meinem „Vogelvetter", Professor Dr. JOHANNES THIENEMANN (†), verdanke (THIENEMANN 1936 f, S. 167).

„Wir stehen jetzt ganz im Zeichen der Haffmücken", schrieb er mir am 18. Juli 1935. „Neben dem Vogelzuge kann man das Schwärmen der Haffmücken als sehenswertes Naturschauspiel auf der Kurischen Nehrung bezeichnen. Nicht alle Jahre treten Haffmücken auf. Jetzt war z. B. eine Pause von etwa 6 Jahren, dann gab's 1935 sehr viele Haffmücken. Die Schwärme sind manchmal so dicht, daß man beim Fahren und Reiten kaum die Pferde durchbekommt. Für die Hühner und

Enten sind die Haffmückentage die reinen Festtage, ebenso für die Wildvögel, namentlich die Stare. Alles frißt Haffmücken, auch zuweilen die Badegäste unfreiwillig, und die schimpfen dann tüchtig. Man kann die Haffmücken körbeweise als Vogelfutter sammeln. Den ganzen Tag über sitzen die Mücken unter Blättern oder an Haus- und Stallwänden, abends in der Dämmerung steigen sie hoch und schwärmen. Man hört da einen einzigen anhaltend hohen Ton an schönen Sommerabenden. Ich habe die ganze interessante Erscheinung in meinem Nehrungs- und Vogelwartenfilm gebracht. Interessant war die Beobachtung am 24. Juli 1935 bei

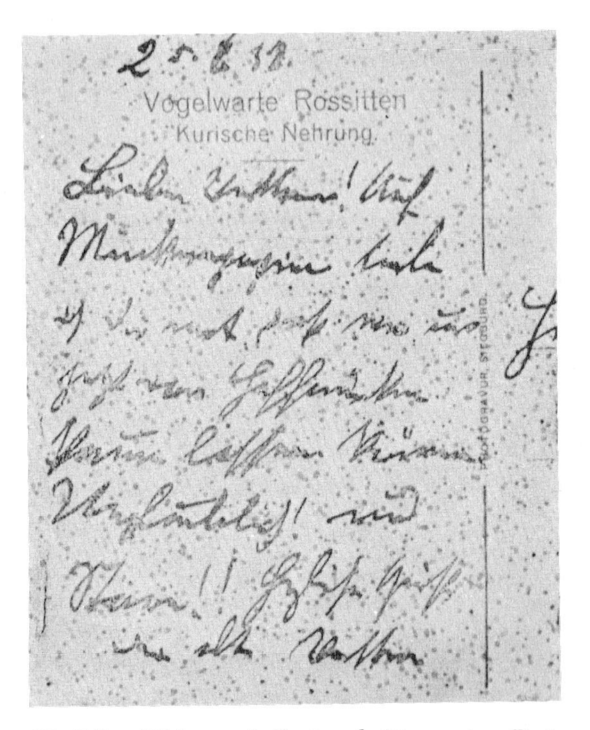
Vogelwarte Rossitten
Kurische Nehrung

Abb. 271. „Mückenpapier". Ausschnitt aus einer Postkarte Professor Dr. JOHANNES THIENEMANNs, Rossitten, an den Verfasser.

der Lampe in meiner Veranda, als die Mücken auf dem Tischtuche Eier legten und dann sofort starben. Sie drücken sich die Eier mit den Beinen aus dem Hinterleibe heraus. Das ‚Mückenpapier' bereitet man sich, indem man Papier auf Stühle unter die Büsche legt, an denen viel Mücken sitzen. In kurzer Zeit ist das Papier dann mit feinen grünen Punkten gesprenkelt. Man kann auch gepreßte Blätter aufs Papier legen, die dann ausgespart bleiben: die reine ‚Spritzarbeit'. Die Mücken kommen aus dem Kurischen Haff. In diesem Jahre (1935) hat die Haffmückenzeit 9 Tage gedauert, vom 15. Juli an."

Abb. 271 zeigt solches „Mückenpapier". Interessant ist auch eine kleine Mitteilung Dr. HEINEMANNS (1937) über „Haffmücken — Starschwärme — Rohrschäden":

„Die Kurische Nehrung hat ihre Besonderheiten, und mit zu diesen Besonderheiten gehören die ungeheuren Haffmückenschwärme, die hier alljährlich zu beobachten sind. Auch in diesem Sommer, vorwiegend im Juli, bildeten die Haffmücken eine wahre Plage der Kurgäste. In der Abenddämmerung sah man kaum einen Menschen unterwegs, der nicht bemüht gewesen wäre, sich die zahlreichen Haffmücken durch Schwenken mit dem Taschentuch aus dem Gesicht fernzuhalten. Die während der Hauptflugzeit der Mücken erfolgten, zum Teil erheblichen Niederschläge haben kein nennenswertes Abflauen der Mückenschwärme zur Folge gehabt, es waren eben zuviel Mücken! Die Pfützen auf den Wegen waren nahezu mit Haffmücken gefüllt, am Haffstrand zog sich ein Band von Mückenleichen hin, und die ruhigen Buchten im Haff zwischen den Pflanzenbeständen zeigten überhaupt kein Wasser mehr, sondern ihre Oberfläche wies nur tote Mücken auf. Kurz nach dem Auftreten der ersten Haffmückenschwärme folgten nun deren natürliche Feinde, die Stare. In Flügen zu vielen Tausenden fielen sie auf Wiesen und in Bäumen ein, um dann mit dem Nachlassen der Mückenschwärme auch ziemlich bald wieder zu verschwinden. Man konnte die Stare beobachten, wie sie auf den Querlatten der Zähne entlangliefen und bald rechts, bald links nach Mücken haschten. Von einer nennenswerten Abnahme der Mückenschwärme war indessen auch jetzt nur wenig zu merken. Dagegen wirkte sich die Anwesenheit dieser ungeheuren Starschwärme in anderer und leider auch ungünstiger Beziehung aus. Die Stare bevorzugen als Schlafplätze die ausgedehnten Rohrgürtel im Haff vor Rossitten und sind dort in riesiger Zahl anzutreffen. Das wiederholte Einfallen dieser großen Flüge hat nun dazu geführt, daß die meisten Rohrhalme umgeknickt wurden. Ich hatte Gelegenheit, mit einem Fischer den Rohrgürtel abzufahren, und konnte feststellen, daß etwa zwei Drittel der diesjährigen Rohrernte durch die Stare vernichtet worden sind. Es bleibt aber nicht nur bei der Wertminderung des Rohres, dessen Verwendung gerade hier auf der Nehrung sehr vielseitig ist (Decken der Häuser, Dünenbefestigung, als Seitenwände für Schuppen, Holzställe usw.), sondern zahlreiche Entenarten und andere im Rohr sich aufhaltende Vögel mußten sich eine andere Zufluchtsstätte suchen. Ein Beispiel für die mannigfachen Wechselbeziehungen im großen Haushalt der Natur."

Aber nicht nur *Chironomus plumosus* erreicht eine Massenentwicklung in den Haffen, auch *Glyptotendipes* kann sehr häufig sein. Eine große Probe von Puppenhäuten aus dem Kurischen Haff (21. VIII. 1935) bestand zur Hauptmasse aus *Glyptotendipes*-Häuten, wahrscheinlich von *G. barbipes* (Thienemann 1936 f, S. 172). Lundbeck (1935) hat die Bodenbevölkerung, besonders die Chironomidenlarven, des Frischen und Kurischen Haffs quantitativ untersucht. Er stellte dabei die folgenden Arten fest (die häufigsten Formen mit + und ++ bezeichnet).

Ceratopogonidae:

Culicoides-Salinarius-Gruppe. *Bezzia*-Gruppe.

Tanypodinae:

Procladius sp. +.

Chironominae:

Chironomus plumosus semireductus +++, *Glyptotendipes*, *Lobiferus*-Gruppe ++, *Gl.* sp. *caulicola*-Gruppe (?) +, *Endochironomus*, *Signati*-

cornis-Gruppe, *Limnochironomus, Cryptochironomus, defectus*-Gruppe Typ I +, Typ II bis IV, *Cryptochironomus, fuscimanus*-Gruppe, *Polypedilum* +, *Paratendipes* +, *Stempellina* n. sp., *Eutanytarsus, gregarius*-Gruppe Typ I +, Typ II, *Paratanytarsus* Typ I + +, Typ II bis IV.

Orthocladiinae:

Einzelne Larven zweier Typen.

Aus LUNDBECKS Tabelle der mittleren Häufigkeit der Chironomiden geht hervor, daß *Chironomus* (648 Larven je m²), *Glyptotendipes* (224) und *Paratanytarsus* (117) zusammen mehr als drei Viertel der gesamten Chironomidenbevölkerung (1274 je m²) des Kurischen Haffes ausmachen; im Frischen Haff ist das Verhältnis *Chironomus* : Gesamtchironomidenbevölkerung 1147 : 1377. *Chironomus plumosus semireductus* ist auch hiernach d i e typische Haffmücke.

Für die ö s t l i c h e Ostsee, und zwar den Finnischen Meerbusen, liegt als wichtigste Veröffentlichung SVEN G. SEGERSTRÅLES Arbeit von 1913 vor. SEGERSTRÅLE untersuchte mit quantitativen Methoden die Bodentierwelt im Schärengebiet von Tvärminne — südlich der Stadt Ekenäs — und im Schärengebiet von Pellinge — etwa in der Mitte zwischen Helsingfors und Lovisa. Die Bestimmung der Chironomiden wurde von JÄRNEFELT und STORÅ ausgeführt. Chironomidenlarven wurden auf Gyttjaboden in verhältnismäßig seichtem Wasser (bis höchstens 25 m Tiefe, e i n Exemplar in 35 bis 36 m Tiefe) in beiden Gebieten gefunden. Und zwar die folgenden Formen:

Chironomus plumosus semireductus, Ch. halophilus; Limnochironomus, Endochironomus, Sergentia (?), *Cryptochironomus, Stictochironomus, Microtendipes Eutanytarsus, gregarius*-Gruppe, Orthocladiinen, *Procladius*, Ceratopogonidae vermiformes. Also eine ganz ähnliche Gemeinschaft wie in den Haffen. Und wie dort, bildet *Ch. plumosus semireductus* die Hauptmasse des Bestandes (im Juni 1928 mindestens zwei Drittel).

Tafel 1 und 4 in SEGERSTRÅLES Arbeit geben Bilder der Bodenbevölkerung in seinem Untersuchungsgebiet. — Bei seinen quantitativen Studien über den Tierbestand der *Fucus*-Vegetation an der Südküste Finnlands gibt SEGERSTRÅLE (1928, 1944) nur Chironomidenlarven und -puppen ohne nähere Artbestimmung an.

Ich habe selbst (1915 a, S. 451) auf Grund einer mir seinerzeit von LEVANDER übermittelten Probe („Meerwasser des finnischen Skärgårds nahe bei der Zoologischen Station Tvärminne, zwischen *Fucus vesiculosus* bei 5 bis 5,5‰ Salz") folgende Chironomidenlarven angegeben: Orthocladiinen, *Chironomus*-Larven mit und ohne Tubuli, *Procladius, Ablabesmyia monilis*.

Leider werden von HÅKAN LINDBERG bei seinen ausgedehnten und gründlichen Untersuchungen über die Insektenfauna der Felstümpel an den Küsten Finnlands (1944) stets nur „*Chironomus*-Larven" ohne nähere Art-

oder Gruppenbestimmung angegeben. Doch führt STORÅ (1937, 1939) eine ganze Anzahl Chironomidenarten auf, die von Meeresufern und Schären stammen; da es sich fast durchweg um gefangene Imagines handelt, ist es natürlich nicht sicher, welche von ihnen sich wirklich im Brackwasser entwickeln.

Polypedilum nubeculosum „gehört zu den häufigsten unserer Brackwasserchironomiden" (1937, S. 264). Im Brackwasser leben wohl sicher auch: *Culicoides circumscriptus* EDW., *Bezzia annulipes* MG., *Bezzia xanthocephala* GOETGH.; *Cryptochironomus redekei* KRUSEMAN; *Tanytarsus holochlorus* EDW., *T. lestagei* GOETGH. (beide „in Kleingewässern im Schärenhof"), *T. curticornis* K. („im Meere bis in eine Tiefe von 15 m"), *Cladotanytarsus mancus* WALK. („Poijovik, 2 m, Salzgehalt etwa 1,5‰); *Eucricotopus silvestris* F. var. *obscurimanus* ZETT. und var. *fuscimanus* K. (brackige Kleingewässer am Meeresufer), *E. saxicola* K. („in Felsküsten an der Wasserfläche unter Grünalgen"), *Trichocladius obnixus* WALK. („an Grünalgen auf Felsen in der Brandungszone"), *Acricotopus lucidus* STAEG. (Süß- und Brackwasser).

Als die durch ihr Massenauftreten besonders charakteristischen Chironomiden der nordischen Brackwassergebiete — Ostsee, Ringköbing Fjord — sind die drei *Chironomus*-Arten *Ch. plumosus semireductus, Ch. halophilus, Ch. salinarius* K. zu bezeichnen. Von ihnen geht die erste nur bis zu mittleren Salzkonzentrationen, in stärkeres Salzwasser die zweite, in noch stärkeres die dritte. Alle drei können aber auch im Süßwasser vorkommen. — Aus anderen Brackwassergebieten liegen nur wenig Notizen über Chironomiden vor.

Das Kaspimeer kann man nicht eigentlich zu den Brackwässern rechnen, da ja hier zum Teil ein Salzgehalt von weit über normaler Meereskonzentration vorhanden ist. Biologisch, bezüglich seiner Chironomidenfauna, ähnelt es, ebenso wie die anderen großen Becken des aralokaspischen Gebietes sehr den großen nordischen Brackwassergebieten. Charakterform ist auch hier eine *Chironomus*-Art aus der *Plumosus*-Verwandtschaft, *Chironomus behningi* GOETGH., die aber *„reductus"*-, nicht *„semireductus"*-Larven (vgl. S. 136) besitzt (BEHNING 1929, 1936). Über das Massenschwärmen ihrer zum Teil leuchtenden Imagines haben wir schon oben (S. 276) berichtet. Für das nordöstliche Kaspimeer nennt BEHNING (1940) ferner außer *Clunio* die Larventypen *Chironomus thummi, Ch. salinarius, Cryptochironomus defectus, Eutanytarsus gregarius, inermipes, Cricotopus* und andere Orthocladiinen, *Ablabesmyia, Macropelopia, Culicoides.* Für den Nordkaspisee als in Massen vorkommend wird ferner (BEHNING 1936, S. 246) erwähnt die var. *flaveolus* MG. von *Chironomus plumosus* L. Ich selbst habe dort am 7. IX. 1925 die von KIEFFER (1926 a, S. 100) als *Cryptochironomus farinosus* beschriebene Art gesammelt (von GOETGHEBUER im „LINDNER" zu *Parachironomus* gestellt).

In den Brackgewässern am Schwarzen Meer, vor allem im Gebedje-See, hat A. VALKANOV allerlei Chironomiden gesammelt (THIENEMANN 1936 f, S. 175, 176, und CASPERS 1951 a). Er fand hier (in Klammern der Salzgehalt in $^0/_{00}$): Larve vom *Bezzia*-Typ (10—11$^0/_{00}$); *Culicoides* sp. ($> 10^0/_{00}$); *Chironomus plumosus semireductus* (1—9$^0/_{00}$ [vgl. STRENZKE 1951 a]); *Ch.* sp. Larven vom *Salinarius*-Typ (bis 60$^0/_{00}$!); *Ch.* sp. *thummi*-Gruppe (15$^0/_{00}$);[125] *Glyptotendipes* sp., *Eucricotopus* sp. (bis 18$^0/_{00}$); *Propsilocerus paradoxus* LUNDSTR. (*lacustris* K.), *Procladius* sp. (bis 90$^0/_{00}$). — Ergänzungen zu VALKANOVS Feststellungen haben die gründlichen Untersuchungen von CASPERS in diesem Gebiet gebracht.

Im Varna-See, einem Liman an der bulgarischen Küste, wies er (1950, 1951 a) „vorzugsweise in den Gebieten, wo schlickreicher Boden auch die flachen Gebiete einnimmt, so am Nordufer vor dem *Phragmites*-Gürtel, weiter im Gebiete der *Zostera*-, *Potamogeton*-, *Chara*-Wiesen“ *Chironomus salinarius* K. in Massenentwicklung nach. (Genauere Angaben bei CASPERS 1951 a, S. 136, 138, 142, 143, 145, 169, 170; sowie STRENZKE 1951 a.) Und in den Verdunstungsteichen der Salinen von Pomorie lebten bei einem Salzgehalt von 6 bis 7,4% die Larven der von STRENZKE (1951) als neue Art beschriebenen *Halliella caspersi.* Ja, in einer neuen Arbeit (1952, S. 253) gibt CASPERS an, daß in den Verdunstungsteichen der Saline von Anchialo (= Pomorie) lebende *Halliella*-Larven noch bei 28° B (= etwa 28% Salzgehalt) festzustellen sind. Das ist die gleiche Konzentration, die schon SUWOROW für ein Chironomidenvorkommen in einem Salzsee am Kaspimeer notierte (vgl. S. 617). LENZ hat (1950) die Larven, bei denen die Analpapillen zu halbkugelförmigen Wülsten reduziert sind, ausführlich behandelt (vgl. auch S. 119 dieses Buches).

„Die von TSCHERNOVSKIJ (1949 a) von der Krim beschriebene *Halliella taurica* kann auf Grund der Beschreibung des Autors zunächst nicht mit *H. caspersi* STR. identifiziert werden (AR = 0,66, Pulvillen kürzer als Krallen, anderes Antennenverhältnis beim ♀). Da TSCHERNOVSKIJ das Hypopyg nur sehr kurz beschreibt und nicht abbildet, wird sich Sicherheit über die Stellung der beiden Arten erst durch Materialvergleich erhalten lassen.

Halliella taurica besiedelt nach TSCHERNOVSKIJ als einzige Chironomide in größeren Massen den Schlamm kleiner Salzseen der Krim, deren Wasser wesentlich höhere Salzkonzentration aufweist als das Meerwasser. Im Sommer kann sich das Wasser stark erwärmen; am Boden wurden häufig $> 25°$ gemessen. Neben *H. taurica* kommen *Artemia* und *Dunaliella* vor. Die Larven sind in den Gewässern stets vorhanden, auch während der Schlüpfperioden der Imagines. In einer versenkten Schale von 200 cm^2 Fläche siedelten sich 2735 Larven an. TSCHERNOVSKIJ mißt ihnen in Anbe-

[125] *Ch. thummi* K. in einem zeitweise brackigen Tümpel am Strand von Varna (STRENZKE 1951 a).

tracht dieser großen Besiedelungsdichte Bedeutung für den Reifungsprozeß des als Heilschlamm verwendeten Sediments zu. Schwärmende Imagines wurden Ende Juni bis Anfang Juli (1938) und Anfang August bis Ende September beobachtet (1931, 1932, 1938). Vermutlich macht die Art also nicht mehr als zwei Generationen im Jahr" (STRENZKE auf Grund einer mündlichen Übersetzung der TSCHERNOVSKIJschen Arbeit durch Dr. OHLE).

In der Bodenfauna des japanischen Strandsees Abasiri-Ko — dessen Tiefenwasser in 16 m Tiefe einen Cl-Gehalt von 10,5 g/l hat — fand UÉNO (1938 a) *Chironomus plumosus*-Larven vom *semireductus*-Typ (vgl. UÉNO, fig. 7, S. 161).

In brackigen Strandseen Kaliforniens leben nach WIRTH (1952, S. 244) *Culicoides variipennis* (COQ.), *Bezzia biannulata* WIRTH und *Bezzia sordida* WIRTH.

5. Die Salzgewässer des Binnenlandes

Zum erstenmal wurde die Tierwelt von Salzgewässern des Binnenlandes gründlich untersucht in Westfalen. ROBERT SCHMIDT behandelte in seiner Dissertation (1913) die Tierwelt (exklusive Chironomiden) und gab ausführliche Schilderungen der einzelnen Salzstellen; eine Übersicht über die allgemeinen Probleme gab ich in einem Vortrag (1913 a) vor der Deutschen Zoologischen Gesellschaft. Die halophilen Phanerogamen schilderten SCHULZ und KOENEN (1912). Die Chironomidenfauna fand eine spezielle Darstellung in meiner Arbeit (1951 a) „Zur Kenntnis der Salzwasser-Chironomiden"

Nach meiner Übersiedelung nach Holstein begann ich ähnliche Untersuchungen im Salzwasser von Oldesloe; unter dem Titel „Das Salzwasser von Oldesloe. Biologische Untersuchungen, unter Mitwirkung zahlreicher Fachgenossen herausgegeben von A. TH." erschienen die Ergebnisse in 21 Einzelabhandlungen in den Heften 30 und 31 (1925, 1926) der Mitteilungen der Geographischen Gesellschaft und des Naturhistorischen Museums in Lübeck (2. Reihe).

In den folgenden Tabellen sind die in Westfalen und Oldesloe im Salzwasser nachgewiesenen Ceratopogoniden und Chironomiden verzeichnet, zugleich die Grenzwerte des Salzgehaltes, bei denen sie gefunden worden sind.

	Maximaler und minimaler NaCl-Gehalt in ‰		
	Westfalen	Oldesloe	
Ceratopogonidae			
Culicoides riethi K.	5,3—61,8		England, Meeresküste bei Gravesend (EDWARDS 1931).
C. salinarius K (= *punctatidorsum* K., *circumscriptus* K.)	7,2—23,9	9,4—23,8	England, Meeresküste; in Kaliabwasser in Thüringen bei 27‰.

[Maximaler und minimaler NaCl-Gehalt in ⁰/₀₀]			
	Westfalen	Oldesloe	
C. nubeculosus MG.		23,8	Auch sonst aus Salzwasser, meist aber Süßwasser.
C. halobius K.	7,2		
C. crassiforceps K.		25,8	Nur aus Oldesloe bekannt.
C. salicola K.		6,7—17,8	Nur aus Oldesloe bekannt (Imago KIEFFER 1924 e, S. 405).
C. flavipluma K. (? *pulicaris* L.)		23,8	Nur aus Oldesloe bekannt.
C. halophilus K.		12,9	Nur aus Oldesloe bekannt (Imago KIEFFER 1924 e, S. 404).
C. pulicaris L. (*biclavatus* K.)	+	24,7	Auch im Süßwasser; Ostseestrand (Kieler Bucht).
Bezzia calceata WALK. (*bilobata* K.)		5,6	Auch Kieler Bucht. Süßwasserart.
Dasyhelea modesta WINN. (= *halophila* K.)[126]	7,2—23,9	6,7—25,8	Auch aus italienischem Salzwasser (8⁰/₀₀). Sonst Süßwasserform (vgl. THIENEMANN 1950, S. 166).
D. diplosis K.	7,2—70		In Kaliabwasser in Thüringen bei 27⁰/₀₀.
D. flaviventris GOETGH. (= *Prokempia halobia* K.)		25,8	Auch im Süßwasser. Im Salzboden bei Hohwacht (Ostsee) besonders häufig, zusammen mit *Dasyhelea punctiventris* GOETGH. und *Culicoides fascipennis* STAEG.
D. flavoscutella ZETT. (= *halobia* K.)		25,8	Auch im Süßwasser.
Chironomidae			
Tanypodinae			
Procladius sagittalis K. ...		5,6—25,8	Euryoecische Süßwasserform.
P. stilifer K.	7,2		Einzelfund.
P. obtusus K. (? *signatus* ZETT.)		10	Nur aus Oldesloe bekannt.
Macropelopia notata MG. .	5,3—7,3		
M. sp.		5,6	

[126] Ein Vergleich der von GOETGHEBUER bestimmten *D. modesta* aus dem Lunzer Untersee (THIENEMANN 1950, S. 166) mit dem westfälischen Material aus dem Salzwasser von Hörstel, und dem holsteinischen Material aus Oldesloe (beide von KIEFFER als *D. longipalpis* bestimmt) zeigt einwandfrei, daß *modesta* MG. (im Sinne GOETGHEBUERs) artidentisch mit *longipalpis* K. ist. Die von GOETGHEBUER (im „LINDNER") angegebenen Merkmale, durch die sich beide Arten unterscheiden sollen, können wir an unserem Material nicht erkennen; auch in den KIEFFERschen Originalbeschreibungen von *longipalpis* (1913 b, S. 37; 1915 b, S. 65) findet sich nichts hierüber.

[Maximaler und minimaler NaCl-Gehalt in ‰]			
	Westfalen	Oldesloe	
O r t h o c l a d i i n a e			
Eucricotopus atritarsis K. .	4,0—7,2		Holsteinische Strandseen und -tümpel bis 10,2‰ Salz (S. 605).
E. fuscitarsis K.[127]	schwach salzig		Holsteinischer Strandsee bei 0,5‰. (S. 606).
E. hirtimanus K.	schwach salzig		KIEFFER 1915, S. 475, 476. Nicht wieder gefunden.
E. halobius K.		24,7	KIEFFER 1925 g, S. 385. Auch aus hochgelegenen Rockpools am Kullen (vgl. S. 593).
E. sp.		5,6—18,7	
Rheocricotopus fuscipes K.	7,2—59,4		Süßwasserform, Puppenhäute, eventuell nur eingeschwemmt!
Dactylocladius halobius K.	9,5		KIEFFER 1915, S. 477. Nicht wieder gefunden.
Trichocladius vitripennis MG.	58,9		Auch marin; vgl. S. 591. Bei Staßfurt in Binnensalzwasser von 70‰.
T. halobius K.	7,3		KIEFFER 1915, S. 477. Nicht wieder gefunden.
Corynoneura celeripes WINN.	4,0		Sonst Süßwasserform.
C. arcuata K.		24,7	Sonst Süßwasserform.
C h i r o n o m a r i a e			
Chironomus halophilus K. .	5,3—28,8	5,6—24	Für Oldesloe fälschlich als *salinarius* bezeichnet. Auch marin (vgl. S. 595).
Ch. salinarius K.	bis 21		Auch marin (vgl. S. 594).
Ch. dorsalis var. *riparius* MG.	59,4		= *halochares* KIEFFER 1915, S. 479. — Sonst Süßwasser (?).
Ch. bicornutus K.	7,3		KIEFFER 1913 b, S. 42, 43. Unsichere Art.
Ch. plumosus L.		2,4	Auch in der Ostsee (vgl. S. 606). Sonst Süßwasserart.
Glyptotendipes sp.		2,4	Vielleicht *barbipes* (vgl. S. 607).
T a n y t a r s a r i a e			
Micropsectra excisa K.	4,4		Falls = *monticola* EDW., auch aus England und Schweden (Süßwasser).
M. praecox MG.	7,3—59,4		Von KIEFFER (1915, S. 481) als var. *salitus* bezeichnet. — Weitest verbreitete Süßwasserart.

[127] THIENEMANN 1915 a, Seite 448, irrtümlich als *fuscimanus* K. bezeichnet.

Als **h a l o b i o n t** sind zu bezeichnen (in Klammern Salzschwankungen in ‰; m auch marin — Strand und Meer):

Culicoides riethi K. (5,3—61,8; m).

Culicoides salinarius K. (7,2—23,8; m).

Dasyhelea diplosis K. (7,2—70).

Eucricotopus atritarsis K. (4,0—10,2; m).

Eucricotopus fuscitarsis K. (0,4; m).

Trichocladius vitripennis MG. (bis 70‰; m).

Chironomus salinarius K. (bis 21‰, wohl auch mehr; m).

Chironomus halophilus K. (5,3—28,8; m).

Diese halobionten Chironomiden vertragen also Salzkonzentrationen bis zu 20 bis 30, ja bis 70‰. Alle kommen außer im Binnensalzwasser auch in Tümpeln und Seen des Meeresstrandes, ja zum Teil im Meere selbst vor. Nur die *Dasyhelea*-Art ist bisher nur aus dem Binnenlande bekannt, kommt sicher aber auch an den Meeresküsten vor.

Zu den **h a l o p h i l e n** rechnen wir:

Culicoides nubeculosus MG. (bis 23,8‰).

Culicoides pulicaris L. (m).

Dasyhelea modesta MG. (bis 23,9‰).

Chironomus plumosus L. f. *semireductus* LENZ (m).

Glyptotendipes barbipes STG. (m).

Auch diese halophilen Arten treten auch am Meeresstrande (Ostsee) und zum Teil im Meere (Ostsee) selbst auf *(Ch. plumosus)*.

Unter den Tanypodinen und Tanytarsarien gibt es anscheinend keine Halobionten oder Halophilen.

Als **h a l o x e n e**, d. h. gelegentliche Gäste aus dem Süßwasser, sind die folgenden zu betrachten — manche von ihnen können einen Salzgehalt bis 26‰, eine *(Micropsectra praecox)* bis 59‰ vertragen:

Dasyhelea flaviventris GOETGH., *D. flavoscutellata* ZETT., *Bezzia calceata* WALK.

Procladius sagittalis K., *Macropelopia notata* MG.

Corynoneura celeripes WINN., *C. arcuata* K.; *(Rheocricotopus fuscipes* K.).

Micropsectra praecox MG., *M. excisa* K.

Von den folgenden Arten ist die ökologische, zum Teil auch die systematische Stellung noch unsicher:

Culicoides halobius, crassiforceps, salicola, flavipluma, halophilus.

Procladius stilifer, obtusus.

Dactylocladius halobius.

Chironomus bicornutus, halochares (= *dorsalis* var. *riparius).*

Von den 8 Halobionten sind dem Salzwasser Westfalens und Holsteins (Oldesloe + Strandgewässer) gemeinsam 7 Arten = 88%,
von den 5 Halophilen 2 Arten = 40%,
von den 10 Haloxenen 0 Arten = 0%.

Ich schrieb in bezug auf Westfalen und Oldesloe (1926 b, S. 122): „Die Verschiedenheit der Halobionten-Dipterenfauna beider Gebiete ist auf Zufälligkeiten der ersten Besiedelung, die an die eine Stelle die eine Gruppe, an die andere die andere der Halobionten gelangen ließ, zurückzuführen; und noch mehr ist es ‚zufallsbedingt', welche von den anpassungsfähigen Süßwasserarten in der einen Gegend, welche in der anderen in der Nähe der Salzstellen vorkamen und so die Möglichkeit hatten, halophil zu werden. Ganz vom Zufall abhängig ist schließlich die Besiedelung durch haloxene ‚Gäste' aus dem Süßwasser. ... Die Binnensalzwasserfauna Deutschlands ist in ihrem halobionten Teil also recht einheitlich, in ihrem halophilen Teil schon weniger, in ihrem haloxenen variiert sie ganz erheblich." Die Salz-Chironomiden Westfalens und Holsteins zeigen das klar: von den halobionten Arten mehr als drei Viertel beiden Gebieten gemeinsam, von den halophilen zwei Fünftel, von den haloxenen keine Art gemeinsam!

Bei weiterer Ausdehnung solcher Untersuchungen werden sich die absoluten Zahlen natürlich ändern, das Prinzipielle aber wird bleiben.

Aus anderen Binnensalzgewässern liegen nur einige vereinzelte Notizen über Chironomiden vor. Die interessanteste ist die folgende:

Auf der Halbinsel Mangyschlak im Nordostteil des Kaspimeeres liegt in der Nähe des Forts Alexandrowsk ein kleiner salzablagernder See, Bulack. Hier wies SUWOROW (1908, S. 676) 5 mm große Chironomidenlarven im Schlamm nach, bei einem Salzgehalt des Wassers von 28,5% (Prozent!).

Oft werden *Culicoides*-Arten aus Binnensalzwässern angegeben:

C. nubeculosus MG. In ungeheuren Mengen in einem Salzflüßchen, das zum Bassin des Salzsees Baskuntschak (UdSSR) gehört, bei einem Salzgehalt von 16,8‰ (MEDWEDEWA 1927).

C. judaeae MACFIE. Palästina, Ufer des Toten Meeres (MACFIE 1933).

C. variipennis COQ. Wolf creek, Genesee River System, Pennsylvanien (USA), bei einem Salzgehalt von 11,4 bis 38,4‰ (CLAASSEN 1927, S. 43, 46).

C. sp. Java, Kalksinterquellen von Kuripan, zusammen mit *Dasyhelea affinis* JOH. bei einem Salzgehalt von 31 bis 36,5‰ (MAYER 1934, S. 173, 194). — USA, Salztümpel mit relativ geringem Salzgehalt (PING 1921, S. 606). — USA, Clear Lake (PACKARD 1871, S. 101, sub „*Tanypus* sp.").

Aus amerikanischem Binnensalzwasser erwähnt MAYER (1934 a, S. 276) *Leptoconops kerteszi* K. Aus kalifornischem Binnensalzwasser führt WIRTH (1952, S. 244) an als Halobionten: *Culicoides variipennis* (COQ.), *Dasyhelea pollinosa* WIRTH, *D. bifurcata* WIRTH, *D. thomsenae* WIRTH, *D. tristyla* WIRTH, *Sphaeromias brevicornis* WIRTH, *S. minor* WIRTH; als Halophile:

Leptoconops kerteszi K., *Dasyhelea johannseni* (Mall.), *D. festiva* Wirth, *Bezzia coloradensis* Wirth. Aus dem russischen Salzsee Elton in der Kirgisensteppe beschrieb Kieffer (1926 a, S. 102) als neue Art *Trichocladius cavistylus.*

Vergleicht man noch einmal die halobionten und halophilen Chironomiden der Binnensalzwässer und des Meeresstrandes und Meeres, so sieht man, daß fast alle Halobionten und Halophilen des Binnenlandes auch marin nachgewiesen sind. Die von uns als „primäre Meerestiere" (S. 577) bezeichneten Formen (Clunionariae) und die Gruppe *„Halotanytarsus"* (S. 588) kommen nicht im Binnensalzwasser vor.

Der höchste Salzgehalt, bei dem Chironomiden noch häufiger vorkommen, beträgt 7⁰/₀, in einem Falle aber wurden Chironomidenlarven noch bei 28,5⁰/₀ nachgewiesen.

Über Versalzungs e x p e r i m e n t e an Chironomidenlarven im Laboratorium (Rhode 1912) und im Freien (de Meillon und Gray 1937 a) wird später (S. 627) in anderem Zusammenhang berichtet werden.

Hier sei zum Schluß noch auf die häufig diskutierte Ähnlichkeit zwischen Salzwasser-, Thermal- und Abwasserfauna hingewiesen (vgl. Schwabe 1936, S. 326; Brues 1924; Tuxen 1944, S. 125—128). Diese besteht bis zu einem gewissen Grade auch bei den Chironomiden: es ist die Gattung *Chironomus,* die Vertreter sowohl in starkes Salzwasser *(Ch. halophilus, salinarius),* in Thermalwasser (über 40° C) *(Ch. thummi*-Gruppe), wie in hochgradig organisch verunreinigtes Wasser *(Ch. thummi* u. a.), ja auch in schwefelsaures Wasser mit einem pH von 1,4 *(Ch. acerbiphilus)* schickt. Wir können aber auch heute noch eigentlich nichts anderes sagen, als das, was Schwabe schon 1936 (S. 326) schrieb: „Somit läßt sich die biologische Verwandtschaft von Thermalgewässern und Brackgewässern vorläufig nur dahin charakterisieren, daß die Bewohner beider über eine relativ große ökologische Breite verfügen müssen." Daß sich die Ähnlichkeit der Tierwelt von Thermal- und Salzbiotopen zum Teil auf osmoregulatorische Verhältnisse zurückführen läßt, wie es Tuxen (S. 126) annimmt, ist nicht bewiesen, aber möglich.

VIII. Chironomiden an den Grenzen des Lebens

Ein Überblick

Nachdem im vorigen Kapitel die Verbreitung der Chironomiden in den verschiedenen Lebensstätten behandelt worden ist, ist es doch wohl nicht ohne Interesse, sich zu vergegenwärtigen, wo in dem großen irdischen Lebensraum dem Chironomidenvorkommen seine Grenzen gesetzt sind und wie sich die Chironomidenfauna an diesen Lebensgrenzen gestaltet.

Betrachten wir zuerst die h o r i z o n t a l e Verbreitung der Chironomiden auf der Erde, so können wir feststellen, daß diese Tiere bis in die Arktis und in die Antarktis vordringen. Allerdings sehr unterschiedlich.

Aus der Antarktis (bzw. Subantarktis) ist eine einzige Süßwasserchironomide bisher bekannt, das ist *Podonomus steineni* (GERCKE). Diese Art ist (vgl. THIENEMANN 1937 b, S. 90) in Südgeorgien — und nur dort — anscheinend weit verbreitet; die Larven leben in „freshwater lakes", in Moosen; Flugzeit der Imagines Anfang Oktober bis Anfang Mai. (Was für ein Leben sich in den von der Deutschen Antarktischen Expedition 1938 bis 1939 entdeckten eisfreien Seen der Schirmacher-Seengruppe [Neu-Schwabenland] [Abb. 272] entwickelt, und ob auch hier noch, in diesen „Oasen" mitten in der Eiswüste, Chironomiden vorkommen, wissen wir nicht [vgl. RITSCHER 1942, S. 262, Tafel 49, 50; REGULA 1950].)

Abb. 272. Südrand der Schirmacher-Seenplatte (Neu-Schwabenland, Antarktis); von Norden gesehen, mit eisfreiem See (Flugaufnahme, Archiv der Deutschen Antarktischen Expedition 1928/29). [Weitere Abbildungen solcher Seen bei RITSCHER 1942, Tafel 49, 50, sowie REGULA 1950, Bild 2—5.]

Terrestrisch ist *Limnophyes pusillus* EAT. (vgl. SÉGUY 1940, S. 212—214; hier die weitere Literatur). Aus der Antarktis zuerst von den Kerguelen bekannt geworden; die frühere Annahme, die Art sei aus Europa eingeschleppt, läßt sich nicht halten, da inzwischen sehr zahlreiche Exemplare aus verschiedenen Gegenden der Kerguelen sowie von der Insel Marion des Prinz-Eduard-Archipels bekannt geworden sind. Lebt in Europa von der Arktis bis Kärnten, auf Korsika; ferner von den Kanarischen Inseln bekannt. Nach STRENZKE (1950, S. 248) „im feuchten bis völlig wassergetränkten lebenden und abgestorbenen Boden- (bzw. Substrat-) Überzug der Seeufer, Wiesen und Erlenbrüche. Abgesehen vom hohen Feuchtigkeitsanspruch ziemlich euryök."

Marin-antarktisch sind 3 Clunionarien.

Belgica antarctica JACOBS. Bisher nur in der Gerlach-Straße (etwa 65° südlicher Breite) gefunden (vgl. WIRTH 1949, S. 165; hier weitere Literatur).

Halirytus amphibius EAT. Kerguelen (WIRTH 1949, S. 180; SÉGUY 1940, S. 221—224; beide verzeichnen die weitere Literatur).

Eretmoptera murphyi SCHÄFFER. Bisher nur aus Südgeorgien (WIRTH 1949, S. 160; hier weitere Literatur).

Aus der Antarktis (und Subantarktis) sind also im ganzen nur 5 Chironomidenarten bekannt, und es ist nicht anzunehmen, daß weitere Forschungen diese Zahl wesentlich erhöhen werden. Davon gehören 3 Arten zu den Clunionariae (alle marin; vgl. S. 577), 1 Art zu den Orthocladiariae (terrestrisch), 1 Art zu den Podonominae (limnisch). Von diesen Arten ist aber nur *Belgica antarctica* echt antarktisch, die übrigen sind subantarktisch.

Ganz anders ist das Chironomidenbesiedelungsbild der Arktis. Es ist noch nicht möglich, dieses Bild in allen Einzelheiten auszuführen;[128] ein repräsentatives Beispiel bietet die Untersuchung der Ceratopogoniden und Chironomiden Nordostgrönlands (etwa 72° nördlicher Breite) durch SÖGAARD-ANDERSEN (1937).

Es sind dort bisher an Arten respektive Artengruppen festgestellt (Minimalzahlen!):

Ceratopogonidae	> 4
Chironomidae:	
Tanypodinae	2
Podonominae	1
Orthocladiinae	> 40
Tanytarsariae	6
Chironomariae	3
Im ganzen also	> 56 Arten.

Damit ist aber die Artenfülle sicher noch bei weitem nicht erschöpft. Die Zahl der arktischen Chironomiden übersteigt sicher 100 Arten — gegen 5 antarktische! Besonders auffallend ist die große Zahl terrestrischer Formen;[129] jede neue Expedition bringt neue Arten (vgl. z. B. STRENZKE 1951 b); dabei ist der Boden doch ein Dauerfrostboden, der nur während weniger Sommerwochen und nur in seinen obersten Schichten auftaut. Marine Arten fehlen in der Arktis: die meisten Arten leben im Süßwasser — in der Antarktis nur eine!

---

[128] Leider bringt das Chironomidenverzeichnis, das N. A. WEBER (1950, S. 193 bis 195) für das arktische Alaska gibt, keine einzige A r t bestimmung!

[129] In der Tundra von Alaska finden Chironomidenlarven und andere terrestrische Kleintiere in den Lemmingnestern besonders günstige Lebensverhältnisse. Aus zwei Nestern erhielt N. A. WEBER (1950 a) über 2000 „*Spaniotoma*"-Larven. Die Tundra in der Umgebung der Nester ist weit schwächer besiedelt. Gewölle der Schnee-Eule, die aus Lemmingresten bestanden, enthielten ebenfalls diese Larven.

Prüft man vergleichend die Verbreitung der einzelnen Chironomidengruppen in Antarktis und Arktis, so ergibt sich:

	Arktis	Antarktis
Ceratopogonidae	+	0
Chironomidae:		
Tanypodinae	+	0
Podonominae	+	+
Orthocladiinae	+	+
Clunionariae	0	+
Tanytarsariae	+	0
Chironomariae	+	0

Die auch sonst bekannte Artenarmut der Antarktis im Gegensatz zur Arktis prägt sich auch in der Chironomidenfauna aus.

Die Faktoren, die man für diese Verschiedenartigkeit verantwortlich machen kann — Golfstrom, Verschiedenheit der Wasser-Land-Verteilung, historische Faktoren — zu behandeln, ist hier nicht der Ort.

Über die vertikalen Verbreitungsgrenzen der Chironomiden liegen eine ganze Anzahl Angaben vor.

GLICK (1939) fing in USA mit seinen an Flugzeugen angebrachten Netzen noch in 3850 m Höhe (13 000 Fuß) Chironomiden. Viel höhere Zahlen ergaben Untersuchungen im Hochgebirge. In Tibet fing HINGSTON in 4400 m eine *Chironomus* sp., in 5000 m eine *Diamesa* sp. und in 5150 m („Rongbuk, over pools of clear water on glacier") *Pseudodiamesa nivosa* (GOETGH.); die letztgenannte Art kommt, zusammen mit *Ps. branickii* (Now.) in Tibet auch in dem See Ororotse-tso — 5297 m — vor (THIENEMANN 1936e; PAGAST 1947). In dem gleichen Ororotse-tso (Abb. 273, S. 622) lebt im Bodenschlamm eine *Chironomus* sp., ebenso im Yaye-tso (4686 m); im Ororotse-tso und dem Tso-morari (4528 m) auch eine *Tanytarsus* sp. (THIENEMANN 1936e). Zahlreich sind die Angaben aus den Alpen, die wir vor allem STEINBÖCK (1934) und JANETSCHEK (1949) verdanken. So wies STEINBÖCK im Lago di Legno im Monte-Rosa-Gebiet in 2900 m *Pseudodiamesa branickii* nach. Wahrscheinlich die gleiche Art — oder die nächstverwandte *P. nivosa* — lebt auch in anderen Eisseen im Gletschergebiet der Tiroler Alpen, so in den auf Abb. 274 und 275 (Taf. XXX) abgebildeten Seen.

JANETSCHEK (1949) führt aus Tirol aus den Gletschervorfeldern des Hintereisferners (2250—2490 m), des Niederhochferners (2530—2600 m) und Gepatschferners (1900—2100 m) u. a. die folgenden Chironomiden an (die verschiedenen Gletschergebiete mit H., N., G. bezeichnet):

Orthocladiinae:

Metriocnemus fuscipes MG. (H.).
Metriocnemus picipes MG. (H.).

Metriocnemus sp. *hygropetricus*-Gruppe (H.).
Parametriocnemus stylatus K. (H.).
Trichocladius alpestris GOETGH. (Neues Hochjoch-Hospiz).
Dyscamptocladius sp. *vitellinus*-Gruppe (H.).
Eudactylocladius sp. (H.).
Orthocladius biverticillatus GOETGH. (H.).
Orthocladius janetscheki GOETGH. (H.).
Bryophaenocladius tirolensis GOETGH. (H., N.).
Bryophaenocladius cfr. *virgo* STRENZKE (H., N.).
Bryophaenocladius sp. (Larven im Monte-Rosa-Gebiet bei 3650—3670 m von STEINBÖCK gefunden; vgl. THIENEMANN-STRENZKE 1940, S. 30.)

Abb. 273. Der Ororotse-tso in Tibet, 5297 m,
der höchste, limnologisch genau untersuchte See der Erde.
(Phot. HUTCHINSON.) [Aus THIENEMANN 1936 e.]

Pseudorthocladius albiventris GOETGH. (Vorfeld des Alpeinerferners).
Eukiefferiella tirolensis GOETGH. (H.).
Eukiefferiella alpium GOETGH. (H., N.).
Eukiefferiella cfr. *brevicalcar* K. (H.).
Limnophyes alpicola GOETGH. (H.).
Euphaenocladius alpicola GOETGH. (H., ferner Zillertaler Alpen, 2800 bis 3370 m; Ötztaler Alpen, 3230 m) (vgl. STRENZKE 1950, S. 249—254).
Euphaenocladius edwardsi GOETGH. (Zillertaler Alpen bis etwa 2600 m) (vgl. STRENZKE, S. 255—257).
Euphaenocladius aterrimus MG. (wie vorige, bis 2400 m) (STRENZKE, S. 255).
Euphaenocladius sp. (Im Monte-Rosa-Gebiet in 3650—3670 m von STEINBÖCK gefunden; vgl. THIENEMANN 1934 e, S. 34.)
„*Limnophyes*" *flexuellus* EDW. (Zillertaler Alpen, 2000 m; STRENZKE, S. 270).
Pseudodiamesa branickii NOW. (H., Guslarsee, Tirol, 2920 m; im übrigen vgl. S. 25, 507).

Diamesa steinboecki Goetgh. (H., N., Alpeinerferner).
Diamesa longipes Goetgh. (H.).
Diamesa alpina Goetgh. (Neues Hochjoch-Hospiz).
Diamesa tenuipes Goetgh. (H.).
Diamesa latitarsis Goetgh. (H., Alpeinerferner).
Diamesa tyrolensis Goetgh. (H.; vgl. Thienemann 1950 a).
Corynoneura scutellata Winn. (Alpeinerferner).

Tanytarsariae:
Micropsectra sp. (H.).
Tanytarsus sp. (H.).

Ceratopogonidae:
Culicoides sp. (Neues Hochjoch-Hospiz).

Überblickt man diese Liste hochalpiner Chironomiden (die natürlich bei weitem noch nicht den ganzen Bestand erfaßt), so fällt das völlige Zurücktreten oder sogar Fehlen aller übrigen Gruppen gegenüber den Orthocladiinen auf: 30 Orthocladiinen, 2 Tanytarsarien, 1 Ceratopogonide. Also etwa das gleiche Bild wie in der Arktis (vgl. S. 620), nur daß in der Arktis noch einzelne Tanypodinen und Chironomarien auftreten, Gruppen, die an den höchstalpinen Biotopen ganz fehlen. Auffallend ist ferner hier wie dort das überaus spärliche Vorkommen von Ceratopogoniden. — Janetscheks Liste enthält neben aquatischen Arten auch zahlreiche terrestrische (*Metriocnemus* pt. *Bryophaenocladius, Euphaenocladius, Limnophyes* pt.). In der nach Arten- und Individuenzahl relativ reichen Besiedelung des hochalpinen Bodens liegt ebenfalls eine Parallele zu arktischen Verhältnissen vor.

In Java haben wir in einer Quelle in 2400 m *Ablabesmyia alterna* und *Ablabesmyia* sp. aus der *binotata*-Gruppe, in einer Quelle in 2700 m eine *Ablabesmyia* sp. aus der *costalis*-Gruppe und in 3145 m *Metriocnemus nigrescens* Joh., eine wahrscheinlich terrestrische Art, sowie den aquatischen *Chironomus costatus* Joh. gefunden. Im Gegensatz zu europäischen Verhältnissen treffen wir hier in Hochgebirgslagen also noch Tanypodinen an.

Wenn so Chironomiden im Hochgebirge noch am Rand der Gletscher, ja auf diesen selbst, sich entwickeln, so hat die Tiefenverbreitung der Chironomiden engere Grenzen. Terrestrische Arten dringen nicht mehr als 25 cm in den Boden ein; aus dem Grundwasser und aus Höhlen sind keine für diese Biotope typischen Arten bekannt (vgl. S. 324). Die echt marinen Arten sind Bewohner des obersten Litorals (S. 576 ff.). Tiefseeformen gibt es nicht. Aus der Ostsee sind Chironomiden aus Tiefen bis 50 m bekannt (S. 606). — In Süßwasserseen, die in der Tiefe einen starken O_2-Schwund zeigen — also in unseren hocheutrophen Seen sowie in den Seen der Tropen —, müssen natürlich im Profundal Chironomiden fehlen oder ganz zurücktreten. In oligotrophen Seen dagegen gehen sie in große Tiefe. So lebt im Vättern bei 120 m Tiefe noch massenhaft *Heterotrissocladius subpilosus*

(Brundin 1949, S. 468), ebenso in dem jämtländischen Stora Blåsjön in 110 m (l. c. S. 518) (hier auch *Paracladopelma obscura* und *Procladius* sp.); und in den großen Alpenseen sind Chironomiden noch in über 200 m Tiefe nachgewiesen (Zschokke 1911, S. 145—147). Leider wissen wir über die profundale Chironomidenfauna der tiefsten Seen der Erde, des Baikal (1523 m) und des Tanganjika (1435 m), nichts.

Chironomiden leben in den größten Wasseransammlungen, aber auch in minimalen aquatischen Räumen. Hier sei einmal an die auf Seite 334 und 335 behandelte Fauna hygropetrica erinnert, die Tierwelt der ganz dünn besiedelten Felswände eines Biotops, dessen Bewohner sich auf dem Boden fortbewegen, aus dem Wasser ernähren und atmosphärische Luft atmen können. Zum anderen an die Phytotelmen von *Scirpus silvaticus* (S. 552), jene „Kleinstgewässer", die eine „Wasserführung" von nur Bruchteilen eines Kubikzentimeters haben und in denen doch bis 5,5 mm lange *Metriocnemus*-Larven leben!

Chironomiden leben im allgemeinen im Wasser, aber zum Teil auch terrestrisch. Und von diesen können einige extreme Trockenheit ertragen. Das sind die Arten, die Strenzke (vgl. S. 197) zur „*Bryophaenocladius muscicola-virgo*-Synusie" des xerophilen Hemiedaphons zusammenfaßt. Moospolster auf Mauern, Dächern, großen Steinen und in den Fugen des Straßenpflasters sind ihre Biotope. Dem „Moos auf dem Strohdach als Lebensstätte für Tiere" hat Strenzke (1949) eine besondere Darstellung gewidmet. *Bryophaenocladius virgo* wurde zusammen mit *Euphaenocladius aquatilis* als Larve in fast lufttrockenem Boden — mit einem Wassergehalt von 1,45% — gefunden (Thienemann-Strenzke 1940, S. 28). Hierher auch *Bryophaenocladius muscicola* sowie eine *Gymnometriocnemus*-Art, *G. tectorum* Strenzke (1949). (Weitere Arten dieser Synusie bei Strenzke 1950, S. 362.) Zu diesen Trockenformen sind auch die unter Baumrinde lebenden *Forcipomyia*-Arten (vgl. S. 213) sowie die im Harz von *Pinus silvestris* von Kieffer nachgewiesene *Forcipomyia resinicola* K. (vgl. S. 217) zu rechnen. Daß gewisse *Dasyhelea*-Arten größte Trockenheit monatelang in einem Zustand der Starre vertragen und dann bei Befeuchtung wieder zu aktivem Leben erwachen, also „anabiotische Dipteren sind, haben wir oben (S. 539) schon erwähnt.

Auch die Stärke der Strömung setzt dem Chironomidenleben im Hochgebirgsbach Grenzen. So lebt in Oberbayern bei einer Strömung von 2,4 m/sec noch eine aus Orthocladiinenlarven (vor allem *Diamesa steinboecki* Goetgh. und *D. latitarsis* Goetgh.) bestehende Chironomidenfauna (vgl. S. 344).

Von besonderem Interesse sind die thermischen Grenzen des Chironomidenlebens, und zwar nach der Wärmeseite wie Kälteseite hin. Die höchste Temperatur, bei der in Thermen noch Chironomiden gefunden wurden, beträgt 51° C (*Dasyhelea tersa* JOH.; Java) bzw. 51,1° (*Chironomus* sp.; USA) (vgl. S. 575). Auf der anderen Seite können Chironomidenlarven ohne Schädigung monatelang einfrieren, so in unseren Baumhöhlen (*Metriocnemus cavicola* K. und *Dasyhelea*-Arten; vgl. S. 551) oder auch in den von SÖGAARD-ANDERSEN untersuchten Seen Ostgrönlands (zahlreiche Arten; vgl. S. 290).

Hier sei auch noch erwähnt, daß im Großen Plöner See im Vorfrühling, im März, die Orthocladiine *Trissocladius grandis* K. die erste schlüpfende Chironomide ist, und daß im Spätherbst, im November, ja oft noch Anfang Dezember, noch einzelne *Chironomus plumosus*-Imagines an den Fenstern der Hydrobiologischen Anstalt erscheinen. (Für den Lunzer Untersee vgl. in dieser Beziehung THIENEMANN 1950, S. 37, für den Innaren BRUNDIN 1949, S. 116).

Nun zu den chemischen Faktoren und den Grenzen, die durch sie dem Chironomidenvorkommen gesetzt sind.

Daß in einem zeitweise sauerstofffreien Wasser (Seentiefe, Abwässer) *Chironomus*-Larven (*Ch. plumosus, Ch. anthracinus, Ch. thummi*) mehr oder weniger lange Zeit leben können, daß sie also „fakultative Anaërobier" (HARNISCH) sind, ist bekannt (vgl. auch EGGLETON 1931). In Düngerstätten lebt *Camptocladius stercorarius* DEG. (vgl. S. 198). In Schwefelwasserstoffquellen mit mehr als 25 mg/Liter Gesamtschwefel finden sich ebenfalls noch *Chironomus*-Larven der *thummi*-Gruppe (vgl. S. 574). Bei einem Schwefelsäuregehalt eines Wassers, das ein pH von 1,4 hat, treffen wir ebenfalls *Chironomus*-Larven (z. B. *Ch. acerbiphilus* TOK. sowie die Ceratopogonide *Lasiohelea acidicola* TOK. (vgl. S. 576).[130]

Und daß man Chironomiden bei einem Salzgehalt des Wassers von 28,5‰ (!) noch gefunden hat, wurde oben (S. 617) schon erwähnt. Dabei kann man (KIEFFER-THIENEMANN 1908/09, S. 34) die Puppen (also das empfindlichste Stadium!) von *Trichocladius vitripennis* aus einem Salzwasser von 5,5‰ in reines Leitungswasser (Chlorgehalt 0,026‰) übertragen, und die Imagines schlüpfen aus!

Eine Astasie der Lebensbedingungen, also ihr stärkstes Schwanken, vertragen viele Chironomiden; das geht u. a. aus dem noch recht großen Artenreichtum der Chironomidenfauna von Tümpeln und Kleinstgewässern (vgl. S. 527 ff.) hervor.

All diese „Grenzen des Lebens", bis zu denen die Chironomiden vorstoßen, zeugen von ihrer Euryoecie, ihrer großen ökologischen Valenz. Wie diese im Einzelfall physiologisch begründet ist, steht hier nicht zur Diskussion, dürfte auch heute noch meist kaum oder gar nicht zu entscheiden sein.

---

[130] LACKEY (1939) erwähnt den „bloodworm" *Chironomus* aus nordamerikanischen Grubenabwässern mit einem pH von 1,8.

Drittes Buch

Die wirtschaftliche Bedeutung der Chironomiden

IX. Die hygienische und medizinische Bedeutung der Chironomiden und Ceratopogoniden

1. Massenschwärme von Chironomiden als Landplage

Über das Massenschwärmen von Chironomiden ist schon an verschiedenen Stellen dieses Buches berichtet worden (S. 3, 253 ff., 606 ff.). Hier sei noch einmal darauf hingewiesen, daß dieses Phänomen sich zu einer wahren Landplage entwickeln kann! So ist's schon auf der Kurischen Nehrung, wenn die Haffmücken schwärmen (vgl. S. 254—255, 607—608). Besonders stark war die Mückenplage an der Zuidersee, seit sie durch die Abdämmung zum „Ysselmeer" geworden war; Tageszeitungen und illustrierte Blätter waren voll davon. Selbst die Autokühler mußten durch Mückenschleier geschützt werden. 1935 war die Mückenentwicklung so stark, daß der Verkehr auf dem Abschlußdamm gestört wurde; an einigen Tagen war die Sicht durch die Mückenschwärme auf 50 m herabgesetzt (KRUSEMAN 1935 b). Die Fischereizeitung (Bd. 39, S. 549) schreibt: „Die Mückenplage auf der Insel Urk übertrifft nach niederländischen Blättermeldungen alle Vorstellungen. Ganze Wolken von Mücken sind mit dem Westwind vom Yssel über Urk geweht worden. Das Dorf ist derart von Mückenschwärmen eingehüllt, daß kein Bewohner es wagt, die Häuser zu verlassen. Am Abend wird die Straßenbeleuchtung verdunkelt. Trotz der großen Hitze halten die Bewohner Türen und Fenster verschlossen, um nicht die Mücken in die Häuser eindringen zu lassen. Die Dorfkirche und sämtliche Häuser sind von einem grünlichen Schleier von Mückenschwärmen eingehüllt. Auch auf See ist die Mückenplage derart stark, daß die Fischer nicht mehr ausfahren können. Die Mücken müssen mit Schaufeln aus den Schiffen entfernt werden." (Vgl. dazu S. 257.) An den großen Themsewasserreservoirs der Londoner Wasserleitung war das *Chironomus*-Schwärmen *(Ch. plumosus)* in einem der letzten Jahre so stark, daß die Anwohner stark darunter litten. Die Mücken drangen in die Häuser ein, ihre grünlichen Exkremente bedeckten Betten, Vorhänge und dergleichen (mündliche Mitteilung Dr. JEPSONS). Am Lake

Pepin (USA) werden die ungeheuren Schwärme von *Chironomus plumosus* eine „serious pest". JOHNSON und MUNGER (1930, S. 112) berichten wie folgt:

„Die Mücken werden örtlich eine ernsthafte Plage. Obwohl sie nicht stechen, können sie, nur durch ihre Häufigkeit, die Umgebung des Sees zu einem Gebiet machen, dem man besser fernbleibt ... Sie fliegen einem ins Gesicht und kriechen auf und unter die Kleidung. Man muß sich in acht nehmen, daß man sie nicht verschluckt. Wir hörten, daß manche Farmer Gesichtsschleier tragen, wenn sie zur Zeit des Massenschwärmens der Mücken auf Feldern in Seenähe arbeiten. Die Mücken sondern ein grünes Pigment ab, das man als kleine Punkte fast überall findet. Die Mücken können leicht zerquetscht werden, wo sie sich niederlassen, und so Menschen, Kleider und Gebäude beschmutzen. Die Einwohner bringen zuweilen Schleier an den Kühlern ihrer Autos an, um zu verhindern, daß die Mücken die Leitungen verstopfen. Spülsäume von Mücken bilden sich an den Ufern des Sees und verbreiten bei der Zersetzung einen überaus unangenehmen Geruch. Das Massenauftreten der Mücken ist zeitweise -- und mit gutem Grunde — für den Fremdenverkehr verhängnisvoll."

Interessant sind die Versuche zur Bekämpfung einer solchen *Chironomus*-Plage, die DE MEILLON und GRAY (1937 a) in Südafrika angestellt haben. Im August 1934 trat eine solche, durch eine nicht näher bestimmte *Chironomus*-Art verursachte Plage in einem Distrikt von Port Elizabeth in der Nähe des North End Lake auf. Die Bewohner mußten Türen und Fenster schließen und in den Häusern bleiben; nur wenn man Mund und Nase mit Tüchern und dergleichen bedeckte, konnte man nachts die Häuser verlassen. Die Mücken schwärmten in solchen Massen, daß die Druckerei einer Lokalzeitung nicht mehr arbeiten konnte. Das ganze Leben war unerträglich. Die Puppenhäute umsäumten den See in dicken Massen.

Die Geschichte dieser Erscheinung war die folgende: North End Lake war ursprünglich eine Salzpfanne, deren Salz gewonnen wurde. Im Januar 1934 wurde das Wasser des benachbarten Korsten Lake in den North End Lake geleitet, da dieser ein Stauteich für eine Kraftstation werden sollte; so kam Süßwasser mit reichlich organischen Sedimenten (Verunreinigung durch eine Eingeborenensiedlung) in den See. Der Salzgehalt wurde möglichst niedrig gehalten; der Chloridgehalt betrug im Oktober 1934 1,9‰. Das erste Auftreten der Mückenplage fiel mit der Zufuhr der organischen Stoffe und der Absenkung des Salzgehaltes zusammen. Bekämpfungsversuche mit Kupfersulfat und Ölbedeckung waren erfolglos. Nun zeigten Laboratoriumsversuche, daß diese *Chironomus*-Larven bei einem Chloridgehalt von 4,81‰ in 16 bis 24 Stunden sämtlich abstarben, bei 3,1‰ zum größten Teil in 16 Stunden abstarben, aber bei 1,01‰ größtenteils am Leben blieben. Freilanduntersuchungen bestätigten dies: Ein kleiner Tümpel am See mit 3,59‰ Chloriden war praktisch larvenfrei, in einem ähnlichen Tümpel mit 1,75‰ lebten sehr zahlreiche Larven. Nun wurde der North End See durch Einpumpen von Seewasser wieder auf einen Chloridgehalt gebracht, der nie unter 3‰ fiel — und die Mückenplage war verschwunden.

Übrigens hatte schon Rhode (1912, S. 28, 29) festgestellt, daß Larven von *Chironomus thummi* bei einer Kochsalzkonzentration von 1,92% — die bei einer Versuchsdauer von 14 Tagen erreicht wurde — völlig starr, gelähmt wurden. — Daß aber die halobionte *Chironomus*-Art *salinarius* noch bei einem Salzgehalt von 6,3% lebt, wurde oben (S. 594) gezeigt.

2. Ceratopogoniden als stechende Mücken und Krankheitsüberträger

Die Imagines der Chironomiden im engeren Sinne nehmen keine Nahrung zu sich, von den Ceratopogoniden sind die Weibchen der meisten Arten Blutsauger (S. 245). Dabei können ihre Stiche für Mensch und Tier recht schmerzhaft sein.

a) Die Wirkung des Stichs

„Bei den Ceratopogoniden stechen nur die Weibchen, wie bei allen Familien der niederen Dipteren. Sie sind an manchen Stellen eine äußerst lästige Plage für den Menschen. Besonders an sumpfigen Ostküsten Amerikas wird viel über sie geklagt, doch auch in Deutschland können sie sehr beschwerlich werden und Jäger und Naturfreunde unwiderstehlich in die Flucht jagen. Sie stechen sehr gern am Rande der Kleidung, so unter dem Hutrand, am Kragenrand, an den Ärmeln. Die Stiche verursachen ein abscheuliches Brennen. Beim Greifen nach dem Täter hat man nichts oder eine kleine schwärzliche Spur zwischen den Fingern. Mehr pflegt, bei der Kleinheit der Tiere, nicht von ihnen übrig zu bleiben. Auch in die Häuser dringen sie gern ein, und bei ihrer Kleinheit gibt weder das Moskitonetz über dem Bett noch Drahtgaze an den Fenstern irgendwelchen Schutz. So gehören sie zu dem allerlästigsten Ungeziefer."

So schreibt Martini in seinem Lehrbuch der medizinischen Entomologie (1946, S. 215). Und Mayer bemerkt (1933 a, S. 58): „Sie bilden teilweise eine Landplage; da ihnen der Mensch wehrlos ausgeliefert ist, können sie doch bei ihrer geringen Körpergröße (1—2 mm) bequem jedes Moskitonetz passieren. Ihr Stich ist sehr schmerzhaft, bei einigen Genera nesselartig." Allerdings ist die Empfindlichkeit gegen die Stiche dieser Tiere bei den verschiedenen Menschen recht verschieden; es gibt unempfindliche bis überempfindliche.

Da die Literatur über die Wirkung des Ceratopogonidenstiches recht zerstreut und zum Teil schwer zugänglich ist, ist es vielleicht angebracht, daß ich hier die mir bekannt gewordenen Berichte kurz referiere.

Europa

Schon Derham 1713 kennt diese „lästigen, gierigen Blutsauger" und Linné schildert 1737 die „Svidknott"-Plage Lapplands (vgl. S. 246). Goetghebuer (1919 a, S. 27) schreibt über den Stich von *Culicoides pulicaris:* „Der Stich ruft einen lebhaften Schmerz hervor und zugleich eine leichte Hautanschwellung, die einer kleinen Nesselpapula gleicht, umgeben von einer rötlichen Zone; der Stich ist gewöhnlich mit einem äußerst unangenehmen Jucken verbunden." JOBLING, der (1928) Kopf und Mundteile von *Culicoides*-Arten genau untersucht hat, findet (S. 233), daß beim *C. pulicaris*-Stich die Reizung und Schwellung oft von nur sehr kurzer Dauer ist und manchmal schon am folgenden Tag verschwindet, während der Stich von *C. vexans* und vor allem von *C. obsoletus* eine viel stärkere Reizung hervorruft, die mehr als eine Woche anhalten kann, wobei die Schwellung noch am zweiten, ja am dritten Tag vorhanden ist. Aus Ungarn berichtet SEBESS VON ZILAH (1933, S. 150—151): „An mir oder anderen Blut saugend, fing ich *C. pulicaris, C. impressus* und *C. nigrosignatus.* Besonders in der zweiten Hälfte des Sommers, während der Abend- und Nachtstunden machen sie ihre Angriffe. Bevor sie stechen, suchen sie auf der Haut nach einer geeigneten Stelle. Der Stich erfolgt plötzlich, verursacht starken Schmerz, die

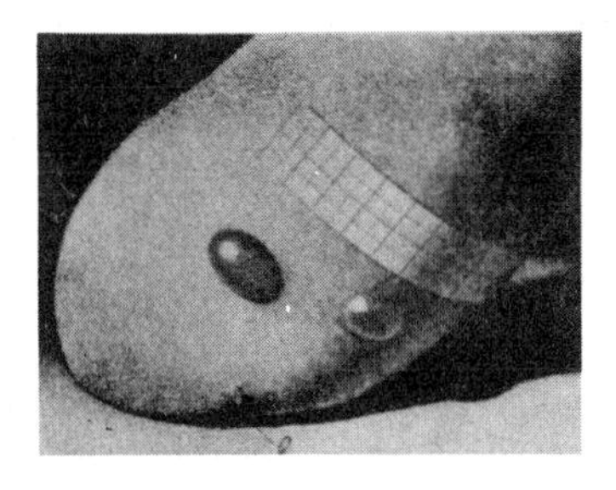

a

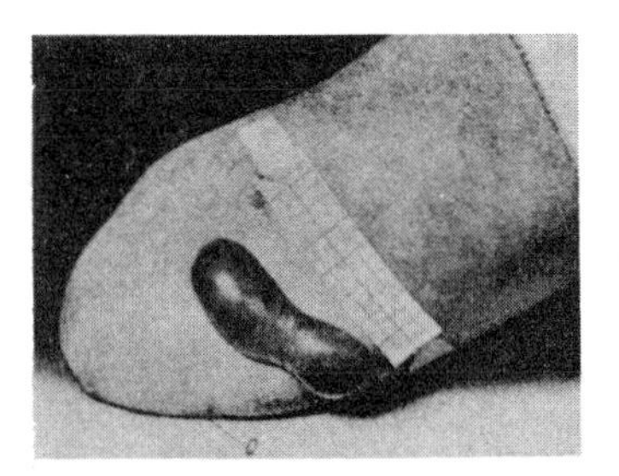

b

Abb. 276. Blasige Hautreaktion nach *Culicoides*-Stichen. a) Befund 2. VIII. 1927. Stichstelle bei Q 1 mit kleiner Blase, deutlich sichtbar. Um zwei Stiche große Blasenbildung. b) Befund 5. VIII. 1927. Zwei Blasen zu einer Riesenblase verschmolzen. Um die dritte Stichstelle bei Q 1 hämorrhagischer Fleck. [Aus HASE 1933.]

Stelle und Umgebung rötet sich auf einer linsengroßen Fläche und diese Rötung hält noch lange an, ist oft noch nach 24 Stunden sichtbar. Ein Anschwellen (Papula) oder nachträgliches Jucken beobachtete ich nicht." Einen besonderen Fall — *Culicoides ? vexans* — beobachtete HASE (1933; hier auch weitere Literatur angegeben). Die Patientin war in den Abendstunden, wohl auch nachts, am linken Oberarm gestochen worden. Sie hatte die Stiche gespürt und bald eine Rötung um einen dunkeln Einstichpunkt gesehen. Eine nicht besonders große Quaddel war bald vergangen. Aber nach 24 bis 48 Stunden entwickelten sich die Stiche „bös"; starkes Jucken und lästiges Spannen, das den Gebrauch des Armes behinderte, trat ein. Den Befund vom 2. VIII. zeigt Abb. 276 a, vom 5. VIII. Abb. 276 b; die große Blase war 70 mm (!) lang, 20 bis 25 mm breit, 20 mm hoch. Nach Eröffnung der Blase und Verband mit Zinkoxyd hörten die Beschwerden auf, die Heilung erfolgte langsam. Ein paar Jahre danach hatte die Patientin noch einmal die gleiche Stichreaktion am Unterarm. Mit Recht betont HASE (S. 125), daß zum Zustandekommen solch heftiger Reaktionen zweierlei gehört: „Einmal muß es sich um Personen handeln, die gegen die Stiche bestimmter Insekten hochempfindlich sind, und zweitens muß es sich um Stämme bei den einzelnen Arten handeln, die besonders giftig sind."

Amerika

Während die europäischen Autoren sich mit dem Stich der *Culicoides*-Arten befassen, liegt aus USA eine Notiz über den Stich einer anderen Ceratopogonide, *Leptoconops carteri* Hoffman, vor (Hoffman 1926, S. 135): „Ihre Stiche jucken und schwellen oft ... und wenn sie sehr zahlreich sind, machen sie die Feldarbeit unerträglich. Oft schwellen Gesicht und Hände von Leuten, die mehrere Stunden lang gestochen worden sind, stark an." Aus Honduras berichtet Painter (1926, S. 248), daß die *Culicoides*-Stiche eine ganz verschiedene Wirkung auf die einzelnen Menschen haben, die eine Art eine stärkere, die andere Art eine schwächere, doch hat im allgemeinen *Culicoides phlebotomus* die stärkste. Auf den Stich, der fühlbar ist, folgt eine Rötung der Umgebung, die später in eine Schwellung übergeht. Ein unerträgliches Jucken kann zuweilen mehrere Wochen lang anhalten. Es scheint, als könnte eine gewisse Immunität gegen diese Stiche erworben werden. Auch von den „Maruim", den *Culicoides*-Arten der brasilianischen Mangrove, bemerkt Lutz (1912/13, S. 30), daß anfangs die Reaktion auf deren Stiche eine sehr starke und anhaltende ist, daß aber später eine Gewöhnung des menschlichen Organismus an sie eintritt, so daß dann die Reaktion weit rascher und weniger intensiv abläuft.

Afrika

Über die Wirkung der Stiche von *Culicoides grahami* Austen *(habereri* Becker) in Südkamerun berichtete 1909 der Kaiserliche Regierungsarzt Professor Dr. Haberer (in Becker 1909, S. 289): „Diese *Culicoides*-Art wurde von mir am Sanagaflusse bei Abunamballa (Nachtigalschnellen) und an dem in diesen mündenden M'Bam-Fluß im Februar 1908 während der Trockenzeit gefunden. Diese winzige Diptere ist am Ufer und auf den Sandbänken besonders den Badenden lästig, da sie mit Vorliebe den nassen Körper sticht, doch verkriecht sie sich auch unter die Kleider, um dann zu saugen. Der Stich ist außerordentlich schmerzhaft und bildet zunächst auf der Haut einen kleinen roten Fleck (Petechie). Die Fliegen schwellen vollgesogen außerordentlich an, wie die Sandfliegen (Simuliidae). In einigen Stunden fühlt man an dieser Stelle heftigsten Juckreiz, dazu gesellt sich beträchtliche Schwellung. Erst in drei Tagen ist die Entzündung im Abklingen begriffen und die Schwellung geht zurück. Da die Fliegen in großer Zahl auftreten, ist die Belästigung ganz beträchtlich, und die Schwarzen, die gegen Sandfliegen- und Glossinenstiche ziemlich unempfindlich sind, fürchten den Stich dieser Blutsauger besonders; sie belegen sie mit charakteristischen Namen, die ‚Quälgeister' oder ‚Schinder' bedeuten."

Die gleiche Art hat GALLIARD (1933, S. 25) in Gabon beobachtet. Er betont, wie verschieden die einzelnen Menschen auf die Stiche reagieren. Während die Stiche in Belgisch-Kongo schmerzhaft sind, fühlt man sie in Gabon zuerst gar nicht, aber nach einigen Sekunden sind die gestochenen Teile mit rundlichen, rötlichen Flecken bedeckt, die leicht anschwellen und etwa 1 bis 2 Tage dauern. Bei einzelnen Personen jucken sie sofort, bei anderen erst nach 6 bis 8 Stunden. — Aus dem Kongo berichtet WANSON (1939, S. 107) von *Culicoides grahami, C. schultzei, C. distinctipennis* und *Leptoconops nicolayi,* daß diese sehr gierig nach menschlichem Blut sind. Auf unbehaarten Körperstellen saugen sie sich schnell voll. Ihr Stich ist schmerzhafter als der der Stechmücken, wenigstens für bestimmte Personen. Er juckt und läßt eine verhärtete rote Schwellung zurück, die mehrere Stunden sichtbar ist. Bei empfindlichen Leuten aktiviert ein kaltes Bad das Jucken wieder, selbst wenn die Stiche mehrere Tage zurückliegen.

Ostasien

Aus Sumatra berichtet DE MEIJERE (1909, S. 193) über den Stich der kleinen Ceratopogoniden:

„. . . Ihr Rüssel ist zu kurz, um die Kleider zu durchbohren, sie können also nur an unbedeckten Stellen, wie Kopf und Händen, schaden. Der Stich ist nicht schmerzhaft und sehr bald vorüber, nur im letzten Augenblick fühlt man etwas stechen, so daß es nur selten gelingt, die Tiere zu fangen.

Die gestochene Stelle fängt augenblicklich an, aufzuschwellen; die Schwellung erreicht nach einiger Zeit 1 cm Durchmesser und ist von einem roten Rande umgeben; sie veranlaßt ein brennendes und juckendes Gefühl. Nach einiger Zeit mindern sich diese Erscheinungen, das Brennen nimmt ein Ende und es bleibt nur ein leichtes Jucken übrig. Falls man es meidet, die Stelle zu kratzen, so ist hiermit die Sache beendet; nach 24 Stunden ist die Stichstelle auf der Haut eines Europäers noch als nadelkopfgroßes, etwas über der Oberfläche hervorragendes Fleckchen zu sehen und anzufühlen.

Bisweilen kommt es vor, daß nach 24 Stunden die Stichstellen wieder aufschwellen, aber keine Hautblasen zeigen; in dem Falle veranlassen sie kein brennendes Gefühl mehr und jucken nur mäßig. Für Europäer und namentlich für Blonde sind die Stiche sehr lästig. Bei Inländern beschränkt es sich meistens auf ein peinliches Stechen, von Rötung oder Schwellung hört man bei ihnen nichts."

Der Stich von *Lasiohelea stimulans* DE MEIJ. verursacht kein Jucken, nur beim Stechen ein leises Kitzeln; auch der Stich von *Culicoides guttifer* ist nicht zu fühlen und verursacht kein Jucken, vielleicht nur bei Personen mit sehr empfindlicher Haut (l. c.).

Auf den Palau-Inseln muß, wie ESAKI schreibt (TOKUNAGA und ESAKI 1936 e, S. 57), fast jeder Besucher unter den Angriffen von *Culicoides peliliouensis* leiden; je nach der Empfindlichkeit der betreffenden Personen können leichtere oder schwerere Entzündungen entstehen. Die auf den Inseln Ansässigen, Eingeborene wie Europäer, können einen individuell verschiedenen Grad von Immunität erwerben.

Auf Formosa bewirkt der Stich von *Lasiohelea taiwana* eine starke Reizung und oedematöse Schwellung der Haut. Von den japanischen *Culicoides*-Arten verursachen *C. obsoletus, nubeculosus, amamiensis* und *maculatus* die intensivste Reizung, die ein bis mehrere Tage anhalten kann. Kratzen verstärkt Reizung und Schwellung; die Haut kann beschädigt werden und so ein schwer heilbares Ekzem entstehen (TOKUNAGA 1937 b). Dagegen führt der Stich von *Culicoides esakii* TOK. (Mikronesien) nicht zu merklichen Entzündungen (TOKUNAGA 1940, S. 227). Vom Stich von *Culicoides miharai* KINOSHITA berichtet FUJITO (1939), daß er an schwitzenden sowie behaarten Körperteilen beobachtet wird; am Nabel und an den Schamteilen kann er schwere und ernstliche Schädigungen hervorrufen. Die gestochenen Partien jucken sehr, gelegentlich treten schwere Ekzeme und Bakterieninfektion auf; besonders feinhäutige Menschen, wie kleine Kinder, leiden sehr. Am meisten leiden Reisende und Neuankömmlinge, die eingesessene Bevölkerung kann in gewissem Maße immun werden.

b) Abwehr

Wie aus dem Vorhergehenden erhellt, können die Ceratopogoniden eine wirklich schwere Plage für den Menschen werden. Ein Schutz vor den Stichen ist nicht einfach; das hat schon MARTINI in der oben (S. 628) angeführten Stelle seines Lehrbuches betont. MAYER (1943, S. 45) schreibt:

„Zur Abwehr dieser außerordentlich lästigen Plagegeister lassen sich nur ganz feine Netze verwenden. In tropischen Gegenden wird man eine Verdrahtung ablehnen müssen, da die Feinheit der Gewebe die so notwendige Luftzirkulation verhindert. In unseren Klimaverhältnissen schützt das Bespannen der Fenster mit Verbandmull, eine Maßnahme, von der die Truppe bei Anlage von Verbandplätzen in den *Culicoides*-verseuchten Sumpfgebieten Kareliens viel Gebrauch gemacht hat.

Als Abwehr chemischer Art dient in Mittelamerika das Öl der Poleiminze. Während des Weltkrieges wurden in den oberitalienischen Kampfgebieten aus *Citronella*- und *Eukalyptus*-Ölen hergestellte Salben mit gutem Erfolg verwendet. Pyrethrumhaltige Räucherkerzen vertreiben ebenfalls die Imagines."

Über die Bekämpfung der Maruim, der brasilianischen Mangrove-Ceratopogoniden, äußert sich LUTZ (1912/13, S. 29, 30) so:

„Es erübrigt sich noch, einige Worte über die Bekämpfung der Mangrovemücken zu sagen. Mit der Umgestaltung und Drainierung des Bodens, Errichtung von Quaimauern usw. verschwinden nach und nach die Bedingungen, unter welchen die Mangrovevegetation sich bildet und mit diesen, wenigstens hier zu Lande, auch die Maruim. Auf diese Weise gelingt es, wenigstens die Hafenstädte von dieser Plage zu befreien. Auch anderswo wird sie durch das Vordringen der Bodenkultur beschränkt. Von anderen Mitteln ist in der Regel nicht viel zu erwarten. Das Petrolieren der Krabbenlöcher, die am Ufer liegen, ist zwar nicht besonders schwierig und könnte zur Ausrottung der *Culicoides reticulatus* und der noch unangenehmeren *Culicelsa taeniorhynchus* führen; die eigentlichen Maruim würden aber davon nicht berührt. Automatische Fangapparate mit starken Lichtquellen, die theoretisch ganz rationell erscheinen, dürften in der Praxis ungenügend und kostspielig sein. Gegen die Verfolgung durch die Mücken ist schon gewöhnlicher Rauch sehr wirksam; noch empfindlicher sind dieselben gegen solchen von Tabak oder Insektenpulver. Auch Ventilatoren dürften sich dafür nützlich erweisen. Schleier und Drahtgitter sind ungenügend, wenn die Maschen nicht äußerst fein und daher auch für die Luft kaum durchgängig sind."

Auf den Palau-Inseln bekämpften die Eingeborenen die Plage durch qualmende Holzfeuer, die Europäer durch Moskitoräucherkerzen (TOKUNAGA und ESAKI 1936 e; TOKUNAGA 1937 e). Zur Linderung des Juckens und Bekämpfung der Entzündung wird Karbolsäure, Jodoformpulver oder starke Sodalösung empfohlen (TOKUNAGA 1937 b, S. 237; JOBLING 1928, S. 233).

c) Ceratopogoniden als Krankheitsüberträger

Man vermutet — vgl. MAYER 1933 a, S. 58 — unter den Ceratopogoniden Überträger verschiedener Krankheiten, so in *Leptoconops* einen Überträger der Pellagra, in *Forcipomyia* den Überträger einer Leishmaniose, der „Uta", sowie der „Leishmaniose forestière", in *Culicoides,* der Anophelinen befallen kann, einen Malariaüberträger (vgl. auch LASSERRE 1947).

Sicher aber übertragen *Culicoides*-Arten Microfilarien. MARTINI (1946, S. 366) schreibt darüber: „Außer den ‚großen' Mikrofilarien finden sich im Menschenblut auch noch kleine, die Larven des *Dipetalonema perstans* (tropisches Afrika und vielleicht Guayana, erwachsen im peritonealen Binde- und Fettgewebe), und *Mansonella ozzardi* (Südamerika, erwachsen im Netz des Menschen gefunden). Auch diese Larven nehmen einen Anlauf zur Entwicklung in Stechmücken, vollenden sie jedoch nur in den winzigen *Culicoides,* z. B. *D. perstans* in *C. austeni* und *M. ozzardi* in *C. furens* ... Dauer der Entwicklung etwa 7 bis 9 Tage. Beide Arten schädigen scheinbar die Gesundheit nicht."

BUCKLEY (1934) hat die Übertragung von *M. ozzardi* durch *Culicoides furens* POEY in St. Vincent (Kleine Antillen) genau studiert. In Calliaqua waren 37,7% der Bevölkerung mit *M. ozzardi* infiziert, 5% der dort gefangenen *Culicoides furens* waren ebenfalls infiziert. Von den *Culicoides furens*-Imagines, die er an infizierten Menschen saugen ließ, erwiesen sich danach 27,5% infiziert. Vielleicht spielt auch *Culicoides paraensis* in dieser Gegend als Überträger der Würmer eine Rolle.

Im Kongo sind stellenweise 57% der Bevölkerung mit Mikrofilarien infiziert; WANSON (S. 108) vermutet in *Culicoides trichopis* den Überträger dieses *Dipetalonema perstans.* „Bei der Übertragung von *Onchocerca caecutiens,* die durch *Simulium* verbreitet wird, scheint nach den Beobachtungen von DAMPF auch *Culicoides* in Süd- und Mittelamerika eine gewisse Rolle zu spielen. Diese Filarie verursacht das Küstenerysipel oder die Moradokrankheit, die in chronischen Schwellungen der Haut und bisweilen zur völligen Erblindung führenden Augenerkrankungen bestehen" (MAYER 1943, S. 45).

Auch bei Säugetieren spielen Ceratopogoniden eine Rolle bei der Übertragung der Mikrofilarien. So wird *Onchocerca cervicalis*, die bei Pferden eine Wurmknotenerkrankung verursacht, durch *Culicoides nubeculosus, obsoletus, parroti* übertragen (MAYER 1943, S. 45; SÉGUY, S. 413). In Kuala Lumpur übertragen eine ganze Anzahl *Culicoides*-Arten *(pungens, oxystoma* u. a.) *Onchocerca gibsoni* auf die Rinder. Man hat im Saharagebiet in *Holoconops mediterraneus*, die man auf Eseln gesammelt hat, Mikrofilarien gefunden (SERGENT, PARIOT, DONATIEN 1933), ebenso in dem mit Onchocerciasis verseuchten Distrikt von Südwestmexiko Mikrofilarien in *Culicoides filariferus* HOFFMAN; in beiden Fällen ist die Art des Nematoden nicht bekannt.[131]

Eine neue Zusammenstellung der durch Ceratopogoniden übertragenen Krankheiten — auch von Viruserkrankungen von Haustieren — gab WIRTH (1952, S. 96).

3. Chironomiden als Schädlinge

a) Darmentzündung bei Fischen durch Fütterung mit Abwasserchironomidenlarven

Bei Fütterungsversuchen an einsömmerigen Bach- und Regenbogenforellen, die in Zementbecken und Glasaquarien vorgenommen wurden, stellte MIEGEL (1932) Darmentzündungen fest, die zum Tode der Fische führten. Verwendet wurden außer *Gammarus* der leichten Beschaffungsmöglichkeit wegen die käuflich zu erwerbenden (vgl. S. 651 ff.) Abwasserlarven von *Chironomus thummi*. MIEGEL meint, daß, abgesehen von dem zu hohen Fettgehalt dieser Larven, die Abwasserchironomuslarven vielleicht irgendeinen Giftstoff besitzen, der die Entzündung mit bedingt.

b) Chironomiden in Schwimmbädern

Über Chironomidenplagen in Schwimmbädern liegen Angaben von WILHELMI (1936, vgl. auch 1925) vor. Er schreibt:

„Die außerordentlich zahlreichen Arten der Familie der Zuckmücken oder Chironomiden legen ihre Eier am Wasserrand stehender oder langsam fließender Gewässer ab. Wenn nun in der Nähe von Hallenschwimmbädern Brutstätten von Zuckmücken liegen, so dringen die sehr windscheuen Mücken gern in das Hallenbad ein und legen nun hier ganze Pakete von Eiern an den Wasserrand ab, wo sie alsbald zu Hunderte Eier aufweisenden gallertigen Schnüren von etwa 1 cm Länge aufquellen. Ist der Wasserrand des Beckens dicht mit vollen Eischnüren besetzt, so kann 1 qcm Wandfläche Tausende von Eiern beherbergen. Die aus den Eiern ausschlüpfenden Larven spinnen sich am Boden oder an den Wänden ein und nehmen bei der gleichmäßigen Temperatur eine schnelle Entwicklung. Aus den freischwimmenden Puppen schlüpfen sodann die Mücken aus. Die an der Wasseroberfläche zurückbleibenden leeren Puppenhäute können in solchen Mengen auf-

[131] Anhangsweise sei notiert, daß im Sudan das Massenschwärmen einer wohl aus dem Nil stammenden Tanytarsarie *(Cladotanytarsus lewisi* FREEMAN) mit dem Auftreten einer Form von Asthma unter den Eingeborenen in Zusammenhang gebracht wird (FREEMAN 1950).

treten, daß man unter Umständen mehrmals am Tage genötigt ist, sie mit der Spritze nach einem Ablauf hin zusammenzutreiben. Wenn die Zuckmücken auch nicht stechen und auch sonst nicht gesundheitsschädlich für den Menschen sind, so wird die Zuckmückenplage in den Hallenschwimmbädern doch als sehr lästig empfunden. Mit der sogenannten Hobby-Bädermaschine oder auch mit einer einfachen Stahlbürste können die Laichmassen und Larven beseitigt werden. „Dabei ist freilich darauf zu achten, daß keine Eierschnüre oder Teilstücke derselben in das Wasser fallen. Die Bürsten sind nach Gebrauch zu trocknen, damit die in dem Gallert vorhandenen Eier absterben. Wenn auch eine Fernhaltung der Zuckmücken-Vollkerfe und somit eine Verhütung der Eiablage nicht möglich ist, so ließen sich außer den genannten mechanischen Vernichtungsverfahren auch noch andere auf die so spezifische Art der Eiablage eingestellte mechanische Hilfsmittel anwenden. Man könnte auch die aus den Eierpaketen ausschlüpfenden Zuckmückenlarven durch einen spezifischen Giftstoff abtöten, indem man dem Wasser auf je 10 cbm Wasser je 1 g bestes Pyrethrum-Pulver zusetzt. Wenn auch das Pyrethrum-Pulver, gegen das die meisten Insekten hochempfindlich sind, als für den Menschen im allgemeinen nicht gesundheitsschädlich bezeichnet werden kann, so muß jedoch damit gerechnet werden, daß unter Tausenden von Besuchern des Bades auch einmal einer auftaucht, der eine Idiosynkrasie gegen Pyrethrum aufweist und darauf allergisch mit mehr oder weniger heftigen Hautausschlägen reagiert."

Weder Chlor noch Kupfer noch beide Stoffe zusammen in normalen Mengen angewandt, sind für die praktische Vertilgung der Zuckmückenbrut in Schwimmbecken geeignet. Doch soll nach Literaturangaben die Chironomidenplage durch das sogenannte „Petunia"-Verfahren und auch durch das Chlorsodaverfahren zu verhüten und zu unterbinden sein. In dem zementierten Becken eines offenen Schwimmbades in Berlin trat im Sommer 1923 eine starke Chironomidenplage auf, die nach PEUS (1928) durch eine *Corynoneura*-Art verursacht war; doch ist diese Bestimmung, wie mir Professor PEUS mitteilt, ganz unsicher.[132]

„Die Tiere hatten das Bassin in solchen Massen besiedelt, daß man die auf der Wasseroberfläche schwimmenden Exuvien (Häute) der geschlüpften Imagines dauernd mit großen Rechen abzufischen bemüht war, da diese Hüllen stellenweise eine zusammenhängende helle Schicht bildeten. Die Plage selbst äußerte sich darin, daß die Kacheln an den Wänden und auf dem Boden, selbst an Stellen von 2 bis 3 m Tiefe, mehr oder weniger dicht mit den Larvengespinsten überzogen waren. Auch die oberflächlichen Schichten der Filteranlage waren von den Larven besiedelt. Zum Aufbau ihrer röhrenförmigen, den Steinen lang anliegenden Gehäuse benutzten die Larven die ihnen im Wasser zur Verfügung stehenden festen Stoffe, also hauptsächlich die zahlreichen Hautschuppen, ferner Haare, Stoffasern verschiedenster Art, Daunen und anderen organischen Detritus. An den Fenstern der Halle sammelten sich in großer Menge die geschlüpften Imagines an.

Es braucht wohl nicht näher erörtert zu werden, daß die Chironomiden selbst in keiner Weise dem Menschen in gesundheitlicher Hinsicht gefährlich sind; sie wirken in jedem Falle eben nur durch die Anwesenheit der Larven im Wasser lästig und unästhetisch.

[132] Wahrscheinlich hat es sich um eine Tanytarsarie gehandelt!

Die vorgenommenen Ermittlungen und die angestellten Untersuchungen zur Beseitigung der Zuckmücken lassen sich wie folgt zusammenfassen. Es ist in jedem Sommer nach Abnahme der Überdachung mit einem erneuten Befall der Schwimmanstalt durch Chironomiden zu rechnen, dessen Stärke sich nach der die Entwicklung der Tiere im Freien begünstigenden oder unterdrückenden Witterung richtet. Wenngleich im Laufe des Herbstes und Frühwinters beim Fortfall neuen Zuzuges von außen der in der Halle vorhandene Bestand langsam auf natürlichem Wege erlöschen dürfte, ist doch eine wesentliche Verringerung der Plage und Beschleunigung des Verschwindens im Herbst allein durch mechanische Maßnahmen in Verbindung mit der Heißwasserbehandlung der Filter zu erreichen. Von Vorteil wird auch eine täglich einmal in der Frühe vorzunehmende Abreibung der Kacheln des Badebassins in der Höhe des Wasserspiegels und wöchentlich einmalige Durchspülung der Filter mit Heißwasser sein. Die Anwendung chemischer Methoden scheitert an der zu langsamen Wirkung, der Notwendigkeit zu starker, auch dem Menschen gefährlicher Konzentrationen und den zu hohen Kosten. Auch die Vorbeugungsmaßnahmen durch Drahtgazeabsperrung verbieten sich wegen der Beeinträchtigung des Sonnen- und Luftbades und wegen zu geringer Haltbarkeit des Materials."

Mir sind weitere Fälle aus mitteldeutschen und norddeutschen großstädtischen Hallenschwimmbädern bekannt geworden. Hier war *Chironomus thummi* K. der Sünder. Die Larven waren in „unheimlichen Massen" vorhanden. Chlorbehandlung half nichts. Nachts wurden brennende Mückenfallen aufgestellt, die Bassinwände zur Abtötung der Eier mit Lötlampen abgebrannt und die Larvengehäuse nach Möglichkeit abgesaugt. Sogar den Einsatz von Fischen hatte man erwogen! Häufiges Leerlassen des Bassins, Auskratzen und Wiederzufuhr frischen Wassers war das einzige Mittel, die Plage einzudämmen. Nicht ohne Interesse ist eine Notiz, die KOHN (1930 a) bringt. In einem öffentlichen Bade wurden eines Tages im Wasser blutrote wurmähnliche Geschöpfe beobachtet und, um die Besorgnisse der Badenden zu zerstreuen, der gelehrten ärztlichen Gesundhheitsbehörde vorgelegt, die, wohl in Typhusbazillen besser beschlagen als in tierischen Parasiten, den Verdacht aussprach, es handle sich um den nach der Literatur rotgefärbten Erreger der Grubenwurmkrankheit des Menschen, *Ancylostoma duodenale*, und angesichts der Gefährlichkeit des Wurmes die Sperrung des Bades verfügte. Die Befragung der Zoologen hatte ein wesentlich anderes Resultat. Die verdächtigen Wassertiere waren überhaupt keine Würmer, sondern ganz harmlose Larven einer für den Menschen ebenso harmlosen Mücke, *Chironomus!*

c) Chironomiden in Wasserwerken und Wasserleitungen

Angaben von Chironomidenplagen in Wasserwerken sind zahlreich vorhanden, allerdings vielfach in mehr technischen und wasserwirtschaftlichen, oft schwer zugänglichen Zeitschriften. Was mir bekannt geworden ist, ist im folgenden zusammengestellt.

Hier ist zweierlei zu unterscheiden, die Besiedelung der Filteranlagen und die der Wasserleitungsröhren selbst durch Chironomidenlarven.

Schon KEMNA (1899) (zitiert nach HARMER 1913) berichtet von einem Wasserwerk, bei dem das Oberflächenhäutchen eines Sandfilters von zahlreichen Chironomidenlarven besiedelt war, die da in ihren aus Sandkörnchen gebauten Röhren lebten. Solange die Larven in ihren Röhren saßen, arbeitete das Filter gut. Aber wenn die Larven sich verpuppten und die Mücken ausgeflogen waren, bildeten die verlassenen Röhren eine Anzahl von Durchbrechungen der Filterhaut, die natürlich noch nicht wieder von Mikroorganismen, wie Diatomeen usw., geschlossen waren, und nun war die Filterwirkung mangelhaft. Als das Filter drei Tage ausgeschaltet war, schlossen sich die Löcher mit einer neuen Filterhaut; es konnte dann wieder in Gebrauch genommen werden.

In den Vorfiltern einer Wiener Wasserversorgungsanlage beobachtete JETTMAR (1935) neben Trichopteren im Vorfiltergebäude an den Wänden Chironomidenimagines *(Eukiefferiella brevicalcar* K., *Glyptotendipes gripekoveni* K. (?), *Limnochironomus* sp., *Procladius culiciformis)*. Das Auftreten der Chironomiden war ein periodisches, zeitweise waren sie nur vereinzelt vorhanden, zu anderen Zeiten außerordentlich zahlreich. Von einer kleinen grünen Art, wohl einer Tanytarsarie, waren im Juni 1934 innerhalb weniger Tage so viel versammelt, daß man mit einem einzigen Zug der Lötlampe Hunderte von Mücken abbrennen konnte. Zeitweise waren die oberen Teile der wasserbedeckten Wände der Vorfilterbecken in der Nähe des Wasserspiegels mit Massen von Puppenexuvien einer großen Art *(Glyptotendipes)* bedeckt. Im Zuleitungsrohr fanden sich zwischen den Gespinstmassen der Trichoptere *Neureclipsis bimaculata Glyptotendipes*-Larven. Belästigungen durch die Chironomiden traten nicht ein, auch gelangten die Larven nicht in die Reinwasserräume. Doch ist ein Fall bekannt (Wasserwerk Memel), daß Chironomidenlarven (Orthocladiinen) auch in die Reinwasserkammern gelangten und von hier aus auch in das Rohrnetz, doch gelangen „wohl ausschließlich tote Tiere an den Zapfstellen zu den Konsumenten“ (WILHELMI 1928). Durch Anbringung von Gazenetzen usw. wurde die Plage beseitigt.

Schlimm war eine Mückenkalamität, die in den Rieselanlagen eines Berliner Wasserwerks auftrat (BOETTCHER 1935). Hier war der Schädling *Dyscamptocladius perennis* MG., eine Art, die auch auf den Oxydationskörpern städtischer Kläranlagen in Massenentwicklung beobachtet wird (vgl. S. 644). Die Larven fanden in den Wasserschichten der Ziegelsteinpackungen, aus denen der Rieseler aufgebaut ist, geradezu ideale Lebensbedingungen. Durch Anbringung von Drahtnetzen, mechanisches Spülen der Rieseler, Bekämpfung der Mücken mit „Pereat“ und „Flit“, Fanglampen und Fliegenpapier, der Larven mit Insektenpulver und Ammoniakgas wurde man der Mückenplage Herr. — Übrigens können die im Darm der *Chironomus*-

Larven lebenden Bakterien Anlaß zu einer Erhöhung der Keimzahl des Wassers werden; doch handelt es sich dabei nicht um ein *Bacterium coli*, sondern eine *Pseudomonas*-Art *(P. fermentans)* (SMIT 1930).

In dem Reinwasserreservoir einer amerikanischen Großstadt hatte sich eine *Chironomus*-Art in solchen Mengen angesiedelt, daß stellenweise in der Stadt die roten Larven in dem aus den Zapfhähnen der Wasserleitung entnommenen Wasser erschienen (BAHLMAN 1932).

Einen besonders interessanten Fall der Infektion der Wasserleitungsrohre einer mitteldeutschen Stadt durch Chironomidenlarven hat FR. KRÜGER (1941 a, b) eingehend untersucht und beschrieben. Es handelte sich hier um die von KRÜGER neu beschriebene Art *Stylotanytarsus inquilinus*, eine obligatorisch parthenogenetische Art, deren Larven im erwachsenen Zustand 5 mm lang, 0,5 mm breit sind. (Zur Parthenogenese der Chironomiden vgl. S. 278 ff.) Die Eisenbakterien usw., die sich in den Rohren befinden, genügen der Larve zur Nahrung und zum Bau ihrer Röhren. Da die Imagines gar nicht an die Luft zu kommen brauchen, sondern ihre Eier direkt in die Puppenhäute ablegen können, findet die Vermehrung der Larven i n n e r - h a l b des Leitungsnetzes statt. Zeitweise kamen 50 bis 60 Larven auf den Liter Wasser! Wiederholte Spülungen (8) mit „Pereat"-Lösung haben die Plage anscheinend bis 1939 zum Erlöschen gebracht. Die Kosten, die der Stadt durch diese Plage erwachsen sind, betrugen (KRÜGER 1941 a, S. 225) 2023 RM (vgl. auch WILHELMI 1925).

In der alten Hamburger Wasserleitung lebten „Larven und Puppen einer Mückenart *(Ceratopogon?)*" (KRAEPELIN 1886).

d) Chironomidenschäden beim Belebtschlammverfahren

„Unter dem ‚Belebungsverfahren' (Schlammbelebungsverfahren) versteht man die Reinigung des Abwassers mit belebtem Schlamm. Es beruht darauf, daß sich durch längere Zeit dauerndes Einleiten von Luft oder einem anderen, genügend sauerstoffhaltigem Gas im Abwasser nach kurzer Zeit ein flockiger Schlamm mit sehr guten adsorptiven Eigenschaften bildet, der imstande ist, aus anderem Abwasser die Schmutzstoffe herauszuholen. Da in diesem Schlamm sehr stark entwickeltes Bakterien- und Protozoenleben herrscht, hat man ihn in Deutschland ‚belebten Schlamm' und das mit ihm arbeitende biologische Reinigungsverfahren ‚Belebtschlammverfahren' genannt. In England und Amerika, wo dieses Verfahren schon auf vielen großen und kleinen Anlagen eingeführt ist, wurde der Schlamm wegen seiner durch die Belüftung stark gesteigerten Wirksamkeit ‚aktiver Schlamm' genannt" (SIERP 1934).

Diesen Belebtschlammanlagen können durch *Chironomus*-Larven große Gefahren drohen. Wie bei der natürlichen Selbstreinigung von Gewässern, die durch organische Abwässer verunreinigt sind (vgl. S. 646 ff.), *Chironomus*-

Larven, vor allem der *thummi*-Gruppe, als kräftige Mineralisatoren des Schlammes eine überaus wichtige und nützliche Rolle spielen können, so können die gleichen Larven bei Belebtschlammanlagen als Schädlinge auftreten, indem sie bei Massenentwicklung den gesamten Belebtschlamm auffressen. Der Schlamm, der den Darm der Larven passiert hat, ist kein „Belebt"-Schlamm mehr, ist für die Abwasserreinigung wertlos, da er keinerlei adsorptive Eigenschaften mehr hat. „Zur Beseitigung der Chironomiden ist auf der Kläranlage Essen-Rellinghausen ein Spülsieb (Abb. 277) eingebaut, das zwischen Rücklaufschlammpumpe und Zulauf-Belebungsbecken geschaltet ist. Das Sieb fängt aus dem Rücklaufschlamm die Chironomiden-

Abb. 277. Trommel-Spülsieb vor der Schlammbelebungsanlage Essen-Rellinghausen zum Herausfangen der *Chironomus*-Larven.

larven heraus, die dann in dem Faulschlamm mit ausgefault werden. Neuerdings ist von BUCHMANN (1932) versucht worden, durch Zugabe eines Insektizids, Insektenpulver, die Chironomiden zu bekämpfen. BUCHMANN verwendet ein Pulver aus gemahlener trockener Blüte einer Pyrethrum-Art. Das Insektenpulver wird in bestimmten, abgewogenen Mengen auf die Wasseroberfläche gestreut und verteilt sich dann selbsttätig durch das Wasser. Bei Anwendung von 2,5 mg/l dieses Pulvers tritt innerhalb 4 bis 6 Stunden eine so starke Lähmung der Chironomidenlarven ein, daß sie vollkommen lebensunfähig bleiben" (SIERP 1934). Der belebte Schlamm an sich wird durch das Insektenpulver in keiner Weise geschädigt. Die „*Chironomus*-Trommel" hat sich in der Praxis durchaus bewährt.

In dem Wasserwerk von Madras (Indien) vermehrten sich in den Langsamfiltern die roten *Chironomus*-Larven überaus stark. Sie zerstörten durch ihre Bauten stellenweise die Filterhaut, die ja prinzipiell nichts anderes als

„Belebtschlamm" ist. Dadurch wurde die normale Tätigkeit dieser Sandfilter gestört, und in dem Ablaufswasser waren abnorm hohe Mengen von freiem Ammonium, sowie Phosphat, vorhanden (GANAPATI 1949).

e) Chironomidenlarven als Pflanzenschädlinge

Über die in Wasserpflanzen minierenden Chironomiden ist an früherer Stelle (S. 72 ff.) schon berichtet worden. Ebenso über die Ceratopogonide *Apelma brevis* Joh., deren Larven auf Hawaii in den Phytotelmen der Ananas leben und die Blätter durch Zernagen schädigen, so daß Bakterien eindringen und die ganze Pflanze fault (vgl. S. 550).

In den Reisfeldern Oberitaliens, in der Provinz Bologna, leben die Larven von *Chironomus cavazzai* K. in großen Mengen; aus einem Liter Schlamm wurden 100 g reine Larven gewonnen. Diese Larven schaden den Reiskulturen sehr. Sie fressen die keimenden Reiskörner aus. Von 512 Körnern waren 403 durch die Larven geschädigt (CAVAZZA 1914).

Aber auch Landpflanzen werden in ihren unterirdischen Teilen von terrestrischen Chironomidenlarven angefressen. Ich stelle hier kurz die mir bekannt gewordenen Fälle zusammen, wennschon wohl bei den meisten Arten kein größerer Schaden sicher festgestellt ist. Es handelt sich durchweg um typische terrestrische Orthocladiinen:

Smittia sp. (*contingens* WALK.). An den Rhizoiden exotischer Pflanzen in einem Gewächshaus (EDWARDS 1929, S. 361).

Smittia pratorum GOETGH. An Narzissenzwiebeln (ebenda S. 361).

Euphaenocladius aterrimus MG. Schädling an Gewächshauspflanzen, die Wurzeln angreifend; an Tabaksaatpflanzen, *Iris*, Erbsen, Kartoffeln (JOHANNSEN 1937, S. 79; BOURNE and SHAW).

Euphaenocladius puripennis K. In Spargelgewächshäusern in Braunschweig-Gliesmarode (STRENZKE 1950, S. 259).

Bryophaenocladius furcatus K. In Gewächshäusern, die Wurzeln angreifend (Primel, Kürbis, Tomaten [hier im Stengel]) (EDWARDS 1929, S. 341). Vielleicht die gleiche Art auch in Kartoffelknollen (PATCH 1917). (Von COE [1950, S. 121] als *Hydrobaenus furcatus* bezeichnet! Die nomenklatorische Verwirrung wird immer größer!)

Bryophaenocladius sp. In Rübensamen gefunden (THIENEMANN 1936 a).

f) Cardiocladius-Larven als Simulium-Feinde

Es ist gewiß nicht ohne Interesse, daß einerseits Ceratopogoniden als Stechmücken den Menschen stellenweise stark belästigen und daß man andererseits vorgeschlagen hat, Chironomidenlarven zur Bekämpfung stechender Mücken zu verwenden!

Die Larven der Orthocladiinengattung *Cardiocladius* K., die in verschiedenen Arten auf fast der ganzen Erde vorkommen, leben in Flüssen und Gebirgsbächen. Sie finden sich stets zwischen den Larven und Puppen von *Simulium*, von denen sie sich nähren (vgl. S. 58). Simulien gehören bekanntlich zu den übel stechenden Mücken; sie werden nicht nur dem Menschen lästig (so in Lappland als „Knott"), sondern auch für das Vieh stellenweise sehr gefährlich.

Nun schrieb mir vor einiger Zeit Herr TONNOIR über australische *Cardiocladius*-Larven: „Here I find them in association with *Simulium* on which they prey and I am attempting to introduce them into New Zealand, where *Simulium* is a serious pest and where *Cardiocladius* is unknown." Ob dieser Versuch inzwischen ausgeführt ist, weiß ich nicht.

X. Abwasserchironomiden

Daß schon ARISTOTELES rote *Chironomus*-Larven in den Küchenabwässern von Megara beobachtet hat, wurde oben (S. 7) erwähnt.

In der neueren abwasserbiologischen Literatur, etwa seit der Jahrhundertwende, spielen die Chironomidenlarven eine große Rolle. Aber leider ist die Artbestimmung fast immer völlig unzureichend. Einige Beispiele: Wir lesen in KOLKWITZ' und MARSSONS „Ökologie der tierischen Saprobien" (1909) bei der α-mesosaproben Zone (S. 138): „*Chironomus plumosus* L. Larven, durch massenhaftes Auftreten besonders typisch für diese Region; auch in der poly- und β-mesosaproben Zone. Diese Spezies ist eine Sammelart. *Chironomus motitator* (L.). Larven, auch in der β-mesosaproben Zone. *Tanypus monilis* (L.), auch in der β-mesosaproben Zone." Hierzu ist zu bemerken, daß weder *Chironomus plumosus* noch *Ablabesmyia monilis* Abwasserbewohner sind, und daß mit *Chironomus motitator* (L.) — wahrscheinlich einer *Trichocladius*-Art (vgl. THIENEMANN 1936 g, S. 537) — wohl irgendwelche Orthocladiinen gemeint sind. Unter den β-Mesosaprobien werden (S. 144) genannt: „*Chironomus*-Larven von heller, gelblicher, nicht roter Farbe. *Ceratopogon*-Larven von nicht näher bestimmten Arten." 1950 (S. 42) bezeichnet KOLKWITZ bei den α-Mesosaprobien die *Chironomus*-Art richtig als *Ch. thummi*. Was aber (S. 53) über β-mesosaprobe Formen („*Chironomus*", „*Tanypus*", „*Ceratopogon*") geschrieben wird, ist absolut unzureichend, zum Teil auch falsch. Auch SCHIEMENZ spricht in seinen abwasserbiologischen Arbeiten (z. B. LINDAU, SCHIEMENZ u. a. 1901; MARSSON und SCHIEMENZ 1901; SCHIEMENZ 1902, 1908) von *Chironomus plumosus* und *Chironomus motilator* (sic!). Und noch 1918 genügt es STEINMANN und SURBECK bei ihren Untersuchungen der Wirkung organischer Verunreinigungen auf die Fauna schweizerischer fließender Gewässer, daß sie die gefundenen Chironomiden als „rote und schwärzliche Larven", als „sehr kleine Larven", als „blutrote Larven" oder als „große rote Larven" anführen.[133]

[133] Leider bringt auch LIEBMANNs neues (1951) „Handbuch der Frischwasser- und Abwasserbiologie" auf Seite 286 bis 291 als einzige Abwasserchironomide nur *Chironomus plumosus* (!).

Solche Angaben sind natürlich wertlos, ebenso wie die Angabe von „*Chironomus*-Larven" — womit alle Chironomiden gemeint sind — bei Fischnahrungsuntersuchungen. Ich habe daher schon 1921 (1921 a, vgl. auch THIENEMANN 1923 a) den Fischereibiologen dringend nahe gelegt, solche nichtssagenden Bezeichnungen zu unterlassen und die Chironomiden, die sie bei ihren fischereilichen und abwasserbiologischen Untersuchungen antreffen, wirklich zu bestimmen!

Welche Arten von Abwässern lassen sich nun überhaupt durch eine bestimmte Organismenwelt charakterisieren? Ich habe diese Frage in bezug auf die biologische Wasseranalyse schon 1914 (S. 275) gestellt und schrieb:

„Welche Stoffe können überhaupt durch die biologische Wasseranalyse nachgewiesen werden?

Die Wirkung einer Wasserverunreinigung auf die Lebewelt kann eine zweifache sein: eine negative, indem die Reinwasserorganismenwelt wenigstens in ihren empfindlichen Vertretern mehr oder weniger weitgehend vernichtet wird, eine positive, indem bestimmte Wasserorganismen eine einseitige Förderung ihrer Entwicklung erfahren. Dies können entweder solche sehr widerstandsfähigen Formen sein, die auch im reinen Wasser häufig sind, die aber, weil durch die Abwässer die empfindlicheren Arten ausgemerzt sind und nun Raum für eine konkurrenzlose Entwicklung vorhanden ist, hier ein Massenauftreten zeigen. Oder es sind Arten, die im reinen, normalen Wasser sonst nicht vorkommen, sondern die stets an das Vorhandensein größerer Mengen von Stoffen gebunden sind, die eben für die betreffenden Wasserverunreinigungen charakteristisch sind. Und was für Stoffe können sich auf diese Weise positiv in den biologischen Verhältnissen aussprechen? Doch augenscheinlich nur die, die auch fern von der Kultur und schon vor jeder Kultur im natürlichen Wasser gelegentlich in Mengen auftreten. Das sind aber nur ganz wenige Stoffe:

1. Die faulenden organischen Substanzen. Sie werden den natürlichen Gewässern unserer Breiten in jedem Herbst durch die absterbende Vegetation in großer Menge zugeführt, sie erfahren ferner überall da im Wasser eine lokale Anreicherung, wo ein größeres Tier verendet. Ihr Vorhandensein im Wasser wird angezeigt durch die Saprobien, von denen besonders scharf die sogenannten Abwasserpilze *Sphaerotilus, Apodya (-Leptomitus)* und *Beggiatoa* reagieren. Tritt z. B. irgendwo in einem Bachlauf ein *Sphaerotilus*-Besatz auf, so ist damit eine Zufuhr fäulnisfähiger Stoffe sicher nachgewiesen.

2. Das Kochsalz. Wo Kochsalz in einigermaßen beträchtlicher Menge einem Gewässer zugeführt wird, treten die typischen Salinentiere, die Halobien, auf, und halophile Arten erfahren eine Massenentwicklung. So werden die Larven vieler *Ephydra*-Arten (Fliegen), die Käfer *Philydrus bicolor, Ochthebius marinus, Paracymus aeneus,* das Rädertier *Brachionus mülleri,* sowie der Krebs *Artemia salina* nur in salzigem Wasser gefunden. Ihr Auftreten im Binnenwasser zeigt einen über das Normale hinausgehenden Kochsalzgehalt mit Sicherheit an.

3. Auch das Eisen ist, wo es im Übermaß gelöst im Wasser vorhanden ist, biologisch positiv charakterisiert, und zwar durch das Auftreten der sogenannten Eisenbakterien.

Ist also ein Wasser einseitig durch ein Übermaß von faulenden Stoffen, von Kochsalz oder Eisen charakterisiert, so zeigt uns dies die Organismenwelt klar an, ohne daß eine chemische Untersuchung nötig wäre.

Aber das sind auch die einzigen Stoffe, die die biologische Wasseranalyse nachweisen kann."

Stellen wir diese Frage nun speziell für die Chironomiden, so kommen wir zu dem Ergebnis, daß es keine Chironomiden gibt, die für ein Übermaß an Eisen charakteristisch sind. Für das Kochsalz liegen die Verhältnisse anders. Man denke an die von uns auf Seite 576 bis 618 eingehend behandelten Salzwasserchironomiden. Von diesen Arten kennen wir aber nur e i n e, die einmal als Charakterform von hochgradig salzigen Abwässern auftrat, *Trichocladius vitripennis* MG. (= *halophilus* K.). Die Zeche Maximilian bei Hamm in Westfalen stieß beim Ausbau ihrer Grube im Jahre 1904 auf Solquellen von großer Mächtigkeit. Das Wasser dieser Quellen, das viel Ocker absetzt, wird aus den Schächten abgeleitet und dem Geithebach zugeführt (SCHFIDT 1913, S. 45). Als ich am 14. X. 1908 den Geithebach untersuchte (KIEFFER-THIENEMANN 1908/09, S. 34, 35), betrug der Abdampfrückstand 58 900 l/mg, der Chlorgehalt 35 512 l/mg (auf NaCl berechnet 55 224 l/mg). In diesem hochkonzentrierten Wasser lebte neben Ephydridenlarven, Salzdiatomeen u. a. unsere Chironomidenart in großer Zahl. Für die weitere Verbreitung dieser typischen Salzform vgl. Seite 28.

In Gewässern, die durch faulende organische Abwässer verunreinigt sind, spielen Chironomiden eine große Rolle; sie wirken bei Massenentwicklung in hohem Maße an der Mineralisation der organischen Stoffe mit und sind anderseits dann gute Indikatoren für die chemische Beschaffenheit des betreffenden Wassers.

Wir betrachten im folgenden zuerst die Chironomidenfauna biologischer Kläranlagen, dann die von abwasserverunreinigten Gräben und dergleichen.

a) Die Chironomiden biologischer Kläranlagen

Tropfkörper sind große Haufen von Schlacken, Koks und dergleichen, über die das aus den Vorreinigungsbecken kommende Abwasser durch besondere Vorrichtungen verteilt wird (Abb. 278). „Das Wasser rieselt in dünner Schicht über die mit zusammenhängenden Organismenhäuten überzogenen Schlackenstücke und ermöglicht dabei lebhafte Belüftung. Der organische Filz, welcher die Stücke dicht überzieht, wirkt absorbierend auf die im Wasser gelösten Nährstoffe und befreit diese dadurch von den fäulnisfähigen Stoffen, welche von den vorhandenen Organismen weitgehend verzehrt werden" (KOLKWITZ 1910, S. 52). KOLKWITZ (l. c.) gibt für die Tropfkörper der Wilmersdorfer Kläranlage bei Stahnsdorf „Chironomidenlarven, vereinzelt" an.

Am 21. II. 1912 untersuchte ich die Biologische Kläranlage der westfälischen Stadt Unna (THIENEMANN 1921 b, S. 830). Hier wurden aus den Ablaufröhren der Tropfkörper neben vielen anderen Abwasserformen Larven und Puppen einer Orthocladiine ausgespült; die Imagines waren in

Massen ebenfalls an den Sammelrinnen der Körper vorhanden. Am 22. IV. 1912 war die gleiche Fauna vorhanden. Es handelte sich um *Dyscamptocladius perennis* Mg. (syn. *novatus* Walk., *setiger* K., *pentachaetus* K., *trinotatus* K., ? *ellipsoidalis* K.). Die gleiche Art gibt Boettcher (1935) für den Schlamm der Rieslersteine und Filteroberflächen eines Berliner Wasserwerks an.

Abb. 278. Tropfkörper — zur Zeit nicht in Betrieb — der biologischen Kläranlage Elmschenhagen bei Kiel. (Phot. Thienemann.)

In seiner schönen Zusammenstellung über „Animal life in Percolating Filters“ hat Tomlinson (1946) die Chironomiden, die in England auf dem „biological film“ leben, verzeichnet und abgebildet. Es sind:

Dyscamptocladius perennis Mg.
Limnophyes minimus Mg.
Metriocnemus hygropetricus K. (*longitarsus* Goetgh.).
Metriocnemus hirticollis Staeg.

Das sind alles Arten, die auch an Reinwasserbiotopen in dünnen Wasserhäuten leben, daher zum Teil auch (*Limnophyes minimus, Metriocnemus hygropetricus*) terrestrisch vorkommen. Sie sind also in chemischer Beziehung überaus euryök.

Es sind keine obligatorischen Fäulnisbewohner, keine S a p r o b i o n t e n. Sie leben auf den Tropfkörpern, weil ihnen dort die dünne Wasserhaut, an die sie auch sonst gebunden sind, geboten wird, wie an ihren übrigen Wohnstätten, den Quellen, dünn überspülten Felsen, Gewässerrändern oder dem Vegetationsüberzug feuchten Bodens. Aber dank dem auf den Tropfkörpern mit ihrer riesigen Oberfläche ihnen gebotenen Übermaß an Nahrung können sie hier eine Massenentwicklung erreichen. Sie sind also saprophil. In einer Anzahl ausgezeichneter Arbeiten hat LLOYD die quantitative Entwicklung dieser „sewage flies“ auf den „bacteria beds“ englischer Abwasserkläranlagen studiert (vgl. vor allem LLOYD, GRAHAM und REYNOLDSON 1940; LLOYD 1943 a).

In der Kläranlage Knostrop (Leeds) wurden von Ende 1933 bis August 1941 die Zahlen für die aus 1 Quadratfuß Oberfläche (= etwa 930 qcm) monatlich schlüpfenden Mücken bestimmt; man erhält so ein gutes Bild von der Massenentwicklung dieser Arten (die Zahlen mit 10 multipliziert, geben die ungefähre Besiedelung für 1 qm).

Im folgenden ist LLOYDS Tabelle wiedergegeben (LLOYD 1943 a, S. 50):

	1934	1935	1936	1937	1938	1939	1940	1941
			Limnophyes minimus					
Januar	**1361**	523	405	181	*165*	327	362	282
Februar	239	273	72	99	*57*	**517**	226	257
März	**327**	68	115	100	104	209	129	253
April	80	112	102	114	109	114	*33*	93
Mai	442	**832**	530	448	413	**914**	403	442
Juni	*511*	856	848	787	1237	**2055**	1261	**2322**
Juli	2456	(3533)	2768	2906	*896*	(4449)	2789	**4814**
August	**7297**	6209	*2679*	6026	4565	**6843**	6678	4525
September	**9650**	4335	*1802*	3918	2823	2328	**7550**	—
Oktober	**2863**	2590	*1545*	3236	2182	2773	**7679**	—
November	1483	1740	*683*	2223	2457	3059	**6356**	—
Dezember	**2760**	*268*	*434*	1154	1547	1918	**2935**	—
			Metriocnemus longitarsus, weibliche Mücken					
Januar	122	**218**	134	*45*	*16*	**204**	24	8
Februar	23	**135**	44	*6*	*4*	**81**	14	14
März	42	17	45	*17*	18	**86**	62	20
April	33	24	32	49	18	47	**68**	*8*
Mai	89	103	93	64	20	93	93	**860**
Juni	56	29	36	56	32	24	*12*	**101**
Juli	7	(23)	25	22	12	(31)	*8*	**32**
August	7	18	17	26	9	**41**	*7*	20
September	11	4	**64**	22	30	18	*1*	—
Oktober	7	21	**80**	24	38	15	*1*	—
November	27	79	71	80	**105**	**130**	52	—
Dezember	34	47	61	151	**308**	78	42	—

Metriocnemus hirticollis, weibliche Mücken

Januar	26	**90**	48	1	4	2	1	7
Februar	1	**146**	0	1	1	0	1	7
März	2	**49**	4	1	1	1	2	5
April	1	**231**	6	1	2	1	1	1
Mai	13	**61**	**86**	13	*2*	*3*	34	33
Juni	40	58	**167**	11	*8*	*6*	46	**224**
Juli	19	(50)	40	13	*1*	(4)	42	**116**
August	35	45	23	12	15	*3*	**169**	**104**
September	66	6	25	12	19	10	**117**	—
Oktober	27	38	40	18	6	12	**86**	—
November	20	30	*3*	15	20	18	**75**	—
Dezember	52	24	*3*	18	14	2	**194**	—

In dieser Tabelle sind die Maximalwerte fett, die Minimalwerte kursiv gedruckt. (Für den Jahresrhythmus des Schwärmens dieser Arten vgl. S. 263 ff. dieses Buches.)

Auf den Sandfiltern des Wasserwerks von Pulta, nahe Kalkutta, wies Hamiz (1939) als Haupt-Chironomide *Limnochironomus tenuiforceps* K. nach; weniger häufig waren *Chironomus* (s. s.) *barbatitarsis* K. und *Cryptochironomus orissae* K. Material, das mir S. V. Ganaparti aus dem Wasserwerk von Madras sandte, enthielt *Chironomus*-Larven der *plumosus*-Gruppe sowie Orthocladiinen aus der nächsten Verwandtschaft von *Dyscamptocladius* (vgl. Ganapati 1948).

b) Die Chironomidenfauna der Abwassergräben

Eine ganz andere Chironomidenfauna als auf den biologischen Tropfkörpern selbst lebt in den Abflüssen solcher Kläranlagen und in Gräben und Bachläufen, in die faulende Abwässer unmittelbar eingeleitet werden.

Hier ist in Europa die Charakterform, die sich zu fast unvorstellbaren Mengen entwickeln kann, *Chironomus thummi* K. (Von den Engländern meist als *riparius* Mg. bezeichnet; für die Synonymie vgl. S. 30 dieses Buches.) Für Nordamerika bezeichnet Townes (1945, S. 126) als die einzige Art, die als wirklicher Indikator für organisch verunreinigtes Wasser bezeichnet werden kann, „*Ch. riparius* Mg.“. Seine Synonymie vgl. l. c. S. 124, 125; er betont, daß er paläarktisches Material nicht gesehen hat; doch lagen ihm Tiere (aus 4000 Fuß Meereshöhe) aus Argentinien vor. Ich bin fest davon überzeugt, daß es sich auch bei diesen amerikanischen Formen um die von uns als *thummi* K. bezeichnete Art handelt. Die Abbildung des Hypopygs, die Goetghebuer (1921 a, S. 156) nach Meigens Type für *Ch. riparius* gibt, k a n n sich auf *thummi* K., aber ebenso auf *meigeni* K. oder *halophilus* K. beziehen. Ich behalte daher die Bezeichnung *thummi* bei, wenn schon es sehr w a h r s c h e i n l i c h ist, daß dies ein Synonym zu *riparius* Mg. ist.

Schon bei meinen Abwasseruntersuchungen in Westfalen (1908—1914) ist mir *Chironomus thummi* immer wieder in Massenentwicklung begegnet.

Es ist vielleicht zur Charakterisierung seiner Abwasserbiotope gut, wenn ich hier (nach KIEFFER-THIENEMANN 1908/09, S. 35, 36) einige Schilderungen dieser Lebensstätten wiedergebe:

1. In der Aa unterhalb des Schlachthauses Münster entwickelt sich das typische Leben hochgradig organisch verschmutzten Wassers: *Tubifex, Carchesium,* Oscillatorien, Abwasserpilze. Unmassen roter *Chironomus*-Larven am 11. VII. 1908 teils im Wasser treibend, teils im Schlamm; zugleich bedeckten große Mengen der zugehörigen Imagines — von KIEFFER als *Ch. gregarius* beschrieben — die aus dem Wasser hervorragenden Pfähle.

2. Im Stadtgraben von Rheine, der total verschmutzt ist, zwischen dem Schlamm und den *Sphaerotilus*-Zotten reife Larven und Puppen am 21. VII. 1908. Dieselben Larven und Puppen — von beiden Stellen von KIEFFER als *Ch. interruptus* beschrieben — am 15. VII. 1908 in der Emscher dicht hinter Sölde; hier sind die spinnwebigen Überzüge von *Beggiatoa* und schneeweiße, zottige Abwasserpilze *(Phoma emschericum)* häufig; am Grunde *Tubifex* in Mengen. Die *Chironomus*-Larven teilweise mit *Mermis* sp. infiziert. (Von dieser zweiten Stelle stammt die unten wiedergegebene Wasseranalyse.)

3. Am 15. VII. 1908 im Bodenschlamm eines Stauteiches der Emscher an der Buschmühle die roten Larven zusammen mit *Tubifex, Sphaerium, Plumatella fungosa, Protenthes kraatzi, Psectrotanypus varius* F., *Eucricotopus petiolatus* u. a. Puppenhäute in Mengen zwischen dem Grasbehang des Ufers, Laichschnüre hängen am Ufer an den in das Wasser ragenden Gräsern. Von KIEFFER als *Ch. distans* beschrieben.

4. Rote Larven und Puppen in Mengen in der Schondelle, einem raschfließenden Nebenbach der Emscher, kurz vor der Mündung in die Emscher am 15. VII. 1908. Abwasservegetation, *Sialis*-Larven, *Chironomus*-Larven teilweise von *Mermis* infiziert. Von KIEFFER als *Ch. pentatomus* beschrieben. Weitere Angaben über Chironomiden in Abwässern nebst zugehörigen chemischen Wasseranalysen finden sich in KÖNIG, KUHLMANN, THIENEMANN 1911 sowie LACOUR 1914.

Von diesen vier Stellen liegen auch chemische Analysen des Wassers vor:

	1	2	3	4
Sauerstoffgehalt ccm/l	0,2	0,0	1,9	2,9
nach 24 Stunden	0,0		0,3	0,0
Abdampfrückstand l/mg	513	1398,6	1169,2	1226
Glühverlust	125		100	152
Permanganatverbrauch	189,6	116,92	49,9	164,3
Chlor	84	321,4	243,5	53,1
Wassertemperatur ° C	14,75	21	16,25	15

Ch. thummi kann also noch in einem Wasser leben und sich entwickeln, dem durch heftigste Fäulnisvorgänge aller Sauerstoff entzogen ist (gleichzeitig auch einen verhältnismäßig hohen Chlorgehalt vertragen).

In ihrer „Ökologie der tierischen Saprobien" führen KOLKWITZ und MARSSON (1909) *Chironomus thummi* (damals noch als *plumosus* bezeichnet; vgl. oben S. 641) als besonders typisch für die α-mesosaprobe Zone auf, betonen aber, daß er auch in der poly- und β-mesosaproben Zone vorkommt (vgl. dazu THIENEMANN 1911 a, S. 1048, sowie RHODE 1912).

Chironomus thummi kommt aber nicht nur in abwasserverseuchten Gewässern vor, sondern auch im Reinwasser von Seen, Teichen, Tümpeln, Brunnentrögen, Gartenbassins, Tränkbottichen auf Viehweiden, Baumhöhlen, Quelltümpeln, Hallenschwimmbädern, Rockpools (vgl. S. 31). Der Grad seiner Mengenentwicklung hängt von der Menge der ihm zur Verfügung stehenden organischen Nährstoffe ab. Die Schwefelwasserstoff- und Ammoniak-Toleranz der Larven dieser Art hat neuerdings (1952) H.-A. STAMMER experimentell untersucht.

Chironomus thummi ist kein Saprobiont, aber ausgesprochen saprophil.

Als zweite *Chironomus*-Art der Abflußkanäle englischer Kläranlagen gibt TOMLINSON (S. 15) *Ch. dorsalis* MG. an. Auch in Deutschland tritt diese Art, die synonym mit KIEFFERS *sordidatus* ist, in Abwassergräben auf, wenn auch bei weitem nicht so häufig wie *Ch. thummi.* Im Ewaldibach bei Laer i. W., der durch Molkereiabwässer total verschmutzt war, lebte sie in Massen am 25. VII. 1911; der Sauerstoffgehalt des Wassers betrug (Temperatur 19°) 7,57 ccm je Liter, nach 24 Stunden aber nur 0,25 ccm; also Sauerstoffzehrung 96,7%. In Südschweden, bei Hälsingborg in einem Bach unterhalb des Einlaufs von Färbereiwässern. In Lunz lebt sie im „Kanal" unterhalb des Einlaufs der Abwässer der Biologischen Station. Das Tier lebt aber auch in reinen Gewässern, so Teichen, Tümpeln, Pfützen, Wiesengräben, Bächen, ja in Quellen von der Ebene (Holstein) bis ins Hochgebirge (Schweizerischer Nationalpark); es ist gegen eine Erhöhung des Chlorgehaltes nicht empfindlich (Lagune von Venedig, westfälisches Salinenwasser, Salzgewässer am Ringköbing Fjord; vgl. S. 595, 601, 615 dieses Buches).

Ch. dorsalis ist in Europa weit verbreitet, von Island bis Italien, von Westeuropa bis Rußland. Er ist auch von mikronesischen Inseln bekannt (TOKUNAGA 1940, S. 220). Er ist wie *Ch. thummi* saprophil, wenn auch in geringerem Grade.

Für eine dritte *Chironomus*-Art, *Camptochironomus tentans* FABR., gibt TOWNES (1945, S. 126, 136) an, daß sie v i e l l e i c h t ein Abwasserindikator sei und eine mäßige organische Verunreinigung vertrage. Wir kennen sie in Holstein aus vergreisten Seen, die mehr oder weniger stark durch Hausabwässer verunreinigt sind (vgl. S. 463). Zu den eigentlichen Abwasserindikatoren können wir sie nicht rechnen.

In den „mehrstufigen“ Abwasserteichen von Luberzi (Moskau) ist die Bodenbevölkerung durch „Chironomidenlarven charakterisiert“ (MAYENNE 1933 a). Es wird sich dabei höchstwahrscheinlich um *Chironomus thummi* (oder *dorsalis)* handeln.

Auch eine Anzahl Tanypodinen sind in Gewässern mit mehr oder weniger starker organischer Verunreiniung zuweilen häufig. An erster Stelle steht:

Psectrotanypus varius F. *(brevicalcar* K.). In Mengen zusammen mit *Ch. thummi* in dem oben Seite 647 geschilderten Stauteich der Emscher (α-mesosaprobe Zone). Am 20. VIII. 1912 im Vättern bei Jönköping (Schweden) direkt unter der Ausmündung der städtischen Abwässer. In stark organisch gedüngten Almtümpeln. Aber auch in reinen Teichen, Tümpeln, Gräben, Quellen. Schlammbewohner, in ganz Europa exklusive der Arktis nachgewiesen. Auch aus Japan bekannt. Stark saprophil (THIENEMANN 1950, S. 115). — Hierher ferner:

Psectrotanypus trifascipennis ZETT. *(longicalcar* K.). In ganz Europa exklusive der Arktis. In Teichen, Gräben, Bächen, seltener in Seen, Schlammbewohner, meist in reinem Wasser, geht aber zuweilen bis an die Grenze der poly- und α-mesosaproben Zone: 6. IX. 1909 im Olpebach (Westfalen), unterhalb der Papierfabrik Hofolpe (O_2-Zehrung 100%). Schwach saprophil.

Macropelopia notata MG. In ganz Europa und auf den Kanarischen Inseln verbreitet. Schlammbewohner stehender und fließender Gewässer, in Bächen und Flüssen an ruhigen Stellen. In der Ebene und im Gebirge, im reinen Wasser, auch in Salinenwasser (vgl. S. 614) sowie in organisch verunreinigten Gewässern: im Olpebach mit voriger Art; im Abfluß der Münsteraner Rieselfelder 25. IV. 1912; 1. X. 1909 in der Ruhr unterhalb Arnsberg, die durch Papierfabriken verunreinigt ist. — Schwach saprophil.

Procladius sagittalis K. Europa, Arktis bis Alpen, Ostsibirien, Japan. Im Schlamm stehender und langsam fließender Gewässer, auch in Seen. Geht in Salinenwasser (S. 614) und organisch verunreinigtes Wasser (α-mesosaprobe Zone): im Stauteich der Emscher mit *Psectrotanypus varius* und *Ch. thummi.* — Saprophil.

Protenthes kraatzi K. Bisher bekannt aus Westfalen, aus dem Stauteich der Emscher (α-mesosaprobe Zone), aus Thüringen aus dem Otterbachteich, aus dem Laacher See, dem Großen Plöner See, dem Kirchensee (Nebensee des Schaalsees), dem Genfer See, dem Sonnbichlsee (Oberbayern), aus Mähren, Dänemark. Im wesentlichen also Reinwasserform, schwach saprophil.

Protenthes punctipennis MG. *(bifurcatus* K.). In Europa von Mittelschweden bis Italien; Japan, USA. — In Seen, Flüssen, Bächen, Kanälen, Teichen. Im allgemeinen eine Reinwasserform, aber mit voriger Art zusammen im Stauteich der Emscher. Schwach saprophil.

Wo die Tanypodinen sich in organisch verunreinigten Gewässern in Mengen entwickeln, hängt dies mit einer Massenentwicklung ihres Hauptnährtieres, *Tubifex*, zusammen.

Von den schlammbewohnenden Orthocladiinen geht eine Art, *Prodiamesa olivacea* Mg. (= *praecox* K.) gelegentlich bis an die Grenze der polysaproben Zone. *P. olivacea* ist ein euryoecischer und eurytoper Bewohner des Schlamms stehender und schwach fließender Gewässer und ist in Europa von Lappland und den Färöern bis Ungarn sowie in USA weit verbreitet. Sie lebt in Flüssen, Bächen, Gräben, Quellen, Talsperren, Seen, Teichen, von der Ebene bis ins Hochgebirge. Funde im stark verunreinigten Wasser (Rhode, S. 32): unterhalb der Papierfabrik Hofolpe (vgl. *Psectrotanypus trifascipennis);* in einem Teich in Westfalen mit viel Jauche- und Latrinenzufluß; in Thüringen im Gera-Graben unterhalb Arnstadt; oft zwischen den von Aquarienhändlern verkauften *Ch. thummi*-Larven, die aus Abwässergräben stammen (vgl. Thumm 1908). Schwach saprophil.

Wo einem hochgradig organisch verunreinigten Gewässer durch starke Strömung viel Sauerstoff zugeführt wird, treffen wir in den *Sphaerotilus*-Rasen bisweilen noch andere Orthocladiinen an, so *Eucricotopus petiolatus* K., *E. silvestris* F. (= *Isocladius albipes* K.) (Rhode, S. 34); auch die Chironomarie *Polypedilum abranchius* K. ist von einer solchen Stelle bekannt (Lenz 1941 a, S. 20) — die Ruhr hatte an dieser Stelle am 22. IX. 1911 einen Sauerstoffgehalt von 4,75 ccm/Liter, aber dabei eine Sauerstoffzehrung (nach 48 Stunden) von 100% (Thienemann 1912 a, S. 70 oben).

Auch die Angabe Lloyds (Lloyd, Grahan, Reynoldson 1940, S. 123), *Tanytarsus atrofasciatus* K. lebe in den Abflußgräben der Tropfkörper von Knostrop, dürfte so zu deuten sein.

Daß auch in den alpinen, organisch verschmutzten Gewässern die soeben geschilderte Chironomidenbesiedelung vorhanden ist, geht aus einer Arbeit von A. Dorier (1939) hervor. Er untersuchte ein Bachsystem bei Grenoble, das durch die Abwässer einer Brauerei verunreinigt wird, und fand darin: in der polysaproben Zone *Chironomus* sp. *thummi*-Gruppe, *Ch. dorsalis* Mg. und *Prodiamesa olivacea* Mg., beim Übergang von der polysaproben zur mesosaproben Zone *Psectrotanypus varius* F., *Ps. trifascipennis* Zett. und *Macropelopia nebulosa* Mg. — Für dänische abwasserverseuchte Flußläufe vgl. Spärck 1950 und Kaiser 1951.

Wie aus den Ausführungen dieses Abschnittes hervorgeht, stellt keine einzige Chironomidenart nur durch ihr Dasein einen Indikator für eine organische Verunreinigung eines Gewässers dar. Es gibt keine saprobionten Chironomiden, sondern nur saprophile. Das gilt übrigens für alle Metazoen. Trotzdem bleibt die Bedeutung der Chironomiden für die biologische Wasseranalyse bestehen. Wo in einem Gewässer rote *Chironomus*-Larven der Arten *thummi* oder *dorsalis* im Rahmen einer Abwasserbiocoenose (*Sphaerotilus, Beggiatoa, Tubifex* usw.) in Massenentwicklung auftreten, zeigen sie hochgradige Verunreinigung durch organische, faulende Abwässer an. Indikatorwert hat in der biologischen Wasseranalyse nicht der Einzelorganismus, sondern die Lebensgemeinschaft (vgl. schon KOLKWITZ-MARSSON 1902, S. 51—56).

XI. Das *Chironomus*-Gewerbe

Nur ganz bestimmte Kreise werden wissen, daß es ein „*Chironomus*-Gewerbe" gibt! Die Ausdehnung der Aquarienliebhaberei ist in manchen Ländern eine ganz gewaltige, und der „Aquarianer" benutzt rote *Chironomus*-Larven (in Deutschland meist *Ch. thummi*) besonders gern als Futter für seine Lieblinge. „Neben den Daphnien sind sie das wichtigste Futter für die Aquarienfische, Wassermolche und selbst für einige Landtiere. Ihre blutrote Färbung verdanken sie dem Hämoglobin, demselben Farbstoff, der auch dem Blut der Wirbeltiere die rote Farbe gibt. Von allen Fischen werden sie gern genommen, sind ihnen gut bekömmlich und sehr nahrhaft. Fische, die mit roten Mückenlarven gefüttert werden, laichen kräftiger ab als solche, die nur Daphnien erhalten. Von besonderer Bedeutung sind sie deswegen, weil sie uns besonders im Winterhalbjahr zur Verfügung stehen, wo Wasserflöhe nur schwer oder nicht beschafft werden können" (GEYER, S. 42).

Die erste Firma, die rote Mückenlarven als Futter für Aquarienfische versandte, ist wohl H. JEUNET, Paris, 30; Quai du Louvre, gewesen. Leutnant SCHÄFFER lernte die Larven in Frankreich bei Aquarianern als „vers de vase" kennen. Auf SCHÄFFERS Anregung hin war TH. LIEBIG, Dresden, der erste und lange Zeit der einzige Händler, der rote Mückenlarven versandte. Viel später erschienen dann die übrigen Händler auf dem Platze. Der erste, der über die roten *Chironomus*-Larven und ihre Bedeutung als Winterfutter berichtete, war GERLACH (1903, vgl. THIENEMANN 1912 f).

Viele Zierfischzüchter warfen sich auf die Gewinnung der „roten Mückenlarven" und pachteten sogar dafür geeignete, d. h. durch organische Abwässer verunreinigte Gewässer. Ich habe (1912 f) bei der Durchsicht der Annoncen in den „Blättern" und der „Wochenschrift für Aquarien- und Terrarienkunde" nicht weniger als 23 Firmen gezählt, die sich mit dem Vertrieb der roten Larven befaßten und die vor allem in Sachsen, aber auch in Bayern, Baden, Österreich saßen. Ein Zierfischzüchter teilte mir einmal mit, daß er an einer Stelle aus 10 kg Rückständen (d. h. gesiebtem Schlamm) fast 8 kg reine Larven gewann; oder aus 12 Liter Schlammboden 3 kg Larven (THIENEMANN 1939 d, S. 124). Aus einem guten *Chironomus*-Gewässer haben einmal vier Fänger in $3^1/_2$ Monaten $4^1/_4$ Zentner Larven herausgeholt! (GEYER, S. 45.)

Die Gewinnung der Larven vollzog sich so (THUMM 1908, S. 159): An Ort und Stelle Sieben des Schlamms durch ein Sieb von 2 mm Maschenweite; der gesamte Rückstand nach Hause gebracht; auf ein Sieb von Fliegenfenstergaze geschüttet, das Sieb auf die Wasserfläche eines flachen Wassergefäßes gebracht. „Eilfertigst kriechen die Larven nach unten durch das Sieb, in ihr Lebenselement, das Wasser." (Andere Methoden bei W. BÖTTGER, S. 8, 9.) „Das Aufsammeln kann aber auch auf andere Weise erfolgen. So wird ein mit Steinen beschwerter alter Sack, der an einer Schnur befestigt ist, auf den Grund des Tümpels versenkt; die Mückenlarven legen zu Tausenden ihre Röhrengespinste darin ab. Nach dem Heraufholen legt man ihn in einen Bottich mit Wasser; die Mückenlarven kommen allmählich an die Oberfläche und können leicht abgeschöpft werden. — Eine Abwandlung dieses Verfahrens besteht darin, daß ein alter grobmaschiger Sack mit darin befindlichen rohen Knochen mehrere Tage in einen Teich gehängt wird. Die Mückenlarven lassen sich dann sauber dem Sack entnehmen. — Andere wühlen mit einem Rechen die obere Schicht des schlammigen Grundes auf, worauf die Larven frei im Wasser schwimmen und mit dem Netz eingeholt werden. — Über eine andere recht eigenartige Fangmethode berichtet F. MORREN im Oktoberheft 1942 der niederländischen Fachzeitschrift „Het Aquarium". Danach wird an einem 1 m langen Stock ein verrostetes Stück Eisendraht von etwa 1/2 cm Stärke leicht bogenförmig gekrümmt. Diesen läßt man über den schlammigen Grund gleiten, welcher Mückenlarven enthält. Letztere schlängeln sich um den rostigen Draht und werden zwischen dem locker gehaltenen Daumen und Zeigefinger über ein Gefäß abgestreift. Bei günstigem Fangplatz soll auf diesem einfachen Weg gute Beute gemacht werden" (GEYER, S. 43—44). Ein Zierfischzüchter verkaufte in drei aufeinanderfolgenden Jahren für 682 RM, 2000 RM, 3262 RM Larven mit einem Verdienst von 60%; er berechnete, daß die Aquarienliebhaber in Deutschland im Jahre für rund 10 000 RM *Chironomus*-Larven konsumieren (THIENEMANN 1912 f). Das war im Jahre 1909. Auch jetzt (1950) findet man wieder Anzeigen in den Aquarienzeitschriften, nach denen die roten Mückenlarven für 6 DM je Liter verkauft werden. — Ein Zierfischzüchter, JOH. THUMM, legte seinerzeit (1909) seinen Sendungen die folgende Anweisung bei:

„*Chironomus thummi* KIEFF. sind die besten, haltbarsten und daher billigsten roten Mückenlarven. Glänzend empfohlenes Winterfutter für Fische, Seetiere, zarte exotische Vögel, Wildfänge und Lurche.

Aufbewahrungsvorschriften. Die Larven werden in möglichst großen Gefäßen, bei 1 cm Wasserstand kühl aufbewahrt. Mindestens täglich einmal schüttet man den Gefäßinhalt in ein Netz und überbraust reichlich unter der Wasserleitung. Das Gefäß wird mit frischem Wasser gefüllt, etwas schräg gestellt, so daß ein Stück trockene Bodenfläche gebildet wird, und darauf schüttet man den Inhalt des Netzes. Alle gesunden Larven kriechen in das Wasser, kranke und tote werden nach einiger Zeit entfernt. Bei langer Aufbewahrung füttert man die Larven mit faulen Pflanzenteilen. So aufbewahrt halten sich *Chironomus thummi* bis zu 1/4 Jahr lebend.

Preis: Pro Schachtel Mk. 1.50, kl. do. Mk. 1.—, 10 gr. do. im Abonn. Mk. 12.—, 10 kl. do. Mk. 8.—, Prob. 20 Pf. Bei porto- und bestellgeldfr. Voreinsendung franko durch das älteste

Mücken-Larven-Versandgeschäft Johs. Thumm, Klotzsche-Dresden."

Daß Herr THUMM seine Larven als „*thummi*" bezeichnete — und bezeichnen durfte — denn Professor J. J. KIEFFER hatte nach THUMMS Material die Art als *thummi* neu beschrieben —, verstanden andere Händler falsch. Und so erschien von einem Händler, der seine Tiere in Langebrück bei Dresden sammelte, folgende Annonce: „*Chironomus langebrückii* sind die besten roten Mückenlarven, lange haltbar usw." Und in dem Sitzungsbericht des Vereins für Aquarien- und Terrarienkunde „Salvinia" in Meißen (Wochenschrift für Aquarien- und Terrarienkunde **6**, 1909, S. 671) findet sich die folgende Stelle: „Erheiternd wirken zwei Offerten in Nr. 46 der ‚Wochenschrift': 1. ‚*Chironomus langebrückii*', 2. ‚*Chironomus thummi*'. Glücklicherweise fanden wir in Meißen nun auch ‚rote Mückenlarven' und legten ihnen den schönen Namen ‚*Chironomus meißenia von dem Ochsendrehii*' (so ist hier der volkstümliche Ausdruck für einen Berg) bei. ‚Allerdings nicht für die Öffentlichkeit.' Denn würde jeder, der eine solche rote Mückenlarve findet, den Fundort oder vielleicht gar seinen Namen als Varietät beilegen, so dürfte nächstes Jahr wohl vor lauter verschiedenen Sorten kein Liebhaber mehr wissen, daß die rote Mückenlarve in Wirklichkeit als *Chironomus plumosus* festgestellt ist. Solche Verfälschungen der Varietätsnamen sollten im Keime unterbunden werden, denn nur Anfänger denken, da etwas Neues zu bekommen." Ich schrieb darauf (1909 a) einen kleinen Artikel „*Chironomus thummi*", „*Chironomus langebrückii*" und „*Chironomus plumosus*". „Ein Wort zur Aufklärung und ein Versuch zur Anregung."

Der *Chironomus*-Handel ist also ein ganz gutes Geschäft! Kein Wunder, daß die verschiedenen Konkurrenten in ihren Annoncen oft mit schwerem Geschütz auffuhren! So lesen wir in der Wochenschrift für Aquarien- und Terrarienkunde 1910:

„Der Konsument läßt sich nicht verdummen.

Ein Vereinsvorsitzender schreibt mir:* ‚Wir waren mit Ihren *Chironomus*-Larven bisher sehr zufrieden. Gutes Quantum und vor allem sehr sauber. Was für undefinierbares Allerlei habe ich schon gesehen in Sendungen von anderen Lieferanten.' Folgt Bestellung.

Ich kaufte kürzlich bei E. Seifarth einmal für 3 M Mückenlarven, um einen dringenden Auftrag auszuführen. Wie in so einem ‚Großbetrieb' nicht anders zu erwarten, war die Hälfte tot.

---

* Originalschreiben lag der Geschäftsstelle der ‚W.' vor.

Ich verkaufte allein nachweisbar vom 1. bis 20. Januar 1910 482 Schachteln *Chironomus thummi* in Packungen zu M 1.— und M 1.50. Einen besseren Beweis für die Güte meiner Larven gibt es nicht. Johs. Thumm, Klotzsche-Dresden."

Ein „*Chironomus*-Kampf" „Sachsen contra Bayern"!
„Sächsische rote Mückenlarven
die beste und haltbarste Qualität, parasitenfrei, $^1/_{10}$ Liter M. 1.10 franko.
Bayerische Larven ohne Haltbarkeitsgarantie, $^1/_{10}$ Liter 60 Pf.
Johannes Thumm, Klotzsche-Dresden."

Älteren Datums als in Deutschland ist die gewerbliche Gewinnung der roten *Chironomus*-Larven in Rußland. Ehe in Deutschland solche Larven verkauft wurden, bezogen Dresdener Liebhaber die Larven von dort und aus Frankreich zu außerordentlich hohen Preisen (Böttger, S. 7). Über das heutige russische „Motyl"- (= *Chironomus-*) Gewerbe hat Decksbach (1936) in einer besonderen Studie berichtet: Bei Moskau ist dieser Erwerbszweig etwa 90 Jahre alt; eutrophe und polytrophe Teiche, seichte Seen und Flüsse, die in fischereilicher Beziehung kaum etwas wert sind, werden genutzt; im Durchschnitt finden sich in einem Teich 250 Larven auf 0,1 m² Boden; es handelt sich hier vorwiegend um *Chironomus plumosus.* In einem von ihm genauer untersuchten Teiche berechnet Decksbach die jährliche Biomasse der Bodenfauna, die wesentlich aus diesen *Chironomus*-Larven besteht, auf 100 bis 800 kg/ha. Ende des 19. Jahrhunderts waren in Moskau 10 Motylgewinner tätig, nach dem Krieg stieg ihre Zahl bedeutend. Da waren schon Vertreter einer zweiten Generation tätig; solche „erblichen" Motylgewinner hielten manche Handhaben ihrer Arbeit und die Kenntnis besonders produktiver Gewässer streng geheim; sie waren auch mit der Biologie ihrer Gewerbeobjekte recht vertraut. Das gesamte Motylgewerbe in und um Moskau gewann im Jahre 1933 rund 16 000 kg *Chironomus*-Larven; berücksichtigt man auch die mehr gelegentlichen Verkäufer, so wurde ein Reinertrag von 150 000 bis 160 000 Rubel erzielt; das Kilogramm wurde 1933 mit 35 bis 40 Rubel bezahlt, Reingewinn je Kilogramm 7 Rubel. Ähnliche Zahlen werden für Leningrad berechnet. In Odessa, wo man die Larven auch in den Limanen fängt, waren die Preise niedriger. Anhangsweise sei eine Notiz über „Chironomidendünger" (Pax und Arndt, S. 2092) gebracht, nach der im Baikalgebiet Chironomidenlarven als „roter Barmasch" zur Düngung verwendet werden. (Über Baikal-*Chironomus* vgl. S. 508) dieses Buches.)

In USA hat Sadler (1935) ausgedehnte Versuche angestellt zur künstlichen Aufzucht von *Camptochironomus tentans,* um die Larven dann gegegebenenfalls zur Fütterung von Jungfischen zu verwenden. Da diese Art über 2000 Eier in der Eischnur besitzt, dabei eine Mortalität der Eier von weniger als 2%, und da sie einen kurzen Lebenszyklus mit wenigstens vier

Generationen im Jahre hat, so ist sie für solche Zwecke sehr geeignet. Abb. 279 zeigt den von SADLER verwendeten „Zuchtkäfig", Abb. 280 die Aufzuchtteiche für *Chironomus tentans* (A) neben den Teichen für die Aufzucht von Forellen (B).

Die Teiche werden künstlich gedüngt, den besten Erfolg ergab dabei die Düngung mit Sojabohnenmehl. Im Maximum wurde so eine Biomasse von 7,79 g Larven je Quadratfuß, das ist etwa 78 g je Quadratmeter. Die Larven kosten so bei Verwendung von Sojamehl und unter Berücksichtigung der Arbeitslöhne etwa 24 cts je Pfund (amerikanisches pound).

Übrigens hat schon 1909 ein Fischereipraktiker in Leipzig in kleine Teiche, die er frisch gebaut hatte, aus einem benachbarten, abwasserverseuchten Flüßchen eine Portion rote *Chironomus*-Larven (sicher *Ch. thummi*, nicht, wie er meint, *Ch. plumosus)* eingesetzt. Im nächsten Jahre hatten sie sich so vermehrt, „daß man behaupten konnte, es lag eine an der anderen"; die eingesetzten Schleie und Karpfen waren entsprechend abgewachsen (Anonymus 1911).

XII. Die fischereiliche Bedeutung der Chironomiden

Im Jahre 1902 (S. 181) stellte der Altmeister der deutschen Fischereibiologie, PAULUS SCHIEMENZ, den Satz auf, „daß man die Larven der Zuckmücke, *Chironomus plumosus* L., für den Boden als Gradmesser der Nahrhaftigkeit eines Sees benutzen kann". In vielen Einzelarbeiten hat er immer wieder hervorgehoben, welche Bedeutung „die mit Recht so berühmten Larven von *Chironomus*" (1907, S. 11) für die Ernährung der meisten Süßwasserfische haben. In seiner letzten Arbeit (1935, Sep. S. 6) schreibt er: „Es gibt beinahe keinen Fisch, der nicht besonders gern die Zuckmückenlarven frißt und dabei vorzüglich gedeiht. Wir werden daher bei der Besprechung der weiteren Fische immer und immer wieder diese Zuckmückenlarven eine hervorragende Rolle bei der Ernährung der Fische spielen sehen, so daß man unwillkürlich zu der Überzeugung kommt, daß für den Ertrag eines Sees der Bestand an diesen Zuckmückenlarven die Hauptrolle spielt, und daß man also nach der Menge dieser einen See direkt schätzen oder, wie man sich häufig ausdrückt, bonitieren kann." „*Chironomus* — die lateinische Benennung eines Insektes, ist fast jedem Fischer geläufig. Wer in Fischereidingen nicht zu Hause ist, der muß darüber erstaunt sein; ist man doch gewohnt, lateinische Tiernamen sonst allein aus dem Munde zünftiger Zoologen zu vernehmen. ‚*Chironomus*' aber ist ein ganz bekannter Begriff in Fischereikreisen geworden ... Man kann geradezu sagen, ‚*Chironomus*' ist berühmt geworden. Seine Berühmtheit geht auf P. SCHIEMENZ zurück" (POTONIÉ 1931 a, S. 519). Und so schrieb HORST POTONIÉ zum 75. Geburtstage seines Lehrers einen Artikel mit dem Titel „Paulus Schiemenz und ‚Chironomus'" (1931 a).

Auch in den größeren Zusammenstellungen über die Nahrungstiere unserer Fische wird die Bedeutung der Chironomiden stets betont; sie „stellen wohl das Hauptkontingent zu der Friednahrung der Fische dar" (WILLER 1924, S. 205); oder: Gruppe der Zuckmücken, „welche den größten Teil aller im Wasser lebender Tiere darstellt, Hauptnahrung aller in der Uferregion fressender Fische in stehenden und fließenden Gewässern" (WUNDSCH 1931, S. 584).

Leider aber war es geraume Zeit so, daß die Fischereibiologen mit „*Chironomus*" meist a l l e Chironomidenlarven bezeichneten; ich habe oben (S. 656) schon einmal hierauf hingewiesen. Das war verständlich, solange die Metamorphosestadien der Chironomiden kaum bekannt waren; unverzeihlich aber ist es, nachdem man die meisten Chironomidenlarven doch wenigstens bis zur Gattung oder bis zu Artgruppen bestimmen kann. Ich sagte daher (1921 a) in einem Vortrag über „Die deutsche Fischereibiologie und die Ausbildung der Fischereibiologen": „Bei Fischmageninhaltsuntersuchungen taucht immer wieder der nackte Name ‚*Chironomus*'-Larven auf. Gewiß wird man von dem praktisch arbeitenden Fischereibiologen nicht verlangen, daß er diese Larven bis zur Art bestimmt. Aber der Name ‚*Chironomus*' allein sagt uns ja nicht einmal, ob der Fisch in der Seetiefe, im Sublitoral oder im Litoral seine Nahrung aufgenommen hat; und das zu wissen ist doch wohl von ganz großer praktischer Bedeutung. Soweit diese Larven zu bestimmen, daß wir dies entscheiden können, i s t aber heute in den meisten Fällen möglich. Es ist, als seien die Errungenschaften der modernen Hydrobiologie an der deutschen Fischereibiologie spurlos vorübergegangen!"

Das hat mir SCHIEMENZ sehr übel genommen; am Schlusse einer Arbeit „Über Nahrungsuntersuchungen bei Wassertieren, insbesondere Fischen" geht er auf meine Kritik mit sehr temperamentvollen Worten ein, bleibt aber „grundsätzlich" dabei, „*Chironomus*" zu schreiben, ohne die Arten anzugeben. Er begründet das u. a. mit Rücksicht auf Zeit- und Kostenersparnis, vor allem aber „es ist für uns häufig ganz gleichgültig, welche Art z. B. von *Chironomus* gefressen ist, denn die Fische fressen eben alle *Chironomus*, natürlich immer die, die an der betreffenden Stelle gerade vorkommen". Demgegenüber habe ich (1923 a, S. 89) betont, ich sei immer der Meinung gewesen, „der Fischereibiologe wolle durch die Untersuchung des Darminhaltes der Fische gerade auch ein Urteil darüber gewinnen, wie die verschiedenen Lebensbezirke z. B. in einem See — Schilfzone, Laichkrautzone, unterseeische Wiesen, Sublitoral, Tiefe, freies Wasser — von den verschiedenen Fischarten in ihren verschiedenen Altersstufen zu den verschiedenen Jahreszeiten abgeweidet werden. ‚*Chironomus*' b e d e u t e t aber in den meisten Veröffentlichungen der Friedrichshagener Fischereibiologen nicht weniger als a l l e Angehörige der ganzen Subfamilie der Chironominae, d. h. a l l e Chironomiden mit Ausnahme der Tanypinen und

Ceratopogoninen. Diese Chironominae umfassen bei uns in Deutschland aber sicher an 100 Gattungen und Tausende von Arten! Welchen Wert dann die Angabe ‚*Chironomus*' hat, ist wohl klar!"

Nun, diese Verhältnisse haben sich wenigstens etwas geändert; schon 1924 schrieb WILLER (S. 207), er sei der Ansicht, „daß die Fischereibiologie in Zukunft sich etwas eingehender mit diesen (Chironomidenlarven) beschäftigen muß und daß es nicht genügt, in den entsprechenden Arbeiten nur mit dem Begriff ‚*Chironomus*' zu operieren." Ich will hier nur noch auf die weiter unten (S. 740 ff.) näher zu besprechenden Arbeiten W. WUNDERS über die Rolle der Chironomidenlarven im Karpfenteich hinweisen. 1936 (b, S. 237) sagt er:

„Es ist nun aber in der Fischereibiologie außerordentlich wenig damit gesagt, wenn festgestellt wird, daß ein Fisch einen ‚*Chironomus*' gefressen hat. Dieses Tier kann nämlich vom Boden, aus der Uferregion oder von den schwimmenden Wasserpflanzen abgesammelt sein."

Wenn wir im folgenden die fischereiliche Bedeutung der Chironomiden behandeln, so ist es unmöglich, aber auch unnötig, alle fischereilichen Veröffentlichungen zu berücksichtigen. Denn jeder Fischereibiologe, der eine Arbeit über die Ernährung unserer Süßwasserfische schreibt, erwähnt sicher auch ‚*Chironomus*'. Die Bedeutung der Chironomidenlarven als Fischnahrung beruht vor allem auch darauf, daß diese Larven in manchen Gewässern oder Gewässerteilen eine starke Massenentwicklung erlangen können. Wir werden daher hier auch die quantitative Verbreitung und Verteilung der Chironomiden in unseren Gewässern betrachten müssen; in früheren Kapiteln ist diese Frage nur stellenweise gestreift worden.

Zuerst aber etwas Anderes, für uns an dieser Stelle Grundlegendes:

A. Der Nährwert der Chironomidenlarven

Auf WUNDSCHS Veranlassung hat GENG (1924) den „Futterwert der natürlichen Fischnahrung" mit den Methoden der landwirtschaftlichen Futtermittelanalyse — Bestimmung von Fett, Protein, Kohlehydrat, Asche, Gesamtkalorienwert — bestimmt. Die Schwierigkeit der Beschaffung genügender Mengen reinen Ausgangsmaterials brachte es mit sich, daß von Chironomidenlarven nur die Larven von *Chironomus thummi* K. (= *gregarius* K.) und *plumosus* L. untersucht werden konnten; die gleichen Larven hat (1935) KARSINKIN wiederum analysiert; die Übereinstimmung der von beiden Forschern (in Westfalen und Rußland) gefundenen Werte ist groß.

Hier die Werte GENGS für die Larven der beiden *Chironomus*-Arten. Die Werte für die prozentuale Zusammensetzung der einzelnen Tiere wurden erhalten durch Umrechnung der Werte für wasserfreie Substanz auf Lebendsubstanz; der Wassergehalt und damit die Trockensubstanz der lebenden

Tiere war bekannt (Wassergehalt von *Chironomus thummi* 87,18%, von *plumosus* 88,28%). Der Wärmewert „ist in kleinen Kalorien ausgedrückt und gilt für 1 Gramm".

Prozentuale Zusammensetzung der Trockensubstanz der Tiere

	Wasser	Stickstoff in Form von			Gesamt-protein	Rein-protein
		Gesamt-protein	Rein-protein	Chitin		
thummi		10,25	7,75	0,95	64,07	48,41
plumosus ...		9,06			56,60	

	Chitin	Fett[135]	Kohle-hydrate	Asche	Wärmewert	
					gefunden	berechnet
thummi ...	13,81	10,89	18,85	8,04	5564	5101
plumosus ..		4,336	26,29	12,775		4687

Prozentuale Zusammensetzung der lebenden Tiere

	Wasser	Stickstoff in Form von			Gesamt-protein	Rein-protein
		Gesamt-protein	Rein-protein	Chitin		
thummi	87,18	1,314	0,994	0,122	8,214	6,206
plumosus	88,28	1,062			6,634	

	Chitin	Fett	Kohle-hydrate	Asche	Wärmewert	
					gefunden	berechnet
thummi	1,77	1,396	2,417	1,031	713,3	654,0
plumosus ...		0,508	3,081	1,497		549,3

Zusammensetzung der einzelnen Tiere in mg

	Lebend-gewicht	Trocken-gewicht	Wasser	Gesamt-stickstoff	Gesamt-protein	Rein-protein
thummi	5,225	0,67	4,555	0,0687	0,429	0,324
plumosus ...	21,72	2,55	19,17	0,231	1,443	

	Chitin	Fett	Kohle-hydrate	Asche	Wärmewert	
					gefunden	berechnet
thummi	0,093	0,073	0,1263	0,054	3,728	3,418
plumosus ...		0,1106	0,6704	0,3258		11,95

[135] Die sogenannte Jodzahl des Fettes von *Chironomus thummi* beträgt nach MIELLER (1936, S. 164) 81,62.

In der folgenden Tabelle hat GENG das Verhältnis der Hauptnährstoffe Protein und Fett zu den übrigen Bestandteilen berechnet. „Das Verhältnis ist in Dezimalbrüchen ausgedrückt. Die Dezimalzahl bedeutet also die relative Menge Protein bzw. Fett, während die übrigen Bestandteile gleich 1 gesetzt sind" (Lebendsubstanz).

	Protein %	Fett %	Unverdauliches[136] %	Protein: Unverdauliches[136]	Fett: Unverdauliches[137]
Ch. plumosus ..	6,634	0,508	92,858	0,0714	0,0055
Ch. thummi ...	6,206[137]	1,396	92,398	0,0672	0,0151

GENG hat im ganzen 35 Arten von Fischnährtieren untersucht. Über die Stellung, die *Chironomus* in dieser Reihe einnimmt, sagt er: „Interessant ist das zahlenmäßige Ergebnis, wonach diejenigen Formen, die wir nach der bisherigen praktischen Erfahrung als Hauptleitformen für den durchschnittlichen Ertragswert eines Gewässers anzunehmen gewöhnt waren, nämlich die Vertreter der Gattung *Chironomus*, tatsächlich eine mittlere Stellung in der Abstufung des Futterwertes einnehmen, und daß auch hieraus wohl hervorgeht, daß wir diese Tiere mit einigem Recht als mittlere Indikatoren des Futterwertes der Ufer- und Bodenfauna nach ihrer stofflichen Zusammensetzung ansehen können."

Vergleichen wir nun noch die von KARSINKIN (1935, S. 23) ermittelten Werte mit den Zahlen GENGS, so ergibt sich:

	Wassergehalt %	Stickstoff (% des Trockengewichts)	Gesamtprotein (% des Trockengewichts)
Chironomus plumosus			
nach GENG	88,28	9,06	56,60
nach KARSINKIN ...	84,25	9,00	56,25
Chironomus thummi			
nach GENG	87,18	10,25	64,07
nach KARSINKIN ...	82,06	9,7	57,3

Also eine sehr gute Übereinstimmung! Trotzdem würde man, wie SCHÄPERCLAUS (1928, S. 491—492) sagt,

„... sehr große Fehler begehen, wenn man jede der gefundenen Zuckmückenlarven mit den in GENGs Nährmitteltabellen angegebenen Tieren gleichsetzen wollte. Selbst wenn es sich um Tiere der gleichen Art handelt, darf man das nicht tun, da ältere und jüngere Tiere sich in ihrem Gewicht ganz erheblich unterscheiden können. Ein Beispiel möge das noch zeigen. Ich habe früher einmal ge-

[136] Reinprotein.

[137] Inklusive Kohlehydrate.

legentlich anderer Untersuchungen (1925) einen Fang von *Chirnomus gregarius* in zwei willkürliche Teile zerlegt, ausgezählt und gewogen. Der eine Teil bestand aus 1000 Tieren, der andere aus 465 Tieren. Während das durchschnittliche Höchstgewicht eines Tieres des ersten Teiles 6,3 mg betrug, betrug es bei einem Tier des zweiten Teiles 5,9 mg. Bei einem zweiten Fang, der nur sieben Tage später in demselben kleinen Gewässer an der gleichen Stelle gemacht wurde, hatten die Larven in einem ersten Teil ein Durchschnittsgewicht von 7,7 mg, in einem zweiten ein solches von 8,1 mg. GENG gibt in seinen Tabellen ein Lebendstückgewicht von 5,2 mg für *Chironomus gregarius* an. Die Zahlen zeigen, daß Schwankungen von 5,2 mg bis zu 8,1 mg unter den alltäglichsten Verhältnissen auftreten, also eine einfache Gleichsetzung von einem *Chironomus gregarius* mit dem in der GENGschen Tabelle angegebenen unstatthaft ist und im vorliegenden Falle einen Fehler von 50% erzeugen würde.

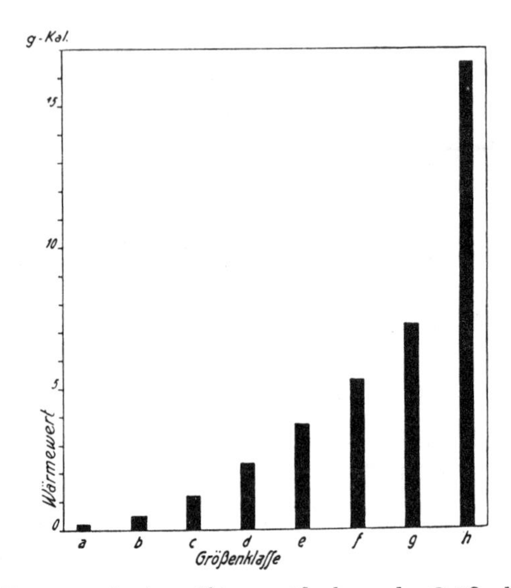

Abb. 281. Wärmewert je einer Chironomidenlarve der Größenklassen a—h. [Aus SCHÄPERCLAUS 1928.]

Der von mir 1925 auf Seite 274 unten erwähnte Fang von *Chironomus plumosus* stammt von derselben Stelle wie der *Chironomus plumosus* von GENG und wurde auch zu gleicher Jahreszeit gefangen. Bei meinem Fang betrug das durchschnittliche Stückgewicht 33,6 mg, bei GENG 21,7 mg, also wieder ein gewaltiger Unterschied! LUNDBECK (1926, S. 296), der die Gewichtsangabe GENGs wohl übersehen hat, gibt ein Mittelgewicht von 30 mg für *Chironomus plumosus* an. Im übrigen hat gerade LUNDBECK das verschiedenartige Gewicht der Chironomidenlarven zu verschiedenen Jahreszeiten neuerdings untersucht.

Bei der einfachen Angabe von ‚*Chironomus*'-Larven, wie sie sich in allen älteren Tabellen von Darminhalt findet, ist natürlich nicht einmal eine ungefähre Abschätzung des Nährwertes dieser Tiere möglich, da die verschiedenen Arten von Chironomidenlarven, wie wir sie im Darmkanal der Fische vorfinden und die als ‚*Chironomus*' bezeichnet werden, von erheblich verschiedenem Stückgewicht sind."

In seiner Arbeit über „Die natürliche Ernährung der jungen Bachforelle in Teichen" (1928) macht SCHÄPERCLAUS nun den Versuch, den Wärmewert der verschiedenen Nahrungskomponenten zu berechnen. Da im Darminhalt des Fisches die Chironomidenlarven meist bis auf die Kopfkapseln verdaut sind, bestimmte er — empirisch am Material der von ihm untersuchten Teiche — von allen dort vorkommenden Chironomidenlarvenformen die Breite der Kopfkapseln, die Länge und den durchschnittlichen Körperdurchmesser und berechnete daraus das Volumen des Tieres und sein Gewicht (S. 494). Er teilte dann (S. 502—503) die Larven in Größenklassen ein und berechnete unter Verwendung der GENGschen Analyse den Wärmewert aus dem Lebendgewicht; „in der Gruppe a sind Ceratopogoniden und einige kleine *Tanytarsus*-Arten enthalten, Gruppe b enthält fast ausschließlich *Tanytarsus*-Arten, die Gruppen c bis e umschließen *Chironomus*-, *Tanypus*- und *Orthocladius*-Arten in verschiedenen Altersstufen. Gruppe f besteht hauptsächlich aus ausgewachsenen kleineren Chironomiden und aus jungen *Ch. plumosus.* Der Gruppe h habe ich *Chironomus plumosus* zugrunde gelegt."

Die folgende Tabelle bringt die so von SCHÄPERCLAUS (S. 503) für die verschiedenen Größenklassen der Fürstenberger Teichchironomidenlarven ermittelten Werte.

Größenklasse	Größte Kopfbreite mm	Lebendgewicht mg	Kaloriengehalt g-Kalorien
a	0,1—0,2	0,2	0,13
b	0,2—0,3	0,7	0,43
c	0,3—0,4	1,8	1,2
d	0,4—0,5	3,5	2,3
e	0,5—0,6	5,5	3,6
f	0,6—0,7	8,0	5,2
g	0,7—0,8	13,0	7,2
h	0,8—1,0	30,0	16,5

Abb. 281 stellt diese Wärmewerte graphisch dar. „Sie nehmen mit der dritten Potenz der Körperlänge zu. Eine kleine *Tanytarsus*-Larve ist dem Wärmewert nach nur den 120. Teil einer *Chironomus plumosus*-Larve wert. Es ist daher sehr einleuchtend, wenn P. SCHIEMENZ immer wieder betont, daß die Fische um so schneller wachsen, je größer ihre Nahrung ist" (l. c. S. 526). Und als Ergebnis der Jungforellenuntersuchungen in den Fürstenberger Teichen (Westfalen) stellt SCHÄPERCLAUS den Satz auf (S. 528): „Die Ernährung ist also desto mehr auf eine Tiergruppe, nämlich die Chironomidenlarven, als Hauptnahrung spezialisiert, je besser das Wachstum ist"; oder (S. 533): „Der Ernährungszustand der jungen Forellen in Teichen ist in erster Linie abhängig von den den Fischen zur Verfügung stehenden Tendipedidenlarven aller Größenklassen."

Trotz ihrer großen Bedeutung sind meines Wissens solche Nährwertuntersuchungen an Chironomidenlarven seit GENG und SCHÄPERCLAUS (und KARSINKIN) nur von JABLONSKAJA (1935), LASKER (1948, S. 34) und MANN (1931) wieder aufgenommen worden.

LASKAR gibt die folgenden Zahlen (in %) (Material aus dem Großen Plöner See):

	Procladius	*Polypedilum*	*Bathophilus*	*Plumosus*
Feuchtigkeit	87,40	82,18	85,31	85,7
Stickstoff	1,57	1,09	1,69	1,65
Rohprotein	9,83	6,81	10,45	11,8
Fett	1,45	1,05	0,93	0,86

LASKAR bemerkt hierzu: „*Procladius* weist außer seiner Eigenschaft als leicht ‚greifbares' Nährtier auch eine günstige Zusammensetzung auf, was aus der Ökologie dieses Tieres, das sich von hochwertiger tierischer Substanz ernährt, zu verstehen ist. Vom hohen Fettgehalt kann man sich leicht überzeugen, wenn man das Tier unter dem Mikroskop näher betrachtet. So kann man seitlich in seinem Körper mächtige Fettlappen, die unendlich viele kleine Fetttropfen enthalten, beobachten. Auch *Polypedilum* und *Bathophilus,* wenn auch mit Unterschieden, bewegen sich in den bekannten Größenordnungen. Es ist interessant, darauf hinzuweisen, daß außer *Procladius,* bei dem der Fettgehalt über das Doppelte von dem des *Plumosus* (GENG) beträgt, auch die übrigen Vertreter der Chironomiden in diesem See merklich höheren Fettgehalt aufweisen."

Auch MANN hat (1935) in seiner Dissertation „Über die Verdauung und Ausnutzung der Stickstoffsubstanz einiger Nährtiere durch verschiedene Fische" Analysen von *Chironomus thummi* und *Ch. plumosus* gegeben (% der Lebendsubstanz):

	Wasser	Stickstoff in Form von			Roh-protein	Rein-protein
		Roh-protein	Rein-protein	Chitin		
Ch. thummi	83,33	1,314	1,130	0,05	8,21	7,06
Ch. plumosus	87,66				6,38	

	Chitin	Fett	Stickstoff-freie Extraktstoffe	Asche	Nährstoff : Eiweiß Verhältnis	
Ch. thummi	0,84	1,88	5,69	0,89	1 : 1,25	1 : 1,39
Ch. plumosus				0,86		

Die Ausnutzung der Stickstoffsubstanz der beiden Arten durch verschiedene Fischarten (Mittelwerte aus 3 bis 5 Versuchen bei 12—14° C) zeigt die folgende Tabelle:

	Plötzen	Karauschen	Schleien	Barsche	Regenbogenforelle	Durchschnitt
Durchschnittliches Gewicht g	34—36	21	27	33,5	24	
Durchschnittliche Länge mm	140—160	104	136	150	138	
Ch. thummi ...	91,06	90,0	85,25	92,82	91,75	90,17
Ch. plumosus ..	77,78	79,9	77,17	85,63		80,14

Die Plötze braucht bei einmaliger Fütterung (12—14°) zur Verdauung von *Chironomus thummi* 76 bis 80 Stunden. Die Chironomidenlarven müssen überhaupt zu den schwer verdaulichen Fischnährtieren gerechnet werden; mit zunehmendem Alter und damit Vergrößerung der Härte des Chitinskeletts wächst der Grad ihrer Widerstandsfähigkeit. Je größer eine Larve, desto schwerer verdaulich ist sie.

Der stufenweise Abbau der Stickstoffsubstanz von *Ch. thummi* ging bei einjährigen Plötzen so vor sich:

Temperatur: 12—14°. Nach Stunden	2	3	6	18	24	48
% des aufgenommenen N sind noch im Darm	100	83,5	61,4	39,4	33,84	21,0
% des aufgenommenen N sind noch nicht gelöst	65,7	42,6	30,5	12,4	10,9	7,3
% der gelösten N-Bestandteile sind durch die Formoltitration erfaßbar	18,8	26,0		18,2	5,8	4,7
% der im Darm gefundenen N-Bestandteile sind gelöst	41,54	49,05	50,3	68,55	67,82	65,62

Als nach 2 Stunden die Därme geöffnet wurden, waren noch beinahe 3/4 aller aufgenommenen *Chironomus*-Larven lebend und unversehrt; nach 3 Stunden waren nur noch wenige frisch rot gefärbt; als diese in ein Gefäß mit Wasser gesetzt wurden, gewannen sie ihre alte Lebensfähigkeit wieder. Nach 4 Stunden war der ganze Nahrungsbrei dunkel gefärbt und kein Tier mehr lebend. Nach 18 bis 20 Stunden erschien der erste, nur aus Häuten bestehende Kot.

Die in der gleichen Weise an einjährigen Regenbogenforellen vorgenommenen Untersuchungen zeigt die folgende Tabelle (übrigens hatten die

Plötzen mit einem Male 4—5% ihres Eigengewichtes an *Chironomus*-Larven aufgenommen, die Regenbogenforellen aber 20%!).

Temperatur: 12—14° C Nach Stunden	3	5	18	24	40	48	72
% des aufgenommenen N sind noch im Darm . . .	100	100	93,58	73,21	53,12	32,6	14,3
% des aufgenommenen N sind noch nicht gelöst . . .	91,73	88,78	74,04	54,33	34,09	19	5,8
% der gelösten N-Bestandteile sind durch Formoltitration erfaßbar	27,02	23,22	27,77	32,26	2,22	2,86	
% der im Darm gefundenen N-Bestandteile sind gelöst	20,43	14,18	20,49	25,78	36	33,75	

Nach 3 Stunden lebte der größte Teil der Larven noch; nach 5 Stunden zeigten sich die ersten leeren Häute im Darm; aber noch über die Hälfte der Larven lebte. Die dem Mageneingang am nächsten liegenden Larven überstanden einen Aufenthalt von 20 Stunden im Fischmagen, ohne in ihrer Lebensfähigkeit geschädigt zu werden. Nach 40 Stunden war der vordere Magenteil völlig leer. Die Gesamtverdauungszeit — von der Nahrungsaufnahme bis zur letzten Defäkation — betrug bei der Forelle 80, der Plötze 76 Stunden.

Schon PEARSE und ACHTENBERG haben (1920) an Barschen *(Perca flavescens)* Studien über die Verdaulichkeit der Chironomidenlarven angestellt. Sie bestimmten die Verdauungszeit (bis zum Erscheinen der ersten Faeces) im Verhältnis zur Temperatur:

	Temperatur	Fischzahl	Gewicht	Durchschnittliche Verdauungsdauer
24. I. 1917	2,5°	2	24 und 31 g	46,5 Stunden
16. IX.—2. X. 1916	16,5°	10	1,9—4,67 g	6 „
24. I. 1917	2,5°	2	28 g	43,7 „
24. I. 1917	18,0°	2	28 g	22 „

Kleinere Fische verdauen die gleiche Nahrung schneller als größere; Fische der gleichen Größe verdauen die gleiche Nahrung bei höherer Temperatur schneller als bei niedrigerer.

Für den Spiegelkarpfen bestimmte JABLONSKAJA (1935) „die Ausnutzung der natürlichen Futterarten“. Die untersuchten Chironomiden hatten den folgenden Nährwert:

	Datum 1934	Rohgewicht 1 Expl. in mg	Trockengewicht 1 Expl. in mg	% des Wassers	Kalorien in 1 mg	% des Stickstoffs
Chironomus plumosus	3. III.	45,50	6,78	85,08	4,021	9,494
	8. II.	38,40	6,42	83,30	4,026	8,245
	27. IV.	35,08	4,18	88,30	3,949	8,428
	27. IV.	41,66	5,01	87,98	—	—
	30. V.	38,40	4,09	89,36	3,755	—
	1. VI.	41,66	4,41	89,40	3,755	7,720
Chironomus thummi	14. II.	7,93	1,55	80,48	4,293	—
	27. II.	9,80	1,58	83,88	4,299	9,202
	27. IV.	10,60	1,59	85,12	4,714	8,642
Psectrotanypus varius	2. X.	4,06	0,60	85,08	4,451	9,914
	15. V.	5,19	0,71	86,40	3,877	9,479
Cricotopus	13. VI.	0,72	0,11	84,73	4,212	9,406

Bei den beiden *Chironomus*-Arten steigt der Wassergehalt vom Winter bis zum Sommer, parallel damit sinkt der Stickstoffgehalt und der Kalorienwert.

Der Spiegelkarpfen nutzt diese Chironomidennahrung aus wie folgt:

	Ausnutzung in % nach		
	Gewicht	Kalorien	Stickstoffgehalt
Chironomus plumosus	89,19	88,87	92,40
Psectrotanypus varius	88,10	90,24	89,80
Chironomus thummi	88,08	87,39	90,06
Cricotopus	87,29	88,50	91,07

Wenn man unter „Äquivalent der Futtermassen“ versteht „die dem Fisch notwendigen Futtergewichtsmengen, die die gleiche Menge ausgenutzter Stoffe enthalten, wie er sie aus der als Einheit angenommenen Futterart erhält“, so ergibt sich, wenn *Chironomus plumosus* als Einheit genommen wird:

	Ausnutzungsäquivalente nach		
	Gewicht	Kalorien	Stickstoff
Chironomus plumosus	1,000	1,000	1,000
Chironomus thummi	1,010	0,951	1,026
Psectrotanypus varius	1,012	0,950	0,975
Cricotopus	1,020	0,958	0,992

„Unter dem Äquivalent der Futtereinheiten verstehen wir die für den Fisch notwendige Zahl der Futterorganismen, durch die er die gleiche

Menge ausgenutzten Stoff erhält. Als Einheit nehmen wir die Menge der aus einem *Chironomus plumosus* im Trockengewicht von 6,78 mg ausgenutzten Stoffes an. Mit Hilfe der Äquivalente der Futtereinheiten können wir die Menge der in bezug auf den ausgesuchten Stoff gleichwertigen Organismenzahl feststellen“ (JABLONSKAJA, S. 124).

Vgl. die folgende Tabelle:

	Datum 1934	Trocken-gewicht 1 Expl. in mg	Länge in mm	Ausnutzungsäquivalente nach		
				Gewicht	Kalorien	Stickstoff
Chironomus plumosus	3. III.	6,78	25	1,00	1,00	1,00
	8. II.	6,42	23	1,02	—	1,12
	27. IV.	4,18	—	1,57	1,56	1,71
	1. VI.	4,41	—	1,54	1,60	—
Chironomus thummi	14. II.	1,5576	13	4,37	4,06	4,50
	22. II.	1,5809	—	4,28	4,00	—
Psectrotanypus varius	2. X.	0,60	7—8	11,22	9,87	—
Cricotopus	13. VI.	0,11	—	61,97	58,10	48,00

Schließlich hat JABLONSKAJA auch die Aufenthaltsdauer verschiedener Futterarten im Karpfendarm (Jährlinge von 16—19 g Gewicht) festgestellt. 0,5 g des Futters verblieben im Darm:

Chironomus thummi . . . . 18 Stunden 45 Minuten
Cricotopus . . . . 21 Stunden 5 Minuten
Psectrotanypus varius . . . . 21 Stunden 28 Minuten
Chironomus plumosus . . . 23 Stunden 19 Minuten

B. Die Bedeutung der Chironomiden für die fischereiliche Nutzung fließender Gewässer

Wir behandeln hier zuerst die

1. Salmonidenregion

und denken dabei vor allem an die mitteleuropäischen Verhältnisse. Zwei Fragen wird man stellen müssen: 1. Fressen die Fische dieser Region überhaupt in nennenswerter Menge Chironomiden? 2. Wie steht es hier mit der quantitativen Entwicklung der Chironomiden und ihrer „Greifbarkeit“ als Fischnahrung?

Der oberste Teil der Salmonidenregion wird bekanntlich als die Region der Bachforelle bezeichnet, mit der Bachforelle *(Trutta fario)* als Hauptfisch und der Ellritze *(Phoxinus laevis)* und der Groppe *(Cottus gobio)* als Begleitfischen; bachabwärts schließt sich die Äschenregion an, in der zu den genannten drei Fischen als weiterer, wirtschaftlich wertvoller Salmonide noch die Äsche *(Thymallus vulgaris)* hinzukommt, im Donaugebiet auch der

Huchen *(Hucho hucho)*. In dieser Region vor allem liegen auch die Laichplätze des Lachses *(Salmo salar)*. Aus tiefer liegenden Flußteilen steigen bis in die Äschenregion einige Cypriniden, vor allem *Squalius cephalus*, der Döbel oder Aitel, auf; doch spielen sie wirtschaftlich eine geringere Rolle.

1909 hielt PAULUS SCHIEMENZ einen Vortrag „Zur Ernährung der Forelle"; er sagte: „Die Hauptnahrung der Forelle besteht vorwiegend aus Köcherfliegenlarven, Flohkrebsen, Zuckmückenlarven, Eintagsfliegenlarven". WUNDSCH allerdings (1931, S. 590) rechnet die Chironomidenlarven nicht zur „Haupt"nahrung der Forelle. Dagegen stellte schon SCHIEMENZ in seinem eben erwähnten Vortrag fest, daß in Teichen — die ja in Forellenzuchtanstalten stets starken Durchfluß haben — bei zweijährigen, Ende Juni untersuchten Bachforellen der Hauptbestandteil ihrer Naturnahrung Chironomidenlarven und -puppen waren, die die Fische vom Boden aufgelesen und aus den *Spirogyra*-Watten herausgeholt hatten. Bis 130 Stück Chironomidenlarven fanden sich in einzelnen Forellenmägen. Auch SCHÄPERCLAUS (1928, S. 516) wies nach, daß die jungen Bachforellen in Teichen „vor allen Dingen alle Arten von Tendipedidenlarven *(Ceratopogon, Tanypus, Tanytarsus, Orthocladius, Chironomus)*" fressen, und SCHRÄDER (1928) zeigte, daß auch die frisch ausgesetzte, nur wenige Tage alte Bachforelle schon Chironomidenlarven aufnehmen kann. Und je mehr die Ernährung der Bachforelle in den von SCHÄPERCLAUS untersuchten Teichen (Fürstenberg i. W.) auf eine Tiergruppe, nämlich die Chironomidenlarven, spezialisiert war, um so besser war das Wachstum der Fische. Bis auf einen Fall (e i n e n Teich) waren Chironomidenlarven stets die Hauptnahrung der 50tägigen Bachforellen, in deren Darmkanal bis 556 Chironomidenlarven nachgewiesen wurden. Man wird annehmen dürfen, daß auch im freien Bach die Forelle in ihrer Jugend in ihrer Ernährung stark auf Chironomidenlarven angewiesen ist. Und wo Regenbogenforelle und Bachsaibling bei uns in natürlichen Gewässern leben, ist ihr Speisezettel etwa der gleiche wie der der Bachforelle.

Auch für die Äsche *(Thymallus vulgaris)* gilt dies. 6 große Äschen aus der Henne — oberhalb der Hennetalsperre bei Meschede im Sauerland — hatten (16. IV. 1910) sämtlich Chironomidenlarven und -puppen in großen Mengen gefressen, einzelne daneben auch *Sericostoma*- und Limnophilidenlarven samt Köder (eine auch einzelne Äscheneier) (THIENEMANN 1911, S. 652).

Bei seinen „Fischereibiologischen Untersuchungen an der Fulda" hat KARL MÜLLER für die Bachforelle festgestellt, daß Chironomidenlarven mit 8,28% in der Nahrung vorhanden sind (bei der Altersgruppe I 9,59%, der Altersgruppe II 5,58%).

Wie steht es nun mit der Nahrung der beiden Begleiter der Bachforelle? Über die Ernährung der Groppe *(Cottus gobio)* lagen bisher keine genaueren Untersuchungen vor;[138] durch KARL MÜLLER ist diese Lücke ausgefüllt worden. Er untersuchte 33 Därme dieses Fisches; die Chironomidennahrung machte 13,42% der Gesamtnahrung aus. Er betrachtet die Groppe als starken Nahrungskonkurrenten der Forelle; nach dem Gewicht bilden in der Fulda Chironomidenlarven 6% der Nahrung der Forelle, 23,6% der Nahrung der Groppe. In einem Taunusbach fand MÜLLER (1952 b, S. 71) in 32 untersuchten Groppendärmen 28 Chironomidenlarven (aber 124 Simuliumlarven). — Für die Ellritze schreibt TACK (1940) auf Grund seiner Untersuchungen im Sauerland über die Beteiligung der Chironomiden an der Ernährung der Ellritze:

„Wie für viele Fischarten, so haben die Larven der Zuckmücken auch für die Ellritze eine hervorragende Bedeutung. Sie fanden sich 218mal im Darminhalt der untersuchten Fische und erreichen damit den höchsten Häufigkeitsgrad aller Nahrungsorganismen. In dieser Zahl sind allerdings die Funde von Chironomidenpuppen einbegriffen, jedoch sei schon vorwegnehmend gesagt, daß die Puppen verhältnismäßig selten gefressen worden waren.

Wie die systematische Übersicht zeigt, sind Larven aller Subfamilien der eigentlichen Chironomiden gefressen worden, deren Vorkommen man in den betreffenden Gewässern erwarten kann. Eine Bevorzugung bestimmter Formen konnte ich nicht beobachten.

Soweit es sich um gehäusebauende Arten handelte, waren diese mit dem Gehäuse verschluckt worden. Häufig konnten die Röhren noch gut erkannt werden, wenigstens im Magen. Im Darm geht der Zusammenhalt ihrer Bauteilchen schnell verloren. Auf diese Weise kommt der Eindruck zustande, als ob Ellritzen, die vorwiegend solche Larven wie z. B. *Tanytarsus* im Darm haben, sehr unrein gefressen hätten. In Wirklichkeit sind die Mengen von Detritus, in dem dann die Larven im Darm liegen, nichts anderes als die aufgelösten Gehäuse.

Die Anzahl der gleichzeitig im Darm befindlichen Chironomidenlarven war bei manchen Fischen beträchtlich und bedeutend größer als die der anderen Nährtiere, von den Entomostraken abgesehen. In einzelnen Fällen waren es über 100 Stück. Die durchschnittliche Länge der Larven war allerdings nur gering; meistens betrug sie nur etwa 2 bis 3 mm."

Wie TACKS Tabelle 14 zeigt, spielt mengenmäßig für die Ellritze stellenweise vor allem „*Tanytarsus*" (wahrscheinlich = *Micropsectra* sp.) die Hauptrolle; der Fisch hat also im Bereich der Schlammablagerungen ruhiger Buchten seine Nahrung vom Grunde aufgenommen (vgl. aber TACK, p. 384 bis 386). Die Chironomidenlarven im ganzen spielten in TACKS Gewässern

---

[138] Ein *Cottus gobio* von 4,2 cm Länge aus der Hennetalsperre (Sauerland; August 1908) hatte eine große Zahl von Orthocladiinenlarven im Magen, ein Zeichen, daß der Fisch die Chironomiden der Ufersteine abgeweidet hatte (THIENEMANN 1911, S. 651).

während des ganzen Jahres eine hervorragende Rolle (l. c. S. 376 bis 377), ebenso bei allen Altersklassen der Ellritze, von der Larve bis zum reifen Fisch (l. c. S. 372 ff.). In der Fulda bilden nach KARL MÜLLERS Feststellungen Chironomidenlarven 11,29% der Ellritzennahrung. In dem englischen River Towy nährte sich *Phoxinus* zum Teil vorwiegend vegetabilisch; doch spielten auch die Chironomidenlarven in der Ellritzennahrung eine Rolle (JONES 1951). Obgleich die Ellritze im Forellenteich zweifellos Nahrungskonkurrent der Bachforelle ist, so stellt sie auf der anderen Seite doch stellenweise wenigstens in größeren Forellenbächen einen wertvollen Futterfisch der Forellen dar (TACK, S. 417—419); direkt für die menschliche Ernährung wird sie heute nur noch ganz lokal — in Westdeutschland — verwendet (l. c. S. 420—421).

In den Jahren 1916 bis 1918 untersuchte ALM (1919) die südschwedische Mörrumså, in die Lachs und Meerforelle (*Salmo trutta*) zum Laichen aus der Ostsee aufsteigen und in der sie die ersten Jahre ihres Lebens verbringen. Durch Mageninhaltsuntersuchungen stellte er fest, daß die untersuchten — meist 2 Jahre alten — Lachse sich hier im wesentlichen von Insektenlarven nähren, und zwar spielen Trichopteren (*Hydropsyche, Philopotamus* u. a.), Ephemeriden (*Baetis, Caenis* u. a.) sowie Chironomiden die Hauptrolle (die Chironomidenlarven wurden nicht genauer bestimmt). Die prozentuale Vertretung dieser 3 Hauptgruppen während des ganzen Jahres betrug: Trichopteren 23,5%, Ephemeriden 25,9%, Chironomiden 14%. Am stärksten vertreten sind die Chironomiden im Mai (mit 42% ihrer Jahressumme), im April mit 27%, im Juli-August mit 25,8%, im Oktober-November mit 5,1%. Sie bilden im April 12,6%, im Mai 17,2%, im Juli-August 17%, im Oktober-November 4,1% der gesamten von den Junglachsen gefressenen Tiere. In dem von ARWIDSSON näher untersuchten ebenfalls südschwedischen Flüßchen Lagan liegen die Verhältnisse bzw. Chironomiden als Lachsnahrung etwas anders als in der Mörrumså (ALM 1919, S. 66 ff.). Hier spielt die Hauptrolle *Ecdyonurus*, es folgen *Baëtis*, Trichopteren, Chironomiden usw. Bei 2 bis 9 Monate alten Lachsen bilden die Chironomiden nur 7,8%, bei 14 bis 36 Monate alten 8,3% der Nahrung.

Bei Meerforellenbrut besteht in der Mörrumså die Nahrung hauptsächlich aus *Baëtis*- und Chironomidenlarven; bei älteren Jungfischen bilden Chironomidenlarven etwa ein Viertel (24,4%) der Nahrung. BADCOCK hat in ihrer gleich näher zu referierenden Arbeit (1949) festgestellt, daß in dem englischen Flüßchen Welsh Dee Lachsbrut vor allem von Chironomidenlarven lebt.

Noch einige weitere Beispiele.

Bei Bachforellen aus Bächen der Böhmisch-Mährischen Höhe stellte DYK (1934) fest, daß nur im März Chironomidenlarven — neben Trichopterenlarven, *Lumbricus* und *Cottus* — zur Hauptnahrung der Forelle gehören, in den Monaten April bis Juli aber nicht. ZAVŘEL (1928 a) aber fand in vier Forellenmägen aus der Vistriz unweit Olmütz (Mähren) im April: in Nr. 1 179 „*Diamesa*"-Larven, 42 Orthocladiinenpuppen; in Nr. 2 26 „*Diamesa*"-Larven, 7 Orthocladiinenpuppen; in Nr. 3 317 „*Diamesa*"-Larven, 74 Orthocladiinenpuppen; in Nr. 4 787 „*Diamesa*"-Larven, 51 Orthocladiinenpuppen. Die „*Diamesa*"-Larven gehörten alle zu einer Art, *Sympotthastia zavreli* (PAGAST 1947, S. 569); diese bildeten fast drei Viertel der Gesamtnahrung. Unter den Puppen waren vor allem *Euorthocladius rivulorum* und *Rheorthocladius saxicola* vertreten. Daß sich die Larven dieser Arten nicht im Forellenmagen fanden, ist bedingt durch ihre schwere „Zugänglichkeit": „Die in gallertigen Gehäusen versteckten, am Steine fest angeklebten *Orthocladius*-Larven sind der Forelle praktisch unzugänglich. Sie sammelt also die auf den Steinen oder auf der Oberfläche des sandigschlammigen Grundes frei kriechenden *Diamesa*-Larven. Die Puppen müssen aber vor Ausschlüpfen ihr Gehäuse verlassen und werden dabei von den Forellen ohne Auswahl verschluckt" (ZAVŘEL).

In dem irischen River Liffey hat W. E. FROST (1939) die Ernährung der Forelle *(Salmo trutta)* untersucht, und zwar an zwei Stellen, bei Ballysmuttan (220 m Meereshöhe, pH 4,6—6,8, gewöhnlich 5,6) und bei Straffan (60 m Meereshöhe, pH 7,4—8,4, gewöhnlich 7,8—8). Chironomidenlarven wurden zu allen Jahreszeiten, auch im Winter, aufgenommen, am meisten aber im April bis Juni; jüngste Forellen fressen besonders gern diese Larven (ebenso tut dies die Lachsbrut). Doch haben im River Liffey im ganzen Trichopteren, Ephemeropteren, Plecopteren eine größere Bedeutung als Forellenfutter als die Chironomiden.[139] — Für die westnorwegischen Gewässer bezeichnet DAHL (1917) als Hauptnahrung der Forelle Chironomidenlarven; SÖMME (1935) fand in seinen Juli-August-Proben von Forelle und Äsche regelmäßig, aber nicht häufig Chironomidenlarven; Ephemeridenlarven spielten eine größere Rolle; auch OLSTAD (1925, S. 77) betont die große Bedeutung der Chironomiden für die Ernährung der norwegischen Forellen.

Bekanntlich sind Salmoniden verschiedener Art in Neuseeland eingebürgert worden, unter ihnen *Salmo trutta*. PHILIPPS (1929, S. 15) hebt die Bedeutung der Chironomiden als Forellennahrung für die Gewässer des Wellington-Gebietes (Nordinsel) hervor, „Chironomiden sind die wichtigste Dipterenfamilie in unseren Flüssen". (Doch ist auch heute über die neuseeländische Chironomidenfauna fast nichts bekannt!) PERCIVAL (1932), der die neuseeländischen Flüsse mit meinem „Bach der Äschenregion" in Parallele stellt, hat die Forellenfischerei im Oreti-Fluß der Südinsel Neuseeland untersucht. Er stellt in seinem Schema der „Food relations in Inland Waters of

[139] Für die Ernährung der jungen Lachse und Meerforellen im nordschottischen River Forss vgl. FROST 1950.

New Zealand“ (l. c. S. 17) die Chironomiden an die Spitze der von jugendlichen Forellen gefressenen Tiere, doch treten sie ebenso in der Nahrung der erwachsenen Forellen auf. — Wenn wir die große fischereibiologische Literatur der USA durchblättern, finden wir ebenfalls die Chironomiden als wichtige oder wichtigste Forellennahrung bezeichnet.

Man sieht aus dem bisher Gesagten — nur einem kleinen Ausschnitt aus der umfangreichen fischereibiologischen Literatur! —, welche Rolle die Chironomidenlarven für die Ernährung der wirtschaftlich genutzten Fische der Salmonidenregion spielen!

Und nun zu der zweiten, oben (S. 666) gestellten Frage, der nach der quantitativen Entwicklung der Chironomiden in der Salmonidenregion und der „Greifbarkeit“ der Larven für den Fisch. Nun, wenn die Chironomidenlarven in solcher Menge von den Forellen, Äschen und Junglachsen gefressen werden, müssen sie in großen Mengen vorhanden, außerdem den Fischen zugänglich sein.

Wer Gewässer der Salmonidenregion, etwa unserer Mittelgebirge, zur richtigen Zeit — d. h. im Frühling, kurz bevor die Schlüpfperiode einsetzt — genauer untersucht, bekommt einen unmittelbaren Eindruck von der Menge von Chironomidenlarven, die sich da entwickelt haben. Und zwar gilt das für alle Biotope des Baches (vgl. dazu S. 347 ff. dieses Buches): Die blanken Steine des Bachbodens können von den schleimigen oder sandigen Gängen der Orthocladiinen dicht bedeckt sein; andere Larven *(Diamesa)* kriechen ohne Gehäusebau auf den Steinen umher, wieder andere (Gattung *Rheotanytarsus*, vgl. S. 152 ff.) haben feste, vom Stein senkrecht abstehende Gehäuse gebaut, die so dicht stehen können, daß sie, wie die Borsten einer Bürste, die Unterlage voll bedecken. Und wenn man die im Bache flutenden Pflanzen, meist *Fontinalis*, auswäscht, so wimmelt es in dem Gesiebsel von einer Unmasse, meist sehr kleiner Chironomidenlarven (vor allem Orthocladiinen). Wo sich in ruhigen Bachstellen feiner Schlamm abgelagert hat, da ragen aus ihm die Öffnungen der Röhren der *Micropsectra*-Larven hervor, oft die ganze Schlammfläche, eine dicht an der anderen, bedeckend. Untersucht man zu einer Zeit, in der das Schlüpfen schon begonnen hat, an einer Stelle, an der das Wasser durch einen künstlichen Stau oder hinter hineingefallenen Ästen und Gezweig nur ganz schwach strömt, da ist dann die ganze Wasseroberfläche bedeckt von den Puppenexuvien der oberhalb geschlüpften Mücken, und hier mischen sich die Häute der Stein-, der Moos- und der Schlammbewohner, und man staunt immer wieder über den Reichtum an Arten und Individuen, der jetzt, gleichsam durch Projektion der Fauna auf die Wasseroberfläche, sichtbar wird.

Aber exakte Zahlenwerte für diesen Reichtum zu gewinnen, ist recht schwer. Gewiß, in den Schlammablagerungen ruhiger Bachbuchten könnte man mit dem Bodengreifer arbeiten — getan hat es in der Salmonidenregion meines Wissens noch niemand. In seiner Arbeit über die Mörrumså hat ALM (1919) von einer bestimmten Anzahl von Steinen alle Tiere abgesammelt und ihre Zahl festgestellt; aber gerade für die Chironomidenlarven hat er die Häufigkeit nur geschätzt. Bei seiner Untersuchung über Wachstum und Vorkommen der jungen Lachse in südlimburgischen Bächen stellt REDEKE (1923, S. 211 sowie Tabelle II) nach der Häufigkeit ihres Vorkommens die Chironomidenlarven an die erste Stelle, und (S. 206) 55% der untersuchten Junglachse hatten diese Larven gefressen. Eine neuere Arbeit in dieser Richtung liegt vor von RUTH M. BADCOCK (1949), die die Steinfauna zweier Nebenflüsse des Dee in Wales quantitativ studierte. Von 2500 cm² des Strombettes wurden die Steine gehoben und in einem Netz sauber abgespült und so — fast — alle an ihnen lebenden Tiere gewonnen. Die Chironomidenlarven wurden nicht genauer bestimmt, doch gibt die Verfasserin an, daß es sich um Tanypodinen, „*Endochironomus*" (?), Tanytarsarien, Orthocladiinen, Diamesinen und — gelegentlich — Ceratopogoniden handelte. Die Zahl der Chironomidenlarven je Flächeneinheit wechselte stark, von 0 bis 605. Die „lithophile tierische Besiedelung" ist ja überhaupt sehr unregelmäßig; sie variiert von Stelle zu Stelle und im Laufe des Jahres. Für die besonders wichtigen Gruppen der Steinfauna ergaben sich für die beiden untersuchten Flüsse (Ceirw und Merddwr) folgende Prozentzahlen (% der gesamten, von September 1946 bis Juli 1947 gesammelten Tiere):

	Ceirw	Merddwr
Chironomidenlarven	48	25
Ephemeridennymphen	15	23
Trichopterenlarven und -puppen	10	21
Plecopterennymphen	16	8

Von Interesse ist es, daß an allen drei untersuchten Stationen die gesamte Steinfauna (wie auch die Chironomiden im speziellen) quantitativ im Winter am geringsten entwickelt war. Im Durchschnitt der Proben fielen an Tieren auf 2500 cm² im

Herbst (September, Oktober) .. 50 (davon Chironomidenlarven 5)
Winter (Dezember und Januar) 33 (davon Chironomidenlarven 1)
Frühling (April, Mai) .... 208 (davon Chironomidenlarven 73)
Sommer (Juni, Juli) .... 373 (davon Chironomidenlarven 213)

Das scheint der bisher immer wieder beobachteten Tatsache zu widersprechen, daß der Bergbach „die größte Masse lebender tierischer Substanz im Winter und ersten Frühjahr enthält". Denn „die Bachinsekten schlüpfen in den ersten Frühlingsmonaten aus; von Ende Mai an trifft man in den Bächen nur Eigelege und jüngste Larvenstadien an, die dann bis zum Herbst heranwachsen" (THIENEMANN 1925 a, S. 63). Aber dies gilt für den g a n z e n Bach, respektive für seine beiden lotischen Biotope Steine und

Pflanzen; BADCOCK aber hat ja nur die Steinfauna untersucht, und so diskutiert sie unter Berücksichtigung neuerer englischer Literatur die Frage, ob nicht viele der lithophilen Tiere im Winter zwischen den Pflanzen, vor allem Moosen, leben und im Frühjahr dann die blanken Steine wieder besiedeln. Ich habe schon 1912 in meinem „Bergbach des Sauerlandes" geschildert, wie viele Steinbewohner als jüngste Larven in den Moosen leben und später als reifere Larven die blanken Steine wiederum besiedeln. Sicher wären ins einzelne gehende quantitative Studien über die Stein- und die Moosfauna des gleichen Gebietes (BADCOCK, S. 199) von größtem Interesse und würden allgemein wichtige Resultate bringen.

Schwierig wird dabei allerdings eine wirklich quantitative Erfassung der Moosbewohner sein. Dafür haben HUMPHRIES und FROST (1937; vgl. auch FROST 1939) bei der Untersuchung des irischen River Liffey eine Methode entwickelt. Von den auf den Steinen in der Strömung sitzenden Moosbüscheln wurden je 200 g Moos auf ihre Bewohnerschaft genau durchsucht. Die Chironomidenfauna betrug 83 bis 84% der gesamten Moosfauna. 95,9 bis 98,6% der Chironomidenfauna bestand aus Orthocladiinen, der Rest bestand aus Tanytarsarien, Chironomarien und Tanypodinen. Quantitativ am geringsten war die Entwicklung der Chironomidenlarven im Mai und September bis Oktober (Schlüpfperioden!), am stärksten im November bis März und im Juli bis August (vgl. auch S. 268 dieses Buches).

Hier sei noch einmal kurz auf die „Greifbarkeit", d. h. „Zugänglichkeit", der Chironomidennahrung für die Fische der Salmonidenregion hingewiesen. Man kann sicher die oben (S. 670) zitierte Ansicht ZAVŘELS verallgemeinern: am schwersten, ja kaum greifbar für die Forelle werden die auf den Steinen in Röhren und Gängen lebenden Larven — im wesentlichen Orthocladiinen und *Rheotanytarsus* — sein. Doch kann die Forelle die auf den Steinen frei lebenden Larven der *Diamesa*-Formen aufnehmen; das gleiche gilt für die im Bachmoos lebenden Larven und die Bewohner der Sedimente ruhiger Stellen. Hier werden *Micropsectra*-Larven mit ihren Röhren gefressen. Chironomidenpuppen aus allen drei Bachbiotopen fallen beim Verlassen ihrer Gehäuse und beim Schwimmen an die Wasseroberfläche den Forellen zum Opfer. Schwärmende Chironomidenimagines spielen für die Fische der Salmonidenregion als Nahrung kaum eine Rolle. Diese kleinen Mücken verlocken die Forellen hier nicht zum „Springen", wie es die Trichopteren-, Plecopteren- und Ephemeropterenimagines tun. Sie schwärmen auch zu hoch über der Wasseroberfläche.

2. Die unteren Flußstrecken

a) Die Barbenregion

VONNEGUT (vgl. S. 364) hat bei seinen Studien über die Barbenregion der Ems auch eine Anzahl von Analysen von Fischmägen gemacht. Wir stellen hier zusammen, was sich daraus über die Beteiligung der Chironomiden an der Ernährung der Emsfische ergibt:

Perca fluviatilis, einjährige Fische: Orthocladiinenlarven ganz vereinzelt.

Acerina cernua: Hauptdarminhalt Chironomidenlarven aller vorhandenen Gruppen, im August vor allem Orthocladiinen, im November Ceratopogoniden.

Gasterosteus pungitius: Chironomiden — *Tanytarsus*, Orthocladiinen — nur vereinzelt.

Cyprinus carpio: Bei einem Fisch von 5 kg überwiegender Teil der Nahrung *Chironomus*-Arten, ferner Orthocladiinen und Ceratopogoniden.

Gobio fluviatilis: Bei kleinen Fischen wenig Chironomiden, größere hatten fast ausschließlich Chironomiden *(Chironomus, Tanytarsus,* Orthocladiinen, *Tanypi)* aufgenommen.

Barbus fluviatilis: Hauptnahrung neben Mollusken Ephemeriden, Trichopteren, Chironomidenlarven.

Squalius cephalus: Bei kleinen Fischen spielen die Chironomiden eine geringe Rolle, größere leben fast ausschließlich von Chironomidenlarven.

Squalius leuciscus: Kleine Fische hatten Orthocladiinen, vor allem aber Ephemeridenlarven gefressen.

Abramis brama: Wesentlicher Nahrungsbestandteil Chironomiden, vor allem Orthocladiinen.

In der Fulda fand Karl Müller im Darminhalt des Barsches keine Chironomidenlarven. Beim Kaulbarsch machten die Chironomidenlarven 12,17% des Darminhaltes aus, beim Döbel *(Squalius cephalus)* 14,21%, bei Altersgruppe 0 des Döbels 14,20%, Altersgruppe I 14,86%, II 9,57%, III 5,80%. Bei der Plötze *(Leuciscus rutilus)* 8,5 respektive 8,0%, bei *Alburnus bipunctatus* 29,63%, bei *Alburnus lucidus* 3,48%, bei *Gobio fluviatilis* 12,99% (in der Äschenregion 21,05%, in der oberen Barbenregion 9,86%, in der mittleren und unteren Barbenregion 13,1%). Bei Altersgruppe 0 von *Gobio* 16,28%, I 17,44%, II 8,27%, III 7,18%, IV 10,71%. Bei der Barbe trat die Chironomidennahrung ganz zurück.

Man erkennt ohne weiteres, welche Rolle die Chironomidenlarven auch für die Ernährung der Fische der Barbenregion spielen!

b) Bleiregion — Brackwasserregion

Mehr noch als bei der Behandlung der Salmonidenregion müssen wir uns bei der Bleiregion und Brackwasserregion auf „Stichproben" beschränken, d. h. auf die wenigen Arbeiten über diese Regionen, in denen die quantitative Entwicklung der Chironomiden behandelt wird. Die einzelnen Fischarten, für die hier die Chironomiden eine besondere Rolle spielen, werden hier im allgemeinen nicht genannt, da meines Wissens nur wenige genauere Nahrungsuntersuchungen an Fischen aus diesen Gewässerstrecken vorliegen.

Es handelt sich dabei ja auch zum größten Teil um Fische, die auch im stehenden Wasser, vor allem unseren Flachlandseen, leben; auf sie kommen wir im nächsten Abschnitt (S. 680 ff.) zurück.

Eine viel zitierte Arbeit von RICHARDSON (1921) über die Bodenfauna des mittleren und unteren Illinois River bietet für unsere Zwecke nichts; es handelt sich dabei zwar um quantitative Studien, doch meist in Staustrecken und Seen; und die Chironomiden werden nur insgesamt, ohne weitere Aufteilung behandelt.

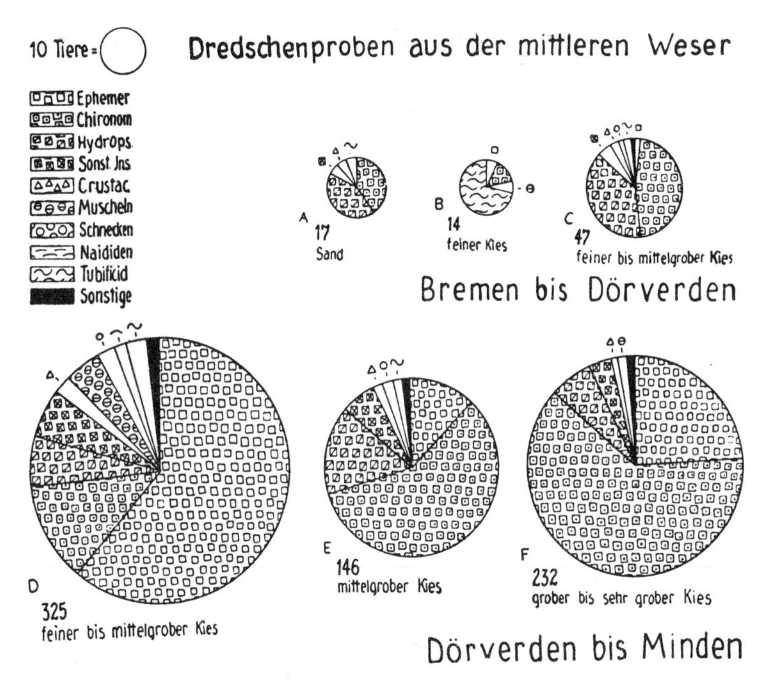

Abb. 282. Bodenbesiedelung der Weser von Bremen bis Minden.
[Aus SCHRÄDER 1932, S. 114 Fig. 1.]

Letzteres gilt zwar auch für die Untersuchungen SCHRÄDERS (1932) in der mittleren Weser. Doch sind seine mit Dredge, Bodengreifer und Steinauszählungen (vgl. ALMS Arbeiten in der Mörrumså, S. 669) gewonnenen Proben von ihm so ausgewertet, daß seine instruktiven Figuren ein Übersichtsbild über die quantitative Entfaltung des Chironomidenlebens in der Weser geben.

Diese Figuren sind in Abb. 282 bis 288 hier wiedergegeben. Dazu noch einige Erläuterungen.

Bei der in Abb. 282 dargestellten Strecke betrug der prozentuale Anteil der Chironomidenlarven an der Gesamtbesiedelung auf Sand 41,0%, auf feinem bis mittelgrobem Kies 46,5%, auf mittelgrobem Kies 59,2%, auf

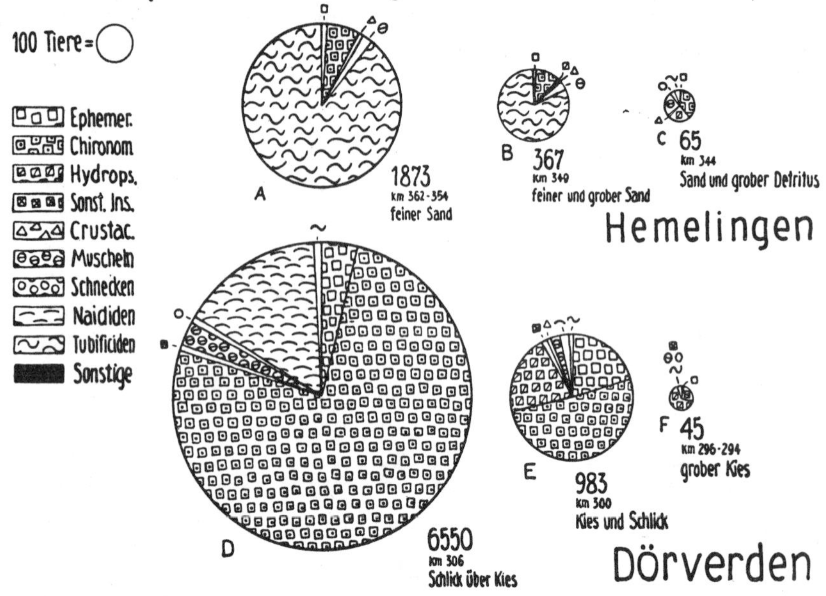

Abb. 283. Bodenbesiedelung in Staugebieten der mittleren Weser. [Aus SCHRÄDER 1932, S. 117 Fig. 2.]

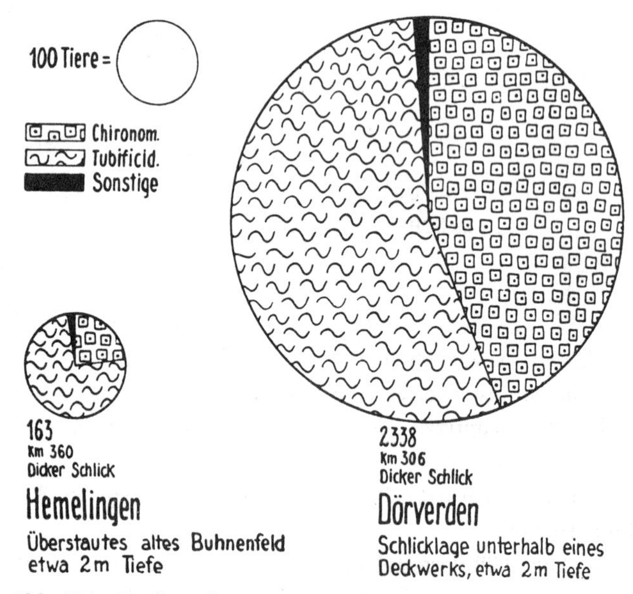

Abb. 284. Greiferproben aus Staugebieten der mittleren Weser. [Aus SCHRÄDER 1932, S. 115 Fig. 3.]

grobem bis sehr grobem Kies 62,5%. (Die zweite Stelle nehmen die *Hydropsyche*-Larven ein mit 41,3%, 37,9%, 15,5%, 6,5%; alle übrigen Tiere traten also ganz zurück.)

Bei den beiden Staugebieten der mittleren Weser (Hemelingen und Dörverden) (Abb. 283) — in jedem Gebiet 3 Stellen untersucht — machten die Chironomiden in Hemelingen 6,7%, 10,8%, 38,5%, in Dörverden 76,1%, 51,1%, 24,5% der Gesamtbesiedelung aus (*Hydropsyche*-Larven und Pisiden oder Sphaerien folgten).

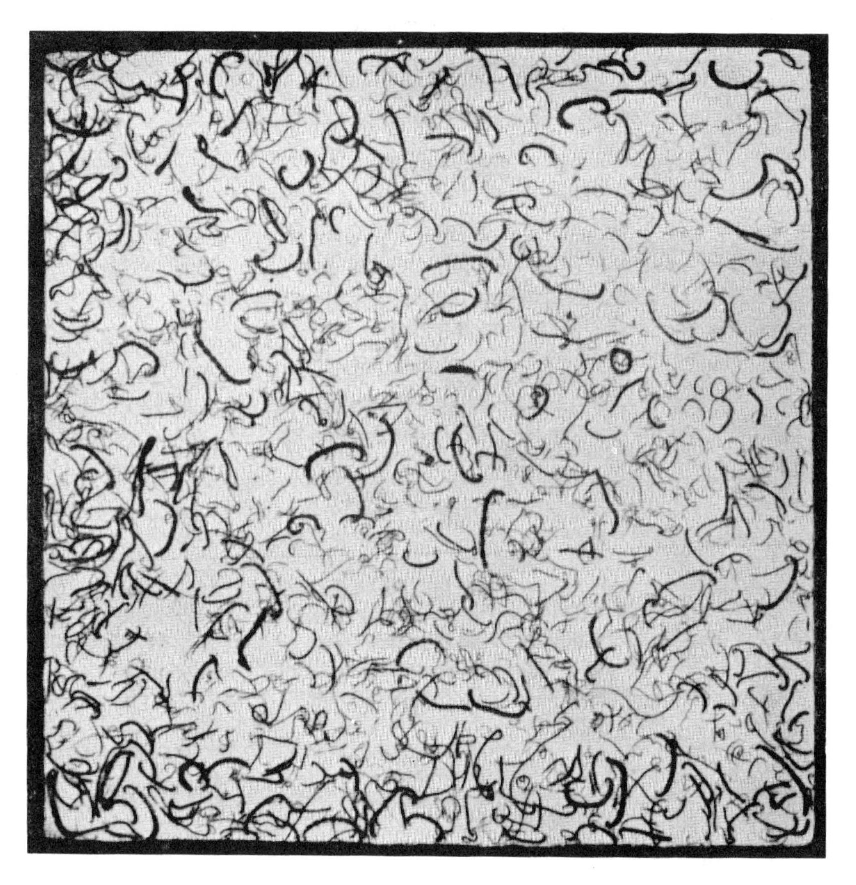

Abb. 285. Photographisches Produktionsdiagramm einer Greiferprobe von Dörverden. [Aus SCHRÄDER 1932, S. 121 Fig. 5.]

Greiferproben aus den gleichen Staugebieten (Abb. 284) zeigen auch die Überlegenheit des Staugebietes von Dörverden; das photographische Produktionsdiagramm einer solchen Greiferprobe (Abb. 285) (44,3% große Chironomidenlarven, 55,7% Tubifex) vermittelt von der Dichte der Besiedelung eine klare Anschauung. Die nächsten drei Bilder (Abb. 286 bis 288) stellen die Besiedelung der Steine eines Deckwerkes, eines Uferschutzwerkes und eines Parallelwerkes dar (zur Methodik der Auswertung seiner Befunde an Steinen vgl. SCHRÄDER 1932, S. 119—122). Abb. 286 zeigt, wie die Dichte der Besiedelung bis 50 cm Tiefe zunimmt, in größerer Tiefe (Verschlickung und Versandung des Bauwerkes) wieder abnimmt. Aus Abb. 287 ist ersichtlich, daß bei einem Uferschutzwerk die Besiedelungsdichte in 10 und 50 cm Tiefe etwa gleich ist; denn in 50 cm Tiefe ist das Werk hier schon eingeschlickt oder hört hier überhaupt schon auf.

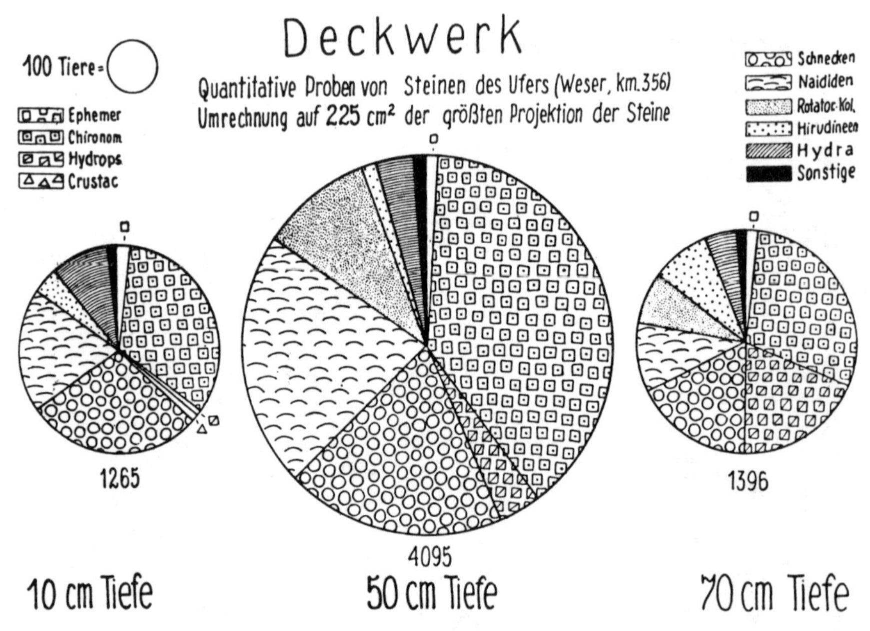

Abb. 286. Besiedelung eines Deckwerkes in der Weser — einer Steinschüttung, die bis zur „Korrektionslinie" (also etwa der Köpfe früher vorhanden gewesener Buhnen) in den Strom hineinreicht. [Aus SCHRÄDER 1932, S. 122 Fig. 6.]

An der Stelle, die in Abb. 288 wiedergegeben ist, fällt das Parallelwerk sehr steil ab und ist sehr starker Strömung ausgesetzt; Maximum der Besiedelung erst in größerer Tiefe.

SCHRÄDERS Schemata geben wirklich ein klares Bild von der Rolle, die die Chironomiden in der Besiedelung des Bodens eines Flusses vom Typus der Weser spielen!

Im Hamburger Hafengebiet hat schon SCHIEMENZ (1908 a) die Bedeutung der *Chironomus*-Larven für die Ernährung der Fische untersucht. *Chironomus*-Larven waren gefressen worden von 23% der untersuchten Aale, 41% der Kaulbarsche, 20% der Flundern. Genaue Zahlen über das Vorkommen der „*Chironomus*"-Larven in der Unterelbe verdanken wir HENTSCHEL (1917; vgl. auch 1916, S. 96, 121); in dem innersten, ruhigen

Hafenbecken kamen 40 bis 200 auf 1000 qcm, auf 100 qcm Fläche in der Schorre auf der Strecke Overhaken bis Scheelenkuhle bis 56, auf 100 qcm Bodenfläche der Elbe nahe dem Nordufer (Neumühlen bis Fährmannssand) bis 65 usw.

LADIGES (1935, 1936) und STADEL (1936) haben genauere Untersuchungen über die Ernährung der Fische der Unterelbe angestellt. Doch erscheinen hier weder bei der Flunder, dem Kaulbarsch, der Finte oder dem Zander, die Chironomidenlarven fressen, diese als Hauptnahrung. Nur für

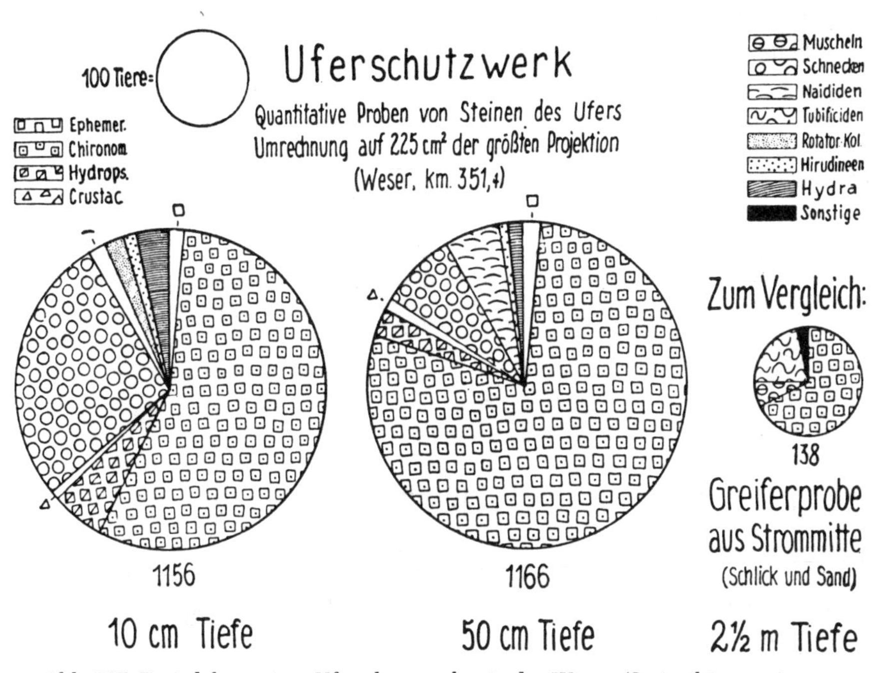

Abb. 287. Besiedelung eines Uferschutzwerkes in der Weser. (Steinschüttung innerhalb eines Buhnenfeldes an der Uferlinie; also bei weitem nicht soweit vorgeschoben wie das Deckwerk.) [Aus SCHRÄDER 1932, S. 123 Fig. 7.]

den Aal werden sie als „oft" im Mageninhalt angetroffen erwähnt. STADEL betont, daß „rote Chironomidenlarven, denen in anderen Gewässern eine so große Bedeutung zukommt, in unserem Gebiet nur selten „beobachtet" werden.

Zum Schluß noch einige Angaben über die Wolga (über die quantitative Entwicklung der Chironomidenbesiedelung in anderen russischen Flüssen vgl. S. 371—375). BEHNING (1928; vgl. dazu LENZ 1924) berichtet, daß auf Schlammboden an manchen Stellen bis 2000 Chironomidenlarven den Quadratmeter bevölkern und daß sie „von nicht zu unterschätzender Bedeutung für die allgemeine Beurteilung des Bodenlebens und von ganz hervorragendem Wert für eine Anzahl von Fischen sind, welchen sie als Nahrung dienen". An einem Floß in der Wolga fand er 26 Chironomidenlarven auf 10 cm² Seitenfläche, im Bewuchs von Dampfern lebten Orthocladiinenlarven *(Eucricotopus silvestris* und *similis)*. Beim edelsten Fisch der Wolga, dem Sterlet *(Acipenser ruthenus)* bilden die Chironomidenlarven die Hauptnahrung (BEHNING 1912). „Sie finden sich wohl in jedem Fisch, angefangen von Fischchen von 2,4 cm bis zu 33,3 cm und meist auch in großen Mengen. Wenn bei Hochwasser die Sterlets auf die überschwemmten Wiesen gehen, finden sie hier „große Mengen von Chironomiden, zumeist der gewöhnlichen *plumosus*-Gruppe angehörend, welche oft den einzigen Darminhalt dieser sich mästenden Fische ausmachen" (BEHNING 1928, S. 67).

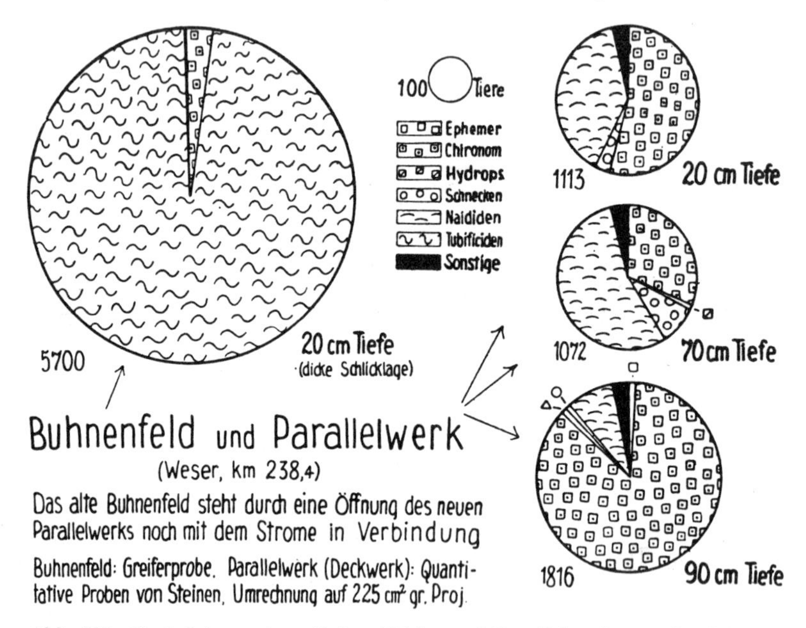

Abb. 288. Besiedelung eines Buhnenfeldes und Parallelwerkes in der Weser. (Das alte Buhnenfeld ist hinter dem deckwerkartigen Bauwerk noch erhalten.) [Aus SCHRÄDER 1932, S. 124 Fig. 8.]

C. Die fischereiliche Bedeutung der Chironomiden in stehenden Gewässern

1. Seen

a) Die quantitative Entwicklung der Chironomiden in den Seen

In den früheren Kapiteln, die sich mit der Chironomidenfauna der Seen beschäftigen (S. 385—518), haben wir die quantitative Entwicklung der Seenchironomiden nur hier und da gestreift. Für die fischereiliche Bedeutung der Chironomiden gewinnt deren Entwicklungsmaß aber ein ganz besonderes Interesse, so daß wir auf diese Frage hier eingehen müssen. Genaue Zahlenangaben über die Menge der auf einer Bodeneinheit des Sees vorhandenen Larven und Puppen konnten erst gewonnen werden, als ein exakt arbeitender Apparat zur Probenentnahme entwickelt wurde. 1911 veröffentlichte SVEN EKMAN die Beschreibung seines bekannten Bodengreifers und nun setzte eine große Anzahl von Untersuchungen über die quantitative Entwicklung der Bodenfauna unserer Seen ein, vor allem, nachdem 1922 E. A. BIRGE dem Bodengreifer eine handlichere und sicherer arbeitende Form gegeben hatte.

Die erste, mit dem Greifer in seiner älteren Form angestellte Untersuchung stammt von SVEN EKMAN selbst; es ist seine klassische „Bodenfauna des Vättern, qualitativ und quantitativ untersucht" (1915). Die von ihm gesammelten Chironomidenlarven und -puppen habe ich selbst bearbeitet; aber die Systematik der Chironomidenlarven steckte damals noch ganz in den Kinderschuhen, so daß nur Gattungs- und Gruppennamen gegeben werden konnten. Doch haben, dank BRUNDINS Arbeit (1949, S. 465—472) später manche Arten — und vor allem die Charakterform des Sees — genauer festgelegt werden können. Für diese — *Heterotrissocladius subpilosus,* bei EKMAN als *Psectrocladius* sp. — gibt EKMAN die folgenden Zahlen — auf je 5 dm² Bodenfläche an:

0—10 m	Tiefe	0	Exemplare	61—70 m	Tiefe	2,3	Exemplare
11—20 m	„	0	„	71—80 m	„	4,1	„
21—30 m	„	0	„	81—90 m	„	6	„
31—40 m	„	1	„	91—100 m	„	1	„
41—50 m	„	1,6	„	101—110 m	„	0	„
51—60 m	„	1,3	„	111—120 m	„	1	„

Die Zahl der Puppenhäute war auf der Seeoberfläche im Sommer sehr groß. Tanypodinenlarven fanden sich auch bis in die größten Tiefen; für 31 bis 40 m Tiefe gibt EKMAN 1,5 für 5 dm² an, in den anderen Tiefen war die Zahl noch geringer. *Tanytarsus*-Arten kamen in 30 bis 40 m Tiefe (Gyttja) einmal in 35 Exemplaren je 5 dm² vor (vgl. dazu BRUNDIN, S. 470).

Das sind die ersten exakten Zahlen, die über die quantitative Entwicklung der Chironomiden eines Sees gewonnen wurden!

Während diese Untersuchung rein theoretischer Art war und sich auf einen großen, tiefen, oligotrophen See bezog, ist es GUNNAR ALMS Verdienst, den EKMANschen Bodengreifer in den Dienst der Fischereibiologie gestellt zu haben. Er untersuchte neben zahlreichen anderen Seen vor allem intensiv einen eutrophen schwedischen Flachsee, den maximal 5,8 m tiefen Yxtasjön; auch seine Studie (1922; vgl. THIENEMANN 1922 b) gehört zu den klassischen Werken der modernen Limnologie. Ich gebe hier seine Tabelle 3 (S. 30) wieder, soweit sie die Chironomiden betrifft. Unter *„Chironomus"* faßt er alle Formen der Chironominae und Tanypodinae zusammen, unter *Ceratopogon* versteht er die wurmförmigen Larven der Ceratopogonidae vermiformes. Die Zahlen bedeuten die Zahl der Individuen auf 1 m².

Tiefe in m	Chironomus			Ceratopogon		
	Frühling	Sommer	Herbst	Frühling	Sommer	Herbst
1,5—2,0	704	203	317	130	24	78
2,0—2,5	134	193	102	66	53	49
2,5—4,0	92	126	47	109	81	128
4,0—5,0	45	83	39	64	74	105
5,0—6,0	22	13	55	24	46	96

Der Typus der Vertikalverteilung ist also zu allen Jahreszeiten im großen und ganzen der gleiche; nur ist die größte Tiefe im Sommer, des O_2-Mangels wegen, spärlicher besiedelt als die etwas höheren Bodenschichten. Aus den einzelnen von ALM gewonnenen Werten geht hervor, daß auch in der gleichen Seetiefe die Bodenfauna zur gleichen Zeit quantitativ recht verschieden entwickelt sein kann. Die Anzahl der Tiere kann an der einen Stelle 30mal so hoch sein als an einer anderen, das Gewicht 6mal so hoch. Der Grund dafür kann einmal der sein, daß der Laich der Insekten an gewissen begrenzten Stellen zu Boden sinkt und daß die jungen Larven nicht weit wandern; es kann aber auch eine lokale Nahrungsanreicherung am Boden eine Rolle spielen.

In der folgenden, nach ALMs Tabelle 5 und 6 entworfenen Tabelle ist die (durchschnittliche) Zahl und das Gewicht (in g) der „*Chironomus*" und „*Ceratopogon*" auf 1 m² während der verschiedenen Jahreszeiten und Jahre verzeichnet.

	Chironomus		Ceratopogon
	Anzahl	Gewicht	Anzahl
25. V. 1918	113	1,6319	96
26. VI. 1918	241	2,83329	71
5. IX. 1918	80	2,3962	95
29. IV. 1919	129	2,2863	89
24. VII. 1919	54	1,0893	57
4. XI. 1919	100	0,855	100
4. III. 1920	127	1,3383	94
1. VII. 1920	146	1,1767	83
8. IX. 1920	32	0,526	130

Vergleiche hierzu die graphische Darstellung Abb. 289. Man erkennt ohne weiteres, daß die Quantität der Chironomidenlarven bestimmend ist für die ganze Bodenfauna, ferner daß das Maximum der Chironomidenentwicklung in den Frühling bis Frühsommer fällt und daß die Quantität der Tiere im Spätsommer bis Herbst geringer ist. Das hängt natürlich mit der Metamorphose zusammen, doch weist ALM darauf hin, daß die Verringerung der Bodentiermenge im Sommer zum Teil auch auf Fischfraß zurückzuführen ist. Aus Abb. 289 geht ferner hervor, daß die Quantität der „*Chironomus*" im Yxtasjön in den verschiedenen Untersuchungsjahren verschieden groß ist; mit Recht führt ALM dies auf die Witterungsverhältnisse vor allem während der Zeit des Schwärmens und der Eiablage (vgl. S. 273) zurück.

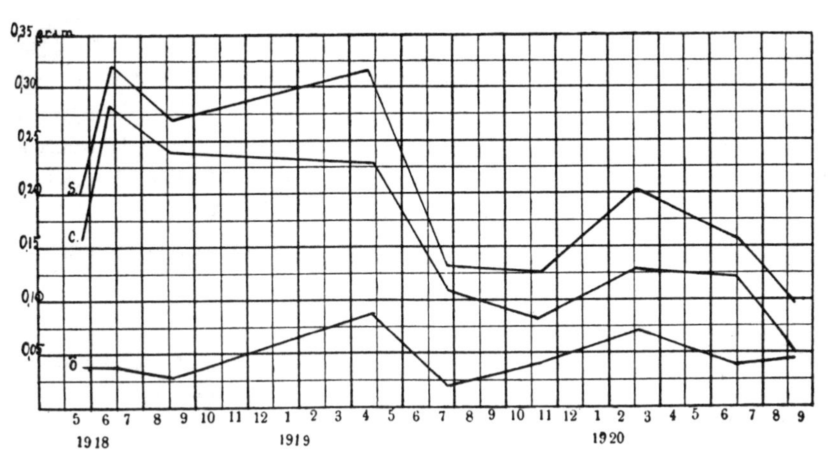

Abb. 289. Gewicht der Bodenfauna im Yxtasjön während verschiedener Jahre und Jahreszeiten. (S = Summe aller Formen, C = Chironomidenlarven, Ö = übrige Formen.) [Aus ALM 1922, S. 45 Fig. 9.]

Geringe Chironomidenzahlen fand ALM (1927) auch im schwedischen Mälaren, wie aus der folgenden Tabelle hervorgeht (Larvenzahl und -gewicht in g je m²):

Tiefe in m	Sept.—Okt. 1913		Mai—Juni 1915		August 1916		März 1916	
	Zahl	Gewicht	Zahl	Gewicht	Zahl	Gewicht	Zahl	Gewicht
0—5	25	0,10	170	0,577	450	4,75	102	0,45
6—10	100	1,003	126	0,854	100	0,35	158	0,25
11—15	18	0,12	143	0,954	100	1,79	301	2,05
16—20	89	0,44	101	0,427			610	0,85
21—25	101	0,70	196	1,307	83	0,85	20	
26—30	132	0,84	70	0,42	60	0,10		
31—35	290	1,15	70	0,13	30	0,10		
36—40	10		27	0,11	50	0,40		
41—45			34	0,045	20	0,05		
46—50	66	0,39	20	0,066				
51—55	4		76	0,63	5			
56—60	13		13	0,033			5	

An Durchschnittszahlen und -gewicht ergaben sich für die verschiedenen Untersuchungen:

	Zahl	Gewicht
24. IX.— 9. X. 1913	70	0,50
20. V.— 4. VI. 1915	103	0,71
3. III.— 7. III. 1916	165	0,41
29. II.—10. VIII. 1916	99	1,03

Diese Zahlen sind für schwedische Seen nach ALM mittelmäßig oder geringer, für deutsche und amerikanische Gewässer (LUNDBECK) aber weit unter Mittel. Mehr scheinen sie den finnischen Seen zu ähneln (JÄRNEFELT). In seiner Arbeit über die Fische und ihre Nahrung im finnischen Tuusulasee (1921) hat JÄRNEFELT für eine Anzahl der von ALM und ihm bis dahin untersuchten schwedischen und finnischen Seen die mittlere Individuenzahl der Ceratopogoniden und Chironomiden zusammengestellt. Er fand (Stück/m²):

	Cerat.	Chiron.
Testen		+
Toften		8
Tuusulasee . .	4	12
Börringesee . .	20	16
Teen		20
Mälaren		70
Havgårdsee .	50	70
Boren		200
Pyhäjärvi . . .		88
Lamen	8	286

Im Tuusulasee wies er auf den verschiedenen Bodenarten die folgende durchschnittliche Individuenzahlen je m² nach:

Sand	3 Chir.	
Sand und Ton	2 Chir.	
Ton	2 Chir.;	0,4 Cerat.
Gyttja	18 Chir.;	6 Cerat.
Pflanzenrestreiche Gyttja	156 Chir.;	2 Cerat.
Viehstall-Stationen	194 Chir.;	10 Cerat.

Ein Verzeichnis der bis Februar 1926 erschienenen Arbeiten über die quantitative Untersuchung der Bodentierwelt der Binnengewässer veröffentlichte LUNDBECK (1926, S. 415—418). Auf diese braucht im einzelnen hier nicht eingegangen zu werden, da sie für das Chironomidenproblem im allgemeinen kaum etwas Neues bringen.

1926 erschien LUNDBECKS große Abhandlung über „Die Bodentierwelt norddeutscher Seen“, auch heute noch d a s Standardwerk und die Grundlage für alle weitere Forschung auf diesem Gebiet. Eine Zusammenfassung seiner fischereibiologisch besonders wichtigen Ergebnisse gab LUNDBECK (1926 a) in der Zeitschrift für Fischerei. An LUNDBECKS Untersuchungen ist Kritik geübt worden; ich bin aber durchaus der Meinung LASKARS, wenn er (1948, S. 31) schreibt: „Was uns hier interessiert, sind die Größenordnungen der Produktion der betreffenden Seen vom fischereilichen Standpunkt, die durch die LUNDBECKschen Angaben ohne weiteres wiedergegeben werden. Ich glaube nicht, daß von mir oder jemandem anderen nebenher während der fischereilichen Untersuchungen gemachte Probeentnahmen an den untersuchten Seen, derart wie sie für fischereiliche Bonitierungszwecke allgemein durchgeführt werden, ein richtigeres Bild als dasjenige, das LUNDBECK auf Grund zahlloser Proben entworfen hat, geben würden." Von den Ergebnissen LUNDBECKS sind die folgenden in unserem Zusammenhang (Chironomiden) von besonderem Interesse. (Alle Werte sind mit dem BIRGE-EKMAN-Greifer gewonnen und beziehen sich auf 1 qm Bodenfläche.)

Zuerst einige Einzelfänge aus dem Plöner Becken des Großen Plöner Sees (13. XII. 1923), die die Bedeutung der Art der Ablagerungen für die Massenentwicklung der Tiere zeigen:

Tiefe 8 m:

Sand mit geringen Detritusmengen: 488,9 Larven von *Chir. plumosus*, 311,1 Larven von *Chir. anthracinus*, beide zusammen 3,022 g. Dazu 133,3 *Procladius*-Larven und 2088,9 andere Chironomidenlarven. (Insgesamt 3022 Chironomidenlarven.)

Grauer Schlamm: 266,7 *plumosus*, 666,7 *anthracinus*, zusammen 20,489 g. Dazu 977,8 *Procladius* und 755,6 andere Chironomidenlarven. (Insgesamt 2667 Chironomidenlarven.)

Tiefe 16 und 16,5 m:

Sand, Spuren Detritus, Kies: 0 *plumosus*, 177,8 *anthracinus*, zusammen 0,889 g. Dazu 266,7 *Procladius* und 844,4 andere Chironomidenlarven. (Insgesamt 1289 Chironomidenlarven.)

Grauer Schlamm: 844,4 *plumosus*, 2755,6 *anthracinus*, zusammen 58,711 Gramm. Dazu 266,7 *Procladius* und 2755,6 andere Chironomidenlarven. (Insgesamt 6622 Chironomidenlarven.)

Tiefe 28 und 29 m:

Graue Mischung von Detritus, Pflanzenresten, Sand, Steinen: 311,1 *plumosus*, 88,9 *anthracinus*, zusammen 5,422 g. Dazu 44,4 *Procladius* und 222,2 andere Chironomiden. (Insgesamt 667.)

Grünlichschwarzer Schlamm mit heller Unterschicht: 355,6 *plumosus*, 88,9 *anthracinus*, zusammen 7,511 g. Dazu 0 *Procladius* und 88,9 andere Chironomiden. (Insgesamt 553.)

Tiefe 34 und 34,5 m:

Grauschwarze Mischung von Sand, wenig feinem Detritus, Pflanzenresten: 133,3 *plumosus*, 88,9 *anthracinus*, zusammen 3,778 g. Dazu 0 *Procladius*, 44,4 andere Chironomiden. (Insgesamt 267.)

Schwarzer Schlamm, wenig feiner schwarzer Detritus: 44,4 *plumosus*, 0 *anthracinus*, 0,133 g. Keine anderen Chironomiden. (Insgesamt 44.)

Für das Litoral fand LUNDBECK folgende Zahlen von Chironomiden (nicht nach Arten getrennt):

Großer Plöner See, 1. VII. 1924, 0,5 m Tiefe:

Sand mit einzelnen Steinen ohne Pflanzen: 1644,4
Sand mit etwas niedriger *Chara:* 1022,2

Plöner Becken, Sommer 1924, *Chara*-Wiesen:
Tiefe: 1,5 m 733,3; 2 m (3000); 3,5 bis 4 m 1611,1

Elodea-Bestände: Schöhsee, 12. IV. 1924, 4 m 1355,6; 6 m 755,6
Schluensee, 16. IX. 1924 3 m 911,1

Verlandende Uferstrecken: Heidensee, 30. VII. 1924, 1 m 1044,4
Kalksee, 15. VII. 1924, 2,5 m 488,9

Humusschlammseen: Plußsee, 13. III. 1924, 1,5 m 600,0
Schwonausee, 4. VIII. 1924, 2 m 2177,8

Von den beiden — für unsere holsteinischen Seen wichtigsten Arten — *Chironomus plumosus* und *anthracinus* — fand LUNDBECK (S. 187) als Höchstzahlen (je qm):

Art	Zahl	Gewicht	See
plumosus ...	1 077,8	56,0 g	Großer Plöner See, Ascheberger Becken
„ [140] ...	3 171,1	112,5 g	Kleiner Eutiner See
„ ...	1 066,7	etwa 40 g	Selenter See
anthracinus .	600,0		
„ (kleine)	10 733,3	etwa 15 g	Großer Plöner See, Plöner Becken

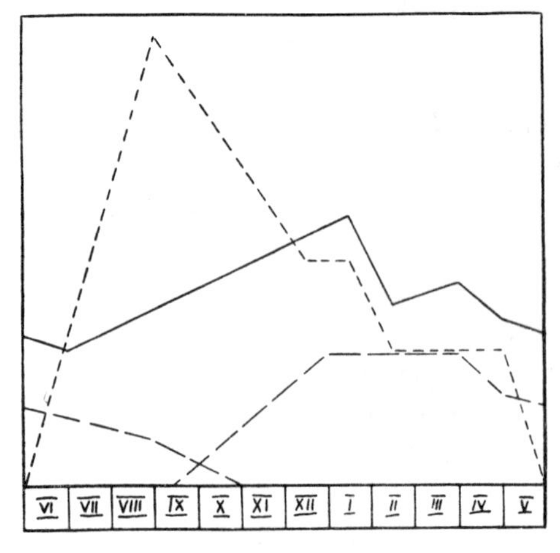

Abb. 290. Schema der jahreszeitlichen Veränderungen der Zahl der *Chironomus*-Larven (- - - *Ch. anthracinus,* — — — *Ch. plumosus)* und ihres gemeinsamen Gesamtgewichtes (—) im Plöner Becken des Großen Plöner Sees. [Aus LUNDBECK 1926 a, S. 39 Fig. 4.]

Für eine vollständige Serie aus dem Großen Plöner See, Plöner Becken vom 12. V. 1924 berechnete LUNDBECK für *Chir. plumosus* + *anthracinus* je Hektar 2513521 Tiere mit einem Gesamtgewicht von 98,6 kg, für alle 55 von ihm untersuchten Seen 53,8 kg/ha. Wie sich Zahl und Gewicht der *Chiro-*

[140] Hier handelt es sich aber wohl nicht um *Ch. plumosus,* sondern um *tentans.*

nomus-Larven im Plöner Becken im Laufe eines Jahres verändert, geht aus Abb. 290 und Abb. 291 hervor. Abb. 291 zeigt auch die überragende Bedeutung der Gattung *Chironomus* in der Bodentierwelt dieses Sees. LUNDBECK hat nun weiterhin den Versuch gemacht, aus den im Plöner Becken gewonnenen Zahlen die Jahresproduktion von *Chironomus (pl. + anth.)* zu berechnen; er ist sich der Schwierigkeit des Problems bewußt: „die Ergebnisse dürfen nicht ohne weiteres als gesichert genug gelten"; ich bin aber überzeugt, daß er die G r ö ß e n o r d n u n g richtig getroffen hat. Ohne auf

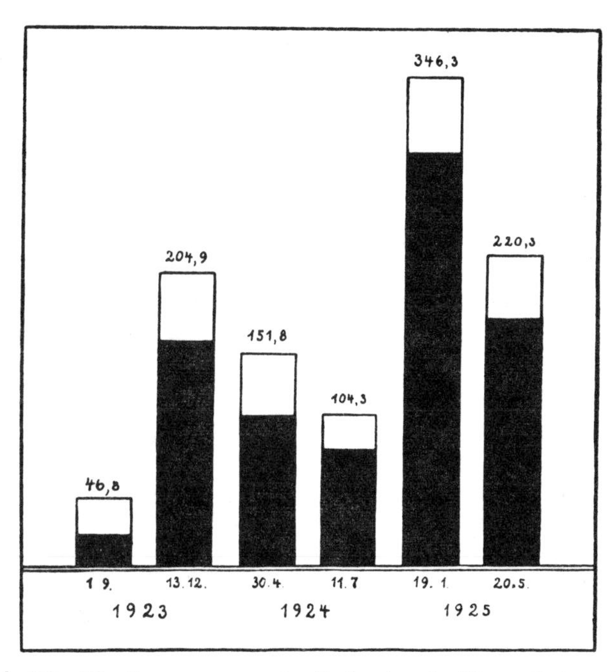

Abb. 291. Die Gesamtmengen der Bodentiere im Plöner Becken des Großen Plöner Sees zu verschiedenen Jahreszeiten in kg/ha. (Schwarz Gattung *Chironomus*, weiß die übrige Tierwelt exklusiv Mollusken.) [Aus LUNDBECK 1926 a, S. 41 Fig. 6.]

den Weg, den er eingeschlagen hat, hier näher einzugehen, nur die Ergebnisse: für das Entwicklungsjahr 1923/24 Jahresproduktion 275,2 kg/ha, für 1924/25 829,3 kg/ha. Er schreibt dazu: „Es ergibt sich also aus diesen Berechnungen bei *Chironomus* das Drei- bzw. Vierfache der sommerlichen Gesamtmenge, das als Jahresproduktion angesetzt werden muß." Für 53 von ihm untersuchte Seen kommt er zu einer durchschnittlichen Jahresproduktion an *Chironomus* von 150 bis 160 kg/ha.

Zweifellos finden in unseren Seen im Laufe des Jahres aktive Wanderungen der Bodentiere statt, „die das Ziel haben, die Gebiete günstigster Lebensbedingungen zu erreichen. Sie gehen während des Sommers uferwärts, im Winter in die Tiefe; am stärksten sind sie im Frühjahr und Herbst, scheinen aber nie ganz aufzuhören" (LUNDBECK). Von den Profundaltieren führt nach LUNDBECK (1926, S. 231 ff.) *Chironomus anthracinus* die größten Wanderungen aus. Aus Abb. 292 zieht LUNDBECK die folgenden Schlüsse:

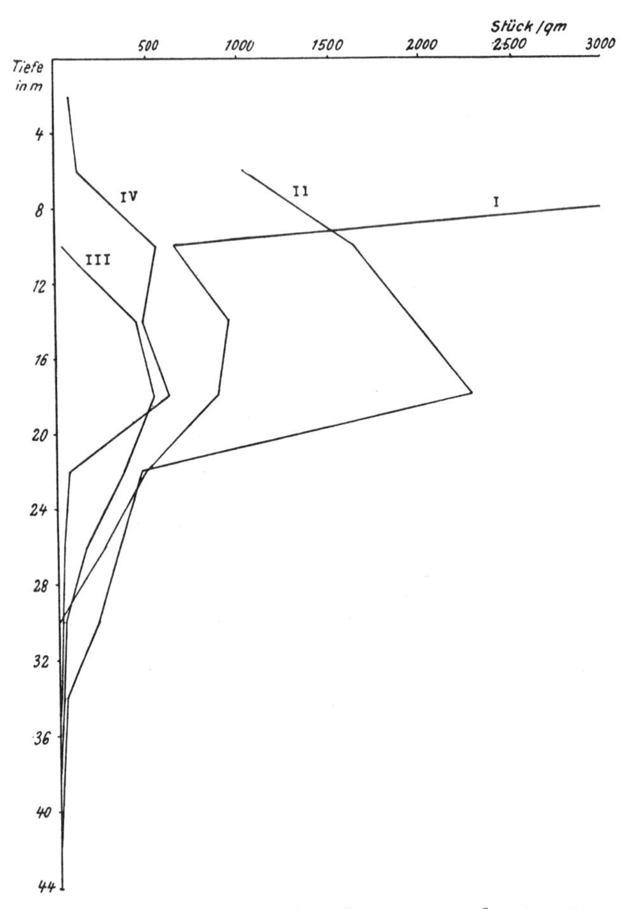

Abb. 292. Die Wanderungen der *Chironomus-anthracinus*-Larven im Plöner Becken des Großen Plöner Sees vom Herbst 1923 bis zum Frühling 1924. I Tiefenverbreitung am 9. November 1923; II Tiefenverbreitung am 13. Dezember 1923; III Tiefenverbreitung am 7. Februar 1924; IV Tiefenverbreitung am 31. März 1924. [Aus LUNDBECK 1926, S. 232 Fig. 34.]

„Der Höhepunkt der Aufwärtswanderung liegt 1923 im Spätherbst (Oktober?), die Tiefenwanderung dauert bis in den Januar hinein; im März ist schon die Rückwanderung erfolgt. Da die Proben Ende März noch unter Eis genommen wurden, so muß die ganze Wanderung uferwärts noch während der Eisbedeckung vor sich gegangen sein; sogleich nach Verschwinden der Eisdecke war sie bereits völlig beendet." Für *Ch. plumosus* vgl. LUND-

BECK 1926, Seite 233 ff. *Procladius* wandert im Großen Plöner See nur wenig; *Microtendipes* und *Polypedilum* leben im Sommer in der Uferzone, gehen aber im Winter bis in ziemlich große Tiefen und fehlen dann gänzlich im Litoral. Die im Sommer sublitoralen *Tanytarsus*-Arten haben im Winter ihr Häufigkeitsmaximum im oberen Profundal. Diese gesamten Wanderungen betrachtet LUNDBECK als im wesentlichen temperaturbedingt; die O_2-Verhältnisse spielen nach ihm keine ausschlaggebende Rolle. (?) An der Existenz dieser Wanderungen (vgl. auch Abb. 293), die für die Ufertierwelt unserer Seen schon lange (seit 1897) nachgewiesen sind, ist nicht zu zweifeln.

Anders liegen die Verhältnisse bei der sogenannten „Fraßzone" LUNDBECKs (LUNDBECK 1926, S. 254—259, 406; 1926 a, S. 43). Der Fischfraß „macht sich vor allem durch eine sprunghafte Abnahme der Häufigkeit der

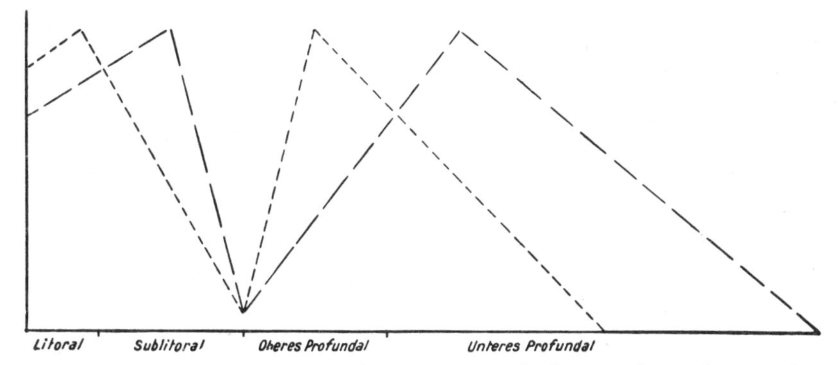

Abb. 293. Schema der jahreszeitlichen Massenverschiebungen der Bodentierwelt durch Wanderung. (Nach dem Vorbild des Plöner Beckens.) - - - Sommerkurve, ——— Winterkurve. [Aus LUNDBECK 1926, S. 407 Fig. 52.]

einzelnen Arten unmittelbar über der Sprungschicht geltend. Diese Erscheinung findet höchstwahrscheinlich ihren Grund darin, daß die Fische zu sauerstoffempfindlich sind, um in das Profundal hinabgehen zu können, daß sie aber bemüht sind, soweit wie möglich in die Wohngebiete der als Nahrung geschätzten Profundaltiere einzudringen, und daß sie daher unmittelbar über der Sprungschicht ihr Weidegebiet haben. Daher steigt und fällt auch die ‚Fraßzone' mit der Sprungschicht; sie liegt im Frühjahr hoch (4 bis 8 m), geht dann bis an die untere Grenze des Sublitorals (12 m) und endlich im Herbst bis in die oberen Teile des Profundals (tiefster Stand etwa 15 m)." Durch LASKARS Untersuchungen über die Ernährung des Brassens in eutrophen Seen (1948, S. 70, 71, 155) läßt sich indessen LUNDBECKS Auffassung n i c h t bestätigen. Neue Untersuchungen in Hinblick auf dies Problem erscheinen erforderlich.[140a]

[140a] BALL und HAYNE (1952) zeigten für den Third Sister Lake in Südost-Michigan, daß nach einer Abtötung aller Fische durch Rotenone die Menge der benthischen Invertebraten — auch der Chironomiden — etwa doppelt so groß war, wie vorher! Die große Bedeutung des Fischfraßes wird so sehr deutlich!

LUNDBECK (1926, S. 268) hat einzelne der Plöner Seen sowohl 1923 wie 1924 untersucht: „Aus diesem Material geht hervor, daß größere quantitative Veränderungen meist nur bei *Chironomus* aufgetreten sind, während die anderen Formen in ziemlich unveränderter Zahl blieben." (Vgl. dazu auch meine Untersuchungen über das *Anthracinus*-Schwärmen 1918—1950, dieses Buch S. 272.) „So stieg das *Chironomus*-Gewicht im Plöner Becken von 1923 bis 1924 um das Drei- bis Vierfache. Bis zum Jahre 1925 trat im Plöner Becken eine weitere Zunahme auf fast das Doppelte ein, so daß wir von 1923 bis 1925 im ganzen eine Zunahme um etwa das Achtfache erhalten (22,8 kg/ha am 1. V. 1923, 175,9 kg/ha am 20. IV. 1925)." Die Ursache hierfür sieht schon LUNDBECK in den Witterungsverhältnissen während der Laichzeit (vgl. auch S. 273 dieses Buches).

Seine große grundlegende Untersuchung norddeutscher Seen hat LUNDBECK später (1936) ergänzt durch eine vergleichende Untersuchung der Bodenbesiedelung der Alpenrandseen. Zum Vergleich mit den oben Seite 685 für die Litoralzone der Plöner Seen gegebenen Chironomidenzahlen entnehmen wir dieser Arbeit (S. 224) Angaben über die Durchschnittsmenge der Chironomiden (Stück/qm) auf verschiedenen Böden der Litoralzone der von ihm studierten Alpenrandseen:

Reiner Sand 1400 — Schlicksand 2000 — Krustenkalk 950 — Seekreide 1100 — Litoralschlamm 4500 — Charawiesen 1200 — Verlandungsufer 250.

Also etwa die gleiche Größenordnung.

Im Lunzer Mittersee dagegen (vgl. S. 414 dieses Buches) fand LUNDBECK (1936 a, S. 67) am 31. V. 1925 folgende Chironomidenzahlen (Stück/qm):

Unbewachsener Schlick: oberer Seeteil	15 863
unterer Seeteil	6 133
Pflanzenbewachsener Boden	23 185
Schlammiges Ufer	356
Steiniges Ufer	4 207
Quelltrichter: unbewachsener Boden	3 556
bewachsen mit *Potamogeton*	7 378
bewachsen mit *Fontinalis*	7 422
bewachsen mit *Chara*	8 422

Aber der Lunzer Mittersee ist ja eigentlich kein echter See, sondern eher eine gewaltige Limnokrene.

Fast ein Vierteljahrhundert nach LUNDBECKS Dissertation erschien (1949) BRUNDINS große Abhandlung über Chironomiden und andere Bodentiere der südschwedischen Urgebirgsseen. BRUNDIN arbeitete ebenfalls mit dem Bodengreifer. Wir bringen im folgenden eine Anzahl der von ihm gewonnenen Werte. Zuerst für den von ihm besonders intensiv untersuchten See Innaren. Dieser liegt in Småland, ist oligohumos; Areal 16,2 km², Maximaltiefe 18 m, Transparenz 5,3 bis 7 m.

S e e I n n a r e n i n S ü d s c h w e d e n

Abundanz der gesamten Chironomiden in Stück/m² in den verschiedenen Tiefen und verschiedenen Biotopen. Zusammengestellt nach BRUNDIN 1949.

Tiefe in m		Durchschnitt	Maximum
0,5	Lichte *Scirpus lacustris-Equisetum*-Bestände	5222	8660
0,4—0,5	Sehr lichte *Equisetum*-Bestände	5604	10357
0,2	Sandboden mit sehr dünner Detritusschicht	6328	
1,3—2	Isoëtiden-Teppiche	1620	2769
3	Isoëtiden-Teppiche	3264	8825
4—6	Sedimentboden des unteren Litorals	4873	13070
4	Sedimentboden des unteren Litorals	6184	
5	Sedimentboden des unteren Litorals	5373	
6	Sedimentboden des unteren Litorals	3054	
7—19	Profundal	1145	5287
7—13	Profundal	1106	
14—19	Profundal	1197	
18—19	Profundal	1683	

S e e I n n a r e n i n S ü d s c h w e d e n

Durchschnittliche bathymetrische Verteilung der Chironomidenlarven (Stück/m²). (Nach BRUNDIN 1949, S. 122—123 und in Klammern S. 179.)

0,2—0,5 m	4794 (4956)	8— 9 m	1415 (1316)
1—2 m	1620 (1557)	10—11 m	955 (921)
3 m	3264 (3092)	12—13 m	616 (586)
5 m	6184 (6199)	14—15 m	777 (794)
5 m	5373 (5477)	16—17 m	1131 (1141)
6 m	3054 (2823)	18—19 m	1683 (1644)
7 m	1396 (1267)		

An zweiter Stelle Angaben über den See Stråken, den „Haussee" der Limnologischen Station Aneboda in Småland. Er ist mesohumos, hat ein Areal von 8,1 km², eine Maximaltiefe von 12 m.

S e e S t r å k e n i n S ü d s c h w e d e n

Abundanz der gesamten Chironomiden in Stück/m² in verschiedenen Tiefen und verschiedenen Biotopen. Zusammengestellt nach BRUNDIN 1949.

Tiefe in m		Durchschnitt	Maximum
0,4	Dichter *Nitella opaca*-Bestand auf Sand	2905	
0,6	Vegetationsfreier Dyboden an Moorufer	2302	
0,9	*Potamogeton natans*-Gesellschaft	2926	5809
1	*Phragmites*-Bestände	2211	5371
1,4—1,6	*Scirpus lacustris*-Bestände	3187	4112
1,9—2	*Isoëtes*-Teppiche	1630	2303
1,5—1,7	Wassermoos-Gesellschaften	3052	4548

Tiefe in m		Durchschnitt	Maximum
3	Übergangsgebiet Litoral-Profundal	831	1833
4—12	Profundal	518	1261
4—7	Profundal	472	
8—12	Profundal	545	
11—12	Profundal	469	

See Stråken in Südschweden

Durchschnittliche bathymetrische Verteilung der Chironomidenlarven (Stück/m²).
(Nach BRUNDIN 1949, S. 261.)

0,6—1,0 m	2788	7 m	426
1,4—1,8 m	3113	8 m	456
1,9—2,0 m	1630	9 m	615
3 m	831	10 m	722
4 m	594	11 m	586
5 m	391	12 m	354

Mäßig polyhumos ist der kleine småländische Skärshultsjön. — Areal 0,36 km². Maximaltiefe 14 m.

See Skärshultsjön in Südschweden

Abundanz der gesamten Chironomiden in Stück/m² in verschiedenen Tiefen und verschiedenen Biotopen. Zusammengestellt nach BRUNDIN 1949.

Tiefe in m		Durchschnitt	Maximum
0,2	*Juncus supinus*-Bestand auf Sand	3069	
0,2	Nackter Sand	3563	
0,3	*Isoëtes*-Teppiche	2139	2795
0,4—0,6	*Carex rostrata*-Bestände	1657	2246
1	*Equisetum*-Bestände	3397	4877
1,5	*Myriophyllum*	5646	
2	Vegetationsfreier Boden im unteren Litoral	1748	2576
4—13	Profundal	457	1995
4—6	Profundal	629	
9—13	Profundal	343	
13	Profundal	539	

See Skärshultsjön in Südschweden

Durchschnittliche bathymetrische Verteilung der Chironomiden (Stück/m²).

0,2—0,6 m	2056	6 m	550
1 m	3398	9 m	258
2 m	1748	11 m	230
4 m	712	13 m	540

Einige weitere Zahlen für das Profundal småländischer Seen sind in der folgenden Tabelle verzeichnet.

Quantität (Stück/m²) der Chironomiden im Profundal einiger weiterer südschwedischer Seen. Zusammengestellt nach BRUNDIN 1949.

See	Lage	Untersuchungsdatum	Charakter	Tiefe der Probe	Profundalchironomiden Durchschn.	Maximum
Skären	Småland	8. IX. 43	oligohumos	10—26	561	767
				10—16	483	
				20—26	638	
Algunnen	Småland	11. X. 43	oligohumos	10—30	223	575
Aresjön	Småland	10. IX. 43	mesohumos	3—5	528	821
				3	656	
				4—5	432	
Grimsgöl	Småland	III. 43, I. 48	extrem polyhumos	1	1274	
				1,7	548	
				2,5	256	
				4	308	
				4,8	89	
Bergundasjön	Småland	15. X. 43	kultur-eutrophiert	2—5,5	1135	2849
				2—2,5	2247	
				5,5	548	
Växjösjön	Småland	14. X. 43	kultur-eutrophiert	2—5,5	861	1918
				5,5	198	

Ferner für das Profundal mittel- und nordschwedischer Seen:

Quantität (Stück/m²) der Chironomiden im Profundal einiger mittel- und nordschwedischer Seen. Zusammengestellt nach BRUNDIN 1949.

See	Lage	Untersuchungsdatum	Charakter	Tiefe der Probe	Profundalchironomiden Durchschn.	Maximum
Västra Skälsjön	Västmanland	VIII., IX. 43	oligohumos	8—18,5	1506	3944
Skärsjön	Västmanland	26. VIII. 43	oligohumos	6—17	816	
Hovtjärn	Västmanland	1. X. 43	polyhumos	3,5—5	916	1123
Stora Blåsjön	Jämtland	1943—1945	oligohumos	15—>100	426	943[141]
Leipikvattnet	Jämtland	28. VI. 46	oligohumos	13—25	503	666[142]
Semningsjön	Jämtland	12. und 13. VIII. 46	oligohumos	13—32	266	1212[143]

[141] Im Litoral 988 respektive 2470. [142] Im Litoral 1586 respektive 4454.
[143] Im Litoral 260 respektive 746.

Abundanz der Chironomidenlarven im Profundal einiger småländischer Seen verschiedenen Humusstandards (Stück/m²). (Nach BRUNDIN 1949, S. 543.)

		Ganzes Profundal		Oberes Profundal	Unteres Profundal
		Durchschnitt	Maximum	Durchschnitt	Durchschnitt
Innaren	oligohumos	1150	5000	1100	1200
Stråken	mesohumos	520	1260	470	550
Skärshultsjön ..	mäßig polyhumos	460	1100	630	340
Grimsgöl	extrem polyhumos	240	900	400	200

Wie bei Zunahme der Humosität die quantitative Entwicklung der profundalen Chironomidenfauna abnimmt, geht aus dem Vergleich der in der gleichen Landschaft (Småland) gelegenen vier Seen Innaren, Stråken, Skärshultsjön, Grimsgöl hervor (vgl. die Tabelle).

Der Fortschritt, den die Kenntnis der Metamorphosestadien der Chironomiden in den letzten Jahrzehnten gemacht hat, ermöglichte es BRUNDIN, nicht nur für die gesamte Artenzahl der Larven Abundanzzahlen anzugeben, sondern auch für jede einzelne Art! Ein gewaltiger Fortschritt! Man vergleiche dazu BRUNDINS Einzeltabellen, insbesondere die große Tabelle 20 (S. 122, 123) für den Innaren mit seinen 62 Arten! Daß es sich zum Teil um eine ganz andere Artenzusammensetzung respektive ganz andere Abundanzverhältnisse der einzelnen Arten handelt als in den norddeutschen und alpinen Seen, ist an anderer Stelle dieses Buches schon behandelt worden.

Schon einige Jahre vor Erscheinen seines Buches berichtete BRUNDIN (1942) über die Bodenfauna einiger Gebirgsseen Jämtlands. Für den See Hottön — 471 m hoch, maximale Tiefe 50 m, harmonisch-oligotroph — sind die mittleren Chironomidenzahlen — Gesamtzahlen je m² — die folgenden:

Litoralzone im ganzen 448,6
Isoëtes-Wiesen 94,4
Übrige Litoralzone 566,7
Profundalzone: 27,2.
(Reichste Besiedelung 13. V. 1939 in 1,5 m Tiefe:
1387,5 Larven je m².)

Hauptform *Procladius* (Profundal) und *Microtendipes* (Litoral); für die Abundanz aller Chironomidenlarven vgl. BRUNDINS Tabelle 5.

Weiter untersuchte BRUNDIN eine Anzahl Seen im Kälarne-Gebiet in der östlichen Ecke der Provinz Jämtland:

A. Tiefere oligohumose Seen, zwischen 266 und 273 m Meereshöhe:

1. Balsjön, Maximaltiefe 6,8 m. Individuenzahlen der Chironomidenarten (6. VII. 1937) BRUNDINS Tabelle 12. Im ganzen im Litoral in 1,5 m 1076,7, in 2,5 m 2086,8; im Profundal in 4 m 388,5, in 5,1 m 1032,3, in 6,5 m 399,6. Im Litoral *Paratanytarsus* (mit 843,6 je m²)

dominant, in der größten Tiefe *Chironomus,* im oberen Profundal Orthocladiinen.

2. Gransjön, Maximaltiefe 7,9 m. Individuenzahlen der Chironomiden (7. VII. 1937) BRUNDINS Tabelle 14. Im Litoral in 1 m 111,0, in 3 m 177,6; im Profundal in 4 m 477,3, in 5 m 133,2, in 7 m 222. Im oberen Profundal Orthocladiinen, im unteren *Chironomus* dominant.
3. Hällesjön, Maximaltiefe 16,5 m. Individuenzahlen der Chironomidenarten (8. VII. 1937) BRUNDINS Tabelle 16. Im Litoral in 2 m Tiefe 888,8; im Profundal in 7,5 m 299,7, in 10 m 55,5, in 12,5 m 621,6, in 16 m 1098,9. Im Profundal *Stictochironomus* und *Tanytarsus* vorherrschend.
4. Bodsjön, Maximaltiefe 8 m. Individuenzahlen der Chironomiden (14. VII. 1937) BRUNDINS Tabelle 18. Im Litoral in 2 m 99,9, in 3 m 55,5, in 4 m 177,6, in 5 m 210,9; im Profundal in 7,2 m 66,6. Profundale Hauptform *Stictochironomus,* ferner *Tanytarsus, Monodiamesa* und *Procladius.*
5. Lugnsjön, Maximaltiefe 15 m. BRUNDINS Chironomidentabelle 20 (13. VII. 1937). Im Litoral in 5 m 144,3; im Profundal in 7,5 m 577,2, in 10 m 399,6, in 15 m 155,4. Im oberen Profundal *Stictochironomus, Monodiamesa, Tanytarsus,* in 15 m *Chironomus, Sergentia.*
6. Fisksjön, Maximaltiefe 23 m. BRUNDINS Chironomidentabelle 22 (21. VI. 1937). Im Litoral in 5 m 155,4 respektive 44,4; im Profundal in 10 m 22,2, in 14 m 88,8, in 15 m 144,3, in 20,5 m 11,1. In 15 m *Stictochironomus,* in 20,5 m *Sergentia.*

B. Seichte oligohumose Seen:

7. Hongsjön, Maximaltiefe 4,5 m. BRUNDINS Chironomidentabelle 24 (25. VI. 1937). In 1,5 m 865,8, in 2,2 m 843,6, in 3 m 199,8, in 4 m 1087,8. Tanypodinen am reichsten (Maximum 765,9 je m^2).
8. Lillsjön, Maximaltiefe 3,2 m. BRUNDINS Tabelle 26 (28. VI. 1937). In 0,3 m 1198,8, in 1,5 m 77,7, in 2,4 m 843,6, in 3 m 2319,9. Dominierend *Polypedilum* (Maximum 854,7 je m^2), *Tanytarsus* (488,4), *Pagastiella* (543,9).
9. Flarken, Maximaltiefe 2,4 m. BRUNDINS Tabelle 28 (3. VII. 1937). In 0,8 m 12198,9 (!), in 1,8 m 4595,4, in 2 m 477,3, in 2,4 m 3918,3. Besonders reich! Beherrschend *Tanytarsus* (Maximum 8580,3 je m^2) und *Cladotanytarsus* (Maximum 2664,0 je m^2).
10. Åltjärn, Maximaltiefe 2,1 m. BRUNDINS Tabelle 30 (26. VI. 1937). In 0,5 m 510,6, in 1,2 m 166,5, in 1,5 m 310,8, in 2,1 m 1087,8. Dominierend *Tanytarsus* (Maximum 310,0) und *Cladotanytarsus* (333,0), in der größten Tiefe *Chironomus anthracinus* relativ häufig (155,9).

C. Die polyhumosen Seen:

11. Brantbergstjärn, Maximaltiefe 6,5 m. BRUNDINS Tabelle 32 (30. VI. 1937). In 4 m 1853,7, in 5 m 577,2, in 6,1 m 155,4. Dominierend in 4 m *Sergentia* (1531,8), in 5 und 6,1 m *Chironomus* sp. *plumosus*-Gruppe (566,1 respektive 155,4).
12. Flasktjärn, Maximaltiefe 4,4 m. BRUNDINS Tabelle 34 (17. V. 1939). Im Litoral in 1,5 m 321,9; im Profundal in 2,5 m 22,2. Dominierend (Litoral) *Sergentia* (188,7).
13. Östra Vontjärn, Maximaltiefe 3,8 m. BRUNDINS Tabelle 68 (29. VI. 1937). (Vgl. auch BRUNDIN 1949, S. 508—511.) In 2,8 m 555, in 3,5 m 66,6, in dieser Tiefe *Chironomus plumosus-Gruppe* (= *tenuistylus* BR.), *Ch. anthracinus, Procladius.*
14. Gröningstjärn, Maximaltiefe 4,2 m. BRUNDINS Tabelle 38 (1. VII. 1937). Im Litoral in 0,5 bis 1 m 44,4, in 3 m 721,5; im Profundal in 4 m 954,6, in 4,1 m 1309,8. Hervortreten *Chir. plumosus*-Gruppe (144,3), *Chir. bathophilus*-Gruppe 288,6 und eine *Orthocladius* sp. 1043,4.

Wir schließen hier die Zahlen an, die OLSTAD (1925) bei seinen fischereibiologischen Untersuchungen für flache Gebirgsseen im norwegischen Gudbrandstal fand. (Gesamte Chironomidenmenge nach Zahl und Gewicht [in mg] je 1 m².)[144]

See	Datum	Tiefe	Chironomiden	
			Zahl	Gewicht
Övre Birisjötjern	5. VI. 22	0,5—1,5	104	382
900 m Meereshöhe		2—4,5	208	880
4 ha groß	5., 6. VII.	1—1,5	165	323
5 m Maximaltiefe		2—4	368	1541
	17. IX.	1—1,5	56	169
		5	216	788
Birisjöen	4.—9. VI. 22	0,5—1	24	240
925 m Meereshöhe		2—4	517	1413
45 ha groß		6,5—7	643	2051
11 m Maximaltiefe		11	188	361
	25., 26. VII.	1	113	502
		2—3	95	229
		5—7	641	914
		10,5	61	147
	25., 28. VIII.	1	442	1403
		2,5—3,5	208	632
		5,5—6	329	889

[144] Über diese norwegischen Seen und ihre Chironomidenfauna vgl. ferner LENZ 1927. Einige weitere Angaben über die Chironomidenfauna norwegischer Seen bei LUNDBECK 1951.

See	Datum	Tiefe	Chironomiden	
			Zahl	Gewicht
		10,5	61	173
	16. IX.	1,5	234	840
		3	1113	1853
		5,5—7,5	369	771
Tjernosen	29. VI. 22	0,5—1,5	775	4506
1172 m Meereshöhe		2—4	2779	9883
25 ha groß		7	14,7	2095
7 m Maximaltiefe	8. VIII.	1	17	35
		2—3	459	1284
		5—7	61	139
	5. IX.	0,5—1,5	126	472
		2,5	225	1489
		5,5—7	420	7619
Nedre Sjodalsvand	7. V.—3. VI.	1,5	152	411
942 m Meereshöhe		2,5—4	1670	3927
259 ha groß		5—8	1953	5135
18,5 m Maximaltiefe		10—18	1304	3064
	12.—14. VII.	2—5,4	431	1339
		6,5—9	342	952
		14—18,5	392	722
	14.—18. VIII.	1	113	450
		2—4,5	281	630
		5—9	801	1641
		12—15	333	840
	20., 24. IX.	1,5	884	1515
		2—4	584	1952
		9,5	260	675
		13—17	152	364
Griningsdalsvand[145]	10. IX. 22	0,5—1,5	101	260
Dantjern	22. IX.	1,5	156	494
945 m, 3 ha, 3,5 m tief		2,5—3,5	3406	4013
Ingusjöen	15. VII.	1,5	87	104
1087 m Meereshöhe		4,5	286	1221
120 ha groß, 24 m tief		10,5—19	1004	2407
Hövrebutjern	16., 18. VI.	1	628	1885
901 m Meereshöhe	25., 26. VII.	0,5—1	161	27,7
30 ha groß, 1 m tief	4.—6. IX.	1	208	46,7

[145] 980 m Meereshöhe, 35 ha groß, 1,5 m tief.

See	Datum	Tiefe	Chironomiden	
			Zahl	Gewicht
Aksjöen	22. VI. bis	1,5	597	1957
955 m Meereshöhe	8. VII.	3—4	604	2300
40 ha groß		6,5—7,5	165	758
8 m Maximaltiefe	17.—21. VII.	1—1,5	821	2445
		2—4	764	4189
		5—7	164	928
	8.—11. IX.	1—1,5	323	2423
		2—4	354	2399
		7—7,5	247	1229
Nedre Aastvand	16.—18. VIII.	1—1,5	208	667
925 m Meereshöhe		2—4	213	286
120 ha groß, 10 m tief		6—9	266	454

Weitere Angaben über norwegische Seen bei DAHL 1930 und 1932 (Paalsbufjord).

Wir schließen hier weitere nordische Gewässer an, nämlich die von JÄRNEFELT (1934) untersuchten Seen des Petsamo-Gebietes.

Kessenjaur (69° 17′ n. Br., Länge 4—5 km, durchschnittliche Breite etwa 1,5 km; größte gelotete Tiefe 56 m) (oligotroph). Bodenfauna sehr arm: in 15 m je m² 44 *Tanytarsus*, 18 cfr. *Diamesa*, 8 *Sergentia;* in 20 m (19. VII.) 11 *Tanytarsus*, 22 Orthocladiinen; in 20 m (5. VIII.) 18 *Tanytarsus*, 18 *Sergentia.*

Kivijärvi (Länge 300—400 m, Breite 150 m; größte Tiefe 12 m) [oligotroph]. 20. VII.: 4 m 55 Chironomiden je m²; 10 m 64. 3. VIII.: 12 m 138.

Laukketjaur (4—5 km lang, 1 km breit; größte Tiefe 14,5 m) [oligotroph]. Chironomidenzahlen an der 1 m tiefen Endbucht: 18. VII. 461; 21. VII. 80; 3. VIII. 277.
Im übrigen See: 24. VI.: 1,1—1,5 m 416—470, 2,4—2,6 m 324—1804; 26. VI.: 7—8 m 46—139; 26. VI.: 10—12 m 278—555; 18. VII.: 2,5—3 m 1803—2220; 21. VII.: 4—4,5 m 46—324; 21. VII.: 13,5—14 m 46—92; 3. VIII.: 2—2,5 m 185—370; 3. VIII.: 7—8 m 46—139; 3. VIII.: 10—11 m 46—139; 3. VIII.: 13,5 bis 14,5 m 46.

Pazzjaur (Areal 1155 ha; größte Tiefe 18 m) [oligotroph]. 21. VI.: 3,5 m 46, 6—7 m 46, 9,5—11 m 46; 15. VII.: 1—2 m 92—323, 3—5 m 324—555, 6—7 m 46; 14. VII.: 15—17 m 46; 4. VIII.: 2,9—3,3 m 46, 7 m 46, 16—17,5 m 0.

Kiehppnuhkkesjaur (17 ha maximal 1 m; durchschnittlich 60—80 cm tief) [nicht typisch oligotroph]. 12. VII.: 0,8—1 m (324—602) 439; 29. VII.: 0,8—1 m (509—787) 657.

Kiddjaur (Areal 213 ha; größte gelotete Tiefe 6 m) [oligotroph]. 11. VII.: 0,9 bis 1 m (46—231) 129; 10. VII.: 5—7 m (46—139) 74; 10. VII.: 11,5 m 231; 28. VII.: 2,5—3,2 (92—462) 287; 28. VII.: 11 m 74.

Treffonjaur (525 ha; größte Tiefe 19 m) [oligotroph]. 26. VII.: 4—5 m 46 bis 92, 7,8—8,3 m (185—416) 293, 11—12 m (231—370) 277, 17,5—19 m (92—370) 166.

Endlich liegen Zahlen vor, die SÖGAARD-ANDERSEN (1946) für Seen Ostgrönlands gewonnen hat (vgl. S. 437—441 dieses Buches). Für den am besten untersuchten Langsoe gibt die Tabelle 1 und 2 (S. 12—15) eine Zusammenstellung für die einzelnen Arten und Untersuchungsdaten. Nach der von BRUNDIN (1949, S. 606) vorgenommenen Umrechnung der SÖGAARD-

ANDERSENschen Werte betrug die durchschnittliche Abundanz der Chironomiden in 0,1 bis 0,8 m Tiefe etwa 2700, in 1 bis 2 m Tiefe etwa 1500 Individuen je m² (dabei sind allerdings die wenigen anderen Bodentiere eingerechnet, die aber nur 1 bis 3⁰/₀ der Zahl ausmachen). Im Rundsoe (SÖGAARD-ANDERSENS Tabelle 6 bis 8, S. 22—25), in dem in der Bodenfauna nur Chironomiden gefunden wurden, betrug deren durchschnittliche Abundanz in 0 bis 5 m Tiefe etwa 200, in 5,5 bis 11 m Tiefe etwa 30 Individuen je m². Im Ulvesoe (SÖGAARD-ANDERSENS Tabelle 13, S. 28, 29) lebten in 4 bis 5 m (unter Eis) etwa 1700 Chironomidenlarven je m². (Für weitere Einzelheiten vgl. die Originalarbeit SÖGAARD-ANDERSENS.)

Es kann nicht meine Aufgabe sein, alle für die Chironomidenfauna verschiedener Seen mit der Bodengreifermethode gewonnenen Abundanzzahlen hier zu verzeichnen.[146] Nur auf einzelne Arbeiten sei hingewiesen.

Für finnische Seen macht H. JÄRNEFELT in seinen Arbeiten „Zur Limnologie einiger Gewässer Finnlands" (1925—1936) zahlreiche Angaben. Ich habe aus JÄRNEFELTS Tabellen die durchschnittliche Chironomidenzahl je m² für jeden See im ganzen herausgezogen und gebe sie im folgenden, geordnet nach den Seetypen, so wie diese JÄRNEFELT bezeichnet hat. Die Jahreszahl in [] bedeutet die betreffende Arbeit JÄRNEFELTS.

Oliogotrophie

See	Arbeit	Zahl	See	Arbeit	Zahl
Keräpäänjärvi	[1925]	21	Vesijärvi	[1928]	119
Ylä-Kivijärvi	[1925]	21	Pääjärvi	[1929]	46
Herajärvi	[1925]	47	Kuorinkajärvi	[1936]	111
Valkajärvi	[1925]	239	Venepojha	[1936]	190
Virmajärvi	[1925]	5	Pyhäjärvi	[1927a][147]	78
Laukalampi	[1927]	32	Lohjanjärvi	[1927b][147]	55
Isojärvi	[1930]	18,4			

Dystrophie (± ausgeprägt)

See	Arbeit	Zahl	See	Arbeit	Zahl
Puulavesi, schwach dystroph	[1932]	21	Melajärvi	[1933]	77
Korpijärvi, stärker dystroph	[1932]	4	Syskyjärvi	[1935]	24
Vesijärvi	[1932]	8	Sulkavanjärvi	[1936b]	37
Hietajärvi	[1932]	8	Alat-Kivijärvi	[1925]	24
Saarijärvi, polyhumos	[1933]	13			
Loitimojärvi, polyhumos	[1933]	26			

Dystrophie + Eutrophie

See	Arbeit	Zahl	See	Arbeit	Zahl
Pitkäjärvi	[1927]	74,7	Vinijärvi	[1936]	234
Mommilanjärvi	[1929]	73,8	Sysmäjärvi	[1936]	398
Kernalanjärvi	[1929]	174,5	Niemisjärvi	[1936a]	236

146 Zahlen für den englischen Lake Windermeere bei HUMPHRIES 1936; für den H_2S-Oscillatorien-Typus der märkischen Flußseen bei WUNDSCH 1940; für die deutschen großen Staubecken (Talsperren) bei WUNDSCH 1949. Über russische Seen vgl. GRANDILEWSKAJA-DECKSBACH 1931, 1935; M. DECKSBACH 1933; BORUTZKY 1939, 1939 a; POPOWA und andere.

147 Beginn kultureller Eutrophierung *(Chironomus plumosus)*.

Eutrophie

Truutholmankluuvi	[1925]	443	Valkerbyjärvi	[1925]	125
Puorejärvi	[1925]	251	Tiläänjärvi	[1925]	130
Vessilanlampi	[1925]	1702	Vähäjärvi	[1927]	107
Kirmustenjärvi ...	[1925]	140	Lehijärvi	[1929]	21
Mäyhäjärvi	[1925]	220	Wittträsk	[1929a]	336
Rusutjärvi	[1925]	244	Särkijärvi	[1936]	1469

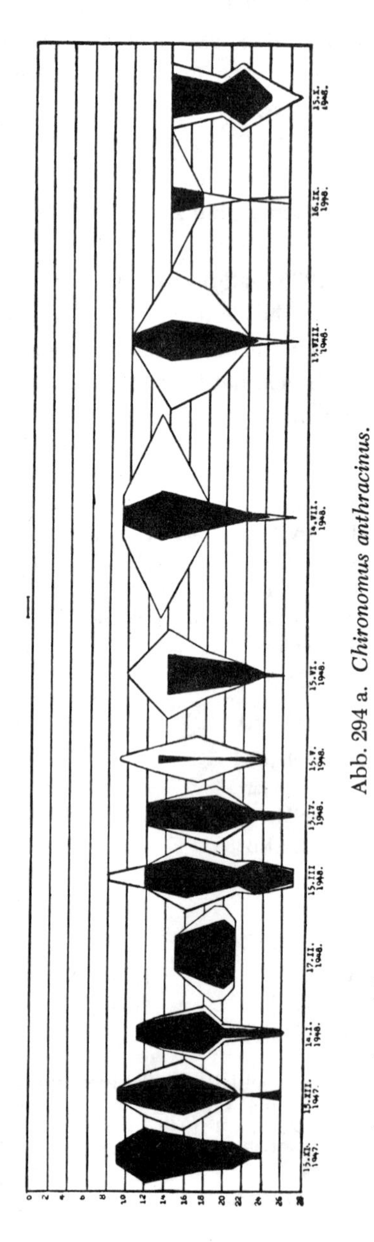

Abb. 294 a. *Chironomus anthracinus.*

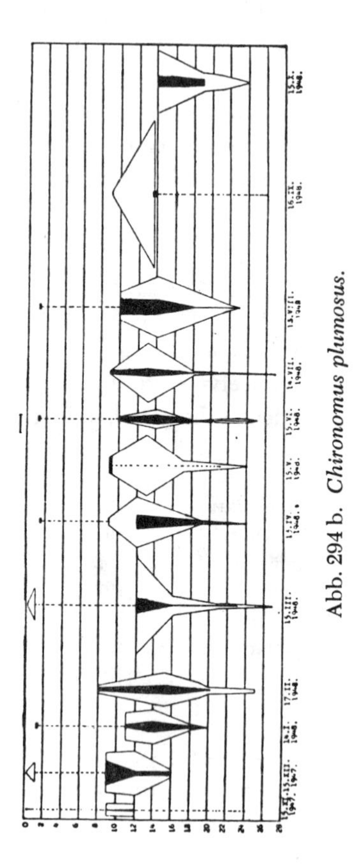

Abb. 294 b. *Chironomus plumosus.*

Abb. 294.

Jahreszeitliche Veränderung der Vertikalverbreitung der Hauptchironomiden des Müskendorfer Sees. (Schwarz: ältere Larven; weiß: ältere und junge Larven.) [Aus ROMANISZYN 1950, Fig. 22, 23, 24, 25, S. 132, 134, 135, 137.]

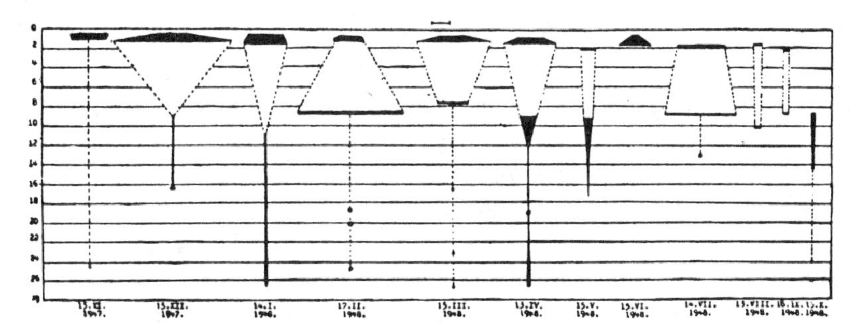

Abb. 294 c. *Polypedilum*-Gruppe.

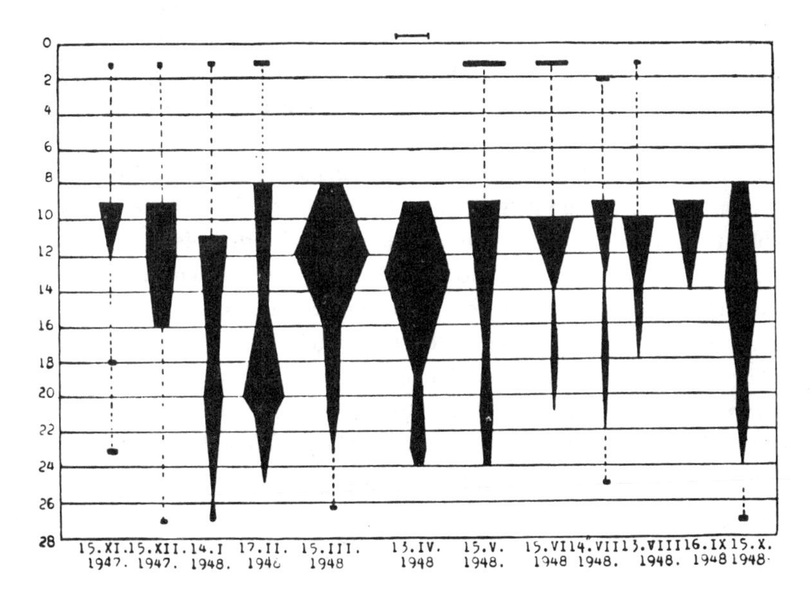

Abb. 294 d. *Procladius*-Gruppe.

Romaniszyn hat die Chironomidenfauna des Müskendorfer Sees (Jezioro Charzykowo) bei Konitz sorgfältig untersucht und in einer polnisch geschriebenen Abhandlung (1950) darüber berichtet. Der See ist ein *Bathophilosus-Plumosus*-See (A II') im Sinne Lundbecks (vgl. S. 390). Fläche 1345 ha, Maximaltiefe 30,5 m, mittlere Tiefe 9,94 m. Die mittlere Abundanz der Chironomidenlarven (je m²) beträgt für das

Litoral	6292,8
Sublitoral	1526,3
Profundal	461,9

Im Profundal bildet *Chironomus anthracinus* 76%, *Procladius* 11,3%, *Ch. plumosus* 9% der Gesamtmenge. Jährliche Vertikalwanderungen der Larven wurden beobachtet. Im Sublitoral fiel das Maximum aller Chironomidenlarven auf den Sommer (VII.—IX.); während der beiden Zirkulationsperioden war die Verteilung der Chironomiden zwischen 9 und 22 m mehr gleichmäßig; während der Sommerstagnation war die Zahl der Chironomidenlarven im Profundal sehr klein. *Chironomus anthracinus* steigt von November bis Februar in tiefere Zonen des Profundals. Maximalmenge im Winter (II.) bei 19 bis 21 m, im Sommer bei ungefähr 13 m. Im November und März sind die Larven ziemlich gleichmäßig von 9 bis 24 m verbreitet. Schlüpfzeit im Mai. *Chironomus plumosus* wandert von November bis Februar von 8 auf 24 m, von März bis September Rückwanderung in Richtung aufs Sublitoral. Schlüpfzeit September (wie im Großen Plöner See). *Polypedilum* lebt im Herbst (XI.) nur im Litoral, wandert im Winter (XII. bis II.) ins Profundal, im Frühling (III., IV.) zurück ins Litoral. *Procladius* steigt im Winter (ab XI.) ins Profundal, hier im Februar Maximum in 19 bis 21 m. Ab März Rückwanderung ins Sublitoral; hier im Sommer Maximum (vgl. Abb. 294 a—d). ROMANISZYN sieht die Ursache für die Frühlingsaufwärtswanderung der Larven vom Profundal ins Sublitoral in dem Bestreben, das thermische Optimum zu gewinnen, die sommerlichen Wanderungen betrachtet er als eine Flucht vor den ungünstigen O_2-Verhältnissen (vgl. hierzu BERG 1938, S. 197 ff., ferner LANG 1931, S. 88 ff.). Im ganzen werden LUNDBECKS Befunde in den Plöner Seen und seine Schlußfolgerungen durch die Untersuchungen des polnischen Autors bestätigt.

Für den polnischen Kiekrzsee (einen eutrophen *Plumosus-Bathophilus*-See von 36 m Maximaltiefe) (vgl. S. 390) und den polnischen Wigrysee (einen oligotrophen *Tanytarsus-Bathophilus*-See, Maximaltiefe 73 m) (vgl. S. 424) gab RZOSKA (1936, p. 104) einige Gesamt-Chironomidenzahlen (umgerechnet auf m²):

Kiekrzsee			Wigrysee		
0,1 m und oberhalb	840		0,1 m	1050	(?)
0,15—3 m	3700	Litoral	0,15—3 m	4360	Litoral
3,1—7 m	5000		3,5—10 m	5900	
8—14 m	1950	Sublitoral	10—16 m	3000	Sublitoral
15—18 m	1700		17 m und tiefer ...	1210	Profundal
20 m und tiefer ...	860	Profundal			

RZOSKA bemerkt zu diesen Zahlen, daß in beiden sonst so verschiedenen Seen die reichste Chironomidenzone das untere Litoral ist; daß nach oben und nach unten eine Verarmung der Chironomidenbesiedelung erfolgt, nach dem Sublitoral zu in schärferem Maße; und daß beide Seen ein sehr ähnliches Verhalten zeigen, sogar die Durchschnittsziffern sind ähnlich, doch im Wigrysee höher. Im russischen Pereslawskoje See fand GRANDILEWSKAJA-DECKSBACH (1931) je 1 m² im Litoral 2500 bis 3500, im Sublitoral 2000, im Profundal 900 bis 1000 Chironomidenlarven.

Hier seien auch noch einige ausgewählte Durchschnittszahlenangaben aus KAJ BERGS großem Werk (1938) über die Bodenfauna des dänischen

Esromsees (und einiger anderer dänischer Seen) gegeben (von 225 cm² [respektive 250] auf 1 m² umgerechnet; als Multiplikator 44 respektive 40).

Esromsee

Tiefe	Taxon	Anzahl
0,2 m	Chironomidae	616
	Ceratopogonidae	88
		704
2 m	Chironominae	396
	Procladius	132
	Ceratopogonidae	264
		782
5 m	*Chir. anthracinus*	220
	übrige Chironominae	220
	Procladius	176
	Ceratopogonidae	44
		660
8—9 m	übrige Chironominae	616
	Procladius	264
	Ceratopogonidae	132
	Chir. anthracinus	44
		1056
11—12 m	*Chir. anthracinus*	1672
	übrige Chironominae	484
	Procladius	352
	Ceratopogonidae	88
		2596
14—15 m	*Chir. anthracinus*	2904
	Procladius	220
	übrige Chironominae	88
	Ceratopogonidae	44
		3256
17—18 m	*Chir. anthracinus*	3168
	Procladius	44
		3212
20 m	*Chir. anthracinus*	1892

Andere dänische Seen

See	Tiefe	Taxon	Anzahl	Summe
Furesee	21—24 m	*Chironomus anthracinus*	840	1000
		Procladius	120	
		andere Chironomiden	40	
Tjustrup See	15—16 m	*Chironomus plumosus*	1056	1320
		Procladius	264	
Tuel See	14—15 m	*Chironomus plumosus*		240
Sorö See	etwa 10 m	*Chironomus plumosus*	280	320
		Procladius	40	
Frederiksborger Schloßsee	etwa 3,5 m	*Chironomus plumosus*		40
Magle See	etwa 2,5 m	*Chironomus plumosus*	160	240
		Procladius	80	
Store Grib-See	etwa 11 m	*Procladius*		40

Für nordamerikanische Seen hat MUTTKOWSKI (1918, S. 475) für den Lake Mendota Zahlenangaben für die Chironomidenbesiedelung gegeben, aber nur für das Litoral (bis 7 m).

MUTTKOWSKIS Untersuchungen wurden von CH. JUDAY (1922) ergänzt durch seine Studien über die quantitative Entwicklung der Fauna in den tieferen Schichten des Lake Mendota. Für das Profundal sind von Chironomiden hier charakteristisch *Chironomus tentans* FABR. und *Procladius choreus* MG.

Von *Chironomus tentans* leben im Durchschnitt 593 Individuen auf dem m²; der Durchschnitt für die 6 einzelnen Untersuchungsstationen schwankte zwischen 472 und 885 Individuen je m², nach Größenordnungen der Larve aufgeteilt: Große Larven (20—27 mm) im Durchschnitt 65 bis 121, mittlere (12—18 mm) 157 bis 351, kleine (bis 12 mm) 197 bis 574.

Die Verteilung der verschiedenen Größenklassen auf die einzelnen Monate (1917 und 1918) geht aus folgender Tabelle hervor (Stück je m²):

Größe	Jahr	I	II	III	IV	V	VI	VII	VIII	IX	X	XI	XII
Kleine	1917	1709	263	1635	524	733	1460	441	234	301	366	154	89
	1918			17	56	23	16	48					
Mittlere	1917		21		111	66	152	348	432	319	142	52	148
	1918		111	114	246	235	224	181	215				
Große	1917		21		51	89	34	111	155	182	145	91	118
	1918		89	63	129	102	10	24	19				

H a u p t schlüpfzeit Mai/Juni und zweite Oktoberhälfte.

Weiter hat JUDAY das Gewicht der Larven (in mg) festgestellt, vgl. die nächste Tabelle:

Chironomus tentans (Lake Mendota)

Größe	Lebendgewicht in mg	Trockengewicht in mg	Wasser %	Asche %
Große	57,0	8,89	84,4	4,49
Mittlere	12,6	2,04	83,9	4,02
Kleine	2,5	0,47	81,5	3,58

Es leben somit im ganzen im Profundal des Lake Mendota je Hektar 5 930 000 *tentans*-Larven mit einem Lebendgewicht von 75,4 kg/ha, einem Trockengewicht von 12,1 kg/ha. (Vom Trockengewicht sind 7,36% Stickstoff, 46% Rohprotein [Fett], 5,76% Chitin, 5,14% Asche.)

Für *Procladius choreus* ergeben sich folgende Zahlen (Individuen/m²):

	I	II	III	IV	V	VI	VII	VIII	IX	X	XI	XII
Profundal ...	105	571	187	400	380	327	85	50	17	27	140	338
In 18,5 m ...		1220	1020	380	750	584	250	157	81	48	374	1330

Die folgende Tabelle gibt Gewichtsbestimmungen (mg) für die einzelne *Procladius*-Larve.

Zeit	Länge in mm	Lebend-gewicht	Trocken-gewicht	Wasser %	Asche %
VI.—XI. 1917	9—10	4,76	0,700	85,4	7,58
21. XII. 1917	5—10	1,07	0,190	82,3	5,63
24. II. 1918	6—10	1,26	0,205	83,8	5,69
13. V. 1918		1,52	0,270	82,3	7,31
10. VI. 1918		1,92	0,323	83,2	6,78

Für einige Finger Lakes (New York) und den Greenlake (Wisconsin) bringen BIRGE und JUDAY (1921) die folgenden Chironomidenzahlen (je m²):

Canandaigua Lake (28. VII. 1918)	20 m	800
	74 m	45
Cayuga Lake (30. VII. 1918)	34 m	133
	113 m	3863
Seneca Lake (1. VIII. 1918)	32 m	89
	47 m	577
	110 m	444
	172 m	44
Green Lake (20. VIII. 1918)	45 m	74
	66 m	407

Ausführlicher sind die Angaben, die EGGLETON (1935) für vier Seen in Nord-Michigan macht, den Douglas Lake, Munro Lake, Vincent Lake[148] und Lancaster Lake.[149] Im folgenden die Chironomidenlarven für diese Seen, getrennt nach *„Chironomus"* und *„Protenthes"* (je m²). Zusammengestellt aus EGGLETONS Tabelle VII bis X.

Douglas Lake („South Fish-Tail depression")

Datum	Tiefe in m	*Chironomus*	*Protenthes*
14. VIII. 1933	9	30	0
	10,5	60	30
	12	156	246
	13	633	400
	14	225	223
	15	158	132
	18	40	30
	22	30	0
	23	0	0
5. XI. 1933	10	19	10
	12	90	0
	14	134	222
	15	400	268
	16	445	356
	18	178	200
	20	0	0
	21	68	0
	22,5	68	0
15.—16. IV. 1931	8	0	0
	9	0	0
	10	9	18

[148] Dieser See ist im Gegensatz zu den anderen meist sauer (1926—1933 pH Oberfläche 5,7—7, Boden 5,4 und 7; 1923—1926 pH 4,4—7,2).

[149] Vgl. auch EGGLETON 1931.

Datum	Tiefe in m	*Chironomus*	*Protenthes*
	12	20	90
	14	445	138
	18	135	10
	20	90	0
	22	40	0
9. VII. 1931	9	10	0
	10	45	9
	12	225	45
	15	178	66
	20	90	0
	22	22	0
	Lancaster Lake		
10. VIII. 1933	2	180	0
	3	180	45
	4	180	45
	6	155	88
	8	0	0
	12	0	0
	16	0	0
4. XI. 1933	4	133	44
	7	90	0
	11	268	0
	13	20	0
	15	20	0
	16	0	0
	17	0	0
25. VIII. 1926	16,5	0	0
	Vincent Lake		
7. VIII. 1933	1	175	52
	2	45	40
	3	0	0
	4	0	0
4. XI. 1933	2,5	290	89
	5	400	135
30. VII. 1926	2	31	40
	5	0	0
	7	5 (tot)	0
25. VIII. 1926	1	125	71
21. VII. 1927	1	80	27
	7	0	0

Munro Lake

Datum	Tiefe in m	*Chironomus*	*Protenthes*
3. VIII. 1933	0,5	60	44
	1	20	0
	2	38	0
	3	9	0
4. XI. 1933	1	290	89
	1,5	400	135
29. VII. 1926	1	27	18
	2,5	10	0

Über die Bodenfauna des Lake Wawasee (Turkey Lake) im Staate Indiana haben Scott, Hile und Spieth (1928) berichtet. Für die Chironomiden ist das Ergebnis in Abb. 295 wiedergegeben.

In kg je ha betrug das Gewicht (feucht):

	Litoral 0—2 m	Litoral 2—4 m	Tiefe 4—23 m
von *Chironomus tentans* . .	—	5	362
der übrigen Chironomiden	295	13	7

Später (1938) zogen die drei Autoren einen Vergleich mit dem Tippecanoe Lake (Indiana). Der Wawasee Lake hat eine Fläche von 11 km², eine Maximaltiefe von 23 m, eine mittlere Tiefe von 6,69 m; beim Tippecanoe Lake sind die entsprechenden Werte 3 km², 37,1 m, 11,28 m. Im mittleren Bassin des Tippecanoe Sees liegt das Chironomiden-Maximum bei 11 m Tiefe mit 1094 Stück/m²; in den nächsten 20 m bleibt die Zahl hoch, bis 706 Stück/m². Bei 31 m 968 Stück/m², dann rasches Absinken bis 35 m auf 139 Stück/m². Das (feuchte) Gewicht in kg/ha aller Chironomiden (unterhalb der 3-m-Linie) betrug im Tippecanoe Lake 66, im Wawasee Lake 366. — Für den Lake Nipigon geben Adamstone und Harkness (1923) einen Durchschnitt von 303 Chironomidenlarven je m² an. Für den Wabee Lake (Indiana), einen „Marl-Lake", macht Wohlschlag (1950) genaue Angaben über das quantitative Auftreten der verschiedenen Chironomidengruppen. Häufige Arten sind in diesem See *Procladius culiciformis, Ablabesmyia basalis, Protenthes punctipennis, Limnochironomus nervosus, Chironomus plumosus, Ch. tentans,* zwei *Tanytarsus*-Arten, seltener fand sich *Eucricotopus trifasciatus.*

Als Beispiel eines kanadischen eutrophen Sees (mit *Chironomus plumosus)* sei hier der Lake Simcoe genannt (280 Quadratmeilen, Maximaltiefe 44 m), über den Rawson (1930) berichtet hat. (Litoral 0—5, Sublitoral 5—14, Profundal 14—15 m.) Auf den m² kommen in:

0—1 m	152	Chironomidenlarven
0—5 m	300	„
5—10 m	450	„
10—15 m	240	„
15—20 m	540	Chironomidenlarven
20—25 m	620	„
25—30 m	780	„
30—35 m	860	„
35—40 m	760	„
40—45 m	740	„

Der Zahl nach machen die Chironomidenlarven 61,5%, dem Gewicht nach 64,7% der Bodenfauna aus.

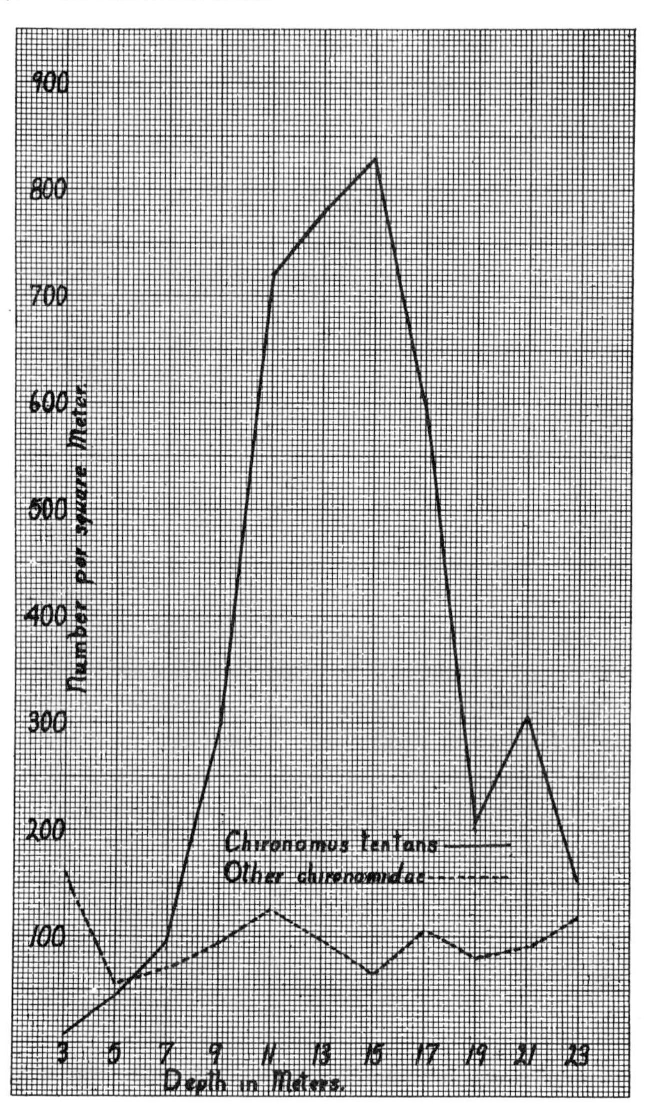

Abb. 295. Tiefenverbreitung (Sommer) von *Camptochironomus tentans* und den anderen Chironomidenlarven im Lake Wawasee (Turkey Lake), Indiana. [Aus SCOTT, HILE, SPIETH 1928, S. 23.]

Der Durchschnittswert der Chironomidenlarven für Mai bis Oktober beträgt 8,06 kg/ha. RAWSON wendet LUNDBECKS Multiplikationsfaktor 3 an und kommt so zu einer Jahresproduktion des Lake Simcoe an Chironomidenlarven von 24,18 kg/ha. Die Produktion des Großen Plöner Sees ist nach LUNDBECK (vgl. S. 687) bedeutend höher; RAWSON (S. 117) führt dies auf die vergleichsweise längere sommerliche Wachstumszeit im Großen Plöner See zurück.

RAWSON hat (1934) ferner genauer untersucht den Paul Lake in British Columbia, einen oligotrophen See (Fläche 388 ha, Meereshöhe 777 m, maximale Tiefe 56 m, mittlere Tiefe 32,7 m. Für die Gesamtmenge der Chironomidenlarven (Hauptform eine *Chironomus*-Art cfr. *rempelii* [vgl. S. 285]) gibt RAWSON folgende Zahlen je m²:

0— 5 m	100	30—40 m	940
5—10 m	69	40—50 m	560
10—20 m	945	50—55 m	410
20—30 m	300		

Der Durchschnitt für 0 bis 20 m (Litoral + Sublitoral) beträgt 679, für den ganzen See 672. Das ist 49,5% der gesamten Bodenfauna der Zahl nach, 42,5% dem Gewicht nach. Für die oberen 20 m machen die Chironomiden 28,5% der Zahl nach, 22% dem Gewicht nach von der gesamten Bodenfauna aus.

Zum Vergleich wurden einige benachbarte Seen herangezogen. Der Pinantan Lake, ein hoch eutropher See von 154 ha Fläche und einer Maximaltiefe von 21 m (mittlere Tiefe 12 m) ergab die folgenden Chironomidenzahlen je m²:

1. VII.	1 m	41	31. VII.	3 m	2
	5 m	14		4 m	2
	7 m	77 resp. 7		10 m	121
	10 m	42		12,5 m	20
	14 m	—			
	16 m	1			
	20 m	1			

Im Penask Lake (mit *Chironomus plumosus*) (Meereshöhe 1373 m, Fläche 7,8 km², Maximaltiefe 22 m, mittlere Tiefe etwa 11 m) fanden sich durchschnittlich 230 Chironomiden je m².

In dem kleinen, 15 m tiefen kanadischen Shakespeare Island Lake — auf einer Insel im Lake Nipigon gelegen — fand CRONK (1932) eine durchschnittliche Chironomidenbesiedelung von 260 Stück/m²; die Chironomiden machen an Zahl 16,6% der gesamten Bodentiere aus.

Schließlich sei noch auf die quantitativen Ergebnisse hingewiesen, die MILLER (1941) bei seinen Chironomidenstudien im kanadischen Costello Lake, einem kleinen dystrophen, mesohumosen, 20 m tiefen See, erzielte. Näheres über die nachgewiesenen Chironomidenarten vgl. Seite 502. In der folgenden Tabelle wird MILLERS Tabelle (9) der Zahl der Chironomidenlarven in den verschiedenen Tiefenzonen wiedergegeben. Dabei sind die ursprünglich für 0,5 Quadratfuß gegebenen Zahlen auf m² umgerechnet (Multiplikator 21,5). Die verschiedenen (3—5) für jeden Monat des Jahres verzeichneten Zahlen sind zu einer Durchschnittszahl zusammengezogen, außerdem wird der Maximalwert für jeden Monat gegeben.

Costello Lake
Zahl der Chironomidenlarven (je m²) in den verschiedenen Tiefen und zu den verschiedenen Jahreszeiten (1938).
(Durchschnittswerte je Monat, in Klammer der Maximalwert.)

Tiefe in m	Mai	Juni	Juli	August	September
1	2838 (4472)	1333 (2344)	402 (473)	430 (602)	1011 (2107)
3	903 (1161)	366 (495)	387 (731)	452 (624)	398 (409)
7	355 (645)	430 (667)	204 (409)	258 (473)	355 (496)
12	1053 (1483)	925 (1527)	1398 (1570)	1290 (2172)	441 (473)
17	967 (1075)	914 (1441)	753 (1312)	516 (731)	516 (688)

Von besonderem Interesse ist es, daß MILLER ebenso wie LUNDBECK den Versuch macht, aus der Sommermenge der Chironomidenlarven ihre jährliche Produktion zu berechnen. Während LUNDBECK (vgl. S. 687) für den Großen Plöner See das Drei- bis Vierfache der sommerlichen Gesamtmenge als Jahresproduktion ansetzt, kommt MILLER für den Costello Lake zu dem Ergebnis, daß im Epilimnion während eines Sommers von 130 bis 140 Tagen die „standing population" der Chironomidenlarven sich acht- oder neunmal erneuert, im Hypolimnion zwei- oder meist dreimal.

Außer aus Europa und Nordamerika sind Zahlen für die Abundanz der Chironomiden in Seen nur noch aus Japan bekannt.[150] D. MIYADI hat in seinen zahlreichen Arbeiten ein reiches Material niedergelegt. Er hat auch (1933), wie auf Seite 508 bis 510 dieses Buches dargestellt, die japanischen harmonischen Seen auf Grund ihrer Bodenbesiedelung in ein System gebracht. Wir geben hier für jeden der MIYADIschen Typen ein bis zwei Beispiele der quantitativen Entwicklung der Chironomidenfauna der betreffenden Seen.

I. *Tanytarsus*-Typ

1. Tyûzenzi-Ko (11,9 km², Maximaltiefe 172 m, mittlere Tiefe 95 m, Meereshöhe 1271 m) [MIYADI 1931 a].

Vertikalverteilung der Chironomiden (Stück/m²) am 13. VI. 1928

m	6	11	16	20	23	35	45
Tanytarsus genuinus	51,2	256	1024	102,4	460,8	307,2	
Orthocladiinae			51,2			51,2	51,2
Tanypodinae		51,2					
Chironomariae connectentes	51,2	102,4	204,8		51		
Chironomus plumosus			921,6				
Summe	102,4	409,2	2201,6	102,4	511,8	358,4	51,2

[150] Fußnote siehe auf Seite 711.

m	79	100	113	124	148	150	154
Tanytarsus genuinus		460,8	563,2	102,4	51,2		
Orthocladiinae							
Tanypodinae							
Chironomariae connectentes							
Chironomus plumosus			51,2				
Summe		460,8	614,4	102,4	51,2		

Desgleichen am 10., 11. X. 1930

m	4	9	11	22	25	36	38	40	44
Micropsectra				104	52	208	104	572	
Chir. connectentes	52	104			52				
Stictochironomus	52								
Cryptochironomus		52							
Orthocladiinae					156	1092	208	156	104
Chir. plumosus			260						
Summe	104	156	260	104	260	1300	312	728	104

m	48	54	60	74	75	82	85	96	106
Micropsectra	156	572	156	312	52	312		728	520
Chir. connectentes									
Stictochironomus							52		
Cryptochironomus									
Orthocladiinae		52			156				
Chir. plumosus	104								
Summe	260	624	156	312	208	312	52	728	520

Charakteristisch ist die Häufigkeit von *Micropsectra* und Orthocladiinen in den mittleren Tiefen. Im Oktober sind die größten Tiefen etwa von 127 m Tiefe an azoisch (vgl. MIYADIS Fig. 1, S. 262).

2. Suge-Numa (0,77 km², Maximaltiefe 70 m, Meereshöhe 1719 m) [MIYADI 1931 a].

Vertikalverbreitung der Chironomiden (Stück/m²) am 3., 4. VIII. 1929

m	9	14	17	18	23	24	29	32
Tanytarsus genuinus	52	260	468	5356	936	1716	260	2704
Sergentia					1300			
Chir. connectentes		520						
Tanypodinae				52				
Orthocladiinae			52	1040	1040	468	416	
Summe	52	780	520	6448	3276	2184	676	2704

[150] Doch sind in absehbarer Zeit Angaben für den Victoria Nyanza zu erwarten. Bisher fand MACDONALD als Maximalzahl in 5 m Tiefe im Schlamm 2000 Larven (vor allem *Pelopia)* je m², aber als Durchschnittszahl für 80 Greiferfänge nur 250 Larven (Chironomiden + Chaoborinen). Möglicherweise beruht die niedrige Zahl indessen auf Unvollkommenheit der Probeentnahme. Besonders *Mormyrus* erwies sich als Chironomidenfresser. (Vgl. East African Fisheries Research Organisation. Annual Report 1950. Nairobi 1951 [S. 9].)

m	45	58	62	65	66	67	70
Tanytarsus genuinus	52	624	416	3172	—	728	—
Sergentia							
Chir. connectentes ..							
Tanypodinae							
Orthocladiinae	728	1768				52	
Summe	780	2392	416	3172	—	780	—

Am 14. X. 1930 wurde nur *Sergentia* nachgewiesen, und zwar je 52 Exemplare in 19, 27 und 48 m.

Ich vermute nach Analogie mit den europäischen Verhältnissen, daß es sich bei der Haupttanytarsarie um *Lauterbornia* sp., bei den Orthocladiinen um *Heterotrissocladius* handelt.

Ia. Oligochaeta-Subtyp

1. Ikeda-Ko (11,1 km², Maximaltiefe 233 m, Meereshöhe 66 m) [Miyadi 1932 a].

Vertikalverbreitung der Chironomiden (Stück/m²) am 5. I. 1928

m	5	7	17	29	41	47	50	81	125
Tanytarsus genuinus ..			60			Gehäuse			
Tanypodinae	60	60	120	60	300	60			
Polypedilum sp.		60							
Summe	60	120	180	60	300	60			

Desgleichen am 28. V. 1929

m	36	63	215	220	225
Tanypodinae	156	104	52	52	52
Chir. connectentes		52			
Sergentia					52
Summe	156	156	52	52	104

2. Kutara-Ko (4,34 km², Maximaltiefe 146,5, Meereshöhe 279 m) [Miyadi 1932 b].

Vertikalverbreitung der Chironomiden (Stück/m²) am 30. VII. 1931

m	12	13	25	38	54	98	123	136
Tanytarsus genuinus ..					Gehäuse	Gehäuse		
Chir. connectentes	156	260	520	52				
Cryptochironomus			52					
Summe	156	260	572	52	+	+	0	0

II. *Tanytarsus-Sergentia*-Typ

1. Aoki-Ko (1,863 km², Maximaltiefe 62 m, mittlere Tiefe 29,2 m, Meereshöhe 822 m) [MIYADI 1931].

Vertikalverbreitung der Chironomiden (Stück/m²) am 26. IV. 1928

m	1	6	9	11	12	15	16
Tanytarsus genuinus	153,6	768	2918,4	102,4	2560	819,2	2560
Tanypodinae	102,4		819,2	51,2	1382,4	409,6	512
Cryptochironomus			51,2				
Sergentia							
Orthocladiinae			51,2		614,4		51,2
Chir. connectentes				1280	409,6		
Ceratopog. vermiformes	51,2		102,4				
Chironomus plumosus						307,2	
Summe	307	768	3942	1434	4866	1536	3123

m	16	18	23	26	27	29	34	50	56	56
Tanytarsus genuinus	3430,4	153,6		51,2	307,2	51,2	51,2			17
Tanypodinae	153,6	51,2	614	102,4	51,2	51,2			307,2	188
Cryptochironomus									256	85
Sergentia					51,2			266		188
Orthocladiinae	51,2	153,6		51,2						
Chir. connectentes	51,2	102,4								
Ceratopog. vermif.		51,2		51,2		51,2				
Chir. plumosus										
Summe	3886	513	614	256	410	154	51,2	266	363	495

Vertikalverbreitung der Chironomiden (Stück/m²) am 11. VIII. 1929

m	8	9	18	21	26	34	39	41	42	44
Tanytarsus genuinus	52	52	26	52	52	312	260	260	104	52
Sergentia										337
Polypedilum		156								
Tanypodinae		52	520	364	156					21
Orthocladiinae			388	208	52		52			
Summe	52	260	934	624	260	312	312	260	104	410

m	48	50	53	54	54	54	54	54,5	55
Tanytarsus genuinus	52								
Sergentia		676	468	104	312	1300	52	52	—
Polypedilum									
Tanypodinae									
Orthocladiinae									
Summe	52	676	468	104	312	1300	52	52	—

Vertikalverbreitung der Chironomiden (Stück/m²) am 3. XI. 1928

m	6	11	15	20	23	24	25
Tanytarsus genuinus	256		512	51,2	1689,6	1024	972,8
Tanypodinae					153,6		204,8
Chironomariae connectentes		51,2			51,2		
Sergentia							
Summe	256	51,2	512	51,2	1894	1024	1178

m	28	30	39	40	45	54
Tanytarsus genuinus	1587,2	307,2	409,6	460,8	102,4	
Tanypodinae	102,4					
Chironomariae connectentes						
Sergentia				153,6	153,6	358,4
Summe	1690	307,2	410	614	256	358

III. *Plumosus*-Typ

a) Oligotropher *Plumosus*-Subtyp

1. Biwa-ike (Hauptbassin Maximal 21 m tief, Seitenbassin 3 m) [Miyadi 1921].

Hauptbassin, Chironomidenverteilung (Stück/m²) am 21. und 22. VI. 1930

m	3—4,5	5—6	8—9,5	10,5—12,5	15—16	18—19
Chironomus plumosus	26		238	364	156	69
Sergentia						17
Chir. connectentes			8			
Tanypodinae	208	78	191	403	613	537
Tanytarsus genuinus			8			17
Summe	234	78	445	767	769	640

Seitenbassin, Chironomidenverteilung (Stück/m²) am 21. und 22. VI. 1930

m	2,5—2,9	3
Chironomus plumosus	901	1075
Tanypodinae	156	136
Chironomariae connectentes	17	
Tanytarsus genuinus		17
Summe	1074	1228

b) Mesotropher *Plumosus*-Subtyp

1. Yuno-Ko (0,25 km², Maximaltiefe 12,5 m, mittlere Tiefe 7 m, Meereshöhe 1478 m) [Miyadi 1931 a].

Vertikalverbreitung der Chironomiden (Stück/m²) am 12.VI. 1928

m	1—1,5	3—5,5	7—9	10—11	11,5—12
Chironomus plumosus ...	1185	1382	1225	605	392
Sergentia	102	13			
Chir. connectentes	68	243	36		
Orthocladiinae	37				
Tanypodinae		243	395	190	41
Tanytarsus genuinus	37	25	273	61	
Summe	1429	1906	1929	856	433

Desgleichen am 30. VII. 1929

m	3—5,5	6—9	10—11	11,5
Chironomus plumosus	1986	3373	1758	—
Sergentia	351	572	—	—
Polypedilum	26			
Chironomariae connectentes	26	6		
Orthocladiinae	81	6		
Tanypodinae	156	19	4	—
Tanytarsus genuinus	4472	1527	48	—
Summe	7098	5503	1810	—

2. Ono oder Onuma am Mt. Akagi (0,79 km², größte Tiefe 15,5 m, Meereshöhe 1330 m) [Miyadi 1931 a].

Vertikalverbreitung der Chironomiden (Stück/m²) am 5. VIII. 1929

m	7—8	10—11,5	12—13,5	14,5—15	15,5
Chironomus plumosus	35	753	658	1118	832
Chironomariae connectentes	312	247	135		
Tanypodinae	87	195	87	143	52
Tanytarsus genuinus	17				
Diverse Species	35				
Summe	486	1195	880	1261	884

In 2,5—6,5 m keine Chironomiden.

c) Polytropher *Plumosus*-Subtyp

1. Kasumiga-ura (177,5 km², 7 m Maximaltiefe) [MIYADI 1932].

Vertikalverbreitung der Chironomiden (Stück/m²) am 15. IX. 1929

m	3,8	4	5,2—6	6,5—6,8
Chironomus plumosus	442	52	520	867
Polypedilum	26			
Tanypodinae	78	52		
Summe	546	104	520	867

Vertikalverbreitung der Chironomiden (Stück/m²) am 18. IV. 1930

m	2,2—3	4—4,8	5—5,5
Chironomus plumosus	13	52	286
Glyptotendipes	13	7	9
Cryptochironomus		7	
Tanypus	13	97	78
Clinotanypus	78	78	70
Orthocladiinae		26	26
Ceratopog. vermiformes	13	7	
Tanytarsus genuinus	91	318	52
Summe	221	592	521

2. Kita-ura (42,2 km², Maximaltiefe 7,5 m) [MIYADI 1932].

Vertikalverbreitung der Chironomiden (Stück/m²) am 16. IX. 1929

m	2,7	5—5,2	6—6,8	7—7,5
Chironomus plumosus		104	499	370
Glyptotendipes			21	6
Polypedilum	104			
Tanypodinae		35	21	
Orthocladiinae				6
Summe	104	139	541	382

d) „Mollusken-Seen"

1. Tega-numa (12,2 km², Maximaltiefe 2—2,2 m) [MIYADI 1932].

Vertikalverteilung der Chironomiden (Stück/m²) am 11. und 12. IX. 1929

m	2	2,2
Chironomus plumosus	(52—208) 104	104
Glyptotendipes	13	
Tanypodinae	20	21
Summe	137	125

2. Juba-numa (27 m², Tiefe 2 m) [MIYADI 1932].

Vertikalverteilung der Chironomiden (Stück/m²) am 14. IX. 1929

m	1,3—1,9	2,0
Cryptochironomus		17
Glyptotendipes	17	9
Polypedilum	43	78
Tanypodinae	17	17
Summe	77	121

IV. Corethra-Typ

1. Inako (0,08 km², Maximaltiefe 8,8 m) [MIYADI 1931].

Vertikalverbreitung der Chironomiden (Stück/m²) am 8. VIII. 1929

m	4	5
Chironomus plumosus		260
Tanypus	156	

In den anderen Tiefen keine Chironomiden.

Vertikalverbreitung der Chironomiden (Stück/m²) am 26. VI. 1930

m	3—4,3	5—5,6	6—6,8	7—7,8	8—8,8
Chironomus plumosus					7
Tanypodinae	26	104	105	32	52

2. Nakatuna-Ko (ein Kleinsee, 13 m tief) [MIYADI 1931].

Vertikalverbreitung der Chironomiden (Stück/m²) am 27. IV. 1928

m	3,5—4	6—7	8—9	11—13
Chironomus plumosus			17	
Chironomariae connectentes	154	34	17	
Tanypodinae	171	102	102	89
Orthocladiinae	171		51	13
Ceratopog. vermiformes		34		
Tanytarsus genuinus	375	34	119	
Summe	871	204	306	102

Vertikalverbreitung der Chironomiden (Stück/m²) am 10. VIII. 1929

m	4	7	8—9,5	10—11	11,5—13
Chironomus plumosus		208	572	277	9
Chir. connectentes	52		70		
Summe	52	208	642	277	9

Eine ausführliche quantitative Bearbeitung der Bodenfauna des Yogo-Ko nahmen MIYADI und HAZAMA (1932) vor. Ferner gab MIYADI in seinen beiden Kurilen-Arbeiten (1937, 1938) Abundanzwerte für die Bodenfauna von Seen der Nord- und Süd-Kurilen. Es sei auf diese Arbeiten hier nur kurz hingewiesen.

Allgemeine Betrachtungen

Im vorstehenden haben wir eine Auswahl aus der reichen Literatur gebracht, die von der quantitativen Verteilung der Chironomiden berichtet; nur eine Auswahl, und trotzdem ein überaus reiches Zahlenmaterial! Aber wie schafft man hier eine Ordnung? Lassen sich allgemeine Gesetzmäßigkeiten finden?

Das Material ist sehr ungleichmäßig. Sicher ist schon das Aussieben der Proben und das Auslesen der Larven von den verschiedenen Untersuchern nicht in der gleichen Weise vorgenommen worden. Bei den älteren Arbeiten hat man den Eindruck, daß die gewonnenen Zahlenwerte zu niedrig sind. Oft liegt nur eine einzige Probenserie aus einem See vor; aber wir wissen ja, daß die gleiche Art im Laufe des Jahres in verschiedener Menge auftritt (Schlüpfperiode!) und daß auch, wie z. B. aus LUNDBECKS Studien hervorgeht, der gleiche See in verschiedenen Jahren recht unterschiedliche Mengen der gleichen Chironomidenart erzeugen kann. — Mittelwerte sind oft nur durch Addition der in den verschiedenen Tiefen festgestellten Zahlen gewonnen worden; in anderen Fällen ist die Fläche der Tiefenzonen — mit Recht — berücksichtigt worden. Man muß also bei der Auswertung der Zahlen größte Vorsicht walten lassen; aber größenordnungsmäßig sagen sie uns doch allerlei.

Betrachtet man die Vertikalverbreitung der Chironomiden in einem See, gleichgültig welchen Typs, so findet man fast stets die größte Anzahl der Larven im Litoral, und zwar meist im unteren Litoral oder im Sublitoral, während im Profundal die Zahlen stark absinken. Man vergleiche z. B. LUNDBECKS Probe vom 13. Dezember 1923 aus dem Großen Plöner See (S. 685): in 8 bis 16,5 m Tiefe Gesamtzahlen von etwa 1300 bis 6600 je m², in 28 bis 34,5 m bis etwa 700. Oder die Zahlen ROMANISZYNS für den Müskendorfer See (S. 701): Litoral rund 6000, Sublitoral 1500, Profundal 460; oder für den Wigrysee (RZOSKA, S. 702): Litoral bis 6000, Sublitoral 3000, tiefere Zonen 1200. Im Stråken fand BRUNDIN (S. 692) im Litoral rund 3000, im Profundal rund 500, in Skärshultsjön (S. 692) im Litoral bis 5600, im Profundal rund 300 bis 600. — Weitere Belege für diese Regel findet man leicht beim Durchblättern der vorstehenden Seiten dieses Buches. Nur selten sieht man wieder ein leichtes Ansteigen der Zahlen in der größten Tiefe; vgl. den Innaren (S. 691). Besonders auffallend wird die Differenz zwischen Litoral und Profundal bei den hocheutrophen oder extrem polyhumosen

Seen mit mehr oder weniger vollständigem O_2-Schwund (vgl. S. 693, 696); in solchen Seen kann die Tiefe ganz Chironomiden-frei sein.

Die höchsten Zahlen je 1 m^2, die man in echten Seen beobachtet hat, gehen bis etwa 13000 (S. 691), im Lunzer Mittersee (eigentlich einer großen Limnokrene) sogar bis 23000 (S. 690). Daß aber diese Abundanzzahlen — die ja kleinste und größere Larven gleichermaßen umfassen — für das uns hier interessierende Thema „Chironomiden als Fischnahrung" eigentlich recht wenig besagen, wird gleich zu behandeln sein.

Man könnte erwarten, daß ein deutlicher Unterschied der Abundanzzahlen bei den eutrophen und oligotrophen sowie dystrophen Seen bestehe. Vergleichen wir die Werte, die JÄRNEFELT (S. 699) für die von ihm untersuchten finnischen Seen gegeben hat (durchschnittliche Chironomidenzahl je m^2 für jeden See):

13 oligotrophe Seen:	5—239,	im Durchschnitt 76
10 dystrophe Seen:	4—77,	im Durchschnitt 24
12 eutrophe Seen:	21—1702,	im Durchschnitt 432

Also ein deutliches Absinken von Eutrophie (432) über Oligotrophie (76) zur Dystrophie (24).

Wenn man MIYADIS Zahlen für japanische Seen vergleicht, etwa den *Tanytarsus*-See Tyûzenzi-Ko (S. 710) und den *Plumosus*-See Yuno-Ko (S. 715), so sieht man auch den Unterschied zwischen oligotrophem und eutrophem See. Aber im allgemeinen prägt sich der Trophiegrad verschiedener Seen durchaus nicht immer in höheren oder niedrigeren Abundanzzahlen der Chironomiden aus! Man braucht nur das oben (S. 694 ff.) aus BRUNDINS Arbeit gebrachte Zahlenmaterial sich anzusehen, um das zu erkennen. Das ist auch nicht zu verwundern: denn die für die echt eutrophen Seen charakteristischen Chironomidenlarven sind die großen *Chironomus*-Formen, die in den oligotrophen Seen ganz zurücktreten! Eine kleinere Zahl *Chironomus*-Larven kann also eine viel größere Produktion bedeuten als eine bedeutend größere Zahl der für die oligotrophen Seen kennzeichnenden kleinen Formen. Abundanzzahlen ohne Gewichtsangaben bedeuten also produktionsbiologisch nicht allzuviel.

Wir haben oben (S. 658) Angaben über das Larvengewicht zweier *Chironomus*-Arten gebracht und stellen hier alle uns bekannt gewordenen Zahlen zusammen:

Camptochironomus tentans aus dem Wawasee Lake (Scott, HILE, SPIETH 1928)	70 mg
„Sehr große *plumosus-Larven*" (WUNDSCH 1940, S. 454) [sicher = *tentans*]	71 mg
Chironomus plumosus [vgl. S. 659, 660]	21,7—33,6 mg
Chironomus plumosus (WUNDSCH 1940, S. 454)	19,6 mg

Chironomus plumosus (Plön, Lundbeck) . . . . 30 mg
Chironomus plumosus (Plön, Stendorfer See, Utermöhl) . . . . 40 mg
Chironomus anthracinus (erwachsene; Esromsee, Berg 1938, S. 188) . . . . 15,5 mg
Chironomus thummi [vgl. S. 658, 660] . . . . 5,2— 8,1 mg
Chironomus anthracinus (mittlere; Wundsch 1940, S. 454) . . . 5,1 mg
Chironomidae, kleinere Litoralformen (Wundsch 1940, S. 454) . . 0,7 mg
Chironomidae, kleinere Arten (Esromsee, Berg 1938, S. 188) . . 2,4 mg
Procladius (Lake Mendota, S. 704) . . . . 1,1— 4,8 mg
Ceratopogonidae vermiformes, mittlere Larven (Wundsch 1940, S. 454) . . . . 5 mg

Wenn man also eine *tentans*-Larve mit 70 mg ansetzt,[151] eine *plumosus*-Larve mit 30 mg, eine *anthracinus*-Larve mit 15 mg, dagegen eine Larve der kleineren Litoralformen mit 1 mg, so würden gewichtsmäßig *tentans*-Larven das 70fache, *plumosus*-Larven das 30fache, *anthracinus*-Larven das 15fache der kleinen Litoralformen bedeuten!

Laskar (1948, S. 19) hat bei seiner Arbeit über die Ernährung des Brassen (wie früher schon Schäperclaus [vgl. S. 661]) die Chironomidenlarven in Größengruppen unterschieden. Da im Darminhalt der Fische meist nur die Kopfkapseln der Larven erhalten sind, stellt er nach dem Vorbild von Schäperclaus Kopfdurchmesser und Larvengewicht zusammen, und da das Verhältnis Kopfgröße : Körperlänge bei den Tanypodinen ein anderes ist als bei den übrigen Chironomiden (Raubtiernatur der Tanypodinen!), so müssen diese besonders behandelt werden. Hier die von Laskar gegebene Tabelle.

Orthocladiinae, Chironomariae, Tanytarsariae			Tanypodinae	
Gruppe	Kopfdurchmesser in mm	Gewicht in mg	Kopfdurchmesser in mm	Gewicht in mg
1	0,10—0,20	0,2		
2	0,20—0,30	0,8		
3	0,30—0,40	2	0,40	0,9
4	0,40—0,50	3,8	0,40—0,50	2
5	0,50—0,60	6	0,50—0,60	3,8
6	0,60—0,70	9	0,60—0,70	5,2
7	0,70—0,75	13	0,70—0,84	10
8	0,75—0,82	17	0,84	20
9	0,82—0,90	30		
10	0,90	35		

Einen neuen Weg habe ich bei meinen Untersuchungen im Lunzer Untersee eingeschlagen, um die Fänge von Chironomiden-Puppenhäuten

[151] Vgl. auch Seite 704.

produktionsbiologisch auszuwerten (das Folgende nach THIENEMANN 1950, S. 42—46). Im Jahre 1938 und 1940 wurden in regelmäßigen Abständen die auf dem Untersee treibenden Exuvien gesammelt; sie wurden bestimmt und die Gesamtmenge der Häute jeder Art zahlenmäßig festgestellt. Das ergibt natürlich keine absoluten Werte, wohl aber kann so die relative Individuenzahl der während des Jahres im See vorhandenen Arten bestimmt werden. Gruppiert man nun die einzelnen Arten (46 Arten des Untersees wurden so erfaßt), so erhält man die Tabelle, die ich auf Seite 42, 43 der zitierten Arbeit gegeben habe. Ich wiederhole hier nur die häufigsten, ersten 30 Arten; hinter jeder Art die Zahl der gefangenen Puppenhäute:

1. *Corynoneura scutellata* . . . . (2055)
2. *Micropsectra heptameris* . . . . (498)
3. *Trichocladius algarum* + *tendipedellus* . . . . . (476)
4. *Lauterbornia coracina* . . . . (283)
5. *Tanytarsus gibbosiceps* . . . . (221)
6. *Paratanytarsus atrolineatus* . . . . (105)
7. *Sergentia coracina* . . . . (89)
8. *Heterotrissocladius grimshawi* . . . . (88)
9. *Limnochironomus pulsus* . . . . (72)
10. *Chironomus anthracinus* . . . . (67)
11. *Stempellina bausei* . . . . (65)
12. *Protanypus morio* . . . . (62)
13. *Tanytarsus curticornis* . . . . (57)
14. *Pseudosmittia ruttneri* . . . . (52)
15. *Tanytarsus glabrescens* . . . . (52)
16. *Cryptochironomus nigritulus* . . . . (47)
17. *Paratanytarsus tenuis* . . . . (45)
18. *Ablabesmyia monilis* . . . . (45)
19. *Stictochironomus rosenschoeldi* . . . . (43)
20. *Procladius pectinatus* . . . . (35)
21. *Psectrotanypus trifasciipennis* . . . . (34)
22. *Parakiefferiella bathophila* . . . . (31)
23. *Cryptocladopelma laccophila* . . . . (30)
24. *Paracladopelma camptolabis* . . . . (29)
25. *Psectrocladius sordidellus* . . . . (26)
26. *Trichocladius albiforceps* . . . . (26)
27. *Chironomus* sp. *plumosus*-Gruppe . . . . (26)
28. *Procladius choreus* . . . . (21)
29. *Zavrelia nigritula* . . . . (20)
30. *Ablabesmyia atrocincta* . . . . (16)

Unter der Voraussetzung, daß mit den Häutefängen die verschiedenen Arten im annähernd richtigen Verhältnis zueinander erbeutet werden, gibt diese Tabelle ein Bild von der relativen Häufigkeit jeder Art im See. Weitaus an der Spitze steht *Corynoneura scutellata* mit 2055 Häuten (= 36% aller untersuchten Häute, 40% aller Seeformen, 54% aller Orthocladiinen, 63% der See-Orthocladiinen).

Will man diese Werte aber für produktionsbiologische Berechnungen benutzen, so sagen uns augenscheinlich diese Individuenzahlen noch recht wenig. Denn es handelt sich bei solchen Berechnungen doch darum, wieviel von der von den pflanzlichen Organismen aufgebauten Substanz in die Leiber der Tiere, hier der Chironomidenlarven, übergeht und zu Tierfleisch wird. Dabei spielt die G r ö ß e der einzelnen Arten eine ausschlaggebende Rolle.

Daß die winzigen *Corynoneura*-Larven und etwa die *Chironomus*-Larven in dieser Beziehung eine grundverschiedene Bedeutung haben, liegt auf der Hand.

Zuvor aber noch eine Frage: Genügen für solche Produktionsberechnungen nicht die Bodengreiferfänge, wie sie z. B. LUNDBECK im Lunzer Untersee durchgeführt hat?

Zweifellos geben diese für die Schlammflächen das beste produktionsbiologische Bild. Aber zwischen den Pflanzen versagt bekanntlich diese Methode, ebenso wie auch im Litoral in der Region der Krustensteine. Und doch gilt gerade das pflanzenbewachsene Litoral als hochproduktive Seeregion! Es wäre also von großer Wichtigkeit, wenn man mit Hilfe der Puppenhäutefänge die Bodengreifermethode ergänzen und so ein besseres Bild von der Produktivität des ganzen Sees an Chironomiden gewinnen könnte.

Um diesem Ziel näher zu kommen, bin ich auf folgende Weise vorgegangen:

Jeder Haut entspricht eine reife Larve. Wir nehmen an, daß die Larven der verschiedenen Arten etwa die gleiche stoffliche Zusammensetzung haben (Wassergehalt, Gehalt an organischer Substanz usw.). Kann ich das Volumen der reifen Larve jeder Art feststellen, so lege ich damit den r e l a t i v e n produktionsbiologischen Wert einer jeden fest. Man kann die Chironomidenlarven mit einem Zylinder vergleichen und diesen aus Larvenlänge und mittlerem Larvendurchmesser (etwa am 4. bis 5. Segment gemessen) berechnen. In der Tabelle (S. 723) sind in Spalte 1 diese Volumina in mm^3 zusammengestellt, und zwar für die quantitativ wichtigsten Chironomidenformen. Dieses Volumen schwankt zwischen 19,3 mm^3 *(Chironomus anthracinus* und *Prodiamesa olivacea)* und 0,2 mm^3 *(Corynoneura scutellata* und *Stempellina bausei).* Setzt man das Volumen der kleinsten Larve — *Corynoneura* — gleich 1, so kann man einen „*Corynoneura*-Wert“ für jede Art berechnen (Spalte 2). Es entspricht also produktionsmäßig z. B. eine *Chironomus anthracinus*-Larve 97 *Corynoneura*-Larven, eine *Stictochironomus*-Larve 66, eine *Procladius pectinatus*-Larve 52, eine *Lauterbornia*-Larve 16, eine *Tanytarsus curticornis*-Larve 4 *Corynoneura*-Larven. Multipliziere ich nun die Gesamtzahl der Häute jeder Art mit dem Volumen der betreffenden Larve (Spalte 1), so erhalte ich die relative Gesamtproduktion jeder Art im See in mm³ (Spalte 4). Die Arten in der folgenden Tabelle sind nach diesen Werten geordnet. Man erhält so eine ganz andere Reihenfolge als nach der Individuenzahl. An der Spitze stehen dann *Sergentia, Chironomus, Micropsectra, Trichocladius algarum + tendipedellus, Lauterbornia, Protanypus, Stictochironomus, Limnochironomus. Corynoneura,* die nach Individuenzahl die 1. Stelle einnahm, kommt nun erst an 9. Stelle.

Interessant ist ein Vergleich der Gesamtproduktion der Schlammbewohner und der Pflanzenbewohner. Hohe Werte erreichen von den Pflanzenbewohnern nur *Trichocladius algarum + tendipedellus* (1077), *Limnochironomus* (458), *Corynoneura* (380), *Ablabesmyia monilis* (214); die übrigen bleiben unter 100; dagegen sind die Schlammbewohner überwiegend in den hohen Wertstufen vertreten. Bestimmt man den Gesamtwert der „Fleischmenge" für die in der Tabelle verzeichneten Arten (Nr. 22 und 23, die Krustenbewohner, sind außer acht gelassen), so ergibt sich für die Schlammbewohner 7573 mm³, für die Pflanzenbewohner 2313 mm³. Das heißt, im Lunzer Untersee spielen die schlammbewohnenden Chironomiden produktionsbiologisch eine etwa dreimal so große Rolle wie die pflanzenbewohnenden Chironomiden.

	Volumen der Larve in mm³ 1.	„*Corynoneura*-Wert" 2.	Ordnungszahl nach dem „*Corynoneura*-Wert" 3.	Gesamtproduktion in mm³ (= Volumen × Häutezahl) 4.	Ordnungszahl nach der Individuenzahl 5.
1. *Sergentia coracina*	15,2	76	3	1343	7
2. *Chironomus anthracinus*	19,3	97	1	1294	10
3. *Micropsectra heptameris*	2,2	11	14	1104	2
4. *Trichocladius algarum + tendipedellus*	2,3	12	13	1077	3
5. *Lauterbornia coracina*	3,2	16	11	925	4
6. *Protanypus morio*	13,1	66	5	812	12
7. *Stictochironomus rosenschoeldi*	13,1	66	4	563	19
8. *Limnochironomus pulsus*	6,4	32	8	458	9
9. *Corynoneura scutellata*	0,2	1	25	380	1
10. *Procladius pectinatus*	10,4	52	6	364	20
11. *Tanytarsus gibbosiceps*	1,6	8	16	354	5
12. *Prodiamesa olivacea*	19,3	97	2	251	32
13. *Psectrotanypus trifascipennis*	7,2	36	7	246	21
14. *Ablabesmyia monilis*	4,7	24	9	214	17
15. *Cryptochironomus nigritulus*	2,2	11	15	103	18
16. *Heterotrissocladius grimshawi*	1,2	6	18	102	8

	Volumen der Larve in mm³ 1.	„Corynoneura-Wert" 2.	Ordnungszahl nach dem „Corynoneura-Wert" 3.	Gesamt-produktion in mm³ (= Volumen × Häutezahl) 4.	Ordnungszahl nach der Individuenzahl 5.
17. *Psectrocladius sordidellus*	2,9	15	12	75	25
18. *Procladius choreus*	3,5	18	10	73	28
19. *Tanytarsus curticornis*	0,8	4	20	43	13
20. *Paratanytarsus atrolineatus*	0,4	2	22	42	6
21. *Tanytarsus glabrescens*	0,8	4	19	39	15
22. *Trichocladius albiforceps*	1,5	8	17	38	26
23. *Pseudosmittia ruttneri*	0,4	2	21	21	14
24. *Paratanytarsus tenuis*	0,4	2	23	18	11
25. *Stempellina bausei*	0,2	1	24	13	11

Zahlen für das Lebendgewicht der Chironomidenlarven je Flächeneinheit sind im vorstehenden schon mehrfach gegeben worden, so für norwegische Gebirgsseen (S. 696—697), für den Lake Mendota (75,4 kg/ha Larven von *Chironomus tentans* S. 704), für den kanadischen Lake Wawasee (S. 707), für den Lake Simcoe (S. 709), für den Großen Plöner See (12. V. 1924 98,6 kg/ha, S. 685 ff.).

Für 52 von ihm untersuchter norddeutscher Seen gibt LUNDBECK (1926, S. 469, 470) die Gesamtmenge der Chironomiden im Sommer in kg/ha an. Ich gruppiere diese Seen nach LUNDBECKS Schema:

Reihe A: Typische Faulschlammseen

Stufe I': *Tanytarsus-Bathophilus*-Seen
Madüsee 5 kg ha, Dratzigsee < 1, Breiter Lucin 5, Carwitzer See 6, Schmaler Lucin 11, Schaalsee 16

Stufe II: *Bathophilus*-Seen
Suhrer See 9

Stufe II': *Bathophilus-Plumosus*-Seen
a) *Bathophilus* überwiegt
Schluensee 42; Schöhsee 1923 4, 1924 18
b) Beide Arten gleichmäßig
Selenter See 173, Dieksee 100, Behlersee 100, Großer Plöner See 1923 134
c) *Plumosus* überwiegt
Kleiner Plöner See 60; Trammer See 1923 10, 1924 60; Kellersee 60; Höftsee 50; Jensensee 29; Grebiner See 132

Stufe III: *Plumosus*-Seen
Vierer See 113, Schierensee 21, Großer Eutiner See 50, Tresdorfer See 15, Salemer See 12, Haussee (16),

Sibbersdorfer See 23, Schmarksee 104, Rottensee 5, Brammer See 19, Gassersee 171, Heidensee 29, (Kleiner Eutiner See 1125),[152] (Drecksee 12)[152]
Waterneverstorfer See 1923 59, 1924 152; Wesseker See 14

Reihe A': Laubgyttja-Seen
Stufe III: Ukleisee 13, Wielener See 19, Kalksee 1

Reihe B': Dygyttja-Seen
Stufe I': Ihlsee 7
Stufe II: Plußsee 1923 2, 1924 4; Großer Madebrökensee 2
Stufe II': Edebergsee 23
Stufe III: Unterer Ausgrabensee 3, Oberer Ausgrabensee 1, Schwonausee 17

Reihe B: Laubdy-Seen
Stufe II: Garrensee 3, Plötscher See 9, Krummensee 5
Stufe III: Kolksee 15; ? Grundloser Kolk 2; ? Kleiner Ukleisee 1923 9, 1924 4; ? Pinnsee 12

Von Reihe A, von der ja eine große Zahl Seen untersucht wurden, geben wir noch die Grenzwerte und den Mittelwert der Chironomidenmenge in kg/ha:

A. Stufe I':	*Tanytarsus-Bathophilus*-Seen	6 Seen mit	(<1—16)	7 kg/ha
Stufe II':	*Bathophilus-Plumosus*-Seen	12 Seen mit	(4—173)	69 kg/ha
Stufe III:	*Plumosus*-Seen	14 Seen mit	(5—171)	53 kg/ha

Die beiden echten *Chironomus*-Seen haben also durchschnittlich eine bedeutend höhere Chironomidenmasse als der mehr oligotrophe *Tanytarsus-Bathophilus*-See; die größte Produktion hat der *Bathophilus-Plumosus*-See.

Alle Seen, für die Untersuchungen über die Menge der in ihnen lebenden Chironomiden vorliegen, sind Seen der nördlichen Halbkugel, und zwar Seen der gemäßigten, zum Teil auch arktischen Zonen. Für tropische Seen und Seen der Südhalbkugel gibt es bisher meines Wissens keine Angaben.

Eines ist aus dem Vorhergehenden klar — und das interessiert uns an dieser Stelle vor allem: der Fisch hat in so gut wie allen Seen, wenn auch im einen in höherem, im anderen im geringeren Maße, Chironomidenlarven als Nahrung reichlich zur Verfügung!

Anhangsweise sei hier noch auf eine neuere interessante Arbeit von VALENTYNE (1952) hingewiesen, die sich mit der Frage befaßt, wieviel an Nährstoffen einem See durch ausschlüpfende Insekten verlorengeht. In dem Lake Opinicon, Ontario (Canada), bestimmte VALENTYNE die Menge der täglich ausschlüpfenden Wasserinsekten. Das waren im wesentlichen Chironomiden, um vieles weniger andere Dipteren, Trichopteren, Ephemeropteren, Zygopteren; die Gesamtzahl der während der Untersuchungsperiode pro

[152] *Tentans*-See! Vgl. Seite 463.

0,25 m² Seefläche geschlüpften Imagines verhielt sich wie 1616 : 37 : 21 : 14 : 4. Von diesen Insekten gehen etwa 75% dem See durch Wegflug verloren. Er bestimmte das Frischgewicht der Tiere und ihren N- und P-Gehalt. Täglich schlüpften pro 1 m² Seefläche 136 Imagines mit einem Gewicht von 69,2 mg und einem N-Gehalt von 2,26 mg, einem P-Gehalt von 0,15 mg. Man kann nun berechnen — diese Berechnungen wurden für den Winona Lake, Indiana (USA), durchgeführt — daß nur weniger als 1 Prozent der jährlich abgelagerten organischen Substanz dem See durch Wegfliegen der geschlüpften Insekten, vor allem Chironomiden, verlorengeht; ein Wert, der im Stoffkreislauf und für die Produktivität des Sees kaum eine Rolle spielen dürfte.

b) Die Chironomiden als Nahrung der wirtschaftlich wichtigsten Seenfische

Auf Seite 655 bis 657 haben wir schon kurz darauf hingewiesen, welch überragende Rolle die Chironomiden für die Ernährung unserer wirtschaftlich wichtigsten Fische spielen. Im folgenden soll näher darauf eingegangen werden; dabei treffen wir eine Auswahl der einschlägigen Arbeiten; Vollständigkeit kann und braucht, wie schon einmal betont, dabei nicht erstrebt zu werden. Fast jede fischereibiologische Arbeit, die sich mit Fischernährungsfragen befaßt, erwähnt und behandelt ja mehr oder weniger ausführlich die Bedeutung der Chironomiden.

1. Europäische Seen

Der Brassen oder Blei (*Abramis brama* L.)

Die gründlichste und beste aller Untersuchungen liegt für diesen „Brotfisch" in der Seenbewirtschaftung der norddeutschen Ebene vor in der Arbeit LASKARS über „Die Ernährung des Brassen (*Abramis brama* L.) im eutrophen See" (1948). [Hierin auf S. 5—7 auch eine Zusammenfassung der gesamten älteren Literatur über die Ernährung dieses Fisches.] LASKAR hat insgesamt 1516 Brassen aus 8 holsteinischen Seen der Plöner Gegend untersucht; diese Seen gliedert er in zwei Gruppen, die tieferen Seen (Großer und Kleiner Plöner See und Vierersee; Material im ganzen 1228 Fische) und die flachen Seen (Jensensee, Oberer Ausgrabensee, Heiden-, Trent- und Drecksee; Material im ganzen 288 Fische).

In den tiefen Seen wies er im Magen-Darm-Inhalt der Brassen die folgenden Chironomiden nach; die Zahlen bedeuten die Anzahl der Fische, in denen die betreffende Art gefunden wurde.

Tanypodinae:			
Procladius	762	*Ablabesmyia*	24
Orthocladiinae:			
Nicht bestimmte Larven	28	*Eucricotopus*	7
Trissocladius	8	*Psectrocladius*	10
Trichocladius	9	*Corynoneura*	12

Chironomariae:

Endochironomus	8	*Paratendipes*	2
Glyptotendipes	14	*Polypedilum*	448
Limnochironomus	128	*Pentapedilum*	13
Chironomus	418	*Cryptochironomus defectus*-Gr.	196
Stictochironomus	8	*Cryptochironomus lateralis*	90
Phytochironomus	4	*Cryptocladopelma laccophila*	122
Microtendipes	29	*Microchironomus*	108

Tanytarsariae: *Tanytarsus* sp. sp. 526

Ceratopogonidae: C. vermiformes 210

Chironomidenpuppen: *Chironomus*-Puppen nicht bestimmt 169

Glyptotendipes .... 10 *Tanytarsus* 48

49,5% aller Fische haben Chironomiden aufgenommen, damit steht diese Gruppe an erster Stelle in der Brassennahrung! Wie im See quantitativ die Chironomiden im Profundal und Sublitoral über das Litoral überwiegen, so überwiegen auch in der Brassennahrung quantitativ die profundalen *(Chironomus,* zum Teil *Procladius)* und sublitoralen Formen *(Procladius, Limnochironomus, Microtendipes, Paratendipes, Polypedilum, Cryptochironomus, Microchironomus, Tanytarsus)* über die litoralen *(Ablabesmyia, Endochironomus, Glyptotendipes, Phytochironomus, Stictochironomus, Pentapedilum, Tanytarsus).* Im ganzen machen die Orthocladiinen einen verschwindend kleinen Teil der Brassennahrung aus, die Tanypodinen und Chironomiden einen überragenden.

LASKAR teilt nun sein Brassenmaterial in 3 Gruppen ein: 1. Gruppe Individuen bis 170 mm Länge; 2. Gruppe, die Altersgruppen III bis VII, von 170 bis 380 mm Länge; 3. Gruppe alle größeren Fische von der VII. Gruppe aufwärts. Die erste Gruppe lebt in den tiefen Seen vorwiegend von Chydorinen, mit zunehmendem Alter erscheinen in der Nahrung die Chironomidenlarven (sublitorale Formen), in der 2. Gruppe ist die Hauptnahrung eine Chironomidennahrung, vor allem meist *Procladius* und die übrigen sublitoralen Kleinchironomiden. In der 3. Gruppe bildet *Chironomus* das Hauptnährtier, zum Teil auch *Procladius.* Gruppe 1 frißt im Litoral, Gruppe 2 im Sublitoral, Gruppe 3 im Profundal. [Über den jahreszeitlichen Verlauf des Chironomidenfraßes vgl. LASKAR, S. 55 ff.] In den flachen Seen wurden die folgenden Chironomiden in der Brassennahrung nachgewiesen (die Zahlen = Zahl der Fische):

Tanypodinae:

Procladius 29

Orthocladiinae:

Nicht bestimmte Larven ... 8 *Eucricotopus* 4

Chironomariae:

Glyptotendipes	2	*Polypedilum*	19
Limnochironomus	10	*Cryptochironomus*	6
Chironomus	62		

Tanytarsariae:

Tanytarsus 23

Ceratopogonidae:

C. vermiformes 13

Chironomidenpuppen: Nicht bestimmt 6

Hier haben nur 24,2% der Fische Chironomiden aufgenommen (Cladoceren 28,1%). Die Führung hat, mit großem Vorzug, *Chironomus* übernommen, es folgt *Procladius*. Es tritt in diesen flachen Seen der spezialisierte Chironomidenfraß also zurück. Im Jensensee wendet sich die Altersgruppe IV der Chironomidennahrung zu, im Heiden-, Trent- und Drecksee Altersgruppe V, im Oberen Ausgrabensee nähren sich die Brassen bis zur Altersgruppe VIII von Crustaceen, die Chironomidennahrung ist sehr spärlich.

Der Barsch *(Perca fluviatilis* L.)

Wie am Brassen, so hat auch am Barsch der tieferen Plöner Seen LASKAR (1945) Nahrungsuntersuchungen durchgeführt, nachdem schon 1936 K. CHR. RÖPER Ernährung und Wachstum des Barsches in Gewässern Mecklenburgs und der Mark Brandenburg studiert hatte (hierin auch die ältere Literatur verzeichnet).

Bei 440, aus allen Jahreszeiten stammenden Fischen fand LASKAR:

Chironomidenpuppen	in 14,0% der Fische
Chironomus-Larven	in 3,9%
Sublitorale Chironomiden	in 3,3%
Orthocladiinen	in 2,2%
Procladius	in 1,6%
Chironomiden im ganzen	in 25,0% der Fische

(Crustaceen in 61,1%, Fische 8,1%, Mollusken 1,1%)

Je Fisch fanden sich im Großen und Kleinen Plöner See:

Monat	15. bis 30. Mai 1939, 1940						15. bis 30. Juni 1940			
Fischlänge in cm	13,5	14,5	15,5	16,5	17,5	18,5	14,5	15,5	16,5	17,5
Anzahl der Fische	2	1	3	4	4	2	2	1	2	3
Chironomus-Puppen	5	3	7	14	77	52	11	117	68	12
Chironomus-Larven		2								
Procladius-Larven				12	3	1	2			
Chironomiden im ganzen	5	5	7	26	80	53	13	117	68	12

Jüngere Fische von 5 bis 12 cm nährten sich bis Anfang Mai von Bodencyclopiden, *Bosmina* und *Daphnia*. Von Mai ab spielen Chironomiden, vor allem ihre Puppen, sowie *Gammarus* bei Barschen von 13,5 bis 18,5 cm Länge die Hauptrolle in der Nahrung. Im Mai sind die Puppen hauptsächlich *anthracinus*-Puppen, im Juni treten oft massenhaft *Tanytarsus*-Puppen auf, bis im Herbst schließlich *plumosus*-Puppen maximal vertreten sind. Größere Barsche (ab Altersgruppe IV) sind vor allem Fischfresser. Im Vierersee spielen *Chironomus*-Larven bei Barschen über 12 cm Länge vor allem in den Sommermonaten die Hauptrolle. 150 bis 250 Larven findet man häufig im Magen und Darm eines Fisches. Die Umstellung auf Fischnahrung erfolgt wie im Großen und Kleinen Plöner See.

Röper untersuchte jüngste Barsche (nach künstlicher Befruchtung des Laiches) in einem Teich. 42tägige Fische (Durchschnittslänge 20,6 mm, Durchschnittsgewicht 89 mg) hatten neben zahlreichen *Polyphemus* und anderen Kleinkrebsen schon zahlreiche kleine Chironomiden gefressen. Eine dominierende Rolle in der Barschnahrung spielten die kleinen *Tanytarsus*-Larven von 2 bis 2,5 mm Länge bis Ende Juli. Im Müggelsee hatten für die einsömmerigen Barsche die Chironomiden bis zum Herbst eine Bedeutung, waren aber niemals die Hauptnahrung, im Sakrower See aber waren sie der wichtigste Nahrungsbestandteil, auch im Schweriner See wurden sie zahlreich gefressen. Bei zweisömmerigen Barschen und bei solchen bis 15 cm Länge sind im Müggelsee, Sakrower See und den untersuchten mecklenburgischen Seen „mengenmäßig entschieden die wichtigsten Nährtiere die Chironomidenlarven, und zwar die Uferformen“ (bis 90%). In einem Falle, im Müggelsee, hatte der Barsch auch Bodenchironomiden *(Ch. plumosus)* gefressen (gewichtsmäßig 89,8%). Barsche über 15 cm Länge sind vor allem Fischfresser, nehmen aber auch gern *Cambarus*. Chironomiden spielen als Nebennahrung kaum eine Rolle.

(Merkwürdigerweise erwähnt Wundsch [1931, S. 590] in seiner Zusammenstellung der „Hauptnahrung für unsere Wirtschaftsfische“ beim Barsch die Chironomiden überhaupt nicht, sondern schreibt „in der Jugend“ Cladoceren, Copepoden, später Gammariden, *Asellus*, dann Fische.)

Während also der Brassen von etwa 17 cm Länge an bis zur Maximalgröße Chironomiden als Hauptnahrung aufnimmt, tut dies der Barsch nur bis etwa 15 cm Länge und wird dann Fischfresser.

Der Zander *(Lucioperca sandra)*

Nach Willer (1924) lebt der Zander im ersten Jahre vorwiegend von Planktonkrebsen, besonders *Leptodora*, im zweiten Jahre nährt er sich von den Larven von *Chironomus plumosus* und Gammariden, und im dritten Jahre wird er zum Raubfisch (Fischfresser). Allerdings gibt es Gewässer, in denen er schon am Ende des ersten oder im zweiten Lebensjahre sich auf Fischnahrung umstellt. SCHIEMENZ (1935) erwähnt die *Chironomus*-Larven als Zandernahrung nicht. GASCHOTT (1928) spricht davon, daß der junge Zander neben Plankton auch Chironomidenlarven frißt (vgl. dazu HELFER 1944) und schon im Alter von einigen Wochen der Brut anderer Fische nachstellt. Beï seinen Studien im Stettiner Haff (1934 b) fand NEUHAUS keine Chironomiden in den Zandern, ebensowenig MARRE (1934) im Kurischen Haff.

Die Chironomiden spielen also in der Zandernahrung nur eine ganz geringe Rolle.

Anders bei dem

K a u l b a r s c h *(Acerina cernua)*

SCHIEMENZ (1935) schließt seine Betrachtungen über diesen Fisch so ab: „Also um es zusammenzufassen, wiederhole ich, daß der Kaulbarsch ein so leidenschaftlicher Fresser der Zuckmückenlarven ist, daß wir, um den Bestand an diesen Larven festzustellen, uns nur ein paar Kaulbarsche zu fangen und zu untersuchen brauchen. Sind die Kaulbarsche gut gewachsen, dann ist reichlich Nahrung vorhanden. Der Kaulbarsch spielt also für die Beurteilung der Seen eine ähnliche Rolle wie der Blei."

Im November hatten im Müggelsee 71,4% der Kaulbarsche Chironomiden gefressen, im Januar 63,2%. Im ersten Jahre hatten die Tiere Entomostraken gefressen, vom 2. bis 5. dagegen fast ausschließlich Bodenfauna (BROFELD, nach GASCHOTT 1928). Im Frischen Haff hatten 10 Kaulbarsche von 8,5 bis 15 cm Länge *Chironomus plumosus* geradezu r e i n - gefressen (NEUHAUS 1934 a, S. 7); im Kurischen Haff lebt ein viel geringerer *Chironomus*-Bestand, die Kaulbarsche bleiben klein (bis 12 cm, gegen bis 18 cm im Frischen Haff [WILLER 1931]). Im Stettiner Haff (NEUHAUS 1934 a) steht *Asellus* an erster Stelle in der Ernährung des Kaulbarsches, in zweiter Linie die Chironomidenlarven, und zwar vor allem die im Ufer lebenden Formen.

D e r A a l *(Anguilla vulgaris)*

SCHIEMENZ (1935, S. 23) schreibt: „Die Hauptnahrung des Aales besteht vor allen Dingen aus den schon so oft erwähnten roten Zuckmückenlarven (Chironomiden). Ich habe einmal den Darminhalt eines Aales aus dem Stettiner Haff ausgezählt, es waren 998 Stück, also beinahe tausend." Kleine, im Uferkraut lebende Aale hatten nach ihm „die kleinen grünlichen Pflanzen-*Chironomus* gefressen" (also Orthocladiinen [TH.]). Schon WALTER nennt (1910) in seiner biologischen und fischereiwirtschaftlichen Monographie des Flußaales die *Chironomus*-Larven „einen gewichtigen Bestandteil der Aalnahrung", und zwar der erwachsenen wie jungen. Nach ZACHARIAS (Allgemeine Fischerei-Zeitung 1905, S. 33) waren 10 aus der Eider bei Rendsburg stammende Jungaale von 10 cm Länge ausschließlich mit den roten *Chironomus*-Larven vollgestopft. Auch in der neuesten Aalmonographie (EHRENBAUM 1930) werden für den Jungaal die auf den Pflanzen sitzenden Chironomidenlarven genannt, für den heranwachsenden Aal u. a. *Chironomus*. SCHIEMENZ behandelt (1910) auch die Nahrungskonkurrenz unter den „am tieferen Boden unserer Seen" lebenden Fischen (Wels), Blei (Brassen), Karpfen (nur die älteren Tiere), große Maräne, Aal, Kaulbarsch. „Wir können die hier fischereilich wichtigen Tiere an den Fingern herzählen. Es sind das die Larven von der Zuckmücke *(Chironomus plumosus)*, der Bartmücke *(Ceratopogon)*, der Büschelmücke *(Corethra plumicornis)*, der Florfliege *(Sialis lutaria)* und der Schlammröhrenwurm *(Tubifex)* ... Der Blei frißt all die genannten Tiere mit Ausnahme von *Sialis*, ebenso der Karpfen, der Aal frißt vorwiegend *Chironomus* und *Sialis* ..., der Kaulbarsch stellt besonders den *Chironomus* nach und ebenso die große Maräne. Hieraus ergibt sich, daß sich all die genannten Fische Nahrungskonkurrenz machen, ganz besonders aber bezüglich des *Chironomus*."

Der Karpfen *(Cyprinus carpio* L.)

Hier handelt es sich nur um die Ernährung des Karpfens in natürlichen Gewässern. Als einsömmeriger bis zweisömmeriger Fisch frißt er im Ufer, neben kleinen Krebsen vor allem Chironomidenlarven; als älteres Tier frißt er am Grunde, vor allem die roten *Chironomus*-Larven der Arten *plumosus* und *anthracinus* (WILLER 1924, SCHIEMENZ 1935).

Bei der

Schleie *(Tinca vulgaris)*

tritt die Ernährung durch Chironomiden mehr zurück (SCHIEMENZ 1935, WILLER 1924). Auch bei den übrigen im Ufer und am Boden fressenden Fischen unserer Flachlandseen (Plötze, Rotfeder, Güster, Quappe, Stichling[153] usw.) finden wir Chironomidenlarven im Darminhalt, vor allem bei Jungfischen, doch spielen sie hier keine größere Rolle.

Auch bei den am Boden fressenden

großen Maränen *(Coregonus lavaretus* und *holsatus)*

können Chironomidenlarven eine mehr oder weniger große Rolle in der Ernährung spielen (WILLER 1924; THIENEMANN 1922 c). [Ebenso beim Schleischnäpel, *C. lavaretus balticus*, vgl. THIENEMANN 1922 c, 1937 e.] Ja, gelegentlich kann auch die kleine Maräne *(Coregonus albula)*, normalerweise ein reiner Planktonfresser, von Bodennahrung leben. Die im Dezember

[153] Für die beiden Süßwasserstichlinge vgl. die Arbeit von HYNES 1950.

und Januar im Breiten Lucin (Mecklenburg-Strelitz) gefangenen kleinen Maränen — sowohl *C. albula typica* wie *C. albula lucinensis* — hatten ausschließlich Bodennahrung, *Mysis relicta* und die Larven von *Sergentia*, gefressen (THIENEMANN 1933 b, S. 671).

Es bleiben nun noch drei Salmoniden, die zwar nicht in den Seen der norddeutschen Ebene, wohl aber in Alpenseen und Seen des Nordens wirtschaftlich eine Rolle spielen, die Bachforelle, die Seeforelle und der Seesaibling.

Die Bachforelle *(Trutta fario)*

gehört zu den „Raubfischen, die nicht reine Räuber sind, sondern auch auf die Kleintierwelt ganz besonders stark in ihrer Ernährung angewiesen sind" (WILLER 1924). Besonders die jüngeren Tiere fressen neben anderen Insektenlarven Chironomidenlarven. Wenn man die Mageninhaltstabellen OLSTADS (1925, S. 168—181) für Forellen aus den von ihm untersuchten norwegischen Seen (vgl. S. 696) durchmustert, so sieht man, daß zu Zeiten in manchen Seen der gesamte Mageninhalt, auch der erwachsenen Forellen, aus Chironomiden besteht, in anderen doch einen großen Bestandteil darstellt (vgl. auch DAHL 1932). Im englischen Lake Windermere fand ALLEN (1938) im März, daß die Forellen zu 53,8% Chironomidenpuppen gefressen hatten.

Für die Seeforelle *(Trutta lacustris)* finden sich keine speziellen Angaben über Chironomidennahrung. Wohl aber für den

Seesaibling *(Salmo salvelinus)*.

Man hat ihn in vielen Alpenseen „als eifrigen Verzehrer der Bodenfauna (Chironomiden, Mollusken) erkannt" (HAEMPEL 1930). Die kleinen Saiblinge des Würmsees fressen außer Planktonkrebsen viel Chironomidenlarven und -puppen (SCHINDLER 1951). Auch der alpine Tiefseesaibling *(S. salvelinus* var. *profundus)* frißt in vielen Fällen Chironomidenlarven. Eine große Rolle spielt der Saibling in manchen nordischen Seen, und hier frißt er ebenfalls u. a. Chironomidenlarven. So in dem großen lappländischen Torneträsk (EKMAN 1912, S. 39, 40); in dem nordisländischen See Myvatn kommt den Chironomidenlarven die größte Bedeutung für die Ernährung des Saiblings zu (LAMBY 1942, S. 783). Die als „Krús" bezeichnete Abart des isländischen Saiblings frißt ebenfalls Chironomidenlarven; während aber bei der Normalform des Saiblings diese Art der Ernährung an erster Stelle steht, steht sie beim „Krús" erst an vierter (l. c. S. 755). (An Chironomidenlarven stellte LAMBY [S. 802] in dem maximal etwa 5 m tiefen Myvatn 489 bis 57 194 Stück je m^2 fest! Thermaleinfluß!) In 2 Saiblingen von 5,4 und 5,8 cm Länge aus dem Lommevand auf Novaja Semlja wurden 15 Larven und 6 Puppen von Chironomiden (sowie eine *Nemura*-Larve) festgestellt (DAHL 1926, S. 5).

Anhangsweise noch einiges über die Chironomidennahrung der Fische unserer Talsperren.

Schon 1911 (S. 651 ff.) habe ich entsprechende Notizen über die Fische der westfälischen Talsperren gegeben: ein *Cottus gobio* von 42 mm Länge hatte in der Hennetalsperre eine große Anzahl Orthocladiinenlarven im Magen, eine Schleie in der Haspertalsperre Chironomidenlarven, *Cobitis barbatula* in der Hennetalsperre, *Phoxinus laevis* in der Östertalsperre ebenfalls; ebenso *Thymallus vulgaris* in der Hennetalsperre. Bei der Bachforelle waren bei 56 von 162 Fischen (= 35%) Chironomiden (Larven, Puppen, Imagines) ein wesentlicher Bestandteil des Mageninhalts. „Vom Grunde und aus den Ufern nimmt der Fisch im Frühjahr die Larven; wenn im Juli bis September die Larven sich verpuppen und die reifen Puppen nun zur Verwandlung an die Wasseroberfläche emporsteigen, so fallen viele dieser Puppen den Fischen zum Opfer; oft ist in jener Zeit der Mageninhalt einer Forelle ein einheitlicher, nur aus Chironomidenpuppen bestehender Brei. Und von den Mücken, die in ihrem Puppenstadium dem unersättlichen Hunger der Forelle entgangen sind, findet ein großer Teil doch noch sein Grab im Forellenmagen; wenn in den Abendstunden die Chironomidenimagines über der glitzernden Wasserfläche ruhig schwebend auf und nieder steigen, so lichtet, unermüdlich springend und schnappend, die Forelle doch noch die Schwärme der Mücken."

Für die „Großstaubecken" liegt eine neue Arbeit von WUNDSCH vor (1949). In der Edertalsperre hatten 5 kleine Plötzen Chironomidenpuppen gefressen, ebenso 3 kleine Barsche und eine Schmerle. In der Bleilochtalsperre waren bei 9 mittelgroßen Bleien Chironomidenlarven und -puppen die Hauptnahrung; von 8 mittelgroßen Barschen hatte einer Chironomidenlarven im Magen-Darm, ebenso 2 kleine Plötzen, in der Hohenwarthetalsperre hatten Döbel, Barsch und Plötzen Chironomidenlarven und -puppen gefressen, Ukelei anscheinend Chironomidenimagines.

2. Nordamerikanische Seen

Ohne Vollständigkeit zu erstreben, greifen wir hier einige Arbeiten aus der umfangreichen Fischereiliteratur der USA und Kanadas heraus (vgl. S. 703—710 dieses Buches).

PEARSE und ACHTENBERG (1920) haben die Ernährung des Barsches (*Perca flavescens* MITCH.) in Seen von Wisconsin untersucht. Im Durchschnitt von 1147 erwachsenen Fischen bildeten Chironomidenlarven 25,2 Volumenprozent des Darminhaltes. Genaue Zahlen liegen für den Lake Mendota (39,4 km², Maximaltiefe 25,6 m) 1915 und 1916 vor (Volumenprozent, 499 respektive 188 erwachsene Fische):

Monat	Chironomidenlarven		Chironomidenpuppen		Chironomidenimagines
	1915	1916	1915	1916	1915
I	3,3	10,8			
II	5,2	1,8			
III	10,2	12,5			
IV	9,0	7,3	2,1		1,5
V	35,6	25,5	3,4		1,5
VI	24,6	17,3	20,3	7,8	0,7
VII	26,0	27,2	16,7	16,5	
VIII	18,0	32,0	2,4	1,2	
IX	17,7	21,8	6,5	0,1	
X	2,8		15,7		
XI	5,6		1,0		
XII	7,2	8,1			
Durchschnitt	13,3	16,4	5,6	2,6	0,3

Höher noch liegen die Zahlen für den Lake Wingra [2,17 km², Maximaltiefe 4,25 m] (1916—1917); vgl. die folgende Tabelle:

Monat	Chironomidenlarven	Chironomidenpuppen
III	48,2	5,5
IV	45,5	3,5
V	24,6	21,7
VI	46,8	30,4
VII	62,6	22,9
VIII	14,4	25,3
IX	10,1	15,6
X	41,2	0,9
XI	48,2	
XII	64,0	
I	25,8	
II	21,3	
Durchschnitt	37,7	10,4

Ein einzelner Barsch hatte am 8. V. 1916 im Lake Mendota 105 Larven von *Pseudochironomus fulviventris* gefressen (30% der gesamten Nahrung); am 20. III. 1915 ebenso 77 *Procladius*-Larven (45%); am 12. VI. 1915 300 Chironomidenpuppen (= 97%). 39 kleinere Barsche von durchschnittlich 29,6—61,4 mm Länge aus dem flachen Wasser des Lake Mendota hatten im Juli-August gefressen (die Zahlen bedeuten Volumenprozent der Nahrung):

Larven von *Chironomus* sp. 1,1—2,5, *Ch. fulviventris* 1—16,2, *Ch. digitatus* 2, *Procladius* 0,9, Orthocladiinen 0,4, *Ablabesmyia decolorata* 3,7—6,9, *A. monilis* 7,5, Chironomidenpuppen 1, Chironomidenimagines 0,1.

Im Oconomowoc Lake, im Ufer, fanden sich in 53 Barschen von 46,2 bis 66,1 mm Durchschnittslänge von Chironomiden (in Volumenprozent):

Larven von *Chironomus* sp. 0,2—8,4, *Glyptotendipes lobiferus* 1, *Pseudochironomus fulviventris* 0,2—6,0, Orthocladiinen 0,5, *Orthocladius nivoriundus* 0,5, *Palpomyia* 1—3,5, *Probezzia glabra* 0,3, *Tanypus* sp. 2—2,6, *T. monilis* 3,7—7,3, *Procladius* 0,3, *Eucricotopus trifasciatus* 1,0, Chironomidenpuppen 0,5—4,7, *Palpomyia*-Puppen 3,3.

In der folgenden Liste wird nach PEARSE und ACHTENBERG von 1147 untersuchten Barschen angegeben, in wieviel Fischen das betreffende Futtertier vorkam; in Klammer der Prozentsatz, in Volumen des gesamten Darminhaltes. In römischen Ziffern die Monate, in denen die Art in der Barschnahrung angetroffen wurde.

Larven:

Unbestimmte Chironomidenlarven (5) 148, I—XII
Microtendipes abbreviatus 10, V—IX
Chironomus decorus (8,3) 228, I—XII
Pseudochironomus fulviventris (1,7) 86, I—XII
Glyptotendipes lobiferus 62, I—XII
Limnochironomus modestus 3, IV
Camptochironomus tentans (2) 28, X—II
Chironomus viridicollis 7, X; XII
Ch. viridis 1, VIII
Ch. sp. 82, JOHANNSEN 1, V
Ch. sp. 83, JOHANNSEN 3, V
Eucricotopus trifasciatus 7, IV; V
Orthocladius sp. 3, III; VII
O. nivoriundus 2, VII
Palpomyia longipennis 6, V; VII
Probezzia glabra 12, IV—VII
P. pallida 14, IV—VII
Procladius sp. 29, III
P. choreus (3) 166, I—XII
P. culiciformis 2, VIII
Ablabesmyia sp. 37, I—XII
A. carnea 7, IV; V
A. decolorata 6, IV; V
A. monilis 20, VII; XI
Tanytarsus dives 15, III—V
T. sp. 2, III

Puppen:

Chironomus sp. (3) 128, I—XII
G. decorus (3,5) 139, IV—X
Ch. digitatus 2, VII
Ps. fulviventris 18, III—XI
G. lobiferus 26, III—XI
Ch. viridis 1, VII
Palpomyia sp. 4, VIII
Probezzia glabra 2, VIII; IX
P. pallida 1, VIII
Procladius choreus 22, IV—VI
Ablabesmyia sp. 7, VI
A. carnea 4, V
Tanytarsus dives 13, III; IV

Imagines:

Chironomus sp. 13, IV—XI
Ch. plumosus 2, IV

Am 22. IV. 1916 wurde an der gleichen Stelle im Lake Wingra gefischt und die Nahrung der Fische untersucht. Ergebnis (Zahlen in Volumenprozent der Gesamtnahrung):

10 *Abramis chrysoleucas:*
Larven von *Chironomus decorus* 3,5, *Ch.* sp. 2, *Eucricotopus trifasciatus* 2,6. — Puppen von Chironomiden 1, von *E. trifasciatus* 1,5.

5 *Pomoxis sparoides:* Larven von *Ps. fulviventris* 24,2.

13 *Perca flavescens:* Larven von *Protenthes* 2, *Chironomus decorus* 7,6, *Ps. fulviventris* 38,2, *Probezzia pallida* 0,5. Chironomidenpuppen 6.

In verschiedenen Tiefen des Lake Mendota hatten am 1. VII. 1915 die Barsche gefressen:

Tiefe 4 m (5 Barsche): *Chironomus*-Larven 5,6%, Larven von *M. abbreviatus* 1%, *Ch. decorus*-Puppen 1%.

Tiefe 15 m (5 Barsche): Larven von *Ch. decorus* 14%, *P. choreus* 6%; Puppen von *Ch. decorus* 33%, *P. choreus* 7,6%.

Tiefe 18,3 m (9 Barsche): Larven von *Ch. decorus* 21%, *P. choreus* 12,4%; Puppen von *Ch. decorus* 21,6%.

Für den 12. V. 1916 waren die entsprechenden Zahlen:

Tiefe 0,5 m (5 Barsche): Larven von *Ch. decorus* 1%, von *Ps. fulviventris* 1,6%.

Tiefe 4 m (2 Barsche): Larven von *Ch. decorus* 0,1%.

Tiefe 7 m (3 Barsche): Larven von *Ch. decorus* 51,6%, *P. choreus* 21,7%.

Tiefe 15 m (3 Barsche): Larven von *Ch. decorus* 8,3%, *P. choreus* 8,3%.

Tiefe 17 m (3 Barsche): Larven von *Ch. decorus* 18,7%, *P. choreus* 8,7%.

Pearse hat weiterhin (1921) die Ernährung der Fische im Green Lake (Wisconsin) (vgl. S. 705) untersucht. Im foldenden die Funde von Chironomiden in den verschiedenen Fischarten (in Volumenprozent der gesamten Nahrung):

Ambloplites rupestris (Raf.): Im August—September 12 Fische untersucht. Chironomidenlarven 2,5—25%, im Durchschnitt 11,8; Chironomidenpuppen 2—2,5, im Durchschnitt 0,6%.

Boleosoma nigrum (Raf.): Im August—September 11 Fische. Chironomidenlarven 66—95, im Durchschnitt 82,1%.

Catostomus commersonii (Lac.): 3 Fische. Chironomidenlarven 4 und 23,5%.

Cyprinus carpio L.: 1 Fisch. Chironomidenlarven 2%.

Eupomotis gibbosus (L.): 5 Fische. Chironomidenlarven 2 und 92%.

Fundulus diaphanus menona (Jord. und Copl.): 12 Fische. Chironomidenlarven 10—60, im Durchschnitt 17,9%; Chironomidenpuppen 6,7—23,8, im Durchschnitt 13,7%.

Lepomis incisor (Cuv. et Val.): 18 Fische. Chironomidenlarven 1,3—25%; Chironomidenpuppen 0,2—15%.

Leucichthys birgei Wagner: 30 Fische. Chironomidenlarven 0,2—3,3%.

Micropterus dolomieu LAC.: 11 Fische. Chironomidenlarven 35—36,1, im Durchschnitt 31,8%; Chironomidenpuppen 4—30, im Durchschnitt etwa 7,6%.

Micropterus salmoides (LAC.): 16 Fische. Chironomidenlarven 3,3—25%; Chironomidenpuppen 9,3—75%.

Perca flavescens (MITCH.): 43 Fische. Chironomidenlarven 0,1—35%; Chironomidenpuppen 1—37,5%.

Pimephales notatus (RAF.): 1 Fisch. Chironomidenlarven 50%; Chironomidenpuppen 50%.

EWERS und BOESEL (1935) haben die Ernährung der Fische des Buckeye Lake (Ohio) untersucht. In der folgenden Tabelle sind die Ergebnisse bezüglich der Chironomiden zusammengestellt.

Fischart und Chironomiden	Zahl der untersuchten Magen-Därme	Durchschnittliche Volumenprozente	Durchschnittliche Zahl der Nährtiere	Höchste Zahl der Tiere in einem Fisch
Erimyzon sucetta				
Chironominen, Larven	2	15	0,5	2
Chironominen, Puppen	3	11,87	0,5	2
Cyprinus carpio				
Chironominen, Larven	4	16,5	0,6	2
Chironominen *(Corynoneura)*, Imagines	1	10	1	1
Labidesthes sicculus				
Chironomiden, Imagines	15	21,38	1,59	8
Chironominae, Larven	6	11,44	0,62	8
Orthocladius	2	2,21	0,24	5
Tanytarsus	2	0,88	0,09	2
Corynoneura	4	1,62	0,27	4
Cricotopus	1	0,32	0,06	2
Chironomus	4	7,77	0,47	8
Tanypinae, Larven	2	2,5	0,15	4
Protenthes	2	1,77	0,12	3
Tanypus	1	2,06	0,12	4
Tanypinae, Puppen	1	1,32	0,03	1
Chironominae, Puppen	1	0,9	0,03	1
Notemigonus chrysoleucas				
Chironomiden, Imagines	5	11,14	0,40	3
Chironominae, Larven	3	7,95	0,23	3
Corynoneura	3	0,68	0,04	1
Ictalurus punctatus				
Chironomidae	3	23	1,2	3
Chironominae, Larven	2	11	0,8	2
Chironomus, Puppen	1	10	0,2	1

Fischart und Chironomiden	Zahl der untersuchten Magen-Därme	Durchschnittliche Volumenprozente	Durchschnittliche Zahl der Nährtiere	Höchste Zahl der Tiere in einem Fisch
Ameiurus melas				
Chironomidae	10	12,22	2,29	24
Larven	9	5,63	1,52	22
Chironominae	7	4,74	1,26	19
Eucricotopus trifasciatus	1	0,22	0,04	1
Tanypodinae	4	0,67	0,15	1
Ceratopogoninae	1	0,37	0,04	1
Puppen	3	2,96	0,15	2
Chironomus, Puppen	1	2,59	0,04	1
Imagines	3	2,22	0,63	3
Protenthes, Imagines	1	1,29	0,44	12
Procladius concinnus, Imagines	1	0,56	0,11	3
Chironomus, Imagines	1	0,37	0,07	2
Schilbeodes gyrinus				
Chironomidae	15	13,48	0,85	4
Chironominae	13	12,72	0,82	4
Larven	11	10,5	0,67	4
Puppen	5	2,67	0,15	1
Ceratopogoninae	1	0,3	0,03	1
Pomoxis annularis				
Chironomidae	20	3,09	0,22	3
Larven	19	2,54	0,20	3
Chironominae	17	2,38	0,19	3
Chironomus	1	0,03	0,007	1
Puppen	3	0,52	0,03	2
Chironomus	2	0,38	0,02	2
Imagines	1	0,02	0,007	1
Helioperca incisor				
Chironomidae	21	12,53	1,30	24
Larven	21	12,06	1,27	23
Chironominae	20	11,15	1,11	17
Tanypodinae	2	0,71	0,13	6
Puppen (Chironominae)	2	0,47	0,04	1
Eupomotis gibbosus				
Chironominae, Larven	5	10,15	0,61	2
Percina caprodes				
Chironomidae	23	28,69	3,57	20
Chironominae, Larven	17	20,09	2,67	20
Tanypodinae, Larven	2	0,64	0,07	1
Ceratopogoninae, Larven	1	1,07	0,03	1
Chironominae, Puppen	4	0,68	0,14	1

Fischart und Chironomiden	Zahl der untersuchten Magen-Därme	Durchschnittliche Volumenprozente	Durchschnittliche Zahl der Nährtiere	Höchste Zahl der Tiere in einem Fisch
Aplites salmoides				
Chironomidae, Larven	35	4,60	0,70	30
Chironominae	26	2,53	0,32	3
Chironomus	6	1,03	0,07	2
Pseudochironomus fulviventris	3	0,64	0,04	2
Cricotopus	5	0,32	0,07	2
Eucricotopus trifasciatus	4	0,23	0,05	2
Orthocladius (?)	1	0,06	0,01	1
Tanytarsus	2	0,12	0,03	2
Tanypodinae	4	0,37	0,04	1
Ablabesmyia monilis (?)	1	0,22	0,01	1
Ceratopogoninae	4	1,11	0,30	30
Palpomyia	2	0,42	0,03	2
Chironomidae, Puppen	12	2,40	0,16	6
Chironominae	2	0,44	0,02	1
Tanypodinae	1	0,12	0,01	1
Ceratopogoninae	4	0,79	0,08	6
Palpomyia	3	0,65	0,07	6
Chironomus, Imagines	2	0,38	0,02	1
Chironomus crassicaudatus	1	0,30	0,01	1
Perca flavescens				
Chironomidae	29	14,81	1,47	11
Larven	28	11,32	1,17	9
Chironominae	25	9,03	0,96	9
Tanypodinae	5	1,74	0,13	3
Ceratopogoninae	1	0,17	0,02	1
Puppen	10	3,61	0,31	4
Chironominae	6	2,89	0,17	4
Chironomus	4	2,66	0,09	2
Lepibema chrysops				
Chironomidae	6	4,69	0,5	2
Chironominae, Larven	3	0,87	0,25	2
Chironominae, Puppen	1	0,5	0,12	2
Chironominae	1	0,19	0,06	1
Chironomus, Imagines	1	3,12	0,06	1

In dem kanadischen Lake Nipigon (CLEMENS u. a. 1923) hatten Chironomidenlarven (und -puppen) gefressen:

von 12 *Acipenser rubicundus* . . . . 11 Fische
von 16 *Catostomus catostomus* . . . . 13 Fische
von 20 *Catostomus commersonii* . . . . 20 Fische
von 28 *Coregonus quadrilateralis* . . . . 27 Fische
von 37 *Coregonus clupeaformis* . . . . 36 Fische
von 29 *Percopsis omisco maycus* . . . . 25 Fische

Nach den Untersuchungen von Rawson (1930) waren im Lake Simcoe die Chironomiden im Magen-Darm-Inhalt vertreten bei *Coregonus clupeaformis* in 16%, bei *Catostomus commersonii* 18%, bei *Cyprinus carpio* 35%, bei *Perca flavescens* 5%, bei *Ameiurus nebulosus* 5%.

Im Waskesiu Lake hatten 1928 *Leucichthys artedi* unter 25 cm Länge 18% Insektenlarven (meist *Chironomus plumosus*), solche von 25 bis 38 cm Länge 60% dieser Larven gefressen. Ein Vergleich der Beteiligung der Chironomidenlarven an der Gesamtnahrung der bodenfressenden Fische in 3 kanadischen Seen ergibt (Rawson, S. 132):

	Simcoe	Nipigon	Waskesiu
Coregonus clupeaformis	16%	28%	62%
Catostomus commersonii	18%	25%	68%
Perca flavescens	6%		53%

Von Rawson liegen weiter (1934) Untersuchungen aus dem — oligotrophen — Paul Lake (Kamloops Region, Britisch Columbia) vor. Hier bildeten die Chironomiden in der Fauna des ganzen Sees 49,5% nach der Zahl, 42,5% nach dem Gewicht, in der Fauna des Sees oberhalb 20 m 28,5 respektive 22%. Der einzige Fisch des Sees ist *Salmo gairdneri* Kamloops. Volumenmäßig machen in seinem Darminhalt die Chironomiden im Mai 19%, im Juni 5%, im August 3,2%, im ganzen Sommer (V.—VIII.) 6,8% aus.

2. Die Rolle der Chironomiden in der Teichwirtschaft

a) Karpfenteichwirtschaft

Die Bedeutung der Chironomiden für die Ernährung des Teichkarpfens wurde schon von Šusta in seinem 1888 erschienenen klassischen Werke „Die Ernährung des Karpfens und seiner Teichgenossen“ erkannt und später vor allem von Paulus Schiemenz und seiner Schule stark betont. Aber erst durch die umfassenden Untersuchungen Wunders (1936 a, b, c) weiß man, welche Formen von Chironomiden der Ufer- und Bodenregion der Karpfenteiche vor allem für die Ernährung dieses Fisches wichtig sind. Wunder hat 1943/44 die ältere Literatur über die „Naturnahrung des Karpfens“ zusammengestellt und seine eigenen Untersuchungen zusammengefaßt. Vor allem aber hat er dann in seinem Buche „Fortschrittliche Karpfenteichwirtschaft“ (1949) eine übersichtliche Darstellung seiner Ergebnisse gebracht. Wir können es uns ersparen, auf die einzelnen älteren Arbeiten hier einzugehen und halten uns im wesentlichen und zum Teil wörtlich an Wunders Veröffentlichungen, die den neuesten Stand der Forschung auf diesem Gebiete darstellen. Ausdrücklich sei aber auch auf Schäperclaus' Arbeit von 1943 hingewiesen, in der er in den Teichen der Versuchsfischzuchtanstalt Spechthausen der Forstlichen Hochschule Eberswalde den „Einfluß verschiedener Faktoren auf die Mengenentfaltung der Chironomidenlarven am Teichboden“ untersucht hat.

Betrachten wir zuerst „die Chironomidenlarven in der Uferregion und an den weichen Wasserpflanzen im Karpfenteich“ (WUNDER 1936 a, 1949, S. 49—54). Hier spielen die Hauptrolle für die Ernährung des Karpfens die Arten der Gattungen *Corynoneura, Eucricotopus, „Tanytarsus“, „Tanypus“, Glyptotendipes* und *Endochironomus*. Abb. 296 gibt (nach WUNDER) einen Eindruck von den Größenverhältnissen dieser Larven. *Corynoneura* (1/10 mg schwer) kriecht auf Pflanzen umher, Aufwuchsfresser. Ähnlich nährt sich *Eucricotopus* (1/2 mg schwer); diese Larven vor allem auf absterbenden Blättern von Pflanzen; sie fressen den fauligen, weichen Pflanzenbrei. *„Tanytarsus“*, sehr sauerstoffbedürftig, lebt zwischen Pflanzen oder

Abb. 296. Chironomidenlarven der Ufergegend und der weichen Wasserpflanzen von Karpfenteichen bei fünffacher Vergrößerung. A *Endochironomus*, gewöhnlich grünlich oder weißlich gefärbt. B *Glyptotendipes*, rot oder grünlich, mit starkem rotbraunem Kopf. C *„Tanytarsus“*, rot, und D *„Tanypus“*, grau, beide von ungefähr gleicher Größe. E *Cornynoneura*, ganz klein, grün. [Aus WUNDER 1949.]

auch auf dem Boden im flachen Uferwasser. *„Tanypus“* frißt andere Mückenlarven. Sehr häufig ist *Glyptotendipes* in den Karpfenteichen, Aufwuchsfresser und Minierer (vgl. S. 82—94). Verarbeitet auch harte Pflanzenteile. *Endochironomus*-Larven (7 mg schwer) treten oft in ungeheuren Massen auf, da wo Pflanzenblätter zerfallen; spielen als Karpfennahrung eine außerordentlich wichtige Rolle. In WUNDERS Material machen die Uferchironomidenlarven in der Nahrung der verschiedenen Altersklassen des Karpfens einen verschiedenen Anteil aus: K 1/2 30%, K 2/3 10%, K 3/4 60%, im ganzen 25% (*Corynoneura*-Larven nimmt die Karpfenbrut schon am vierten oder fünften Lebenstag auf!).

Von besonderer Wichtigkeit für die teichwirtschaftliche Praxis ist die Tatsache, daß die meisten Uferchironomiden mehrere Generationen im Jahre haben, *Endochironomus* und *Eucricotopus* 3 bis 4, *Corynoneura* wohl noch

Abb. 297. Chironomidenlarven aus dem Boden von Teichen, die eine Rolle als Karpfennahrung spielen, bei fünffacher Vergrößerung. A *Chironomus plumosus;* B *Chironomus thummi;* C die vor allem in harten Pflanzenteilen, aber auch in Wurzeln vorkommende Gattung *Glyptotendipes,* die auch in der Ufergegend eine Rolle spielt. [Aus WUNDER 1949.]

mehr, *Glyptotendipes* wohl nur 1 bis 2 (vgl. hierzu auch WUNDSCH 1919; SCHÄPERCLAUS 1944; sowie S. 284—290 dieses Buches). Was die Quantität der Uferchironomiden im Karpfenteich anlangt, so fand WUNDER die größte Zahl von Larven dann, wenn die weichen Wasserpflanzen zerfallen. In 1 Liter Pflanzenmasse lebten maximal: im April 20 Larven, im Mai 40, im Juni 133, im Juli 1333, im August 3466, im September 1700 und im Oktober 133. Als am stärksten besiedelt erwies sich *Potamogeton lucens,* bei dem einmal in einem Liter Pflanzenmasse 4000 Stück (= 33 ccm) grüne Larven gefunden wurden. Diese Uferchironomidenlarven spielen eine besondere Rolle „für die Gründüngung in der Karpfenteichwirtschaft" (WUNDER 1936b). Denn sie verarbeiten die so dem Teiche zugeführten Pflanzenmassen und wandeln sie in wertvolle Fischnahrung um. Auf Grund von WUNDERS Untersuchungen unterscheidet SCHÄPERCLAUS (1949, S. 65) 4 Stufen beim Abbau dieser Pflanzen:

1. Stufe: 8 bis 10 Tage nach dem Überstauen werden die noch relativ frischen Pflanzenteile stark von *Corynoneura*-Larven besiedelt.
2. Stufe: Im beginnenden Zersetzungsstadium stellen sich die grünen, teils frei lebenden, teils in ausgenagten Furchen lebenden *Eucricotopus*-Larven ein.
3. Stufe: Bei fortschreitender Zersetzung und zunehmendem O_2-Mangel wird *Eucricotopus* durch *Endochironomus* und *Glyptotendipes* ersetzt.
4. Stufe: In den stark zerfallenden und O_2-zehrenden Pflanzenmassen lebt nur noch die „Abwasserchironomide" *Chironomus thummi.*

Wir kommen nunmehr zu den Bodenchironomiden der Karpfenteiche. Hier handelt es sich (vgl. Abb. 297) um die drei Formen *Chironomus plumosus, Chironomus thummi* und *Glyptotendipes* sp.; dazu kommt noch *Polypedilum,* das „meistens an der Oberfläche des Bodens an solchen Stellen lebt, wo wenig Fäulnisvorgänge verlaufen und wo sich Pflanzenstoffe zersetzen". Das Gewicht dieser Larven stellt WUNDER so in Rechnung: *Ch. plumosus* 22 mg, *Ch. thummi* 10 mg, *Glyptotendipes* 5 mg, *Polypedilum* 2 mg.

Nach Karpfenaltersstufen waren in den verschiedenen Monaten in Gewichtsprozent der gesamten Nahrung aufgenommen worden an Bodennahrung (das heißt an diesen Chironomidenlarven):

	III.	IV.	V.	VI.	VII.	VIII.	IX.	X.	XI.	im ganzen etwa
K 0/1				19	13	10	35	18	51	26
K 1/2	2	31	3	1	19	3	34	81		10
K 2/3		1	4	28	14	12	12	25		12
K 3/4		3		0,1	15	2	87			7

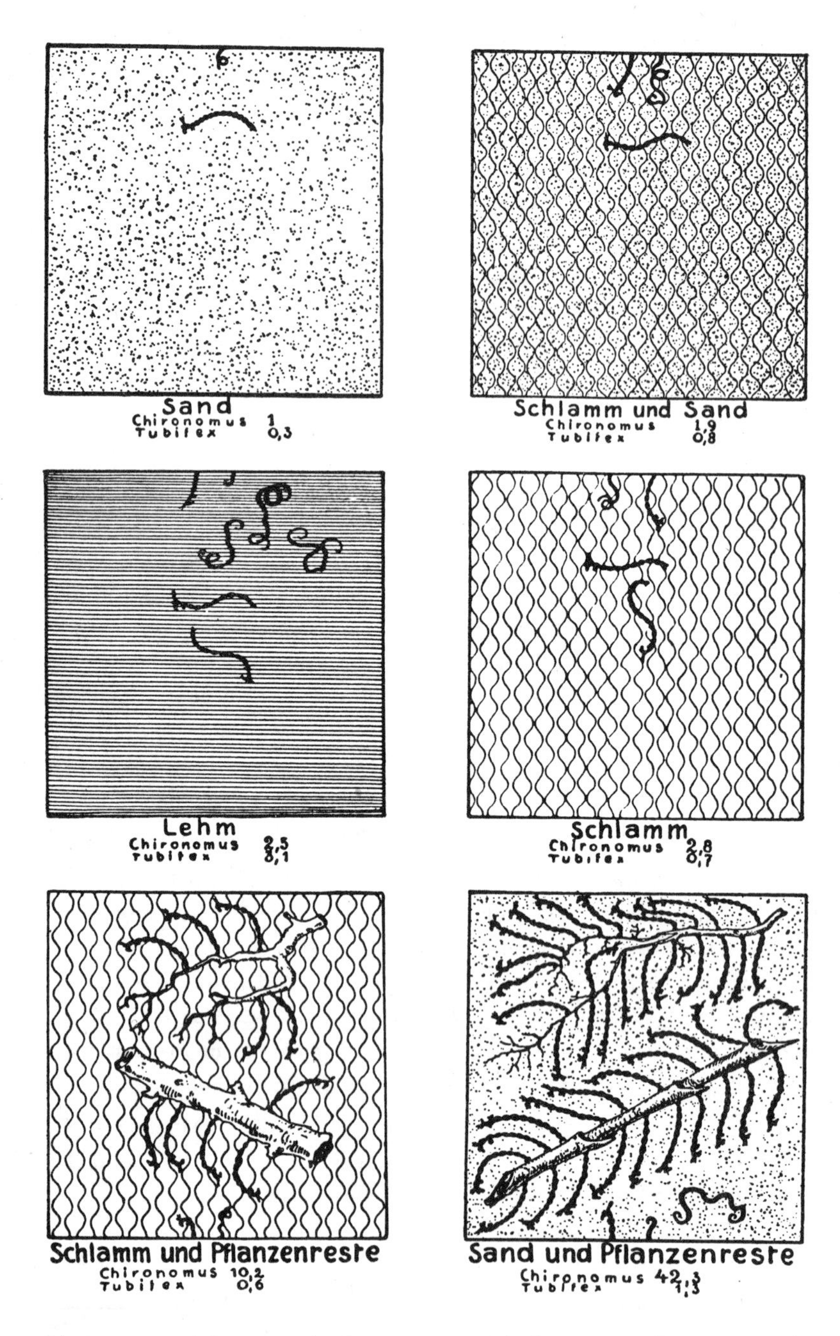

Abb. 298. Besiedelung verschiedenartigen Teichbodens mit Nahrungstieren des Karpfens. Es ist schematisch die Art und Zahl der Nahrungstiere angegeben bei Sand, Lehm, Schlamm, Schlamm mit Sand, Schlamm und Pflanzenreste, Sand und Pflanzenreste. [Aus WUNDER 1949.]

Die Bodenchironomiden treten also in der Karpfennahrung gegenüber den Uferformen zurück. Die Bedeutung der *Plumosus*-Larven als Karpfenfutter ist früher anscheinend stark überschätzt worden! *Chironomus plumosus* war in WUNDERS Material nur von $^{1}/_{5}$ der Fische aufgenommen worden, und dabei oft nur in geringen Mengen. Die Höchstzahl der aufgenommenen Bodenchironomiden betrug:

	Glyptotendipes	*Chir. plumosus*
K 0/1	210	60
K 1/2	396	82
K 2/3	335	390

Hier sei noch eine schematische Darstellung WUNDERS (1949, S. 74) gegeben (Abb. 298), aus der hervorgeht, wie der Teichboden von den Nahrungstieren des Karpfens besiedelt ist. Diese Besiedelung hängt ab von der Menge der pflanzlichen Nahrungsstoffe und von der Fäulnis und O_2-Zehrung im Boden. Deshalb finden wir bei Schlamm und Pflanzenresten weniger Tiere als bei Sand und Pflanzenresten.

Im Anschluß an SCHIEMENZ' „Teichwirtschaftliche Streitfragen“ entwickelte sich seinerzeit eine lebhafte Diskussion über die Bedeutung des Trockenlegens für die Chironomidenfauna der Teiche. SCHIEMENZ hatte geschrieben: „Ich bin immer ganz geknickt gewesen, wenn ich bei Abfischungen bei Teichen gesehen habe, welche Unmenge dieser Nahrung (Ufer- und Bodennahrung) mit aus den Teichen abgelassen bzw. vernichtet wird.“ Er spricht von einer nutzlosen Verwüstung vorzüglicher Fischnahrung und rät, die Teiche wenigstens sofort wieder anzustauen, wenn sie große Mengen von Bodennahrung aufweisen. Aber die Erfahrungen der Teichwirte stehen in schroffem Gegensatz zu dieser Auffassung. Wir haben auch gesehen (vgl. S. 291 dieses Buches), daß z. B. die großen *Chironomus*-Larven bei Trockenlegen der Teiche sich in den feuchten Schlamm verkriechen und hier sogar den winterlichen Frost überdauern können. Natürlich nicht alle! Ein Teil der Larven wird durch den Frost abgetötet, wie z. B. GOSTKOWSKI (1935) nachgewiesen hat.

Schließlich seien noch einmal die Angaben über Chironomiden aus WUNDERS „Speisekarte des Karpfens“ (1949, S. 69) hier wiedergegeben:

Rote Mückenlarven

Chironomus plumosus	Boden	März, April und September Oktober wichtig
Chironomus thummi	Boden	
Glyptotendipes	Ufer und Boden	März, April, Juli—November
Polypedilum	Boden	selten
Limnochironomus *Tanytarsus* *Cryptochironomus*	Ufer und Boden	selten

Grüne und weißliche Mückenlarven

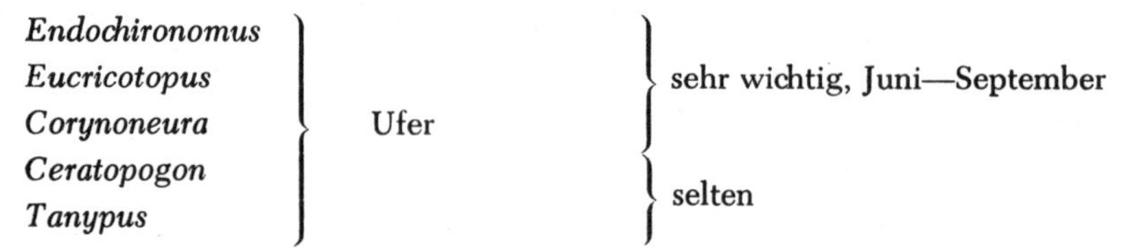

Gattung	Ort	Bedeutung
Endochironomus	Ufer	sehr wichtig, Juni—September
Eucricotopus		
Corynoneura		
Ceratopogon		selten
Tanypus		

Anhangsweise sei noch bemerkt, daß auch in den für Karpfenzucht genutzten überstauten Reisfeldern, den Sawahs, in Insulinde die Chironomidenlarven eine Hauptnahrung des Karpfens darstellen (Hofstede und Ardiwinata 1950, S. 488).

b) Forellenteichwirtschaft

Über die Bedeutung der Chironomiden in der Forellenteichwirtschaft ist an dieser Stelle nicht viel zu sagen. Forellenteiche sind im allgemeinen mehr oder weniger stark durchflossene Teiche; ihre Chironomidenbesiedelung ähnelt daher der ruhigerer Stellen unserer Mittelgebirgsbäche. Wir haben schon oben (S. 667) die Untersuchungen von Schiemenz und Schäperclaus besprochen, nach denen in den Vorstreckteichen und Streckteichen die Chironomidenlarven meist die Hauptnahrung der Forellen bilden. Die gleiche Rolle spielen die Chironomiden sicher auch bei den übrigen, in Zuchtanstalten gehaltenen Salmoniden (Meerforelle, Regenbogenforelle, Bachsaibling, Lachs).

Wie Meerforellen und Junglachse nach den über den Perteltnickener Teichen schwärmenden Chironomiden-Imagines „springen", hat Phillipp (1938 a, S. 753) geschildert, aber dabei auch festgestellt, daß nur in Ausnahmefällen diese Mücken einen nennenswerten Bestandteil des Darminhalts der Fische bilden.

D. Gewässerdüngung und Chironomidenentwicklung

Gewässerdüngung zur Hebung des Fischertrags spielt vor allem in der modernen Teichwirtschaft eine große Rolle. Wie wirkt sie auf die Entwicklung der Chironomiden in dem betreffenden Gewässer?

Bei den Teichdüngungsversuchen in Sachsenhausen 1913 bis 1915 stellten Czensny und Wundsch (1918) fest, daß im ersten Versuchsjahr (1914) Stickstoffdüngung innerhalb der Bodenfauna nur bei den Kleinkrustern von Erfolg war, daß dagegen 1915 neben anderen Bodentiergruppen auch die Chironomiden in den gedüngten Teichen eine deutlich stärkere Entwicklung zeigten als in den ungedüngten. Bei den Versuchen K. Langs (1928) in Aneboda (Småland) (Düngung mit Heringsmehl) kamen in dem gedüngten Teiche schon etwa 3 Wochen nach der Bespannung nicht nur Larven, sondern auch Puppen einer *Chironomus*-Art der *thummi*-Gruppe zur Beobachtung. Ich hatte (1922, S. 641) davon gesprochen, daß die *Chironomus*-Mücken gleichsam ein „Witterungsvermögen“ dafür haben müssen, ob ein Gewässer ihrer Brut günstige oder schlechte Entwicklungsbedingungen bietet. LANG schließt sich dieser Ansicht an und meint, daß die *Chironomus*-Imagines durch das eutrophierte Wasser zur Laichablage angelockt werden. Dadurch aber kommt auch eine wirkliche Produktionssteigerung zustande, da diese *Chironomus*-Arten bei reichlicherer Nahrung mehr Generationen im Jahr erzeugen als bei spärlicher; denn ihr Larvenwachstum ist im ersteren Falle ein schnelleres.

JÄRNEFELT (1924) hat die Einwirkung von Dungstoffen auf die Produktion von Chironomidenlarven mit der sogenannten Halbfässermethode NAUMANNS untersucht. In Tvärminne und Ånäs (Finnland) wurden je 20 Halbfässer im Freien eingegraben, etwa je 50 Liter Wasser eingefüllt, dann zum Teil mit Gyttja oder Dy als Bodensatz beschickt und schließlich die verschiedenen Düngemittel zugesetzt. Bei den Tvärminneversuchen wurde am 3. Juni 1921 gedüngt; am Schluß des Sommers zeigte sich, daß die Volldüngung mit Nitrat und Calciumphosphat eine Produktionssteigerung bewirkt hatte, und im folgenden Jahre wurde dies noch deutlicher; vgl. die folgenden Tabellen, in denen die Zahlen die Gesamtmenge der Chironomidenlarven je 1 m^2 angeben:

Gyttja

1921		1922	
P+K+Ca+NO_3	280	P+NO_3+Ca+K	17 100
P+NO_3	230	P+Ca+Cellulose	8 800
P+NO_3+Ca	210	P+Ca+K+Cellulose	7 350
P+NH_4+Ca+K	100	P+NO_3+Ca	4 300
Ungedüngt	100	P+K+Cellulose	3 900
P+NO_3+Ca	90	P+NH_4+Ca+K	3 150
P+K+Cellulose	60	P+NO_3	2 000
P+Ca+Cellulose	20	P+NO_3+Ca	1 400
P+Ca+K+Cellulose	0	Ungedüngt	(140)

Dy

1921		1922	
P+NH_4+Ca+K	1300	P+NO_3+Ca+K	17 400
P+NO_3Ca	630	P+NO_3+Ca	13 900
P+NO_3+Ca+K	630	P+Ca+K+Cellulose	13 500
P+NO_3+Ca	1300	P+Ca+Cellulose	13 300
P+Ca+Cellulose	80	P+NH_4+Ca+K	4 400
Ungedüngt	80	P+NO_3+Ca	3 700
P+Ca+K+Cellulose	0	Ungedüngt	(1300)

Die Versuche in Ånäs stimmen mit denen in Tvärminne völlig überein im großen Erfolg der Cellulose- und Volldüngung und bezüglich der hemmenden Wirkung der Kalisalze („was aber nicht auf dem K-Ion, sondern auf anderen Ursachen beruht“).

Etwa 90% der Larven in Tvärminne waren *Chironomus*-Larven der *thummi*-Gruppe (sicher nicht *bathophilus*-Gruppe, wie JÄRNEFELT meint), etwa 8% *Ch. plumosus*-Gruppe, vereinzelt *Phytochironomus*. In Ånäs bestanden die Larven fast ausschließlich aus *thummi*-Larven.

Über WUNDERS Untersuchung der Wirkung der Gründüngung in Karpfenteichen haben wir oben (S. 741) schon gesprochen. WUNDER hat (1936 b.

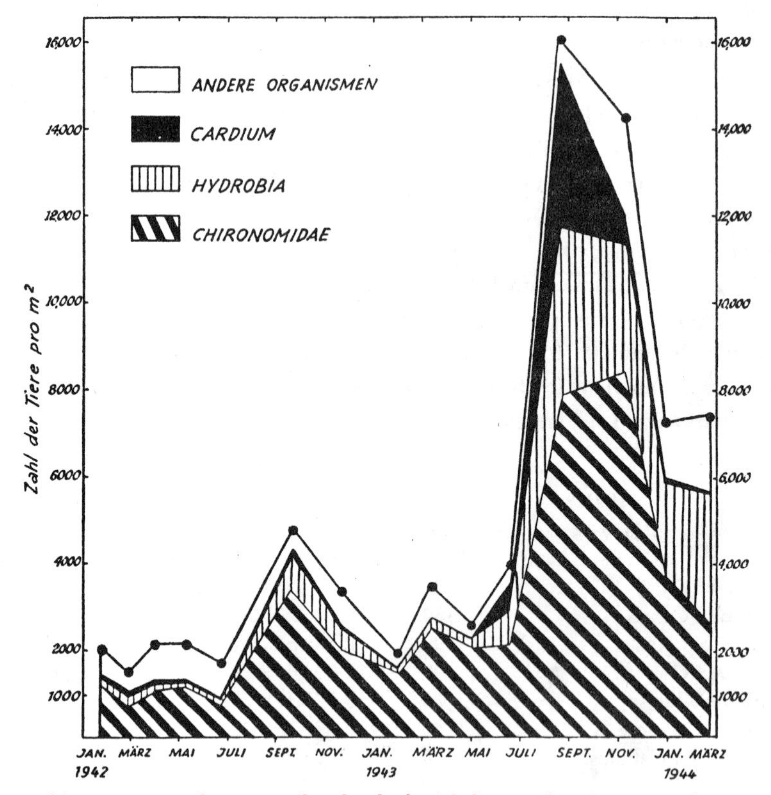

Abb. 299. Veränderung in der durchschnittlichen Dichte der Bodenfauna im Loch Craiglin 1942—1944. [Aus RAYMONT 1947.]

S. 230 ff.) zur Ergänzung seiner Teichbeobachtungen auch Versuche gemacht mit Aquarien, die er im Freien aufstellte und dann mit Gras, Heu usw. düngte. Hier zeigten sich bei dem ersten Versuch — während einer Schönwetterperiode —, daß am häufigsten und mengenmäßig am stärksten sich *Chironomus thummi* entwickelte; außerdem kamen vor *Corynoneura, Eucricotopus, Paratanytarsus*. Heu erwies sich als günstiger als Gras für die Chironomidenzüchtung. 50% der Heuversuche waren erfolgreich, 30% der Grasversuche. Im ganzen waren von 32 Versuchen 36% erfolgreich. Zuviel Gras oder Heu waren ungünstig, da dann die Zersetzungsprozesse zu stark waren und es nur zu Protozoenentwicklung kam.

Ein Versuch während einer Schlechtwetterperiode (14. August bis 5. September) ergab eine Besiedelung von nur 2 von 12 aufgestellten Aquarien. Und zwar entwickelte sich darin *Glyptotendipes*, „*Tanytarsus*", *Eucricotopus*, *Corynoneura*, „*Tanypus*", aber kein *Chironomus thummi*.[154]

Von besonderem Interesse ist ein Düngungsversuch eines m a r i n e n Areals! Es handelt sich um ein kleines, durch einen schmalen Kanal mit dem Meere in Verbindung stehendes, schottisches „sea-loch", Loch Craiglin

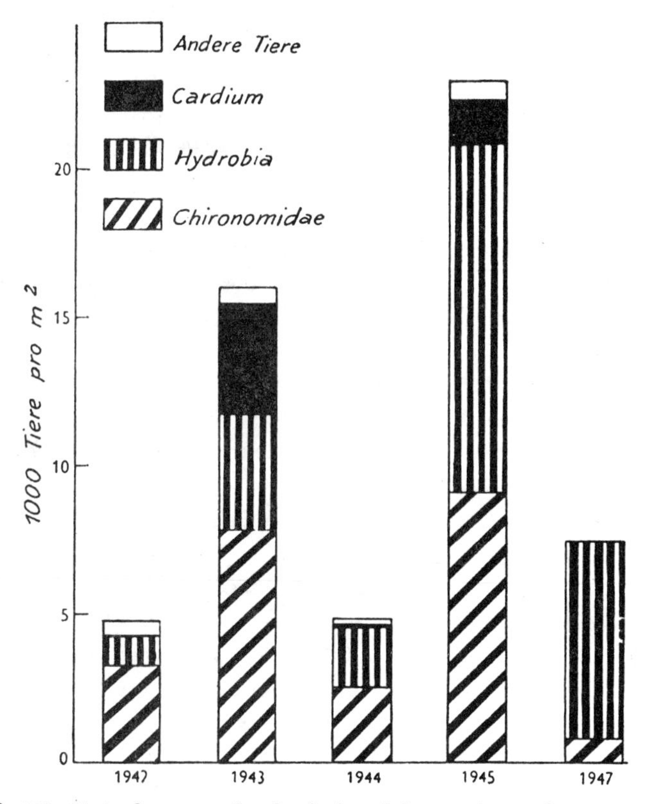

Abb. 300. Veränderung in der durchschnittlichen Dichte und Zusammensetzung der Bodenfauna im Loch Craiglin 1942—1947. [Aus RAYMONT 1949.]

(RAYMONT 1947, 1949). Dieses Gewässer wurde von 1942 bis Januar 1946 so gedüngt, daß unmittelbar nach der Düngung das Wasser eine Konzentration von 100 mg/m³ Nitrat und 20 mg/m³ Phosphat besaß. Die Veränderungen in der Quantität der Bodenfauna von 1942 bis 1944 und 1942 bis 1947 sind in Abb. 299 und 300 dargestellt. Hier interessieren natürlich nur die Chironomiden. Wie mir eine von Herrn Professor RAYMONT zugesandte

[154] Über Chironomidenentwicklung in gedüngten und ungedüngten Fischteichen vgl. auch PATRIARCHE and BALL 1949.

Probe zeigt, handelt es sich dabei ausschließlich um *Chironomus salinarius* K. Die dominierenden Glieder der Bodenfauna sind außer den Chironomidenlarven *Hydrobia, Cardium, Gammarus* und *Idothea.* Die Chironomiden nehmen im Jahre 1944 ebenso wie die übrigen Bodentiere stark zu (Abb. 299), was RAYMONT nicht auf die Düngung zurückführt. 1944 starker Rückgang, 1945 eine maximale Höhe, 1947 sehr geringe Zahl (Abb. 300). Der Rückgang 1944 — trotz starker Düngung — wird auf ungünstige hydrographische Verhältnisse, vor allem starken O_2-Schwund, zurückgeführt. Das starke Fallen der Besiedelungsdichte 1947 hängt dagegen wohl mit dem Aufhören der Düngerwirkung zusammen (keine Düngung nach Januar 1946).

Die Zahl der Chironomidenlarven je 1 m^2 betrug: September 1942 3302; August 1943 7850; Mai 1944 2549; August 1944 2522; September 1945 9078; September 1947 806.

Die höchste Zahl der an einer der Untersuchungsstationen II bis VII beobachteten Chironomidenlarven betrug (September 1945) 23 568, die niedrigste (Mai 1944) 360. Das Trockengewicht der Chironomiden (in g je 1 m^2) betrug: 1944 1,3; September 1945 4,5; September 1947 0,4.

E. Chironomiden als Nahrung von Meeresfischen

In einem früheren Kapitel dieses Buches (S. 576—613) haben wir die marinen Chironomiden ausführlich behandelt. Spielen diese für die Ernährung der Meeresfische eine Rolle?

Daß diese Meereschironomiden in gewaltigen Mengen auftreten können, ist bekannt. So habe ich schon 1912 am Sund bei Hälsingborg im Litoral die Entwicklung von *Trichocladius vitripennis* beobachten können und von dem Massenschwärmen berichtet (in POTTHAST 1914, S. 308—311; vgl. auch S. 224 und 591 dieses Buches). Es wäre durchaus möglich, daß solche Chironomiden des pflanzenbewachsenen marinen Litorals vor allem Jungfischen zur Nahrung dienen könnten. Doch wissen wir darüber nichts.

Noch mehr könnte man in den schlammbewohnenden Salzwasser-*Chironomus*-Arten wie *Ch. salinarius* und *halophilus* (vgl. S. 594, 595) ein ausgezeichnetes Futter für marine Fische sehen. Denn diese Arten kommen ja stellenweise in großen Mengen vor, ebenso wie im Brackwasser der Ostsee z. B. auch *Ch. plumosus* (vgl. S. 606 ff.). So hat HESSLE (1924) in der inneren Ostsee *Chironomus*-Larvenzahlen bis 345 je 1 m^2 (Rohgewicht 4,6 g) festgestellt; und für die südfinnländischen Küstengewässer (Tvärminnegebiet) gibt SEGERSTRÅLE (1933, S. 34) als Maximalzahl 1662 an. In dem Dybsö-Fjord (südliches Seeland) kamen bis 8118 *Chironomus*-Larven je 1 m^2 vor! (LARSEN 1936, S. 21, 33).

Und welche Entwicklung *Chironomus* in dem schottischen Loch Craiglin erfährt, geht aus Abb. 299 und 300 klar hervor. (Angaben über die quantitative Entwicklung der *Chironomus*-Larven in den Küstengewässern des

Schwarzen Meeres bei CASPERS 1949, 1951 a.) Aber diese Nahrungsfülle wird augenscheinlich nur von einem einzigen Fische wirklich genutzt, von der Flunder *(Pleuronectes flesus);* der Aal, der im Süßwasser ja ein starker *Chironomus*-Fresser ist (vgl. S. 730), ignoniert die *Chironomus*-Larven im Salzwasser fast ganz (LARSEN 1936, S. 23); ebenso frißt der Seeskorpion *(Cottus scorpius)* nur ganz selten einmal *Chironomus*-Larven (l. c. S. 26). Dagegen steht im Darminhalt der Flunder des Dybsö-Fjords (LARSEN, S. 25) die *Chironomus*-Larve an immerhin 6. Stelle *(Idothea* 12, *Gammarus* 8, *Hydrobia* 7, *Cardium exiguum* 6, *C. edule* 6, *Chironomus* 5 usw.). Wesentlich wichtiger aber ist *Chironomus* für die Flunderernährung im Loch Craiglin (RAYMONT 1947). Bei der O-Gruppe der Flundern bildeten die *Chironomus*-Larven im August—September 98%, im Oktober 82% der totalen Futtermenge, und bei älteren Flundern waren die entsprechenden Zahlen: von November bis Februar 98%, März—April 97%, Juni 100%, Juli 60%, August—September 40%, Oktober 30%.

Diese *Chironomus*-Ernährung der Flunder ist um so auffälliger, wenn man hört (RAYMONT 1947, S. 48), daß im Darminhalt der Scholle *(Pleuronectes platessa)* nie *Chironomus*-Larven gefunden wurden!

Nachwort

Drei Jahre lang — vom Herbst 1948 bis zum Herbst 1951 — habe ich an diesem Buche gearbeitet. Und je weiter ich kam, um so mehr mußte ich selbst staunen, wieviel an allgemein-biologischen Problemen gerade an der Familie der Chironomiden in dem letzten Halbjahrhundert studiert worden ist. Erst wenn man gezwungen ist, die so weit zerstreute Literatur vollständig durchzuarbeiten und übersichtlich zu ordnen, bekommt man den rechten Einblick in das, was auf einem Gebiete schon geleistet worden ist.

Im Jahre 1921 erschien als Supplement-Band II des Archivs für Hydrobiologie unter dem Titel „Vorarbeiten für eine Monographie der Chironomiden-Metamorphose" eine Sammlung von 13, aus den Jahren 1914 bis 1921 stammenden Arbeiten, die sich mit der Metamorphose dieser Mücken befassen. Jetzt (1951), nach einem Menschenalter, habe ich als Supplement-Band XVIII des gleichen Archivs wiederum 9 Arbeiten als „Chironomiden-Studien" vereinigt. Vergleicht man diese beiden Bände, so erkennt man den gewaltigen Fortschritt, der in diesen drei Jahrzehnten im Studium der Chironomiden zu verzeichnen ist. Während es sich damals vor allem darum handelte, die Kenntnis der Larven und Puppen der Chironomiden durch sorgfältige Beschreibung dieser Jugendstadien zu erweitern, treten jetzt allgemeinste biologische und limnologische Gesichtspunkte in den Vordergrund. Es zeigt sich, daß an Hand dieser so artenreichen Gruppe fast alle, vor allem ökologische, aber auch tiergeographische Probleme, die die Lebewelt der

Gewässer stellt, entwickelt werden können. Darüber hinaus hat man in der letzten Zeit erkannt, daß Chironomiden, und zwar morphologisch sehr interessante Formen, in der terrestrischen Fauna eine große Rolle spielen; auch die Artenfülle der marinen Arten, mit ihrer so eigenartigen Phaenologie, wird jetzt erst allmählich voll erfaßt; gerade diese Formen gewinnen für allgemein-biologische Fragen ein besonderes Interesse. Und wenn man die Tierwelt der Binnengewässer biocoenotisch zu gliedern versucht, so sieht man immer wieder, daß die Chironomiden dabei einen ersten Platz einnehmen. Die faunistische Erforschung einer Lebensstätte muß stets unvollkommen bleiben, wenn sie die ihr eigenen Chironomiden nicht voll erfaßt. Daß jede Lebensstätte, und gerade auch die mit ganz besonderen Umweltbedingungen, ihre besondere Chironomidenfauna besitzt, wird immer klarer erkannt. Gewiß sind auch heute noch bei weitem nicht alle Chironomiden-Metamorphosen beschrieben, so daß auch hier, besonders in den Tropen, noch viel Arbeit zu leisten ist. Aber die Grundlage ist doch geschaffen, und nun kann diese große, vielgestaltige Insektengruppe vor allem in den Dienst der Lösung ökologischer Probleme treten.

Und welche Rolle die Chironomiden gegenwärtig in der Genetik und vergleichenden Physiologie spielen, geht u. a. aus den Arbeiten Hans Bauers und Otto Harnischs hervor.

Die Untersuchung unserer Chironomidenfauna bringt auch jetzt noch immer wieder neue, interessante, ja oft überraschende Ergebnisse. Ich erinnere in dieser Beziehung an die Rolle, die *Chironomus* im Lebenszyklus eines Vogel-Trematoden spielt (vgl. S. 310).

„Sind denn die Chironomidenmücken eine so ganz besondere Gesellschaft, ist ihre allgemein-naturwissenschaftliche Bedeutung wirklich so groß, daß ein ernster Forscher in ihrem Studium einen guten Teil seiner Lebensaufgabe sehen kann?“ So fragte ich in der Einleitung zu diesem Buche. Die Beantwortung dieser Frage kann ich nun, am Abschluß meines Buches, dem Leser überlassen.

Literatur

1923 ADAMSTONE, F. B., and HARKNESS, W. J. K.: The bottom organisms of Lake Nipigon. — University of Toronto studies. Publ. Ontario Fisheries Res. Lab., No. **15**, 123—170.

1953 ALBRECHT, M.-L.: Die Plane und andere Flämingbäche. — Z. f. Fischerei und deren Hilfswiss., N. F. **1**, 389—476.

1938 ALLEN, K. R.: Some observations on the biology of the Trout (Salmo trutta) in Windermere. — J. Anim. Ecol. **7**, 333—349.

1916 ALM, G.: Faunistische und biologische Untersuchungen im See Hjälmaren (Mittelschweden). — Ark. Zool. **10**, No. 18.

1919 — Mörrumsåns Lax och Laxöring. En biologisk-faunistisk studie med jämförande undersökningar över faunan i Mörrumsån, Lagan och Dalälven. — Medd. Kungl. Lantbruksstyrelsen No. 216 (XVIII und 141 Seiten).

1921 — Några ord om våra sjöars fauna och dess förhållande under olika årstider. — Svensk Fiskeri T., S. 10—22.

1922 — Bottenfaunan och fiskens biologi i Yxtasjön. — Medd. Kungl. Lantbruksstyrelsen, No. 236, 1—186. Stockholm.

1927 — Undersökningar över Mälarens Bottenfauna. — Medd. Kungl. Lantbruksstyrelsen No. 263 (No. 2 år 1927) (37 Seiten).

1925 ALSTERBERG, G.: Die Nahrungszirkulation einiger Binnenseetypen. — A. f. H.[155] **15**, 291—338.

1930 — Die thermischen und chemischen Ausgleiche in den Seen zwischen Boden- und Wasserkontakt sowie ihre biologische Bedeutung. — Int. Rev. Hydrobiol. und Hydrograph. **24**, 290—327.

1911 ALVERDES, FR.: *Trichocladius marinus* n. sp., eine neue marine Chironomide aus dem norwegischen Skärgaard. — Z. wiss. Insektenbiol. **7**, 58—63.

1953 ANGELIER, E.: Recherches écologiques et biogéographiques sur la faune des sables submergés. — Arch. Zool. Expér. Génér. **90**, 37—162.

1907 ANNANDALE, N.: Hydra orientalis and its bionomical relations with other Invertebrates. — J. and Proc. As. Soc. Bengal, N. S. **2**.

1911 (Anonymus): Die Zuckmücke *(Chironomus plumosus)*. — Fischerei-Ztg. Neudamm **14**, 156—157.

1915 APSTEIN, C.: Nomina conservanda. — Sitzber. Ges. naturforsch. Freunde Berlin vom 11. V. 1915, No. 5, 119—202.

1937 ARNDT, W.: Über die Bedeutung der Klebgürtel der Pechnelken für die Kleintierwelt. — Sitzber. Ges. naturforsch. Freunde Berlin, S. 138—161.

1915 ARNOLD, J. N.: Über Parasiten von *Chironomus* (Russisch). — Rev. Russe d'Entomol. **15**, 86—87.

[155] A. f. H. = Archiv für Hydrobiologie.

1949 BADCOCK, R. M.: Studies in stream life in tributaries of the Welsh Dee. — J. Anim. Ecol. **18**, 193—208.

1932 BAHLMAN, C.: Larval Contamination of a Clear Water Reservoir. — J. Americ. Water Works Ass. **24**, 660—664.

1921 BAJARUNAS, M.: Les touffes calcaires contemporains des environs de Stauropol. — Acta Inst. Agronomici Stauropolitani. **2.** Geologia et Mineralogia No. 1. 28. VIII. 1921. Sep. p. 1—3. Ref. A. f. H. **14**, 1924, S. 404.

1907 BAKER, C. F.: Remarkable Habits of an important predaceous Fly *(Ceratopogon eriophorus* WILL.) — U.S. Dept. of Agric. Bureau of Entomol. Bull. 67, 117—118.

1952 BALL, R. C., and HAYNE, D. W.: Effects of the removal of the fish population on the fish-food organisms of a lake. — Ecol. **33**, 41—48.

1945 BAUER, HANS: Chromosomen und Systematik bei Chironomiden. — A.f.H. **40**, 994—1008.

1913 BAUSE, E.: Die Metamorphose der Gattung *Tanytarsus* und einiger verwandter Tendipedidenarten. Ein Beitrag zur Systematik der Tendipediden A. f. H., Suppl.-Bd. **2**, 1—126.

1909 BECKER, TH.: *Culicoides Habereri* n. sp. Eine blutsaugende Mücke aus Kamerun. — Jh. d. Ver. vaterländ. Naturkunde in Württ., S. 289—294.

1912 BEHNING, A.: Über die Nahrung des Sterlets. — Arb. Biol. Wolga-Stat. **4**, 59—93.

1928 — Das Leben der Wolga. Zugleich eine Einführung in die Flußbiologie. — Die Binnengewässer **5**.

1929 — Über eine leuchtende Chironomide des Tschalkar-Sees. — Z. f. wiss. Insektenbiol. **24**, 62—65.

1936 — Miscellanea aralo-caspica. — Int. Rev. Hydrobiol. und Hydrograph. **33**, 241—249.

1940 — Über das Benthos des nördlichen Kaspisee-Gebietes. — Akad. d. Wiss. der UdSSR. Arbeiten KASP. III, S. 81—102 (Russisch mit deutscher Zusammenfassung).

1938 BENTHEM-JUTTING, T. VAN: A freshwater Pulmonate *(Physa fontinalis* [L.]) inhabited by the larva of a non-biting Midge *(Tendipes [Parachironomus] varus* GTGH.). — A. f. H. **32**, 693—699.

1949 BERG, C. O.: Limnological relations of insects to plants of the genus Potamogeton . — Trans. Amer. Microscop. Soc. **68**, 279—291.

1950 — Biology of certain Chironomidae reared from Potamogeton. — Ecol. Monogr. **20**, 83—101.

1938 BERG, KAJ.: Studies on the bottom animals of Esrom Lake. — D. Kgl. Danske Vidensk. Selsk. Skrifter, Naturv. og Math. Afd. 9. Raekke. VIII.

1948 — Biological Studies on the River Susaa. — Folia Limnologica Scandinavica No. 4.

1949 BERTRAND, H., et GRENIER, P.: Diptères pyrénéens; Observations sur les Simulies et captures de nymphes d'Heptagia Phil. — L'Entomologiste **5**, 30—35.

1949b BERTRAND, H.: Captures de Chironomides marins. — Bull. Lab. Maritime Dinard. **32**, 36—40.

1950 — Les tufs à Chironomides des Pyrénées. — L'Entomologiste **6**, 13—18.

1950a BERTRAND, H.: Chironomides pyrénéens nouveaux pour la faune française. — Bull. soc. entomol. France, S. 11—12.

1950b — Récoltes de Diptères Chironomides dans les Pyrénées. — Vie et milieu 1, 345—355.

1950c — Diptères Chironomides pyrénéens. — Bull. Soc. entomol. France, S. 153—156.

1952 — Récoltes de diptères Chironomides dans les Pyrénées (2me note). — Vie et milieu 3, 314—321.

1913 BEQUAERT, M., et GOETGHEBUER, M.: Deux Chironomides marins capturés sur le littoral belge (*Clunio marinus* HAL. et *Camptocladius thalassophilus* n. sp.). — Ann. Soc. Ent. Belg. 57, 370—377.

1913 BEZZI, M.: *Clunio adriaticus* SCHIN. var. *balearicus* nov. — Arch. Zool. Expériment. et Gén. 51, 501—519.

1921 BIRGE, E. A., and JUDAY, CH.: Further limnological observations on the Finger Lakes of New York. — Bull. Bureau of Fisheries 37, 211—252.

1922 BIRGE, E. A.: A second report on limnological apparatus. — Trans. Wisconsin Acad. of Sci., Arts and Letters 20.

1935 BIRULA, A.: Über das Vorkommen der Chironomiden-Gattung *Clunio* im Kara-Busen (Südküste des Kara-Meeres). — Int. Rev. Hydrobiol. und Hydrographie 31, 436—439.

1928 BITTNER, H., und SPREHN, C.: Trematodes. — In: P. SCHULZE, Biol. der Tiere Deutschlands, Lfg. 27, Teil 5.

1937 BOESEL, M. W.: Family Chironomidae. In: CARPENTER a. o.: Insects and Arachnids from Canadien amber. — University of Toronto Studies. Geol. Series No. 40, 44—45.

1944 BOESEL, M. W., and SNYDER, E. G.: Observations on the early stages and the life history of the Grass punky, *Atrichopogon levis* (COQ.). — Ann. Ent. Soc. America 37, 37—46.

1935 BOETTCHER, F.: Vorkommen und Bekämpfung von Kleinlebewesen in Wasserwerksbetrieben. — Gas- und Wasserfach 78, 165—172.

BÖTTGER, W.: Winterfutter und Winterfütterung unserer Zierfische. — Zierfisch-Monographien d. Verb. d. Zierfischpfleger. Leipzig.

1930 BOLDYREWA, N. W.: Die Überwinterung von Wasserorganismen im Eise. — Russ. Hydrobiol. Z. 9, 45—84.

1939 BORUTZKY, E. V.: Dynamics of the Biomasse of *Chironomus plumosus* in the profundal of Lake Beloje. — Arb. Limnol. Stat. Kossino 22, 156—195.

1939a — Dynamics of the total Benthik Biomass in the profundal of Lake Beloje. — Ibid. S. 196—218.

1943 BOTT, R.: Lebensgeschichte einer Zuckmücke (*Tanytarsus*). — Natur und Volk 73, 244—250.

1947 BOURNE, A. J., and SHAW, F. R.: Chironomidlarve in a tobacco seed bed. — J. Econ. Ent. 40, 5.

1931 BRADLEY, W. H.: Origin and microfossils of the Oil shale of the Green River formation of Colorado and Utah. — Geol. Surv. Professional pap. 168. U. S. Dept. of Int. Washington.

1923a BRANCH, H. E.: Description of the early stages of *Tanytarsus fatigans* JOH. — Ent. News 34, 1—4.

1923b — The life-history of *Chironomus cristatus* FABR. with descriptions of the species. — J. New York Entomol. Soc. 31, 15—30.

1949 BRAUNS, A.: In Deutschland und Schleswig-Holstein neu aufgefundene Zweiflüglerarten. — Entomon **1**, 155—161.

1927 BREHM, V., und RUTTNER, F.: Die Biocoenosen der Lunzer Gewässer. — Int. Rev. Hydrobiol. und Hydrograph. **16**, 281—391.

1918a BREHM, V.: Nachträge zur Untersuchung der nordwest-böhmischen Moorgewässer. — Lotos, Prag, S. 27—32.

1948 BREHM, V., KRASSKE, G., KRIEGER, W.: Subfossile tierische Reste und Algen im Schwarzsee bei Kitzbühel. — Österr. Bot. Z. **95**, 74—83.

1949 BRINCK, PER: Studies on swedish Stoneflies *(Plecoptera)*. — Opuscula Entomologica, Suppl. XI.

1876 BRISCHKE: Leuchtende Dipteren. — D. Ent. Z. 20, Heft 3, zugleich Ent. Mbl. I, No. 3, 41. Berlin.

1947 BROWN, E. S.: *Psammatiomyia pectinata* DEBY and other Nematocerous Diptera in Cornwall in 1946. — Ent. Month. Mag. **83**, 81—82.

1926 BROWN, F. J.: Some British freshwater larval trematodes with contributions to their life histories. — Parasitol. **18**, 21—34.

1924 BRUES, CH. T.: Observations on the animal life in the thermal waters of Yellowstone Park, with a consideration of the thermal environment. — Proc. Amer. Acad. Arts and Sci. **59**, 371—437.

1927 — Animal Life in hot springs. — Quart. Rev. Biol. **2**, 181—203.

1928 — Studies on the fauna of hot springs in the Western United States and the biology of thermophilous animals. — Proceed. Amer. Acad. of Arts and Sci. **63**, 139—228.

1932 — Further studies on the fauna of North American hot springs. — Quart. Rev. Biol. **2**, 181—203.

1933 — Progressive change in the insect population of forests since early Tertiary. — Amer. Naturalist. **67**, 1933, 385—406.

1939 — Studies on the fauna of som thermal springs in the Dutch East Indies. — Proc. Amer. Acad. Arts and Sci. **73**, 71—95.

1942 BRUNDIN, LARS: Zur Limnologie jämtländischer Seen. — Medd. Statens undersöknings- och försöksanstalt för sötvattenfisket No. 20.

1947 — Zur Kenntnis der schwedischen Chironomiden. — Ark. Zool. **39** A, No. 3, 1—95.

1948 — Über die Metamorphose der Sectio Tanytarsariae connectentes. — Ark. Zool. **41** A, No. 2, 1—22.

1949 — Chironomiden und andere Bodentiere der südschwedischen Urgebirgsseen. Ein Beitrag zur Kenntnis der bodenfaunistischen Charakterzüge schwedischer oligotropher Seen. — Inst. of Freshwater Res., Drottningholm. Rep. No. **30** (914 Seiten).

1951 — The relation of O_2-microstratification at the mud surface to the ecology of the profundal bottom fauna. — Inst. of Freshwater Res.. Drottningholm. Rep. No. **32**, 32—42.

1952 — Zur Kenntnis der Taxonomie und Metamorphose der Chironomidengattungen *Protanypus* KIEFF., *Prodiamesa* KIEFF. und *Monodiamesa* KIEFF. — Inst. of Freshwater Res., Drottningholm. Rep. **33**, 39—53.

1932 BUCHMANN, W.: Chironomidenschäden bei dem Belebt-Schlamm-Verfahren und ihre Verhütung und Behebung mit chemischen Mitteln. — Z. Gesundheitstechn., S. 31—38, 83—102.

1930 BUCHNER, P.: Tier und Pflanzen in Symbiose. II. Aufl.

1934 BUCKLEY, J. J. C.: On the development in Culicoides furens Poey of Filaria (= Mansonella) ozzardi Manson 1897. — J. Helminth. **12**, 99—118.

1949 BÜNNING, E.: Jahres- und tagesperiodische Vorgänge in der Pflanze. — Studium Gen. **2**, 73—78.

1912 BURRILL, A. C.: Economic and biologic Notes on the Giant Midge *(Chironomus plumosus)*. — Bull. Wisc. Nat. Hist. Soc. **10**, 124—163.

1913 — Notes on Lake Michigan swarms of Chironomids; quantitative Notes on spring Insects. — Ibid. **11**, 52—69.

1940 BURTT, E. T.: A filter-feeding mechanism. in a larva of the Chironomidae. — Proc. R. Ent. Soc. Lond. (A) **15**, 113—121.

1952 BÜTTIKER, W.: Eine ökologisch-ornithologische Studie über den Aare-Stausee bei Klingnau (Schweiz). — Biol. Abh., Heft 1.

1926 BUXTON, P. A.: The colonization of the sea by Insects: with an account of the habits of Pontomyia, the only known submarine Insect. — Proc. Zool. Soc. London **3**, No. 51, 807—814.

1939 CARAUSU, A.: Clunio marinus Haliday dans la mer noire. — Ann. Sci. Jassy **25**, 1—7.

1918/19 CARTER, H. F.: New West African Ceratopogoninae. — Ann. Trop. Med. and Parasit. **12**, 289—302.

1920 CARTER, H. F., INGRAM, A., MACFIE, J. W. S.: Observations on the Ceratopogonine Midges of the Gold Coast with descriptions of new species. Part I—II. — Ann. Trop. Med. and Parasitol. **14**, 187—274.

1921a — Part III. — Ibid. **14**, 309—331.

1921b — Part IV. — Ibid. **15**, 177—212.

1939 CASPERS, H.: Über lunare Periodizität bei marinen Chironomiden. — Verh. D. Zool. Ges., S. 148—157.

1947 — Lunare Periodizitätserscheinungen bei Tieren. — Ärztl. Wschr. **1/2**, 636.

1948 — Mondumlauf und Fortpflanzungsrhythmik bei Tieren. — Forsch. und Fortschr. **24**, 89—93.

1949 — Periodizitätserscheinungen bei Tieren und ihre kausale Deutung. — Studium Gen. **2**, 78—81.

1950 — Biologie eines Limans an der bulgarischen Küste des Schwarzen Meeres (Varnaer See). — Verh. D. Zool. Mainz 1949, S. 288—294.

1951 — Rhythmische Erscheinungen in der Fortpflanzung von *Clunio marinus* und das Problem der lunaren Periodizität der Organismen. — A. f. H., Suppl.-Bd. **18**, 418—594.

1951a — Quantitative Untersuchungen über die Bodentierwelt des Schwarzen Meeres im bulgarischen Küstenbereich. — A. f. H. **45**, 1—192.

1952 — Untersuchungen über die Tierwelt von Meeressalinen an der bulgarischen Küste des Schwarzen Meeres. — Zool. Anz. **148**, 243—259.

1930 CAVANAUGH, W. J., and TILDEN, J. E.: Algal food, feeding an casebuilding habits of the larva of a midge-fly, *Tanytarsus dissimilis*. — Ecol. **11**, 281—287.

1934 CAVAZZA, F.: Ricerche intorno alle specie damnose alla coltivazione del riso (Oryza sativa) e spezialmente intorno al *Chironomus cavazzai* KIEFER. — Boll. Lab. Zool. gen. agrar. Portici. **8**, 228—239.

1937 ČERNOVSKIJ, A.: Chironomiden-Larven aus der Umgegend des Baikalsees. — Trav. Stat. Limnolog. du Lac Baikal **7**, 87—96.
[Vgl. auch TSCHERNOWSKIJ.]

1942 CHAPPUIS, P. A.: Eine neue Methode zur Untersuchung der Grundwasserfauna. — Universitas Francisco-Josephina, Koloszvar. Acta Sci. Mathem. et Nat. **6**, 1—7.

1894 CHEVREL, R.: Sur un diptère marin du genre Clunio Haliday. — Arch. Zool. Expér. **2**, 583—598.

1922 CLAASSEN, P. W.: The Larva of a Chironomid *(Trissocladius aquitans* n. sp.) which is parasit upon a may-fly-nymph *(Rhitrogena* sp.). — The Kansas Univ. Sc. Bull. **14**, 395—405.

1927 — Biological studies of polluted areas in the Genesee river System. In: A biological survey of the Genesee River System. — State of New York, Conservation Dept. Suppl. to 16. Ann. Rep. 1926, S. 38—46.

1923 CLEMEN, W. A., DRYMOND, J. R., BIGELOW, N. K., ADAMSTONE, F. B., HARKNESS, W. J. K.: The food of Lake Nipigon fishes. — University of Toronto studies. Publ. Ontario Fisheries Res. Lab. No. 16, 173—188.

1939 CODREANU, R.: Recherches biologiques sur un Chironomide, Symbiocladius rhithrogenae (ZAV.) ectoparasite „cancérigène" des Ephémères torrenticoles. — Arch. Zool. Exp. et Gén. **81**, 1—283.

1950 COE, R. L.: Chironomidae. — In: Handbooks for the identification of Brit. Insects **9**, 2, S. 121—206.

1939/40 COLMAN, J.: On the Faunas inhabiting intertidal seaweeds. — J. Mar. biol. ass. Plymouth **24**, 129—183.

1927 COMAS, M.: Sur le mode de pénétration de Paramermis contorta v. Linstow dans la larve de *Chironomus thummi* KIEFF. — C. R. Soc. de Biol. **96**, 673—675.

1941 CONRAD, W.: Recherches sur les eaux saumâtres des environs de Lilloo I. Etude des milieux. — Mém. Musée Royal d'Hist. Nat. de Belg. Mém. No. 95.

1928 DA COSTA LIMA, A.: Ceratopogonineos ectoparsitos de phasmideos. — Istituto Osvaldo Cruz. Suppl. des Mem. No. 3, 84—85.

1932 CRONK, M. W.: The bottom fauna of Shakespeare Island Lake (Ontario). — University of Toronto Studies. Biol. Ser. No. **36**, 29—65.

1918 CZENSNY und WUNDSCH: Teichdüngungsversuche in Sachsenhausen. Ergebnisse der ersten drei Versuchsjahre. — Fischereiztg. Neudamm 1918, Nr. 7—16.

1917 DAHL, K.: Studier og forsök över Örret og Örretvand. — Kristiania.

1926 — Contributions to the biology of the Spitzbergen Char. — Result. av de Norske Statsunderstöttede Spitzbergen ekspeditioner **7**, No. 7.

1930 — A study on the supplies of fish food organisms in Norwegian lakes. — Skrifter utgitt av Det Norske Videnskaps-Akademi i Oslo, Math. nat. Klasse 1930, No. 1 (58 Seiten).

1932 — Influence of the water storage on food conditions of trout in Lake Paalsbufjord. — Ibid. 1931, No. 4 (53 Seiten).

1950 DANISCH, E.: Eine gesteinsbildende Mückenlarve in Norddeutschland. — Kosmos **46**, 93—94.

1950a — Gesteinsbildende Mückenlarven im Wiehengebirge. — 25. Jber. Naturw. Ver. Osnabrück, S. 87—92.

1889 DEBY, J.: Description of a new dipterous Insect, Psammatiomya pectinata. — J. Royal Microsc. Soc. B., 180—186.

1928 DECKSBACH, M.: Zur Erforschung der Chironomidenlarven einiger russischer Gewässer. — Zool. Anz. **79**, 91—104.

1933 — Zur Biologie der Chironomiden des Pereslawskoje-Sees. — A. f. H. **25**, 365—382.

1929 DECKSBACH, N. K.: Über verschiedene Typenfolgen der Seen. — A. f. H. **20**, 65—80.

1936 — Chironomiden- und Daphnia-Gewinnung in der Umgebung einer Großstadt. — A. f. H. **30**, 582—588.

1937 DEEVEY, E. S.: Pollen from interglacial Beds in the Panggong Valley and its climatic interpretation. — Amer. J. Sci. **33**, 44—56 (54).

1941 — Limnological Studies in Connecticut. VI. The Quantity and Composition of the Bottom Fauna of Thirty-six Connecticut and New York Lakes. — Ecol. Monogr. **11**, 413—455.

1782 DE GEER, R.: Abhandlungen zur Geschichte der Insekten, übersetzt von J. A. E. GOEZE. **6**. Nürnberg.

1713 DERHAM, W.: Physico-Theology, or a Demonstration of the Being and Attributes of God from His Works of Creation. — London. (Zitiert nach der 4. Aufl. 1716.)

1939/40 DESPORTES, C., et HARANT, H.: Observations sur la Biologie d'un Cératopogoniné hématophage, Forcipomyia velox WINN. 1852, piqueur de la grenonille verte. — Ann. Parasit. **17**, 369.

1932 DINULESCO, G.: Sur la biologie d'un Chironomide nouveau, Cardiocladius leoni Goethg. et Din., ordinairement confondu avec la mouche de Golubatz, Simulium columbacensis. — Diptera **6**, 1—9.

1933b DORIER, A.: Sur la Biologie et les Metamorphoses de *Psectrocladius obvius* WALK. — Trav. Lab. d'Hydrobiol. Pisciculture Grenoble **25**, 205—215.

1938 — La faune des eaux courantes alpines. — Verh. I. V. L.[156] 8, I, 33—41.

1939 — Contribution à la connaissance de la biologie des eaux contaminées par des matières organiques. — Trav. Lab. d'Hydrobiol. Pisciculture Grenoble **27—29**, 31—80.

1939a — Notes faunistiques sur quelques lacs du Massif de Chambeyron (Basses-Alpes). — Ebenda, S. 25—30.

1948 DORIER, A., et VAILLANT, F.: Sur la résistance au courant de quelques Invertébrés rhéophiles. — Ebenda **39—44**, 37—40.

1845 DUFOUR, L.: Observations sur les métamorphoses du *Ceratopogon geniculatus* GUÉRIN. — Ann. soc. Ent. France, 3e Série 3, 215—233.

1934 DYK, V.: Nahrungsuntersuchungen an Bachforellen der Böhmisch-Mährischen Höhe, mit besonderer Berücksichtigung der Bedeutung der Landinsekten. — A. f. H. **27**, 632—640.

1919 EDWARDS, F. W.: Some Parthenogenetic Chironomidae. — Ann. Mag. Nat. Hist. Sér. 9, **3**, 222—228.

1920 — Some records of predaceous Ceratopogoninae. — Ent. Month. Mag. 3, Ser. **6**, 203—205.

1920a — Sent-organs (?) in femal midge of the Palpomyia-Group. — Ann. Mag. Nat. Hist. Ser. 9, **6**, 365—368.

1920b — Dimorphism in the antennae of a male midge. — Ent. Month. Mag. 3, Ser. **6**, 135—136.

[156] Verh. I. V. L. = Verhandlungen der Internationalen Vereinigung für theoretische und angewandte Limnologie.

1923 EDWARDS, F. W.: New and old observations on Ceratopogoninae midges attacking other insects. — Ann. Trop. Med. Parasit. **17**, 19—29.

1924 — Diptera of the Siju Cave, Garo Hills, Assam. — Rec. Ind. Mus. **26**, 107—108.

1924b — *Forcipomyia eques* in Europe. — Not. Ent. **4**, 97.

1924c — A note on the „New-Zealand Glow-worm". — Ann. Mag. Nat. Hist. Ser. 9, **14**, 175—179.

1926b — On marine Chironomidae (Diptera); with descriptions of a new genus and four new species from Samoa. — Proc. Zool. Soc. London 3, No. 51, 779—806.

1928 — Insects of Samoa. — Brit. Mus. Publ. **6**, 23—108.

1928a — A note on Telmatogeton SCHINER and related genera. — Konowia **7**, 234—237.

1928b — Some Nematocerous Diptera from Yunnan and Tibet. — Ann. Mag. Nat. Hist. Ser. 10, **1**, 681—703.

1929 — British non-biting midges. — Trans. Ent. Soc. London 77 II, 279—430.

1929a — Fauna of the Batu Caves, Selangor. — J. F. M. S. Mus. **14**, 376—377.

1931 — Culicoides Riethi KIEFF., a new British biting-midge. — Entomologist **64**, No. 812 (1 Seite).

1931a — Diptera of Patagonia and South Chile. II. 5. Chironomidae. — London 1931.

1932b — An unusual type of intersex in a Chironomid fly. — Proc. Ent. Soc. London **7**, 31—32.

1933 — Mycetophilidae, Culicidae, and Chironomidae and additional records of Simuliidae from the Marquesas Islands. — Bernice P. Bishop Museum Bull. **114**, 85—92.

1933/34 — The New Zealand Glow-worm. — Proc. Linn. Soc. London **146** I, 3—10.

1935 — Insects of Samoa (Addenda et Corrigenda). — Brit. Mus. Publ. **9**, 105—159.

1937a — Chironomidae collected by Professor AUG. THIENEMANN in Swedish Lappland. — Ann. Mag. Nat. Hist. Ser. 10, Vol. **10**, 140—148.

1938 — Mission ROBERT PH. DOLLFUS en Egypte. XIX. Diptera, II. Chironomidae (Tribu des Chironomariae). — Mém. de l'Inst. d'Egypte **37**, 263—265.

1938 EDWARDS, F. W., and THIENEMANN, A.: Neuer Beitrag zur Kenntnis der Podonominae. — Zool. Anz. **122**, 152—158.

1939 EDWARDS, F. W., KRÜGER, FR., THIENEMANN, A.: *Lapposmittia parvibarba* n. sp. (Chironomiden aus Lappland V). — Zool. Anz. **127**, 259—264.

1931 EGGLETON, F. E.: A limnological study of the profundal bottom fauna of certain fresh-water lakes. — Ecol. Monogr. **1**, 231—332.

1935 — A comparative Study of the benthic Fauna of four Northern Michigan Lakes. — Pap. Michigan Acad. Sci., Arts and Lett. **20**, 1934, 609—644.

1952 — Dynamics of interdepression benthic communities. — Trans. Amer. Microscop. Soc. **71**, 189—228.

1930 EHRENBAUM, E.: Der Flußaal. — In: DEMOLL-MAIER, Handbuch der Binnenfischerei Mitteleuropas 3, Lieferung 4. Stuttgart.

1911 EKMAN, S.: Neue Apparate zur qualitativen und quantitativen Erforschung der Bodenfauna der Seen. — Int. Rev. Hydrobiol. und Hydrogr. **3**, 553—561.

1912 — Om Torneträsks röding, sjöns naturförhållanden och dess fiske. — Vetenskapliga och praktiska undersökningar i Lappland. Stockholm.

1915 — Die Bodenfauna des Vättern, qualitativ und quantitativ untersucht. — Int. Rev. Hydrobiol. und Hydrogr. **7**, 146—325.

1909 ENDERLEIN, G.: Die Insekten des antarktischen Gebietes. — Deutsche Südpolar-Expedition **10**, 361—528.

1951 ENGELHARDT, W.: Faunistisch-ökologische Untersuchungen über Wasserinsekten an den südlichen Zuflüssen des Ammersees. — Mitt. Münch. Ent. Ges. **41**, 1—135.

1862 ENGELMANN, TH. W.: Zur Naturgeschichte der Infusionstiere. — Z. wiss. Zool. **11**, Heft 4.

1935 EWERS, L. A., and BOESEL, M. W.: The food of some Buckeye Lake fishes. — Trans. Amer. Fisheries Soc. **65**, 54—70.

1911 FEHLMANN, W.: Die Tiefenfauna des Luganer Sees. — Int. Rev. Hydrobiol. und Hydrogr. Biol. Suppl. IV. Ser., S. 1—52.

1917 — Die Bedeutung des Sauerstoffes für die aquatische Fauna. — Vjschr. Naturf. Ges. Zürich **62**, 230—241.

1923 FEUERBORN, H. J.: Die Larven der Psychodiden oder Schmetterlingsmücken. Ein Beitrag zur Ökologie des „Feuchten". — Verh. I. V. L. **1**, 181—212.

1931 — Ein Rhizocephale und zwei Polychaeten aus dem Süßwasser von Java und Sumatra. — Verh. I. V. L. **5**, 618—660.

1928 FIEBRIG-GERTZ, C.: Un diptère ectoparasite sur un phasmide: Ceratopogon ixodoides n. sp. — Ann. Parasit. **6**, 284—290.

1953 FINDENEGG, J.: Kärntner Seen naturkundlich betrachtet. — Carinthia II, 15. Sonderheft.

1929 FLEUR, E., et NOMINÉ, H.: Monsieur l'abbé J.-J. KIEFFER. Biographie et Bibliographie. — 32. Bull. Soc. d'Hist. Nat. Moselle, S. 7—59.

1904 FOREL, F. A.: Le Léman. III. — Lausanne.

1920/21 FOX, H. MURNO: Methods of the studying the respiratory exchange in small aquatic organismes with particular reference to the use of flagellates as an indicator for oxygen consumption. — J. gen. Physiol. **3**.

1950 FRANZ, H.: Neue Forschungen über den Rotteprozeß von Stallmist und Kompost. — Veröff. Bundesanstalt alpine Landwirtschaft, Admont, Heft 2.

1855 FRAUENFELD, G.: Beitrag zur Insektengeschichte. Aus der dalmatinischen Reise. — Verh. Zool.-bot. Ver. Wien **5**, 13—22.

1950 FREEMAN, P.: A species of Chironomid from the Sudan, suspected of causing Asthma. — Proc. R. Ent. Soc. London B. **19**, 58—59.

1930 FRIEDERICHS, K.: Die Grundfragen und Gesetzmäßigkeiten der land- und forstwirtschaftlichen Zoologie, insbesondere der Entomologie. — Bd. I. Berlin.

1823 FRIES, B. F.: Monographia Tanyporum Sueciae. — Lund.

1939 FROST, W. E.: River Liffey Survey II. The food consumed by the brown trout *(Salmo trutta* LIN.) in acid and alkaline Waters. — Proc. Royal Irish Acad. **45** B, No. 7, 139—206.

1950 FROST, W. E.: The growth and food of young Salmon *(Salmo solar)* and Trout *(S. trutta)* in the river Forss, Caithness. — J. Anim. Ecol. **19**, 147—158.

1939 FUJITO, T.: On the ecological study of a Sandfly (Culicoides miharai Kinoshita). — J. Chosen Medical Ass. **29**, 52—58.

1900 GADEAU DE KERVILLE, H.: Description, par M. l'abbé J.-J. KIEFFER d'une nouvelle espèce de diptère marin de la famille des Chironomides *(Clunio bicolor)* et renseignements sur cette espèce etc. — Bull. Soc. Amis Sci. Nat. Rouen (2 Seiten).

1933 GALLIARD, H.: Quelques Diptères vulnérants du Gabon. — Ann. Parasit. **11**, 24—25.

1927 GAMS, H.: Die Geschichte der Lunzer Seen, Moore und Wälder. (Vorläufige Mitteilung.) — Int. Rev. Hydrobiol. und Hydrogr. **18**, 327.

1948 GANAPATI, S. V.: The role of the blood-worm, *Chironomus plumosus* for the presence of phosphates and excessive free ammonia in the filtrates from the slow sand filters of the Madras Water Works. — J. Zool. Soc. India **1**, 41—43.

1928 GASCHOTT, O.: Die Stachelflosser (Acanthopterygii). — In: DEMOLL-MAIER: Handbuch der Binnenfischerei Mitteleuropas **3**, Lief. 2.

1935 GEIJSKES, D. C.: Faunistisch-ökologische Untersuchungen am Roeserenbach bei Liestal im Baseler Tafeljura. Ein Beitrag zur Ökologie der Mittelgebirgsbäche. — T. Entomologie **78**, 249—382.

1938 GEISSBÜHLER, J.: Beiträge zur Kenntnis der Uferbiocoenosen des Bodensees. — Mitt. Thurgau. Naturforsch. Ges. **31**, Sep. S. 1—74.

1927 GEITLER, L., und RUTTNER, F.: Die Cyanophyceen der Deutschen Limnologischen Sunda-Expedition, ihre Morphologie, Systematik und Ökologie. — A. f. H., Suppl.-Bd. **14**, 308—715.

1939 GELEI, J. VON: Die Ertragung der Trockenheit durch *Dasyhelea*-Larven. — Arb. 1. Abt. Ungar. Biol. Forsch.-Inst., S. 265—271.

1925 GENG, H.: Der Futterwert der natürlichen Fischnahrung. — Z. f. Fischerei **23**, 137—165.

1951 GEORGEVITCH, J.: Contribution à la connaissance des Grégarines du lac d'Ochride. — Bull. Acad. Serbe Sci. **3**, Cl. sci. médical. No. 1, 15—21.

1903 GERLACH, GEORG: Chironomus. — Bl. Aquarien- und Terrarienkde. **14**, 116—119.

1937 GERSBACHER, W. M.: Development of stream bottom communities in Illinois. — Ecol. **18**, 359—390.

1950 GESSNER, H.: Die tierische Besiedelung von Dreffmassen bei der Frühjahrsüberschwemmung von Seen im Oberspreegebiet. — Abh. Fischerei und Hilfswiss., Lief. **2**, 397—406.

GEYER, H.: Praktische Futterkunde für den Aquarien- und Terrarienfreund. — 3. Aufl. Stuttgart.

1942 GIBSON, N. H. E.: Mating swarm in a Chironomid, Spaniotoma minima. — Nature **150**, 268.

1945 — On the matin swarms of certain Chironomidae. — Trans. Roy. Ent. Soc. London **95**, 263—294.

1939 GLICK, P. A.: The distribution of Insects, Spiders and mites in the Air. — U.S. Dept. of Agricult. Washington. Techn. Bull. 673.

1912 GOETGHEBUER, M.: Études sur les Chironomides de Belgique. — Mém. Cl. Sci. Acad. roy. Belg. 2ème Sér. Coll. in 8°. **3**, 1—26.

1913b GOETGHEBUER, M.: Un cas de parthénogénèse observé chez un Diptère tendipédide *(Corynoneura celeripes* WINN.). — Bull. Acad. roy. Belg., Cl. sci. No. 3, p. 231—233.

1914a — Note à propos de l'accouplement de *Johannseniella nitida* MACQ. — Ann. Soc. Ent. Belg. **58**, 202—204.

1919 — Observations sur les larves et les nymphes de quelques Chironomids de Belgique. — Ann. Biol. lacustre **9**, 51—75.

1919a — Métamorphoses et moeurs du Culicoides pulicaris LINNÉ. — Ann. Soc. Ent. Belg. **59**, 27—30.

1921a — Chironomides de Belgique et spécialement de la zone des Flandres. Mém. Musée Roy. d'Hist. Nat. Belg. **8**, 4, Mém. 31.

1923c — Cératopogonines de Belgique parasites accidentals de l'homme. — Bull. Soc. Ent. Belg. **5**, 34—37.

1925a — Notes biologiques et morphologiques sur *Dasyhelea bilineata* GOETGH. — Diptera **1**, 121—124.

1934e — Ceratopogonidae et Chironomidae nouveaux ou peu connus d'Europe (Cinquième Note). — Bull. et Ann. Soc. Ent. Belg. **74**, 287—294.

1934f — Ceratopogonidae et Chironomidae récoltés par M. le Professor THIENEMANN dans les environs de Garmisch-Partenkirchen (Haute-Bavière). — Bull. et Ann. Soc. Ent. Belg. **74**, 87—95.

1936a — Les Cératopogonides et les Chironomides de Belgique au point de vue hydrobiologique. — Bull. et Ann. Soc. Ent. Belg. **76**, 69—76.

1939 — Nouvelles observations sur les Chironomides et Cératopogonides marins des îles du Golfe de Marseille. — Bull. et Ann. Soc. Ent. Belg. **79**, 63—70.

1939d — Ceratopogonidae et Chironomidae nouveaux ou peu connus d'Europe (Neuvième note). — Ibid. **79**, 219—229.

1939f — Etudes Biospéologiques XVI. Deux Chironomidae de Roumanie. — Bull. Mus. Roy. d'Hist. Nat. Belg. **15**, No. 56, 1—2.

1951 — Chironomini (Diptera) communs à la Région paléarctique. — Dodonaea. Gent **18**, 77—81.

1937 GOETGHEBUER, M., et TIMON DAVID, J.: Contribution à l'étude des Diptères halophiles et halobies du Littoral Méditerrainéen. Chironomides et Cératopogonides de l'îlot de Planier. — Bull. et Ann. Soc. Ent. Belg. **77**, 409—416.

1941b GOETGHEBUER, M., und THIENEMANN, A.: Neozavrelia luteola n. g. n. sp. (Chironomiden aus dem Lunzer Seengebiet I.) — A. f. H. **38**, 106—109.

1948 GOLDSCHMIDT, R. B.: Glow Worms and Evolution. — Rev. Sci. **86**, 607—612.

1950 GOSTEEWA, M. N.: Die Mücke *Cricotopus sylvestris* als Schädiger der Fischeier. — Zoolog. J. **29**, 187—188.

1935 GOSTKOWSKI, S.: Die Bodenfauna und das Trockenlegen der Teiche. — Verh. I. V. L. **7**, 423—430.

1936 GOUIN, F.: Métamorphoses de quelques Chironomides d'Alsace et de la Lorraine, avec la description de trois espèces nouvelles par M. GOETGHEBUER. — Rev. Franç. Ent. **3**, 151—173.

1936a — Quelques Chironomides d'Alsace et de Lorraine; répartition géographique et essai de classification écologique. — Bull. Ass. Philomathique d'Alsace et de Lorraine **8**, 187—192.

1937 GOUIN, F.: Chironomides de l'Alsac et de la Lorraine II. — Bull. Ass. Philomathique d'Alsace et de Lorraine 8, 309—312.

1942 GOWIN, F., und THIENEMANN, A.: Zwei neue Orthocladiinen-Arten aus Lunz (Niederdonau) (Chironomiden aus dem Lunzer Seengebiet VII.). — Zool. Anz. **140**, 101—109.

1943 GOWIN, F.: Orthocladiinen aus Lunzer Fließgewässern II. — A. f. H. **40**, 114—122.

1931 GRANDILEWSKAJA-DECKSBACH, M.: Zur Biologie der Chironomiden des Perelawskoje-Sees. — Arb. Limnol. Stat. Kossino **13/14**.

1935 — Materialien zur Chironomidenbiologie verschiedener Becken (Zur Frage über die Schwankungen der Anzahl und der Biomasse der Chironomidenlarven.) — Arb. Limnol. Stat. Kossino **19**, 148—182.

1926 GRAU, H.: Nahrungsuntersuchungen bei Perlidenlarven. — A. f. H. **16**, 465—483.

1949 GRENIER, P.: Contribution à l'étude biologique des Simuliides de France. — Physiologia comp. et oecol. **1**, 165.

1944 — Remarques sur la biologie de quelques ennemis des Simulies. — Bull. soc. ent. France, S. 130—133.

1870 GRIMM, O.VON: Die ungeschlechtliche Fortpflanzung einer *Chironomus*-Art und deren Entwicklung aus dem unbefruchteten Ei. — Mém. Acad. Imp. Sci. St. Pétersbourg, VIIe Sér., **15**, No. 8, 1—24.

1914 GRIPEKOVEN, H.: Minierende Tendipediden. — A. f. H., Suppl.-Bd. **2**, 129—130 (Sep. S. 1—102).

1936 GROMOV, V. V.: Chironomidae of small flood-basins of the left side of the r. kama at Okhansk. — Bull. Inst. Rech. Biol. Perm. **10**, 240—249.

1939 — The larvae of Chironomidae of the lower Mologa and Sheksna. — Bull. Inst. Rech. Biol. **11**, 295—307.

1924 GRUHL, B.: Paarungsgewohnheiten der Dipteren. — Z. f. wiss. Zool. **122**, 205—280.

1942 GUIBÉ, J.: Chironomes parasites de Mollusques Gasteropodes. *Chironomus varus limnaei* GUIBÉ espèce jointive de *Chironomus varus varus* GOETGH. — Bull. Biol. France et Belg. **76**, 283—297.

1930 HAEMPEL, O.: Fischereibiologie der Alpenseen. — Die Binnengewässer **10**.

1939 HAFIZ, H. A.: Observations on the bionomics of the midge *Chironomus (Limnochironomus) tenuiforceps* K. occurring on the filter beds of the Calcutta Corporation at Pulta, near Calcutta. — Rec. Ind. Mus. **41** (3), 225—231.

1949 HALL, R. E.: Notes on the Plymouth marine Fauna: Chironomidae. — J. mar. biol. ass. Plymouth **28**, 807—808.

1951 a — Comparative observations on the Chironomid Fauna of a chalk stream and a system of acid streams. — J. Brit. Soc. Ent. **3**, 253—262.

1951 b — Notes on some Chironomidae from New Forest pools. — Ibid. **4**, 5—7.

1953 HAMMANN, I.: Ökologische und biologische Untersuchungen an Süßwasserperitrichen. — A. f. H. **47**, 177—228.

1908 HANDLIRSCH, A.: Die fossilen Insekten und die Phylogenie der rezenten Formen. — Leipzig.

1753 HANOW, M. C.: Seltenheiten in der Natur und Oekon. I., S. 615, 31.

1913 HARMER, S. F.: The Polyzoa of Waterworks. — Proc. Zool. Soc. London.

1922a HARNISCH, O.: Zur Kenntnis der Chironomidenfauna schlesischer Flüsse. — A. f. H. **14**, 125—143.

1922b — Zur Kenntnis der Chironomidenfauna austrocknender Gewässer der schlesischen Ebene. — A. f. H. **14**, 89—96.

1923 — Metamorphose und System der Gattung *Cryptochironomus* K. s. l. Ein Beitrag zum Problem der Differenzierung der Entwicklungsstände der Chironomiden. — Zool. Jber. Abt. f. Syst. **47**, 271—308.

1924 — Hydrobiologische Studien im Odergebiet. (Eine programmatische Übersicht.) — Schr. Süßwasser- und Meereskde. **2**, 97—103.

1925 — Studien zur Ökologie und Tiergeographie der Moore. — Zool. Jber. Abt. f. Syst. **51**, 1—166.

1930a — Daten zur Respirationsphysiologie Haemoglobin führender Chironomidenlarven. — Z. vergl. Physiol. **11**, 285—309.

1932 — Fossile Chironomiden aus der Rotter Blätterkohle (Untermiozän) in ihrer Beziehung zu rezenten Formen. — Zool. Anz. **97**, 187—197.

1937 — Die Funktion der praeanalen Oberflächenvergrößerungen (Tubuli) der Larve von *Chironomus thummi* bei sekundärer Oxybiose. — Z. vergl. Physiol. **24**, 198—209.

1942 — Die sogenannten „Blutkiemen" der Larven der Gattung *Chironomus* MG. — Biologia Generalis **16**, 593—609.

1943 — Ein Gesichtspunkt für die Ökologie der Hochmoorwasserfauna. — A. f. H. **39**, 418—431.

1943a — Physiologische Grundlagen von Stenoxybiose und Euryoxybiose bei Chironomidenlarven. — A. f. H. **40**, 184—207.

1943b — Ein Organ für Ionenaufnahme bei im Wasser lebenden Insektenlarven. — Naturwiss. **31**, 394—396.

1949a — Beobachtungen an viruskranken Larven von *Chironomus (Camptochironomus) tentans* FABR. — Experientia **5**, 205.

1950 — Vortäuschung von Feuersbrunst durch schwärmende Chironomiden. — A. f. H. **43**, 497—498.

1951 — Hydrophysiologie der Tiere. Elemente zu ihrem Aufbau. — Die Binnengewässer **19**. Stuttgart.

1935 HARTMANN, D.: Untersuchungen über die Wirkung von Geruchs- und Geschmacksstoffen verschiedener niederer Wassertiere auf Barsch, Kaulbarsch, Goldkarausche und Aal. — Inaug.-Diss. Berlin. Bottrop i. W.

1933 HASE, A.: Über heftige, blasige Hautreaktionen nach Culicoides-Stichen. — Z. Parasidenkde. **6**, 119—128.

1941 HAVINGA, B.: De veranderingen in den hydrographischen toestand en in de macrofauna van het Ijsselmeer gedurende de jaren 1936—1940. — Med. Zuidersee-Commissie. Aflevering **5**, 1—26.

1935 HENNING, W.: Thalassobionte und thalassophile Diptera. Nematocera. — In: Tierwelt der Nord- und Ostsee XI. e 3.

1950 — Die Larvenformen der Dipteren. 2. Teil. — Berlin.

1937 HEINEMANN: Haffmücken — Starschwärme — Rohrschäden. — Fischerei-Ztg. **40**, 397.

1944 HELFER, HEINZ: Beiträge zur Kenntnis des Zanders in deutschen Binnengewässern. — Z. f. Fischerei **42**, 67—119.

1916 HENTSCHEL, E.: Biologische Untersuchungen über den tierischen und pflanzlichen Bewuchs im Hamburger Hafen. — Mitt. Zool. Mus. Hamburg **23**, 1—172.

1917 HENTSCHEL, E.: Ergebnisse der biologischen Untersuchungen über die Verunreinigung der Elbe bei Hamburg. — Ebenda **24**, 37—190.

1924 HESSE, R.: Tiergeographie auf ökologischer Grundlage. — Jena.

1943 — Tierbau und Tierleben in ihrem Zusammenhang betrachtet. — **2**, 2. Aufl. Jena.

1924 HESSLE, CHR.: Bottenboniteringar i innre Östersjön. — Medd. Kungl. Lantbruksstyrelsen No. 250.

1859 HEYDEN, C. H. G. VON: Insekten aus der rheinischen Braunkohle. — Palaeontographica **8**.

1870 HEYDEN, L. VON: Fossile Dipteren aus der Braunkohle von Rott im Siebengebirge. — Palaeontographica **17**.

1932 HINMAN, N. E.: Notes on Louisiana Culicoides. — Am. J. Hygiene **15**, 773—776.

1951 HINTON, H. E.: A new Chironomid from Africa, the larva of which can be dehydrated without injury. — Proc. Zool. Soc. London **121** II, 371—380.

1941 HOBBY, B. M.: Frederick Wallace Edwards, M. A., Sc. D., FRS, F. R. E. S., F. S. B. E. — J. Soc. Brit. Ent. **2**, 122.

1926 HOFFMAN, W. A.: Two new species of American Leptoconops. — Bull. Ent. Res. **17**, 133—136.

1939 — Culicoides filariferus n. sp., intermediate host of an unidentified Filaria from Southwestern Mexico. — Puerto Rico J. Publ. Health and Trop. Med., S. 172—174.

1950 HOFSTEDE, A. E., and RADEN ODJOH ARDIWINATA: Compiling statistical data on fish culture in irrigated rice fields in West Java. — Landbouw **22**, 469—494.

1911 HOFSTEN, N. VON: Zur Kenntnis der Tiefenfauna des Brienzer und des Thuner Sees. — A. f. H. **7**, 1—128.

1910 HOLDHAUS, K.: Über die Abhängigkeit der Fauna vom Gestein. — 1er Congrès International d'Entomologie, S. 321—334.

1939 HRABĚ, S.: Über die Bodenfauna der Seen in der Hohen Tatra. — Sborník Klubu prirodovedeckeho v Brno **22**, 1—13.

1942 — O bentické zvířeně jezer ve Vysikých Tatrách. — Acta eruditae societatis Slovacae VIII., 124—177.

1927 HUBAULT, E.: Contributions à l'étude des Invertébrés Torrenticoles. — Bull. Biol. France Belg., Suppl. IX.

1934 HULE, J. B., DOVE, W. E., PRINCE, F. M.: Seasonal incidence and concentrations of sand fly larvae, Culicoides Dovei Hall, in salt marshes. — J. Parasit. **20**, 162—172.

1936 HUMPHRIES, C. F.: An investigation of the profundal and sublitoral Fauna of Windermere. — J. Anim. Ecol. **5**, 29—52.

1937 — Neue *Trichocladius*-Arten. — Stett. Ent. Ztg. **98**, 185—195.

1938 — The Chironomid Fauna of the Großer Plöner See, the relative density of its members and their emergense period. — A. f. H. **33**, 535—584.

1951 — Metamorphosis of the Chironomidae. II A description of the Imago, Larva and Pupa of *Trichocladius arduus* n. sp. GOETGHEBUER and of the Larva and Pupa of *Trichocladius trifascia* EDW. — Hydrobiologia **3**, 209—216.

1937 HUMPHRIES, C. F., and FROST, W. E.: River Liffey Survey. The Chironomidfauna of the submerged Mosses. — Proc. Roy. Irish Acad. **43**, B. 11, S. 161—181.

1950 HYNES, H. B. N.: The food of fresh-water sticklebacks *(Gasterosteus aculeatus* and *Pygosteus pungitius)* with a review of methods used in studies of the food of fishes. — J. Anim. Ecol. **19**, 35—38.

1935 JABLONSKAJA, E. A.: Zur Kenntnis der Fischproduktivität der Gewässer. Mitteilung 5. Die Ausnutzung der natürlichen Futterarten seitens der Spiegelkarpfen und die Wertung des Futterreichtums der Wasserbecken von diesem Standpunkt aus. — Arb. Limnolog. Stat. Kossino **20**, 99—127.

1921 JÄRNEFELT, H.: Untersuchungen über die Fische und ihre Nahrung im Tuusulasee. — Act. Soc. pro Fauna et Flora Fennica **52**, No. 1 (160 Seiten).

1924 — Untersuchungen über die Einwirkung einiger Dungstoffe auf die Produktion von Chironomidenlarven. — Verh. I. V. L. **2**, 341—356.

1925 — Zur Limnologie einiger Gewässer Finnlands I. — Ann. Soc. Zool. Bot. Fenn. Vanamo **2**, No. 5.

1927 — Zur Limnologie einiger Gewässer Finnlands II. — Ibid. **6**, No. 5.

1927 a — Zur Limnologie einiger Gewässer Finnlands III. — Ibid. **6**, No. 6.

1927 b — Zur Limnologie einiger Gewässer Finnlands IV. — Ibid. **6**, No. 8.

1928 — Zur Limnologie einiger Gewässer Finnlands V. — Ibid. **8**, No. 1.

1929 — Zur Limnologie einiger Gewässer Finnlands VI. — Ibid. **8**, No. 8.

1929 a — Zur Limnologie einiger Gewässer Finnlands VII. — Ibid. **8**, No. 10.

1930 — Zur Limnologie einiger Gewässer Finnlands VIII. — Ibid. **10**, No. 2.

1932 — Zur Limnologie einiger Gewässer Finnlands IX. — Ibid. **12**, No. 7.

1933 — Zur Limnologie einiger Gewässer Finnlands X. — Ibid. **14**, No. 1.

1934 — Zur Limnologie einiger Gewässer Finnlands XI. — Ibid. **14**, No. 10.

1936 — Zur Limnologie einiger Gewässer Finnlands XII. — Ibid. **3**, No. 3.

1936 a — Zur Limnologie einiger Gewässer Finnlands XIII. — Ibid. **4**, No. 2.

1936 b — Zur Limnologie einiger Gewässer Finnlands XIV. — Ibid. **4**, No. 3.

1949 JANETSCHEK, H.: Tierische Successionen auf hochalpinem Neuland. Nach Untersuchungen am Hintereis-, Niederjoch- und Gepatschferner in den Ötztaler Alpen. — Ber. Naturw. Med. Ver. Innsbruck **48** und **49**, 1—215.

1952 — Beitrag zur Kenntnis der Höhlentierwelt der Nördlichen Kalkalpen. — Jb. Ver. z. Schutze d. Alpenpflanzen und -tiere, S. 3—27.

1935 JETTMAR, H. M.: Ansiedlung von Köcherfliegenlarven in einer Wasserversorgungsanlage. — GRASSBERGER, Abh. aus dem Gesamtgebiet der Hygiene **20**.

1936 — Insekten und andere Kleinlebewesen in Wasserwerken, ihre Biologie, ihr Einfluß auf den Keimgehalt des Wassers und ihre Bekämpfung. — Z. österr. Ver. Gas- und Wasserfachmänner **76**, 1—10.

1952 ILLIES, J.: Die Mölle. Faunistisch-ökologische Untersuchungen an einem Forellenbach im Lipper Bergland. Ein Beitrag zur Limnologie der Mittelgebirgsbäche. — A. f. H. **46**, 424—612.

1931 ILLINGWORTH, J. T.: Insects in the Weiahole Ditch. — Proc. Haw. Ent. Soc. **7**, 408—409.

1934 — Life History and Habits of *Apelma brevis* JOH. — Proc. Haw. Ent. Soc. **8**, 541—542.

1951 IMAMURA, T.: Studies on three water-mites from Hokkaido, parasitic on midges. — J. Fac. Sci. Hokkaido Univ. Ser. VI. Zool. **10**, 274—288.

1941 IMMS, A. D.: Frederik Wallace Edwards 1888—1940. — Obituary Notices of Fellows of the Royal Society, Sep. S. 1—11.

1921 INGRAM, A., and MACFIE, J. W. S.: West African Ceratopogoninae. — Ann. Trop. Med. and Parasit. **15**, 313—376.

1923 — Notes on some African Ceratopogoninae. — Bull. Ent. Res. **14**, 41—74.

1924b — Notes on some African Ceratopogoninae. Species of the genus Forcipomyia. — Ibid. **18**, 533—593.

1928 JOBLING, B.: The structure of the head and mouth parts in *Culicoides pulicaris* L. — Bull. Ent. Res. **18**, 211—236.

1905 JOHANNSEN, O. A.: Aquatic Nematocerons Diptera II. — New York State Mus., Bull. **86**, Entomol. **23**.

1908 — New North American Chironomidae. — New York State Bull. **124**, 264—285.

1910 — Paedogenesis in Tanytarsus. — Science **32**, 768.

1927 — A new midge injurious to pineapples. — Proc. Ent. Soc. Wash. **29**, 205—208.

1932a — Orthocladiinae of the Malayan Subregion of the Dutch East Indies. — A. f. H., Suppl.-Bd. **9**, 715—732.

1932d — Chironominae of the Malayen Subregion of the Dutch East Indies. — A. f. H., Suppl.-Bd. **11**, 503—552.

1937 — Aquatic Diptera. Part III Chironomidae: Subfamilies Tanypodinae, Diamesinae and Orthocladiinae. — Cornell Univ. Agricult. Exp. Mém. **205**.

1937b — Aquatic Diptera IV. Chironomidae Subf. Chironominae. — Cornell Univ. Agricult. Exp. Stat. Mém. **210**.

1942 — Immature and adult stages of new species of Chironomidae. — Ent. New. **53**, 70—75.

1943 — Adult and immature stages of *Cricotopus elegans* n. sp. — Ent. New. **54**, 77—79.

1914 JOHANSEN, A. C.: Om forandringer i Ringköbing Fjords Fauna. — Mindeskrift Japetus Steenstrup. Kopenhagen **2**, 1—144.

1946 JOHNSEN, PALLE: The rock-pools of Bornholm and their fauna. — Vid. Medd. Dansk naturh. For. **109**, 1—53.

1930 JOHNSON, M. S., and MUNGER, FR.: Observations on excessive abundance of the midge *Chironomus plumosus* at Lake Pepin. — Ecol. **11**, 110—126.

1916 JONES, F. M.: Two insect associates of the California pitcherplant. Darlingtonia californica. — Ent. News and Proc. Ent. Sect. Acad. Sci. Philadelphia **27**, 385—392.

1951 JONES, J. R. E.: An ecological study of the river Towy, — J. anim. Ecol. **20**, 68—86.

1911 ISSATSCHENKO, B.: Erforschung des bakteriellen Leuchtens des *Chironomus*. — Bull. Jard. Bot. St. Petersburg **11**.

1900 ISSEL, R.: Saggio sulla Fauna Termale Italiana. Nota I. — Atti. R. Accad. Reale Sci. Torino **36**, Sep. S. 1—24.

1901 — Nota II. — Ibid. Sep. S. 1—15.

1910/11 ISSEL, R.: La faune des sources thermales de Viterbo. — Int. Rev. Hydrobiol. und Hydrogr. **3**, 178—180.

1922 JUDAY, CH.: Quantitative Studies of the bottom fauna in the deeper waters of Lake Mendota. — Trans. Wisconsin Acad. Sci., Arts and Lett. **20**, 461—493.

1935 KAHL, A.: Wimpertiere oder Ciliata (Infusoria). — DAHLs Tierwelt Deutschlands I.

1947 KAISER, E. W.: Commensale og parasitiske Chironomidelarver. — Flora og Fauna 1947 (3 Seiten).

1951 — Poeleåen 1946 og 1947. — Dansk Ingenioerforening. — Spildevandskomiteen, Skrift No. 3, 13—50.

1934 KARNY, H. N.: Biologie der Wasserinsekten. — Wien.

1935 KARSINKIN, G. S.: Zur Kenntnis der Fischproduktivität der Gewässer II. Erforschung der Physiologie der Ernährung des Spiegelkarpfens. — Arb. Limnolog. Stat. Kossino **19**, 21—66.

1921 KEILIN, D.: On the life-history of *Dasyhelea obscura* WINNERTZ, with some remarks on the Parasites and Hereditary Bacterium Symbiont of this midge. — Ann. Mag. N. Hist. Ser. 9, **8**, 576—590.

1927 — Fauna of a Horse-Chestnut Tree *(Aesculus hippocastanum)*, Dipterous larvae and their Parasites. — Parasitol. **19**, 368—374.

1921 KEISER, A.: Die sessilen peritrichen Infusorien und Suctorien von Basel und Umgebung. — Rev. Suisse Zool. **28**, 205—341.

1899 KEMNA, A.: La biologie du filtrage au sable. — Bull. Soc. Belge Géol. **13**, Mém. S. 34 ff.

1949 KENK, R.: The animal life of temporary and permanent ponds in Southern Michigan. — Miscellanous Publ. Mus. of Zool., Univ. of Michigan No. 71.

1879 KERNER, A.: Die Schutzmittel der Blüten gegen unberufene Gäste. — 2. Aufl. Innsbruck.

1938 KETTISCH, J.: Zur Kenntnis der Morphologie und Ökologie der Larve von *Cricotopus trifasciatus*. — Konowia **15** (1936) und **16** (1937).

1951a KETTLE, D. S.: Some factors affecting the population density and flight range of Insects. — Proc. R. Ent. Sc. London (A.) **26** (4—6), 59—63.

1951b — The spatial distribution of *Culicoides impunctatus* GOET. under woodland and moorland conditions and its flight range through woodland. — Bull. Entomol. Research **42**, 239—291.

1952 KETTLE, D. S., and LAWSON, J. W. H.: The early stages of british biting midges Culicoides Latreille and allied genera. — Bull. Entomol. Research **43**, 421—467.

1898 KIEFFER, J. J.: Description d'un diptère sous-marin recueilli aux Petites-Dalles (Seine-Inférieure). — Bull. Soc. Ent. France, S. 105—108.

1901 — Zur Kenntnis der Ceratopogon-Larven. — Allg. Z. Entomol. **6**, 216—219.

1906a — Fam. Chironomidae. — In: WYTSMAN, Genera Insectorum.

1908 — Description de deux nouveaux Chironomides. — Bull. Acad. roy. Belg. Cl. d. Sci., No. 8, 705—707.

1911b — Nouvelles Descriptions de Chironomides obtenus d'éclosion. — Bull. Soc. d'Hist. Nat. Metz **27**, 1—60.

1913b — Nouvelle contribution à la connaissance des Tendipédides d'Allemagne. — Bull. Soc. hist. nat. Metz **28**, 37—44.

1913e KIEFFER, J. J.: Ou nouveau Chironomide des rizières de Bologne. — Boll. Lab. Zool. gen. agrar. Portici 7, 210.

1914 — Zwölf neue Culicoidenarten. — A. f. H., Suppl.-Bd. 2, 231—241.

1914b — South African Chironomidae. — Ann. South African Mus. 10. 259—270.

1915 — Neue halophile Chironomiden. — A. f. H., Suppl.-Bd. 2, 472—482.

1915b — Neue Chironomiden aus Mitteleuropa. — Brotéria, Ser. Zool. 13, 65—87.

1918 — Beschreibung neuer, auf Lazarettschiffen des östlichen Kriegsschauplatzes und bei Ignalino in Litauen von Dr. W. HORN gesammelter Chironomiden, mit Übersichtstabellen einiger Gruppen von paläarktischen Arten. — Ent. Mitt. 7, 35—53, 94—110, 163—188.

1919 — Chironomides d'Europe conservés au Musée National Hongrois de Budapest. — Ann. Mus. Nat. Hung. 17, 1—160.

1921a — Synopse de la tribu des Chironomariae. — Ann. Soc. Sci. Bruxelles, S. 269—276.

1922d — Observations biologiques sur les Chironomides piqueurs. Avec description de deux expèces nouvelles. — Arch. Inst. Pasteur de l'Afrique du Nord 2, 387—392.

1922g — Chironomides nouveaux ou peu connus de la région paléarctique. — Ann. Soc. Sci. Bruxelles 42, 2, S. 71—180.

1923c — In: MERCIER: Diptères de la côte du Calvados. IVème Liste. — Ann. Soc. Ent. Belg. 63, 9—20.

1924a — Chironomides nouveaux ou rares de l'Europe centrale. — Bull. Soc. Hist. Nat. Moselle 30, 11—110.

1924e — Quelques nouveaux Chironomides de l'Europe centrale. — Arch. de l'Inst. Pasteur d'Algérie 2, 391—408.

1924f — Chironomiden der Hochmoore Nordeuropas. — Beitr. z. Kunde Estlands 10, 145—163.

1924g — Quelques Chironomides nouveaux et remarquables du Nord de l'Europe. — Ann. Soc. Sci. Bruxelles 43, 390—397.

1925 — Chironomidae Ceratopogoninae. — Faune de France 11.

1925b — Chironomides capturés sur les bord de la Mer baltique. — Ann. Soc. Sci. Bruxelles 44, 227—230.

1925g — Nouveaux représentants de la tribu des Orthocladiariae. — Ann. Soc. Sci. Bruxelles 44 I, 382—388.

1926a — Quelques nouveaux Diptères du groupe Chironominae. — Ann. Soc. Sci. Bruxelles 45, 97—103.

1927 — Weitere Beiträge zur Chironomidenfauna Estlands. In: DAMPF, Zur Kenntnis der estländischen Hochmoorfauna IV. — Sber. Naturf. Ges. Univ. Dorpat 33, 59—70.

1929 — Zur Kenntnis der Chironomiden (Zuckmücken) des Zehlaubruches. — Schr. Phys.-ökonom. Ges. Königsberg i. Pr. 66, 287—312.

1906c KIEFFER, J. J., und THIENEMANN, A.: Über die Chironomidengattung *Orthocladius*. — Z. wiss. Insektenbiol. 2, 143—156.

1908 — Neue und bekannte Chironomiden und ihre Metamorphose. — Z. wiss. Insektenbiol. 4.

1908/09 — I. Chironomiden. In: Beiträge zur Kenntnis der westfälischen Süßwasserfauna. — 37. Jber. Westfäl. Prov.-Ver. f. Wiss. und Kunst, S. 29—37.

1940 KLEMENT, O., und ENZ, J.: Geographie der Heimat. Zur Erdkunde der Komotauer Landschaft. In: Heimatkde. d. Kreises Komotau, 1. Bd., 2. Heft. — Komotau.

1905 KNAB, F.: A Chironomid inhabitant of Sarracenia purpurea, *Metriocnemus* knabi COQ. — J. New York Ent. Soc. **13**, 69—73.

1922 KNOLL: Insekten und Blumen. — Abh. Zool.-Bot. Ges. Wien **12**.

1934 KOCH, H.: Essai d'interpretation de la soi-disant „réduction vitale" de sels d'argent par certains organes d'arthropodes. — Ann. Soc. Sci. med.-nat. Bruxelles, B **54**.

1938 — The absorbtion of chloride Ions by the anal papillae of Diptera larvae. — J. exper. Biol. **15**.

1936 KOCH, H., und KROGH, A.: La fonction des papilles anales des larves de Diptères. — Ann. Soc. Sci. med.-nat. Bruxelles, B **56**.

1911 KÖNIG, J., KUHLMANN, J., und THIENEMANN, A.: Die chemische Zusammensetzung und das biologische Verhalten der Gewässer. — Landwirtschaftl. Jb. **40**, 409—474.

1930 a KOHN, F. G.: Die „rote" Mückenlarve. — Mikrokosmos **23**, 62—65.

1902 KOLKWITZ, R., und MARSSON, M.: Grundsätze für die biologische Beurteilung des Wassers und seiner Flora und Fauna. — Mitt. Kgl. Prüfungsanstalt für Wasserversorgung und Abwässerbeseitigung **1**, 33—72.

1909 — Ökologie der tierischen Saprobien. — Int. Rev. Hydrobiol. und Hydrogr. **2**, 126—152.

1910 — Zur Biologie der Wilmersdorfer Kläranlage bei Stahnsdorf. — Mitt. Kgl. Prüfungsanstalt für Wasserversorgung und Abwässerbeseitigung, Heft **13**, 48—79.

1950 — Ökologie der Saprobien. Über die Beziehungen der Wasserorganismen zur Umwelt. — Schr.-Reihe d. Ver. für Wasser-, Boden- und Lufthygiene, No. 4. Stuttgart.

1931 KOLUMBE, E.: Über die Wasserkelche von *Commelina obliqua* HAMLT. — A. f. H., Suppl.-Bd. **8**, 596—607.

1930 KOSHIMIZU, T.: Carpobiological studies of *Crinum asiaticum* L. var. *japonicum* BAK. — Mem. Coll. Sci., Kyoto Imp. Univ., Ser. B **5**, 183—227.

1948 KOSSWIG, C.: Genetische Beiträge zur Praeadaptationstheorie. — Rev. Faculté Sci. Univ. d'Istanbul, Ser. B **13**, fasc. 3, 176—209.

1911 KRAATZ, W.: Chironomidenmetamorphosen. — Inaug. Diss. Münster i. W. (45 Seiten).

1886 KRAEPELIN, K.: Die Fauna der Hamburger Wasserleitung. — Hamburg.

1940 KREUZER, R.: Limnologisch-ökologische Untersuchungen an holsteinischen Kleingewässern. — A. f. H., Suppl.-Bd. **10**, 359—572.

1948 KRIEG, HANS: Entwicklung als grundgesetzliche Notwendigkeit. — Stuttgart.

1935 KRÖBER, O.: Dipterenfauna von Schleswig-Holstein und den benachbarten westlichen Nordseegebieten IV. — Verh. Ver. naturw. Heimatforsch. Hamburg **24**, 81—156.

1939 KROGH, A.: Osmotic Regulation in Aquatic Animals. — Cambridge.

1938 KRÜGER, FR.: *Tanytarsus*-Studien I. Die Subsectio *Atanytarsus*. — A. f. H. **33**, 208—256.

1941 a — Parthenogenetische *Stylotanytarsus*-Larven als Bewohner einer Trinkwasserleitung (*Tanytarsus*-Studien III. Die Gattung *Stylotanytarsus*). — A. f. H. **38**, 214—253.

1941b KRÜGER, FR.: Eine parthenogenetische Chironomide als Wasserleitungsschädling. — Naturwiss. **29**, 556—558.

1944 — Terrestrische Chironomiden XIII. *Tanytarsus radens* n. sp. — Zool. Anz. **144**, 200—208.

1945 — Eutanytarsariae der *Gregarius*-Gruppe aus Schleswig-Holstein. — A. f. H. **40**, 1084—1115.

1941 KRÜGER, FR., und THIENEMANN, A.: Terrestrische Chironomiden XI. Die Gattung *Gymnometriocnemus* GOETGH. — Zool. Anz. **135**, 185—195.

1948 KRUMBECK, L.: Das Quartär bei Forchheim (Oberfranken). — Neues Jb. Mineralog. usw. Abh. **89** B, 258—314.

1934 KRUSEMAN, G.: Welche Arten von *Chironomus* s. l. sind Brackwassertiere? — Verh. I. V. L. **6**, 163—165.

1935b — 8e mededeeling over Tendipedidae. — T. Entomolog. **78**, S. LX—LXII.

1936b — 10e mededeeling over Tendipedidae. — Ibid. **79**, S. LXXXIX—XC.

1940 KÜHN, G.: Zur Ökologie und Biologie der Gewässer (Quellen und Abflüsse) des Wassergsprengs bei Wien. — A. f. H. **36**, 157—262.

1866 LABOULBÈNE, A.: Histoire des Métamorphoses du *Ceratopogon Dufouri.* — Ann. Soc. Ent. France, 4e Sér., **9**, 157—166.

1939 LACKEY, I. B.: Aquatic life in Waters polluted by acid mine waste. — Publ. Health. Rep. **54**, 740—746.

1914 LACOUR, H.: Die Reinigung städtischer Abwässer in Deutschland nach dem natürlichen biologischen Verfahren. — Inaug. Diss. Münster i. W.

1935 LADIGES, W.: Über die Bedeutung der Copepoden als Fischnahrung im Unterelbegebiet. — Z. Fischerei **33**, 1—84.

1936 — Untersuchungen über den Aalbestand im hamburgischen Hafengebiet. — Ebenda **34**, 23—34.

1953 LAFON, J.: Recherches sur la faune aquatique littorale du Rhône à Lyon. — Bull. Mens. Soc. Linnéenne Lyon **22**, 36—46.

1942 LAMBY, K.: Zur Fischereibiologie des Myvatn, Nord-Island. — Z. Fischerei **39**, 749—805 (1941).

1928 LANG, K.: Dammgödslingens inverkan på den makroskopiska evertebratfaunan. — Skr. Södra Sveriges Fiskeriförening 1928, S. 105—113.

1931 — Faunistisch-ökologische Untersuchungen in einigen seichten oligotrophen bzw. dystrophen Seen in Südschweden mit besonderer Berücksichtigung der Profundalfauna. — Lunds Univ. Årsskrift, N. F. Avd. 2, Bd. **27**, No. 18.

1936 LARSEN, K.: The distribution of the Invertebrates in the Dybsö Fjord, their biology and their importance as fish food. — Rep. Danish Biol. Stat. **41**, 3—35.

1945 LASKAR, K.: Wachstum und Ernährung des Barsches (*Perca fluviatilis* L.) in ostholsteinischen Seen. — A. f. H. **40**, 1009—1026.

1948 — Die Ernährung des Brassens (*Abramis brama* L.) im eutrophen See. Nach Untersuchungen in ostholsteinischen Seen. — A. f. H. **42**, 1—165.

1947 LASSERRE, O.: Contribution à l'étude des Moucherons piqueurs Ceratopogonides. — Diss. Montpellier.

1931 LASTOČKIN, D.: Beiträge zur Seetypenlehre. — A. f. H. **22**, 546—579.

1951 LAURENCE, B. R.: On two neglected type designations in the genus *Hydrobaenus* FRIES, 1830. — Ent. Month Mag. **87**, 164—165.

1905 LAUTERBORN, R.: Zur Kenntnis der Chironomidenlarven. — Zool. Anz. **29**, 207—217.

1930 — Der Rhein. Naturgeschichte eines deutschen Stromes. **1**, 1. Hälfte. — Ber. Naturf. Ges. Freiburg i. Br. **30**, 1—311.

1922 LEATHERS, A. L.: Ecological study of aquatic midges and some related insects with special reference to feeding habits. — U. S. Bur. Fisheries Bull. **38**, 1—61.

1761 LEDERMÜLLER, M. F.: Mikroskopische Gemüths- und Augen-Ergötzung: bestehend in Ein Hundert nach der Natur gezeichneten und mit Farben erleuchteten Kupfertafeln, sammt deren Erklärung.

1928 LÉGER, L., et MOTAŞ, C.: Biologie d'un Chironomide. Le *Cricotopus biformis* EDW. et son interêt en salmoniculture. — Trav. Lab. d'Hydrobiol. et de Pisciculture **20**, 1—18.

1928 a — Parasitisme et phénomène du transport d'un Hydracarien chez un Chironomide du genre *Cricotopus*. — C. R. Acad. d. Sci. Paris, S. 1238—1239.

1920 LENZ, FR.: Salzwasser und präanale Blutkiemen der *Chironomus*-Larven. — Naturwiss. Wschr., N. F. **19**, 87—91.

1921 — Die Metamorphose der *Chironomus*-Gruppe. Morphologie der Larven und Puppen. — D. Ent. Z. (15 Seiten).

1923 — Die Vertikalverteilung der Chironomiden im eutrophen See. — Verh. I. V. L. **1**, 144—167.

1923 a — Die terrestrischen Jugendstadien der Chironomidengattung *Phaenocladius* und verwandte Formen. Ein Beitrag zur Ökologie der Dipterenlarven. — A. f. H. **14**, 453—469.

1924 — Die Chironomiden der Wolga I. — Arb. Biol. Wolga-Stat. **7**, No. 3, Sep. S. 1—26.

1924 a — Eine Konvergenzerscheinung beim Gehäusebau der Chironomiden- und der Trichopterenlarven. — Zool. Anz. **60**, 105—111.

1925 — Chironomiden und Seetypenlehre. — Naturwissenschaften **13**, 5—10.

1926 — Salzwasser-*Chironomus*. Weiterer Beitrag zur Frage der Blutkiemenverkürzung. — Mitt. Geogr. Ges. und d. Naturhist. Mus. Lübeck, 2. Reihe, **31**, 153—169.

1926 a — Chironomiden aus dem Balatonsee. — Archivum Balatonicum **1**, 129—144.

1926 b — *Didiamesa miriforceps* KIEFF. Eine neue Chironomide aus der Tiefe der Binnenseen. — Neue Beitr. z. system. Insektenkde. (Beilage z. Z. f. wiss. Insektenbiol.) III, No. 10.

1927 — Chironomiden aus norwegischen Hochgebirgsseen. Zugleich ein Beitrag zur Seetypenfrage. — Nyt Mag. Naturvidenskaberne **66**, 111—192.

1927 a — *Didiamesa* aus Japan. — A. f. H. **18**, 151—154.

1928/29 — Ökologische Chironomiden-Typen. — Biologické Listy **14**, Sep. S. 1—10.

1930 — Ein afrikanischer Salzwasser-*Chironomus* aus dem Mageninhalt eines Flamingos. — A. f. H. **21**, 447—454.

1930 a — Über das Massenvorkommen von Chironomiden und seine Ursachen. — 4. Wanderversammlung Deutscher Entomologen in Kiel, S. 55—65.

1933 — Ceratopogoninae genuinae aus Niederländisch-Indien. — A. f. H., Suppl.-Bd. **12**, 196—223.

1933a LENZ, FR.: Das Seetypenproblem und seine Bedeutung für die Limnologie. — IV. Hydrobiologische Konferenz der Baltischen Staaten. Leningrad 47 a, 1—13.

1933b — Untersuchungen zur Limnologie von Strandseen. — Verh. I. V. L. **6**, 166—177.

1934 — Die Metamorphose der Heleidae. — In: LINDNER, Die Fliegen d. palaearctischen Region **13** a (Lief. 78), 95—128.

1936 — Die Metamorphose der Pelopiinae (Tanypodinae). — In: LINDNER, Die Fliegen d. palaearctischen Region **13** b, 51—78.

1937 — Chironomariae aus Niederländisch-Indien. Larven und Puppen. — A. f. H., Suppl.-Bd. **15**, 1—29.

1938 — Die Gattung *Parachironomus*. Beschreibung der Larve und Puppe von *P. varus* GTGH. nebst einer Übersicht über die Gattung. — A. f. H. **32**, 700—714.

1941 — Die Metamorphose der Chironomidengattung *Cryptochironomus*. — Zool. Anz. **133**, 29—41.

1941a — Die Jugendstadien der *Chironomariae (Tendipedini) connectentes*. — A. f. H. **38**, 1—69.

1942 — Das Atemorgan der Chironomidenpuppen. — Riv. Biol. **33**, Sep. S. 1—14.

1949 — Zur Funktion der Tubuli und Analschläuche der *Chironomus*-Larven. Verh. D. Zoologen Kiel 1948, S. 484—489.

1951 — Die halobionten Jugendstadien der Chironomidengattung *Halliella* KIEFF. — D. Zool. Z. **1**, 3—14.

1951a — Neue Beobachtungen zur Biologie der Jugendstadien der Tendipedidengattung *Parachironomus* LENZ. — Zool. Anz. **147**, 95—111.

1951b — Probleme der Chironomiden-Forschung. — Verh. I. V. L. **11**, 230—245.

1953 — Chironomiden als Vorfrühlingsboten. — Beitr. Ent. 1952, **2**, 543—554.

1951 LIEBMANN, H.: Handbuch der Frischwasser- und Abwasserbiologie I. München.

1901 LINDAU, SCHIEMENZ u. a.: Hydrobiologische und hydrochemische Untersuchungen über die Vorflutersysteme der Bäke, Nuthe, Panke und Schwärze. — Vjschr. gerichtl. Med. und öffentl. Sanitätswesen, 3. Folge, **21**. Suppl.-Heft, 1—158.

1944 LINDBERG, HÅKAN: Ökologisch-Geographische Untersuchungen zur Insektenfauna der Felsentümpel an den Küsten Finnlands. — Act. Zool. Fenn. **41**, 1—178.

1941 LINDEMAN, R. L.: Seasonal food-cycle dynamics in a senescent Lake. — Amer. Midland Naturalist **26**, 636—673.

1942 — Seasonal distribution of midge larvae in a senescent Lake. — Ebenda **27**, 428—444.

1942a — Experimental simulation of winter Anaerobiosis in a senescent Lake. — Ecol. **23**, 1—13.

1942 LINDROTH, A.: Periodische Ventilation bei der Larve von *Chironomus plumosus*. — Zool. Anz. **138**, 244—247.

1737 LINNÉ, C.: Flora lapponica. — Amsterdam.

1745 — Öländska och Gothländska Resa. — Stockholm och Upsala.

1746 — Fauna suecica.

1758 — Systema naturae. — Ed. X.

1887 LINSTOW, VON: Helminthologische Untersuchungen. — Zool. Jb. (Syst.) **3** (1888), 97—114.

1926b LIPINA, N.: Zur Chironomidenfauna des Obgebietes. — Ber. Hydrolog. Inst. No. **17**, 43—61.

1927 — Die Chironomidenlarven des Oka-Bassins. — Arb. Biol. Oka-Stat. Murom. **4**, 72—122; **5**, 37—48.

1937 LLOYD, LL.: Observations on sewage flies: their seasonal incidence and abundance. — J. and Proc. Inst. Sewage purification **1**, 1—16.

1941 — Seasonal rhythm of a fly. — Nature **147**, 811.

1941b — The seasonal rhythm of a fly *(Spaniotoma minima)* and some theoretical considerations. — Trans. Roy. Soc. Trop. Med. and Hygiene **35**, 93—104.

1943a — Materials for a study in animal competition. The fauna of the sewage bacteria beds II. — Ann. Appl. Biol. **30**, 47—60.

1944a — Sewage bacteria bed fauna in its natural setting. — Nature **154**, 397.

1944b — Biological investigation in relation to incipient ponding. — J. and Proc. Inst. of Sewage purification 1944, S. 71—74.

1939 LLOYD, LL., and GOLIGHTLY, W. E.: Insect size an temperature. — Nature **144**, 155.

1940 LLOYD, LL., GRAHAM, J. F., and REYNOLDSON, P. B.: Materials for a study in animal competition. The Fauna of the sewage bacteria beds. — Ann. of Appl. Biol. **27**, 122—150.

1864 LÖW, H.: On the Diptera or twowinged insects of the Amber fauna. — Amer. J. Sci. and Arts 2, Ser. **37**.

1936 LOHDE, G.: Schwarmmücken im Spreewald. — Aus d. Heimat **49**, 353—354.

1926 LUNDBECK, J.: Die Bodentierwelt norddeutscher Seen. — A. f. H., Suppl.-Bd. **7**, 1—473.

1926a — Ergebnisse der quantitativen Untersuchungen der Bodentierwelt norddeutscher Seen. — Z. f. Fischerei **24**, 17—67.

1932 — Beobachtungen über die Tierwelt austrocknender Salzwiesentümpel an der holsteinischen Ostseeküste. — A. f. H. **24**, 603—628.

1933 — 1. Hydrographische Untersuchungen im Wollingster See. 2. Die Bodentiere des Wollingster Sees. — Schr. Ver. Naturkde. an d. Unterweser, N. F. **6**, Sep. S. 1—24.

1934 — Über den „primär oligotrophen“ Seetypus und den Wollingster See als dessen mitteleuropäischen Vertreter. — A. f. H. **27**, 221—250.

1935 — Über die Bodenbevölkerung, besonders die Chironomidenlarven, des Frischen und Kurischen Haffs. — Int. Rev. Hydrobiol. und Hydrogr. **32**, 265—284.

1936 — Untersuchungen über die Bodenbesiedelung der Alpenrandseen. — A. f. H., Suppl.-Bd. **10**, 207—358.

1936a — Untersuchungen über die Mengenverteilung der Bodentiere in den Lunzer Seen. — Int. Rev. Hydrobiol. und Hydrogr. **33**, 50—72.

1938 — Das Werden und Vergehen der nordwestdeutschen Seen. — Geol. der Meere und Binnengewässer **2**, 22—61.

1951 — Zur Kenntnis der Lebensverhältnisse in sauren Binnenseen. — A. f. H., Suppl.-Bd. **20**, 18—117.

1947 LUTHER, H.: Jakttagelser över äkta och oäkta sjöbollar. — Mem. Soc. pro Fauna et Flora Fennica **23**, 92—93.

1912/13 LUTZ, A.: Beiträge zur Kenntnis der blutsaugenden Ceratopogoninen Brasiliens. — Mem. Inst. Oswaldo Cruz **4**, 1912, 1—33; **5**, 1913, 45—72.

1832 LYONET: Recherches sur l'anatomie et les métamorphoses de différentes espèces d'insectes. Ouvrage posthume, publié par M. W. de Haan. — Paris.

1949 MACAN, T. T.: Survey of a moorland fishpond. — J. Anim. Ecol. **18**, 160—186.

1952 MACDONALD: In: East African Fisheries Res. Organization Ann. Rep. 1951. — Nairobi, S. 11—14.

1932 MACFIE, J. W. S.: Ceratopogonidae from the wings of Dragonflies. — T. Ent. **75**, 265—283.

1933 — A new species of *Culicoides* from Palestine. — Ann. Trop. Med. and Parasit. **27**, 79—81.

1933b — Ceratopogonidae from the Marquesas Islands. — Bernice P. Bishop Mus. Bull. **114**, 93—103.

1952 MACGAHA, Y. J.: The Limnological Relations of Insects to certain aquatic flowering Plants. — Trans. Americ. Microscop. Soc. **71**, 355—381.

1915a MALLOCH, J. R.: Some additional records of Chironomidae for Illinois and Notes and other Illinois Diptera. — Bull. Ill. State Lab. of Nat. Hist. **11**, 305—363.

1917 — A preliminary classification of Diptera, exclusive of Pupipara, based upon larval and pupal characters, with keys to imagines in certain families. Part I. — Bull. Ill. State Lab. of Nat. Hist. **12**, 161—410.

1935 MANN, H.: Untersuchungen über die Verdauung und Ausnutzung der Stickstoffsubstanz einiger Nährtiere durch verschiedene Fische. — Z. f. Fischerei **33**, 231—274.

1898 MARCHOUX, E.: Note sur un Rotifère *(Philodina parasitica* n. sp.) usw. — C. R. Hébd. d. Séances et Mém. de la Soc. d. Biol., Série X, **5**, 749.

1941 MARCUS, E.: Sôbre Bryozoa do Brasil. — Bol. Fac. Fil. Ciên Letr. Univ. S. Paulo **22**, Zoologia No. 5, 3—208.

1948 MARCUZZI, G.: J Chironomidi della Laguna Veneta, con note sulle caratteristiche dei Chironomidi alofili. — Arch. Oceanografia et Limnol. **1—3**, 1—20.

1951 MARLIER, G.: La biologie d'un ruisseau de plaine, le Smohain. — Inst. Roy. Sci. Nat. Belg. Mém. No. 114.

1933 MARRE, G.: Untersuchungen über die Zanderfischerei im Kurischen Haff. — Z. f. Fischerei **31**, 309—343.

1901 MARSSON, M., und SCHIEMENZ, P.: Die Schädigung der Fischerei in der Peene durch die Zuckerfabrik in Anklam. — Z. f. Fischerei **9**, 25—80.

1946 MARTINI, E.: Lehrbuch der medizinischen Entomologie. — 3. Aufl. Jena.

1933 MAYENNE, V. A.: Zur Frage der Überwinterung von Chironomidenlarven im Boden abgelassener Fischteiche. — A. f. H. **25**, 657—660.

1933a — Abwasserreinigung durch mehrstufige Teiche und Fischzucht in denselben. — A. f. H. **25**, 648—656.

1933 MAYER, K.: Die Metamorphose von *Forcipomyia (Apelma) comis* JOH. und Beschreibung einer unbekannten *Apelma*-Larve. — A. f. H., Suppl.-Bd. **12**, 224—238.

1933a — Zur Imaginalbiologie der Ceratopogoniden. — D. Ent. Z., S. 56—63.

1934 MAYER, K.: Ceratopogonidenmetamorphosen *(C. intermidae* und *C. vermiformes)* der Deutschen Limnologischen Sunda-Expedition. — A. f. H., Suppl.-Bd. **13**, 166—202.

1934 a — Die Metamorphose der Ceratopogonidae. Ein Beitrag zur Morphologie, Systematik, Ökologie und Biologie der Jugendstadien dieser Dipterenfamilie. — Arch. Naturgesch., N. F. **3**, 205—288.

1934 b — Die Nahrung der Ceratopogonidenlarven. — A. f. H. **27**, 564—570.

1934 c — *Forcipomyia (Lasiohelea) chrysopae* n. sp. und *Forcipomyia crudelis* KARSCH, zwei Blutsauger an Insekten. — Arb. morph. taxon. Ent. Berlin-Dahlem **1**, 259—260.

1936 a — Die Mundwerkzeuge von *Pterobosca odonatiphila* MACFIE. — Ebenda **3**, 1—3.

1937 — Beobachtungen über blutsaugende Ceratopogoniden. — Ebenda **4**, 231—234.

1938 b — Ceratopogoniden als Phasmidenparasiten. — Riv. Ent. Rio de Janeiro **9**, 13—15.

1943 — Die Gnitzen (Heleidae) und ihre Bekämpfung. — Z. Hygien. Zool. **35**, 41—46.

1927 MEDWEDEWA, N. B.: Über die Morphologie und Biologie von *Culicoides nubeculosus* MG. — Mitt. Inst. f. Heimatkde. d. Univ. Saratow **2**, 1—18.

1935 MEIERJÜRGEN, G. A.: Zur Ernährungsbiologie der Bergbachfauna. — Inaug. Diss. Münster i. W.

1800 MEIGEN, J. G.: Nouvelle classification des mouches à deux ailes *(Diptera* L.) d'après un plan tout nouveau. — Paris, an VIII.

1803 — Versuch einer neuen Gattungseinteilung der europäischen zweiflügeligen Insekten. — Illigers Mag. f. Insektenkde., S. 259—281.

1909 MEIJERE, J. C. H. DE: Blutsaugende Micro-Dipteren aus Niederländisch-Ostindien. — T. Ent. **52**, 191—203.

1923 — *Ceratopogon*-Arten als Ectoparasiten anderer Insekten. — Ebenda **66**, 135—162.

1936 MEILLON, BOTHA DE: Entomological Studies. Studies on Insects of medical importance in South Africa. Part III. — Publ. South African Inst. Medical Res. **7**, 125—215.

1937 b — Part IV. — Ebenda **7**, 301—411.

1937 a MEILLON, BOTHA DE, and GRAY, F. C.: The control of a species of *Chironomus* MG. in a artificial lake by increasing the salinity. — South African Med. J., S. 658—660.

1886 MEINERT, FR.: De eucephale Myggelarver. — Vidensk. Selsk. 6. Raekke, Naturvidensk. og Mathem. Afd. III, 4. Kjöbenhavn.

1936 MESCHKAT, A.: Zwei neue minierende Insektenlarven aus dem Balaton. — Arb. 1. Abt. Ung. Biol. Forschungsinst. **8**, 1935/36, 101—105.

1937 MEUCHE, A.: Nahrungsuntersuchungen an den Schlundegeln *Herpobdella octooculata* und *Herpobdella testacea.* — A. f. H. **31**, 501—507.

1939 — Die Fauna im Algenbewuchs. Nach Untersuchungen im Litoral ostholsteinischer Seen. — A. f. H. **34**, 349—520.

1904 MEUNIER, F.: Monographie des Cecidomyidae, des Sciaridae, des Mycetophilidae et des Chironomidae de l'ambre de la Baltique. — Ann. Soc. Sci. Bruxelles.

1916 MEUNIER, F.: Sur quelques diptères (Bombylidae, Leptidae, Dolichopodidae, Conopidae et Chironomidae) de l'ambre de la Baltique. — T. Ent. **59**, 274—286.

1900 MIALL, L. C., and HAMMOND, A. R.: The structure and Life-History of the Harlequin Fly *(Chironomus)*. — Oxford.

1903 MIALL, L. C.: The Natural History of Aquatic Insects. — London.

1932 MIEGEL, H.: Entzündung des Afters und Darms bei Regenbogen- und Bachforellen infolge von Fütterung mit Abwasserzuckmückenlarven. Z. f. Fischerei **30**, 509—514.

1936 MIELLER, H.: Die Beziehungen zwischen dem Nahrungsfett und Speicherfett der Fische. — Z. f. Fischerei **34**, 163—169.

1933 MIKULIN, A. J.: Materialien zur Chironomidenfauna des Balchasch-Sees. — Exploration des laces de l'U. S. S. R. fasc. 4, Leningrad, S. 71—96.

1941 MILLER, R. B.: A Contribution to the ecology of the Chironomidae of Costello Lake, Algonquin Park, Ontario. — Univ. of Toronto Stud. Biol. Ser. No. 49.

1939 MILNE, A.: The ecology of the Tamar Estuary. IV. The distribution of the Fauna and Flora on Buoys. — J. Marine Biol. Ass. Plymouth **24**, 69—87.

1931 MIYADI, D.: Studies on the bottom fauna of Japanese lakes. I. Lakes of Sinano Province. — Japan. J. Zool. **3**, No. 5, 201—227.

1931a — Studies etc. II. Mountain lakes of the tributaries of the River Tone, with special reference to azoic zone. — Ebenda, S. 259—277.

1932 — Studies etc. III. Lakes of the Kwanto Plain. — Ebenda **4**, No. 1, 1—18.

1932a — Studies etc. VI. Lakes of the Southern Kyûsyû. — Ebenda **4**, No. 2, 127—142.

1932b — Studies etc. VII. Lakes of Hokkaido. — Ebenda **4**, No. 3, 223—240.

1933 — Studies on the Bottom Fauna of Japanese Lakes X. Regional Charakteristics and a System of Japanese Lakes based on the Bottom Fauna. — Ebenda **4**, 417—437.

1937 — Limnological survey of the North Kurile Islands. — A. f. H. **31**, 433—483.

1938 — Bottom Fauna of the Lakes in Kunasiri-sima of the South Kurile Islands. — Int. Rev. ges. Hydrobiol. u. Hydrogr. **37**, 125—163.

1939 — Limnological Survey of Taiwan (Formosa). — A. f. H. **35**, 1—27.

1932 MIYADI, D., and HAZAMA, N.: Quantitative investigation of the bottom fauna of Lake Yogo. — Japan. J. Zool. **4**, No. 2, 151—196.

1919 MONARD, A.: La faune profonde du lac de Neuchâtel. — Bull. Soc. neuchâteloise sci. nat. **44**, 1—176.

1905 MÜLLER, G. W.: Die Metamorphose von *Ceratopogon Mülleri* K. — Z. wiss. Zool. **83**, 223—230.

1952a MÜLLER, K.: Fischereibiologische Untersuchungen am Edersee. — Ber. Limnolog. Flußstat. Freudenthal III, S. 26—35.

1952b — Die Mühlkoppe und ihre Nahrungs-Konkurrenz zur Bachforelle. — Ebenda, S. 70—74.

MÜLLER, KARL: Fischereibiologische Untersuchungen an der Fulda. — (Im Druck.)

1935 MÜNCHBERG, P.: Über die bisher bei einigen Nematocerenfamilien (Culicidae, Chironomidae, Tipulidae) beobachteten ektoparasitären Hydracarinenlarven. — Z. Morph. und Ökol. d. Tiere **29**, 720—749.

1936 — Zur Kenntnis der Odonatenparasiten, mit ganz besonderer Berücksichtigung der Ökologie der in Europa an Libellen schmarotzenden Wassermilbenlarven. — A. f. H. **29**, 1—120.

1937 — Die Beutetiere von *Drosera rotundifolia* L. auf einem grenzmärkischen Zwischenmoor. — Beih. Bot. Centralbl. **57** A, 9—20.

1909 MUNDY, A. T.: The anatomy, habits and psychology of *Chironomus pusio* MEIGEN (the early stages), with notes on various other Invertebrates, chiefly Chironomidae. — Leicester (56 Seiten, 8 Tafeln).

1920 MUNSTERHJELM, G.: Om Chironomidernas Äggläggning och Äggrupper. — Acta Soc. pro Fauna et Flora Fennica **47**, No. 2, 1—174.

1918 MUTTKOWSKI, R. A.: The Fauna of Lake Mendota, a qualitative and quantitative survey with special reference to the Insects. — Trans. Wis. Acad. of Sci., Arts and Lett. **19**, 374—482.

1942 NADIG, A.: Hydrobiologische Untersuchungen in Quellen des schweizerischen Nationalparkes im Engadin (unter besonderer Berücksichtigung der Insektenfauna). — Ergebn. d. wiss. Untersuchung d. schweiz. Nationalparkes, N. F. **1**, 267—432.

1930 NAUMANN, E.: Einführung in die Bodenkunde der Seen. — Die Binnengewässer **9**.

1932 — Grundzüge der regionalen Limnologie. — Die Binnengewässer **11**.

1948 NENNINGER, U.: Die Peritrichen der Umgebung von Erlangen, mit besonderer Berücksichtigung ihrer Wirtsspezifität. — Zool. Jb. Abt. f. Syst. **77**, 163—281.

1934a NEUHAUS, E.: Studien über das Stettiner Haff und seine Nebengewässer. II. Untersuchungen über den Kaulbarsch. — Z. f. Fischerei **32**, 1—35.

1934b — Studien usw. III. Untersuchungen über den Zander. — Ebenda, S. 599—634.

1935 NICOL, E. A. T.: The Ecology of a Salt-Marsh. — J. Mar. Biol. Ass. **20**, 203—262.

1936 — The brackish-water Lochs of North Uist. — Proc. Roy. Soc. Edinburgh **56**, II, 169—195.

1951 NIELSEN, ANKER: Contributions to the metamorphosis and biology of the genus *Atrichopogon* KIEFFER, with remarks on the evolution and taxonomy of the genus. — Det Kongelige Danske Videnskabernes Selskab. Biol. Skr. **6**, No. 6, 1—95.

1950 NIELSEN, E. TETENS, and GREVE, H.: Studies on the swarming habits of Mosquitos and other Nematocera. — Bull. Entomol. Res. **41**, 227—258.

1938 NIETZKE, G.: Die Kossau. Hydrobiologisch-faunistische Untersuchungen an schleswig-holsteinischen Fließgewässern. — A. f. H. **32**, 1—74.

1927 NÖLLER, W., und ULLRICH, K.: Die Entwicklung einer *Plagiorchis*-Art. (Ein Beitrag zur Kenntnis der Cercariae armatae.) — Sber. Ges. naturforsch. Freunde Berlin, S. 81—96.

1952 NOLL, W.: Es regnete Zuckmückeneier. — Nachr. Naturwiss. Mus. Aschaffenburg No. 34, 71—74.

1926 NOMINÉ, M. H.: A la mémoire de M. l'abbé J. J. KIEFFER, Professeur au College Saint-Augustin à Bitche (Moselle) 1857—1925. Notice Biographique. L'oevre scientifique de M. KIEFFER. — Bull. de l'oevre de reconstruction du Coll. de Bitche, Metz, S. 1—49.

1936 NORDBERG, SVEN: Biologisch-ökologische Untersuchungen über Vogelnidicolen. — Act. Zool. Fenn. **21**, 1—168.

1925 NORDQUIST, H.: Studien über die Vegetations- und Bodenfauna ablaßbarer Teiche. — Lunds Univ. Årsskr., N. F. Avd. 2, **21**, No. 8, 1—77.

1934 OEHRING, W.: Die Helligkeitsreaktion der *Chironomus*-Larve. — Zool. Jb. Abt. f. allg. Zool. u. Physiol. **53**, 343—366.

1942 OGAKI, M.: On the behaviour of nest-building habit of *Chironomus*-larva. — Zool. Mag. Tokyo **54** (10), 375—386. (Japan.-engl. Résumé.)

1936 OHLE, W.: Der schwefelsaure Tonteich bei Reinbek. — A. f. H. **30**, 604—662.

1931 OKA, H.: Morphologie und Ökologie von *Clunio pacificus* EDW. — Zool. Jb. Abt. f. Syst. **59**, 253—280.

1950 OLIVEIRA, S. J. DE: Sôbre duas novas espécies neotrópicas do gênero *Telmatogeton* SCHINER 1866. — Mem. Inst. Oswaldo Cruz **48**, 469—485.

1950 a — Sôbre una nova espécie neotrópica du gênere „*Clunio*" HALIDAY 1855. — Rev. Brasil. Biol. **10** (4), 493—500.

1925 OLSTAD, O.: Örretvand i Gudbrandsdalen. — Nytt Mag. Naturvidenskab. **63**, 1—201.

1896 ORTMANN, A. E.: Grundzüge der marinen Tiergeographie. — Jena.

1869 PACKARD, A. S.: On insects inhabiting salt-water. — Proc. Essex Inst. **6**, 41—51.

1869 b — Insects living in the Sea. — Americ. Naturalist **2**.

1871 — On insects inhabiting Salt Water. Sillimans Amer. J. Sci. and Arts 3, Ser. **1**, 100 ff.

1932 PAGAST, F.: Über die Metamorphosestadien von *Chironomus vulneratus* ZETT. (Gruppe *Cryptochironomus* s. str.) — Konowia **11**, 155—161.

1934 — Über die Metamorphose von *Chironomus xenolabis* KIEFF., eines Schwammparasiten. — Zool. Anz. **105**, 155—158.

1936 — Über Bau und Funktion der Analpapillen bei *Aëdes aegypti* L. (*fasciatus* FABR.). — Zool. Jb. Abt. f. allg. Zool. **56**, 183—218.

1936 b — Chironomidenstudien II. — Stett. Ent. Ztg. **97**, 270—278.

1940 — Über Zusammensetzung und Verteilung der Bodenchironomidenfauna mitteleuropäischer Seen. — Schr. physik.-ökonom. Ges. Königsberg **71**, 387—403.

1941 — Eine zoogeographisch wichtige Mückenlarve von unseren Hochmooren. — Schr. physik.-ökonom. Ges. Königsberg (Pr.) **72**, 205—206.

1943 a — Über die Bodenchironomiden des Lunzer Untersees. — Int. Rev. Hydrobiol. u. Hydrogr. **43**, 470—479.

1947 — Systematik und Verbreitung der um die Gattung *Diamesa* gruppierten Chironomiden. — A. f. H. **41**, 435—596.

1933 PAGAST, F., und FROESE, H.: Beitrag zur Kenntnis der Quellenfauna Lettlands. — Inst. f. wiss. Heimatforsch. Dorpat, Mitt. 9.

1941 PAGAST, F., THIENEMANN, A., KRÜGER, FR.: Terrestrische Chironomiden VIII. *Metriocnemus fuscipes* MG. und *Metriocnemus terrester* n. sp. PAGAST. — Zool. Anz. **133**, 202—213.

1926 PAINTER, REGINALD H.: The Biology, immature Stages, and Control of the Sandflies (Biting Ceratopogoninae) at Puerto Castilla, Honduras. — Ann. Rep. Medic. Dept. of the United Fruit Comp., p. 245—262.

1933 PANKRATOWA, W. J.: Über die Chironomidenlarven des Amu-Darja. — Rep. Aral-Sea Sci. Stat. of Fisheries **1**, 81—92.

1917 PATCH, E. M.: An infestation of potatoes by a midge. — J. Econ. Ent. **10**, 472—473.

1949 PATRIARCHE, M. C., and BALL, R. C.: An analysis of the bottom fauna production in fertilized and unfertilized ponds and its utilisation by young-of-the-year-fish. — Michigan State Coll., Agricultural Exp. Stat., Techn. Bull. **207**, 1—35.

1918 PAUSE, J.: Beiträge zur Biologie und Physiologie der Larve von *Chironomus gregarius*. — Zool. Jb. Abt. f. allg. Zool. **36**, 1—114.

1942 PAVISIĆ, V.: Über die Möglichkeit des Mückenbrütens in *Dipsacus*-Cisternen. — A. f. H. **38**, 446—450.

1938 PAX, F.: Dünger aus wirbellosen Tieren. — In: PAX und ARNDT, Rohstoffe des Tierreichs **1**, 2. Hälfte, 2081—2098.

1951 — Die Grenzen tierischen Lebens in mitteleuropäischen Thermen. — Zool. Anz. **147**, 175—184.

1920 PEARSE, A. S., and ACHTENBERG, H.: Habits of Yellow Perch in Wisconsin Lakes. — Bull. Bureau of Fisheries **36**, 297—366.

1921 — Distribution on food of the fishes of Green Lake Wisconsin in Summer. — Ebenda **37**, 255—272.

1936 — Estuarine animals at Beaufort, North Carolina. — J. Elisha Mitchell Sci. Soc. **52**, 174—222.

1948 PESTA, O.: Beiträge zur limnologischen Kennzeichnung ostalpiner Kleingewässer. — Carinthia II, Klagenfurt **137/138**, 24—51.

1932 PERCIVAL, E.: On the depreciation of trout-fishing in the Oreti (or new river), Southland. — New Zealand Marine Dept., Fisheries Bull. No. 5, 1—48.

1928 PEUS, FR.: Zur Zuckmückenplage in Badeanstalten. — Z. Desinfektions- und Gesundheitswesen Heft 9 (3 Seiten).

1932 — Die Tierwelt der Hochmoore unter besonderer Berücksichtigung der europäischen Hochmoore. — Handb. der Moorkde. III. Berlin.

1917 PEYERIMHOF, P. DE: *Ceratopogon* et *Meloe*. — Bull. Soc. Ent. France, S. 250—253.

1936 PHILLIPP, P.: Methode zur qualitativen und quantitativen Erfassung des Insektenflugs über Gewässern. — Zool. Anz. **114**, 235—240.

1936 b — Parthenogenese, Geschlechterverhältnis und Gynandromorphismus bei Chironomiden. — Ent. Rundschau **54**, 45—50.

1938 — Experimentelle Studien zur Ökologie von *Chironomus Thummi* K. — Zool. Anz. **122**, 237—245.

1938 a — Studien über den jahres- und tageszeitlichen Insektenflug über Teichen. — Z. f. Fischerei **35**, 731—775.

1929 PHILIPPS, J. S.: A report on the food of trout and other conditions affecting their well-being in the Wellington district. — New Zealand Marine Dept., Fisheries Bull. No. 2, 1—31.

1913 PICADO, C.: Les Broméliacées Épiphytes considérées comme milieu biologique. — Bull. Scient. la France Belg., 7e serie **47**, 215—360.

1917 PING, CHIH: Observations on *Chironomus decorus* JOH. — Canad. Entomologist, S. 418—426.

1921 — The biology of *Ephydra subopaca* LOEW. — Cornell Univ. Agricult. Exp. Stat. Mem. **49**.

1936 POPOWA, N. M.: Zur Kenntnis des Zoobenthos der Kontschezero-Seengruppe in Karelien. — Ber. Biol. Borodin-Stat. **8**, 81—100.

1931 a POTONIÉ, H.: Paulus Schiemenz und „*Chironomus*". — Mitt. Fischereiver., Ostausgabe **35**, 519—521.

1936 — Weitere Beiträge zur Biologie von *Chironomus plumosus* L. — Z. f. Fischerei **34**, 113—148.

1915 POTTHAST, A.: Über die Metamorphose der *Orthocladius*-Gruppe. — A. f. H., Suppl.-Bd. **2**, 243—276.

1949 PUKE, C.: Bottom Fauna and Environmental Conditions in the Littoral Region of Lakes. — Inst. of Freshwater Res., Drottningholm, Rep. No. **29**, 77—80.

1930 RAWSON, D. S.: The bottom fauna of Lake Simcoe and its role in the Ecology of the lake. — Univ. of Toronto Stud., Biol. Ser. No. 34.

1934 — Productivity studies in lakes of the Kamloops region, British Columbia. — The Biol. board of Canada, Bull. XLII (31 Seiten).

1947 RAYMONT, J. E. G.: An experiment in marine fish cultivation. IV The bottom fauna and the food of flatfishes in a fertilizad sea-loch (Loch Craiglin). — Proc. Roy. Soc. Edinburgh B, **63** I, 34—55.

1949 — Further observations on changes in the bottom fauna of a fertilized sea loch. — J. Marine Biol. Ass. **28**, 9—19.

1923 REDECKE, H. C.: Rapport omtrent het voorkomen en den groei van jonge zalmpjes in zuidlimburgsche Beken. — Verh. en rapp. Rijksinstitut voor Visscherijonderzoek **1**, 183—220.

1950 REGULA, H.: Eisfreie Seen in der Antarktis. — Umschau **50**, 247—249.

1951 REISINGER, E.: Lebensweise und Verbreitung des europäischen Landblutegels (*Xerobdella lecomtei* FRAUENFELD). — Carinthia II, Mitt. Naturwiss. Ver. Kärnten **141** (61. Jg.), 110—124. Klagenfurt.

1953 REMMERT, H.: Zwei neue Chironomiden von der schleswig-holsteinischen Küste. — Kieler Meeresforschungen **9**, 235—237.

1936 REMPEL, J. G.: The Life-history and Morphology of *Chironomus hyperboreus*. — J. Biol. Bd. Can. **2** (2), 209—221.

1940 — Intersexuality in Chironomidae induced by Nematode Parasitism. — J. exp. Zcol. **84**, 261—289.

1912 RHODE, C.: Über Tendipediden und deren Beziehungen zum Chemismus des Wassers. — D. Ent. Z., Sep. S. 1—48.

1921 RICHARDSON, R. E.: The small bottom and shore fauna of the middle and lower Illinois River etc. — Illinois Nat. Hist. Surv. **13**, 363—522.

1915 RIETH, J. TH.: Die Metamorphose der Culicoidinen (Ceratopogoninen). — A. f. H., Suppl.-Bd. **2**, 377—442.

1940 RILEY, N. D.: Dr. F. W. EDWARDS F. R. S. — Nature **146**, 739.

1942 RITSCHER, A.: Wissenschaftliche und fliegerische Ergebnisse der Deutschen Antarktischen Expedition 1938/39. — I. Bd. Leipzig.

1950 ROBERTS, E. W.: Artificial feeding of *Culicoides nubeculosus* in the laboratory. — Nature **166**, 700.

1949 RODINA, A. G.: Die Rolle der Bakterien in der Ernährung der Raupen der Tendipediden. — Dokl. Akad. Nauk SSSR. **67**, 1121—1123.

1950 ROHNERT, U.: Wassererfüllte Baumhöhlen und ihre Besiedelung. Ein Beitrag zur Fauna dendrolimnetica. — A. f. H. **44**, 472—516.

1950 ROMANISZYN, W.: Seasonal variation in the qualitative and quantitative distribution of the Chironomids-larvae in the Charzykowo-Lake. — In: STANGENBERG, M. Jezioro Charzykovo Warzawa. I, S. 99—149.

1937 ROOT, F. M., and HOFFMAN, W. A.: The north american species of *Culicoides*. — Am. J. Hygiene **25**, 150—176.

1936 RÖPER, K. CHR.: Ernährung und Wachstum des Barsches *(Perca fluviatilis* L.) in Gewässern Mecklenburgs und der Mark Brandenburg. — Z. f. Fischerei **36**, 567—638.

1927 R. R.: Feuerlärm durch Mückenschwärme. — Natur und Museum **57**, 187.

1899 ROUX, J.: Observations sur quelques Infusoires Ciliés des environs de Genève. — Rev. Suisse Zool. **6**, 557—636.

1718 RUPPIUS, H. B.: Flora Jenensis. — Francofurti et Lipsiae.

1926 RUTTNER, F.: Bemerkungen über den Sauerstoffgehalt der Gewässer und dessen respiratorischen Wert. — Naturwiss. **14**, 1237—1239.

1931 — Hydrographische und hydrochemische Beobachtungen auf Java, Sumatra und Bali. — A. f. H., Suppl.-Bd. **8**, 197—245.

1936 RZÓSKA, J.: Über die Ökologie der Bodenfauna im Seenlitoral. — Arch. Hydrobiol. et d'Ichthyol. **10**, 76—172.

1916 SACHSE, R., und WOHLGEMUTH, R.: Die Nahrung der für die Teichwirtschaft wichtigen niederen Tiere. — Allg. Fischerei-Ztg. **41**, 50—56.

1910 SACK, P.: Aus dem Leben unserer Zuckmücken. — Ber. Senckenberg. Nat. Ges. Frankfurt (Main), S. 229—240.

1935 SADLER, W. O.: Biology of the midge *Chironomus tentans* FABR. and methods for its Propagation. — Cornell Univ., Agricultural Exp. Stat. Mem. **173**.

1924 SAUNDERS, L. G.: On the Life History and the Anatomie of the early stages of *Forcipomyia*. — Parasit. **16**, 164—213.

1925 — On the Life History, Morphology and Systematic Position of *Apelma* KIEFF. and *Thyridomyia* n. g. — Parasit. **17**, 352—377.

1928 — Some marine Insects of the Pacific Coast of Canada. — Ann. Ent. Soc. Amer. **21**, 521—545.

1928 a — The early stages of *Diamesa (Psilodiamesa) lurida* GARRET. — Canadian Entomologist **60**, 261—264.

1928 SCHÄPERCLAUS, W.: Die natürliche Ernährung der jungen Bachforelle in Teichen. — Z. f. Fischerei **26**, 477—535.

1943 — Der Einfluß verschiedener Faktoren auf die Mengenentfaltung der Chironomidenlarven am Teichboden. — A. f. H. **40**, 493—524.

1944 — Aufgaben und Tätigkeit des Instituts für Fischerei der Landwirtschaftlichen Forschungsanstalt des Generalgouvernements. — Ber. Landwirtschaftl. Forschungsanstalt Pulawy **1**, Heft 4, 9—23.

1949 — Grundriß der Teichwirtschaft. Anlage und Bewirtschaftung von Fischteichen und Fischzuchtanstalten. — Berlin und Hamburg.

1951 SCHEER, D.: Der Parasitenbefall der Fischnährtiere des Süßwassers und seine fischereibiologische Bedeutung. — Abhandl. a. Fischerei u. d. Hilfswiss., Lief. **4**, 649—718.

1902 SCHIEMENZ, P.: Weitere Studien über die Abwässer der Zuckerfabriken und über den Wert der biologischen Untersuchungsmethode. — Z. f. Fischerei **10**, 147—185.

1907 SCHIEMENZ, P.: Betrachtungen über die natürliche Ernährung unserer Teichfische. — Sächsischer Fischereiver., Schrift **37** (Sep. S. 1—12).

1908 — Gutachten über die Hamburger Fischgewässer II. Die Elbe. — Z. f. Fischerei **14**, 66—87.

1908 — Das Ausstichen der Fische im Winter durch die Abwässer der Zucker- und Stärkefabriken. — Z. f. Fischerei **11**, 26—72.

1909 — Zur Ernährung der Forelle. — D. Fischerei-Ztg. **32**.

1910 — Die Nahrungskonkurrenz unserer Süßwasserfische. — D. Fischerei-Ztg. Stettin (Sep. 15 Seiten).

1922 — Über Nahrungsuntersuchungen bei Wassertieren, insbesondere bei Fischen. — Z. f. Fischerei, N. F. **5**, 49—65.

1935 — Betrachtungen über die wichtigeren Fische unserer Seenwirtschaft. — Fischerei-Ztg. Neudamm **37**.

1950 SCHINDLER, J.: Reservestoff- und Exkretspeicherung bei Bodentieren, unter besonderer Berücksichtigung der Harnsäureverbindungen. — Österr. Zool. Z. **2**, 517—567.

1951 SCHINDLER, O.: Wovon ernähren sich die Saiblinge des Würmsees? — Allg. Fischerei-Ztg. **76**, 181—182.

1920 (1924) SCHMASSMANN, W.: Die Bodenfauna hochalpiner Seen. Inaug.-Diss. Basel 1920. — A. f. H., Suppl.-Bd. **3**, 1924, 1—106.

1894 SCHMIDT, P.: Über das Leuchten der Zuckmücken (Chironomiden). — Zool. Jb. Abt. f. Syst. **8**, 58—66.

1913 SCHMIDT, R.: Die Salzwasserfauna Westfalens. — Inaug.-Diss. Münster i. W.

1885 SCHNEIDER, A.: *Chironomus Grimmii* und seine Parthenogenese. — Zool. Beitr. von A. SCHNEIDER **1**, 301—302.

1905 SCHNEIDER, J.: Untersuchungen über die Tiefsee-Fauna des Bielersees mit besonderer Berücksichtigung der Biologie der Dipterenlarven der Grund-Fauna. — Inaug.-Diss. Bern (35 Seiten).

1926 SCHNEIDER, G.: Beobachtungen über die Lebensweise und Nahrung von *Protohydra leuckarti* GREEFF. — Zool. Anz. **68**, 314—319.

1930 SCHOENEMUND, E.: Eintagsfliegen oder Ephemeroptera. — DAHL, Die Tierwelt Deutschlands **19**.

1928 SCHRÄDER, TH.: Die erste natürliche Nahrung ausgesetzter Bachforellenbrut. — Z. f. Fischerei **26**, 37—47.

1932 — Über die Möglichkeit einer quantitativen Untersuchung der Boden- und Ufertierwelt fließender Gewässer, zugleich: Fischereibiologische Untersuchungen im Wesergebiet I. — Z. f. Fischerei **30**, 105—125.

1897 SCHRÖTER, J.: Entomophthorineae. — In: ENGLER-PRANTL, Die natürl. Pflanzenfamilien. I. Teil. Abt. 1, S. 134—141.

1912 SCHULZ, A., und KOENEN, O.: Die halophilen Phanerogamen des Kreidebeckens von Münster i. W. — 40. Jber. Westf. Prov.-Ver. f. Wiss. u. Kunst (Bot. Sektion), S. 165—192.

1936 SCHWABE, G. H.: Beiträge zur Kenntnis isländischer Thermalbiotope. — A. f. H., Suppl.-Bd. **6**, 161—352.

1928 SCOTT, W., HILE, R. O., SPIETH, H. T.: A quantitative study of the bottom fauna of Lake Wawasee (Turkey Lake). — Investigations of Indiana Lakes I. The Dept. of Conservation State of Indiana, Publ. No. 77 (25 Seiten).

1938 SCOTT, W.: The bottom fauna of Tippecanoe Lake. — Investigations of Indiana Lakes and Streams No. 4.

1928 SEGERSTRÅLE, SVEN G.: Quantitative Studien über den Tierbestand der Fucus-Vegetation in den Schären von Pellinge (an der Südküste Finnlands). — Commentationes Biol. III, **2**, 1—14.

1933 — Studien über die Bodentierwelt in südfinnländischen Küstengewässern. II. Übersicht über die Bodentierwelt, mit besonderer Berücksichtigung der Produktionsverhältnisse. — Ebenda IV, **9**, 1—64.

1944 — Weitere Studien über die Tierwelt der Fucus-Vegetation an der Südküste Finnlands. — Ebenda IX, **4**, 1—28.

1948 — Skärgårdens lägre havsdjur. — Skärgårdsboken, S. 356—400. Nordenskiöldt-Samfundet, Finnland.

1940 SÉGUY, E.: Diptera. In: Croisière du Bongainville aux îles australes francaises. — Mém. Mus. Nat. d'Hist. Nat. Paris. Nouvelle Sér. **14**, 203—267.

1950 — La Biologie des Diptères. — Encyclopédie Entomologique, Sér. A, **26**.

1938 SEIFERT, R.: Die Bodenfauna des Greifswalder Boddens. Ein Beitrag zur Ökologie der Brackwasserfauna. — Z. Morph. u. Ökol. d. Tiere **34**, 221—271.

1939 — Die Zusammensetzung der Bodenfauna der Hiddenseer Boddengewässer. — Mitt. Naturwiss. Ver. Neuvorpommern u. Rügen **67**, 1—33.

1880 SEMPER, K.: Die natürlichen Existenzbedingungen der Tiere I. — Leipzig.

1913 SERGENT, E., PARROT, L., DONATIEN, A.: Quelques Observations sur la biologie des Cératopogonidés d'Algérie. — 5e. Congrès Int. d'Entomologie **2**, 743—746.

1913 SERNOV, S. A.: Zur Frage der Untersuchung des Lebens im Schwarzen Meere. — Mém. Acad. imp. Sc. St. Petersbourg. Ser. VIII, **32**, 1 (Russisch).

1940 SHADIN, V. J.: The Fauna of Rivers and Waterreservoirs (The problem of reconstruction of the fauna of rivers under the influence of hydrotechnical buildings). — Trav. Inst. Zool. Acad. Sci. de l'URSS. **5**, livr. 3—4 (992 Seiten).

1942 SHELFORD, V. E., and BOESEL, M. W.: Bottom animal communities of the island area of Western Lake Erie in the summer of 1937. — Ohio J. Sci. **42**, 179—190.

1934 SIERP, F.: Das Belebtschlammverfahren. — In: BRIX, IMHOFF, WELDERT, Die Stadtentwässerung in Deutschland, **2**, 275—332.

1938 SMART, J.: Note on the Insect fauna of the Bromeliae *Brocchinia micrantha* (BAKER) MEZ. of British Guiana. — Ent. Month. Mag. **74**, 198—200.

1945 — Bibliography of F. W. EDWARDS (1888—1940). — J. Soc. Bibliogr. of Nat. Hist. **2**, 19—34.

1930 SMIT, J.: Über den angeblichen Befund von Kolibakterien in Mückenlarven. — Gesundheitsingenieur **53**, 271.

1937 SÖGAARD-ANDERSEN, F.: Über die Metamorphose der Ceratopogoniden und Chironomiden Nordost-Grönlands. — Medd. Grönland **116**, No. 1, 1—94.

1938 — Spätglaziale Chironomiden. — Medd. Dansk Geologisk For. **9**, 320—326.

1943 — *Dryadotanytarsus edentulus* n. g. n. sp. from late glacial Period in Denmark. — Ent. Medd. **23**, 174—178.

1946 SÖGAARD-ANDERSEN, F.: East Greenland Lakes as Habitats for Chironomid Larvae. Stud. on the Systematics and Biology of Chironomidae II. — Medd. Grönland **100**, No. 10, 1—65.

1949 — On the Subgenus *Chironomus*. Studies on the Systematics and Biology of Chironomidae. — Vid. Medd. Dansk Naturhistorisk For. **111**, 1—66.

1951 — Larval and Imaginal Forms in *Chironomus* s. s. — Ent. T. **72**, 209—210.

1935 SÖMME, G.: Vekst og naering hos harr og örret (*Thymallus thymallus* L. og *Salmo trutta* L.). En sammenlignende Studie. — Nytt Mag. Naturvidenskab. **75**, 187—218.

1949 SOMMER, G.: Die Peritrichen eines astatischen Gartenbeckens. — Schweiz. Z. Hydrologie **11**, 608—617.

1950 — Die Peritrichen des Großen Plöner Sees. — A. f. H. **44**, 349—440.

1922 SPÄRCK, R.: Beiträge zur Kenntnis der Chironomidenmetamorphose I—IV. — Ent. Medd. **14**, 32—109.

1936 — Tovingede Insekter. In: Ringköbing Fjords Naturhistorie i Brakvandsperioden 1915—31. — Köbenhavn, S. 117—121.

1936a — Bundfaunaen i Ringköbing Fjord i Brakvandsperioden 1915—31. — Ebenda, S. 239—248.

1936b — Faunaen i Ringköbing Fjords sidste brakvandsperiode sammenlignet med andre nordiske brakvandsomraaders. — Ebenda, S. 249—252.

1936c — Ringköbing Fjords bundfauna sammelignet med den indre Östersös bundfauna. — Nordiska (19. skandinaviska) naturforskarmötet i Helsingfors 1936 (2 Seiten).

1950 — Biologisk undersögelse af recipienterne. — „Kloakteknik", Kopenhagen, S. 192—222.

1947 SPRULES, W. M.: An ecological investigation of stream insects in Algonquin Park, Ontario. — Univ. of Toronto Stud. Biolog. Sér. No. 56.

1936 STADEL, O.: Nahrungsuntersuchungen an Elbfischen. — Z. f. Fischerei **34**, 45—61.

1950 STANKOVIĆ, S.: La faune de fond des lacs égéens. — Acad. Serbe. des Sci. **11**. Inst. d'Ecologie et de Biogeographie No. 2, 1—79.

1951 — Le peuplement benthique des lacs egéens. — Verh. I. V. L. **11**, 367—382.

1952 STAMMER, H.-A.: Der Einfluß von Schwefelwasserstoff und Ammoniak auf tierische Leitformen des Saprobiensystems. — Diss. München (nicht gedruckt).

1944 STATZ, G.: Neue Dipteren (Nematocera) aus dem Oberoligozän von Rott. VI. Familie: Tendipedidae (Zuck- oder Schwarmmücken). VII. Familie: Heleidae (Gnitzen). VIII. Familie: Lycoriidae (Trauermücken). — Palaeontographica **95**, Abt. A, 121—187.

1933 STEENIS, C. G. G. M. VAN, und RUTTNER, FR.: Die Pteridophyten und Phanerogamen der Deutschen Limnologischen Sunda-Expedition. — A. f. H., Suppl.-Bd. **11**, 231—387.

1934 STEINBÖCK, O.: Die Tierwelt der Gletschergewässer. — Z. Deutschen und Österr. Alpenver., S. 263—275.

1938 — Arbeiten über die Limnologie der Hochgebirgsgewässer. — Int. Rev. Hydrobiol. und Hydrogr. **37**, 467—509.

1949 STEINBÖCK, O.: Der Schwarzsee ob Sölden im Ötztal. — Veröff. Mus. Ferdinandeum (Innsbruck), Bd. 26/29, Jahrgänge 1946/49 (Klebelsberg-Festschrift), 117—146.

1949 STEINHAUS: Principles of Insect pathology.

1918 STEINMANN, P., und SURBECK, G.: Die Wirkung organischer Verunreinigungen auf die Fauna schweizerischer fließender Gewässer. — Bern.

1947 STONE, A., and WIRTH, W. W.: On the marine midges of the genus *Clunio* HALIDAY. — Proc. Entomol. Soc. Washington **49**, 201—224.

1937 STORÅ, R.: Mitteilungen über die Nematoceren Finnlands. — Acta Soc. pro Fauna et Flora Fennica **60**, 256—266.

1939 — Mitteilungen über die Nematoceren Finnlands. II. — Notulae Entomologicae **19**, 16—30.

1945 — Chironomidae und Ceratopogonidae. In: FREY, R., Tiergeographische Studien über die Dipterenfauna der Azoren I. — Commentationes Biologicae VIII, 10. Helsinki, S. 22—35.

1949 — Chironomidae und Ceratopogonidae. In: FREY, R., Die Dipterenfauna der Insel Madeira. — Ebenda VIII, 16, S. 15—16.

1940 STRENZKE, K.: Terrestrische Chironomiden V. *Camptocladius stercorarius* DE GEER. — Zool. Anz. **132**, 115—123.

1941 — Terrestrische Chironomiden X. *Georthocladius luteicornis* GOETGH. — Zool. Anz. **135**, 177—185.

1942 — Terrestrische Chironomiden XII. *Bryophaenocladius subvernalis* EDW. — Zool. Anz. **137**, 10—18.

1942 — und THIENEMANN, A.: Zwei neue *Pseudosmittia*-Arten aus dem Gebiete der Lunzer Seen. — Int. Rev. Hydrobiol. u. Hydrogr. **42**, 356—387.

1949 — Das Moos auf dem Strohdach als Lebensstätte für Tiere. — Die Heimat **56**, 206—210.

1950 — Systematik, Morphologie und Ökologie der terrestrischen Chironomiden. — A. f. H., Suppl.-Bd. **18**, 207—414.

1950a — Wassertiere als Bewohner der Waldsimse. — Die Heimat **57**, 14—16.

1950b — *Scirpus silvaticus*, eine „gewässerbildende" Pflanze der deutschen Flora. — Forsch. und Fortschr. **26**, 47—48.

1950c — Die Pflanzengewässer von *Scirpus silvaticus* und ihre Tierwelt. — A. f. H. **44**, 123—170.

1951 — Eine südosteuropäische Art der Chironomiden-Gattung *Halliella*. — D. Zool. Z. **1**, 15—23.

1951a — Chironomiden von der bulgarischen Küste des Schwarzen Meeres. — A. f. H., Suppl.-Bd. **18**, 678—691.

1951b — Chironomides terrestres. In: DE LESSE, STRENZKE, THIENEMANN, Expéditions Polaires Françaises (Missions P. E. VICTOR). Zoologie, 5e Note. — Bull. Soc. Entomol. France, S. 53—61 (S. 55—60).

1952 — Der Wirtswechsel von *Plagiorchis maculosus*. — Z. f. Parasitenkunde **15**, 369—391.

1953 — Terrestrische Chironomiden XV. *Bryophaenocladius nidorum* EDW. — Beiträge z. Entomologie 1952, **2**, 529—542.

1953 — Zuckmücken als Zwischenwirte für Saugwürmer. — Mikrokosmos **42**, 169—174.

1934 STROUHAL, H.: Biologische Untersuchungen an den Thermen von Warmbad Villach in Kärnten. — A. f. H. **26**, 323—385, 495—583.

1941 STUART, T. A.: Chironomid larvae of the Millport shore pools. — Trans. Roy. Soc. Edinburgh **60**, II, 475—502.

1947 SUESSENGUTH, K.: Über eine limnische Lebensgemeinschaft im Gebiet der bayerischen Alpen. — Ber. Bayer. Bot. Ges. **27**, 185—187.

1924 ŠULC, K., und ZAVŘEL, J.: Über epoikische und parasitische Chironomidenlarven. — Acta Soc. Sci. Nat. Moravicae **1**, 353—391.

1943 SURANYI, P.: Beiträge zur Kenntnis der minierenden Insektenlarven des Balatongebietes. — Arb. Ung. Biol. Forsch.-Inst. **15**, 324—339.

1908 SUWOROW, E. K.: Zur Beurteilung der Lebenserscheinungen in gesättigten Salzseen. — Zool. Anz. **32**, 674—677.

1950/51 SYMOENS, I. I.: Quelques acquisitions récentes en Limnologie. I. Quelques données sur la biologie des lacs. — Les Naturalistes Belges **32** und **33** (97 Seiten).

1940 TACK, E.: Die Ellritze (*Phoxinus laevis* AG.), eine monographische Bearb. — A. f. H. **37**, 321—425.

1939 TARWID, K.: Etude sur la répartition des larves des Chironomides dans le profundal du lac de Wigry. — Arch. Hydrobiol. et Ichthyol. **12**, 179—220.

1903 TAYLOR, T. H.: Note on the habits of *Chironomus (Orthocladius) sordidellus*. — Trans. Ent. Soc. London IV, S. 521—523.

1905 — Notice of a *Chironomus* larva. — Zool. Anz. **29**, 451—452.

1913 TERRY, F. W.: On a new genus of Hawaian chironomids. — Proc. Haw. Ent. Soc. **2**, 291—295.

1937 THÉOBALD, N.: Les Insectes fossiles des terrains oligocènes de France. — Nancy.

1905 THIENEMANN, A.: Biologie der Trichopterenpuppe. — Zool. Jb., Abt. f. Syst. **22**, Sep. S. 1—86.

1906a — Die Alpenplanarie am Ostseestrand und die Eiszeit. — Zool. Anz. **30**, 499—504.

1906b — *Planaria alpina* auf Rügen und die Eiszeit. — 10. Jber. Geogr. Gesell. Greifswald, Sep. S. 1—82.

1908a — Die Metamorphose der Chironomiden (Zuckmücken). Eine Bitte um Mitarbeit. — Verh. Naturhist. Ver. d. preuß. Rheinlande und Westfalens **65**, 201—212.

1909 — Die Bauten der Chironomidenlarven. — Z. Ausbau der Entwicklungslehre **3**, Heft 5.

1909a — *„Chironomus Thummi"*, *„Chironomus Langebrückii"* und *„Chironomus plumosus"*. Ein Wort zur Aufklärung und ein Versuch zur Anregung. — Wschr. Aquarien- und Terrarienkde. **6**, 697—698.

1910 — Das Sammeln von Puppenhäuten der Chironomiden. Eine Bitte um Mitarbeit. — A. f. H. **6**, 213—214.

1910a — *Orphnephila testacea* MACQ. Ein Beitrag zur Kenntnis der Fauna hygropetrica. — Ann. Biol. lacustre **4**, 1—34.

1911 — Hydrobiologische und fischereiliche Untersuchungen an den westfälischen Talsperren. — Landwirtschaftl. Jb. **41**, 535—716.

1911a — Die biologische Untersuchung der Abwässer. — In: KÖNIG, Die Untersuchung landwirtschaftlich und gewerblich wichtiger Stoffe. 4. Aufl., S. 1032—1054 (5. Aufl. 1923, S. 791—816).

1912a — Die Verschmutzung der Ruhr im Sommer 1911. — Z. f. Fischerei **16**, 55—86.

1912b THIENEMANN, A.: Aristoteles und die Abwasserbiologie. — Festschr. Med. nat. Ges. Münster i. W., S. 175—181.

1912d — Der Bergbach des Sauerlandes. Faunistisch-biologische Untersuchungen. — Int. Rev. Hydrobiol. u. Hydrogr. Biol. Suppl., IV. Serie, S. 1—125.

1912e — Beiträge zur Kenntnis der westfälischen Süßwasserfauna IV. Die Tierwelt der Bäche des Sauerlandes. — 40. Jber. Westf. Prov. Ver. f. Wiss. u. Kunst 1911/12, S. 45—83.

1912f — Einiges über die als Fischfutter verkauften roten Mückenlarven. — Bl. Aquarien- u. Terrarienkde. **23**, 120—122.

1913a — Die Salzwassertierwelt Westfalens. — Verh. D. Zool. Ges. Bremen, S. 56—68.

1913b — Der Zusammenhang zwischen dem Sauerstoffgehalt des Tiefenwassers und der Zusammensetzung der Tiefenfauna unserer Seen. Vorläufige Mitteilung. — Int. Rev. Hydrobiol. u. Hydrogr. **6**, 243—249.

1914 — Wesen, Wert und Grenzen der biologischen Wasseranalyse. — Z. Untersuchung d. Nahrungs- und Genußmittel **27**, 273—281.

1915 — Die Chironomidenfauna der Eifelmaare. — Verh. Nat. Ver. d. preuß. Rheinlande und Westfalens **72**, 1—58.

1915a — Zur Kenntnis der Salzwasser-Chironomiden. — A. f. H., Suppl.-Bd. **2**, 443—471.

1916 — und KIEFFER, J. J.: Schwedische Chironomiden. — Ebenda **2**, 483—554.

1916a — *Pelopia* und *Tanypus*. Bemerkungen zur Nomenklatur der MEIGENschen Chironomidengattungen. — Ebenda **2**, 555—565.

1916 — und ZAVŘEL, J.: Die Metamorphose der Tanypinen I. — Ebenda **2**, 566—654.

1918 — Untersuchungen über die Beziehungen zwischen dem Sauerstoffgehalt des Wassers und der Zusammensetzung der Fauna in norddeutschen Seen. Zweite Mitteilung: *Prodiamesa bathyphila* K., eine Chironomide aus der Tiefe norddeutscher Seen. — Z. wiss. Insektenbiol. **14**, 209—217.

1918a — Lebensgemeinschaft und Lebensraum. — Nat. Wschr., N. F. **17**, No. 20 und 21 (Sep. S. 1—48).

1919 — Die Chironomidenfauna Westfalens. — 46. Jber. Westf. Prov. Ver. f. Wiss. u. Kunst 1917/18, S. 19—63.

1919a — Theoretische Bemerkungen zur Morphologie der Cylindrotomidenlarven. (In: LENZ, Die Metamorphose der Cylindrotomiden.) — Arch. Naturgesch. **85** A, 139—145.

1919b — Untersuchungen über die Beziehungen zwischen dem Sauerstoffgehalt des Wassers und der Zusammensetzung der Fauna in norddeutschen Seen. — A. f. H. **12**, 1—66.

1920 — Die Grundlagen der Biocoenotik und Monards faunistische Prinzipien. — Festschr. f. ZSCHOKKE (Basel). No. 4, 1—14.

1920a — Die Chironomidenfauna der Diemel. In: FISCHER, A., Die Äschenregion der Diemel. — Inaug.-Diss. Münster i. W. (St. Ottilien, Obb.)

1921 — Eine eigenartige Überwinterungsweise bei einer Chironomidenlarve. — Zool. Anz. **52**, 285—288.

1921 a THIENEMANN, A.: Die deutsche Fischereibiologie und die Ausbildung der Fischereibiologen. — Allg. Fischerei-Ztg. **46**, 227—232.

1921 b — Die Metamorphose der Chironomidengattungen *Camptocladius, Dyscamptocladius* und *Phaenocladius,* mit Bemerkungen über die Artdifferenzierung bei den Chironomiden überhaupt. — A. f. H., Suppl.-Bd. **2**, 809—850.

1922 — Die beiden *Chironomus*-Arten der Tiefenfauna der norddeutschen Seen. Ein hydrobiologisches Problem. — A. f. H. **13**, 609—646.

1922 a — Biologische Seetypen und die Gründung einer Hydrobiologischen Anstalt am Bodensee. — A. f. H. **13**, 347—370.

1922 b — Gunnar Alms Untersuchungen über Bodenfauna und Fischertrag schwedischer Seen. — Allg. Fischerei-Ztg. **47**, No. 21 (6 Seiten).

1922 c — Weitere Untersuchungen an Coregonen. — A. f. H. **13**, 415—471.

1923 — Geschichte der *Chironomus*-Forschung von Aristoteles bis zur Gegenwart. — D. Ent. Z., S. 515—540.

1923 a — Fischereibiologische Streitfragen. — Allg. Fischerei-Ztg. **48**, 88—93.

1924 — Drei entomologische Kleinigkeiten. — Z. wiss. Insektenbiol. **19**, 192.

1924 c — Übersicht der Baumhöhlenfauna. In: BENICK, L., Zur Biologie der Käferfamilie Helodidae. — Mitt. Geogr. Ges. u. d. Naturhist. Mus. Lübeck. 2. Reihe, Heft **29**, 62—64.

1925 — Die Binnengewässer Mitteleuropas. Eine limnologische Einführung. — Die Binnengewässer **1**. Stuttgart.

1925 a — *Mysis relicta.* — Z. Morph. u. Ökol. d. Tiere **3**, 389—440.

1925 b — Chemische Beschaffenheit und Temperaturverhältnisse der Oldesloer Salzwässer. — Mitt. Geogr. Ges. u. d. Naturhist. Mus. Lübeck. 2. Reihe, Heft **30**, 55—60.

1925 d — Ein empfindlicher Indikator für Veränderungen im Chemismus der Binnengewässer. — Naturwissenschaften **13**, 868—869.

1926 — Das Leben im Süßwasser. Eine Einführung in die biologischen Probleme der Limnologie. — Jedermanns Bücherei, Breslau.

1926 a — Hydrobiologische Untersuchungen an Quellen VII. Insekten aus norddeutschen Quellen mit besonderer Berücksichtigung der Dipteren. — D. Ent. Z., S. 1—50.

1926 b — Hydrobiologische Untersuchungen an den kalten Quellen und Bächen der Halbinsel Jasmund auf Rügen. — A. f. H. **17**, 221—336.

1926 d — Dipteren aus den Salzgewässern von Oldesloe. — Mitt. Geogr. Ges. u. d. Naturhist. Mus. Lübeck. 2. Reihe, Heft **31**, 102—126.

1928 — Chironomiden-Metamorphosen I. — A. f. H. **19**, 585—623.

1928 — Der Sauerstoff im eutrophen und oligotrophen See. Ein Beitrag zur Seetypenlehre. — Die Binnengewässer **4**.

1928 a — *Mysis relicta* im sauerstoffarmen Wasser der Ostsee und das Problem der Atmung im Salzwasser und Süßwasser. — Zool. Jb., Abt. f. allg. Zool. **45**, 371—384.

1928 b — Über die Edelmaräne *(Coregonus lavaretus* forma *generosus* PETERS) und die von ihr bewohnten Seen. — A. f. H. **19**, 1—36.

1928 c — Die Reliktenkrebse *Mysis relicta, Pontoporeia affinis, Pallasea quadrispinosa* und die von ihnen bewohnten norddeutschen Seen. — A. f. H. **19**, 521—582.

1929 — Chironomiden-Metamorphosen II. Die Sectio *Tanytarsus genuinus.* — A. f. H. **20**, 93—123.

1930 THIENEMANN, A.: Die Deutsche Limnologische Sunda-Expedition. — Deutsche Forschung (aus der Arbeit der Notgemeinschaft der Deutschen Wissenschaft) (Sep. 17 Seiten).

1931 — Tjibodas, der javanische Berggarten. — Natur u. Museum, S. 40—48.

1931 — Tropische Seen und Seetypenlehre. — A. f. H., Suppl.-Bd. **9**, 205—231.

1931 a — Limnologie. — Handwörterbuch d. Naturwissenschaften, 2. Aufl., **6**, 434—474.

1931 e — Der Produktionsbegriff in der Biologie. — A. f. H. **22**, 616—622.

1932 — Die Tierwelt der Nepenthes-Kannen. — A. f. H., Suppl.-Bd. **3**, 1—54.

1932 a — Zur Orthocladiinenfauna Niederländisch-Indiens. — A. f. H., Suppl.-Bd. **11**, 553—562.

1932 b — Chironomiden-Metamorphosen V. Die Gattung *Cardiocladius* KIEFF. — Zool. Anz. **101**, 81—90.

1933 — und MAYER, K.: Chironomiden-Metamorphosen VI. Die Metamorphose zweier hochalpiner Chironomiden. — Zool. Anz. **103**, 1—12.

1933 a — Mückenlarven bilden Gestein. — Natur u. Museum, S. 370—378.

1933 b — *Coregonus albula lucinensis*, eine Tiefenform der kleinen Maräne aus einem norddeutschen See. — Z. Morph. u. Ökol. d. Tiere **27**, 654—683.

1934 — Eine gesteinsbildende Chironomide (*Lithotanytarsus emarginatus* [GOETGH.]). — Z. Morph. u. Ökol. d. Tiere **28**, 480—496.

1934 b — Die Tierwelt der tropischen Pflanzengewässer. — A. f. H., Suppl.-Bd. **13**, 1—91.

1934 c — Chironomiden-Metamorphosen VII. Die *Diamesa*-Gruppe. — Stett. Ent. Ztg. **95**, 3—23.

1934 e — Chironomiden-Metamorphosen VIII. „*Phaenocladius*". — Diptera **7**, 29—46.

1935 — Gesteinsbildung durch Mückenlarven. — Forsch. u. Fortschr. **11**, 24—25.

1935 — Chironomiden-Metamorphosen X. „*Orthocladius — Dactylocladius*". — Stett. Ent. Ztg. **96**, 201—224.

1936 a — Eine Chironomidenlarve als Schädling des Rübensamens? — Anz. Schädlingskde. **12**, 12.

1936 b — Alpine Chironomiden (Ergebnisse von Untersuchungen in der Gegend von Garmisch-Partenkirchen). — A. f. H. **30**, 167—262.

1936 c — Chironomiden-Metamorphosen XI. Die Gattung *Eukiefferiella*. — Stett. Ent. Ztg. **97**, 43—65.

1936 d — Chironomiden-Metamorphosen XIII. Die Gattung *Dyscamptocladius* TH. — Mitt. D. Ent. Ges. **7**, 49—54.

1936 e — Chironomidenlarven und -puppen der Yale North India Expedition. — Zoogeographica **3**, 145—158.

1936 f — Haffmücken und andere Salzwasser-Chironomiden. — Kieler Meeresforsch. **1**, 167—178.

1936 g — Chironomiden-Metamorphosen XIV. Die Orthocladiinengattungen *Eucricotopus, Trichocladius, Rheorthocladius*. — Festschr. f. Embrik Strand, Riga **1**, 531—553.

1937 a — Nachträge zur Orthocladiinenfauna Niederländisch-Indiens. — A. f. H., Suppl.-Bd. **15**, 119—120.

1937b THIENEMANN, A.: *Podonominae,* eine neue Unterfamilie der Chironomiden (Chironomiden aus Lappland I). Mit einem Beitrag F. W. EDWARDS': On the european *Podonominae* (Adult Stage). — Int. Rev. Hydrobiol. u. Hydrogr. **35**, 65—112.

1937c — Chironomiden-Metamorphosen XV. — Mitt. Ent. Ges. Halle **15**, 22—36.

1937d — Chironomiden aus Lappland III. Beschreibung neuer Metamorphosen, mit einer Bestimmungstabelle der bisher bekannten *Metriocnemus*-Larven und -Puppen. — Stett. Ent. Ztg. **98**, 165—185.

1937e — Der Schleischnäpel *(Coregonus lavaretus balticus).* — Schr. Naturw. Ver. f. Schleswig-Holstein **12**, 190—206.

1937f — Arktische Chironomidenlarven und -puppen aus dem Zoologischen Museum Oslo. — Norsk Ent. T. **5**, 1—7.

1937 — und KRÜGER, FR.: „*Orthocladius*" *abiskoensis* EDW. und *rubicundus* MG., zwei „Puppen-Species" der Chironomiden (Chironomiden aus Lappland II). — Zool. Anz. **117**, 257—267.

1939b — und KRÜGER, FR.: Terrestrische Chironomiden. — Zool. Anz. **126**, 154—159.

1939c — und KRÜGER, FR.: Terrestrische Chironomiden II. — Zool. Anz. **127**, 246—258.

1939d — Die Chironomidenforschung in ihrer Bedeutung für Limnologie und Biologie. — Dodonaea, Gent **6**, 107—154.

1939f — Dritter Beitrag zur Kenntnis der *Podonominae* (Chironomiden aus Lappland VI). — Zool. Anz. **128**, 161—176.

1939e — Chironomiden-Metamorphosen XVII. Neue Orthocladiinenmetamorphosen. — D. Ent. Z., S. 1—19.

1939 — Frostboden und Sonnenstrahlung als limnologische Faktoren. — A. f. H. **34**, 306—345.

1940 — und STRENZKE, K.: Terrestrische Chironomiden III—IV. Zwei parthenogenetische Formen. — Zool. Anz. **132**, 24—40.

1940a — und STRENZKE, K.: Terrestrische Chironomiden VI. *Pseudosmittia holsata,* eine neue Art mit fakultativer Parthenogenese. — Zool. Anz. **132**, 238—244.

1941 — Leben und Umwelt. — Bios., Bd. **12**.

1941a — Lappländische Chironomiden und ihre Wohngewässer. — A. f. H., Suppl.-Bd. **17**, 1—253.

1941b — und STRENZKE, K.: Terrestrische Chironomiden VII. Die Gattung *Paraphaenocladius* TH. — Zool. Anz. **133**, 137—146.

1941c — und STRENZKE, K.: Terrestrische Chironomiden IX. *Euphaenocladius* TH. — Zool. Anz. **133**, 244—253.

1942b — *Trichocladius*-Arten aus den Lunzer Seen. — A. f. H. **39**, 294—315.

1942c — Larve und systematische Stellung von *Neozavrelia luteola* GOETGH. (Chironomiden aus dem Lunzer Seengebiet II). — A. f. H. **38**, 581—585.

1943 — Taugewässer. Eine Literaturstudie über die limnologische Bedeutung des Taus und Nebels. — Z. Gesell. f. Erdkunde Berlin, S. 219—244.

1943a — Chironomiden aus dem Lunzer Seengebiet VIII. Neue Metamorphosen. — Zool. Anz. **142**, 192—199.

1943b — Die Chironomidengattung *Pseudosmittia* und das Dollosche Gesetz. — Acta Biotheoretica VII, 117—134.

1944 THIENEMANN, A.: Bestimmungstabellen für die bis jetzt bekannten Larven und Puppen der Orthocladiinae. — A. f. H. **39**, 551—664.

1944a — Zur Verbreitung von *Lithotanytarsus emarginatus* GOETGH. — A. f. H. **39**, 713—714.

1946/47 — Die Eisbedeckung der Plöner Seen in den Jahren 1916—1947. — Z. Meteorologie **1**, 465—471.

1948 — Die Tierwelt eines astatischen Gartenbeckens in vier aufeinanderfolgenden Jahren. — Schweiz. Z. Hydrologie **11**, 15—48.

1949b — Die Metamorphose von *Stempellina montivaga* GOETGH. (Chironomiden aus dem Lunzer Seengebiet IX). — Ent. T. **70**, 12—18.

1949d — *Stempellina montivaga* GOETGH., subfossil in einer norddeutschen wärmezeitlichen Postglazialablagerung. — Entomon **1**, 139—140.

1950 — Lunzer Chironomiden. — A. f. H., Suppl.-Bd. **18**, 1—202.

1950a — Über hochalpine *Diamesa*-Formen. — A. f. H., Suppl.-Bd. **18**, 203—206.

1950b — Verbreitungsgeschichte der Süßwassertierwelt Europas. Versuch einer historischen Tiergeographie der europäischen Binnengewässer. — Die Binnengewässer **18**. Stuttgart.

1951 — (-KRÜGER): *Tanytarsus*-Studien II: Die Subsectio *Paratanytarsus*. Auf Grund der nachgelassenen Papiere F. W. C. KRÜGERs bearbeitet. — A. f. H., Suppl.-Bd. **18**, 595—632.

1951a — Chironomiden aus der unteren Peene, gesammelt und gezüchtet von FR. KRÜGER. — A. f. H., Suppl.-Bd. **18**, 633—644.

1951b — Das Schwärmen von *Chironomus bathophilus* K. (= *anthracinus* ZETT.) im Plöner Seengebiet 1918—1950. — A. f. H., Suppl.-Bd. **18**, 692—704.

1952 — *Diamesa parva* EDW. — Zool. Anz. **149**, 40—42.

— und BRUNDIN, L.: Die Metamorphose der *Tanytarsariae*. Eine Revision. — (In Vorbereitung.)

1908 THUMM, J.: Lebendes Fischfutter im Winter. — Natur und Haus **16**, 157—159.

1911 — Ein Beitrag zur Fischfütterung mit roten Mückenlarven. — Bl. Aquarien- und Terrarienkde. **22**, 828—830.

1913 TILBURY, M. R.: Notes on the feeding and rearing of the midge *Chironomus cayugae* JOH. — J. New York Ent. Soc. **21**, 305—308.

1952 TISCHLER, W.: Biozönotische Untersuchungen an Ruderalstellen. (Ein Beitrag zur Agrarökologie.) — Zool. Jb., Abt. f. Syst. **81**, 122—174.

1936 TJEDER, BO.: Contributions to the Knowledge of *Forcipomyia eques* JOH. — Notulae Entomologicae **16**, 85—88.

1932 TOKUNAGA, M.: Morphological and biological studies on a new marine Chironomid fly, *Pontomyia pacifica*, from Japan I. — Mem. Coll. Agriculture Kyoto Imp. Univ. No. 19, 1—56.

1932a — A new biting midge from Japan, with anatomical note on the larval head-capsule and mouth-parts — Trans. Kansai Entomol. Soc. No. 3, 1—12.

1933 — Chironomidae from Japan. I. *Clunioninae*. — Philippine J. Sci. **51**, 87—99.

1935 — and KURODA, M.: Unrecorded Chironomid Flies from Japan (Diptera), with a description of a new Species. — Transact. Kansai Entomolog. Soc. No. **6**, 1—8.

1935b TOKUNAGA, M.: Chironomidae from Japan IV. The early stages of a marine fly, *Telmatogeton japonicus* TOK. — Philippine J. Sci. **57**, 491—509.

1935c — Chironomidae from Japan V. Supplementary reports on the *Clunioninae*. — Mushi **8**, 1—20.

1936a — Chironomidae from Japan VI. *Diamesinae*. — Philippine J. Sci. **59**, 525—552.

1936b — Chironomidae from Japan VII: New species and a new variety of the genus *Chironomus* MG. — Ebenda **60**, 71—85.

1936c — Chironomidae from Japan VIII: Marine or seashore *Spaniotoma*, with descriptions of the immature Forms of *Spaniotoma nemalione* sp. nov. and *Tanytarsus Boodleae* TOK. — Ebenda **60**, 303—321.

1936e — and ESAKI, T.: A new biting-midge from the Palau Islands with its biological notes. — Mushi **9**, 55—58.

1937a — Chironomidae from Japan IX. *Tanypodinae* and *Diamesinae*. — Philippine J. Sci. **62**, 21—65.

1937b — Sand Flies *(Ceratopogonidae)* from Japan. — Tenthredo **1**, 233—338.

1937c — Supplementary report on Japanese Sandflies *(Ceratopogonidae* Diptera). — Ebenda **1**, 455—459.

1938a — The Fauna of Akkesti Bay. IV. A new species of *Clunio*. — Annot. Zool. Jap. **17**, 125—129.

1938b — Chironomidae from Japan (Diptera) X. New or little-known midges, with descriptions on the Metamorphoses of several species. — Philippine J. Sci. **65**, No. 4, 313—383.

1939 — Chironomidae from Japan XI. New or little-known midges, with special references to the metamorphoses of torrential species. — Ebenda **69**, 297—345.

1940 — Ceratopogonidae and Chironomidae from the Micronesien islands. With biological Notes on TEISO ESAKI. — Ebenda **71**, 206—230.

1940a — Chironomidae from Japan XII. New or little-known Ceratopogonidae and Chironomidae. — Ebenda **72**, 255—311.

1940b — Biting Midges from Japan and Neighbouring Countries, including Micronesian Islands, Manchuria, North China and Mongolia. — Tenthredo **3**, 58—165.

1940c — Biting Midges from the Micronesian Islands, with biological notes by TEISO ESAKI. — Ebenda, 166—186.

1922 TONNOIR, A.: Le cycle évolutif de *Dactylocladius commensalis* sp. nov., Chironomide à larve commensale d'une larve de Blépharocéride. — Ann. Biol. lacustre **11**, 279—291.

1938 TOWNES, H. K.: Studies on the food organisms of fish. — A biological survey of the Allegheny and Chemung watersheds. State of New York Conservation Department. Biological Survey 1937, No. XII. Suppl. to Twenty-seventh Ann. Rep. 1937, S. 162—175.

1945 — The nearctic species of Tendipedini. — Amer. Midland Naturalist **34**, 1—206.

1911 TRÄDGÅRD, J.: Om *Prosopistoma foliaceum* LAT., en för Sverige ny Ephemerid. — Ent. T. S. 91

1875 TREAT, M.: Plants that eat Animals. — Amer. Naturalist **9**, 658—662.

1938 TRESSLER, W. L., and BERE, RUBY: A limnological study of Chautauqua Lake. — A biological survey of Allegheny and Chemung watersheds. State of New York Conservation Department. Biological Survey 1937, No. XII. Suppl. to Twenty-seventh Ann. Rep. 1937, S. 196—213.

1892 TRYBOM, F.: Mermislarver hos *Chironomus*. — Ent. T. **13**, 81—92.

1932 TSCHERNOWSKIJ, H. A.: Zur Ökologie der *Parachironomus*-Larve. — Explor. des Lacs de l'U. R. R. S. Fasc. **1**, 76—79 (vgl. auch ČERNOWSKIJ).

1949 — Bestimmungsbuch für Larven der Chironomiden. — Bestimmungsbücher zur Fauna der UdSSR., No. 31. Moskau und Leningrad (Russisch).

1949 a — *Halliella taurica* TSCHERNOWSKIJ, sp. n. — Massenauftreten von Tendipedidae (Diptera) in den Salzseen der Krim. — Entomol. Rundschau **30**, 3/4, 250—252 (Russisch).

1952 TUOMIKOSKI, R.: Über die Nahrung der Empididen-Imagines in Finnland. — Ann. Ent. Fenn., S. 170—181.

1944 TUXEN, S. L.: The hot springs of Iceland, their animal communities and their zoogeographical significance. — Zoology of Iceland **1**, Part 11, 1—216.

1932 UCHIDA, T.: Some ecological observations on water mites. — J. Fac. Sci. Hokkaido Imp. Univ. Ser. VI, Zoology **1**, 143—163.

1933 UÉNO, M.: Ecological reconnaissance of the streams of Southern Kyûshû. — Annot. Zool. Japon. **14**, 221—230.

1934 — Acid Water Lakes in North Shinano. — A. f. H. **27**, 571—584.

1936 — Productivity of an extremely eutrophic lake in Middle Japan. — Proc. Imp. Acad. Tokyo **12**, 248—250.

1936 a — Bottom and plankton-fauna of the Akan Lake group of Hokkaido. — Trans. Sapporo Nat. Hist. Soc. **14**, 207—225.

1938 — The Crater lakes of Mt. Kirisima. A limnological Study with special reference to biocoenosis. — Japanese J. Limnol. **8**, 348—360.

1938 a — Bottom fauna of Lake Abasiri and the neighbouring waters in Hokkaido. Trans. Sapporo Nat. Hist. Soc. **15**, 140—167.

1948 VAILLANT, F.: Les premiers stades de *Liancalus virens* SCOP. (Dolichopodidae). — Bull. Soc. Zool. France **73**, 118—130.

1949 — Les premiers stades de *Tachytrechus notatus* STANN. et de *Syntormon zelleri* LOEW. (Dolichopodidae). — Ebenda **74**, 122—126.

1940 VALKANOV, A.: Über das Auffinden von anabiotischen Dipteren in Bulgarien. — Jb. Univ. Sofia B 3 Naturwiss. **37**, 201—205 (1940/41).

1949 — *Thalassomyia frauenfeldi* SCHINER vom Schwarzen Meer. — Arb. Biolog. Meeresstat. Varna **14**, 1948, 103—112.

1927 VALLE, K. J.: Ökologisch-limnologische Untersuchungen in einigen Seen nördlich vom Lagodasee I. — Acta zoologica fennica **2**.

1952 VALLENTYNE, J. R.: Insect removal of nitrogen and phosphorus compounds from lakes. — Ecol. **33**, 573—577.

1931 VANDEL, A.: La Parthénogenèse. — Encyclopédie Sci., Paris.

1928 VARGA, L.: Ein interessanter Biotop der Biocoenose von Wasserorganismen. — Biol. Zbl. **48**, 143—162.

1951 VATOVA, A.: Le valli salse da pesca del Polesine. Parte I. Ricerche biologiche. — Nova Thalassia **1**, No. 10.

1919 VIMMER, A.: O larvách dipter z Balkánských jeskyň. — Zvláštní otisk z Časopisu Moravského Musea zemského. Brno. 1—26.

1931 VOGEL, R.: Beobachtungen über blutsaugende Zweiflügler im Kanton Tessin. — Zool. Anz. **93**, 1—3.

1937 VONNEGUT, P.: Die Barbenregion der Ems. — A. f. H. **32**, 345—408.

1934 WALLNER, J.: Über die Bedeutung der sogenannten Chironomidentuffe für die Messung der jährlichen Kalkproduktion durch Algen. — Hedwigia **74**, 176—180.

1935a — Zur weiteren Kenntnis der sogenannten Chironomidentuffe. — Bot. Arch. **37**, 128—134.

1935b — Über die Beteiligung kalkablagernder Algen am Aufbau der Chironomidentuffe. — Beih. Bot. Centralbl. **54**, Abt. A, 142—150.

1935c — Wie entstand der Kalktuff? — Lech-Iser-Land, S. 121—143.

1947 WALSHE, B. M.: Feeding Mechanisms of *Chironomus* Larvae. — Nature **160**, 474.

1950a — Observations on the biology and behaviour of larvae of the midge *Rheotanytarsus*. —J. Queckett Microscopical Club. Ser. 4, **3**, 171—178.

1951 — The function of haemoglobin in relation to filter feeding in leaf-mining chironomidlarvae. — J. Expt. Biol. **28**, 57—61.

1951a — The feeding habits of certain Chironomid larvae (subfamily *Tendipedinae*). — Proc. Zool. Soc. London **121**. I, 63—79.

1951 WALSHE-MAETZ, B. M.: Autoecology of *Chironomus plumosus*. — Année Biologique **27**, 555—559.

1910 WALTER, E.: Der Flußaal. Eine biologische und fischereiwirtschaftliche Monographie. — Neudamm.

1939 WANSON, M.: Observations sur la biologie des Ceratopogonidés et des Simulidés du Bas-Congo. — Ann. Soc. belge. Med. tropic. **19**, 97—112.

1951 WARNKE, H. E.: Studies on pollination of *Hevea brasiliensis* in Puerto Rico. — Science **113**, 646—648.

1928 WASMUND, E.: Insekten-Massenschwärme am Bodensee und in Nürnberg. — Z. wiss. Insektenbiol. **23**, 234—243.

1947 WAUTIER, J.: Un cas de commensalisme entre une larve de Chironomide, *Tanytarsus exiguus* JOH., et une larve d'Odonate. — Bull. biol. Fr. et Belge **81**, 38.

1947b — A propos d'une larve de Chironomide trouvée en Lorraine. — Ebenda, S. 161—162.

1933 WEBER, H.: Lehrbuch der Entomologie. — Jena.

1950 WEBER, N. A.: A survey of the insects and related Arthropods of Arctic Alaska I. — Trans. Amer. Ent. Soc. **76**, 147—206.

1950a — The role of lemmings at Point Barrow, Alaska. — Science (Lancaster Pa.) **111**, 552—553.

1873 WEIJENBERGH, H.: Über ein zweiköpfiges Monstrum (Larve von *Chironomus*) und über Insekten-Monstra überhaupt. — Stett. Ent. Ztg. **33**, 452—458.

1874 — Varia Entomologica. — T. v. Entomologie **17**.

1942 WEISER, J.: Zur Kenntnis der Mikrosporidien aus Chironomiden-Larven. — Zool. Anz. **140**, 126—128.

1943 — Zur Kenntnis usw. II. — Zool. Anz. **141**, 255—264.

1944 — Zur Kenntnis usw. III. — Zool. Anz. **145**.

1946 — The Microsporidia from Chironomid larvae. — Věstnik Čsl. zoologicke společnosti Sv. 10 r., 273—292.

1948 WEISER, J.: Zwei interessante Erkrankungen bei Insekten. — Experientia **4**, 317—318.

1949 — Deux nouvelles infections a virus des Insectes. — Ann. Parasit. **24**, 259—264.

1952 WELCH, P. S.: Limnology. — New York, Toronto, London.

1908 WESENBERG-LUND, C.: Notizen aus dem Dänischen süßwasserbiologischen Laboratorium am Fursee. No. I: Über „pelagische" Ernährung der Uferschwalben *(Cotyle [Hirundo] riparia)*. — Int. Rev. Hydrobiol. u. Hydrogr. **1**, 510—512.

1913 — Fortpflanzungsverhältnisse: Paarung und Eiablage der Süßwasserinsekten. — Abderhaldens Fortschritte der Naturwissenschaftl. Forsch. **8**, 161—286.

1943 — Biologie der Süßwasserinsekten.

1943 a — Bemerkungen über die Biologie der Chironomiden. — Ent. Medd. **23**, 179—203.

1952 WIESER, W.: Investigations on the Microfauna inhabiting seaweeds on rocky coasts. IV. — J. Marine Biol. Ass. **31**, 145—174.

1925 WILHELMI, J.: (Chironomidenplage in Hochhältern von Wasserversorgungsanlagen und Schwimmbädern.) — Kleine Mitt. f. d. Mitglieder des Ver. f. Wasserversorgung und Abwasserbeseitigung E. V. **1**, 119—121.

1928 — Mücken als Schädlinge einer Trinkwasserversorgungsanlage. — Z. Desinfektions- und Gesundheitswesen **20**, 82—85.

1936 — Zur Biologie der Hallenschwimmbäder. — Kleine Mitt. f. d. Mitglieder des Ver. f. Wasser-, Boden- und Lufthygiene **12**, 178—204.

1908 WILLEM, V.: Larves de Chironomides vivant dans des feuilles. — Bull. Acad. roy. Belg., Cl. d. Sci. No. 8, 697—704.

1924 WILLER, A.: Die Nahrungstiere der Fische. — In: DEMOLL-MAYER, Handb. d. Binnenfischerei Mitteleuropas **1**.

1931 — Vergleichende Untersuchungen an Strandgewässern. — Verh. I. V. L. **5**, 197—231.

1950 — Zur Besiedelung des Hyperlimnions unserer Binnenseen. — Klatt-Festschr., Leipzig 1950, S. 1089—1099.

1944 WILLIAMS, F. X.: Biological studies in Hawaiian water-loving insects. Part III. Diptera or Flies D. Culicidae, Chironomidae and Ceratopogonidae. — Proc. Haw. Ent. Soc. **12**, 149—180.

1908 WILLISTON: Manual of North American Diptera 3rd ed.

1951 WINKLER, O.: The bottom fauna and chemism of two ponds of Lnáře-district (South-West Bohemia). — Vestník Čsl. zoologické společnosti **15**, 49—77.

1947 a WIRTH, W. W.: Notes on the genus *Thalassomyia* SCHINER, with descriptions of two new species. — Proc. Haw. Ent. Soc. **13**, 117—139.

1947 b — A review of the genus *Telmatogeton* SCHINER, with descriptions of three new Hawaiian species. — Proc. Haw. Ent. Soc. **13**, 143—191.

1949 — A revision of the Clunionine midges with descriptions of a new genus and four new species. — Univ. of California Publ. in Entomology **8**, 151—182.

1952 — The Heleidae of California. — Univ. of California Publ. in Entomology **9**, No. 2, 95—266.

1952 a — The status of the genus *Parabezzia* MALLOCH. — Proc. Ent. Soc. Washington **54**, 22—26.

1952b WIRTH, W. W.: The immature stages of two species of Florida Salt Marsh flies (Diptera, Heleidae). — The Florida Entomologist **35**, 91—99.

1952c — Los Insectos de las Islas Juan Fernandez. 7. Heleidae and Tendipedidae. — Revista Chilena di Entomologia **2**, 87—104.

1952d — Notes on marine midges from the Eastern United States. — Bull. Marine Science of the Gulf and Caribbean **2**, 307—312.

1950 WOHLSCHLAG, D. E.: Vegetation and invertebrate life in a marl lake. — Investigations of Indiana Lakes and Streams **3**, No. 9, 323—372.

1934—38 WOLF, B.: Animalium cavernarum Catalogus. — Bd. I—III s'Gravenhage.

1936 a WUNDER, W.: Die Chironomidenlarven in der Uferregion und an den weichen Wasserpflanzen im Karpfenteich. — Z. f. Fischerei **34**, 213—224.

1936b — Die Bedeutung der Chironomidenlarven für die Gründüngung in der Karpfenteichwirtschaft. — Ebenda, S. 225—240.

1936c — Untersuchungen über die Besiedelung des Teichbodens mit Nahrungstieren des Karpfens I. Herbstproben. — Ebenda, S. 485—497.

1943/44 — Die Naturnahrung des Karpfens. — Fischerei-Ztg. **46**, No. 44/45, 48/51; **47**, No. 7/8, 23/24, 29/30, 35/36.

1949 — Fortschrittliche Karpfenteichwirtschaft. Ergebnisse 20jähriger Untersuchungen auf dem Gebiete der Teichforschung. — Stuttgart.

1919 WUNDSCH, H. H.: Studien über die Entwicklung der Ufer- und Bodenfauna. — Z. f. Fischerei **4**, 408—542.

1931 — Nahrung, Verdauung und Stoffwechsel der Fische. — In: MANGOLD, Handbuch der Ernährung und des Stoffwechsels der Landwirtschaftlichen Nutztiere **3**, 564—659.

1940 — Beiträge zur Fischereibiologie märkischer Seen VI. Die Entwicklung eines besonderen Seentypus (H_2S-Oscillatorien-Seen) im Flußgebiet der Spree und Havel und seine Bedeutung für die fischereibiologischen Bedingungen in dieser Region. — Z. f. Fischerei **38**, 443—658.

1942 — Das Neiße-Staubecken von Ottmachau O.-S. in seiner Entwicklung zum Fischgewässer I. — Z. f. Fischerei **40**, 339—393.

1943a — Die in Süßwasserschwämmen lebenden Dipterenlarven, insbesondere die Larven der Tendipediden. — Sitz.-Ber. Ges. naturforsch. Freunde. Berlin, S. 33—58.

1943b — Die Metamorphose von *Demeijerea rufipes* L. — Zool. Anz. **141**, 27—32.

1942/45 — Die Seen der mittleren Havel als *Glyptotendipes*-Gewässer und die Metamorphose von *Glyptotendipes paripes* EDWARDS. — A. f. H. **40**, 362—380.

1949 — Grundlagen der Fischereiwirtschaft in den Großstaubecken. — Abh. a. d. Fischerei und deren Hilfswiss. **1**, 17—186.

1950 — Beiträge zur Fischereibiologie märkischer Seen VI. Beobachtungen über die Besiedelung von Überschwemmungsflächen an der Beetzsee-Wasserstraße (mittlere Havel) im Frühjahr 1942. — Ebenda **2**, 349—396.

1952 — Tendipedidenlarven aus Süßwasserschwämmen in der Sammlung des Berliner Zoologischen Museums. — Mitt. Zool. Mus. Berlin, Bd. **28**, 39—52.

1932 YOSHIMURA, S.: Limnological reconnaissance of Lake Busyu, Hukui, Japan. — Sci. Rep. Tokyo Bunrika Daigaku. Sect. C, **1**, 1—27.

1933 YOSHIMURA, S.: Limnology of three Crater (Maar) Lakes of Oga Peninsula, Akita, Prefecture, Japan. — Proc. Imp. Acad. **9**, 631—634.

1933 — Rapid Eutrophication within recent Years of Lake Haruna, Gunma, Japan. — Japanese J. Geology and Geographie **11**, 31—41.

1933 b — Kata-numa, a very strong Acid-Water Lake on Volcano Katanuma, Miyagi Prefecture, Japan. — A. f. H. **26**, 197—202.

1934 — Anohaline stratification of the chemical constituents of Lake Osore-sanko, Aomori Prefecture, Japan. — Proc. Imp. Acad. Tokyo **10**, 475—478.

1934 b — The most acid-water Lakes of the World: Katanuma by Narugo Hot Springs. — Science **4**, 498—499 (Japanisch).

1939 a ZABOLOTZKY, A. A.: Larvae and Nymphs of *Stenochironomus fascipennis* ZETT. — Učenye Zapisti L. G. U. (Wiss. Mitt. d. Leningrader Staatsuniversität), No. **35**, 143—148.

1907 ZAVŘEL, J.: Paedogenese a parthenogenese u Tanytarsa. — Acta Soc. Ent. Bohemiae **4**, 64—65.

1917 a — Seznam Nových Českých a Moravských Chironomid. — Acta Soc. Ent. Bohemiae **14**, 12—16.

1918 — Über die Atmung und Respirationsorgane der Chironomidenlarven (Autorreferat). — A. f. H. **12**, 202—206.

1918 a — Dvě nové larvy rodu *Orthocladius* s. l. z jeskyn balanských. — Zvláštrú otisk z Časopisu Moravského Musea Zemského. Brno. 1—16. (Autorreferat: Zwei neue Orthocladiinenlarven aus den Karsthöhlen der Balkanhalbinsel. A. f. H. **13**, 1921, 340—341.)

1921 — und THIENEMANN, A.: Die Metamorphose der Tanypinen II. — A. f. H., Suppl.-Bd. **2**, 655—784.

1925 — Konvergenzerscheinungen beim Gehäusebau der Chironomiden und Trichopterenpuppen. — Zool. Anz. **62**, 267—272.

1926 b — *Tanytarsus connectens*. — Publ. Fac. Sci. l'Univ. Masaryk. Brno. **65**, 1—47.

1926 c — Chironomiden aus Wigry-See. — Arch. Hydrobiol. et Ichthyol. **1**, 195—220.

1926 e — Vliv žlázy štítné na rust larev Chironomid. — Biologických Listù čés **5**, roč. XII.

1928 — Die Jugendstadien der Tribus Corynoneurariae. — A. f. H. **19**, 651—665.

1928 a — 4 Forellenmagen *(Trutta fario)* (Tschechisch). — Příroda, Brno.

1930 — Untersuchungen über den Einfluß einiger Organextrakte auf Wachstum und Entwicklung der Chironomiden. — Arch. Entwicklungsmechanik **121**, 770—799.

1931 — Bemerkungen zur Chironomidenfauna einiger balkanischer Seen. — Verh. I. V. L. **5**, 270—275.

1932 — Marine Mücken aus Rab. *Clunio marinus* HAL. — Časopis Čsl. Spol. Entom. č **3**, 99—105.

1933 — Larven und Puppen der Tanypodinen von Sumatra und Java. — A. f. H., Suppl.-Bd. **11**, 604—624.

1933 a — Zvláštní Larva Pakomáře *(Cryptochironomus* sp.). — Sborník Klubu přírodovědeckého, Brno. S. 1—5.

1934 — *Tanytarsus*-Larven und -Puppen aus Niederländisch-Indien. — A. f. H., Suppl.-Bd. **13**, 139—165.

1935 ZAVŘEL, J.: Chironomidenfauna der Hohen Tatra. — Verh. I. V. L. **7**, 439—448.

1935 — und PAGAST, F.: Zwei neue Orthocladiinen-Arten aus Hoher Tatra. — Časopis Čsl. Spol. Entom. **32**, 156—160.

1935b — Ze Zivota v Nejmenších Tüňkách. — Příroda **28**, 1—4.

1936 — Tanypodinen-Larven und -Puppen aus Partenkirchen. — A. f. H. **30**, 318—326.

1937 — Orthocladiinen aus der Hohen Tatra. — Int. Rev. Hydrobiol. u. Hydrogr. **35**, 483—496.

1939a — Chironomidarum Larvae et Nymphae II (Genus *Eukiefferiella* TH.). — Act. Soc. Sci. Nat. Moravicae **11**, Heft 10.

1940b — Polymorphismus der Chironomiden. — Vestník Královské České Společnosti Nauk. Třida Matemat. — Přírodověd., S. 1—15.

1941b — Chironomidarum Larvae et Nymphae IV (Genus *Metriocnemus* V. D. WULP). — Act. Soc. Sci. Nat. Moravicae **13**, Heft 7, 1—28.

1942a — Ein merkwürdiger Fall von Polypodie bei Insektenpuppen. — Zool. Anz. **139**, 208—212.

1942b — Polypodie der Chironomidenpuppen. — Act. Soc. Sci. Nat. Moravicae **14**, Heft 8, 1—40.

1943a — Höhlenbewohnende Chironomidenlarven. — A. f. H. **40**, 250—264.

1946a — Chironomids inhabiting the mineral springs of Middle Europa. — Publ. de la Fac. d. Sci. de l'Univ. Masaryk. Brno. No. 276, 1—15.

— und PAX, F.: Die Chironomidenfauna mitteleuropäischer Quellen. — A. f. H., Suppl.-Bd. **18**, 645—677.

1914 ZEBROWSKA, A.: Recherches sur les larves de Chironomides du lac Léman. — Inaug.-Diss. Lausanne.

1931 ZILAH, G. SEBESS VON: Anabiotische Dipteren. — A. f. H. **23**, 310—329.

1933 — Unsere blutsaugenden Chironomiden. — Allatani Közlemények **30**, 146—151.

1951 — Das Thermalwasser von Debrecen und die Tiere. — Ann. Biol. Univ. Hungariae **1**, 311—322.

1911 ZSCHOKKE, FR.: Die Tiefseefauna der Seen Mitteleuropas. Eine geographisch-faunistische Studie. — Leipzig.

[Abgeschlossen am 1. Juli 1953]

Folgende während des Druckes dieses Buches erschienene oder mir zugänglich gewordene Arbeiten konnten im Text nicht mehr berücksichtigt werden:

1953 JÄRNEFELT, H.: Die Seetypen in bodenfaunistischer Hinsicht. — Ann. Zool. Soc. Vanamo **15**, 6, 1—37.

1953 MÜNCHBERG, P.: Die Klebgürtel der Pechnelke als biozönotisch störendes Element nebst ihrer Bedeutung für die Pflanze. — Zeitschr. f. angew. Entomologie **35**, 1, 123—130.

1950 PANKRATOWA, W. JA.: Fauna der Tendipediden-Larven im Bassin des Amu-Darja. — Arbeiten d. Zool. Inst. d. Akad. d. Wiss. d. UdSSR **9**, 1, 116—198. [Russisch.]

1953 REMMERT, H.: *Dasyhelea tecticola* n. sp., eine Ceratopogonide aus Regenrinnen (Diptera; Ceratopogonidae). — Beitr. zur Entomologie **3**, 3, 333—336.

1953a ROBACK, S. S.: New Records of *Symbiocladius equitans* (CLAASSEN) with some Notes on the genus (Diptera; Tendipedidae). — Notulae Naturae, Philadelphia, No. 251.

1953b — Tendipedid larvae from the St. Lawrence River (Diptera; Tendipedidae). — Ebenda, No. 253.

Sachregister

(Abkürzungen: C. B. = Chironomidenbesiedelung des betreffenden Biotops
C. N. = Chironomidenernährung des betreffenden Tieres)

C

M

Q

R

S

Chironomiden-Verzeichnis

(Die sicheren Synonyma sind kursiv gedruckt. Doch werden auch noch viele der übrigen Namen als Synonyma eingezogen werden müssen.)